નેક્સસ

પથ્થર યુગથી AI સુધીના ઇન્ફોર્મેશન નેટવર્કોનો ટૂંકો ઇતિહાસ

યુવલ નોઆહ હરારી

ભાવાનુવાદઃ ચિરાગ ઠક્કર 'જય'

Published by

Manjul Publishing House
Corporate and Editorial Office:
•2nd Floor, Usha Preet Complex,
42 Malviya Nagar, Bhopal 462 003 - India
Sales and Marketing Office:
•C-16, Sector 3, Noida, Uttar Pradesh
201301, India
E-mail: manjul@manjulindia.com
Website: www.manjulindia.com

Distributed by

Navbharat Sahitya Mandir
•Opp Patasa Pole, Nr. Jain Derasar,
Gandhi Road, Ahmedabad - 380 001 - India
•202 Pelican House, Gujarat Chamber of
Commerce Compound,
Opp. H. K. College, Ashram Road,
Ahmedabad - 380 009 - India
Tel.: 079 - 22139253, 22132921
E-mail: info@navbharatonline.com
Website: www.navbharatonline.com

First published in India by

Manjul Publishing House
Corporate and Editorial Office
• 2nd Floor, Usha Preet Complex, 42 Malviya Nagar, Bhopal 462 003 – India
Sales and Marketing Office
• C-16, Sector 3, Noida, Uttar Pradesh 201301 – India
E-mail: manjul@manjulindia.com Website: www.manjulindia.com

Distributed by

Navbharat Sahitya Mandir
•Opp Patasa Pole, Nr. Jain Derasar, Gandhi Road, Ahmedabad - 380 001 - India
•202 Pelican House, Gujarat Chamber of Commerce Compound,
Opp. H. K. College, Ashram Road, Ahmedabad - 380 009 - India
Tel.: 079 - 22139253, 22132921 E-mail: info@navbharatonline.com
Website: www.navbharatonline.com

Gujarati language translation of *Nexus: A Brief History of Information Networks from the Stone Age to AI* by Yuval Noah Harari

This Gujarati edition first published in 2026

ISBN 978-93-7317-876-9

Translation by Chirag Thakkar 'Jay'

Design © Suzanne Dean
Jacket: Hector the carrier pigeon of Emperor Napoleon III,
reproduced by courtesy of Tallandier/Bridgeman Images
Author photograph courtesy of the author

Printed and bound in India by Gopsons Papers Pvt. Ltd.

યુવલ નોઆહ હરારી માટે પ્રશંસાપુષ્પો

"[સેપિયન્સ] આટલું રસપ્રદ અને ઉત્તેજક બની રહે છે, કારણ કે તે એક સંક્ષિપ્ત અને વ્યાપક ઇતિહાસ છે, તે કેટલીક મહત્ત્વની બાબતો વિશે વાત કરે છે, જેના થકી આ અસાધારણ સભ્યતાનું નિર્માણ કર્યું છે. તેને આપણે જન્મથી જ મળી ગયેલી માની લઈએ છીએ, પરંતુ ખરેખર આપણને આપવામાં આવી નહોતી અને આપણે આ પૃથ્વી પર કેટલા ઓછા સમયથી છીએ તેનું પરિપ્રેક્ષ્ય આપે છે."

બરાક ઓબામા

"કેમ 'સેપિયન્સ' રાતોરાત આંતરરાષ્ટ્રીય બેસ્ટસેલર બની ગયું તેનું એક સરળ કારણ છે. તે ઇતિહાસ અને આધુનિક વિશ્વના સૌથી મોટા પ્રશ્નોની વાત કરે છે અને તે તદ્દન સરળ અને રસપ્રદ ભાષામાં લખાયેલું છે. તમને તે અવશ્ય ગમશે!"

જૅરેડ ડાયમંડ

"મેં તાજેતરમાં વાંચેલાં શ્રેષ્ઠ પુસ્તકોમાંનું એક... આપણી પ્રજાતિ કેવી રીતે વિકસિત થઈ છે તેની ઉત્તમ ઝાંખી."

લીલી કોલ

"હરારીના દૃષ્ટિકોણની વિશિષ્ટતા એ છે કે તે લોકોને એકસાથે લાવવા માટે વાર્તાઓ અને પૌરાણિક કથાઓની શક્તિ પર ધ્યાન કેન્દ્રિત કરે છે... હું આ પુસ્તકની ભલામણ એવી કોઈ પણ વ્યક્તિને કરીશ જે પ્રારંભિક માનવ ઇતિહાસના મનોરંજક, રસપ્રદ પુસ્તકમાં રસ ધરાવે છે... હરારી આપણા ઇતિહાસને એટલી સરળ રીતે કહે છે કે તમે પુસ્તક હાથમાંથી નીચે મૂકી જ શકતા નથી."

બિલ ગેટ્સ

"મારા પ્રિય લેખકો અને વિચારકોમાંના એક... તે આપણા માનવ ઇતિહાસને જે રીતે રજૂ કરે છે અને આપણા ભવિષ્યને જે રીતે જુએ છે તેનાથી તમને અનહદ આશ્ચર્ય થશે"

નેટલી પૉર્ટમેન

"'સેપિયન્સ' એ પુસ્તકના નભોમંડળમાં શુક્તારક સમાન છે,
તે જેટલું ઉત્તેજક છે તેટલું જ આનંદપ્રદ પણ છે."

સન્ડે એક્સપ્રેસ

"હરારી જીવવિજ્ઞાન, ઉત્ક્રાંતિ, માનવશાસ્ત્ર અને અર્થશાસ્ત્રની તેમની ચર્ચામાં
ઐતિહાસિક તથ્યોની સાથે સાથે તાજગીભરી સ્પષ્ટતા પણ લઈ આવે છે.
વાંચો અને તમે ઘણું પામશો."

ડેઇલી ટેલિગ્રાફ

"પહેલા શબ્દથી છેલ્લા શબ્દ સુધી વિસ્મયજનક...
તે મેં વાંચેલું શ્રેષ્ઠ પુસ્તક હોઈ શકે છે."

ક્રિસ ઇવાન્સ

"[હોમો ડેયસ] આપણને એકદમ સ્પષ્ટ અને સરળ રીતે
ચીંધી બતાવે છે કે માનવજાત ક્યાં જઈ રહી છે."

જાર્વિસ કોકર

"યુવલ નોઆહ હરારી અત્યારે સૌથી મનોરંજક અને વિચારપ્રેરક
નોન-ફિક્શન લેખક છે. 'સેપિયન્સ' જેવા પુસ્તકનું વાચન પૂરું કરીને
તમે તમારી સમજદારીમાં ઉમેરો કરો છો."

મેટ હેઇગ

"અસાધારણ સ્પષ્ટતા અને કેન્દ્રિત વિચારો હરારીને આપણા
યુગના ઘણા ઇતિહાસકારો કરતાં વધુ ઉન્નત બનાવે છે."

સન્ડે ટાઇમ્સ

"પડકારજનક, વાંચી શકાય તેવું અને વિચારપ્રેરક...
તેમણે માનવજાતિના ભાવિની ઝાંખી ચતુરાઈપૂર્વક કરાવી છે."

ટાઇમ

“એક વિચારોત્તેજક પુસ્તક જે વાચકને ઓળખ, ચેતના અને બુદ્ધિમત્તાના પ્રશ્નોમાં ઊંડાણપૂર્વક લઈ જાય છે... હરારીમાં સમજાવવાની કુદરતી પ્રતિભા છે, તેમની પાસે હંમેશાં ચોટદાર ઉદાહરણો કે યાદગાર બોધકથાઓ તૈયાર જ હોય છે. પરિણામે, તેમને ઇતિહાસકાર કરતાં કોઈ સર્વજ્ઞ ઋષિ તરીકે જોવાનું પણ આપણને ગમે.”

ઑબ્ઝર્વર

“આધુનિક જીવન મૂંઝવણભર્યું લાગી શકે છે... ‘21 લેસન્સ ફૉર ધ 21st સેન્ચુરી’ તેમાંથી પસાર થવા માટેની માર્ગદર્શિકા છે. શાંતિથી અને સહેતુક વાંચી શકાય તેવું પુસ્તક.”

એલ

“પ્રાચીન ઇતિહાસથી લઈને ન્યૂરોસાયન્સ, ફિલૉસૉફી અને કૃત્રિમ બુદ્ધિ સુધીના વિવિધ વિષયોની ઊંડી સમજણને એક સાથે ગૂંથીને રજૂ કરવાની હરારીની પ્રતિભા આપણે ક્યાંથી આવ્યા છીએ અને ક્યાં જઈ રહ્યા છીએ તે પ્રશ્નોના જવાબ આપવા સક્ષમ બનાવ્યા છે... ‘21 લેસન્સ’ બૌદ્ધિક સાહસ અને સાહિત્યિક ઉન્માદનું સંયોજન છે.”

ફાઇનાન્સિયલ ટાઇમ્સ

“હરારીના દાર્શનિક વિશ્લેષણની સમજાવટ અને તેમના લેખનની રોચક ગુણવત્તાને નકારી શકાય નહીં.”

એસ્ક્વાયર

યુવલ નોઆહ હરારીનાં અન્ય પુસ્તકો

સેપિયન્સ

હોમો ડેયસ

21 લેસન્સ ફૉર ધ 21st સેન્ચુરી

સેપિયન્સઃ અ ગ્રાફિક હિસ્ટ્રી

અનસ્ટોપેબલ અસ

ઇત્ઝિકને સસ્નેહ અને એ બધાને જેમને સમજદારી માટે પ્રેમ છે.
હજારો સ્વપ્નોના માર્ગમાં આપણે ખોળી રહ્યા છીએ એક વાસ્તવિકતા.

અનુક્રમ

આમુખ xi

ભાગ-1 : માનવીય નેટવર્કો

પ્રકરણ-1 : માહિતી શું છે? 3

પ્રકરણ-2 : વાર્તાઓ : અનંત જોડાણો 20

પ્રકરણ-3 : દસ્તાવેજો : કાગનો વાઘ 43

પ્રકરણ-4 : ભૂલો : પૂર્ણતાની કલ્પના 74

પ્રકરણ-5 : નિર્ણયો : લોકશાહી અને સર્વાધિકારવાદનો સંક્ષિપ્ત ઇતિહાસ 123

ભાગ-2 : બિનમાનવીય નેટવર્ક

પ્રકરણ-6 : નવા સભ્યો : કોમ્પ્યુટરો પ્રિન્ટિંગ પ્રેસથી કેવી રીતે અલગ છે 201

પ્રકરણ-7 : નિરંતરતા : નેટવર્ક હંમેશાં ચાલુ જ રહે છે 240

પ્રકરણ-8 : નેટવર્ક માત્ર ભૂલને પાત્ર 268

ભાગ-3 : કોમ્પ્યુટરનું રાજકારણ

પ્રકરણ-9 : લોકશાહી : શું આપણે હજુ પણ સંવાદ સાધી શકીએ છીએ? 319

પ્રકરણ-10 : સર્વાધિકારવાદ : બધી શક્તિ અલ્ગોરિધમોના હાથમાં? 364

પ્રકરણ-11 : સિલિકોનનો પડદો : વૈશ્વિક સામ્રાજ્ય કે વૈશ્વિક વિભાજન? 377

ઉપસંહાર 411

ઋણસ્વીકાર 421

નોટ્સ 425

આમુખ

આપણે આપણી પ્રજાતિનું નામ આપ્યું છે, હોમો સેપિયન્સ - પ્રાજ્ઞ માનવી એટલે કે બુદ્ધિશાળી માનવી. જોકે આપણે એ નામ કેટલું સાર્થક કર્યું છે એ ચર્ચાનો મુદ્દો ખરો.

પાછલાં 1,00,000 વર્ષમાં, આપણે એટલે કે સેપિયન્સોએ અનહદ શક્તિ ભેગી કરી છે. જો આપણે આપણી શોધખોળો, આવિષ્કારો અને વિજયોની માત્ર યાદી જ બનાવીએ તો પણ ઘણાં પુસ્તકો ભરાય, પરંતુ શક્તિ એ શાણપણ નથી અને 1,00,000 વર્ષોની શોધખોળો, આવિષ્કારો અને વિજયો પછી માનવજાત અત્યારે અસ્તિત્વની લડાઈ લડી રહી છે. આપણે અત્યારે ઇકોલૉજિકલ પતનની ધારે આવીને ઊભા છીએ, જે પરિસ્થિતિ આપણી પોતાની જ શક્તિઓના દુરુપયોગથી સર્જાઈ છે. આપણે આર્ટિફિશિયલ ઇન્ટેલિજન્સ (AI) જેવી એવી ટેક્નોલૉજીઓ પણ આડેધડ વિકસાવી રહ્યા છીએ જેમાં આપણા નિયંત્રણમાંથી છટકી જઈને આપણને ગુલામ બનાવવાની કે આપણો સર્વનાશ કરવાની શક્તિ પણ રહેલી છે અને આવી પરિસ્થિતિ છતાં માનવજાત પોતાના અસ્તિત્વ પરના આ સંકટને ટાળવા માટે સંગઠિત થાય તેને બદલે ચોમેર આંતરરાષ્ટ્રીય તણાવો વધી રહ્યા છે, દુનિયાભરના દેશો વચ્ચે સહકાર સ્થાપવો વધુ અઘરો બની રહ્યો છે, દેશો સર્વનાશ નોતરી શકે તેવાં શસ્ત્રોના જખીરા ખડકી રહ્યા છે અને ફરી વાર વિશ્વયુદ્ધ થવું પણ અશક્ય નથી લાગી રહ્યું.

જો આપણે સેપિયન્સ આટલા બુદ્ધિશાળી હોઈએ, તો શા માટે આપણે આટલા આત્મવિનાશી છીએ?

ઊંડાણપૂર્વક જોઈએ તો પરિસ્થિતિ એવી છે કે આપણે ડીએનએથી માંડીને દૂર-સુદૂર રહેલી આકાશગંગાઓના અણુ-પરમાણુઓની માહિતી ભેગી કરી છે, તેમ છતાં આ બધી માહિતીથી આપણા જીવનને લગતા મોટા પ્રશ્નોના ઉત્તરો સાંપડતા નથીઃ આપણે કોણ છીએ? આપણે શું કરવું જોઈએ? સારું જીવન

એટલે શું અને તે કેવી રીતે જીવવું જોઈએ? માહિતીનો મહાસાગર આપણી પાસે હોવા છતાં કલ્પના અને ભ્રમ અંગે આપણે પણ આપણા પ્રાચીન પૂર્વજો જેટલા જ સંવેદનશીલ છીએ. આધુનિક સમાજમાં અવારનવાર ફેલાઈ જતા સામૂહિક ઉન્માદના બે તાજેતરના ઉદાહરણ નાઝીવાદ અને સ્ટાલિનવાદ છે. પથ્થર યુગના માનવી કરતાં આજના માનવ પાસે ઘણી વધુ માહિતી છે એ વાતે કોઈ જ શંકા નથી, જોકે આપણે આપણી જાતને સમજીએ છીએ અને આ બ્રહ્માંડમાં આપણે શું કરવાનું છે એ બાબતની કોઈને પૂરી જાણકારી હોય તેમ લાગતું નથી.

આપણે ઘણીબધી માહિતી અને વધુ શક્તિ ભેગી કરી શકીએ છીએ પરંતુ એટલી બુદ્ધિમતા, એટલું શાણપણ મેળવવામાં આપણને બહુ ઓછી સફળતા મળતી હોય એવું કેમ? ઇતિહાસ તપાસતાં જણાય છે કે ઘણી પરંપરાઓમાં એવું માનવામાં આવતું હતું કે માનવજાતની પ્રકૃતિમાં જ એવી કોઈ ગંભીર ખામી રહેલી છે, જે આપણને આપણી સંભાળી શકવાની ક્ષમતાથી પણ વધુ શક્તિ પામવા લલચાવતી રહેતી હોય છે. ફેઇથનની ગ્રીક દંતકથામાં એમ આવે છે કે ફેઇથનને જાણ થાય છે કે તે સૂર્યના દેવ હીલિઓસનો પુત્ર છે. પોતાનું દૈવી કુળ સાબિત કરવા માટે તે સૂર્ય સુધી પોતાનો રથ હાંકી જવાનો વિશેષાધિકાર માગે છે. હીલિઓસ ફેઇથનને ચેતવે છે કે સૌર રથને ખેંચતા દૈવી અશ્વોને કોઈ માનવ નિયંત્રણમાં રાખી શકતા નથી, પરંતુ ફેઇથન પોતાનો આગ્રહ છોડતો નથી માટે સૂર્યના દેવ એ મંજૂરી આપે છે. ફેઇથન સગર્વ રથ આકાશમાં ચડાવે છે, પરંતુ છેવટે રથનું નિયંત્રણ ખોઈ બેસે છે. એટલે સૂર્ય પોતાનો માર્ગ ચૂકી જાય છે, તમામ વનસ્પતિ બળી જાય છે, હજારો જીવો મૃત્યુ પામે છે અને પૃથ્વી બળી જવાની નોબત પણ આવી જાય છે. પછી દેવાધિદેવ ઝુસ વચ્ચે પડે છે અને ફેઇથન પર વીજળી વડે પ્રહાર કરે છે. એ અહંકારી માણસ સળગી ઊઠે છે અને ખરતા તારાની જેમ નીચે પડવા માંડે છે. પછી દેવો આકાશનું નિયંત્રણ પોતાના હાથમાં લઈ લે છે અને જગતને બચાવી લે છે.

બે હજાર વર્ષ પછી, જ્યારે ઔદ્યોગિક ક્રાંતિ પા-પા પગલી ભરી રહી હતી અને વિવિધ કાર્યોમાં માનવોનું સ્થાન યંત્રો લઈ રહ્યાં હતાં, ત્યારે જોહાન વૂલ્ફગેંગ વૉન ગૉથેએ આવી જ ચેતવણી આપતી વાર્તા 'ધ સોર્સેસર્સ એપ્રેન્ટિસ' પ્રગટ કરી હતી. ગૉથેની આ કવિતા (કે જેને વૉલ્ટ ડિઝનીએ પછીથી મિકી માઉસના કાર્ટૂન થકી ઘણી લોકપ્રિય બનાવી દીધી હતી)માં, એક એવા બુઢ્ઢા જાદુગરની વાત છે, જે બહાર જતો હોય છે ત્યારે તે પોતાના વર્કશોપની જવાબદારી એક શિખાઉ યુવાનને સોંપે છે અને તેને નદીએથી પાણી ભરવા

જેવાં અમુક પરચૂરણ કામો પણ સોંપે છે. શિખાઉ યુવાન એમ વિચારે છે કે તેણે પોતાના માટે બધા કામો સરળ બનાવી દેવાં જોઈએ તેથી તે એક મોટા ઝાડુ પર મંતર મારે છે અને તેની નીચે ઘડો લટકાવીને તેને પાણી ભરવા મોકલે છે. જોકે એ મંતરની અસર અટકાવવી કેવી રીતે એ તેને આવડતું હોતું નથી માટે એ ઝાડું તો સતત પાણી લાવે જ રાખે છે, જેથી એ વર્કશોપ ડૂબી જવાનું જોખમ ઊભું થાય છે. ગભરાઈ જઈને એ શિખાઉ યુવાન કુહાડી વડે પેલા ઝાડુના બે ટુકડા કરી નાખે છે, પરંતુ બંને ટુકડા બે અલગ અલગ ઝાડું બની જાય છે. પછી એકના બદલે બે ઝાડું વર્કશોપમાં પાણી લાવવા માંડે છે. જ્યારે જાદુગર પાછો ફરે છે ત્યારે એ યુવાન મદદ માટે આજીજી કરે છેઃ "મેં જે મંતર માર્યો હતો, હવે તેને હું અટકાવી શકતો નથી." જાદુગર તરત જ એ મલિન મંતરને અટકાવે છે અને પૂર આવવા દેતો નથી. એ શિખાઉ યુવાન અને સમગ્ર માનવજાત માટે સંદેશ એકદમ સ્પષ્ટ છેઃ જે શક્તિ તમારા નિયંત્રણમાં ન હોય, તેનું આવાહ્‌ન કરશો જ નહીં.

આ ફેઇથન અને શિખાઉ યુવાનની બોધકથા આપણને એકવીસમી સદીમાં શું શીખવે છે? આપણે એમાંથી કંઈ શીખ્યા નથી એ તો દેખીતું જ છે. પૃથ્વીના વાતાવરણનું સંતુલન તો આપણે બગાડી જ નાખ્યું છે અને મંતર મારેલા અબજો ઝાડું, ડ્રોન, ચેટબોટ અને અન્ય અલગોરિધમોનું આવાહન કર્યું છે, જે આપણા નિયંત્રણમાંથી બહાર નીકળી જઈને ધાર્યા પણ ન હોય તેવાં પરિણામોનું પૂર લાગી શકે તેમ છે.

તો પછી આપણે શું કરવું જોઈએ? બોધકથાઓમાં તો ભગવાન કે જાદુગરની પ્રતીક્ષા કર્યા સિવાય કોઈ જવાબ અપાયો નથી અને એ જવાબ આમ તો ઘણો જ ભયાનક કહેવાય. તે લોકોને પોતાની જવાબદારીઓ ટાળીને ભગવાનો અને જાદુગરોમાં વિશ્વાસ રાખવા પ્રોત્સાહિત કરે છે અને એથી પણ ખરાબ વસ્તુ તો એ છે કે એ જવાબમાં એ વાત સ્વીકારવામાં આવતી નથી કે જે રીતે રથ, ઝાડું અને અલગોરિધમ માનવીય આવિષ્કારો છે એ જ રીતે ભગવાન અને જાદુગર પણ માનવીય આવિષ્કારો છે. ધાર્યાં પણ ન હોય તેવા પરિણામો આપે તેવી શક્તિશાળી વસ્તુઓ સર્જવાની શરૂઆત સ્ટીમ એન્જિન કે AIથી નહીં, પરંતુ ધર્મના આવિષ્કારથી થઈ છે. પયગંબરો અને ધર્મશાસ્ત્રીઓએ એવા શક્તિશાળી મંતરો માર્યા, જે પ્રેમ અને આનંદ લાવવા જોઈતા હતા, પરંતુ ઘણીવાર તેના કારણે આ ધરતી પર રક્તનું પૂર આવી જતું હોય છે.

ફેઇથનની દંતકથા અને ગૉથેની કવિતા આપણને કોઈ ઉપયોગી સલાહ આપી શકતાં નથી, કારણ કે માનવો જે રીતે શક્તિ પ્રાપ્ત કરતા હોય છે તેનો

તેમણે વિપરિત અર્થ કાઢ્યો છે. બંને દંતકથાઓમાં એક માનવ અદ્ભુત શક્તિ મેળવે છે, પરંતુ પછી પોતાના અહમ્ અને લોભને કારણે ભ્રષ્ટ થઈ જાય છે. તેનું તારણ એવું નીકળે છે કે આપણું ખામીસભર વ્યક્તિગત માનસ આપણને સત્તાનો દુરુપયોગ કરવા પ્રેરે છે. આ અધકચરા વિશ્લેષણમાં એ મહત્ત્વનો મુદ્દો ભૂલી જવામાં આવે છે કે માનવને મળતી અદ્ભુત શક્તિ ક્યારેય કોઈની વ્યક્તિગત પહેલનું પરિણામ હોતી નથી. વિશાળ સંખ્યામાં માનવો ભેગા થાય ત્યારે જ તેમાંથી શક્તિ પ્રગટતી હોય છે.

એવી જ રીતે, આપણું અંગત માનસ આપણને શક્તિનો દુરુપયોગ કરવા પ્રેરતું હોતું નથી. માનવમાં લોભ, અહમ્ અને ક્રૂરતા હોય છે તો પ્રેમ, કરુણા, નમ્રતા અને આનંદ પણ હોય છે. એ વાત ખરી કે આપણી માનવજાતિના સૌથી દુષ્ટ સભ્યોમાં લોભ અને ક્રૂરતા જ હોય છે અને તેના કારણે તેઓ સત્તાનો દુરુપયોગ કરવા પ્રેરાતા હોય છે, પરંતુ માનવ સમાજો શા માટે તેમના સૌથી દુષ્ટ સભ્યના હાથમાં જ સત્તા સોંપતા હોય છે? ઉદાહરણ તરીકે, 1933માં મોટાભાગના જર્મન લોકો કંઈ અસ્થિર મગજના કે મનોવિકૃતિ ધરાવનારા લોકો નહોતા. તો તેમણે શા માટે હિટલરને મત આપ્યો?

આપણે જેનું નિયંત્રણ ન રાખી શકીએ તેવી શક્તિઓનું આવાહ્ન કોઈના વ્યક્તિગત માનસમાંથી નહીં, પરંતુ જે રીતે આપણી પ્રજાતિ વિશાળ સંખ્યામાં જોડાઈને કામ કરવાની અજોડ પદ્ધતિ ધરાવે છે તેમાંથી થાય છે. આ પુસ્તકમાં મુખ્યત્વે એ મુદ્દો ચર્ચવામાં આવ્યો છે કે માનવજાત સહકાર આપનારા વિશાળ સમૂહોનું માળખું એટલે કે નેટવર્ક રચીને જ પ્રચંડ શક્તિ મેળવે છે, પરંતુ જે રીતે આ નેટવર્કોનું સર્જન થયું હોય છે તેના કારણે જ આપણે એ શક્તિનો દુરુપયોગ કરતા હોઈએ છીએ. એટલે આપણી સમસ્યા મૂળે નેટવર્કની સમસ્યા છે.

વધુ સ્પષ્ટ રીતે કહીએ, તો આ માહિતી એટલે કે ઇન્ફૉર્મેશનની સમસ્યા છે. આ ઇન્ફૉર્મેશન જ નેટવર્કોને જોડી રાખતી ગુંદર છે, પરંતુ હજારો વર્ષોથી સેપિયન્સોએ ભગવાનો, મંતર મારેલા ઝાડું, AI અને બીજી ઘણી બધી બાબતોમાં કાલ્પનિક કથાઓ, દિવાસ્વપ્નો અને સામૂહિક ભ્રમણાઓનો આવિષ્કાર કરીને તેમને ફેલાવીને આવા વિશાળ નેટવર્કો સર્જ્યાં છે અને તેમને જાળવી રાખ્યાં છે. આમ તો દરેક વ્યક્તિને પોતાનું અને આ વિશ્વનું સત્ય જાણવામાં રસ હોય છે, પરંતુ સામૂહિક સ્તરે નેટવર્કના સભ્યો કાલ્પનિક કથાઓ અને દિવાસ્વપ્નોના આધારે વ્યવસ્થા સર્જતા હોય છે અને સભ્યોને એ નેટવર્કમાં જોડી રાખતા હોય છે. ઉદાહરણ તરીકે, એ જ રીતે આપણને નાઝીવાદ અને સ્ટાલિનવાદ મળ્યા.

એ અસામાન્ય રીતે શક્તિશાળી નેટવર્કો હતા અને તેમને અસામાન્ય ભ્રામક વિચારોના આધારે જોડી રાખવામાં આવ્યા હતા. જ્યોર્જ ઓરવેલનું પ્રખ્યાત વાક્ય યાદ કરવા જેવું છે કે 'અજ્ઞાન જ શક્તિ છે'.

નાઝી અને સ્ટાલિનના સામ્રાજ્યો ક્રૂર અને નિર્લજ્જ જૂઠાણાંઓના આધારે સર્જવામાં આવ્યા હતા એ તથ્ય કંઈ તેમને ઐતિહાસિક દૃષ્ટિએ અપવાદરૂપ નથી બનાવતું કે નથી તેના કારણે તેઓ ભાંગી પડતાં. નાઝીવાદ અને સ્ટાલિનવાદ માનવજાતે સર્જેલા સૌથી મજબૂત નેટવર્કોમાંથી બે નેટવર્ક હતા. 1941ના અંતમાં અને 1942ના પ્રારંભના સમયગાળામાં ધરી રાજ્યો દ્વિતીય વિશ્વયુદ્ધ જીતવાની બહુ પાસે આવી ગયા હતા. સ્ટાલિન એ યુદ્ધમાં વિજયી તરીકે ઊભરી આવ્યો હતો[1] અને 1950 અને 1960ના દશકમાં તેને અને તેના વંશજોને કોલ્ડ વૉર જીતવાની પણ પૂરતી તક મળી હતી. 1990ના દશક સુધીમાં મુક્ત લોકશાહીનો હાથ ઉપર થઈ ગયો, પરંતુ એ માત્ર અસ્થાયી વિજય હોય એવું લાગે છે. એકવીસમી સદીમાં અમુક એકહથ્થુ સત્તાઓ એવી રીતે સફળ થઈ શકે છે, જેવી રીતે હિટલર અને સ્ટાલિન પણ નહોતા થઈ શક્યા. તેઓ એવા શક્તિશાળી નેટવર્કો સર્જી શકે છે, જે આવનારી પેઢીઓને તેમના જૂઠાણાં અને કાલ્પનિક કથાઓ ઉઘાડી પાડવાનો પ્રયત્ન કરતા પણ અટકાવી શકે છે. ભ્રમણાઓના આધારે રચાયેલા નેટવર્કો નિષ્ફળ જ જશે એવી ધારણા આપણે બાંધવી ન જોઈએ. જો આપણે તેમનો વિજય અટકાવવો હોય, તો આપણે પોતે જ એ માટે મહેનત કરવી રહી.

માહિતી અંગેનો સરળ દૃષ્ટિકોણ

આવા ભ્રમના આધારે સર્જાતા નેટવર્કોની મજબૂતી સમજવી ઘણી અઘરી છે કારણ કે ઇન્ફૉર્મેશન નેટવર્ક ગમે તેટલા નાના હોય કે મોટા, તે કેવી રીતે કામ કરતા હોય છે તેના વિશે ઘણી ગેરસમજો ફેલાયેલી છે અને આ ગેરસમજો પાછી હું જેને 'માહિતી અંગેનો સરળ દૃષ્ટિકોણ' કહું છું, તેનાથી લીંપાયેલી હોય છે. ફેઇથન અને 'ધ સોર્સેસર્સ એપ્રેન્ટિસ' જેવી બોધકથાઓ માનવીય માનસનો અત્યંત નિરાશાવાદી દૃષ્ટિકોણ રજૂ કરે છે, તેવી જ રીતે માહિતી કેવી રીતે પ્રસરે છે તેનો સરળ દૃષ્ટિકોણ માનવીય નેટવર્કો અંગેનો અત્યંત આશાવાદી દૃષ્ટિકોણ રજૂ કરે છે.

આ સરળ દૃષ્ટિકોણ એમ સૂચવે છે કે કોઈ એક વ્યક્તિ જેટલી માહિતી મેળવી અને સમજી શકે તેના કરતા ઘણી વધારે માહિતી મેળવી અને તેનું

પ્રોસેસિંગ કરીને આ મોટા નેટર્વકો મેડિસિન, ભૌતિકશાસ્ત્ર, અર્થશાસ્ત્ર અને અન્ય ઘણાં બધાં ક્ષેત્રોની વધુ સારી સમજ મેળવે છે અને તેનાથી એ નેટવર્કો માત્ર શક્તિશાળી જ નહીં, પરંતુ ઘણા સમજદાર પણ બને છે. ઉદાહરણ તરીકે, રોગ ફેલાવતા જીવાણુઓ વિશે માહિતી મેળવીને ફાર્માસ્યુટિકલ્સ કંપનીઓ અને સ્વાસ્થ્ય સેવાઓ આપનારા ઘણા બધા રોગો થવાનું મૂળ કારણ જાણી શકે છે, જેના પ્રતાપે તેઓ વધારે અસરકારક દવાઓ વિકસાવી શકે છે અને તેના ઉપયોગ વિશે પણ વધુ સમજદારીપૂર્વક નિર્ણયો લઈ શકે છે. આ દૃષ્ટિકોણમાં એમ ગૃહિત છે, એમ માની લેવાયું છે કે અમુક ચોક્કસ જથ્થામાં મળતી માહિતી સત્ય તરફ દોરી જાય છે અને એ સત્ય પછી શક્તિ અને સમજદારી સુધી લઈ જાય છે. તેનાથી વિપરીત, અજ્ઞાન ક્યાંય લઈ જતું નથી. ઐતિહાસિક કટોકટીની ક્ષણોમાં ભ્રમના આધારે કે છેતરામણા નેટવર્કો પ્રસંગોપાત્ત સર્જાતા રહે છે, લાંબા ગાળે તેઓ વધુ સ્પષ્ટ દૃષ્ટિ અને પ્રામાણિકતા ધરાવતા પ્રતિસ્પર્ધી સામે અવશ્ય હારી જતા હોય છે. એટલે કે, જે સ્વાસ્થ્ય સેવાઓ આપનારા રોગકારક જીવાણુઓ અંગેની માહિતી અવગણતા હોય છે અથવા જે મહાકાય ફાર્માસ્યુટિકલ કંપની હાથે કરીને ખોટી માહિતી ફેલાવે છે, તે એવા પ્રતિસ્પર્ધીઓ સામે હારી જતા હોય છે, જેઓ માહિતીનો સમજદારીપૂર્વક ઉપયોગ કરતા હોય છે. આમ, આ સરળ દૃષ્ટિકોણ એમ સૂચવે છે કે ભ્રમના આધારે સર્જાયેલા નેટવર્કો એક વિકૃતિ ગણી શકાય અને મોટા નેટવર્કો સામાન્યતઃ તો શક્તિનો સમજદારીપૂર્વક ઉપયોગ કરશે જ એવો વિશ્વાસ રાખી શકાય.

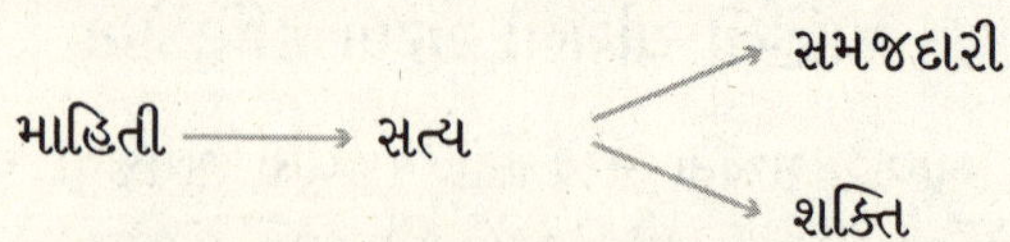

માહિતી અંગેનો સરળ દૃષ્ટિકોણ

અલબત્ત, એ સરળ દૃષ્ટિકોણ એ વાત પણ સ્વીકારે છે ખરો કે માહિતીથી સત્ય સુધીના માર્ગમાં ઘણી જગ્યાએ ભૂલો થઈ શકે છે. માહિતી મેળવવામાં અને તેના પ્રોસેસિંગમાં આપણાથી સાચે જ કોઈ ભૂલ થઈ જાય. લોભ કે નફરતને કારણે માહિતી આપનાર મહત્ત્વના તથ્યો આપણાથી છુપાવે કે આપણને છેતરે પણ ખરા. તેના પરિણામે ક્યારેક માહિતી સત્યને બદલે ભૂલની દિશામાં

આપણને લઈ જાય. ઉદાહરણ તરીકે, અધકચરી માહિતી, ભૂલભરેલું વિશ્લેષણ કે દુષ્પ્રચારને કારણે નિષ્ણાતો પણ કોઈ ચોક્કસ રોગનું સાચું કારણ શોધવમાં ગોથું ખાઈ જાય એમ બને.

જોકે, આ સરળ દષ્ટિકોણમાં એમ પણ ધારવામાં આવે છે કે માહિતી મેળવવામાં અને પ્રોસેસિંગમાં રહી જતા તમામ દોષોનું નિવારણ છે એથી પણ વધુ માહિતી મેળવવી અને તેનું પ્રોસેસિંગ કરવું. આપણે સંપૂર્ણ દોષરહિત તો ક્યારેય રહી શકતા નથી, પરંતુ મોટાભાગના કિસ્સાઓમાં વધુ માહિતી એટલે વધુ ચોકસાઈ. કોઈ મહામારીને ઓળખવા ઇચ્છતો એક ડૉક્ટર એક દર્દીને તપાસે તો મહામારીને ઓળખવાની તેની ક્ષમતા ચોક્કસ લાખો દર્દીઓને તપાસતા હજારો ડૉક્ટરો કરતા તો ઘણી ઓછી જ રહેવાની અને જો ડૉક્ટરો પોતે એ સત્ય છુપાવવાનું કાવતરું કરે, તો જાહેર જનતામાં એ મેડિકલ ઇન્ફૉર્મેશન વધુ સરળતાથી ઉપલબ્ધ કરાવવી અને છેવટે ઇન્વેસ્ટિગેટિવ પત્રકારો એ કાંડને ઉઘાડું પાડશે જ. આ દષ્ટિકોણ મુજબ, માહિતીનું નેટવર્ક જેટલું મોટું હોય, તેટલું જ તે સત્યની વધુ સમીપ હોય છે.

આપણે જો માહિતીનું સચોટ વિશ્લેષણ કરીને મહત્ત્વપૂર્ણ તથ્યો શોધી પણ કાઢીએ, તો પણ તેના પ્રતાપે જે ક્ષમતા મળે છે તેનો આપણે સમજદારીપૂર્વક જ ઉપયોગ કરીશું, તેની કોઈ ખાતરી હોતી નથી. સમજદારીને સામાન્ય રીતે 'યોગ્ય નિર્ણયો લેવાની ક્ષમતા' માનવામાં આવે છે, પરંતુ આ 'યોગ્ય'ની વ્યાખ્યા પાછી અલગ અલગ લોકો, સંસ્કૃતિઓ અને વિચારધારાઓ અનુસાર બદલાતી હોય છે, જે વૈજ્ઞાનિકો નવો રોગકારક જીવાણુ શોધી કાઢે તેઓ લોકોનું રક્ષણ કરવા નવી રસી પણ વિકસાવી શકે છે, પરંતુ જો એ જ વૈજ્ઞાનિકો, કે પછી તેમના રાજકીય માલિકો, કોઈ રંગભેદી વિચારધારા અનુસાર એમ માનતા હોય કે અમુક માનવજાતિઓ ઉતરતી કક્ષાની ગણાય અને તેમનો નાશ જ કરવો જોઈએ, તો નવી માહિતીનો એવો ઉપયોગ પણ થઈ શકે કે જેથી એક જૈવિક શસ્ત્ર વિકસાવી શકાય જેનાથી લાખો લોકો મરી પણ શકે.

આવા કિસ્સામાં પણ માહિતી અંગેનો સરળ દષ્ટિકોણ તો એમ જ માને છે કે વધુ માહિતીમાં તેનો અધકચરો ઉપાય તો રહેલો જ હોય છે. સરળ દષ્ટિકોણ અનુસાર વધુ ધ્યાનપૂર્વક ચકાસણી કરતા જણાઈ આવતું હોય છે કે માહિતીનો અભાવ અથવા હાથે કરીને આપવામાં આવેલી ખોટી માહિતીને કારણે મૂલ્યો અંગે અસહમતિ સર્જાતી હોય છે. આ દષ્ટિકોણ અનુસાર, રંગભેદી લોકો એવી ખોટી માહિતી ધરાવતા લોકો છે, જેઓ જીવવિજ્ઞાન અને ઇતિહાસના તથ્યો જાણતા હોતા નથી. તેઓ એમ માનતા હોય છે કે માનવની 'જાતિ'

એક માન્ય જૈવિક વર્ગીકરણ છે અને જાતભાતના કાવતરાની થિયરીઓ ઘડી કાઢતા ઢોંગી લોકોએ તેમનું બ્રેઇનવૉશ કર્યું હોય છે. એટલે સમય લાગી શકે છે, પરંતુ માહિતીના ખુલ્લા બજારમાં વહેલા-મોડા સત્યનો વિજય થવાનો જ.

આ સરળ દૃષ્ટિકોણમાં ઘણી બાબતો અને વિચારો છે, જેને બે-ચાર ફકરામાં સમજાવી શકાય નહીં, પરંતુ તેનો કેન્દ્રવર્તી વિચાર એ છે કે માહિતી મૂળે સારી વસ્તુ છે અને એ જેટલી વધુ હોય, તેટલું વધારે સારું. જો આપણને પૂરતી માહિતી અને પૂરતો સમય આપવામાં આવે, તો આપણને સત્ય જરૂર લાધશે, પછી ભલે તે વાઇરલ ઇન્ફેક્શનની વાત હોય કે રંગભેદની. તેનાથી માત્ર શક્તિ મળશે એટલું જ નહીં, પરંતુ એ શક્તિને વાપરવા માટે જરૂરી એવી સમજદારી પણ પ્રાપ્ત થશે.

આ સરળ દૃષ્ટિકોણ વધુ ને વધુ શક્તિશાળી ઇન્ફૉર્મેશન ટેક્નોલૉજી પાછળની દોડને યોગ્ય ઠેરવે છે અને કૉમ્પ્યુટર યુગ તેમજ ઇન્ટરનેટનો તે વણકહ્યો આદર્શ પણ બની રહ્યો છે. જૂન 1989માં, બર્લિનની દીવાલ અને લોખંડી પડદો પડી ભાંગવાના અમુક માસ પહેલા, રોનાલ્ડ રેગને એમ જાહેર કર્યું હતું કે "એકહથ્થુ શાસનના ગોલિઆથને બહુ ઝડપથી માઇક્રોચિપ નામનો ડેવિડ પરાસ્ત કરશે" અને "મોટામાં મોટા બિગ બ્રધરો (એકહથ્થુ સત્તા ચલાવતા શાસકો) પણ કૉમ્યુનિકેશન ટેક્નોલૉજી સમક્ષ વધુ ને વધુ નિસહાય બની રહ્યા છે... માહિતી આધુનિક યુગના ઓક્સિજન સમાન છે... કાંટાળા તાર લગાવેલી દીવાલોની આરપાર પણ તે પ્રસરી જાય છે. તે વીજળીના ઝાટકા આપતી તારવાળી સરહદોની પાર પણ પ્રસરી જાય છે. વીજાણુ શેરડો લોખંડી દીવાલની આરપાર એટલી સરળતાથી નીકળી જાય છે જાણે કે તે મલમલ હોય."[2] નવેમ્બર 2009માં બરાક ઓબામા પણ કંઈક આવું જ બોલ્યા હતા. શાંઘાઈની મુલાકાત દરમિયાન તેમણે તેમના ચાઇનીઝ યજમાનને કહ્યું હતું, "હું ટેક્નોલૉજીમાં ઘણો વિશ્વાસ ધરાવું છું અને માહિતીનો પ્રવાહ મુક્ત હોવો જોઈએ એમ પણ હું માનું છું. મને એમ લાગે છે કે માહિતી જેટલી મુક્ત રીતે વહેશે, સમાજ તેટલો જ વધુ મજબૂત બનશે."[3]

ઉદ્યોગસાહસિકો અને કૉર્પોરેશનોએ પણ ઇન્ફૉર્મેશન ટેક્નોલૉજી અંગે ઘણીવાર આવો જ ફૂલગુલાબી દૃષ્ટિકોણ વ્યક્ત કર્યો છે. છેક 1858માં 'ધ ન્યૂ ઇંગ્લૅન્ડર'માં ટેલિગ્રાફના આવિષ્કાર બાબતે લખાયું હતું, "જ્યારે પૃથ્વીના તમામ રાષ્ટ્રો વચ્ચે માહિતીના આદાનપ્રદાન માટે આવો આવિષ્કાર થયો છે, ત્યારે બધા વચ્ચેના જૂના પૂર્વગ્રહો અને દુશ્મનાવટો હવે રહે તે અસંભવ છે."[4] બે સદીઓ અને બે વિશ્વયુદ્ધો પછી, માર્ક ઝકરબર્ગે ફેસબુકના લક્ષ્ય અંગે કહ્યું હતું કે, "તે એટલા

માટે સર્જવામાં આવ્યું છે કે જેથી લોકોને પોતાના વધુ વિચારો વહેંચવામાં મદદ મળી રહે કે જેથી જગત વધુ પારદર્શક બને અને લોકો વચ્ચે સમજણ પણ વધે."[5]

સુવિખ્યાત ફ્યુચરોલૉજિસ્ટ અને ઉદ્યોગસાહસિક રે કર્ઝવેલ તેમના 2024માં પ્રકાશિત થયેલા પુસ્તક 'ધ સિન્ગ્યુલારિટી ઇઝ નીઅરર'માં ઇન્ફૉર્મેશન ટેક્નોલૉજીના ઇતિહાસનું સર્વેક્ષણ કરીને એમ તારણ કાઢે છે કે, "વાસ્તવિકતા એ છે કે કૂદકેને ભૂસકે આગળ વધી રહેલી ટેક્નોલૉજીના કારણે જીવનનું લગભગ દરેક પાસું વધુ ને વધુ સારું બનતું જાય છે." માનવજાતના ઇતિહાસના વિસ્તૃત ફલક પર નજર નાખીને તેઓ છાપખાનાની શોધ જેવાં ઉદાહરણો ટાંકીને એમ દલીલ કરે છે કે ઇન્ફૉર્મેશન ટેક્નોલૉજીની પ્રકૃતિ જ એવી છે કે "તે માનવજીવનની સુખાકારી, સાક્ષરતા, શિક્ષણ, સંપત્તિ, સ્વચ્છતા, સ્વાસ્થ્ય, લોકશાહી અને હિંસા ઘટાડવા સહિતના તમામ પાસાઓને પોતાના સદ્‌ગુણી વર્તુળમાં સમાવી લે છે."[6]

માહિતી અંગેનો આ સરળ દૃષ્ટિકોણ સંભવતઃ ગૂગલના મિશન સ્ટેટમેન્ટમાં સૌથી વધુ ટૂંકમાં અને સચોટ રીતે રજૂ થયો છેઃ "દુનિયાભરની માહિતીને વ્યવસ્થિત રીતે ગોઠવવી અને સમગ્ર વિશ્વ તેને મેળવી શકે અને ઉપયોગ કરી શકે તેવી બનાવવી." ગૉથેની ચેતવણીનો જવાબ ગૂગલ એ રીતે આપે છે કે કોઈ એક શિખાઉ યુવાન તેના માલિકના મંતરથી વિનાશ સરજી શકે છે, પરંતુ ઘણા બધા શિખાઉ યુવાનોને એકસાથે દુનિયાભરની માહિતી આપી દેવામાં આવે, ત્યારે તેમાંથી તેઓ મંતર મારેલા એવા ઉપયોગી ઝાડુ બનાવશે જે ઉપયોગી પણ હશે અને તેઓ તેને સમજદારીથી નિયંત્રણમાં રાખવાનું પણ શીખી જશે.

ગૂગલ વર્સિસ ગૉથે

એક વાત ભારપૂર્વક નોંધવી રહી કે એવા ઘણા બધા કિસ્સા છે, જેમાં વધુ માહિતીના પ્રતાપે માનવ આ જગતને વધુ સારી રીતે સમજી શક્યો છે અને પોતાની શક્તિઓનો વધુ સમજદારીપૂર્વક ઉપયોગ કરી શક્યો છે. ઉદાહરણ તરીકે, બાળકોના મૃત્યુદરમાં આવેલો નોંધપાત્ર ઘટાડો લઈ લો. જોહાન વૂલ્ફગેંગ વૉન ગૉથે સાત ભાઈ-બહેનોમાં સૌથી મોટા હતા, પરંતુ માત્ર તેઓ અને તેમની બહેન કોર્નેલિઆ જ પોતપોતાનો સાતમો જન્મદિવસ ઊજવી શક્યા હતા. બીમારી તેમના ભાઈ હર્મન જેકબને છ વર્ષની ઉંમરે, તેમની બહેન કેથરિના એલિઝાબેથને ચાર વર્ષની ઉંમરે, તેમની બહેન જોહાન્ના મારિયાને બે વર્ષની

ઉંમરે, તેમના ભાઈ જ્યોર્જ એડોલ્ફને આઠ મહિનાની ઉંમરે ભરખી ગઈ હતી અને પાંચમો અનામી ભાઈ તો મૃત જ જન્મ્યો હતો. કોર્નેલિયા પણ છવ્વીસ વર્ષની ઉંમરે કોઈ બીમારીમાં જ મૃત્યુ પામી હતી અને પરિવારના એક માત્ર સંતાન તરીકે જોહાન વૂલ્ફગેંગ જ રહ્યા હતા.[7]

જોહાન વૂલ્ફગેંગ વૉન ગૉથેના ખોળે પાંચ સંતાનોનો જન્મ થયો અને તેમના સૌથી મોટા પુત્ર ઑગસ્ટને બાદ કરતા બાકીના તમામ સંતાનો જન્મના બે સપ્તાહમાં જ મૃત્યુ પામ્યા હતા. સંભવતઃ ગૉથે અને તેમની પત્નીના બ્લડ ગ્રૂપ એકબીજાને અનુરૂપ ન હોવાને કારણે તેમની પત્ની ક્રિસ્ટિનના શરીરમાં પ્રથમ ગર્ભાવસ્થા બાદ જ ગર્ભને નુકસાન પહોંચાડતા એન્ટીબોડીઝ બન્યા હોવા જોઈએ. રિસસ ડીસીઝ તરીકે ઓળખાતી આ કન્ડિશનની આજકાલ એટલી અસરકારક સારવાર ઉપલબ્ધ છે કે મૃત્યુદર 2 ટકાથી પણ ઓછો છે, પરંતુ 1790ના દાયકામાં તેના કારણે સરેરાશ મૃત્યુદર 50 ટકા હતો અને ગૉથેના ચાર સંતાનો માટે તો તે જીવનનો અંત જ બની રહ્યો હતો.[8]

અઢારમી સદીમાં ગૉથેનો જર્મન પરિવાર સમૃદ્ધ હતો તેમ છતાં તેમાં જન્મેલા બાળકોમાંથી માત્ર 25 ટકા બાળકો જ જીવ્યા હતા. બારમાંથી માત્ર ત્રણ જ બાળકો વયસ્ક થવા સુધી જીવ્યા હતા અને આ ભયાનક આંકડાઓ કંઈ અપવાદ નહોતા. ગૉથેએ 1797માં 'ધ સોર્સેર્સ એપ્રેન્ટિસ' કાવ્ય લખ્યું હતું, એ સમયે માત્ર 50 ટકા જર્મન બાળકો જ પંદર વર્ષ કે તેથી વધુ જીવતા હતા તેવું અનુમાન છે[9] અને એ સમયે સમગ્ર દુનિયામાં પરિસ્થિતિ વધતે-ઓછે અંશે એવી જ હતી.[10] 2020 સુધીમાં આખી દુનિયામાં 95.6 ટકા બાળકો પંદર વર્ષથી વધુ જીવ્યા છે[11] અને જર્મનીમાં તો તે આંકડો 99.5 ટકા છે.[12] બ્લડ ગ્રૂપ જેવી મેડિકલ માહિતીને ખૂબ મોટા પ્રમાણમાં ભેગી કરી, તેનું વિશ્લેષણ કરીને તેને વહેંચવામાં ન આવી હોત, તો આ અદ્‌ભુત સિદ્ધિ મળત જ નહીં. માટે આ કિસ્સામાં માહિતી અંગેનો સરળ દૃષ્ટિકોણ સાચો સાબિત થાય છે.

જોકે, માહિતી અંગેનો આ સરળ દૃષ્ટિકોણ અધૂરું ચિત્ર જ જુએ છે અને આધુનિક યુગના ઇતિહાસમાં બાળમરણનો ઘટાડો એ એકમાત્ર ઘટના જ નથી. માનવજાતિની તાજેતરની પેઢીઓએ માહિતીનો ઉત્પાદનના જથ્થા અને સ્પીડમાં સૌથી વધુ વધારો અનુભવ્યો છે. દરેક સ્માર્ટફોનમાં એલેક્ઝાન્ડ્રિઆની લાઇબ્રેરીથી વધુ માહિતી હોય છે[13] અને તેના વડે તેનો માલિક દુનિયાભરના અબજો માણસ સાથે તત્ક્ષણ જોડાઈ શકે છે. આ બધી માહિતી શ્વાસ થંભાવી દે તેટલી ગતિથી ફેલાય છે અને તેમ છતાં માનવજાત અત્યારે આત્મવિનાશની જેટલી સમીપ છે એટલી આ પહેલાં ક્યારેય નહોતી.

આટલા ડેટાના સંગ્રહ છતાં અથવા તો તેના જ કારણે, આપણે વાતાવરણમાં સતત ગ્રીનહાઉસ વાયુઓ છોડી રહ્યા છીએ, નદીઓ અને સમુદ્રોને પ્રદૂષિત કરી રહ્યા છીએ, જંગલો કાપી રહ્યા છીએ, આખેઆખા કુદરતી નિવાસસ્થાનોનો નાશ કરી રહ્યા છીએ, કેટલાય જીવોની સમગ્ર જાતિઓને નાશપ્રાયઃ થવા સુધી હણી નાખીએ છીએ અને પરિણામે આપણી પોતાની પ્રજાતિના જૈવિક પાયાઓને નુકસાન પહોંચાડી રહ્યા છીએ. સામૂહિક નિકંદન માટેના થર્મોન્યુક્લિઅર બૉમ્બથી માંડીને સર્વનાશક વાઇરસો સુધીના કેટલાય શક્તિશાળી શસ્ત્રો પણ આપણે બનાવી રહ્યા છીએ. આપણા નેતાઓ પાસે આ બાબતોને લગતી માહિતીનો જરાય અભાવ નથી તેમ છતાં ભેગા મળીને તેના ઉપાયો શોધવાને બદલે તેઓ ધીમે ધીમે વિશ્વયુદ્ધની દિશામાં જ આગળ વધી રહ્યા છે.

તો શું વધુ માહિતી હોવાથી પરિસ્થિતિ વધુ સારી બને છે કે વધુ ખરાબ? એ તો ટૂંક સમયમાં જ આપણને જાણવા મળશે. ઘણાં બધાં કૉર્પોરેશનો અને સરકારો ઇતિહાસની સૌથી શક્તિશાળી ઇન્ફૉર્મેશન ટેક્નોલૉજી, એટલે કે AI, વિકસાવવાની હોડમાં લાગી ગયાં છે. અમેરિકન ઇન્વેસ્ટર માર્ક એન્ડ્રીસીન જેવા અગ્રણી ઉદ્યોગસાહસિકો એમ માને છે કે AI જ માનવજાતિની તમામ સમસ્યાઓનું સમાધાન લાવશે. 6 જૂન, 2023ના રોજ માર્ક એન્ડ્રીસીને 'વાય AI વિલ સેવ ધ વર્લ્ડ' શીર્ષક ધરાવતો એક નિબંધ પ્રકાશિત કર્યો હતો જેમાં ઠેર ઠેર આવાં સાહસિક વિધાનો હતાં, "હું અહીં તમને સારા સમાચાર આપવા આવ્યો છુંઃ AI આ જગતનો નાશ નહીં કરે, વાસ્તવમાં તેને બચાવી લે તેવું પણ બને." અને "આપણને જે જે વસ્તુઓની પરવા છે તે દરેકને AI વધુ સારી બનાવી શકે છે." અંતમાં તેમણે લખ્યું હતું કે, "AI વિકસાવવાની જે હોડ લાગી છે તેનાથી ભય પામવાની તો જરાય જરૂર નથી, ઊલટાનું એમ કરવું એ તો આપણી જાત પ્રત્યે, આપણા બાળકો પ્રત્યે અને આપણા ભાવિ પ્રત્યેની આપણી ફરજ છે."[14]

રે કર્ઝવેઇલ આ વાત સાથે સહમતિ દર્શાવે છે. તેઓ 'ધ સિંગ્યુલારિટી ઇઝ નીઅરર'માં એમ દલીલ કરે છે કે, "AI એવી ધરી સમાન ટેક્નોલૉજી છે, જે વર્તમાન સમયનાં રોગ, ગરીબી, પર્યાવરણનું નુકસાન અને માનવજાતના દોષો જેવી વર્તમાન સમસ્યાઓનો ઉકેલ લાવવામાં સહાયરૂપ બનશે. એટલે એવી નવી ટેક્નોલૉજીનો સાક્ષાત્કાર કરવો એ આપણી નૈતિક ફરજ છે." ટેક્નોલૉજીથી ઉત્પન્ન થતી સમસ્યાઓથી પણ કર્ઝવેઇલ સારી રીતે પરિચિત છે અને તેની પણ તેઓ વિગતે ચર્ચા કરે છે, પરંતુ તેમનું એમ માનવું છે કે એ સમસ્યાઓનો ઉકેલ લાવી શકાશે.[15]

અન્યો એ બાબતે વધારે શંકાશીલ છે. માત્ર ફિલસૂફો અને સામાજિક વૈજ્ઞાનિકો જ નહીં પણ યોશુઆ બેન્જિયો, જ્યોફ્રી હિંટન, સેમ ઓલ્ટમેન, ઇલોન મસ્ક અને મુસ્તફા સુલેમાન જેવા ઘણા અગ્રણી AI નિષ્ણાતો અને ઉદ્યોગસાહસિકોએ પણ લોકોને ચેતવણી આપી છે કે AI આપણી સંસ્કૃતિનો નાશ કરી શકે છે.[16] બેંગિયો, હિન્ટન અને અન્ય ઘણા નિષ્ણાતો દ્વારા ભેગા મળીને 2024માં લખવામાં આવેલા એક લેખમાં છે કે, "AIની અનિયંત્રિત પ્રગતિ જીવન અને બાયોસ્ફિયરના ઘણા મોટા નુકસાનમાં પરિણમી શકે છે અને માનવતાને હાંસિયામાં ધકેલી શકે છે અથવા તો તેનો નાશ પણ કરી શકે છે."[17] 2023માં 2,778 જેટલા AI સંશોધકોના સર્વેમાં એક તૃતીયાંશથી વધુ સંશોધકોએ એમ જણાવ્યું હતું કે, AIથી માનવજાતનું નિકંદન નીકળી જવાની સંભાવના 10 ટકાથી વધુ છે.[18] 2023માં, ચીન, યુનાઇટેડ સ્ટેટ્સ અને યુકે સહિત લગભગ ત્રીસ સરકારોએ AI પર બ્લેચલી ઘોષણાપત્ર પર હસ્તાક્ષર કર્યા જેમાં સ્વીકારવામાં આવ્યું હતું કે, "આ AI મૉડેલોની સૌથી મહત્ત્વપૂર્ણ ક્ષમતાઓમાં ઇરાદાપૂર્વક કે અજાણતાં ગંભીર, વિનાશક, નુકસાન થવાની સંભાવના છે."[19] આવા દુનિયાનો અંત આવવા જેવા શબ્દો વાપરીને નિષ્ણાતો અને સરકારો કંઈ એવી હોલીવૂડ જેવી ઇમેજ ઊભી કરવા નથી ઇચ્છતી કે બળવાખોર રોબોટો ગલીમાં દોડતા હશે અને લોકોને ગોળીઓ મારતા હશે. એવું બનવાની સંભાવના નથી અને તેના કારણે લોકોનું ધ્યાન વાસ્તવિક સમસ્યાથી ભટકી જાય છે. નિષ્ણાતો, બે અલગ પ્રકારની સંભાવનાઓ પર ધ્યાન આપવાનું સૂચવે છે.

પહેલી સંભાવના એ છે કે AIની શક્તિથી વર્તમાન માનવીય સંઘર્ષોમાં સામેલ પક્ષોની શક્તિ વધી જવા પામે છે અને માનવજાત જ અલગ અલગ પક્ષોમાં વહેંચાઈ જાય છે, જેમ વીસમી સદીમાં શીત યુદ્ધ દરમિયાન લોખંડી પડદો વિરોધી શક્તિઓને અલગ પાડતો હતો, તેવી રીતે એકવીસમી સદીમાં કાંટાળી તારની વાડને બદલે સિલિકોન ચિપ્સ અને કોમ્પ્યુટરના કોડથી સર્જાતો સિલિકોનનો પડદો વૈશ્વિક સંઘર્ષમાં વિરોધી શક્તિઓને અલગ પાડી શકે છે. AI વધુ વિનાશકારી શસ્ત્રો સર્જી શકે છે માટે પછી એક નાનકડો તણખો પણ મોટી વિભીષિકા સર્જી શકે છે.

બીજી સંભાવના એ છે કે આ સિલિકોનનો પડદો માણસોના એક જૂથને અન્ય માણસોથી અલગ પાડવાને બદલે સમગ્ર માનવજાતને જ આપણા નવા AI આકાઓથી અલગ પાડી દે. આપણે ગમે ત્યાં રહેતા હોઈએ, આપણે એવા ન સમજી શકાય તેવા અલગોરિધમોના કોશેટોમાં પુરાયેલા હોઈએ જેનાથી આપણા જીવનનું નિયંત્રણ થતું હોય, આપણા રાજકારણ અને સંસ્કૃતિને નવો

આકાર અપાતો હોય, અને આપણા શરીર અને મગજમાં પણ ફેરફારો થતા હોય, અને આ બધું થતું હોય ત્યારે તેને અટકાવવાનું તો ભૂલી જાવ, આપણને આપણું નિયંત્રણ રાખતું બળ સમજાતું પણ ન હોય. જો એકવીસમી સદીનું આવું કોઈ એકહથ્થુ શાસન કરવાવાળું નેટવર્ક સમગ્ર જગત જીતી લે, તો તેનું નિયંત્રણ કોઈ માનવીય સરમુખત્યારના હાથમાં નહીં હોય, પરંતુ AI જેવી બિનમાનવીય શક્તિના હાથમાં હશે. એકહથ્થુ શાસનનાં જોખમો સમજવા માટે જ્યારે લોકો ચીન, રશિયા કે ડેમોક્રેટિક પછીના અમેરિકા સામે આંગળી ચીંધે છે ત્યારે તેઓ જોખમ અંગે ગેરસમજ કરે છે. વાસ્તવમાં, ચીન, રશિયા અને અમેરિકાની સાથે સમગ્ર માનવજાત સામે AI જેવી બિનમાનવીય શક્તિના એકહથ્થુ શાસનનું જોખમ રહેલું છે.

આ જોખમ કેટલું મોટું છે એ જોતા તમામ માનવોને AIમાં તો રસ પડવો જ જોઈએ. આપણે બધા કંઈ AI એક્સપર્ટ તો ન બની શકીએ, પરંતુ આપણે એટલું તો ધ્યાનમાં રાખવું જ રહ્યું કે, AI ઇતિહાસની એવી પ્રથમ ટેક્નોલૉજી છે, જે જાતે નિર્ણયો લઈ શકે છે અને વિચારી પણ શકે છે. આ પહેલાંના તમામ માનવીય આવિષ્કારોને કારણે માનવજાત વધુ શક્તિશાળી બની છે, કારણ કે એ આવિષ્કાર ગમે તેટલો શક્તિશાળી હોય, તેના ઉપયોગનો નિર્ણય છેવટે માનવના હાથમાં રહેતો હતો. ચાકુ અને બૉમ્બ જાતે નિર્ણય નથી લેતા કે કોને મારવા. તેઓ એવા મૂર્ખ સાધનમાત્ર છે, જેમનામાં માહિતીને સમજવાની અને સ્વતંત્ર નિર્ણય કરવાની બુદ્ધિનો અભાવ છે. તેનાથી વિપરીત, AI જાતે જ માહિતીનું પ્રોસેસિંગ કરી શકે છે અને તેના પ્રતાપે માનવને બદલે જાતે જ નિર્ણય લઈ શકે છે. એટલે AI સાધન નથી, પરંતુ એજન્ટ એટલે કે કારક, પ્રતિનિધિ, મુખત્યાર છે.

માહિતી ઉપર AIનું પ્રભુત્વ હોવાથી તે સંગીતથી માંડીને મેડિસિન સુધીના ક્ષેત્રોમાં નવા વિચારો પણ સર્જી શકે છે. ગ્રામોફોન આપણું સંગીત વગાડતા હતા અને માઇક્રોસ્કોપ આપણા કોષોનાં રહસ્યો ઉજાગર કરતા હતા પરંતુ ગ્રામોફોન નવી ધૂન બનાવી નહોતા શકતા અને માઇક્રોસ્કોપ નવી દવાઓ નહોતું બનાવી શકતું. AI તો અત્યારે પણ એટલી સક્ષમ છે કે તે જાતે જ કળાના નમૂના પણ સર્જી શકે છે અને વૈજ્ઞાનિક શોધખોળ પણ કરી શકે છે. આવનારા અમુક દશકોમાં તે એટલી સક્ષમ બની જશે કે જેથી જીનેટિક કોડ દ્વારા કે સજીવોની નકલ કરતા નિર્જીવ કોડ લખીને તે નવા જીવોનું સર્જન પણ કરી શકતી હશે.

વર્તમાન ક્ષણે પણ, જ્યારે AI હજુ ભ્રૂણાવસ્થામાં જ છે, ત્યારે પણ કોમ્પ્યુટર આપણા વિશે નિર્ણયો લે જ છે, જેમ કે આપણને મોર્ગેજ લોન આપવી કે

નહીં, નોકરી આપવી કે નહીં, જેલમાં મોકલવા કે નહીં અને આ ટ્રેન્ડ વધશે પણ ખરો અને વધુ ગતિ પણ પકડશે અને આપણા માટે આપણું જ જીવન સમજવું વધુ અઘરું થઈ પડશે. શું આપણે સમજદારીપૂર્વકના નિર્ણયો લેવા માટે અને આ જગતને વધુ સારું બનાવવા માટે કોમ્પ્યુટરના અલગોરિધમો પર ભરોસો રાખી શકીએ? મંતર મારેલા ઝાડુ પાસે પાણી મંગાવવા કરતાં તો આ ઘણો મોટો જુગાર છે અને આપણે તેમાં માત્ર માનવજીવન જ દાવ પર નથી લગાડી રહ્યા. AIથી આપણી પ્રજાતિનો માત્ર ઇતિહાસ જ બદલાશે એવું નથી, તમામ જીવોની ઉત્ક્રાંતિનો માર્ગ પણ બદલાશે.

માહિતીનું શસ્ત્ર

2016માં, મેં 'હોમો ડેયસ' નામક પુસ્તક પ્રકાશિત કર્યું હતું જેમાં નવી ઇન્ફૉર્મેશન ટેક્નોલૉજીને કારણે માનવજાત પર ઊભા થયેલાં અમુક જોખમોની વાત હતી. તેમાં એવી દલીલ હતી કે ઇતિહાસનો સાચો હીરો 'હોમો સેપિયન્સ' નહીં, પરંતુ માહિતી જ રહ્યો છે અને વૈજ્ઞાનિકો પણ ધીમે ધીમે સમજી રહ્યા છે કે માત્ર ઇતિહાસ જ નહીં, પરંતુ જીવવિજ્ઞાન, રાજકારણ અને અર્થશાસ્ત્ર પણ માહિતીનો પ્રવાહ જ છે. પ્રાણીઓ, રાજ્યો અને બજારો પણ ઇન્ફૉર્મેશનના નેટવર્કો જ છે, જે આસપાસના વાતાવરણમાંથી ડેટા મેળવતા રહે છે, નિર્ણયો લેતા રહે છે અને નવી માહિતી મુક્ત કરતા રહે છે. એ પુસ્તકમાં એવી ચેતવણી આપવામાં આવી હતી કે ઇન્ફૉર્મેશન ટેક્નોલૉજી પાસેથી આપણે સ્વાસ્થ્ય, આનંદ અને શક્તિમાં સુધારો ઇચ્છી રહ્યા છીએ, પરંતુ તેનાથી અવળું પણ થઈ શકે છે અને તે આપણી શક્તિઓ છીનવી લઈને આપણા માનસિક અને શારીરિક સ્વાસ્થ્યનો સર્વનાશ કરી શકે છે. 'હોમો ડેયસ'માં એવો તર્ક રજૂ કરવામાં આવ્યો છે કે જો માનવજાત ધ્યાન નહીં રાખે, તો પાણીના પ્રવાહમાં ઓગળી જતા માટીના પિંડની જેમ આપણે પણ માહિતીના પ્રવાહમાં ઓગળી જઈશું અને આ વિશાળ આયોજનમાં કોસ્મિક ડેટાફ્લોની અંદર આપણે માત્ર એક નાનકડી લહેર જ બનીને રહી જઈશું.

'હોમો ડેયસ' પ્રકાશિત થયા પછીનાં વર્ષોમાં, પરિવર્તનની ગતિ ઘણી વધી છે અને સાચે જ શક્તિ ધીમે ધીમે માનવના હાથમાંથી અલગોરિધમ પાસે જઈ રહી છે. અલગોરિધમ કલાનું સર્જન કરશે, માનવની જેમ વર્તશે, જીવનને લગતા મહત્ત્વના નિર્ણયો લેશે, આપણે આપણા વિશે જે જાણતા હોઈશું તેનાથી પણ તે વધારે જાણતું હશે – આવા વિચારો 2016માં માત્ર વિજ્ઞાનકથાની કલ્પનાઓ

જ લાગતા હતા, પરંતુ 2024માં તેઓ દૈનિક જીવનની વાસ્તવિકતા બની રહ્યા છે.

2016 પછી બીજી પણ ઘણી વસ્તુઓ બદલાઈ છે. ઇકોલૉજિલ કટોકટી વધુ તીવ્ર બની છે, આંતરરાષ્ટ્રીય તણાવ વધ્યો છે, અને પોપ્યુલિસ્ટ રાજકારણના મોજાએ સૌથી મજબૂત મનાતી લોકશાહીઓને પણ પોતાનો પરચો બતાવી આપ્યો છે. આ પોપ્યુલિસ્ટ રાજકારણે તો માહિતી અંગેના સરળ દૃષ્ટિકોણને પણ આવશ્યક પડકાર આપ્યો છે. ડોનાલ્ડ ટ્રમ્પ અને જેયર બોલ્સોનારો જેવા લોકપ્રિય નેતાઓ અને ક્યુએનોન (Qanon) અને રસીકરણના વિરોધી જેવા પોપ્યુલિસ્ટ મૂવમેન્ટ અને કોન્સ્પિરસી થિયરિસ્ટોએ દલીલ કરી છે કે તમામ પરંપરાગત સંસ્થાઓ કે જેઓ માહિતી ભેગી કરવાનો અને સત્ય શોધવાનો દાવો કરીને સત્તા મેળવે છે તે ફક્ત જૂઠું બોલે છે. અધિકારીવર્ગ, ન્યાયાધીશો, ડૉક્ટરો, મુખ્ય પ્રવાહના પત્રકારો અને શિક્ષણક્ષેત્રના નિષ્ણાતો એ એલિટ ટોળકી છે, જેમને સત્યમાં કોઈ જ રસ નથી અને તેઓ સત્તા અને વિશેષાધિકારો મેળવવા માટે 'લોકોના ભોગે' હાથે કરીને ખોટી માહિતી ફેલાવી રહ્યા છે. ટ્રમ્પ જેવા રાજકારણીઓનો ઉદય અને ક્યૂએનોન જેવી ચળવળોનો ચોક્કસ રાજકીય સંદર્ભ છે, જે 2010ના દાયકાના અંતમાં યુનાઇટેડ સ્ટેટ્સની અજોડ પરિસ્થિતિઓના સંદર્ભે છે. જોકે, એન્ટીએસ્ટાબ્લિશમેન્ટના જગતના દૃષ્ટિકોણ તરીકે પોપ્યુલિસ્ટ રાજકારણ તો ટ્રમ્પથી ઘણું પહેલાનું છે અને તે ઘણા ઐતિહાસિક સંદર્ભો અનુસાર અત્યારે અને ભવિષ્ય માટે પ્રાસ્તાવિક બની રહ્યું છે. એકદમ ટૂંકમાં કહીએ તો પોપ્યુલિસ્ટ રાજકારણમાં માહિતી શસ્ત્ર છે.[20]

માહિતી ⟶ સત્તા

માહિતી અંગે પોપ્યુલિસ્ટ રાજકારણનો દૃષ્ટિકોણ

તદ્દન આત્યંતિક આવૃત્તિઓમાં તો પોપ્યુલિસ્ટ રાજકારણ એમ માનતું હોય છે કે નીતર્યા સત્ય જેવું તો કશું છે જ નહીં અને 'દરેકનું આગવું સત્ય' હોય છે, જેનો ઉપયોગ તેઓ પ્રતિસ્પર્ધીઓના વિનાશ માટે કરે છે. આ દૃષ્ટિકોણ મુજબ, સત્તા જ એક માત્ર વાસ્તવિકતા છે. તમામ સામાજિક આંતરપ્રક્રિયાઓ છેવટે સત્તાના જ સંઘર્ષો હોય છે, કારણ કે માનવોને માત્ર સત્તામાં જ રસ હોય છે. સત્ય કે ન્યાય જેવી અન્ય કોઈ વસ્તુમાં રસ હોવાનો દાવો પણ છેવટે તો સત્તા મેળવવા માટેના આયોજનનો જ ભાગ હોય છે. જ્યાં અને

જ્યારે પોપ્યુલિસ્ટ રાજકારણ માહિતીને શસ્ત્ર તરીકે વાપરવામાં સફળ થાય છે, ત્યાં ભાષાનું મહત્ત્વ જ રહેતું નથી. 'તથ્યો' જેવી સંજ્ઞાઓ અને 'ભૂલ વિનાનું' તેમજ 'સાચું' જેવા વિશેષણો ભ્રામક બની જાય છે. આવા શબ્દો એક સામાન્ય નીતરી વાસ્તવિકતા તરફ આંગળી ચીંધતા હોવાનું માનવામાં આવતું નથી. તેના બદલે 'તથ્યો' કે 'સત્ય'ની વાત કરવામાં આવે ત્યારે અમુક લોકો તો અવશ્ય એમ પૂછતા જ હોય છે, "તમે કોનાં તથ્યો અને કોના સત્યની વાત કરી રહ્યા છો?"

એ વાત પર ભાર મૂકાવો જોઈએ કે સત્તા ઉપરનું આ ધ્યાન અને માહિતી અંગેનો શંકાસ્પદ દૃષ્ટિકોણ એ કંઈ નવી ઘટના નથી અને તે કંઈ રસીકરણના વિરોધીઓએ, ધરતીને સપાટ માનનારાઓએ, બોલ્સોનારો કે ટ્રમ્પના સમર્થકોએ શોધ્યો નથી. આવો દૃષ્ટિકોણ તો 2016થી ઘણા આગળથી ચાલ્યો આવે છે અને તેના સમર્થકોમાં માનવજાતનાં સૌથી તેજસ્વી દિમાગોમાંથી અમુક પણ સામેલ ખરાં.[21] ઉદાહરણ તરીકે, વીસમી સદીના ઉત્તરાર્ધમાં, મિશેલ ફૌકોલ્ટ અને એડવર્ડ સેઈડ જેવા કટ્ટરપંથી ડાબેરી બૌદ્ધિકોએ દાવો કર્યો હતો કે દવાખાનાંઓ અને યુનિવર્સિટીઓ જેવી વૈજ્ઞાનિક સંસ્થાઓ શાશ્વત અને વસ્તુલક્ષી સત્યોને અનુસરતી નથી, પરંતુ તેના બદલે તેઓ તેમની સત્તાનો ઉપયોગ કરીને સત્ય તરીકે શું ગણાય છે તે નિર્ધારિત કરીને મૂડીવાદી અને સંસ્થાનવાદી ભદ્ર વર્ગની સેવા કરે છે. આ કટ્ટરપંથી ટીકાકારો પ્રસંગોપાત્ત એવી દલીલ કરે છે કે, 'વૈજ્ઞાનિક તથ્યો' એ મૂડીવાદી અથવા સંસ્થાનવાદી 'વાણીવિલાસ' કરતાં વધુ કંઈ નથી અને સત્તામાં રહેલા લોકો ક્યારેય સત્યમાં રસ ધરાવતા નથી હોતા અને તેમની પોતાની ભૂલોને ઓળખવા અને સુધારવા માટે ક્યારેય તેમની પર વિશ્વાસ કરી શકાય નહીં.[22]

આ વિશિષ્ટ કટ્ટરપંથી ડાબેરી વિચારસરણી કાર્લ માર્ક્સ સુધી જાય છે, જેમણે ઓગણીસમી સદીના મધ્યમાં એમ દલીલ કરી હતી કે સત્તા એ એકમાત્ર વાસ્તવિકતા છે, માહિતી એક શસ્ત્ર છે તેમજ સત્ય અને ન્યાયની સેવા કરવાનો દાવો કરનારા ઉચ્ચ વર્ગના લોકો હકીકતમાં તેમના સંકુચિત વર્ગના વિશેષાધિકારોની જ સેવા કરતા હોય છે. 1848ના 'કોમ્યુનિસ્ટ મેનિફેસ્ટો'ના શબ્દોમાં, "અત્યાર સુધીના તમામ અસ્તિત્વ ધરાવતા સમાજોનો ઇતિહાસ વર્ગ સંઘર્ષોનો ઇતિહાસ છે. આઝાદ માનવી અને ગુલામ, ઉમરાવ અને સામાન્ય લોક, જમીનદાર અને મજૂર, મહાજન અને દાડિયા, ટૂંકમાં, શોષણ કરનાર અને શોષિત સતત એકબીજાના વિરોધમાં હતા, અને તે અવિરત ચાલતું હતું, જે ક્યારેક ગોપિત હોય છે અને ક્યારેક પ્રત્યક્ષ, પણ એ લડાઈ સતત ચાલુ

રહે છે.” ઇતિહાસનું આ દ્વિઅંગી અર્થઘટન એમ સૂચવે છે કે પ્રત્યેક માનવીય વ્યવહાર એ શોષણ કરનાર અને શોષિત વચ્ચેનો સત્તાસંઘર્ષ જ છે. એવી જ રીતે, જ્યારે પણ કોઈ કંઈ કહે છે, ત્યારે “શું કહેવામાં આવ્યું છે? શું તે સાચું છે?” પ્રશ્નો પૂછવાના બદલે “આ કોણ કહે છે? તે કોના વિશેષાધિકારોને મજબૂત બનાવે છે?” પૂછવું જોઈએ.

જોકે, ટ્રમ્પ અને બોલ્સોનારો જેવા જમણેરી લોકપ્રિયતાવાદી રાજકારણીઓએ ફૌકોલ્ટ અથવા માર્ક્સ વાંચ્યા હોય તેવી શક્યતા નથી અને તેઓ સાચે જ પોતાને કટ્ટર માર્ક્સવાદી વિરોધી તરીકે રજૂ કરે છે. તેઓ કરવેરા અને જનકલ્યાણ જેવાં ક્ષેત્રોમાં તેમની સૂચિત નીતિઓમાં પણ માર્ક્સવાદીઓથી ખૂબ જ અલગ છે, પરંતુ સમાજ અને માહિતી પ્રત્યેનો તેમનો મૂળભૂત દૃષ્ટિકોણ આશ્ચર્યજનક રીતે માર્ક્સવાદી જ છે, જે તમામ માનવીય વ્યવહારોને શોષણ કરનાર અને શોષિતો વચ્ચેના સત્તાસંઘર્ષ તરીકે જ જુએ છે. ઉદાહરણ તરીકે, 2017માં તેમના પ્રથમ સંબોધનમાં ટ્રમ્પે કહ્યું હતું કે, “આપણા દેશની રાજધાનીમાં રહેલા એક નાનકડા જૂથે સરકારના લાભ લીધે રાખ્યા છે. જ્યારે તેનો ખર્ચ લોકોએ ઉઠાવ્યો છે.”[23] આવા ભાષણો પોપ્યુલિસ્ટ રાજકારણનો મુખ્ય ભાગ છે, જેને રાજકીય વૈજ્ઞાનિક કાસ મુદ્દેએ એક એવી વિચારધારા તરીકે વર્ણવ્યો છે કે, “જે સમાજને બે સમાનધર્મી અને વિરોધી વિચારધારાવાળાં જૂથોમાં વિભાજિત કરે છે, ‘શુદ્ધ લોકો’ અને ‘ભ્રષ્ટ ભદ્ર વર્ગ’.”[24] માર્ક્સવાદીઓ પણ આમ જ દાવો કરતા હતા કે મીડિયા મૂડીવાદીઓના મુખપત્ર તરીકે કામ કરે છે અને યુનિવર્સિટી જેવી વૈજ્ઞાનિક સંસ્થાઓ મૂડીવાદી નિયંત્રણને કાયમ રાખવા માટે ખોટી માહિતી ફેલાવે છે. પોપ્યુલિસ્ટ રાજકારણ કરનારાઓ પણ એમ જ આરોપ મૂકે છે કે આ જ સંસ્થાઓ ‘લોકો’ના ભોગે ‘ભ્રષ્ટ ભદ્ર વર્ગ’નાં હિતોને આગળ વધારવા માટે કામ કરે છે.

હાલના પોપ્યુલિસ્ટ રાજકારણ કરનારાઓ પણ એ જ અસંગતતાથી પીડાય છે, જેનાથી અગાઉની પેઢીઓમાં કટ્ટરપંથી સરકાર વિરોધી ચળવળકારો પીડિત હતા. જો સત્તા એકમાત્ર વાસ્તવિકતા હોય અને જો માહિતી માત્ર એક શસ્ત્ર જ હોય, તો તે પોપ્યુલિસ્ટ રાજકારણ કરનારાઓ વિશે શું સૂચવે છે? શું તેઓને પણ માત્ર સત્તામાં જ રસ છે અને શું તેઓ પણ સત્તા મેળવવા માટે આપણી સમક્ષ જૂઠું જ બોલે છે?

પોપ્યુલિસ્ટ રાજકારણ કરનારાઓએ પોતાની જાતને બે અલગ અલગ રીતે આ ગૂંચમાંથી બહાર કાઢવાનો પ્રયત્ન કર્યો છે. આવી કેટલીક ચળવળો આધુનિક વિજ્ઞાનના આદર્શો અને સંશયાત્મક પ્રયોગમૂલક પરંપરાઓનું અનુસરણ કરવાનો

દાવો કરે છે. તેઓ લોકોને કહે છે કે તમારે વાસ્તવમાં કોઈ પણ સંસ્થાઓ અથવા સત્તાધારી વ્યક્તિઓ પર વિશ્વાસ ન કરવો જોઈએ, અને તેમાં સ્વ-ઘોષિત પોપ્યુલિસ્ટ રાજકારણ કરતા પક્ષો અને રાજકારણીઓ પણ આવી ગયા. તેના બદલે, તમારે 'જાતે જ સંશોધન' કરવું જોઈએ અને તમે જે સીધું જાતે જ જોઈ શકો તેના પર જ વિશ્વાસ રાખવો જોઈએ.[25] આ ક્રાંતિકારી પ્રયોગમૂલક વિચારધારા સૂચવે છે કે રાજકીય પક્ષો, અદાલતો, અખબારો અને યુનિવર્સિટીઓ જેવી મોટી સંસ્થાઓ પર ક્યારેય ભરોસો કરી શકાય નહીં અને જે વ્યક્તિઓ પ્રયત્ન કરે છે તેઓ હજી પણ સત્ય શોધી શકે છે.

આ અભિગમ વૈજ્ઞાનિક લાગે અને મુક્ત વિચારધારા ધરાવતી વ્યક્તિઓને આકર્ષે પણ ખરો, પરંતુ તેમાં એ પ્રશ્નનો ઉત્તર તો સામેલ થતો જ નથી કે કઈ રીતે માનવ સમુદાયો એકબીજાના સહકારમાં હેલ્થકેર સિસ્ટમો રચી શકે કે પર્યાવરણને લગતા નિયમો બનાવી શકે, કારણ કે આવા તમામ કિસ્સાઓમાં વિશાળકાય સંસ્થાઓની જરૂરિયાત ઊભી થતી હોય છે. શું કોઈ વ્યક્તિ એકલપંડે એવું સઘળું સંશોધન કરી શકે કે પૃથ્વીનું વાતાવરણ વધુ ગરમ થઈ રહ્યું છે અને તે બાબતે શું કરવું જોઈએ? એક વ્યક્તિ કઈ રીતે આખી પૃથ્વીના વાતાવરણનો અને વીતેલી સદીઓનો ડેટા ભેગો કરે? 'જાતે જ સંશોધન કરવું'વાળો અભિગમ ભલે વૈજ્ઞાનિક લાગે, પરંતુ વ્યવહારુ દૃષ્ટિએ એમ કરવું તેનો અર્થ એ હોય છે કે કોઈ વસ્તુલક્ષી સત્ય હોતું નથી, તેમ માનવું. આપણે ચોથા પ્રકરણમાં જોઈશું કે વિજ્ઞાન એ અંગત સંશોધન નહીં, પરંતુ સંસ્થાકીય સહકારથી થતા પ્રયત્નોનો વિષય છે.

બીજો પોપ્યુલિસ્ટ ઉપાય એ છે કે સત્યશોધન માટે 'સંશોધન' આધારિત આધુનિક વૈજ્ઞાનિક આદર્શો ત્યાગી દેવા અને તેના બદલે દૈવી સાક્ષાત્કારો અને ગૂઢ વિદ્યાઓ પર આધાર રાખવાનું પાછું શરૂ કરી દેવું. પારંપરિક ખ્રિસ્તી, મુસ્લિમ અને હિન્દુ ધર્મોમાં માનવને એવા અવિશ્વાસને પાત્ર, સત્તાભૂખ્યા જીવ તરીકે જ ચીતર્યો છે, જે માત્ર દૈવી પ્રજ્ઞાના હસ્તક્ષેપ થકી જ સત્યને પામી શકે છે. 2010 અને 2020ના દશકોમાં બ્રાઝિલથી માંડીને ટર્કી સુધી અને અમેરિકાથી માંડીને ભારત સુધી પોપ્યુલિસ્ટ રાજકારણ કરનારા પક્ષોએ આવી પારંપરિક ધાર્મિક વિચારધારાઓ સાથે જ પોતાના પક્ષોની વિચારધારા સુસંગત બનાવી છે. તેમણે આધુનિક સંસ્થાઓ પ્રત્યે અન્તર્નિહિત સંશયો વ્યક્ત કર્યા છે અને પ્રાચીન ગ્રંથોમાં પોતાનો સંપૂર્ણ વિશ્વાસ વ્યક્ત કર્યો છે. પોપ્યુલિસ્ટ રાજકારણ કરનારાઓ એવો દાવો કરે છે કે તમે 'ધ ન્યૂ યોર્ક ટાઇમ્સ' કે 'સાયન્સ'માં જે વાંચો છો તે બધું તો ચોક્કસ ભદ્ર વર્ગ દ્વારા વિરોધીઓને

હરાવવા અને સત્તા મેળવવા માટેની ચાલ માત્ર છે અને તમને જે બાઇબલ, કુરાન કે વેદોમાં વાંચવા મળે છે, તે જ અંતિમ સત્ય છે.[26]

આ જ વિચારધારાની એક વૈકલ્પિક શાખામાં લોકોને એમ કહેવામાં આવે છે કે ટ્રમ્પ અને બોલ્સોનારો જેવા ચમત્કારિક આગેવાનોમાં વિશ્વાસ રાખવો. વળી તેમના સમર્થકો તેમને ભગવાનના દૂત કહે છે[27] અથવા 'લોકો' સાથે ખાસ પ્રકારનું જોડાણ ધરાવતા હોવાનું પણ કહે છે. સામાન્ય રાજકારણીઓ પોતાના માટે સત્તા મેળવવા માટે લોકો સમક્ષ જૂઠું બોલતા હોય છે જ્યારે ચમત્કારિક આગેવાનો એવા લોકોનું દોષરહિત મુખપત્ર બની રહેતા હોય છે, જેઓ તમામ જુઠાણાંઓ ઉઘાડાં પાડતા હોય છે.[28] આ પોપ્યુલિસ્ટ રાજકારણમાં વારંવાર જોવા મળતો વિરોધાભાસ એ હોય છે કે તેઓ લોકોને એમ ચેતવણી આપવાની શરૂઆત કરતા હોય છે કે તમામ ભદ્ર વર્ગના માનવીઓ સત્તાની ભયંકર ભૂખથી પીડાતા હોય છે, પરંતુ તેઓ પણ છેવટે તમામ સત્તા એક મહત્ત્વાકાંક્ષી માનવમાં જ આરોપી દેતા હોય છે.

આ પોપ્યુલિસ્ટ રાજકારણની વધુ ઊંડાણપૂર્વકની વાત આપણે પાંચમા પ્રકરણમાં કરીશું, પરંતુ અત્યારે એટલું નોંધવું જરૂરી છે કે જ્યારે માનવજાત પર અસ્તિત્વને લગતા ઇકોલૉજિકલ, વૈશ્વિક યુદ્ધ અને અનિયંતિત્ર ટેક્નોલૉજીના પડકારો આવીને ઊભા છે ત્યારે આ પોપ્યુલિસ્ટ રાજકારણ વિશાળ સંસ્થાઓ અને આંતરરાષ્ટ્રીય સહકારમાંથી લોકોના વિશ્વાસનું ધોવાણ કરી રહ્યું છે. સંકીર્ણ માનવીય સંસ્થાઓ પર વિશ્વાસ કરવાને બદલે આ પ્રકારનું રાજકારણ આપણને એવી જ સલાહ આપી રહ્યું છે, જે ફ્રેઇથન અને 'ધ સોર્સેરર્સ એપ્રેન્ટિસ' આપતા હતાઃ "ભગવાન અથવા ધ ગ્રેટ સોર્સેરર (મહાન જાદુગર) પર વિશ્વાસ રાખો, તેઓ વચ્ચે પડીને બધું સમુસૂતરું કરી દેશે." જો આપણે આ સલાહ માની લઈએ તો ટૂંકા ગાળે આપણે સૌથી કનિષ્ઠ માનવોની સત્તા હેઠળ આવી જઈશું અને લાંબા ગાળે AI સર્વાધિપતિની સત્તા હેઠળ. અથવા એમ પણ બને કે આપણે ક્યાંયના ન રહીએ કારણ કે પૃથ્વી માનવજીવનને લાયક જ ન રહે.

જો આપણે ચમત્કારિક આગેવાન કે અકળ AIની સત્તા હેઠળ આવવાથી બચવું હોય, તો સૌ પ્રથમ આપણે માહિતી શું છે, તેનાથી કઈ રીતે માનવીય નેટવર્કો રચવામાં મદદ મળે છે અને તે સત્ય અને સત્તા સાથે કઈ રીતે સંકળાયેલી છે, તે વધારે સારી રીતે સમજવું પડશે. પોપ્યુલિસ્ટ રાજકારણ કરનારા લોકો માહિતી અંગેના સરળ દૃષ્ટિકોણ બાબતે સાશંક છે, તે બાબતે તેઓ સાચા જ છે, પરંતુ તેઓ જ્યારે એમ વિચારે કે સત્તા જ એક માત્ર વાસ્તવિકતા છે અને માહિતી હંમેશાં એક શસ્ત્ર જ બની રહે છે, ત્યારે તેઓ

ખોટા છે. માહિતી એ સત્ય માટેનું કાચું રસાયણ માત્ર નથી અને તે શસ્ત્ર માત્ર પણ નથી. આ બે અંતિમો વચ્ચે એવી ઘણી વિશાળ અને આશાસ્પદ જગ્યા છે, જેમાં માનવીય ઇન્ફૉર્મેશન નેટવર્કો અને માનવજાતની સત્તાને સમજદારીથી સંભાળવાની ક્ષમતા રહી શકે છે. આ પુસ્તક એ વિશાળ જગ્યાને, એ મધ્યમમાર્ગને સમર્પિત છે.

આગળનો માર્ગ

આ પુસ્તકના પ્રથમ ભાગમાં માનવીય ઇન્ફૉર્મેશન નેટવર્કોના ઐતિહાસિક વિકાસની વાત છે. તેમાં લિપિ, પ્રિન્ટિંગ પ્રેસ અને રેડિયો એમ એક પછી એક સદીનો ઇન્ફૉર્મેશન ટેક્નોલૉજી ક્ષેત્રનો પદ્ધતિસરનો અહેવાલ નથી. તેના બદલે, અમુક ઉદાહરણો દ્વારા એમાં એ દ્વિધાઓને સમજવાનો પ્રયત્ન કરવામાં આવ્યો છે, જેને માનવીઓએ દરેક સદીમાં ઇન્ફૉર્મેશન નેટવર્કો સર્જતી વખતે અનુભવી છે અને અલગ અલગ માનવીય સમાજોમાં કઈ રીતે આ દ્વિધાઓના અલગ અલગ ઉત્તરો શોધવામાં આવ્યા એ પણ તેમાં સમજવાનો પ્રયત્ન કરવામાં આવ્યો છે, જેને આપણે સામાન્યતઃ આદર્શના કે રાજકીય સંઘર્ષો માનતા હોઈએ છીએ, તે ઘણીવાર વિરોધાભાસી ઇન્ફૉર્મેશન નેટવર્કો વચ્ચેના સંઘર્ષો હોય છે તે પણ આપણે જોઈશું.

પહેલા ભાગમાં એ બે મૂળભૂત સિદ્ધાંતોની ચકાસણી કરવાથી આરંભ કરવામાં આવ્યો છે, જે વિશાળકાય માનવીય ઇન્ફૉર્મેશન નેટવર્કો સ્થાપવા જરૂરી છેઃ પુરાણકથાઓ અને અમલદારશાહી. બીજા અને ત્રીજા પ્રકરણમાં એ વર્ણવવામાં આવ્યું છે કે કઈ રીતે પ્રાચીન સામ્રાજ્યોથી માંડીને વર્તમાન દેશો સુધીના વિશાળ ઇન્ફૉર્મેશન નેટવર્કોએ પુરાણકથાઓ સર્જનારાઓ પર અને અમલદારો પર આધાર રાખ્યો છે. ઉદાહરણ તરીકે, ખ્રિસ્તી ચર્ચ માટે બાઇબલની કથાઓ જરૂરી હતી, પરંતુ જો ચર્ચના અમલદારોએ એ ભેગી કરીને સંપાદિત કરીને ફેલાવી ન હોત, તો બાઇબલ જ ન હોત. તમામ માનવીય ઇન્ફૉર્મેશન નેટવર્કો માટે એક દ્વિધા એ રહી હોય છે કે પુરાણકથાના સર્જકો અને અમલદારો અલગ અલગ દિશામાં જવાનું જ વલણ દાખવતા હોય છે. આ પુરાણકથાના સર્જકો અમલદારોની વિરોધાભાસી જરૂરિયાતો વચ્ચે રખાતા સંતુલનથી જ સંસ્થાઓ અને સમાજો વ્યાખ્યાયિત થતા હોય છે. ખ્રિસ્તી ચર્ચોમાં જ કેથલિક અને પ્રોટેસ્ટંટ જેવા વિરોધાભાસી પંથો પડ્યા જેનાથી પુરાણકથાઓ અને અમલદારશાહી વચ્ચે સંતુલન સધાયું.

પછી પ્રકરણ-4 ભૂલભરેલી માહિતીની સમસ્યા પર અને સ્વતંત્ર અદાલતો અથવા પીઅર-રીવ્યૂડ જર્નલ્સ જેવી સ્વ-સુધારક પદ્ધતિઓ (સેલ્ફ-કરેક્ટિંગ મીકેનિઝમ્સ)ના ફાયદા અને ખામીઓ પર ધ્યાન કેન્દ્રિત કરે છે. આ પ્રકરણ એવી સંસ્થાઓને સરખામણી દ્વારા એકબીજાની સામે મૂકી આપે છે, જેમ કે કેથોલિક ચર્ચ જેવી નબળી સ્વ-સુધારક પદ્ધતિઓ પર આધાર રાખતી સંસ્થાઓ અને મજબૂત સ્વ-સુધારક પદ્ધતિઓ પર આધાર રાખતી વૈજ્ઞાનિક સંસ્થાઓ. નબળી સ્વ-સુધારક પદ્ધતિઓ કેટલીકવાર ઐતિહાસિક આફતોમાં પરિણમે છે, જેમ કે પ્રારંભિક આધુનિક યુરોપિયન વિચ હન્ટ (સ્ત્રીઓને ચુડેલ માનીને મારી નાખવી). બીજી બાજુ, મજબૂત સ્વ-સુધારક પદ્ધતિઓ કેટલીકવાર નેટવર્કને અંદરથી અસ્થિર બનાવે છે. દીર્ઘાયુ, ફેલાવો અને શક્તિની દૃષ્ટિએ નક્કી કરવામાં આવે તો, નબળી સ્વ-સુધારક પદ્ધતિઓ છતાં કેથોલિક ચર્ચ માનવ ઇતિહાસમાં કદાચ સૌથી સફળ સંસ્થા બની રહી છે અને તે નબળાઈ જ તેનું કારણ પણ હોઈ શકે છે.

ભાગ-1માં પુરાણકથાઓ અને અમલદારશાહીની ભૂમિકાઓ, તેમજ મજબૂત અને નબળી સ્વ-સુધારક પદ્ધતિઓ વચ્ચેના વિરોધાભાસની વાત કર્યા પછી, પ્રકરણ-5માં ડિસ્ટ્રિબ્યૂટેડ અને સેન્ટ્રલાઇઝ્ડ માહિતી નેટવર્કોના વિરોધાભાસ પર ધ્યાન કેન્દ્રિત કરીને આ ઐતિહાસિક ચર્ચાને સમાપ્ત કરવામાં આવે છે. લોકશાહી પ્રણાલીઓ માહિતીને ઘણી સ્વતંત્ર ચૅનલોમાં મુક્તપણે વહેવા દે છે, જ્યારે એકહથ્થુ શાસન પ્રણાલીઓ માહિતીને એક જ હબમાં કેન્દ્રિત કરવાનો પ્રયત્ન કરે છે. દરેક વિકલ્પના ફાયદા પણ છે અને નુકસાન પણ છે. યુનાઇટેડ સ્ટેટ્સ અને યુ.એસ.એસ.આર. જેવી રાજકીય પ્રણાલીઓને માહિતીના પ્રવાહના સંદર્ભમાં સમજવાથી તેમના જુદા જુદા માર્ગો વિશે ઘણું સમજી શકાય છે.

પુસ્તકનો આ ઐતિહાસિક ભાગ વર્તમાન સમયના અને ભવિષ્યના સંજોગોને સમજવા માટે મહત્ત્વપૂર્ણ છે. AIનો ઉદય એ ઇતિહાસનું સૌથી મોટું ઇન્ફૉર્મેશન રિવોલ્યુશન (માહિતી ક્રાંતિ) છે, પરંતુ જ્યાં સુધી આપણે તેની પહેલાની ક્રાંતિ સાથે તેની સરખામણી ન કરીએ ત્યાં સુધી આપણે તેને સમજી શકવાના નથી. ઇતિહાસ એ કંઈ ભૂતકાળનો અભ્યાસ નથી, એ પરિવર્તનનો અભ્યાસ છે. ઇતિહાસ આપણને શીખવે છે કે શું યથાવત્ રહ્યું છે, શું બદલાયું છે અને વસ્તુઓ કેવી રીતે બદલાય છે. આ વાત ઇન્ફૉર્મેશન રિવોલ્યુશન માટે જેટલી સાચી છે તેટલી અન્ય દરેક પ્રકારના ઐતિહાસિક પરિવર્તન માટે પણ સાચી છે. આમ, જે કહેવાતી રીતે અફર બાઇબલનું ગઠન કરવામાં આવ્યું હતું તે પ્રક્રિયાને સમજવાથી વર્તમાન સમયમાં AIની અફરતાઓ અંગેના દાવાઓની

મહત્ત્વની સમજણ મળે છે. એ જ રીતે, પ્રાચીન સમયમાં થયેલી વિચ હન્ટો અને સ્ટાલિનના કલેક્ટિવાઇઝેશન (સામૂહીકરણ)નો અભ્યાસ કરવાથી જો આપણે AIને એકવીસમી સદીના સમાજો પર વધુ નિયંત્રણ આપી દઈએ, તો શું ખોટું થઈ શકે છે તે વિશે આગોતરી ચેતવણીઓ મળી રહે છે. ઇતિહાસના ઊંડા જ્ઞાનથી એમ પણ સમજવા મળે છે કે AIમાં નવું શું છે, તે પ્રિન્ટિંગ પ્રેસ અને રેડિયો સેટથી મૂળે કેવી રીતે અલગ પડે છે અને કઈ રીતે AIની સરમુખત્યારશાહી આપણે આ પહેલાં જોયેલી તમામ સરમુખત્યારશાહીઓથી તદ્દન અલગ હોઈ શકે છે.

આ પુસ્તકમાં એવી દલીલ નથી કરવામાં આવી કે ભૂતકાળનો અભ્યાસ કરવાથી આપણે ભાવિ ભાખી શકીશું. આગળનાં પૃષ્ઠોમાં એક વાત તો વારંવાર અને ભારપૂર્વક કહેવાઈ છે કે ઇતિહાસ નિયતિવાદી (ડીટર્મિનિસ્ટિક) નથી અને ભાવિ તો આપણે આવનારાં વર્ષોમાં જે પસંદગીઓ કરીશું તેનાથી જ ઘડાશે. આ પુસ્તક લખવાનો હેતુ એ જ છે કે જાણકારી સાથે પસંદગી કરવાથી આપણે અનિષ્ટ પરિણામો અટકાવી શકીશું. જો આપણે ભવિષ્ય બદલી જ ન શકતા હોઈએ, તો તેની ચર્ચા કરવામાં સમય બગાડવાનો અર્થ જ શું છે?

ભાગ-1માં ચર્ચવામાં આવેલા ઐતિહાસિક સર્વેક્ષણોના આધારે, પુસ્તકના બીજા ભાગ 'બિનમાનવીય નેટર્વક'માં આપણે અત્યારે જે ઇન્ફૉર્મેશન નેટવર્ક સર્જી રહ્યા છે તેની અને તેની રાજકીય અસરોની ચર્ચા કરવામાં આવે છે. પ્રકરણ-6થી 8માં સમગ્ર દુનિયાનાં તાજેતરનાં ઉદાહરણો લઈને ચર્ચા કરવામાં આવી છે, જેમ કે, 2016-17માં મ્યાનમારમાં સોશિયલ મીડિયા અલગોરિધમોના પ્રતાપે જે કોમવાદી હિંસા ભડકી હતી તેના આધારે એ સમજાવવાનો પ્રયત્ન કરવામાં આવ્યો છે કે કઈ રીતે AI આ પૂર્વેની ઇન્ફૉર્મેશન ટેક્નોલૉજીઓથી અલગ છે. ઉદાહરણો 2020ના દશકને બદલે 2010ના દશકમાંથી લેવામાં આવ્યા છે, કારણ કે 2010ના દશકની ઘટનાઓ પ્રત્યેના દૃષ્ટિકોણને (2020ના દશકની ઘટનાઓની સરખામણીએ) ઇતિહાસનો થોડોઘણો સ્પર્શ મળ્યો ગણાય.

બીજા ભાગમાં એમ દલીલ કરવામાં આવી છે કે આપણે એક સમગ્રતઃ નવા જ પ્રકારનું ઇન્ફૉર્મેશન નેટવર્ક સર્જી રહ્યા છીએ પરંતુ તેની અસરો વિશે આપણે જરા પણ વિચાર કર્યો નથી. તેમાં એ વાત પર ભાર મૂકવામાં આવ્યો છે કે ઇન્ફૉર્મેશન નેટવર્ક સજીવ (માનવીય)થી નિર્જીવ (નિર્જીવ, માનવરહિત) બની રહ્યા છે. રોમન સામ્રાજ્ય, કેથોલિક ચર્ચ અને યુ.એસ.એસ.આર. - એ તમામ માહિતીના પ્રોસેસિંગ અને નિર્ણયો લેવા માટે કાર્બનથી બનેલા માનવીય મગજ પર આધાર રાખતા હતા. બીજી બાજુ, નવા ઇન્ફૉર્મેશન નેટવર્કમાં સિલિકોન

આધારિત કોમ્પ્યુટરોનું પ્રભુત્વ છે અને તે બહુ જ અલગ રીતે કામ કરતા હોય છે. સારું હોય કે ખરાબ એ તો ખબર નથી, પરંતુ કાર્બનથી રચાતા ન્યૂરોન પર સજીવ બાયોકેમેસ્ટ્રીની જે મર્યાદાઓ હતી તેમાંથી ઘણી મર્યાદાઓથી આ સિલિકોન ચિપો મુક્ત હોય છે. સિલિકોન ચિપો એવા જાસૂસો સર્જી શકે છે, જે ક્યારેય સૂતા નથી, એવા ફાઇનાન્સરો સર્જી શકે છે, જે ક્યારેય ભૂલતા નથી અને એવા સરમુખત્યારો સર્જી શકે છે, જે ક્યારેય મૃત્યુ પામતા નથી. તેનાથી સમાજ, અર્થશાસ્ત્ર અને રાજકારણ કેવી રીતે બદલાશે?

પુસ્તકના ત્રીજા અને અંતિમ ભાગ 'કોમ્પ્યુટર પોલિટિક્સ'માં એ વાત ચર્ચવામાં આવી છે કે અલગ અલગ સમાજો આ બિનમાનવીય ઇન્ફૉર્મેશન નેટવર્કોના લાભ અને નુકસાન અંગે કેવા પગલાં ભરશે. શું આપણા જેવા કાર્બનથી બનેલા જીવો નવા ઇન્ફૉર્મેશન નેટવર્કોને સમજી અને નિયંત્રણમાં રાખી શકશે? આગળ નોંધ્યું તેમ ઇતિહાસ કંઈ નિયતિવાદી નથી અને આવનારાં અમુક વર્ષો સુધી હજુ આપણે સેપિયન્સ પાસે આપણું ભાવિ ઘડવાની શક્તિ છે.

એ જ રીતે, નવમા પ્રકરણમાં એ ચર્ચા કરવામાં આવી છે કે કઈ રીતે લોકશાહીઓ આ નિર્જીવ નેટર્વકો સાથે પનારો પાડશે. જો ફાઇનાન્સિયલ સિસ્ટમના વધુ ને વધુ નિર્ણયો AI લેવા માંડી હોય અને રૂપિયાનો અર્થ જ અકળ અલોગોરિધમો પર આધાર રાખતો હોય, તો હાડ-માંસના બનેલા રાજકારણીઓ કેવી રીતે આર્થિક નિર્ણયો લઈ શકશે? જો આપણને એ જ ખ્યાલ ન હોય કે આપણે બીજા માણસ સાથે વાત કરી રહ્યા છીએ કે, માણસ બનીને વાતો કરી રહેલા કોઈ ચેટબોટ સાથે, તો પછી લોકશાહીમાં આર્થિક કે લૈંગિક કે અન્ય કોઈ પણ મુદ્દા પર જાહેર સંવાદ જ કઈ રીતે થઈ શકશે?

દસમા પ્રકરણમાં સરમુખત્યારશાહી પર આવા બિનમાનવીય નેટવર્કોની શું અસર પડી શકે છે તેની ચર્ચા છે. સરમુખત્યારોને જાહેર સંવાદો અટકાવી દેવાની ખુશી થશે, તેમ છતાં તે પોતે પણ અમુક રીતે તો AIથી ડરતા જ હશે. જોહુકમી તો પોતાના માણસોને ડરાવી અને સેન્સર કરીને જ ચાલી શકે, પરંતુ કોઈ માનવીય સરમુખત્યાર AIને કેવી રીતે ડરાવી શકે કે તેની અકળ પ્રોસેસોને સેન્સર કરી શકે કે પછી AIને સત્તા આંચકી લેતી પણ કેવી રીતે અટકાવી શકે?

અંતે અગિયારમા પ્રકરણમાં એ ચર્ચા કરવામાં આવી છે કે કઈ રીતે નવું ઇન્ફૉર્મેશન નેટવર્ક વૈશ્વિક સ્તરે લોકશાહી અને સરમુખત્યારશાહી સત્તાઓ વચ્ચે સત્તાના સંતુલન પર અસર કરી શકે છે. શું AI કોઈ એક દિશામાં પલડું નિર્ણયાત્મક રીતે નમાવી શકશે? શું આખું જગત પ્રતિસ્પર્ધી છાવણીઓમાં

વહેંચાઈ જશે અને તેના પ્રતાપે આપણે અનિયંત્રિત AI માટે સરળ શિકાર બની જઈશું? કે પછી આપણે આપણા સમાન હિત માટે સંગઠિત થઈ શકીશું?

પરંતુ આપણે ઇન્ફૉર્મેશન નેટવર્કોના ભૂતકાળ, વર્તમાન અને શક્ય ભવિષ્યની ચર્ચા માંડી તે પહેલા આપણે એકદમ છેતરામણી રીતે સરળ લાગતા પ્રશ્નથી શરૂઆત કરવી પડશે. માહિતી એટલે ખરેખર શું?

ભાગ-1

માનવીય નેટવર્કો

પ્રકરણ-1

માહિતી શું છે?

મૂળભૂત વિભાવનાઓની વ્યાખ્યા કરવી હંમેશાં અઘરી જ હોય છે. એ પછીની તમામ વસ્તુઓ માટે તેઓ આધારરૂપ બની રહેતી હોય છે પણ તેમનો પોતાનો કોઈ આધાર હોય તેવું લાગતું હોતું નથી. ભૌતિકશાસ્ત્રીઓને પદાર્થ અને ઊર્જાને વ્યાખ્યાયિત કરવાનું અઘરું પડી રહ્યું છે, જીવવિજ્ઞાનીઓને જીવનની વ્યાખ્યા કરવી અઘરી પડી રહી છે અને ફિલસૂફો વાસ્તવને વ્યાખ્યાયિત કરવા મથી રહ્યા છે.

હવે વધુ ને વધુ ફિલસૂફો અને જીવવિજ્ઞાનીઓ, અને અમુક ભૌતિકશાસ્ત્રીઓ પણ માહિતીને વાસ્તવના મૂળભૂત એકમ તરીકે જોઈ રહ્યા છે, પદાર્થ અને ઊર્જાથી પણ વધુ મૂળભૂત.[1] માટે માહિતીને કેવી રીતે વ્યાખ્યાયિત કરવી અને તે જીવનની ઉત્ક્રાંતિ સાથે અથવા એન્ટ્રોપી, થર્મોડાયનેમિક્સના નિયમો અને ક્વોન્ટમ અનસર્ટેનિટી પ્રિન્સિપલ જેવા ભૌતિકશાસ્ત્રના મૂળભૂત વિચારો સાથે કેવી રીતે સંબંધિત છે તે અંગે ઘણા વિવાદો છે તેમાં જરા પણ આશ્ચર્ય થાય એમ નથી.[2] આ પુસ્તકમાં એ વિવાદોનો નિવેડો લાવવાનો કે તેમને સમજાવવાનો પ્રયત્ન પણ કરવામાં નથી આવ્યો કે તેમાંથી ભૌતિકશાસ્ત્ર, જીવવિજ્ઞાન અને જ્ઞાનના તમામ ક્ષેત્રોમાં લાગુ પાડી શકાય તેવી માહિતીની વ્યાખ્યા આપવાનો પ્રયત્ન પણ નથી કરવામાં આવ્યો. આ તો ઇતિહાસનું પુસ્તક છે, જેમાં માનવીય સમાજોના વિકાસના ભૂતકાળ અને ભાવિની વાત માંડવામાં આવી છે માટે આ પુસ્તકનું ધ્યાન તો ઇતિહાસમાં માહિતીની વ્યાખ્યા અને તેણે ભજવેલા ભાગ પર જ કેન્દ્રિત રહેશે.

દૈનિક ઉપયોગમાં 'માહિતી' માનવ નિર્મિત બોલાયેલા કે લખાયેલા શબ્દોના પ્રતીકો સાથે જોડવામાં આવે છે. ઉદાહરણ તરીકે 'ચેર એમી એન્ડ ધ લોસ્ટ

બટાલિયન' વાળી કથા યાદ કરો. ઑક્ટોબર 1918માં, અમેરિકન એક્સપીડિશનરી ફોર્સિઝ ઉત્તર ફ્રાન્સને જર્મનોના હાથમાંથી મુક્ત કરાવવા માટે લડી રહી હતી ત્યારે પાંચસોથી વધુ અમેરિકન સૈનિકોની એક બટાલિયન શત્રુ વિસ્તારમાં ફસાઈ ગઈ હતી. અમેરિકન તોપખાનું તેમને રક્ષણાત્મક કવર પૂરું પાડવાનો પ્રયત્ન કરી રહ્યું હતું. તોપખાનાએ અમેરિકન સૈનિકો સંતાયા હોવાની જગ્યાનું ખોટું અનુમાન લગાવ્યું અને તેઓ ફસાયા હતા એ જગ્યા પર જ તોપમારો કરવા માંડ્યા. બટાલિયનના કમાન્ડર મેજર ચાર્લ્સ વ્હિટલ્સીએ તાકીદે તેમના છુપાવાની સાચી જગ્યાની માહિતી હેડક્વાર્ટરને પહોંચાડવી પડે તેમ હતી પરંતુ કોઈ પણ સૈનિક દોડીને જર્મનીની હરોળ ઓળંગી શકતો નહોતો. ઘણી બધી જગ્યાએથી મળતા અહેવાલો અનુસાર, અંતિમ ઉપાય તરીકે ચાર્લ્સ વ્હિટલ્સીએ સેનાના ટપાલી કબૂતર એવા ચેર એમીનો સહારો લીધો. કાગળની એક નાનકડી ચબરખી ઉપર વ્હિટલ્સીએ લખ્યું, "અમે રોડ [sic] 276.4ની સમાંતરે જ છીએ. આપણું તોપખાનું અમારી પર જ તોપમારો કરી રહ્યું છે. ભગવાનને ખાતર એમને અટકાવો." એ ચબરખી ચેર એમીના જમણા પગ સાથે બંધાયેલી એક નાનકડી ભૂંગળીની અંદર સરકાવવામાં આવી અને પક્ષીને આકાશમાં મુક્ત કરવામાં આવ્યું. વર્ષો પછી એ બટાલિયનનો એક સૈનિક પ્રાઇવેટ જ્હોન નેલ એ ઘટના યાદ કરતાં કહે છે, "અમને એ વાતમાં જરા પણ શંકા નહોતી કે એ અમારી છેલ્લી આશા હતી. જો એ એકાકી, ડરેલું નાનકડું કબૂતર એનું કબૂતરખાનું શોધી શકે નહીં, તો અમારું બધાનું આવી બનવાનું હતું."

સાક્ષીઓએ પાછળથી વર્ણવ્યું હતું કે ચેર એમી કેટલી બહાદુરીપૂર્વક જર્મન ગોળાબાજી વચ્ચે ઊડ્યું હતું. એ પક્ષીની નીચે જ એક બૉમ્બ ફૂટ્યો જેથી પાંચ માણસો મૃત્યુ પામ્યા અને પક્ષી પણ ગંભીર રીતે ઘાયલ થયું હતું. એક ફાંસ ચેર એમીની છાતીની આરપાર નીકળી ગઈ અને તેનો જમણો પગ માંડ માંડ તેના શરીર નીચે લટકી રહ્યો, પરંતુ તે ત્યાંથી આગળ વધી શક્યું. એ ઘાયલ કબૂતર ચાલીસ કિલોમીટર દૂર આવેલા ડિવિઝનના હેડક્વાર્ટર સુધી પિસ્તાલીસ મિનિટમાં પહોંચ્યું અને તેના જમણા પગના માંડ માંડ લટકી રહેલા અવશેષની સાથે મહત્ત્વનો સંદેશો ધરાવતી પેલી ભૂંગળી પણ લટકી રહી હતી. એકદમ ચોક્કસ વિગતો બાબતે અમુક વિવાદ છે, પરંતુ એટલું તો બન્યું જ હતું કે એ પછી અમેરિકન તોપખાનાએ તોપમારાની દિશા બદલી હતી અને એ ફસાયેલી ટુકડીને વળતા પ્રહારો કરીને બચાવી લીધી હતી. અમેરિકાની સેનાના ડૉક્ટરોએ ચેર એમીની સારવાર કરી, પછી તેને હીરોની જેમ અમેરિકા મોકલવામાં આવ્યું અને તેના પર અઢળક લેખો, ટૂંકી વાર્તાઓ, બાળવાર્તાનાં

પુસ્તકો અને કવિતાઓ લખાઈ અને તેના વિશે ફિલ્મો પણ બની. કબૂતરને તે જે માહિતી લઈ જઈ રહ્યું હતું તેના વિશે જરા પણ જાણ નહોતી, પરંતુ તે જે ચબરખી લઈ ગયું તેની પર ચિતરાયેલાં પ્રતીકોને કારણે ઘણા માણસો મૃત્યુ અને કેદથી બચી શક્યા હતા.[3]

જોકે માહિતીમાં માનવસર્જિત પ્રતીકો હોવાં જરૂરી નથી. બાઇબલમાંની ફ્લડ અંગેની દંતકથામાં નોઆહને પૂર ઘટ્યાનું ત્યારે સમજાયું હતું જ્યારે તેણે આર્ક પરથી મોકલેલું કબૂતર મોઢામાં ઓલિવ વૃક્ષની એક ડાળખી લઈને આવે છે. પછી પરમ પિતા પૃથ્વી પર કદી પણ પૂર ન મોકલવાના વચનના પ્રતીક સ્વરૂપે વાદળોમાંથી એક ઇન્દ્રધનુષ પ્રગટાવે છે. ત્યારથી કબૂતરો, ઓલિવ વૃક્ષની ડાળખીઓ અને ઇન્દ્રધનુષો શાંતિ અને સહનશીલતાના પ્રતીક બની રહ્યા છે. ઇન્દ્રધનુષથી પણ ઘણા દૂર રહેલા પદાર્થો પણ માહિતી બની શકે છે. ખગોળશાસ્ત્રીઓ માટે આકાશગંગાઓના આકારો અને હલનચલન પણ બ્રહ્માંડના ઇતિહાસ અંગેની મહત્ત્વની માહિતી ધરાવતા હોય છે. નાવિકોને ધ્રુવનો તારો ઉત્તર દિશા દર્શાવી આપતો હોય છે. જ્યોતિષીઓ માટે આ તારાઓ બ્રહ્માંડનો અભિલેખ બની રહે છે, જેમાંથી તેઓ માનવો અને સમગ્ર સમાજોના ભાવિ અંગેની માહિતી મેળવવાનો દાવો કરતા હોય છે.

અલબત્ત, કોઈ પણ વસ્તુને 'માહિતી'નો દરજ્જો આપવો એ દૃષ્ટિકોણની વાત છે. કોઈ ખગોળશાસ્ત્રી કે જ્યોતિષ કદાચ સ્વાતિ નક્ષત્રને 'માહિતી' તરીકે જુએ, પરંતુ આ દૂર રહેલા તારાઓ માનવીય નિરીક્ષકોના નોટિસ બોર્ડથી ઘણું વધારે છે. ત્યાં કોઈ પરગ્રહવાસીઓની સંસ્કૃતિ હોય અને આપણને તેમના ઘરમાંથી જે માહિતી મળે છે અને આપણે તેના વિશે જે વાર્તાઓ કહીએ છીએ તેનાથી તેઓ તદ્દન અજાણ હોય એમ પણ બને. એવી જ રીતે, શાહી વડે ચિહ્નિત કરવામાં આવેલો એક કાગળનો ટુકડો સેનાની કોઈ ટુકડી માટે મહત્ત્વની માહિતી પણ હોઈ શકે અને ઊધઈના પરિવાર માટે ભોજન પણ હોઈ શકે. કોઈ પણ પદાર્થ માહિતી હોઈ શકે છે અથવા નથી પણ હોઈ શકતો. માટે જ માહિતી શબ્દને વ્યાખ્યાયિત કરવો દુષ્કર બની રહે છે.

માહિતી અંગેની આ દુષ્કરતાએ સૈન્ય જાસૂસીની ગલીઓમાં ત્યારે ઘણો મહત્ત્વનો ભાગ ભજવ્યો છે જ્યારે જાસૂસોએ ખાનગીમાં માહિતી મોકલવાની રહેતી. પ્રથમ વિશ્વયુદ્ધમાં માત્ર ફ્રાન્સના ઉત્તર ભાગમાં જ મહત્ત્વના યુદ્ધો નહોતાં થઈ રહ્યાં. 1915થી 1918 સુધી મધ્ય પૂર્વ પર નિયંત્રણ માટે બ્રિટન અને ઓટોમાન સામ્રાજ્ય લડતાં રહ્યાં હતાં. સિનાઈ પેનિન્સુલા અને સુએઝ નહેર પરના ઓટોમાન સામ્રાજ્યના હુમલાઓ ખાળીને વળતા આક્રમણ તરીકે

બ્રિટને ઓટોમાન સામ્રાજ્ય પર જ આક્રમણ કર્યું, પરંતુ ઑક્ટોબર 1947 સુધી બીર્શેબાથી ગાઝા સુધી ફેલાયેલી ઓટોમાન સામ્રાજ્યની સેનાની હરોળોએ તેમને ખાળી રાખ્યા હતા. એ હરોળ તોડવા માટે બ્રિટનના બે હુમલાઓ, ગાઝાની પહેલી લડાઈ (26 માર્ચ, 1917) અને ગાઝાની બીજી લડાઈ (17-19 એપ્રિલ, 1917)ને ઓટોમાનોએ નિષ્ફળ બનાવ્યા હતા. એ દરમિયાન પેલેસ્ટાઇનમાં વસતા અને બ્રિટિશરો પ્રત્યે સહાનુભૂતિનું વલણ ધરાવતા યહૂદીઓએ ભેગા મળીને ઓટોમાન સૈન્યની હિલચાલની માહિતી બ્રિટિશરોને પહોંચાડવા માટે NILI નામક એક જાસૂસી નેટવર્ક તૈયાર કર્યું. બ્રિટિશ ઓપરેટરો સાથે સંપર્ક કરવા માટે તેમણે વિકસાવેલી એક પદ્ધતિમાં બારીઓ ખોલ-બંધ કરવાનો ઉપયોગ કરવામાં આવતો હતો. એક NILI કમાન્ડર સેરા એરનસોહ્નનું ઘર ભૂમધ્ય સમુદ્રના કિનારેથી દેખાતું હતું. તે પહેલેથી નક્કી કરાયેલા કોડ અનુસાર તેના ઘરની ચોક્કસ બારી ખોલી કે બંધ કરીને બ્રિટિશ વહાણોને સિગ્નલ મોકલતી હતી. ઓટોમાન સૈનિકો સહિતના ઘણા બધા લોકો એ બારીઓ જોઈ શકતા હતા, પરંતુ NILIના એજન્ટો અને બ્રિટિશ ઓપરેટરો સિવાય કોઈને પણ સમજાતું નહીં કે તે મહત્ત્વપૂર્ણ સૈન્ય માહિતી હતી.[4] તો એ બારી ક્યારે માત્ર બારી હતી અને ક્યારે માહિતી હતી?

અંતે તો ઓટોમાનોએ એક વિચિત્ર ભૂલને કારણે NILI જાસૂસી નેટવર્ક પકડી પાડ્યું હતું. બારીઓના દરવાજા ઉપરાંત કોડ સ્વરૂપે સંદેશા મોકલવા માટે NILIમાં સંદેશવાહક કબૂતરોનો પણ ઉપયોગ કરવામાં આવતો હતો. 3 સપ્ટેમ્બર 1917ના રોજ એક કબૂતર અલગ માર્ગે ચડી ગયું અને બીજે ક્યાંય નહીં ને એક ઓટોમાન ઑફિસરના ઘર પર જ જઈને બેઠું. એ ઑફિસરે કોડેડ સંદેશો જોયો ખરો, પણ તેને તે સમજી શક્યો નહીં. ગમે તેમ, એ કબૂતર પોતે પણ અગત્યની માહિતી સમાન હતું. તેના અસ્તિત્વથી જ ઓટોમાનોને એમ સમજાયું કે તેમના નાક હેઠળ જાસૂસી નેટવર્ક કામ કરી રહ્યું હતું. માર્શલ મેકલુહાને કહ્યું એમ કબૂતર જ સંદેશો હતો. NILI એજન્ટોને પકડાયેલા કબૂતર વિશે જાણ થઈ એટલે તેમણે તરત જ તેમની પાસે હતાં તે તમામ કબૂતરોને મારીને દાટી દીધાં, કારણ કે સંદેશવાહક કબૂતરો હોવાં એ જ હવે દોષપાત્ર માહિતી બની ગઈ હતી. જોકે કબૂતરોની હત્યાથી NILI બચી શક્યું નહીં. એક મહિનાની અંદર એ જાસૂસી નેટવર્ક શોધી કાઢવામાં આવ્યું, તેના ઘણા સભ્યોને મારી નાખવામાં આવ્યા અને ટોર્ચરને તાબે થઈને NILIનાં રહસ્યો જાહેર ન કરવાં પડે એ માટે સેરા એરનસોહ્નને આત્મહત્યા કરી લીધી.[5] તો કબૂતર માત્ર કબૂતર ક્યારે હતું અને ક્યારે માહિતી હતું?

આમ એટલું તો સ્પષ્ટ જ છે કે ચોક્કસ ભૌતિક વસ્તુઓને માહિતી કહી શકાય નહીં. યોગ્ય સંદર્ભમાં તારો, બારી, કબૂતર કે કોઈ પણ વસ્તુ માહિતી બની શકે છે. તો એ સંદર્ભ કયો, જે કોઈ વસ્તુને 'માહિતી' તરીકે વ્યાખ્યાયિત કરે છે? માહિતી અંગેના સરળ દૃષ્ટિકોણમાં એમ દલીલ કરવામાં આવે છે કે કોઈ પણ વસ્તુને સત્ય પામવાના સંદર્ભમાં માહિતી તરીકે વ્યાખ્યાયિત કરી શકાય છે. જો લોકો કોઈ વસ્તુનો ઉપયોગ સત્ય શોધવા માટે કરે છે, તો તે માહિતી છે. આ દૃષ્ટિકોણમાં માહિતીની વિભાવનાને સત્યની વિભાવના સાથે જોડવામાં આવે છે અને એમ ધારણા બાંધી લેવામાં આવે છે કે માહિતીનું મુખ્ય કામ વાસ્તવિકતાને રજૂ કરવાનું છે. 'બહાર' વાસ્તવિકતા રહેલી છે અને માહિતી એ વાસ્તવિકતાને રજૂ કરતું કંઈક છે અને માટે આપણે તેનો ઉપયોગ વાસ્તવિકતાને પામવા કરી શકીએ છીએ. ઉદાહરણ તરીકે, જે માહિતી NILI બ્રિટિશરોને પહોંચાડતું હતું તેની વાસ્તવિકતા હતી ઓટોમાન સેનાની મૂવમેન્ટ. જો ઓટોમાનોએ ગાઝામાં દસ હજાર સૈનિકો રાખ્યા હોય, અને તે તેમની સંરક્ષણાત્મક હરોળની બરોબર કેન્દ્રમાં હોય, તો 'દસ હજાર' અને 'ગાઝા'ના પ્રતીકોવાળી એક ચબરખી એ મહત્ત્વની માહિતી બની રહે જેના વડે બ્રિટિશરો યુદ્ધ જીતી શકે. બીજી બાજુ, જો ગાઝામાં વીસ હજાર ઓટોમાન સૈનિકો હોય, તો એ ચબરખીમાં વાસ્તવિકતાનું સચોટ નિરૂપણ થયું ન ગણાય, જેના પ્રતાપે બ્રિટિશરો નિષ્ફળતા અપાવે તેવું ભૂલ ભરેલું સૈન્ય પગલું પણ ભરી શકે.

બીજા શબ્દોમાં કહીએ, તો આ સરળ દૃષ્ટિકોણમાં એમ દલીલ કરવામાં આવી છે કે માહિતી એટલે વાસ્તવિકતાને રજૂ કરવાનો એક પ્રયાસ અને જ્યારે એ પ્રયાસ સફળ થાય ત્યારે આપણે તેને સત્ય કહીએ છીએ. આમ તો આ સરળ દૃષ્ટિકોણ પ્રત્યે આ પુસ્તકને ઘણા વાંધા છે, પરંતુ સત્ય એટલે વાસ્તવિકતાનું સચોટ નિરૂપણ એ વાત સાથે આ પુસ્તક સહમત થાય છે. જોકે આ પુસ્તકમાં એમ પણ કહેવામાં આવ્યું છે કે મોટાભાગની માહિતીમાં વાસ્તવિકતાને પ્રસ્તુત કરવાનો પ્રયત્ન હોતો નથી અને માહિતીને તો સંપૂર્ણતઃ અલગ જ વસ્તુ વ્યાખ્યાયિત કરે છે. માનવ સમાજ, અને આમ જોવા જાવ તો સમગ્ર જૈવિક અને ભૌતિક પ્રણાલીઓમાં, માહિતી કશું જ રજૂ કરતી હોતી નથી.

આ અઘરી અને મહત્ત્વની દલીલ પર હું થોડીક વધારે ચર્ચા કરવા ઇચ્છું છું કારણ કે તેમાં જ આ પુસ્તકનો સૈદ્ધાંતિક આધાર રહેલો છે.

સત્ય શું છે?

આ સમગ્ર પુસ્તકમાં એમ માનવામાં આવ્યું છે કે 'સત્ય' એટલે કંઈક એવું જે વાસ્તવિકતાનું ચોક્કસ પાસું રજૂ કરતું હોય. સત્યના વિચારની હેઠળ એક એવી ધારણા રહેલી છે કે એક વૈશ્વિક વાસ્તવિકતાનું અસ્તિત્વ રહેલું છે. ધ્રુવનો તારો, NILIનું કબૂતર, જ્યોતિષશાસ્ત્રને લગતું કોઈ વેબપેજ - આ વિશ્વમાં જે કંઈ પણ અસ્તિત્વમાં હતું કે હશે, તે બધું જ આ એકમાત્ર વાસ્તવિકતાનો ભાગ છે. એટલે જ સત્યનું શોધન એ વૈશ્વિક મહાકાર્ય છે. અલગ અલગ લોકો, રાષ્ટ્રો કે સંસ્કૃતિઓમાં અલગ અલગ માન્યતાઓ અને લાગણીઓ હોઈ શકે છે, પરંતુ તેમના સત્ય પરસ્પર વિરોધાભાસી ન હોઈ શકે, કારણ કે એ બધા એક વૈશ્વિક વાસ્તવિકતાનો ભાગ છે, જે પણ આ વૈશ્વિકતાને નકારે છે તે સત્યને પણ નકારે છે.

જોકે છેવટે તો સત્ય અને વાસ્તવિકતા અલગ અલગ વસ્તુઓ જ છે કારણ કે કોઈ પણ વાત કે અહેવાલ ગમે તેટલો સાચો હોય, તે કોઈ પણ વાસ્તવિકતાનાં તમામ પાસાંઓને ક્યારેય રજૂ કરી શકે નહીં. જો કોઈ NILI એજન્ટે એમ લખ્યું હોત કે ગાઝામાં દસ હજાર ઓટોમાન સૈનિકો છે અને ત્યાં સાચે જ દસ હજાર સૈનિકો હોય, તો એ વાસ્તિકતાના એક પાસાનું સચોટ નિરૂપણ થયું કહેવાય, પરંતુ તેમાં અન્ય ઘણાં પાસાંની અવગણના કરવામાં આવી છે. સફરજન, નારંગી કે સૈનિકો, કોઈ પણ વસ્તુ ગણવાની હોય, આ ગણતરીની પ્રક્રિયામાં જે તે વસ્તુની સમાનતા પર જ ધ્યાન કેન્દ્રિત કરવાનું હોય છે, તફાવતો પર નહીં.[6] ઉદાહરણ તરીકે, એમ કહેવામાં આવે કે ગાઝામાં દસ હજાર ઓટોમાન સૈનિકો હતા ત્યારે તેમાં એ વાતની અવગણના કરવામાં આવી છે કે તેમાં કેટલા અનુભવી સૈનિકો હતા અને કેટલા નવા ભરતી થયેલા હતા. જો એક હજાર નવા સૈનિકો હોય અને નવ હજાર અનુભવી સૈનિકો હોય, તો એ સેનાની વાસ્તવિકતા નવ હજાર નવા સૈનિકો અને એક હજાર યુદ્ધના અનુભવી સૈનિકોવાળી ટુકડીથી તદ્દન અલગ જ હોવાની.

સૈનિકો વચ્ચે બીજા ઘણા તફાવતો પણ હતા. અમુક તંદુરસ્ત હતા તો અમુક માંદા હતા. અમુક ઓટોમાન સૈનિકો તુર્કીના હતા તો અન્યો આરબ, કુર્દ કે યહૂદી હતા. અમુક બહાદુર હતા તો અમુક ડરપોક. વાસ્તવમાં દરેક સૈનિક એક અજોડ માનવ હતો, જેના માતાપિતા અને મિત્રો અલગ હતા અને એવી રીતે તેના ભય અને આશાઓ પણ અલગ અલગ હતા. પ્રથમ વિશ્વયુદ્ધના વિલ્ફ્રેડ ઓવેન જેવા પ્રખ્યાત કવિએ સૈન્યની આ વાસ્તવિકતાને કાવ્યમાં ઉતારવાનો જે

પ્રયત્ન કર્યો છે તે ઘણો જાણીતો છે અને તે એ વાસ્તવિકતાઓ પણ દર્શાવે છે, જે માત્ર આંકડાઓ ક્યારેય દર્શાવી શક્યા હોય નહીં. તો શું તેનો એવો અર્થ કાઢી શકાય કે "દસ હજાર સૈનિકો" લખવાથી હંમેશાં વાસ્તવિકતાની ખોટી જ રજૂઆત થતી હોય છે અને 1917ની ગાઝા વિસ્તારની સૈન્ય વાસ્તવિકતા દર્શાવવા માટે આપણે દરેક સૈનિકનો અંગત ઇતિહાસ અને વ્યક્તિત્વો પણ દર્શાવવા જ રહ્યા?

વાસ્તવિકતાના નિરૂપણના તમામ પ્રયત્નોમાં નડતી બીજી સમસ્યા એ છે કે દરેક વાસ્તવિકતના ઘણા દષ્ટિકોણ હોય છે. ઉદાહરણ તરીકે, અત્યારના ઇઝરાયેલવાસીઓ, પેલેસ્ટાઇનવાસીઓ, તુર્કીવાસીઓ અને બ્રિટિશરોનો એ સમયના ઓટોમાન સામ્રાજ્ય, NILI જાસૂસી નેટવર્ક અને સેરા એરનસોહ્નની પ્રવૃત્તિઓ વિશેનો દષ્ટિકોણ અલગ અલગ જ હશે. જોકે તેનો અર્થ એવો જરા પણ નથી થતો કે ઘણી બધી અલગ અલગ વાસ્તવિકતાઓ છે કે પછી ઐતિહાસિક તથ્યો જેવી કોઈ વસ્તુ છે જ નહીં. વાસ્તવિકતા તો માત્ર એક જ છે, પરંતુ તે ખૂબ જ જટિલ છે.

વાસ્તવિકતામાં એક વસ્તુલક્ષી (ઓબ્જેક્ટિવ) સ્તર સામેલ હોય છે, જેમાં વસ્તુલક્ષી તથ્યો હોય છે, જે લોકોની માન્યતાઓ પર આધાર રાખતું હોતું નથી. ઉદાહરણ તરીકે, સેરા એરનસોહ્નને પોતાની જાતને ગોળી મારીને 9 ઑક્ટોબર, 1917ના રોજ તે મૃત્યુ પામી એ વસ્તુલક્ષી તથ્ય છે. માટે એમ કહેવું કે, "સેરા એરનસોહ્ન 15 મે, 1919ના રોજ એક વિમાની દુર્ઘટનામાં મૃત્યુ પામી હતી" એ ભૂલ ભરેલું બની રહેશે.

વાસ્તવિકતાનું એક વ્યક્તિલક્ષી (સબ્જેક્ટિવ) સ્તર પણ હોય છે, જેમાં વિવિધ લોકોની માન્યતાઓ અને લાગણીઓ જેવાં વ્યક્તિલક્ષી તથ્યો સામેલ હોય છે અને એવા કિસ્સામાં પણ તથ્યોને ભૂલોથી મુક્ત રાખી શકાય છે. ઉદાહરણ તરીકે, ઇઝરાયલવાસીઓ સેરા એરનસોહ્નને દેશભક્ત નાયિકા માને છે તે એક તથ્ય છે. તેની આત્મહત્યાના ત્રણ સપ્તાહ પછી, NILI દ્વારા બ્રિટિશરોને જે માહિતી મળી હતી તેના પ્રતાપે બ્રિટિશરો બીર્શેબાની લડાઈ (31 ઑક્ટોબર, 1917) અને ગાઝાની ત્રીજી લડાઈ (1-2 નવેમ્બર, 1917)માં છેવટે ઓટોમાન સેનાની હરોળ તોડી શક્યા. 2 નવેમ્બર, 1917ના રોજ બ્રિટિશ વિદેશ સચિવ આર્થર બેલફોરે જે ઘોષણા કરી તેને બેલફોર ડેક્લેરેશન તરીકે ઓળખવામાં આવે છે અને તેમાં એમ જાહેર કરવામાં આવ્યું હતું કે બ્રિટિશ સરકાર "પેલેસ્ટાઇનમાં યહૂદી લોકોના વતનની સ્થાપનાને સમર્થન આપે છે". ઇઝરાયેલના લોકો આ બધાનો યશ અમુક અંશે NILI અને સેરા એરનસોહ્નને પણ આપે છે કારણ કે તેઓ

તેના બલિદાને પ્રશંસે છે. જોકે પેલેસ્ટાઇનવાસીઓ આ ઘટનાઓને અલગ રીતે જુએ છે તે પણ એક તથ્ય છે. સેરા એરનસોહ્ન વિશે જો તેમણે સાંભળ્યું હોય, તો તેઓ તેને પ્રશંસવાને બદલે તેને સામ્રાજ્યવાદી દેશની એજન્ટ તરીકે જુએ છે. અહીંયાં આપણે વ્યક્તિલક્ષી દષ્ટિકોણો અને લાગણીઓની વાત કરી રહ્યા છીએ તેમ છતાં આપણે સત્ય અને અસત્યને અગલ તારવી શકીએ છીએ. કારણ કે, પેલા તારાઓ અને કબૂતરોની જેમ, દષ્ટિકોણો અને લાગણીઓ પણ વૈશ્વિક વાસ્તવિકતાનો ભાગ છે. માટે એમ કહેવું કે, "ઓટોમાન સામ્રાજ્યની હારમાં સેરા એરનસોહ્નને ભજવેલા ભાગ માટે બધા જ તેની પ્રશંસા કરે છે" એ ભૂલ ભરેલું ગણાશે, કારણ કે તે વાસ્તવિકતાને સુસંગત નથી.

લોકોના દષ્ટિકોણને માત્ર તેમની રાષ્ટ્રીયતા જ અસર કરતી હોય છે એવું નથી હોતું. ઇઝરાયેલના પુરુષો અને સ્રીઓ સેરા એરનસોહ્નને અલગ અલગ રીતે જોતા હોઈ શકે અને એવી જ રીતે ડાબેરી અને જમણેરી વિચારધારાવાળાઓ કે પછી રૂઢિચુસ્ત અને સાંપ્રદાયિક યહૂદીઓ પણ તેને અલગ અલગ રીતે જોતા હોઈ શકે. યહૂદી ધર્મ પ્રમાણે આત્મહત્યા પ્રતિબંધિત છે માટે રૂઢિચુસ્ત યહૂદીઓ સેરા એરનસોહ્નને વીરાંગના તરીકે જોવામાં મુશ્કેલી અનુભવતા હોય એમ બની શકે (સેરા એરનસોહ્નને યહૂદીઓના કબ્રસ્તાનમાં દફનાવવાની મંજૂરી પણ આપવામાં આવી નહોતી). છેવટે એમ કહી શકાય કે, દરેક વ્યક્તિનો આ જગત પ્રત્યેનો દષ્ટિકોણ અલગ હોય છે, જે તેના વૈવિધ્યપૂર્ણ અનુભવો અને સંપર્કોને કારણે ઘડાયો હોય છે. તો શું તેનો અર્થ એવો થાય કે જ્યારે આપણે વાસ્તવિકતાને વર્ણવવી હોય ત્યારે આપણે તેના તમામ દષ્ટિકોણને પણ સામેલ કરવા જોઈએ? ઉદાહરણ તરીકે, સેરા એરનસોહ્નની જીવનકથા લખવા માટે આપણે તમામે તમામ ઇઝરાયેલવાસીઓ અને પેલેસ્ટાઇનવાસીઓ તેના વિશે શું અનુભવતા હતા તે પણ લખવું જોઈએ?

જો આપણે ચોકસાઈ બાબતે આવો આત્યંતિક દષ્ટિકોણ રાખીએ તો સંભવ છે કે આપણે જગતને દરેક વ્યક્તિના દષ્ટિકોણથી વર્ણવવાનો પ્રયત્ન કરીએ અને આપણું વર્ણન પણ આ દુનિયા જેટલું જ વિશાળ બની જાય, લુઈ બોર્ગેસની પ્રખ્યાત વાર્તા 'ઑન એક્ઝેક્ટિટ્યૂડ ઇન સાયન્સ' (1946)માં છે એમ. આ વાર્તામાં બોર્ગેસ એક એવા કાલ્પનિક પ્રાચીન સામ્રાજ્યની વાત માંડે છે, જેને તેના પ્રદેશનો એકદમ સચોટ નકશો બનાવવાનું વળગણ હતું અને પ્રયત્ન કરતાં કરતાં તેમાં દરેકેદરેક વ્યક્તિને રજૂ કરતો, એ પ્રદેશ જેટલા જ કદનો નકશો તૈયાર કરવામાં આવ્યો હતો. આખા સામ્રાજ્યમાં એ સામ્રાજ્યના કદનો જ નકશો પથરાઈ ગયો હતો. આ મહત્ત્વાકાંક્ષી કાર્યમાં એટલાં બધાં સંસાધનો

વપરાયાં કે છેવટે એ સામ્રાજ્ય જ ભાંગી પડ્યું. એ પછી એ નકશાનો પણ નાશ થવા માંડ્યો. વાર્તાના અંતમાં બોર્ગેસ આપણને કહે છે કે માત્ર રાજ્યના "પશ્ચિમ દિશામાં આવેલા રણમાં આ નકશાના ટુકડા ક્યાંક મળી આવે છે, જે ક્યારેક કોઈ પ્રાણી કે ભિખારીની છત બની રહ્યા હોય છે."[7] પ્રદેશના મૂળ કદ જેટલો જ કદનો નકશો વાસ્તવિકતાનું સૌથી સચોટ નિરૂપણ લાગે, પણ એ માટે તો એમ પણ કહી શકાય કે એ નિરૂપણ છે જ નહીં, એ તો વાસ્તવિકતા જ બની ગઈ કહેવાય.

એટલે મૂળ મુદ્દો એ છે કે વાસ્તવિકતાનું સૌથી સચોટ અને સાચું નિરૂપણ પણ વાસ્તવિકતાને સંપૂર્ણતઃ તો નિરૂપી શકે જ નહીં. દરેક નિરૂપણમાં વાસ્તવિકતાના કોઈ ને કોઈ પાસાને અવગણવામાં આવે છે કે પછી તેનું અયોગ્ય નિરૂપણ થઈ જતું હોય છે. એટલે મૂળ કદનો નકશો કે દરેકેદરેક વ્યક્તિ કે દૃષ્ટિકોણ સમાવતું નિરૂપણ વાસ્તવિકતા નથી. તેના બદલે એમ કહેવું વધારે યોગ્ય રહેશે કે સત્ય વાસ્તવિકતાના કોઈ ચોક્કસ પાસા પ્રત્યે આપણું ધ્યાન ખેંચે છે અને અન્ય પાસાંઓને અનિવાર્યપણે અવગણે છે. વાસ્તવિકતાનું કોઈ પણ નિરૂપણ શતપ્રતિશત સચોટ હોતું નથી, પરંતુ એવું બનતું હોય છે કે અમુક નિરૂપણો અન્ય નિરૂપણો કરતાં વધુ સાચાં હોય છે.

માહિતીનું કાર્ય

ઉપર નોંધ્યું તે અનુસાર, માહિતી અંગેનો સરળ દૃષ્ટિકોણ એમ સૂચવે છે કે માહિતી વાસ્તવિકતાનું નિરૂપણ કરે છે. એ દૃષ્ટિકોણમાં એવી જાગૃતિ સામેલ છે કે અમુક માહિતી વાસ્તવિકતાનું યોગ્ય નિરૂપણ કરતી હોતી નથી પરંતુ તે દૃષ્ટિકોણ આવા દુર્ભાગી કિસ્સાઓને 'ભૂલ ભરેલી માહિતી' કે 'ખોટી માહિતી' કહીને ખારીજ કરી નાખે છે. ભૂલ ભરેલી માહિતી પ્રામાણિકતાથી થયેલી ભૂલ છે અને એ ત્યારે થતી હોય છે જ્યારે કોઈ વાસ્તવિકતાનું નિરૂપણ કરવાનો પ્રયત્ન કરે છે, પરંતુ તેમાં ભૂલ કરી બેસે છે. ખોટી માહિતી એ હાથે કરીને ફેલાવવામાં આવેલું જૂઠાણું છે અને એ ત્યારે થાય છે જ્યારે કોઈ પ્રયત્નપૂર્વક આપણો વાસ્તવિકતા પ્રત્યેનો દૃષ્ટિકોણ વિકૃત કરવાનો પ્રયત્ન કરતું હોય.

માહિતી અંગેના સરળ દૃષ્ટિકોણમાં એમ માની લેવામાં આવ્યું છે કે ભૂલ ભરેલી માહિતી અથવા ખોટી માહિતીથી ઊભી થતી સમસ્યાનો ઉપાય છે વધુ માહિતી. આ વિચારને કાઉન્ટરસ્પીચ ડોક્ટ્રિન કહેવામાં આવે છે, જે અમેરિકાની સુપ્રીમ કોર્ટના એક ન્યાયાધીશ લુઈ ડી. બ્રાન્ડેઈસના નામે બોલે છે. તેમણે

વ્હિટની વર્સિસ કેલિફોર્નિઆ (1927)ના કેસમાં નોંધ્યું હતું કે ખોટા શબ્દોનો ઉપાય છે વધુ શબ્દો અને લાંબા ગાળે મુક્ત ચર્ચાને કારણે જૂઠાણાં અને ભૂલો પ્રગટ થઈ જ જતા હોય છે. જો તમામ માહિતી વાસ્તવિકતાનું નિરૂપણ કરવાનો પ્રયત્ન હોય, તો આ દુનિયામાં જેમ જેમ માહિતીનું પ્રમાણ વધતું જાય, તેમ તેમ તે પ્રસંગોપાત્ત જૂઠાણાં અને ભૂલો ઉઘાડી પાડતી જાય અને આપણને આ જગતની એવી સમજણ મળતી જાય જે સત્યની વધુ ને વધુ નજીક હોય, તેવી આપણે આશા રાખીએ તો અયોગ્ય નહીં મનાય.

આ મહત્ત્વના મુદ્દે આ પુસ્તક માહિતી અંગેના સરળ દૃષ્ટિકોણ સાથે સ્પષ્ટ અસહમતિ દર્શાવે છે. એવા ઉદાહરણો ચોક્કસપણે હોય છે, જે વાસ્તવિકતાનું નિરૂપણ કરવાનો પ્રયત્ન કરે છે અને તેમાં સફળ પણ નીવડે છે, પરંતુ તે માહિતીને વ્યાખ્યાયિત કરતું લક્ષણ નથી. થોડાંક પાનાં પહેલા મેં તારાઓની માહિતી અંગે ઉલ્લેખ કર્યો હતો અને ખગોળશાસ્ત્રીઓની સાથે સાથે હળવેથી જ્યોતિષીઓનો ઉલ્લેખ પણ કર્યો હતો. માહિતી અંગેના સરળ દૃષ્ટિકોણના સમર્થકો કદાચ એ વિધાન સાંભળીને તેમની ખુરશીમાંથી ઊભા થઈ ગયા હશે. માહિતના સરળ દૃષ્ટિકોણ અનુસાર, ખગોળશાસ્ત્રીઓને તારાઓમાંથી 'સાચી માહિતી' મળે છે જ્યારે જ્યોતિષીઓ નક્ષત્રોમાંથી જે માહિતી વાંચવાની કલ્પના કરે છે, તે કાં તો ખોટી માહિતી હોય છે અને કાં તો જૂઠાણું હોય છે અને જો લોકોને બ્રહ્માંડ વિશે વધુ માહિતી આપવામાં આવે તો તેઓ ચોક્કસ પણે જ્યોતિષીઓને ત્યાગી દેશે. જોકે વાસ્તવિકતા એ છે કે હજારો વર્ષો સુધી ઇતિહાસ પર જ્યોતિષની અસર પડતી રહી છે અને આજે પણ એવા લાખો લોકો છે, જે શું ભણવું કે કોને પરણવું તેવા જીવનના મહત્ત્વપૂર્ણ નિર્ણયો લેતા પહેલા જ્યોતિષનો સંપર્ક કરતા હોય છે. 2021 સુધીમાં જ્યોતિષનું વૈશ્વિક બજાર $12.8 અબજ ડૉલર હતું.[8]

જ્યોતિષશાસ્ત્રની માહિતીની સચોટતા અંગે આપણે ગમે તે વિચારતા હોઈએ પરંતુ ઇતિહાસમાં તેણે ભજવેલા મહત્ત્વપૂર્ણ ભાગને આપણે સ્વીકારવો રહ્યો. તેણે પ્રેમીઓને અને સમગ્ર સામ્રાજ્યોને પણ ભેગા કર્યાં છે. રોમન સમ્રાટો મહત્ત્વપૂર્ણ નિર્ણયો લેતા પહેલાં નિયમિતપણે જ્યોતિષીઓનો સંપર્ક કરતા હતા. વાસ્તવમાં, જ્યોતિષને એટલું મહત્ત્વ આપવામાં આવતું હતું કે શાસન કરી રહેલા સમ્રાટની કુંડળી દોરવી મૃત્યુદંડને પાત્ર ગુનો માનવામાં આવતો હતો. એમ માનવામાં આવતું હતું કે આવી કુંડળી દોરીને કોઈ પણ વ્યક્તિ એ જાણી શકે એમ હતી કે સમ્રાટ ક્યારે અને કેવી રીતે મૃત્યુ પામશે.[9] અમુક દેશોના શાસકો હજુ પણ જ્યોતિષને અત્યંત ગંભીરતાથી લેતા હોય છે. 2005માં મ્યાનમારના

જુન્ટાએ જ્યોતિષની સલાહના આધારે દેશની રાજધાની યંગોનથી નેપાયદાવમાં ખસેડી હતી એમ માનવામાં આવે છે.[10] એટલે માહિતી અંગેની જે થિયરીમાં જ્યોતિષના ઐતિહાસિક મહત્ત્વને સ્વીકારવામાં ન આવે, તે અધૂરી ગણવી રહી.

જ્યોતિષશાસ્ત્રનું ઉદાહરણ એમ દર્શાવે છે કે ભૂલો, જૂઠાણાં, કલ્પનાઓ અને તુક્કાઓ પણ માહિતી છે. માહિતી અંગેના સરળ દૃષ્ટિકોણમાં જે માની લેવામાં આવ્યું છે તેનાથી વિપરીત, માહિતીને સત્ય સાથે સંબંધ હોવો જરૂરી નથી અને ઇતિહાસમાં તેનો ભાગ અસ્તિત્વ ધરાવતી વાસ્તવિકતાને રજૂ કરવાનો પણ નથી. તેના બદલે, પ્રેમી યુગલો કે સામ્રાજ્યો જેવી અલગ અલગ વસ્તુઓ ભેગી કરીને માહિતી નવી વાસ્તવિકતાઓ સર્જતી હોય છે. એટલે માહિતીને વ્યાખ્યાયિત કરતું લક્ષણ રજૂઆત નહીં, પણ જોડાણ છે અને માહિતી એટલે એક નેટવર્કના અલગ અલગ બિંદુઓ જે જોડી આપે તે. માહિતી આપણને વસ્તુઓ અંગે માહિતી આપે તે જરૂરી નથી. તે વસ્તુઓને જોડી કે ગોઠવી આપે છે. કુંડળી પ્રેમીઓને જોડી આપે છે, પોપગેન્ડા મતદારોને રાજકીય પક્ષો સાથે જોડી આપે છે અને કૂચકદમના ગીતો સૈનિકોને સૈન્યની આગેકૂચમાં જોડી આપે છે.

ઉદાહરણ તરીકે સંગીતને જ લઈ લો. મોટાભાગની તરજો, ધૂનો અને રાગ કંઈ રજૂ કરતા હોતા નથી માટે તે સાચા છે કે ખોટા એ પૂછવાનો કોઈ જ અર્થ નથી. વર્ષોપર્યંત લોકોએ ઘણું ખરાબ સંગીત સર્જ્યું છે, પરંતુ નકલી સંગીત નથી સર્જ્યું. એટલે કશી પણ વસ્તુની રજૂઆત કર્યા વિના સંગીત મોટી સંખ્યામાં લોકોને જોડી આપે છે અને તેમની લાગણીઓ અને હલનચલનને પણ એકબીજાના તાલમાં ગોઠવી આપે છે. સંગીતને કારણે સૈનિકો તાલબદ્ધ કૂચ કરી શકે છે, ક્લબોમાં નાચનારા એક સાથે સમાન રીતે નાચી શકે છે, ચર્ચમાં લોકો એક સાથે તાળીઓ પાડી શકે છે અને રમતગમતના રસિકો એકી અવાજે નારા પોકારી શકે છે.[11]

માહિતી વસ્તુઓને જોડી આપે તે કંઈ માનવ ઇતિહાસની અજોડ ઘટના નથી. ઊલટાનું એમ કહી શકાય કે જીવવિજ્ઞાનમાં પણ માહિતીનું એ જ સૌથી મહત્ત્વનું કાર્ય છે.[12] ડીએનએ જ લઈએ, તેમાં આણ્વિક સ્તરે ગોઠવાયેલી માહિતીને કારણે જ જીવન શક્ય બન્યું છે. સંગીતની જેમ જ, ડીએનએ પણ કોઈ વાસ્તવિકતાની રજૂઆત નથી કરતું. ઝીબ્રા કેટલીય પેઢીઓથી સિંહોથી ભાગતા રહ્યા છે, તેમ છતાં ઝીબ્રાના ડીએનએમાં તમને 'સિંહ' કે 'ભાગો' જેવી માહિતી દર્શાવતી કોઈ ચોક્કસ માહિતી કે રચના (ન્યુક્લિઓબેઝીસ) જોવા નહીં મળે. એવી જ રીતે, ઝીબ્રાના ડીએનએમાં સૂર્ય, પવન, વરસાદ કે ઝીબ્રા તેના જીવન દરમિયાન જે બાહ્ય ઘટનાઓ અનુભવે છે તેની પણ કોઈ

માહિતી નહીં મળે. શરીરના અંગો કે લાગણીઓ જેવી આંતરિક વસ્તુઓની માહિતી પણ એમના ડીએનએમાં નહીં હોય. તેમાં હૃદય કે ભયને રજૂ કરતી કોઈ માહિતી કે રચના પણ હોતી નથી.

પહેલીથી અસ્તિત્વ ધરાવતી વસ્તુઓને રજૂ કરવાને બદલે ડીએનએ સંપૂર્ણતઃ નવી વસ્તુના સર્જનમાં સહાય કરે છે. ઉદાહરણ તરીકે, ડીએનએના ન્યુક્લિઓબેઝીસની વિવિધ સ્ટ્રિંગ્સ કોષમાં વિવિધ રાસાયણિક પ્રક્રિયાઓ શરૂ કરે છે, જેના કારણે એડ્રીનાલિનનું સર્જન થાય છે અને આ એડ્રીનાલિન પણ કોઈ પણ રીતે કોઈ જ વાસ્તવિકતા રજૂ કરતું નથી. તેના બદલે, એડ્રીનાલિન સમગ્ર શરીરમાં પરિભ્રમણ કરે છે અને તેના પરિણામે શરીરમાં અન્ય રાસાયણિક પ્રક્રિયાઓ શરૂ થાય છે, જેનાથી હૃદયના ધબકારા વધે છે અને સ્નાયુઓમાં વધુ રક્ત પહોંચે છે.[13] આમ ડીએનએ અને એડ્રીનાલિન હૃદય, પગ અને શરીરનાં અન્ય અંગોના અબજો કોષોને જોડવામાં મદદ કરીને એક એવું નેટવર્ક રચે છે કે જે અદ્‌ભુત વસ્તુઓ કરી શકે, જેમ કે સિંહ જોઈને ભાગી છૂટવું.

જો ડીએનએ વાસ્તવિકતા રજૂ કરતું હોત, તો આપણે આવા પ્રશ્નો પૂછી શકતઃ “શું ઝીબ્રાનું ડીએનએ સિંહના ડીએનએ કરતા વાસ્તવિકતાને વધુ સચોટ રીતે રજૂ કરે છે?” કે “શું એક ઝીબ્રાનું ડીએનએ સત્ય કહી રહ્યું હોય અને બીજા ઝીબ્રાનું ફેક ડીએનએ તેને ખોટા માર્ગે દોરી રહ્યું છે?” અલબત્ત, આ પ્રશ્નો તર્કહીન છે એ આપણે જાણીએ જ છીએ. ડીએનએ દ્વારા સર્જાયેલા જીવની તંદુરસ્તી દ્વારા આપણે ડીએનએનું મૂલ્યાંકન કરી શકીએ, પરંતુ તેની સત્યતા દ્વારા એમ કરવું શક્ય બનશે નહીં. ડીએનએમાં રહેલી ‘ભૂલ’ વિશે વાત કરવી હવે સામાન્ય છે, પરંતુ તેનો સંદર્ભ ડીએનએની નકલ દરમિયાન થયેલા ગુણવિકારનો હોય છે, વાસ્તવિકતાને યોગ્ય રીતે રજૂ ન કરી શકવાની ભૂલનો સંદર્ભ તેમાં હોતો નથી, જે ગુણવિકારને કારણે એડ્રીનાલિનનું ઉત્પાદન અવરોધાય છે તેના કારણે તંદુરસ્તી ઘટે છે, કોષોનું નેટવર્ક વિખરાઈ જાય છે, કારણ કે ઝીબ્રાનો શિકાર થઈ જાય છે અને તેના અબજો કોષોનું એકબીજા સાથેનું જોડાણ તૂટી જાય છે, પરંતુ આ પ્રકારનું નેટવર્ક ભાંગી પડવું વિસર્જન કહી શકાય, ખોટી માહિતી ફેલાવવી એમ કહી શકાય નહીં અને એ વાત જેટલી ઝીબ્રાને લાગુ પડે છે તેટલી જ દેશોને, રાજકીય પક્ષોને અને ન્યૂઝ નેટવર્કોને પણ લાગુ પડે છે. તેમનું અસ્તિત્વ પણ તેના બંધારણીય ભાગો વચ્ચેના જોડાણોના વિક્ષેપથી ખોરંભાતું હોય છે, વાસ્તવિકતાના અયોગ્ય નિરૂપણના કારણે નહીં.

મહત્ત્વની વાત એ પણ છે કે ડીએનએની નકલ કરતી વખતે જે ભૂલો થતી

હોય છે, તેના કારણે તંદુરસ્તીમાં હંમેશાં ઘટાડો આવતો હોતો નથી. આવા ગુણવિકાર વિના તો ઉત્ક્રાંતિની પ્રક્રિયા જ ન થઈ હોત. તમામ પ્રકારના જીવો આવી જનીની સ્તરે થયેલી 'ભૂલો'ને કારણે જ સર્જાયા છે. ઉત્ક્રાંતિનો ચમત્કાર એટલે સર્જાયો છે, કારણ કે ડીએનએ પહેલેથી અસ્તિત્વ ધરાવતી વાસ્તવિકતાનું નિરૂપણ નથી કરતું, એ નવી વાસ્તવિકતાનું સર્જન કરે છે.

ચાલો આ મુદ્દાની અસરો સમજવા માટે થોભીએ. માહિતી એટલે એવું કંઈક કે જે એક નેટવર્કના અલગ અલગ બિંદુઓને જોડીને નવી વાસ્તવિકતાનું સર્જન કરે છે. આમાં હજુ પણ માહિતી એટલે વાસ્તવનું નિરૂપણવાળો દૃષ્ટિકોણ સામેલ છે. ક્યારેક, વાસ્તવનું પ્રામાણિક નિરૂપણ માનવોને જોડતું હોય છે, જેમ કે, જુલાઈ 1969માં નીલ આર્મસ્ટ્રોંગ અને બઝ ઓલ્ડ્રીન ચંદ્ર પર ચાલી રહ્યા હતા ત્યારે 60 કરોડ લોકો તેને જોવા ટીવી સામે ખોડાઈ રહ્યા હતા.[15] 3,84,000 કિલોમીટર દૂર જે બની રહ્યું હતું તેનું એ છબીઓ સચોટ નિરૂપણ કરી રહી હતી અને તેના કારણે અહોભાવ, ગર્વ અને માનવોમાં બંધુતાની લાગણીઓ ઉદ્ભવી હતી જેનાથી લોકો એકબીજા સાથે જોડાયા હતા.

જોકે, અન્ય રીતે પણ આવી બંધુતાની લાગણીઓ ઉદ્ભવી શકે છે. જોડાણ પર ભાર મૂકવાથી અન્ય પ્રકારની એવી માહિતીઓ માટે પણ પૂરતો અવકાશ રહે છે, જે વાસ્તવિકતાઓનું સારી રીતે નિરૂપણ કરતી હોતી નથી. ઘણીવાર વાસ્તવિકતાનું ભૂલ ભરેલું નિરૂપણ પણ સામાજિક ધરી બની રહે છે, જેમ કે, કોન્સપિરસી થિયરીને અનુસરતા લાખો લોકોએ યુટ્યૂબ પર એ વિડિયો જોયો હતો જેમાં એવો દાવો કરવામાં આવ્યો હતો કે ચંદ્ર પર માનવ ઉતરાણ થયું જ નહોતું. એ છબીઓ વાસ્તવનું ભૂલભરેલું નિરૂપણ છે, તેમ છતાં તેમાંથી સ્થાપિત હિતો વિરુદ્ધ ગુસ્સાની કે પોતાની બુદ્ધિ પ્રત્યે ગર્વની લાગણી જન્મી શકે છે, જેનાથી પણ એક નવો સમૂહ સર્જાઈ શકે છે.

કેટલીકવાર સચોટ કે ભૂલભરેલા કોઈ પણ પ્રકારના વાસ્તવનું નિરૂપણ કરવાનો પ્રયત્ન કર્યા વિના જ નેટવર્કો સર્જાઈ શકે છે, જેમ કે, જનીનોમાં રહેલી માહિતી અબજો કોષોને કે સંગીતની કોઈ અદ્ભુત ધૂન લાખો માનવોને જોડતી હોય છે.

અંતિમ ઉદાહરણ તરીકે, માર્ક ઝકરબર્ગના મેટાવર્સની વાત કરીએ. મેટાવર્સ એ એવું વર્ચ્યુઅલ બ્રહ્માંડ છે, જે માત્ર માહિતીથી જ બનેલું છે. લુઇ બોર્ગેસના કાલ્પનિક સામ્રાજ્યના મૂળ કદ જેટલો જ નકશો બનાવવાની વાતથી વિપરીત, મેટાવર્સમાં આપણી દુનિયાનું નિરૂપણ કરવાનો કોઈ પ્રયત્ન જ નથી. તેના બદલે તેમાં આપણા જગતમાં કંઈક ઉમેરવાને કે પછી તેના બદલે નવું જ

જગત સર્જવાનો પ્રયત્ન કરવામાં આવ્યો છે. તેમાં બુએનોઝ એરીસ કે સોલ્ટ લેક સિટીની ડિજિટલ નકલ નથી. તેના બદલે તે લોકોને એવી નવી વર્ચ્યુઅલ જગ્યાઓનું નિર્માણ કરવા આમંત્રે છે, જેનો દેખાવ અને નિયમો પણ અલગ જ હોય. 2024માં તો મેટાવર્સ બાબતે એમ લાગી રહ્યું છે કે એ સપનું જોઈને ઝકરબર્ગે ચાવી શકાય એથી મોટો કોળિયો ભરી લીધો છે, પરંતુ એવી પણ શક્યતા છે ખરી કે બે દસક જેટલા સમયમાં અબજો લોકો ઓગમેન્ટેડ વર્ચ્યુઅલ રીઆલિટીમાં રહેવા માંડે અને ત્યાં જ તેમની મોટાભાગની સામાજિક અને વ્યવસાયિક પ્રવૃત્તિઓ પણ કરવા માંડે. અણુ નહીં પણ એક અને શૂન્યના બીટથી બનેલા પર્યાવરણમાં લોકો સંબંધો બાંધે, ચળવળોમાં જોડાય, નોકરીઓ કરે અને લાગણીઓની ભરતી અને ઓટ અનુભવે. સંભવ છે કે પછી માત્ર કોઈ દૂરસુદૂર આવેલા રણમાં જ વાસ્તવિકતાના અંશો જોવા મળે જ્યાં કોઈ જાનવર કે ભિખારી શરણ લેતા હોય.

માનવ ઇતિહાસમાં માહિતી

માહિતીને સામાજિક જોડાણ તરીકે જોવાથી આપણને માનવીય ઇતિહાસના એવાં ઘણાં પાસાં સમજવા મળે છે, જેનાથી માહિતીને નિરૂપણ સમજતા માહિતી અંગેના સરળ દૃષ્ટિકોણને ઉથલાવીને આપણે બધું નવેસરથી જોઈ શકીએ છીએ. તે માત્ર જ્યોતિષશાસ્ત્ર નહીં, પરંતુ બાઇબલ જેવી અન્ય ઘણી મહત્ત્વની વસ્તુઓની ઐતિહાસિક સફળતાના કારણો સમજાવે છે. અમુક લોકો જ્યોતિષશાસ્ત્રને માનવીય ઇતિહાસનું જુનવાણી પ્રદર્શન ગણતા હોય છે, પરંતુ કોઈ બાઇબલે માનવીય ઇતિહાસમાં ભજવેલા કેન્દ્રવર્તી ભાગને અવગણી શકે નહીં. જો માહિતીનું મુખ્ય કાર્ય વાસ્તવનું સચોટ નિરૂપણ કરવાનું હોત, તો ઇતિહાસમાં બાઇબલ સૌથી પ્રભાવક ગ્રંથોમાંનો એક શા માટે બની રહ્યો છે તે સમજાવવું અઘરું પડી જાત.

બાઇબલમાં માનવીય સંબંધો અને પ્રાકૃતિક પ્રક્રિયાઓનાં વર્ણનોમાં ઘણી ગંભીર ભૂલો રહેલી છે. જિનેસિસના ગ્રંથમાં એવો દાવો કરવામાં આવ્યો છે કે તમામ માનવીય સમૂહો, ઉદાહરણ તરીકે કાલાહારી રણના સેન લોકો અને ઑસ્ટ્રેલિયાના આદિવાસીઓ એવા એક જ પરિવારના વંશજો છે, જેઓ ચાર હજાર વર્ષ પહેલાં મધ્યપૂર્વમાં રહેતા હતા.[15] જિનેસિસ અનુસાર, જળપ્રલય પછી નોઆહના તમામ વંશજો મેસોપોટેમિયામાં એક સાથે જ રહેતા હતા, પરંતુ બેબલના ટાવરના વિનાશ પછી તેઓ પૃથ્વીના ચારેય ખૂણે ફેલાઈ ગયા

અને અત્યારે જીવંત તમામ માનવોના પૂર્વજો એ જ લોકો હતા. વાસ્તવમાં, સેન લોકોના પૂર્વજો હજારો વર્ષોથી આફ્રિકા ખંડમાં જ વસતા હતા અને તેમણે ક્યારેય એ ખંડ છોડ્યો નહોતો અને ઑસ્ટ્રેલિયાના મૂળ વતનીઓના પૂર્વજો તો ઑસ્ટ્રેલિયામાં પચાસેક હજાર વર્ષ પહેલા વસી ચૂક્યા હતા[16]. જનીનીક અને પુરાતત્વીય પુરાવાઓ એ વિચારનું સંપૂર્ણતઃ ખંડન કરે છે કે દક્ષિણ આફ્રિકા અને ઑસ્ટ્રેલિયાની તમામ વસતીનો નાશ ચારેક હજાર વર્ષ પહેલાં એક જળપ્રલયમાં થઈ ગયો હતો અને એ વિસ્તારોમાં પછી મધ્યપૂર્વના વસાહતીઓ આવીને વસ્યા હતા.

આનાથી વધુ ગંભીર ગેરસમજ આપણી ચેપી રોગોની સમજણમાં રહેલી છે. બાઇબલ નિયમિતપણે રોગચાળાને માનવીય પાપોની દૈવી સજા તરીકે વર્ણવે છે[17] અને એવો દાવો કરે છે કે પ્રાર્થના અને ધાર્મિક વિધિઓ દ્વારા તેને રોકી શકાય છે અથવા અટકાવી શકાય છે.[18] અલબત્ત, રોગચાળા સૂક્ષ્મ જીવાણુઓ(પેથોજીન્સ)ને કારણે થાય છે અને તેને સ્વચ્છતાના નિયમોનું પાલન કરીને તેમજ દવાઓ અને રસીઓ વડે અટકાવી શકાય છે કે તેની સારવાર કરી શકાય છે. આજે પોપ જેવા ધાર્મિક આગેવાનો દ્વારા પણ આ વાતને વ્યાપકપણે સ્વીકારવામાં આવે છે. તેમણે કોવિડ-19 મહામારી દરમિયાન લોકોને ભેગા થઈને પ્રાર્થના કરવાને બદલે અલગ રહેવાની સલાહ આપી હતી.

આમ તો બાઇબલે માનવની ઉત્પત્તિ, સ્થળાંતરો અને મહામારીઓની વાસ્તવિકતાને રજૂ કરવામાં ઘણાં લોચા માર્યા છે, છતાં તે અબજો લોકોને જોડવામાં અને યહૂદી તેમજ ખ્રિસ્તી ધર્મોની રચના કરવામાં ખૂબ અસરકારક રહ્યું છે, જેમ ડીએનએ એવી રાસાયણિક પ્રક્રિયાઓ શરૂ કરે છે, જે અબજો કોષોને જીવંત નેટવર્કોમાં જોડે છે, એમ બાઇબલે એવી સામાજિક પ્રક્રિયાઓ શરૂ કરી હતી જેણે અબજો લોકોને ધાર્મિક નેટવર્કોમાં જોડ્યા હતા અને જેમ કોષોનું નેટવર્ક એવી વસ્તુઓ કરી શકે છે, જે એક કોષ કરી શકતો નથી, તેમ ધાર્મિક નેટવર્કો પણ એવી વસ્તુઓ કરી શકે છે, જે વ્યક્તિગત મનુષ્યો કરી શકતા નથી, જેમ કે મંદિરો બાંધવા, કાનૂની વ્યવસ્થા જાળવવી, ઉજવણીઓ કરવી અને ધર્મયુદ્ધો લડવાં.

અંતે એટલું કહી શકીએ કે, માહિતી ક્યારેક વાસ્તવિકતાનું નિરૂપણ કરે છે અને ક્યારેક નથી કરતી, પરંતુ તે જોડાણો હંમેશાં સર્જે છે. આ તેનું મૂળભૂત લક્ષણ છે. માટે જ્યારે ઇતિહાસમાં માહિતીએ ભજવેલા ભાગની તપાસ કરવામાં આવે ત્યારે "એ વાસ્તવિકતાનું કેટલું સચોટ નિરૂપણ કરે છે? એ સાચી છે કે ખોટી?" એવા પ્રશ્નો પૂછવા ઘણીવાર યોગ્ય લાગતા હોવા છતાં તેનાથી વધારે

મહત્ત્વના પ્રશ્નો આ હોય છેઃ "તે લોકોને કેટલી મજબૂતીથી જોડી શકે છે? તે કયાં નવાં નેટવર્કો સર્જે છે?"

જોકે એક વાત ભારપૂર્વક નોંધવી રહી કે વાસ્તવિકતાના નિરૂપણવાળો માહિતી અંગેનો સરળ દૃષ્ટિકોણ આપણે ભલે નકારીએ, પરંતુ તેના કારણે આપણે સત્યની વિભાવના નકારવી કે માહિતી શસ્ત્ર છે એવો પોપ્યુલિસ્ટ અભિગમ સ્વીકારો એવું કોઈ દબાણ નથી. માહિતી હંમેશાં જોડાણો સર્જતી હોય છે અને તેમાં વૈજ્ઞાનિક પુસ્તકોથી માંડીને રાજકીય ભાષણો સુધીની અમુક પ્રકારની માહિતી વાસ્તવિકતાનાં અમુક પાસાંઓના સચોટ નિરૂપણ થકી લોકોને જોડતી હોય છે, પરંતુ તેના માટે વિશેષ પ્રયત્નોની જરૂર પડે છે અને મોટાભાગની માહિતીમાં એવા પ્રયત્નોનો અભાવ હોય છે. માટે જ વધુ શક્તિશાળી ઇન્ફૉર્મેશન ટેક્નોલૉજી સર્જવાથી આ દુનિયાની વધારે વાસ્તવિક સમજ મેળવી શકાશે એવો માહિતી અંગેનો સરળ દૃષ્ટિકોણ ખોટો છે. જો સત્યનું પલડું ભારે કરવા માટે જરૂરી પગલાં લેવામાં આવે નહીં તો માહિતીની ગતિ અને જથ્થાને કારણે પ્રમાણમાં વિરલ અને ઉચ્ચ કક્ષાના વાસ્તવનું બને તેટલું પ્રામાણિક નિરૂપણ કરતી માહિતી પર સર્વસામાન્ય અને ઊતરતી કક્ષાની માહિતી ભારે પડે એમ પણ બની શકે છે.

આપણે પથ્થર યુગથી માંડીને સિલિકોન યુગ સુધી માહિતીનો ઇતિહાસ તપાસીએ ત્યારે આપણને જોડાણોમાં સતત વધારો થયેલો દેખાય છે પણ એટલો જ વધારો સત્ય કે બુદ્ધિમાં થયેલો દેખાતો નથી. માહિતી અંગેનો સરળ દૃષ્ટિકોણ માને છે તેનાથી વિપરીત, હોમો સેપિયન્સ માહિતીને વાસ્તવનો સચોટ નકશો બનાવવાની પ્રતિભા ધરાવતો હતો એટલા માટે જગત જીતી શક્યો છે એવું નથી. તેના બદલે, આ સફળતાનું રહસ્ય એ છે કે માહિતીનો ઉપયોગ કરીને આપણે લાખો લોકોને જોડવાની પ્રતિભા ધરાવીએ છીએ. જોકે આ પ્રતિભામાં જૂઠાણાં, ભૂલો અને કલ્પનાઓમાં વિશ્વાસ કરવો પણ સાથે જ આવી જાય છે. એટલે જ ટેક્નોલૉજીની દૃષ્ટિએ આધુનિક મનાતા નાઝી જર્મની અને સોવિયટ યુનિયન જેવા સમાજો તેમના ભ્રામક વિચારોને વળગી રહ્યા હોવા છતાં તેઓ નબળા પડ્યા હતા એવું નહોતું બન્યું. તેના બદલે જાતિ અને વર્ગને લગતા નાઝીવાદ અને સ્ટાલિનની વિચારધારા જેવા વિચારોને કારણે લાખો લોકો એકબીજા સાથે ચળવળોમાં જોડાયા હતા.

બીજાથી પાંચમા પ્રકરણમાં આપણે માહિતીના નેટવર્કોના ઇતિહાસને બારીકાઈથી જોઈશું. આપણે ચર્ચીશું કે કેવી રીતે હજારો વર્ષો સુધી માનવે વિવિધ પ્રકારની ઇન્ફૉર્મેશન ટેક્નોલૉજીઓનો આવિષ્કાર કરે રાખ્યો જેના કારણે જોડાણો અને સહકાર ઘણા વધ્યાં, પરંતુ દરેક વખતે જગતનું પ્રામાણિક

નિરૂપણ વધવા પામ્યું હોય એવું બન્યું નહીં. સદીઓ અને સહસ્રાબ્દીઓ પહેલાં આવિષ્કાર થયો હતો એ ઇન્ફૉર્મેશન ટેક્નોલૉજીઓ અત્યારે ઇન્ટરનેટ અને AIના યુગમાં આજે પણ આપણા જગતને આકાર આપી રહી છે. આપણે જે પહેલી ઇન્ફૉર્મેશન ટેક્નોલૉજીની વાત કરવાના છીએ, અને એ જ માનવજાતે શોધેલી પ્રથમ ઇન્ફૉર્મેશન ટેક્નોલૉજી પણ છે, તે છે વાર્તા, કથા.

પ્રકરણ-2

વાર્તાઓ : અનંત જોડાણો

આપણે સેપિયન્સો બહુ ચતુર છીએ એટલે નહીં, પરંતુ આપણે એકમાત્ર એવા પ્રાણીઓ છીએ જે વિશાળ સંખ્યામાં સહકારથી કામ કરી શકીએ છીએ માટે આ દુનિયા પર રાજ કરીએ છીએ. મારાં અગાઉનાં પુસ્તકોમાં મેં એ વિશે ચર્ચા કરી જ છે, પરંતુ તે અહીં ફરીવાર કરવી અનિવાર્ય છે.

મોટી સંખ્યામાં સહકારથી કામ કરવાની સેપિયન્સની ક્ષમતાનાં પૂર્વચિહ્નો અન્ય પ્રાણીઓમાં જોવા મળે છે. ચિમ્પાન્ઝી જેવા અમુક સ્તન્યવંશી પ્રાણીઓ ઘણી લવચીકતાપૂર્વક (ફ્લેક્સિબલી) સહકારથી રહેતાં જોવા મળે છે જ્યારે કીડીઓ જેવા જીવો ઘણી વિશાળ સંખ્યામાં સહકારથી રહેતાં જોવા મળે છે, પરંતુ ચિમ્પાન્ઝી કે કીડીઓ સામ્રાજ્યો, ધર્મો કે વેપારી નેટવર્કો સ્થાપતાં નથી. સેપિયન્સો આમ કરી શકે છે, કારણ કે આપણે ચિમ્પાન્ઝીઓ કરતાં પણ વધુ લવચીક (ફ્લેક્સિબલ) છીએ અને કીડીઓ કરતાં પણ વધુ સંખ્યામાં એકસાથે મળીને સહકારથી કામ કરી શકીએ છીએ. વાસ્તવમાં, સેપિયન્સો કેટલી સંખ્યામાં એકબીજા સાથે જોડાઈ શકતા હોય છે, તેની કોઈ સીમા જ નથી. કેથલિક ચર્ચના 1.4 અબજ લોકો સભ્યો છે. ચીનની વસતી 1.4 અબજ જેટલી છે. જ્યારે વૈશ્વિક વ્યાપારી નેટવર્કોથી તો 8 અબજ સેપિયન્સો જોડાય છે.

આ વાત આશ્ચર્યજનક તો છે જ કારણ કે માનવો અમુક સો લોકોથી વધારે લોકો સાથે લાંબા ગાળાના અંગત સંબંધો બાંધી શકતા નથી.[1] ઘણાં વર્ષોના અનુભવ પછી આપણને કોઈનું આગવું ચરિત્ર અને ઇતિહાસ જાણવા મળે છે, જેના પરિણામે પારસ્પરિક વિશ્વાસ અને લાગણી જન્મે છે. પરિણામસ્વરૂપે, જો સેપિયન્સના નેટવર્કો માત્ર માનવીય સંબંધોથી જ સર્જાતા હોત, તો આપણાં નેટવર્કો એકદમ નાનાં બની રહ્યાં હોત. આપણા પિતરાઈ ચિમ્પાન્ઝીઓમાં એવી

જ પરિસ્થિતિ છે. તેમની સરેરાશ ટોળકીમાં 20થી 60 સભ્યો હોય છે અને વિરલ સંજોગોમાં એ સંખ્યા વધીને 150થી 200 થતી હોય છે.[2] નીએન્ડરથલ અને આદિમ હોમો સેપિયન્સો જેવી માનવીય પ્રજાતિઓમાં પણ આવી જ પરિસ્થિતિ હતી એમ જણાય છે. તેમની દરેક ટોળકીમાં અમુક ડઝન માણસો જ રહેતા અને અલગ અલગ ટોળકીઓ ભાગ્યે જ એકબીજાને સહકાર આપતી.[3]

લગભગ સિત્તેર હજાર વર્ષ પહેલાં, હોમો સેપિયન્સોની ટોળકીઓ એકબીજાને અભૂતપૂર્વ રીતે સહકાર આપવા માંડી. ટોળકીઓ વચ્ચે વેપાર અને પારંપરિક કળાઓનો વિનિમય થવાના પુરાવા મળ્યા છે. આ બધાના પરિણામે માત્ર આફ્રિકા સુધી સીમિત માનવો પછી સમગ્ર પૃથ્વી પર છવાઈ ગયા. શા કારણે અલગ અલગ ટોળકીઓ એકબીજાને સહકાર આપવા માંડી? ઉત્ક્રાંતિના કારણે મગજમાં આવેલાં પરિવર્તનોને પ્રતાપે અને ભાષાકીય ક્ષમતાના વિકાસને કારણે સેપિયન્સોમાં કાલ્પનિક વાર્તાઓ કહેવાની અને તેમાં માનવાની તેમજ તેનાથી પ્રભાવિત થવાની ક્ષમતા આવી. નીએન્ડરથલ લોકો માત્ર માનવીય સંપર્કના આધારે સંબંધો સ્થાપતા હતા પરંતુ વાર્તાઓએ, કથાઓએ સેપિયન્સોને જોડાણ માટે એક નવું સાધન આપ્યું. હવે સહકાર આપવા માટે સેપિયન્સો એકબીજાને અંગત રીતે જાણતા હોય, તે જરૂરી રહ્યું નહીં, તેમને માત્ર એકસમાન વાર્તા, કથાની જાણકારી હોવી જ જરૂરી રહી અને એક જ વાર્તા અબજો લોકો જાણતા હોય તેમ પણ બની શકે. એટલે વાર્તા જોડાણનું એવું કેન્દ્રીય બિન્દુ બની રહી જેની સાથે અસંખ્ય લોકો જોડાઈ શકે. ઉદાહરણ તરીકે, કેથોલિક ચર્ચના 1.4 અબજ લોકો બાઇબલ અને અન્ય મહત્ત્વની ખ્રિસ્તી વાર્તાઓના આધારે જોડાયેલા છે, ચીનના 1.4 અબજ લોકો સામ્યવાદી આદર્શોની તેમજ ચીની રાષ્ટ્રવાદની કથાઓથી જોડાયેલા છે અને આ પૃથ્વીના 8 અબજ લોકો ચલણો, કૉર્પોરેશનો તેમજ બ્રાન્ડોની વાર્તાઓથી જોડાયેલા છે.

લાખો અનુયાયીઓ ધરાવતા ચમત્કારિક વ્યક્તિત્વવાળા આગેવાનો પણ આ બાબતે અપવાદ નહીં, પરંતુ ઉદાહરણ જ છે. એમ લાગે કે પ્રાચીન ચીની સમ્રાટો, મધ્યયુગીન કેથલિક પોપ કે આધુનિક કૉર્પોરેટ ટાઈટનો એ વાર્તાઓ નથી પરંતુ હાડમાંસના બનેલા માનવો છે અને તેમણે તેમના લાખો અનુયાયીઓને એક તાંતણે બાંધી રાખ્યા છે. જોકે, આ બધા કિસ્સાઓમાં અનુયાયીઓને તેમના આગેવાનો સાથે અંગત જોડાણ હોતું નથી. તેઓ તો તેમના આગેવાનની કાળજીપૂર્વક ઘડવામાં આવેલી વાર્તા સાથે જ જોડાયેલા હોય છે અને તેમણે આગેવાનમાં નહીં, પરંતુ એ વાર્તામાં વિશ્વાસ મૂક્યો હોય છે.

ઇતિહાસમાં સૌથી મોટાં ચુંબકીય વ્યક્તિત્વોમાંના એક હોવાનો દાવો કરી

શકે એવા જોસેફ સ્ટાલિન આ વાત સારી રીતે સમજતા હતા. જ્યારે તેમના પુત્ર વાસિલીએ તેમના નામનો ઉપયોગ લોકોને ડરાવવા અને પ્રભાવિત કરવા કર્યો ત્યારે સ્ટાલિને તેને ખખડાવી નાખ્યો હતો, "પરંતુ હું પણ એક સ્ટાલિન જ છું," વાસિલીએ વિરોધ નોંધાવ્યો. "ના, તું નથી," સ્ટાલિને જવાબ આપ્યો હતો. "નથી તું સ્ટાલિન કે નથી હું સ્ટાલિન. સ્ટાલિન તો સોવિયત સત્તા છે, જે અખબારોમાં અને ચિત્રોમાં છે, એ સ્ટાલિન છે, એ તું નથી કે હું પણ નથી."[4]

વર્તમાન સમયમાં ઇન્ફ્લુએન્સરો અને સેલિબ્રિટીઓ આ વાત સાથે સહમત થશે. કેટલાકના લાખો ફોલોઅરો હોય છે, જેમની સાથે તેઓ સોશિયલ મીડિયાના માધ્યમથી દૈનિક ધોરણે સંપર્ક રાખતા હોય છે, પરંતુ તેમની વચ્ચે અંગત જોડાણ જેવું કશું હોતું નથી. એ સોશિયલ મીડિયા અકાઉન્ટોનું સંચાલન એક્સપર્ટ ટીમો કરતી હોય છે અને દરેક તસવીર અને શબ્દો વિશેષજ્ઞો દ્વારા એવી રીતે તૈયાર કરવામાં આવે છે કે જેથી અત્યારે જેને બ્રાન્ડ કહે છે તેનું સર્જન થઈ શકે.[5]

આ 'બ્રાન્ડ' એટલે ચોક્કસ પ્રકારની વાર્તા. કોઈ વસ્તુની બ્રાન્ડ બનાવવી એટલે એ વસ્તુની કોઈ વાર્તા કહેવી. ભલેને એ વાર્તાને મૂળ વસ્તુ સાથે ભાગ્યે જ લેવાદેવા હોય, પરંતુ તો પણ ઉપભોક્તાઓ તેના થકી એ વસ્તુ સાથે જોડાતા હોય છે. ઉદાહરણ તરીકે, વીતેલા દસકોમાં કોકા-કોલા કૉર્પોરેશને અબજો ડૉલર એવી જાહેરાતો પાછળ ખર્ચ્યા છે, જે કોકા-કોલા પીણાની વાર્તા ફરી ફરીને કહે રાખે છે.[6] લોકોએ આ વાર્તા એટલી બધી વખત સાંભળી છે કે તેઓ હવે આવા રંગીન, સ્વાદિષ્ટ પીણાને (દાંતોનું સડી જવું, મેદસ્વીપણું અને પ્લાસ્ટિકના કચરા સાથે જોડવાને બદલે) આનંદ, સુખ અને યૌવન સાથે જોડે છે. આ છે બ્રાન્ડિંગ.[7]

સ્ટાલિન જાણતા હતા તેમ, માત્ર વસ્તુને જ નહીં, પરંતુ વ્યક્તિની પણ બ્રાન્ડ બનાવી શકાય છે. કોઈ ભ્રષ્ટ અબજોપતિને ગરીબોના મસીહા તરીકે ચીતરી શકાય છે, કોઈ બફાટિયા મૂર્ખને અલૌકિક બુદ્ધિપ્રતિભા ધરાવનાર તરીકે દર્શાવી શકાય છે, અને પોતાના ભક્તોનું યૌનશોષણ કરતા કોઈ ગુરુને બ્રહ્મચારી સંત તરીકે પણ રજૂ કરી શકાય છે. લોકોને એમ લાગતું હોય છે કે તેઓ જે તે વ્યક્તિ સાથે જોડાઈ રહ્યા છે, પરંતુ વાસ્તવમાં તેઓ એ વ્યક્તિ વિશે રજૂ થયેલી વાર્તા સાથે જોડાઈ રહ્યા હોય છે અને ઘણીવાર એ બંને વચ્ચે ઘણું વધારે અંતર હોય છે.

પેલા શૂરવીર કબૂતર ચેર એમીની કથામાં પણ યુ.એસ. આર્મીની પીજન સર્વિસને જાહેર છબી સુધારવા માટે ચલાવવામાં આવેલા બ્રાન્ડિંગ કેમ્પેઇનનો ફાળો

ખરો. ઇતિહાસકાર ફ્રૅંક બ્લાઝિક દ્વારા 2021માં કરવામાં આવેલા રીવિઝનિસ્ટ સ્ટડીમાં એમ જાણવા મળ્યું હતું કે ઉત્તર ફ્રાંસમાં કોઈ સંદેશો લઈ જતી વખતે ચેર એમી નામક કબૂતરને ગંભીર ઈજાઓ થઈ હતી તે વાતે જરા પણ શંકા નથી, પરંતુ એ વાર્તાના ઘણા મહત્ત્વના મુદ્દા શંકાસ્પદ કે ભૂલ ભરેલા છે. પહેલું તો એ કે, તત્કાલીન મિલિટરી રેકોર્ડ તપાસતાં એમ જણાયું કે ખોવાયેલી ટુકડીનું ચોક્કસ સ્થાન હેડ ક્વાર્ટરને ચેર એમી કબૂતરના આગમનની વીસ મિનિટ પહેલાં મળી ગયું હતું. એટલે એ ખોવાયેલી ટુકડી પર થઈ રહેલો તોપમારો ચેર એમી કબૂતરે બંધ નહોતો કરાવ્યો. વધુ મહત્ત્વની વાત તો એ છે કે એવો કોઈ જડબેસલાક પુરાવો તો છે જ નહીં કે મેજર વ્હિટલ્સીનો સંદેશો લઈ જતું કબૂતર ચેર એમી જ હતું. એવું પણ બની શકે કે એ તો બીજું જ કોઈ પક્ષી હોય અને ચેર એમીને બે સપ્તાહ પછીની બીજી કોઈ લડાઈ દરમિયાન ઘાવ પડ્યા હોય.

બ્લાઝિકના મત અનુસાર, ચેર એમી કબૂતરની વાર્તાના પ્રચારથી આર્મી અને લોકોમાં આર્મીની છબીને ઘણો વધુ ફાયદો થાય એમ હતો માટે તે અંગેની શંકાઓ અને ભૂલોને અવગણવામાં આવી હતી. પછીનાં વર્ષોમાં એ વાર્તા એટલી બધી વાર કહેવામાં આવી કે તેમાંથી ઇતિહાસ અને કલ્પનાને અલગ કરવા શક્ય રહ્યા નહીં. પત્રકારો, કવિઓ અને ફિલ્મો બનાવનારાઓએ તેમાં ઘણી કાલ્પનિક, આકર્ષક વિગતો ઉમેરી, જેમ કે કબૂતરે પગની સાથે સાથે એક આંખ પણ ગુમાવી હતી અને તેને 'ડિસ્ટિંગ્વીશ્ડ સર્વિસ ક્રૉસ' એનાયત કરવામાં આવ્યો હતો. 1920 અને 1930ના દસકોમાં ચેર એમી દુનિયાનું સૌથી પ્રખ્યાત પંખી બની રહ્યું હતું. જ્યારે તે મૃત્યુ પામ્યું ત્યારે તેના મૃતદેહને ખૂબ કાળજીપૂર્વક તૈયાર કરીને સ્મિથસોનિઅન્સ નેશનલ મ્યુઝિયમ ઑફ અમેરિકન હિસ્ટરીમાં પ્રદર્શિત કરવામાં આવ્યું. એ જગ્યા અમેરિકાના દેશભક્તો અને પ્રથમ વિશ્વયુદ્ધના ભૂતપૂર્વ સૈનિકો માટે યાત્રાસ્થળ સમાન બની રહી. વાર્તા ધીમે ધીમે એટલી મોટી બની ગઈ કે તેનું મહત્ત્વ ખોવાયેલી બટાલિયનના સૈનિકોની સ્મરણકથાઓ કરતા પણ વધી ગયું અને એ સૈનિકોએ પણ એ વાર્તા યથાવત્ સ્વીકારી લીધી. બ્લાઝિક ખોવાયેલી બટાલિયનના એક અધિકારી શરમન ઇગરનો કિસ્સો ટાંકે છે. યુદ્ધના અમુક દસકો પછી એ અધિકારી તેના બાળકોને સ્મિથસોનિયન મ્યુઝિયમમાં ચેર એમી કબૂતર જોવા લાવ્યો ત્યારે તેણે કહ્યું, "તમારું બધાનું જીવન આ કબૂતરના કારણે શક્ય બન્યું છે." હવે તથ્યો જે પણ હોય એ, પરંતુ એ કુરબાની આપનારા પાંખાળા તારણહારની કથા ઘણી મોહક બની ગઈ.[8]

વધારે મોટા ઉદાહરણ તરીકે આપણે જિઝસની જ વાત કરીએ. બે

સહસ્રાબ્દીઓના કથાકથનોએ જિઝસની ફરતે એવો ગાઢ કોશેટો ગૂંથી નાખ્યો છે કે ઐતિહાસિક વ્યક્તિત્વ વિશે માહિતી મેળવવી તો અશક્ય જ બની ગઈ છે. વાસ્તવમાં તો હવે જો એમ કહેવામાં આવે કે મૂળ જિઝસ કથાઓમાં રજૂ કરાતા જિઝસ કરતાં અલગ હતા તો એ પણ લાખો લોકો માટે ઈશનિંદા બની રહે. આપણે માત્ર એટલું જ કહી શકીએ એમ છીએ કે વાસ્તવિક જિઝસ એક લાક્ષણિક યહૂદી ધર્મોપદેશક હતા જેમણે પ્રવચનો આપીને તેમજ માંદા લોકોને સાજા કરીને પોતાના અનુયાયીઓનો એક નાનકડો સમૂહ ઊભો કર્યો હતો. જોકે મૃત્યુ પછી જિઝસ ઇતિહાસના સૌથી નોંધપાત્ર બ્રાન્ડિંગ કેમ્પેઇનમાંથી એકનો ભાગ બની રહ્યા. આ બહુ ઓછા જાણીતા એવા સ્થાનિક ગુરુએ પોતાની ટૂંકી કારકિર્દીમાં બહુ ઓછા શિષ્યો બનાવ્યા હતા અને એક સામાન્ય ગુનેગારની જેમ તેમને મૃત્યુદંડ આપવામાં આવ્યો હતો, પરંતુ તેમના મૃત્યુ બાદ તેમને આ બ્રહ્માંડ સર્જનારા ઈશ્વરના અવતાર તરીકે રજૂ કરવામાં આવ્યા.[9] જિઝસનું કોઈ તત્કાલીન ચિત્ર બચવા પામ્યું નથી અને બાઇબલમાં તેમના દેખાવનું વર્ણન કરવામાં આવ્યું નથી છતાં તેમની કાલ્પનિક છબી દુનિયામાં સૌથી વધુ પ્રચલિત આઇકોનમાંની એક બની રહી છે.

જોકે એ વાત ભારપૂર્વક નોંધવી રહી કે, જિઝસની વાર્તાનું સર્જન હાથે કરીને જૂઠાણું ફેલાવવા માટે કરવામાં નહોતું આવ્યું. સંત પોલ, ટેર્ટુલિયન, સંત ઑગસ્ટીન અને માર્ટિન લ્યૂથર કંઈ કોઈને છેતરવા માટે બહાર નહોતા પડ્યા, જે રીતે આપણે આપણી અત્યંત ગહન રીતે અનુભવાયેલી લાગણીઓ અને આશાઓ આપણાં માતાપિતા, પ્રેમી કે આગેવાનો પર આરોપીએ છીએ એ રીતે જ તેમણે તેમની આશાઓ અને લાગણીઓ જિઝસ પર આરોપી હતી. બ્રાન્ડિંગ કેમ્પેઇન પ્રસંગોપાત દુષ્પ્રચાર ફેલાવવા માટેની કવાયત હોય છે, ઇતિહાસની મોટાભાગની મોટી વાર્તાઓ આવી લાગણીઓ અને આશાઓનું ઇચ્છાસભર આરોપણ હોય છે. સાચી શ્રદ્ધા ધરાવનારા લોકો દરેક મોટા ધર્મો અને આદર્શોના પ્રચાર-પ્રસારમાં મહત્ત્વનો ભાગ ભજવે છે અને જિઝસની કથાએ ઇતિહાસ બદલી કાઢ્યો, કારણ કે તેમાં શ્રદ્ધા ધરાવનારા લોકોની સંખ્યા ઘણી મોટી હતી.

આટલા બધા શ્રદ્ધાળુઓને કારણે જિઝસ નામક વ્યક્તિ કરતાં જિઝસની કથાની ઇતિહાસ પર ઘણી મોટી અસર પડી. જિઝસ વ્યક્તિ સ્વરૂપે એક ગામથી બીજા ગામ પગપાળા જતા, લોકો સાથે વાતો કરતા, તેમની સાથે ખાતા-પીતા, તેમના બીમાર શરીર પર તેમનો હાથ પણ મૂકતા. સંભવતઃ તેઓ એક નાનકડા રોમન પ્રાંતમાં વસતા હજારો લોકોના જીવનને સ્પર્શ્યા હતા. તેનાથી વિપરીત, જિઝસની કથા તો આખી દુનિયામાં ફરી વળી. પહેલાં ગપસપ, બોધકથાઓ

અને અફવાઓની પાંખે, પછી ચર્મપત્રો પર લેખિત સ્વરૂપે, ચિત્રો અને શિલ્પો સ્વરૂપે અને છેવટે લોકપ્રિય ફિલ્મો અને ઇન્ટરનેટ મીમ્સ સ્વરૂપે. અબજો લોકોએ જિઝસની કથા માત્ર સાંભળી જ નહીં, તેમાં વિશ્વાસ પણ કર્યો, જેના પરિણામે જગતના સૌથી વિશાળ અને સૌથી પ્રભાવશાળી નેટવર્કોમાંનું એક નેટવર્ક રચાયું.

જિઝસની કથા જેવી કથાઓને અસ્તિત્વ ધરાવતા જૈવિક જોડાણો વિસ્તારવા તરીકે જોઈ શકાય. માનવો જાણતા હોય તેવું સૌથી મજબૂત જોડાણ એટલે પરિવાર. કથાઓ અજાણ્યા લોકોને એક જ પરિવારના સભ્યો તરીકે કલ્પીને તેમનામાં એકબીજા પ્રત્યે વિશ્વાસ પેદા કરે છે. જિઝસની કથાએ જિઝસને તમામ માનવોના પિતા તરીકે રજૂ કર્યા, કરોડો ખ્રિસ્તીઓને એકબીજાને ભાઈબહેન તરીકે જોવા માટે પ્રોત્સાહિત કર્યા અને એમ પારિવારિક સ્મૃતિઓનું સર્જન કર્યું. મોટાભાગના ખ્રિસ્તી લોકો ધ લાસ્ટ સપર (જિઝસના છેલ્લા ભોજન) વખતે હાજર નહોતા, પરંતુ તેમણે એ કથા એટલી બધી વાર સાંભળી છે અને તેનાં એટલાં બધાં ચિત્રો જોયાં છે કે તે બધાને તેમણે જે પારિવારિક ભોજન સમારંભોમાં તેમણે પોતે ભાગ લીધો હતો તેના કરતાં પણ ધ લાસ્ટ સપર વધારે સારી રીતે 'યાદ' છે.

રસપ્રદ વાત એ છે કે જિઝસનું લાસ્ટ સપર યહૂદીઓના પાસઓવર તરીકે ઓળખાતા તહેવારનું ભોજન હતું અને ગોસ્પેલ (બાઇબલનાં પહેલાં ચાર પુસ્તકોમાં જે કથાઓ દ્વારા જિઝસનું જીવન રજૂ થયું છે તે કથાઓ) અનુસાર જિઝસને ક્રૉસ પર ચડાવી દેવાયા એ પહેલાંનું એ છેલ્લું ભોજન તેમણે તેમના શિષ્યો સાથે લીધું હતું. યહૂદી પરંપરામાં પાસઓવર ભોજન જ કૃત્રિમ સ્મરણો સર્જવા અને તેને જીવંત કરવા ઊજવાય છે. દર વર્ષે યહૂદી પરિવારો પાસઓવર દિવસની આગલી સાંજે ભેગા બેસે છે, જમે છે અને ઇજિપ્તમાંથી 'તેમની' હિજરતને સ્મરે છે. તેમણે માત્ર ઇજિપ્તમાંથી ગુલામીમાંથી ભાગી છૂટેલા જેકબના વંશજોની જ કથા કહેવાની હોતી નથી પરંતુ તેમણે એ પણ યાદ કરવાનું હોય છે કે તેમણે 'પોતે' ઇજિપ્તવાસીઓનો કેટલો ત્રાસ વેઠ્યો હતો, તેમણે 'પોતે' દરિયાને બે ભાગમાં વહેંચાઈને માર્ગ આપતો જોયો હતો અને સિનાઈ પર્વત પાસે તેમને 'પોતાને' યેહોવાહના મુખેથી ટેન કમાન્ડમેન્ટ્સ (દસ નિયમો) મળ્યા હતા.

યહૂદી પરંપરા જરાય શબ્દો ચોરતી નથી. પાસઓવર તહેવારની વિધિ દર્શાવતું લખાણ (ધ હગાદાહ) એમ ભારપૂર્વક કહે છે કે "દરેક પેઢીમાં એક વ્યક્તિ જાણે પોતે જ ઇજિપ્તમાંથી આવી હોય, એમ માનવા બંધાયેલી છે." જો કોઈ એમ કહીને વિરોધ કરે કે આ તો માત્ર કાલ્પનિક છે અને તેઓ

ઇજિપ્તમાંથી નથી આવ્યા, તો યહૂદી સંતો પાસે તેનો જવાબ તૈયાર જ હોય છે. તેમનો એવો દાવો છે કે ઇતિહાસમાં જન્મેલા અને જન્મનારા તમામ યહૂદી આત્માઓનું સર્જન એ લોકોના જન્મના ઘણા સમય પહેલા યેહોવાહ દ્વારા કરવામાં આવ્યું હતું એ એ બધી આત્માઓ સિનાઈ પર્વત પાસે હાજર હતી.[10] સાલ્વાડોર લિટ્વાક નામક એક યહૂદી સોશિયલ મીડિયા ઇન્ફ્લુએન્સરે 2018માં તેના ફોલોવર્સને એમ સમજાવ્યું હતું કે, "તમે અને હું ત્યાં સાથે જ હાજર હતાં... જ્યારે આપણે આપણી જાતને ઇજિપ્તથી આવેલા તરીકે જોવાની આપણી ફરજ પૂરી કરીએ છીએ ત્યારે એ રૂપક રહેતું નથી. ત્યારે આપણે હિજરતની કલ્પના નથી કરતા, આપણે તેનું સ્મરણ કરીએ છીએ."[11]

માટે દરેક વર્ષે, યહૂદી કેલેન્ડરની વર્ષની સૌથી મહત્ત્વની ઉજવણીમાં, લાખો યહૂદીઓ એવો દેખાવ કરે છે કે તેમણે ન જોયેલી અને કદાચ ક્યારેય ન બનેલી ઘટના તેમને યાદ છે. અનેક આધુનિક અભ્યાસે એમ જણાવે છે કે વારંવાર કોઈ ખોટી વાર રજૂ કરવામાં આવે તો છેવટે એ વ્યક્તિ તેને પોતાની યાદ તરીકે જ સ્વીકારી લેતી હોય છે.[12] જ્યારે બે યહૂદીઓ એકબીજાને પ્રથમ વાર મળે ત્યારે પણ તેઓ તરત જ એમ અનુભવી શકે છે કે તેઓ બંને એક જ પરિવારના સભ્યો છે, ગુલામો તરીકે તેઓ ઇજિપ્તમાં સાથે હતા અને સિનાઈ પર્વત પાસે પણ સાથે જ હાજર હતા. આ એક એવું મજબૂત જોડાણ છે, જે યહૂદીઓનો નેટવર્કમાં સદીઓથી અને દરેક ખંડમાં રહેલું છે.

આંતરવ્યક્તિલક્ષી અસ્તિત્વો

યહૂદી પાસઓવરની કથા જે જૈવિક જોડાણો અસ્તિત્વ ધરાવતા હતા તેને જ વિસ્તારીને એક વિશાળ નેટવર્કનું સર્જન કરે છે. તેમાં લાખો લોકોના એક પરિવારની કલ્પના કરવામાં આવી છે, પરંતુ વાર્તાઓ, કથાઓ દ્વારા નેટવર્કો સર્જવાનો એક વધુ ક્રાંતિકારી માર્ગ પણ છે. ડીએનએની જેમ વાર્તાઓ પણ નવા અસ્તિત્વનું સર્જન કરી શકે છે. વાસ્તવમાં, વાર્તાઓ તો વાસ્તવના તદ્દન નવા સ્તરનું નિર્માણ પણ કરી શકે છે. આપણે જાણીએ છીએ ત્યાં સુધી, વાર્તાઓનો ઉદ્ભવ થયો તે પહેલા બ્રહ્માંડમાં વાસ્તવના માત્ર બે જ સ્તર હતા. વાર્તાઓએ ત્રીજું સ્તર ઉમેર્યું.

વાર્તાકથન પહેલાં વાસ્તવના જે બે સ્તર હતા એ હતા વસ્તુલક્ષી વાસ્તવ (ઓબ્જેક્ટિવ રીઆલિટી) અને વ્યક્તિલક્ષી વાસ્તવ (સબ્જેક્ટિવ રીઆલિટી). વસ્તુલક્ષી વાસ્તકમાં પથ્થર, પર્વતો અને લઘુગ્રહો જેવી વસ્તુઓ સામેલ હોય છે, એવી વસ્તુઓ કે જેના વિશે આપણે જાણતા હોઈએ કે નહીં, પરંતુ તેનું

અસ્તિત્વ તો હોય જ છે. પૃથ્વીની દિશામાં ધસી રહેલા લઘુગ્રહના અસ્તિત્વની કોઈને જાણ હોય કે ન હોય, પરંતુ તેનું અસ્તિત્વ તો હોય જ છે. પછી આવે છે વ્યક્તિલક્ષી વાસ્તવ જેમાં પીડા, આનંદ અને પ્રેમ જેવી વસ્તુઓ સામેલ છે, જેનું અસ્તિત્વ બહાર નથી, પરંતુ આપણી અંદર છે. વ્યક્તિલક્ષી વાસ્તવ આપણી તેના પ્રત્યેની જાગરૂકતાને કારણે આપણી અંદર અસ્તિત્વ ધરાવતું હોય છે. અનુભવાય નહીં તેવો દુખાવો તો વિરોધાભાસ અલંકારનું ઉદાહરણ બની જાય.

પરંતુ અમુક વાર્તાઓ વાસ્તવનું ત્રીજું સ્તર સર્જવા સક્ષમ હોય છેઃ આંતરવ્યક્તિલક્ષી વાસ્તવ (ઇન્ટરસબ્જેક્ટિવ રીઆલિટી). પીડા જેવું વ્યક્તિલક્ષી વાસ્તવ કોઈ એક મગજમાં વસતું હોય છે જ્યારે કાયદાઓ, ભગવાનો, રાષ્ટ્રો, કૉર્પોરેશનો અને ચલણો જેવા આંતરવ્યક્તિલક્ષી વાસ્તવ લાખો લોકોના મગજમાં એકસાથે વસતાં હોય છે. વધુ સ્પષ્ટતાથી કહીએ, તો આંતરવ્યક્તિલક્ષી વાસ્તવ એ વાર્તાઓમાં વસતું હોય છે, જે લોકો એકબીજાને કહેતા હોય છે. આંતરવ્યક્તિલક્ષી વાસ્તવની વાત કરતી વખતે માનવો જે માહિતીની આપ-લે કરતા હોય છે એમાં એવું કશું જ હોતું નથી, જે એ વાતચીત પહેલાં અસ્તિત્વ ધરાવતું હોય. એ વાતચીતના કારણે એ બધું સર્જાતું હોય છે.

જ્યારે હું તમને કહું છું કે હું પીડા અનુભવી રહ્યો છું ત્યારે એમ કહેવા માત્રથી પીડા ઉત્પન્ન થતી નથી અને જો હું પીડા વિશે વાત કરવાનું બંધ કરી દઉં, તો એ પીડા જતી પણ રહેતી નથી. એવી જ રીતે હું જ્યારે તમને કહું કે મેં એક લઘુગ્રહ જોયો છે, તો લઘુગ્રહ સર્જાતો નથી. લોકો લઘુગ્રહ વિશે વાતો કરે કે ન કરે પરંતુ તેનું અસ્તિત્વ તો છે જ, પરંતુ જ્યારે ઘણા બધા લોકો એકબીજાને કાયદાઓ, ભગવાનો કે ચલણોની વાત કરે છે ત્યારે અને તેના કારણે કાયદાઓ, ભગવાનો કે ચલણો સર્જાય છે. જો લોકો તેમના વિશે વાત કરવાનું બંધ કરી દે, તો તેઓ અદૃશ્ય થઈ જાય. આંતરવ્યક્તિલક્ષી વાસ્તવ માહિતીના આદાનપ્રદાનમાં અસ્તિત્વ ધરાવે છે.

ચાલો, વધારે બારીકાઈથી ચકાસીએ. પિઝાની કેલરી વેલ્યૂ આપણી માન્યતાઓ પર આધાર ધરાવતી હોતી નથી. એક સરેરાશ કદના લાક્ષણિક પિઝામાં પંદરસોથી પચીસો કેલરી હોય છે.[13] તેનાથી વિપરીત, રૂપિયા અને પિઝાનું આર્થિક મૂલ્ય સંપૂર્ણતઃ આપણી માન્યતાઓ પર જ આધારિત હોય છે. તમે એક ડૉલર કે એક બિટકોઈનથી કેટલા પિઝા ખરીદી શકશો? 2010માં લાઝ્લો હાન્યેકે 10,000 બિટકોઈન વડે બે પિઝા ખરીદ્યા હતા. બિટકોઈનવાળી એ પહેલી વાણિજ્યિક લેવડદેવડ હતી, હવે અત્યારે તો એમ પણ લાગે કે એ દુનિયાના સૌથી મોંઘા પિઝા હશે. નવેમ્બર 2021 સુધીમાં એક બિટકોઈનનું મૂલ્ય $69,000 હતું.

માટે હાન્યેકે બે પિઝા માટે $69 કરોડ ડૉલર ચૂકવ્યા હતા, જેના વડે આમ તો કરોડો પિઝા ખરીદી શકાય.[14] પિઝાનું કેલરી મૂલ્ય એક વસ્તુલક્ષી વાસ્તવ છે અને તે 2010થી 2021 સુધી એટલું જ રહ્યું, પરંતુ બિટકોઈનનું મૂલ્ય આંતરવ્યક્તિલક્ષી વાસ્તવ હતું, જે એ જ સમયગાળામાં ઘણું બધુ બદલાયું, જેનો આધાર લોકોએ બિટકોઈન અંગે કહેલી અને માનેલી વાતો પર હતો.

બીજું ઉદાહરણ લઈએ. ધારો કે હું પૂછું કે, “શું લોક નેસ (સ્કોટલૅન્ડના એક મોટા તળાવમાં) મોન્સ્ટર અસ્તિત્વમાં છે?” આ વસ્તુલક્ષી વાસ્તવના સ્તરનો પ્રશ્ન છે. કેટલાક લોકો માને છે કે ડાયનાસોર જેવાં પ્રાણીઓ ખરેખર લોક નેસમાં રહે છે. અન્ય લોકો આ વિચારને કાલ્પનિક અથવા છેતરપિંડી માને છે. વર્ષોપર્યંત, સોનાર સ્કેન અને ડીએનએ સર્વેક્ષણ જેવી વૈજ્ઞાનિક પદ્ધતિઓનો ઉપયોગ કરીને આ વિવાદનો કાયમી ઉકેલ લાવવા માટે ઘણા પ્રયત્નો કરવામાં આવ્યા છે. જો વિશાળ પ્રાણીઓ આ તળાવમાં રહેતા હોય, તો તેઓ સોનારયંત્રમાં દેખાવાં જોઈએ અને તેમના ડીએનએ પણ કોઈ ને કોઈ સ્વરૂપે મળવાં જોઈએ. ઉપલબ્ધ પુરાવાના આધારે, વૈજ્ઞાનિકોમાં એવી સર્વસંમત સમજણ છે કે લોક નેસ મોન્સ્ટર અસ્તિત્વ ધરાવતું નથી. (2019માં કરાયેલા એક ડીએનએ સર્વેક્ષણમાં ત્રણ હજાર પ્રજાતિઓની આનુવંશિક સામગ્રી મળી આવી હતી, પરંતુ કોઈ રાક્ષસી જળચરની નહીં. લોક નેસમાં મોટામાં મોટો જીવ પાંચ-કિલોની ઈલ માછલી હોઈ શકે છે.)[15] તેમ છતાં ઘણા લોકો એમ માનતા હોઈ શકે છે કે લોક નેસ મોન્સ્ટર અસ્તિત્વ ધરાવે છે, પરંતુ તેમ માનવાથી વસ્તુલક્ષી વાસ્તવિકતા બદલાતી નથી.

પ્રાણીઓના અસ્તિત્વને વસ્તુલક્ષી પરીક્ષણો દ્વારા ચકાસી શકાય છે અથવા તેને નકારી શકાય છે, પરંતુ તેનાથી વિપરીત કોઈ દેશ આંતરવ્યક્તિલક્ષી અસ્તિત્વ છે. સામાન્યતઃ આપણે એ રીતે તેની નોંધ લેતા નથી કારણ કે દરેક વ્યક્તિ યુનાઇટેડ સ્ટેટ્સ, ચીન, રશિયા અથવા બ્રાઝિલના અસ્તિત્વને સ્વીકારી લે છે, પરંતુ એવા કિસ્સાઓ પણ છે જ્યારે લોકો અમુક દેશના અસ્તિત્વ વિશે અસંમત હોય છે અને ત્યારે તે દેશની આંતરવ્યક્તિલક્ષી સ્થિતિ દેખાઈ આવે છે. ઉદાહરણ તરીકે, ઇઝરાયેલ-પેલેસ્ટિનિયન સંઘર્ષ આ મુદ્દાની આસપાસ જ ફરે છે, કારણ કે કેટલાક લોકો અને સરકારો ઇઝરાયેલના અસ્તિત્વને સ્વીકારતા નથી અને અન્ય કેટલાક લોકો અને સરકારો પેલેસ્ટાઇનના અસ્તિત્વને સ્વીકારતા નથી, જેમ કે, 2024 સુધી બ્રાઝિલ અને ચીનની સરકારો ઇઝરાયેલ અને પેલેસ્ટાઇન બંનેનું અસ્તિત્વ સ્વીકારે છે, યુનાઇટેડ સ્ટેટ્સ અને કેમેરૂનની સરકારો ફક્ત ઇઝરાયેલના અસ્તિત્વને જ માન્યતા આપે છે, જ્યારે અલ્જીરિયા

અને ઈરાનની સરકારો માત્ર પેલેસ્ટાઇનના અસ્તિત્વને જ સ્વીકારે છે. અન્ય પણ ઘણા કિસ્સાઓ છે. કોસોવોને 2024 સુધી 193 યુએન સભ્યોમાંથી લગભગ અડધા જ રાષ્ટ્રોએ દેશ તરીકે માન્યતા આપી છે.[16] અબખાઝિયાને લગભગ તમામ સરકારો જ્યોર્જિયાના સાર્વભૌમ પ્રદેશ તરીકે જુએ છે, પરંતુ રશિયા, વેનેઝુએલા, નિકારાગુઆ, નાઉરુ અને સીરિયા તેને સ્વતંત્ર દેશ માને છે.[17]

આમ જોવા જાવ તો લગભગ તમામ દેશો ક્યારેકને ક્યારેક અસ્થાયી રૂપે એવા તબક્કામાંથી પસાર થયા જ હોય છે કે જે દરમિયાન તેમના અસ્તિત્વને નકારવામાં આવ્યું હોય, જેમ કે જે તે દેશનો સ્વતંત્રતા સંઘર્ષનો સમયગાળો. શું યુનાઇટેડ સ્ટેટ્સ 4 જુલાઈ, 1776ના રોજ અસ્તિત્વમાં આવ્યું હતું કે પછી ફ્રાન્સ જેવા દેશો અને છેવટે યુકેએ તેને માન્યતા આપી ત્યારે? 4 જુલાઈ, 1776ના રોજ યુએસની સ્વતંત્રતાની ઘોષણા અને 3 સપ્ટેમ્બર, 1783ના રોજ પેરીશ સંધિ પર થયેલા હસ્તાક્ષર વચ્ચેના સમયગાળામાં જ્યોર્જ વૉશિંગ્ટન જેવા કેટલાક લોકો માનતા હતા કે યુનાઇટેડ સ્ટેટ્સનું અસ્તિત્વ છે જ્યારે રાજા જ્યોર્જ તૃતીય જેવા અન્ય લોકો તેને કટ્ટરતાથી નકારી કાઢતા હતા.

કોઈ દેશના અસ્તિત્વ વિશેના મતભેદોને ડીએનએ સર્વેક્ષણ અથવા સોનાર સ્કેન જેવા વસ્તુલક્ષી પરીક્ષણ દ્વારા ઉકેલી શકાતા નથી. પ્રાણીઓથી વિપરીત, રાજ્યો કોઈ વસ્તુલક્ષી વાસ્તવિકતા નથી. જ્યારે આપણે પૂછીએ છીએ કે શું કોઈ ચોક્કસ દેશનું અસ્તિત્વ છે, ત્યારે આપણે આંતરવ્યક્તિલક્ષી વાસ્તવિકતા વિશે પ્રશ્ન ઉઠાવી રહ્યા હોઈએ છીએ. જો પૂરતા લોકો સંમત થાય છે કે ચોક્કસ દેશનું અસ્તિત્વ છે, તો તે છે. તે પછી એ દેશ અન્ય દેશો તેમજ એનજીઓ અને ખાનગી કૉર્પોરેશનો સાથે કાયદેસરના કરારો પર હસ્તાક્ષર કરવા જેવાં કાર્યો કરી શકે છે.

વાર્તાઓના તમામ પ્રકારોમાંથી, જે વાર્તાઓ આંતરવ્યક્તિલક્ષી વાસ્તવિકતાઓ સર્જે છે તે મોટા પાયાના માનવ નેટવર્કોના વિકાસ માટે સૌથી નિર્ણાયક છે. નકલી કૌટુંબિક યાદોનું આરોપણ ચોક્કસપણે મદદરૂપ થાય છે, પરંતુ કોઈ પણ ધર્મ અથવા સામ્રાજ્ય કોઈ ભગવાન, રાષ્ટ્ર, કાયદા અથવા ચલણના અસ્તિત્વમાં ઊંડા વિશ્વાસ વિના લાંબા સમય સુધી ટકી શક્યા નથી. ઉદાહરણ તરીકે, ખ્રિસ્તી ચર્ચની રચના માટે લોકો લાસ્ટ સપરમાં ઈસુએ જે કહ્યું હતું તેનું સ્મરણ કરતા રહે તે મહત્ત્વનું હતું, પરંતુ એથી પણ મહત્ત્વનું એ હતું કે લોકો ઈસુને માત્ર એક પ્રેરણાદાયી રબાઈ (યહૂદી પાદરી) હોવાને બદલે ભગવાન માને. યહૂદી ધર્મની રચના માટે, યહૂદીઓ એ વાતનું 'સ્મરણ' કરે કે તેઓ કેવી રીતે ઇજિપ્તમાંથી ગુલામીમાંથી એકસાથે છટકી નીકળ્યા હતા,

પરંતુ સૌથી મહત્ત્વનું પગલું એ હતું કે બધા યહૂદીઓ પાસે એકસમાન ધાર્મિક કાયદાનું પાલન કરાવવું.

કાયદાઓ, ભગવાનો અને ચલણો જેવી આંતરવ્યક્તિલક્ષી વસ્તુઓ ચોક્કસ માહિતી નેટવર્કમાં અત્યંત શક્તિશાળી બની રહે છે અને તેની બહાર તે તદ્દન અર્થહીન હોય છે. ધારો કે કોઈ અબજોપતિનું ખાનગી જેટ કોઈ ઉજ્જડ ટાપુ પર તૂટી પડે છે અને તેની પાસે ચલણી નોટો અને બોન્ડથી ભરેલી સૂટકેસ છે. જ્યારે તે સાઓ પાઉલો અથવા મુંબઈમાં હતો, ત્યારે તે આ કાગળોનો ઉપયોગ કરીને લોકો પાસેથી ભોજન મેળવી શકતો હતો, વસ્ત્રો ખરીદી શકતો હતો, રક્ષણ મેળવી શકતો હતો અને પોતાનું ખાનગી જેટ પણ બનાવડાવી શકતો હતો, પરંતુ જેવો તે આપણા માહિતી નેટવર્કના અન્ય સભ્યોથી દૂર થઈ ગયો, તેની બેંક નોટ અને બોન્ડ તરત જ નકામા બની ગયા. હવે તે એ બધાનો ઉપયોગ કરીને ટાપુના વાંદરાઓ પાસેથી ખોરાક નથી મેળવી શકતો કે તેમની પાસે પોતાના માટે તરાપો પણ બનાવડાવી શકતો નથી.

વાર્તાઓની શક્તિ

બનાવટી યાદો કોઈના મનમાં રોપીને, કાલ્પનિક સંબંધો રચીને અથવા આંતરવ્યક્તિલક્ષી વાસ્તવિકતાઓ સર્જીને, વાર્તાઓએ મોટા પાયે માનવ નેટવર્કનું નિર્માણ કર્યું અને પછી આ નેટવર્કોએ વિશ્વમાં શક્તિનું સંતુલન સંપૂર્ણપણે બદલી કાઢ્યું. વાર્તાના આધારે રચાયેલાં નેટવર્કોએ હોમો સેપિયન્સને તમામ પ્રાણીઓમાં સૌથી વધુ શક્તિશાળી બનાવી દીધાં. તેઓ માત્ર સિંહો અને મેમથ હાથીઓથી જ નહીં, પરંતુ નિએન્ડરથલ જેવી અન્ય પ્રાચીન માનવ પ્રજાતિઓ કરતાં પણ વધુ શક્તિશાળી બની ગયાં.

નિએન્ડરથલો નાની નાની અલગ ટોળીઓમાં રહેતા હતા અને આપણી પાસે ઉપલબ્ધ શ્રેષ્ઠ જાણકારી મુજબ આ જુદી જુદી ટોળીઓ એકબીજાને ભાગ્યે જ સહકાર આપતી અને આપે તો પણ બહુ જ ઓછો.[18] પથ્થર યુગના સેપિયનો પણ અમુક ડઝન વ્યક્તિઓનાં નાનાં જૂથોમાં જ રહેતા હતા, પરંતુ વાર્તાકથનના ઉદ્ભવને પગલે, સેપિયનો નાની નાની ટોળીઓમાં એકલતામાં રહેતા નહોતા. એ ટોળીઓ આદરણીય પૂર્વજો, કુળ કે કબીલાના ચિહ્નરૂપ પ્રાણીઓ અને સંરક્ષક આત્માઓ જેવી વસ્તુઓ વિશે વાર્તાઓ દ્વારા જોડાતી હતી, જે ટોળીઓ સમાન વાર્તાઓ અને આંતરવ્યક્તિલક્ષી વાસ્તવિકતાઓ સાંભળતી કે

ધરાવતી હતી, તેનાથી કબીલા રચાતા હતા. દરેક કબીલો સેંકડો અથવા તો હજારો વ્યક્તિઓને જોડતું નેટવર્ક હતું.[19]

સંઘર્ષના સમયમાં મોટા કબીલા સાથે જોડાયેલા હોવાનો સ્પષ્ટ ફાયદો હતો. પાંચસો સેપિયનો પચાસ નિએન્ડરથલોને સરળતાથી હરાવી શકતા હતા.[20] પરંતુ આદિવાસી નેટવર્કમાં બીજા પણ ઘણા ફાયદા હતા. જો આપણે પચાસ લોકોની નાનકડી ટોળીમાં રહેતા હોઈએ અને આપણા પ્રદેશમાં ભયંકર દુષ્કાળ પડે, તો આપણામાંના ઘણા ભૂખે મરી શકે છે. જો આપણે સ્થળાંતર કરવાનો પ્રયાસ કરીએ, તો આપણને અન્ય હિંસક જૂથોનો સામનો કરવો પડે અને અજાણ્યા પ્રદેશમાં ખોરાક, પાણી અને (હથિયારો બનાવવા માટે) ચકમક જેવા પથ્થર મેળવવામાં પણ મુશ્કેલી પડી શકે છે. જો કે, જો આપણી ટોળી કોઈ આદિવાસી નેટવર્કનો ભાગ હોય, તો જરૂરિયાતના સમયે આપણામાંથી કેટલાક તો આપણા દૂરના મિત્રો સાથે જીવી શકે છે. જો આપણી સહિયારી આદિવાસી ઓળખ બરોબર મજબૂત હોય, તો તેઓ આપણું સ્વાગત કરશે અને આપણને સ્થાનિક જોખમો અને તકો વિશે પણ જણાવશે. એક કે બે દાયકા પછી, આપણે એનો બદલો પણ વાળી શકીશું. આમ એ આદિવાસી નેટવર્ક એક પ્રકારની વીમા પૉલિસી જેવું બની ગયું. તેણે જોખમ ઘણા લોકોમાં વહેંચીને બહુ ઓછું કરી કાઢ્યું.[21]

શાંતિના સમયમાં પણ સેપિયનોને માત્ર એક નાની ટોળીના અમુક ડઝન સભ્યો સાથે જ નહીં, પરંતુ સમગ્ર આદિવાસી નેટવર્ક સાથે માહિતીની આપલે કરવાથી ઘણો ફાયદો થઈ શકે એમ હતો. જો કોઈ એક ટોળીએ ભાલાનાં ફણાં બનાવવાની વધુ સારી રીત શોધી હોય, કોઈ દુર્લભ ઔષધી વડે ઘા મટાડવાનું શીખી લીધું હોય કે કપડાં સીવવા માટે સોયની શોધ કરી હોય, તો તે જ્ઞાન ઝડપથી અન્ય ટોળી સુધી પહોંચાડી શકાય. ભલે વ્યક્તિગત રીતે સેપિયન્સ નિએન્ડરથલ્સ કરતાં વધુ બુદ્ધિશાળી ન હોય, પણ પાંચસો સેપિયન્સ તો પચાસ નિએન્ડરથલ્સ કરતાં વધુ બુદ્ધિશાળી બની જ રહે.[22]

આ બધું વાર્તાઓ દ્વારા શક્ય બન્યું હતું. ઇતિહાસના ભૌતિકવાદી અર્થઘટનમાં ઘણીવાર વાર્તાઓની શક્તિની નોંધ લેવાનું ચૂકી જવાય છે અથવા તો તેને સંપૂર્ણતઃ નકારી જ કાઢવામાં આવે છે. માર્ક્સવાદીઓ તો વાર્તાઓને સત્તાના સંબંધો અને ભૌતિક હિતોનો ઢાંકપિછોડો કરતા સાધન તરીકે જ જોવાનું વલણ ધરાવે છે. માર્ક્સવાદી થિયરી અનુસાર, લોકો હંમેશાં વસ્તુલક્ષી ભૌતિક હિતોથી પ્રેરિત થતા હોય છે અને વાર્તાઓનો ઉપયોગ ફક્ત આ હિતોને છૂપાવવા અને હરીફોને મૂંઝવવા માટે જ કરવામાં આવે છે. ઉદાહરણ તરીકે, આ રીતે જોવામાં આવે તો યુરોપના ધર્મયુદ્ધો, પ્રથમ વિશ્વયુદ્ધ અને ઇરાક યુદ્ધ બધા ધાર્મિક, રાષ્ટ્રવાદી

અથવા ઉદારમતવાદી આદર્શોને બદલે શક્તિશાળી ઉચ્ચવર્ગનાં આર્થિક હિતો માટે જ લડવામાં આવ્યાં હતાં. આ યુદ્ધોને વિશેષ રીતે સમજવાનો અર્થ એ છે કે ભગવાન, દેશભક્તિ અથવા લોકશાહી જેવાં તમામ પૌરાણિક પ્રતીકોને બાજુ પર રાખવાં અને માત્ર સત્તાના દૃષ્ટિકોણથી જ તેમનું નિરીક્ષણ કરવું.

જો કે આ માર્ક્સવાદી દૃષ્ટિકોણ માત્ર શંકાસભર જ નથી, ખોટો પણ છે. ભૌતિકવાદી હિતોએ ધર્મયુદ્ધો, પ્રથમ વિશ્વયુદ્ધ, ઇરાક યુદ્ધ અને અન્ય મોટાભાગના માનવ સંઘર્ષોમાં ચોક્કસપણે ભૂમિકા ભજવી હતી, તેનો અર્થ એ નથી કે ધાર્મિક, રાષ્ટ્રીય અને ઉદારવાદી આદર્શોએ એમાં કોઈ જ ભૂમિકા ભજવી નહોતી. ઉપરાંત, માત્ર ભૌતિકવાદી હિતો દ્વારા સામેવાળી છાવણીની ઓળખ તારવી શકાતી નથી. શા માટે ફ્રાન્સ અને ઉત્તર આફ્રિકાના જમીનદારો અને વેપારીઓ ઇટાલીને જીતવા માટે એક થવાને બદલે બારમી સદીમાં ફ્રાન્સ, જર્મની અને ઇટાલીના જમીનદારો અને વેપારીઓ લેવન્ટમાં પ્રદેશો અને વેપાર માર્ગો પર વિજય મેળવવા માટે સંગઠિત થયા હતા? અને શા માટે 2003માં યુનાઇટેડ સ્ટેટ્સ અને બ્રિટને નોર્વેના ગેસ ક્ષેત્રોને બદલે ઇરાકનાં તેલક્ષેત્રો જીતવાનો પ્રયાસ કર્યો? શું આ ખરેખર લોકોની ધાર્મિક અને વૈચારિક માન્યતાઓનો ધ્યાનમાં લીધા વિના, માત્ર ભૌતિકવાદી વિચારણાઓ દ્વારા સમજાવી શકાય?

વાસ્તવમાં, મોટા પાયાનાં માનવજૂથો વચ્ચેના તમામ સંબંધો વાર્તાઓ દ્વારા જ સર્જાય છે કારણ કે આ બધા જૂથોની ઓળખ જ વાર્તાઓ દ્વારા ઘડાતી હોય છે. બ્રિટિશ, અમેરિકન, નોર્વેજીયન અથવા ઈરાકી કોણ છે તેની કોઈ વસ્તુલક્ષી વ્યાખ્યાઓ નથી. આ બધી ઓળખો રાષ્ટ્રીય અને ધાર્મિક દંતકથાઓ દ્વારા ઘડાતી હોય છે, જે સતત પડકારાતી અને બદલાતી રહે છે. માર્ક્સવાદીઓ એવો દાવો કરી શકે છે કે મોટા જૂથો વાર્તાઓથી અલગ વસ્તુલક્ષી ઓળખો અને રસ ધરાવતા હોય છે. જો એમ જ હોય તો, આપણે એ વાત કેવી રીતે સમજાવી શકીએ કે ફક્ત માનવીઓમાં જ કબીલાઓ, રાષ્ટ્રો અને ધર્મો જેવાં વિશાળ જૂથો અસ્તિત્વ ધરાવે છે, જ્યારે ચિમ્પાન્ઝીઓમાં તેનો અભાવ છે. કારણ કે ચિમ્પાન્ઝીઓ પણ મનુષ્યો જેવી જ તમામ વસ્તુલક્ષી હિતો ધરાવે છે - તેઓએ પણ ખાવું, પીવું પડે છે અને પોતાની જાતને રોગોથી બચાવવી પડે છે. તેઓ પણ સેક્સ અને સામાજિક શક્તિઓ ઇચ્છે છે, પરંતુ ચિમ્પાન્ઝીઓ વિશાળ જૂથો બનાવી કે જાળવી શકતા નથી, કારણ કે તેઓ એવા જૂથોને જોડતી અને તેમની ઓળખ અને હિતોને વ્યાખ્યાયિત કરતી વાર્તાઓ ઘડી શકતા નથી. માર્ક્સવાદી વિચારસરણીથી વિપરીત, ઇતિહાસમાં વિશાળ જૂથોની ઓળખ અને હિતો હંમેશાં આંતરવ્યક્તિલક્ષી હોય છે, ક્યારેય વસ્તુલક્ષી હોતા નથી.

આ સારા સમાચાર છે. જો ઇતિહાસ માત્ર ભૌતિક હિતો અને સત્તા સંઘર્ષો દ્વારા ઘડાયો હોત, તો આપણી સાથે અસંમત લોકો સાથે વાત કરવાનો કોઈ અર્થ જ ન હોત. કારણ કે એમ હોત, તો કોઈ પણ સંઘર્ષ આખરે વસ્તુલક્ષી શક્તિથી સર્જાયેલા સંબંધોનું પરિણામ હોત, જેને માત્ર વાત કરીને બદલી શકાત નહીં. ખાસ કરીને, જો વિશેષાધિકાર ધરાવતા લોકો ફક્ત એ જ વસ્તુઓને જોઈ અને માની શકતા હોય, જે તેમના વિશેષાધિકારોને જ આગળ વધારતી હોય, તો હિંસા સિવાય અન્ય કંઈ પણ વસ્તુ તેમને તેમના વિશેષાધિકારોનો ત્યાગ કરવા અને તેમની માન્યતાઓને બદલવા માટે કેવી રીતે સમજાવી શકે? સદ્ભાગ્યે, ઇતિહાસ આંતરવ્યક્તિલક્ષી વાર્તાઓ દ્વારા ઘડાયેલો હોવાથી, ઘણીવાર આપણે લોકો સાથે વાત કરીને, તેઓ અને આપણે માનતા હોઈએ તે વાર્તાઓને બદલીને અથવા દરેક વ્યક્તિ સ્વીકારી શકે તેવી નવી વાર્તા રજૂ કરીને સંઘર્ષને ટાળી શકીએ છીએ અને શાંતિ સ્થાપી શકીએ છીએ.

ઉદાહરણ તરીકે, નાઝીવાદનો ઉદય જ લઈ લો. તેમાં ચોક્કસપણે ભૌતિક હિતો હતા જ જેણે લાખો જર્મનોને હિટલરને ટેકો આપવા માટે પ્રેર્યા હતા. જો 1930ના દાયકાની શરૂઆતમાં આર્થિક કટોકટી સર્જાઈ ન હોત, તો નાઝીઓ કદાચ ક્યારેય સત્તામાં જ ન આવ્યા હોત. જો કે, એમ માનવું પણ અયોગ્ય છે કે નાઝી સત્તા સત્તાના આંતરિક સંબંધો અને ભૌતિક હિતોનું અનિવાર્ય પરિણામ હતું. હિટલરે 1933ની ચૂંટણી જીતી હતી, કારણ કે આર્થિક કટોકટી દરમિયાન લાખો જર્મનો રજૂ થયેલી વૈકલ્પિક વાર્તાઓને બદલે નાઝીઓ દ્વારા રજૂ થયેલી વાર્તા પર વિશ્વાસ કરવા લાગ્યા હતા. જર્મનો તેમનાં ભૌતિક હિતો અને તેમના વિશેષાધિકારોનું રક્ષણ કરતા હતા તેથી એમ બન્યું નહોતું અને તે એક કરુણ ભૂલ હતી. આપણે વિશ્વાસપૂર્વક કહી શકીએ છીએ કે તે એક ભૂલ હતી અને જર્મનો વધુ સારી વાર્તા પસદ કરી શક્યા હોત, કારણ કે આપણે જાણીએ છીએ કે એ પછી શું થયું હતું. નાઝી શાસનના બાર વર્ષમાં જર્મનોનાં ભૌતિક હિતો પોષાયાં ન હતાં. નાઝીવાદથી જર્મનીનો વિનાશ થયો અને લાખો લોકો મૃત્યુ પણ પામ્યા. પછીથી જર્મનોએ ઉદાર લોકશાહી અપનાવી જેનાથી તેમના જીવનમાં કાયમી સુધારો થયો. શું જર્મનો 1930ના દાયકાની શરૂઆતમાં જ નિષ્ફળ નાઝી પ્રયોગને બદલે ઉદાર લોકશાહીમાં વિશ્વાસ મૂકી શક્યા હોત? આ પુસ્તકનો દૃષ્ટિકોણ એ છે કે તેઓ વિશ્વાસ મૂકી શક્યા હોત. ઇતિહાસ ઘણીવાર નિયતિવાદ અનુસારના સત્તાના સંબંધો દ્વારા નહીં, પરંતુ એવી દુઃખદ ભૂલો દ્વારા આકાર લેતો હોય છે, જે રોચક પરંતુ હાનિકારક વાર્તાઓમાં વિશ્વાસ કરવાથી ઉદ્ભવતી હોય છે.

ઉમદા અસત્ય

જે રીતે વાર્તાઓ આપણા જીવનના કેન્દ્રમાં રહેલી છે તે આપણી પ્રજાતિની શક્તિ વિશે કંઈક મૂળભૂત તત્ત્વ પ્રગટ કરે છે અને તેનાથી જ સમજાય છે કે શા માટે સત્તા હંમેશાં શાણપણ સાથે હોતી નથી. માહિતીનો સરળ દૃષ્ટિકોણ એમ કહે છે કે માહિતી સત્ય સુધી લઈ જાય છે અને સત્ય જાણવાથી લોકોને સત્તા અને શાણપણ બંને મેળવવામાં મદદ મળે છે. આ વાત આપણને સારી લાગે છે. તે એમ સૂચવે છે કે જે લોકો સત્યની અવગણના કરે છે તેમની પાસે વધુ સત્તા કે શક્તિ હોવાની શક્યતા નથી અને જે લોકો સત્યનો આદર કરે છે તેઓ ઘણી સત્તા કે શક્તિ મેળવી શકે છે, પરંતુ તે સત્તા કે શક્તિને શાણપણનો સ્પર્શ થશે. ઉદાહરણ તરીકે, જે લોકો માનવ જીવવિજ્ઞાનના તથ્યોની અવગણના કરે છે તેઓ જાતિવાદી વાતો માને છે, પરંતુ તેઓ શક્તિશાળી દવાઓ અને જૈવિક શસ્ત્રો (બાયોવેપન્સ) ઉત્પન્ન કરી શકશે નહીં. જ્યારે જીવવિજ્ઞાનને સમજતા લોકો પાસે તે પ્રકારની શક્તિ હશે પરંતુ તેઓ જાતિવાદી વિચારધારા આગળ વધારવા તેનો ઉપયોગ કરશે નહીં. જો ખરેખર આવું હોત, તો આપણે આપણા પ્રમુખો, પૂજારીઓ અને સીઈઓ શાણપણવાળા અને પ્રામાણિક હોવાનો વિશ્વાસ રાખીને શાંતિથી સૂઈ શક્યા હોત. રાજકારણીઓ, કોઈ ચળવળ અથવા દેશ કદાચ જૂઠાણાં અને છેતરપિંડીઓના સહારે થોડાઘણાં આગળ વધી શકે છે, પરંતુ લાંબા ગાળે તે વ્યૂહરચના પોતે જ પોતાને પરાસ્ત કરનારી બની રહેશે.

દુર્ભાગ્યે, આપણે એવી દુનિયામાં નથી જીવતા. ઐતિહાસિક રીતે, સત્યને જાણવાથી માત્ર આંશિક રીતે જ સત્તા મળતી હોય છે. તે વિશાળ સંખ્યામાં લોકોમાં સામાજિક વ્યવસ્થા જાળવવાની ક્ષમતામાંથી પણ ઉદ્ભવે છે. ધારો કે તમે એક પરમાણુ બૉમ્બ બનાવવા માંગો છો. સફળ થવા માટે, દેખીતી રીતે તમને ભૌતિકશાસ્ત્રનું અમુક ચોક્કસ જ્ઞાન હોવું જોઈએ, પરંતુ તમારે યુરેનિયમનું ખાણકામ કરવા, પરમાણુ રિએક્ટર બનાવવા અને બાંધકામના મજૂરો, ખાણકામ કરનારાઓ અને ભૌતિકશાસ્ત્રીઓને જમાડવા માટે પણ ઘણા લોકોની જરૂર છે. મેનહટન પ્રોજેક્ટે લગભગ 1,30,000 લોકોને સીધી રોજગારી આપી હતી, અને એ ઉપરાંત લાખો લોકો તેને ટકાવી રાખવા માટે કામ કરતા હતા.[23] રોબર્ટ ઓપેનહાઇમર પોતે સમીકરણોમાં ખોવાઈ જઈ શક્યો, કારણ કે ઉત્તર કેનેડામાં એલ્ડોરાડો ખાણ અને બેલ્જિયન કોંગોમાં શિન્કોલોબવે ખાણ[24] ખાતે યુરેનિયમ કાઢવા માટે હજારો ખાણિયાઓ તેમના માટે કામ કરતા હતા. તેમના ભોજન માટે બટાકા ઉગાડનારા ખેડૂતોનો ઉલ્લેખ કરવાની જરૂર ખરી? આમ,

જો તમારે પરમાણુ બૉમ્બ બનાવવો હોય, તો તમારે લાખો લોકો સહકાર આપે તે માટેનો માર્ગ શોધવો પડશે.

મનુષ્યો દ્વારા હાથ ધરવામાં આવતા તમામ મહત્ત્વાકાંક્ષી આયોજનોમાં આમ જ છે. મેમથનો શિકાર કરવા જઈ રહેલી પથ્થર યુગની ટોળીને મેમથ વિશે અમુક હકીકતોની જાણકારી હોવી જરૂરી હતી. જો તેઓ એમ માનતા હોત કે તેઓ મંત્રોચ્ચાર કરીને મેમથને મારી શકત, તો તેમનું શિકાર અભિયાન નિષ્ફળ જાત, પરંતુ મેમથ વિશે તથ્યો જાણવું જ પૂરતું ન હતું. શિકારીઓને મોતનું જોખમ લેવાની અને ઘણી હિંમત દાખવવાની પણ જરૂર હતી. જો તેઓ એમ માનતા હોય કે ચોક્કસ મંત્રો થકી મૃત શિકારીઓને મૃત્યુ પછી ઉત્તમ જીવન મળે તેમ હતું, તો તેમનાં શિકારનાં અભિયાનોમાં સફળતાની તક ઘણી વધુ હતી. ભલે એ મંત્રોથી મૃત શિકારીઓને કોઈ પણ ફાયદો ન થયો હોય, તો પણ તેનાથી જીવંત શિકારીઓની હિંમત અને એકતા વધારીને, તેણે શિકારની સફળતામાં મહત્ત્વનો ફાળો આપ્યો મનાય.[25]

જો તમે બૉમ્બ બનાવો અને ભૌતિકશાસ્ત્રનાં તથ્યો અવગણો તો બૉમ્બ ફૂટશે જ નહીં, પરંતુ જો તમે કોઈ વિચારધારા ઘડો અને તેમાં તથ્યોની અવગણના કરો, તો વિચારધારા તેમ છતાં પણ વિસ્ફોટક સાબિત થઈ શકે છે. આમ તો સત્તા સત્ય અને વ્યવસ્થા બંને પર આધાર રાખે છે, પણ માણસો જાણતા હોય છે કે કેવી રીતે વિચારધારાઓનું નિર્માણ કરવું અને વ્યવસ્થા જાળવવી જેથી એ લોકોને સૂચનાઓ આપી શકાય જેઓ ફક્ત બૉમ્બ બનાવવા અથવા મેમથનો શિકાર કરવાનું જ જાણે છે. રોબર્ટ ઓપનહાઈમર ફ્રેન્કલિન ડેલાનો રૂઝવેલ્ટના આદેશોનું પાલન કરતા હતા, રૂઝવેલ્ટ ઓપનહાઈમરના આદેશોનું પાલન નહોતા કરતા. એ જ રીતે, વર્નર હેઇઝનબર્ગે એડોલ્ફ હિટલરના આદેશોનું પાલન કર્યું, ઇગોર કુર્ચાતોવે જોસેફ સ્ટાલિનના આદેશોનું પાલન કર્યું અને અત્યારના ઈરાનમાં ભૌતિકશાસ્ત્રના નિષ્ણાતો શિયા પંથના તજજ્ઞોના આદેશોનું પાલન કરી રહ્યા છે.

જે વાત મોટાભાગે ભૌતિકશાસ્ત્રીઓ સમજતા હોતા નથી તે ટોચે બેઠેલા લોકો જાણતા હોય છે અને તે વાત એ છે કે બ્રહ્માંડ વિશે સત્ય જાહેર કરવું એ મોટી સંખ્યામાં માનવીઓમાં વ્યવસ્થા પેદા કરવાનો સૌથી અસરકારક માર્ગ ભાગ્યે જ બની રહે છે. $E = mc^2$ સાચું છે અને બ્રહ્માંડમાં જે થઈ રહ્યું છે તેના વિશે તે ઘણું સમજાવે છે, પરંતુ $E = mc^2$નું જ્ઞાન સામાન્ય રીતે રાજકીય મતભેદોનું નિરાકરણ કરતું નથી અથવા લોકોને ચોક્કસ હેતુ માટે બલિદાન આપવા માટે પ્રેરતું પણ નથી. તેના બદલે, જે માનવ નેટવર્કોને એક સૂત્રે બાંધી રાખે છે તે છે કાલ્પનિક વાર્તાઓ, ખાસ કરીને દેવતાઓ, ધન અને રાષ્ટ્રો જેવી

આંતરવ્યક્તિલક્ષી વસ્તુઓ વિશેની વાર્તાઓ. જ્યારે લોકોને એક સૂત્રે બાંધવાની વાત આવે છે, ત્યારે સત્ય કરતાં કલ્પનાને બે ફાયદા આપોઆપ મળી રહે છે. પ્રથમ, કલ્પનાને આપણે ગમે તેટલી સરળ બનાવી શકીએ છીએ જ્યારે સત્ય સામાન્યતઃ ઘણું જટિલ હોય છે, કારણ કે તેણે જે વાસ્તવિકતા રજૂ કરવાની છે તે પણ ઘણી જટિલ જ હોય છે. ઉદાહરણ તરીકે, રાષ્ટ્રો વિશેનું સત્ય લો. એમ સમજવું મુશ્કેલ છે કે રાષ્ટ્ર એક આંતરવ્યક્તિલક્ષી વસ્તુ છે, જે ફક્ત આપણી સામૂહિક કલ્પનામાં જ અસ્તિત્વ ધરાવે છે. તમે રાજકારણીઓને તેમના રાજકીય ભાષણોમાં ભાગ્યે જ આવી વાતો કહેતા સાંભળ્યા હશે. એમ માનવું ઘણું સહેલું છે કે આપણું રાષ્ટ્ર ઈશ્વર દ્વારા પસંદ કરાયેલા એવા લોકોથી સર્જાયેલું છે, જેમને સર્જનહારે અમુક વિશેષ કાર્યો સોંપ્યાં છે. આ સરળ વાર્તા ઇઝરાયેલથી ઈરાન અને યુનાઇટેડ સ્ટેટ્સથી રશિયા સુધીના અસંખ્ય રાજકારણીઓ દ્વારા વારંવાર કહેવામાં આવી છે.

બીજું, સત્ય ઘણીવાર પીડાદાયક અને ખિન્ન કરી દેનારું હોય છે અને જો આપણે તેને વધુ દિલાસો આપનારું અને બધાને ગમે તેવું બનાવવાનો પ્રયત્ન કરીએ, તો તે સત્ય રહેતું નથી. તેનાથી વિપરીત, કલ્પના સરળતાથી બદલી શકાય તેવી હોય છે. દરેક રાષ્ટ્રના ઇતિહાસમાં કેટલીક એવી અનિષ્ટ ઘટનાઓ હોય છે, જેને તે રાષ્ટ્રના નાગરિકો સ્વીકારવા અને યાદ રાખવાનું પસંદ કરતા નથી. જે ઇઝરાયેલી રાજકારણી તેનાં ચૂંટણીનાં ભાષણોમાં ઇઝરાયેલના કબજા દ્વારા પેલેસ્ટિનિયન નાગરિકો પર કરવામાં આવતા અત્યાચારોની વાત કરે છે તેને વધુ મતો મળવાની શક્યતા નથી. તેનાથી વિપરીત, જે રાજકારણી એવાં તથ્યોને અવગણીને, યહૂદી ભૂતકાળની ગૌરવશાળી ક્ષણો પર ધ્યાન કેન્દ્રિત કરે અને જ્યાં જરૂરી હોય ત્યાં વાસ્તવિકતાનું સુશોભન તરીકે ઉપયોગ કરીને કોઈ રાષ્ટ્રીય દંતકથાનું નિર્માણ કરે છે તે મોટી બહુમતીથી સત્તા મેળવી શકે છે અને આવું માત્ર ઇઝરાયેલમાં જ નહીં, પરંતુ તમામ દેશોમાં થાય છે. કેટલા ઈટાલીવાસીઓ કે ભારતીયો તેમનાં રાષ્ટ્રો વિશે સ્પષ્ટ સત્ય સાંભળવા માંગે છે? વૈજ્ઞાનિક પ્રગતિ માટે સત્યનું કોઈ પણ સમાધાન વિનાનું પાલન કરવું જરૂરી છે અને તે એક પ્રશંસનીય આધ્યાત્મિક પ્રથા પણ છે, પરંતુ તે જીત અપાવતી રાજકીય વ્યૂહરચના નથી.

પ્લેટોએ 'રિપબ્લિક'માં કલ્પના કરી જ હતી કે તેમના યુટોપિયન રાજ્યનું બંધારણ 'ઉમદા અસત્ય' પર એટલે કે સામાજિક વ્યવસ્થાની ઉત્પત્તિ વિશેની એક કાલ્પનિક વાર્તા પર આધારિત હશે, જેનાથી નાગરિકો વફાદાર રહેવા અને દેશના બંધારણ અંગે પ્રશ્નો ન કરવા પ્રેરાશે. પ્લેટોએ લખ્યું હતું કે,

નાગરિકોને કહેવું જોઈએ કે તેઓ બધા ધરતીમાંથી જન્મ્યા છે અને ધરતી તેમની માતા છે માટે તેમણે માતૃભૂમિ પ્રત્યે માતા જેવી જ નિષ્ઠા દર્શાવવી જોઈએ. તેમને એમ પણ જણાવવું જોઈએ કે જ્યારે તેમનું ઘડતર કરવામાં આવ્યું હતું ત્યારે દેવતાઓએ તેમનામાં સોનું, ચાંદી, કાંસું અને લોખંડ જેવી વિવિધ ધાતુઓનું મિશ્રણ કર્યું હતું, જેના કારણે સોનાથી ઘડાયેલા શાસકો અને કાંસાથી ઘડાયેલા સેવકોની વંશપરંપરા કુદરતી રીતે ન્યાયી લાગે. આમ તો પ્લેટોનું એ કાલ્પનિક રાષ્ટ્ર ક્યારેય અસ્તિત્વમાં આવ્યું નહીં, પરંતુ સદીઓપર્યંત અસંખ્ય રાજકારણીઓએ તેમના દેશવાસીઓ સમક્ષ આ ઉમદા અસત્ય ઘણા અલગ અલગ સ્વરૂપે રજૂ કર્યું જ છે.

પ્લેટોના ઉમદા અસત્યની વાતના કોઈ પણ સંદર્ભને પકડ્યા વિના આપણે એવા નિષ્કર્ષ પર ન આવવું જોઈએ કે બધા રાજકારણીઓ જૂઠા જ છે કે તમામ રાષ્ટ્રના ઇતિહાસ છેતરામણા જ છે. પસંદગી ફક્ત સાચું અને જૂઠું બોલવા વચ્ચે જ નથી. ત્રીજો વિકલ્પ પણ છે. કાલ્પનિક વાર્તા ત્યારે જ અસત્ય કહેવાય જ્યારે તમે એવો દેખાવ કરો કે વાર્તા વાસ્તવિકતાની સાચી રજૂઆત છે. જ્યારે તમે આવો દેખાવ કરવો ટાળો છો અને એમ સ્વીકારો છો કે તમે અસ્તિત્વમાં રહેલી વસ્તુલક્ષી વાસ્તવિકતા રજૂ કરવાને બદલે નવી આંતરવ્યક્તિલક્ષી વાસ્તવિકતા સર્જવાનો પ્રયાસ કરી રહ્યા છો ત્યારે કાલ્પનિક વાર્તા કહેવી એ અસત્ય ઉચ્ચારવું નથી.

ઉદાહરણ તરીકે, 17 સપ્ટેમ્બર, 1787ના રોજ, કોન્સ્ટિટ્યૂશનલ કન્વેન્શનમાં યુએસના બંધારણ પર હસ્તાક્ષર કરવામાં આવ્યા અને તે 1789માં અમલમાં આવ્યું. એ બંધારણે વિશ્વ વિશે કોઈ પહેલેથી અસ્તિત્વ ધરાવતું સત્ય જાહેર કર્યું નહોતું પરંતુ મહત્ત્વની વાત એ હતી કે તે અસત્ય પણ નહોતું. પ્લેટોની ભલામણને નકારીને, એ બંધારણના લેખકોએ બંધારણની ઉત્પત્તિ બાબતે કોઈને છેતર્યા નહોતા. તેમણે એવો દેખાડો નહોતો કર્યો કે એ લખાણ સ્વર્ગમાંથી ઊતરી આવ્યું છે અથવા તે કોઈ ભગવાન દ્વારા પ્રેરિત છે. ઊલટાનું, તેમણે તો એમ સ્વીકાર્યું હતું કે તે એક અત્યંત સર્જનાત્મક કાનૂની કાલ્પનિક કથા છે, જે પામર મનુષ્યો દ્વારા ઘડવામાં આવી છે.

"આપણે યુનાઇટેડ સ્ટેટ્સના લોકો," બંધારણ પોતાના મૂળ વિશે કહે છે, "એક પરિપૂર્ણ યુનિયન બનાવવા માટે... આ બંધારણનું નિર્ધારણ અને સ્થાપના કરીએ છીએ." તે માનવસર્જિત કાનૂની કાલ્પનિક કથા છે તેવી સ્વીકૃતિ છતાં, યુ.એસ. બંધારણ ખરેખર એક શક્તિશાળી સંગઠન રચવામાં સફળ રહ્યું. તેણે બે સદીઓથી વધુ સમયથી ધાર્મિક, વંશીય અને સાંસ્કૃતિક રીતે ઘણા અલગ પડતા

કરોડો લોકોમાં આશ્ચર્યજનક રીતે વ્યવસ્થા જાળવી રાખી છે. આમ યુ.એસ.નું બંધારણ એક એવી ધૂન જેવું કામ કરે છે, જે કોઈ પણ વસ્તુનું પ્રતિનિધિત્વ કરવાનો દાવો કર્યા વિના અસંખ્ય લોકોને એકસાથે 'ઑર્ડર'માં રાખે છે.

જો કે આ 'ઑર્ડર'ની યોગ્યતા કે ન્યાય સાથે ભેળસેળ ન કરવી જોઈએ. યુ.એસ. બંધારણ દ્વારા સર્જવામાં અને જાળવવામાં આવેલા ઑર્ડરમાં ગુલામી, મહિલાઓનો ઊતરતો દરજ્જો, મૂળવતની લોકોની જગ્યાઓ પચાવી પાડવી અને ભારે આર્થિક અસમાનતા પ્રત્યે આંખ આડા કાન કરવામાં આવ્યા હતા. યુ.એસ. બંધારણની સૌથી અદ્ભુત વાત એ છે કે તે માનવો દ્વારા સર્જવામાં આવેલી કાનૂની કાલ્પનિક વાર્તા છે તે સ્વીકારીને, તેણે પોતાને સુધારવા અને તેના થકી થયેલા અન્યાયના નિવારણના સુધારા સુધી પહોંચવા માટેની પ્રણાલી પણ પ્રદાન કરી હતી (જેની પ્રકરણ-5માં ઊંડાણપૂર્વક ચર્ચા કરવામાં આવી છે). બંધારણની પાંચમી કલમમાં દર્શાવવામાં આવ્યું છે કે કેવી રીતે લોકો આવા સુધારાનો પ્રસ્તાવ લાવી શકે છે અને તેને મંજૂરી આપી શકે છે, જે "આ બંધારણના ભાગ રૂપે તમામ ઉદ્દેશ્યો અને હેતુઓ માટે માન્ય રહેશે." બંધારણ લખાયાના એક સદી કરતાં પણ ઓછા સમયમાં, તેરમા સુધારાએ ગુલામીપ્રથા નાબૂદ કરી હતી.

આ રીતે, યુ.એસ. બંધારણ એ વાર્તાઓથી મૂળભૂત રીતે અલગ હતું જેણે તેમના કાલ્પનિક મૂળને નકાર્યાં હતાં અને દૈવી ઉત્પત્તિનો દાવો કર્યો હતો, જેમ કે ટેન કમાન્ડમેન્ટ્સ (દસ આદેશો). યુ.એસ. બંધારણની જેમ જ, ટેન કમાન્ડમેન્ટ્સ પણ ગુલામીને સમર્થન આપે છે. દસમો આદેશ કહે છે, "તમે તમારા પાડોશીના ઘરની લાલસા ન રાખો. તમારે તમારા પાડોશીની પત્ની અથવા તેના પુરુષ ગુલામ કે સ્ત્રી ગુલામની લાલસા પણ ન કરવી" (એક્ઝોડસ 20:17). આ વાત સૂચવે છે કે ભગવાનને ગુલામો રાખતા લોકો સામે કોઈ વાંધો નથી અને ફક્ત કોઈ વ્યક્તિ બીજાના ગુલામો પર લાલચુ નજર રાખે તેનો જ વાંધો છે, પરંતુ યુ.એસ. બંધારણથી વિપરીત, ટેન કમાન્ડમેન્ટ્સમાં તેના સુધારાની કોઈ પણ પ્રણાલી અપાઈ નથી. એવો કોઈ અગિયારમો આદેશ નથી કે જે કહે છે, "તમે બે તૃતીયાંશ બહુમતી દ્વારા આજ્ઞાઓમાં સુધારો કરી શકો છો."

એ બે લખાણો વચ્ચેનો આ નિર્ણાયક તફાવત તેમના પ્રારંભિક લખાણથી જ સ્પષ્ટ થઈ જાય છે. યુ.એસ.નું બંધારણ "આપણે યુનાઇટેડ સ્ટેટ્સના લોકો" સાથે ચાલુ થાય છે. તેના માનવીય મૂળને સ્વીકારીને, તે માનવોને તેમાં સુધારો કરવાની શક્તિ આપે છે. ટેન કમાન્ડમેન્ટ્સ "હું છું લૉર્ડ, તમારો ભગવાન" સાથે ચાલુ થાય છે. દૈવી ઉત્પત્તિનો દાવો કરીને, તે મનુષ્યોને તેમાં કોઈ પણ

પ્રકારનો બદલાવ કરતાં અટકાવે છે. પરિણામે, બાઇબલનું લખાણ આજે પણ ગુલામીને સમર્થન આપે છે.

તમામ માનવોની રાજકીય પ્રણાલીઓ કલ્પના પર જ આધારિત છે, પરંતુ કેટલાક તે વાત સ્વીકારે છે અને કેટલાક સ્વીકારતા નથી. આપણી સામાજિક વ્યવસ્થાની ઉત્પત્તિ વિશે પ્રામાણિક રહેવાથી તેમાં પરિવર્તન લાવવાનું સરળ બને છે. જો આપણા જેવા માણસોએ તેનો આવિષ્કાર કર્યો હોય તો આપણે તેમાં સુધારો પણ કરી શકીએ છીએ, પરંતુ આવી પ્રામાણિકતાની કિંમત ચૂકવવી પડે છે. સામાજિક વ્યવસ્થાના માનવીય મૂળને સ્વીકારવાથી દરેકને તેમાં સંમત થવા માટે સમજાવવાનું મુશ્કેલ બની રહે છે. જો આપણા જેવા માણસોએ તેની શોધ કરી હોય તો આપણે તેને શા માટે સ્વીકારવું જોઈએ? આપણે પ્રકરણ-5માં ચર્ચીશું કે અઢારમી સદીના અંત સુધી સામૂહિક સંદેશાવ્યવહારની તકનીકના અભાવે લાખો લોકો વચ્ચે સામાજિક વ્યવસ્થાના નિયમો વિશે ખુલ્લી ચર્ચાઓ કરવાનું અત્યંત મુશ્કેલ હતું. વ્યવસ્થા જાળવવા માટે રશિયન ઝાર, મુસ્લિમ ખલીફાઓ અને દેવના દીધેલા ચાઇનીઝ પુત્રોએ એવો દાવો કર્યો હતો કે સમાજના મૂળભૂત નિયમો સ્વર્ગમાંથી ઊતરી આવ્યા છે માટે તેમાં માનવીય સુધારાને અવકાશ નથી. એકવીસમી સદીની શરૂઆતમાં, ઘણી રાજકીય પ્રણાલીઓ હજુ પણ દૈવી સત્તાનો દાવો કરે છે અને ખુલ્લી ચર્ચાઓનો વિરોધ કરે છે કારણ કે તેના પ્રતાપે અણગમતા ફેરફારો આવી શકે છે.

શાશ્વત દ્વિધા

ઇતિહાસમાં વાર્તાઓનું મહત્ત્વ સમજી લીધા પછી ઇન્ફૉર્મેશન નેટવર્કોનું સંપૂર્ણ માળખું રજૂ કરવું શક્ય છે, એવું માળખું કે જે માહિતીના સરળ દૃષ્ટિકોણ અને એ દૃષ્ટિકોણના પોપ્યુલિસ્ટ વિવેચનનથી પણ આગળ જતું હોય. માહિતીના સરળ દૃષ્ટિકોણથી વિપરીત, માહિતી એ કંઈ સત્યની કાચી સામગ્રી નથી અને માનવીય ઇન્ફૉર્મેશન નેટવર્કો માત્ર સત્ય શોધવાની દિશામાં આગળ વધતાં હોતાં નથી. જોકે પોપ્યુલિસ્ટ દૃષ્ટિકોણથી પણ તે અલગ પડે છે અને માત્ર શસ્ત્ર પણ બની રહેતા નથી. તેના બદલે દરેક ઇન્ફૉર્મેશન નેટવર્કે ટકી રહેવા અને વિકસવા માટે એકસાથે બે વસ્તુઓ કરવી પડતી હોય છેઃ સત્ય શોધવું પડે છે અને વ્યવસ્થા (ઑર્ડર) સર્જવી પડે છે. એ મુજબ જ, ઇતિહાસમાં પણ જોવા મળ્યું છે કે માનવીય ઇન્ફૉર્મેશન નેટવર્કોએ પણ બે આગવાં કૌશલ્યો વિકસાવ્યાં છે. એક બાજુ, માહિતીના સરળ દૃષ્ટિકોણ અનુસાર, નેટવર્કો માહિતીનું પ્રોસેસિંગ

કરતાં શીખ્યા છે, જેથી તેઓ મેડિસિન, મેમથ અને ન્યૂક્લિઅર ફિઝિક્સ જેવા વિષયોની વધુ સચોટ સમજણ મેળવી શકે. સાથે સાથે, આ માહિતીનો ઉપયોગ કરીને વિશાળ જનસંખ્યામાં કઈ રીતે વધુ મજબૂત સામાજિક વ્યવસ્થા સ્થાપવી એ પણ આ નેટવર્કો શીખતાં રહ્યાં છે, અને તેમાં તેઓ માત્ર સત્યનો જ નહીં, પરંતુ કથાઓ, કલ્પનાઓ, જૂઠા પ્રચાર (પોપગેન્ડા) અને પ્રસંગોપાત્ત પૂરેપૂરા જૂઠાણાંનો પણ ઉપયોગ કરતા રહે છે.

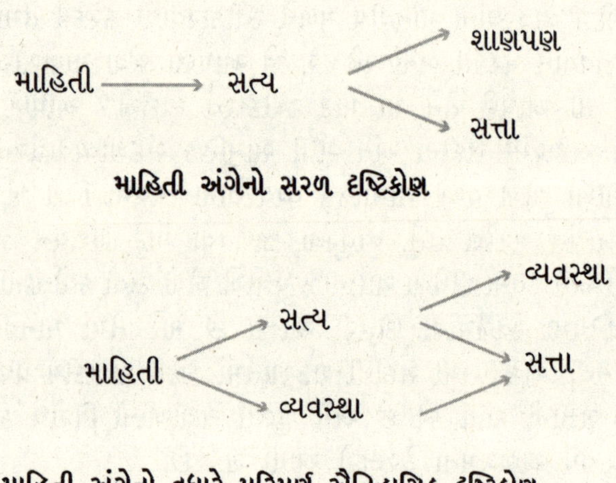

માહિતી અંગેનો સરળ દૃષ્ટિકોણ

માહિતી અંગેનો વધારે પરિપૂર્ણ ઐતિહાસિક દૃષ્ટિકોણ

ઘણીબધી માહિતી હોવી પોતે કંઈ સત્ય અને વ્યવસ્થાની બાંયધરી નથી. માહિતીનો ઉપયોગ કરીને સત્ય શોધવું અને સાથે સાથે વ્યવસ્થા પણ જાળવી રાખવી એ ઘણી અઘરી પ્રક્રિયા છે. ઉપરાંત, આ બે વસ્તુઓ ઘણીવાર એકબીજાની વિરોધાભાસી હોવાથી આ પ્રક્રિયા ધાર્યા કરતાં પણ અઘરી નીવડતી હોય છે, કારણ કે કથાઓ અને કલ્પનાઓ થકી વ્યવસ્થા જાળવી રાખવી ઘણીવાર વધુ સરળ કાર્ય હોય છે. યુ.એસ.ના બંધારણની જેમ ક્યારેક કાલ્પનિક કથાઓ પોતે કાલ્પનિક હોવાનો સ્વીકાર કરે છે, પરંતુ મોટાભાગે તો તેઓ તેને તદ્દન નકારી જ કાઢતી હોય છે. ઉદાહરણ તરીકે, ધર્મો હંમેશાં વસ્તુલક્ષી અને શાશ્વત સત્ય હોવાનો દાવો કરે છે અને માનવો દ્વારા ઘડાયેલી કાલ્પનિક કથા હોવાનો ઇનકાર કરી દે છે. આવા કિસ્સાઓમાં, સત્યની શોધ સામાજિક વ્યવસ્થાના પાયા હચમચાવી શકે છે. ઘણા સમાજોની જરૂરિયાત

હોય છે કે તેના બાશિંદાઓ સત્ય જાણે નહીંઃ અજ્ઞાન જ શક્તિ બની રહે. તો પછી જ્યારે લોકો સત્યની સમીપ પહોંચી જાય ત્યારે શું થતું હોય છે? જ્યારે કોઈ ચોક્કસ માહિતી જગત વિષે મહત્ત્વનું સત્ય જણાવે અને એ જ માહિતી સમાજને ટકાવી રાખતા ઉમદા જૂઠાણાને ઉઘાડું પાડે ત્યારે શું થતું હશે? આવા કિસ્સાઓમાં વ્યવસ્થા જળવાઈ રહે તે માટે જે તે સમાજો સત્યશોધન પર અમુક રોક લગાવી દેતા હોય છે.

એક તરત જ યાદ આવે તેવું ઉદાહરણ ડાર્વિનની ઉત્ક્રાંતિની થિયરી છે. ઉત્ક્રાંતિને સમજવાથી આપણી, હોમો સેપિયન્સ સહિતની, પ્રજાતિઓના મૂળ અને જીવવિજ્ઞાન વિશે જાણવા મળે છે, પરંતુ તેના કારણે ઘણા સમાજોમાં વ્યવસ્થા જાળવી રાખતી મૂળભૂત દંતકથાઓ પણ ખોટી ઠરે છે. એટલે વિવિધ સરકારો અને ચર્ચોએ ઉત્ક્રાંતિ વિશે ભણાવવાનું અટકાવી દીધું હોય કે તેની એક સીમા નક્કી કરી નાખી હોય તેમાં નવાઈ લાગતી નથી. તેમણે વ્યવસ્થા જાળવવા માટે સત્યનું બલિદાન આપવું વધારે પસંદ કર્યું છે.[26]

એની સાથે સંકળાયેલી સમસ્યા એ છે કે માહિતીનું કોઈ નેટવર્ક લોકોને સત્ય શોધવાની મંજૂરી પણ આપે અને પ્રોત્સાહિત પણ કરે, પરંતુ એવાં ચોક્કસ ક્ષેત્રોમાં જ જે સામાજિક વ્યવસ્થાને જોખમાવ્યા વિના શક્તિ ઉત્પન્ન કરી શકતું હોય. તેના પરિણામે એક શક્તિશાળી નેટવર્ક સર્જાઈ શકે છે, પરંતુ તેનામાં શાણપણ હોતું નથી. ઉદાહરણ તરીકે, નાઝી જર્મનીએ રસાયણશાસ્ત્ર, ઓપ્ટિક્સ, ઇજનેરી અને રોકેટ સાયન્સ ક્ષેત્રે તજજ્ઞો તૈયાર કર્યા હતા અને નાઝીઓના રોકેટ સાયન્સે અમેરિકનોને ચંદ્ર પર લઈ જવામાં સિંહફાળો આપ્યો હતો.[27] આ વૈજ્ઞાનિક કૌશલ્યોના આધારે નાઝીઓએ યુદ્ધો માટે અત્યંત શક્તિશાળી યંત્રો વિકસાવ્યાં હતાં, જેનો ઉપયોગ પછી વિકૃત અને હત્યાકારક કથા ફેલાવવા માટે કરવામાં આવ્યો હતો. નાઝી શાસનમાં જર્મનોને રોકેટ સાયન્સ વિકસાવવા માટે પ્રોત્સાહિત કરવામાં આવ્યા, પરંતુ જીવવિજ્ઞાન અને ઇતિહાસની કોમવાદી થિયરીઓ સામે પ્રશ્નો ઊભા કરવાની તેમને મંજૂરી નહોતી.

માનવીય ઇન્ફોર્મેશન નેટવર્કોનો ઇતિહાસ વિકાસની વિજયગાથા નથી તેનું આ એક મોટું કારણ છે. પેઢી દર પેઢી માનવીય નેટવર્કો વધુ ને વધુ શક્તિશાળી બનતા રહ્યા છે, પરંતુ સાથે સાથે તેમનું શાણપણ વધ્યું હોય, તે જરૂરી નથી. જો કોઈ નેટવર્ક સત્ય કરતાં વ્યવસ્થાને વધુ મહત્ત્વ આપે, તો તે નેટવર્ક શક્તિશાળી તો ઘણું બનશે, પરંતુ તે શક્તિનો શાણપણભર્યો ઉપયોગ નહીં કરી શકે.

એટલે માનવીય ઇન્ફોર્મેશન નેટવર્કોનો ઇતિહાસ વિકાસની વિજયગાથાને બદલે તંગ દોરડા પર ચાલવા જેવો બની રહ્યો છે, જેમાં સત્ય અને વ્યવસ્થા

પર સંતુલન જાળવવું પડે છે. એ સંતુલન શોધવામાં એકવીસમી સદીમાં જીવતા આપણે આપણા પથ્થર યુગના પૂર્વજોથી વિશેષ કુશળ નથી બની શક્યા. ગૂગલ અને ફેસબુક જેવી કંપનીઓનું મિશન સ્ટેટમેન્ટ જે કહેતું હોય, તેનાથી વિપરીત ઇન્ફૉર્મેશન ટેક્નોલૉજીની ગતિ અને કાર્યદક્ષતા વધારવાથી આ દુનિયા વધુ સારી નથી બની જતી. તેના કારણે સત્ય અને વ્યવસ્થા વચ્ચેનું સંતુલન શોધવું વધુ તાકીદનું બન્યું છે. વાર્તાઓના આવિષ્કારે આપણને આ વાત હજારો વર્ષો પહેલાં સમજાવી દીધી હતી અને જ્યારે માનવે પોતાની બીજી મહાન ઇન્ફૉર્મેશન ટેક્નોલૉજી એટલે કે લેખન અને લેખિત દસ્તાવેજોની શોધ કરી, ત્યારે પણ એ જ બોધપાઠ આપણને બીજીવાર મળ્યો હતો.

પ્રકરણ-3

દસ્તાવેજો : કાગનો વાઘ

માનવો દ્વારા શોધવામાં આવેલી પ્રથમ ઇન્ફૉર્મેશન ટેક્નોલૉજી વાર્તાઓ હતી. તેમણે વિશાળ સંખ્યામાં માનવો વચ્ચે સહકારનો પાયો નાખ્યો અને માનવોને પૃથ્વી પરની સૌથી શક્તિશાળી પ્રજાતિ બનાવી દીધી, પરંતુ એક ઇન્ફૉર્મેશન ટેક્નોલૉજી તરીકે વાર્તાઓની અમુક મર્યાદાઓ હતી.

આ વસ્તુ સારી રીતે સમજવા માટે વાર્તાઓ કોઈ રાષ્ટ્રના નિર્માણમાં જે ભાગ ભજવે છે તેના વિશે વિચારો. ઘણા રાષ્ટ્રો સૌ પ્રથમ કોઈ કવિની કલ્પનામાં જન્મ્યા હતા. સેરા એરનસોહ્ન અને ભૂગર્ભ NILIને અત્યારના ઇઝરાયલવાસીઓ એવા પ્રથમ ઝાયોનિસ્ટ તરીકે યાદ કરે છે, જેમણે 1910ના દસકમાં પેલેસ્ટાઇનમાં યહૂદીઓના પોતીકા દેશ માટે પોતાનો જીવ જોખમમાં મૂક્યો હતો, પરંતુ NILI સભ્યોના મનમાં આ વિચાર ક્યાંથી આવ્યો હતો? થીઓડોર હર્ઝલ અને હાયિમ નેહમન બિયાલિક જેવા પૂર્વસૂરી કવિઓ, વિચારકો અને દ્રષ્ટાઓમાંથી તેમને પ્રેરણા મળી હતી.

1890ના દસકમાં અને વીસમી સદીના પ્રથમ દસકમાં યુક્રેનના યહૂદી બિયાલિકે યુરોપમાં વસતા યહૂદીઓ પર થયેલા અત્યાચારો અને તેમની દુર્બળતા દર્શાવતી કવિતાઓ અને વાર્તાઓ લખી હતી. તેમણે યહૂદીઓને હાકલ કરી હતી કે તેઓ તેમનું ભાગ્ય પોતાના હાથમાં લઈ લે, શસ્ત્રોથી પોતાનું રક્ષણ કરે, પેલેસ્ટાઇન જાય અને ત્યાં પોતાના દેશની સ્થાપના કરે. તેમની સૌથી પ્રેરણાત્મક કવિતાઓમાંની એક કવિતા 1903ના એ કિશિનેવ પ્રોગ્રામ પછી લખાઈ હતી જેમાં ઓગણપચાસ યહૂદીઓને મારી નાખવામાં આવ્યા હતા અને અન્ય ઘણા બધા યહૂદીઓ ઘાયલ પણ થયા હતા.[1] તેમણે 'ઇન ધ સિટી ઑફ સ્લોટર'માં એ ખૂની કોમવાદી ટોળાની નિંદા કરી જેમણે અત્યાચાર આચર્યો

હતો અને સાથે સાથે તેમણે યહૂદીઓની પણ તેમની નિષ્ક્રિયતા અને લાચારી માટે ટીકા કરી હતી.

એક હૃદય હલબલાવી નાખતા દૃશ્યમાં, બિયાલિક વર્ણવે છે કે કેવી રીતે યહૂદી મહિલાઓ પર સામૂહિક બળાત્કાર કરવામાં આવ્યો હતો અને એ સમયે તેમના પતિઓ અને ભાઈઓ વચ્ચે પડવાને બદલે ડરીને નજીકમાં છુપાઈ ગયા હતા. કવિતામાં એ યહૂદી પુરુષોની તુલના ડરેલા ઉંદરો સાથે કરવામાં આવી છે અને એવી પણ કલ્પના કરવામાં આવી છે કે કેવી રીતે તેઓએ ચૂપચાપ ભગવાનને કોઈ ચમત્કાર કરવા પ્રાર્થના કરે રાખી, પરંતુ એવો કોઈ ચમત્કાર થયો નહીં. કવિતામાં આગળ આવે છે કે કેવી રીતે આ અત્યાચાર અટક્યા પછી પણ, બચી ગયેલા લોકોએ પોતાને શસ્ત્રસજ્જ કરવાનો કોઈ વિચાર કર્યો ન હતો અને તેના બદલે બળાત્કારનો ભોગ બનેલી સ્ત્રીઓ હવે ધાર્મિક રીતે “ભ્રષ્ટ” હતી કે “શુદ્ધ” તે અંગે તાલમુડ ગ્રંથના આધારે ચર્ચા શરૂ કરી હતી. આજે ઇઝરાયેલની ઘણી શાળાઓમાં આ કવિતાનું વાચન ફરજિયાત છે. ઇતિહાસના સૌથી શાંતિવાદી સમૂહોમાંના એક તરીકે બે સહસ્રાબ્દી સુધી રહ્યા પછી, યહૂદીઓએ કઈ રીતે વિશ્વની સૌથી પ્રચંડ સેનામાંની એક બનાવી તે સમજવાની ઇચ્છા ધરાવતા કોઈ પણ માટે તેનું વાંચન ફરજિયાત છે. બિયાલિકને ઇઝરાયેલના રાષ્ટ્રીય કવિ તરીકે અમથા જ ઓળખવામાં આવતા નથી.[2]

બિયાલિક યુક્રેનમાં રહેતા હતા અને પૂર્વ યુરોપમાં અશ્કેનાઝી યહૂદીઓના દમનથી સારી રીતે પરિચિત હતા પરંતુ પેલેસ્ટાઇનની પરિસ્થિતિઓની તેમની સમજણ બહુ જ ઓછી હતી. માટે એમ કહી શકાય કે તેમણે યહૂદીઓ અને આરબો વચ્ચેના એ પછીના સંઘર્ષોમાં ઘણો ફાળો આપ્યો હતો. બિયાલિકની કવિતાઓએ યહૂદીઓને પોતાને પીડિત તરીકે જોવાની અને તેમની સૈન્યશક્તિ વિકસાવવા તેમજ પોતાનો દેશ બનાવવાની તાતી જરૂરિયાતની પ્રેરણા આપી, પરંતુ પેલેસ્ટાઇનના આરબ રહેવાસીઓ અથવા મધ્ય પૂર્વના મિઝરાહી યહૂદી સમુદાયો માટેનાં વિનાશક પરિણામો વિશે ભાગ્યે જ કશું વિચાર્યું હતું. જ્યારે 1940ના દાયકાના અંતમાં આરબ-ઇઝરાયેલ સંઘર્ષ ફાટી નીકળ્યો, ત્યારે હજારો પેલેસ્ટિનિયનો અને હજારો મિઝરાહી યહૂદીઓને મધ્ય પૂર્વમાં તેમના પૈતૃક ઘરોમાંથી હાંકી કાઢવામાં આવ્યા હતા, જેનાં ઘણાં કારણોમાંનું એક કારણ યુક્રેનમાં અડધી સદી અગાઉ રચાયેલી કવિતાઓ પણ હતી.[3]

જ્યારે બિયાલિક યુક્રેનમાં લખી રહ્યા હતા, ત્યારે હંગેરીના યહૂદી થિયોડોર હર્ઝલ 1890 અને વીસમી સદીના પ્રારંભિક વર્ષોમાં ઝાઓનિસ્ટ ચળવળનું આયોજન કરવામાં વ્યસ્ત હતા. તેમની રાજકીય ચળવળના કેન્દ્રીય ભાગ

તરીકે, હર્ઝલે બે પુસ્તકો પ્રકાશિત કર્યાં હતાં. 'ધ જ્યૂઇશ સ્ટેટ' (1896) એ પેલેસ્ટાઇનમાં યહૂદી રાજ્યની સ્થાપનાના હર્ઝલના વિચારની રૂપરેખા આપતો મેનિફેસ્ટો હતો, અને 'ધ ઓલ્ડ ન્યૂ લૅન્ડ' (1902) એ હર્ઝલે કલ્પના કરેલાં વર્ષ 1923ના સમૃદ્ધ યહૂદી રાજ્યનું વર્ણન કરતી એક યુટોપિયન નવલકથા હતી. આ બે પુસ્તકોમાં પેલેસ્ટાઇનની જમીન પરની વાસ્તવિકતાઓની અવગણના કરવામાં આવી છે તેમ છતાં તેમણે ઝાઓનિસ્ટ ચળવળને આકાર આપવામાં અત્યંત પ્રભાવશાળી બની રહ્યા હતા. 'ઓલ્ડ ન્યૂ લૅન્ડ' હિબ્રૂ ભાષામાં 'તલ અવીવ' (જેનો ભાવાનુવાદ 'ઓલ્ડ ન્યૂ લૅન્ડ' એટલે કે પ્રાચીન નવ્ય ભૂમિ) શીર્ષક હેઠળ પ્રગટ થયું હતું. પુસ્તકના પ્રકાશનના સાત વર્ષ પછી સ્થપાયેલ તલ અવીવ શહેરનું નામ આ પુસ્તક પરથી પડ્યું. બિયાલિક ઇઝરાયેલના રાષ્ટ્રીય કવિ છે તો હર્ઝલ રાજ્યના સ્વપ્નદ્રષ્ટા તરીકે ઓળખાય છે.

બિયાલિક અને હર્ઝલે જે વણ્યું તેમાં સમકાલીન વાસ્તવિકતાના ઘણા નિર્ણાયક તથ્યોના તાણાવાણાની અવગણના કરવામાં આવી હતી, ખાસ કરીને એ તથ્યની કે 1900ની આસપાસ પેલેસ્ટાઇનના યહૂદીઓ લગભગ 6,00,000 લોકોની આ પ્રદેશની કુલ વસ્તીના માત્ર 6થી 9 ટકા જ હતા.[4] આવા વસ્તી વિષયક તથ્યોની અવગણના કરતી વખતે, બિયાલિક અને હર્ઝલે પૌરાણિક કથાઓને ખૂબ મહત્ત્વ આપ્યું, ખાસ કરીને બાઇબલની વાર્તાઓ, જેના વિના આધુનિક ઝાઓનિઝમ અકલ્પ્ય છે. બિયાલિક અને હર્ઝલ એ રાષ્ટ્રવાદી દંતકથાઓથી પ્રભાવિત હતા જે ઓગણીસમી સદીમાં યુરોપમાં લગભગ દરેક બીજા એથનિક ગ્રૂપે ઘડી કાઢી હતી. યુક્રેનિયન યહૂદી બિયાલિક અને હંગેરિયન યહૂદી હર્ઝલે ઝાઓનિઝમ માટે એવું કર્યું, જે અગાઉ યુક્રેનના રાષ્ટ્રવાદ માટે કવિ તારાસ શેવચેન્કોએ,[5] હંગેરિયન રાષ્ટ્રવાદ માટે સેન્ડોર પેટોફીએ,[6] અને પોલીસ રાષ્ટ્રવાદ માટે એડમ મિકીવિઝે કર્યું હતું.[7] ચારે બાજુ અન્ય રાષ્ટ્રીય ચળવળોના વિકાસનું અવલોકન કરતાં, હર્ઝલે લખ્યું હતું કે રાષ્ટ્રો "સ્વપ્નો, ગીતો, કલ્પનાઓમાંથી ઉદ્ભવે છે."[8]

પરંતુ સપના, ગીતો અને કલ્પનાઓ ભલે ગમે તેટલા પ્રેરણાદાયક હોય, એક રાષ્ટ્ર બનાવવા માટે પૂરતા નથી. બિયાલિકે યહૂદી લડવૈયાઓની પેઢીઓને પ્રેરણા આપી પરંતુ સૈન્યને શસ્ત્રસજ્જ કરવા અને જાળવવા માટે કર ઉઘરાવવો અને બંદૂકો ખરીદવી પણ જરૂરી છે. હર્ઝલના યુટોપિયન પુસ્તકે તલ અવીવ શહેરનો પાયો નાખ્યો પરંતુ શહેરને કાર્યવંત રાખવા માટે ગટર વ્યવસ્થા સર્જવી પણ જરૂરી હતી. આ બધુ થઈ ગયા પછી પણ દેશભક્તિ એટલે કંઈ માતૃભૂમિની સુંદરતાની કવિતાઓનું પઠન નથી અને તે ચોક્કસપણે વિદેશીઓ અને લઘુમતીઓ વિરુદ્ધ નફરતથી ભરેલાં ભાષણો તો નથી જ. તેના બદલે, દેશભક્તિનો અર્થ

છે તમારો કર ચૂકવવો જેથી કરીને દેશના બીજા છેડે રહેતા લોકો પણ ગટર વ્યવસ્થા, તેમજ સુરક્ષા, શિક્ષણ અને આરોગ્યસંભાળનો લાભ મેળવી શકે.

આ બધી સેવાઓનું સંચાલન કરવા અને જરૂરી કર ઉઘરાવવા માટે, મોટા પ્રમાણમાં માહિતી એકત્રિત કરવાની, સંગ્રહિત કરવાની અને પ્રોસેસ કરવાની જરૂર પડે છે: મિલકતો, ચુકવણીઓ, વેરામુક્તિ, ડિસ્કાઉન્ટ, દેવાં, માલસામાન, આયાતનિકાસ, બજેટ, બિલ અને પગાર જેવી માહિતી અને આ એવી માહિતી નથી કે જેને યાદગાર કવિતા અથવા મનમોહક દંતકથામાં ફેરવી શકાય. તેના બદલે, ટૅક્સ રેકોર્ડ્સ વિવિધ પ્રકારની યાદીઓના સ્વરૂપે આવે છે, જેમાં એક સરળ વસ્તુઓની યાદીથી લઈને વિસ્તૃત કોષ્ટકો અને સ્પ્રેડશીટ્સનો સમાવેશ થાય છે. આ માહિતી ગમે તેટલી જટિલ બની જાય, તેઓ શુષ્ક આંકડા અને ચૂકવેલી કે મેળવેલી રકમો જ બની રહે છે. કવિઓને આવાં શુષ્ક તથ્યોને અવગણવાનું પરવડી શકે પરંતુ કર વસૂલનારાઓ તેમને અવગણી શકતા નથી.

યાદીઓ માત્ર રાષ્ટ્રીય કરવેરા પ્રણાલીઓ માટે જ નહીં, પરંતુ લગભગ તમામ અન્ય જટિલ નાણાકીય સંસ્થાઓ માટે પણ મહત્ત્વપૂર્ણ બની રહે છે. કૉર્પોરેશનો, બેંકો અને શૅરબજારો તેમના વિના અસ્તિત્વ ધરાવી શકે નહીં. કોઈ ચર્ચ, યુનિવર્સિટી અથવા લાઇબ્રેરી, જે તેની આવક-જાવકના હિસાબ કરવા માંગે છે, તે ટૂંક સમયમાં સમજી જાય છે કે લોકોને કવિતાઓ અને વાર્તાઓથી મંત્રમુગ્ધ કરનારા પાદરીઓ અને કવિઓ ઉપરાંત તેમને એવા એકાઉન્ટન્ટ્સની પણ જરૂર છે, જેઓ વિવિધ પ્રકારની યાદીઓ વિશે જાણતા હોય.

યાદીઓ અને વાર્તાઓ એકબીજાના પૂરક છે. રાષ્ટ્રીય દંતકથાઓ ટૅક્સ રેકોર્ડ્સને કાયદેસર બનાવવામાં સહાયભૂત નીવડે છે જ્યારે ટૅક્સ રેકોર્ડ મહત્ત્વાકાંક્ષી વાર્તાઓને નક્કર શાળાઓ અને હૉસ્પિટલોમાં પરિવર્તિત કરવામાં સહાયભૂત નીવડે છે. ફાઇનાન્સના ક્ષેત્રમાં કંઈક સમરંગી બનતું હોય છે. ડૉલર, પાઉન્ડ સ્ટર્લિંગ અને બિટકોઈન આ બધા લોકોને એક વાર્તા પર વિશ્વાસ કરવાનું સમજાવીને જ અસ્તિત્વમાં લાવવામાં આવે છે અને બેંકર્સ, નાણા પ્રધાનો અને રોકાણ ગુરુઓ દ્વારા કહેવામાં આવેલી વાર્તાઓ તેમના મૂલ્યમાં વધારો અથવા ઘટાડો કરે છે. જ્યારે ફેડરલ રિઝર્વના અધ્યક્ષ ફુગાવાને કાબૂમાં લેવા માંગતા હોય, નાણામંત્રી નવું બજેટ પસાર કરવા માંગતા હોય અને કોઈ ટેક ઉદ્યોગસાહસિક રોકાણકારોને આકર્ષવા માંગતો હોય, ત્યારે તેઓ બધા વાર્તાકથનનો આધાર લે છે, પરંતુ વાસ્તવમાં બેંક, બજેટ અથવા સ્ટાર્ટ-અપનું સંચાલન કરવા માટે યાદીઓ આવશ્યક છે.

યાદીઓની મોટી સમસ્યા તેમજ યાદીઓ અને વાર્તાઓ વચ્ચેનો નિર્ણાયક

તફાવત એ છે કે યાદીઓ વાર્તાઓ કરતાં ઘણી વધુ કંટાળાજનક હોય છે. તેનો અર્થ એ છે કે આપણે વાર્તાઓ સરળતાથી યાદ રાખીએ છીએ પણ આપણને યાદીઓ યાદ રાખવામાં મુશ્કેલી પડે છે. માનવ મગજ માહિતી સાથે કેવી રીતે કામ પાર પાડે છે તે વિશે આ એક મહત્ત્વપૂર્ણ હકીકત છે. ઉત્ક્રાંતિએ આપણા મગજને એવી રીતે ઘડ્યું છે કે વાર્તાનું સ્વરૂપ આપવામાં આવે ત્યારે પણ બહુ મોટી માત્રામાં માહિતીને મગજમાં ઉતારી લેવામાં, જાળવી રાખવામાં અને તેની સાથે કામ પાર પાડવામાં સરળતા રહે છે. હિંદુ પૌરાણિક કથાઓમાં પાયાની કથાઓમાંની એક કથા એવી 'રામાયણ' ચોવીસ હજાર શ્લોકો ધરાવે છે અને આધુનિક આવૃત્તિઓમાં પણ લગભગ સત્તરસો પાનાં જેટલી લાંબી છે. તેની આટલી પ્રચંડ લંબાઈ છતાં હિંદુઓની પેઢીઓ તેને યાદ રાખવામાં અને તેનું ગાન કરવામાં સફળ રહી છે.[9]

વીસમી અને એકવીસમી સદીમાં રામાયણ પરથી ઘણી ફિલ્મો અને સીરિયલો બનાવવામાં આવી છે. 1987-88માં 78 એપિસોડમાં (લગભગ 2,730 મિનિટ સુધી ચાલતી) સીરિયલ 65 કરોડથી વધુ દર્શકો સાથે વિશ્વમાં સૌથી વધુ જોવાયેલી ટેલિવિઝન શ્રેણી હતી. બીબીસીના અહેવાલ મુજબ, જ્યારે એપિસોડ પ્રસારિત કરવામાં આવ્યા હતા ત્યારે "શેરીઓ નિર્જન થઈ જતી, દુકાનો બંધ થઈ જતી અને લોકો સ્નાન કરીને તેમના ટીવી સેટને માળા પહેરાવતા." 2020માં કોવિડ-19 લૉકડાઉન દરમિયાન એ શ્રેણી ફરીથી પ્રસારિત કરવામાં આવી અને ફરીથી વિશ્વમાં સૌથી વધુ જોવાયેલી શ્રેણી બની રહી હતી.[10] હવે ટીવી જોતા આધુનિક પ્રેક્ષકોએ કોઈ પણ ગ્રંથોને યાદ રાખવાની જરૂર નથી, તેમ છતાં એ વાત નોંધનીય છે કે તેઓ મહાકાવ્યો પરથી બનેલી શ્રેણીઓ, ડિટેક્ટિવ થ્રિલર્સ અને દરરોજ આવતી સીરિયલોના જટિલ પ્લોટને સરળતાથી સમજી શકે છે, દરેક પાત્ર કોણ છે અને તે અસંખ્ય અન્ય પાત્રો સાથે કેવી રીતે સંબંધિત છે તે પણ યાદ રાખી શકે છે. આપણે યાદશક્તિનાં આવાં પરાક્રમો કરવા માટે એટલા ટેવાયેલા છીએ કે આપણે ભાગ્યે જ નોંધીએ છીએ કે તે કેટલું અસાધારણ કહેવાય.

લાંબા ગાળાની માનવીય યાદશક્તિ વિશેષતઃ વાર્તાઓને યાદ રાખવા માટે અનુકૂલન પામેલી છે માટે મહાકાવ્યો અને લાંબા સમયથી ચાલતી ટીવી શ્રેણીઓને યાદ રાખવામાં આપણને તકલીફ પડતી નથી, જેમ કે કેન્ડલ હેવન તેમના 2007ના પુસ્તક 'સ્ટોરી પ્રૂફઃ ધ સાયન્સ બિહાઈન્ડ ધ સ્ટાર્ટલિંગ પાવર ઑફ સ્ટોરી'માં લખે છે, "માનવ મન... આપણા જીવનને સમજવા, તેનો અર્થ પામવા, યાદ રાખવા અને આયોજન કરવા માટે પ્રાથમિક નકશા તરીકે

વાર્તાઓ અને વાર્તાની ગૂંથણી પર આધાર રાખે છે... જીવન વાર્તાઓ જેવું જ છે કારણ કે આપણે એ વિશે વાર્તાની દષ્ટિએ જ વિચારીએ છીએ." હેવન 120થી વધુ શૈક્ષણિક અભ્યાસોનો સંદર્ભ આપે છે અને એવું તારણ કાઢે છે કે "આ અભ્યાસો નક્કર, ખાતરીપૂર્વક અને નિર્વિરોધ પુરાવા પૂરા પાડે છે" કે વાર્તાઓ એક અત્યંત કાર્યક્ષમ "વાસ્તવિક, વૈચારિક, ભાવનાત્મક અને સ્પષ્ટ માહિતીના સંચાર માટેનું માધ્યમ છે."[11]

તેનાથી વિપરીત, મોટાભાગના લોકોને યાદીઓ યાદ રાખવાનું મુશ્કેલ લાગે છે અને બહુ ઓછા લોકોને દેશના ટૅક્સ રેકોર્ડ્સ અથવા વાર્ષિક બજેટ ટીવી પર જોવામાં રસ પડશે. વસ્તુઓની યાદીને યાદ રાખવા માટે વપરાતી નેમોનિક પદ્ધતિઓમાં ઘણીવાર જે તે વસ્તુઓને કોઈ વાર્તામાં ગૂંથવામાં આવે છે, જેનાથી તેને સરળતાથી યાદ રાખી શકાય છે.[12] પરંતુ આવા નેમોનિક ઉપાયોની મદદથી પણ, કોને તેમના દેશના ટૅક્સ રેકોર્ડ અથવા બજેટ યાદ રહેશે? નાગરિકો આરોગ્યસંભાળ, શિક્ષણ અને અન્ય વેલફેર સેવાઓની ગુણવત્તા કેવી મેળવશે તે માટે એ માહિતી મહત્ત્વપૂર્ણ હોઈ શકે છે, પરંતુ આપણું મગજ આવી વસ્તુઓને યાદ રાખવા માટે અનુકૂલન પામેલું નથી. આપણા મગજમાં સંગ્રહિત થઈ શકતી રાષ્ટ્રીય કવિતાઓ અને પૌરાણિક કથાઓથી વિપરીત જટિલ રાષ્ટ્રીય કરવેરા અને વહીવટ પ્રણાલીઓને કાર્ય કરવા માટે અલગ પ્રકારની બિન-સજીવ હોય તેવી માહિતી તકનીકની જરૂર પડે છે. આ ટેક્નોલૉજી એટલે લેખિત દસ્તાવેજ.

દેવું મારી નાખવું

લેખિત દસ્તાવેજની શોધ ઘણી જગ્યાએ ઘણી વખત કરવામાં આવી હતી. કેટલાક પ્રારંભિક ઉદાહરણો પ્રાચીન મેસોપોટેમિયામાંથી મળી આવે છે. ઉરના રાજા શુલ્ગીના શાસનના એકતાલીસમા વર્ષના દસમા મહિનાના અઠ્ઠાવીસમા દિવસે (સીએ. 2053/4 ઈસા પૂર્વ) એક ક્યુનેઆફોર્મ માટીની તકતી પર ઘેટાં અને બકરાંની માસિક આવકની નોંધ કરવામાં આવી હતી. મહિનાના બીજા દિવસે પંદર ઘેટાં, ત્રીજા દિવસે 7 ઘેટાં, ચોથા દિવસે 11 ઘેટાં, પાંચમા દિવસે 219, છઠ્ઠા દિવસે 47 અને અઠ્ઠાવીસમી તારીખે 3 ઘેટાંની આવક નોંધવામાં આવી હતી. કુલ મળીને, એ માટીની તકતી અનુસાર, તે મહિને 896 પ્રાણીઓની આવક થઈ હતી. શાહી વહીવટ માટે, લોકોના આજ્ઞાપાલન પર દેખરેખ રાખવા અને ઉપલબ્ધ સંસાધનોની નોંધ રાખવા માટે આ બધી આવકો યાદ રાખવી

મહત્ત્વપૂર્ણ હતી. મૌખિક રીતે એમ કરવું એ મોટો પડકાર હતો જ્યારે એક ભણેલા લહિયા માટે તેને માટીની તકતી પર લખવાનું સરળ હતું.[13]

વાર્તાઓ અને ઇતિહાસની અન્ય બધી ઇન્ફૉર્મેશન ટેક્નોલૉજીની જેમ, લેખિત દસ્તાવેજો વાસ્તવિકતાને સચોટ રીતે રજૂ કરતા હોય એ જરૂરી નહોતું. ઉદાહરણ તરીકે ઉરની માટીની તકતીમાં એક ભૂલ હતી. દસ્તાવેજ કહે છે કે, તે મહિના દરમિયાન 896 પ્રાણીઓની આવક થઈ હતી, પરંતુ જ્યારે આધુનિક સમયના વિદ્વાનોએ બધી વ્યક્તિગત નોંધોનો સરવાળો કર્યો ત્યારે તે કુલ સંખ્યા 898 મળી હતી. દસ્તાવેજ લખનાર લહિયાએ કુલ સરવાળો કરતી વખતે દેખીતી રીતે ભૂલ કરી હતી અને માટીની તકતીએ એ ભૂલને ભવિષ્ય માટે સાચવી રાખી હતી.

પરંતુ સાચી કે ખોટી, લેખિત દસ્તાવેજોએ નવી વાસ્તવિકતાઓ સર્જી હતી. મિલકતો, કર અને ચુકવણીની યાદીઓ નોંધીને, તેમણે વહીવટી પ્રણાલીઓ, રાજ્યો, ધાર્મિક સંગઠનો અને વેપારી નેટવર્કો સર્જવાનું ખૂબ સરળ બનાવી આપ્યું હતું. વધુ મહત્ત્વનું તો એ હતું કે દસ્તાવેજોએ આંતરવ્યક્તિલક્ષી વાસ્તવિકતાઓ સર્જવા માટે ઉપયોગમાં લેવાતી પદ્ધતિ બદલી નાખી હતી. મૌખિક સંસ્કૃતિઓમાં, આંતરવ્યક્તિલક્ષી વાસ્તવિકતાઓ એક વાર્તા કહીને સર્જવામાં આવતી હતી, જેનું ઘણા લોકો પુનરાવર્તન કરતા હતા અને યાદ રાખતા હતા. પરિણામે, મગજની ક્ષમતાએ માનવો સર્જી શકતી આંતરવ્યક્તિલક્ષી વાસ્તવિકતાઓના પ્રકારોની મર્યાદા બાંધી દીધી હતી. માનવીઓ એવી આંતરવ્યક્તિલક્ષી વાસ્તવિકતા સર્જી શકતા નહીં, જે તેમનાં મગજ યાદ રાખી શકે નહીં.

જોકે લેખિત દસ્તાવેજો થકી આ મર્યાદા ઓળંગી શકાય છે. આ દસ્તાવેજો કોઈ સ્પષ્ટ અનુભવપૂર્ણ વાસ્તવિકતાનું પ્રતિનિધિત્વ કરતા ન હતા, એ દસ્તાવેજો પોતે જ વાસ્તવિકતા હતા. આપણે આગળનાં પ્રકરણોમાં જોઈશું કે લેખિત દસ્તાવેજોએ એવાં ઉદાહરણો અને નમૂના પૂરાં પાડ્યાં જેનો ઉપયોગ છેવટે કોમ્પ્યુટરો દ્વારા કરવામાં આવ્યો. આંતરવ્યક્તિલક્ષી વાસ્તવિકતાઓ સર્જવાની કોમ્પ્યુટરોની ક્ષમતા માટીની તકતીઓ અને કાગળના દસ્તાવેજોની શક્તિનું વિસ્તરણ જ છે.

એક મહત્ત્વના ઉદાહરણ તરીકે માલિકીનો વિચાર કરો. જ્યાં લેખિત દસ્તાવેજોનો અભાવ હતો તેવા મૌખિક સમુદાયોમાં માલિકી એક આંતરવ્યક્તિલક્ષી વાસ્તવિકતા હતી, જે સમુદાયના સભ્યોના શબ્દો અને વર્તન દ્વારા સર્જવામાં આવતી હતી. ખેતરની માલિકીનો અર્થ એ હતો કે તમારા પડોશીઓ સંમત થયા હતા કે એ ખેતર તમારું હતું અને તેઓ તે મુજબ વર્તતા હતા. તેઓ

તે ખેતર પર ઝૂંપડું બનાવતા નહોતા, તેમનાં ઢોર ચરાવતા નહોતા કે તમારી પરવાનગી વિના ત્યાંથી ફળો પણ તોડતા નહોતા. સતત એકબીજાને કહીને કે સંકેતો દ્વારા માલિકી સર્જવામાં અને જાળવી રાખવામાં આવતી હતી. આનાથી માલિકી સ્થાનિક સમુદાયનો મામલો બની જતી અને દૂરનાં કોઈ સત્તાધીશની જમીનમાલિકીને નિયંત્રિત કરવાની ક્ષમતા પર મર્યાદા મુકાઈ જતી હતી. કોઈ પણ રાજા, મંત્રી અથવા પાદરી દૂરનાં સેંકડો ગામોમાં દરેક ખેતર કોની માલિકીનું હતું તે યાદ રાખી શકતા નહીં અને તેનાથી વ્યક્તિઓની મિલકત પર સંપૂર્ણ અધિકારનો દાવો કરવાની અને તેનો ઉપયોગ કરવાની ક્ષમતા પર પણ મર્યાદા મુકાઈ જતી હતી અને તેના બદલે મિલકતોના વિવિધ પ્રકારના સાંપ્રદાયિક અધિકારોની તરફેણ થતી હતી. ઉદાહરણ તરીકે, તમારા પડોશીઓ ખેતરમાં ખેતી કરવાના તમારા અધિકારને સ્વીકારી શકે છે, પરંતુ વિદેશીઓને વેચવાના તમારા અધિકારને નહીં.[14]

કોઈ સાક્ષર રાજ્યમાં, ખેતર ધરાવવાનો અર્થ એ થયો કે કોઈ માટીની તકતી, વાંસની પટ્ટી, કાગળ અથવા સિલિકોન ચિપ પર એમ લખેલું હોય કે તમે તે ખેતરના માલિક છો. જો તમારા પડોશીઓ વર્ષોથી જમીનના ટુકડા પર તેમના ઘેટાં ચરાવતા હોય અને તેમાંથી કોઈએ ક્યારેય કહ્યું ન હોય કે તે તમારી માલિકીનું છે, પરંતુ તમે કોઈક રીતે એક એવો સત્તાવાર દસ્તાવેજ રજૂ કરી શકો છો જે કહેતો હોય કે તે ખેતર તમારું છે, તો તમારી પાસે તમારા દાવાને બીજા પાસે સ્વીકારવાની પૂરતી તક છે. તેનાથી વિપરીત, જો બધા પડોશીઓ સંમત થતા હોય કે તે તમારું ખેતર છે, પરંતુ તમારી પાસે કોઈ સત્તાવાર દસ્તાવેજ ન હોય, જે તે સાબિત કરતો હોય, તો તે તમારું દુર્ભાગ્ય બની રહે છે. માલિકી હજુ પણ માહિતીની આપ-લે દ્વારા સર્જવામાં આવેલી આંતરવ્યક્તિલક્ષી વાસ્તવિકતા જ છે, પરંતુ હવે એ માહિતી એકબીજા સાથે વાતચીત અને હાવભાવ સ્વરૂપે નહીં, પરંતુ લેખિત દસ્તાવેજ (અથવા કોમ્પ્યુટર ફાઇલ)ના સ્વરૂપે હોય છે. એનો અર્થ એ થયો કે માલિકી હવે એક કેન્દ્રીય સત્તા દ્વારા નક્કી કરી શકાય છે, જે તેને લગતા દસ્તાવેજો બનાવે છે અને સંઘરે છે. તેનો અર્થ એ પણ છે કે તમે તમારા પડોશીઓની પરવાનગી લીધા વિના તમારું ખેતર વેચી શકો છો, ફક્ત મહત્ત્વના દસ્તાવેજો બીજા કોઈના નામે લખાવીને.

દસ્તાવેજોની આંતરવ્યક્તિલક્ષી વાસ્તવિકતાઓ સર્જવાની શક્તિ જૂની અસીરીયન બોલીમાં સુંદર રીતે પ્રગટ થતી હતી. તેમાં દસ્તાવેજોને જીવંત વસ્તુઓ તરીકે ગણવામાં આવતી હતી જેને મારી પણ શકાતા હતા. દેવું

ચૂકવાઈ જાય ત્યારે દેવાની તકતી (લોન ડોક્યુમેન્ટ) "મારી નાખવામાં" (દુઆકુમ) આવતી હતી. એમ કરવા માટે માટીની તકતીનો નાશ કરવામાં આવતો હતો કે તેમાં કોઈ ચિહ્ન ઉમેરવામાં આવતું હતું અથવા તેનું સીલ તોડી કાઢવામાં આવતું હતું. દેવાનો કરાર વાસ્તવિકતાનું પ્રતિનિધિત્વ કરતો ન હતો, તે પોતે જ વાસ્તવિકતા હતો. જો કોઈએ દેવું ચૂકવી દીધું હોય, પરંતુ "દસ્તાવેજને મારી નાખવામાં" નિષ્ફળ ગયો હોય, તો દેવું હજુ પણ બાકી છે એમ મનાતું. તેનાથી વિપરીત, જો કોઈએ દેવું ચૂકવ્યું ન હોય પરંતુ દસ્તાવેજ કોઈ અન્ય રીતે "મૃત્યુ પામ્યો" હોય, જેમ કે કૂતરો તેને ચાવી ગયો હોય, તો દેવું રહેતું નહીં.[15] રૂપિયામાં પણ આવું જ થાય છે. જો તમારો કૂતરો સો ડૉલરની નોટ ચાવી જાય છે, તો તે સો ડૉલરનું અસ્તિત્વ પતી જાય છે.

શુલ્ગીના ઉરમાં, પ્રાચીન અસીરિયનમાં અને ત્યાર બાદના અસંખ્ય રાજ્યોમાં સામાજિક, આર્થિક અને રાજકીય સંબંધો એવા દસ્તાવેજો પર આધાર રાખતા હતા જે વાસ્તવિકતાનું પ્રતિનિધિત્વ કરવાને બદલે વાસ્તવિકતાનું સર્જન જ કરતા હોય. બંધારણ, શાંતિ સંધિઓ અને વ્યાપારી કરારો લખતી વખતે વકીલો, રાજકારણીઓ અને ઉદ્યોગપતિઓ દરેક શબ્દ માટે અઠવાડિયાંઓ અને મહિનાઓ સુધી દલીલી કરતા હોય છે, કારણ કે તેઓ જાણે છે કે એ કાગળો અદ્ભુત શક્તિ ધરાવે છે.

અમલદારશાહી

દરેક નવી માહિતી ટેક્નોલૉજીમાં તેની આગવી મુશ્કેલીઓ પણ હોય છે. તે કેટલીક જૂની સમસ્યાઓનું નિરાકરણ લાવે છે તો સાથે સાથે નવી સમસ્યાઓ ઊભી પણ કરે છે. 1730ના દાયકાની શરૂઆતમાં, મેસોપોટેમિયાના સિપ્પાર શહેરની એક પાદરી નરામતાનીએ તેના સંબંધીને (માટીની તકતીઓ પર) એક પત્ર લખ્યો હતો જેમાં તેણે સંબંધીના ઘરમાં રાખેલી અમુક માટીની તકતીઓ મોકલવાનું કહ્યું હતું. તેણે એ પત્રમાં સમજાવ્યું હતું કે વારસાઈના તેના એક દાવા અંગે વિવાદ ચાલી રહ્યો છે અને તે દસ્તાવેજો વિના તે અદાલતમાં પોતાનો કેસ સાબિત કરી શકશે નહીં. તેણે પોતાનો પત્ર એક વિનંતી સાથે સમાપ્ત કર્યો હતો: "હવે, મને અવગણશો નહીં!"[16]

આપણે જાણતા નથી કે આગળ શું થયું પરંતુ જો એ સંબંધી તેના ઘરમાં શોધે પરંતુ ગુમ થયેલી તકતીઓ ન મળે તો શું થયું હોય એ પરિસ્થિતિની કલ્પના કરો. જેમ જેમ લોકોએ વધુ ને વધુ દસ્તાવેજો બનાવવા માંડ્યા, તેમ તેમ

તેમને શોધવાનું અઘરું બનતું ગયું. રાજાઓ, પાદરીઓ, વેપારીઓ અને સંગ્રહમાં હજારો દસ્તાવેજો એકઠા કરનારા કોઈ પણ માટે આ એક મોટો પડકાર હતો. જ્યારે તમને જરૂર હોય ત્યારે તમે યોગ્ય કર ચૂકવાયાની નોંધ, ચુકવણી રસીદ અથવા ધંધાના કરાર કેવી રીતે શોધો? ચોક્કસ પ્રકારની માહિતી નોંધવામાં લેખિત દસ્તાવેજો માનવ મગજ કરતાં ઘણા સારા હતા, પરંતુ તેમણે એક નવી અને ખૂબ જ અણિયાળી સમસ્યા ઊભી કરી હતી: જોઈતો દસ્તાવેજ યોગ્ય સમયે શોધી કાઢવો.[17]

મગજ તેના અબજો ચેતાકોષો અને અબજોના અબજો જોડાણોવાળા નેટવર્કમાં સંગ્રહિત કોઈ પણ માહિતીને શોધી કાઢવામાં ઘણું કાર્યક્ષમ છે. ભલે આપણું મગજ આપણા અંગત જીવન, આપણા દેશના ઇતિહાસ અને આપણી ધાર્મિક પૌરાણિક કથાઓ વિશે અસંખ્ય જટિલ વાર્તાઓ સંગ્રહિત કરે છે, સ્વસ્થ લોકો એક સેકન્ડ કરતાં પણ ઓછા સમયમાં તેમાંથી કોઈ પણ માહિતી શોધી કે યાદ કરી શકે છે. તમે નાસ્તામાં શું ખાધું? તમારો પહેલો ક્રશ કોણ હતો? તમારા દેશને ક્યારે સ્વતંત્રતા મળી? બાઇબલની પહેલી પંક્તિ કઈ છે?

તમે આ બધી માહિતી કેવી રીતે યાદ કરી? કઈ પદ્ધતિ ચોક્કસ ચેતાકોષો અને ચેતાકોષોનાં જોડાણોને ઝડપથી જરૂરી માહિતી મેળવવા માટે સક્રિય કરે છે? ન્યૂરોસાયન્ટિસ્ટોએ યાદશક્તિના અભ્યાસમાં થોડી પ્રગતિ કરી છે છતાં હજુ સુધી તેમને ચોક્કસપણે સમજાતું નથી કે યાદો શું છે અથવા તે કેવી રીતે સંગ્રહિત થાય છે અને યાદ કરી શકાય છે.[18] આપણે એટલું જાણીએ છીએ કે લાખો વર્ષોની ઉત્ક્રાંતિએ મગજની યાદ રાખવાની અને યાદ કરવાની પ્રક્રિયાઓને બરોબર ઘડી છે. જો કે, એકવાર માનવીઓએ જૈવિક મગજથી અજૈવિક દસ્તાવેજોમાં યાદોને સંગ્રહી લીધી એ પછી યાદ કરી શકવાની એ બરોબર ઘડાયેલી જૈવિક પ્રણાલી પર આધાર રાખી શકાતો નથી. લાખો વર્ષોમાં માનવો દ્વારા વિકસિત ભોજન શોધવાની ક્ષમતાઓ પર પણ આધાર રાખી શકાતો નથી. ઉત્ક્રાંતિએ માનવોને જંગલમાં ફળો અને મશરૂમો શોધવા માટે ઘડ્યા છે, પોટલાંઓમાં બંધાયેલા દસ્તાવેજો શોધવા માટે નહીં.

ભોજન શોધવા ભટકનારાઓ જંગલમાં ફળો અને મશરૂમો શોધે છે, કારણ કે ઉત્ક્રાંતિએ એક સ્પષ્ટ જૈવિક ક્રમ અનુસાર જંગલોનું આયોજન કર્યું છે. ફળ આપતાં વૃક્ષો પ્રકાશસંશ્લેષણ કરે છે તેથી તેમને સૂર્યપ્રકાશની જરૂર પડે છે. મશરૂમો મૃત જૈવિક પદાર્થોમાંથી ખોરાક મેળવે છે, જે સામાન્ય રીતે જમીન પર મળી શકે છે. તેથી મશરૂમો સામાન્ય રીતે જમીનના સ્તરે નીચે હોય છે જ્યારે ફળો ઊંચે ઊગે છે. બીજો સામાન્ય નિયમ એ છે કે

સફરજન સફરજનના વૃક્ષ પર ઊગે છે અને અંજીર અંજીરના વૃક્ષ પર ઊગે છે. તેથી જો તમે સફરજન શોધી રહ્યા હોવ, તો તમારે પહેલાં સફરજનનું વૃક્ષ શોધવું પડશે અને પછી ઉપર જોવું પડશે. જંગલમાં રહેતા લોકો આ જૈવિક ક્રમ શીખી લે છે.

દસ્તાવેજોની પોટલીઓ કે ફાઇલોની આર્કાઇવોમાં આ બધું ઘણું અલગ છે. દસ્તાવેજો સજીવ નથી માટે તેઓ કોઈ પણ જૈવિક કાયદાઓનું અનુસરણ કરતા નથી અને ઉત્ક્રાંતિએ તેમને આપણા માટે ગોઠવ્યા પણ નથી. ટૅક્સના રિપોર્ટ ટૅક્સ-રિપોર્ટની છાજલીઓ પર ઊગતા નથી. તેમને ત્યાં મૂકવાની જરૂર પડે છે. તે માટે પહેલાં તો કોઈએ માહિતીને વિવિધ છાજલીઓ દ્વારા વર્ગીકૃત કરવાનો વિચાર કરવાની અને કયા દસ્તાવેજો કઈ છાજલી પર જવા જોઈએ એ નક્કી કરવાની જરૂર પડે છે. ભોજન શોધવા ભટકનારા લોકોને ફક્ત જંગલના પહેલેથી અસ્તિત્વ ધરાવતા ક્રમને સમજવાની જ જરૂર છે. તેનાથી વિપરીત દસ્તાવેજો શોધનારે એ દુનિયા માટે એક નવો ક્રમ ઘડવાની જરૂર પડે છે. તે ક્રમને અમલદારશાહી કહેવામાં આવે છે.

અમલદારશાહી એટલે એ ઉપાય કે જેના થકી મોટાં સંગઠનોમાં લોકો દસ્તાવેજો શોધવાની સમસ્યા ઉકેલે છે અને તેના દ્વારા મોટા અને વધુ શક્તિશાળી માહિતી નેટવર્કો બનાવે છે, પરંતુ પૌરાણિક કથાઓની જેમ, અમલદારશાહી પણ વ્યવસ્થા માટે સત્યનું બલિદાન આપવાનું વલણ ધરાવે છે. એક નવી વ્યવસ્થા શોધીને, તેને વિશ્વ પર લાદીને અમલદારશાહીએ લોકોની વિશ્વ પ્રત્યેની સમજને અનોખી રીતે વિકૃત કરી નાખી. આપણા એકવીસમી સદીના માહિતી નેટવર્કની ઘણી સમસ્યાઓ છે. પક્ષપાતી અલ્ગોરિધમો જે લોકોને ખોટી રીતે ગોઠવે છે અથવા માનવ જરૂરિયાતો અને લાગણીઓને અવગણતા કઠોર પ્રોટોકોલ જેવી સમસ્યાઓ એ કંઈ કોમ્પ્યુટર યુગમાં આવી પડેલી નવી સમસ્યાઓ નથી. તે સર્વગ્રાહી અમલદારશાહીની સમસ્યાઓ છે, જે કોઈએ કોમ્પ્યુટરનું સપનું પણ જોયું તેના ઘણા સમય પહેલાંથી અસ્તિત્વમાં હતી.

અમલદારશાહી અને સત્યની શોધ

અમલદારશાહી (બ્યૂરોક્રસી)નો શાબ્દિક અર્થ “ટેબલ પર લેખન દ્વારા શાસન” થાય છે. આ શબ્દની શોધ અઢારમી સદીમાં ફ્રાન્સમાં થઈ હતી, જ્યારે કોઈ અધિકારી એવા ટેબલ સાથે બેસતા જેમાં ડ્રોઅર એટલે કે બ્યૂરો હોય.[19] આમ, અમલદારશાહી વ્યવસ્થાના કેન્દ્રમાં ડ્રોઅર છે. અમલદારશાહી વિશ્વને ડ્રોઅરોમાં

વિભાજિત કરીને કયો દસ્તાવેજ કયા ડ્રોઅરમાં જાય છે તે યાદ રાખીને એને શોધવાની સમસ્યાનો ઉકેલ લાવવાનો પ્રયાસ કરે છે.

દસ્તાવેજ ડ્રોઅર, છાજલી, ટોપલી, બરણી, કોમ્પ્યુટર ફોલ્ડર અથવા અન્ય કોઈ પણ રીતે મૂકવામાં આવે પણ બધા માટે સિદ્ધાંત સમાન રહે છે: ભાગલા પાડો અને રાજ કરો (ડિવાઇડ ઍન્ડ રૂલ). વિશ્વને કન્ટેનરોમાં વિભાજિત કરો અને કન્ટેનરોને અલગ રાખો જેથી દસ્તાવેજો ભેગા ન થાય. જોકે, આ સિદ્ધાંતની એક કિંમત પણ ચૂકવવી પડે છે. વિશ્વને જેમ છે તેમ સમજવા પર ધ્યાન કેન્દ્રિત કરવાને બદલે અમલદારશાહી ઘણીવાર વિશ્વ પર નવી અને કૃત્રિમ વ્યવસ્થા લાદવામાં વ્યસ્ત રહે છે. અમલદારશાહી વિવિધ ડ્રોઅરોની શોધ કરીને શરૂઆત કરે છે, જે આંતરવ્યક્તિત્વલક્ષી વાસ્તવિકતાઓ છે અને જરૂરી નથી કે તે વિશ્વના કોઈ પણ જરૂરી વિભાગોને અનુરૂપ હોય. પછી અમલદારો દુનિયાને આ ડ્રોઅરોમાં વહેંચવા માટે દબાણ કરે છે અને જો દુનિયા તેમાં બરાબર સમાય નહીં, તો અમલદારો વધુ દબાણ કરે છે, જેણે ક્યારેય કોઈ પણ ફૉર્મ ભર્યું હશે તે આ ખૂબ સારી રીતે સમજશે. જ્યારે તમે ફૉર્મ ભરો છો અને સૂચિબદ્ધ વિકલ્પોમાંથી કોઈ પણ તમને બંધબેસતું નથી, ત્યારે તમારા માટે ફૉર્મ અનુકૂળ કરવાને બદલે ફૉર્મ સાથે તમારે અનુકૂળ થવું પડે છે. વાસ્તવિકતાની ગંદકીને મર્યાદિત સંખ્યાના નિશ્ચિત ડ્રોઅરોમાં વહેંચવાથી અમલદારોને વ્યવસ્થા જાળવવામાં મદદ મળે છે, પરંતુ તે સત્યના ભોગે મળે છે. કારણ કે તેમને માત્ર તેમના ડ્રોઅર જ દેખાતા હોય છે, ભલેને વાસ્તવિકતા ગમે તેટલી જટિલ હોય અને એમ જ અમલદારોના મનમાં ઘણીવાર વિશ્વની વિકૃત સમજ વિકસતી હોય છે.

વાસ્તવિકતાને બેજાન મુદ્દાઓમાં વિભાજિત કરવાથી અમલદારો તેમનાં કાર્યોની વ્યાપક અસરને ધ્યાનમાં લીધા વિના સંકુચિત લક્ષ્યો પ્રાપ્ત કરવા તરફ પણ દોરાતા હોય છે. ઔદ્યોગિક ઉત્પાદન વધારવાનું કામ જેને સોંપાયેલું છે તેવો અમલદાર તેના કાર્યક્ષેત્રની બહાર આવતા પર્યાવરણને લગતા મુદ્દાઓ અવગણે અને કદાચ ઝેરી કચરો નજીકની નદીમાં છોડે કે જેનાથી નદીના પ્રવાહ બાજુ પર્યાવરણને લગતી આપત્તિઓ સર્જાય એવું બને. જો સરકાર પ્રદૂષણનો સામનો કરવા માટે એક નવો વિભાગ બનાવે, તો તેના અમલદારો વધુ કડક નિયમો લાવવાનો પ્રયત્ન કરે, ભલે તેના પરિણામે ઉપરવાસના સમુદાયો માટે આર્થિક વિનાશ સર્જાય એમ પણ બને. આદર્શ રીતે, કોઈ એવું હોવું જોઈએ જે બધી બાબતો અને પાસાંઓ અંગે વિચારવા સક્ષમ હોય, પરંતુ આવા સર્વાંગી અભિગમ માટે અમલદારશાહી વિભાગીકરણથી ઉપર ઊઠવાની કે પછી તેને સદંતર નાબૂદ કરવાની જરૂર પડે.

અમલદારશાહી દ્વારા સર્જાયેલી વિકૃતિઓ માત્ર સરકારી વિભાગો અને ખાનગી કૉર્પોરેશનોને જ નહીં, પરંતુ વૈજ્ઞાનિક શાખાઓને પણ અસર કરે છે. ઉદાહરણ તરીકે, યુનિવર્સિટીઓ વિવિધ વિદ્યાશાખાઓ અને વિભાગોમાં કેવી રીતે વહેંચાયેલી છે તે વિચારો. ઇતિહાસ જીવવિજ્ઞાન અને ગણિતથી અલગ છે. શા માટે? ચોક્કસપણે આ વિભાગ વસ્તુલક્ષી વાસ્તવિકતાને પ્રતિબિંબિત કરતા નથી. તે શૈક્ષણિક અમલદારોની આંતરવ્યક્તિલક્ષી શોધ છે. ઉદાહરણ તરીકે, કોવિડ-19 મહામારી એક સાથે ઐતિહાસિક, જૈવિક અને ગાણિતિક ઘટના હતી, પરંતુ મહામારીનો શૈક્ષણિક અભ્યાસ ઇતિહાસ, જીવવિજ્ઞાન અને ગણિત (અન્ય વિભાગો પણ ખરા) એમ અલગ અલગ વિભાગોમાં વહેંચાયેલો છે. શૈક્ષણિક ડિગ્રી મેળવતા વિદ્યાર્થીઓએ સામાન્ય રીતે નક્કી કરવું પડે છે કે તેઓ આમાંથી કયા વિભાગમાં જોડાશે. તેમનો નિર્ણય તેમની અભ્યાસક્રમોની પસંદગીને મર્યાદિત કરે છે, જેના પરિણામે વિશ્વ પ્રત્યેની તેમની સમજ પણ ઘડાય છે. ગણિતના વિદ્યાર્થીઓ મહામારીના ચેપના વર્તમાન દરથી ભવિષ્યમાં મહામારીના સ્તરની આગાહી કેવી રીતે કરવી તે શીખે છે, જીવવિજ્ઞાનના વિદ્યાર્થીઓ શીખે છે કે વાયરસ કેવી રીતે ગુણવિકાર (મ્યુટેશન) પામે છે અને ઇતિહાસના વિદ્યાર્થીઓ શીખે છે કે ધાર્મિક અને રાજકીય માન્યતાઓ સરકારી સૂચનાઓનું પાલન કરવાની લોકોની ઇચ્છા પર કેવી રીતે અસર કરે છે. કોવિડ-19ને સંપૂર્ણ રીતે સમજવા માટે ગાણિતિક, જૈવિક અને ઐતિહાસિક ઘટનાઓને ધ્યાનમાં લેવી જરૂરી છે, પરંતુ શૈક્ષણિક અમલદારશાહી આવા સર્વાંગી અભિગમને પ્રોત્સાહન આપતી નથી.

જેમ જેમ તમે શૈક્ષણિક સ્તરે આગળ વધતા જાવ છો, તેમ તેમ કોઈ ચોક્કસ ક્ષેત્રમાં વિશેષતા મેળવવાનું દબાણ વધતું જાય છે. શૈક્ષણિક વિશ્વમાં 'પ્રકાશિત કરો અથવા ભુલાઈ જાવ'નો કાયદો ચાલે છે. જો તમારે નોકરી જોઈતી હોય, તો તમારે પીઅર-રીવ્યૂડ જર્નલમાં કંઈક પ્રકાશિત કરવું આવશ્યક છે, પરંતુ જર્નલો વિષયો દ્વારા વિભાજિત થાય છે અને બાયોલૉજી જર્નલમાં વાયરસના ગુણવિકાર અંગે લેખ પ્રકાશિત કરવા માટે ઇતિહાસની જર્નલમાં રોગચાળાના રાજકારણ પર લેખ પ્રકાશિત કરવા કરતાં અલગ નિયમો અને પરંપરાઓનું પાલન કરવું પડે છે. શબ્દભંડોળ, સંદર્ભ ટાંકવાના નિયમો અને પ્રકાશકોની અપેક્ષાઓ અલગ અલગ હોય છે. ઇતિહાસકારોને સંસ્કૃતિની ઊંડી સમજ હોવી જોઈએ અને ઐતિહાસિક દસ્તાવેજો કેવી રીતે વાંચવા અને તેનું કેવી રીતે અર્થઘટન કરવું તેની જાણ હોવી જરૂરી છે. જીવવિજ્ઞાનીઓ પાસે ઉત્ક્રાંતિની ઊંડી સમજ હોવી જોઈએ અને ડીએનએની વિગતો કેવી રીતે વાંચવી અને

તેનું શું અર્થઘટન કરવું તે જાણવું જરૂરી છે. એ બંને વચ્ચે આવતી બાબતો, જેવી કે માનવોની રાજકીય વિચારધારાઓ અને વાયરસની ઉત્ક્રાંતિ વચ્ચેનો સંબંધ, તેમને મોટાભાગે અવગણવામાં આવે છે.[20]

શિક્ષણશાસ્ત્રીઓ અવ્યવસ્થિત અને સતત પરિવર્તનશીલ વિશ્વને બેજાન વિભાગોમાં કેવી રીતે ગોઠવે છે તે સમજવા માટે, જીવવિજ્ઞાનમાં થોડા ઊંડા ઊતરીએ. ડાર્વિન પ્રજાતિઓની ઉત્પત્તિ સમજાવી શકે તે પહેલાં, કાર્લ લિનિયસ જેવા એ પહેલા થઈ ગયેલા વિદ્વાનોએ પ્રજાતિ શું છે તે વ્યાખ્યા ઘડવી પડી હતી અને બધા જીવંત જીવોને પ્રજાતિઓમાં વર્ગીકૃત કરવા પડ્યા હતા. સિંહ અને વાઘ એક સામાન્ય બિડાલ કુળના પૂર્વજમાંથી ઉત્ક્રાંતિ પામ્યા છે તેમ કહેવા માટે, તમારે પહેલા 'સિંહ' અને 'વાઘ'ને વ્યાખ્યાયિત કરવા પડશે.[21] એ અત્યંત મુશ્કેલ અને અનંત કાર્ય બની રહ્યું, કારણ કે પ્રાણીઓ, છોડ અને અન્ય સજીવો ઘણીવાર તેમને ફાળવાયેલ ડ્રોઅરોની સીમાઓનું ઉલ્લંઘન કરતાં હોય છે.

ઉત્ક્રાંતિને કોઈ પણ અમલદારશાહી યોજનામાં સરળતાથી સમાવી શકાતી નથી. ઉત્ક્રાંતિનો મૂળ હેતુ જ એ છે કે પ્રજાતિઓ સતત બદલાતી રહે છે, જેનો અર્થ એ છે કે દરેક પ્રજાતિને એક જડ વિભાગના ડ્રોઅરમાં મૂકવાથી જૈવિક વાસ્તવિકતા વિકૃત બને છે. ઉદાહરણ તરીકે, હોમો ઇરેક્ટસનો અંત ક્યારે આવ્યો અને હોમો સેપિયન્સની શરૂઆત ક્યારે થઈ તે એક અનઉત્તરિત પ્રશ્ન છે. શું કોઈ એવા ઇરેક્ટસ માતાપિતા હતા જેમનું બાળક પ્રથમ સેપિયન્સ હતું?[22] પ્રજાતિઓ પણ એકબીજા સાથે ભળતી રહી છે. દેખીતી રીતે અલગ પ્રજાતિના પ્રાણીઓ માત્ર સંભોગ જ નથી કરતા પણ ફળદ્રુપ સંતાનોને પણ જન્મ આપે છે. આજે જીવતા મોટાભાગના સેપિયન્સમાં લગભગ 1થી 3 ટકા નિએન્ડરથલ ડીએનએ છે,[23] જે એમ દર્શાવે છે કે એક સમયે એક એવું બાળક હતું જેના પિતા નિએન્ડરથલ હતા અને જેની માતા સેપિયન્સ હતી (અથવા એથી ઊલટું પણ હોય). તો શું સેપિયન્સ અને નિએન્ડરથલ્સ એક જ પ્રજાતિ છે કે અલગ પ્રજાતિઓ છે? અને શું 'પ્રજાતિઓ' એક વસ્તુલક્ષી વાસ્તવિકતા છે, જે જીવવિજ્ઞાનીઓ શોધે છે કે પછી તે એક આંતરવ્યક્તિલક્ષી વાસ્તવિકતા છે, જે જીવવિજ્ઞાનીઓ આપણા પર લાદે છે?[24]

પ્રાણીઓના તેમના ડ્રોઅરમાંથી બહાર નીકળવાનાં અસંખ્ય અન્ય ઉદાહરણો છે તેથી અમલદારશાહીનું વિભાગીકરણ રિંગ પ્રજાતિઓ, ફ્યુઝન પ્રજાતિઓ અને વર્ણસંકર પ્રજાતિઓને સચોટ રીતે વર્ગીકૃત કરવામાં નિષ્ફળ જાય છે.[25] ગ્રીઝલી બેર (ધોળું રીંછ) અને પોલર બેર (કાળું રીંછ) ક્યારેક પીઝલી બેર

અને ગ્રોલર બેર ઉત્પન્ન કરે છે.[26] સિંહ અને વાઘ ક્યારેક લીગર અને ટાઇગોન ઉત્પન્ન કરે છે[27].

જ્યારે આપણે આપણું ધ્યાન સસ્તન પ્રાણીઓ અને અન્ય બહુકોષીય સજીવોથી એક-કોષીય બેક્ટેરિયા અને આર્કિઆની દુનિયા તરફ લઈ જઈએ છીએ ત્યારે આપણને સમજાય છે કે એમાં તો ચારેબાજુ અરાજકતા જ છે. હોરાઇઝોન્ટલ જીન ટ્રાન્સફર તરીકે ઓળખાતી પ્રક્રિયામાં, એક-કોષીય સજીવો નિયમિતપણે ફક્ત સંબંધિત પ્રજાતિઓના સજીવો સાથે જ નહીં, પરંતુ સંપૂર્ણપણે અલગ જાતિઓ, પ્રજાતિઓ, વર્ગો અને સમૂહોના સજીવો સાથે પણ આનુવંશિક સામગ્રીનો વિનિમય કરે છે. બેક્ટેરિયોલૉજિસ્ટો માટે આ કાઇમેરા પર નજર રાખવું ખૂબ જ મુશ્કેલ બની રહે છે.[28]

અને જ્યારે આપણે જીવજગતના છેડે પહોંચીએ છીએ અને (કોવિડ-19 માટે જવાબદાર) SARS-CoV-2 જેવા વાયરસનો વિચાર કરીએ છીએ, ત્યારે એ બધુ વધુ જટિલ બની જાય છે. વાયરસ સજીવ અને નિર્જીવ વચ્ચેની, એટલે કે જીવવિજ્ઞાન અને રસાયણશાસ્ત્રની સરહદ વારંવાર ઓળંગતો રહે છે. બેક્ટેરિયાથી વિપરીત, વાયરસ એક-કોષીય જીવ નથી. તેઓ કોષ જ નથી અને તેમની પાસે કોષમાં જોવા મળતી વસ્તુઓ પણ નથી. વાયરસ ખાતા નથી કે ચયાપચય કરતા નથી અને પોતે પ્રજનન પણ કરી શકતા નથી. તેઓ જીનેટિક કોડના નાના પેકેટો છે, જે કોષોમાં પ્રવેશ કરી શકે છે, તેમની અંદર રહેલી મશીનરીને હાઈજેક કરી શકે છે અને તેમને તે બાહ્ય આનુવંશિક કોડની નકલો બનાવવા માટે સૂચના આપી શકે છે. નવી નકલો કોષમાંથી બહાર નીકળીને વધુ કોષોને ચેપ લગાડે છે અને તેમને હાઈજેક કરે છે, જેના કારણે બાહ્ય કોડ વધુ ફેલાય છે. વૈજ્ઞાનિકોમાં સતત દલીલો ચાલ્યા કરે છે કે વાયરસને સજીવ ગણવા જોઈએ કે નિર્જીવ.[29] પરંતુ આ સીમા કોઈ વસ્તુલક્ષી વાસ્તવિકતા નથી, તે એક વિવિધ વિષયોના સંગમથી ઉદ્‌ભવેલી પરંપરા છે. જો તમામ જીવવિજ્ઞાનીઓ એકમત થાય છે કે વાયરસ સજીવ છે, તો પણ તે વાયરસ જેવી રીતે વર્તે છે તેમાં કંઈ પણ બદલાશે નહીં, ફક્ત માનવો તેમના વિશે કેવી રીતે વિચારે છે તે બદલાશે.

અલબત્ત, આ વિવિધ વિષયોના સંગમથી ઉદ્‌ભવેલી પરંપરાઓ પોતે વાસ્તવિકતાનો ભાગ છે. જેમ જેમ આપણે મનુષ્યો વધુ શક્તિશાળી બનીએ છીએ, તેમ તેમ આપણી આંતર-વ્યક્તિલક્ષી માન્યતાઓ આપણા માહિતીના નેટવર્કની બહારની દુનિયા માટે વધુ મહત્ત્વપૂર્ણ બનતી જાય છે. ઉદાહરણ તરીકે, વૈજ્ઞાનિકો અને નિયમો ઘડનારાઓએ પ્રજાતિઓને તેમના લુપ્ત થવાના ભય

અનુસાર વર્ગીકૃત કરી છે, જે "બહુ ચિંતા કરવા જેવી નથી"થી "સંવેદનશીલ" અને "લુપ્તપ્રાય થવાને આરે"થી "લુપ્તપ્રાય" સુધીના વિભાગો છે. પ્રાણીઓની ચોક્કસ વસ્તીને "લુપ્તપ્રાય થવાને આરે આવેલી પ્રજાતિ" તરીકે વ્યાખ્યાયિત કરવી એ એક આંતર-વ્યક્તિલક્ષી માનવ પરંપરા છે, પરંતુ તેનાં દૂરગામી પરિણામો આવી શકે છે. ઉદાહરણ તરીકે, તે પ્રાણીઓનો શિકાર કરવા અથવા તેમના નિવાસસ્થાનનો નાશ કરવા પર કાનૂની પ્રતિબંધો આવી શકે છે. કોઈ ચોક્કસ પ્રજાતિ "લુપ્તપ્રાય પ્રજાતિ"ના ડ્રોઅરમાં કે "સંવેદનશીલ પ્રજાતિ"ના ડ્રોઅરમાં હોવાથી તેમના અંગે અમલદારશાહી દ્વારા લેવાતા નિર્ણયો જીવન અને મૃત્યુ વચ્ચેનો તફાવત બની શકે છે, જેમ આપણે હવે પછીનાં પ્રકરણોમાં વારંવાર જોઈશું, જ્યારે કોઈ અમલદારશાહી તમારા પર લેબલ લગાવે છે, પછી ભલે તે લેબલ માત્ર પરંપરાના જ ભાગ હોય, તો પણ તે તમારું ભાગ્ય નક્કી કરી શકે છે. ભલે એ અમલદાર પ્રાણીઓનો નિષ્ણાત હોય, મનુષ્યોનો નિષ્ણાત હોય કે પછી નિર્જીવ AIનો, તે બધા માટે લાગુ પડે છે.

ધ ડીપ સ્ટેટ

અમલદારશાહીના બચાવમાં એ નોંધવું જોઈએ કે તે ક્યારેક સત્યનું બલિદાન આપે છે અને વિશ્વની આપણી સમજને વિકૃત બનાવે છે, પણ તે ઘણીવાર વ્યવસ્થા જાળવી રાખવા માટે આવું કરે છે, કારણ કે તેના વિના કોઈ પણ મોટા પાયાનું માનવ નેટવર્ક જાળવવું મુશ્કેલ બનશે. અમલદારશાહી ક્યારેય પરિપૂર્ણ હોતી નથી, પરંતુ શું મોટા નેટવર્કનું સંચાલન કરવાનો કોઈ વધુ સારો ઉપાય છે? ઉદાહરણ તરીકે, જો આપણે શૈક્ષણિક વિશ્વના તમામ પરંપરાગત વિભાજનો, એટલે કે તમામ વિભાગો અને વિષયો અને વિશિષ્ટ જર્નલોને નાબૂદ કરવાનો નિર્ણય લઈએ, તો શું દરેક સંભવિત ડૉક્ટર ઇતિહાસના અભ્યાસ માટે ઘણાં વર્ષો ફાળવે એવી અપેક્ષા રાખવામાં આવશે અને શું ખ્રિસ્તી ધર્મ પર બ્લેક ડેથની અસરનો અભ્યાસ કરનારા લોકો નિષ્ણાત વાઇરોલૉજિસ્ટ ગણાશે? શું તે વધુ સારી આરોગ્યસંભાળની સિસ્ટમ સર્જી આપશે?

જે કોઈ વિશ્વમાં વધુ સર્વાંગી અભિગમ અપનાવવા માટે તમામ અમલદારશાહીને નાબૂદ કરવાની કલ્પના કરે છે તેણે એ પણ વિચાર કરવો જોઈએ કે હૉસ્પિટલો પણ અમલદારશાહીવાળી જ સંસ્થાઓ છે. તે પણ વિવિધ વિભાગોમાં વિભાજિત છે, જેમાં નાના-મોટા પદ, પ્રોટોકોલ અને ઘણા બધા ફૉર્મ પણ હોય છે. તેઓ પણ ઘણી અમલદારશાહીની બીમારીઓથી પીડાય છે તેમ

છતાં તેઓ ઘણી જૈવિક બીમારીઓમાંથી આપણને સાજા પણ કરે છે. આપણી શાળાઓથી માંડીને ગટર વ્યવસ્થા સુધી આપણા જીવનને વધુ સારું બનાવતી લગભગ બધી સેવાઓ માટે પણ આ જ વાત લાગુ પડે છે.

જ્યારે તમે ટોઇલેટને ફ્લશ કરો છો, ત્યારે કચરો ક્યાં જાય છે? તે એક 'ડીપ સ્ટેટ'માં જાય છે. પાઈપો, પંપો અને ટનલોનું એક જટિલ ભૂગર્ભ જાળું હોય છે, જે આપણા ઘરોની નીચે હોય છે, જે આપણો કચરો ભેગો કરે છે, તેને પીવાના પાણીના પુરવઠાથી અલગ રાખે છે અને કાં તો તેને ટ્રીટ કરે છે અથવા સુરક્ષિત રીતે તેનો નિકાલ કરે છે. કોઈએ તે વિસ્તૃત જાળાની ડિઝાઇન કરવાની, બાંધકામ અને જાળવણી કરવાની હોય છે, તેમાં સમારકામ કરવાનું, પ્રદૂષણના સ્તરનું નિરીક્ષણ કરવાનું અને કામદારોને પગારની ચુકવણી પણ કરવાની હોય છે. તે પણ અમલદારશાહીનું જ કામ છે અને જો આપણે તે વિભાગને નાબૂદ કરીએ તો આપણને ઘણી અગવડતા અને મૃત્યુનો પણ સામનો કરવો પડશે. ગટરનું પાણી અને પીવાનું પાણી એકબીજામાં ભળવાનું જોખમ કાયમ હોય છે, પરંતુ સદ્ભાગ્યે એવા અમલદારો છે, જે તેમને અલગ રાખે છે.

આધુનિક ગટર વ્યવસ્થાની સ્થાપના પહેલાં, મરડો અને કૉલેરા જેવા પાણીજન્ય ચેપી રોગોએ વિશ્વભરમાં લાખો લોકોનો ભોગ લીધો હતો.[30] 1854માં લંડનના સેંકડો રહેવાસીઓ કૉલેરાથી મૃત્યુ પામવા લાગ્યા હતા. તે પ્રમાણમાં નાનો રોગચાળો હતો પરંતુ તે કૉલેરા, તમામ પ્રકારના રોગચાળા અને ગટરના ઇતિહાસમાં એક મહત્ત્વપૂર્ણ પ્રકરણ-સાબિત થયો હતો. તે સમયે અગ્રણી મનાતા તબીબી સિદ્ધાંતો થકી દલીલ કરવામાં આવી હતી કે કૉલેરા રોગચાળો 'ખરાબ હવા'ને કારણે થાય છે, પરંતુ ચિકિત્સક જોન સ્નોને શંકા હતી કે તેનું કારણ પાણીનો પુરવઠો હતો. તેમણે ખૂબ જ મહેનતથી બધા કૉલેરાના દર્દીઓ, તેમના રહેઠાણ અને પાણીના સ્રોતની યાદી બનાવી. એ માહિતીના આધારે તેમણે સોહોમાં બ્રોડ સ્ટ્રીટ પરના પાણીના પંપને એ રોગચાળો ફાટી નીકળવાના કેન્દ્ર તરીકે ઓળખાવ્યો.

આ અમલદારશાહીનું કંટાળાજનક કાર્ય હતું, માહિતી ભેગી કરવી, તેનું વર્ગીકરણ કરવું અને તેના આધારે નકશો તૈયાર કરવો પરંતુ તેનાથી ઘણા જીવ બચી ગયા. સ્નોએ સ્થાનિક અધિકારીઓને તેમનાં તારણો સમજાવ્યાં અને તેમને બ્રોડ સ્ટ્રીટ પંપને બંધ કરવા તૈયાર કર્યા જેનાથી એ રોગચાળાનો અંત આવ્યો હતો. ત્યાર બાદના સંશોધનમાં જાણવા મળ્યું હતું કે બ્રોડ સ્ટ્રીટ પંપને પાણી પૂરું પાડતો કૂવો કૉલેરાથી સંક્રમિત ખાળકૂવાથી એક મીટર કરતાં પણ ઓછા અંતરે ખોદવામાં આવ્યો હતો.[31]

સ્નોની આ શોધ અને ત્યાર બાદના ઘણા વૈજ્ઞાનિકો, ઇજનેરો, વકીલો અને અધિકારીઓના કાર્યના પરિણામે ખાળકૂવા, પાણીના પંપ અને ગટર લાઇનોનું નિયમન કરતી એક વિશાળ અમલદારશાહીનો વિકાસ થયો. આજના ઇંગ્લૅન્ડમાં કૂવા ખોદવા અને ખાળકૂવા બનાવવા માટે ફોર્મ ભરવાની અને લાઇસન્સ મેળવવાની જરૂર પડે છે, જે એ વાતની ખાતરી કરે છે કે પીવાનું પાણી ખાળકૂવાની બાજુમાં ખોદાયેલા કૂવામાંથી આવતું હોય નહીં.[32]

જ્યારે આ સિસ્ટમ સારી રીતે કાર્ય કરતી હોય ત્યારે તેને ભૂલી જવી સરળ છે, પરંતુ 1854થી તેણે લાખો લોકોના જીવ બચાવ્યા છે અને તે આધુનિક રાજ્યો દ્વારા પૂરી પાડવામાં આવતી સૌથી મહત્ત્વપૂર્ણ સેવાઓમાંની એક છે. 2014માં ભારતના વડા પ્રધાન નરેન્દ્ર મોદીએ શૌચાલયના અભાવને ભારતની સૌથી મોટી સમસ્યાઓમાંની એક તરીકે ઓળખાવી હતી. ખુલ્લામાં શૌચ એ કૉલેરા, મરડો અને ઝાડા જેવા રોગો ફેલાવવાનું મુખ્ય કારણ છે તેમજ સ્ત્રીઓ અને છોકરીઓ તેના કારણે જાતીય હુમલાઓનો ભોગ પણ બને છે. તેમના વિખ્યાત સ્વચ્છ ભારત મિશનના ભાગરૂપે મોદીજીએ તમામ ભારતીય નાગરિકોને શૌચાલયની સુવિધા પૂરી પાડવાનું વચન આપ્યું હતું અને 2014થી 2020ની વચ્ચે ભારતે એ પ્રોજેક્ટમાં લગભગ દસ અબજ ડૉલરનું રોકાણ કર્યું જેના વડે 10 કરોડથી વધુ નવાં શૌચાલય બનાવવામાં આવ્યાં.[33] ગટર એ મહાકાવ્યોની સામગ્રી નથી પરંતુ તે સારી રીતે કાર્યરત દેશની કસોટી અવશ્ય છે.

જૈવિક નાટકો

પૌરાણિક કથાઓ અને અમલદારશાહી એ દરેક મોટા સમાજના બે આધારસ્તંભ છે. તેમ છતાં પૌરાણિક કથાઓ આકર્ષણ ઊભું કરે છે જ્યારે અમલદારશાહી શંકા ઊભી કરતી હોય છે. અમલદારશાહી સેવાઓ પૂરી પાડે છે તેમ છતાં આ ફાયદાકારક અમલદારશાહી પણ ઘણીવાર જનતાનો વિશ્વાસ જીતી શકતી નથી. ઘણા લોકો માટે તો 'અમલદારશાહી' શબ્દ જ નકારાત્મક હોય છે. આનું કારણ એ છે કે અમલદારશાહી વ્યવસ્થા ફાયદાકારક છે કે નુકસાનકારક તે જાણવું મૂળભૂત રીતે મુશ્કેલ છે. સારી કે ખરાબ એ તમામ અમલદારશાહીઓમાં એક મહત્ત્વની લાક્ષણિકતા એકસમાન હોય છે: માનવીઓ માટે તે સમજવી અઘરી હોય છે.

કોઈ પણ બાળક મિત્ર અને હેરાન કરનાર વચ્ચેનો તફાવત સમજી શકે છે. તમે સમજી શકો છો કે કોઈ તેમનો નાસ્તાનો ડબ્બો તમારી સાથે વહેંચે છે કે

પછી તમારો ડબ્બો પડાવી લે છે, પરંતુ જ્યારે કર વસૂલનાર તમારી કમાણીમાંથી કર ઉઘરાવવા આવે છે, ત્યારે તમે કેવી રીતે જાણી શકો કે તે નવી ગટર વ્યવસ્થા બનાવવા માટે વપરાશે કે રાષ્ટ્રપતિ માટે નવો બંગલો બનાવવા માટે વપરાશે? તમામ સંબંધિત માહિતી મેળવવી મુશ્કેલ છે અને તેનું અર્થઘટન કરવું તો એથી પણ મુશ્કેલ છે. નાગરિકો માટે શાળાઓમાં વિદ્યાર્થીઓને કેવી રીતે પ્રવેશ આપવામાં આવે છે, હૉસ્પિટલોમાં દર્દીઓની કેવી સારવાર કરવામાં આવે છે, અથવા કચરો કેવી રીતે ભેગો કરવામાં આવે છે અને રિસાઇકલ કરવામાં આવે છે તે નક્કી કરતી અમલદારશાહીની પ્રક્રિયાઓને સમજવી પણ એટલી જ મુશ્કેલ બની રહે છે. પક્ષપાત, છેતરપિંડી અથવા ભ્રષ્ટાચારના આરોપોની ટ્વિટ કરવામાં એક મિનિટ લાગે છે અને તે સાબિત કરવા અથવા ખોટા પાડવા માટે ઘણાં અઠવાડિયાંઓ સખત મહેનત કરવી પડે છે.

દસ્તાવેજો, આર્કાઇવો, ફૉર્મ, લાઇસન્સો, નિયમો અને અન્ય અમલદારશાહી પ્રક્રિયાઓએ સમાજમાં માહિતીનો પ્રવાહ અને તેની સાથે સત્તાધીશોની કાર્ય કરવાની રીત બદલી નાખી છે. આનાથી સત્તાને સમજવી વધુ મુશ્કેલ બની રહી છે. જ્યાં અનામી અધિકારીઓ દસ્તાવેજોનું વિશ્લેષણ અને ગોઠવણ કરે છે અને કલમના એક શેરાથી અથવા માઉસની એક ક્લિકથી આપણું ભાગ્ય નક્કી કરે છે એ ઑફિસો અને આર્કાઇવ્ઝોના બંધ દરવાજા પાછળ શું ચાલી રહ્યું હોય છે?

જ્યાં લેખિત દસ્તાવેજો અને અમલદારશાહીનો અભાવ હોય છે એવા આદિવાસી સમાજોમાં માનવોનું નેટવર્ક ફક્ત માનવથી માનવ સુધી અને માનવથી વાર્તા સુધી બનેલું હોય છે. સત્તા એવા લોકો પાસે હોય છે, જેઓ આ નેટવર્કને જોડતી વિવિધ કડીઓનાં જોડાણોનું નિયંત્રણ કરતા હોય છે. આ જોડાણો આદિજાતિના પાયાની દંતકથાઓ હોય છે. પ્રભાવશાળી નેતાઓ, વક્તાઓ અને પૌરાણિક કથાઓનાં સર્જકો જાણતા હોય છે કે ઓળખાણો ઘડવા, જોડાણો સ્થાપવાં અને લાગણીઓને પ્રભાવિત કરવા માટે આ વાર્તાઓનો ઉપયોગ કેવી રીતે કરવો.[34]

પ્રાચીન ઉરથી આધુનિક ભારત સુધી લેખિત દસ્તાવેજો અને અમલદારશાહી પ્રક્રિયાઓ દ્વારા જોડાયેલા માનવ નેટવર્કોમાં સમાજનો થોડોઘણો આધાર માનવ અને દસ્તાવેજો વચ્ચેના સંબંધો પર પણ હોય છે. આવા સમાજો માનવથી માનવ અને માનવથી વાર્તા દ્વારા સર્જાતાં જોડાણો ઉપરાંત માનવથી દસ્તાવેજ દ્વારા સર્જાતાં જોડાણો પર પણ આધાર રાખતા હોય છે. જ્યારે આપણે અમલદારશાહીથી ચાલતા સમાજનું અવલોકન કરીએ છીએ ત્યારે હજી પણ

માનવોને અન્ય માનવોને વાર્તાઓ કહેતા દેખાય જ છે, જેમ કે કરોડો ભારતીયો રામાયણ જુએ છે. જોકે સાથે જ આપણે માનવોને અન્ય માનવોને દસ્તાવેજો મોકલતા પણ જોઈએ છીએ, જેમ કે જ્યારે ટીવી નેટવર્કોને બ્રોડકાસ્ટિંગના લાઇસન્સ માટે અરજી કરવાની અને ટૅક્સના રિપોર્ટ રજૂ કરવાની જરૂર પડે છે. એક અલગ દૃષ્ટિકોણથી જોવામાં આવે તો આપણને દેખાય છે કે દસ્તાવેજો માનવોને અન્ય દસ્તાવેજો સાથે જોડાવા માટે મજબૂર કરે છે.

આના કારણે સત્તામાં પરિવર્તન આવ્યું, જેમ જેમ દસ્તાવેજો અનેક સામાજિક સાંકળોને જોડતું એક મહત્ત્વપૂર્ણ જોડાણ બનતા ગયા, તેમ તેમ આ દસ્તાવેજોમાં નોંધપાત્ર સમય અને શક્તિનું રોકાણ થવા માંડ્યું અને દસ્તાવેજોના રહસ્યમયી તર્કના નિષ્ણાતો નવા સત્તાધારી વ્યક્તિઓ તરીકે ઊભરી આવ્યા. વહીવટકર્તાઓ, એકાઉન્ટન્ટો અને વકીલો ફક્ત વાંચવા અને લખવા જ નહીં, પણ ફૉર્મ બનાવવાનામાં, તેનું વિભાગીકરણ કરવામાં અને આર્કાઇવોનું સંચાલન કરવાની કુશળતામાં પણ નિપુણતા મેળવતા હતા. અમલદારશાહીમાં સાચી શક્તિ ઘણીવાર બજેટની નાની છટકબારીઓ ચાલાકીથી સમજવામાં અને ઑફિસો, સમિતિઓ અને પેટા સમિતિઓના ભુલભુલામણીમાં રસ્તો જાણવાથી આવતી હોય છે.

સત્તામાં આવેલા આ પરિવર્તનથી વિશ્વમાં શક્તિનું સંતુલન બદલાઈ ગયું. સારું થયું કે ખરાબ એ ન કહી શકાય, પણ થયું એવું કે સાક્ષર અમલદારશાહીઓએ સામાન્ય નાગરિકોના ભોગે કેન્દ્રીય સત્તાને મજબૂત બનાવતી હતી. ફક્ત એટલું જ નહીં, દસ્તાવેજો અને આર્કાઇવોના પરિણામે કેન્દ્રીય સત્તા માટે દરેકને કરવેરા હેઠળ લાવવા અને ન્યાયપાલન કરાવવું સરળ બનતું હતું. અમલદારશાહીની શક્તિને યોગ્ય રીતે સમજી શકવાની મુશ્કેલીએ જનતા માટે કેન્દ્રીય સત્તાને પ્રભાવિત કરવાનું, પ્રતિકાર કરવાનું અથવા તેને ટાળવાનું મુશ્કેલ બનાવ્યું. જ્યારે અમલદારશાહી એક સૌમ્ય શક્તિ જ હતી અને લોકોને માત્ર ગટર વ્યવસ્થા, શિક્ષણ અને સુરક્ષા જ પૂરી પાડતી હતી ત્યારે પણ તે શાસકો અને જનતા વચ્ચેનું અંતર વધારવાનું વલણ ધરાવતી હતી. આ સિસ્ટમથી કેન્દ્ર માટે લોકો વિશે ઘણી વધુ માહિતી ભેગી કરવાનું અને નોંધવાનું સરળ બન્યું હતું પરંતુ લોકો માટે એ સિસ્ટમ કેવી રીતે કાર્ય કરે છે તે સમજવું વધુ મુશ્કેલ બન્યું હતું.

કલા આપણને જીવનના અન્ય ઘણાં પાસાંઓ સમજવામાં મદદ કરે છે, પરંતુ આ બાબતમાં મર્યાદિત મદદ જ કરી શકે છે. કવિઓ, નાટ્યકારો અને ફિલ્મ નિર્માતાઓએ પ્રસંગોપાત્ત અમલદારશાહીની શક્તિ પર ધ્યાન કેન્દ્રિત કર્યું છે. જો

કે આ મુદ્દો એ બધા માટે પણ અઘરો જ સાબિત થયો છે. કલાકારો સામાન્ય રીતે મર્યાદિત વાર્તાઓ પર જ કામ કરતા હોય છે, જેનાં મૂળ આપણા જૈવિક નાટકો (બાયોલૉજિકલ ડ્રામા)માં રહેલાં હોય છે, પરંતુ તેઓ અમલદારશાહીના કાર્ય પર વધુ પ્રકાશ પાડી શકતા નથી કારણ કે તે બધું તો દસ્તાવેજો અને આર્કાઇવોના ઉદ્‌ભવના લાખો વર્ષ પહેલાં ઉત્ક્રાંતિ દ્વારા લખાયેલું છે. આ 'જૈવિક નાટકો' શું છે અને શા માટે તેઓ અમલદારશાહીને સમજવા માટે અયોગ્ય છે તે સમજવા માટે, ચાલો માનવતાના સૌથી મહાન કલાત્મક મહાકાવ્યોમાંના એક એવા 'રામાયણ'ની કથાને વિગતવાર જાણીએ.

રામાયણની એક મહત્ત્વપૂર્ણ કથારેખા રાજકુમાર રામ, તેમના પિતા રાજા દશરથ અને તેમની સાવકી માતા રાણી કૈકેયી વચ્ચેના સંબંધોને લગતી છે. રામ સૌથી મોટા પુત્ર હોવાથી રાજગાદીના વારસદાર છે છતાં કૈકેયી દશરથ રાજાને રામને વનવાસમાં મોકલી દેવા અને રામના બદલે તેમના પુત્ર ભરતને રાજગાદી આપવા માટે દબાણ કરે છે. આ કથાના પાયામાં સસ્તન પ્રાણીઓ અને પક્ષીઓના ઉત્ક્રાંતિ દરમિયાન લાખો વર્ષો પહેલા ભજવાયેલા ઘણાં જૈવિક નાટકો રહેલાં છે.

બધાં સસ્તન પ્રાણીઓ અને પક્ષીઓના સંતાનો જીવનના પ્રથમ તબક્કામાં તેમના માતાપિતા પર આધારિત હોય છે, માતાપિતાની સંભાળ ઇચ્છતાં હોય છે અને માતાપિતાની ઉપેક્ષા અથવા મારથી ડર અનુભવતાં હોય છે. એમના જીવન અને મૃત્યુનો આધાર મા-બાપ પર જ હોય છે. માળામાંથી ખૂબ જલદી બહાર ધકેલી દેવાયેલાં બચ્ચાં કે પીલાં ભૂખમરા અથવા શિકારથી મૃત્યુ પામી શકે છે. મનુષ્યોમાં, માતાપિતા દ્વારા ઉપેક્ષિત અથવા ત્યજી દેવાવું ફક્ત સ્નો વ્હાઈટ, સિન્ડ્રેલા અને હેરી પોટર જેવી બાળવાર્તાઓ માટે જ નહીં, પરંતુ આપણી કેટલીક સૌથી પ્રભાવક અને પૂજનીય રાષ્ટ્રીય અને ધાર્મિક દંતકથાઓમાં પણ ઉપયોગમાં લેવાયા છે. 'રામાયણ' એકમાત્ર ઉદાહરણ નથી. ખ્રિસ્તી ધર્મશાસ્ત્રમાં શાપને મુખ્ય ચર્ચ (મધર ચર્ચ) અને સ્વર્ગમાં વસતા પિતા (હેવનલી ફાધર) સાથેના તમામ સંપર્ક ગુમાવવા તરીકે કલ્પવામાં આવે છે. નરક એટલે એ ખોવાયેલું બાળક જે તેના ગુમ થયેલાં માતાપિતા માટે રડતું હોય.

માનવ બાળકો, સસ્તન પ્રાણીઓના અને પક્ષીઓના બચ્ચાઓને પરિચિત અન્ય એક જૈવિક નાટક છે "પપ્પા મને તારા કરતાં વધુ પ્રેમ કરે છે." જીવવિજ્ઞાનીઓ અને પ્રજોત્પત્તિશાસ્ત્રીઓએ સહોદરો વચ્ચેની દુશ્મનાવટને ઉત્ક્રાંતિની મુખ્ય પ્રક્રિયાઓમાંની એક તરીકે ઓળખાવી છે.[35] ભાઈ-બહેનો કાયમ પોષણ અને માતાપિતાના ધ્યાન માટે સ્પર્ધા કરતાં હોય છે અને કેટલીક

પ્રજાતિઓમાં એક ભાઈ-બહેન દ્વારા બીજાં ભાઈ-બહેનની હત્યા સામાન્ય મનાય છે. સ્પોટેડ હાયેનાના લગભગ એક ચતુર્થાંશ બચ્ચાંઓને તેમના ભાઈ-બહેનો દ્વારા મારી નાખવામાં આવે છે, જેના પરિણામે જીવંત બચ્ચાંઓને સામાન્ય રીતે માતાપિતાની સારસંભાળનો આનંદ મળે છે.[36] સેન્ડ ટાઇગર શાર્કમાં માદાઓ તેમના ગર્ભાશયમાં અસંખ્ય ગર્ભ ધરાવતી હોય છે, જે ગર્ભ સૌથી પહેલું લગભગ દસ સેન્ટિમીટર લંબાઈ સુધી પહોંચે છે તે બાકીના બધા ગર્ભને ખાઈ જતું હોય છે.[37] સહોદરોની સ્પર્ધાની વાત 'રામાયણ' ઉપરાંત અસંખ્ય પૌરાણિક કથાઓમાં પણ આવે છે. ઉદાહરણ તરીકે 'કેન ઍન્ડ એબલ', 'કિંગ લીયર' અને ટીવી શ્રેણી 'સક્સેશન'ની વાર્તાઓ. આખે આખા રાષ્ટ્રોની ઓળખ "આપણે પિતાના પ્રિય બાળકો છીએ" એવા દાવા પર આધારિત હોઈ શકે છે - જેમ કે યહૂદી લોકોની ઓળખ.

'રામાયણ'ની બીજી મુખ્ય થીમ રાજકુમાર રામ, તેમની જીવનસંગિની સીતા અને સીતાનું અપહરણ કરનારા રાક્ષસ રાજા રાવણના ત્રિકોણ પર કેન્દ્રિત છે. "યુવાન યુવતીને મળે છે" અને "બે યુવાનો યુવતી બાબતે લડે છે" એ પણ એવા જૈવિક નાટકો છે, જે લાખો વર્ષોથી અસંખ્ય સસ્તન પ્રાણીઓ, પક્ષીઓ, સરિસૃપો અને માછલીઓ દ્વારા ભજવવામાં આવ્યાં છે. આપણે આ વાર્તાઓથી મંત્રમુગ્ધ થઈએ છીએ કારણ કે એ સમજણ આપણા પૂર્વજોના અસ્તિત્વ માટે જરૂરી હતી. હોમર, શેક્સપિયર અને 'રામાયણ'ના કવિ મનાતા વાલ્મીકિ જેવા કથાકારોએ એ જૈવિક નાટકોને વિસ્તૃત ફલક પર રજૂ કરવાની અદ્ભુત ક્ષમતા દર્શાવી છે, પરંતુ મહાનતમ મહાકાવ્યો પણ સામાન્ય રીતે ઉત્ક્રાંતિની માર્ગદર્શિકાની મૂળભૂત કથાઓની જ નકલ કરે છે.

'રામાયણ'માં આવતી ત્રીજી થીમ શુદ્ધતા અને અશુદ્ધતા વચ્ચેનો સંઘર્ષ છે અને સીતાને હિન્દુ સંસ્કૃતિમાં શુદ્ધતાનાં પ્રતીક મનાય છે. શુદ્ધતાની આ સંસ્કૃતિ ભેળસેળથી બચવા માટેના ઉત્ક્રાંતિના સંઘર્ષમાં તેના મૂળ ધરાવે છે. બધાં પ્રાણીઓ નવું ખાવાની જરૂરિયાત અને એ ભોજન ઝેરી નીકળવાના ભય વચ્ચે ફસાયેલા રહે છે. તેથી ઉત્ક્રાંતિએ પ્રાણીઓને જિજ્ઞાસા અને ઝેરી અથવા અન્યથા ખતરનાક વસ્તુના સંપર્કમાં આવતાં અણગમો અનુભવવાની ક્ષમતા બંનેથી સજ્જ કર્યાં છે.[38] રાજકારણીઓ અને પયગંબરોએ આ ઘૃણાસ્પદ ભાવનાઓને ચાલાકીથી પોતાના ફાયદા માટે વાપરવાનું શીખી લીધું છે. રાષ્ટ્રવાદી અને ધાર્મિક દંતકથાઓમાં, દેશો અથવા ચર્ચોને અશુદ્ધ ઘૂસણખોરો દ્વારા પ્રદૂષિત થવાના જોખમમાં રહેલા જૈવિક શરીર તરીકે દર્શાવવામાં આવે છે. સદીઓથી ધર્માંધ લોકો ઘણીવાર કહેતા આવ્યા છે કે, વંશીય અને

ધાર્મિક લઘુમતીઓ રોગો ફેલાવે છે[39] કે LGBTQ લોકો પ્રદૂષણનો સ્રોત છે[40] કે સ્ત્રીઓ અશુદ્ધ હોય છે.[41] 1994ના રવાન્ડા નરસંહાર દરમિયાન હુતુ લોકોના પ્રોપગાન્ડામાં તુત્સી લોકોનો ઉલ્લેખ વંદા તરીકે કરવામાં આવતો હતો. નાઝીઓ યહૂદીઓની સરખામણી ઉંદરો સાથે કરતા હતા. પ્રયોગો દર્શાવે છે કે ચિમ્પાન્ઝી પણ બીજા જૂથના અજાણ્યા ચિમ્પાન્ઝીઓની છબીઓ પ્રત્યે અણગમાવાળી પ્રતિક્રિયા આપે છે.[42]

"શુદ્ધતા અને અશુદ્ધતા"નું જૈવિક નાટક પરંપરાગત હિન્દુ ધર્મમાં જેટલું ચરમસીમાએ લઈ જવામાં આવ્યું હતું તેટલું કદાચ અન્ય કોઈ સંસ્કૃતિમાં લઈ જવામાં આવ્યું નથી. તેમાં જાતિઓની એક આંતરવ્યક્તિલક્ષી પ્રણાલીનું નિર્માણ કરવામાં આવ્યું જેમાં લોકોને તેમની કથિત શુદ્ધતાના સ્તર દ્વારા વહેંચવામાં આવ્યા હતા. તેમાં શુદ્ધ બ્રાહ્મણો ટોચ પર હતા અને કથિત અશુદ્ધ દલિતો (જે અગાઉ અસ્પૃશ્ય તરીકે ઓળખાતા હતા) તે તળિયે હતા. વ્યવસાયો, સાધનો અને રોજિંદી પ્રવૃત્તિઓને પણ તેમની શુદ્ધતાના સ્તર દ્વારા વર્ગીકૃત કરવામાં આવી છે અને કડક નિયમો દ્વારા "અશુદ્ધ" લોકોને "શુદ્ધ" લોકો સાથે લગ્ન કરવા, સ્પર્શવા, તેમના માટે ખોરાક તૈયાર કરવા અથવા તેમની નજીક આવવાની મનાઈ ફરમાવવામાં આવી છે.

આધુનિક ભારત હજુ પણ આ વારસા સાથે સંઘર્ષ કરી રહ્યું છે કારણ કે જીવનનાં લગભગ તમામ પાસાંઓને પ્રભાવિત કરે છે. ઉદાહરણ તરીકે, અશુદ્ધતાના ભયે આગળ નોંધેલા 'સ્વચ્છ ભારત મિશન' માટે વિવિધ ગૂંચવણો ઊભી કરી હતી કારણ કે કથિત રીતે "શુદ્ધ" લોકો શૌચાલય બનાવવા, જાળવવા અને સાફ કરવા જેવી "અશુદ્ધ" પ્રવૃત્તિઓમાં સામેલ થવા માટે અથવા કથિત રીતે "અશુદ્ધ" વ્યક્તિઓ વાપરતી હોય તે જાહેર શૌચાલયોનો ઉપયોગ કરવા માટે તૈયાર નથી.[43] 25 સપ્ટેમ્બર, 2019ના રોજ બે દલિત બાળકો, બાર વર્ષની રોશની વાલ્મીકિ અને તેના દસ વર્ષના ભત્રીજા અવિનાશને, ઉચ્ચ યાદવ જાતિના પરિવારના ઘર પાસે શૌચ કરવા બદલ ભારતીય ગામ ભાખેડીમાં લોકો દ્વારી મારી નાખવામાં આવ્યાં હતાં. તેમને જાહેરમાં શૌચ કરવાની ફરજ પાડી હતી, કારણ કે તેમના ઘરમાં ચાલુ હોય એવા શૌચાલયનો અભાવ હતો. એક સ્થાનિક અધિકારીએ પાછળથી સમજાવ્યું કે તેમના ઘરના સભ્યો એ ગામના સૌથી ગરીબ લોકોમાં સામેલ હતા તેમ છતાં તેમને શૌચાલય બનાવવા માટે સરકારી સહાય મેળવવા લાયક પરિવારોની યાદીમાંથી બાકાત રાખવામાં આવ્યા હતા. બાળકો નિયમિતપણે અન્ય જાતિ આધારિત ભેદભાવનો ભોગ પણ બનતાં હતાં. ઉદાહરણ તરીકે, તેમને

શાળામાં અલગ પાથરણાંઓ અને વાસણો લાવવાની અને અન્ય વિદ્યાર્થીઓથી અલગ બેસવાની ફરજ પાડવામાં આવતી હતી, જેથી તેઓ "પ્રદૂષિત" ન થાય.[44]

જૈવિક નાટકોની યાદી જે આપણા ભાવનાત્મક બટનો દબાવતી હોય છે તેમાં આવા ઘણા ક્લાસિક મુદ્દાઓનો સમાવેશ થાય છે, જેમ કે "કોણ આગેવાન બનશે?", "આપણે અને તેઓ," અને "ઇષ્ટ વિરુદ્ધ અનિષ્ટ". આ નાટકો પણ 'રામાયણ'માં ઊડીને આંખે વળગે તે રીતે રજૂ થયાં છે અને તે બધા મુદ્દા વરુના ટોળા અને ચિમ્પાન્ઝીના ઝુંડ તેમજ માનવસમાજમાં પણ વ્યાપ્ત છે. આ બધા જૈવિક નાટકો મળીને મોટાભાગની માનવકલા અને પૌરાણિક કથાઓનો આધાર બની રહે છે, પરંતુ જૈવિક નાટકો પર કલાની નિર્ભરતાને કારણે કલાકારો માટે અમલદારશાહીની પદ્ધતિઓ સમજાવવી મુશ્કેલ બની ગઈ છે. 'રામાયણ' મોટા કૃષિ રાજ્યમાં સર્જાય છે, પરંતુ તેમાં મિલકતની નોંધણી, કરની વસૂલાત, દસ્તાવેજોના સંગ્રહ કે યુદ્ધોનાં નાણાંની બાબતો ભાગ્યે જ સમજાવવામાં આવી છે. સહોદરોની દુશ્મનાવટ અને સંબંધોનું ત્રિકોણ દસ્તાવેજોના સંગ્રહને સમજાવવા માટે યોગ્ય માર્ગદર્શિકા બની રહેતા નથી કારણ કે તેમાં નથી કોઈ ભાઈ-બહેન કે નથી પ્રણયજીવન.

ફ્રાન્ઝ કાફ્કા જેવા વાર્તાકારોએ માનવ જીવનને આકાર આપતી અમલદારશાહી પર ધ્યાન કેન્દ્રિત કર્યું અને નવી બિનજૈવિક વાર્તાઓનો પાયો નાખ્યો. કાફ્કાની 'ધ ટ્રાયલ' નવલકથામાં બેંક ક્લાર્ક શ્રીમાન કે.ની કોઈ અગમ્ય ગુના માટે કોઈ અગમ્ય એજન્સીના અજાણ્યા અધિકારીઓ દ્વારા ધરપકડ કરવામાં આવે છે. તેના શ્રેષ્ઠ પ્રયાસો છતાં તે ક્યારેય સમજી શકતો નથી કે તેની સાથે શું થઈ રહ્યું છે અથવા તેને ચગદી રહેલી એજન્સીના ઉદ્દેશ્યો શું છે. ક્યારેક બ્રહ્માંડમાં માનવનું જીવન અને ભગવાનની અગમ્ય રીતો અથવા ધાર્મિક સંદર્ભમાં આ બધું જોવામાં આવે છે, પરંતુ વધુ સામાન્ય સ્તરે આ વાર્તા અમલદારશાહીના સંભવિત દુઃસ્વપ્નને પ્રકાશિત કરે છે, જે એક ઇન્સ્યોરન્સ વકીલ તરીકે કાફ્કા ખૂબ સારી રીતે જાણતા હતા.

અમલદારશાહી સમાજોમાં, સામાન્ય લોકોના જીવનમાં ઘણીવાર કોઈ અગમ્ય કારણોસર કોઈ અગમ્ય એજન્સીના અજાણ્યા અધિકારીઓ દ્વારા ઊથલપાથલ થતી હોય છે. જ્યારે 'રામાયણ'થી 'સ્પાઇડર-મેન' સુધીના રાક્ષસોનો સામનો કરતા નાયકો વિશેની કથાઓમાં શિકારીઓ અને હરીફોનો સામનો કરવાના જૈવિક નાટકોનું પુનર્કથન હોય છે, ત્યારે કાફ્કા જેવાઓની વાર્તાઓની અજોડ કરુણતા જોખમની અગમ્યતામાંથી પ્રગટે છે. ઉત્ક્રાંતિએ આપણા મનને વાઘના

હુમલા દ્વારા થતા મૃત્યુને સમજવા માટે પ્રેરિત કર્યું છે, પણ આપણા મનને કોઈ દસ્તાવેજ દ્વારા થતા મૃત્યુને સમજવામાં ભારે મુશ્કેલી પડે છે.

અમલદારશાહીનાં કેટલાંક ચિત્રણો ઘણા વ્યંગાત્મક છે. જોસેફ હેલરની 1961ની પ્રતિષ્ઠિત નવલકથા 'કેચ-22' યુદ્ધમાં અમલદારશાહીની મુખ્ય ભૂમિકા દર્શાવવા માટે વ્યંગનો તીખો ઉપયોગ કરે છે. નવલકથાના સૌથી શક્તિશાળી વ્યક્તિઓમાંની એક છે ભૂતપૂર્વ પ્રથમ વર્ગનો ખાનગી સૈનિક વિન્ટરગ્રીન જે મેઇલ રૂમમાં તેના પાવર બેઝથી નક્કી કરે છે કે કયા પત્રો આગળ વધારવા અને કયા અદૃશ્ય કરી નાખવા.[45] 1980ના દાયકાના બ્રિટિશ સિટકોમ 'યસ મિનિસ્ટર' અને 'યસ, પ્રાઇમ મિનિસ્ટર'માં સરકારી કર્મચારીઓ તેમના રાજકીય બૉસને ગોળ ગોળ ફેરવવા માટે અટપટા નિયમો, અસ્પષ્ટ સબકમિટીઝ અને દસ્તાવેજોના ઢગલાનો ઉપયોગ કેવી રીતે કરે છે તે દર્શાવવામાં આવ્યું છે. 2015ના કોમેડી-ડ્રામા 'ધ બિગ શોર્ટ'માં 2007-8ના નાણાકીય કટોકટીના અમલદારશાહી મૂળની તપાસ કરવામાં આવી છે. ફિલ્મના મુખ્ય ખલનાયકો માણસો નથી, પરંતુ કોલેટરલાઇઝ્ડ ડેટ ઓબ્લિગેશન્સ (CDOs) છે, જે ફાઇનાન્સ બેન્કરો દ્વારા શોધાયેલ નાણાકીય ઉપકરણો છે અને વિશ્વમાં અન્ય કોઈ તેને સમજી શકતા નથી. આ અમલદારશાહી ગોડઝિલાઓ બેંક પોર્ટફોલિયોના ઊંડાણમાં કોઈના ધ્યાન બહાર પડ્યા રહ્યા હતા અને તેઓ 2007માં અચાનક બહાર આવ્યા અને એક મોટી નાણાકીય કટોકટી ઊભી થઈને અબજો લોકોના જીવનમાં વિનાશ વેર્યો.

આ પ્રકારની કલાકૃતિઓએ અમલદારશાહી શક્તિ કેવી રીતે કાર્ય કરે છે તેની ધારણાઓને આકાર આપવામાં થોડી સફળતા મેળવી છે, પરંતુ આ એક મુશ્કેલ યુદ્ધ છે કારણ કે પથ્થર યુગથી આપણાં મન અમલદારશાહી નાટકોને બદલે જૈવિક નાટકો પર ધ્યાન કેન્દ્રિત કરવા માટે તૈયાર થયાં છે. મોટાભાગની હોલીવૂડ અને બોલિવૂડ બ્લોકબસ્ટર ફિલ્મો કોલેટરલાઇઝ્ડ ડેટ ઓબ્લિગેશન્સ (CDOs) વિશે નથી. તેના બદલે, એકવીસમી સદીમાં પણ મોટાભાગની બ્લોકબસ્ટર ફિલ્મો મૂળભૂત રીતે હીરો વિશેની એવી પથ્થર યુગની કથાઓ છે, જે નાયિકાને જીતવા માટે રાક્ષસ સામે લડે છે. તેવી જ રીતે, રાજકીય સત્તાની કથાઓ દર્શાવતી 'ગેમ ઑફ થ્રોન્સ', 'ધ ક્રાઉન' અને 'સક્સેશન' જેવી ટીવી શ્રેણીઓ રાજવંશની શક્તિને ટકાવી રાખતી અને ક્યારેક અંકુશમાં પણ રાખતી અમલદારશાહીની ભુલભુલામણીઓના બદલે રાજવંશના કે કૌટુંબિક ષડયંત્રો પર કેન્દ્રિત હોય છે.

ચાલો બધા વકીલોને મારી નાખીએ

અમલદારશાહી વાસ્તવિકતાઓ સમજવામાં અને તેનું ચિત્રણ કરવામાં પડતી મુશ્કેલીઓના દુર્ભાગ્યપૂર્ણ પરિણામો આવ્યાં છે. એક તરફ તે લોકોને એવી હાનિકારક શક્તિઓ સામે લાચાર બનાવે છે, જેને તેઓ સમજી શકતા નથી, જેમ કે ‘ધ ટ્રાયલ’નો નાયક. બીજી બાજુ, તે લોકોમાં એવી છાપ પણ ઊભી કરે છે કે અમલદારશાહી એક અનિષ્ટ કાવતરું છે, ભલે તે વાસ્તવમાં એક સૌમ્ય શક્તિ હોય અને આપણને આરોગ્યસંભાળ, સુરક્ષા અને ન્યાયની સુવિધાઓ આપી રહી હોય.

સોળમી સદીમાં, લુડોવિકો એરિઓસ્ટોએ ડિસ્કોર્ડના રૂપકાત્મક વ્યક્તિત્વનું વર્ણન એક એવી સ્ત્રી તરીકે કર્યું હતું જે “સમન્સ અને રિટ, ક્રૉસ-એક્ઝામિનેશન અને પાવર ઑફ એટર્નીના ઢગલા, વકીલોના મંતવ્યો અને પૂર્વધારણાઓના ઢગલાના વાદળમાં ફરતી હોય છે, જે તમામ ગરીબોને વધુ અસુરક્ષિત હોવાનો અનુભવ કરાવે જાય છે. તેની આગળ, પાછળ અને બંને બાજુએ નોટરીઓ, વકીલો અને એટર્નીઓ તેને ઘેરી વળ્યા છે.”[46]

‘હેનરી સિક્સ્થ’ના બીજા ભાગમાં જેક કેડના બળવા (1450)ના વર્ણનમાં શેક્સપિયરે ડિક ધ બુચર નામના એક સામાન્ય બળવાખોરની વાત કરી છે, જે અમલદારશાહી પ્રત્યેના તેના અણગમાને એક તાર્કિક નિષ્કર્ષ સુધી લઈ જાય છે. ડિક પાસે વધુ સારી સામાજિક વ્યવસ્થા સ્થાપિત કરવાની યોજના છે. “આપણે સૌ પહેલા તો...” ડિક સલાહ આપે છે, “ચાલો બધા વકીલોને મારી નાખીએ.” ડિકના પ્રસ્તાવને બળવાખોર નેતા જેક કેડ અમલદારશાહી પર અને ખાસ કરીને લેખિત દસ્તાવેજો પર જોરદાર શાબ્દિક હુમલો કરીને આગળ વધારે છે: “શું આ એક દુઃખદ બાબત નથી કે કોઈ નિર્દોષ ઘેટાંની ચામડીનો ચર્મપત્ર બનાવવામાં આવે? લખાયેલું ચર્મપત્ર કોઈ માણસનો અંત આણે? કેટલાક લોકો કહે છે કે મધમાખી ડંખે છે, પરંતુ હું કહું છું કે મધમાખીનું મીણ ડંખતું હોય છે કારણ કે મેં ફક્ત એક જ વાર કોઈ વસ્તુ પર એ મીણથી સીલ માર્યું હતું અને ત્યારથી હું ક્યારેય પહેલાં જેવો માણસ રહ્યો નથી.” ત્યારે જ બળવાખોરો એક કારકુનને પકડે છે અને તેના પર લખી અને વાંચી શકતો હોવાનો આરોપ લગાવે છે. તેના “ગુના”ને સ્થાપિત કરતી ટૂંકી પૂછપરછ પછી કેડ તેના માણસોને આદેશ આપે છે, “તેની સાથે તેની કલમ અને શાહીના ખડિયાને પણ લટકાવી દો.”[47]

જેક કેડના બળવાથી સિત્તેર વર્ષ પહેલાં 1381ના તેથી પણ મોટા ખેડૂત

બળવા દરમિયાન, બળવાખોરોએ ફક્ત હાડચામના અમલદારો પર જ નહીં, પરંતુ તેમના દસ્તાવેજો પર પણ પોતાનો ગુસ્સો કાઢ્યો હતો અને અસંખ્ય આર્કાઇવો, કોર્ટનાં ફીંડલાં, ચાર્ટરના કાગળો તેમજ વહીવટી અને કાનૂની રેકોર્ડ બાળી નાખ્યાં હતાં. એકવાર તેમણે કેમ્બ્રિજ યુનિવર્સિટીની આર્કાઇવોને પણ આગ ચાંપી દીધી હતી. માર્જરી સ્ટાર નામની એક વૃદ્ધ મહિલાએ તેની રાખને પવનમાં વિખેરતા રડતાં રડતાં કહ્યું હતું, "કારકુનોની વિદ્યા નાશ પામો, નાશ પામો!" સેન્ટ આલ્બન્સ એબીના એક પાદરી થોમસ વોલ્સિંગહામે એ ચર્ચની આર્કાઇવનો વિનાશ પ્રત્યક્ષ જોયો હતો. તેમણે વર્ણવ્યું કે કેવી રીતે બળવાખોરોએ "અદાલતનાં બધાં ફીંડલાં અને કાગળોને આગ લગાવી દીધી હતી જેથી તેઓ તેમની પહેલાંની સેવાના એ દસ્તાવેજોથી છુટકારો મેળવી શકે અને તેમના માલિક ભવિષ્યમાં તેમની સામે કોઈ પણ હકનો દાવો કરી શકે નહીં."[48] દસ્તાવેજોને મારી નાખવાથી દેવા ભૂંસાઈ જતા હતા.

આર્કાઇવો એટલે કે દસ્તાવેજાના સંગ્રહ પર આવા હુમલાઓ ઇતિહાસમાં અસંખ્ય અન્ય બળવાઓમાં જોવા મળ્યા છે. ઉદાહરણ તરીકે, ઈસાપૂર્વ 66માં ગ્રેટ જ્યુઈશ રીવોલ્ટ દરમિયાન, જેરુસલેમ કબજે કરતી વખતે બળવાખોરોએ જે પ્રથમ કામ કર્યું તે હતું દેવાના રેકોર્ડનો નાશ કરવા માટે કેન્દ્રીય આર્કાઇવને આગ લગાવવી, જેનાથી તેમણે જનતાનો ટેકો મેળવ્યો હતો.[49] 1789માં ફ્રેન્ચ ક્રાંતિ દરમિયાન એવા જ કારણોસર અસંખ્ય સ્થાનિક અને પ્રાદેશિક આર્કાઇવોનો નાશ કરવામાં આવ્યો હતો.[50] ઘણા બળવાખોરો અભણ હોઈ શકે છે, પરંતુ તેઓ જાણતા હતા કે દસ્તાવેજો વિના અમલદારશાહી કાર્ય કરી શકતી નથી.

સરકારી અમલદારશાહી અને સત્તાવાર દસ્તાવેજોની શક્તિઓ અંગેની શંકા પ્રત્યે હું સહાનુભૂતિ વ્યક્ત કરી શકું છું, કારણ કે તેમણે મારા પોતાના પરિવારમાં મહત્ત્વપૂર્ણ ભૂમિકા ભજવી છે. મારા નાનાજીનું જીવન સરકારી વસતી ગણતરી અને એક મહત્ત્વપૂર્ણ દસ્તાવેજ શોધી ન શકવાને કારણે ઊથલપાથલનો ભોગ બન્યું હતું. મારા દાદા બ્રુનો લુટીંગરનો જન્મ 1913માં ચેર્નિવત્સીમાં થયો હતો. આજે આ શહેર યુક્રેનમાં છે, પરંતુ 1913માં તે હેબ્સબર્ગ સામ્રાજ્યનો ભાગ હતું. બ્રુનોના પિતા પ્રથમ વિશ્વયુદ્ધમાં ગાયબ થઈ ગયા હતા અને તેમનો ઉછેર તેમની માતા ચાયા-પર્લ દ્વારા કરવામાં આવ્યો હતો. જ્યારે યુદ્ધ સમાપ્ત થયું, ત્યારે ચેર્નિવત્સીને રોમાનિયામાં જોડવામાં આવ્યું. 1930ના દાયકાના અંતમાં, રોમાનિયા ફાસીવાદી સરમુખત્યારશાહી બન્યું અને તેની નવી યહૂદીવિરોધી નીતિનો એક મહત્ત્વપૂર્ણ પાયો યહૂદીઓની વસતીગણતરી કરાવવાનો હતો.

1936માં સત્તાવાર આંકડાઓ અનુસાર રોમાનિયામાં 7,58,000 યહૂદીઓ

રહેતા હતા જે વસતીના 4.2 ટકા હતા. જોકે સત્તાવાર આંકડાઓ અનુસાર, યુ.એસ.એસ.આર.માંથી આવેલા યહૂદી અને બિનયહૂદી શરણાર્થીઓની કુલ સંખ્યા લગભગ 11,000 જ હતી. 1937માં વડા પ્રધાન ઓક્ટાવિયન ગોગાના નેતૃત્વમાં એક નવી ફાસીવાદી સરકાર સત્તામાં આવી. ગોગા એક પ્રખ્યાત કવિ તેમજ રાજકારણી હતા, પરંતુ તેમણે ઝડપથી દેશભક્તિની કવિતામાંથી નકલી આંકડા અને દમનકારી અમલદારશાહી તરફ ગતિ કરી હતી. તેમણે અને તેમના સાથીઓએ સત્તાવાર આંકડાઓને અવગણ્યા અને એવો દાવો કર્યો કે લાખો યહૂદી શરણાર્થીઓ રોમાનિયા તરફ ધસી રહ્યા હતા. અનેક મુલાકાતોમાં ગોગાએ દાવો કર્યો હતો કે પાંચ લાખ જેટલા યહૂદીઓ ગેરકાયદેસર રીતે રોમાનિયામાં પ્રવેશ્યા હતા અને દેશમાં યહૂદીઓની કુલ સંખ્યા પંદર લાખ હતી. સરકારી સંસ્થાઓ, કટ્ટર જમણેરી આંકડાશાસ્ત્રીઓ અને લોકપ્રિય અખબારોએ નિયમિતપણે તેનાથી પણ વધુ મોટા આંકડા ટાંક્યા હતા. ઉદાહરણ તરીકે, પેરીશમાં રોમાનિયન દૂતાવાસે દાવો કર્યો હતો કે રોમાનિયામાં દસ લાખ યહૂદી શરણાર્થીઓ હતા. ખ્રિસ્તી રોમાનિયાના જનસમૂહોમાં એવો ઉન્માદ ફેલાયો હતો કે તેઓ ટૂંક સમયમાં યહૂદીઓના નેતૃત્વ હેઠળના દેશમાં લઘુમતી બની જશે અથવા યહૂદીઓ તેમની જગ્યા લઈ લેશે.

ગોગાની સરકારે પોતાના પ્રચાર દ્વારા જ ઊભી કરાયેલી કાલ્પનિક સમસ્યાનો ઉકેલ લાવવા માટે પહેલ કરી. 22 જાન્યુઆરી, 1938ના રોજ, સરકારે રોમાનિયામાં રહેતા બધા યહૂદીઓ માટે એક કાયદો ઘડ્યો જે અનુસાર તેઓ રોમાનિયાના પ્રદેશમાં જન્મ્યા છે અને રોમાનિયન નાગરિકત્વ માટે હકદાર છે એવો દસ્તાવેજી પુરાવો આપવાનો આદેશ આપવામાં આવ્યો, જે યહૂદીઓ એ પુરાવા આપવામાં નિષ્ફળ જાય તેઓ રહેવાના અને રોજગારના તમામ અધિકારો સાથે તેમની નાગરિકતા ગુમાવે.

અચાનક રોમાનિયાના યહૂદીઓ માટે અમલદારશાહીનું નરક સાક્ષાત્ ઊભું થઈ ગયું. ઘણાને સંબંધિત દસ્તાવેજો શોધવા માટે તેમના જન્મસ્થળની મુસાફરી કરવી પડી જ્યાં તેમને જાણ થઈ કે પ્રથમ વિશ્વયુદ્ધ દરમિયાન ત્યાંની મ્યુનિસિપલ આર્કાઇવોનો નાશ થઈ ગયો હતો. ચેર્નિવત્સી જેવા 1918 પછી રોમાનિયામાં જોડાયેલા પ્રદેશોમાં જન્મેલા યહૂદીઓને ખાસ મુશ્કેલીઓનો સામનો કરવો પડ્યો, કારણ કે તેમની પાસે રોમાનિયાના જન્મનાં પ્રમાણપત્રો નહોતાં અને તેમના પરિવારો વિશેના ઘણા દસ્તાવેજો બુકારેસ્ટને બદલે ભૂતપૂર્વ હેબ્સબર્ગની રાજધાનીઓ વિયેના અને બુડાપેસ્ટમાં હતા. યહૂદીઓને ઘણીવાર એ પણ ખબર નહોતી કે તેમણે કયા દસ્તાવેજો શોધવાના હતા, કારણ કે વસતીગણતરીના

કાયદામાં એ સ્પષ્ટ નહોતું કરવામાં આવ્યું કે કયા દસ્તાવેજોને માન્ય "પુરાવા" ગણવામાં આવશે.

રઘવાયા યહૂદીઓએ યોગ્ય દસ્તાવેજ મેળવવા માટે મોં માંગી લાંચ આપવાની તૈયારી દર્શાવી હોવાથી કારકુનો અને આર્કાઇવિસ્ટોને વધારાની આવકનો તડાકો પડ્યો હતો. જો કોઈ લાંચ લેવામાં ન આવી હોય તો પણ એ પ્રક્રિયા ખૂબ જ ખર્ચાળ હતી: દસ્તાવેજો મેળવવા માટેની કોઈ પણ વિનંતી, તેમજ અધિકારીઓ સમક્ષ નાગરિકતાની વિનંતી ફાઇલ કરવા માટે ફી ચૂકવવી પડતી હતી. યોગ્ય દસ્તાવેજ મેળવીને અરજી કરવાથી નાગરિકત્વ મળી જ જશે એવી પણ કોઈ ખાતરી નહોતી. જન્મના પ્રમાણપત્ર અને નાગરિકતાના કાગળો પર લખાયેલા નામોમાં જો એક અક્ષરનો પણ તફાવત હોય, તો તે અધિકારીઓ માટે નાગરિકતા રદ કરવા માટે પૂરતો હતો.

ઘણા યહૂદીઓ આ અમલદારશાહી અવરોધોને ઓળંગી શક્યા નહીં અને નાગરિકતાની અરજી પણ કરી શક્યા નહીં, જેઓ કરી શક્યા તેમાંથી પણ ફક્ત 63 ટકા લોકોને જ નાગરિકતા મળી. કુલ મળીને, 7,58,000 રોમાનિયન યહૂદીઓમાંથી 3,67,000 યહૂદીઓએ તેમની નાગરિકતા ગુમાવી હતી.[51] મારા દાદા બ્રુનો પણ તેમાંના એક હતા. જ્યારે બુકારેસ્ટમાં વસતીગણતરીનો નવો કાયદો પસાર થયો, ત્યારે બ્રુનોએ તેના વિશે વધુ વિચાર્યું નહીં. તેમનો જન્મ ચેર્નિવત્સીમાં થયો હતો અને તેઓ આખી જિંદગી ત્યાં જ રહ્યા હતા. કોઈ અમલદાર સમક્ષ એ વાત સાબિત કરવી કે તે બહારથી આવેલા માણસ નથી, એ વિચાર જ તેમને હાસ્યાસ્પદ લાગતો હતો. વધુમાં, 1938ની શરૂઆતમાં તેમની માતા બીમાર પડી ગઈ અને તેમનું અવસાન થયું ત્યારે બ્રુનોને લાગ્યું કે તેમને દસ્તાવેજો શોધવા કરતાં ઘણાં મહત્ત્વનાં કામો કરવાનાં હતાં.

ડિસેમ્બર 1938માં બુકારેસ્ટથી બ્રુનોની નાગરિકતા રદ કરતો એક સત્તાવાર પત્ર આવ્યો અને બહારથી આવેલા માણસ તરીકે તેમને ચેર્નિવત્સી રેડિયો શોપમાંથી તાત્કાલિક કાઢી મૂકવામાં આવ્યા. બ્રુનો હવે માત્ર એકલા અને બેરોજગાર જ નહીં, દેશવિહીન પણ હતા અને અન્ય કોઈ રોજગાર માટે કોઈ શક્યતા પણ નહોતી. નવ મહિના પછી બીજું વિશ્વયુદ્ધ ફાટી નીકળ્યું અને કાગળવિહીન યહૂદીઓ માટે ખતરો વધી રહ્યો હતો. 1938માં નાગરિકતા ગુમાવનારા રોમાનિયાના યહૂદીઓમાંથી, મોટાભાગના આગામી થોડાં વર્ષોમાં રોમાનિયાના ફાસીવાદીઓ અને તેમના નાઝી સાથીઓ દ્વારા માર્યા જવાના હતા. (જે યહૂદીઓની નાગરિકતા જળવાઈ રહી હતી તેમનો જીવિત રહેવાનો દર ઘણો વધારે હતો.)[52]

મારા દાદાએ વારંવાર ફાંસીના ગાળિયામાંથી બચવાનો પ્રયાસ કર્યો પરંતુ યોગ્ય કાગળો વિના તે મુશ્કેલ હતું. ઘણી વખત તેઓ ટ્રેનો અને જહાજો દ્વારા ગેરકાયદેસર મુસાફરીનો પ્રયત્ન કરતા, પરંતુ દરેક વખતે પકડાઈ જતા અને તેમની ધરપકડ કરવામાં આવતી. 1940માં નરકના દરવાજા બંધ થાય તે પહેલાં તેઓ છેવટે પેલેસ્ટાઇન જવા માટેના છેલ્લા જહાજોમાંના એકમાં ચડવામાં સફળ થયા હતા. જ્યારે તેઓ પેલેસ્ટાઇન પહોંચ્યા, ત્યારે બ્રિટિશરો દ્વારા તેમને ગેરકાયદેસર વસાહતી તરીકે તરત જ કેદ કરવામાં આવ્યા હતા. બે મહિના જેલમાં રહ્યા પછી, તેમને એક ઑફર આપવામાં આવી: જેલમાં રહેવું અને દેશનિકાલનું જોખમ લેવું અથવા બ્રિટિશ સેનામાં ભરતી થવું અને પેલેસ્ટાઇનનું નાગરિકત્વ મેળવવું. મારા દાદાએ તરત જ એ ઑફર સ્વીકારી હતી અને 1941થી 1945 સુધી ઉત્તર આફ્રિકા અને ઇટાલીમાં બ્રિટન વતી લડ્યા. બદલામાં, તેમને તેમના કાગળો મળ્યા.

એ પછી અમારા પરિવારમાં દસ્તાવેજો સાચવવા એક પવિત્ર ફરજ બની રહી. બેંક સ્ટેટમેન્ટ, વીજળીનાં બિલ, મુદત પૂરી થયેલા વિદ્યાર્થી કાર્ડ, મ્યુનિસિપાલિટીના પત્રો, જેના પર પણ સત્તાવાર સિક્કા હોય, તે બધા કાગળો અમારા કબાટમાં રહેલી સંખ્યાબંધ ફાઇલોમાંથી એકમાં ફાઇલ કરવામાં આવતા. તેમાંથી કયો દસ્તાવેજ એક દિવસ તમારો જીવ બચાવી શકે છે, તે કોણ જાણતું હોય!

ચમત્કારી દસ્તાવેજ

આપણે અમલદારશાહીના માહિતી નેટવર્કને પ્રેમ કરવો જોઈએ કે નફરત? મારા દાદા જેવી વાતો અમલદારશાહીની શક્તિમાં રહેલા જોખમો દર્શાવે છે. લંડનના કૉલેરાના રોગચાળા જેવી વાતો તેની સંભવિત પરોપકારી શક્તિ દર્શાવે છે. બધા શક્તિશાળી માહિતી નેટવર્કો કેવી રીતે ડિઝાઇન કરાયા છે અને તેનો કેવી રીતે ઉપયોગ કરવામાં આવે છે તેના આધારે તે સારા અને ખરાબ એમ બંને કામ કરી શકે છે. નેટવર્કમાં માહિતીનું પ્રમાણ વધારવાથી તેના સારા ઉપયોગની ખાતરી મળતી નથી અથવા સત્ય અને વ્યવસ્થા વચ્ચે યોગ્ય સંતુલન સાધવાનું પણ સરળ બનતું નથી. એકવીસમી સદીના નવા માહિતી નેટવર્કોના ડિઝાઇનરો અને વપરાશકર્તાઓ માટે આ એક મહત્ત્વનો ઐતિહાસિક બોધપાઠ છે.

ભવિષ્યનાં માહિતી નેટવર્કો, ખાસ કરીને AI પર આધારિત નેટવર્કો, અગાઉનાં નેટવર્કોથી ઘણી રીતે અલગ હશે. પુસ્તકના ભાગ-1માં આપણે મોટા પાયાના માહિતી નેટવર્કો માટે પૌરાણિક કથાઓ અને અમલદારશાહી કેવી રીતે આવશ્યક

રહી છે તેની વાત કરી રહ્યા છીએ. ભાગ-2માં આપણે જોઈશું કે AI અમલદારશાહી અને પૌરાણિક કથાઓ બંનેની ભૂમિકા કેવી રીતે નિભાવી રહ્યું છે. AI સિસ્ટમો ડેટા કેવી રીતે શોધવો અને તેની પર કેવી પ્રક્રિયા કરવી તે હાડમાંસના અમલદારો કરતાં વધુ સારી રીતે જાણે છે અને AI મોટાભાગના માનવો કરતાં વધુ સારી રીતે વાર્તાઓ લખવાની ક્ષમતા પણ પ્રાપ્ત કરી રહ્યું છે.

પરંતુ એકવીસમી સદીના નવા AI-આધારિત માહિતી નેટવર્કોનું અન્વેષણ કરતા પહેલા અને AI દ્વારા રચિત પૌરાણિક કથાઓ અને AI અમલદારશાહીના જોખમો અને લાભાલાભની ચકાસણી કરતા પહેલા, માહિતી નેટવર્કોના લાંબા ગાળાના ઇતિહાસ વિશે આપણે એક વધુ વાત સમજવાની જરૂર છે. આપણે ચર્ચ્યું કે માહિતી નેટવર્કો સત્યને વધારતા નથી, પરંતુ સત્ય અને વ્યવસ્થા વચ્ચે સંતુલન શોધવાનો પ્રયાસ કરે છે. અમલદારશાહી અને પૌરાણિક કથાઓ બંને વ્યવસ્થા જાળવવા માટે આવશ્યક છે અને એ બંને વ્યવસ્થા ખાતર સત્યનું બલિદાન આપવામાં ખુશ પણ છે. તો પછી, એવી કઈ પદ્ધતિઓ છે કે જે અમલદારશાહી અને પૌરાણિક કથાઓ સત્ય સાથે સંપૂર્ણપણે સંપર્ક ગુમાવે નહીં તે સુનિશ્ચિત કરે છે અને એવી કઈ પદ્ધતિઓ છે, જે માહિતી નેટવર્કોને તેમની પોતાની ભૂલો ઓળખવા અને સુધારવા માટે સક્ષમ બનાવે છે, પછી ભલે તે માટે ક્યારેક અમુક અવ્યવસ્થા પણ સહન કરવી પડે?

માનવીય માહિતી નેટવર્કોએ ભૂલોનો સામનો કેવી રીતે કર્યો છે તે આગામી બે પ્રકરણોનો મુખ્ય વિષય હશે. આપણે બીજી ઇન્ફૉર્મેશન ટેક્નોલૉજીની શોધને ધ્યાનમાં લઈને શરૂઆત કરીશું: પવિત્ર ધર્મગ્રંથો. બાઇબલ અને કુરાન જેવા પવિત્ર ગ્રંથો એક એવી ઇન્ફૉર્મેશન ટેક્નોલૉજી છે, જેનો હેતુ સમાજને જરૂરી બધી મહત્ત્વપૂર્ણ માહિતીનો સમાવેશ કરવાનો પણ છે અને ભૂલની બધી શક્યતાઓથી મુક્ત રહેવાનો પણ છે. જ્યારે કોઈ માહિતી નેટવર્ક પોતાને કોઈ પણ ભૂલ માટે સંપૂર્ણપણે અસક્ષમ માને છે ત્યારે શું થાય છે? અફર મનાતા પવિત્ર ધર્મ ગ્રંથોનો ઇતિહાસ તમામ ઇન્ફૉર્મેશન નેટવર્કોની કેટલીક મર્યાદાઓ પર પ્રકાશ પાડે છે અને એકવીસમી સદીમાં અચૂક AI બનાવવાના પ્રયાસ માટે મહત્ત્વપૂર્ણ બોધપાઠ પણ આપે છે.

પ્રકરણ-4

ભૂલો : પૂર્ણતાની કલ્પના

સેન્ટ ઓગસ્ટિનનું પ્રખ્યાત વિધાન છે, "ભૂલ કરવી એ માનવીય છે, પરંતુ વારંવાર એ ભૂલ કરવી એ શેતાની વાત છે."[1] માનવીની ભૂલ અને માનવીય ભૂલોને સુધારવાની જરૂરિયાતે દરેક પૌરાણિક કથાઓમાં મુખ્ય ભૂમિકા ભજવી છે. ખ્રિસ્તી પૌરાણિક કથાઓ અનુસાર સમગ્ર ઇતિહાસ આદમ અને ઇવના પ્રથમ પાપ (ઓરિજિનલ સિન)ને સુધારવાનો પ્રયાસ છે. માર્ક્સવાદી-લેનિનવાદી વિચારસરણી અનુસાર, કામદાર વર્ગને પણ તેમના શોષણકર્તાઓ દ્વારા જ મૂર્ખ બનાવવાનું જોખમ અને પોતાનાં હિતોને ન ઓળખી શકવાની શક્યતા રહેલી છે. તેથી જ તેને એક ચતુર અગ્રણી નેતૃત્વની જરૂર પડે છે. અમલદારશાહી પણ ખોટા દસ્તાવેજોથી લઈને અયોગ્ય પ્રક્રિયાઓ સુધી સતત ભૂલો શોધતી રહે છે. જટિલ અમલદારશાહી પ્રણાલીઓમાં સામાન્ય રીતે સ્વસુધારણા માટે સંસ્થાઓ હોય છે અને જ્યારે લશ્કરી હાર અથવા નાણાકીય મંદી જેવી કોઈ મોટી આપત્તિ આવી પડે છે ત્યારે શું ભૂલ થઈ છે તે સમજવા અને એ ભૂલનું પુનરાવર્તન ટાળવા માટે તપાસ સમિતિઓની રચના કરવામાં આવે છે.

સ્વસુધારણા પદ્ધતિઓ કારગત નીવડે તે માટે તેને કાયદાના આધારની જરૂર પડે છે. જો મનુષ્યો ક્યારેક ને ક્યારેક ભૂલ કરવાના જ હોય, તો આપણે ભૂલોથી મુક્ત થવા માટેની સ્વસુધારણા પદ્ધતિઓ પર કેવી રીતે વિશ્વાસ કરી શકીએ? આ અનંત વિટંબણાથી બચવા માટે, મનુષ્યો ઘણીવાર કોઈ એવી ચમત્કારી પદ્ધતિ વિશે કલ્પના કરે છે, જે સઘળી ભૂલોથી મુક્ત હોય અને જેના પર તેઓ પોતાની ભૂલો ઓળખવા અને સુધારવા માટે આધાર રાખી શકે છે. આજે એવી આશા રાખી શકીએ કે AI આવી પદ્ધતિ સર્જી શકે છે. એપ્રિલ 2023માં ઇલોન મસ્કે ઘોષણા કરી હતી હતી, "હું કંઈક શરૂ કરવા

જઈ રહ્યો છું, જેને હું TruthGPT અથવા મહત્તમ સત્ય-શોધનાર AI કહું છું જે બ્રહ્માંડની પ્રકૃતિને સમજવાનો પ્રયાસ કરશે."[2] આપણે આગળનાં પ્રકરણોમાં જોઈશું કે શા માટે આ એક ખતરનાક કલ્પના છે. અગાઉના યુગમાં આવી કલ્પનાઓએ એક અલગ સ્વરૂપ લીધું હતું, ધર્મનું સ્વરૂપ.

આપણા અંગત જીવનમાં ધર્મ ઘણી જુદી જુદી જરૂરિયાતો પૂરી કરી શકે છે, જેમ કે આશ્વાસન આપવું અથવા જીવનનાં રહસ્યો સમજાવવાં, પરંતુ ઐતિહાસિક રીતે, ધર્મનું સૌથી મહત્ત્વપૂર્ણ કાર્ય સામાજિક વ્યવસ્થા માટે અલૌકિક કાયદેસરતા પ્રદાન કરવાનું રહ્યું છે. યહૂદી, ખ્રિસ્તી, ઇસ્લામ અને હિન્દુ જેવા ધર્મો એવું જણાવે છે કે, તેમના વિચારો અને નિયમો એક અચૂક અલૌકિક સત્તા દ્વારા સ્થાપિત કરવામાં આવ્યા હતા માટે તે ભૂલની બધી શક્યતાઓથી મુક્ત છે અને ભૂલો કરી શકે તેવા માનવોએ ક્યારેય તેમના વિશે પ્રશ્નો ઉઠાવવા જોઈએ નહીં કે તેમને બદલવા જોઈએ નહીં.

મનુષ્યોને સમીકરણમાંથી બાદ કરવા

દરેક ધર્મના મૂળમાં એક અલૌકિક અને અચૂક ચેતના સાથે જોડાવાની કલ્પના રહેલી છે. આ જ કારણે આપણે પ્રકરણ-8માં ચર્ચીશું કે ધર્મના ઇતિહાસનો અભ્યાસ કરવો એ આધુનિક AIની ચર્ચાઓ માટે ખૂબ જ પ્રાસ્તાવિક છે. ધર્મના ઇતિહાસમાં, વારંવાર આવતી સમસ્યા એ છે કે લોકોને કેવી રીતે ખાતરી કરાવવી કે કોઈ ચોક્કસ સિદ્ધાંત ખરેખર એક અચૂક અલૌકિક સ્રોતમાંથી ઉદ્ભવ્યો છે. ભલે હું સિદ્ધાંતમાં ભગવાનોની ઇચ્છાને આધિન રહેવા માટે ઉત્સુક હોઉં, તો પણ હું કેવી રીતે જાણી શકું કે ભગવાનો ખરેખર શું ઇચ્છે છે?

સમગ્ર ઇતિહાસમાં ઘણા માનવોએ ભગવાનોનો સંદેશ માનવો સુધી પહોંચાડવાનો દાવો કર્યો છે, પરંતુ આ સંદેશાઓ ઘણીવાર એકબીજાથી વિરોધાભાસી હોય છે. એક વ્યક્તિએ કહ્યું કે, એક ભગવાન તેના સ્વપ્નમાં આવ્યા હતા, બીજી વ્યક્તિએ કહ્યું કે, એક દેવદૂતે તેની મુલાકાત લીધી હતી, ત્રીજી વ્યક્તિએ કહ્યું કે, તે જંગલમાં એક આત્માને મળી હતી અને એ દરેકે એક અલગ જ સંદેશ આપ્યો. માનવશાસ્ત્રી હાર્વે વ્હાઇટહાઉસ યાદ કરે છે કે કેવી રીતે 1980ના દાયકાના અંતમાં જ્યારે તેઓ ન્યૂ બ્રિટનના બેઇનિંગ લોકોમાં રહીને સંશોધન કરી રહ્યા હતા, ત્યારે તનોટકા નામનો એક યુવાન બીમાર પડ્યો અને તાવમાં "હું વુટકા છું" અને "હું એક મોભ છું" જેવા નિવેદનોની લવારી કરવા લાગ્યો. આમાંના મોટાભાગના નિવેદનો ફક્ત તનોટકાના મોટા

ભાઈ બાનિંગ દ્વારા જ સાંભળવામાં આવ્યા હતા, જેમણે તેમના વિશે અન્ય લોકોને કહેવાનું અને તેનું સર્જનાત્મક અર્થઘટન કરવાનું શરૂ કર્યું. બાનિંગે કહ્યું કે તેમના ભાઈમાં વુટકા નામની પૂર્વજોની આત્મા આવી હતી અને તેને કબીલાનો મુખ્ય આધાર બનવા માટે દૈવી રીતે પસંદ કરવામાં આવ્યો હતો, જેમ સ્થાનિક ઘરોને કેન્દ્રીય મોભ દ્વારા ટેકો આપવામાં આવતો હતો તેમ.

તનોટકા સ્વસ્થ થયો પછી પણ તેણે વુટકા તરફથી અગમ સંદેશાઓ પહોંચાડવાનું ચાલુ રાખ્યું, જેનો બાનિંગ વધુ વિગતવાર અર્થ કાઢતો. બાનિંગને પોતાને પણ સપના આવવા લાગ્યાં, જેમાં કથિત રીતે વધારાના દૈવી સંદેશાઓ પ્રગટ થતા હતા. તેણે દાવો કર્યો કે વિશ્વનો અંત નજીક છે અને ઘણા સ્થાનિકોને તેણે પોતાને સરમુખત્યારશાહી સત્તાઓ આપવા માટે રાજી કર્યા જેથી તે આવનારા સર્વનાશ માટે કબીલાને તૈયાર કરી શકે. બાનિંગે સમુદાયના લગભગ તમામ સંસાધનો ખર્ચાળ ઉજવણીઓ અને ધાર્મિક વિધિઓ પર વેડફવાનું ચાલુ રાખ્યું. જ્યારે સર્વનાશ થયો નહીં અને કબીલો લગભગ ભૂખે મરવા માંડ્યો, ત્યારે બાનિંગની સત્તા પડી ભાંગી. કેટલાક સ્થાનિક લોકો માનતા રહ્યા કે તે અને તનોટકા દૈવી સંદેશવાહક હતા પણ મોટાભાગના લોકોએ એમ તારણ કાઢ્યું કે તે બંને ચલતા પૂરજા હતા અથવા કદાચ શેતાનના સેવકો હતા.[3]

લોકો ભગવાનોની સાચી ઇચ્છાને ભૂલ કરનારા માનવીઓના આવિષ્કાર અથવા કલ્પનાઓથી અલગ કેવી રીતે કરી શકે? જ્યાં સુધી તમને વ્યક્તિગત દૈવી સાક્ષાત્કાર ન થાય ત્યાં સુધી ભગવાનોએ શું કહ્યું તે જાણવાનો અર્થ એ છે કે તનોટકા અને બાનિંગ જેવા ભૂલ કરનારા માનવીઓને ભગવાને શું કહ્યું તેનો વિશ્વાસ કરવો, પરંતુ તમે આ મનુષ્યો પર કેવી રીતે વિશ્વાસ કરી શકો, ખાસ કરીને જો તમે તેમને વ્યક્તિગત રીતે જાણતા ન હો તો? ધર્મ ભૂલ કરનારા મનુષ્યોને આ ગણતરીમાંથી બહાર કાઢવા અને લોકોને અચૂક અલૌકિક કાયદાઓ સુધી પહોંચાડવા માંગતો હતો, પરંતુ દરેક ધર્મ છેવટે આ અથવા તે માનવ પર વિશ્વાસ કરવા પર જ આવીને અટકે છે.

આ સમસ્યાનો ઉકેલ લાવવાનો એક રસ્તો એ હતો કે ધાર્મિક સંસ્થાઓ બનાવવી, જે કથિત દૈવી સંદેશવાહકોની ચકાસણી કરે. આદિવાસી સમાજોમાં પહેલેથી જ આત્માઓ જેવા અલૌકિક અસ્તિત્વો સાથેની વાતચીત મોટાભાગે ધાર્મિક નિષ્ણાતોનું કાર્યક્ષેત્ર મનાતું હતું. બેઇનિંગ લોકોમાં અગુંગારાગા તરીકે ઓળખાતા વિશિષ્ટ આધ્યાત્મિક લોકો પરંપરાગત રીતે આત્માઓ સાથે વાતચીત કરવા અને બીમારીથી લઈને પાક નિષ્ફળતા સુધીના દુર્ભાગ્યનાં છુપાયેલાં કારણો

શોધવા માટે જવાબદાર હતા. સ્થાપિત સંસ્થામાં તેમનું સભ્યપદ અગુંગારાગાને તનોટકા અને બાનિંગ કરતાં વધુ વિશ્વસનીય બનાવતું હતું અને તેમની સત્તાને વધુ સ્થિર અને વ્યાપકપણે સ્વીકૃત બનાવતું હતું.[4] બ્રાઝિલની કાલાપાલો જાતિમાં ધાર્મિક વિધિઓ વારસાગત ધાર્મિક અધિકારો ધરાવતા લોકો દ્વારા કરવામાં આવતી હતી જેને એનેટાયુ તરીકે ઓળખવામાં આવે છે. પ્રાચીન સેલ્ટિક અને હિન્દુ સમાજોમાં એ ફરજો ડ્રુડ્સ અને બ્રાહ્મણોની મનાતી.[5] જેમ જેમ માનવ સમાજો વિકસ્યા અને વધુ જટિલ બન્યા, તેમ તેમ તેમની ધાર્મિક સંસ્થાઓ પણ વધુ વિકસતી ગઈ અને વધુ જટિલ બનતી ગઈ. ભગવાનોનું પ્રતિનિધિત્વ કરવાના મહત્ત્વપૂર્ણ કાર્ય માટે પાદરીઓ અને બ્રાહ્મણોને લાંબી અને સઘન તાલીમ લેવી પડતી હતી, તેથી લોકોને હવે કોઈ એવી સામાન્ય વ્યક્તિ પર વિશ્વાસ કરવાની જરૂર નહોતી જે કોઈ દેવદૂતને મળ્યો હોવાની અથવા દૈવી સંદેશાનું વહન કરવાનો દાવો કરતી હોય.[6] ઉદાહરણ તરીકે, પ્રાચીન ગ્રીસમાં જો તમે જાણવા માંગતા હો કે ભગવાનો શું કહે છે, તો તમારે ડેલ્ફીમાં એપોલોના મંદિરની મુખ્ય પૂજારણ પાયથિયા જેવા માન્યતા પ્રાપ્ત નિષ્ણાત પાસે જવું પડતું હતું.

પરંતુ જ્યાં સુધી દૈવી મંદિરો જેવી ધાર્મિક સંસ્થાઓમાં ભૂલો કરનારા માનવીઓ જ કામ કરતા હોય, ત્યાં સુધી તેઓ પણ ભૂલો અને ભ્રષ્ટાચાર માટે ખુલ્લા હતા. હેરોડોટસ નોંધે છે કે જ્યારે એથેન્સ પર જુલમી હિપ્પિયસનું શાસન હતું, ત્યારે લોકશાહી તરફી જૂથે મદદ મેળવવા માટે પાયથિયાને લાંચ આપી હતી. જ્યારે પણ કોઈ સ્પાર્ટાવાસી સત્તાવાર અથવા ખાનગી બાબતો પર દેવતાની સલાહ લેવા પાયથિયા પાસે આવતો, ત્યારે પાયથિયા હંમેશાં એવો જવાબ આપતી કે સ્પાર્ટનોએ પહેલાં એથેન્સને તેમની જોહુકમીમાંથી મુક્ત કરવું જોઈએ. હિપ્પિયાના સાથી સ્પાર્ટન લોકોએ આખરે દેવતાઓની કથિત ઇચ્છાને સ્વીકારી અને એથેન્સમાં એક સૈન્ય મોકલ્યું જેણે ઈસાપૂર્વ 510માં હિપ્પિયાને પદભ્રષ્ટ કર્યો અને તેના કારણે એથેનિયન લોકશાહીની સ્થાપના થઈ.[7]

જો કોઈ માનવીય દૂત ભગવાનના શબ્દો સ્વરૂપે ખોટા શબ્દો ઉચ્ચારી શકે, તો ધર્મની મુખ્ય સમસ્યા મંદિરો અને ચર્ચો જેવી ધાર્મિક સંસ્થાઓ બનાવીને ઉકેલી શકાતી નહોતી એ નક્કી. લોકોએ હજુ પણ અચૂક ભગવાનો સુધી પહોંચવા માટે ભૂલ કરી શકનારા મનુષ્યો પર વિશ્વાસ કરવાની જરૂર હતી. શું કોઈક રીતે માનવોને સંપૂર્ણપણે આ સમીકરણમાં બાદ કરવાનું શક્ય હતું?

અચૂક ટેક્નોલૉજી

બાઇબલ અને કુરાન જેવા પવિત્ર ધર્મગ્રંથો માનવભૂલોને બાદ કરવાની ટેક્નોલૉજી છે અને યહૂદી, ખ્રિસ્તી અને ઇસ્લામ જેવા એ ધર્મગ્રંથના ધર્મો તે ટેક્નોલૉજીવાળી કલાકૃતિની આસપાસ રચવામાં આવ્યા છે. આ ટેક્નોલૉજી કેવી રીતે કાર્ય કરે છે તે સમજવા માટે આપણે પુસ્તક શું છે અને પુસ્તકોને અન્ય પ્રકારના લેખનથી કેવી રીતે અલગ છે તે સમજાવીને શરૂઆત કરવી જોઈએ. પુસ્તક એ લેખનનો એક નિશ્ચિત સંગ્રહ છે, જેમ કે પ્રકરણો, વાર્તાઓ, વાનગીઓ અથવા પત્રો, જે હંમેશાં એકસાથે રહે છે અને તેની ઘણી એકસરખી પ્રત બને છે. આ વસ્તુ જ પુસ્તકને મૌખિક કથાઓ, અમલદારશાહીના દસ્તાવેજો અને આર્કાઇવોથી કંઈક અલગ બનાવે છે. મૌખિક રીતે કોઈ કથા કહેતી વખતે આપણે તેને દરેક વખતે થોડી અલગ રીતે કહી શકીએ છીએ અને જો ઘણા લોકો લાંબા સમયગાળા સુધી એ જ કથા કહેતા રહે, તો તે કથાનાં ઘણાંબધાં નોંધપાત્ર સંસ્કરણો ઘડાવાનાં જ છે. તેનાથી વિપરીત, પુસ્તકની બધી પ્રતો એક સમાન જ હોવી રહી. અમલદારશાહીના દસ્તાવેજોની વાત કરીએ તો, તે પ્રમાણમાં ટૂંકા હોય છે અને ઘણીવાર તેની ફક્ત એક જ પ્રત હોય છે, જે કોઈ એક જ આર્કાઇવમાં અસ્તિત્વમાં હોય છે. જો લાંબા દસ્તાવેજો હોય અને તેની પ્રતો ઘણી બધી આર્કાઇવોમાં મૂકવામાં આવે તો આપણે સામાન્ય રીતે તેને પુસ્તક કહીશું. છેવટે, એક પુસ્તક જેમાં ઘણું લેખન હોય છે તે આર્કાઇવથી અલગ હોય છે કારણ કે દરેક આર્કાઇવમાં પુસ્તકોનો એક અલગ સંગ્રહ હોય છે, જ્યારે પુસ્તકની બધી પ્રતોમાં સમાન પ્રકરણો, સમાન વાર્તાઓ અથવા સમાન વાનગીઓ હોય છે. આમ પુસ્તકને કારણે એવી પરિસ્થિતિ રચાય છે કે જેથી ઘણા લોકો ઘણા સમય અને સ્થળોએ સમાન માહિતી મેળવી શકે છે.

પુસ્તકો ઈસાપૂર્વ પ્રથમ સહસ્રાબ્દીમાં એક મહત્ત્વપૂર્ણ ધાર્મિક તકનીક બની રહ્યા. હજારો વર્ષો સુધી ભગવાનો શામન, પાદરીઓ, પયગંબરો, ઓરેકલ અને અન્ય માનવ સંદેશવાહકો દ્વારા મનુષ્યો સાથે વાત કરતા હતા, પરંતુ એ સમયગાળામાં યહૂદી ધર્મ જેવી ધાર્મિક ચળવળોએ એમ કહેવાનું શરૂ કર્યું કે ભગવાનો પુસ્તક નામક નવીન તકનીક દ્વારા સંદેશ આપતા હતા. કોઈ ચોક્કસ પુસ્તક હોય જેના ઘણા પ્રકરણોમાં બ્રહ્માંડની રચનાથી લઈને ભોજનના નિયમો સુધીની દરેક વસ્તુ વિશેના તમામ દૈવી શબ્દો સામેલ હોય. મહત્ત્વની વાત એ છે કે કોઈ પણ પાદરી, પૂજારી કે માનવસંસ્થા આ દૈવી શબ્દોને ભૂલી અથવા બદલી શકતા નથી, કારણ કે તમે હંમેશાં ભૂલ કરી શકનારા માનવો

તમને જે કહી રહ્યા છે તેની તુલના એ અફર પુસ્તકમાં શું નોંધાયેલું છે તેની સાથે કરી શકો છો.

પરંતુ ધર્મગ્રંથોવાળા ધર્મોની આગવી સમસ્યાઓ હતી. સૌથી દેખીતી સમસ્યા તો એ જ કે પવિત્ર ધર્મગ્રંથમાં શું સમાવિષ્ટ કરવું તે કોણ નક્કી કરે છે? પ્રથમ પ્રત તો સ્વર્ગમાંથી આવી ન હતી. તે માનવો દ્વારા જ સંકલિત કરાઈ હતી. છતાં, શ્રદ્ધાળુઓને આશા હતી કે ખૂબ પ્રયત્નપૂર્વક આ કાંટાળી સમસ્યાનો ઉકેલ એક જ વારમાં લાવી શકાય તેમ છે. જો આપણે સૌથી બુદ્ધિશાળી અને વિશ્વસનીય માનવીઓને ભેગા કરી શકીએ અને તે બધા એ પવિત્ર ધર્મગ્રંથની સામગ્રી પર સહમત થઈ શકે, તો તે ક્ષણથી આપણે મનુષ્યોને એ સમીકરણમાંથી બાદ કરી શકીએ છીએ અને દૈવી શબ્દો હંમેશાં માનવ હસ્તક્ષેપથી મુક્ત રહેશે.

આ પ્રક્રિયા સામે ઘણા વાંધાઓ ઉઠાવી શકાય છે: સૌથી બુદ્ધિશાળી માનવોને કોણ પસંદ કરે છે? કયા માપદંડોના આધારે? જો તેઓ સર્વસંમતિ ન સાધી શકે તો શું? જો તેઓ પછીથી પોતાનો વિચાર બદલે તો શું? તેમ છતાં, હિબ્રૂ બાઇબલ જેવા પવિત્ર ધર્મગ્રંથોનું સંકલન કરવા માટે આ પ્રક્રિયાનો ઉપયોગ થતો હતો.

હિબ્રૂ બાઇબલનું નિર્માણ

ઈસાપૂર્વેની પ્રથમ સહસ્રાબ્દી દરમિયાન યહૂદી પયગંબરો, પાદરીઓ અને વિદ્વાનોએ વાર્તાઓ, દસ્તાવેજો, ભવિષ્યવાણીઓ, કવિતાઓ, પ્રાર્થનાઓ અને લેખિત તવારીખોનો વિશાળ સંગ્રહ તૈયાર કર્યો હતો. બાઇબલ એક જ પવિત્ર ધર્મગ્રંથ તરીકે બાઇબલના સમયગાળામાં અસ્તિત્વમાં નહોતું. રાજા ડેવિડ અને ઈસા મસીહે ક્યારેય બાઇબલ જોયું નહોતું.

ક્યારેક એવો ભૂલ ભરેલો દાવો કરવામાં આવે છે કે બાઇબલની સૌથી જૂની બચેલી નકલ ડેડ સી સ્ક્રોલ્સ (મૃત સમુદ્ર પાસેથી મળી આવેલા ચર્મપત્રોના સંગ્રહ)માંથી મળી આવે છે. આ સ્ક્રોલ્સ લગભગ નવસો વિવિધ દસ્તાવેજોનો સંગ્રહ છે, જે મોટાભાગે ઈસા પૂર્વની છેલ્લી બે સદીઓમાં લખાયા હતા અને ડેડ સી નજીકના કુમરાન નામક ગામની આસપાસની વિવિધ ગુફાઓમાંથી મળી આવ્યા હતા.[8] મોટાભાગના વિદ્વાનો માને છે કે તેઓ નજીકમાં રહેતા એક યહૂદી સંપ્રદાયના દસ્તાવેજોનો સંગ્રહ એટલે કે આર્કાઇવ હતા.[9]

જોકે એ કોઈ પણ સ્ક્રોલમાં બાઇબલની કોઈ પ્રત નથી અને કોઈ પણ સ્ક્રોલમાં ક્યાંય એવું સૂચવાતું નથી કે જૂના કરાર (ઓલ્ડ ટેસ્ટામેન્ટ)ના ચોવીસ પુસ્તકોને

એક સંપૂર્ણ ડેટાબેઝ માનવામાં આવતા હતા. કેટલાક સ્ક્રોલ્સમાં ચોક્કસપણે એ લેખન છે, જે આજે કેનોનિકલ બાઇબલનો ભાગ છે. ઉદાહરણ તરીકે, ઓગણીસ સ્ક્રોલ્સ અને ખંડિત હસ્તપ્રતો ઉત્પત્તિ (જીનેસિસ)ના પુસ્તકના ભાગોમાં છે.[10] પરંતુ ઘણા સ્ક્રોલમાં એવું લખાણ પણ છે, જે પાછળથી બાઇબલમાંથી બાકાત રાખવામાં આવ્યું હતું. ઉદાહરણ તરીકે, વીસથી વધુ સ્ક્રોલ અને ખંડિત હસ્તપ્રતોમાં ઇનોકના ભાગો છે. એ ભાગ કથિત રીતે નોઆહના પરદાદા શાસક ઇનોક દ્વારા લખાયેલું મનાતું હતું અને તેમાં દેવદૂતો અને રાક્ષસોનો ઇતિહાસ તેમજ મસીહાના આગમન વિશેની ભવિષ્યવાણીનો સમાવેશ થાય છે.[11] કુમરાનના યહૂદીઓ દેખીતી રીતે જીનેસિસ અને ઇનોક બંનેને ખૂબ મહત્ત્વ આપતા હતા અને તેઓ માનતા ન હતા કે જીનેસિસ ખ્રિસ્તી ધર્મશાસ્ત્ર પ્રમાણે નક્કી કરાયેલું (કેનોનિકલ) હતું જ્યારે ઇનોક શાસ્ત્રના આધાર વિનાનું (એપોક્રીફલ) હતું.[12] અને આજ સુધી કેટલાક ઇથોપિયાના યહૂદી અને ખ્રિસ્તી સંપ્રદાયો ઇનોકને તેમના ધર્મગ્રંથનો ભાગ માને છે.[13]

ભવિષ્યનું લેખન સમાવતા કેનોનિકલ સ્ક્રોલ પણ અમુકવાર વર્તમાન સમયના કેનોનિકલ સંસ્કરણથી અલગ પડે છે. ઉદાહરણ તરીકે, ડ્યુટ્રોનોમી 32:8ના કેનોનિકલ લખાણમાં કહેવામાં આવ્યું છે કે ઈશ્વરે પૃથ્વીના રાષ્ટ્રોને “ઇઝરાયલના પુત્રોની સંખ્યા” અનુસાર વિભાજિત કર્યા. મૃત સમુદ્રના સ્ક્રોલ્સમાં નોંધાયેલા સંસ્કરણમાં “ઈશ્વરના પુત્રોની સંખ્યા” છે, જે એક આશ્ચર્યજનક વિચાર સૂચવે છે કે ઈશ્વરને અનેક પુત્રો છે.[14] ડ્યુટ્રોનોમી 8:6માં કેનોનિકલ લખાણમાં શ્રદ્ધાળુઓને ભગવાનનો ડર રાખવાની જરૂર છે જ્યારે ડેડ સી સંસ્કરણ તેમને ભગવાનને પ્રેમ કરવાનું કહે છે.[15] કેટલીક ભિન્નતાઓ ફક્ત એક જ શબ્દની ફેરબદલી કરતાં ઘણી વધુ નોંધપાત્ર છે. શાલ્મ્સના સ્ક્રોલમાં એવા ઘણા સંપૂર્ણ ગીતો છે, જે કેનોનિકલ બાઇબલમાંથી ગુમ છે (સૌથી વધુ નોંધપાત્ર ગીતો છે શાલ્મ્સ 151, 154, 155).[16]

તેવી જ રીતે, ઈસાપૂર્વ ત્રીજી અને પ્રથમ સદી વચ્ચે સંપન્ન થયેલો અને ગ્રીક સેપ્ટુઆજિંટથી ઓળખાતો બાઇબલનો સૌથી જૂનો અનુવાદ તે પછીના કેનોનિકલ સંસ્કરણથી ઘણી રીતે અલગ છે.[17] ઉદાહરણ તરીકે, તેમાં ટોબીટ, જુડિથ, સિરાચ, મેક્કાબીઝ, ધ વિઝડમ ઑફ સોલોમન, ધી શાલ્મ્સ ઑફ સોલોમન અને શાલ્મ્સ 151 પુસ્તકોનો સમાવેશ થાય છે.[18] તેમાં ડેનિયલ અને એસ્થરના લાંબા સંસ્કરણો પણ છે.[19] તેનું જેરેમિઆહનું પુસ્તક કેનોનિકલ સંસ્કરણ કરતા 15 ટકા ટૂંકું છે.[20] અને ડ્યુટ્રોનોમી 32:8માં મોટાભાગની સેપ્ટુઆજિંટ હસ્તપ્રતોમાં “ઇઝરાયેલના પુત્રો”ને બદલે “ઈશ્વરના પુત્રો” અથવા “ઈશ્વરના દૂતો” લખાયેલું છે.[21]

કેનોનિકલ ડેટાબેઝને વ્યવસ્થિત કરવા અને પ્રચલિત ઘણાં પુસ્તકોમાંથી કયાં પુસ્તકો યહોવાહના સત્તાવાર શબ્દો તરીકે બાઇબલમાં આવશે અને કયા બાકાત રાખવામાં આવશે તે નક્કી કરવા માટે, રબાઈ તરીકે ઓળખાતા વિદ્વાન યહૂદી પાદરીઓ વચ્ચે સદીઓ સુધી બારીક ચર્ચાઓ ચાલી હતી. ઈસુના સમય સુધીમાં, મોટાભાગના ગ્રંથો પર સંમતિ સધાઈ ગઈ હતી પરંતુ એક સદી પછી પણ રબાઈઓમાં હજુ પણ દલીલ ચાલી રહી હતી કે ધ સોન્ગ ઑફ સોન્ગ્સ કેનનનો ભાગ હોવું જોઈએ કે નહીં. કેટલાક રબાઈઓએ તે પુસ્તકને બિનસાંપ્રદાયિક પ્રેમ કાવ્ય તરીકે વખોડી કાઢ્યું હતું, જ્યારે રબાઈ અકીવાએ (મૃત્યુ ઈસ 135) રાજા સોલોમનની દૈવી પ્રેરણાથી થયેલી રચના તરીકે તેનો બચાવ કર્યો હતો. અકીવાએ જાહેરમાં કહ્યું હતું કે "ધ સોન્ગ ઑફ સોન્ગ્સ ઇઝ ધ હોલી ઑફ હોલિઝ." (ધ સોન્ગ ઑફ સોન્ગ્સ પવિત્રતમ છે.)[22] ઈસવીસન બીજી સદીના અંત સુધીમાં યહૂદી રબાઈઓમાં વ્યાપકપણે સર્વસંમતિ સધાઈ ગઈ હતી કે કયા પુસ્તકો બાઇબલના કેનોનિકલ સંસ્કરણનો ભાગ હતા અને કયા ન હતા, પરંતુ આ મુદ્દો અને દરેક લખાણના ચોક્કસ શબ્દો, જોડણી અને ઉચ્ચારણ વિશેની ચર્ચાઓ, મેસોરેટીક યુગ (ઈસવીસન સાતમીથી દસમી સદી) સુધી ચાલી હતી.[23]

કેનોનાઇઝેશનની આ પ્રક્રિયાએ નક્કી કર્યું કે જીનેસિસ યહોવાહના શબ્દો હતા, પરંતુ ઇનોકનું પુસ્તક, આદમ અને ઇવનું જીવન અને ઈબ્રાહીમનો કરાર માનવનિર્મિત હતા.[24] ધ શાલ્મ્સ ઑફ કિંગ ડેવિડને કેનોનાઇઝ કરવામાં આવ્યા (જોકે શાલ્મ્સ 151-55 બાદ રખાયા), પરંતુ શાલ્મ્સ ઑફ કિંગ સોલોમનને મંજૂરી આપવામાં આવી નહીં. ધ માલાકીના પુસ્તકને મંજૂરી મળી, બારુકના પુસ્તકને નહીં. ક્રોનિકલ્સને મળી પણ મેક્કાબીઝને ન મળી.

રસપ્રદ વાત એ છે કે સ્વયં બાઇબલમાં ઉલ્લેખિત કેટલાંક પુસ્તકો કેનોનાઇઝેશનમાં નિષ્ફળ રહ્યાં. ઉદાહરણ તરીકે, જોશુઆ અને સેમ્યુઅલ બંનેનાં પુસ્તકોમાં યાશેરના પુસ્તક તરીકે ઓળખાતા ખૂબ જ પ્રાચીન પવિત્ર પુસ્તકનો ઉલ્લેખ છે (જોશુઆ 10:13, 2 સેમ્યુએલ 1:18). ધ બુક ઑફ નંબર્સમાં "ધ બુક ઑફ વોર્સ ઑફ ધ લૉર્ડ" (નંબર્સ 21:14)નો ઉલ્લેખ છે અને જ્યારે 2 ક્રોનિકલ્સ રાજા સોલોમનના શાસનનું સર્વેક્ષણ કરે છે, ત્યારે તે એમ કહીને સમાપ્ત થાય છે કે "સોલોમનના બાકીના તમામ પહેલાં અને છેલ્લાં કાર્યો "ક્રોનિકલ્સ ઑફ નેથન ધ પ્રોફેટ"માં અને શીલોના અહિયાહની ભવિષ્યવાણીમાં અને "ઇદ્દો ધ સીઅર"ના વિઝનોમાં લખાયેલાં છે" (2 ક્રોનિકલ્સ 9:29). "ઇદ્દો, અહિયાહ" અને નેથનના પુસ્તકો, તેમજ યાશેર અને "ધ બુક ઑફ વોર્સ ઑફ

ધ લૉર્ડ"ના પુસ્તકો કેનોનિકલ બાઇબલમાં નથી. સમજાય એમ છે કે તેમને ઇરાદાપૂર્વક બાકાત રાખવામાં આવ્યા નહોતા, પણ તેઓ ખોવાઈ ગયા હતા.[25]

કેનોનાઇઝેશનની પ્રક્રિયા પૂરી થયા પછી મોટાભાગના યહૂદીઓ ધીમે ધીમે બાઇબલના સંકલનની અઘરી પ્રક્રિયામાં માનવોની ભૂમિકા ભૂલી ગયા. યહૂદી રૂઢિચુસ્તોએ એવી માન્યતા પકડી રાખી કે ભગવાને સિનાઈ પર્વત પર બાઇબલનો સંપૂર્ણ પ્રથમ ભાગ તોરાહ વ્યક્તિગત રીતે મોઝીસને આપ્યો હતો. ઘણા રબાઈઓએ વધુમાં એમ પણ દલીલ કરી હતી કે ભગવાને સમયના આરંભ સાથે જ તોરાહની રચના કરી હતી જેથી મોઝીસ પહેલાના નોઆહ અને આદમ જેવા બાઇબલના પાત્રોએ પણ તે વાંચ્યો હતો અને તેનો અભ્યાસ કર્યો હતો.[26] બાઇબલના અન્ય ભાગોને પણ દૈવી રીતે સર્જાયેલા અથવા દૈવપ્રેરિત લખાણ તરીકે જોવામાં આવ્યા, જે સામાન્ય માનવીય સંકલનોથી તદ્દન અલગ હતા. એકવાર પવિત્ર ધર્મગ્રંથનું લખાણ નક્કી થઈ ગયું પછી એવી આશા રાખવામાં આવી હતી કે યહૂદીઓ હવે યહોવાહના ચોક્કસ શબ્દો સુધી સીધા પહોંચી શકશે અને કોઈ પણ ભૂલભરેલ માનવ કે ભ્રષ્ટ સંસ્થા તેને ભૂંસી કે બદલી શકશે નહીં.

બ્લોકચેન વિચારને બે હજાર વર્ષ પહેલા ધારી લઈને યહૂદીઓએ એ પવિત્ર ધર્મગ્રંથની અસંખ્ય નકલો બનાવવાનું શરૂ કર્યું, અને દરેક યહૂદી સમુદાયના સિનાગોગ અથવા તેના બેટ મિડ્રાશ (અભ્યાસગૃહ)માં તેની ઓછામાં ઓછી એક નકલ હોવી જોઈએ એમ મનાતું.[27] તેનાથી બે બાબતો સિદ્ધ થવાની હતી. પ્રથમ, પવિત્ર ધર્મગ્રંથની ઘણી નકલોનો પ્રસાર કરીને ધર્મનું લોકશાહીકરણ કરવું અને ભાવિ માનવ સરમુખત્યારોની શક્તિઓ પર મર્યાદા મૂકવી. ઇજિપ્તના અને અસીરિયાના રાજાઓની આર્કાઇવો જનતાના ભોગે અગમ્ય રાજાશાહીની અમલદારશાહીને સશક્ત બનાવતા હતા, પરંતુ યહૂદી પવિત્ર ધર્મગ્રંથ જનતાનું સશક્તીકરણ કરતું હોય તેવું લાગતું હતું, કારણ કે જનતા તેની મદદથી સૌથી બેશરમ નેતાને પણ ઈશ્વરીય કાયદાઓના ભંગ માટે જવાબદાર ઠેરવી શકે એમ હતી.

બીજું, અને વધુ મહત્ત્વનું ધ્યેય એ હતું કે એક જ પુસ્તકની અસંખ્ય નકલો હોવાને કારણે તેના મૂળ લખાણમાં ફેરફાર કરી શકાતો નહોતો. જો અનેક સ્થળોએ હજારો એકસમાન પ્રતો હોય, તો પવિત્ર ધર્મગ્રંથમાં એક પણ અક્ષર બદલવાનો કોઈ પણ પ્રયાસ સરળતાથી છેતરપિંડી તરીકે ખુલ્લો પડી જાય. દૂર દૂરના સ્થળોએ અસંખ્ય બાઇબલ ઉપલબ્ધ હોવાથી, યહૂદીઓએ માનવીય તાનાશાહીની જગ્યાએ દૈવી સાર્વભૌમત્વ ગોઠવી નાખ્યું. હવે પુસ્તકની અચૂક

એટલે કે ભૂલ વિનાની ટેક્નોલૉજી દ્વારા સામાજિક વ્યવસ્થા ચોક્કસ ગોઠવાઈ શકે તેમ હતી. અથવા એવું લાગતું હતું.

સંસ્થાઓનો વળતો પ્રહાર

બાઇબલને કેનોનાઇઝ કરવાની પ્રક્રિયા પૂર્ણ થાય તે પહેલાં જ, બાઇબલના એ કાર્યમાં વધુ મુશ્કેલીઓ ઊભી થઈ હતી. આ અચૂક માનવામાં આવતી ટેક્નોલૉજી વડે પવિત્ર પુસ્તકની ચોક્કસ સામગ્રી પર સંમતિ સાધવી એ એકમાત્ર સમસ્યા નહોતી. બીજી દેખીતી સમસ્યા લખાણની નકલ કરવાની હતી. પવિત્ર પુસ્તકનો જાદુ ચાલે તે માટે, યહૂદીઓ જ્યાં પણ રહેતા હતા ત્યાં તેની ઘણી નકલો રાખવાની જરૂર હતી. ફક્ત પેલેસ્ટાઇનમાં જ નહીં, પરંતુ મેસોપોટેમિયા અને ઇજિપ્તમાં પણ યહૂદી કેન્દ્રો ઊભરી રહ્યાં હતાં અને મધ્ય એશિયાથી એટલાન્ટિક સુધી વિસ્તરેલા નવા યહૂદી સમુદાયોને કારણે, એકબીજાથી હજારો કિલોમીટર દૂર કામ કરતા લહિયાઓ પવિત્ર પુસ્તકમાં હેતુપૂર્વક અથવા ભૂલથી કંઈ બદલી ન નાખે તેની ખાતરી કેવી રીતે કરવી?

આવી સમસ્યાઓને ડામવા માટે, બાઇબલને કેનોનાઇઝ કરનારા રબાઈઓએ પવિત્ર પુસ્તકની નકલ કરવા માટે કઠોર નિયમો ઘડ્યા. ઉદાહરણ તરીકે, નકલ કરવાની પ્રક્રિયામાં ચોક્કસ નિર્ણાયક ક્ષણો પર લહિયાને થોભવાની મંજૂરી નહોતી. ભગવાનનું નામ લખતી વખતે, “રાજા તેનું અભિવાદન કરે તો પણ લહિયો જવાબ આપી શકે નહીં. જો તે બે કે ત્રણ દૈવી નામો સળંગ લખવાનો હોય, તો તે તેમની વચ્ચે થોભીને જવાબ આપી શકે છે.”[28] રબાઈ યિશમાએલે (ઈસવીસન બીજી સદી) એક લહિયાને કહ્યું હતું, “તમે ભગવાનનું કામ કરી રહ્યા છો અને જો તમે એક અક્ષર કાઢી નાખો છો અથવા ઉમેરો છો, તો તમે સમગ્ર વિશ્વનો નાશ કરો છો.”[29] હકીકતમાં, સમગ્ર વિશ્વનો નાશ કર્યા વિના પણ નકલ કરવામાં ભૂલો થતી હતી અને કોઈ બે પ્રાચીન બાઇબલ એકસમાન નહોતાં.[30]

બીજી અને ઘણી મોટી સમસ્યા અર્થઘટનને લગતી હતી. લોકો પુસ્તકની પવિત્રતા અને તેના ચોક્કસ શબ્દો પર સંમત થયા પછી પણ એ સમાન શબ્દોનું અલગ અલગ રીતે અર્થઘટન કરી શકે છે. બાઇબલ કહે છે કે, તમારે સબાથના દિવસે કામ ન કરવું જોઈએ, પરંતુ તે સ્પષ્ટ કરતું નથી કે “કામ” એટલે શું? શું સબાથના દિવસે ખેતરમાં પાણી છોડવું ઠીક છે? તમારી ફૂલદાની અથવા બકરીઓને પાણી આપી શકાય? શું સબાથના દિવસે પુસ્તક વાંચવું ઠીક છે?

અને પુસ્તક લખવા વિશે શું? કાગળનો ટુકડો ફાડવો? રબાઈઓએ ચુકાદો આપ્યો હતો કે પુસ્તક વાંચવું એ કામ નથી, પરંતુ કાગળ ફાડવું એ કામ છે. તેથી જ આજકાલ રૂઢિચુસ્ત યહૂદીઓ સબાથના દિવસે પહેલેથી જ રોલમાંથી તોડેલા ટોઇલેટ પેપરનો ઢગલો તૈયાર કરે છે.

પવિત્ર ગ્રંથ એમ પણ કહે છે કે, તમારે બકરીના બચ્ચાને તેની માતાના જ દૂધમાં રાંધવો જોઈએ નહીં (એક્ઝોડસ 23:19). કેટલાક લોકોએ આનું શાબ્દિક અર્થઘટન કર્યું: જો તમે બકરીના બચ્ચાની કતલ કરો છો, તો તેને તેની જ માતાના દૂધમાં રાંધશો નહીં, પરંતુ તેને કોઈ અલગ બકરીના દૂધમાં અથવા ગાયના દૂધમાં રાંધી શકાય. અન્ય લોકોએ આ પ્રતિબંધનું વધુ વ્યાપક અર્થઘટન કર્યું અને એમ તારવ્યું કે માંસ અને ડેરી ઉત્પાદનો ક્યારેય ભેગાં ન કરવાં જોઈએ. માટે તમને ફ્રાઇડ ચિકન ખાધા પછી મિલ્કશેક પીવાની મંજૂરી નથી. આ ભલે ગમે તેટલું અસંભવિત લાગે, મોટાભાગના રબાઈઓએ ચુકાદો આપ્યો હતો કે બીજું અર્થઘટન સાચું છે, ભલે મરઘીઓ દૂધ આપતી નથી.

વધુ સમસ્યાઓ એ વાતે ઊભી થઈ કે પુસ્તકની ટેક્નોલૉજી પવિત્ર શબ્દોમાં ફેરફારોને મર્યાદિત કરવામાં સફળ થઈ, તો પણ પુસ્તકની બહારની દુનિયા તો નિયંત્રણ બહાર જ હતી અને જૂના નિયમોને નવી પરિસ્થિતિઓ સાથે કેવી રીતે સાંકળવા તે સ્પષ્ટ નહોતું. મોટાભાગના બાઇબલના નિયમો પેલેસ્ટાઇનના પહાડી પ્રદેશ અને પવિત્ર શહેર જેરુસલેમમાં વસતા યહૂદી ભરવાડો અને ખેડૂતોના જીવન પર ધ્યાન કેન્દ્રિત કરતા હતા, પરંતુ બીજી સદી સુધીમાં, મોટાભાગના યહૂદીઓ અન્યત્ર રહેવા માંડ્યા હતા. રોમન સામ્રાજ્યના સૌથી ધનિક મહાનગરોમાંના એક, એલેક્ઝાન્ડ્રિયા બંદરમાં ખાસ કરીને યહૂદી સમુદાય વધ્યો હતો. એલેક્ઝાન્ડ્રિયામાં રહેતા કોઈ યહૂદી વહાણવટી માલેતુજારને એમ થયું હશે કે બાઇબલના ઘણા કાયદા તેના જીવન માટે અપ્રસ્તુત હતા જ્યારે તેના જીવનના ઘણા મહત્ત્વપૂર્ણ પ્રશ્નોના પવિત્ર ગ્રંથમાં કોઈ સ્પષ્ટ જવાબો નહોતા. તે જેરુસલેમ મંદિરમાં પૂજા કરવા અંગેની આજ્ઞાઓનું પાલન કરી શકતો ન હતો કારણ કે તે જેરુસલેમની નજીક જ રહેતો ન હતો એટલું જ નહીં, પરંતુ એ મંદિર ત્યારે અસ્તિત્વમાં પણ નહોતું. તેનાથી વિપરીત, જ્યારે તેણે વિચાર્યું હોય કે શું તેના માટે સબાથના દિવસે રોમ જતા અનાજના વહાણો પર સફર કરવી યોગ્ય છે કે નહીં, ત્યારે તેને લાગ્યું હશે કે લેવિટિકસ અને ડ્યુટ્રોનોમીના લેખકોએ લાંબી દરિયાઈ સફર ધ્યાનમાં જ લીધી ન હતી.[31]

અનિવાર્યપણે, પવિત્ર ગ્રંથે એવાં અસંખ્ય અર્થઘટનોને જન્મ આપ્યો જે પુસ્તક કરતાં ઘણા વધુ પરિણામલક્ષી હતાં, જેમ જેમ યહૂદીઓ બાઇબલના અર્થઘટન

અંગે વધુ ને વધુ દલીલો કરતા ગયા, તેમ તેમ રબાઈઓને વધુ શક્તિ અને પ્રતિષ્ઠા મળતી ગઈ. યહોવાહના શબ્દોને ગ્રંથસ્થ કરવાથી પાદરીઓની જૂની સંસ્થાની સત્તા મર્યાદિત થવાની હતી, પરંતુ તેનાથી પાદરીઓની એક નવી સંસ્થાની સત્તા ઊભી થઈ હતી. રબાઈઓ યહૂદીઓનો ભદ્રલોક બની રહ્યા અને વર્ષોની દાર્શનિક ચર્ચાઓ અને કાનૂની પરિસંવાદો દ્વારા તેમણે તર્ક અને વક્તૃત્વની કુશળતાઓ વિકસાવી. નવી ઇન્ફૉર્મેશન ટેક્નોલૉજી પર આધાર રાખીને ભૂલભરેલી માનવ સંસ્થાઓને બાયપાસ કરવાનો પ્રયાસ અવળો પડ્યો, કારણ કે પવિત્ર ગ્રંથનું અર્થઘટન કરવા માટે માનવની જરૂર હતી.

જ્યારે રબાઈઓ આખરે બાઇબલનું અર્થઘટન કેવી રીતે કરવું તે અંગે અમુક હદે સર્વસંમતિ પર પહોંચ્યા, ત્યારે યહૂદીઓએ ભૂલભરેલી માનવ સંસ્થાથી છુટકારો મેળવવાની બીજી તક જોઈ. તેઓએ કલ્પના કરી કે જો તેઓ નવા પવિત્ર ગ્રંથમાં સંમત અર્થઘટનો લખે અને તેની અસંખ્ય નકલો બનાવે, તો તે તેમની અને દૈવી સંહિતા વચ્ચે કોઈ પણ માનવ મધ્યસ્થીની જરૂરિયાત રહેશે નહીં. તેથી કયા રબાઈનાં મંતવ્યોનો સમાવેશ કરવો જોઈએ અને કયા અવગણવા જોઈએ તે અંગે ઘણી ચર્ચા-વિચારણા પછી, ઈસવીસન ત્રીજી સદીમાં એક નવા પવિત્ર ગ્રંથને માન્યતા આપવામાં આવી: મિશ્નાહ.[32]

જેમ જેમ મિશ્નાહ બાઇબલના સાદા લખાણ કરતાં વધુ અધિકૃત બનતું ગયું, તેમ તેમ યહૂદીઓ એવું માનવા લાગ્યા કે મિશ્નાહ કદાચ માનવો દ્વારા સર્જવામાં આવ્યું ન હોય. તે પણ યહોવાહ દ્વારા પ્રેરિત હોવું જોઈએ અથવા કદાચ કોઈ દૈવી અસ્તિત્વ દ્વારા વ્યક્તિગત રીતે રચાયું હોવું જોઈએ. આજે ઘણા રૂઢિચુસ્ત યહૂદીઓ દઢપણે માને છે કે મિશ્નાહ સિનાઈ પર્વત પર યહોવાહ દ્વારા મોઝિસને સોંપવામાં આવ્યું હતું, જે પેઢી દર પેઢી મૌખિક રીતે ઊતરી આવ્યું હતું અને ઈસવીસન ત્રીજી સદીમાં તેને ગ્રંથસ્થ કરવામાં આવ્યું હતું.[33]

જેવું મિશ્નાહને કેનોનાઇઝ કરવામાં આવ્યું અને તેની નકલો બનાવવામાં આવી કે યહૂદીઓમાં મિશ્નાહના સાચા અર્થઘટન વિશે દલીલો શરૂ થઈ ગઈ અને જ્યારે મિશ્નાહના અર્થઘટન વિશે સર્વસંમતિ સધાઈ અને પાંચમીથી છઠ્ઠી સદીમાં ત્રીજા પવિત્ર પુસ્તક તાલમુદને કેનોનાઇઝ કરીને માન્યતા આપવામાં આવી, ત્યારે યહૂદીઓમાં તાલમુદના અર્થઘટન વિશે અસંમતિ ઊભી થવા માંડી.[34]

પવિત્ર ધર્મગ્રંથની ટેક્નોલૉજી દ્વારા ભૂલભરેલી માનવ સંસ્થાઓને બાયપાસ કરવાનું સ્વપ્ન ક્યારેય સાકાર થયું નહીં. દરેક પુનરાવર્તન સાથે, રબાઈઓની સંસ્થાની શક્તિઓ વધતી જ ગઈ. "અફર પુસ્તક પર વિશ્વાસ કરો"ની માન્યતા "પુસ્તકનું અર્થઘટન કરનારા માનવો પર વિશ્વાસ કરો"માં ફેરવાઈ ગઈ. યહૂદી

ધર્મને બાઇબલ કરતાં તાલમુદ દ્વારા વધુ આકાર આપવામાં આવ્યો હતો અને તાલમુદના અર્થઘટન વિશે રબાઈઓના અર્થઘટનો તાલમુદ કરતાં પણ વધુ મહત્ત્વપૂર્ણ બની રહ્યા હતા.[35]

એવું થવું જ રહ્યું, કારણ કે દુનિયા સતત બદલાતી રહે છે. મિશ્નાહ અને તાલમુદે બીજી સદીના વહાણવટું કરતા શ્રીમંત યહૂદીઓ દ્વારા ઉઠાવવામાં આવેલા પ્રશ્નોનો જવાબ આપ્યો હતો કારણ કે બાઇબલમાં તેના કોઈ સ્પષ્ટ જવાબો નહોતા. આધુનિક સમાજોએ પણ એવા ઘણા નવા પ્રશ્નો ઊભા કર્યા હતા જેના મિશ્નાહ અને તાલમુદમાં કોઈ સીધા જવાબો નથી. ઉદાહરણ તરીકે, વીસમી સદીમાં જ્યારે ઇલેક્ટ્રિક ઉપકરણોનો વિકાસ થયો, ત્યારે યહૂદીઓને અસંખ્ય અભૂતપૂર્વ પ્રશ્નોનો સામનો કરવો પડ્યો, જેમ કે શું સબાથના દિવસે લિફ્ટના ઇલેક્ટ્રિકલ બટનો દબાવવાં યોગ્ય છે?

રૂઢિચુસ્તોના જવાબ ના છે. જેમ અગાઉ નોંધ્યું છે તેમ, બાઇબલ સબાથના દિવસે કામ કરવાની મનાઈ કરે છે, અને રબાઈઓની દલીલ છે કે ઇલેક્ટ્રિક બટન દબાવવું એ "કામ" છે, કારણ કે વીજળી આગ સમાન છે અને ઘણા સમયથી મનાય જ છે કે આગ વાપરવી એ "કામ" છે. શું આનો અર્થ એ છે કે બ્રૂકલિનની કોઈ ઊંચી ઇમારતના મકાનમાં રહેતા વૃદ્ધ યહૂદીઓએ સબાથના દિવસે કામ કરવાનું ટાળવા માટે તેમની ઇમારતમાં સો માળના પગથિયાં ચઢવા પડે? જોકે રૂઢિચુસ્ત યહૂદીઓએ "સબાથ લિફ્ટ"ની શોધ કરી, જે સતત ઉપર અને નીચે જતી હોય છે, દરેક માળે અટકતી હોય છે અને તમારે ઇલેક્ટ્રિક બટન દબાવીને કોઈ પણ "કામ" કરવાની જરૂર રહેતી નથી.[36] AIની શોધ આ જૂની વાર્તાને નવો વળાંક આપે છે. ચહેરાને ઓળખીને, AI ઝડપથી લિફ્ટને તમારા ફ્લોર પર લઈ જઈ શકે છે અને તમારે સબાથને અપવિત્ર કરવાની જરૂર પડતી નથી.[37]

ગ્રંથો અને અર્થઘટનના આ વિપુલ પ્રમાણથી, સમય જતાં યહૂદી ધર્મમાં ઊંડું પરિવર્તન આવ્યું છે. મૂળરૂપે, તે પાદરીઓ અને મંદિરોનો ધર્મ હતો, જે ધાર્મિક વિધિઓ અને બલિદાન પર કેન્દ્રિત હતો. બાઇબલના સમયમાં, યહૂદી ધર્મનું મુખ્ય ચિત્ર લોહીના છાંટાવાળો ઝભ્ભો પહેરેલો પાદરી હતો, જે યહોવાહની વેદી પર ઘેટાંનું બલિદાન આપતો હતો. જોકે, સદીઓ પર્યંત યહૂદી ધર્મ "માહિતીનો ધર્મ" બની ગયો, જે ગ્રંથો અને અર્થઘટનોથી ભરેલો હતો. બીજી સદીના એલેક્ઝાન્ડ્રિયાથી લઈને એકવીસમી સદીના બ્રૂકલિન સુધી, યહૂદી ધર્મનું ચિત્ર એ રબાઈઓના જૂથનું થઈ ગયું હતું જે ગ્રંથોના અર્થઘટનોની દલીલોમાં મગ્ન હતા.

આ પરિવર્તન અત્યંત આશ્ચર્યજનક હતું કારણ કે બાઇબલમાં લગભગ ક્યાંય પણ કોઈ પણ તમને કોઈ ગ્રંથના અર્થઘટન વિશે દલીલ કરતું જોવા મળતું નથી. આવી ચર્ચાઓ બાઇબલની સંસ્કૃતિનો જ ભાગ નહોતી. ઉદાહરણ તરીકે, જ્યારે કોરાહ અને તેના અનુયાયીઓએ ઇઝરાયલના લોકોનું નેતૃત્વ કરવાના મોઝીસના અધિકારને પડકાર્યો અને સત્તાના ન્યાયી વિભાજનની માંગ કરી, ત્યારે મોઝીસે કોઈ વિદ્વત્તાપૂર્ણ ચર્ચા ન કરીને અથવા કોઈ શાસ્ત્રોને ટાંકીને પ્રતિક્રિયા આપી નહીં. તેના બદલે, મોઝીસે ભગવાનને ચમત્કાર કરવા માટે આહ્‌વાન આપ્યું અને જે ક્ષણે તેણે બોલવાનું સમાપ્ત કર્યું કે તરત જ ધરતી ચિરાઈ ગઈ, “અને ધરતીએ તેનું મોં ખોલ્યું અને તેમને તથા તેમનાં ઘરોને ગળી ગઈ.” (નંબર્સ 16:31-32). જ્યારે ઇલાઇજાને બાલના 400 પયગંબરો અને અશેરાના 400 પયગંબરોએ ઇઝરાયલના લોકોની સામે જાહેર કસોટી માટે પડકાર ફેંક્યો, ત્યારે ઇલાઇજાએ પહેલાં ચમત્કારિક રીતે આકાશમાંથી અગ્નિનું આહ્‌વાન કર્યું અને પછી પેગન પયગંબરોની કતલ કરીને બાલ અને અશેરા પર યહોવાહની શ્રેષ્ઠતા સાબિત કરી. કોઈએ કોઈ લખાણ વાંચ્યું નહીં અને કોઈએ કોઈ તર્કસંગત ચર્ચામાં ભાગ પણ લીધો નહીં (1 કિંગ્સ 18).

જેમ જેમ યહૂદી ધર્મે બલિદાનની જગ્યાએ શબ્દો વાપરવાનું શરૂ કર્યું, તેમ તેમ તે વાસ્તવિકતાના સૌથી મૂળભૂત ઘટક તરીકે માહિતીને માનવાની દિશામાં આગળ વધ્યું, જેમાં ભૌતિકશાસ્ત્ર અને કોમ્પ્યુટર સાયન્સના વર્તમાન વિચારોની અપેક્ષા પણ રખાઈ હતી. રબાઈઓનાં લખાણો અને ગ્રંથોનું ઘોડાપૂર ખેતર ખેડવા, રોટલી શેકવા અથવા મંદિરમાં ઘેટાંનું બલિદાન આપવા કરતાં વધુ મહત્ત્વપૂર્ણ અને વધુ વાસ્તવિક ગણાવા માંડ્યું. રોમનોએ જેરૂસલેમમાં મંદિરનો નાશ કર્યા પછી અને મંદિરની બધી વિધિઓ બંધ થઈ ગયા પછી, રબાઈઓએ એ મંદિરમાં થતી વિધિઓ કેવી રીતે કરવી તે વિશે ગ્રંથો લખવા અને પછી એ ગ્રંથોનાં સાચાં અર્થઘટન વિશે દલીલ કરવા માટે ભારે પ્રયત્નો કર્યા. મંદિર ન રહ્યાની સદીઓ પછી, આવી લેખિત વિધિઓ સંબંધિત માહિતીનો જથ્થો ઉત્તરોઉત્તર વધતો જ રહ્યો. રબાઈઓ લખાણ અને વાસ્તવિકતા વચ્ચેના આ દેખીતા અંતરથી અજાણ નહોતા. તેના બદલે તેમણે એવો ભ્રમ જાળવી રાખ્યો કે ધાર્મિક વિધિઓ વિશે લખવું અને એના ગ્રંથો વિશે ચર્ચાઓ કરવી એ વાસ્તવિક ધાર્મિક વિધિઓ કરવા કરતાં પણ ઘણું વધારે મહત્ત્વનું છે.[38]

આ બધાથી છેવટે રબાઈઓ એવું માનવા લાગ્યા કે સમગ્ર બ્રહ્માંડ એક માહિતીસભર પ્રદેશ છે - શબ્દોથી બનેલો એક એવો પ્રદેશ જે હિબ્રૂ અક્ષરોના મૂળાક્ષરથી બનતા કોડ પર ચાલે છે. તેઓએ એમ કહ્યે રાખ્યું કે આ માહિતીસભર

બ્રહ્માંડ એટલા માટે બનાવવામાં આવ્યું હતું કે જેથી યહૂદીઓ ગ્રંથો વાંચી શકે અને તેમના અર્થઘટન વિશે ચર્ચાઓ કરી શકે અને જો યહૂદીઓ ક્યારેય આ ગ્રંથો વાંચવાનું અને તેમના વિશે ચર્ચાઓ કરવાનું બંધ કરી દેશે, તો બ્રહ્માંડનું અસ્તિત્વ રહેશે નહીં.[39] રોજિંદા જીવનમાં આ દૃષ્ટિકોણનો અર્થ એ હતો કે રબાઈઓ માટે ગ્રંથોમાંના શબ્દો વિશ્વના તથ્યો કરતાં પણ વધુ મહત્ત્વપૂર્ણ હતા. અથવા વધુ સચોટ રીતે, પવિત્ર ગ્રંથોમાં જે શબ્દો હતા તે વિશ્વ વિશેના કેટલાક સૌથી મહત્ત્વપૂર્ણ તથ્યો બની ગયાં, જેણે ઘણો લોકોના જીવનને અને સમગ્ર સમુદાયોને આકાર આપ્યો.

વિભાજિત બાઇબલ

બાઇબલના કેનોનાઇઝેશન તેમજ મિશ્નાહ અને તાલમુદની રચનાના ઉપરોક્ત વર્ણનમાં એક ખૂબ જ મહત્ત્વપૂર્ણ હકીકતની અવગણના કરાઈ છે. યહોવાહના શબ્દના કેનાનાઇઝેશનની પ્રક્રિયાએ એક ગ્રંથનું નહીં, પરંતુ એકબીજા સાથે સ્પર્ધા કરતા અનેક ગ્રંથોનું નિર્માણ કર્યું. એવા લોકો હતા જેઓ યહોવાહમાં માનતા હતા, પરંતુ રબાઈઓમાં નહીં. આમાંના મોટાભાગના અસંમત લોકો બાઇબલની સાંકળની પ્રથમ કડીને એટલે કે 'જૂના કરાર' (ઓલ્ડ ટેસ્ટામેન્ટ)ને સ્વીકારતા હતા, પરંતુ રબાઈઓ આ કડીને અંતિમ સ્વરૂપ આપે તે પહેલાં જ, અસંમત લોકોએ રબાઈઓની આખી સંસ્થાના અધિકારને જ નકારી કાઢ્યો હતો, જેના કારણે તેઓ પાછળથી મિશ્નાહ અને તાલમુદને પણ નકારી કાઢતા હતા. આ અસંમતિ જતાવનારા લોકો ખ્રિસ્તીઓ હતા.

જ્યારે ઈસવીસનની પ્રથમ સદીમાં ખ્રિસ્તી ધર્મનો ઉદય થયો, ત્યારે કોઈ સંગઠિત ધર્મ ન હતો, પરંતુ એવી વિવિધ યહૂદી ચળવળો હતી જે ઘણી બાબતોમાં યહૂદીઓ સાથે સંમત ન હતા તેવા લોકો ચલાવતા હતા. જોકે તે બધા એક વાતે સંમત હતા કે રબાઈઓ નહીં, પરંતુ ઈસુ ખ્રિસ્ત પાસે યહોવાહના શબ્દોનો અંતિમ અધિકાર હતો.[40] ખ્રિસ્તીઓએ જીનેસિસ, સેમ્યુઅલ અને આઇઝેઆહ જેવા ગ્રંથોના દિવ્યત્વને સ્વીકાર્યું હતું, પરંતુ તેઓએ એમ દલીલ કરી હતી કે, રબાઈઓ આ ગ્રંથોને યોગ્ય રીતે સમજ્યા નહોતા અને "પ્રભુ પોતે તમને એક સંકેત આપશે: આલ્મા ગર્ભ ધારણ કરશે અને એક પુત્રને જન્મ આપશે અને તેનું નામ ઇમેન્યુઅલ રાખશે" (આઇઝેઆહ 7:14) જેવા પદોનો સાચો અર્થ ફક્ત ઈસુ અને તેમના અનુયાયીઓ જ જાણતા હતા. રબાઈઓએ કહ્યું હતું કે, આલ્માહનો અર્થ "યુવાન સ્ત્રી", ઇમેન્યુઅલનો અર્થ

"આપણી સાથે ઈશ્વર" થાય છે (હિબ્રૂમાં ઇમેન્યુનો અર્થ "આપણી સાથે" અને એલનો અર્થ "ઈશ્વર") થાય છે અને સમગ્ર પદનો અર્થ એ થતો હતો કે તે દમનકારી વિદેશી સામ્રાજ્યો સામેના સંઘર્ષમાં યહૂદી લોકોને મદદ કરવાનું દૈવી વચન હતું. તેનાથી વિપરીત, ખ્રિસ્તીઓએ દલીલ કરી હતી કે આલ્માહનો અર્થ "કુમારિકા" થાય છે, ઇમેન્યુઅલનો અર્થ એ છે કે ભગવાન શબ્દશઃ મનુષ્યોમાં જન્મ લેશે અને આ પદ દૈવી ઈસુના પૃથ્વી પર કુંવારી મેરીના ખોળે જન્મ થવાની ભવિષ્યવાણી હતી.[41]

જોકે, રબાઈઓની સંસ્થાને નકારીને નવા દૈવી સાક્ષાત્કારની શક્યતાને સ્વીકારીને ખ્રિસ્તીઓએ અરાજકતાનો દરવાજો ખોલી નાખ્યો હતો. ઈસવીસનની પહેલી સદીમાં અને તેનાથી પણ વધુ ઈસવીસનની બીજી અને ત્રીજી સદીમાં, જુદા જુદા ખ્રિસ્તી સમૂહોએ જીનેસિસ અને આઇઝેયાહ જેવાં પુસ્તકોના તેમજ ભગવાનના ઘણા સંદેશાઓના ધરમૂળથી નવાં અર્થઘટન રજૂ કર્યાં. તેમણે રબાઈઓની સત્તાનો અસ્વીકાર કર્યો હતો અને સ્વયં ઈસુ મૃત્યુ પામ્યા હતા જેથી તેમની વચ્ચે સાચાખોટાનો નિર્ણય કરી શકવાના ન હતા. ઉપરાંત એક સંયુક્ત ખ્રિસ્તી ચર્ચ હજુ સુધી અસ્તિત્વમાં ન હતું તેથી એવું કોણ નક્કી કરી શકે એમ હતું કે એ બધાં અર્થઘટન અને સંદેશાઓમાંથી કયા દૈવી પ્રેરણાથી પ્રેરિત હતા અને કયા નહીં?

આમ, ફક્ત જ્હોને જ તેમના એપોકેલિપ્સ (ધ બુક ઑફ રીવીલેશન)માં વિશ્વના અંતનું વર્ણન કર્યું હતું એવું નહોતું. તે યુગમાંથી આપણને એપોકેલિપ્સનાં ઘણાં ઉદાહરણો મળી આવે છે, ઉદાહરણ તરીકે, પીટરનું એપોકેલિપ્સ, જેમ્સનું એપોકેલિપ્સ, અને અબ્રાહમનું એપોકેલિપ્સ પણ.[42] ઈસુના જીવન અને ઉપદેશોની વાત કરીએ તો, મેથ્યુ, માર્ક, લુક અને જ્હોનની ચાર ગોસ્પેલ્સ ઉપરાંત, શરૂઆતના ખ્રિસ્તીઓ પાસે પીટરની ગોસ્પેલ, મેરીની ગોસ્પેલ, ધ ગોસ્પેલ ઓધ ટ્રુથ, ધ ગોસ્પેલ ઑફ સેવિયર અને અન્ય ઘણી ગોસ્પેલો હતી.[43] એ જ રીતે, એક્ટ્સ ઑફ અપોઝલ્સ (પ્રેરિતનાં કૃત્યો) ઉપરાંત ઓછામાં ઓછા એક ડઝન અન્ય એક્ટ્સ પણ હતા, જેમ કે એક્ટ્સ ઑફ પીટર અને એક્ટ્સ ઑફ એન્ડ્રુ.[44] પત્રોની સંખ્યા તો એથી પણ વધુ હતી. મોટાભાગના આધુનિક ખ્રિસ્તી બાઇબલોમાં પોલના ચૌદ પત્રો, જ્હોનના ત્રણ, પીટરના બે તેમજ જેકબ અને જ્યુડના એક-એક પત્રો છે. પ્રાચીન ખ્રિસ્તીઓ ફક્ત વધારાના પોલના પત્રો (જેમ કે લાઓડીસીયનોને પત્ર)થી જ નહીં, પરંતુ અન્ય શિષ્યો અને સંતો દ્વારા લખાયેલા અસંખ્ય અન્ય પત્રોથી પણ પરિચિત હતા.[45]

જેમ જેમ ખ્રિસ્તીઓ વધુ ને વધુ ગોસ્પેલો, પત્રો, ભવિષ્યવાણીઓ, દૃષ્ટાંતો,

પ્રાર્થનાઓ અને અન્ય ગ્રંથોની રચના કરતા ગયા, તેમ તેમ કયા પર ધ્યાન આપવું તે જાણવું મુશ્કેલ બન્યું. એ નક્કી કરવા માટે ખ્રિસ્તીઓને એક સંસ્થાની જરૂર હતી. આ રીતે 'નવો કરાર' (એટલે કે ન્યૂ ટેસ્ટામેન્ટ)નું સર્જન કરવામાં આવ્યું. જ્યારે યહૂદી રબાઈઓ વચ્ચેની ચર્ચાઓ મિશ્નાહ અને તાલમુદ સર્જી રહી હતી, લગભગ તે જ સમયગાળામાં ખ્રિસ્તી પાદરીઓ, બિશપ અને ધર્મશાસ્ત્રીઓ વચ્ચેની ચર્ચાઓ 'નવો કરાર' સર્જી રહી હતી.

ઈસવીસન 367ના એક પત્રમાં, એલેક્ઝાન્ડ્રિયાના બિશપ એથેનાસિયસે શ્રદ્ધાળુ ખ્રિસ્તીઓએ વાંચવા જ જોઈએ તેવા સત્તાવીસ ગ્રંથોની ભલામણ કરી. તે વાર્તાઓ, પત્રો અને ભવિષ્યવાણીઓનો એક એવો સારગ્રાહી સંગ્રહ હતો જે જુદા જુદા સમયે અને સ્થળોએ જુદા જુદા લોકો દ્વારા લખાયેલો હતો. એથેનાસિયસે જ્હોનના એપોકેલિપ્સની ભલામણ કરી, પરંતુ પીટર કે અબ્રાહમના એપોકેલિપ્સની નહીં. તેમણે ગલાતીઓને લખેલા પોલના પત્રને મંજૂરી આપી, પરંતુ લાઓડીસીયનોને લખેલા પોલના પત્રને નહીં. તેમણે મેથ્યુ, માર્ક, લુક અને જ્હોનની ગોસ્પેલોને સમર્થન આપ્યું, પરંતુ થોમસની ગોસ્પેલ અને ગોસ્પેલ ઑફ ટ્રુથને નકારી કાઢી.[46]

એક પેઢી પછી, હિપ્પો (393) અને કાર્થેજ (397)ની કાઉન્સિલમાં, બિશપો અને ધર્મશાસ્ત્રીઓના મેળાવડાએ ભલામણોની આ યાદીને ઔપચારિક રીતે માન્યતા આપી, એટલે કે કેનોનાઇઝ કરી, જે 'નવા કરાર' તરીકે જાણીતી બની.[47] જ્યારે ખ્રિસ્તીઓ "બાઇબલ"ની વાત કરે છે, ત્યારે તેઓ 'જૂના કરાર' અને 'નવા કરાર' એમ બંનેની વાત કરતા હોય છે. તેનાથી વિપરીત, યહૂદી ધર્મે ક્યારેય 'નવા કરાર'ને સ્વીકાર્યો નથી અને જ્યારે યહૂદીઓ "બાઇબલ" વિશે વાત કરે છે, ત્યારે તેઓ ફક્ત 'જૂના કરાર'ની જ વાત કરતા હોય છે, જેના પૂરક મિશ્નાહ અને તાલમુદ છે. રસપ્રદ વાત એ છે કે, આજ સુધી હિબ્રૂમાં એ ખ્રિસ્તી પવિત્ર ગ્રંથને વર્ણવતો શબ્દ જ નથી જેમાં 'જૂના કરાર' અને 'નવા કરાર' બંનેનો સમાવેશ થતો હોય. યહૂદી વિચારધારા તેમને બે તદ્દન અલગ અને અસંબંધિત પુસ્તકો તરીકે જુએ છે અને એમ સ્વીકારવાનો જ ઇનકાર કરે છે કે બંનેને સમાવતું હોય તેવું એક પુસ્તક પણ હોઈ શકે છે, ભલે તે કદાચ વિશ્વનું સૌથી વધુ છપાયેલું પુસ્તક હોય.

એ નોંધવું પણ મહત્ત્વપૂર્ણ છે કે જે લોકોએ નવો કરાર બનાવ્યો તે તેમાં સમાવિષ્ટ સત્તાવીસ ગ્રંથોના લેખકો નહોતા; તેઓ તેના સંપાદકો હતા. તે સમયગાળાના પુરાવાઓના અભાવને કારણે, આપણે જાણતા નથી કે એથેનાસિયસની યાદી તેમનો વ્યક્તિગત નિર્ણય હતો કે પછી તે પહેલાંના

ખ્રિસ્તી વિચારકો દ્વારા તે યાદી ઉદ્ભવી હતી. જોકે આપણે એટલું અવશ્ય જાણીએ છીએ કે હિપ્પો અને કાર્થેજની પરિષદ પહેલાં ખ્રિસ્તીઓ માટે તેનાથી અલગ યાદીઓ પણ હતી. આવી સૌથી પહેલી યાદી બીજી સદીની મધ્યમાં માર્સિઅન ઑફ સિનોપ દ્વારા રચવામાં આવી હતી. માર્સિઅન કેનનમાં ફક્ત લ્યુકની ગોસ્પેલ અને પોલના દસ પત્રોનો સમાવેશ થતો હતો. આ અગિયાર ગ્રંથો પણ હિપ્પો અને કાર્થેજમાં પાછળથી કેનોનાઇઝ થયેલાં સંસ્કરણોથી કંઈક અંશે અલગ હતા. કાં તો માર્સિઅન જ્હોનની ગોસ્પેલ અને બુક ઑફ રીવીલેશન જેવા અન્ય ગ્રંથોથી અજાણ હતા અથવા તેઓ તેમને મહત્ત્વના માનતા ન હતા.[48]

સેન્ટ જોન ચર્ચના ફાધર ક્રાયસોસ્ટોમ બિશપ એથેનાસિયસના સમકાલીન હતા. તેમણે ફક્ત બાવીસ પુસ્તકોની ભલામણ કરી અને 2 પીટર, 2 જ્હોન, 3 જ્હોન, જ્યુડ અને રીવીલેશન તેમની યાદીમાંથી બહાર રહ્યા.[49] મધ્ય પૂર્વના કેટલાંક ખ્રિસ્તી ચર્ચો આજે પણ ક્રાયસોસ્ટોમની ટૂંકી યાદીને અનુસરે છે.[50] આર્મેનિયન ચર્ચને બુક ઑફ રીવીલેશન વિશે નિર્ણય લેવામાં લગભગ એક હજાર વર્ષ લાગ્યાં. તેમણે તેમના કેનનમાં કોરીંથીઓને લખેલા ત્રીજા પત્રનો સમાવેશ કર્યો, જેને કેથોલિક અને પ્રોટેસ્ટંટ જેવાં અન્ય ચર્ચો બનાવટી માને છે.[51] ઇથોપિયન ચર્ચે એથેનાસિયસની યાદીને સંપૂર્ણ સમર્થન આપ્યું પરંતુ તેમાં ચાર અન્ય પુસ્તકો ઉમેર્યાં: સિનોડોસ, ધ બુક ઑફ ક્લેમેન્ટ, ધ બુક ઑફ કોવેનન્ટ અને ડિડાસ્કેલિયા.[52] અન્ય યાદીઓમાં ક્લેમેન્ટના બે પત્રો, ધ વિઝન્સ ઓધ ધ શેફર્ડ ઑફ હર્માસ, બાર્નાબાસનો પત્ર, ધ એપોકેલિપ્સ ઑફ પીટર અને અન્ય એવા વિવિધ ગ્રંથો સમાવવામાં આવ્યા, જે એથેનાસિયસની યાદીમાં સ્થાન પામ્યા ન હતા.[53]

શા માટે ચોક્કસ ગ્રંથોને વિવિધ ચર્ચો, ચર્ચ કાઉન્સિલો અને ચર્ચ ફાધરો દ્વારા સમર્થન આપવામાં આવ્યું કે નકારવામાં આવ્યા તેનાં ચોક્કસ કારણો આપણે જાણતા નથી, પરંતુ તેના પરિણામો દૂરગામી હતાં. આમ તો ચર્ચોએ જ જે તે ગ્રંથો વિશે નિર્ણયો લીધા પરંતુ એ ગ્રંથોએ પોતે એ ચર્ચોને આકાર પણ આપ્યો. એક મહત્ત્વના ઉદાહરણ તરીકે, ચર્ચમાં સ્ત્રીઓની ભૂમિકાનો વિચાર કરો. કેટલાક શરૂઆતના ખ્રિસ્તી આગેવાનો સ્ત્રીઓને બૌદ્ધિક અને નૈતિક રીતે પુરુષો કરતાં નીચી કક્ષાના માનતા હતા માટે દલીલ કરતા હતા કે સ્ત્રીઓને સમાજમાં અને ખ્રિસ્તી સમુદાયમાં ગૌણ ભૂમિકાઓ સુધી જ મર્યાદિત રાખવી જોઈએ. આ વિચારો ટીમોથીના પ્રથમ પત્ર જેવા ગ્રંથોમાં પ્રતિબિંબિત થયા હતા.

તેના એક ફકરામાં, સંત પોલનું આ લખાણ કહે છે, "સ્ત્રીએ શાંતિ અને સંપૂર્ણ શરણાગતિથી શીખવું જોઈએ. પુરુષને શીખવવા અથવા તેના પર

આધિપત્ય જમાવવાની મંજૂરી હું સ્ત્રીઓને આપતો નથી. તેણે શાંત જ રહેવું જોઈએ. કારણ કે પહેલા આદમનું સર્જન થયું હતું, પછી ઇવનું અને આદમ છેતરાયો ન હતો, ઇવ છેતરાઈ હતી અને પાપી બની હતી, પરંતુ સ્ત્રીઓ સંતાનપ્રાપ્તિ દ્વારા બચી જશે - જો તેઓ વિશ્વાસ, પ્રેમ અને પવિત્રતા સાથે રહેશે તો." (2:11-15), પરંતુ આધુનિક વિદ્વાનો તેમજ માર્સિઓન જેવા કેટલાક પ્રાચીન ખ્રિસ્તી આગેવાનોએ આ પત્રને બીજી સદીની બનાવટ માની છે, જે સંત પોલને નામે ચડી છે, પરંતુ વાસ્તવમાં કોઈ બીજા દ્વારા લખાયેલો છે.[54]

1 ટીમોથીના વિરોધમાં, ઈસવીસન બીજી, ત્રીજી અને ચોથી સદી દરમિયાન એવા મહત્ત્વપૂર્ણ ખ્રિસ્તી ગ્રંથો પણ હતા જેમાં સ્ત્રીઓને પુરુષોની સમાન ગણવામાં આવતી હતી અને સ્ત્રીઓને નેતૃત્વની ભૂમિકાઓ નિભાવવાની પણ મંજૂરી આપવામાં આવી હતી, જેમ કે ધ ગોસ્પેલ ઑફ મેરી[55] અથવા ધ એક્ટ્સ ઑફ પોલ ઍન્ડ ધ એક્ટ્સ ઑફ થેક્લા. ધ એક્ટ્સ ઑફ થેક્લાનું લખાણ 1 ટીમોથીના જ સમયે લખાયું હતું અને થોડા સમય માટે અત્યંત લોકપ્રિય પણ હતું.[56] તે સંત પોલ અને તેમની શિષ્યા થેક્લાનાં સાહસોનું વર્ણન કરે છે, જેમાં વર્ણવવામાં આવ્યું છે કે કેવી રીતે થેક્લાએ અસંખ્ય ચમત્કારો કર્યા હતા એટલું જ નહીં, પણ પોતાના હાથથી પોતાનું બાપ્ટિઝમ પણ કર્યું હતું અને તેણે ઘણા ઉપદેશ પણ આપ્યા હતા. સદીઓ સુધી થેક્લા સૌથી આદરણીય ખ્રિસ્તી સંતોમાંના એક મનાતાં હતાં અને સ્ત્રીઓ બાપ્ટિઝમ કરી શકે છે, ઉપદેશ આપી શકે છે અને ખ્રિસ્તી સમુદાયોનું નેતૃત્વ કરી શકે છે તેના ઉદાહરણ તરીકે તેમને જોવામાં આવતા હતા[57].

હિપ્પો અને કાર્થેજની કાઉન્સિલ પહેલાં, એ સ્પષ્ટ નહોતું કે 1 ટીમોથી, ધ એક્ટ્સ ઑફ પોલ અને ધ એક્ટ્સ ઑફ થેક્લા કરતાં વધુ અધિકૃત હતા. ધ એક્ટ્સ ઑફ પોલ અને ધ એક્ટ્સ ઑફ થેક્લાને નકારીને, 1 ટીમોથીને તેમની યાદીમાં સામેલ કરીને, ભેગા થયેલા બિશપો અને ધર્મશાસ્ત્રીઓએ સ્ત્રીઓ પ્રત્યે ખ્રિસ્તીઓના આજ સુધીના વલણને આકાર આપ્યો છે. જો 'નવા કરાર'માં 1 ટીમોથીને બદલે ધ એક્ટ્સ ઑફ પોલ અને ધ એક્ટ્સ ઑફ થેક્લાનો સમાવેશ થયો હોત તો ખ્રિસ્તી ધર્મ કેવો હોત તેનું આપણે ફક્ત અનુમાન જ કરી શકીએ છીએ. કદાચ એથેનાસિયસ જેવા ચર્ચ ફાધર્સ ઉપરાંત ચર્ચમાં મધર્સ પણ હોત અને એ નારી-દ્વેષને એક ખતરનાક પાખંડ તરીકે ઓળખવામાં આવ્યો હોત જે ઈસુના બધાને પ્રેમ કરવાના સંદેશાથી વિપરિત જાય છે.

જેમ મોટાભાગના યહૂદીઓ ભૂલી ગયા હતા કે રબાઈઓએ 'જૂના કરાર'ને સંપાદિત કર્યો હતો, તેમ મોટાભાગના ખ્રિસ્તીઓ ભૂલી ગયા હતા કે ચર્ચ

કાઉન્સિલોએ 'નવા કરાર'ને સંપાદિત કર્યો છે અને તેને ફક્ત ભગવાનના અફર શબ્દ તરીકે તેઓ માનવા લાગ્યા. પવિત્ર ગ્રંથને અંતિમ સ્રોત તરીકે જોવામાં આવે છે, પરંતુ એ પુસ્તકને સંપાદિત કરવાની પ્રક્રિયાએ વાસ્તવિક શક્તિ એ સંપાદન કરનારી સંસ્થાના હાથમાં મૂકી હતી. યહૂદી ધર્મમાં 'જૂના કરાર' અને મિશ્નાહના કેનોનાઇઝેશનની સાથે જ રબાઈઓની સંસ્થાની રચના થઈ હતી. એવી જ રીતે ખ્રિસ્તી ધર્મમાં 'નવા કરાર'ના કેનોનાઇઝેશનની સાથે જ એકીકૃત ખ્રિસ્તી ચર્ચની રચના થઈ. ખ્રિસ્તીઓ નવા કરારમાં જે વાંચતા હતા તેના કારણે બિશપ એથેનાસિયસ જેવા ચર્ચના અધિકારીઓ પર વિશ્વાસ કરતા હતા પરંતુ તેમને નવા કરારમાં વિશ્વાસ હતો, કારણ કે બિશપોએ તેમને એ જ વાંચવાનું કહ્યું હતું. એક અફર દૈવી ટેક્નોલૉજીને તમામ સત્તા સોંપવાના પ્રયાસથી એક નવી અને અત્યંત શક્તિશાળી માનવ સંસ્થા એટલે કે ચર્ચનો ઉદય થયો હતો.

ધ ઇકો ચેમ્બર

જેમ જેમ સમય પસાર થતો ગયો, તેમ તેમ અર્થઘટનની સમસ્યાઓએ પવિત્ર ગ્રંથ અને ચર્ચ વચ્ચેના સત્તા સંતુલનને સંસ્થાની તરફેણમાં વધુ ને વધુ નમાવ્યું, જેમ યહૂદી પવિત્ર પુસ્તકોનું અર્થઘટન કરવાની જરૂરિયાતે રબાઈઓને સશક્ત બનાવ્યા, તેવી જ રીતે ખ્રિસ્તી પવિત્ર પુસ્તકોનું અર્થઘટન કરવાની જરૂરિયાતે ચર્ચને સશક્ત બનાવ્યું. ઈસુના વચનો અથવા પોલના પત્રોને વિવિધ રીતે સમજી શકાય છે, અને તે સંસ્થા નક્કી કરતી હતી કે કયું અર્થઘટન સાચું છે. પવિત્ર ગ્રંથનું અર્થઘટન કરવાની સત્તા અંગે સંસ્થાઓમાં વારંવાર અંદરો અંદર સંઘર્ષ થતા હતા, જેમ કે પશ્ચિમી કેથોલિક ચર્ચ અને પૂર્વીય ઑર્થોડોક્સ ચર્ચ વચ્ચેના સંસ્થાકીય વિખવાદો.

બધા ખ્રિસ્તીઓએ ધ ગોસ્પેલ ઑફ મેથ્યુમાં પર્વત પરનો ઉપદેશ વાંચ્યો અને શીખ્યા કે આપણે આપણા દુશ્મનોને પ્રેમ કરવો જોઈએ, આપણે બીજો ગાલ ધરવો જોઈએ અને નમ્ર લોકોના હાથમાં પૃથ્વી હોવી જોઈએ, પરંતુ તેનો ખરેખર અર્થ શું હતો? ખ્રિસ્તીઓ એને લશ્કરી બળના તમામ ઉપયોગને ટાળવો એમ સમજી શકે[58] અથવા તમામ સામાજિક ઊંચનીચને નાબૂદ કરવા માટેના આહ્‌વાન તરીકે પણ વાંચી શકે છે.[59] જોકે, કેથોલિક ચર્ચ આવા શાંતિવાદી અને સમાનતાવાદી અર્થઘટનોને પાખંડ તરીકે જોતું હતું. તેણે ઈસુના શબ્દોનું એવી રીતે અર્થઘટન કર્યું કે જેનાથી એ ચર્ચ યુરોપમાં સૌથી ધનિક જમીનમાલિક બની શક્યું, હિંસક ધર્મયુદ્ધો શરૂ કરી શક્યું અને લોહિયાળ

તપાસો પણ શરૂ કરી શક્યું. કેથોલિક ધર્મશાસ્ત્રે સ્વીકાર્યું કે ઈસુએ આપણને આપણા દુશ્મનોને પ્રેમ કરવાનું કહ્યું, પરંતુ તેણે એમ પણ સમજાવ્યું કે પાખંડીઓને બાળી નાખવા એ પ્રેમનું કાર્ય હતું, કારણ કે તે બીજા લોકોને પાખંડી વિચારો અપનાવતા અટકાવે છે, જેના પરિણામે તેઓ નરકની આગમાં બળવાથી બચી શકે છે. ફ્રેન્ચ તપાસકર્તા (ઇન્ક્વિઝિટર) જેક્સ ફોર્નિયરે ચૌદમી સદીની શરૂઆતમાં ધ ગોસ્પેલ ઑફ મેથ્યુમાં અપાયેલા પર્વત પરના ઉપદેશ પર એક આખું પુસ્તક લખ્યું હતું, જેમાં સમજાવવામાં આવ્યું હતું કે કેવી રીતે એ લખાણ પાખંડીઓના શિકારને યોગ્ય ઠેરવે છે.[60] ફોર્નિયરનો દૃષ્ટિકોણ કોઈ છેવાડાનો, અવગણાયેલો દૃષ્ટિકોણ નહોતો. તેઓ પોપ બેનેડિક્ટ બારમા (1334-42) બન્યા હતા.

તપાસકર્તા તરીકે અને પછી પોપ તરીકે ફોર્નિયરનું કાર્ય એ હતું કે તે કેથોલિક ચર્ચના પવિત્ર પુસ્તકનું અર્થઘટન પ્રબળ બનાવે. એ માટે ફોર્નિયર અને તેમના સાથી ચર્ચવાસીઓએ માત્ર હિંસક બળજબરીનો જ નહીં, પરંતુ પુસ્તક પ્રકાશન પરના તેમના નિયંત્રણનો પણ ઉપયોગ કર્યો હતો. પંદરમી સદીમાં યુરોપમાં પ્રિન્ટિંગ પ્રેસના આગમન પહેલાં, પુસ્તકની ઘણી નકલો બનાવવી એ સૌથી ધનિક વ્યક્તિઓ અને સંસ્થાઓ સિવાય બધા માટે પ્રતિબંધિત વ્યવસાય હતો. કેથોલિક ચર્ચે તેની શક્તિ અને સંપત્તિનો ઉપયોગ તેના મનપસંદ ગ્રંથોની નકલો ફેલાવવા માટે અને તેને ભૂલભરેલા લાગતા ગ્રંથોના ઉત્પાદન અને પ્રસાર પર પ્રતિબંધ મૂકવા માટે કર્યો હતો.

અલબત્ત, ચર્ચ ક્યારેક કોઈ મુક્ત વિચારકને વિધર્મી વિચારો કરતાં અટકાવી શકતું ન હતું, પરંતુ તે મધ્યયુગીન ઇન્ફોર્મેશન નેટવર્કની મુખ્ય કડીઓ સમાન લહીયાઓ, આર્કાઇવો અને પુસ્તકાલયોને નિયંત્રિત કરતું હતું. માટે તે આવા મુક્ત વિચારકને તેના પુસ્તકની સો જેટલી નકલો બનાવી અને તેનું વિતરણ કરવાથી રોકી શકતું હતું. કોઈ મુક્ત વિચાર ધરાવતા લેખકે તેના વિચારોનો પ્રસાર કરવા માટે જે મુશ્કેલીઓનો સામનો કરવો પડ્યો તેનો ખ્યાલ મેળવવા માટે એટલી વાત ધ્યાનમાં લો કે જ્યારે 1050માં લિયોફ્રિકને એક્સેટરના બિશપ બનાવવામાં આવ્યા ત્યારે તેમને કેથેડ્રલની લાઇબ્રેરીમાં ફક્ત પાંચ જ પુસ્તકો મળ્યા હતા. તેમણે તરત જ કેથેડ્રલમાં નકલો બનાવવા માટે લહીયાઓ બેસાડ્યા, પરંતુ 1072માં તેઓ મૃત્યુ પામ્યા તે પહેલાંના બાવીસ વર્ષમાં, તેમના લહિયાઓ ફક્ત છાસઠ નકલો બનાવી શક્યા હતા.[61] તેરમી સદીમાં ઑક્સફર્ડ યુનિવર્સિટીના પુસ્તકાલયમાં સેન્ટ મેરી ચર્ચ હેઠળ એક પેટીમાં થોડાંક પુસ્તકો રાખવામાં આવેલાં હતાં. 1424માં કેમ્બ્રિજ યુનિવર્સિટીના પુસ્તકાલયમાં કુલ 122

પુસ્તકો જ હતા.[62] 1409માં ઑક્સફર્ડ યુનિવર્સિટીના હુકમનામામાં એવી શરત મૂકવામાં આવી હતી કે યુનિવર્સિટીમાં અભ્યાસ કરાવવામાં આવતા "તાજેતરના બધા ગ્રંથો" સર્વાનુમતે "આર્કબિશપ દ્વારા નિયુક્ત બાર ધર્મશાસ્ત્રીઓ દ્વારા" મંજૂર થયેલાં હોવાં જોઈએ.[63]

ચર્ચે સમાજને એક ઇકો ચેમ્બરમાં પૂરી દેવાનો પ્રયાસ કર્યો હતો. તે ફક્ત એ જ પુસ્તકોનો ફેલાવો કરવાની મંજૂરી આપતું હતું જે તેની વિચારધારાને સમર્થન આપતા હતા અને લોકો ચર્ચ પર વિશ્વાસ કરતા હતા, કારણ કે લગભગ બધાં પુસ્તકો તેને જ સમર્થન આપતાં હતાં. પુસ્તકો વાંચતા ન હોય તેવા અભણ સામાન્ય લોકો પણ આ કીમતી ગ્રંથોના પઠન અથવા તેની સામગ્રીના અર્થઘટનોથી આશ્ચર્યચકિત થતા હતા. આ રીતે 'નવા કરાર' જેવી અફર માનવામાં આવતી દૈવી ટેક્નોલૉજીમાં વિશ્વાસને કારણે કેથોલિક ચર્ચ જેવી અત્યંત શક્તિશાળી, પરંતુ ભૂલભરેલી માનવ સંસ્થાનો ઉદય થયો જેણે બધા વિરોધી મંતવ્યોને "ભૂલભર્યા" ગણાવ્યા જ્યારે કોઈને પણ તેના પોતાના મંતવ્યો પર પ્રશ્ન કરવાની મંજૂરી આપી નહીં.

જેક્સ ફોર્નિયર જેવા કેથોલિક માહિતી નિષ્ણાતોએ તેમના દિવસો સેન્ટ પોલના પત્રોના ઓગસ્ટિનના અર્થઘટનના થોમસ એક્વિનાસના અર્થઘટન વાંચવામાં અને તેના આધારે પોતાના અર્થઘટન લખવામાં વિતાવતા. તે બધા પરસ્પર સંબંધિત ગ્રંથો વાસ્તવિકતાનું પ્રતિનિધિત્વ કરતા નહોતા. તેમણે યહૂદી રબાઈઓ દ્વારા બનાવેલા માહિતી ક્ષેત્ર કરતાં પણ મોટું અને વધુ શક્તિશાળી એવું માહિતી ક્ષેત્ર બનાવ્યું હતું. મધ્યયુગીન યુરોપિયનો તે માહિતી ક્ષેત્રના કોશેટોની અંદર પૂરાઈ ગયા હતા. તેમની દૈનિક પ્રવૃત્તિઓ, વિચારો અને લાગણીઓ ગ્રંથો વિશેના ગ્રંથો દ્વારા આકાર પામતા હતા.

છાપકામ, વિજ્ઞાન અને ડાકણો

અફર લખાણમાં સત્તા સ્થાપીને માનવીય ભૂલોને અવગણવાનો પ્રયાસ ક્યારેય સફળ થયો નહીં. જો કોઈને લાગતું હોય કે આ યહૂદી રબાઈઓ અથવા કેથોલિક પાદરીઓની કોઈ વિશેષ ભૂલોને કારણે બન્યું હશે, તો પ્રોટેસ્ટંટ રીફોર્મેશને વારંવાર એ જ પ્રયોગનું પુનરાવર્તન કર્યું હતું અને તેમને પણ હંમેશાં એ જ પરિણામો મળ્યાં હતાં. લ્યુથર, કેલ્વિન અને તેમના અનુયાયીઓએ એમ દલીલ કરી હતી કે સામાન્ય લોકો અને પવિત્ર ગ્રંથ વચ્ચે કોઈ પણ ભૂલ થઈ શકે તેવી માનવ સંસ્થાની દખલની જરૂર જ નથી. ખ્રિસ્તીઓએ બાઇબલની

આસપાસ ઉછરેલી તમામ પરોપજીવી અમલદારશાહીઓને ત્યજી દેવી જોઈએ અને ભગવાનના મૂળ શબ્દ સાથે ફરીથી જોડાવું જોઈએ, પરંતુ ભગવાનના શબ્દે ક્યારેય પોતાનું અર્થઘટન જાતે કર્યું નહીં, તેથી જ ફક્ત લ્યુથર અને કેલ્વિનના અનુયાયીઓએ જ નહીં, પરંતુ અસંખ્ય અન્ય પ્રોટેસ્ટંટ સંપ્રદાયોએ પણ છેવટે પોતાના ચર્ચ જેવી સંસ્થાઓ સ્થાપિત કરી અને એ લખાણનું અર્થઘટન કરવા અને વિધર્મીઓને સતાવવા માટે સત્તા હાથમાં લીધી હતી.[64]

જો અફર લખાણો ફક્ત ભૂલ થઈ શકે તેવા અને દમનકારી ચર્ચોના ઉદય તરફ દોરી જતા હોય, તો પછી માનવીય ભૂલની સમસ્યાનો સામનો કેવી રીતે કરવો? માહિતી અંગેનો સરળ દૃષ્ટિકોણ એવું સૂચવે છે કે આ સમસ્યાનો ઉકેલ ચર્ચથી સામા છેડાનું કંઈક બનાવીને લાવી શકાય છે, સામા છેડાનું એટલે માહિતીનું મુક્ત બજાર. સરળ દૃષ્ટિકોણ એવી અપેક્ષા રાખે છે કે જો માહિતીના મુક્ત પ્રવાહ પરના તમામ નિયંત્રણો દૂર કરવામાં આવે, તો ભૂલો અનિવાર્યપણે ખુલ્લી પડશે અને તેનું સ્થાન સત્ય લેશે. આમુખમાં નોંધ્યા મુજબ, આ 'સૌ સારાં વાનાં થશે' એવી વિચારસરણી છે. ચાલો એવું શા માટે છે, તે સમજવા માટે થોડું ઊંડાણપૂર્વક તપાસ કરીએ. એક ટેસ્ટ કેસ તરીકે, ઇન્ફૉર્મેશન નેટવર્કના ઇતિહાસમાં સૌથી પ્રખ્યાત યુગમાંના એક દરમિયાન શું બન્યું તે વિશે વિચારીએઃ યુરોપમાં થયેલું પ્રિન્ટ રિવોલ્યુશન એટલે કે છાપકામના ક્ષેત્રે આવેલી ક્રાંતિ. પંદરમી સદીના મધ્યમાં યુરોપમાં પ્રિન્ટિંગ પ્રેસના આગમનથી પ્રમાણમાં ઝડપથી, સસ્તામાં અને ગુપ્ત રીતે ગ્રંથોનું મોટા પાયે ઉત્પાદન શક્ય બન્યું, ભલે કેથોલિક ચર્ચને એ પસંદ નહોતું. એવો અંદાજ છે કે 1454થી 1500 સુધીના છેંતાલીસ વર્ષોમાં યુરોપમાં 1.2 કરોડથી વધુ ગ્રંથો છાપવામાં આવ્યા હતા. તેનાથી વિપરીત, એની પહેલાના એક હજાર વર્ષોમાં ફક્ત 1.1 કરોડ ગ્રંથોની હાથથી નકલ કરવામાં આવી હતી.[65] ઈસવીસન 1600 સુધીમાં, તમામ પ્રકારના લોકો, ભલે તે વિધર્મીઓ હોય, ક્રાંતિકારીઓ હોય કે વૈજ્ઞાનિકો હોય, તેઓ તેમના લખાણોનો પ્રસાર પહેલા કરતાં વધુ ઝડપથી, વ્યાપક રીતે અને સરળતાથી કરી શકતા હતા.

ઇન્ફૉર્મેશન નેટવર્કના ઇતિહાસમાં, પ્રારંભિક આધુનિક યુરોપની છાપકામની ક્રાંતિને સામાન્યતઃ વિજયની ક્ષણ ગણાવવામાં આવે છે કારણ કે તેનાથી યુરોપના માહિતી નેટવર્ક પર કેથોલિક ચર્ચ દ્વારા જમાવવામાં આવેલી પકડ છૂટી હતી. એમ પણ કહેવાય છે કે લોકોને પહેલા કરતાં વધુ મુક્તપણે માહિતીનું આદાનપ્રદાન કરવાની મંજૂરી મળી, તેનાથી વિશ્વએ વૈજ્ઞાનિક ક્રાંતિ જોઈ. આમાં સત્યના અમુક અંશ છે પણ ખરા. છાપકામ વિના કોપરનિકસ, ગેલિલિયો અને

તેમના સાથીદારો માટે તેમના વિચારો વિકસાવવા અને ફેલાવવાનું અવશ્ય ઘણું મુશ્કેલ બન્યું હોત.

જોકે છાપકામ એ વૈજ્ઞાનિક ક્રાંતિનું મૂળ કારણ નહોતું. પ્રિન્ટિંગ પ્રેસે ફક્ત એક જ કામ કર્યું હતું અને તે હતું યોગ્ય રીતે લખાણોની નકલોનું ઉત્પાદન. એ મશીનો પાસે પોતાના કોઈ નવા વિચારો નહોતા, જે લોકો છાપકામને વિજ્ઞાન સાથે જોડે છે તેઓ એમ માને છે કે વધુ માહિતી ઉત્પન્ન કરવા અને ફેલાવવાનું કાર્ય અનિવાર્યપણે લોકોને સત્ય તરફ દોરી જાય છે. હકીકતમાં, છાપકામથી માત્ર વૈજ્ઞાનિક તથ્યો જ નહીં, પરંતુ ધાર્મિક કલ્પનાઓ, ખોટા સમાચારો અને કોન્સપિરસી થિયરીઓ પણ ઝડપી ફેલાઈ શકે છે. કદાચ કોન્સપિરસી થિયરીનું સૌથી કુખ્યાત ઉદાહરણ સ્ત્રીઓને ડાકણો ગણવાનું વિશ્વવ્યાપી કાવતરું હતું, જેના કારણે પ્રારંભિક આધુનિક યુરોપમાં વિચ-હન્ટ (ચોક્કસ સ્ત્રીઓને ડાકણો માનીને શોધવી અને મારવી)નું ગાંડપણ ફેલાયું હતું.[66]

બધા ખંડો અને બધા યુગોમાં માનવ સમાજોમાં જાદુટોણા અને ડાકણોમાં વિશ્વાસ રહ્યો છે, પરંતુ વિવિધ સમાજોની ડાકણોની કલ્પના અને તેમના પ્રત્યેનો તેમનો અભિગમ ખૂબ જ અલગ અલગ રહ્યા છે. કેટલાક સમાજો માનતા હતા કે ડાકણો આત્માઓને નિયંત્રિત કરે છે, મૃતકો સાથે વાતો કરે છે અને ભવિષ્યની આગાહી પણ કરતી હોય છે. અન્ય લોકો એમ માનતા હતા કે ડાકણો પશુઓ ચોરી જાય છે અને છુપાયેલો ખજાના શોધે છે. એક સમુદાયમાં ડાકણોને રોગો ફેલાવનારી, મકાઈના ખેતરોને નુકસાન પહોંચાડનારી અને પુરુષોને ફસાવતા પ્રેમના ઔષધો (લવ પોશન્સ) બનાવનારી માનવામાં આવતી હતી, તો બીજા સમુદાયમાં એમ માનવામાં આવતું હતું કે ડાકણો રાત્રે ઘરોમાં ઘૂસે છે, ઘરકામ કરે છે અને દૂધ ચોરી જાય છે. કેટલાક સ્થળોએ ડાકણો મોટે ભાગે સ્ત્રી હોવાનું માનવામાં આવતું હતું, જ્યારે અન્યમાં તેઓ સામાન્ય રીતે પુરુષ હોવાનું માનવામાં આવતું હતું. કેટલીક સંસ્કૃતિઓ ડાકણોથી ડરતી હતી અને તેમને હિંસક રીતે મારી નાખતી હતી પરંતુ અન્ય સંસ્કૃતિઓમાં તેમને સાચવવામાં આવતી કે પછી તેમનું સન્માન પણ કરવામાં આવતું હતું અને, દરેક ખંડમાં અને દરેક યુગમાં એવા સમાજો પણ હતા જે ડાકણોને ખાસ મહત્ત્વ આપતા નહીં.[67]

મોટાભાગના મધ્યયુગીન સમયગાળામાં, મોટાભાગના યુરોપિયન સમાજો આ છેલ્લી શ્રેણીના હતા અને ડાકણો વિશે વધુ પડતા ચિંતિત નહોતા. મધ્યયુગીન કેથોલિક ચર્ચ તેમને માનવજાત માટે મોટા ખતરા તરીકે જોતું નહોતું અને કેટલાક પાદરીઓ તો સક્રિયપણે વિચ-હન્ટ બંધ કરવાનું પણ કહેતા હતા.

દસમી સદીનું પ્રભાવશાળી લખાણ ‘કેનન એપિસ્કોપી’ આ બાબતે મધ્યયુગીન ચર્ચના સિદ્ધાંતોને વ્યાખ્યાયિત કરે છે. તેના અનુસાર મેલીવિદ્યાઓ મોટે ભાગે ભ્રમ જ હતો અને મેલીવિદ્યામાં વિશ્વાસ એક બિન-ખ્રિસ્તી અંધશ્રદ્ધા હતી.[68] યુરોપમાં વિચ-હન્ટ એટલે કે ચૂડેલોના શિકારનું ગાંડપણ મધ્યયુગીનને બદલે આધુનિક સમયગાળાનું હતું.

1420 અને 1430ના દાયકામાં, મુખ્યત્વે આલ્પ્સ પ્રદેશમાં કાર્યરત ચર્ચના માણસો અને વિદ્વાનોએ ખ્રિસ્તી ધર્મ, સ્થાનિક લોકવાયકાઓ અને ગ્રીક-રોમન કથાઓમાંથી તત્ત્વો લીધાં અને તેમને મેલીવિદ્યાના નવા સિદ્ધાંતમાં ભેળવી દીધા.[69] પહેલાં, જ્યારે લોકો ડાકણોથી ડરતા હતા, ત્યારે પણ તેમને માત્ર એક સ્થાનિક સમસ્યા જ માનવામાં આવતી હતી, એવા છૂટાછવાયા ગુનેગારો જેઓ, વ્યક્તિગત રાગદ્વેષથી પ્રેરાઈને, ચોરી અને હત્યા કરવા માટે જાદુઈ માધ્યમોનો ઉપયોગ કરતા હતા. તેનાથી વિપરીત, નવી વિદ્વતાપૂર્ણ વિચારધારામાં એવી દલીલ કરવામાં આવી હતી કે ડાકણો આખા સમાજ માટે ભયંકર ખતરો છે. તે અનુસાર, શેતાનના નેતૃત્વમાં ડાકણોનું એક વૈશ્વિક કાવતરું હતું, જે ખ્રિસ્તી વિરોધી ધર્મનું નિર્માણ કરવા માટે હતું. તેનો હેતુ સામાજિક વ્યવસ્થા અને માનવજાતના સંપૂર્ણ વિનાશથી જરા પણ ઓછો નહોતો. એવું કહેવાતું કે ડાકણો રાત્રે મોટી શૈતાની સભાઓમાં ભેગી થતી, જ્યાં તેઓ શેતાનની પૂજા કરતી હતી, બાળકોને મારી નાખતી હતી, માનવ માંસ ખાતી હતી, સામૂહિક સંભોગ કરતી હતી અને તોફાનો, મહામારીઓ અને અન્ય આફતો ફેલાવવા જાદુટોણાં કરતી હતી.

આવા વિચારોથી પ્રેરિત થઈને, 1428 અને 1436ની વચ્ચે પશ્ચિમી આલ્પ્સના વાલૈસ પ્રદેશમાં સ્થાનિક ચર્ચના લોકો અને ઉમરાવોએ પ્રથમ સામૂહિક વિચ-હન્ટ એટલે કે ડાકણોનો શિકાર અને ડાકણોની હત્યાઓ કરવાનું શરૂ કર્યું હતું, જેના પરિણામે બસોથી વધુ કથિત પુરુષ અને સ્ત્રી ડાકણોને મારી નાખવામાં આવ્યા હતા. આ આલ્પ્સના મધ્યમાંથી ડાકણોના કથિત વૈશ્વિક કાવતરા વિશેની અફવાઓ યુરોપના અન્ય ભાગોમાં ફેલાઈ હતી, પરંતુ માન્યતા હજુ પણ મુખ્ય પ્રવાહથી દૂર હતી. કેથોલિક સંસ્થાએ તે સ્વીકારી નહોતી અને અન્ય પ્રદેશોએ વાલૈસની જેમ મોટા પાયે વિચ-હન્ટ શરૂ કરી નહોતી.

1485માં, હેનરિક ક્રેમર નામના ડોમિનિકન ધર્મગુરુ અને ઇન્ક્વિઝિટરે આલ્પ્સના અન્ય એક પ્રદેશ ઑસ્ટ્રિયન ટાયરોલમાં વિચ-હન્ટનું અભિયાન શરૂ કર્યું. ક્રેમર વૈશ્વિક શેતાની કાવતરા માન્યતામાં થોડાં સમય પહેલાં જ માનતો થયો હતો.[70] એમ પણ લાગે છે કે તે માનસિક રીતે અસ્વસ્થ હતો અને શેતાની મેલીવિદ્યાના

તેના આરોપો ઉગ્ર નારીદ્વેષ અને વિચિત્ર જાતીય વળગણોના રંગોથી રંગાયેલા હતા. બ્રિક્સેનના બિશપની આગેવાની હેઠળના સ્થાનિક ચર્ચવાળાઓ ક્રેમરના આરોપો બાબતે શંકાશીલ હતા અને તેની પ્રવૃત્તિઓથી ચેત્યા પણ હતા. તેઓએ તેની તપાસ બંધ કરાવી, તેણે ધરપકડ કરેલા લોકોને મુક્ત કર્યા અને તેને તે વિસ્તારમાંથી હાંકી કાઢ્યો.[71]

ક્રેમરે પ્રિન્ટિંગ પ્રેસ દ્વારા વળતો પ્રહાર કર્યો. દેશનિકાલના બે વર્ષમાં, તેણે 'મેલેયસ મેલેફિકારમ - ધ હેમર ઑફ ધ વિચીસ'નું સંકલન અને પ્રકાશન કર્યું. આ ડાકણોને ખુલ્લી પાડવા અને મારવા માટે એક ડુ-ઇટ-યૉરસેલ્ફ પ્રકારની માર્ગદર્શિકા હતી જેમાં ક્રેમરે ડાકણોના વિશ્વવ્યાપી કાવતરાની અને પ્રામાણિક ખ્રિસ્તીઓ ડાકણોને કેવી રીતે શોધી શકે અને નિષ્ફળ બનાવી શકે તેનું વિગતવાર વર્ણન કર્યું હતું. તેણે મેલીવિદ્યા કરતા શંકાસ્પદ લોકો પાસેથી કબૂલાત મેળવવા માટે ત્રાસ આપવાની ભયાનક પદ્ધતિઓનો ઉપયોગ કરવાની ભલામણ ભારપૂર્વક કરી હતી અને એમ પણ આગ્રહ કર્યો કે, દોષિતો માટે એકમાત્ર સજા મૃત્યુદંડ છે.

ક્રેમરે અગાઉના વિચારો અને વાર્તાઓની બરોબર ગોઠવણી કરી અને પોતાની ફળદ્રુપ અને નફરતથી ભરેલી કલ્પનામાંથી ઘણી વિગતો ઉમેરી. 1 ટીમોથી જેવા પ્રાચીન સ્ત્રી-વિરોધી ખ્રિસ્તી ઉપદેશો પર આધાર રાખીને, ક્રેમરે મેલીવિદ્યામાં લિંગનું તત્ત્વ ઉમેર્યું. તેણે દલીલ કરી હતી કે, ડાકણો સામાન્ય રીતે સ્ત્રી હોય છે, કારણ કે મેલીવિદ્યા વાસનામાંથી જ ઉદ્ભવે છે, જે સ્ત્રીઓમાં વધુ હોવાનું માનવામાં આવે છે. તેણે વાચકોને ચેતવણી આપી હતી કે વાસના એક પવિત્ર સ્ત્રીને ડાકણ બનાવી શકે છે અને તે તેના પતિને નિયંત્રણમાં રાખી શકે છે.[72]

'હેમર'ના એક આખા પ્રકરણમાં ડાકણોની પુરુષોના શિશ્ન ચોરી કરવાની ક્ષમતાની વાત છે. ક્રેમર વિગતવાર ચર્ચા કરે છે કે, શું ડાકણો ખરેખર પુરુષ પાસેથી શિશ્ન છીનવી લેવામાં સક્ષમ છે કે પછી તેઓ ફક્ત પુરુષોના મનમાં નપુંસકતાનો ભ્રમ પેદા કરવામાં સક્ષમ છે. ક્રેમર પૂછે છે, "એવી ડાકણો વિશે શું વિચારવું જોઈએ, જે આ રીતે ક્યારેક મોટી સંખ્યામાં, વીસ કે ત્રીસ જેટલા શિશ્નો એકત્રિત કરે છે અને તેમને પક્ષીઓના માળામાં રાખે છે? કે પછી તેમને એક પેટીમાં પૂરી રાખે છે, જ્યાં તેઓ જીવંત માણસોની જેમ ફરતા હોય છે, ઓટ્સ અને મકાઈ ખાતા હોય છે અને એવું ઘણા લોકોએ જોયું પણ છે." પછી તે એક માણસ પાસેથી સાંભળેલી એક વાત કહે છે: "જ્યારે તેણે પોતાનું શિશ્ન ગુમાવ્યું, ત્યારે તે એક ઓળખીતી ડાકણ પાસે ગયો અને તેને તે પાછું આપવા કહ્યું. ડાકણે પીડિત માણસને એક ચોક્કસ ઝાડ પર ચઢવાનું

કહ્યું અને કહ્યું કે, તે માળામાં ઘણા શિશ્નો હતા તેમાંથી તેને જે ગમતું હોય તે શિશ્ન તે લઈ શકે છે અને જ્યારે તેણે મોટું શિશ્ન લેવાનો પ્રયાસ કર્યો, ત્યારે ડાકણે કહ્યું: તમારે તે લેવું જોઈએ, કારણ કે તે પેરીશ પાદરીનું છે."[73] ડાકણો વિશે અસંખ્ય એવા ખ્યાલો જે આજે પણ લોકપ્રિય છે, જેમ કે ડાકણો મુખ્યત્વે સ્ત્રીઓ જ હોય છે કે ડાકણો વિચિત્ર જાતીય પ્રવૃત્તિઓમાં ભાગ લે છે કે ડાકણો બાળકોને મારી ખાય છે, એ બધી માન્યતાઓ ક્રેમરના આ પુસ્તક દ્વારા જ વધારે ફેલાઈ અને લોકપ્રિય બની છે.

બ્રિક્સેનના બિશપની જેમ અન્ય ચર્ચના સભ્યો પણ શરૂઆતમાં ક્રેમરના વિચિત્ર વિચારો પ્રત્યે શંકાશીલ હતા અને ચર્ચના નિષ્ણાતોમાં આ પુસ્તકનો થોડો વિરોધ હતો.[74] પરંતુ 'ધ હેમર ઑફ ધ વિચીસ' શરૂઆતના આધુનિક યુરોપમાં સૌથી વધુ વેચાયેલાં પુસ્તકોમાંનું એક બની રહ્યું હતું. તે લોકોના ડર પોષતું હતું તેમજ સામૂહિક સંભોગ, નરભક્ષી લોકો, બાળહત્યા અને શેતાની કાવતરાંઓ વિશે સાંભળવાની તેમની ઉત્સુકતા પણ પોષતું હતું. ઈસવીસન 1500 સુધીમાં આ પુસ્તકની આઠ આવૃત્તિઓ, ઈસવીસન 1520 સુધીમાં બીજી પાંચ અને ઈસવીસન 1670 સુધીમાં અન્ય 16 આવૃત્તિઓ પ્રકાશિત થઈ હતી, અને ઘણી સ્થાનિક ભાષામાં તેના અનુવાદો પણ થયા હતા.[75] તે મેલીવિદ્યા અને વિચ-હન્ટ માટેનું સૌથી મહત્ત્વનું અને નિર્ણાયક પુસ્તક બની રહ્યું અને તેનાં અનેક અનુકરણો પણ થયાં અને ઘણાને તેનાથી પ્રેરણા પણ મળી. જેમ જેમ ક્રેમરની ખ્યાતિ વધતી ગઈ, તેમ તેમ ચર્ચના નિષ્ણાતો દ્વારા તેનું કાર્ય સ્વીકારાતું ગયું. ઈસવીસન 1500માં ક્રેમરને પોપના પ્રતિનિધિ તરીકે નિયુક્ત કરવામાં આવ્યો તેમજ બોહેમિયા અને મોરાવિયાનો ઇન્ક્વિઝિટર પણ તેને જ બનાવવામાં આવ્યો હતો. આજે પણ તેના વિચારો વિશ્વને આકાર આપી રહ્યા છે અને QAnon જેવી વૈશ્વિક શેતાની કાવતરા વિશેની ઘણી વર્તમાન થિયરીઓ તેની કલ્પનાઓ પર આધારિત છે અને તેને આગળ વધારતી રહે છે.

છાપકામની શોધને કારણે યુરોપિયનોમાં વિચ-હન્ટનું ગાંડપણ ફેલાયું હતું તેમ કહેવું તો અતિશયોક્તિ કહેવાય, પરંતુ છાપકામની પ્રેસે શેતાનના વૈશ્વિક કાવતરાની માન્યતાના ઝડપી પ્રસારમાં મુખ્ય ભૂમિકા ભજવી હતી એ નક્કી, જેમ જેમ ક્રેમરના વિચારો લોકપ્રિય થતા ગયા, પ્રેસમાં માત્ર 'ધ હેમર ઑફ ધ વિચિઝ' અને તેની નકલ સમાન પુસ્તકોની ઘણી વધારાની નકલો છપાઈ એટલું જ નહીં, પરંતુ સસ્તી એક-પાનાની પત્રિકાઓ પણ પ્રકાશિત થવા માંડી જેના સનસનાટીભર્યાં લખાણોમાં ઘણીવાર જેની પર રાક્ષસોએ હુમલો કર્યો હોય

કે ડાકણો જીવતી સળગાવી દેવામાં આવી હોય તેવાં ચિત્રો પણ છપાતાં.[76] આ પ્રકાશનો ડાકણોના કાવતરાના કદ વિશે પણ અદ્‌ભુત આંકડા છાપતા. ઉદાહરણ તરીકે, બર્ગન્ડિયન ન્યાયાધીશ અને વિચ-હન્ટર હેનરી બોગેટે (1550-1619) અનુમાન લગાવ્યું હતું કે ફક્ત ફ્રાન્સમાં 3,00,000 ડાકણો હતી અને સમગ્ર યુરોપમાં 18 લાખ જેટલી ડાકણો હતી.[77] આવા દાવાઓ જનસમૂહના ઉન્માદને વેગ આપતા, જેના કારણે સોળમી અને સત્તરમી સદીમાં 40,000થી 50,000 નિર્દોષ લોકો પર મેલીવિદ્યાનો આરોપ મૂકવામાં આવ્યો હતો અને તેમને મારી કાઢવામાં આવ્યા હતા.[78] ભોગ બનેલાઓમાં જીવનના દરેક ક્ષેત્ર અને ઉંમરના લોકોનો સમાવેશ થતો હતો, જેમાં પાંચ વર્ષના બાળકોનો પણ સમાવેશ થતો હતો.[79]

લોકો નાનામાં નાના પુરાવાના આધારે પણ એકબીજાને મેલીવિદ્યા માટે દોષિત ઠેરવવાનું શરૂ કરી દેતા હતા, જેમાં ઘણીવાર વ્યક્તિગત અપમાનનો બદલો લેવાની કે આર્થિક અને રાજકીય લાભ મેળવવાની ભાવના પણ રહેતી. એકવાર સત્તાવાર તપાસ શરૂ થઈ જાય, પછી આરોપીઓ મોટાભાગે બચી શકતા નહીં. 'ધ હેમર ઑફ ધ વિચિસ'માં લખવામાં આવેલી પૂછપરછની પદ્ધતિઓ ખરેખર શેતાની હતી. જો આરોપીઓ ડાકણ હોવાનો કબૂલાત કરે, તો તેમને ફાંસી આપવામાં આવતી અને તેમની મિલકત આરોપ મૂકનાર, જલ્લાદ અને પૂછપરછ કરનારાઓ વચ્ચે વહેંચવામાં આવતી. જો આરોપીઓ કબૂલાત કરવાનો ઇનકાર કરે, તો એને તેમના શેતાની ખુન્નસના પુરાવા તરીકે ગણવામાં આવતો અને પછી તેમને ભયાનક ત્રાસ આપવામાં આવતો, તેમની આંગળીઓ તોડી નાખવામાં આવતી, તેમના શરીરને ગરમ સળિયાથી વીંધવામાં આવતું, તેમના શરીરને તૂટી જાય ત્યાં સુધી ખેંચવામાં આવતું અથવા તેમને ઊકળતા પાણીમાં ડુબાડવામાં આવતા. વહેલા કે મોડા તેમની સહનશક્તિની હદ આવી જતી અને તેઓ કબૂલાત કરી લેતા અને પછી તેમને મારી નાખવામાં આવતા.[80]

એક ઉદાહરણ લઈએ તો, 1600માં મ્યુનિકના અધિકારીઓએ મેલીવિદ્યાની શંકા હેઠળ પેપેનહાઈમર પરિવાર, એટલે કે પિતા પૌલસ, માતા એના, બે પુખ્ત પુત્રો અને દસ વર્ષના છોકરા, હેન્સલની ધરપકડ કરી. ઇનક્વિઝિટરોએ નાના હેન્સેલને ત્રાસ આપીને પૂછપરછની શરૂઆત કરી. પૂછપરછનો પ્રોટોકોલ, જે હજુ પણ મ્યુનિક આર્કાઇવ્સમાં વાંચી શકાય છે, તેમાં દસ વર્ષના છોકરાની પૂછપરછ કરનારાઓમાંના એકની નોંધ છે: "તેને એટલી હદે ત્રાસ આપી શકાય છે કે જેથી તે તેની માતાને દોષિત ઠેરવવા માંડે."[81] અકથ્ય ત્રાસ વેઠ્યા પછી પેપેનહાઈમર પરિવારે અસંખ્ય ગુનાઓની કબૂલાત કરી, જેમાં મેલીવિદ્યા દ્વારા

265 લોકોની હત્યા અને ચૌદ વિનાશક તોફાનો લાવવાનો સમાવેશ થાય છે. તે બધાને મૃત્યુદંડની સજા ફટકારવામાં આવી હતી.

પરિવારના ચાર પુખ્ત સભ્યોના મૃતદેહને લાલ-ગરમ ચીપિયાથી ફાડી નાખવામાં આવ્યા હતા, પુરુષોના અંગો પૈડા પર બાંધીને તોડી નાખવામાં આવ્યાં હતાં, પિતાને વધસ્તંભ પર લટકાવવામાં આવ્યા હતા, માતાના સ્તનો કાપી નાખવામાં આવ્યાં હતાં અને પછી બધાને જીવતા સળગાવી દેવામાં આવ્યાં હતાં. દસ વર્ષના હેન્સેલને આ બધું જોવાની ફરજ પાડવામાં આવી હતી. ચાર મહિના પછી, તેને પણ ફાંસી આપવામાં આવી હતી.[82] વિચ-હન્ટરો શેતાન અને તેના સાથીઓની શોધમાં ખૂબ જ ચોકસાઈ રાખતા હતા, પરંતુ જો આ વિચ-હન્ટરોએ ખરેખર શેતાન કે ડાકણ શોધવા હોય, તો તેમણે ફક્ત અરીસામાં જ જોવાની જરૂર હતી.

સ્પેનિશ ઇન્ક્વિઝિશન

ફક્ત એક વ્યક્તિ અથવા એક પરિવારને મારીને વિચ-હન્ટ ભાગ્યે જ પૂરી થતી, કારણ કે એ માન્યતામાં વૈશ્વિક કાવતરાની વાત હતી એટલે, મેલીવિદ્યાના આરોપીઓને સાથીદારોનાં નામ આપવા માટે પણ ત્રાસ આપવામાં આવતો હતો. પછી તેનો ઉપયોગ અન્ય લોકોને કેદ કરવા, ત્રાસ આપવા અને મારવા માટે પુરાવા તરીકે કરવામાં આવતો હતો. જો કોઈ અધિકારીઓ, વિદ્વાનો અથવા ચર્ચના સભ્યો આ વાહિયાત પદ્ધતિઓ સામે વાંધો ઉઠાવે, તો તેઓ પણ ડાકણો હોવા જોઈએ તેના પુરાવા તરીકે તેમના વિરોધને જોવામાં આવતો, જેના પરિણામે તેમની પણ ધરપકડ થતી અને તેમની પર ત્રાસ ગુજારાતો હતો.

ઉદાહરણ તરીકે, 1453માં જ્યારે શેતાની કાવતરામાં લોકોને વિશ્વાસ પડવો શરૂ જ થઈ રહ્યો હતો ત્યારે ગિલાઉમ એડેલીન નામના ફ્રેન્ચ ધર્મશાસ્ત્રીએ બહાદુરીપૂર્વક એ બધું ફેલાય એ પહેલા જ તેને કચડી નાખવાનો પ્રયાસ કર્યો હતો. તેમણે મધ્યયુગીન 'કેનન એપિસ્કોપી'ના દાવાઓ ટાંક્યા કે મેલીવિદ્યા એક ભ્રમ છે અને ડાકણો ખરેખર રાત્રે શેતાનને મળવા અને તેની સાથે કાવતરા કરવા માટે ઊડી શકતી નથી. ત્યાર બાદ એડેલીન પર પોતે ડાકણ હોવાનો આરોપ મૂકવામાં આવ્યો હતો અને તેની ધરપકડ કરવામાં આવી હતી. ત્રાસની યાતના હેઠળ તેણે કબૂલાત કરી કે તે જાતે ઝાડુ પર ઉડાન ભરીને શેતાન સાથે જોડાયો હતો અને શેતાને જ તેને મેલીવિદ્યા એક ભ્રમ છે તેવા ઉપદેશ ફેલાવવાનું કામ સોંપ્યું હતું. જોકે તેના ન્યાયાધીશો ઉદાર હતા માટે તે ફાંસીની

સજાથી બચી ગયો અને તેને આજીવન કેદની સજા ફટકારવામાં આવી હતી.[83]

વિચ-હન્ટ માહિતીનું આવરણ રચવાની કાળી બાજુ દર્શાવે છે. તાલમુદની રબાઈઓ દ્વારા થતી ચર્ચાઓ અને ખ્રિસ્તી શાસ્ત્રોની વિચારશીલો દ્વારા થતી ચર્ચાઓની જેમ, માહિતીના વિસ્તરતા જથ્થા દ્વારા વિચ-હન્ટને પ્રોત્સાહન મળતું હતું, જે વાસ્તવિકતાનું પ્રતિનિધિત્વ કરવાને બદલે એક નવી વાસ્તવિકતાનું સર્જન કરતું હતું. ડાકણો કોઈ વસ્તુલક્ષી વાસ્તવિકતા નહોતી. શરૂઆતના આધુનિક યુરોપમાં કોઈએ શેતાન સાથે સંભોગ કર્યો નહોતો અથવા કોઈ ઝાડું પર ઊડવા કે કરાના તોફાનો લાવવા સક્ષમ નહોતું, પરંતુ ડાકણો એક આંતર-વ્યક્તિલક્ષી વાસ્તવિકતા બની ગઈ. પૈસાની જેમ, ડાકણો વિશે માહિતીની આપ-લે કરીને ડાકણો વાસ્તવિક બનાવવામાં આવતી હતી.

એક આખી વિચ-હન્ટ કરનારી અમલદારશાહી આવા વિનિમય માટે સમર્પિત હતી. ધર્મશાસ્ત્રીઓ, વકીલો, ઇન્ક્વિઝિટરો અને પ્રિન્ટિંગ પ્રેસના માલિકોએ ડાકણો વિશે માહિતી ભેગી કરીને અને ઘડી કાઢીને, ડાકણોની વિવિધ પ્રજાતિઓની યાદી બનાવીને, ડાકણો કેવી રીતે વર્તે છે તેની તપાસ કરીને તેમને કેવી રીતે ખુલ્લી પાડી શકાય અને હરાવી શકાય તે લખી, વેચી, શીખવાડીને જીવનનિર્વાહ કરતા હતા. વ્યાવસાયિક વિચ-હન્ટરો સરકારો અને નગરપાલિકાઓને તેમની સેવાઓ આપી, મોટી રકમ વસૂલ કરતા. વિચ-હન્ટિંગનાં અભિયાનો, ડાકણો પર કેસ ચલાવવાના પ્રોટોકોલ અને કથિત ડાકણોની લાંબી કબૂલાતના વિગતવાર અહેવાલોથી આર્કાઇવો ભરેલી હતી.

નિષ્ણાત વિચ-હન્ટરોએ તે બધા ડેટાનો ઉપયોગ તેમના સિદ્ધાંતોને વધુ સુધારવા માટે કર્યો. શાસ્ત્રોના સાચા અર્થઘટન બાબતે દલીલ કરતા વિદ્વાનોની જેમ, વિચ-હન્ટરો ‘ધ હેમર ઑફ ધ વિચિઝ’ અને અન્ય પ્રભાવશાળી પુસ્તકોના સાચા અર્થઘટન પર ચર્ચા કરતા. વિચ-હન્ટિંગ કરતી અમલદારશાહીએ એ જ કર્યું, જે મોટાભાગે અમલદારશાહીઓ કરતી જ હોય છે: તેણે “ડાકણો”ની આંતર-વ્યક્તિલક્ષી શ્રેણીની શોધ કરી અને તેને વાસ્તવિકતા પર લાદી દીધી. તેણે ફોર્મ પણ છાપ્યાં, જેમાં ચોક્કસ આરોપો અને ડાકણોની કબૂલાત અને તારીખો, નામો અને આરોપીઓના હસ્તાક્ષર માટે ખાલી જગ્યાઓ છોડી દેવામાં આવી. તે બધી માહિતીએ ઘણી વ્યવસ્થા અને શક્તિ ઉત્પન્ન કર્યા. તે ચોક્કસ લોકો માટે સત્તા મેળવવાનું અને સમગ્ર સમાજ માટે તેના સભ્યોને શિસ્તબદ્ધ રાખવાનું એક સાધન હતું, પરંતુ તેણે શૂન્ય સત્ય અને શૂન્ય શાણપણ ઉત્પન્ન કર્યું.

જેમ જેમ વિચ-હન્ટિંગ અમલદારશાહી વધુ ને વધુ માહિતી ઉત્પન્ન કરતી ગઈ, તેમ તેમ તે બધી માહિતીને માત્ર કાલ્પનિક ગણીને ફગાવી દેવી મુશ્કેલ

બન્યું. શું એવું બની શકે કે વિચ-હન્ટિંગની માહિતીના વિશાળ કોઠારમાં સત્યનો એક પણ દાણો ન હોય? વિદ્વાન પાદરીઓ દ્વારા લખાયેલાં પુસ્તકોનું શું? માનનીય ન્યાયાધીશો દ્વારા હાથ ધરવામાં આવેલા કેસોના બધા પ્રોટોકોલનું શું? હજારો લેખિત કબૂલાતોનું શું?

નવી આંતરવ્યક્તિલક્ષી વાસ્તવિકતા એટલી માનવાલાયક લાગતી હતી કે મેલીવિદ્યાના આરોપીઓમાંથી કેટલાક લોકો પણ એવું માનવા લાગ્યા કે તેઓ ખરેખર વિશ્વવ્યાપી શેતાની ષડયંત્રનો ભાગ હતા. જો બધા એવું કહેતા હોય, તો તે સાચું હોવું જોઈએ. પ્રકરણ-2માં ચર્ચા કર્યા મુજબ, માનવીઓ નકલી યાદો પણ અપનાવી લેતા હોય છે. કેટલાક પ્રારંભિક આધુનિક યુરોપિયનોએ શેતાનોને સાધવા, શેતાન સાથે સંભોગ કરવા અને મેલીવિદ્યાનો અભ્યાસ કરવાનું સ્વપ્ન જોયું હતું અથવા કલ્પના કરી હતી અને જ્યારે ડાકણ હોવાનો આરોપ મૂકવામાં આવ્યો હતો, ત્યારે તેમણે તેમનાં સપનાં અને કલ્પનાઓની વાસ્તવિકતા સાથે ભેળસેળ કરી નાખી હતી.[84]

પરિણામે, સત્તરમી સદીની શરૂઆતમાં જ્યારે વિચ-હન્ટિંગ ભયાનક ચરમસીમાએ પહોંચ્યું હતું અને ઘણા લોકોને શંકા થતી હતી કે કંઈક તો દેખીતી રીતે જ ખોટું છે, ત્યારે આખી વાતને માત્ર કલ્પના તરીકે નકારી કાઢવી મુશ્કેલ હતી. પ્રારંભિક આધુનિક યુરોપમાં સૌથી ખરાબ વિચ-હન્ટિંગની ઘટનાઓમાંની એક ઘટના 1620ના દાયકાના અંતમાં દક્ષિણ જર્મનીના બેમ્બર્ગ અને વુર્ઝબર્ગ શહેરોમાં બની હતી. તે સમયે 12,000થી ઓછા લોકોની વસ્તી ધરાવતા બેમ્બર્ગ શહેરમાં,[85] 1625થી 1631 દરમિયાન 900 જેટલા નિર્દોષ લોકોને ફાંસી આપવામાં આવી હતી.[86] વુર્ઝબર્ગમાં લગભગ 11,500 લોકોની વસ્તીમાંથી 1200 લોકોને ત્રાસ આપીને મારી નાખવામાં આવ્યા હતા.[87] ઑગસ્ટ 1629માં, વુર્ઝબર્ગના રાજકુમાર-બિશપના ચાન્સેલરે એક મિત્રને ચાલી રહેલા વિચ-હન્ટ વિશે એક પત્ર લખ્યો હતો, જેમાં તેણે આ બાબત અંગે પોતાની શંકાઓ વ્યક્ત કરી હતી. આ પત્ર લંબાણપૂર્વક ટાંકવા યોગ્ય છે:

> ડાકણોના મામલાની વાત કરીએ તો... તે નવેસરથી શરૂ થયું છે અને કોઈ પણ રીતે તેને યોગ્ય ઠેરવી શકાતું નથી. આહ, તેનું દુઃખ અને ચિંતા કેટલી! આ શહેરમાં હજુ પણ ચારસો લોકો છે, ઉચ્ચ અને નીચ, દરેક સ્તર અને જાતિના, અરે, પાદરી પણ, તેમની પરના આરોપો એટલા મજબૂત કે તેમની ધરપકડ ગમે ત્યારે થઈ શકે છે.... પ્રિન્સ-બિશપ પાસે ચાલીસથી વધુ વિદ્યાર્થીઓ છે, જે ટૂંક

સમયમાં પાદરી બનવાના છે, તેમાંથી તેર કે ચૌદ ડાકણો હોવાનું કહેવાય છે. થોડા દિવસ પહેલા એક ડીનની ધરપકડ કરવામાં આવી હતી, બે બે જણાને સમન્સ પાઠવવામાં આવ્યાં હતાં, પણ તેઓ ભાગી છૂટ્યા છે. અમારા ચર્ચ કોન્સ્ટિસ્ટરીના નોટરી એક ખૂબ જ વિદ્વાન માણસ છે, જેમની ગઈકાલે ધરપકડ કરવામાં આવી હતી અને ત્રાસ ગુજારવામાં આવ્યો હતો. ટૂંકમાં, શહેરનો ત્રીજો ભાગ ચોક્કસપણે સંડોવાયેલો છે. સૌથી ધનિક, સૌથી આકર્ષક, સૌથી અગ્રણી અને પાદરીઓને પહેલાથી જ મારી નાખવામાં આવ્યા છે. એક અઠવાડિયા પહેલા ઓગણીસ વર્ષની એક કન્યાને મારી નાખવામાં આવી હતી, જેના વિશે એમ કહેવાતું હતું કે તે આખા શહેરમાં સૌથી સુંદર યુવતી હતી અને દરેક વ્યક્તિ તેને તદ્દન નમ્ર અને શુદ્ધ છોકરી માનતી હતી. તેના પછી સાત કે આઠ અન્ય ઉત્તમ અને એવી જ આકર્ષક વ્યક્તિઓનો વારો આવશે... અને આમ ઘણા લોકોને ભગવાનનો ત્યાગ કરવા બદલ અને ડાકણોના નૃત્યમાં સામેલ થવા બદલ મૃત્યુદંડ આપવામાં આવે છે, એવા લોકો જેમની વિરુદ્ધ કોઈએ ક્યારેય એક શબ્દ પણ ઉચ્ચાર્યો નથી હોતો.

અંતે આ દુઃખદ બાબતને સમાપ્ત કરતા ઉમેરીશ કે, ત્રણ અને ચાર વર્ષના ત્રણસો જેટલાં બાળકો છે, જેમણે શેતાન સાથે સંભોગ કર્યો હોવાનું કહેવાય છે. મેં સાત વર્ષના બાળકોને મૃત્યુદંડ અપાતા જોયા છે, દસ, બાર, ચૌદ અને પંદર વર્ષના આશાસ્પદ વિદ્યાર્થીઓને પણ.... [પરંતુ] હું આ દુઃખદ ઘટનાઓ વિશે વધુ લખી શકતો નથી અને લખવું પણ ન જોઈએ.

ત્યાર બાદ ચાન્સેલરે પત્રમાં આ રસપ્રદ તાજા કલમ ઉમેરી હતીઃ

જોકે ઘણી અદ્ભુત અને ભયંકર ઘટનાઓ બની રહી છે, તે નિઃશંક વાત છે. ફ્રાઉ-રેંગબર્ગ નામના સ્થળે શેતાને તેના આઠ હજાર અનુયાયીઓ સાથે એક સભા યોજી હતી અને તે બધાની સાથે તેણે ઉજવણી પણ કરી હતી, તેના શ્રોતાઓ (એટલે કે, ડાકણો)ને પવિત્ર પ્રસાદની જગ્યાએ વિચિત્ર વસ્તુઓ ખવડાવી હતી. ત્યાં માત્ર ખરાબ જ નહીં, પરંતુ સૌથી ભયાનક અને ઘૃણાસ્પદ ઈશનિંદાઓ પણ થઈ હતી, જેના વિશે લખવાનો વિચાર કરતાં પણ મને ધ્રુજારી છૂટી જાય છે.[88]

વુર્ઝબર્ગમાં વિચ-હન્ટના ગાંડપણ બાબતે પોતાની પીડા અને શંકા વ્યક્ત કર્યા પછી પણ, ચાન્સેલરે ડાકણોના શેતાની કાવતરામાં પોતાનો દઢ વિશ્વાસ વ્યક્ત કર્યો. તેમણે કોઈ રીતે મેલીવિદ્યાનો પ્રતાપ પોતે જોયો નહોતો, પરંતુ ડાકણો વિશે એ સમયે એટલી બધી માહિતી ફરતી હતી કે તે બધી પર શંકા કરવી તેના માટે મુશ્કેલ હતું. વિચ-હન્ટ એ ઝેરી માહિતીના ફેલાવાને કારણે ઊભી થયેલી આપત્તિ હતી. તે માહિતી દ્વારા સર્જાયેલી અને વધુ માહિતી દ્વારા વકરેલી સમસ્યાનું મહત્ત્વનું ઉદાહરણ છે.

ફક્ત આધુનિક વિદ્વાનો દ્વારા જ નહીં, પરંતુ તે સમયના કેટલાક સમજદાર નિરીક્ષકો દ્વારા પણ આ જ નિષ્કર્ષ તારવવામાં આવ્યો હતો. સ્પેનિશ ઇન્ક્વિઝિટર એલોન્સો ડી સલાઝાર ફ્રિયાસે સત્તરમી સદીની શરૂઆતમાં વિચ હન્ટ અને વિચ ટ્રાયલોની સંપૂર્ણ તપાસ કરી હતી. તેમણે તારણ કાઢ્યું હતું કે, તેમને "એક પણ પુરાવો કે સહેજ પણ સંકેત મળ્યો નથી કે જેનાથી એવું તારણ કાઢી શકાય કે મેલીવિદ્યાનું એક પણ કૃત્ય ખરેખર થયું છે," અને "જ્યાં સુધી તેમની વાતો જાહેર ન થાય અને તેમના વિષે લખાય નહીં ત્યાં સુધી ન તો ડાકણો હતી કે ન તો કોઈ પર જાદુ કરવામાં આવ્યું હતું."[89] સલાઝાર ફ્રિયાસ આંતરવ્યક્તિલક્ષી વાસ્તવિકતાનો અર્થ સારી રીતે સમજતા હતા અને સમગ્ર વિચ-હન્ટ ઇન્ડસ્ટ્રીને આંતરવ્યક્તિલક્ષી માહિતી ક્ષેત્ર તરીકે યોગ્ય રીતે જ સમજતા હતા.

શરૂઆતના આધુનિક યુરોપિયન વિચ-હન્ટના ગાંડપણનો ઇતિહાસ દર્શાવે છે કે માહિતીના પ્રવાહના અવરોધો દૂર કરવાથી સત્યની શોધ અને પ્રસાર થતો હોય એવું જરૂરી નથી. તેનાથી એટલી જ સરળતાથી જૂઠાણાં અને કલ્પનાઓના ફેલાવા અને ઝેરી માહિતી ક્ષેત્રોના નિર્માણ પણ થઈ શકે છે. વધુ સ્પષ્ટ રીતે કહીએ તો, વિચારોનું સંપૂર્ણપણે મુક્ત બજાર સત્યના ભોગે આક્રોશ અને માહિતીના સનસનાટીભર્યા પ્રસારને પ્રોત્સાહન આપી શકે છે અને શા માટે થઈ શકે છે તે સમજવું જરા પણ મુશ્કેલ નથી. કોપરનિક્સના 'ઑન ધ રિવોલ્યુશન્સ ઑફ ધ હેવનલી સ્ફિયર્સ'ના નીરસ ગણિત કરતાં છાપકામ કરનારાઓ અને પુસ્તક વિક્રેતાઓએ 'ધ હેમર ઑફ ધ વિચિસ'ની ભયાનક વાર્તાઓમાંથી ઘણા વધુ રૂપિયા કમાયા હતા. કોપરનિક્સનો ગ્રંથ આધુનિક વૈજ્ઞાનિક પરંપરાના સ્થાપક ગ્રંથોમાંનો એક હતો. તેણે આપણા ગ્રહ પૃથ્વીને બ્રહ્માંડના કેન્દ્રમાંથી મુક્ત કર્યો હતો અને તેના દ્વારા કોપરનિકન ક્રાંતિની શરૂઆત થઈ હતી, પરંતુ જ્યારે તે પુસ્તક 1543માં પ્રથમ વખત પ્રકાશિત થયું, ત્યારે તેની પ્રારંભિક ચારસો નકલો પણ વેચાઈ નહોતી અને એટલી જ નકલોની બીજી

આવૃત્તિ પ્રકાશિત થવામાં ઈસ. 1566 સુધી રાહ જોવી પડી હતી. તેની ત્રીજી આવૃત્તિ તો છેક ઈસ. 1617 સુધી પ્રકાશિત થઈ ન હતી. આર્થર કોએસ્ટલરે યોગ્ય રીતે તેની ખિલ્લી ઉડાવતા કહ્યું હતું, તે પુસ્તક અત્યાર સુધીનું વર્સ્ટ સેલર પુસ્તક હતું.[90] વૈજ્ઞાનિક ક્રાંતિને ખરેખર જે વસ્તુએ આગળ ધપાવી તે ન તો પ્રિન્ટિંગ પ્રેસ હતી કે ન તો માહિતીનું સંપૂર્ણપણે મુક્ત બજાર, પરંતુ માનવીય ભૂલોની સમસ્યા અંગેનો એક નવીન અભિગમ હતો.

અજ્ઞાનની શોધ

મુદ્રણ અને વિચ-હન્ટિંગનો ઇતિહાસ સૂચવે છે કે અનિયંત્રિત માહિતી બજાર લોકોને તેમની ભૂલો ઓળખવા અને સુધારવા માટે પ્રેરે એ જરૂરી નથી, કારણ કે તે સત્ય કરતાં આક્રોશને વધુ મહત્ત્વ આપી શકે છે. સત્યને જીતવા માટે, એવી સંપાદન કરતી સંસ્થાઓ સ્થાપિત કરવી જરૂરી છે, જેમાં આ સંતુલનને તથ્યોની તરફેણમાં નમાવવાની શક્તિ હોય. જો કે, કેથોલિક ચર્ચનો ઇતિહાસ સૂચવે છે એમ, આવી સંસ્થાઓ તેમની સંપાદન શક્તિનો ઉપયોગ પોતાની જાતની કોઈ પણ ટીકાને રદ કરવા માટે અને બધા વૈકલ્પિક વિચારોને ખોટા ગણાવવા કરી શકે છે અને સંસ્થાની પોતાની ભૂલોને ખુલ્લી પડવાથી અને તેને સુધારવાથી અટકાવી શકે છે. શું એવી વધુ સારી સંપાદન સંસ્થાઓ સ્થાપિત કરવી શક્ય છે, જે પોતાની શક્તિનો ઉપયોગ પોતાના માટે વધુ શક્તિ મેળવવાને બદલે સત્યની શોધને આગળ વધારવા માટે કરતી હોય?

પ્રારંભિક આધુનિક યુરોપમાં બરાબર આવી જ સંપાદન સંસ્થાઓનો પાયો નખાયો હતો અને પ્રિન્ટિંગ પ્રેસ અથવા 'ઓન ધ રિવોલ્યુશન્સ ઑફ ધ હેવનલી સ્ફિયર્સ' જેવાં પુસ્તકોને બદલે આવી સંસ્થાઓ હતી જે વૈજ્ઞાનિક ક્રાંતિનો પાયો બની રહી હતી. આ મહત્ત્વપૂર્ણ સંપાદન સંસ્થાઓ યુનિવર્સિટીઓ નહોતી. વૈજ્ઞાનિક ક્રાંતિના ઘણા મહત્ત્વપૂર્ણ નેતાઓ યુનિવર્સિટીના પ્રોફેસરો નહોતા. ઉદાહરણ તરીકે, નિકોલસ કોપરનિકસ, રોબર્ટ બોયલ, ટાયકો બ્રાહે અને રેને ડેસકાર્ટેસ કોઈ શૈક્ષણિક હોદ્દા પર નહોતા. સ્પિનોઝા, લીબનિઝ, લોક, બર્કલે, વોલ્ટેર, ડીડેરો કે રૂસો પણ એવા કોઈ હોદ્દા પર નહોતા.

વૈજ્ઞાનિક ક્રાંતિમાં મુખ્ય ભૂમિકા ભજવનારી સંપાદન સંસ્થાઓએ યુનિવર્સિટીઓના અને યુનિવર્સિટી બહારના વિદ્વાનો અને સંશોધકોને જોડ્યા અને એક માહિતી નેટવર્ક બનાવ્યું, જે સમગ્ર યુરોપ અને આખરે વિશ્વભરમાં ફેલાયેલું હતું. વૈજ્ઞાનિક ક્રાંતિને ગતિ મળે તે માટે, વૈજ્ઞાનિકોએ દૂરના દેશોના

વૈજ્ઞાનિકો દ્વારા પ્રકાશિત માહિતી પર વિશ્વાસ કરવો પડતો હતો. ઈસ. 1660માં સ્થપાયેલ 'રૉયલ સોસાયટી ઑફ લંડન ફૉર ઇમ્પ્રુવિંગ નેચરલ નૉલેજ' અને 'ફ્રેન્ચ એકેડેમી દે સાયન્સ' (1666) જેવાં વૈજ્ઞાનિક સંગઠનોમાં બધાનો આ પ્રકારનો વિશ્વાસ હતો. 'ફિલૉસૉફિકલ ટ્રાન્ઝેક્શન્સ ઑફ ધ રૉયલ સોસાયટી' (1665) અને 'હિસ્ટોઇર દે લ'એકેડેમી રૉયલ દે સાયન્સ' (1699) જેવા વૈજ્ઞાનિક જર્નલો અને એનસાઇક્લોપીડિયા (1751-72)ના સ્થાપકો જેવા વૈજ્ઞાનિક પ્રકાશકોમાં લોકોને આ પ્રકારનો વિશ્વાસ હતો. આ સંસ્થાઓએ અનુભવજન્ય પુરાવાઓના આધારે માહિતી સંપાદિત કરી હતી, ક્રેમરની કલ્પનાઓને બદલે કોપરનિક્સની શોધો તરફ લોકોનું ધ્યાન દોર્યું હતું. જ્યારે 'ફિલૉસૉફિકલ ટ્રાન્ઝેક્શન્સ ઑફ ધ રૉયલ સોસાયટી' સમક્ષ કોઈ સંશોધનપત્ર રજૂ કરવામાં આવતો ત્યારે સંપાદકો "આ વાંચવા માટે કેટલા લોકો પૈસા ચૂકવશે?" એમ નહીં, પરંતુ "આ સાચું છે તેનો શું પુરાવો છે?" તેમ પૂછતા હતા.

શરૂઆતમાં, આ નવી સંસ્થાઓ કરોળિયાઓના જાળા જેવી નબળી લાગતી હતી, જેમાં માનવ સમાજને ફરીથી ઘડવા માટે જરૂરી શક્તિનો અભાવ લાગતો હતો. વિચ-હન્ટિંગના નિષ્ણાતોથી વિપરીત, 'ફિલોસોફિકલ ટ્રાન્ઝેક્શન્સ ઑફ રૉયલ સોસાયટી'ના સંપાદકો કોઈને ત્રાસ આપી શકતા નહોતા કે કોઈની હત્યા પણ કરી શકતા નહોતા અને કેથોલિક ચર્ચથી વિપરીત, 'એકેડેમી દે સાયન્સે' પાસે વિશાળ પ્રદેશો અને મોટું ભંડોળ પણ નહોતું, પરંતુ વૈજ્ઞાનિક સંસ્થાઓનો પ્રભાવ તેમની વિશ્વસનીયતાને કારણે હતો. ચર્ચ સામાન્ય રીતે લોકોને તેના પર વિશ્વાસ કરવાનું કહેતું હતું કારણ કે તેની પાસે એક અફર પવિત્ર ગ્રંથના રૂપમાં અંતિમ સત્ય હોવાનો દાવો હતો. તેનાથી વિપરીત, વૈજ્ઞાનિક સંસ્થાને સ્વીકૃતિ એટલે મળી હતી, કારણ કે તેની પાસે પોતાને સુધારવાની પદ્ધતિઓ હતી જે સંસ્થાની ભૂલોને ઉજાગર કરતી હતી અને સુધારતી હતી. છાપકામની તકનીક નહીં, પરંતુ આ સ્વસુધારણા પદ્ધતિઓ જ વૈજ્ઞાનિક ક્રાંતિનું ચાલકબળ બની રહી હતી.

બીજા શબ્દોમાં કહીએ તો, વૈજ્ઞાનિક ક્રાંતિ અજ્ઞાનની શોધ દ્વારા શરૂ કરવામાં આવી હતી.[91] ગ્રંથોવાળા ધર્મોએ એમ ધારી લીધું હતું કે તેમની પાસે જ્ઞાનનો અચૂક સ્રોત છે. ખ્રિસ્તીઓ પાસે બાઇબલ હતું, મુસ્લિમો પાસે કુરાન હતું, હિન્દુઓ પાસે વેદ હતા અને બૌદ્ધો પાસે તિપિટક હતું. વૈજ્ઞાનિક સંસ્કૃતિ પાસે કોઈ એવો પવિત્ર ગ્રંથ નથી અને એવો દાવો પણ નથી કરવામાં આવતો કે તેના કોઈ પણ વૈજ્ઞાનિકો અચૂક પયગંબરો, સંતો અથવા પ્રબુદ્ધો છે. વૈજ્ઞાનિક પ્રોજેક્ટ અચૂકતાની કલ્પનાને નકારીને અને એક એવું માહિતી નેટવર્ક બનાવીને

શરૂ થાય છે, જે ભૂલ થશે જ એમ માનતું હોય છે. હા, કોપરનિકસ, ડાર્વિન અને આઇન્સ્ટાઈનની પ્રતિભા વિશે ઘણી ચર્ચાઓ થાય છે, પરંતુ તેમાંથી કોઈને પણ દોષરહિત માનવામાં આવતા નથી. તે બધાએ ભૂલો કરી છે અને સૌથી પ્રખ્યાત વૈજ્ઞાનિક મૅગેઝિનોમાં પણ ભૂલો અને ખામીઓ હશે જ.

પ્રતિભાશાળી લોકો પણ પુષ્ટિકરણના પૂર્વગ્રહથી પીડાતા હોય છે, તેથી તમે તેમની પોતાની ભૂલો સુધારવા માટે તેમના પર વિશ્વાસ કરી ન શકો. વિજ્ઞાન એક સામૂહિક પ્રયાસ છે, જે વ્યક્તિગત વૈજ્ઞાનિકો અથવા એક જ અચૂક ગ્રંથ પર નહીં, પરંતુ સંસ્થાકીય સહયોગ પર આધાર રાખે છે. અલબત્ત, સંસ્થાઓ પણ ભૂલ કરતી હોય છે. તેમ છતાં, વૈજ્ઞાનિક સંસ્થાઓ ધાર્મિક સંસ્થાઓથી અલગ છે કારણ કે તેઓ ‘હા, જી, હા’ને બદલે શંકાઓ અને નવીનતાને આવકારે છે. વૈજ્ઞાનિક સંસ્થાઓ કોન્સપિરસી થિયરીઓથી પણ અલગ છે, કારણ કે તેઓ પોતાની ભૂલોને પણ આવકારે છે. કોન્સપિરસી થિયરીસ્ટો પ્રવર્તમાન સર્વસંમત માન્યતાઓ બાબતે અત્યંત શંકાશીલ હોય છે, પરંતુ જ્યારે તેમની પોતાની માન્યતાઓની વાત આવે છે ત્યારે તેઓ તેમની શંકાશીલતા ભૂલી જાય છે અને પુષ્ટિકરણના પૂર્વગ્રહનો જ શિકાર બને છે.[92] વિજ્ઞાનનો મહત્ત્વનો ગુણધર્મ ફક્ત સંશયવાદ નથી, પરંતુ સ્વ-સંશયવાદ છે અને દરેક વૈજ્ઞાનિક સંસ્થાના મૂળમાં આપણને એક મજબૂત સ્વસુધારણા પદ્ધતિ જોવા મળે છે. વૈજ્ઞાનિક સંસ્થાઓ ક્વોન્ટમ મિકેનિક્સ અથવા ઉત્ક્રાંતિનો સિદ્ધાંત જેવા સિદ્ધાંતોની ચોકસાઈ વિશે વ્યાપક સર્વસંમતિ સુધી પહોંચે છે જરૂર, પરંતુ આ સિદ્ધાંતોને ખોટા સાબિત કરવાના સંસ્થા બહારના લોકોના જ તીવ્ર પ્રયાસો નહીં, પરંતુ સંસ્થાના સભ્યોના પણ એવા પ્રયાસો નિષ્ફળ થયા પછી જ.

સ્વસુધારણા પદ્ધતિઓ

ઇન્ફૉર્મેશન ટેક્નોલૉજી તરીકે સ્વસુધારણા પદ્ધતિ પવિત્ર ગ્રંથથી તદ્દન વિપરીત છે. પવિત્ર ગ્રંથને અચૂક, ભૂલ વિનાનો માનવામાં આવે છે. સ્વસુધારણા પદ્ધતિ ભૂલની શક્યતાને સ્વીકારે છે. સ્વસુધારણા દ્વારા હું એવી પદ્ધતિઓની વાત કરું છું જેનો ઉપયોગ કોઈ સંસ્થા પોતાને સુધારવા માટે કરે છે. વિદ્યાર્થીના નિબંધને સુધારનાર શિક્ષક એ સ્વસુધારણા પદ્ધતિ નથી, કારણ કે તેમાં વિદ્યાર્થી પોતાનો નિબંધ સુધારતો નથી. ગુનેગારને જેલમાં મોકલનાર ન્યાયાધીશ એ સ્વસુધારણા પદ્ધતિ નથી, કારણ કે ગુનેગાર પોતાના ગુનાનો જાતે જ ખુલાસો કે સુધારો કરી રહ્યો નથી. જ્યારે મિત્ર રાષ્ટ્રોએ નાઝી શાસનને હરાવ્યું અને તેને ઘમરોળી

નાખ્યું, ત્યારે એ પણ સ્વસુધારણા પદ્ધતિ નહોતી. જો જર્મનીને એમ ને એમ જ છોડી દેવામાં આવ્યું હોત, તો જર્મનીએ પોતાનામાં નાઝીવાદનો સફાયો ન કર્યો હોત, પરંતુ જ્યારે કોઈ વૈજ્ઞાનિક જર્નલ આગળના કોઈ અંકમાં પ્રસિદ્ધ પેપરમાં દેખાતી ભૂલને સુધારતું પેપર પ્રકાશિત કરે છે, ત્યારે તે સંસ્થાકીય સ્વસુધારણાનું ઉદાહરણ બની રહે છે.

સ્વસુધારણા પદ્ધતિઓ પ્રકૃતિમાં તો સર્વવ્યાપી છે. બાળકો તેના કારણે જ ચાલવાનું શીખે છે. તમે ખોટું પગલું ભરો છો, તમે પડી જાઓ છો, તમે તમારી ભૂલમાંથી શીખો છો, તમે તેને થોડી અલગ રીતે કરવાનો પ્રયાસ કરો છો. હા, ક્યારેક માતાપિતા અને શિક્ષકો બાળકને મદદ કરે છે અથવા સલાહ આપે છે, પરંતુ જે બાળક આવા બાહ્ય સુધારાઓ પર જ સંપૂર્ણપણે આધાર રાખે છે અથવા તેમાંથી શીખવાને બદલે ભૂલોને અવગણે છે તેને ચાલવામાં ખૂબ જ મુશ્કેલી પડતી હોય છે. પુખ્ત વયના લોકો તરીકે પણ આપણે જ્યારે પણ ચાલીએ છીએ, ત્યારે આપણું શરીર સ્વસુધારણાની એક જટિલ પ્રક્રિયા તો ચાલુ જ રાખે છે, જેમ જેમ આપણું શરીર આગળ વધતું જાય છે, તેમ તેમ મગજ, અંગો અને ઇન્દ્રિયો વચ્ચે થતું માહિતીનું સતત આદાનપ્રદાન આપણા પગ અને હાથને તેમના યોગ્ય સ્થાનો પર મૂકે છે અને આપણું સંતુલન બરાબર રાખે છે.[93]

અન્ય ઘણી શારીરિક પ્રક્રિયાઓને સતત સ્વસુધારણાની જરૂર પડે છે. આપણું બ્લડ પ્રેશર, તાપમાન, સુગર લેવલ અને અસંખ્ય અન્ય પરિમાણોને વિવિધ પરિસ્થિતિઓ અનુસાર બદલવા માટે થોડી છૂટ આપવી પડે છે, પરંતુ તે ક્યારેય ચોક્કસ નિર્ણાયક સ્તરથી ઉપર કે નીચે ન જવા જોઈએ નહીં. જ્યારે આપણે દોડીએ છીએ ત્યારે આપણું બ્લડ પ્રેશર વધવું જોઈએ અને જ્યારે આપણે સૂઈએ છીએ ત્યારે ઘટવું જોઈએ, પરંતુ તે હંમેશાં ચોક્કસ લેવલની અંદર જ વધઘટ થવું જોઈએ.[94] આપણું શરીર આ નાજુક બાયોકેમિકલ નૃત્ય હોમિયોસ્ટેટિક સ્વસુધારણા પદ્ધતિઓ દ્વારા કરે છે. જો આપણું બ્લડ પ્રેશર ખૂબ ઊંચું જાય છે, તો સ્વસુધારણા પદ્ધતિઓ તેને ઘટાડે છે. જો આપણું બ્લડ પ્રેશર બહુ ઓછું હોય, તો સ્વસુધારણા પદ્ધતિઓ તેને વધારે છે. જો સ્વસુધારણા પદ્ધતિઓ વ્યવસ્થિત રીતે ન ચાલતી હોય, તો આપણે મરી શકીએ છીએ.[95]

સંસ્થાઓ પણ સ્વસુધારણા પદ્ધતિઓ વિના મૃત્યુ પામે છે. આ પદ્ધતિઓ એ સ્વીકૃતિથી શરૂ થાય છે કે મનુષ્યો ભૂલ કરી શકે છે અને ભ્રષ્ટ પણ થઈ શકે છે, પરંતુ મનુષ્યોથી નિરાશ થવાને બદલે અને તેમને અવગણવાને બદલે, સંસ્થા સક્રિયપણે પોતાની ભૂલો શોધે રાખે છે અને તેમને સુધારે છે. એ બધી સંસ્થાઓ જે થોડાં વર્ષોથી વધુ સમય સુધી ટકી રહે છે તેમની પાસે આવી

પદ્ધતિઓ હોય છે, પરંતુ સંસ્થાઓ તેમની સ્વસુધારણા પદ્ધતિઓની શક્તિ અને તે જાહેરમાં કેટલી દેખાતી હોય છે તે બાબતોમાં ખૂબ જ અલગ હોય છે.

ઉદાહરણ તરીકે, કેથોલિક ચર્ચ પ્રમાણમાં નબળી સ્વસુધારણા પદ્ધતિઓ ધરાવતી સંસ્થા છે. કારણ કે તે અચૂક હોવાનો દાવો કરે છે, તે સંસ્થાકીય ભૂલો સ્વીકારી શકતી નથી. તે ક્યારેક ક્યારેક સ્વીકારતી હોય છે કે તેના કેટલાક સભ્યોએ ભૂલ કરી છે અથવા પાપ કર્યું છે, પરંતુ સંસ્થા પોતે કથિત રીતે અચૂક જ રહે છે. ઉદાહરણ તરીકે, ઈસ. 1964માં બીજી વેટિકન કાઉન્સિલમાં કેથોલિક ચર્ચે સ્વીકાર્યું કે "ઈસુ ખ્રિસ્ત જ્યાં સુધી ચર્ચ આ ધરતી પર હોય ત્યાં સુધી તેને સતત સુધારણા કરતા રહેવાનું કહે છે. ચર્ચને હંમેશાં એની જરૂર પડે છે, કારણ કે તે પૃથ્વી પરના માણસોની એક સંસ્થા છે. માટે જો વિવિધ સમય અને પરિસ્થિતિઓમાં, નૈતિક આચરણમાં અથવા ચર્ચની શિસ્તમાં અથવા ચર્ચના શિક્ષણને ઘડવામાં રહેલી રીતમાં પણ ખામીઓ રહી હોય, જે શ્રદ્ધા (ડિપોઝિટ ઑફ ફેઇથ)થી અલગ જ હોય, તો એને યોગ્ય સમયે સુધારી શકાય છે."[96]

આ કબૂલાત આશાસ્પદ લાગે છે, પરંતુ મૂળ વાત તો તેની બારીક વિગતોમાં છે, ખાસ કરીને "જે શ્રદ્ધા (ડિપોઝિટ ઑફ ફેઇથ)થી અલગ જ હોય"માં કોઈ પણ ખામી હોવાની શક્યતાને ટાળવામાં. કેથોલિક ધર્મશાસ્ત્રમાં "શ્રદ્ધા (ડિપોઝિટ ઑફ ફેઇથ)" એટલે એ તેમની સમક્ષ પ્રગટ થયેલું સત્ય જે ચર્ચને શાસ્ત્રો અને શાસ્ત્રોનું અર્થઘટન કરવાની તેની પવિત્ર પરંપરામાંથી પ્રાપ્ત થયું છે. કેથોલિક ચર્ચ સ્વીકારે છે કે પાદરીઓ ભૂલ કરી શકે છે અને ચર્ચના શિક્ષણને ઘડવાની રીતમાં પણ ભૂલો કરી શકે છે. જો કે, પવિત્ર ગ્રંથ પોતે ક્યારેય ભૂલ કરી શકતું નથી. સમગ્ર ચર્ચને એક એવી સંસ્થા માનીએ કે જેમાં ભૂલ કરી શકે તેવા માનવો અને ભૂલ ન કરી શકે તેવો ગ્રંથ છે, તો તેનો અર્થ શું થાય?

કેથોલિક ધર્મશાસ્ત્ર અનુસાર, બાઇબલનું અચૂક અને દૈવી માર્ગદર્શન માનવ ભ્રષ્ટાચારને ઓળંગી જાય છે. માટે ચર્ચના સભ્યો પોતે ભૂલ અને પાપ કરી શકે છે, પણ કેથોલિક ચર્ચ એક સંસ્થા તરીકે ક્યારેય ભૂલ કરતું નથી. એમ પણ કહેવાય છે કે ઇતિહાસમાં ક્યારેય ભગવાને મોટાભાગના ચર્ચ નેતાઓને પવિત્ર ધર્મગ્રંથના અર્થઘટનમાં ગંભીર ભૂલ કરવા દીધી જ નથી. આ જ સિદ્ધાંત ઘણા ધર્મોમાં છે. યહૂદી રૂઢિચુસ્તોએ એવી શક્યતા સ્વીકારી હતી કે મિશ્નાહ અને તાલમુદ રચનારા રબાઈઓએ વ્યક્તિગત રીતે ભૂલ કરી હશે, પરંતુ જ્યારે ધાર્મિક સિદ્ધાંત નક્કી કરવાની વાત આવે છે, ત્યારે ભગવાન તેમને કોઈ ભૂલ કરવા દેતા નથી.[97] ઇસ્લામમાં ઇજમા તરીકે ઓળખાતો એક એવો જ સિદ્ધાંત

છે. એક મહત્ત્વપૂર્ણ હદીસ અનુસાર, મોહંમદ પયગંબરે કહ્યું હતું કે, "મારા લોકો ક્યારેય ભૂલ પર સંમત નહીં થાય, એની ખાતરી મારા અલ્લાહ કરશે."[98]

કેથોલિક ધર્મમાં, કથિત સંસ્થાકીય અચૂકતા પોપની અચૂકતાના સિદ્ધાંતમાં સૌથી સ્પષ્ટ રીતે દેખાય છે, કારણ કે તે કહે છે કે વ્યક્તિગત બાબતોમાં પોપ ભૂલ કરી શકે છે, પરંતુ તેમની સંસ્થાકીય ભૂમિકામાં તેઓ અચૂક છે.[99] ઉદાહરણ તરીકે, પોપ એલેક્ઝાન્ડર છઠ્ઠાએ બ્રહ્મચર્યના તેમના વ્રતનો ભંગ કરીને એક રખાત રાખી હતી અને ઘણા બાળકો પણ પેદા કરવાની ભૂલ કરી હતી, છતાં નૈતિકતા અથવા ધર્મશાસ્ત્રના મુદ્દાઓ પર સત્તાવાર ચર્ચ શિક્ષણને વ્યાખ્યાયિત કરતી વખતે તેઓ ભૂલ કરી શકે એમ નહોતા.

આ મંતવ્યોને અનુરૂપ, કેથોલિક ચર્ચે તેના માનવ સભ્યો પર તેમની વ્યક્તિગત બાબતોમાં દેખરેખ રાખવા માટે સ્વસુધારણા પદ્ધતિનો ઉપયોગ કર્યો છે, પરંતુ તેણે ક્યારેય બાઇબલમાં સુધારો કરવા અથવા તેની "શ્રદ્ધા (ડિપોઝિટ ઑફ ફેઇથ)"માં સુધારો કરવા માટે કોઈ પદ્ધતિ વિકસાવી નથી. આ વલણ કેથોલિક ચર્ચ દ્વારા તેના ભૂતકાળના આચરણ માટે રજૂ થયેલા ઔપચારિક માફીપત્રોમાં પ્રગટ થાય છે. તાજેતરના દાયકાઓમાં ઘણા પોપે યહૂદીઓ, સ્ત્રીઓ, બિનકેથોલિક ખ્રિસ્તીઓ અને સ્થાનિક સંસ્કૃતિઓ સાથેના દુર્વ્યવહાર માટે તેમજ 1204માં કોન્સ્ટેન્ટિનોપલને પાડવા માટે અને કેથોલિક શાળાઓમાં બાળકો સાથેના દુર્વ્યવહાર જેવી ચોક્કસ ઘટનાઓ માટે માફી માંગી હતી. કેથોલિક ચર્ચે આવી માફી માંગી તે પણ પ્રશંસનીય છે, કારણ કે ધાર્મિક સંસ્થાઓ ભાગ્યે જ આવું કરે છે. જોકે, આ બધા કિસ્સાઓમાં, પોપે તેમાંથી શાસ્ત્રો અને એક સંસ્થા તરીકે ચર્ચને બાકાત રાખવાની કાળજી તો રાખી જ હતી. તેના બદલે, દોષનો ટોપલો પાદરીઓના વ્યક્તિગત ખભા પર મૂકવામાં આવ્યો હતો જેમણે શાસ્ત્રોનું ખોટું અર્થઘટન કર્યું હતું અને ચર્ચના સાચા શિક્ષણથી ભટકી ગયા હતા.

ઉદાહરણ તરીકે, માર્ચ 2000માં પોપ જોન પોલ દ્વિતિયએ એક ખાસ સમારંભનું આયોજન કર્યું હતું જેમાં તેમણે યહૂદીઓ, વિધર્મીઓ, સ્ત્રીઓ અને સ્થાનિક લોકો સામેના ઘણા ઐતિહાસિક ગુનાઓ માટે માફી માંગી હતી. તેમણે "સત્યની સેવામાં કેટલાક લોકોએ આચરેલી હિંસા માટે" માફી માંગી હતી.. આ પરિભાષા સૂચવે છે કે હિંસા "કેટલાક" ગેરમાર્ગે દોરાયેલા લોકોની ભૂલ હતી જેઓ ચર્ચ દ્વારા શીખવવામાં આવેલા સત્યને સમજી શક્યા ન હતા. પોપે એ શક્યતા સ્વીકારી ન હતી કે કદાચ આ વ્યક્તિઓ ચર્ચ જે શીખવી રહ્યું છે તે બરાબર સમજતા હશે પણ એ શિક્ષણમાં જ સત્ય નહોતું.[100]

તેવી જ રીતે, જ્યારે પોપ ફ્રાન્સિસે 2022માં કેનેડાની ચર્ચ સંચાલિત

રહેણાંક શાળાઓમાં સ્થાનિક લોકો પર થયેલા અત્યાચારો માટે માફી માંગી, ત્યારે તેમણે કહ્યું, “હું ખાસ કરીને, ચર્ચના ઘણા સભ્યોએ સાંસ્કૃતિક વિનાશ અને બળજબરીથી ધર્માંતરણ કરવાના કાર્યોમાં જે રીતે સહકાર આપ્યો તેના માટે માફી માંગુ છું.”[101] તેમણે કાળજીપૂર્વક જવાબદારી બીજા પર નાખી દીધી તે વાત નોંધો. દોષ “ચર્ચના ઘણા સભ્યો”નો હતો, ચર્ચ અને તેના શિક્ષણનો નહીં. જાણે કે સ્થાનિક સંસ્કૃતિઓનો નાશ કરવો અને લોકોનું બળજબરીથી ધર્માંતરણ કરવું એ ક્યારેય ચર્ચનો સત્તાવાર સિદ્ધાંત હતો જ નહીં.

હકીકતમાં, થોડાક માર્ગ ભટકેલા પાદરીઓએ ધર્મયુદ્ધ શરૂ કર્યાં નહોતાં કે યહૂદીઓ અને સ્ત્રીઓ સાથે ભેદભાવ કરતા કાયદા લાદ્યા નહોતા કે સમગ્ર વિશ્વમાં સ્થાનિક ધર્મોના પદ્ધતિસરના વિનાશનું આયોજન પણ કર્યું નહોતું.[102] ઘણા આદરણીય ચર્ચ ફાધરોના લખાણો તેમજ ઘણા પોપ અને ચર્ચ કાઉન્સિલોના સત્તાવાર હુકમનામા “પ્રકૃતિપૂજક (પેગન)” અને “વિધર્મી” ધર્મોનું અપમાન કરતા, તેમના વિનાશ માટે હાકલ કરતા, તેમના સભ્યો સામે ભેદભાવ કરતા અને લોકોને ખ્રિસ્તી ધર્મમાં પરિવર્તિત કરવા માટે હિંસાના ઉપયોગને કાયદેસર ઠેરવતા ફકરાઓ છે જ.[103] ઉદાહરણ તરીકે, 1452માં પોપ નિકોલસ પાંચમાએ પોર્ટુગલના રાજા અફોન્સો પાંચમા અને અન્ય કેથોલિક રાજાઓને સંબોધિત કરીને ‘ડમ ડિવર્સાસ’ આદેશ જારી કર્યો હતો. આદેશમાં લખ્યું હતું, “અમે તમને આ દસ્તાવેજ દ્વારા, અમારી દૈવી સત્તાની રૂએ, વિધર્મીઓ અને પ્રકૃતિપૂજકો અને ખ્રિસ્તમાં ન માનતા કોઈ પણ લોકો અને દુશ્મનો, તેમજ તેમના રાજ્યો, શહેરો, ગામડાંઓ, રજવાડાંઓ અને અન્ય મિલકતો શોધવા, તેમના પર આક્રમણ કરવા, પકડવા અને વશ કરવાની... અને તેમનું ધર્મ પરિવર્તન કરવાની સંપૂર્ણ અને મુક્ત પરવાનગી આપીએ છીએ.”[104] ઘણા અનુગામી પોપ દ્વારા અનેક વખત પુનરાવર્તિત આ સત્તાવાર ઘોષણા, યુરોપના સામ્રાજ્યવાદ અને વિશ્વભરમાં સ્થાનિક સંસ્કૃતિઓના વિનાશ માટેનો એક ધર્મશાસ્ત્રીય આધાર બની રહી. અલબત્ત, ચર્ચ સત્તાવાર રીતે સ્વીકારતું નથી, પરંતુ સમયાંતરે તેણે તેનાં સંસ્થાકીય માળખાં, તેના મુખ્ય ઉપદેશો અને શાસ્ત્રના અર્થઘટનમાં ફેરફાર કર્યા છે. આજનું કેથોલિક ચર્ચ મધ્યયુગીન અને પ્રારંભિક આધુનિક સમય કરતાં ઘણું ઓછું યહૂદી વિરોધી અને સ્ત્રી દ્વેષી છે. પોપ ફ્રાન્સિસ પોપ નિકોલસ પાંચમા કરતા સ્થાનિક સંસ્કૃતિઓ પ્રત્યે વધુ સહિષ્ણુ છે. અહીં એક સંસ્થાકીય સ્વસુધારણા પદ્ધતિ કાર્યરત છે, જે બાહ્ય દબાણ અને આંતરિક આત્મશોધન એમ બંને તત્વો અનુસાર આગળ વધે છે, પરંતુ કેથોલિક ચર્ચ જેવી સંસ્થાઓમાં સ્વસુધારણાની લાક્ષણિકતા એ છે કે જ્યારે તેવી સુધારણા થાય છે, ત્યારે પણ

તેને ઉજવવાને બદલે નકારવામાં આવે છે. ચર્ચના ઉપદેશોને બદલવાનો પહેલો નિયમ એ છે કે તમે ક્યારેય ચર્ચના ઉપદેશોને બદલવાનો સ્વીકાર કરશો નહીં.

તમે ક્યારેય પોપને જગત સમક્ષ એવી ઘોષણા કરતા સાંભળશો નહીં કે, "અમારા નિષ્ણાતોએ હમણાં જ બાઇબલમાં બહુ મોટી ભૂલ શોધી કાઢી છે. અમે ટૂંક સમયમાં તેની સંવર્ધિત આવૃત્તિ બહાર પાડીશું." તેના બદલે, જ્યારે યહૂદીઓ અથવા સ્ત્રીઓ પ્રત્યે ચર્ચના વધુ ઉદાર વલણ વિશે પૂછવામાં આવે છે, ત્યારે પોપ સૂચવે છે કે ચર્ચ ખરેખર આ જ શીખવતું હતું, ભલે કેટલાક વ્યક્તિગત પાદરીઓ અગાઉ આ સંદેશને યોગ્ય રીતે સમજવામાં નિષ્ફળ ગયા હોય. સ્વસુધારણાના અસ્તિત્વનો ઇનકાર કરવાથી તે સંપૂર્ણપણે બંધ થતું નથી, પરંતુ તેનાથી તે નબળું અને ધીમું પડે છે. ભૂતકાળની ભૂલોના સુધારાની ઉજવણી તો દૂરની વાત છે, પરંતુ તેને સ્વીકારવામાં પણ આવતા નથી. જ્યારે શ્રદ્ધાળુઓને સંસ્થા અને તેના શિક્ષણમાં અન્ય ગંભીર સમસ્યાનો સામનો કરવો પડે છે, ત્યારે તેઓ એવી કોઈ વસ્તુ બદલવાથી ડરે છે, જે શાશ્વત અને અચૂક માનવામાં આવે છે. તેઓ અગાઉના આવા ફેરફારોના ઉદાહરણોનો લાભ મેળવી શકતા નથી.

ઉદાહરણ તરીકે, પોપ ફ્રાન્સિસ જેવા કેથોલિકો હવે સમલૈંગિકતા પર ચર્ચના ઉપદેશો પર પુનર્વિચાર કરી રહ્યા છે,[105] ત્યારે તેમને ભૂતકાળની ભૂલો સ્વીકારવી અને ઉપદેશોમાં ફેરફાર કરવો મુશ્કેલ લાગે છે. જો આખરે ભવિષ્યના કોઈ પોપ LGBTQ લોકો સાથેના દુર્વ્યવહાર માટે માફી માંગે છે, તો તે કરવાનો રસ્તો એ હશે કે ફરીથી દોષ કેટલાક અતિ ઉત્સાહી વ્યક્તિઓ પર ઢોળી દેવામાં આવે જેમણે ગોસ્પેલના અર્થ સમજવામાં ભૂલ કરી હતી. તેની ધાર્મિક સત્તા જાળવી રાખવા માટે કેથોલિક ચર્ચ પાસે સંસ્થાકીય સ્વસુધારણાના અસ્તિત્વને નકારવા સિવાય કોઈ વિકલ્પ નહોતો, કારણ કે ચર્ચ અચૂકતાના દુષ્ચક્રમાં ફસાઈ ગયું છે. એકવાર તે ગ્રંથની અચૂકતાના દાવાને તેની ધાર્મિક સત્તાનો આધાર બનાવી લે, પછી નાનામાં નાના મુદ્દા પર પણ સંસ્થાકીય ભૂલનો કોઈ પણ જાહેર સ્વીકાર તેની સત્તાનો સંપૂર્ણપણે નાશ કરી શકે છે.

ડીએસએમ અને બાઇબલ

કેથોલિક ચર્ચથી વિપરીત, પ્રારંભિક આધુનિક યુરોપમાં ઊભરી આવેલી વૈજ્ઞાનિક સંસ્થાઓ મજબૂત સ્વસુધારણા પદ્ધતિઓ ધરાવે છે. વૈજ્ઞાનિક સંસ્થાઓ માને છે કે જો કોઈ ચોક્કસ સમયગાળામાં મોટાભાગના વૈજ્ઞાનિકો કંઈક સાચું માનતા

હોય, તો પણ તે પછીથી ખોટું અથવા અપૂર્ણ સાબિત થઈ શકે છે. ઓગણીસમી સદીમાં મોટાભાગના ભૌતિકશાસ્ત્રીઓએ ન્યૂટનના ભૌતિકશાસ્ત્રને સમગ્ર બ્રહ્માંડમાં વ્યાપ્ત નિયમનો તરીકે સ્વીકાર્યું હતું, પરંતુ વીસમી સદીમાં સાપેક્ષતાના સિદ્ધાંત અને ક્વૉન્ટમ મિકેનિક્સે ન્યૂટનના મૉડેલની ખામીઓ અને મર્યાદાઓ ઉજાગર કરી હતી.[106] વિજ્ઞાનના ઇતિહાસમાં સૌથી વધુ પ્રખ્યાત ક્ષણો એ છે જ્યારે સ્વીકૃત શાણપણ ઉથલાવી દેવામાં આવે છે અને નવા સિદ્ધાંતોનો જન્મ થાય છે.

મહત્ત્વપૂર્ણ મુદ્દો એ છે કે વૈજ્ઞાનિક સંસ્થાઓ મોટી ભૂલો અને અપરાધો માટે તેમની સંસ્થાકીય જવાબદારી સ્વીકારવા તૈયાર છે. ઉદાહરણ તરીકે, ઓગણીસમી અને વીસમી સદીના મોટાભાગના સમયમાં જીવવિજ્ઞાન, માનવશાસ્ત્ર અને ઇતિહાસ જેવા વિષયોના વૈજ્ઞાનિક અભ્યાસમાં રહેલા સંસ્થાકીય જાતિવાદ અને જાતિવાદને લગતા વિવિધ અભ્યાસક્રમો વર્તમાન યુનિવર્સિટીઓ નિયમિતપણે શીખવે છે અને વ્યાવસાયિક જર્નલો નિયમિતપણે તેને લગતા લેખો પણ પ્રકાશિત કરે છે. ટસ્કેગી સિફિલિસ સ્ટડી જેવાં વ્યક્તિગત પરીક્ષણો અને વ્હાઇટ ઑસ્ટ્રેલિયા નીતિથી લઈને હોલોકોસ્ટ સુધીની સરકારી નીતિઓ પરના સંશોધનમાં વારંવાર અને વ્યાપકપણે એ બાબતનો અભ્યાસ કરવામાં આવ્યો છે કે કેવી રીતે અગ્રણી વૈજ્ઞાનિક સંસ્થાઓમાં વિકસાવવામાં આવેલા ખામીયુક્ત જૈવિક, માનવશાસ્ત્રીય અને ઐતિહાસિક સિદ્ધાંતોનો ઉપયોગ ભેદભાવ, સામ્રાજ્યવાદ અને નરસંહારોને ન્યાયી ઠેરવવા અને તેમને આગળ વધારવા માટે કરવામાં આવ્યો હતો. આ અપરાધો અને ભૂલોનું દોષારોપણ થોડા ગેરમાર્ગે દોરેલા વિદ્વાનો પર કરવામાં આવતું નથી. તેમને સમગ્ર શૈક્ષણિક સંસ્થાઓની સંસ્થાકીય નિષ્ફળતા તરીકે જોવામાં આવે છે.[107]

મોટી સંસ્થાકીય ભૂલો સ્વીકારવાની તૈયારી વિજ્ઞાન જે પ્રમાણમાં ઝડપી ગતિએ વિકાસ કરી રહ્યું છે તેમાં ફાળો આપે છે. જ્યારે ઉપલબ્ધ પુરાવા યોગ્ય ઠેરવે છે, ત્યારે પ્રવર્તમાન સિદ્ધાંતોને ઘણીવાર અમુક પેઢીઓમાં તો ત્યાગી દેવામાં આવે છે અને તેનું સ્થાન નવા સિદ્ધાંતો લઈ લે છે. એકવીસમી સદીની શરૂઆતમાં યુનિવર્સિટીમાં જીવવિજ્ઞાન, માનવશાસ્ત્ર અને ઇતિહાસના વિદ્યાર્થીઓ જે શીખે છે તે એક સદી પહેલાં ત્યાં જે શીખવવામાં આવતું હતું તેનાથી ખૂબ જ અલગ છે.

મનોચિકિત્સા સ્વસુધારણાની ઉત્કૃષ્ટ પદ્ધતિઓ માટે અસંખ્ય આવાં ઉદાહરણો આપે છે. મોટાભાગના મનોચિકિત્સકોના શેલ્ફ પર તમે DSM એટલે કે 'ધ ડાયગ્નોસ્ટિક એન્ડ સ્ટેટિસ્ટિકલ મેન્યૂઅલ ઑફ મેન્ટલ ડિસઑર્ડર્સ' જોઈ શકો છો. તેને મનોચિકિત્સકોનું બાઇબલ પણ કહેવામાં આવે છે, પરંતુ DSM અને

બાઇબલ વચ્ચે એક મહત્ત્વપૂર્ણ તફાવત છે. સૌપ્રથમ 1952માં પ્રકાશિત DSMને દર એક કે બે દાયકામાં સુધારવામાં આવે છે. 2013માં તેની પાંચમી આવૃત્તિ પ્રકાશિત થઈ છે. વર્ષોપર્યંત, તેમાં ઘણા મનોવિકારોને ફરીથી વ્યાખ્યાયિત કરવામાં આવ્યા છે, નવા ઉમેરવામાં આવ્યા છે અને અમુકને કાઢી પણ નાખવામાં આવ્યા છે. ઉદાહરણ તરીકે, સમલૈંગિકતાને 1952માં સોસિઓપથિક પર્સનાલિટી ડિસઑર્ડર તરીકે સૂચિબદ્ધ કરવામાં આવી હતી, પરંતુ 1974માં તેને DSMમાંથી દૂર કરવામાં આવી હતી. DSMમાં આ ભૂલને સુધારવામાં ફક્ત બાવીસ વર્ષ લાગ્યા. તે કોઈ પવિત્ર ગ્રંથ નથી. તે એક વૈજ્ઞાનિક પુસ્તક છે.

આજે મનોચિકિત્સાનું ક્ષેત્ર 1952ની સમલૈંગિકતાની વ્યાખ્યાનું વધુ ઉદારભાવે પુનઃઅર્થઘટન કરવાનો પ્રયાસ કરતું નથી. તે 1952ની વ્યાખ્યાને સ્પષ્ટ ભૂલ તરીકે જ જુએ છે. વધુ મહત્ત્વની વાત એ છે કે આ ભૂલ થોડાક સમલૈંગિક પ્રોફેસરોની ખામીઓ પર થોપી દેવામાં આવતી નથી. તેના બદલે, તે મનોચિકિત્સાના ક્ષેત્રમાં ઊંડા સંસ્થાકીય પૂર્વગ્રહોનું પરિણામ હોવાનું સ્વીકારવામાં આવે છે.[108] ભૂતકાળમાં થયેલી સંસ્થાકીય ભૂલોની કબૂલાત કરવાથી આજે મનોચિકિત્સકો આવી ભૂલો ન થાય એ માટે વધુ સાવચેત બને છે. ટ્રાન્સજેન્ડર લોકો અને ઓટીસ્ટીક સ્પેક્ટ્રમ પરના લોકો અંગેની ચર્ચામાં તેના પુરાવા મળે છે. અલબત્ત, તેઓ ગમે તેટલા સાવચેત રહે, મનોચિકિત્સકો હજુ પણ સંસ્થાકીય ભૂલો કરે તેવી શક્યતા છે જ, પરંતુ તેઓ તેને સ્વીકારે અને સુધારે તેવી પણ શક્યતા એટલી જ પ્રબળ છે.[109]

પ્રકાશિત કરો કે વિસરાઈ જાવ

વૈજ્ઞાનિક સ્વસુધારણા પદ્ધતિઓ આટલી મજબૂત એટલે છે કારણ કે વૈજ્ઞાનિક સંસ્થાઓ ફક્ત સંસ્થાકીય ભૂલો અને અજ્ઞાનતા સ્વીકારવા જ તૈયાર નથી, તેઓ સક્રિયપણે તેમને ખુલ્લા પાડવાનો પ્રયાસ પણ કરતી રહે છે. આ સંસ્થાઓના ઇન્સેન્ટિવ સ્ટ્રક્ચરમાં તે સ્પષ્ટ દેખાઈ આવે છે. ધાર્મિક સંસ્થાઓમાં, સભ્યોને પ્રવર્તમાન સિદ્ધાંતોનું પાલન કરવા અને નવા પર શંકા કરવા માટે પ્રોત્સાહિત કરવામાં આવે છે. તમે એ સિદ્ધાંતો પ્રત્યે નિષ્ઠાનો દાવો કરીને જ રબાઈ, ઈમામ કે પાદરી બનો છો અને તમે તમારા પુરોગામીઓની ટીકા કર્યા વિના અથવા કોઈ પણ નવા આમૂલ વિચારોને આગળ ધપાવ્યા વિના પોપ, મુખ્ય રબાઈ કે સર્વોચ્ચ આયાતુલ્લા બની શકો છો. વાસ્તવમાં, પોપ બેનેડિક્ટ સોળમા, ઇઝરાયલના મુખ્ય રબાઈ ડેવિડ લાઉ અને ઈરાનના આયાતુલ્લા ખામેની જેવા

તાજેતરના સમયના સૌથી શક્તિશાળી અને પ્રશંસનીય ધાર્મિક આગેવાનોએ નારીવાદ જેવા નવા વિચારો અને વલણોનો સખત પ્રતિકાર કરીને ખ્યાતિ અને સમર્થકો મેળવ્યા છે.[110]

વિજ્ઞાનમાં તેનાથી ઊલટું છે. વૈજ્ઞાનિક સંસ્થાઓમાં ભરતી અને પ્રમોશન "પ્રકાશિત કરો અથવા વિસરાઈ જાવ"ના સિદ્ધાંત પર આધારિત છે અને પ્રતિષ્ઠિત જર્નલોમાં પ્રકાશિત થવા માટે તમારે હાલના સિદ્ધાંતોમાંની કોઈ ભૂલો ઉજાગર કરવી પડશે અથવા એવી કોઈ વસ્તુ શોધવી પડશે, જે તમારા પુરોગામી અને શિક્ષકો જાણતા ન હતા. અગાઉના વિદ્વાનોએ જે કહ્યું હતું તેનું પુનરાવર્તન કરીને અને દરેક નવા વૈજ્ઞાનિક સિદ્ધાંતોનો વિરોધ કરવા બદલ કોઈને નોબેલ પુરસ્કાર મળતો નથી.

અલબત્ત, જેમ ધર્મમાં સ્વસુધારણા માટે અવકાશ છે, તેવી જ રીતે વિજ્ઞાનમાં પણ સ્થાપિત મતને અનુસરવા માટે પૂરતો અવકાશ છે. વિજ્ઞાન એક સંસ્થાકીય સાહસ છે અને વૈજ્ઞાનિકો જે જાણે છે તે લગભગ દરેક વસ્તુ માટે સંસ્થા પર આધાર રાખતા હોય છે. ઉદાહરણ તરીકે, હું કેવી રીતે જાણી શકું કે મધ્યયુગીન અને પ્રારંભિક આધુનિક યુરોપિયનો વિચક્રાફ્ટ વિશે શું વિચારતા હતા? મેં જાતે બધા સંબંધિત આર્કાઇવોની મુલાકાત લીધી નથી કે મેં બધા સંબંધિત પ્રાથમિક સ્રોતો પણ વાંચ્યા નથી. સાચું કહું તો હું આમાંના ઘણા સ્રોતો તો જાતે વાંચી પણ શકું એમ નથી, કારણ કે હું બધી જરૂરી ભાષાઓ જાણતો નથી અને હું મધ્યયુગીન અને પ્રારંભિક આધુનિક હસ્તલેખનને સમજવામાં કુશળ પણ નથી. તેના બદલે, મેં અન્ય વિદ્વાનો દ્વારા પ્રકાશિત પુસ્તકો અને લેખો પર આધાર રાખ્યો છે, જેમ કે રોનાલ્ડ હટનનું પુસ્તક 'ધ વિચઃ અ હિસ્ટ્રી ઑફ ફિયર' જે 2017માં યેલ યુનિવર્સિટી પ્રેસ દ્વારા પ્રકાશિત થયું હતું.

હું બ્રિસ્ટોલ યુનિવર્સિટીમાં ઇતિહાસના પ્રોફેસર રોનાલ્ડ હટનને મળ્યો નથી અને તેમને નોકરી માટે પસંદ કરનારા બ્રિસ્ટોલના અધિકારીઓને પણ હું વ્યક્તિગત રીતે જાણતો નથી કે પછી તેમનું પુસ્તક પ્રકાશિત કરનાર યેલની સંપાદકીય ટીમને પણ હું જાણતો નથી. તેમ છતાં, હું હટનના પુસ્તકમાં જે વાંચ્યું છે તેના પર વિશ્વાસ કરું છું, કારણ કે હું સમજું છું કે બ્રિસ્ટોલ યુનિવર્સિટી અને યેલ યુનિવર્સિટી પ્રેસ જેવી સંસ્થાઓ કેવી રીતે કાર્ય કરે છે. તેમની સ્વસુધારણા પદ્ધતિઓનાં બે મહત્ત્વપૂર્ણ લક્ષણો છે: પ્રથમ, સ્વસુધારણા પદ્ધતિઓ સંસ્થાઓના મૂળમાં રહેલી છે, એ કોઈ બાહરી તત્ત્વ નથી. બીજું, આ સંસ્થાઓ જાહેરમાં સ્વસુધારણાને નકારવાને બદલે તેની પ્રશંસા કરે છે. શક્ય છે કે હટનના પુસ્તકમાંથી મેં મેળવેલી કેટલીક માહિતી ખોટી હોઈ શકે

અથવા હું પોતે તેનું ખોટું અર્થઘટન કરતો હોઉં, પરંતુ જેમણે હટનનું પુસ્તક વાંચ્યું છે અને જેઓ આ પુસ્તક વાંચી રહ્યા છે તેવા વિચક્રાફ્ટના ઇતિહાસના નિષ્ણાતો આવી કોઈ પણ ભૂલો શોધી કાઢશે અને તેમને જાહેરમાં પણ લાવશે.

વૈજ્ઞાનિક સંસ્થાઓના ટીકાકારો એ વાતના વિરોધમાં એમ કહી શકે છે કે હકીકતમાં આ સંસ્થાઓ તેમની શક્તિનો ઉપયોગ બિનપરંપરાગત વિચારોને દબાવવા અને વિરોધીઓ સામે પોતાની વિચ-હન્ટ શરૂ કરવા માટે કરે છે. એ વાત સાચી છે કે જે વિદ્વાનો તેમના ક્ષેત્રના વર્તમાન રૂઢિચુસ્ત દૃષ્ટિકોણનો વિરોધ કરે ત્યારે ક્યારેક તેમણે નકારાત્મક તત્ત્વોનો સામનો કરવો પડે છે: તેમના લેખો નકારવામાં આવે છે કે પછી તેમને સંશોધન માટે મળતી ગ્રાન્ટ અટકાવવામાં આવે છે, તેમના પદને બદલે તેમની પર અંગત હુમલા પણ કરવામાં આવે છે અને વિરલ કિસ્સાઓમાં તેમને નોકરીમાંથી કાઢી પણ મૂકવામાં આવે છે.[111] હું આવી બાબતોથી થતી વેદનાને જરા પણ ઓછી ગણવા માંગતો નથી, પરંતુ શારીરિક રીતે ત્રાસ આપવા અને જીવતા સળગાવી દેવાથી તો તે ઘણી ઓછી પીડાકારક છે.

ઉદાહરણ તરીકે, રસાયણશાસ્ત્રી ડેન શેક્ટમેનનો વિચાર કરો. એપ્રિલ 1982માં, ઇલેક્ટ્રોન માઇક્રોસ્કોપ દ્વારા નિરીક્ષણ કરતી વખતે શેક્ટમેનએ કંઈક એવું જોયું જે રસાયણશાસ્ત્રના તમામ સમકાલીન સિદ્ધાંતો અનુસાર અસ્તિત્વમાં હોઈ શકે નહીં: એલ્યુમિનિયમ અને મેંગેનીઝના મિશ્રણના નમૂનામાં પરમાણુઓ ફાઇવ-ફોલ્ડ રોટેશનલ સિમેટ્રીની પેટર્નમાં સ્ફટિક બનેલા હતા. તે સમયે, વૈજ્ઞાનિકો ઘન સ્ફટિકોમાં વિવિધ સંભવિત સિમેટ્રીકલ રચનાઓ વિશે જાણતા હતા, પરંતુ ફાઇવ-ફોલ્ડ સિમેટ્રીને પ્રકૃતિના નિયમોની વિરુદ્ધ માનવામાં આવતી હતી. શેક્ટમેન દ્વારા ક્વોસીક્રિસ્ટલ્સ તરીકે ઓળખાતી એ શોધ એટલી વિચિત્ર મનાઈ કે તેને પ્રકાશિત કરવા માટે તૈયાર એ સમયનું કોઈ પ્રતિષ્ઠિત જર્નલ શોધવું મુશ્કેલ હતું. તે સમયે શેક્ટમેન જુનિયર વૈજ્ઞાનિક હતા તે પણ એક અવરોધ હતો. તેની પાસે તેની પોતાની પ્રયોગશાળા પણ નહોતી. તે બીજા કોઈની પ્રયોગશાળામાં કામ કરતો હતો, પરંતુ 'ફિઝિકલ રિવ્યૂ લેટર્સ'ના જર્નલના સંપાદકોએ પુરાવાઓની સમીક્ષા કર્યા પછી, આખરે 1984માં શેક્ટમેનનો લેખ પ્રકાશિત કર્યો.[112] અને પછી, શેક્ટમેનના લખ્યા અનુસાર જ, બધુ ઊંધું-ચત્તું થઈ ગયું હતું.

શેક્ટમેનના દાવાઓને તેના મોટાભાગના સાથીદારોએ ફગાવી દીધા હતા અને તેની પર અયોગ્ય રીતે પ્રયોગો કરવાનો આરોપ પણ લગાવવામાં આવ્યો હતો. શેક્ટમેનની પ્રયોગશાળાના વડાએ પણ તેનો વિરોધ કર્યો હતો. વડાએ નાટકીય રીતે શેક્ટમેનના ટેબલ પર રસાયણશાસ્ત્રનું પાઠ્યપુસ્તક મૂક્યું હતું અને

તેને કહ્યું હતું, "ડેની, મહેરબાની કરીને આ પુસ્તક વાંચ, તો તું સમજી શકીશ કે તું જે કહી રહ્યો છે એવું બની શકે નહીં." શેક્ટમેનએ હિંમતથી જવાબ આપ્યો હતો કે તેણે ક્વોસીક્રિસ્ટલ્સ (ફાઇવ-ફોલ્ડ સ્ફટીકો) માઇક્રોસ્કોપમાં જોયા હતા, પુસ્તકમાં નહીં. એટલે તેને પ્રયોગશાળામાંથી કાઢી મૂકવામાં આવ્યો હતો. જોકે એથી પણ ખરાબ બનવાનું હતું. બે વખત નોબેલ પુરસ્કાર પામેલા અને વીસમી સદીના સૌથી પ્રખ્યાત વૈજ્ઞાનિકોમાંના એક લાઇનસ પૌલિંગે શેક્ટમેન પર ક્રૂર, વ્યક્તિગત હુમલો કર્યો હતો. સેંકડો વૈજ્ઞાનિકોની હાજરીમાં પૌલિંગે કહ્યું હતું, "ડેની શેક્ટમેન બકવાસ કરી રહ્યો છે, કોઈ ક્વાસીક્રિસ્ટલ્સ હોતા નથી, ફક્ત ક્વાસી-વૈજ્ઞાનિકો જ હોય છે."

પરંતુ શેક્ટમેનને કેદ કરવામાં કે મારી નાખવામાં આવ્યો નહોતો. તેને બીજી પ્રયોગશાળામાં જગ્યા મળી ગઈ. તેણે રજૂ કરેલા પુરાવા તત્કાલીન રસાયણશાસ્ત્રના પાઠ્યપુસ્તકો અને લાઇનસ પૌલિંગના મંતવ્યો કરતાં વધુ સચોટ નીકળ્યા. ઘણા સાથીદારોએ શેક્ટમેનના પ્રયોગોનું પુનરાવર્તન કર્યું અને તેમને પણ એ જ તારણો મળ્યાં. શેક્ટમેનએ તેના માઇક્રોસ્કોપ દ્વારા ક્વોસીક્રિસ્ટલ્સ જોયાના માત્ર દસ વર્ષ પછી અગ્રણી વૈજ્ઞાનિક સંગઠન ઇન્ટરનેશનલ યુનિયન ઑફ ક્રિસ્ટલોગ્રાફીએ સ્ફટિકની તેની વ્યાખ્યા બદલી નાખી. રસાયણશાસ્ત્રના પાઠ્યપુસ્તકો તે મુજબ બદલાયા અને એક સંપૂર્ણ નવું વૈજ્ઞાનિક ક્ષેત્ર ક્વોસીક્રિસ્ટલ્સનો અભ્યાસ ઊભરી આવ્યું. 2011માં શેક્ટમેનને તેની શોધ માટે રસાયણશાસ્ત્રમાં નોબેલ પુરસ્કાર એનાયત કરવામાં આવ્યો.[113] નોબેલ સમિતિએ કહ્યું હતું કે "તેમની શોધ અત્યંત વિવાદાસ્પદ હતી, [પરંતુ] આખરે વૈજ્ઞાનિકોને પદાર્થની પ્રકૃતિ વિશેની તેમની વિભાવના પર પુનર્વિચાર કરવાની ફરજ પડી હતી."[114]

શેક્ટમેનની વાર્તા ભાગ્યે જ અપવાદરૂપ છે. વિજ્ઞાનનો ઇતિહાસ આવા કિસ્સાઓથી ભરેલો છે. વીસમી સદીના ભૌતિકશાસ્ત્રમાં પાયારૂપ બન્યા તે પહેલાં સાપેક્ષતાનો સિદ્ધાંત અને ક્વોન્ટમ મિકેનિક્સ માટે શરૂઆતમાં બહુ કડવા વિવાદો ઊભા થયા હતા, જેમાં નવા સિદ્ધાંતોના સમર્થકો પર જૂના જોગીઓ દ્વારા વ્યક્તિગત હુમલાઓનો પણ સમાવેશ થતો હતો. તેવી જ રીતે, જ્યોર્જ કેન્ટરે ઓગણીસમી સદીના અંતમાં અનંત સંખ્યાઓનો સિદ્ધાંત વિકસાવ્યો, જે વીસમી સદીના મોટાભાગના ગણિતનો આધાર બન્યો, પણ તેના સમયના હેનરી પોઈનકેરે અને લિયોપોલ્ડ ક્રોનેકર જેવા કેટલાક અગ્રણી ગણિતશાસ્ત્રીઓ દ્વારા તેના પર વ્યક્તિગત હુમલાઓ કરવામાં આવ્યા હતા. પોપ્યુલિસ્ટોનું એમ માનવું યોગ્ય છે કે વૈજ્ઞાનિકો પણ અન્ય માનવોની જેમ જ માનવીય પૂર્વગ્રહોથી પીડાતા હોય છે. જો કે, સંસ્થાકીય સ્વસુધારણા પદ્ધતિઓને કારણે આ પૂર્વગ્રહોને દૂર

કરી શકાય છે. જો પૂરતા પ્રયોગમૂલક પુરાવા પૂરા પાડવામાં આવે, તો ઘણીવાર એક બિનપરંપરાગત સિદ્ધાંતને સ્થાપિત સિદ્ધાંતને ઉથલાવી દેવામાં અને નવો માર્ગ કંડારવામાં થોડાક જ દાયકા લાગે છે.

આપણે આગળના પ્રકરણમાં જોઈશું, એવા સમય અને સ્થાનો પણ હતા જ્યાં વૈજ્ઞાનિક સ્વસુધારણા પદ્ધતિઓ કાર્ય કરવાનું બંધ કરી દેતી હતી અને શૈક્ષણિક અસંમતિના કારણે શારીરિક ત્રાસ, કેદ અને મૃત્યુ પણ મળતા હતા. ઉદાહરણ તરીકે, સોવિયેત યુનિયનમાં અર્થશાસ્ત્ર, આનુવંશિકતા અથવા ઇતિહાસ જેવી કોઈ પણ બાબત પર સત્તાવાર સિદ્ધાંતો પર પ્રશ્ન ઉઠાવવાથી માત્ર બરતરફી જ નહીં, પણ ગુલાગની જેલમાં બે વર્ષ અથવા જલ્લાદની ગોળી પણ મળી શકતા હતા.[115] એક પ્રખ્યાત કેસ કૃષિશાસ્ત્રી ટ્રોફિમ લિસેન્કોના બનાવટી સિદ્ધાંતોનો હતો. તેમણે મુખ્ય પ્રવાહના આનુવંશિકતા અને કુદરતી પસંદગી દ્વારા ઉત્ક્રાંતિના સિદ્ધાંતને નકારી કાઢ્યો અને પોતાના બનાવેલા સિદ્ધાંતને આગળ ધપાવ્યો, જેમાં કહેવામાં આવ્યું હતું કે “પુનઃશિક્ષણ (રી-એજ્યુકેશન)” છોડ અને પ્રાણીઓનાં લક્ષણો બદલી શકે છે અને એક પ્રજાતિને બીજી પ્રજાતિમાં પણ પરિવર્તિત કરી શકે છે. લિસેન્કોઈઝમ સ્ટાલિનને ખૂબ જ ગમ્યું હતું, કારણ કે તેમની પાસે “પુનઃશિક્ષણ”ની લગભગ અમર્યાદિત સંભાવનામાં વિશ્વાસ રાખવા માટે પૂરતા વૈચારિક અને રાજકીય કારણો હતાં. હજારો વૈજ્ઞાનિકો જેમણે લિસેન્કોનો વિરોધ કર્યો અને કુદરતી પસંદગી દ્વારા ઉત્ક્રાંતિના સિદ્ધાંતને સમર્થન આપવાનું ચાલુ રાખ્યું તેમને તેમની નોકરીઓમાંથી બરતરફ કરવામાં આવ્યા અને કેટલાકને તો જેલમાં નાખવામાં આવ્યા કે ફાંસી પણ આપવામાં આવી હતી. વનસ્પતિશાસ્ત્રી અને પ્રજોત્પત્તિશાસ્ત્રી નિકોલાઈ વાવિલોવ લિસેન્કોના ભૂતપૂર્વ માર્ગદર્શક હતા અને પછીથી તેના ટીકાકાર બન્યા હતા. જુલાઈ 1941માં તેમના પર અને વનસ્પતિશાસ્ત્રી લિયોનીદ ગોવોરોવ, પ્રજોત્પત્તિશાસ્ત્રી જ્યોર્જી કાર્પેચેન્કો અને કૃષિશાસ્ત્રી એલેક્ઝાન્ડર બોન્ડારેન્કો સામે કેસ ચલાવવામાં આવ્યો. અન્ય ત્રણને ગોળી મારી દેવામાં આવી હતી, જ્યારે વાવિલોવનું 1943માં સારાટોવની એક જેલ જેવી શિબિરમાં મૃત્યુ થયું હતું.[116] સરમુખત્યારના દબાણ હેઠળ, લેનિન ઓલ-યુનિયન એકેડેમી ઑફ એગ્રીકલ્ચરલ સાયન્સિસે આખરે ઑગસ્ટ 1948માં જાહેર કર્યું હતું કે હવેથી સોવિયેત સંસ્થાઓ લિસેન્કોઈઝમને એકમાત્ર સાચા સિદ્ધાંત તરીકે ભણાવશે.[117]

પરંતુ આ જ કારણોસર, લેનિન ઑલ-યુનિયન એકેડેમી ઑફ એગ્રિકલ્ચરલ સાયન્સિસે એક વૈજ્ઞાનિક સંસ્થા તરીકેની માન્યતા ગુમાવી અને આનુવંશિકતાનો સોવિયેત સિદ્ધાંત વિજ્ઞાનને બદલે એક વિચારધારા બની રહ્યો હતો. કોઈ સંસ્થા

પોતાનું ગમે તે નામ રાખી શકે છે, પરંતુ જો તેમાં મજબૂત સ્વસુધારણા પદ્ધતિનો અભાવ હોય, તો તે વૈજ્ઞાનિક સંસ્થા બની શકતી નથી.

સ્વસુધારણાની મર્યાદાઓ

શું આ બધાનો અર્થ એ છે કે સ્વસુધારણા પદ્ધતિઓમાં આપણને એ જાદુઈ છડી મળી ગઈ છે, જે હ્યુમન ઇન્ફૉર્મેશન નેટવર્કને ભૂલ અને પૂર્વગ્રહથી મુક્ત રાખી શકે છે? બદનસીબે, આ વાત ઘણી જટિલ છે. કેથોલિક ચર્ચ અને સોવિયેત કમ્યુનિસ્ટ પાર્ટી જેવી સંસ્થાઓએ મજબૂત સ્વસુધારણા પદ્ધતિઓનો ઉપયોગ કરવાનું ટાળ્યું તેનું એક કારણ છે આવી પદ્ધતિઓ સત્યની શોધ માટે મહત્ત્વપૂર્ણ છે, પણ તે વ્યવસ્થા જાળવવામાં ઘણી અવરોધરૂપ બની શકે છે. મજબૂત સ્વસુધારણા પદ્ધતિઓ શંકાઓ, મતભેદો, સંઘર્ષો અને વિભાજનો ઊભા કરે છે અને સામાજિક વ્યવસ્થાને જાળવી રાખતી દંતકથાઓને નબળી પાડે છે.

અલબત્ત, વ્યવસ્થા પોતે ઉત્તમ જ હોય તે જરૂરી નથી. ઉદાહરણ તરીકે, પ્રારંભિક આધુનિક યુરોપની સામાજિક વ્યવસ્થામાં માત્ર વિચ હન્ટ જ નહીં, પરંતુ મુઠ્ઠીભર ઉમરાવો દ્વારા લાખો ખેડૂતોનું શોષણ, સ્ત્રીઓ સાથે સતત દુર્વ્યવહાર તેમજ યહૂદીઓ, મુસ્લિમો અને અન્ય લઘુમતીઓ સામે વ્યાપક ભેદભાવને પણ સમર્થન અપાતું હતું, પરંતુ સામાજિક વ્યવસ્થા ખૂબ જ દમનકારી હોય, ત્યારે પણ તેને નબળી પાડવાથી સારી વ્યવસ્થા ઊભી થઈ જતી નથી. તે અરાજકતા અને વધુ દમન તરફ પણ લઈ જઈ શકે છે. ઇન્ફૉર્મેશન નેટવર્કના ઇતિહાસમાં હંમેશાં સત્ય અને વ્યવસ્થા વચ્ચે સંતુલન જાળવવાનો સમાવેશ થતો હોય છે, જેમ વ્યવસ્થા માટે સત્યનું બલિદાન આપવું પડે છે, તેવી જ રીતે સત્ય માટે વ્યવસ્થાનું બલિદાન આપવું પડે છે.

વૈજ્ઞાનિક સંસ્થાઓને તેમની મજબૂત સ્વસુધારણા પદ્ધતિઓ પરવડી શકે છે કારણ કે તેઓ સામાજિક વ્યવસ્થા જાળવવાનું મુશ્કેલ કામ અન્ય સંસ્થાઓ પર છોડી દે છે. જો કોઈ રસાયણશાસ્ત્રીને લાગે છે કે કોઈ ચોર તેમની પ્રયોગશાળામાં ઘૂસ્યો છે અથવા મનોચિકિત્સકને કોઈ મારી નાખવાની ધમકીઓ આપે છે, તો તેઓ પ્રખ્યાત વૈજ્ઞાનિક જર્નલમાં ફરિયાદ કરતા નથી, તેઓ પોલીસને બોલાવે છે. તો શું શૈક્ષણિક શાખાઓ સિવાયની સંસ્થાઓમાં મજબૂત સ્વસુધારણા પદ્ધતિઓ જાળવી રાખવી શક્ય છે? ખાસ કરીને, શું આવી પદ્ધતિઓ પોલીસ દળો, સૈન્ય, રાજકીય પક્ષો અને સામાજિક વ્યવસ્થા જાળવવાની જવાબદારી ધરાવતી સરકારો જેવી સંસ્થાઓમાં રહી શકે છે?

આ પ્રશ્નનોની ચર્ચા આપણે આગામી પ્રકરણમાં કરીશું, જેમાં માહિતી પ્રવાહના રાજકીય પાસાઓ પર ધ્યાન કેન્દ્રિત કરવામાં આવ્યું છે અને લોકશાહી અને સરમુખત્યારશાહીના લાંબા ઇતિહાસની પણ તપાસ કરવામાં આવી છે. આપણે જોઈશું કે લોકશાહીમાં એમ માનવામાં આવે છે કે રાજકારણમાં પણ મજબૂત સ્વસુધારણા પદ્ધતિઓ જાળવી રાખવી શક્ય છે. જ્યારે સરમુખત્યારશાહી આવી પદ્ધતિઓને અવગણે છે. આમ, શીત યુદ્ધની ચરમસીમાએ પણ લોકશાહીવાળા યુનાઇટેડ સ્ટેટ્સમાં અખબારો અને યુનિવર્સિટીઓ વિયેતનામમાં અમેરિકાના યુદ્ધ ગુનાઓ ખુલ્લા પાડતા હતા અને તેની ટીકા પણ કરતા હતા, પરંતુ તેઓ અફઘાનિસ્તાન અને અન્યત્ર સોવિયેત યુનિયનના ગુનાઓ અંગે મૌન રહેતા હતા. સોવિયેત યુનિયનનું મૌન વૈજ્ઞાનિક રીતે સમજાઈ શકે તેવું નહોતું પરંતુ તે રાજકીય રીતે અર્થપૂર્ણ હતું. વિયેતનામ યુદ્ધ વિશે અમેરિકાની પોતાની જ ટીકા આજે પણ અમેરિકન જનતાને વિભાજિત કરવા અને સમગ્ર વિશ્વમાં અમેરિકાની પ્રતિષ્ઠાને નબળી પાડવા માટે ચાલુ જ છે. બીજી બાજુ, અફઘાનિસ્તાન યુદ્ધ વિશે સોવિયેત યુનિયન અને પછી રશિયાના મૌને તેની યાદોને ઝાંખી પાડવામાં અને તેની પ્રતિષ્ઠાના નુકસાનને મર્યાદિત કરવામાં મદદ કરી છે.

પ્રાચીન એથેન્સ, રોમન સામ્રાજ્ય, યુનાઇટેડ સ્ટેટ્સ અને સોવિયેત યુનિયન જેવી ઐતિહાસિક પ્રણાલીઓમાં માહિતીના રાજકારણને સમજ્યા પછી જ આપણે AIના ઉદયના ક્રાંતિકારી પરિણામો સમજવા માટે તૈયાર થઈ શકીશું. AI વિશેનો સૌથી મોટો પ્રશ્ન એ છે કે શું તે લોકશાહીવાળી સ્વસુધારણા પદ્ધતિઓની તરફેણ કરશે કે તેને નબળી પાડશે.

પ્રકરણ-5

નિર્ણયો : લોકશાહી અને સર્વાધિકારવાદનો સંક્ષિપ્ત ઇતિહાસ

લોકશાહી અને સરમુખત્યારશાહીને સામાન્ય રીતે વિરોધાભાસી રાજકીય અને નૈતિક પ્રણાલીઓ તરીકે જોવામાં આવે છે. લોકશાહી અને સરમુખત્યારશાહીના ઇતિહાસને વિરોધાભાસી પ્રકારના ઇન્ફૉર્મેશન નેટવર્ક તરીકે તપાસીને આ પ્રકરણમાં એ ચર્ચાનો દૃષ્ટિકોણ બદલવાનો પ્રયત્ન કરવામાં આવ્યો છે. તેમાં એ તપાસવામાં આવ્યું છે કે લોકશાહીમાં માહિતી કેવી રીતે સરમુખત્યારશાહી પ્રણાલીઓ કરતાં અલગ રીતે વહે છે અને નવી ઇન્ફૉર્મેશન ટેક્નોલૉજીની શોધ વિવિધ પ્રકારના શાસનને કેવી રીતે મદદ કરે છે.

સરમુખત્યારશાહીના ઇન્ફૉર્મેશન નેટવર્ક એક સ્થાન પર ખૂબ જ કેન્દ્રિત હોય છે.[1] આમાંથી બે સૂચિતાર્થો મળે છે. પ્રથમ, કેન્દ્રને અમર્યાદિત સત્તા મળે છે તેથી માહિતી કેન્દ્રની દિશામાં જ વહે છે અને ત્યાં જ સૌથી મહત્ત્વપૂર્ણ નિર્ણયો લેવામાં આવે છે. રોમન સામ્રાજ્યમાં બધા રસ્તાઓ રોમ તરફ જતા હતા, નાઝી જર્મનીમાં બધી માહિતી બર્લિન તરફ અને સોવિયેત યુનિયનમાં મોસ્કો તરફ વહેતી હતી. એમાં ઘણીવાર કેન્દ્ર સરકાર બધી માહિતીને તેના હાથમાં રાખવાનો અને લોકોના જીવનને સંપૂર્ણ રીતે નિયંત્રિત કરવાનો, બધા નિર્ણયો પોતે જ લેવાનો પ્રયાસ કરે છે. હિટલર અને સ્ટાલિન જેવા લોકોની સરમુખત્યારશાહીનું આ સ્વરૂપ સર્વાધિકારવાદ તરીકે ઓળખાય છે, પરંતુ દરેક સરમુખત્યારશાહી સર્વાધિકારવાદી હોતી નથી. તકનીકી મુશ્કેલીઓ ઘણીવાર સરમુખત્યારોને સર્વાધિકારવાદી બનતાં અટકાવે છે. ઉદાહરણ તરીકે, રોમન સમ્રાટ નીરો પાસે દૂરનાં ગામડાંઓમાં રહેતા લાખો ખેડૂતોના જીવનની નાની નાની બાબતોનું નિયંત્રણ કરવા માટે કોઈ સાધન નહોતું. એટલે ઘણા

સરમુખત્યારશાહી શાસનોમાં વ્યક્તિઓ, કૉર્પોરેશનો અને સમુદાયોને ઘણી સ્વાયત્તતા આપવામાં આવે છે. જો કે, સરમુખત્યાર પાસે હંમેશાં લોકોના જીવનમાં દખલ કરવાનો અધિકાર હોય જ છે. નીરોના રોમમાં સ્વતંત્રતા એ કોઈ આદર્શ ન હતો, પરંતુ સરકારના સર્વાધિકારી નિયંત્રણની અસમર્થતાની આડપેદાશ હતી.

સરમુખત્યારશાહી નેટવર્કોની બીજી લાક્ષણિકતા એ છે કે તેમાં એમ માની લેવામાં આવે છે કે કેન્દ્ર અચૂક છે, તેનાથી કોઈ ભૂલ થાય એમ જ નથી. તેથી કેન્દ્રના નિર્ણયો સામેના કોઈ પણ પડકારને પસંદ કરવામાં આવતો નથી. સોવિયેત પોપગેન્ડામાં સ્ટાલિનને એક અચૂક પ્રતિભાશાળી તરીકે ચીતરવામાં આવતો હતો અને રોમન પોપગેન્ડામાં સમ્રાટોને દૈવી ગણવામાં આવતા હતા. જ્યારે સ્ટાલિન કે નીરોએ ઊડીને આંખે વળગે એવા વિનાશક નિર્ણયો લીધા હતા, ત્યારે પણ સોવિયેત યુનિયન અથવા રોમન સામ્રાજ્યમાં એવી કોઈ મજબૂત સ્વસુધારણા પદ્ધતિઓ નહોતી, જે એ ભૂલોને ઉજાગર કરી શકે અને યોગ્ય પગલાં લેવા માટે દબાણ કરી શકે.

સૈદ્ધાંતિક રીતે, એવું સેન્ટ્રલાઇઝ્ડ ઇન્ફૉર્મેશન નેટવર્ક સ્વતંત્ર અદાલતો અને ચૂંટાયેલી કાયદાકીય સંસ્થાઓ જેવી મજબૂત સ્વસુધારણા પદ્ધતિઓનો પ્રયાસ કરી શકે છે, પરંતુ જો તે પદ્ધતિઓ સારી રીતે કાર્ય કરે, તો એ કેન્દ્રીય સત્તાને પડકારશે અને તેના થકી માહિતી નેટવર્કનું વિકેન્દ્રીકરણ કરશે. સરમુખત્યારો હંમેશાં આવા સ્વતંત્ર શક્તિકેન્દ્રોને જોખમ તરીકે જુએ છે અને તેમનો નાશ કરવાનો પ્રયાસ કરે છે. રોમન સેનેટમાં આવું જ બન્યું હતું, કારણ કે તેની સત્તા એક પછી એક સીઝર દ્વારા છીનવી લેવામાં આવી હતી અને છેવટે તે રાજવી ઇચ્છાઓ પર મત્તું મારનારા રબર સ્ટેમ્પ જેવી જ બની રહી હતી.[2] સોવિયેત ન્યાયિક પ્રણાલીનું પણ આવું જ થયું હતું, કારણ કે તેણે ક્યારેય સામ્યવાદી પક્ષની ઇચ્છાનો પ્રતિકાર કરવાની હિંમત કરી નહોતી. સ્ટાલિનવાદી ટ્રાયલો તેમના નામ અનુસારના પૂર્વનિર્ધારિત પરિણામોવાળા નાટક જ બની રહેતી હતી.[3]

ટૂંકમાં, સરમુખત્યારશાહી એક સેન્ટ્રલાઇઝ્ડ (કેન્દ્રીય) ઇન્ફૉર્મેશન નેટવર્ક છે, જેમાં મજબૂત સ્વસુધારણા પદ્ધતિઓનો અભાવ છે. તેનાથી વિપરીત, લોકશાહી એક ડિસ્ટ્રિબ્યુટેડ (વિતરિત) માહિતી નેટવર્ક છે, જેમાં મજબૂત સ્વસુધારણા પદ્ધતિઓ રહેલી છે. જ્યારે આપણે લોકશાહીનું ઇન્ફૉર્મેશન નેટવર્ક જોઈએ છીએ ત્યારે તેમાં પણ કેન્દ્ર તો દેખાય જ છે. લોકશાહીમાં સરકાર સૌથી મહત્ત્વપૂર્ણ કારોબારી શક્તિ છે તેથી સરકારી એજન્સીઓ વિશાળ માત્રામાં

માહિતી ભેગી કરે છે અને તેનો સંગ્રહ પણ કરે છે, પરંતુ એવી પણ ઘણી વધારાની ઇન્ફૉર્મેશન ચૅનલો તેમાં હોય છે, જે ઘણા સ્વતંત્ર માહિતી કેન્દ્રોને જોડે છે. કાયદેસર ચૂંટાયેલી સંસ્થાઓ, રાજકીય પક્ષો, અદાલતો, પ્રેસ, કૉર્પોરેશનો, સ્થાનિક સમુદાયો, એનજીઓ અને નાગરિકો એકબીજા સાથે મુક્ત રીતે સીધા જ જોડાય છે, જેથી મોટાભાગની માહિતી ક્યારેય કોઈ સરકારી એજન્સીમાંથી પસાર જ થતી નથી અને ઘણા મહત્ત્વપૂર્ણ નિર્ણયો બીજે જ ક્યાંક લેવામાં આવતા હોય છે. લોકો પોતે જ પસંદ કરે છે કે ક્યાં રહેવું, ક્યાં કામ કરવું અને કોની સાથે લગ્ન કરવાં. કૉર્પોરેશનો શાખા ક્યાં ખોલવી, કયા પ્રોજેક્ટોમાં કેટલું રોકાણ કરવું તેમજ વસ્તુઓ અને સેવાઓ માટે કેટલો ચાર્જ લેવો તે પસંદગી જાતે જ કરે છે. ચૅરિટી, રમતગમતના કાર્યક્રમો અને ધાર્મિક તહેવારોનું આયોજન સમુદાયો પોતે જ નક્કી કરે છે. સ્વાયત્તતા એ સરકાર અસરકારક ન હોવાનું પરિણામ નથી, તે લોકશાહીનો આદર્શ છે.

ભલે લોકશાહી સરકાર પાસે લોકોના જીવનની નાની નાની વાતોમાં દખલ કરવા માટે જરૂરી ટેક્નોલૉજી હોય, પણ તે લોકોને પોતાની પસંદગીઓ કરવા માટે શક્ય તેટલો અવકાશ રાખે છે. એક સામાન્ય ગેરસમજ એવી પ્રવર્તે છે કે લોકશાહીમાં બધું બહુમતી મત દ્વારા નક્કી કરવામાં આવે છે. હકીકતમાં, લોકશાહીમાં બહુ ઓછું કેન્દ્રીય સ્તરે નક્કી કરવામાં આવતું હોય છે અને એ નિર્ણયો જે કેન્દ્રીય રીતે જ લેવા જોઈએ તેમાં જ બહુમતીની ઇચ્છાનું પ્રતિબિંબ પડતું હોય છે. કોઈ લોકશાહીમાં, જો 99 ટકા લોકો કોઈ ચોક્કસ રીતે પોશાક પહેરવા અને કોઈ ચોક્કસ ભગવાનની પૂજા કરવા માગતા હોય, તો પણ બાકીના એક ટકા લોકો તેમની ઇચ્છા અનુસાર અલગ રીતે પોશાક પહેરવા અને પૂજા કરવા માટે સ્વતંત્ર હોય છે.

અલબત્ત, જો કેન્દ્ર સરકાર લોકોના જીવનમાં બિલકુલ દખલ ન કરે અને તેમને સુરક્ષા જેવી મૂળભૂત સેવાઓ પૂરી ન પાડે, તો તે લોકશાહી બનતી જ નથી, તે અરાજકતા બની રહે છે. તમામ લોકશાહીઓમાં કેન્દ્ર સરકાર કરવેરા ઉઘરાવે છે અને સૈન્ય રચે છે અને મોટાભાગની આધુનિક લોકશાહીમાં તે અમુક સ્તરની આરોગ્યસંભાળ, શિક્ષણ અને અન્ય લાભકારી યોજનાઓ પણ પૂરી પાડે છે, પરંતુ લોકોના જીવનમાં કોઈ પણ હસ્તક્ષેપ માટે ખુલાસો આપવો પડે છે. કોઈ અનિવાર્ય કારણ ન હોય તો લોકશાહી સરકારે લોકોના જીવનમાં દખલ કરવી ન જોઈએ.

લોકશાહીની બીજી મહત્ત્વપૂર્ણ લાક્ષણિકતા એ છે કે તેમાં એમ માનવામાં આવે છે કે દરેક વ્યક્તિ ભૂલ કરી શકે છે. માટે લોકશાહી કેન્દ્રને કેટલાક

મહત્ત્વપૂર્ણ નિર્ણયો લેવાની સત્તા આપે છે. સાથે સાથે કેન્દ્રીય સત્તાને પડકારી શકે તેવી મજબૂત પદ્ધતિઓ પણ જાળવી રાખે છે. રાષ્ટ્રપતિ જેમ્સ મેડિસનના શબ્દોમાં, માનવીઓ ભૂલ કરી શકે છે માટે સરકાર જરૂરી છે અને સરકાર પણ ભૂલ કરી શકે છે માટે તેની ભૂલોને ઉજાગર કરવા અને સુધારવા માટેની પદ્ધતિઓની પણ જરૂર છે, જેમ કે નિયમિત ચૂંટણીઓ યોજવી, પ્રેસની સ્વતંત્રતાનું રક્ષણ કરવું અને સરકારની કારોબારી, કાયદાકીય અને ન્યાયિક શાખાઓને અલગ કરવી.

પરિણામે, સરમુખત્યારશાહી એક સેન્ટ્રલ ઇન્ફૉર્મેશન હબ છે, જે બધામાં દખલ કરે છે, ત્યારે લોકશાહી વિવિધ માહિતી કેન્દ્રો વચ્ચે સતત ચાલતી વાતચીત છે. આ છૂટક કેન્દ્રો ઘણીવાર એકબીજાને પ્રભાવિત કરતા હોય છે, પરંતુ મોટાભાગની બાબતોમાં તેઓ સર્વસંમતિ સુધી પહોંચવા માટે બંધાયેલા નથી. વ્યક્તિઓ, કૉર્પોરેશનો અને સમુદાયો અલગ અલગ રીતે વિચારવાનું અને વર્તન કરવાનું ચાલુ રાખી શકે છે. અલબત્ત, એવી બાબતો હોય છે, જેમાં દરેક વ્યક્તિએ સમાન વર્તન કરવું જોઈએ અને તેમાં વૈવિધ્ય યોગ્ય નથી. ઉદાહરણ તરીકે, જ્યારે 2002-03માં અમેરિકનો ઇરાક પર આક્રમણ કરવું કે નહીં તે અંગે અસંમત હતા, ત્યારે દરેકને આખરે એક જ નિર્ણય માનવો પડ્યો. કેટલાક અમેરિકનો સદ્દામ હુસૈન સાથે અંગત રીતે શાંતિ જાળવી રાખે જ્યારે અન્ય લોકો યુદ્ધની ઘોષણા કરે, તે અસ્વીકાર્ય હતું. એટલે સારો હોય કે ખરાબ, ઇરાક પર આક્રમણ કરવાનો નિર્ણય દરેક અમેરિકન નાગરિકને માનવો રહ્યો. એવી જ રીતે રાષ્ટ્રીય માળખાકીય કામો શરૂ કરતી વખતે અથવા ફોજદારી ગુનાઓને વ્યાખ્યાયિત કરતી વખતે પણ એ નિર્ણયો દરેકે માનવા જ રહ્યા. જો દરેક વ્યક્તિને પોતાનું અલગ રેલ નેટવર્ક નાખવાની અથવા હત્યાની પોતાની વ્યાખ્યા ઘડવાની મંજૂરી આપવામાં આવે તો કોઈ પણ દેશ સારી રીતે કાર્ય કરી શકતો નથી.

આવી સામૂહિક બાબતો પર નિર્ણય લેવા માટે, પહેલાં દેશવ્યાપી જાહેર ચર્ચાવિચારણા થવી જોઈએ, જેના પછી મુક્ત અને ન્યાયી ચૂંટણીઓમાં ચૂંટાયેલા જનપ્રતિનિધિઓ ચોક્કસ પસંદગી કરે છે, પરંતુ તે પસંદગી થઈ ગયા પછી પણ, તે વારંવાર ચકાસણી અને સુધારણા માટે ખુલ્લી રહેવી જોઈએ. કોઈ પણ નેટવર્ક તેની અગાઉની પસંદગીઓ બદલી શકતું નથી, પરંતુ તે દરેક વખતે અલગ સરકાર ચૂંટી શકે છે.

બહુમતીની સરમુખત્યારશાહી

મજબૂત સ્વસુધારણાની પદ્ધતિવાળું ડિસ્ટ્રિબ્યૂટેડ ઇન્ફૉર્મેશન નેટવર્ક એટલે લોકશાહી એ વ્યાખ્યા લોકશાહી એટલે ફક્ત ચૂંટણીઓવાળી સરકારવાળી વ્યાખ્યાથી તદ્દન અલગ છે. ચૂંટણીઓ લોકશાહીનો એક મહત્ત્વનો હિસ્સો છે, પરંતુ તે જ લોકશાહી નથી. વધારાની સ્વસુધારણા પદ્ધતિઓની ગેરહાજરીમાં, ચૂંટણીઓમાં સરળતાથી ગોટાળા થઈ શકે છે. જો ચૂંટણીઓ સંપૂર્ણપણે મુક્ત અને ન્યાયી હોય, તો પણ એનાથી જ લોકશાહીની કોઈ ગેરંટી મળતી નથી. કારણ કે લોકશાહી બહુમતી સરમુખત્યારશાહી જેવી વસ્તુ નથી.

ધારો કે મુક્ત અને ન્યાયી ચૂંટણીમાં 51 ટકા મતદારો એવી સરકાર પસંદ કરે છે, જે પછીથી એક ટકા મતદારોને મૃત્યુ શિબિરોમાં ધકેલી દે છે, કારણ કે તેઓ કોઈ ઘૃણાસ્પદ ધાર્મિક લઘુમતીમાં આવતા હોય છે. શું આ લોકશાહી છે? બિલકુલ નહીં. સમસ્યા એ નથી કે આવા નરસંહાર માટે 51 ટકાથી વધુની બહુમતી જોઈએ. એવું પણ નથી કે જો સરકારને 60 ટકા, 75 ટકા કે પછી 99 ટકા મતદારોનું સમર્થન મળે, તો તેના મૃત્યુ શિબિરો લોકશાહીનો કાયદેસરનો ભાગ બની જાય છે. લોકશાહી એવી વ્યવસ્થા નથી જેમાં કોઈ પણ કદની બહુમતી અપ્રિય લઘુમતીઓને ખતમ કરવાનો નિર્ણય લઈ શકે, તે એક એવી વ્યવસ્થા છે, જેમાં કેન્દ્રની શક્તિ પર સ્પષ્ટ મર્યાદાઓ મુકાઈ છે.

ધારો કે 51 ટકા મતદારો એવી સરકાર પસંદ કરે છે, જે પછી બાકીના 49 ટકા મતદારો અથવા કદાચ તેમાંથી ફક્ત એક ટકા મતદારોના મતદાન અધિકારો છીનવી લે છે. શું તે લોકશાહી છે? ફરીથી જવાબ ના જ છે અને તેનો સંખ્યાઓ કે ટકાવારી સાથે કોઈ સંબંધ નથી. રાજકીય હરીફોને મતાધિકારથી વંચિત કરવાથી લોકશાહીના નેટવર્કની એક મહત્ત્વપૂર્ણ સ્વસુધારણા પદ્ધતિનો નાશ થાય છે. ચૂંટણીઓ આ નેટવર્કોને એમ કહેવાની એક પદ્ધતિ છે કે, "અમે ભૂલ કરી છે, ચાલો હવે કંઈક બીજો પ્રયાસ કરીએ." પરંતુ જો કેન્દ્ર ઇચ્છા મુજબ લોકોને મતાધિકારથી વંચિત કરી શકે છે, તો સ્વસુધારણા પદ્ધતિ જ નાશ પામે છે.

આ બે ઉદાહરણો આત્યંતિક લાગી શકે છે, પરંતુ તે કમનસીબે એવું બનવાની પૂરતી શક્યતા છે. હિટલરે લોકશાહીની ચૂંટણીઓ દ્વારા સત્તા પર આવ્યાના અમુક મહિનાઓમાં જ યહૂદીઓ અને સામ્યવાદીઓને કૉન્સન્ટ્રેશન કેમ્પો (મૃત્યુ શિબિરો)માં મોકલવાનું શરૂ કરી દીધું હતું અને અમેરિકામાં અસંખ્ય લોકશાહી રીતે ચૂંટાયેલી સરકારોએ આફ્રિકન અમેરિકનો, મૂળ વતનીનો અને

અન્ય કચડાયેલા સમુદાયોને મતદાનથી વંચિત કર્યા જ હતા. અલબત્ત, લોકશાહી પરના મોટાભાગના હુમલાઓ સૂક્ષ્મ સ્તરના હોય છે. વ્લાદિમીર પુતિન, વિક્ટર ઓર્બન, રેસેપ તૈયપ એર્દોગન, રોડ્રિગો દુતેર્તે, જૈર બોલ્સોનારો અને બેન્જામિન નેતન્યાહૂ જેવા શક્તિશાળી લોકોની કારકિર્દી દર્શાવે છે કે જે નેતા સત્તા પર પહોંચવા માટે લોકશાહીનો ઉપયોગ કરે છે તે પછી એ જ લોકશાહીને નબળી પાડવા માટે કેવી રીતે પોતાની શક્તિનો ઉપયોગ કરી શકે છે. એર્દોગનએ એક વખત કહ્યું હતું, "લોકશાહી એક ટ્રામ જેવી છે. તમે તમારા ગંતવ્ય સ્થાન પર પહોંચો ત્યાં સુધી તેમાં સવારી કરો છો, પછી તમે ઊતરી જાવ છો."[4]

લોકશાહીને નબળી પાડવા માટે આવા શક્તિશાળી લોકો જે સૌથી સામાન્ય પદ્ધતિ વાપરે છે તે છે તેના સ્વસુધારણા તંત્ર પર એક પછી એક હુમલો કરવો, જે ઘણીવાર અદાલતો અને મીડિયાથી શરૂ થાય છે. આવા શક્તિશાળી લોકો અદાલતોને તેમની સત્તાઓથી વંચિત રાખે છે કે પછી એ અદાલતો તેમના વફાદારોથી ભરે છે. સાથે સાથે તેઓ તમામ સ્વતંત્ર મીડિયા આઉટલેટ્સને બંધ કરવાનો પ્રયાસ કરે છે અને પોતાનું સર્વવ્યાપી પ્રચાર મશીન બનાવે છે.[5]

એકવાર અદાલતો કાનૂની રીતે સરકારની શક્તિને નિયંત્રિત કરવા સક્ષમ ન રહે અને મીડિયા આજ્ઞાકારી રીતે સરકારી પોપટ બની જાય પછી સરકારનો વિરોધ કરવાની હિંમત કરતી અન્ય બધી સંસ્થાઓ અથવા વ્યક્તિઓને દેશદ્રોહી, ગુનેગારો અથવા વિદેશી એજન્ટ તરીકે બદનામ કરી શકાય છે અને તેમની સતામણી પણ કરી શકાય છે. શૈક્ષણિક સંસ્થાઓ, નગરપાલિકાઓ, એનજીઓ અને ખાનગી વ્યવસાયોને બંધ કરવામાં આવે છે કે સરકારી નિયંત્રણ હેઠળ લાવવામાં આવે છે. તે તબક્કે સરકાર ઇચ્છા મુજબ ચૂંટણીઓમાં ગોટાળા પણ કરી શકે છે, જેમ કે, લોકપ્રિય વિપક્ષી નેતાઓને જેલમાં નાખી દેવા, વિરોધી પક્ષોને ચૂંટણીમાં ભાગ લેતા અટકાવવા, ચૂંટણીક્ષેત્રોને ગેરમાર્ગે દોરવા કે મતદારોને મતાધિકારથી વંચિત રાખવા. આ લોકશાહી વિરોધી પગલાં સામેના કેસો સરકારના પસંદ કરેલા ન્યાયાધીશો દ્વારા ફગાવી દેવામાં આવે છે. આ પગલાંની ટીકા કરનારા પત્રકારો અને શિક્ષણવિદોને બરતરફ કરવામાં આવે છે. બાકીના મીડિયા આઉટલેટ્સ, શૈક્ષણિક સંસ્થાઓ અને ન્યાયિક સત્તાધીશો આ પગલાંને દેશદ્રોહીઓ અને વિદેશી એજન્ટોથી રાષ્ટ્ર અને તેની કથિત લોકશાહીને બચાવવા માટેના જરૂરી પગલાં તરીકે પ્રશંસે છે. શક્તિશાળી લોકો સામાન્ય રીતે ચૂંટણીઓને સંપૂર્ણપણે રદ કરવાનું અંતિમ પગલું ભરતા નથી. તેના બદલે, તેઓ તેમને એક વિધિ તરીકે જાળવી રાખે છે, જે તેમને કાયદેસરતા આપે છે અને લોકશાહી મુખવટો જાળવી રાખે છે. ઉદાહરણ તરીકે, પુતિનનું રશિયા.

આ શક્તિશાળી લોકોના સમર્થકો ઘણીવાર આ પ્રક્રિયાને લોકશાહી વિરોધી પ્રક્રિયા તરીકે જોતા નથી. જ્યારે તેમને કહેવામાં આવે છે કે ચૂંટણીમાં વિજય કોઈને અમર્યાદિત શક્તિ આપતો નથી ત્યારે તેઓ ખરેખર મૂંઝાઈ જાય છે. તેના બદલે, તેઓ ચૂંટાયેલી સરકારની શક્તિ પર કોઈ પણ નિયંત્રણ લાદવાની વાતને લોકશાહીની વિરુદ્ધ માને છે. જો કે, લોકશાહીનો અર્થ બહુમતીનું શાસન એવો નથી, તેનો અર્થ બધા માટે સ્વતંત્રતા અને સમાનતા છે. લોકશાહી એક એવી વ્યવસ્થા છે, જે દરેકને અમુક બાબતોમાં સ્વતંત્રતાની ખાતરી આપે છે, જેને બહુમતી પણ છીનવી શકતી નથી.

લોકશાહીમાં બહુમતીના પ્રતિનિધિઓને સરકાર બનાવવાનો અને અસંખ્ય ક્ષેત્રોમાં તેમની પસંદગીની નીતિઓને આગળ વધારવાનો અધિકાર છે તે અંગે કોઈને શંકા નથી. જો બહુમતી યુદ્ધ ઇચ્છે છે, તો દેશ યુદ્ધ કરે છે. જો બહુમતી શાંતિ ઇચ્છે છે, તો દેશ શાંતિ સ્થાપે છે. જો બહુમતી કર વધારવા માગે છે, તો કર વધારવામાં આવે છે. જો બહુમતી કર ઘટાડવા માગે છે, તો કર ઘટાડવામાં આવે છે. વિદેશી બાબતો, સંરક્ષણ, શિક્ષણ, કરવેરા અને અસંખ્ય અન્ય નીતિઓ વિશેના મુખ્ય નિર્ણયો બહુમતીના હાથમાં જ હોય છે.

પરંતુ લોકશાહીમાં, બે પ્રકારના અધિકારો છે, જે બહુમતીની સત્તાથી સુરક્ષિત રાખવામાં આવે છે. એક છે માનવ અધિકારો. ભલે 99 ટકા વસ્તી બાકીના એક ટકાનો નાશ કરવા માંગે છે, લોકશાહીમાં આ પ્રતિબંધિત છે, કારણ કે તે સૌથી મૂળભૂત માનવ અધિકાર, એટલે કે જીવનના અધિકારનું ઉલ્લંઘન કરે છે. માનવ અધિકારોમાં ઘણા અન્ય અધિકારો પણ સામેલ છે, જેમ કે કામ કરવાનો અધિકાર, ગોપનીયતાનો અધિકાર, હરવાફરવાની સ્વતંત્રતા અને ધર્મની સ્વતંત્રતા. આ અધિકારો લોકશાહીને વિકેન્દ્રિત બનાવે છે અને તેનાથી એ સુનિશ્ચિત થાય છે કે જ્યાં સુધી લોકો કોઈને નુકસાન ન પહોંચાડે, ત્યાં સુધી તેઓ પોતાનું જીવન પોતાની રીતે જીવી શકે.

બીજા પ્રકારના અધિકારોમાં નાગરિક અધિકારોનો સમાવેશ થાય છે. આ અધિકારો લોકશાહીની રમતના મૂળભૂત નિયમો છે, જે તેની સ્વસુધારણા પદ્ધતિઓને સ્થાપિત કરે છે. એક સ્પષ્ટ ઉદાહરણ છે, મતદાનનો અધિકાર. જો બહુમતીને લઘુમતીને મતાધિકારથી વંચિત રાખવાની મંજૂરી આપવામાં આવે, તો એક જ ચૂંટણી પછી લોકશાહી સમાપ્ત થઈ જશે. અન્ય નાગરિક અધિકારોમાં પ્રેસની સ્વતંત્રતા, શૈક્ષણિક સ્વતંત્રતા અને સભાઓ ભરવાની સ્વતંત્રતાનો સમાવેશ થાય છે, જેના કારણે સ્વતંત્ર મીડિયા આઉટલેટ્સ, યુનિવર્સિટીઓ અને વિપક્ષી ચળવળો દ્વારા સરકારને પડકારી શકાય છે. આ એ

મુખ્ય અધિકારો છે, જેનું ઉલ્લંઘન કરવા માટે શક્તિશાળી લોકો પ્રયાસ કરતા હોય છે. ક્યારેક દેશની સ્વસુધારણા પદ્ધતિઓમાં ફેરફાર કરવા જરૂરી હોય છે. ઉદાહરણ તરીકે, મતાધિકારનો વિસ્તાર કરવો, મીડિયાનું નિયમન કરવું કે ન્યાયિક પ્રણાલીમાં સુધારા કરવા. આવા ફેરફારો બહુમતી અને લઘુમતી બંને જૂથોની વ્યાપક સંમતિના આધારે જ કરવા જોઈએ. જો બહુમતીમાંથી એક નાનકડો હિસ્સો એકપક્ષીય રીતે નાગરિક અધિકારોમાં ફેરફાર કરી શકે છે, તો તે સરળતાથી ચૂંટણીઓમાં ગોટાળા કરી શકે છે અને તેમની શક્તિ પરના અન્ય તમામ નિયંત્રણોથી પણ છુટકારો મેળવી શકે છે.

માનવ અધિકારો અને નાગરિક અધિકારો બંને વિશે એક મહત્ત્વપૂર્ણ મુદ્દો એ છે કે તેઓ ફક્ત કેન્દ્ર સરકારની શક્તિને મર્યાદિત કરતા નથી, તેઓ તેના પર ઘણી ફરજો પણ લાદે છે. લોકશાહી સરકાર માટે માનવ અને નાગરિક અધિકારોનું ઉલ્લંઘન કરવાથી દૂર રહેવું પૂરતું નથી. તેણે એ અધિકારો બધાને મળી રહે તે માટે પગલાં પણ લેવાં જોઈએ. ઉદાહરણ તરીકે, જીવનનો અધિકાર લોકશાહી સરકાર પર નાગરિકોને હિંસાથી બચાવવાની ફરજ પાડે છે. જો સરકાર કોઈની હત્યા ન કરે, પરંતુ નાગરિકોને હત્યાથી બચાવવા માટે કોઈ પ્રયાસ પણ ન કરે, તો આ લોકશાહી કરતાં અરાજકતા વધારે છે.

જનતા વિરુદ્ધ સત્ય

અલબત્ત, દરેક લોકશાહીમાં માનવ અને નાગરિક અધિકારોની ચોક્કસ મર્યાદાઓ અંગે લાંબી ચર્ચાઓ થાય છે. જીવનના અધિકારની પણ મર્યાદાઓ હોય છે. યુનાઇટેડ સ્ટેટ્સ જેવા લોકશાહી દેશો છે, જે મૃત્યુદંડ આપે છે, જેના કારણે કેટલાક ગુનેગારોનો જીવનનો અધિકાર નકારવામાં આવે છે અને દરેક દેશ પોતાને યુદ્ધ જાહેર કરવાનો વિશેષાધિકાર આપે છે, જેના કારણે લોકોને મરવા અને મારવા માટે મોકલવામાં આવે છે. તો જીવનનો અધિકાર ક્યાં સમાપ્ત થાય છે? બે પ્રકારના અધિકારોની સૂચિમાં શું સમાવવું તે અંગે પણ જટિલ ચર્ચાઓ સતત ચાલતી રહે છે. એવું કોણે નક્કી કર્યું કે ધર્મની સ્વતંત્રતા મૂળભૂત માનવ અધિકાર છે? શું ઇન્ટરનેટ એક્સેસને નાગરિક અધિકાર તરીકે વ્યાખ્યાયિત કરવો જોઈએ? અને પ્રાણીઓના અધિકારોનું શું? કે AIના અધિકારોનું શું?

આપણે અહીં આ બાબતોનો ઉકેલ લાવી શકતા નથી. માનવ અને નાગરિક અધિકાર બંને આંતરવ્યક્તિલક્ષી મુદ્દાઓ છે, જે માનવીઓ ક્યાંયથી શોધતા નથી પણ તેનો આવિષ્કાર કરે છે અને તેના આવિષ્કારનું કોઈ સાર્વત્રિક કારણ

નથી હોતું, પરંતુ ઐતિહાસિક ઘટનાઓ કે આકસ્મિક રીતે તેનો આવિષ્કાર થતો હોય છે. વિવિધ લોકશાહીઓ અધિકારોની અલગ અલગ યાદીઓ અપનાવી શકે છે. એટલે માહિતી પ્રવાહના દૃષ્ટિકોણથી કોઈ પણને સિસ્ટમને "લોકશાહી" તરીકે વ્યાખ્યાયિત કરતું લક્ષણ માત્ર એ છે કે તેના કેન્દ્ર પાસે અમર્યાદિત સત્તા નથી અને તે સિસ્ટમ પાસે કેન્દ્રની ભૂલો સુધારવા માટે મજબૂત પદ્ધતિઓ છે. લોકશાહીનાં નેટવર્કો એમ માનીને ચાલે છે કે દરેક વ્યક્તિ ભૂલ કરી શકે છે અને તેમાં ચૂંટણીના વિજેતાઓ અને બહુમતીના મતદારોનો પણ સમાવેશ થાય છે.

ખાસ કરીને એ યાદ રાખવું મહત્ત્વપૂર્ણ છે કે ચૂંટણીઓ સત્ય શોધનની પદ્ધતિ નથી. તેના બદલે તે લોકોની વિરોધાભાસી ઇચ્છાઓ વચ્ચે નિર્ણય લઈને વ્યવસ્થા જાળવવાની પદ્ધતિ છે. ચૂંટણીઓ સત્ય શું છે તેના કરતાં મોટાભાગના લોકો શું ઇચ્છે છે તે સ્થાપિત કરે છે અને લોકો ઘણીવાર સત્ય જે છે તેના કરતાં અલગ હોય તેવું ઇચ્છતા હોય છે. તેથી જ લોકશાહીના નેટવર્કો બહુમતીની ઇચ્છાથી પણ સત્યને સુરક્ષિત રાખવા માટે કેટલીક સ્વસુધારણા પદ્ધતિઓ જાળવી રાખે છે.

ઉદાહરણ તરીકે, 11 સપ્ટેમ્બરના હુમલા પછી ઇરાક પર આક્રમણ કરવું કે નહીં તે અંગે 2002-3ની ચર્ચા દરમિયાન બુશ વહીવટીતંત્રે એવો દાવો કર્યો હતો કે સદ્દામ હુસૈન સામૂહિક વિનાશનાં શસ્ત્રો વિકસાવી રહ્યો હતો તેમજ ઇરાકી લોકો અમેરિકાની શૈલીની લોકશાહી સ્થાપિત કરવા આતુર હતા અને અમેરિકનોને મુક્તિદાતા તરીકે આવકારશે. આ દલીલો એ દિવસને બધાને ગળે ઊતરી ગઈ હતી. ઑક્ટોબર 2002માં કૉંગ્રેસમાં અમેરિકન લોકોના ચૂંટાયેલા પ્રતિનિધિઓએ આક્રમણના સમર્થનમાં ભારે મતદાન કર્યું હતું. હાઉસ ઑફ રિપ્રેઝન્ટેટિવ્સમાં 296 વિરુદ્ધ 133 મતોની બહુમતીથી (69 ટકા) અને સેનેટમાં 77 વિરુદ્ધ 23 મતોની બહુમતીથી (77 ટકા) ઠરાવ પસાર થયો હતો.[6] માર્ચ 2003માં યુદ્ધના શરૂઆતના દિવસોમાં, સર્વેક્ષણો દ્વારા જાણવા મળ્યું હતું કે ચૂંટાયેલા પ્રતિનિધિઓની ઇચ્છાઓ ખરેખર મતદારોની ઇચ્છાઓ હતી, કારણ કે 72 ટકા અમેરિકન નાગરિકોએ આક્રમણને ટેકો આપ્યો હતો.[7] અમેરિકન લોકોની ઇચ્છા સ્પષ્ટ હતી.

પરંતુ સત્ય સરકારે જે કહ્યું હતું અને બહુમતી જે માનતી હતી તેનાથી અલગ હોવાનું બહાર આવ્યું હતું. જેમ જેમ યુદ્ધ આગળ વધતું ગયું, તેમ તેમ સ્પષ્ટ થયું કે ઇરાક પાસે સામૂહિક વિનાશના કોઈ શસ્ત્રો નથી અને ઘણા ઇરાકીઓ અમેરિકનો દ્વારા "મુક્ત" થવાની કે લોકશાહી સ્થાપિત કરવાની કોઈ ઇચ્છા ધરાવતા નહોતા. ઑગસ્ટ 2004 સુધીમાં કરવામાં આવેલા અન્ય

એક સર્વેક્ષણમાં જાણવા મળ્યું હતું કે 67 ટકા અમેરિકનો માનતા હતા કે આક્રમણ ખોટી ધારણાઓ પર આધારિત હતું, જેમ જેમ વર્ષો વીતતાં ગયાં, તેમ તેમ મોટાભાગના અમેરિકનો સ્વીકારતા ગયા કે આક્રમણ કરવાનો નિર્ણય એક ગંભીર ભૂલ હતી.[8]

લોકશાહીમાં બહુમતીને યુદ્ધ શરૂ કરવા જેવા મહત્ત્વપૂર્ણ નિર્ણયો લેવાનો સંપૂર્ણ અધિકાર છે માટે તેમાં મહત્ત્વપૂર્ણ ભૂલો કરવાનો અધિકાર પણ સામેલ છે, પરંતુ બહુમતીએ ઓછામાં ઓછું એટલું તો સ્વીકારવું જોઈએ કે તેઓ પણ ભૂલ કરી શકે છે, લઘુમતીઓની અલગ વિચારો રાખવા અને જાહેર કરવાની સ્વતંત્રતાનું રક્ષણ કરવું જોઈએ કારણ કે તે સાચા પણ હોઈ શકે છે.

બીજા ઉદાહરણ તરીકે, એક કરિશ્માઈ નેતાના કિસ્સાને ધ્યાનમાં લો જેના પર ભ્રષ્ટાચારનો આરોપ છે. તેમના વફાદાર સમર્થકો સ્પષ્ટપણે ઇચ્છે છે કે આ આરોપો ખોટા હોય. જોકે મોટાભાગના મતદારોનું નેતાને સમર્થન હોય, તો પણ તેમની ઇચ્છાઓ ન્યાયાધીશોને આરોપોની તપાસ કરવા અને સત્ય સુધી પહોંચવા માટે રોકશે નહીં. ન્યાય પ્રણાલીની જેમ, વિજ્ઞાનમાં પણ એમ જ હોવું જોઈએ. મોટાભાગના મતદારો આબોહવા પરિવર્તનની વાસ્તવિકતાને નકારી શકે છે, પરંતુ તેમની પાસે વૈજ્ઞાનિક સત્ય નક્કી કરવાની અથવા વૈજ્ઞાનિકોને ન ગમતા તથ્યોની શોધ અને પ્રકાશન કરવાથી અટકાવવાની શક્તિ હોવી જોઈએ નહીં. સંસદથી વિપરીત, પર્યાવરણીય અભ્યાસની સંસ્થાઓમાં બહુમતીની ઇચ્છા અનુસાર જ કામ થાય એવું ન હોવું જોઈએ.

અલબત્ત, જ્યારે આબોહવા પરિવર્તન વિશે નીતિગત નિર્ણયો લેવાની વાત આવે છે, ત્યારે લોકશાહીમાં મતદારોની ઇચ્છા સર્વોપરી જ હોવી જોઈએ. આબોહવા પરિવર્તનની વાસ્તવિકતાને સ્વીકારવાથી તેના વિશે શું કરવું જોઈએ તેની જાણ થતી નથી. આપણી પાસે હંમેશાં વિકલ્પો હોય છે અને તેમાંથી પસંદગી એ ઇચ્છાનો પ્રશ્ન છે, સત્યનો નહીં. એક વિકલ્પ એ હોઈ શકે છે કે ગ્રીનહાઉસ ગૅસ ઉત્સર્જનને તાત્કાલિક ઘટાડવું, ભલે આર્થિક વિકાસ ધીમો પડી જાય. તેનો અર્થ એ છે કે આજે કેટલીક મુશ્કેલીઓનો સામનો કરવો પડે છે, પરંતુ 2050માં લોકોને વધુ ગંભીર મુશ્કેલીઓથી બચાવવા, કિરીબાતી ટાપુ રાષ્ટ્રને ડૂબવાથી બચાવવો અને ધ્રુવીય રીંછને લુપ્ત થવાથી બચાવવા. બીજો વિકલ્પ એ હોઈ શકે છે કે આપણે પહેલાની જેમ જ બધું ચાલુ રાખીએ. આનો અર્થ એ છે કે અત્યારનું જીવન સરળ રહેશે, પરંતુ આગામી પેઢી માટે જીવન મુશ્કેલ બનાવવું, કિરીબાતીમાં પૂર આવવા દેવું અને ધ્રુવીય રીંછ તેમજ અસંખ્ય અન્ય પ્રજાતિઓને લુપ્ત થવા દેવી. આ બે વિકલ્પો વચ્ચે પસંદગી

કરવી એ ઇચ્છાનો પ્રશ્ન છે માટે તે પસંદગી નિષ્ણાતોના મર્યાદિત જૂથ દ્વારા નહીં, પરંતુ બધા મતદારો દ્વારા થવી જોઈએ.

પરંતુ ચૂંટણીમાં એક વિકલ્પ ન હોવો જોઈએ અને તે વિકલ્પ એટલે સત્યને છુપાવવું અથવા વિકૃત કરવું. જો બહુમતી ભવિષ્યની પેઢીઓ અથવા અન્ય પર્યાવરણની વિચારણાઓને ધ્યાનમાં લીધા વિના ગમે તેટલા અશ્મિભૂત બળતણનો ઉપયોગ કરવાનું પસંદ કરે છે, તો તે તેના માટે મતદાન કરવાની હકદાર છે, પરંતુ બહુમતી પાસે એવો કાયદો પસાર કરવાનો અધિકાર ન હોવો જોઈએ કે જેના મુજબ આબોહવા પરિવર્તન એક છેતરપિંડી મનાય અને આબોહવા પરિવર્તનમાં માનતા બધા પ્રોફેસરોને તેમના શૈક્ષણિક પદ પરથી કાઢી મૂકવામાં આવે. આપણે જે ઇચ્છીએ તે પસંદ કરી શકીએ છીએ, પરંતુ આપણે આપણી પસંદગીના સાચા અર્થને નકારવો જોઈએ નહીં.

સ્વાભાવિક રીતે, શૈક્ષણિક સંસ્થાઓ, મીડિયા અને ન્યાયતંત્ર પોતે ભ્રષ્ટાચાર, પક્ષપાત અથવા ભૂલથી ખરડાઈ શકે છે, પરંતુ તેમને સરકારી સત્ય મંત્રાલય કે એવા કશાકને આધીન કરવાથી પરિસ્થિતિ વધુ ખરાબ થવાની શક્યતા છે. વિકસિત સમાજોમાં સરકાર પહેલેથી જ સૌથી શક્તિશાળી સંસ્થા છે અને તેને જ ઘણીવાર અસુવિધાજનક તથ્યોને વિકૃત કરવામાં કે છુપાવવામાં સૌથી વધુ રસ હોય છે. સત્યની શોધની દેખરેખ સરકારને રાખવાની મંજૂરી આપવી એ બિલાડીને દૂધની રખેવાળી સોંપવા જેવું છે.

સત્ય શોધવા માટે, બે બીજી પદ્ધતિઓ પર આધાર રાખવો વધુ સારું રહેશે. પ્રથમ, શૈક્ષણિક સંસ્થાઓ, મીડિયા અને ન્યાયતંત્ર પાસે ભ્રષ્ટાચાર સામે લડવા, પક્ષપાત દૂર કરવા અને ભૂલોને ઉજાગર કરવા માટે પોતાની આંતરિક સ્વસુધારણા પદ્ધતિઓ છે. શૈક્ષણિક ક્ષેત્રમાં, સરકારી અધિકારીઓ કરતાં એ ક્ષેત્રોના તજજ્ઞો દ્વારા સમીક્ષા કરાયેલા પ્રકાશનો ભૂલો પર વધુ સારી રીતે નજર રાખી શકે છે, કારણ કે શૈક્ષણિક ક્ષેત્રમાં ઘણીવાર ભૂતકાળની ભૂલો ઉજાગર કરવા અને અજાણ્યા તથ્યોને શોધવાથી નામ થતું હોય છે. મીડિયામાં, મુક્ત સ્પર્ધાનો અર્થ એ છે કે જો કોઈ એક મીડિયા આઉટલેટ કદાચ કોઈ અંગત સ્વાર્થ માટે કોઈ કૌભાંડ જાહેર ન કરવાનું નક્કી કરે, તો અન્ય મીડિયા આઉટલેટ આ કૌભાંડનો ભાંડો ફોડવા કૂદી પડે તેવી પૂરી શક્યતા છે. ન્યાયતંત્રમાં લાંચ લેનારા ન્યાયાધીશ પર અન્ય કોઈ પણ નાગરિકની જેમ જ કેસ ચલાવી શકાય છે અને તેને સજા પણ થઈ શકે છે.

બીજું, સત્યને અલગ અલગ રીતે શોધતી અનેક સ્વતંત્ર સંસ્થાઓના અસ્તિત્વને કારણે આ સંસ્થાઓ એકબીજાના દાવા ચકાસી અને સુધારી શકે

છે. ઉદાહરણ તરીકે, જો શક્તિશાળી કૉર્પોરેશનો મોટી સંખ્યામાં વૈજ્ઞાનિકોને લાંચ આપીને એ ક્ષેત્રોના તજજ્ઞો દ્વારા સમીક્ષા કરાયેલા પ્રકાશનોને અટકાવવામાં સફળ થાય છે, તો ખણખોદ કરતા પત્રકારો અને અદાલતો ગુનેગારોને ખુલ્લા પાડી શકે છે અને સજા કરી શકે છે. જો મીડિયા અથવા અદાલતો સિસ્ટમમાં રહેલા જાતિવાદી પૂર્વગ્રહોથી પીડિત હોય, તો તે પૂર્વગ્રહોને ખુલ્લા પાડવાનું કામ સમાજશાસ્ત્રીઓ, ઇતિહાસકારો અને વિચારકોનું છે. આમાંથી કોઈ પણ પદ્ધતિ સંપૂર્ણપણે અચૂક નથી, પરંતુ કોઈ પણ માનવ સંસ્થા અચૂક નથી જ હોતી. સરકાર તો ચોક્કસપણે નથી જ હોતી.

પોપ્યુલિસ્ટોનો હુમલો

જો આ બધું જટિલ લાગતું હોય, તો તેનું કારણ એ છે કે લોકશાહી જટિલ જ હોવી જોઈએ. સરળતા એ સરમુખત્યારશાહીના ઇન્ફૉર્મેશન નેટવર્કની લાક્ષણિકતા છે, જેમાં કેન્દ્ર જ બધું નક્કી કરે છે અને દરેક વ્યક્તિ ચૂપચાપ તેનું પાલન કરે છે. આ સરમુખત્યારશાહીના એકપાત્રી નાટકને અનુસરવું સરળ છે. તેનાથી વિપરીત, લોકશાહી એ અસંખ્ય પાત્રોના સંવાદો છે, જેમાંથી ઘણા તો એક સાથે જ બોલી રહ્યા હોય છે. આવી વાતચીતને અનુસરવી મુશ્કેલ હોઈ શકે છે.

વધુમાં, સૌથી મહત્ત્વપૂર્ણ લોકશાહી સંસ્થાઓ અમલદારશાહીની મહાકાય ભુલભુલામણીઓ હોય છે. નાગરિકો રજવાડાના દરબાર અને રાજાઓના જીવનચરિત્રને ઉત્સાહપૂર્વક અનુસરતા હોય છે પણ તેમને ઘણીવાર સંસદ, અદાલતો, અખબારો અને યુનિવર્સિટીઓ કેવી રીતે કાર્ય કરે છે તે સમજવામાં મુશ્કેલી પડતી હોય છે. આના કારણે જ શક્તિશાળી લોકોને સંસ્થાઓ પર પોપ્યુલિસ્ટ હુમલાઓ કરવામાં, બધી સ્વસુધારણા પદ્ધતિઓને તોડી પાડવામાં અને તેમના હાથમાં સત્તા કેન્દ્રિત કરવામાં મદદ મળે છે. માહિતીના સરળ દૃષ્ટિકોણના લોકશાહીના પડકારને સમજાવવામાં સરળતા રહે તે માટે, આપણે પ્રસ્તાવનામાં પોપ્યુલિઝમની ટૂંકમાં ચર્ચા કરી હતી. અહીં આપણે પોપ્યુલિઝમની વિસ્તારપૂર્વક ચર્ચા કરીને તે બાબતે વૈશ્વિક દૃષ્ટિકોણની વ્યાપક સમજ મેળવવાની અને લોકશાહી વિરોધી શક્તિશાળી લોકો માટે તેનું આકર્ષણ સમજવાની જરૂર છે.

"પોપ્યુલિઝમ" શબ્દ લૅટિન શબ્દ "પોપ્યુલસ" પરથી આવ્યો છે, જેનો અર્થ "લોકો" થાય છે. લોકશાહીમાં "લોકો"ને રાજકીય સત્તાનો એકમાત્ર કાયદેસર સ્રોત માનવામાં આવે છે. ફક્ત લોકોના પ્રતિનિધિઓને જ યુદ્ધો કરવાનો, કાયદા પસાર કરવાનો અને કર વધારવાનો અધિકાર હોવો જોઈએ. પોપ્યુલિસ્ટો આ મૂળભૂત

લોકશાહીના સિદ્ધાંતને વળગી રહે છે, પરંતુ કોઈક રીતે તેમાંથી એવું તારણ કાઢે છે કે એક જ પક્ષ અથવા એક જ નેતા પાસે બધી સત્તાનો એકાધિકાર હોવો જોઈએ. આ એક વિચિત્ર રાજકીય જાદુ બની રહે છે કે પોપ્યુલિસ્ટો અમર્યાદિત સત્તાના સર્વાધિકારવાદને એક દોષરહિત દેખાતી લોકશાહી સિદ્ધાંત પર કેવી રીતે ઠોકી બેસાડે છે. તે કેવી રીતે બને છે?

પોપ્યુલિસ્ટો જે સૌથી નવતર દાવો કરે છે તે એ છે કે તેઓ જ ખરેખર લોકોનું પ્રતિનિધિત્વ કરે છે. લોકશાહીમાં ફક્ત લોકો પાસે જ રાજકીય સત્તા હોવી જોઈએ, કારણ કે કથિત રીતે ફક્ત પોપ્યુલિસ્ટો જ લોકોનું પ્રતિનિધિત્વ કરતા હોય છે, તેથી તેઓ એમ માનવા માંડે છે કે પોપ્યુલિસ્ટ પાર્ટી પાસે જ બધી રાજકીય સત્તા હોવી જોઈએ. જો પોપ્યુલિસ્ટો સિવાય કોઈ અન્ય પક્ષ ચૂંટણી જીતે છે, તો તેનો અર્થ એ નથી કે આ હરીફ પક્ષે લોકોનો વિશ્વાસ જીતી લીધો છે અને તેને સરકાર બનાવવાનો હક મળ્યો છે. તેના બદલે, તેનો અર્થ તેઓ એવો કાઢે છે કે એ ચૂંટણીમાં ગોટાળા કરવામાં આવ્યા હતા કે લોકોને એવી રીતે મતદાન કરવા માટે પ્રેરવામાં આવ્યા હતા જેમાં તેમની સાચી ઇચ્છા વ્યક્ત થતી નથી.

એ વાત ભારપૂર્વક કહેવી જોઈએ કે ઘણા પોપ્યુલિસ્ટો માટે, આ માત્ર પ્રચાર નથી, પણ ખરેખર તેમની દૃઢ માન્યતા છે. ભલે તેઓ કુલ મતોનો નાનકડો જ હિસ્સો જીતે, પણ પોપ્યુલિસ્ટો હજુ પણ એવું માનતા હશે કે માત્ર તેઓ લોકોનું પ્રતિનિધિત્વ કરે છે. સામ્યવાદી પક્ષો આવી જ એક ઘટના છે. ઉદાહરણ તરીકે, યુકેમાં કમ્યુનિસ્ટ પાર્ટી ઑફ ગ્રેટ બ્રિટને (CPGB) સામાન્ય ચૂંટણીમાં ક્યારેય 0.4 ટકાથી વધુ મતો જીત્યા ન હતા,[9] પરંતુ તેમ છતાં તેઓ એ વાત તો દૃઢતાપૂર્વક માનતા જ હતા કે માત્ર તેઓ જ કામદાર વર્ગનું પ્રતિનિધિત્વ કરે છે. તેમનો દાવો એવો હતો કે લાખો બ્રિટિશ કામદારો "ખોટી વાતો"થી દોરવાઈને CPGBને બદલે લેબર પાર્ટી અથવા તો કન્ઝર્વેટિવ પાર્ટીને મત આપી રહ્યા હતા. કથિત રીતે, મીડિયા, યુનિવર્સિટીઓ અને અન્ય સંસ્થાઓ પરના તેમના નિયંત્રણ દ્વારા મૂડીવાદીઓ કામદાર વર્ગને તેમના સાચા હિતો વિરુદ્ધ મતદાન કરાવવા માટે છેતરવામાં સફળ રહ્યા અને ફક્ત CPGB જ આ છેતરપિંડી જોઈ શકતું હતું. તેવી જ રીતે પોપ્યુલિસ્ટો પણ એવું માની શકે છે કે લોકોના દુશ્મનોએ જ લોકોને તેમની સાચી ઇચ્છા વિરુદ્ધ મતદાન કરવા માટે છેતર્યા છે અને તેમનું સાચું પ્રતિનિધિત્વ ફક્ત પોપ્યુલિસ્ટો કરે છે.

આ પોપ્યુલિસ્ટ માન્યતાનો એક મૂળભૂત ભાગ એ છે કે "લોકો" એ વિવિધ હિતો અને મંતવ્યો ધરાવતા હાડચામના બનેલા વ્યક્તિઓનો સમૂહ

નથી, પરંતુ એક એવું સામૂહિક રહસ્યમય શરીર છે, જે એક જ ઇચ્છા ધરાવે છે - "લોકોની ઇચ્છા." કદાચ આ અર્ધધાર્મિક માન્યતાની સૌથી કુખ્યાત અને આત્યંતિક અભિવ્યક્તિ નાઝી સૂત્ર "આઈન વોલ્ક, આઈન રાઇક, આઈન ફુહરર" હતી, જેનો અર્થ થાય છે "એક લોકો, એક દેશ, એક નેતા." નાઝી વિચારધારા એવી હતી કે વોલ્ક (લોકો)ની એક જ ઇચ્છા હતી અને તેનો એકમાત્ર અધિકૃત પ્રતિનિધિ ફુહરર (નેતા) હતો. નેતા પાસે કથિત રીતે લોકો કેવું અનુભવે છે અને લોકો શું ઇચ્છે છે તેની અચૂક અંતઃસ્ફુરણા હતી. જો કેટલાક જર્મન નાગરિકો નેતા સાથે અસંમત હોય, તો તેનો અર્થ એ નહોતો કે એ નેતા ખોટા હોઈ શકે છે. તેના બદલે, તેનો અર્થ એ હતો કે એ અસંમતો તમામ એકમતના લોકોના બદલે કોઈ યહૂદીઓ, સામ્યવાદીઓ, ઉદારવાદીઓ જેવા દેશદ્રોહી બાહરી જૂથના સભ્યો હતા.

નાઝી કેસ અલબત્ત આત્યંતિક છે અને બધા પોપ્યુલિસ્ટો પર નરસંહારની વૃત્તિ ધરાવતા ખાનગી નાઝી હોવાનો આરોપ મૂકવો એ તદ્દન અન્યાયી છે. જો કે, ઘણા પોપ્યુલિસ્ટ પક્ષો અને રાજકારણીઓ એ વાત નકારતા હોય છે કે "લોકો"માં વિવિધ મંતવ્યો અને હિતવાળાં અલગ અલગ જૂથો હોઈ શકે છે. તેઓ એમ જ માનતા હોય છે કે વાસ્તવિક લોકો એક જ ઇચ્છા ધરાવતા હોય છે અને પોપ્યુલિસ્ટો જ એ ઇચ્છાનું પ્રતિનિધિત્વ કરે છે. તેનાથી વિપરીત, નોંધપાત્ર સમર્થન મેળવતા તેમના રાજકીય હરીફોને તેઓ "એલિયન એલીટ" તરીકે ઓળખાવે છે. આમ, હ્યુગો ચાવેઝ "ચાવેઝ જ લોકો છે!"ના નારા સાથે વેનેઝુએલામાં રાષ્ટ્રપતિ પદ માટે ચૂંટણી લડ્યા હતા.[10] તુર્કીના રાષ્ટ્રપતિ એર્દોગને એક સમયે તેમના સ્થાનિક ટીકાકારોની ટીકા કરતાં કહ્યું હતું કે, "અમે તો લોકો છીએ. તમે કોણ છો?" જાણે કે તેમના ટીકાકારો તુર્કીના ન હોય.[11]

તો પછી તમે કેવી રીતે કહી શકો કે કોઈ આ "લોકો"નો ભાગ છે કે નહીં? એકદમ સરળતાથી. જો તેઓ એ નેતાને ટેકો આપે છે, તો તેઓ આ "લોકો"નો ભાગ છે. જર્મન રાજકીય ફિલસૂફ જાન-વર્નર મુલરના મતે આ પોપ્યુલિસ્ટોનું નિર્ણાયક લક્ષણ છે. કોઈને પોપ્યુલિસ્ટ બનાવતી બાબત એ છે કે તેઓનો દાવો એવો હોય છે કે માત્ર તેઓ જ લોકોનું પ્રતિનિધિત્વ કરે છે અને જે કોઈ તેમની સાથે અસંમત હોય તેવા રાજ્યના અમલદારો હોય, લઘુમતી જૂથો હોય કે પછી બહુમતી મતદારો કાં તો ખોટી માન્યતાથી પીડાય છે અથવા ખરેખર "લોકો"નો ભાગ નથી.[12]

આ જ કારણ છે કે પોપ્યુલિઝમ લોકશાહી માટે પ્રાણઘાતક જોખમ છે. જ્યારે લોકશાહીમાં લોકોને જ સત્તાનો એકમાત્ર કાયદેસર સ્રોત માનવામાં આવે

છે, પરંતુ લોકશાહી એ સમજ પર આધારિત છે કે લોકો ક્યારેય સામૂહિક અસ્તિત્વ ધરાવતા નથી અને તેથી તેમની બધાની ઇચ્છા એક જ ન હોઈ શકે. દરેક લોકો, પછી તે જર્મન હોય, વેનેઝુએલાના હોય કે તુર્કીના હોય, તે બધા જુદા જુદા જૂથોથી બનેલા હોય છે, તેમના ઘણાં બધાં મંતવ્યો, ઇચ્છાઓ અને પ્રતિનિધિઓ હોય છે. બહુમતી જૂથ સહિત કોઈ પણ જૂથ અન્ય જૂથોના લોકોને આ "લોકો"વાળા સમૂહમાંથી બાકાત રાખી શકે નહીં. આના કારણે જ લોકશાહીનો સંવાદ શક્ય બને છે અને અલગ અલગ મંતવ્યો, ઇચ્છાઓ અને અવાજો હોઈ શકે એવી પૂર્વધારણા પછી જ આ સંવાદ શક્ય બને છે. જો લોકો પાસે ફક્ત એક જ અવાજ હોય એમ માની લેવામાં આવે, તો કોઈ વાતચીત થઈ શકતી નથી. તેના બદલે એ એક જ અવાજ બધું નક્કી કરે છે. તેથી, પોપ્યુલિઝમ "લોકોની શક્તિ"ના લોકશાહી સિદ્ધાંતને વળગી રહેવાનો દાવો કરી શકે છે, પરંતુ તે મૂળ તો અર્થપૂર્ણ લોકશાહીનો નાશ જ કરે છે અને સરમુખત્યારશાહી સ્થાપિત કરવાનો પ્રયાસ કરે છે.

પોપ્યુલિઝમ લોકશાહીને બીજી એક વધુ સૂક્ષ્મ પણ એટલી જ ભયાનક રીતે નબળી પાડે છે. માત્ર તેઓ જ લોકોનું પ્રતિનિધિત્વ કરે છે એવો દાવો કરીને, પોપ્યુલિસ્ટો એવી પણ દલીલ કરે છે કે લોકો ફક્ત રાજકીય સત્તાનો એકમાત્ર કાયદેસર સ્રોત જ નથી, પરંતુ તમામ પ્રકારની સત્તાનો એકમાત્ર કાયદેસર સ્રોત છે. માટે એવી કોઈ પણ સંસ્થા જે લોકોની ઇચ્છા સિવાય અન્ય કોઈ વસ્તુમાંથી અધિકાર મેળવે છે તે લોકશાહીની વિરોધી છે. પરિણામે લોકોના સ્વઘોષિત પ્રતિનિધિઓ તરીકે પોપ્યુલિસ્ટો ફક્ત રાજકીય સત્તા જ નહીં, પરંતુ તમામ પ્રકારની સત્તાનો એકાધિકાર મેળવવાનો અને મીડિયા આઉટલેટ્સ, અદાલતો અને યુનિવર્સિટીઓ જેવી સંસ્થાઓ પર નિયંત્રણ મેળવવાનો પ્રયાસ કરે છે. "લોકો જ શક્તિ છે"ના લોકશાહીના સિદ્ધાંતને તેની ચરમસીમાએ લઈ જઈને પોપ્યુલિસ્ટો સર્વાધિકારી બની જાય છે.

હકીકતમાં લોકશાહીનો અર્થ એ છે કે રાજકીય ક્ષેત્રની સત્તા લોકો પાસેથી આવે છે, તે અન્ય ક્ષેત્રોમાં સત્તાના વૈકલ્પિક સ્રોતોને નકારતું નથી. આગળ ચર્ચા કરી એ મુજબ, લોકશાહીમાં સ્વતંત્ર મીડિયા આઉટલેટો, અદાલતો અને યુનિવર્સિટીઓ એવી આવશ્યક સ્વસુધારણા પદ્ધતિઓ છે, જે બહુમતીની ઇચ્છાથી અલગ પડીને પણ સત્યનું રક્ષણ કરે છે. જીવવિજ્ઞાનના પ્રોફેસરો દાવો કરે છે કે માનવીઓ વાનરોમાંથી વિકસિત થયા છે કારણ કે એના સમર્થનમાં પુરાવા મળી રહે છે, ભલે બહુમતીની ઇચ્છા માનવ ઉત્પત્તિને અલગ રીતે દર્શાવવાની હોય. કોઈ પત્રકારો એમ જાહેર કરી શકે છે કે કોઈ લોકપ્રિય રાજકારણીએ

લાંચ લીધી અને જો કોર્ટમાં યોગ્ય પુરાવા રજૂ કરવામાં આવે, તો ન્યાયાધીશ તે રાજકારણીને જેલમાં મોકલી શકે છે, પછી ભલે મોટાભાગના લોકો આ આરોપો પર વિશ્વાસ કરવા માંગતા ન હોય.

પોપ્યુલિસ્ટો એવી સંસ્થાઓ પર શંકા કરતા હોય છે, જે વસ્તુલક્ષી સત્યના નામે લોકોની કથિત ઇચ્છાની ઉપરવટ જતા હોય છે. તેઓ એને ગેરકાયદેસર સત્તા કબજે કરનારા ભદ્ર વર્ગે ઢાંકપિછોડો કરવા માટે નાખેલા પડદા તરીકે જુએ છે. આના કારણે પોપ્યુલિસ્ટો સત્યની શોધ અંગે શંકાશીલ બને છે અને આપણે પ્રસ્તાવનામાં જોયું એવી દલીલ કરે છે કે “સત્તા એકમાત્ર વાસ્તવિકતા છે.” માટે તેઓ એવી કોઈ પણ સ્વતંત્ર સંસ્થાઓની સત્તાને ઓછી કરવાનો અથવા સુધારવાનો પ્રયાસ કરે છે, જે તેમનો વિરોધ કરી શકે છે. તેના પરિણામે એવું ગંભીર અને અયોગ્ય ચિત્ર રચાય છે કે આ વિશ્વ જંગલ છે અને માનવો ફક્ત સત્તાનાં ભૂખ્યા પ્રાણીઓ છે. માટે બધી સામાજિક ક્રિયા-પ્રતિક્રિયાઓને સત્તાના સંઘર્ષ તરીકે જોવામાં આવે છે અને બધી સંસ્થાઓને તેમના પોતાના સભ્યોનાં હિતોને પ્રોત્સાહન આપતાં જૂથો તરીકે જોવામાં આવે છે. પોપ્યુલિસ્ટોની કલ્પનામાં, અદાલતોને ખરેખર ન્યાયની દરકાર હોતી નથી, તેમને ફક્ત ન્યાયાધીશોના વિશેષાધિકારોનું રક્ષણ કરવાની જ પરવા હોય છે. હા, ન્યાયાધીશો ન્યાય વિશે વાતો ઘણી કરે છે, પરંતુ એ તો તેમના પોતાના માટે સત્તા મેળવવાની તરકીબ હોય છે. અખબારો તથ્યોની પરવા કરતા નથી, તેઓ લોકોને ગેરમાર્ગે દોરવા અને પત્રકારો અને તેમને નાણાં આપનારા જૂથોને ફાયદો પહોંચાડવા માટે ખોટા સમાચારો જ ફેલાવતા હોય છે. અરે, વૈજ્ઞાનિક સંસ્થાઓ પણ સત્યને પ્રતિબદ્ધ નથી. જીવવિજ્ઞાનીઓ, હવામાનશાસ્ત્રીઓ, રોગચાળાના નિષ્ણાતો, અર્થશાસ્ત્રીઓ, ઇતિહાસકારો અને ગણિતશાસ્ત્રીઓ ફક્ત એક અન્ય એવું જૂથ છે, જે લોકોના ભોગે પોતાનું હિત સાધી રહ્યું છે.

એકંદરે, તે માનવતા પ્રત્યેનો એક અધમ દૃષ્ટિકોણ છે તેમ છતાં બે બાબતો તેને ઘણા લોકો માટે આકર્ષક બનાવે છે. પ્રથમ, કારણ કે તે સત્તા સંઘર્ષ સુધીના ઘણા અવરોધો ઘટાડે છે, વાસ્તવિકતાને સરળ બનાવે છે તેમજ યુદ્ધો, આર્થિક કટોકટીઓ અને કુદરતી આફતો જેવી ઘટનાઓને સમજવામાં સરળ બનાવે છે. માટે જે કંઈ પણ થાય છે, કોઈ મહામારી પણ આવી પડે તો તે પણ, ઉચ્ચ વર્ગના લોકો દ્વારા સત્તા પામવાના કારસા જ છે એમ ખુલાસો મળી રહે છે. બીજું, પોપ્યુલિસ્ટ દૃષ્ટિકોણ આકર્ષક છે, કારણ કે તે ક્યારેક સાચો પણ હોય છે. દરેક માનવીય સંસ્થા ખરેખર ભૂલ કરી શકે છે અને અમુક સ્તરના ભ્રષ્ટાચારથી પીડાતી પણ હોય છે. કેટલાક ન્યાયાધીશો લાંચ લેતા હોય

છે. કેટલાક પત્રકારો હાથે કરીને જનતાને ગેરમાર્ગે દોરતા હોય છે. શૈક્ષણિક ક્ષેત્રમાં પણ ક્યારેક પક્ષપાત અને ભાઈ-ભત્રીજાવાદ ચાલતો હોય છે. તેથી જ દરેક સંસ્થાને સ્વસુધારણા પદ્ધતિઓની જરૂર હોય છે, પરંતુ પોપ્યુલિસ્ટો એમ માનીને બેઠા હોય છે કે સત્તા એકમાત્ર વાસ્તવિકતા છે, તેથી તેઓ એમ સ્વીકારી શકતા નથી કે કોર્ટ, મીડિયા આઉટલેટ કે શૈક્ષણિક ક્ષેત્ર ક્યારેય સત્ય અથવા ન્યાયના મૂલ્યોથી પ્રેરિત થઈને પોતાને સુધારશે.

ઘણા લોકો પોપ્યુલિઝમને સ્વીકારે છે કારણ કે તેઓ તેને માનવ વાસ્તવિકતાના પ્રામાણિક પ્રતિબિંબ તરીકે જુએ છે, પરંતુ શક્તિશાળી લોકો તેના તરફ અલગ કારણોસર આકર્ષાતા હોય છે. પોપ્યુલિઝમ શક્તિશાળી લોકોને લોકશાહીનો ઢોંગ કરીને પોતાને સરમુખત્યાર બનાવવા માટે એક વૈચારિક આધાર પૂરો પાડે છે. ખાસ કરીને જ્યારે શક્તિશાળી લોકો લોકશાહીના સ્વસુધારણા તંત્રનો નાશ કરવા અથવા તેમને પોતાને અનુરૂપ બનાવવાનો પ્રયાસ કરે છે ત્યારે તો પોપ્યુલિઝમ ખાસ ઉપયોગી નીવડે છે. ન્યાયાધીશો, પત્રકારો અને પ્રોફેસરો સત્યને બદલે રાજકીય હિતોને અનુસરતા હોવાથી, લોકોના સંરક્ષક, એટલે કે પેલા શક્તિશાળી લોકોએ, એ હોદ્દાઓ દુશ્મનોના હાથમાં જવા દેવાને બદલે તેના પર નિયંત્રણ રાખવું જોઈએ. તેવી જ રીતે, ચૂંટણીઓનું આયોજન કરનાર અને તેનાં પરિણામો જાહેર કરવા માટે જવાબદાર અધિકારીઓ પણ કોઈ અધમ ષડયંત્રનો ભાગ હોઈ શકે છે, તેથી તેમની જગ્યાએ પણ શક્તિશાળીઓના વફાદારોને સ્થાન આપવું જોઈએ.

સારી રીતે કાર્યરત લોકશાહીમાં નાગરિકો ચૂંટણીનાં પરિણામો, અદાલતોના નિર્ણયો, મીડિયા આઉટલેટોના અહેવાલો અને વૈજ્ઞાનિક શાખાઓનાં તારણો પર વિશ્વાસ કરે છે, કારણ કે તેઓ એમ માનતા હોય છે કે આ સંસ્થાઓ સત્ય માટે કટિબદ્ધ છે. જો નાગરિકો એમ વિચારવા માંડે કે સત્તા જ એકમાત્ર વાસ્તવિકતા છે તો તેઓ આ બધી સંસ્થાઓમાંથી વિશ્વાસ ગુમાવે છે, લોકશાહી ભાંગી પડે છે અને શક્તિશાળી લોકો સંપૂર્ણ સત્તા કબજે કરી શકે છે.

અલબત્ત, જો તે શક્તિશાળી લોકોમાં વિશ્વાસ ઓછો હોય તો પોપ્યુલિઝમ સર્વાધિકારવાદ (totalitarianism)ને બદલે અરાજકતા (anarchy) ભણી લઈ જઈ શકે છે. જો કોઈ પણ માનવી સત્ય કે ન્યાયમાં રસ ધરાવતો નથી, તો શું આ જ વાત મુસોલિની કે પુતિનને પણ લાગુ પડતી નથી? અને જો કોઈ માનવીય સંસ્થા અસરકારક સ્વસુધારણા પદ્ધતિઓ ધરાવી શકતી નથી, તો શું એમાં મુસોલિનીનો રાષ્ટ્રીય ફાસીવાદી પક્ષ કે પુતિનની યુનાઇટેડ રશિયા પાર્ટીનો સમાવેશ થતો નથી? સમગ્ર ઉચ્ચ વર્ગ અને સંસ્થાઓ પ્રત્યેનો ઊંડો અવિશ્વાસ

એક નેતા અને પક્ષ માટે અફર પ્રશંસા સાથે કેવી રીતે બદલાઈ જાય? આ જ કારણ છે કે પોપ્યુલિસ્ટોને છેવટે એ રહસ્યમય વિચાર પર આધાર રાખવો પડે છે કે શક્તિશાળી વ્યક્તિમાં જ "લોકો" છે. જ્યારે ચૂંટણીપંચ, કોર્ટ અને અખબારો જેવી અમલદારશાહી સંસ્થાઓમાં વિશ્વાસ ખાસ કરીને ઓછો હોય છે, ત્યારે પૌરાણિક કથાઓ પર વધુ નિર્ભરતા એ વ્યવસ્થા જાળવવાનો એકમાત્ર ઉપાય છે.

લોકશાહીની તાકાત માપવી

લોકોનું પ્રતિનિધિત્વ કરવાનો દાવો કરનારા શક્તિશાળી લોકો લોકશાહીના માધ્યમોથી સત્તા પર આવી શકે છે અને ઘણીવાર લોકશાહીના રવેશ પાછળ રહીને શાસન કરે છે. ગોટાળાવાળી ચૂંટણીઓમાં તેઓ ભારે બહુમતીથી જીતે છે અને તેને નેતા અને લોકો વચ્ચેના રહસ્યમય બંધનના પુરાવા તરીકે રજૂ કરે છે. પરિણામે, ઇન્ફૉર્મેશન નેટવર્ક કેટલું લોકશાહીવાળું છે તે માપવા માટે, આપણે નિયમિત રીતે ચૂંટણીઓ યોજાઈ રહી છે કે નહીં તેવા સરળ માપદંડનો ઉપયોગ કરી શકતા નથી. પુતિનના રશિયામાં, ઈરાનમાં અને ઉત્તર કોરિયામાં પણ ચૂંટણીઓ સમયસર યોજાય છે. તેના બદલે, આપણે "કેન્દ્ર સરકારને ચૂંટણીઓમાં ગોટાળા કરવાથી કઈ પદ્ધતિઓ અટકાવે છે?", "સરકારની ટીકા કરનારા અગ્રણી મીડિયા આઉટલેટો કેટલા સલામત રહે છે?" અને "કેન્દ્ર પોતાના માટે કેટલી સત્તા ભેગી કરે છે?" જેવા વધુ જટિલ પ્રશ્નો પૂછવાની જરૂર છે. લોકશાહી અને સરમુખત્યારશાહી એકબીજાના સામસામેના છેડે રહેલા વિરોધીઓ નથી, પરંતુ એક જ રેખા પર આગળ વધીને છૂટા પડીને સમાન દિશામાં આગળ વધતાં તંત્રો છે. માટે એ નેટવર્ક લોકશાહીની નજીક છે કે સરમુખત્યારશાહીની, તે નક્કી કરવા માટે આપણે એ સમજવાની જરૂર છે કે નેટવર્કમાં માહિતી કેવી રીતે આગળ વધે છે અને રાજકીય વાતચીતને ઘડનારાં પરિબળો કયાં છે.

જો એક જ વ્યક્તિ બધા નિર્ણયો લેતી હોય અને તેમના નજીકના સલાહકારો પણ અસંમતિ વ્યક્ત કરવાથી ડરતા હોય છે, તો કોઈ વાતચીત થઈ રહી નથી. આવું નેટવર્ક સ્પેક્ટ્રમના તદ્દન સરમુખત્યારશાહી છેડે આવેલું છે. જો કોઈ જાહેરમાં બિનપારંપરિક મંતવ્યો વ્યક્ત કરી શકતું નથી, પરંતુ બંધ દરવાજા પાછળ પક્ષના બૉસ અથવા વરિષ્ઠ અધિકારીઓનું એક નાનું વર્તુળ મુક્તપણે તેમનાં મંતવ્યો વ્યક્ત કરી શકે છે, તો એ હજુ પણ છે તો સરમુખત્યારશાહી

જ, પરંતુ તેણે લોકશાહીની દિશામાં એક નાનકડું પગલું ભર્યું છે. જો 10 ટકા વસ્તી તેમનાં મંતવ્યો જાહેર કરીને, નિષ્પક્ષ ચૂંટણીઓમાં મતદાન કરીને અને પદ માટે ચૂંટણી લડીને રાજકીય વાતચીતમાં ભાગ લે છે, તો તેને મર્યાદિત લોકશાહી ગણી શકાય. એથેન્સ જેવા ઘણાં પ્રાચીન શહેર-રાજ્યોમાં અથવા યુનાઇટેડ સ્ટેટ્સના શરૂઆતના દિવસોમાં એમ જ હતું કારણ કે ત્યારે માત્ર શ્રીમંત શ્વેત પુરુષોને જ આવા રાજકીય અધિકારો હતા, જેમ જેમ વાતચીતમાં ભાગ લેતા લોકોની ટકાવારી વધતી જાય છે, તેમ તેમ નેટવર્ક વધુ લોકશાહીવાળું બને છે.

ચૂંટણી કરતાં વાતચીત પર ધ્યાન કેન્દ્રિત કરવાથી ઘણા રસપ્રદ પ્રશ્નો ઊભા થાય છે, જેમ કે, આ વાતચીત ક્યાં થાય છે? ઉદાહરણ તરીકે, ઉત્તર કોરિયામાં પ્યોંગયાંગમાં માનસુદે એસેમ્બલી હૉલ છે જ્યાં સુપ્રીમ પીપલ્સ એસેમ્બલીના 687 સભ્યો મળે છે અને વાતચીત કરે છે. જો કે, આમ તો આ એસેમ્બલીને સત્તાવાર રીતે ઉત્તર કોરિયાની વિધાનસભા તરીકે ઓળખવામાં આવે છે અને દર પાંચ વર્ષે વિધાનસભાની ચૂંટણીઓ પણ યોજાય છે, પણ આ સંસ્થાને વ્યાપકપણે રબર સ્ટેમ્પ જ માનવામાં આવે છે, જે અન્યત્ર લેવામાં આવેલા નિર્ણયોને અમલમાં મૂકે છે. આવી નાટક જેવી ચર્ચાઓ પૂર્વનિર્ધારિત સ્ક્રિપ્ટને અનુસરે છે અને તે કોઈ પણ બાબતમાં કોઈના વિચારોને બદલવા માટે હોતી નથી.[13]

શું પ્યોંગયાંગમાં કદાચ બીજો, વધુ ખાનગી ખંડ છે જ્યાં મહત્ત્વપૂર્ણ વાતચીત થાય છે? શું પોલિટબ્યૂરોના સભ્યો ક્યારેય ઔપચારિક બેઠકો દરમિયાન કિમ જોંગ ઊનની નીતિઓની ટીકા કરવાની હિંમત કરે છે? કદાચ તે બિનસત્તાવાર ડિનર પાર્ટીઓમાં અથવા બિનસત્તાવાર વિચાર વર્તુળોમાં કરી શકાય છે? ઉત્તર કોરિયામાં માહિતી એટલી કેન્દ્રિત છે અને એટલી કડક રીતે નિયંત્રિત છે કે આપણે આ પ્રશ્નોના સ્પષ્ટ જવાબો આપી શકતા નથી.[14]

યુનાઇટેડ સ્ટેટ્સ વિશે પણ આવા જ પ્રશ્નો પૂછી શકાય છે. ઉત્તર કોરિયાથી વિપરીત, યુનાઇટેડ સ્ટેટ્સમાં લોકો કંઈ પણ કહેવા માટે સ્વતંત્ર છે. સરકાર પર ઉગ્ર જાહેર હુમલાઓ રોજિંદી ઘટના છે, પરંતુ તે ખંડ ક્યાં છે જ્યાં મહત્ત્વપૂર્ણ વાતચીત થાય છે અને ત્યાં કોણ બેસે છે? યુ.એસ. કૉંગ્રેસ આ કાર્ય માટે જ બનાવવામાં આવી હતી, જેમાં જનપ્રતિનિધિઓ વાતચીત કરવા અને એકબીજાને સમજાવવાનો પ્રયાસ કરવા માટે ભેગા થાય છે, પરંતુ છેલ્લે ક્યારે એવું બન્યું કે એક પક્ષના સભ્ય દ્વારા કૉંગ્રેસમાં છટાદાર ભાષણથી બીજા પક્ષના સભ્યોને કોઈ બાબતમાં પોતાનો વિચાર બદલવા માટે સમજાવવામાં આવ્યા હતા? અમેરિકન રાજકારણને આકાર આપતી વાતચીતો હવે જ્યાં પણ થાય છે, તે

જગ્યા ચોક્કસપણે આ કૉંગ્રેસ તો નથી જ. લોકશાહી ફક્ત ત્યારે જ મૃત્યુ નથી પામતી જ્યારે લોકો વાત કરવા માટે સ્વતંત્ર નથી હોતા, ત્યારે પણ મૃત્યુ પામે છે જ્યારે લોકો સાંભળવા માટે તૈયાર કે સક્ષમ નથી હોતા.

પથ્થર યુગની લોકશાહી

લોકશાહીની ઉપરોક્ત વ્યાખ્યાના આધારે, આપણે હવે ઐતિહાસિક વિગતો જોઈને અને તપાસી શકીએ છીએ કે ઇન્ફૉર્મેશન ટેક્નોલૉજી અને માહિતી પ્રવાહમાં થયેલા ફેરફારોએ લોકશાહીના ઇતિહાસને કેવી રીતે આકાર આપ્યો છે. પુરાતત્ત્વીય અને માનવશાસ્ત્રીય પુરાવાઓના આધારે એમ કહી શકાય કે પ્રાચીન શિકારીઓ અને સંગ્રહ કરનારાઓમાં લોકશાહી સૌથી લાક્ષણિક રાજકીય વ્યવસ્થા હતી. પથ્થર યુગનાં જૂથોમાં ચૂંટણીઓ, અદાલતો અને મીડિયા આઉટલેટ્સ જેવી ઔપચારિક સંસ્થાઓ નહોતી, પરંતુ તેમનાં ઇન્ફૉર્મેશન નેટવર્કો સામાન્ય રીતે વિતરિત રહેતા હતા અને સ્વસુધારણા માટે તેમાં પૂરતી તકો રહેતી. ફક્ત થોડા ડઝન લોકોની સંખ્યા ધરાવતા જૂથોમાં માહિતી સરળતાથી જૂથના બધા સભ્યો વચ્ચે શેર કરી શકાતી હતી અને જ્યારે જૂથ નક્કી કરે છે કે ક્યાં રોકાવું, ક્યાં શિકાર કરવા જવું કે બીજા જૂથ સાથે સંઘર્ષ કેવી રીતે કરવો, ત્યારે દરેક વ્યક્તિ વાતચીતમાં ભાગ લઈ શકતી હતી અને એકબીજા સાથે વિવાદ પણ કરી શકતી હતી. જૂથો સામાન્ય રીતે એક મોટા કબીલાનો ભાગ રહેતા જેમાં સેંકડો અથવા તો હજારો લોકોનો સમાવેશ થતો હતો, પરંતુ જ્યારે સમગ્ર કબીલાને અસર કરતી મહત્ત્વપૂર્ણ પસંદગીઓ કરવાની આવતી, જેમ કે યુદ્ધ કરવું કે નહીં, ત્યારે કબીલાઓ પણ એટલા મોટા તો નહોતા જ થઈ જતા હતા કે તેમના તમામ નહીં તો મોટાભાગના સભ્યો એક જગ્યાએ ભેગા થઈને વાતચીત ન કરી શકે.[15]

જૂથો અને કબીલાઓમાં ક્યારેક પ્રભાવશાળી નેતાઓ રહેતા, પણ તેઓ મર્યાદિત સત્તાનો ઉપયોગ કરતા હતા. નેતાઓ પાસે કોઈ સ્થાયી સૈન્ય, પોલીસ દળો અથવા સરકારી અમલદારશાહી નહોતી, તેથી તેઓ ફક્ત બળજબરીથી તેમની ઇચ્છા લાદી શકતા ન હતા.[16] લોકોના જીવનના આર્થિક આધારોને નિયંત્રિત કરવાનું પણ નેતાઓ માટે મુશ્કેલ હતું. આધુનિક સમયમાં, વ્લાદિમીર પુતિન અને સદ્દામ હુસૈન જેવા સરમુખત્યારોએ ઘણીવાર તેમની રાજકીય શક્તિ તેલના કૂવાઓ જેવી આર્થિક સંપત્તિના એકાધિકારથી સર્જી છે.[17] મધ્યયુગીન અને પ્રાચીનકાળમાં, ચીની સમ્રાટો, ગ્રીક સરમુખત્યારો અને

ઇજિપ્શિયન રાજાઓએ અનાજના ભંડારો, ચાંદીની ખાણો અને સિંચાઈની નહેરોને નિયંત્રિત કરીને સમાજ પર પ્રભુત્વ મેળવ્યું હતું. તેનાથી વિપરીત, શિકારી સંગ્રહ કરનારા લોકોના અર્થતંત્રમાં આવા આર્થિક નિયંત્રણ ફક્ત ખાસ પરિસ્થિતિઓમાં જ શક્ય બનતા હતા. ઉદાહરણ તરીકે, ઉત્તર અમેરિકાના ઉત્તરપશ્ચિમ કિનારે કેટલાક શિકારી અને સંગ્રહ કરનારા અર્થતંત્રો મોટી સંખ્યામાં સાલ્મન માછલી પકડવા અને સાચવવા પર આધારિત હતા. સાલ્મન માછલીની એ દોડ ચોક્કસ ખાડીઓ અને નદીઓમાં થોડાં અઠવાડિયાં માટે જ મહત્તમ રહેતી હોવાથી, એક શક્તિશાળી આગેવાન આ સંપત્તિ પર એકાધિકાર સર્જી શકે તેમ હતો.[18]

પરંતુ એ અપવાદરૂપ હતું. મોટાભાગના શિકાર અને સંગ્રહ કરનારાં જૂથોના અર્થતંત્રો બહુ વૈવિધ્યસભર રહેતાં. એક આગેવાન, થોડા સાથીઓના સમર્થન છતાં સવાન્નાના ઘાસના મેદાનોને ઘેરી શકતો નહીં અને લોકોને ત્યાં ફળો અને કંદ એકઠાં કરતાં કે પ્રાણીઓનો શિકાર કરતાં રોકી શકતો નહીં. જો બીજું બધું નિષ્ફળ જાય, તો શિકાર અને સંગ્રહ કરનારા તેમના પગથી મતદાન કરી શકતા હતા. તેમની પાસે સંપત્તિ થોડી જ રહેતી અને તેમની સૌથી મહત્ત્વપૂર્ણ સંપત્તિ તેમની વ્યક્તિગત કુશળતા અને અંગત મિત્રો જ હતા. જો કોઈ વડો સરમુખત્યાર બની જાય, તો લોકો ત્યાંથી બીજે જઈ શકતા હતા.[19]

ઉત્તરપશ્ચિમ અમેરિકાના સાલ્મન માછલીઓ પકડનારા લોકોમાં થયું હતું તેમ જ્યારે શિકાર અને સંગ્રહ કરનારાઓ પર એક પ્રભાવશાળી આગેવાન દ્વારા શાસન કરવાની વિરલ ઘટના બનતી, ત્યારે પણ ઓછામાં ઓછું તે આગેવાન બધા માટે સુલભ તો હતો જ. તે અમલદારશાહીની ભુલભુલામણી અને સશસ્ત્ર સૈનિકોથી ઘેરાયેલા કોઈ દૂરના કિલ્લામાં રહેતો ન હતો. જો તમે કોઈ ફરિયાદ અથવા સૂચન કરવા માંગતા હો, તો સામાન્ય રીતે રૂબરૂ મળીને જ એ કામ થઈ શકતું. આગેવાન જાહેર અભિપ્રાયને નિયંત્રિત કરી શકતો ન હતો, ન તો તે પોતાને તેનાથી દૂર રાખી શકતો હતો. બીજા શબ્દોમાં કહીએ તો, કોઈ આગેવાન પાસે એવો કોઈ ઉપાય નહોતો કે જેથી બધી જ માહિતી કેન્દ્રમાંથી જ પસાર થાય અથવા લોકોને એકબીજા સાથે વાત કરવાથી, તેની ટીકા કરવાથી અથવા તેની વિરુદ્ધ સંગઠિત થવાથી અટકાવી શકાય.[20]

કૃષિ ક્રાંતિ પછીની સહસ્રાબ્દીમાં અને ખાસ કરીને લેખન દ્વારા વિશાળ અમલદારશાહીવાળા રાજ્યો સર્જવામાં મદદ મળ્યા પછી, માહિતીના પ્રવાહને કેન્દ્રિત કરવાનું સરળ બન્યું અને લોકશાહીવાળી વાતચીત જાળવી રાખવી મુશ્કેલ બની ગઈ. પ્રાચીન મેસોપોટેમિયા અને ગ્રીસ જેવાં નાનાં રાજ્યોમાં,

જે આમ તો એક શહેર પૂરતા જ હોવાથી સિટી-સ્ટેટ કહી શકાય, ઉમ્માના લુગલ-ઝાગેસી અને એથેન્સના પિસિસ્ટ્રેટસ જેવા સરમુખત્યારોએ મુખ્ય આર્થિક સંપત્તિ અને માલિકી, કરવેરા, રાજદ્વારી અને રાજકારણ વિશેની માહિતીનો એકાધિકાર મેળવવા માટે અમલદારો, આર્કાઇવો અને સ્થાયી સૈન્ય પર આધાર રાખતા હતા. તે જ સમયે નાગરિકો માટે એકબીજા સાથે સીધા સંપર્કમાં રહેવું મુશ્કેલ પણ બન્યું હતું. અખબારો કે રેડિયો જેવી કોઈ માસ કોમ્યુનિકેશન ટેક્નોલૉજી નહોતી અને સામૂહિક ચર્ચા કરવા માટે હજારો નાગરિકોને શહેરના મુખ્ય ચોકમાં ભેગા કરવાનું સરળ નહોતું.

લોકશાહી હજુ પણ આ નાનાં રાજ્યો માટે એક વિકલ્પ જ હતો જે પ્રારંભિક સુમેર અને ગ્રીસ બંનેનો ઇતિહાસ સ્પષ્ટપણે દર્શાવે છે.[21] જો કે, આ પ્રાચીન એક શહેરના નાના રાજ્યોની લોકશાહી પ્રાચીન શિકાર અને સંગ્રહ કરનારા જૂથોની લોકશાહી કરતાં ઓછી સમાવેશક હતી. કદાચ પ્રાચીન સિટી-સ્ટેટની લોકશાહીનું સૌથી પ્રખ્યાત ઉદાહરણ ઈસાપૂર્વ પાંચમી અને ચોથી સદીનું એથેન્સ છે. બધા પુખ્ત પુરુષ નાગરિકો એથેન્સની વિધાનસભામાં ભાગ લઈ શકતા હતા, જાહેર નીતિ બાબતે મતદાન કરી શકતા હતા અને જાહેર હોદ્દાઓ માટે ચૂંટાઈ પણ શકતા હતા, પરંતુ શહેરની મહિલાઓ, ગુલામો અને બિનનાગરિક રહેવાસીઓને આ વિશેષાધિકારો મળતા ન હતા. એથેન્સની પુખ્ત વસ્તીના ફક્ત 25-30 ટકા લોકોને જ સંપૂર્ણ રાજકીય અધિકારો મળતા હતા.[22]

જેમ જેમ રાજનીતિનું કદ વધતું ગયું, અને એક શહેરનાં રાજ્યો મોટા રાજ્યો અને સામ્રાજ્યો બનતા ગયા, તેમ તેમ એથેન્સમાં જોવા મળતી શૈલીની આંશિક લોકશાહી પણ ધીમે ધીમે અદૃશ્ય થતી ગઈ. પ્રાચીન લોકશાહીનાં બધાં પ્રખ્યાત ઉદાહરણો એથેન્સ અને રોમ જેવા નાના શહેરનાં રાજ્યો છે. તેનાથી વિપરીત, આપણે કોઈ એવા મોટા રાજ્ય અથવા સામ્રાજ્ય વિશે જાણતા નથી જે લોકશાહીની જેમ કાર્યરત હોય.

ઉદાહરણ તરીકે, જ્યારે ઈસાપૂર્વ પાંચમી સદીમાં એથેન્સ નાનકડા શહેરના રાજ્યમાંથી એક વિશાળ સામ્રાજ્યમાં વિસ્તર્યું, ત્યારે તેણે જીતેલા લોકોને નાગરિકતા અને રાજકીય અધિકારો આપ્યા નહીં. એથેન્સ શહેર મર્યાદિત લોકશાહી રહ્યું પરંતુ એથેન્સનું ખૂબ મોટું સામ્રાજ્ય કેન્દ્રથી જ, સરમુખત્યારશાહીની જેમ ચાલતું હતું. કરવેરા, રાજદ્વારી જોડાણો અને લશ્કરી અભિયાનો અંગેના તમામ મહત્ત્વપૂર્ણ નિર્ણયો એથેન્સમાં લેવાતા હતા. નેક્સોસ અને થાસોસ ટાપુઓ જેવા જિતાયેલા પ્રદેશોએ એથેન્સની જાહેર સભા અને ચૂંટાયેલા અધિકારીઓના આદેશોનું પાલન કરવું પડતું હતું, જેમાં નેક્સિયનો અને થાસોસિયનો મતદાન

કરી શકતા ન હતા કે કોઈ પદ માટે ચૂંટાઈ પણ શકતા ન હતા. નેક્સોસ, થાસોસ અને અન્ય હારેલા પ્રદેશો માટે એથેન્સમાં લેવામાં આવેલા નિર્ણયોનો સાથે મળીને વિરોધ કરવાનું પણ મુશ્કેલ હતું અને જો તેઓ એમ કરવાનો પ્રયાસ પણ કરતા, તો એથેન્સ તેનો બદલો ક્રૂરતાથી લેત. એથેન્સના સામ્રાજ્યમાં માહિતી એથેન્સમાંથી અને એથેન્સ તરફ જ વહેતી હતી.[23]

પહેલા ઇટાલીના દ્વીપકલ્પ અને આખરે સમગ્ર ભૂમધ્ય તટપ્રદેશ પર વિજય મેળવીને જ્યારે રોમન રિપબ્લિકે તેનું સામ્રાજ્ય સર્જ્યું, ત્યારે રોમનોએ થોડોક અલગ માર્ગ અપનાવ્યો. રોમે ધીમે ધીમે જિતાયેલા લોકોને નાગરિકત્વ આપ્યું. તેની શરૂઆત લેટિયમના રહેવાસીઓને નાગરિકત્વ આપીને કરી. પછી ઇટાલીના અન્ય પ્રદેશોના રહેવાસીઓને અને છેવટે ગેલિયા અને સીરિયા જેવા દૂરના પ્રાંતોના રહેવાસીઓને પણ નાગરિકત્વ અપાયું. જો કે, જેમ જેમ નાગરિકત્વ વધુ લોકોને આપવામાં આવ્યું હતું, તેમ તેમ નાગરિકોના રાજકીય અધિકારો ઓછા પણ થતા જતા હતા.

પ્રાચીન રોમનોને લોકશાહીનો અર્થ શું છે તેની સ્પષ્ટ સમજ હતી અને તેઓ મૂળરૂપે લોકશાહી આદર્શ માટે પ્રતિબદ્ધ હતા. ઈસાપૂર્વ 509માં રોમના છેલ્લા રાજાને હાંકી કાઢ્યા પછી, રોમનોને રાજાશાહી પ્રત્યે ઊંડો અણગમો અને કોઈ પણ એક વ્યક્તિ અથવા સંસ્થાને અમર્યાદિત સત્તા આપવાનો ડર વિકસ્યો હતો. તેથી, સર્વોચ્ચ કારોબારી સત્તા બે કોન્સલ એટલે કે બે સર્વોચ્ચ અધિકારીઓમાં વહેંચવામાં આવતી હતી અને તેઓ એકબીજાને સંતુલિત કરતા હતા. આ કોન્સલોને નાગરિકો દ્વારા મુક્ત ચૂંટણીઓમાં ચૂંટવામાં આવતા હતા અને તેઓ એક વર્ષ માટે પદ સંભાળતા હતા. ઉપરાંત તેમની સત્તાને જનતાની સભા, સેનેટ અને ટ્રિબ્યુનો જેવા અન્ય ચૂંટાયેલા અધિકારીઓની સત્તાઓ દ્વારા નિયંત્રિત પણ કરવામાં આવતી હતી.

પરંતુ જ્યારે રોમે લૅટિન લોકો, ઇટાલીના લોકો અને અંતે ગૉલ અને સીરિયાના લોકોને નાગરિકત્વ આપ્યું, ત્યારે જાહેર સભા, ટ્રિબ્યુન, સેનેટ અને બે કોન્સલોની શક્તિ ધીમે ધીમે ઘણી ઓછી થઈ ગઈ અને છેવટે ઈસાપૂર્વ પ્રથમ સદીના અંતમાં સીઝર પરિવારે સરમુખત્યારશાહી શાસન સ્થાપિત કર્યું. પુતિન જેવા વર્તમાન સમયના શક્તિશાળી લોકોની જેમ, ઓગસ્ટસે પોતાને રાજા બનાવ્યો નહીં અને એવો દેખાવ કર્યો કે રોમ હજુ પણ એક પ્રજાસત્તાક જ છે. સેનેટ અને જાહેર સભા ભરવાનું પણ ચાલુ રખાયું અને દર વર્ષે નાગરિકોએ કોન્સ્યુલ અને ટ્રિબ્યુન ચૂંટવાનું પણ ચાલુ રાખ્યું, પરંતુ આ સંસ્થાઓ પાસે કોઈ વાસ્તવિક સત્તા નહોતી.[24]

ઈસવીસન 212માં, ઉત્તર આફ્રિકાના ફોનિશિયાના પરિવારના સંતાન સમ્રાટ કારાકલ્લાએ એક મહત્ત્વપૂર્ણ પગલું ભર્યું અને વિશાળ સામ્રાજ્યમાં બધા મુક્ત પુખ્ત પુરુષોને આપોઆપ જ રોમન નાગરિકતા મળી રહે તેવી ઘોષણા કરી. ઈસવીસન ત્રીજી સદીમાં રોમમાં લાખો નાગરિકો હતા.[25] પરંતુ ત્યાં સુધીમાં, બધા મહત્ત્વપૂર્ણ નિર્ણયો એક જ બિનચૂંટાયેલા સમ્રાટ દ્વારા લેવામાં આવતા હતા. દર વર્ષે કોન્સલની ચૂંટણી તો ઔપચારિક રીતે કરવામાં આવતી હતી પણ કારાકલ્લાને તેના પિતા સેપ્ટિમિયસ સેવેરસ પાસેથી સત્તા વારસામાં મળી હતી અને તેઓ પણ એક ગૃહયુદ્ધ જીતીને જ સમ્રાટ બન્યા હતા. કારાકલ્લાએ પોતાના શાસનને મજબૂત બનાવવા માટે જે સૌથી મહત્ત્વપૂર્ણ પગલું ભર્યું તે હતું તેના ભાઈ અને હરીફ ગેતાની હત્યા.

જ્યારે કારાકલ્લાએ ગેતાની હત્યાનો આદેશ આપ્યો, પાર્થિયન સામ્રાજ્ય સામે યુદ્ધની ઘોષણા કરી કે પછી બ્રિટન, ગ્રીક અને આરબ દેશોના લાખો લોકોને રોમન નાગરિકતા આપી, ત્યારે તેને રોમન લોકો પાસેથી પરવાનગી લેવાની જરૂર નહોતી. રોમની બધી સ્વસુધારણા પદ્ધતિઓ ઘણા સમય પહેલા જ નાશ પામી હતી. જો કારાકલ્લાએ વિદેશી કે સ્થાનિક નીતિમાં કોઈ ભૂલ કરી હોય, તો સેનેટ કે કોઈ પણ અધિકારીઓ તેમાં સુધારણા કરવા માટે હસ્તક્ષેપ કરી શકતા નહીં, સિવાય કે તેઓ બળવો અથવા તેની હત્યા કરવા તૈયાર થયા હોય અને જ્યારે ઈસવીસન 217માં કારાકલ્લાની ખરેખર હત્યા કરવામાં આવી, ત્યારે નવેસરથી ગૃહયુદ્ધ શરૂ થયું જે નવા સરમુખત્યારોના ઉદયમાં જ પરિણમ્યું. અઢારમી સદીના રશિયાની જેમ ઈસવીસન ત્રીજી સદીમાં રોમ પણ મેડમ ડી સ્ટાઈલના શબ્દોમાં, “ગૂંગળાવી નાખતી સરમુખત્યારશાહી” જ હતું.

ઈસવીસન ત્રીજી સદી સુધીમાં, ફક્ત રોમન સામ્રાજ્ય જ નહીં, પરંતુ પૃથ્વી પરના અન્ય તમામ મુખ્ય માનવ સમાજો સેન્ટ્રલ ઇન્ફોર્મેશન નેટવર્ક હતા જેમાં મજબૂત સ્વસુધારણા પદ્ધતિઓનો અભાવ હતો. આ વાત પર્શિયાના પાર્થિયન અને સસેનિયન સામ્રાજ્યો, ભારતના કુશાન અને ગુપ્ત સામ્રાજ્યો અને ચીનના હાન સામ્રાજ્ય અને તેના અનુગામી ત્રણ રાજ્યો માટે પણ સાચી હતી.[26] ઈસવીસન ત્રીજી સદી અને તે પછી હજારો નાના સમાજોએ લોકશાહીની કાર્યપ્રણાલી ચાલુ રાખી હતી, પરંતુ એવું લાગતું હતું કે વિતરિત લોકશાહી નેટવર્કો મોટા સમાજો માટે યોગ્ય નહોતા.

રાષ્ટ્રપતિ સીઝર!

શું પ્રાચીન વિશ્વમાં મોટા પાયે લોકશાહી ખરેખર ચાલી શકે એમ નહોતી? કે પછી ઓગસ્ટસ અને કારાકલ્લા જેવા સરમુખત્યારોએ જાણી જોઈને તેની કમર તોડી નાખી હતી? આ પ્રશ્ન ફક્ત પ્રાચીન ઇતિહાસની આપણી સમજ માટે જ નહીં, પણ AIના યુગમાં લોકશાહીના ભવિષ્ય બાબતે આપણા દૃષ્ટિકોણ માટે પણ મહત્ત્વપૂર્ણ છે. આપણે કેવી રીતે જાણી શકીએ કે લોકશાહી નિષ્ફળ જાય છે, તેનું કારણ એ છે કે તે શક્તિશાળી લોકો દ્વારા નબળી પાડવામાં આવી છે કે પછી ઘણા ઊંડા માળખાકીય અને તકનીકી કારણોસર તે નિષ્ફળ નીવડે છે?

આ પ્રશ્નનો જવાબ આપવા માટે રોમન સામ્રાજ્યની ઊંડી ચકાસણી કરીએ. રોમનો લોકશાહી આદર્શથી સ્પષ્ટપણે પરિચિત હતા અને સીઝર પરિવાર સત્તા પર આવ્યો પછી પણ તે આદર્શો તેમના માટે મહત્ત્વપૂર્ણ હતા. નહિતર ઓગસ્ટસ અને તેના વારસદારોએ સેનેટ અથવા કોન્સ્યુલેટ અને અન્ય કચેરીઓની વાર્ષિક ચૂંટણીઓ જેવી લોકશાહી સંસ્થાઓ જાળવવાની તસ્દી લીધી ન હોત. તો સત્તા કેવી રીતે ન ચૂંટાયેલા સમ્રાટના હાથમાં પડી?

સૈદ્ધાંતિક રીતે, ભૂમધ્ય તટપ્રદેશમાં લાખો લોકોને રોમની નાગરિકતા આપ્યા પછી પણ, શું સમ્રાટના પદ માટે સામ્રાજ્યવ્યાપી ચૂંટણીઓ યોજવી શક્ય ન હતી? એ માટે ચોક્કસપણે ખૂબ જ જટિલ લૉજિસ્ટિક્સની જરૂર પડી હોત અને ચૂંટણીનાં પરિણામો આવવામાં ઘણા મહિનાઓ પણ લાગ્યા હોત, પરંતુ શું તે ખરેખર એટલું મહત્ત્વનું કારણ હતું?

અહીં મુખ્ય ગેરસમજ એ છે કે લોકશાહી એટલે ચૂંટણી. લાખો રોમન નાગરિકો સૈદ્ધાંતિક રીતે આ અથવા તે શાહી ઉમેદવારને મત આપી શકતા હતા, પરંતુ વાસ્તવિક પ્રશ્ન એ છે કે શું લાખો રોમન લોકો સમગ્ર સામ્રાજ્યમાં રાજકીય સંવાદ ચાલુ રાખી શક્યા હોત? વર્તમાન ઉત્તર કોરિયામાં લોકશાહીનો સંવાદ થતો નથી, કારણ કે લોકો વાત કરવા માટે સ્વતંત્ર નથી, છતાં આપણે એવી પરિસ્થિતિની કલ્પના કરી શકીએ છીએ જ્યારે આ સ્વતંત્રતા આપવામાં આવે છે, જેમ કે દક્ષિણ કોરિયા. વર્તમાન યુનાઇટેડ સ્ટેટ્સમાં લોકો તેમના રાજકીય હરીફોને સાંભળવા અને આદર આપવા અસમર્થ છે તેથી લોકશાહીનો સંવાદ જોખમમાં મુકાય છે છતાં આ પરિસ્થિતિ સંભવતઃ હજુ પણ સુધારી શકાય તેવી છે. તેનાથી વિપરીત, રોમન સામ્રાજ્યમાં લોકશાહીનો સંવાદ શરૂ કરવાનો કે ચાલુ રાખવાનો કોઈ રસ્તો નહોતો, કારણ કે આવા સંવાદ માટેનાં તકનીકી માધ્યમો ત્યારે અસ્તિત્વમાં જ નહોતા.

વાતચીત કરવા માટે, વાત કરવાની સ્વતંત્રતા અને સાંભળવાની ક્ષમતા હોવી પૂરતું નથી. તેના માટે બે તકનીકી પૂર્વશરતો પણ છે. પ્રથમ, લોકો એકબીજાની વાત સાંભળી શકે તેટલા અંતરમાં હોય તે જરૂરી છે. આનો અર્થ એ થયો કે યુનાઇટેડ સ્ટેટ્સ અથવા રોમન સામ્રાજ્ય જેટલા મોટા પ્રદેશમાં રાજકીય સંવાદ સર્જવાનો એકમાત્ર રસ્તો એ છે કે કોઈ પ્રકારની ઇન્ફૉર્મેશન ટેક્નોલૉજી હોવી જોઈએ જે દૂર દૂર સુધી લોકો શું કહે છે તે ઝડપથી પહોંચાડી શકે.

બીજું, લોકોમાં તેઓ જેની વાત કરી રહ્યા છે તેની પ્રાથમિક સમજ હોવી જોઈએ. નહિતર, તેઓ ફક્ત ઘોંઘાટ કરતા હોય છે, અર્થપૂર્ણ સંવાદ નહીં. લોકો સામાન્ય રીતે રાજકીય મુદ્દાઓની સારી સમજ ધરાવતા હોય છે, કારણ કે તેનો તેમને સીધો અનુભવ હોય છે. ઉદાહરણ તરીકે, ગરીબ લોકો ગરીબી વિશે એવું ઘણું બધું જાણતા હોય છે, જે અર્થશાસ્ત્રના પ્રોફેસરો નથી જાણતા હોતા અને વંશીય લઘુમતીઓ જાતિવાદને એવા લોકો કરતાં વધુ ગહન રીતે સમજે છે, જેમણે ક્યારેય તેનો અનુભવ કર્યો નથી. જો કે, જો અંગત અનુભવો જ મહત્ત્વપૂર્ણ રાજકીય મુદ્દાઓને સમજવાનો એકમાત્ર રસ્તો હોય, તો મોટા પાયે રાજકીય સંવાદ સર્જવો અશક્ય હોત. કારણ કે એમ હોત, તો લોકો ફક્ત પોતાના અનુભવો વિશે જ અર્થપૂર્ણ રીતે વાત કરી શકતા હોત. તેનાથી પણ ખરાબ એ થાત કે બીજું કોઈ એ વાતો સમજી શકત જ નહીં. જો અંગત અનુભવ જ જ્ઞાનનો એકમાત્ર સંભવિત સ્રોત હોય, તો માત્ર કોઈ બીજાના અંગત અનુભવ સાંભળવાથી મને એમને મળેલી સમજણ મળી શકશે નહીં.

વિવિધ જૂથોના લોકોના વચ્ચે મોટા પાયે રાજકીય સંવાદ સર્જવાનો એકમાત્ર રસ્તો એ છે કે લોકો એવા મુદ્દાઓની થોડી સમજ મેળવી શકે જે તેમણે ક્યારેય અંગત રીતે અનુભવ્યા નથી. મોટા તંત્રમાં, શૈક્ષણિક પ્રણાલી અને મીડિયાની ભૂમિકા એ છે કે તેઓ લોકોને એવી બાબતો વિશે માહિતી આપે જેનો તેમણે ક્યારેય અનુભવ કર્યો નથી. જો આ ભૂમિકા ભજવવા માટે કોઈ શૈક્ષણિક પ્રણાલી કે મીડિયા પ્લૅટફૉર્મ ન હોય, તો કોઈ અર્થપૂર્ણ મોટાપાયાના સંવાદ સર્જાઈ શકતા નથી.

થોડા હજાર રહેવાસીઓ ધરાવતા એક નાના નિયોલિથિક શહેરમાં લોકો ક્યારેક પોતાના વિચારો રજૂ કરવાથી ડરતા હશે કે તેમણે તેમના હરીફોને સાંભળવાની ના પાડી હશે, પરંતુ અર્થપૂર્ણ સંવાદ માટે મૂળભૂત તકનીકી પૂર્વશરતોને સંતોષવી પ્રમાણમાં સરળ હતી. પહેલું, લોકો એકબીજાની નજીક રહેતા હતા તેથી તેઓ સમુદાયના મોટાભાગના સભ્યોને સરળતાથી મળી શકતા હતા અને તેમની સાથે વાત કરી શકતા હતા. બીજું, દરેકને શહેર

પરના જોખમો અને ત્યાં મળતી તકોનું પણ ઊંડું જ્ઞાન હતું. જો કોઈ દુશ્મન યુદ્ધ કરવા આવતો, તો દરેક સભ્ય તેને જોઈ શકતો હતો. જો નદીમાં પૂર આવવાથી ખેતરો બરબાદ થઈ જતા, તો દરેક વ્યક્તિ તેની આર્થિક અસરો જોઈ શકતી. જ્યારે લોકો યુદ્ધ અને ભૂખમરા વિશે વાત કરતા, ત્યારે તેઓ જાણતા હતા કે તેઓ શેની વાત કરી રહ્યા હતા.

ઈસાપૂર્વ ચોથી સદીમાં રોમનું એક શહેરનું રાજ્ય ત્યારે પણ એટલું નાનું હતું કે તેના મોટાભાગના નાગરિકો કટોકટીના સમયે ફોરમમાં ભેગા થઈ શકતા, આદરણીય આગેવાનોને સાંભળી શકતા અને જે તે બાબત પર તેમના વ્યક્તિગત મંતવ્યો રજૂ કરી શકતા. જ્યારે ઈસાપૂર્વ 390 ગેલિક આક્રમણકારોએ રોમ પર હુમલો કર્યો, ત્યારે લગભગ દરેક વ્યક્તિએ આલિયાના યુદ્ધના પરાજયમાં એકાદ સંબંધી તો ગુમાવ્યો જ હતો અને વિજયી ગૉલ લોકોએ રોમન સામ્રાજ્યનો ધ્વંસ કરવા માંડ્યો ત્યારે પોતાની મિલકતોનું નુકસાન પણ વેઠ્યું હતું. ભયભીત રોમનોએ ત્યારે માર્કૂસ કેમિલસને સરમુખત્યાર તરીકે નિયુક્ત કર્યો. રોમમાં, સરમુખત્યાર કટોકટીના સમયમાં નિયુક્ત એક જાહેર અધિકારી હતો જેની પાસે અમર્યાદિત સત્તાઓ હતી, પરંતુ ફક્ત ટૂંકા અને પૂર્વનિર્ધારિત સમયગાળા માટે જ, ત્યાર બાદ તેને તેનાં કાર્યો માટે જવાબ આપવો પડતો હતો. કેમિલસે રોમનોને વિજય અપાવ્યો પછી, દરેક વ્યક્તિ જોઈ શકતી હતી કે કટોકટી સમાપ્ત થઈ ગઈ હતી અને કેમિલસે પદ છોડ્યું હતું.[27]

તેનાથી વિપરીત, ઈસવીસન ત્રીજી સદી સુધીમાં, રોમન સામ્રાજ્યમાં છથી સાડા સાત કરોડ લોકોની વસ્તી હતી, જે અડધો કરોડ ચોરસ કિલોમીટરમાં ફેલાયેલું હતું.[29] રોમમાં રેડિયો અથવા દૈનિક અખબારો જેવી માસ કોમ્યુનિકેશન ટેક્નોલૉજીનો અભાવ હતો. ફક્ત 10-20 ટકા પુખ્ત વયના લોકો જ વાંચી શકતા હતા અને એવી કોઈ સંગઠિત શૈક્ષણિક વ્યવસ્થા નહોતી જે તેમને સામ્રાજ્યના ભૂગોળ, ઇતિહાસ અને અર્થતંત્ર વિશે માહિતી આપી શકે. એ સાચું કે સામ્રાજ્યમાં ઘણા લોકો કેટલાક સમાન સાંસ્કૃતિક વિચારો ધરાવતા હતા, જેમ કે બર્બરો કરતાં રોમનોની સભ્યતા શ્રેષ્ઠ હોવાની માન્યતા. આ સહિયારી સાંસ્કૃતિક માન્યતાઓ વ્યવસ્થા જાળવવા અને સામ્રાજ્યને સંગઠિત રાખવા માટે મહત્ત્વપૂર્ણ હતી, પરંતુ તેમના રાજકીય પરિણામો એટલા સ્પષ્ટ નહોતા અને કટોકટીના સમયમાં શું કરવું જોઈએ તે અંગે જાહેર સંવાદ કરવાની કોઈ શક્યતા નહોતી.

સીરિયાના વેપારીઓ, બ્રિટિશ પશુપાલકો અને ઇજિપ્તના ગ્રામજનો મધ્ય પૂર્વમાં ચાલી રહેલાં યુદ્ધો કે ડેન્યુબ નદીના કાંઠે ચાલી રહેલા વસાહતી સંકટ

વિશે કેવી રીતે સંવાદ કરી શકે? અર્થપૂર્ણ જાહેર સંવાદનો અભાવ ઓગસ્ટસ, નીરો, કારાકલ્લા કે અન્ય કોઈ સમ્રાટનો દોષ નહોતો. તેમણે રોમન લોકશાહીને તોડી પાડી ન હતી. સામ્રાજ્યના કદ અને ઉપલબ્ધ ઇન્ફૉર્મેશન ટેક્નોલૉજીને જોતાં, લોકશાહી ટકી રહે તે શક્ય જ નહોતું. પ્લેટો અને ઍરિસ્ટોટલ જેવા પ્રાચીન ફિલસૂફો દ્વારા આ વાત પહેલેથી જ સ્વીકારવામાં આવી હતી. તેમણે દલીલ કરી હતી કે લોકશાહી ફક્ત નાના પાયે એક શહેરવાળાં રાજ્યોમાં જ કામ કરી શકે છે.[31]

જો રોમમાં લોકશાહીનો અભાવ ફક્ત અમુક સરમુખત્યારોનો દોષ હોત, તો પણ સસાનિયન, પર્શિયા, ગુપ્ત ભારત અથવા હાન ચીન જેવા અન્ય સ્થળોમાંથી ક્યાંક તો આપણને મોટા પાયે લોકશાહીનો વિકાસ થતો જોવા મળ્યો હતો, પરંતુ આધુનિક ઇન્ફૉર્મેશન ટેક્નોલૉજીના વિકાસ પહેલાં, ક્યાંય મોટા પાયે લોકશાહીનાં કોઈ ઉદાહરણો નથી.

એ વાત પર પણ ભાર મુકાવો જોઈએ કે મોટી સરમુખત્યારશાહીઓમાં સ્થાનિક બાબતોનું સંચાલન ઘણીવાર લોકશાહી રીતે થતું હતું. રોમન સમ્રાટ પાસે સામ્રાજ્યના સેંકડો શહેરોનું માઇક્રોમૅનેજમેન્ટ કરવા માટે જરૂરી માહિતી નહોતી અને દરેક શહેરના નાગરિકો સ્થાનિક રાજકારણ અને મુદ્દાઓ વિશે અર્થપૂર્ણ સંવાદ કરી શકતા હતા. પરિણામે, રોમન સામ્રાજ્ય એક સરમુખત્યારશાહી બન્યા પછી પણ ઘણાં સમય સુધી, તેનાં ઘણાં શહેરો સ્થાનિક સભાઓ અને ચૂંટાયેલા અધિકારીઓ દ્વારા જ સંચાલિત રહ્યા હતા. એક સમયે જ્યારે રોમમાં કોન્સોલની ચૂંટણીઓ ઔપચારિક બાબતો બની ગઈ, ત્યારે પણ પોમ્પેઈ જેવાં નાના શહેરોમાં જાહેર પદોની ચૂંટણીઓ જોરદાર રીતે લડાતી હતી.

સમ્રાટ ટાઇટસના શાસન દરમિયાન, ઈસવીસન 79માં વેસુવિયસ જ્વાળામુખી ફાટી નીકળતાં પોમ્પેઈનો નાશ થયો હતો. પુરાતત્ત્વવિદોએ વિવિધ સ્થાનિક ચૂંટણી ઝુંબેશ સાથે સંબંધિત લગભગ પંદરસો જાહેર ઇમારતો પરનાં ચિત્રકામ શોધી કાઢ્યાં હતાં. એક જાણીતું પદ શહેરના એડિલેનું એટલે કે શહેરની માળખાગત સુવિધાઓ અને જાહેર ઇમારતોની જાળવણી માટે જવાબદાર મૅજિસ્ટ્રેટનું હતું.[32] લુક્રેટિયસ ફ્રન્ટોના સમર્થકોએ દીવાલો પર ચીતર્યું હતું કે "જો પ્રામાણિક જીવન યોગ્ય માનવામાં આવે છે, તો લુક્રેટિયસ ફ્રન્ટો ચૂંટાવાને લાયક છે." તેમના વિરોધીઓમાંના એક ગાયસ જુલિયસ પોલીબિયસનું સૂત્ર હતુંઃ "ગાયસ જુલિયસ પોલીબિયસને એડિલેના પદ માટે ચૂંટો. તે સારી બ્રેડ પૂરી પાડે છે."

ધાર્મિક જૂથો અને વ્યાવસાયિક સંગઠનો દ્વારા પણ સમર્થન આપવામાં આવતું

હતું, જેમ કે, “આઈસિસના ઉપાસકો ગ્નેયસ હેલ્વિયસ સેબિનસની ચૂંટણીની માંગ કરે છે” અને “બધા ખચ્ચરપાલકો વિનંતી કરે છે કે ગેયસ જુલિયસ પોલીબિયસને ચૂંટો.” તેમાં ગંદા કામ પણ થતા હતા. માર્કસ સેરિનિયસ વાટિયા સિવાયની જ કોઈ વ્યક્તિએ “બધા દારૂડિયાઓ તમને માર્કસ સેરિનિયસ વાટિયાને ચૂંટવા માટે કહે છે” અને “નાના નાના ચોરો તમને વાટિયાને ચૂંટવા માટે કહે છે”ની ગ્રેફિટી ચીતરી હતી.[33] આવો ચૂંટણી પ્રચાર સૂચવે છે કે પોમ્પેઈમાં એડિલેના પદમાં ઘણી સત્તા હતી અને એડિલે રોમના શાહી સરમુખત્યાર દ્વારા નિયુક્ત કરવાને બદલે તેની પસંદગી પ્રમાણમાં મુક્ત અને ન્યાયી ચૂંટણીઓમાં કરવામાં આવતી હતી.

એવાં સામ્રાજ્યોમાં પણ જ્યાં શાસકોએ ક્યારેય કોઈ લોકશાહીનો દેખાવ કર્યો ન હોય, ત્યાં પણ સ્થાનિક સ્તરે લોકશાહી ખીલી શકી હતી. ઉદાહરણ તરીકે, ઝારવાદી સામ્રાજ્યમાં લાખો ગ્રામજનોના દૈનિક જીવનનું સંચાલન ગ્રામીણ કોમ્યુનો દ્વારા કરવામાં આવતું હતું. અગિયારમી સદી સુધી મળતા પુરાવા અનુસાર, દરેક કોમ્યુનમાં સામાન્ય રીતે એક હજાર કરતા ઓછા લોકો રહેતા હતા. તેઓ જમીનદારોને આધીન હતા અને તેમના જમીનદાર અને કેન્દ્રીય ઝાર શાસન પ્રત્યે તેમની ઘણી જવાબદારીઓ હતી પરંતુ તેમની પાસે તેમની આંતરિક બાબતોનું સંચાલન કરવામાં તેમજ કર ચૂકવવા અને લશ્કરી ભરતીઓ કરવા જેવી તેમની બાહ્ય જવાબદારીઓ કેવી રીતે નિભાવવી તે નક્કી કરવાની નોંધપાત્ર સ્વાયત્તતા હતી. કોમ્યુન સ્થાનિક વિવાદોમાં મધ્યસ્થી કરતું, કટોકટી સમયે મદદ કરતું, સામાજિક ધોરણો લાગુ કરતું, વ્યક્તિગત લોકોમાં જમીનના વિતરણનું ધ્યાન રાખતું તેમજ જંગલો અને ગોચર જેવાં જાહેર સંસાધનોના ઉપયોગને નિયંત્રિત કરતું હતું. મહત્ત્વપૂર્ણ બાબતો પર નિર્ણયો કોમ્યુનલ સભાઓમાં લેવામાં આવતા હતા જેમાં સ્થાનિક ઘરોના વડાઓ તેમના મંતવ્યો વ્યક્ત કરતા હતા અને કોમ્યુનના વડાને પસંદ કરતા હતા. ઠરાવો મોટાભાગે બહુમતીની ઇચ્છા અનુસાર થતા હતા.[34]

ઝાર શાસનના ગામડાંઓ અને રોમન શહેરોમાં લોકશાહીનું એક સ્વરૂપ શક્ય હતું, કારણ કે અર્થપૂર્ણ જાહેર સંવાદ શક્ય હતો. પોમ્પેઈ ઈસવીસન 79માં લગભગ અગિયાર હજાર લોકોનું શહેર હતું,[35] જેથી દરેક વ્યક્તિ જાતે નિર્ણય કરી શકે એમ હતી કે શું લ્યુક્રેટિયસ ફ્રન્ટો એક પ્રામાણિક માણસ હતો અને શું માર્કસ સેરિનિયસ વાટિયા એક શરાબી ચોર હતો, પરંતુ લાખો લોકોના સ્તરે લોકશાહી ફક્ત આધુનિક યુગમાં જ શક્ય બની, જ્યારે માસ મીડિયાએ મોટા પાયે ઇન્ફોર્મેશન નેટવર્કનું સ્વરૂપ બદલી નાખ્યું.

માસ મીડિયા મોટી લોકશાહી શક્ય બનાવે છે

માસ મીડિયા એ એવી ઇન્ફૉર્મેશન ટેક્નોલૉજી છે, જે લાખો લોકોને પણ ઝડપથી જોડી શકે છે, ભલે તેમની વચ્ચે અંતર બહુ વધારે હોય. પ્રિન્ટિંગ પ્રેસ એ દિશામાં એક મહત્ત્વપૂર્ણ પગલું હતું. પ્રિન્ટિંગ પ્રેસથી સસ્તામાં અને ઝડપથી મોટી સંખ્યામાં પુસ્તકો અને પત્રિકાઓનું ઉત્પાદન શક્ય બન્યું, જેના કારણે વધુ લોકો તેમના મંતવ્યો વ્યક્ત કરી શક્યા અને વધુ પ્રદેશ સુધી તેમનો અવાજ પહોંચી શક્યો, ભલે એ પ્રક્રિયામાં ત્યારે પણ સમય લાગતો હતો. એનાથી મોટા પાયાની લોકશાહીના કેટલાક આરંભિક પ્રયોગો ટકી રહ્યા, જેમ કે ઈસવીસન 1569માં સ્થાપિત પોલિશ-લિથુએનિયન કૉમનવેલ્થ અને ઈસવીસન 1579માં સ્થાપિત ડચ રિપબ્લિક.

કેટલાક લોકો આ રાજ્યોના "લોકશાહી" તરીકેના ચરિત્રણનો વિરોધ કરી શકે છે, કારણ કે પ્રમાણમાં શ્રીમંત નાગરિકોની એક લઘુમતીને જ સંપૂર્ણ રાજકીય અધિકારો મળતા હતા. પોલિશ-લિથુએનિયન કૉમનવેલ્થમાં, રાજકીય અધિકારો સ્ઝ્લાચ્ટા એટલે કે ઉમરાવ વર્ગના પુખ્ત પુરુષ સભ્યો માટે અનામત હતા. એમની સંખ્યા 3,00,000 જેટલી અથવા તો કુલ પુખ્ત વસ્તીના લગભગ 5 ટકા જેટલી હતી.[36] સ્ઝ્લાચ્ટાના વિશેષાધિકારોમાંનો એક રાજાને ચૂંટવાનો હતો, પરંતુ મતદાન માટે રાષ્ટ્રીય સંમેલનમાં સામેલ થવા લાંબા અંતરની મુસાફરી કરવી પડતી હોવાથી બહુ ઓછા લોકો તેમના આ અધિકારનો ઉપયોગ કરતા. સોળમી અને સત્તરમી સદીમાં શાહી ચૂંટણીઓમાં સામાન્ય રીતે 3,000થી 7,000 સભ્યોએ મતદાન કર્યું હતું, જેમાં 1669ની ચૂંટણીઓ અપવાદ હતી, કારણ કે તેમાં 11,271 લોકોએ મતદાન કર્યું હતું.[37] એકવીસમી સદીમાં આ બધું ભાગ્યે જ લોકશાહી જેવું લાગતું હોય, તો પણ એ યાદ રાખવું જોઈએ કે વીસમી સદી સુધીની તમામ મોટા પાયાની લોકશાહીઓએ રાજકીય અધિકારો પ્રમાણમાં શ્રીમંત પુરુષોના નાના વર્તુળ સુધી જ મર્યાદિત રાખ્યા હતા. લોકશાહી ક્યારેય બધા અથવા કોઈ નહીં જેવી હોતી નથી. તે એક સતત બદલાતી રહેતી ઘટના છે અને સોળમી સદીના અંતમાં પોલૅન્ડના લોકો અને લિથુએનિયનોએ તે પહેલાં જે નહોતું થયું તેવું કરવાનો પ્રયત્ન કર્યો હતો.

તેના રાજાને ચૂંટવા ઉપરાંત, પોલૅન્ડ-લિથુએનિયામાં એક ચૂંટાયેલી સંસદ (સેજ્મ) હતી, જે નવા કાયદાને મંજૂરી આપતી હતી અથવા નામંજૂર કરતી હતી અને કરવેરા અને વિદેશી બાબતો પર શાહી નિર્ણયોને નકારવાની સત્તા પણ ધરાવતી હતી. વધુમાં, નાગરિકોને સભાની સ્વતંત્રતા અને ધર્મની સ્વતંત્રતા

જેવા અધિકારો મળતા હતા. સોળમી સદીના અંતમાં અને સત્તરમી સદીની શરૂઆતમાં જ્યારે મોટાભાગનું યુરોપ ધાર્મિક સંઘર્ષો અને સતામણીનો ભોગ બનતું હતું, ત્યારે પોલૅન્ડ-લિથુએનિયા સહિષ્ણુતાનું સ્વર્ગ હતું જેમાં કેથોલિક, ગ્રીક ઑર્થોડોક્સ, લ્યુથરન, કેલ્વિનિસ્ટ, યહૂદીઓ અને મુસ્લિમો પણ સુમેળથી સાથે રહેતા હતા.[38] 1616માં, કૉમનવેલ્થમાં એકસોથી વધુ મસ્જિદો કાર્યરત હતી.[39]

જોકે, અંતમાં વિકેન્દ્રીકરણનો પોલૅન્ડ-લિથુએનિયાનો પ્રયોગ અવ્યવહારુ સાબિત થયો. આ રાજ્ય યુરોપનું (રશિયા પછીનું) બીજું સૌથી મોટું રાજ્ય હતું, જે લગભગ એક મિલિયન ચોરસ કિલોમીટરને આવરી લેતું હતું અને આજના પોલૅન્ડ, લિથુએનિયા, બેલારુસ અને યુક્રેનના મોટાભાગના પ્રદેશોમાં ફેલાયેલું હતું. તેમાં બાલ્ટિક સમુદ્રથી કાળા સમુદ્ર સુધી ફેલાયેલા પોલિશ ઉમરાવો, લિથુએનિયાના ઉમરાવો, યુક્રેનના કોસાક્સ અને યહૂદી રબાઈઓ વચ્ચે અર્થપૂર્ણ રાજકીય સંવાદ કરવા માટે જરૂરી માહિતી, સંદેશાવ્યવહાર અને શિક્ષણપ્રણાલીનો અભાવ હતો. તેની સ્વસુધારણા પદ્ધતિઓ પણ ખૂબ ખર્ચાળ હતી જેના કારણે કેન્દ્ર સરકારની શક્તિ ઘણી ઘટી જતી હતી. ખાસ કરીને, દરેક સેજ્મ ડેપ્યુટીને તમામ સંસદીય કાયદાઓને નકારવાનો એટલે કે વીટો કરવાનો અધિકાર આપવામાં આવ્યો હતો, જેના કારણે રાજકીય મડાગાંઠો સર્જાતી હતી. નબળું કેન્દ્ર અને વિશાળ તેમજ વૈવિધ્યસભર રાજનીતિનું મિશ્રણ ઘાતક સાબિત થયું. કેન્દ્રત્યાગી બળો દ્વારા આ કૉમનવેલ્થ તોડી પાડવામાં આવ્યું હતું અને તેના ટુકડાઓ પછી રશિયા, ઑસ્ટ્રિયા અને પ્રશિયાના કેન્દ્રીય સ્વાયત્ત રાજ્યો વચ્ચે વહેંચાયા હતા.

ડચ પ્રયોગ વધુ સારો રહ્યો હતો. કેટલીક રીતે ડચ યુનાઇટેડ પ્રોવિન્સ પોલિશ-લિથુએનિયન કૉમનવેલ્થ કરતાં પણ ઓછા કેન્દ્રિત હતા, કારણ કે તેમાં રાજાનો અભાવ હતો અને તે સાત સ્વાયત્ત પ્રાંતોનો સંઘ હતો જે પોતે પણ સ્વશાસિત નગરો અને શહેરોથી બનેલા હતા.[40] આ વિકેન્દ્રિત પ્રકૃતિ એ દેશને વિદેશમાં જેવી રીતે ઓળખવામાં આવતો હતો તેના વિવિધ સ્વરૂપોમાં પ્રતિબિંબિત થાય છે - અંગ્રેજીમાં નેધરલૅન્ડ, ફ્રેન્ચમાં લે પેસ-બાસ, સ્પેનિશમાં લોસ પાઈસેસ બાહોસ, વગેરે.

જોકે, સંયુક્ત પ્રાંતો પોલૅન્ડ-લિથુએનિયા કરતાં પચીસમાં ભાગ જેટલો વિસ્તાર ધરાવતા હતા અને તેમની માહિતી, સંદેશાવ્યવહાર અને શિક્ષણપ્રણાલી ઘણી સારી હતી, જે તેના ઘટક ભાગોને સારી રીતે જોડતી હતી.[41] સંયુક્ત પ્રાંતોએ એક નવી ઇન્ફૉર્મેશન ટેક્નોલૉજીનો પણ પાયો નાખ્યો જેનું ભવિષ્ય ઘણું ઉજ્જ્વળ હતું. જૂન 1618માં એમ્સ્ટરડેમમાં Courante uyt Italien, Duytslandt &c. નામનું એક પેમ્ફલેટ પ્રકાશિત થયું. તેના નામ મુજબ તેમાં ઇટાલીના દ્વીપકલ્પ,

જર્મન ભૂમિ અને અન્ય સ્થળોના સમાચાર હતા. આ પેમ્ફ્લેટમાં કંઈ નોંધપાત્ર નહોતું, સિવાય કે તેના નવા અંકો પછીના અઠવાડિયામાં પણ પ્રકાશિત થયા હતા. તેઓ 1670 સુધી નિયમિતપણે પ્રકાશિત થયા અને પછી Courante uyt Italien, Duytslandt &c. ને અન્ય એવા પેમ્ફ્લેટ સાથે Amsterdamsche Courantમાં ભેળવી દેવામાં આવ્યું, જે 1903 સુધી પ્રકાશિત થયું હતું. પછી તેને De Telegraphમાં ભેળવી દેવામાં આવ્યું, જે આજ સુધી નેધરલૅન્ડ્સનું સૌથી મોટું અખબાર બની રહ્યું છે.[42]

અખબાર એક સામયિક પત્રિકા છે અને તેની અગાઉ માત્ર એક જ વાર પ્રકાશિત થતી પત્રિકાઓથી અલગ છે, કારણ કે તેમાં સ્વસુધારણાની પદ્ધતિ વધુ મજબૂત હતી. એક જ વાર પ્રકાશિત થતાં પ્રકાશનોથી વિપરીત, સાપ્તાહિક અથવા દૈનિક અખબાર પાસે તેની ભૂલો સુધારવાની તક હોય છે અને જનતાનો વિશ્વાસ જીતવામાં આમ કરવાથી તેમને લાભ પણ થતો હોય છે. Courante uyt Italien, Duytslandt &c.ના પ્રકાશનના થોડા સમય પછી, Tijdinghen uyt Verscheyde Quartieren (વિવિધ પ્રાંતોમાંથી સમાચાર) નામનું એક અખબાર તેની સ્પર્ધામાં શરૂ થયું. કુરાન્ટેને સામાન્ય રીતે વધુ વિશ્વસનીય માનવામાં આવતું હતું કારણ કે તે પ્રકાશિત કરતા પહેલાં સમાચારોની ચકાસણીનો પ્રયાસ કરતું હતું અને કારણ કે ટિજડિંગેન પર વધુ પડતું દેશભક્ત હોવાનો અને ફક્ત નેધરલૅન્ડ્સને અનુકૂળ સમાચાર આપવાનો આરોપ મૂકવામાં આવતો હતો. તેમ છતાં બંને અખબારો ચાલ્યાં હતાં, કારણ કે એક વાચકના શબ્દોમાં, "એક અખબારમાં હંમેશાં કંઈક એવું મળી શકે છે, જે બીજામાં નથી હોતું." પછીના દાયકાઓમાં નેધરલૅન્ડ્સમાં ડઝનબંધ અન્ય અખબારો પ્રકાશિત થવા માંડ્યા અને તે યુરોપનું પત્રકારત્વનું કેન્દ્ર બની રહ્યું.[43]

વ્યાપક વિશ્વાસ મેળવવામાં સફળ થયેલાં અખબારો જનતાના અભિપ્રાયના ઘડવૈયા અને મુખપત્ર બન્યાં. તેમણે વધુ જાણકાર અને સક્રિય જનતા ઘડી જેણે પહેલા નેધરલૅન્ડ્સમાં અને પછીથી સમગ્ર વિશ્વમાં રાજકારણનું સ્વરૂપ બદલી નાખ્યું.[44] અખબારોનો રાજકીય પ્રભાવ એટલો મહત્ત્વપૂર્ણ હતો કે અખબારના સંપાદકો ઘણીવાર રાજકીય નેતાઓ બનતા હતા. જીન-પોલ મારત ક્રાંતિકારી ફ્રાન્સમાં L'Ami du Peupleની સ્થાપના અને સંપાદન કરીને સત્તા પર આવ્યા. એડ્યુઅર્ડ બર્નસ્ટીને Der Sozialdemokratનું સંપાદન કરીને જર્મનીની સોશિયલ ડેમોક્રેટિક પાર્ટી બનાવવામાં મદદ કરી. સોવિયેત સરમુખત્યાર બનતા પહેલાં વ્લાદિમીર લેનિનનું સૌથી મહત્ત્વપૂર્ણ પદ Iskraના સંપાદક તરીકેનું હતું અને બેનિટો મુસોલિની પહેલા Avanti!માં સમાજવાદી પત્રકાર તરીકે અને પછીથી

આગ ઓકતા જમણેરી અખબાર Il Popolo d'Italiaના સ્થાપક અને સંપાદક તરીકે ખ્યાતિ પામ્યા.

અખબારોએ યુનાઇટેડ પ્રોવિન્સમાં લો કન્ટ્રીઝની, યુનાઇટેડ કિંગડમમાં બ્રિટિશ ટાપુઓની અને યુનાઇટેડ સ્ટેટ્સમાં ઉત્તર અમેરિકા જેવી પ્રારંભિક આધુનિક લોકશાહીઓની રચનામાં મહત્ત્વપૂર્ણ ભૂમિકા ભજવી હતી. તેમનાં નામો સૂચવે છે તેમ આ બધા કંઈ પ્રાચીન એથેન્સ અને રોમ જેવા એક શહેરવાળાં રાજ્યો નહોતાં, પરંતુ નવી ઇન્ફૉર્મેશન ટેક્નોલૉજી દ્વારા એકબીજા સાથે જોડાયેલા વિવિધ પ્રદેશોના સંઘ હતા. ઉદાહરણ તરીકે, જ્યારે 6 ડિસેમ્બર, 1825ના રોજ, રાષ્ટ્રપતિ જોન ક્વિન્સી એડમ્સે યુ.એસ. કૉંગ્રેસને પોતાનો પહેલો વાર્ષિક સંદેશ આપ્યો, ત્યારે આ ભાષણ અને તેના મુખ્ય મુદ્દાઓનો સારાંશ આગામી અઠવાડિયામાં બૉસ્ટનથી ન્યૂ ઓર્લિયન્સ સુધીનાં અખબારો દ્વારા પ્રકાશિત કરવામાં આવ્યો હતો. (તે સમયે, યુનાઇટેડ સ્ટેટ્સમાં સેંકડો અખબારો અને સામયિકો પ્રકાશિત થઈ રહ્યાં હતાં.)[45]

એડમ્સે રસ્તાઓના નિર્માણથી લઈને ખગોળશાસ્ત્રીય વેધશાળાની સ્થાપના સુધીના અસંખ્ય સંઘીય કાર્યક્રમો શરૂ કરવાના તેમના શાસનના ઇરાદા જાહેર કર્યા અને વેધશાળાનું નામ તેમણે કાવ્યાત્મક રીતે "આકાશની દીવાદાંડી" ("light-house of the skies") નામ આપ્યું. તેમના ભાષણે ઉગ્ર જાહેર ચર્ચા શરૂ કરી, જેમાંથી મોટાભાગની ચર્ચાઓ આ રીતે છાપાંઓમાં થતી હતી. એક પક્ષ યુનાઇટેડ સ્ટેટ્સના વિકાસ માટે આવશ્યક "મોટી સરકારી" યોજનાઓને ટેકો આપનારાઓનો હતો અને બીજો પક્ષ "નાની સરકાર"ના અભિગમ પસંદ કરતો હતો અને એડમ્સની યોજનાઓને સંઘીય અતિક્રમણ અને રાજ્યોના અધિકારો પર તરાપ ગણાવતો હતો.

"નાની સરકાર"ના ઉત્તરના સમર્થકો ફરિયાદ કરતા હતા કે સંઘીય સરકાર દ્વારા ગરીબ રાજ્યોમાં રસ્તા બનાવવા માટે સમૃદ્ધ રાજ્યોના નાગરિકો પર કર લાદવો ગેરબંધારણીય છે. દક્ષિણના લોકોને ડર હતો કે તેમના આંગણામાં આકાશની દીવાદાંડી બનાવવાની સત્તાનો દાવો કરતી સંઘીય સરકાર એક દિવસ તેમના ગુલામોને પણ મુક્ત કરવાની સત્તાનો દાવો કરી શકે છે. એડમ્સ પર સરમુખત્યારશાહીની મહત્ત્વાકાંક્ષાઓ રાખવાનો આરોપ મૂકવામાં આવ્યો હતો અને તેમના ભાષણની વિદ્વત્તા અને સુસંસ્કૃતતાને ભદ્ર વર્ગની, સામાન્ય અમેરિકનોથી અલગ ગણાવવામાં આવી હતી. 1825માં કૉંગ્રેસમાં આપેલા ભાષણ પરની જાહેર ચર્ચાઓએ એડમ્સ શાસનની પ્રતિષ્ઠાને ગંભીર ફટકો માર્યો અને ત્યાર બાદની ચૂંટણીમાં એડમ્સની હારનો માર્ગ મોકળો કર્યો હતો. 1828ની

રાષ્ટ્રપતિની ચૂંટણીઓમાં એડમ્સ એન્ડ્રુ જેક્સન સામે હારી ગયા. એન્ડ્રુ ટેનેસીના એક સમૃદ્ધ અને ગુલામ રાખનાર માણસ હતો જેને અસંખ્ય અખબારોમાં સફળતાપૂર્વક “લોકોના માણસ” તરીકે રજૂ કરવામાં આવ્યો હતો. તેમણે એવો પણ દાવો કર્યો હતો કે અગાઉની ચૂંટણીઓમાં એડમ્સ અને વૉશિંગ્ટનના ભ્રષ્ટ ઉચ્ચ વર્ગ દ્વારા ઘાલમેલ કરવામાં આવી હતી.[46]

તે સમયના અખબારો અલબત્ત આજના માસ મીડિયાની તુલનામાં હજુ પણ ધીમા અને મર્યાદિત પહોંચવાળાં હતાં. અખબારો ઘોડા કે સઢવાળી હોડીની ગતિએ વહેંચાતા હતા અને પ્રમાણમાં બહુ ઓછા લોકો તેમને નિયમિતપણે વાંચતા હતા. ત્યાં કોઈ ન્યૂઝસ્ટેન્ડ કે ગલીઓમાં ફરતા ફેરિયાઓ નહોતા તેથી લોકોને લવાજમ ભરવું પડતું હતું અને એ લોકોને મોંઘું પડતું હતું. સરેરાશ વાર્ષિક લવાજમ એક કુશળ કારીગરના લગભગ એક અઠવાડિયાના પગાર જેટલું હતું. પરિણામે, 1830માં અમેરિકાના બધાં અખબારોનાં લવાજમ ભરનારાઓની કુલ સંખ્યા ફક્ત અઠ્યોતેર હજાર હોવાનો અંદાજ છે. કેટલાક લવાજમ ભરનારા વ્યક્તિઓ નહીં, પણ સંગઠનો કે વેપારી કંપનીઓ હતાં અને દરેક નકલ કદાચ ઘણા લોકો દ્વારા વાંચવામાં આવતી હોવાથી, એવું માનવું વાજબી લાગે છે કે નિયમિત અખબારવાચકો લાખોમાં હતા, પરંતુ એવા લાખો લોકો પણ હતા, જે ભાગ્યે જ અખબારો વાંચતા.[47]

માટે તે દિવસોમાં અમેરિકન લોકશાહી મર્યાદિત અને શ્રીમંત શ્વેત પુરુષોનું ક્ષેત્ર હોય તેમાં શું નવાઈ! જેમાં એડમ્સ સત્તામાં આવ્યા તે 1824ની ચૂંટણીઓમાં, લગભગ 50 લાખની પુખ્ત વસ્તીમાંથી 13 લાખ (અથવા લગભગ 25 ટકા) અમેરિકનો સૈદ્ધાંતિક રીતે મતદાન કરવા માટે લાયક હતા. કુલ પુખ્ત વસ્તીના 7 ટકા, એટલે કે ફક્ત 3,52,780 લોકોએ જ, તેમના એ અધિકારનો ઉપયોગ કર્યો હતો. એડમ્સ એટલા મતદાન કરનારાઓમાંથી પણ બહુમતી મેળવી શક્યા ન હતા. યુ.એસ. ચૂંટણીપ્રણાલીની વિચિત્રતાને કારણે, તેઓ ફક્ત 1,13,122 મતદારો અથવા 2 ટકા જેટલા પુખ્ત વયના લોકો અને કુલ વસ્તીના 1 ટકાના સમર્થનને કારણે રાષ્ટ્રપતિ બન્યા હતા.[48] બ્રિટનમાં તે જ સમયે, ફક્ત 4,00,000 લોકો, અથવા પુખ્ત વસ્તીના લગભગ 6 ટકા જ, સંસદ માટે મતદાન કરવા માટે લાયક હતા. વધુમાં, 30 ટકા સંસદીય બેઠકો પર પણ ચૂંટણી લડવામાં આવી ન હતી[49].

તમને વિચાર આવશે કે શું આપણે લોકશાહીની જ વાત કરી રહ્યા છીએ. એવા સમયે જ્યારે યુનાઇટેડ સ્ટેટ્સમાં મતદારો કરતાં વધુ ગુલામો હતા (1820ના દાયકાની શરૂઆતમાં 15 લાખથી વધુ અમેરિકનો ગુલામ હતા),[50] શું યુનાઇટેડ

સ્ટેટ્સ ખરેખર લોકશાહી દેશ હતો? આ વ્યાખ્યાઓનો પ્રશ્ન છે. સોળમી સદીના અંતમાં પોલિશ-લિથુએનિયન કૉમનવેલ્થની જેવું જ ઓગણીસમી સદીની શરૂઆતના યુનાઇટેડ સ્ટેટ્સનું પણ છે. "લોકશાહી" એક સાપેક્ષ શબ્દ છે, જેમ અગાઉ નોંધ્યું છે તેમ, લોકશાહી અને સરમુખત્યારશાહી નિરપેક્ષ નથી, તેઓ એક સતત ચાલતી રહેતી પ્રક્રિયાનો ભાગ છે. ઓગણીસમી સદીની શરૂઆતમાં, બધા મોટા પાયાના માનવસમાજોમાંથી, યુનાઇટેડ સ્ટેટ્સ કદાચ લોકશાહીના માપદંડમાં સૌથી ઉપર હતું. 25 ટકા પુખ્ત વયના લોકોને મતદાનનો અધિકાર આપવો એ આજે બહુ મોટી વાત નથી લાગતી, પરંતુ 1824માં તે ઝારવાદી, ઓટ્ટોમન કે ચીનના સામ્રાજ્યો કરતાં ઘણી વધુ ટકાવારી હતી કારણ કે તેમાં કોઈને મતદાન કરવાનો અધિકાર નહોતો.[51]

ઉપરાંત, આ પ્રકરણમાં અવારનવાર જે વાત પર ભાર મૂક્યો છે તે મુજબ, મતદાન એ એકમાત્ર મહત્ત્વપૂર્ણ વસ્તુ નથી. 1824માં યુનાઇટેડ સ્ટેટ્સને લોકશાહી માનવા માટે એક વધુ મહત્ત્વપૂર્ણ કારણ એ પણ છે કે તેના સમયના મોટાભાગનાં અન્ય રાજ્યોની તુલનામાં, આ નવા દેશમાં ઘણી મજબૂત સ્વસુધારણા પદ્ધતિઓ હતી. તેના ફાઉન્ડિંગ ફાધર્સ (સ્થાપકો) પ્રાચીન રોમથી પ્રેરિત હતા. તેના પુરાવા માટે વૉશિંગ્ટનમાં સેનેટ અને કેપિટલ હિલ જુઓ અને તેઓ સારી રીતે જાણતા હતા કે રોમન લોકશાહી આખરે એક સરમુખત્યાર સામ્રાજ્યમાં ફેરવાઈ ગઈ હતી. તેમને ડર હતો કે કોઈ અમેરિકન સીઝર તેમની લોકશાહીનું પણ એવું જ કંઈક કરશે માટે તેમણે બહુવિધ અને એકબીજાને પણ સુધારતી સ્વસુધારણા પદ્ધતિઓનું નિર્માણ કર્યું હતું, જેને 'ચેક એન્ડ બેલેન્સ સિસ્ટમ' તરીકે ઓળખવામાં આવે છે. આમાંથી એક હતી મુક્ત પ્રેસ. પ્રાચીન રોમમાં તેનો પ્રદેશ અને વસ્તી વધતા તેની લોકશાહીની સ્વસુધારણા પદ્ધતિઓએ કામ કરવાનું બંધ કરી દીધું. યુનાઇટેડ સ્ટેટ્સમાં, આધુનિક ઇન્ફૉર્મેશન ટેક્નોલૉજી અને પ્રેસની સ્વતંત્રતાએ એટલાન્ટિકથી પેસિફિક સુધીના દેશના વિસ્તરણ છતાં પણ સ્વસુધારણા પદ્ધતિઓને ટકી રહેવામાં મદદ કરી.

આ સ્વસુધારણા પદ્ધતિઓએ જ ધીમે ધીમે યુનાઇટેડ સ્ટેટ્સને મતાધિકારનો વિસ્તાર કરવા, ગુલામી નાબૂદ કરવા અને પોતાને વધુ સમાવેશક લોકશાહી બનવા સક્ષમ બનાવ્યું. પ્રકરણ-2માં નોંધ્યા મુજબ, ફાઉન્ડિંગ ફાધર્સે ગુલામીને સમર્થન આપવું અને મહિલાઓને મત આપવાનો ઇનકાર કરવા જેવી મોટી ભૂલો કરી હતી, પરંતુ તેમણે તેમના વંશજોને આ ભૂલો સુધારવા માટે સાધનો પણ પૂરાં પાડ્યાં હતાં. તે તેમનો સૌથી મોટો વારસો હતો.

વીસમી સદીઃ સામૂહિક લોકશાહી અને સામૂહિક સર્વાધિકારવાદ પણ

મુદ્રિત અખબારો માસ મીડિયા યુગના પ્રથમ આરંભચિહ્ન હતાં. ઓગણીસમી અને વીસમી સદી દરમિયાન ટેલિગ્રાફ, ટેલિફોન, ટેલિવિઝન, રેડિયો, ટ્રેન, સ્ટીમશીપ અને વિમાન જેવી નવી સંદેશાવ્યવહાર અને પરિવહન તકનીકોએ માસ મીડિયાની શક્તિને ઘણી વધારી આપી હતી.

જ્યારે ડેમોસ્થેનિસે ઈસાપૂર્વ 350ની આસપાસ એથેન્સમાં જાહેર ભાષણ આપ્યું, ત્યારે તે મુખ્યત્વે એથેનિયન અગોરામાં હાજર મર્યાદિત પ્રેક્ષકોને ધ્યાનમાં રાખીને આપવામાં આવ્યું હતું. જ્યારે જોન ક્વિન્સી એડમ્સે 1825માં તેમનું પહેલું વાર્ષિક ભાષણ આપ્યું, ત્યારે તેમના શબ્દો ઘોડાની ગતિએ ફેલાયા હતા. જ્યારે અબ્રાહમ લિંકને 19 નવેમ્બર, 1863ના રોજ ગેટ્ટીસબર્ગમાં ભાષણ આપ્યું, ત્યારે ટેલિગ્રાફ, લોકોમોટિવ અને સ્ટીમશીપ દ્વારા તેમના શબ્દો સમગ્ર યુનિયન અને દુનિયામાં ઘણી ઝડપથી પહોંચાડવામાં આવ્યા હતા. બીજા જ દિવસે 'ધ ન્યૂ યોર્ક ટાઇમ્સે' આ આખા ભાષણનું મુદ્રણ કર્યું હતું,[52] મેઇનમાં 'ધ પોર્ટલેન્ડ ડેઈલી પ્રેસ'થી લઈને આયોવામાં 'ઓટુમવા કુરિયર' સુધીના અસંખ્ય અન્ય અખબારોએ પણ આ ભાષણ છાપ્યું હતું.[53]

મજબૂત સ્વસુધારણા પદ્ધતિઓ ધરાવતી લોકશાહી હોવાથી, રાષ્ટ્રપતિના ભાષણને બધાએ તાળીઓના ગડગડાટથી વધાવી લેવાને બદલે તેના પર સક્રિય ચર્ચા શરૂ કરી હતી. મોટાભાગનાં અખબારોએ તેની પ્રશંસા કરી હતી પરંતુ કેટલાકે શંકાઓ પણ વ્યક્ત કરી હતી. 'શિકાગો ટાઇમ્સે' 20 નવેમ્બરના રોજ લખ્યું હતું કે, પ્રમુખ લિંકનના "મૂર્ખ, સપાટ અને ગંદા શબ્દો વાંચતી વખતે દરેક અમેરિકનના ગાલ શરમથી લાલ થઈ જવા જોઈએ."[54] હેરિસબર્ગ, પેન્સિલવેનિયાના સ્થાનિક અખબાર 'ધ પેટ્રિઅટ એન્ડ યુનિયને' પણ "પ્રમુખની મૂર્ખતાપૂર્ણ ટિપ્પણીઓ" ટીકા કરી હતી અને આશા વ્યક્ત કરી હતી કે "તેમના પર વિસ્મૃતિનો પડદો પાડી દેવામાં આવશે અને તેમનું હવે પુનરાવર્તન કરવામાં આવશે નહીં કે તેમના વિશે વિચારવામાં આવશે નહીં."[55] દેશ ગૃહયુદ્ધમાં સપડાયેલો હોવા છતાં, પત્રકારો રાષ્ટ્રપતિની જાહેરમાં ટીકા કરવા અને તેમનો ઉપહાસ કરવા માટે મુક્ત હતા.

એક સદી પછી ઘણી ઘટનાઓ ઝડપથી બની. ઇતિહાસમાં પહેલી વાર, નવી ટેક્નોલૉજીઓએ વિશાળ પ્રદેશમાં ફેલાયેલા લોકોના સમૂહને એક સાથે એક સમયે જોડાવા દીધા. 1960માં, ઉત્તર અમેરિકન ખંડ અને તેનાથી આગળ ફેલાયેલા લગભગ સાત કરોડ અમેરિકનો (કુલ વસ્તીના 39 ટકા)એ નિક્સન અને કેનેડી વચ્ચેની રાષ્ટ્રપતિની ચર્ચાઓ ટેલિવિઝન પર લાઇવ જોઈ હતી

અને એ ઉપરાંત અન્ય લાખો લોકોએ તેને રેડિયો પર પણ સાંભળી હતી.[56] દર્શકો અને શ્રોતાઓએ ફક્ત તેમના ઘરે બેસીને એક બટન જ દબાવવાનું હતું. હવે મોટા પાયાની લોકશાહી શક્ય બની ગઈ હતી. હજારો કિલોમીટરો સુધી ફેલાયેલા લાખો લોકો તે સમયના ઝડપથી મહત્ત્વના બની રહેલા મુદ્દાઓ વિશે જાણકાર અને અર્થપૂર્ણ જાહેર ચર્ચાઓ કરી શકતા હતા. 1960 સુધીમાં બધા પુખ્ત અમેરિકનો સૈદ્ધાંતિક રીતે મતદાન કરવા માટે લાયક હતા અને લગભગ સાત કરોડ (લગભગ 64 ટકા) મતદારોએ એમ કર્યું પણ હતું. જોકે લાખો અશ્વેત અને અન્ય વંચિત જૂથોને વિવિધ મતદાતા દમનકારી યોજનાઓ દ્વારા મતદાન કરવાથી રોકવામાં આવ્યા હતા.[57]

હંમેશની જેમ, આપણે ટેક્નોલૉજિકલ નિર્ધારણવાદથી સાવધ રહેવું જોઈએ અને એવું તારણ કાઢવાથી બચવું જોઈએ કે માસ મીડિયાના ઉદયથી મોટા પાયાની લોકશાહીનો ઉદય થયો. માસ મીડિયાએ મોટા પાયાની લોકશાહી શક્ય બનાવી, અનિવાર્ય નહીં અને તેણે અન્ય પ્રકારના શાસનને પણ શક્ય બનાવ્યાં. આધુનિક યુગની નવી ઇન્ફૉર્મેશન ટેક્નોલૉજીએ મોટા પાયાના સર્વાધિકારવાદી શાસન માટે પણ દરવાજા ખોલી આપ્યા. નિક્સન અને કેનેડીની જેમ, સ્ટાલિન અને ખ્રુશ્ચેવ પણ રેડિયો પર જે કહેવું હોય, તે કહી શકતા હતા અને વ્લાદિવોસ્તોકથી સ્ટાલિનગ્રાદ સુધી વિસ્તરેલા લાખો લોકો તેમને લાઇવ સાંભળી શકતા હતા. તેઓ લાખો ગુપ્ત પોલીસ એજન્ટો અને બાતમીદારો પાસેથી ફોન અને ટેલિગ્રાફ દ્વારા દૈનિક અહેવાલો પણ મેળવી શકતા હતા. જો વ્લાદિવોસ્તોક અથવા સ્ટાલિનગ્રાદના કોઈ અખબારે લખ્યું હોય કે સર્વોચ્ચ નેતાનું છેલ્લું ભાષણ મૂર્ખામીપૂર્ણ હતું (લિંકનના ગેટ્ટીસબર્ગ ભાષણની જેમ), તો મુખ્ય સંપાદકથી લઈને ટાઇપસેટર્સ સુધી એમાં સંડોવાયેલી દરેક વ્યક્તિની મુલાકાત KGBએ લીધી હોત.

સર્વાધિકારવાદનો સંક્ષિપ્ત ઇતિહાસ

સર્વાધિકારવાદી પ્રણાલીઓ પોતાની અચૂકતાનો દાવો કરે છે અને લોકોના જીવન પર સંપૂર્ણ નિયંત્રણ મેળવવાના માર્ગ શોધે છે. ટેલિગ્રાફ, રેડિયો અને અન્ય આધુનિક ઇન્ફૉર્મેશન ટેક્નોલૉજીની શોધ પહેલાં, મોટા પાયે સર્વાધિકારવાદી શાસન અશક્ય હતું. રોમન સમ્રાટો, અબ્બાસી ખલીફા અને મોંગોલ ખાન ક્રૂર સર્વાધિકારવાદી શાસકો હતા અને તેઓ માનતા હતા કે તેઓ અચૂક એટલે કે ચૂક ન કરી શકે તેવા છે, પરંતુ તેમની પાસે મોટા સમાજો પર સર્વાધિકારવાદી નિયંત્રણ લાદવા માટે જરૂરી ઉપકરણો નહોતાં. આ સમજવા માટે, આપણે પહેલાં

સર્વાધિકારવાદી શાસન અને તેનાથી ઓછા આત્યંતિક એવા સરમુખત્યારશાહી શાસન વચ્ચેનો તફાવત સ્પષ્ટ કરવો જોઈએ. એક સરમુખત્યારશાહી નેટવર્કમાં શાસકની ઇચ્છા પર કોઈ કાનૂની મર્યાદાઓ હોતી નથી તેમ છતાં ઘણી તકનીકી મર્યાદાઓ હોય છે. એક સર્વાધિકારવાદી નેટવર્કમાં આમાંની ઘણી તકનીકી મર્યાદાઓ પણ હોતી નથી.[58]

ઉદાહરણ તરીકે, રોમન સામ્રાજ્ય, અબ્બાસીદ સામ્રાજ્ય અને મોંગોલ સામ્રાજ્ય જેવા સરમુખત્યારશાહી શાસનમાં, શાસકો સામાન્ય રીતે કોઈ પણ વ્યક્તિને, જે તેમને નારાજ કરે, તેમને ફાંસી આપી શકતા હતા અને જો કોઈ કાયદો તેમના માર્ગમાં આવે, તો તેઓ કાયદાને પણ અવગણી અથવા બદલી શકતા હતા. સમ્રાટ નીરોએ તેની માતા એગ્રીપિના અને તેની પત્ની ઓક્ટાવિયાની હત્યાનું આયોજન કર્યું હતું અને તેના માર્ગદર્શક સેનેકાને આત્મહત્યા કરવા માટે મજબૂર કર્યા હતા. નીરોએ કેટલાક સૌથી આદરણીય અને શક્તિશાળી રોમન ઉમરાવોને ફક્ત તેની સામે અસંમતિ વ્યક્ત કરવા અથવા તેની મજાક કરવા બદલ ફાંસી આપી હતી અથવા દેશનિકાલ કર્યા હતા.[59]

નીરો જેવા સરમુખત્યાર શાસકો એવી કોઈ પણ વ્યક્તિને ફાંસી આપી શકતા હતા જેણે તેમને નારાજ કરતી કોઈ પણ વસ્તુ કરી અથવા કહી હોય પણ તેઓ એ જાણી શકતા ન હતા કે તેમના સામ્રાજ્યમાં મોટાભાગના લોકો શું કરી રહ્યા છે અથવા કહી રહ્યા છે. સૈદ્ધાંતિક રીતે, નીરો એવો આદેશ જારી કરી શકતો હતો કે રોમન સામ્રાજ્યમાં સમ્રાટની ટીકા કરનાર કે તેનું અપમાન કરનાર કોઈ પણ વ્યક્તિને સખત સજા થવી જોઈએ. છતાં આવા આદેશને અમલમાં મૂકવા માટે કોઈ તકનીકી માધ્યમો નહોતાં. ટેસીટસ જેવા રોમન ઇતિહાસકારો નીરોને એક એવા ઘાતકી, જુલમી શાસક તરીકે દર્શાવે છે, જેણે અભૂતપૂર્વ આતંકનું શાસન સર્જ્યું હતું, પરંતુ આ ખૂબ જ મર્યાદિત પ્રકારનો આતંક હતો. તેણે તેની આસપાસના પરિવારના ઘણા સભ્યો, ઉમરાવો અને સેનેટરોને ફાંસી આપી અથવા દેશનિકાલ કર્યા હતા, શહેરની ઝૂંપડપટ્ટીઓ તેમજ જેરુસલેમ અને લંડનિયમ જેવાં દૂરનાં નગરોમાં પ્રાંતીય વિસ્તારોમાં રહેતા સામાન્ય રોમનો તેમના મનની વાત વધુ મુક્તપણે બોલી શકતા હતા.[60]

સ્ટાલિનવાદી યુ.એસ.એસ.આર, જેવા આધુનિક સર્વાધિકારવાદી શાસનોએ સંપૂર્ણતઃ અલગ સ્તરે આતંક ફેલાવ્યો. સર્વાધિકારવાદ એ દેશભરમાં દરેક વ્યક્તિ શું કરી રહી છે, શું બોલી રહી છે અને સંભવતઃ દિવસની દરેક ક્ષણે શું વિચારી રહી છે અને શું અનુભવી રહી છે તે નિયંત્રિત કરવાનો પ્રયાસ છે. નીરોએ આવી શક્તિઓનું સ્વપ્ન જોયું હશે, પરંતુ તેને સાકાર કરવા માટે

તેની પાસે એ સમયે કોઈ સાધન નહોતું. કૃષિ આધારિત રોમન અર્થતંત્રની મર્યાદિત કર આવકને કારણે નીરો તેની સેવામાં વધારે લોકોને રોજગારી આપી શકતો નહીં. તે રોમન સેનેટરોની ડીનર પાર્ટીઓમાં માહિતી આપનારાઓ રાખી શકતો હતો પરંતુ તેની પાસે સામ્રાજ્યને નિયંત્રિત કરવા માટે ફક્ત 10,000 શાહી અધિકારીઓ[61] અને 350,000 સૈનિકો[62] હતા અને તેમની સાથે ઝડપથી સંદેશાવ્યવહાર ચલાવવાની ટેક્નોલૉજીનો અભાવ હતો.

નીરો અને તેના સાથી સમ્રાટોને તેમના પગાર ખાતા અધિકારીઓની અને સૈનિકોની વફાદારી સુનિશ્ચિત કરવાની વધુ મોટી સમસ્યા પણ ઉકેલવાની હતી. લૂઈ સોળમા, નિકોલ સીસેસ્કુ કે હોસ્ની મુબારકને પદભ્રષ્ટ કરનાર લોકશાહી ક્રાંતિ જેવી ક્રાંતિ દ્વારા ક્યારેય કોઈ રોમન સમ્રાટને ઉથલાવી પાડવામાં આવ્યો ન હતો. તેના બદલે, ઢગલાબંધ સમ્રાટોની તેમના પોતાના સેનાપતિઓ, અધિકારીઓ, અંગરક્ષકો કે પરિવારના સભ્યો દ્વારા હત્યા કરવામાં આવી હતી કે તેમને પદભ્રષ્ટ કરવામાં આવ્યા હતા.[63] હિસ્પેનિયાના ગવર્નર ગાલ્બાના બળવા દ્વારા નીરોને ઉથલાવી દેવામાં આવ્યો હતો. છ મહિના પછી લુસિટાનિયાના ગવર્નર ઓથો દ્વારા ગાલ્બાને ઉથલાવી દેવામાં આવ્યો હતો. ત્રણ મહિનાની અંદર રાઈન સૈન્યના કમાન્ડર વિટ્ટેલિયસ દ્વારા ઓથોને ઉથલાવી દેવામાં આવ્યો હતો. જુડિયામાં સૈન્યના કમાન્ડર વેસ્પાસિયન દ્વારા પરાજિત થઈને માર્યા ગયા પહેલાં વિટેલિયસે લગભગ આઠ મહિના સુધી શાસન કર્યું હતું. હાથ નીચે કામ કરતા બળવાખોર દ્વારા માર્યા જવું એ ફક્ત રોમન સમ્રાટો માટે જ નહીં, પરંતુ લગભગ તમામ પૂર્વઆધુનિક સરમુખત્યાર શાસકો માટે સૌથી મોટો વ્યવસાયિક ખતરો બની રહ્યો હતો.

સમ્રાટો, ખલીફાઓ, શાહ અને રાજાઓને તેમની હાથ નીચેના અધિકારીઓને નિયંત્રણમાં રાખવા બહુ મોટો પડકાર લાગતો હતો. પરિણામે શાસકોએ લશ્કર અને કરવેરા પ્રણાલીને નિયંત્રિત કરવા પર ધ્યાન કેન્દ્રિત કર્યું. રોમન સમ્રાટોને કોઈ પણ પ્રાંત કે શહેરની સ્થાનિક બાબતોમાં દખલ કરવાનો અધિકાર હતો અને તેઓ ક્યારેક તે અધિકારનો ઉપયોગ કરતા પણ હતા પરંતુ એવું સામાન્ય રીતે સ્થાનિક સમુદાય કે અધિકારી દ્વારા મોકલવામાં આવેલી ચોક્કસ અરજીના જવાબમાં કરવામાં આવતું હતું,[64] સામ્રાજ્યવ્યાપી સર્વાધિકારવાદી પંચવર્ષીય યોજનાના ભાગ રૂપે નહીં. જો તમે પોમ્પેઈમાં ખચ્ચર હાંકનાર કે રોમન બ્રિટનમાં ભરવાડ હોત, તો નીરો તમારા રોજિંદાં કાર્યોને નિયંત્રિત કરવા કે તમે કહેલા જોક્સ પર ધ્યાન રાખવા માંગતો ન હતો. તમે તમારા કર ચૂકવતા રહો અને લશ્કરનો પ્રતિકાર ન કરો, તે નીરો માટે પૂરતું હતું.

સ્પાર્ટા અને કિન સામ્રાજ્યો

કેટલાક વિદ્વાનો દાવો કરે છે કે તકનીકી મુશ્કેલીઓ હોવા છતાં, પ્રાચીન સમયમાં સર્વાધિકારી શાસન સ્થાપવાના પ્રયાસો થયા હતા. તેનું સૌથી સામાન્ય ઉદાહરણ આપવામાં આવે છે સ્પાર્ટાનું. આ અર્થઘટન મુજબ સ્પાર્ટાના લોકો પર એક સર્વાધિકારી શાસકનું શાસન હતું, જે તેમના જીવનની દરેક વસ્તુ પર નિયંત્રણ ધરાવતું હતું – તેઓએ શું ખાવું ત્યાંથી માંડીને કોની સાથે લગ્ન કરવાં ત્યાં સુધી. સ્પાર્ટાનું શાસન ચોક્કસપણે કઠોર હતું, પણ તેમાં વાસ્તવમાં ઘણી સ્વસુધારણા પદ્ધતિઓનો સમાવેશ કરાયેલો હતો જે સત્તા પર એક વ્યક્તિ અથવા જૂથનો એકાધિકાર સ્થપાવાથી અટકાવતી હતી. રાજકીય સત્તા બે રાજાઓ, પાંચ એફોર્સ (વરિષ્ઠ મૅજિસ્ટ્રેટ), ગેરોસિયા કાઉન્સિલના અઠ્ઠાવીસ સભ્યો અને પોપ્યુલર એસેમ્બલી (લોકોની સભા) વચ્ચે વહેંચાયેલી હતી. યુદ્ધમાં જવું કે નહીં જેવા મહત્ત્વપૂર્ણ નિર્ણયો માટે ઘણીવાર ઉગ્ર જાહેર ચર્ચાઓ થતી હતી.

વધુમાં, આપણે સ્પાર્ટાના શાસનનું મૂલ્યાંકન ગમે તે રીતે કરીએ છીએ તેમ છતાં એ તો સ્પષ્ટ જ છે કે પ્રાચીન એથેન્સની લોકશાહીને એક જ શહેર સુધી મર્યાદિત રાખતી તે જ તકનીકી મર્યાદાઓએ સ્પાર્ટાના રાજકીય પ્રયોગને પણ એક શહેર સુધી જ મર્યાદિત રાખી હતી. પેલોપોનેશિયાના યુદ્ધ જીત્યા પછી સ્પાર્ટાએ અસંખ્ય ગ્રીક શહેરોમાં લશ્કરી ચોકીઓ અને સ્પાર્ટા તરફી સરકારો સ્થાપિત કરી, તે શહેરોએ વિદેશ નીતિમાં સ્પાર્ટાને અનુસરવું પડતું અને ક્યારેક તેને સાલિયાણું આપવાની ફરજ પણ પાડવામાં આવતી, પરંતુ બીજા વિશ્વયુદ્ધ પછીના યુ.એસ.એસ.આર.થી વિપરીત, પેલોપોનેશિયાના યુદ્ધ પછી સ્પાર્ટાએ તેની શાસન પ્રણાલીનો વિસ્તાર કરવાનો કે બીજાં શહેરોમાં તેને સ્થાપવાનો પ્રયાસ કર્યો નહીં. સ્પાર્ટા દરેક ગ્રીક શહેર અને ગામમાં સામાન્ય લોકોના જીવનને નિયંત્રિત કરવા માટે પૂરતું મોટું અને વિસ્તૃત ઇન્ફૉર્મેશન નેટવર્ક બનાવી શક્યું નહીં.[65]

વધુ મહત્ત્વાકાંક્ષી સર્વાધિકારવાદી શાસન સ્થાપવાનો પ્રયત્ન પ્રાચીન ચીનમાં કિન રાજવંશ દ્વારા (ઈસાપૂર્વ 221-206) શરૂ કરવામાં આવ્યો હતો. અન્ય તમામ લડતાં રાજ્યોને હરાવ્યા પછી કિન શાસક કિન શી હુઆંગે લાખોની વસતીવાળું એક વિશાળ સામ્રાજ્ય સ્થાપ્યું હતું. એ લોકો ઘણાબધા વૈવિધ્યપૂર્ણ વંશીય જૂથોના હતા, વિવિધ ભાષાઓ બોલતા હતા અને વિવિધ સ્થાનિક પરંપરાઓ અનુસરતા હતા અને સ્થાનિક ઉચ્ચ વર્ગ પ્રત્યે વફાદાર હતા. પોતાના શાસનને મજબૂત બનાવવા માટે, વિજયી કિન શાસને એવી તમામ પ્રાદેશિક શક્તિઓને તોડી

પાડવાનો પ્રયાસ કર્યો જે તેની સત્તાને પડકારી શકે તેમ હતી. તેણે સ્થાનિક ઉમરાવોની જમીન અને સંપત્તિ જપ્ત કરી અને સ્થાનિક ઉચ્ચ વર્ગને રાજધાની ઝિયાંગયાંગમાં જવા માટે દબાણ કર્યું, જેનાથી તેમને તેમના સત્તાના આધારથી અલગ કરી શકાય અને તેમના પર વધુ સરળતાથી દેખરેખ રાખી શકાય.

કિન શાસને કેન્દ્રીકરણ અને સમાંગીકરણનું ક્રૂર અભિયાન પણ શરૂ કર્યું. તેણે સમગ્ર સામ્રાજ્યમાં ઉપયોગમાં લેવા માટે એક નવી સરળ લિપિ બનાવી અને સિક્કા, વજન અને માપને પણ બધે સરખાં કર્યાં. તેણે ઝિયાંગયાંગથી બહાર નીકળતું એક રસ્તાઓનું માળખું પણ બનાવ્યું, જેમાં એકસરખા રેસ્ટ હાઉસ, રિલે સ્ટેશન અને લશ્કરી ચોકીઓનો સમાવેશ થતો હતો. લોકોને રાજધાની અથવા સરહદી વિસ્તારોમાં પ્રવેશવા કે બહાર નીકળવા માટે લેખિત પરવાનગીની જરૂર પડતી હતી. ગાડા અને રથ એક જ ચાસમાં ચાલી શકે તે સુનિશ્ચિત કરવા માટે તેમની ધરીઓની પહોળાઈ પણ એકસરખી કરવામાં આવી હતી.

ખેતરો ખેડવાથી લઈને લગ્ન કરવા સુધીની દરેક ક્રિયા ચોક્કસ લશ્કરી જરૂરિયાત પૂરી કરતી હોવાનું માનવામાં આવતું હતું અને રોમે લશ્કર માટે જે લશ્કરી શિસ્તનો આગ્રહ રાખ્યો હતો તેને કિન દ્વારા સમગ્ર વસ્તી પર લાદવામાં આવી હતી. આ પ્રણાલીની પહોંચની કલ્પના એક કિન કાયદાના ઉદાહરણથી આપી શકાય છે, જે મુજબ જો કોઈ અધિકારી તેની દેખરેખ હેઠળના અનાજ ભંડારની અવગણના કરે તો તેને સજાનો સામનો કરવો પડતો હતો. આ કાયદામાં અનાજ ભંડારમાં એ ઉંદરોના દરોની સંખ્યાની ચર્ચા કરવામાં આવી છે, જેના કારણે અધિકારીને દંડ અથવા ઠપકો આપી શકાય છે: "ત્રણ કે તેથી વધુ ઉંદરોના દર માટેનો દંડ [સૈન્ય માટે] એક ઢાલ ખરીદવી અને બે કે તેથી ઓછા દર માટે [જવાબદાર અધિકારી]ને ઠપકો અપાય છે. ત્રણ ઉંદરના દર એક છછૂંદરના દર સમાન મનાય છે."[66]

આ સર્વાધિકારવાદી પ્રણાલીને સરળ બનાવવા માટે, કિન રાજવંશે લશ્કરી પદ્ધતિવાળી સામાજિક વ્યવસ્થા ઘડવાનો પ્રયાસ કર્યો હતો. દરેક નરને પાંચ માણસોના એક યુનિટનો ભાગ બનવું પડતું. આ યુનિટોને સ્થાનિક ગામડાંઓ (લી), કેન્ટન (ઝિયાંગ) અને કાઉન્ટીઓ (ઝિયાન)થી લઈને મોટા શાહી સૈન્ય (જૂન) સુધી મોટાં બંધારણોમાં વહેંચવામાં આવ્યાં હતાં. લોકોને પરવાનગી વિના તેમનું રહેઠાણ બદલવાની મનાઈ હતી અને એ નિયમ એટલી હદે કઠોર હતો કે મહેમાનો પણ યોગ્ય ઓળખ અને પરવાનગી વિના મિત્રના ઘરે રાત રોકાઈ શકતા ન હતા.

જેમ સૈન્યમાં દરેક સૈનિકને એક પદ હોય છે, તેમ દરેક કિન નરને એક પદ આપવામાં આવતું હતું. આજ્ઞાંકિત બની રહેવાથી ઉપરના હોદ્દા પર બઢતી મળતી હતી અને તેની સાથે આર્થિક અને કાનૂની વિશેષાધિકારો પણ મળતા હતા. જ્યારે આજ્ઞાંકિત ન બની રહે તો નીચેની પાયરીએ ઉતારવાની અથવા અન્ય સજા થઈ શકતી હતી. દરેક યુનિટના લોકોએ એકબીજા પર દેખરેખ રાખવાની હતી અને જો કોઈ એક વ્યક્તિ કંઈ ખોટું કરે, તો બધાને તેના માટે સજા થઈ શકતી હતી, જે કોઈ પણ માણસ શાસનને ગુનેગારની જાણ કરવામાં નિષ્ફળ જાય, ભલે એ ગુનેગાર તેમનો સંબંધી જ હોય, તો પણ તેને મારી નાખવામાં આવતો હતો. ગુનાઓની જાણ કરનારાઓને ઉચ્ચ હોદ્દા અને અન્ય લાભ આપવામાં આવતા હતા.

શાસન આ બધા સર્વાધિકારવાદી પગલાંને કેટલી હદ સુધી અમલમાં મૂકવામાં સફળ રહ્યું તે તપાસનો વિષય છે. સરકારી કચેરીમાં દસ્તાવેજો લખતા અમલદારો ઘણીવાર વિસ્તૃત નિયમો અને ધારાઓ શોધી કાઢે છે, જે પછી અવ્યવહારુ સાબિત થતા હોય છે. શું પ્રામાણિક સરકારી અધિકારીઓ ખરેખર સમગ્ર કિન સામ્રાજ્યના દરેક અનાજ ભંડારમાં ઉંદરોના દર ગણતા ફરતા હતા? શું દૂરના પર્વતીય ગામડાના બધા ખેડૂતો ખરેખર પાંચ પાંચની ટુકડીઓમાં ગોઠવાયેલા હતા? કદાચ નહીં. તેમ છતાં કિન સામ્રાજ્ય તેની સર્વાધિકારવાદી મહત્ત્વાકાંક્ષાઓમાં અન્ય પ્રાચીન સામ્રાજ્યો કરતાં આગળ નીકળી ગયું હતું.

કિન શાસને તેના પ્રજાજનો શું વિચારી રહ્યા હતા અને શું અનુભવી રહ્યા હતા તેને નિયંત્રિત કરવાનો પણ પ્રયાસ કર્યો હતો. વોરિંગ સ્ટેટ્સ એટલે કે યુદ્ધરત રાજ્યોના સમયગાળા દરમિયાન ચીની વિચારકો અસંખ્ય વિચારધારાઓ અને ફિલસૂફી વિકસાવવા માટે પ્રમાણમાં સ્વતંત્ર હતા, પરંતુ કિન શાસને કાયદાવાદના સિદ્ધાંતને સત્તાવાર રાજ્ય વિચારધારા તરીકે અપનાવ્યો હતો. કાયદાવાદમાં માનવોને સ્વાભાવિક રીતે લોભી, ક્રૂર અને અહંકારી ગણવામાં આવતા હતા. તેમાં કડક નિયંત્રણની જરૂરિયાત પર એવી દલીલ સાથે ભાર મૂકવામાં આવ્યો હતો કે સજા અને પુરસ્કારો એ નિયંત્રણના સૌથી અસરકારક માધ્યમ છે અને એવો પણ આગ્રહ રાખવામાં આવ્યો હતો કે રાજ્યની શક્તિને કોઈ પણ નૈતિક મુદ્દે ઘટાડી ન શકાય, જેની લાઠી તેની ભેંસ અને રાજ્યનું ભલું જ સર્વોચ્ચ ઇષ્ટ મનાતું હતું.[67] કિને કન્ફ્યુશિયનિઝમ અને તાઓવાદ જેવા અન્ય ફિલસૂફી પર પ્રતિબંધ મૂક્યો હતો કારણ કે એમાં એમ માનવામાં આવતું હતું કે માનવો વધુ પરોપકારી છે અને તેમાં હિંસા કરતાં સદ્ગુણના

મહત્ત્વ પર વધુ ભાર મૂકવામાં આવતો હતો.[68] આવા નરમ વિચારોને સમર્થન આપતાં પુસ્તકો પર તેમજ ઇતિહાસના સત્તાવાર કિન સંસ્કરણનો વિરોધાભાસ કરતાં પુસ્તકો પર પ્રતિબંધ મૂકવામાં આવ્યો હતો.

જ્યારે એક વિદ્વાને દલીલ કરી કે કિન શી હુઆંગે પ્રાચીન ઝોઉ રાજવંશના સ્થાપકનું અનુકરણ કરવું જોઈએ અને રાજ્યની સત્તાનું વિકેન્દ્રીકરણ કરવું જોઈએ ત્યારે કિનના મુખ્ય પ્રધાન લી સીએ એમ કહીને તેનો વિરોધ કર્યો કે વિદ્વાનોએ ભૂતકાળને આદર્શ બનાવીને વર્તમાન સંસ્થાઓની ટીકા કરવાનું બંધ કરવું જોઈએ. કિન શાસને પ્રાચીનકાળને મહાન દર્શાવતા અથવા કોઈ પણ રીતે કિનની ટીકા કરતાં તમામ પુસ્તકો જપ્ત કરવાનો આદેશ આપ્યો હતો. આવા સમસ્યારૂપ ગ્રંથો શાહી પુસ્તકાલયમાં સંગ્રહિત કરવામાં આવ્યાં હતાં અને તેનો અભ્યાસ ફક્ત સત્તાવાર વિદ્વાનો દ્વારા જ થઈ શકતો હતો.[69]

કિન સામ્રાજ્ય કદાચ આધુનિક યુગ પહેલાંના માનવ ઇતિહાસમાં સૌથી મહત્ત્વાકાંક્ષી સર્વાધિકારવાદી શાસન સ્થાપવાનો પ્રયોગ હતો અને તેનું પ્રમાણ અને તીવ્રતા તેના વિનાશનું કારણ બનવાનાં હતાં. લશ્કરની જેમ લાખો લોકોને રેજિમેન્ટમાં ભરતી કરવા અને લશ્કરી હેતુઓ માટે જ તમામ સંસાધનોનો એકાધિકારથી ઉપયોગ કરવાના પ્રયાસથી ગંભીર આર્થિક સમસ્યાઓ ઊભી થવા માંડી, બગાડ થવા માંડ્યો અને લોકોનો રોષ વધવા માંડ્યો. શાસનના કઠોર કાયદાઓ, સ્થાનિક ઉચ્ચ વર્ગ પ્રત્યેનો તેનો દુશ્મનાવટભર્યો વહેવાર તેમજ કર અને ભરતીઓ માટેની તેની ભૂખને કારણે રોષની જ્વાળાઓ વધુ ભડકી. દરમિયાન, પ્રાચીન કૃષિ સમાજના મર્યાદિત સંસાધનો આ રોષને કાબૂમાં રાખવા માટે કિન શાસનને જરૂરી બધા અમલદારો અને સૈનિકોને પોષી શકતા ન હતા અને તેમની ઇન્ફોર્મેશન ટેક્નોલૉજીની ઓછી કાર્યક્ષમતાને કારણે ઝિયાંગયાંગથી દૂર રહેલા દરેક શહેર અને ગામને નિયંત્રિત કરવાનું અશક્ય બન્યું. ઈસાપૂર્વ 209માં સ્થાનિક ઉચ્ચ વર્ગ, અસંતુષ્ટ સામાન્ય લોકો અને સામ્રાજ્યના કેટલાક નવા નિયુક્ત અધિકારીઓ દ્વારા અલગ અલગ જગ્યાઓએ બળવા ફાટી નીકળ્યા હતા, તેનું આશ્ચર્ય થવું જોઈએ નહીં.

એક અહેવાલ મુજબ, પ્રથમ ગંભીર બળવો ત્યારે શરૂ થયો જ્યારે સરહદી ક્ષેત્રમાં ફરજિયાત કામ કરવા માટે મોકલવામાં આવેલા ખેડૂતોની એક ટુકડીને વરસાદ અને પૂરના કારણે વિલંબ થયો. તેમને ભય હતો કે ફરજ પર પહોંચવાની આ બેદરકારી માટે તેમને ફાંસી આપવામાં આવશે માટે તેમને લાગ્યું હતું કે તેમને હવે કંઈ ગુમાવવાનું નહોતું. તેમની સાથે ઝડપથી અસંખ્ય અન્ય બળવાખોરો પણ જોડાયા હતા. સત્તાના શિખર પર પહોંચ્યાના માત્ર પંદર

વર્ષ પછી કિન સામ્રાજ્ય તેની સર્વાધિકારવાદી મહત્ત્વાકાંક્ષાઓના ભાર હેઠળ ભાંગી પડ્યું અને અઢાર રાજ્યોમાં વિભાજિત થઈ ગયું હતું.

ઘણાં વર્ષોના યુદ્ધ પછી, એક નવા હાન રાજવંશે સામ્રાજ્યને ફરીથી એક કર્યું, પરંતુ પછી હાને વધુ વાસ્તવિક, ઓછું કઠોર વલણ અપનાવ્યું. હાન સમ્રાટો ચોક્કસપણે સરમુખત્યાર હતા, પરંતુ તેઓ સર્વાધિકારી ન હતા. તેઓ તેમના અધિકાર પર કોઈ મર્યાદાઓ સ્વીકારતા ન હતા, પરંતુ તેઓએ દરેકના જીવનને નાનામાં નાના સ્તરે નિયંત્રિત કરવાનો પ્રયાસ કર્યો ન હતો. દેખરેખ અને નિયંત્રણના કાયદાવાદી વિચારોને અનુસરવાને બદલે, હાન શાસન લોકોને તેમની અંગત નૈતિક માન્યતાઓથી વફાદારી અને જવાબદારીપૂર્વક કાર્ય કરવા માટે પ્રોત્સાહિત કરવાના કન્ફ્યુશિયન વિચારો તરફ વળ્યું હતું. તેમના સમકાલીન રોમન સામ્રાજ્યના શાસકોની જેમ, હાન સમ્રાટોએ કેન્દ્રમાંથી સમાજનાં અમુક જ પાસાંઓને નિયંત્રિત કરવાનો પ્રયાસ કર્યો, જ્યારે પ્રાંતીય ઉમરાવો અને સ્થાનિક સમુદાયોને નોંધપાત્ર સ્વાયત્તતા આપી દીધી. ઉપલબ્ધ ઇન્ફૉર્મેશન ટેક્નોલૉજીની મર્યાદાઓને કારણે, રોમન અને હાન સામ્રાજ્યો જેવા આધુનિક યુગ પહેલાંના મોટા શાસનો સર્વાધિકારી નહીં, પણ સરમુખત્યારશાહી તરફ આકર્ષાયા હતા.[70] કિન જેવા લોકો દ્વારા સંપૂર્ણ વિકસિત સર્વાધિકારવાદનું સ્વપ્ન જોવામાં આવ્યું હશે, પરંતુ તેના અમલીકરણ માટે આધુનિક ટેક્નોલૉજીના વિકાસ સુધી રાહ જોવી પડી હતી.

સર્વાધિકારી ત્રિપુટી

જેમ આધુનિક ટેક્નોલૉજીએ મોટા પાયાની લોકશાહીને સક્ષમ બનાવી, તેમ તેણે મોટા પાયાના સર્વાધિકારવાદને પણ શક્ય બનાવ્યો. ઓગણીસમી સદીની શરૂઆતમાં, ઔદ્યોગિક અર્થતંત્રોના ઉદયથી સરકારો ઘણા વધુ વહીવટકર્તાઓને નોકરીઓ રાખી શકી તેમજ ટેલિગ્રાફ અને રેડિયો જેવી નવી ઇન્ફૉર્મેશન ટેક્નોલૉજીઓએ આ બધા વહીવટકર્તાઓને ઝડપથી જોડવાનું અને તેમની દેખરેખ રાખવાનું શક્ય બનાવ્યું. આનાથી એવા લોકો માટે માહિતી અને શક્તિનું અભૂતપૂર્વ કેન્દ્રીકરણ થયું, જે લોકો આવી બાબતોનું સપનું જોતા હતા.

જ્યારે બોલ્શેવિકોએ 1917ની ક્રાંતિ પછી રશિયા પર નિયંત્રણ મેળવ્યું, ત્યારે તેઓ બરાબર આવા જ સ્વપ્ન દ્વારા પ્રેરિત હતા. બોલ્શેવિકો અમર્યાદિત શક્તિની ઝંખના કરતા હતા કારણ કે તેઓ માનતા હતા કે તેમની પાસે એક મસીહા જેવું લક્ષ્ય છે. માર્ક્સે શીખવ્યું હતું કે હજારો વર્ષોથી બધા માનવસમાજો પર

ભ્રષ્ટ ભદ્ર વર્ગનું જ પ્રભુત્વ હતું અને તેઓ લોકો પર જુલમ કરતા હતા. બોલ્શેવિકો દાવો કરતા હતા કે બધા જુલમનો અંત કેવી રીતે લાવવો અને પૃથ્વી પર સંપૂર્ણ ન્યાયી સમાજ કેવી રીતે બનાવવો, તે તેમને આવડતું હતું, પરંતુ આમ કરવા માટે તેમને અસંખ્ય દુશ્મનો અને અવરોધોને દૂર કરવા પડે તેમ હતા જે માટે તેમને મળી શકે તેટલી બધી શક્તિની જરૂર હતી. તેમણે એવી કોઈ પણ સ્વસુધારણા પદ્ધતિઓ નકારી કાઢી હતી, જે તેમના દષ્ટિકોણ અથવા તેમની પદ્ધતિઓ પર પ્રશ્ન ઉઠાવી શકે. કેથોલિક ચર્ચની જેમ, બોલ્શેવિક પક્ષને ખાતરી હતી કે તેના સભ્યો વ્યક્તિગત રીતે ભૂલ કરી શકે, પણ પક્ષ પોતે તો હંમેશાં સાચો હતો. પોતાની અચૂકતામાં, ભૂલ ન કરવાની ક્ષમતામાં, વિશ્વાસને કારણે બોલ્શેવિકોએ ચૂંટણીઓ, સ્વતંત્ર અદાલતો, મુક્ત પ્રેસ અને વિરોધ પક્ષો જેવી રશિયાની નવી લોકશાહી સંસ્થાઓનો નાશ કર્યો અને એક પક્ષનું સર્વાધિકારી શાસન સ્થાપ્યું. બોલ્શેવિક સર્વાધિકારવાદ સ્ટાલિનથી શરૂ થયો ન હતો. તે ક્રાંતિના શરૂઆતના દિવસોથી જ સ્પષ્ટ હતું. તે સ્ટાલિનના વ્યક્તિત્વને બદલે પક્ષની અચૂકતાના સિદ્ધાંતમાંથી ઉદ્ભવ્યો હતો.

1930 અને 1940ના દાયકામાં, સ્ટાલિને તેને વારસામાં મળેલી સર્વાધિકારી વ્યવસ્થાને પરિપૂર્ણ બનાવી. સ્ટાલિનવાદી નેટવર્ક ત્રણ મુખ્ય શાખાઓનું બનેલું હતું. પ્રથમ, રાજ્ય મંત્રાલયો, પ્રાદેશિક વહીવટ અને કાયમી રેડ આર્મીનું સરકારી તંત્ર, જેમાં 1939માં 16 લાખ નાગરિક અધિકારીઓ[71] અને 19 લાખ સૈનિકોનો સમાવેશ[72] થતો હતો. બીજું, સોવિયેત યુનિયનની કમ્યુનિસ્ટ પાર્ટી અને તેના સર્વવ્યાપી એકમો, જેમાં 1939માં 24 લાખ પાર્ટી સભ્યોનો સમાવેશ થતો હતો.[73] ત્રીજી શાખા હતી ગુપ્ત પોલીસ. પહેલા ચેકા તરીકે ઓળખાતી એ સંસ્થા સ્ટાલિનના સમયમાં OGPU, NKVD અને MGB કહેવામાં આવતી હતી અને સ્ટાલિનના મૃત્યુ પછી તે KGBમાં રૂપાંતરિત થઈ હતી. સોવિયેત યુનિયના પતન પછીની તેની અનુગામી સંસ્થા 1995થી FSB તરીકે ઓળખાય છે. 1937માં, NKVDમાં 2,70,000 એજન્ટો અને લાખો બાતમીદારો હતા.[74]

ત્રણેય શાખાઓ સમાંતર રીતે કાર્યરત હતી, જેમ લોકશાહી એકબીજાને નિયંત્રણમાં રાખતી સ્વસુધારણા પદ્ધતિઓ દ્વારા જાળવવામાં આવે છે, તેવી જ રીતે આધુનિક સર્વાધિકારવાદે એકબીજાને કાબૂમાં રાખતી દેખરેખની પદ્ધતિઓ બનાવી હતી. સોવિયેત પ્રાંતના ગવર્નર પર સ્થાનિક પાર્ટી કમિશનર દ્વારા સતત નજર રાખવામાં આવતી હતી અને તેમાંથી કોઈને ખબર નહોતી કે તેમના સ્ટાફમાંથી કોણ NKVDનું બાતમીદાર છે. આ પ્રણાલીની અસરકારકતાનો પુરાવો એ છે કે આધુનિક સર્વાધિકારવાદે મોટાભાગે આધુનિક સમય પહેલાંની

આપખુદશાહીની બારમાસી સમસ્યા, એટલે કે સ્થાનિક લોકો અને અધિકારીઓ દ્વારા થતા બળવાનું નિરાકરણ લાવી દીધું હતું. યુ.એસ.એસ.આર.માં કેન્દ્રમાં અમુક વાર બળવાના પ્રયત્નો થયા હતા છતાં એક પણ પ્રાંતીય ગવર્નર કે રેડ આર્મી ફ્રન્ટ કમાન્ડરે કેન્દ્ર સામે બળવો કર્યો ન હતો.[75] તેનો મોટાભાગનો શ્રેય ગુપ્ત પોલીસને જાય છે, જે નાગરિકોના સમૂહ પર, પ્રાંતીય વહીવટકર્તાઓ પર અને તેનાથી પણ વધુ પાર્ટી અને રેડ આર્મી પર નજર રાખતી હતી.

ઇતિહાસ સાક્ષી છે કે મોટાભાગનાં રાજ્યોમાં સૈન્ય પાસે પ્રચંડ રાજકીય શક્તિ રહેતી, પરંતુ વીસમી સદીના સર્વાધિકારી શાસનોમાં નિયમિત સૈન્યની મોટાભાગની શક્તિ ગુપ્ત પોલીસ એટલે કે ઇન્ફૉર્મેશન પોલીસને મળી ગઈ હતી. યુ.એસ.એસ.આર.માં ચેકા, ઓજીપીયુ, એનકેવીડી અને કેજીબીમાં રેડ આર્મી જેટલા ફાયરપાવરનો અભાવ હતો, પરંતુ ક્રેમલિનમાં તેમનો વધુ પ્રભાવ હતો અને તેઓ લશ્કરી અધિકારીઓને પણ આતંકિત કરી શકતા અને ભગાડી શકતા હતા. પૂર્વ જર્મનીમાં સ્ટેસી અને રોમાનિયન સિક્યુરિટેટ એ દેશોની નિયમિત સૈન્ય કરતાં વધુ પ્રભાવશાળી હતા.[76] નાઝી જર્મનીમાં એસએસ એ વેહરમાક્ટ કરતાં વધુ શક્તિશાળી હતું અને એસએસના વડા હેનરિક હિમલર વેહરમાક્ટ હાઈ કમાન્ડના ચીફ વિલ્હેમ કીટેલ કરતાં વધુ ઊંચા સ્તરે હતા.

આમાંથી કોઈ પણ કિસ્સામાં ગુપ્ત પોલીસ પરંપરાગત યુદ્ધમાં નિયમિત સૈન્યને હરાવી શકે નહીં, પરંતુ ગુપ્ત પોલીસને શક્તિશાળી બનાવતી વસ્તુ તેની પાસેની માહિતી પરની પકડ હતી. તેમની પાસે લશ્કરી બળવાને રોકવા અને ટેન્ક બ્રિગેડ અથવા ફાઇટર સ્ક્વોડ્રનના કમાન્ડરોને શું થયું તે ખબર પડે તે પહેલાં તેમની ધરપકડ કરવા માટેની જરૂરી માહિતી હતી. 1930ના દાયકાના અંતમાં સ્ટાલિનના ગ્રેટ ટેરર દરમિયાન રેડ આર્મીના 1,44,000 અધિકારીઓમાંથી લગભગ 10 ટકાને એનકેવીડી દ્વારા ગોળી મારી દેવામાં આવી હતી કે તેમને કેદ કરવામાં આવ્યા હતા. આમાં 186માંથી 154 ડિવિઝનલ કમાન્ડર (83 ટકા), નવમાંથી આઠ એડમિરલ (89 ટકા), પંદરમાંથી તેર પૂર્ણ જનરલ (87 ટકા) અને પાંચમાંથી ત્રણ માર્શલ (60 ટકા)નો સમાવેશ થાય છે.[77]

પક્ષના નેતૃત્વ માટે પણ સમય એટલો જ ખરાબ હતો. આદરણીય ઓલ્ડ બોલ્શેવિકોમાંથી જે લોકો 1917ની ક્રાંતિ પહેલા પાર્ટીમાં જોડાયા હતા, તેમાંથી લગભગ ત્રીજા ભાગ ગ્રેટ ટેરરથી બચી શક્યા નહોતા.[78] 1919 અને 1938 વચ્ચે પોલિટબ્યુરોમાં સેવા આપનારા તેત્રીસ માણસોમાંથી ચૌદને ગોળી મારી દેવામાં આવી હતી (42 ટકા). 1934માં પાર્ટીની સેન્ટ્રલ કમિટીના 139 સભ્યો અને ઉમેદવાર સભ્યોમાંથી 98 (70 ટકા)ને ગોળી મારી દેવામાં આવી હતી.

1934માં સત્તરમી પાર્ટી કૉંગ્રેસમાં ભાગ લેનારા પ્રતિનિધિઓમાંથી માત્ર 2 ટકા લોકો ફાંસી, કેદ, હકાલપટ્ટી અથવા પદભ્રષ્ટતાથી બચી શક્યા હતા અને 1939માં અઢારમી પાર્ટી કૉંગ્રેસમાં હાજરી આપી શક્યા હતા.[79]

આ બધાં કારનામાંઓ શુદ્ધીકરણ અને હત્યા કરનારી ગુપ્ત પોલીસ પોતે પણ ઘણી એકબીજા સાથે સ્પર્ધા કરતી શાખાઓમાં વહેંચાયેલી હતી જે એકબીજા પર બારીક નજર રાખતી હતી અને ધરપકડો કરતી હતી. એનકેવીડીના વડા ગેનરીખ યાગોડાએ જ ગ્રેટ ટેરરના પ્રારંભનું આયોજન કર્યું હતું અને લાખો પીડિતોની હત્યાનું નિરીક્ષણ કર્યું હતું. તેમને 1938માં ફાંસી આપવામાં આવી હતી અને તેમની જગ્યાએ નિકોલાઈ યેઝોવ આવ્યા હતા. યેઝોવે બે વર્ષ સુધી શાસન કર્યું, લાખો લોકોને મારી નાખ્યા અને કેદ કર્યા અને 1940માં તેને પણ ફાંસી આપવામાં આવી.

કદાચ સૌથી આશ્ચર્યજનક ઘટના 1935માં એનકેવીડીમાં (સોવિયેત નામકરણ અનુસાર રાજ્યના સુરક્ષા કમિશનરના એટલે કે) જનરલનો હોદ્દો ધરાવતા ઓગણચાલીસ લોકોની હતી. 1941 સુધીમાં તેમાંથી પાંત્રીસ (90 ટકા)ની ધરપકડ કરવામાં આવી હતી અને તેમને ગોળી મારી દેવામાં આવી હતી, એકની હત્યા કરવામાં આવી, અને એનકેવીડીના ફાર ઈસ્ટના પ્રાદેશિક કાર્યાલયના વડા જાપાન ભાગી જઈને પોતાને બચાવી શક્યા હતા, પરંતુ 1945માં જાપાનીઓ દ્વારા જ તેમની હત્યા કરવામાં આવી હતી. બીજા વિશ્વયુદ્ધના અંત સુધીમાં એનકેવીડી સેનાપતિઓના ઓગણચાલીસ લોકોના મૂળ જૂથમાંથી માત્ર બે જ લોકો બચવા પામ્યા હતા. સર્વાધિકારવાદ આખરે તેમને પણ ગળી ગયો હતો. 1953માં સ્ટાલિનના મૃત્યુ પછીના સત્તા સંઘર્ષ દરમિયાન, તેમાંથી એકને ગોળી મારી દેવામાં આવી જ્યારે બીજાને માનસિક હૉસ્પિટલમાં મોકલવામાં આવ્યો હતો, જ્યાં તેનું 1960માં મૃત્યુ થયું હતું.[80] સ્ટાલિનના સમયમાં એનકેવીડીના જનરલ તરીકે સેવા આપવી એ વિશ્વના સૌથી ખતરનાક કામોમાંનું એક હતું. જ્યારે અમેરિકન લોકશાહી તેના ઘણા સ્વસુધારણાના તંત્રોમાં સુધારો કરી રહી હતી, ત્યારે સોવિયેત સર્વાધિકારવાદ તેના ત્રિવિધ સ્વનિરીક્ષણ અને પોતાના લોકોને જ આતંકિત કરતાં તંત્રોને સુધારી રહ્યું હતું.

સંપૂર્ણ નિયંત્રણ

સર્વાધિકારી શાસનો માહિતીના પ્રવાહને નિયંત્રિત કરતા હોય છે અને માહિતીના કોઈ પણ સ્વતંત્ર પ્રવાહ પર શંકા પણ કરતા હોય છે. જ્યારે લશ્કરી અધિકારીઓ,

રાજ્ય અધિકારીઓ અથવા સામાન્ય નાગરિકો માહિતીનું આદાનપ્રદાન કરે છે, ત્યારે તેઓ વિશ્વાસ સર્જી શકે છે. જો તેઓ એકબીજા પર વિશ્વાસ કરવા લાગે, તો તેઓ શાસન સામે પ્રતિકારનું આયોજન કરી શકે છે. તેથી સર્વાધિકારી શાસનનો મુખ્ય સિદ્ધાંત એ છે કે જ્યાં પણ લોકો મળે છે અને માહિતીનું આદાનપ્રદાન કરે છે, ત્યાં તેમના પર નજર રાખવા માટે શાસન પણ હાજર હોવું જોઈએ. 1930ના દાયકામાં, આ એ સિદ્ધાંત હતો, જે હિટલર અને સ્ટાલિનમાં સમાન હતો.

હિટલરના ચાન્સેલર બન્યાના બે મહિના પછી, 31 માર્ચ, 1933ના રોજ નાઝીઓએ કોઓર્ડિનેશન એક્ટ (Gleichschaltungsgesetz) પસાર કર્યો. આમાં એવી શરત હતી કે 30 એપ્રિલ, 1933 સુધીમાં સમગ્ર જર્મનીમાં નગરપાલિકાઓથી લઈને ફૂટબોલ ક્લબ અને સ્થાનિક ગાયકવૃંદો સુધીના તમામ રાજકીય, સામાજિક અને સાંસ્કૃતિક સંગઠનો નાઝી રાજ્યના અંગો તરીકે નાઝી વિચારધારા અનુસાર ચલાવવાં જોઈએ. તેણે જર્મનીના દરેક શહેર અને ગામના જાહેરજીવનને પલટી નાખ્યું.

ઉદાહરણ તરીકે, ઓબર્સ્ટડોર્ફ નામના આલ્પ્સ પર આવેલા નાનકડા ગામમાં, લોકશાહી રીતે ચૂંટાયેલી મ્યુનિસિપલ કાઉન્સિલ 21 એપ્રિલ, 1933ના રોજ છેલ્લી વખત મળી હતી અને ત્રણ દિવસ પછી તેને એક બિનચૂંટાયેલી નાઝી કાઉન્સિલ દ્વારા બદલી નાખવામાં આવી જેણે એક બિનચૂંટાયેલા નાઝી મેયરની નિમણૂક કરી હતી. કારણ કે કથિત રીતે નાઝીઓ જ જાણતા હતા કે લોકો ખરેખર શું ઇચ્છે છે, તો નાઝીઓ સિવાય બીજું કોણ લોકોની ઇચ્છાને અમલમાં મૂકી શકે? ઓબર્સ્ટડોર્ફમાં મધમાખીઉછેર કેન્દ્રોથી લઈને આલ્પિનિસ્ટ ક્લબ સુધીના લગભગ પચાસ સંગઠનો અને ક્લબો પણ હતાં. તે બધાએ કોઓર્ડિનેશન એક્ટનું પાલન કરવું પડતું હતું, તેમના બોર્ડ, સભ્યપદ અને કાયદાઓને નાઝીઓ અનુસાર ગોઠવવા પડતા હતા, સ્વસ્તિક ધ્વજ ફરકાવવો પડતો હતો અને દરેક મીટિંગનું સમાપન નાઝી પાર્ટીના ગીત "હોર્સ્ટ વેસેલ સોંગ" સાથે કરવું પડતું હતું. 6 એપ્રિલ, 1933ના રોજ ઓબર્સ્ટડોર્ફ ફિશિંગ સોસાયટીએ યહૂદીઓને તેમના સભ્યપદથી પ્રતિબંધિત કર્યા હતા. એમનાં બત્રીસ સભ્યોમાંથી કોઈ પણ યહૂદી નહોતું પરંતુ તેમને લાગતું હતું કે તેઓએ નવા શાસન સમક્ષ તેમની આર્ય તરીકેની ઓળખ સાબિત કરવી પડશે.[81]

સ્ટાલિનના યુ.એસ.એસ.આર.માં તો પરિસ્થિતિ વધુ આત્યંતિક હતી. નાઝીઓએ ચર્ચ સંગઠનો અને ખાનગી વ્યવસાયોને કાર્ય કરવાની આંશિક સ્વતંત્રતા આપી હતી, પરંતુ સોવિયેતે કોઈ અપવાદ નહોતો રાખ્યો. 1928

સુધીમાં અને પ્રથમ પંચવર્ષીય યોજનાની શરૂઆત સુધીમાં દરેક વિસ્તાર અને ગામમાં સરકારી અધિકારીઓ, પક્ષના કાર્યકરો અને ગુપ્ત પોલીસને માહિતી આપનારાઓ હતા અને તેઓ ભેગા મળીને જીવનના દરેક પાસાને નિયંત્રિત કરતા હતા. પાવર પ્લાન્ટથી લઈને કોબીજનાં ખેતરો સુધીના બધાં ધંધા, બધાં અખબારો અને રેડિયો સ્ટેશન, બધી યુનિવર્સિટીઓ, શાળાઓ અને યુથ ગ્રૂપો, બધી હૉસ્પિટલો અને ક્લિનિકો, બધી સેવાભાવી અને ધાર્મિક સંસ્થાઓ, બધા રમતગમતના અને વૈજ્ઞાનિક સંગઠનો, બધાં ઉદ્યાનો, સંગ્રહાલયો અને સિનેમાઘરો પર તેમનું નિયંત્રણ હતું.

જો એક ડઝન લોકો ફૂટબોલ રમવા, જંગલમાં ફરવા અથવા કોઈ સખાવતી કાર્ય કરવા માટે ભેગા થતા, તો પાર્ટી અને ગુપ્ત પોલીસ પણ ત્યાં હાજર રહેતી, જેનું પ્રતિનિધિત્વ સ્થાનિક પાર્ટી સેલ અથવા એનકેવીડી એજન્ટ દ્વારા કરવામાં આવતું. આધુનિક ઇન્ફૉર્મેશન ટેક્નોલૉજીની ગતિ અને કાર્યક્ષમતાનો અર્થ એ થયો કે આ બધા પાર્ટી સેલ અને એનકેવીડી એજન્ટો હંમેશાં મોસ્કોથી માત્ર એક ટેલિગ્રામ અથવા ફોન કોલ જેટલા જ દૂર હતા. શંકાસ્પદ વ્યક્તિઓ અને પ્રવૃત્તિઓ વિશેની માહિતી કાર્ડ કેટલોગની દેશવ્યાપી, ક્રૉસ-રેફરન્સ્ડ સિસ્ટમમાં મોકલવામાં આવતી હતી. કાર્ટોટેકી તરીકે ઓળખાતા આ કેટલોગમાં કામ, પોલીસ ફાઇલો, રહેઠાણો અને સામાજિક નોંધણીનાં અન્ય સ્વરૂપોની માહિતી રહેતી અને 1930ના દાયકા સુધીમાં સોવિયેત વસ્તીનું સર્વેક્ષણ અને નિયંત્રણ કરવા માટેની મુખ્ય પદ્ધતિ બની ગઈ હતી.[82]

આનાથી સ્ટાલિન માટે સોવિયેત લોકોના જીવન પર સંપૂર્ણ નિયંત્રણ મેળવવાનું શક્ય બન્યું હતું. એક મહત્ત્વપૂર્ણ ઉદાહરણ સોવિયેત ખેતીને સામૂહિક બનાવવાની ઝુંબેશ હતી. સદીઓથી ફેલાયેલા ઝારવાદી સામ્રાજ્યનાં હજારો ગામડાંઓમાં આર્થિક, સામાજિક અને ખાનગી જીવનનું સંચાલન સ્થાનિક સમુદાય, પેરીશ ચર્ચ, ખાનગી ખેતરો, સ્થાનિક બજાર અને સૌથી ઉપર પરિવાર જેવી અનેક પરંપરાગત સંસ્થાઓ દ્વારા કરવામાં આવતું હતું. 1920ના દાયકાની મધ્યમાં સોવિયેત યુનિયન હજુ પણ એક વિશાળ કૃષિ અર્થતંત્ર જ હતું. કુલ વસ્તીના લગભગ 82 ટકા લોકો ગામડાંઓમાં રહેતા હતા અને 83 ટકા લોકો ખેતીમાં જ રોકાયેલા હતા.[83] પરંતુ જો દરેક ખેડૂત પરિવાર શું ઉગાડવું, શું ખરીદવું અને તેમના ઉત્પાદન માટે કેટલો ભાવ લેવો તેના નિર્ણયો પોતે જ લે, તો તેનાથી મોસ્કોના અધિકારીઓની સામાજિક અને આર્થિક પ્રવૃત્તિઓનું આયોજન અને નિયંત્રણ કરવાની ક્ષમતા ખૂબ જ મર્યાદિત થઈ જતી હતી. જો અધિકારીઓ મોટા કૃષિ સુધારાઓનો નિર્ણય લે, પરંતુ ખેડૂત પરિવારો તેને નકારી કાઢે તો

શું થાય? તેથી જ્યારે 1928માં સોવિયેત સંઘના વિકાસ માટે પ્રથમ પંચવર્ષીય યોજના લાવવામાં આવી, ત્યારે કાર્યસૂચિ પર સૌથી મહત્ત્વપૂર્ણ મુદ્દો ખેતીને સામૂહિક બનાવવાનો હતો.

તેમાં વિચાર એ હતો કે દરેક ગામમાં બધા પરિવારો એક સામૂહિક ખેતર, કોલખોઝમાં જોડાય. તેઓ કોલખોઝને તેમની બધી મિલકત, એટલે કે જમીન, ઘરો, ઘોડા, ગાયો, પાવડા, કાંટાચમચી, બધું જ સોંપી દેશે. તેઓ કોલખોઝ માટે સાથે મળીને કામ કરશે અને બદલામાં કોલખોઝ તેમના રહેઠાણ અને શિક્ષણથી લઈને ખોરાક અને આરોગ્યસંભાળ સુધીની બધી જ જરૂરિયાતો પૂરી પાડે. મોસ્કોના આદેશના આધારે કોલખોઝ નક્કી કરશે કે કોબીજ ઉગાડવા કે સલગમ, ટ્રેક્ટરમાં રોકાણ કરવું કે શાળામાં, તેમજ ડેરી ફાર્મ, ચામડાં કમાવામાં અને ક્લિનિકમાં કોણ કામ કરશે. મોસ્કોના તેજસ્વી દિમાગોએ એમ વિચાર્યું હતું કે આ બધાના પરિણામે માનવ ઇતિહાસમાં પહેલો સંપૂર્ણ ન્યાયી અને સમાનતાવાળો સમાજ બનશે.

તેઓ તેમની પ્રસ્તાવિત પ્રણાલીના આર્થિક ફાયદાઓ માટે પણ એટલા જ આશ્વસ્ત હતા. તેઓ માનતા હતા કે કોલખોઝથી મોટા પાયે આર્થિક લાભ થશે. ઉદાહરણ તરીકે, જ્યારે દરેક ખેડૂત પરિવાર પાસે જમીનનો એક નાનો ટુકડો હોય ત્યારે તેને ખેડવા માટે ટ્રેક્ટર ખરીદવાનો કોઈ અર્થ નહોતો અને આમ પણ મોટાભાગના પરિવારોને ટ્રેક્ટર પરવડે તેમ નહોતા. એકવાર બધી જમીન સામુહિક રીતે સંભાળી લેવામાં આવે, પછી આધુનિક મશીનરીનો ઉપયોગ કરીને તેની ખેતી વધુ કાર્યક્ષમ રીતે કરી શકાય. વધુમાં, કોલખોઝને આધુનિક વિજ્ઞાનનો લાભ પણ મળવાનો હતો. દરેક ખેડૂત જૂની પરંપરાઓ અને પાયાવિહોણી અંધશ્રદ્ધાઓના આધારે ઉત્પાદનની પદ્ધતિઓ નક્કી કરતો હોય તેના બદલે લેનિન ઑલ-યુનિયન એકેડેમી ઑફ એગ્રીકલ્ચરલ સાયન્સિસ જેવી સંસ્થાઓમાંથી યુનિવર્સિટીની ડિગ્રી ધરાવતા રાજ્યના નિષ્ણાતો મહત્ત્વના નિર્ણયો લે.

મોસ્કોના આયોજકોને આ વાત અદ્ભુત લાગતી હતી. તેઓ 1931 સુધીમાં કૃષિ ઉત્પાદનમાં 50 ટકાનો વધારો થવાની અપેક્ષા રાખતા હતા.[84] અને જો આ પ્રક્રિયામાં જૂના ગામડાંઓમાં ચાલતા વંશવેલા અને અસમાનતાઓને તોડી પાડવામાં આવે તો વધુ સારું. જોકે મોટાભાગના ખેડૂતોને તે વાત ભયંકર લાગતી હતી. તેઓ મોસ્કોના આયોજકો અથવા નવી કોલખોઝ સિસ્ટમ પર વિશ્વાસ કરતા ન હતા. તેઓ તેમની જૂની જીવનશૈલી અથવા તેમની ખાનગી મિલકત છોડવા માંગતા ન હતા. ગામલોકોએ ગાયો અને ઘોડાઓ કોલખોઝને

સોંપવાને બદલે તેની કતલ કરી નાખી હતી. કામ કરવાની તેમની પ્રેરણા પણ ઓછી થઈ ગઈ હતી. લોકો પોતાના ખેતરો ખેડવા કરતાં સામૂહિક ખેતરો ખેડવામાં ઓછી મહેનત કરતા. નિષ્ક્રિય પ્રતિકાર સર્વવ્યાપી હતો, જે ક્યારેક હિંસક અથડામણોમાં પણ પરિણમતો હતો. સોવિયેત આયોજકોએ 1931માં 9.8 કરોડ ટન અનાજ લણવાની અપેક્ષા રાખી હતી, પરંતુ સત્તાવાર માહિતી અનુસાર ઉત્પાદન ફક્ત 6.9 કરોડ ટન જ હતું અને વાસ્તવમાં 5.7 કરોડ ટન જેટલું ઓછું પણ હોઈ શકે છે. 1932નો પાક તો તેથી પણ ઓછો થયો હતો.[85]

પરિણામે રાજ્યની પ્રતિક્રિયા ક્રોધ ભરેલી હતી. 1929 અને 1936ની વચ્ચે, ખોરાકની જપ્તી, સરકારી ઉપેક્ષા અને (કુદરતી આફતને બદલે સરકારી નીતિને કારણે આવેલા) માનવસર્જિત દુષ્કાળમાં 45થી 85 લાખ લોકોના જીવ ગયા હતા.[86] લાખો ખેડૂતોને રાજ્યના દુશ્મન જાહેર કરવામાં આવ્યા અને દેશનિકાલ કરવામાં આવ્યા કે પછી કેદ કરવામાં આવ્યા હતા. પરિવાર, ચર્ચ, સ્થાનિક સમુદાય જેવી ખેડૂત જીવનની સૌથી મૂળભૂત સંસ્થાઓને ડરાવવામાં આવી અને તોડી પાડવામાં પણ આવી હતી. ન્યાય, સમાનતા અને લોકોની ઇચ્છાના નામે સામૂહિકીકરણની ઝુંબેશે તેના માર્ગમાં આવતા તમામનો નાશ કર્યો હતો. 1930ના પહેલા બે મહિનામાં જ 1,00,000થી વધુ ગામડાંઓમાં લગભગ 6 કરોડ ખેડૂતોને સામૂહિક ખેતરોમાં ધકેલી દેવામાં આવ્યા હતા.[87] જૂન 1929માં, ફક્ત 4 ટકા સોવિયેત ખેડૂત પરિવારો જ સામૂહિક ખેતરોમાં કામ કરતા હતા. માર્ચ 1930 સુધીમાં આ આંકડો વધીને 57 ટકા થઈ ગયો હતો. એપ્રિલ 1937 સુધીમાં, ગ્રામ્ય વિસ્તારોમાં 97 ટકા પરિવારો 2,35,000 સોવિયેત સામૂહિક ખેતરોમાં સીમિત થઈ ગયા હતા.[88] એ પછી ફક્ત સાત જ વર્ષમાં સદીઓથી અસ્તિત્વમાં રહેલી જીવનશૈલીને મોસ્કોના કેટલાક અમલદારોના સર્વાધિકારી મગજની ઉપજ દ્વારા બદલી કાઢવામાં આવી હતી.

કુલાક

સોવિયેત સામૂહિકીકરણના ઇતિહાસમાં થોડું ઊંડા ઉતરવું યોગ્ય રહેશે, કારણ કે તે એક એવી દુર્ઘટના હતી જે માનવ ઇતિહાસમાં યુરોપના વિચ-હન્ટના ગાંડપણ જેવી અગાઉની આપત્તિઓ સાથે અમુક સમાનતાઓ ધરાવે છે. સાથે સાથે તે એકવીસમી સદીની ટેક્નોલૉજી અને કથિત વૈજ્ઞાનિક ડેટામાં તેના વિશ્વાસ દ્વારા ઊભા થયેલા કેટલાંક સૌથી મોટા જોખમોની ઝાંખી પણ કરાવે છે.

જ્યારે ખેતીને સામૂહિક બનાવવાના પ્રયાસોને પ્રતિકારનો સામનો કરવો પડ્યો અને આર્થિક આપત્તિ સર્જાઈ, ત્યારે મોસ્કોના અમલદારો અને દંતકથાના ઘડવૈયાઓએ ક્રેમરના 'હેમર ઑફ ધ વિચીઝ' જેવું કર્યું. હું એવું કહેવા માંગતો નથી કે સોવિયેત યુનિયને ખરેખર એ પુસ્તક વાંચ્યું હતું પરંતુ તેઓએ પણ એક વૈશ્વિક કાવતરાની વાર્તા ઘડી કાઢી અને અસ્તિત્વમાં ન હોય તેવા દુશ્મનોની હારમાળા સર્જી કાઢી. 1930ના દાયકામાં સોવિયેત સત્તાવાળાઓએ વારંવાર સોવિયેત અર્થતંત્રને અસર કરતી આફતોનો દોષ એ ક્રાંતિકારીઓના વિરોધી જૂથ પર મૂક્યો જેના મુખ્ય એજન્ટો 'કુલાક' અથવા મૂડીવાદી ખેડૂતો હતા, જેમ ક્રેમરની કલ્પનામાં શેતાનની સેવા કરતી ડાકણો કરાના તોફાનો લાવતી હતી જેનાથી પાકનો નાશ થતો હતો, તેવી જ રીતે સ્ટાલિનવાદી કલ્પનામાં વૈશ્વિક મૂડીવાદને વશ કુલાકો સોવિયેત અર્થતંત્રને બરબાદ કરતા હતા.

સૈદ્ધાંતિક રીતે, કુલાક એક વસ્તુલક્ષી સામાજિક-આર્થિક શ્રેણી હતી, જે મિલકત, આવક, મૂડી અને વેતન જેવી બાબતોના રાજ્ય પાસેના ડેટાના વિશ્લેષણ દ્વારા વ્યાખ્યાયિત કરવામાં આવી હતી. સોવિયેત અધિકારીઓ કથિત રીતે વસ્તુઓની ગણતરી દ્વારા કુલાકોને ઓળખી શકતા હતા. જો ગામના મોટાભાગના લોકો પાસે ફક્ત એક જ ગાય હોય, તો જે થોડા પરિવારો પાસે ત્રણ ગાયો હોય તેમને કુલાક ગણવામાં આવતા. જો ગામના મોટાભાગના લોકો કોઈ મજૂર રાખતા ન હોય, પરંતુ એક પરિવાર લણણીના સમય દરમિયાન બે મજૂરો રાખે, તો એ કુલાક પરિવાર હતો. કુલાક હોવાનો અર્થ એ હતો કે તમારી પાસે અમુક મિલકતો તો હતી જ, ઉપરાંત તમારામાં વ્યક્તિત્વનાં ચોક્કસ લક્ષણો પણ હતા. અચૂક માનવામાં આવતા માર્ક્સવાદી સિદ્ધાંત મુજબ, લોકોની ભૌતિક પરિસ્થિતિઓ તેમના સામાજિક અને આધ્યાત્મિક લક્ષણોને નિર્ધારિત કરતી હતી. કુલાક કથિત રીતે મૂડીવાદી શોષણ કરતા હોવાથી, (માર્ક્સવાદી વિચારસરણી અનુસાર) તેઓ અને તેમના બાળકો પણ લોભી, સ્વાર્થી અને અવિશ્વસનીય હોય, તે એક વૈજ્ઞાનિક હકીકત હતી. કોઈ કુલાક છે તે શોધવું એ દેખીતી રીતે તેમના મૂળભૂત સ્વભાવ અને લક્ષણો વિશે કંઈક ગહન ખુલાસો કરતું હતું.

27 ડિસેમ્બર, 1929ના રોજ સ્ટાલિને જાહેર કર્યું કે સોવિયેત રાજ્યએ "એક વર્ગ તરીકે કુલાકોનું નિરાકરણ" શોધવું જોઈએ[89] અને તરત જ પાર્ટી અને ગુપ્ત પોલીસને તે મહત્ત્વાકાંક્ષી અને ખૂની ઉદ્દેશ્યને સાકાર કરવા માટે તૈયાર કર્યા. શરૂઆતના આધુનિક યુરોપના વિચ-હન્ટરો એવા સરમુખત્યારી સમાજોમાં કામ કરતા હતા જ્યાં આધુનિક ઇન્ફોર્મેશન ટેક્નોલૉજીનો અભાવ

હતો. તેથી તેમને પચાસ હજાર કથિત ડાકણોને મારવામાં ત્રણ સદીઓ લાગી હતી. તેનાથી વિપરીત, સોવિયેતના કુલાક શિકારીઓ એક સર્વાધિકારવાદી સમાજમાં કામ કરી રહ્યા હતા જેની પાસે ટેલિગ્રાફ, ટ્રેન, ટેલિફોન અને રેડિયો જેવી તકનીકો તેમજ વ્યાપક અમલદારશાહીનો સાથ હતા. તેઓએ નક્કી કર્યું કે લાખો કુલાકોનું "નિરાકરણ" લાવવા માટે બે વર્ષ પૂરતાં રહેશે.[90]

સોવિયેત અધિકારીઓએ યુ.એસ.એસ.આર.માં કેટલા કુલાકો હોવા જોઈએ તેનું મૂલ્યાંકન કરીને શરૂઆત કરી. ટૅક્સ અને રોજગારના રેકોર્ડ તેમજ 1926ની સોવિયેત વસ્તી ગણતરીના ઉપલબ્ધ ડેટાના આધારે તેમણે નક્કી કર્યું કે કુલાકો ગ્રામીણ વસ્તીના 3-5 ટકા છે.[91] સ્ટાલિનના ભાષણના એક મહિના પછી 30 જાન્યુઆરી, 1930ના રોજ પોલિટબ્યુરોના હુકમનામાએ તેમના અસ્પષ્ટ દૃષ્ટિકોણને વધુ વિગતવાર કાર્યયોજનામાં રૂપાંતરિત કર્યો. હુકમનામામાં દરેક મુખ્ય કૃષિ ક્ષેત્રમાં કુલાકોના લિક્વિડેશન માટે ચોક્કસ સંખ્યાઓનો સમાવેશ થતો હતો.[92] ત્યાર બાદ પ્રાદેશિક અધિકારીઓએ તેમના અધિકારક્ષેત્ર હેઠળના દરેક કાઉન્ટીમાં કુલાકોની સંખ્યાનો પોતાનો અંદાજ તૈયાર કર્યો. છેવટે ગ્રામીણ સોવિયેત સંસ્થાઓને (જેવા કે સ્થાનિક વહીવટી એકમો, જેમાં સામાન્ય રીતે મુઠ્ઠીભર ગામોનો સમાવેશ થાય છે તેમને) ચોક્કસ લક્ષ્યો આપવામાં આવ્યાં. ઘણીવાર સ્થાનિક અધિકારીઓ તેમના ઉત્સાહને સાબિત કરવા માટે સંખ્યા વધારી દેતા. ત્યાર બાદ દરેક ગ્રામીણ સોવિયેત સંસ્થાએ તેના કાર્યક્ષેત્ર હેઠળના ગામોમાં દર્શાવેલી સંખ્યામાં કુલાકોના પરિવારો ઓળખવા પડતા હતા. આ લોકોને તેમના ઘરોમાંથી હાંકી કાઢવામાં આવતા હતા અને તેઓ જે વહીવટી શ્રેણીમાં આવતા હોય તે મુજબ અન્યત્ર પુનઃસ્થાપિત કરવામાં આવતા હતા, કૉન્સન્ટ્રેશન કેમ્પોમાં કેદ કરવામાં આવતા હતા કે પછી તેમને મૃત્યુદંડની સજા આપવામાં આવતી હતી.[93]

કુલાકો કોણ છે તે સોવિયેત અધિકારીઓ નક્કી કેવી રીતે કરતા? કેટલાક ગામોમાં, સ્થાનિક પક્ષના સભ્યો કુલાકોને તેમની માલિકીની મિલકતની માત્રા જેવા માપદંડો દ્વારા ઓળખવાનો સભાનતાપૂર્વક પ્રયાસ કરતા હતા. ઘણીવાર સૌથી મહેનતુ અને કાર્યક્ષમ ખેડૂતો જ તેનો ભોગ બનતા હતા અને તેમને હાંકી કાઢવામાં આવતા હતા. કેટલાંક ગામોમાં સ્થાનિક સામ્યવાદીઓએ તેમના અંગત દુશ્મનોની નસિયત કરવા આ તકનો ઉપયોગ કર્યો હતો. કેટલાક ગામોમાં કોને કુલાક ગણવામાં આવશે તે માટે સિક્કો ઉછાળવામાં આવતો હતો. અમુક ગામોએ આ બાબતે મતદાન કરવા માટે જાહેર સભાઓ યોજી હતી અને ઘણીવાર એકલા પડી ગયેલા ખેડૂતો, વિધવાઓ, વૃદ્ધ લોકો અને અન્ય "કાઢી

શકાય" તેવા લોકો પસંદ કર્યા હતા (જે રીતે એ જ પ્રકારના લોકોને શરૂઆતના આધુનિક યુરોપમાં ડાકણો તરીકે ઓળખવામાં આવતા હતા).[94]

સમગ્ર કામગીરી કેટલી વાહિયાત હતી તે સાઇબીરિયાના કુર્ગન પ્રદેશના સ્ટ્રેલેટ્સકી પરિવારના કિસ્સામાં પ્રગટ થાય છે. દિમિત્રી સ્ટ્રેલેટ્સકી, જે તે સમયે કિશોર હતા, તેમણે વર્ષો પછી જણાવ્યું હતું કે કેવી રીતે તેમના પરિવારને કુલાક જાહેર કરવામાં આવ્યો હતો અને તેમનું નિરાકરણ લાવી દેવામાં આવ્યું હતું. "અમને દેશનિકાલ કરનારા ગામ સોવિયેતના અધ્યક્ષ સેર્કોવે અમને સમજાવ્યું હતુંઃ 'મને [જિલ્લા પાર્ટી સમિતિ તરફથી] દેશનિકાલ માટે 17 કુલાક પરિવારો શોધવાનો આદેશ મળ્યો છે. મેં ગરીબોની એક સમિતિની રચના કરી અને અમે પરિવારો પસંદ કરવા માટે રાતભર ચર્ચા કરી. ગામમાં કોઈ એટલું ધનવાન નથી અને બહુ વૃદ્ધ લોકો પણ નથી, તેથી અમે 17 પરિવારો પસંદ કર્યા છે. એમાં તમને પણ પસંદ કરવામાં આવ્યા છે. કૃપા કરીને તેને વ્યક્તિગત દુશ્મની ન માનશો. હું બીજું શું કરી શકું?'"[95] જો કોઈએ સિસ્ટમના આ ગાંડપણ સામે વાંધો ઉઠાવવાની હિંમત કરી, તો તેમને જ તરત કુલાક અને ક્રાંતિવિરોધી જાહેર કરવામાં આવતા અને તેમનું પણ "નિરાકરણ" લાવવામાં આવતું.

1933 સુધીમાં કુલ મળીને લગભગ પચાસ લાખ કુલાકોને તેમના ઘરમાંથી હાંકી કાઢવામાં આવ્યા હતા. ત્રીસ હજાર જેટલા ઘરના વડાઓને ગોળી મારી દેવામાં આવી. થોડા નસીબદાર પીડિતોને તેમના મૂળ જિલ્લામાં પુનઃસ્થાપિત કરવામાં આવ્યા હતા કે પછી તેઓ મોટાં શહેરોમાં છૂટક કામદારો બન્યા હતા, જ્યારે લગભગ વીસ લાખ લોકોને દૂરના દુર્ગમ પ્રદેશોમાં દેશનિકાલ કરવામાં આવ્યા હતા અથવા મજૂર છાવણીઓમાં રાજ્યના ગુલામ તરીકે કેદ કરવામાં આવ્યા હતા.[96] હાઈટ સી કેનાલનું બાંધકામ અને આર્કટિક પ્રદેશોમાં ખાણોનો વિકાસ અસંખ્ય મહત્ત્વપૂર્ણ અને કુખ્યાત રાજ્ય પ્રોજેક્ટ્સ લાખો કેદીઓના શ્રમથી પૂર્ણ કરવામાં આવ્યા હતા, જેમાંના ઘણા કુલાકો હતા. તે માનવ ઇતિહાસમાં સૌથી ઝડપી અને સૌથી મોટી ગુલામી ઝુંબેશોમાંની એક હતી.[97] એકવાર કુલાક તરીકે ઓળખાયા પછી જે તે વ્યક્તિ એ કલંકથી છુટકારો મેળવી શકતી નહીં. સરકારી એજન્સીઓ, પક્ષના સંગઠનો અને ગુપ્ત પોલીસ દસ્તાવેજોએ કાર્ટોટેકી કેટલોગ, આર્કાઇવ્સ અને આંતરિક પાસપોર્ટની ભુલભુલામણી સમાન પ્રણાલીમાં કુલાક કોણ હતું તે નોંધી રાખ્યું હતું.

કુલાકનો દરજ્જો આગામી પેઢીને પણ અપાતો અને તેના વિનાશક પરિણામો પણ. કુલાક બાળકોને સામ્યવાદી યુવા જૂથો, રેડ આર્મી, યુનિવર્સિટીઓ અને રોજગારના પ્રતિષ્ઠિત ક્ષેત્રોમાં પ્રવેશ મળતો નહીં.[98] એન્ટોનીના ગોલોવિનાએ

તેમના 1997ના સંસ્મરણોમાં લખ્યું છે કે કેવી રીતે તેમના પરિવારને તેમના પૂર્વજોના ગામમાંથી કુલાક તરીકે કાઢી મૂકવામાં આવ્યા હતા અને પેસ્ટોવો શહેરમાં રહેવા મોકલવામાં આવ્યા હતા. તેમની નવી શાળાના છોકરાઓ તેમને સતત મેણા મારતા હતા. એક પ્રસંગે એક વરિષ્ઠ શિક્ષકે અગિયાર વર્ષની એન્ટોનીનાને બીજા બધા બાળકોની સામે ઊભા રહેવા કહ્યું અને તેણી સાથે નિર્દયતાથી દુર્વ્યવહાર કરવાનું શરૂ કર્યું, તેને ઊંચા અવાજે કહેવા માંડ્યું કે "તેના જેવા" દુષ્ટ કુલાકો "લોકોના દુશ્મનો છો! તમે દેશનિકાલ થવાને જ લાયક છો, મને આશા છે કે તમે બધા ખતમ થઈ જાવ!" એન્ટોનીનાએ લખ્યું કે આ તેના જીવનની નિર્ણાયક ક્ષણ હતી. "મારા મનમાં એવી લાગણી થઈ હતી કે અમે [કુલાક] બાકીના લોકોથી અલગ છીએ કે અમે ગુનેગાર છીએ." તે ભાવના ક્યારેય તેના મનમાંથી દૂર થઈ શકી નહીં.[99]

દસ વર્ષની "ડાકણ" હેન્સેલ પેપનહાઈમરની જેમ, અગિયાર વર્ષની એન્ટોનીના ગોલોવિના દંતકથાઓ ઘડનારા અને સર્વવ્યાપી અમલદારો દ્વારા લાદવામાં આવેલી આંતરવ્યક્તિલક્ષી "કુલાક"ની શ્રેણીમાં આવી પડી હતી. કુલાકો વિશે સોવિયેત અમલદારો દ્વારા એકત્રિત કરવામાં આવેલી જથ્થાબંધ માહિતી કંઈ વસ્તુલક્ષી સત્ય ન હતું, પરંતુ તેણે એક નવું આંતરવ્યક્તિલક્ષી સોવિયેત સત્ય તેમની પર લાદ્યું હતું. કોઈને કુલાક જાહેર કરવામાં આવ્યું હતું તે જાણવું એ કોઈ સોવિયેત વ્યક્તિ વિશે જાણવા જેવી ખૂબ જ મહત્ત્વપૂર્ણ બાબત હતી, ભલે તે લેબલ સંપૂર્ણતઃ બનાવટી હતું.

એક મોટો સુખી સોવિયેત પરિવાર

સ્ટાલિનવાદી શાસન ખાનગી કૌટુંબિક ખેતરોના સામૂહિકીકરણ કરતાં પણ વધુ મહત્ત્વાકાંક્ષી કંઈક કરવાનો પ્રયાસ કરવાનું હતું. તે પરિવારોને જ તોડી કાઢવાનું નક્કી કરવાનું હતું. રોમન સમ્રાટો અથવા રશિયન ઝારથી વિપરીત, સ્ટાલિને માતાપિતા અને બાળકો વચ્ચેના સૌથી ઘનિષ્ઠ માનવ સંબંધોમાં પણ ઘૂસવાનો પ્રયાસ કર્યો. કૌટુંબિક સંબંધોને ભ્રષ્ટાચાર, અસમાનતા અને પક્ષ વિરોધી પ્રવૃત્તિઓનો પાયો માનવામાં આવતો હતો. તેથી સોવિયેત બાળકોને સ્ટાલિનને તેમના વાસ્તવિક પિતા તરીકે પૂજવાનું અને જો તેમના માતા-પિતા સ્ટાલિન અથવા સામ્યવાદી પક્ષની ટીકા કરે તો તેમના વિરુદ્ધ ફરીયાદ કરવાનું શીખવવામાં આવતું હતું.

1932માં સોવિયેત પ્રચારતંત્રએ ગેરાસિમોવકાના સાઇબેરીયન ગામના તેર વર્ષના છોકરા પાવલિક મોરોઝોવની આસપાસ એક આકર્ષક વાર્તા ઘડી

કાઢી હતી. 1931ના પાનખરમાં પાવલિકે ગુપ્ત પોલીસને જાણ કરી કે એક સોવિયેત ગામના અધ્યક્ષ એવા તેના પિતા ટ્રોફિમ કુલાક તરીકે દેશનિકાલ પામેલા લોકોને ખોટા કાગળો વેચી રહ્યા હતા. ત્યાર બાદ ચાલેલા મુકદ્દમા દરમિયાન જ્યારે ટ્રોફિમે પાવલિકને બૂમ પાડીને કહ્યું કે, “આ હું છું, તારો બાપ.” ત્યારે છોકરાએ જવાબ આપ્યો, “હા, પહેલાં હતા, પણ હવે હું તમને મારા પિતા માનતો નથી.” ટ્રોફિમને એક મજૂર છાવણીમાં મોકલવામાં આવ્યા અને પછીથી ગોળી મારી દેવામાં આવી હતી. સપ્ટેમ્બર 1932માં પાવલિકની હત્યા કરવામાં આવી અને સોવિયેત અધિકારીઓએ તેના પરિવારના પાંચ સભ્યોની ધરપકડ કરી અને તેમને ફાંસી આપી, કારણ કે તેમણે કથિત રીતે બદલો લેવા માટે પાવલિકની હત્યા કરી હતી. વાસ્તવિક વાત ઘણી જટિલ હતી, પરંતુ સોવિયેત પ્રેસને તેનાથી કોઈ ફરક પડતો નહોતો. પાવલિકને શહીદ ગણાવાયો અને લાખો સોવિયેત બાળકોને તેનું અનુકરણ કરવાનું શીખવવામાં આવ્યું.[100] ઘણાએ કર્યું પણ ખરું.

ઉદાહરણ તરીકે, 1934માં પ્રોનિયા કોલિબિન નામના તેર વર્ષના છોકરાએ અધિકારીઓને જણાવ્યું હતું કે તેની ભૂખી માતાએ કોલખોઝ ખેતરોમાંથી અનાજ ચોર્યું હતું. તેની માતાની ધરપકડ કરવામાં આવી હતી અને સંભવતઃ ગોળી મારી દેવામાં આવી હતી. પ્રોનિયાને રોકડ ઇનામ અપાયું હતું અને મીડિયામાં તેના વિશે ઘણું સકારાત્મક છપાયું હતું. પાર્ટી ઓર્ગન ‘પ્રવદા’એ પ્રોનિયા દ્વારા લખાયેલ એક કવિતા પણ પ્રકાશિત કરી હતી. તેની બે પંક્તિઓ આવી હતી, “તું બરબાદ કરનારી છે, મા/હું હવે તારી સાથે રહી શકીશ નહીં.”(You are a wrecker, Mother/I can live with you no more.)[101]

પરિવારને નિયંત્રિત કરવાનો સોવિયેત પ્રયાસ સ્ટાલિનના સમયમાં કહેવામાં આવતા એક ડાર્ક જોકમાં પ્રતિબિંબિત થતો હતો. સ્ટાલિન એક ફેક્ટરીની ગુપ્ત મુલાકાત લે છે અને એક કામદાર સાથે વાતચીત કરતી વખતે તે માણસને પૂછે છે, “તારા પિતા કોણ છે?”

“સ્ટાલિન,” કામદાર જવાબ આપે છે.

“તારી માતા કોણ છે?”

“સોવિયેત યુનિયન,” એ માણસ જવાબ આપે છે.

“અને તું શું બનવા માંગે છે?”

“અનાથ.”[102]

તે સમયે તમે આ જોક કહેવા બદલ તમારી સ્વતંત્રતા કે તમારું જીવન સરળતાથી ગુમાવી શકતાં, ભલે તમે તે તમારા પોતાના ઘરમાં તમારા પરિવારના

સભ્યો સમક્ષ જ કહ્યો હોય. સોવિયેત માતાપિતા તેમના બાળકોને જે સૌથી મહત્ત્વપૂર્ણ પાઠ શીખવતા હતા તે પાઠ પક્ષ કે સ્ટાલિન પ્રત્યેની વફાદારી નહોતી. તે પાઠ હતોઃ "તમારું મોં બંધ રાખો."[103] સોવિયેત યુનિયનમાં જાહેરમાં વાતચીત કરવા જેટલી ખતરનાક વસ્તુ ભાગ્યે જ બીજી કોઈ હતી.

પાર્ટી અને ચર્ચ

તમે વિચારશો કે શું નાઝી પાર્ટી અથવા સોવિયેત કોમ્યુનિસ્ટ પાર્ટી જેવી આધુનિક સર્વાધિકારવાદી સંસ્થાઓ ખરેખર ખ્રિસ્તી ચર્ચ જેવી અગાઉની સંસ્થાઓથી બહુ અલગ હતી કે નહીં. ચર્ચો પણ તેમની અચૂકતામાં માનતા હતા, દરેક જગ્યાએ પાદરી રૂપમાં તેમના એજન્ટો હતા અને લોકોના રોજિંદા જીવનને તેમના આહાર અને જાતીય ટેવો સુધી નિયંત્રિત કરવાનો પ્રયાસ કરતા હતા. શું આપણે કેથોલિક ચર્ચ અથવા ઈસ્ટર્ન ઓર્થોડોક્ષ ચર્ચને સર્વાધિકારવાદી સંસ્થાઓ તરીકે ન જોવી જોઈએ? અને શું એ વાત આ વિચારને નબળી પાડતી નથી કે સર્વાધિકારવાદ ફક્ત આધુનિક ઇન્ફૉર્મેશન ટેક્નોલૉજી દ્વારા જ શક્ય બન્યો હતો?

જોકે આધુનિક સર્વાધિકારવાદ અને આધુનિક યુગ પૂર્વના ચર્ચ વચ્ચે ઘણા મહત્ત્વના તફાવતો છે. પ્રથમ, જેમ અગાઉ નોંધ્યું છે તેમ આધુનિક સર્વાધિકારવાદે એકબીજાને નિયંત્રણમાં રાખતી અનેક સર્વેલન્સ પદ્ધતિઓનો ઉપયોગ કર્યો છે. પક્ષ ક્યારેય એકલો નથી હોતો. તે એક બાજુ રાજ્યના શાસનને અને બીજી બાજુ ગુપ્તચર પોલીસને સાથે રાખે છે. તેનાથી વિપરીત, યુરોપના મોટાભાગના મધ્યયુગીન રાજ્યોમાં કેથોલિક ચર્ચ એક સ્વતંત્ર સંસ્થા હતી, જે ઘણીવાર રાજ્ય સંસ્થાઓને સાથે રાખવાને બદલે તેમની સાથે સંઘર્ષમાં ઊતરતી હતી. પરિણામે, ચર્ચ કદાચ યુરોપના સરમુખત્યારોની શક્તિ પરનું સૌથી મહત્ત્વપૂર્ણ નિયંત્રણ બની રહ્યું હતું.

ઉદાહરણ તરીકે, 1070ના દાયકાના "ઇન્વેસ્ટિચર કોન્ટ્રોવર્સી"માં જર્મની અને ઇટાલીના રાજા હેનરી ચોથાએ દાવો કર્યો હતો કે બિશપ, એબોટ અને ચર્ચના અન્ય અધિકારીઓની નિમણૂક પર તેનો નિર્ણય અંતિમ મનાશે. ત્યારે પોપ ગ્રેગરી સાતમાએ પ્રતિકાર ઊભો કર્યો અને આખરે રાજાને શરણાગતિ સ્વીકારવી પડી હતી. 25 જાન્યુઆરી, 1077ના રોજ, હેનરી કેનોસા કિલ્લામાં ગયો જ્યાં પોપ રોકાયા હતા. તેને પોપની શરણાગતિ અને માફી માગવી હતી પણ પોપે દરવાજા ખોલવાનો જ ઇનકાર કર્યો અને હેનરી બહાર બરફમાં ખુલ્લા પગે અને ભૂખ્યો રાહ જોતો હતો. ત્રણ દિવસ પછી, પોપે છેવટે રાજા માટે દરવાજા ખોલ્યા હતા અને રાજાએ માફી માગી હતી.[104]

આધુનિક સર્વાધિકારી દેશમાં આવી અથડામણ અકલ્પ્ય છે. સર્વાધિકારવાદનો સંપૂર્ણ વિચાર જ સત્તાના તમામ પ્રકારના વિભાજનને રોકવાનો છે. સોવિયેત યુનિયનમાં રાજ્ય અને પક્ષ એકબીજાને મજબૂત બનાવતા હતા અને સ્ટાલિન જ બંનેનો વડો હતો. કોઈ સોવિયેત "ઇન્વેસ્ટિચર કોન્ટ્રોવર્સી" સર્જાઈ જ શકે નહીં, કારણ કે પક્ષના હોદ્દા અને રાજ્યના કાર્યો, એ બંને માટે બધી નિમણૂકો માટે સ્ટાલિનનો નિર્ણય જ અંતિમ ગણાતો હતો. જ્યોર્જિયાની કમ્યુનિસ્ટ પાર્ટીના જનરલ સેક્રેટરી કોણ હશે અને સોવિયેત યુનિયનના વિદેશ પ્રધાન કોણ હશે તે બંને સ્ટાલિન જ નક્કી કરતો.

બીજો મહત્ત્વનો તફાવત એ છે કે મધ્યયુગીન ચર્ચો પરિવર્તનનો પ્રતિકાર કરતી પરંપરાવાદી સંસ્થાઓ હતી, જ્યારે આધુનિક સર્વાધિકારવાદી પક્ષો પરિવર્તનની માંગ કરતી ક્રાંતિકારી સંસ્થાઓ હોય છે. એક આધુનિક યુગ પૂર્વેનું ચર્ચ સદીઓ સુધી તેનું માળખું અને પરંપરાઓ વિકસાવીને ધીમે ધીમે તેની શક્તિ સર્જે છે. તેથી જે રાજા અથવા પોપ સમાજમાં ઝડપથી ક્રાંતિ લાવવા માંગતા હોય, તેમને ચર્ચના સભ્યો અને સામાન્ય શ્રદ્ધાળુઓ તરફથી સખત પ્રતિકારનો સામનો કરવો પડે તેવી શક્યતા હતી.

ઉદાહરણ તરીકે, આઠમી અને નવમી સદીમાં બાયઝેન્ટાઇન સમ્રાટોએ પ્રતીકોની પૂજા પર પ્રતિબંધ મૂકવાનો પ્રયાસ કર્યો કારણ કે તે તેમને મૂર્તિપૂજા જેવું લાગતું હતું. તેઓએ બાઇબલના ઘણા ફકરાઓ તરફ ધ્યાન દોર્યું, ખાસ કરીને સેકન્ડ કમાન્ડમેન્ટ તરફ, જેમાં કોઈ પણ છબીઓ કોતરવાની મનાઈ હતી. ખ્રિસ્તી ચર્ચો પરંપરાગત રીતે સેકન્ડ કમાન્ડમેન્ટનું અર્થઘટન એવી રીતે કરતા હતા જેથી પ્રતીકોની પૂજા કરી શકાય, પરંતુ કોન્સ્ટેન્ટાઇન પાંચમા જેવા સમ્રાટોએ દલીલ કરી હતી કે એ એક ભૂલ હતી અને ઇસ્લામની સેનાઓ દ્વારા ખ્રિસ્તીઓની હાર જેવી આફતો પ્રતીકોની પૂજાને કારણે ભગવાનને આવેલા ક્રોધથી જ થઈ હતી. 754માં કોન્સ્ટેન્ટાઇનના પ્રતીકો અંગેના વિચારને ટેકો આપવા માટે ત્રણસોથી વધુ બિશપ હાએરિયા કાઉન્સિલમાં ભેગા થયા હતા.

સ્ટાલિનના સામૂહિકીકરણના અભિયાનની સરખામણીમાં આ એક નાનો સુધારો હતો. પરિવારો અને ગામડાઓને તેમના પ્રતીકો છોડવા પડે તેમ હતા પરંતુ તેમની ખાનગી મિલકત કે તેમના બાળકોનો ત્યાગ નહોતો કરવાનો. છતાં બાયઝેન્ટાઇનનાં પ્રતીકોનો વિરોધનો વ્યાપક પ્રતિકાર થયો હતો. હાએરિયા કાઉન્સિલમાં ભાગ લેનારાઓથી વિપરીત, ઘણા સામાન્ય પાદરીઓ, મોન્ક અને શ્રદ્ધાળુઓ તેમના ચિહ્નો સાથે ખૂબ જ ગાઢ રીતે જોડાયેલા હતા. પરિણામે

જે સંઘર્ષ થયો તેણે બાયઝેન્ટાઇન સમાજનું વિભાજન કરી નાખ્યું અને છેવટે સમ્રાટોએ હાર સ્વીકારવી પડી અને તેમનો નિર્ણય પણ રદ્દ કરવો પડ્યો.[105] કોન્સ્ટેન્ટાઇન પાંચમાને પાછળથી બાયઝેન્ટાઇન ઇતિહાસકારો દ્વારા "કોન્સ્ટેન્ટાઇન ધ શિટી" (કોપ્રોનિમોસ) તરીકે બદનામ કરવામાં આવ્યો અને તેના વિશે એવી વાર્તા ફેલાવવામાં આવી કે તેણે તેમના બાપ્ટિઝમ દરમિયાન શૌચ કર્યું હતું.[106]

આધુનિક યુગ પહેલાના ચર્ચોથી ઘણી સદીઓ સુધી ધીમે ધીમે વિકસિત થયા હતા તેથી રૂઢિચુસ્ત હતા અને ઝડપી ફેરફારો પ્રત્યે શંકાસ્પદ વલણ ધરાવતા હતા. તેનાથી વિપરિત, નાઝી પાર્ટી અને સોવિયેત કોમ્યુનિસ્ટ પાર્ટી જેવા આધુનિક સર્વાધિકારી પક્ષો સમાજમાં ઝડપથી ક્રાંતિ લાવવાના વચન વડે એક પેઢી જેટલા સમયગાળામાં જ સર્જાયેલા હતા. તેમને સદીઓ જૂની પરંપરાઓ અને માળખાં બચાવવાનાં નહોતાં. જ્યારે તેમના નેતાઓ પ્રવર્તમાન પરંપરાઓ અને માળખાંને તોડી પાડવા માટે કોઈ મહત્ત્વાકાંક્ષી યોજનાની કલ્પના કરતા, ત્યારે પક્ષના સભ્યો સામાન્ય રીતે તેનો સ્વીકાર કરતા હતા.

કદાચ સૌથી મહત્ત્વપૂર્ણ બાબત એ હતી કે આધુનિક યુગ પૂર્વેના ચર્ચો સર્વાધિકારવાદી નિયંત્રણ ધરાવનારા તંત્રો બની શક્યા નહીં, કારણ કે તેઓ પણ અન્ય તમામ આધુનિક યુગ પૂર્વેનાં સંગઠનો જેવી જ મર્યાદાઓથી પીડાતા હતા. આમ તો તેમની પાસે દરેક જગ્યાએ પેરીશ પાદરીઓ, મોન્ક અને પ્રવાસી ઉપદેશકોના રૂપમાં સ્થાનિક એજન્ટો હતા, માહિતી પ્રસારિત કરવાની અને તેનું પ્રોસેસિંગ કરવાની મુશ્કેલીનો અર્થ એ થયો કે ચર્ચના આગેવાનોને દૂરના સમુદાયોમાં શું ચાલી રહ્યું છે તે વિશે બહુ ઓછી જાણકારી રહેતી અને સ્થાનિક પાદરીઓ પાસે ઘણી સ્વાયત્તતા રહેતી. પરિણામે ચર્ચો સ્થાનિક બાબત બની રહેતા હતા. વિવિધ પ્રાંત અને ગામના લોકો ઘણીવાર સ્થાનિક સંતોનું સન્માન કરતા હતા, સ્થાનિક પરંપરાઓનું સમર્થન કરતા હતા, સ્થાનિક વિધિઓ કરતા હતા અને કદાચ એવા સ્થાનિક સૈદ્ધાંતિક વિચારો પણ ધરાવતા હતા જે સત્તાવાર ગ્રંથો કે વિચારધારાથી અલગ હોય.[107] જો રોમમાં બેઠેલા પોપ દૂરના પોલીસ પેરીશમાં સ્વતંત્ર વિચારધારા ધરાવતા પાદરી વિશે કંઈક કરવા માંગતા હોય, તો તેમણે ગ્નીઝ્નોના આર્કબિશપને પત્ર મોકલવો પડતો હતો અને એ આર્કબિશપે સંબંધિત બિશપને સૂચના આપવી પડતી હતી અને એ બિશપે જે તે પેરીશમાં દખલ કરવા માટે કોઈને મોકલવું પડતું હતું. તેમાં મહિનાઓ લાગી શકે અને આર્કબિશપ, બિશપ અને અન્ય મધ્યસ્થીઓ માટે પોપના આદેશોનું અલગ રીતે અર્થઘટન કરવા અથવા "ખોટા અર્થઘટન" કરવાની પૂરતી તક પણ હતી.[108]

આધુનિક ઇન્ફોર્મેશન ટેક્નોલૉજી ઉપલબ્ધ થયા પછી, ચર્ચો ફક્ત આધુનિક યુગના અંતમાં જ વધુ સર્વાધિકારવાદી સંસ્થાઓ બન્યા. આપણે પોપને મધ્યયુગીન સમયના અવશેષો રૂપે જોઈએ છીએ, પરંતુ વાસ્તવમાં તેઓ આધુનિક ટેક્નોલૉજીના માસ્ટર હોય છે. અઢારમી સદીમાં પોપનું વિશ્વવ્યાપી કેથોલિક ચર્ચો પર બહુ ઓછું નિયંત્રણ હતું અને તેઓ એવા સ્થાનિક ઇટાલીના રાજકુમારના દરજ્જામાં સમેટાઈ જતા હતા, જે બોલોગ્ના અથવા ફેરારાના નિયંત્રણ માટે ઇટાલીની અન્ય સત્તાઓ સામે લડી રહ્યા હોય. રેડિયોના આગમન સાથે પોપ પૃથ્વી પરના સૌથી શક્તિશાળી લોકોમાંના એક બન્યા. પોપ જોન પોલ દ્વિતિય વેટિકનમાં બેસીને પોલૅન્ડથી ફિલિપાઇન્સ સુધીના લાખો કેથોલિકો સાથે સીધી વાત કરી શકતા હતા અને કોઈ પણ આર્કબિશપ, બિશપ અથવા પેરીશ પાદરી તેમના શબ્દોને તોડીમરોડી કે છુપાવી શકતા નહીં.[109]

માહિતી કેવી રીતે વહે છે

આપણે જોઈએ છીએ કે આધુનિક યુગના અંતમાં આવેલી નવી ઇન્ફોર્મેશન ટેક્નોલૉજીએ મોટા પાયાની લોકશાહી અને સર્વાધિકારવાદ બંનેને જન્મ આપ્યો, પરંતુ બંને પ્રણાલીઓ ઇન્ફોર્મેશન ટેક્નોલૉજીનો ઉપયોગ જે રીતે કરતી હતી તેમાં મોટા તફાવત હતા. અગાઉ નોંધ્યું છે તેમ, લોકશાહી માહિતીને ફક્ત કેન્દ્ર દ્વારા નહીં, પણ અન્ય ઘણા સ્વતંત્ર માધ્યમો દ્વારા વહેવા માટે પ્રોત્સાહિત કરે છે અને તે સ્વતંત્ર માધ્યમોને એ માહિતીનું પ્રોસેસિંગ પ્રક્રિયા કરવાની અને તેના આધારે જાતે નિર્ણયો લેવાની મંજૂરી આપે છે. માહિતી ખાનગી વ્યવસાયો, ખાનગી મીડિયા સંસ્થાઓ, નગરપાલિકાઓ, રમતગમતના સંગઠનો, સખાવતી સંસ્થાઓ, પરિવારો અને વ્યક્તિઓ વચ્ચે મુક્તપણે વહે છે અને તેને ક્યારેય સરકારી મંત્રીના કાર્યાલયમાંથી પસાર થવું પડતું નથી.

તેનાથી વિપરીત, સર્વાધિકારવાદ ઇચ્છે છે કે બધી માહિતી કેન્દ્રમાંથી પસાર થાય અને કોઈ પણ સ્વતંત્ર સંસ્થાઓ પોતાના નિર્ણયો જાતે લે તેવું પણ સર્વાધિકારવાદમાં ઇચ્છનીય નથી. સર્વાધિકારવાદમાં સરકાર, પક્ષ અને ગુપ્ત પોલીસનું ત્રિપક્ષીય જોડાણ હોય છે, પરંતુ એ જોડાણનું મુખ્ય ધ્યેય કેન્દ્રને પડકાર આપી શકે તેવી કોઈ પણ સ્વતંત્ર શક્તિના ઉદ્ભવને અટકાવવાનું છે. જ્યારે સરકારી અધિકારીઓ, પક્ષના સભ્યો અને ગુપ્ત પોલીસના એજન્ટો સતત એકબીજા પર નજર રાખતા હોય, ત્યારે કેન્દ્રનો વિરોધ કરવો અત્યંત જોખમી બની રહે છે.

ઇન્ફૉર્મેશન નેટવર્કના વિરોધાભાસી પ્રકારો તરીકે લોકશાહી અને સર્વાધિકારવાદ નેટવર્કોના બંનેના આગવા ફાયદા અને ગેરફાયદા છે. કેન્દ્રીય સર્વાધિકારી નેટવર્કનો સૌથી મોટો ફાયદો એ છે કે તે અત્યંત વ્યવસ્થિત હોય છે, જેનો અર્થ એ છે કે તે ઝડપથી નિર્ણયો લઈ શકે છે અને તેમને નિર્દયતાથી લાગુ પણ કરી શકે છે. ખાસ કરીને યુદ્ધો અને મહામારી જેવી કટોકટી દરમિયાન કેન્દ્રીય નેટવર્કો વિતરિત નેટવર્ક કરતાં વધુ ઝડપથી અને વધુ દૂર સુધી જઈ શકે છે.

પરંતુ અતિકેન્દ્રિત ઇન્ફૉર્મેશન નેટવર્કના ઘણા ગેરફાયદા પણ છે. તેમાં માહિતીને સત્તાવાર માધ્યમો સિવાય પણ વહેવા દેવાતી નથી. આથી જો સત્તાવાર માધ્યમો અવરોધિત હોય, તો માહિતી પ્રસારણનું કોઈ વૈકલ્પિક માધ્યમ રહેતું નથી અને સત્તાવાર માધ્યમો ઘણીવાર અવરોધિત હોય છે.

સત્તાવાર માધ્યમો અવરોધિત થવાનું એક સામાન્ય કારણ એ છે કે ભયભીત નીચલા કર્મચારીઓ તેમના ઉપરી અધિકારીઓથી ખરાબ સમાચાર છુપાવતા હોય છે. પ્રથમ વિશ્વયુદ્ધ દરમિયાન ઓસ્ટ્રો-હંગેરિયન સામ્રાજ્ય વિશેની એક વ્યંગાત્મક નવલકથા 'ગુડ સોલ્જર સ્વેજક'માં, જારોસ્લાવ હાસેકે લખ્યું છે કે, ઑસ્ટ્રિયન સત્તાવાળાઓ લોકોના ઘટતા મનોબળ વિશે બહુ ચિંતિત હતા. તેથી તેઓએ સ્થાનિક પોલીસ સ્ટેશનો પર આદેશોનો મારો ચલાવ્યો કે બાતમીદારો રાખવા, ડેટા એકત્રિત કરવો અને વસ્તીની વફાદારી પર મુખ્યાલયને રિપોર્ટ કરવો. આ બધું શક્ય તેટલું વૈજ્ઞાનિક બનાવવા માટે, મુખ્યાલયે કુશળ વફાદારી માટે માપદંડ પણ નક્કી કર્યાઃ I.a, I.b, I.c; II.a, II.b, II.c; III.a, III.b, III.c; IV.a, IV.b, IV.c. તેમણે સ્થાનિક પોલીસ સ્ટેશનોને દરેક ગ્રેડ વિશે વિગતવાર સમજૂતીઓ મોકલી અને એક સત્તાવાર ફોર્મ પણ મોકલ્યું, જે તેમણે દરરોજ ભરવાનું હતું. દેશભરના પોલીસ સાર્જન્ટોએ ફરજપૂર્વક ફોર્મ ભર્યા અને તેમને મુખ્યાલયમાં પાછા મોકલ્યા. એક પણ અપવાદ વિના, તે બધા ફોર્મમાં હંમેશાં I.a મનોબળ જ દર્શાવતા હતા નહીંતર તેમને ઠપકો, નીચી પાયરીએ ઉતરવું કે તેથી પણ વધુ ખરાબ પરિસ્થિતિનો ભોગ બનવું પડે તેમ હતું.[110]

સત્તાવાર માધ્યમો માહિતી પહોંચાડવામાં નિષ્ફળ જતા હોય છે, તેનું બીજું એક સામાન્ય કારણ વ્યવસ્થા જાળવવાનું છે. સર્વાધિકારવાદી ઇન્ફૉર્મેશન નેટવર્કનો મુખ્ય હેતુ વસ્તુલક્ષી સત્ય શોધવાને બદલે વ્યવસ્થા ઊભી કરવાનો હોય છે માટે જ્યારે કોઈ માહિતીથી સામાજિક વ્યવસ્થા નબળી પડવાની સ્થિતિ ઉત્પન્ન થાય ત્યારે સર્વાધિકારી શાસન ઘણીવાર તેને દબાવી દે છે અને તેમના માટે આવું કરવું પ્રમાણમાં સરળ હોય છે, કારણ કે તેઓ જ બધા માહિતી પ્રસરાવતા માધ્યમોને નિયંત્રિત કરતા હોય છે.

ઉદાહરણ તરીકે, જ્યારે 26 એપ્રિલ, 1986ના રોજ ચેર્નોબિલ પરમાણુ રિએક્ટરમાં વિસ્ફોટ થયો, ત્યારે સોવિયેત અધિકારીઓએ આ દુર્ઘટનાના બધા સમાચાર દબાવી દીધા. સોવિયેત નાગરિકો અને વિદેશી દેશો બંનેને એ ભયથી અજાણ રાખવામાં આવ્યા હતા માટે કિરણોત્સર્ગથી પોતાને બચાવવા માટે તેમણે કોઈ પગલાં લીધાં નહીં. જ્યારે ચેર્નોબિલ અને નજીકના શહેર પ્રિપાયટમાં કેટલાક સોવિયેત અધિકારીઓએ નજીકમાં રહેતા લોકોને તાત્કાલિક ત્યાંથી ઉચાળા ભરવાની વિનંતી કરી, ત્યારે તેમના ઉપરી અધિકારીઓની મુખ્ય ચિંતા તો આ ભયજનક સમાચારને ફેલાતા અટકાવવાની હતી. તેથી તેઓએ લોકોના સ્થળાંતર પર તો પ્રતિબંધ મૂક્યો જ, પણ સાથે સાથે ફોન લાઇનો પણ કાપી નાખી અને એ પરમાણુ કેન્દ્રમાં કામ કરતા કર્મચારીઓને આ દુર્ઘટના વિશે વાત ન કરવાની ચેતવણી પણ આપી.

એ દુર્ઘટનાના બે દિવસ પછી સ્વીડિશ વૈજ્ઞાનિકોએ જોયું કે ચેર્નોબિલથી બારસો કિલોમીટરથી વધુ દૂર આવેલા સ્વીડનમાં કિરણોત્સર્ગનું સ્તર અસામાન્ય રીતે ઊંચું હતું. પશ્ચિમી સરકારો અને પશ્ચિમી પ્રેસે સમાચાર આપ્યા પછી જ સોવિયેત સંઘે સ્વીકાર્યું કે કંઈ ખોટું હતું. તેમ છતાં તેઓ તેમના પોતાના નાગરિકોથી તો આ દુર્ઘટનાની વિગતો છુપાવતા જ રહ્યા અને વિદેશમાંથી સલાહ અને સહાય મેળવવામાં અચકાતા રહ્યા. પરિણામે યુક્રેન, બેલારુસ અને રશિયાના લાખો લોકોના સ્વાસ્થ્ય પર તેની ગંભીર અસરો પડી. જ્યારે સોવિયેત સત્તાવાળાઓએ પાછળથી આ દુર્ઘટનાની તપાસ કરી, ત્યારે પણ તેમની પ્રાથમિકતા કારણોને સમજવા અને ભવિષ્યમાં અકસ્માતોને રોકવાને બદલે દોષનો ટોપલો બીજા પર ઢોળી દેવાની જ હતી.[111]

2019માં, હું ચેર્નોબિલના પ્રવાસે ગયો હતો. આ દુર્ઘટનાનું કારણ સમજાવનાર યુક્રેનિયન ગાઈડે કંઈક એવું કહ્યું જે મારા મનમાં છપાઈ ગયું. “અમેરિકનો એવા વિચાર સાથે ઉછરે છે કે પ્રશ્નો જ જવાબો તરફ દોરી જાય છે,” તેણે કહ્યું હતું, “પરંતુ સોવિયેત નાગરિકો એવા વિચાર સાથે ઉછરે છે કે પ્રશ્નો મુશ્કેલી તરફ દોરી જાય છે.”

સ્વાભાવિક છે કે લોકશાહી દેશોના નેતાઓને પણ ખરાબ સમાચાર ગમતા હોતા નથી, પરંતુ વિતરિત લોકશાહી નેટવર્કમાં, જ્યારે સંદેશાવ્યવહારના સત્તાવાર માધ્યમો અવરોધિત હોય છે, ત્યારે માહિતી વૈકલ્પિક માધ્યમો દ્વારા વહે છે. ઉદાહરણ તરીકે, જો કોઈ અમેરિકન અધિકારી રાષ્ટ્રપતિને કોઈ આપત્તિ વિશે જણાવવાનું ટાળે છે, તો પણ તે સમાચાર ‘ધ વૉશિંગ્ટન પોસ્ટ’ દ્વારા પ્રકાશિત થઈ શકે છે અને જો ‘ધ વૉશિંગ્ટન પોસ્ટ’ પણ જાણીજોઈને એ માહિતી છુપાવે

છે, તો 'ધ વૉલ સ્ટ્રીટ જર્નલ' કે 'ધ ન્યૂ યોર્ક ટાઇમ્સ' એ સમાચાર છાપશે. સ્વતંત્ર મીડિયાનું બિઝનેસ મૉડેલ જ એવું છે કે તેમણે હંમેશાં નવા સમાચારો શોધવા જ પડે છે, જેથી તમામ સમાચારોનું પ્રકાશન થઈને જ રહે છે.

જ્યારે 28 માર્ચ 1979ના રોજ પેન્સિલવેનિયામાં થ્રી માઇલ આઇલૅન્ડ પર આવેલા પરમાણુ રિએક્ટરમાં એક ગંભીર અકસ્માત થયો, ત્યારે આંતરરાષ્ટ્રીય હસ્તક્ષેપની જરૂર વગર પણ સમાચાર ઝડપથી ફેલાઈ ગયા. અકસ્માત સવારે 4:00 વાગ્યે થયો અને સવારે 6:30 વાગ્યે તેની જાણ થઈ. સવારે 6:56 વાગ્યે એ કેન્દ્રમાં આપાતકાલીન પરિસ્થિતિ જાહેર કરવામાં આવી અને 7:02 વાગ્યે પેન્સિલવેનિયા ઇમરજન્સી મૅનેજમેન્ટ એજન્સીને પણ અકસ્માતની જાણ કરવામાં આવી. તે પછીના કલાક દરમિયાન પેન્સિલવેનિયાના ગવર્નર, લેફ્ટનન્ટ ગવર્નર અને નાગરિક સંરક્ષણ અધિકારીઓને જાણ કરવામાં આવી. સવારે 10:00 વાગ્યે એક સત્તાવાર પ્રેસ કૉન્ફરન્સનું આયોજન કરવામાં આવ્યું હતું. જોકે સ્થાનિક હેરિસબર્ગ રેડિયો સ્ટેશનના એક ટ્રાફિક રિપોર્ટરે પોલીસના વાયરલેસ પર પ્રસારિત આ ઘટનાઓના સંદેશા સાંભળ્યા અને એ રેડિયો સ્ટેશને સવારે 8:25 વાગ્યે એક ટૂંકો અહેવાલ પ્રસારિત કર્યો. યુ.એસ.એસ.આર.માં એક સ્વતંત્ર રેડિયો સ્ટેશન દ્વારા આવી પહેલ અકલ્પ્ય હતી, પરંતુ યુનાઇટેડ સ્ટેટ્સમાં તે એકદમ સામાન્ય ઘટના હતી. સવારે 9:00 વાગ્યા સુધીમાં ઍસોસિયેટેડ પ્રેસે એક બુલેટિન બહાર પાડ્યું. સંપૂર્ણ વિગતો બહાર આવવામાં તો દિવસો લાગ્યા હતા પરંતુ અકસ્માત વિશે જાણ થયાના બે કલાકમાં અમેરિકન નાગરિકોને ખબર પડી ગઈ હતી. સરકારી એજન્સીઓ, એનજીઓ, શિક્ષણવિદો અને પ્રેસ દ્વારા એ પછી થયેલી તપાસમાં અકસ્માતનાં તાત્કાલિક કારણો જ નહીં, પરંતુ તેના ઊંડા માળખાકીય કારણો પણ બહાર આવ્યાં, જેણે વિશ્વભરમાં પરમાણુ ટેક્નોલૉજીની સલામતી સુધારવામાં મદદ કરી. માઇલ આઇલૅન્ડના કેટલાક પાઠ સોવિયેત સહિત બધા સાથે ખુલ્લેઆમ વહેંચવામાં આવ્યા હતા અને તેણે ચેર્નોબિલ દુર્ઘટનાની અસરોને ઘટાડવામાં ફાળો આપ્યો હતો.[112]

કોઈ પણ પ્રણાલી પરિપૂર્ણ નથી

સત્તાવાદી અને સરમુખત્યારશાહી નેટવર્કોમાં આવા અવરોધિત માધ્યમો ઉપરાંત અન્ય સમસ્યાઓ પણ હોય છે. સૌ પ્રથમ, આપણે પહેલેથી જ સ્થાપિત કર્યું છે કે તેમની સ્વસુધારણા પદ્ધતિઓ ખૂબ જ નબળી હોય છે. તેઓ એમ માનતા હોય છે કે તેઓ અચૂક છે માટે તેમને આવી પદ્ધતિઓની જરૂર બહુ ઓછી

જણાતી હોય છે. તેઓ એવી કોઈ પણ સ્વતંત્ર સંસ્થાથી ડરતા હોય છે, જે તેમને પડકાર આપી શકે તેમ હોય માટે તેમની પાસે મુક્ત અદાલતો, મીડિયા આઉટલેટ્સ અથવા સંશોધન કેન્દ્રો હોતાં નથી. પરિણામે, બધી સરકારોને સમાનપણે જોવા મળતા સત્તાના દૈનિક દુરુપયોગને જાહેર કરવા અને સુધારવા માટે કોઈ હોતું નથી, જે તે આગેવાન ક્યારેક ભ્રષ્ટાચાર વિરોધી ઝુંબેશની જાહેરાત કરે, પરંતુ બિનલોકશાહી પ્રણાલીઓમાં તો એ ઘણીવાર એક શાસકીય જૂથ માટે બીજા શાસકીય જૂથને દૂર કરવા માટેનો પડદો જ બની રહે છે.[113]

અને જો જે તે આગેવાન પોતે જ જાહેર ભંડોળની ઉચાપત કરે છે અથવા કોઈ વિનાશક નીતિલક્ષી ભૂલ કરે છે તો શું થાય? કોઈ પણ તે આગેવાનને પડકાર આપી શકતું નથી અને એક માનવી હોવાને કારણે એ આગેવાન કોઈ પણ ભૂલો સ્વીકારવાનો ઇનકાર પણ કરી શકે છે. તેના બદલે, તે બધી સમસ્યાઓના દોષનો ટોપલો “વિદેશી દુશ્મનો”, “આંતરિક દેશદ્રોહીઓ” અથવા “ભ્રષ્ટ અધિકારીઓ” પર ઢોળશે અને કથિત ગુનેગારોનો સામનો કરવા માટે વધુ સત્તાની માંગ કરશે.

ઉદાહરણ તરીકે, આપણે પાછલા પ્રકરણમાં ઉલ્લેખ કર્યો છે કે સ્ટાલિને ઉત્ક્રાંતિ વિશે રાજ્યના સત્તાવાર સિદ્ધાંત તરીકે લિસેન્કોઈઝમના બનાવટી સિદ્ધાંતને અપનાવ્યો હતો. તેનાં પરિણામો વિનાશક હતાં. ડાર્વિનના સિદ્ધાંતોની અવગણના અને લિસેન્કોઈસ્ટ કૃષિશાસ્ત્રીઓ દ્વારા સુપર ક્રોપ બનાવવાના પ્રયાસોએ દાયકાઓ સુધી સોવિયેત જીનેટિક સંશોધનને પાછળ જ રાખ્યું અને સોવિયેત કૃષિક્ષેત્રને નબળું પાડ્યું, જે સોવિયેત નિષ્ણાતોએ લિસેન્કોઈઝમને છોડીને ડાર્વિનવાદને સ્વીકારવાનું સૂચન કર્યું હતું તેમણે ગુલાગ અથવા માથામાં ગોળી ખાવાનું જોખમ લીધું હતું. લિસેન્કોઈઝમનો વારસો દાયકાઓ સુધી સોવિયેત વિજ્ઞાન અને કૃષિવિજ્ઞાનને પીડતો રહ્યો અને તે એક કારણ હતું કે 1970ના દાયકાની શરૂઆતમાં યુ.એસ.એસ.આર. વિશાળ ફળદ્રુપ ખેતરો હોવા છતાં અનાજનું મુખ્ય નિકાસકારને બદલે આયાતકાર બની ગયું હતું.[114]

આ જ વસ્તુ અન્ય ઘણાં ક્ષેત્રોમાં પણ છે. ઉદાહરણ તરીકે, 1930ના દાયકા દરમિયાન સોવિયેત ઉદ્યોગોમાં અસંખ્ય અકસ્માતો સર્જાયા. એ મોટે ભાગે મોસ્કોમાં બેઠેલા સોવિયેત વરિષ્ઠ અધિકારીઓનો દોષ હતો, જેમણે ઔદ્યોગિકીકરણ માટે લગભગ અશક્ય લક્ષ્યો રાખ્યાં હતાં અને તેમને સિદ્ધ કરવામાં કોઈ પણ નિષ્ફળતાને તેઓ રાજદ્રોહ તરીકે જોતા હતા. એ મહત્ત્વાકાંક્ષી લક્ષ્યોને પૂર્ણ કરવાના પ્રયાસમાં, સલામતીનાં પગલાં અને ગુણવત્તા નિયંત્રણની અવગણના કરવામાં આવી હતી અને જે નિષ્ણાતોએ સમજદારીથી આગળ વધવાની સલાહ

આપી હતી તેમને ઠપકો આપવામાં આવતો હતો કે પછી ગોળી મારી દેવામાં આવતી હતી. ઔદ્યોગિક અકસ્માતો, ખરાબ ઉત્પાદનો અને વેડફાયેલી મહેનત તેનું પરિણામ હતું. આ બધાની જવાબદારી લેવાને બદલે મોસ્કોએ એવું તારણ કાઢ્યું કે આ સોવિયેત સાહસને પાટા પરથી ઉતારી નાખવા માટે તૈયાર વૈશ્વિક ટ્રોત્સ્કીવાદી-સામ્રાજ્યવાદી કાવતરાના ભાંગફોડિયા અને આતંકવાદી તત્ત્વોનું કામ હોવું જોઈએ. એટલે ધીમા પડવા અને સલામતી નિયમો અપનાવવાને બદલે, વરીષ્ઠ અધિકારીઓએ તેમના આતંકને બમણો કર્યો હતો અને વધુ લોકોને ગોળીઓ મારવાનું ચાલુ કર્યું હતું.

એક પ્રખ્યાત કિસ્સો પાવેલ રાયચાગોવનો હતો. તે ઉત્તમ અને બહાદુર સોવિયેત પાઇલટોમાંનો એક હતો. તેણે સ્પેનિશ ગૃહયુદ્ધમાં રિપબ્લિકનોને અને જાપાની આક્રમણ સામે ચીનીઓને મદદ કરવાના મિશનોનું નેતૃત્વ કર્યું હતું. તે ઝડપથી પદોન્નતિ પામ્યો હતો અને ઑગસ્ટ 1940માં ઓગણત્રીસ વર્ષની ઉંમરે સોવિયેત વાયુસેનાનો કમાન્ડર બન્યો હતો, પરંતુ સ્પેનમાં નાઝી વિમાનોને તોડી પાડવામાં રાયચાગોવની મદદ કરનારી તેની હિંમતને કારણે તે મોસ્કોમાં ભારે મુશ્કેલીમાં મુકાઈ ગયો હતો. સોવિયેત વાયુસેના અનેક અકસ્માતોનો ભોગ બની હતી જેનો આરોપ પોલિટબ્યુરોએ શિસ્તના અભાવ અને સોવિયેતવિરોધી કાવતરાખોરો દ્વારા ઇરાદાપૂર્વકની ભાંગફોડ પર મૂક્યો હતો. જોકે રાયચાગોવ આ સત્તાવાર કારણોને સ્વીકારવા તૈયાર નહોતો. અગ્રીમ હરોળના પાઈલટ તરીકે તે સત્ય જાણતો હતો. તેણે સ્ટાલિનને સ્પષ્ટપણે કહ્યું કે, પાઈલટોને ઉતાવળમાં ડિઝાઇન કરેલા અને ખરાબ રીતે બનાવાયેલા વિમાનો ઉડાડવવાની ફરજ પાડવામાં આવી રહી હતી, જેની તુલના તેણે "શબપેટીઓમાં" ઊડવા સાથે કરી હતી. હિટલરે સોવિયેત યુનિયન પર આક્રમણ કર્યાના બે દિવસ પછી, જ્યારે રેડ આર્મી તૂટી રહી હતી અને સ્ટાલિન બલિનો બકરો શોધવા માટે સખત મથી રહ્યો હતો, ત્યારે "સોવિયેત વિરોધી કાવતરાખોર સંગઠનના સભ્ય હોવા અને રેડ આર્મીની શક્તિને નબળી પાડવાના હેતુથી દુશ્મનોનું કાર્ય કરવા" બદલ રાયચાગોવની ધરપકડ કરવામાં આવી હતી. તેની પત્નીની પણ ધરપકડ કરવામાં આવી હતી કારણ કે તે કથિત રીતે તેના પતિના "લશ્કરી કાવતરાખોરો સાથે ટ્રોત્સ્કીવાદી સંબંધો" વિશે જાણતી હતી. તેમને 28 ઑક્ટોબર, 1941ના રોજ ફાંસી આપવામાં આવી હતી.[115]

સોવિયેત લશ્કરી શક્તિને નષ્ટ કરનાર ખરો ભાંગફોડિયો રાયચાગોવ નહીં પણ સ્ટાલિન પોતે હતો. વર્ષોથી સ્ટાલિનને ડર હતો કે નાઝી જર્મની સાથે મોટી અથડામણ થવાની શક્યતા હતી અને તેની તૈયારી માટે તેણે વિશ્વનું સૌથી મોટું

યુદ્ધ તંત્ર પણ સર્જ્યું હતું, પરંતુ તેણે પોતે જ રાજદ્વારી અને માનસિક બંને રીતે આ તંત્રને અવરોધે રાખ્યું હતું.

રાજદ્વારી સ્તરે, 1939-41 સુધીમાં સ્ટાલિને એવો જુગાર રમ્યો કે તે "મૂડીવાદીઓ"ને એકબીજા સાથે લડી લડીને થાકવા માટે ઉશ્કેરે અને એ દરમિયાન યુ.એસ.એસ.આર. તેની શક્તિઓ સર્જે અને તેમાં વધારો પણ કરતું રહે. તેથી તેણે 1939માં હિટલર સાથે કરાર કર્યો અને જર્મનોને પોલૅન્ડ અને પશ્ચિમ યુરોપનો મોટાભાગનો ભાગ જીતવા દીધો જ્યારે યુ.એસ.એસ.આર.એ તેના મોટાભાગના પડોશીઓ પર હુમલો કર્યો અથવા તેમને અલગ કરી નાખ્યા. 1939-40માં સોવિયેતે પૂર્વી પોલૅન્ડ પર આક્રમણ કર્યું અને કબજો કર્યો, ઈસ્ટોનિયા, લાટવિયા અને લિથુએનિયાને પોતાની સાથે જોડ્યા તેમજ ફિનલૅન્ડ અને રોમાનિયાના કેટલાક ભાગો જીતી લીધા. યુ.એસ.એસ.આર.ની આજુબાજુ રહીને તટસ્થ બફર તરીકે કામ કરી શકતા ફિનલૅન્ડ અને રોમાનિયા પરિણામે તેના કટ્ટર દુશ્મન બન્યા. 1941ની વસંતઋતુમાં પણ, સ્ટાલિને બ્રિટન સાથે આગોતરી સંધિ કરવાનો ઇનકાર કર્યો તેમજ યુગોસ્લાવિયા અને ગ્રીસ પર નાઝી વિજયને રોકવા માટે કોઈ પગલાં લીધાં નહીં, જેના કારણે યુરોપમાં સાથી બની શકે તેવા છેલ્લા દેશો પણ ગુમાવ્યા. માટે જ જ્યારે 22 જૂન, 1941ના રોજ હિટલરે હુમલો કર્યો, ત્યારે યુ.એસ.એસ.આર. એકલું પડી ગયું.

સૈદ્ધાંતિક રીતે, સ્ટાલિને સર્જેલું યુદ્ધ તંત્ર નાઝીઓના આક્રમણનો સામનો એકલા રહીને પણ કરી શક્યું હોત. 1939થી જીતી લેવામાં આવેલા પ્રદેશોએ સોવિયેત સંરક્ષણને ઘણું ઊંડાણ આપ્યું હતું અને સોવિયેતને તેનો જબરજસ્ત લશ્કરી લાભ મળશે તેમ લાગતું હતું. આક્રમણના પહેલા દિવસે સોવિયેત પાસે યુરોપિયન મોરચે 15,000 ટેન્ક, 15,000 યુદ્ધ વિમાનો અને 37,000 તોપ હતા, જે 3300 જર્મન ટેન્ક, 2250 યુદ્ધ વિમાનો અને 7146 બંદૂકોનો સામનો કરી રહ્યા હતા.[116] પરંતુ ઇતિહાસના સૌથી મોટા લશ્કરી ઉત્પાતોમાંથી એકમાં સ્થાન પામતી ઘટના બની. એક મહિનાની અંદર સોવિયેતે 11,700 ટેન્ક (78 ટકા), 10,000 યુદ્ધ વિમાનો (67 ટકા) અને 19,000 તોપ (51 ટકા) ગુમાવ્યા.[117] સ્ટાલિને 1939-40માં જીતેલા બધા પ્રદેશો અને સોવિયેત હાર્ટલૅન્ડનો મોટો ભાગ પણ ગુમાવી દીધો. 16 જુલાઈ સુધીમાં જર્મનો મોસ્કોથી માત્ર 370 કિલોમીટર દૂર સ્મોલેન્સ્કમાં પહોંચી ગયા હતા.

1941થી આ પરાજયના કારણો પર ચર્ચા થઈ રહી છે, પરંતુ મોટાભાગના વિદ્વાનો એ વાત પર સહમત છે કે સ્ટાલિનવાદની માનસિકતા એક મહત્ત્વપૂર્ણ પરિબળ હતું. વર્ષો સુધી એ શાસને તેના લોકોને ભયભીત રાખ્યા, પહેલ

કરનારા અને અલગ પડનારાઓને સજા કરી તેમજ આધીનતા અને સહકારિતાને જ પ્રોત્સાહન આપે રાખ્યું. એનાથી સૈનિકોનો જુસ્સો ઘટ્યો હતો. નાઝીઓના હુમલાઓની ભયાનકતા સંપૂર્ણ રીતે સમજાય તે પહેલાં, યુદ્ધના પ્રારંભિક મહિનાઓમાં રેડ આર્મીના સૈનિકોએ મોટી સંખ્યામાં આત્મસમર્પણ કર્યું હતું. 1941ના અંત સુધીમાં ત્રીસથી ચાલીસ લાખ લોકો બંદીવાન બનાવાયા હતા.[118] જ્યારે રેડ આર્મી દઢતાથી લડી ત્યારે પણ તેમાં પહેલનો અભાવ હતો. લાખો લોકોની હત્યામાંથી બચી ગયેલા અધિકારીઓ સ્વતંત્ર પગલાં લેવામાં ડરતા હતા અને નાના અધિકારીઓમાં ઘણીવાર પૂરતી તાલીમનો અભાવ હતો. વારંવાર માહિતીના અભાવથી પીડાતા અને નિષ્ફળતાઓ માટે બલિનો બકરો બનતા કમાન્ડરોને રાજકીય કમિશનરોનો પણ સામનો કરવો પડતો હતો જેઓ તેમના નિર્ણયો પડકારી શકતા હતા. સૌથી સલામત રસ્તો એ હતો કે ઉપરથી આદેશો આવે તેની રાહ જોવી અને પછી ભલે તેમાં લશ્કરી સમજ ન દેખાતી હોય ત્યારે પણ ગુલામીની માનસિકતાથી તેમનું પાલન કરવું.[119]

1941ની તેમજ 1942ના વસંત અને ઉનાળાની આફતો છતાં, હિટલરે આશા રાખી હતી તેમ સોવિયેત રાજ્ય ભાંગી પડ્યું નહીં, જેમ જેમ રેડ આર્મી અને સોવિયેત નેતૃત્વએ સંઘર્ષના પ્રથમ વર્ષથી શીખેલા પાઠને આત્મસાત્ કર્યા, તેમ તેમ મોસ્કોના રાજકીય કેન્દ્રએ તેની પકડ ઢીલી કરી હતી. રાજકીય કમિશનરોની શક્તિઓ ઘટાડવામાં આવી, જ્યારે સૈન્ય અધિકારીઓને વધુ જવાબદારી સ્વીકારવા અને વધુ પહેલ કરવા માટે પ્રોત્સાહિત કરવામાં આવ્યા.[120] સ્ટાલિને 1939-41ની તેની ભૂરાજકીય ભૂલોને પણ સુધારી તેમજ યુ.એસ.એસ.આર.નું બ્રિટન અને યુનાઇટેડ સ્ટેટ્સ સાથે જોડાણ કર્યું. રેડ આર્મીની પહેલ, પશ્ચિમની સહાય અને યુ.એસ.એસ.આર.ના લોકો માટે નાઝી શાસનનો અર્થ શું હશે તેની અનુભૂતિએ યુદ્ધની દિશા ફેરવી નાખી હતી.

જોકે 1945માં વિજય મેળવ્યા પછી સ્ટાલિને ફરી આતંક શરૂ કર્યો, સ્વતંત્ર વિચારધારા ધરાવતા વધુ સૈન્ય અધિકારીઓ અને અન્ય અધિકારીઓને દૂર કર્યા અને ફરીથી આંધળા આજ્ઞાપાલનને પ્રોત્સાહન આપ્યું.[121] વક્રતા એ છે કે આઠ વર્ષ પછી સ્ટાલિનનું પોતાનું મૃત્યુ એ ઇન્ફૉર્મેશન નેટવર્કનું પરિણામ હતું જેણે વ્યવસ્થાને પ્રાથમિકતા આપી અને સત્યની અવગણના કરી હતી. 1951-53માં યુ.એસ.એસ.આર.ને વધુ એક વિચ-હન્ટનો સામનો કરવો પડ્યો. સોવિયેત દંતકથા ઘડનારાઓએ એવા કાવતરાની વાતો ઘડી કાઢી કે યહૂદી ડૉક્ટરો તબીબી સંભાળ આપવાના બહાને અગ્રણી શાસકીય સભ્યોની પદ્ધતિસર હત્યા કરી રહ્યા હતા. આ કાવતરાની વાતોમાં એવો આરોપ મૂકવામાં આવ્યો

હતો કે એ ડૉક્ટરો વૈશ્વિક અમેરિકન-ઝાયોનિસ્ટ કાવતરાના એજન્ટ હતા, જે ગુપ્તચર પોલીસમાં રહેલા દેશદ્રોહીઓ સાથે મળીને કામ કરતા હતા. 1953ની શરૂઆતમાં સેંકડો ડૉક્ટરો અને ગુપ્તચર પોલીસના વડા સહિતના ગુપ્તચર પોલીસના અધિકારીઓની ધરપકડ કરવામાં આવી, તેમની પર ત્રાસ ગુજારવામાં આવ્યો અને તેમને સાથીદારોનાં નામ જણાવવાની ફરજ પાડવામાં આવી. આ ષડ્યંત્રની વાતો 'પ્રોટોકોલ્સ ઑફ ધ એલ્ડર્સ ઑફ ઝાયન'ના સોવિયેત સ્વરૂપ જેવી જ હતી અને તેમાં જૂના લોહીથી થતી બદનક્ષીના આરોપો પણ ભળી ગયા. એટલે એવી અફવાઓ પણ ફેલાઈ કે યહૂદી ડૉક્ટરો ફક્ત સોવિયેત આગેવાનોની જ નહીં, પરંતુ હૉસ્પિટલોમાં બાળકોની પણ હત્યા કરી રહ્યા હતા. સોવિયેત ડૉક્ટરોનો મોટો હિસ્સો યહૂદી હોવાથી લોકો બધા ડૉક્ટરોથી ડરવા લાગ્યા હતા.[122]

"ડૉક્ટરોના કાવતરા" વિશેનો ઉન્માદ પરાકાષ્ઠાએ પહોંચ્યો હતો, તેવામાં જ સ્ટાલિનને 1 માર્ચ, 1953ના રોજ સ્ટ્રોક આવ્યો. તે પોતાના ડાચા (રશિયન શૈલીના ગ્રામ્ય ઘર)માં પડી ગયો, પહેરેલા કપડે જ તેને પેશાબ છૂટી ગયો અને કલાકો સુધી તે એવા ગંદા પાયજામામાં પડ્યો રહ્યો, મદદ માટે કોઈને ફોન પણ કરી શક્યો નહીં. રાત્રે લગભગ 10:30 વાગ્યે, એક ગાર્ડે વૈશ્વિક સામ્યવાદના આંતરિક ગર્ભગૃહમાં પ્રવેશવાની હિંમત કરી, જ્યાં તેણે એ નેતાને ધરતી પર પડેલો જોયો. 2 માર્ચના રોજ સવારે 3:00 વાગ્યા સુધીમાં પોલિટબ્યુરોના સભ્યો ત્યાં આવી પહોંચ્યા અને શું કરવું તે અંગે ચર્ચા કરી. ઘણા કલાકો સુધી કોઈએ ડૉક્ટરને બોલાવવાની હિંમત ન કરી. જો સ્ટાલિન ભાનમાં આવે અને એક ડૉક્ટરને તેની પર ઝળૂંબતો જુએ, તો શું થાય? તે ચોક્કસપણે એમ વિચારે કે આ તેની હત્યાનું કાવતરું હતું અને તે જવાબદારોને ગોળી મારી દે. સ્ટાલિનનો અંગત ડૉકટર ત્યાં નહોતો, કારણ કે તે સમયે તે લુબ્યાન્કા જેલના ભોંયરામાં એક કોટડીમાં હતો. તેને સ્ટાલિનને વધુ આરામની જરૂર હોવાનું સૂચવવા બદલ સજા આપવામાં આવી રહી હતી. પોલિટબ્યૂરોના સભ્યોએ તબીબી નિષ્ણાતોને બોલાવવાનો નિર્ણય લીધો ત્યાં સુધીમાં બધો ભય ટળી ગયો હતો, કારણ કે સ્ટાલિન ક્યારેય જાગવાનો નહોતો.[123]

આ આપત્તિઓના ઢગલા જોઈને તમે એવું તારણ કાઢી શકો છો કે સ્ટાલિનવાદી વ્યવસ્થા સંપૂર્ણપણે નિષ્ક્રિય હતી. સત્યની તેની ક્રૂર અવગણનાને કારણે તેણે લાખો લોકોને ભયંકર દુ:ખી કર્યા. એટલું જ નહીં, પણ તેણે ભારે રાજદ્વારી, લશ્કરી અને આર્થિક ભૂલો પણ કરી અને તેના પોતાના નેતાઓ પણ તેમાં ભરખાઈ ગયા. જો કે, આવો નિષ્કર્ષ અયોગ્ય મનાશે.

બીજા વિશ્વયુદ્ધના પ્રારંભિક તબક્કામાં સ્ટાલિનવાદની ભયંકર નિષ્ફળતાની ચર્ચામાં, બે મુદ્દાઓ એ વાતને જટિલ બનાવે છે. પ્રથમ, ફ્રાન્સ, નોર્વે અને નેધરલૅન્ડ જેવા લોકશાહી દેશોએ તે સમયે યુ.એસ.એસ.આર. જેવી જ મોટી રાજદ્વારી ભૂલો કરી હતી અને તેમની સેનાઓએ તો યુ.એસ.એસ.આર.થી પણ વધુ ખરાબ પ્રદર્શન કર્યું હતું. બીજું, રેડ આર્મી, ફ્રેન્ચ સેના, ડચ સેના અને અસંખ્ય અન્ય સેનાઓને કચડી નાખનાર લશ્કરી યંત્રણાનું સર્જન એક એકાધિકારવાદી શાસન દ્વારા કરવામાં આવ્યું હતું. તેથી 1939-41ના વર્ષોમાંથી આપણે જે પણ નિષ્કર્ષ કાઢીએ, તે એવો તો ન જ હોઈ શકે કે એકાધિકારવાદી નેટવર્કો લોકશાહી નેટવર્કો કરતાં વધુ ખરાબ રીતે કામ કરે છે. સ્ટાલિનવાદનો ઇતિહાસ સર્વાધિકારી માહિતી નેટવર્કોના ઘણા સંભવિત ગેરફાયદાઓ દર્શાવે છે, પરંતુ તેનાથી તેના સંભવિત ફાયદાઓ આપણને દેખાવા બંધ ન થવા જોઈએ.

બીજા વિશ્વયુદ્ધના વ્યાપક ઇતિહાસ અને તેનાં પરિણામો પર વિચાર કરીએ ત્યારે, તે સ્પષ્ટ થાય છે કે સ્ટાલિનવાદ ખરેખર ત્યાર સુધીની સૌથી સફળ રાજકીય પ્રણાલીઓમાંનો એક હતો, જો આપણે "સફળતા"ને ફક્ત વ્યવસ્થા અને શક્તિના સંદર્ભમાં વ્યાખ્યાયિત કરીએ તેમજ નૈતિકતા અને માનવ સુખાકારીના તમામ મુદ્દાઓને અવગણીએ તો. સહાનુભૂતિના સંપૂર્ણ અભાવ અને સત્ય પ્રત્યેના તેના કઠોર વલણ છતાં અથવા તો કદાચ તેના જ કારણે, સ્ટાલિનવાદ મોટાપાયે વ્યવસ્થા જાળવતી એકમાત્ર કાર્યક્ષમ પ્રણાલી હતી. જૂઠા સમાચાર અને કાવતરાની અવિરત વાતોથી લાખો લોકોને નિયમબદ્ધ રાખવામાં મદદ મળી હતી. સોવિયેત કૃષિના સામૂહિકીકરણથી સામૂહિક ગુલામી અને ભૂખમરો આવ્યા પણ તેનાથી જ દેશના ઝડપી ઔદ્યોગિકીકરણનો પાયો પણ નંખાયો. ગુણવત્તા નિયંત્રણ પ્રત્યે સોવિયેતની અવગણનાએ ઊડતી શબપેટીઓ ઉત્પન્ન કરી, પરંતુ તેણે હજારોની સંખ્યામાં ઉત્પન્ન કરી માટે ગુણવત્તામાં જે અભાવ હતો તેની ભરપાઈ સંખ્યાથી થઈ જતી હતી. 1941માં લશ્કરના ખરાબ પ્રદર્શનનું મુખ્ય કારણ ગ્રેટ ટેરર દરમિયાન રેડ આર્મીના અધિકારીઓની હત્યાઓ જ હતી પરંતુ ભયંકર પરાજય છતાં કોઈએ સ્ટાલિન સામે બળવો ન કર્યો તેનું મુખ્ય કારણ પણ એ જ હતું. સોવિયેત લશ્કરી તંત્ર દુશ્મનની સાથે પોતાના સૈનિકોને પણ કચડી નાખવાનું વલણ રાખતું હતું, પરંતુ આખરે તે વિજયની દિશામાં અગ્રેસર થયું હતું.

1940 અને 1950ના દાયકાની શરૂઆતમાં, વિશ્વભરમાં ઘણા લોકો માનતા હતા કે સ્ટાલિનવાદ જ ભવિષ્ય છે. તેણે બીજા વિશ્વયુદ્ધમાં જીત મેળવી હતી, રિકસ્ટાગ પર લાલ ધ્વજ લહેરાવ્યો હતો, મધ્ય યુરોપથી પેસિફિક સુધી ફેલાયેલા

સામ્રાજ્ય પર શાસન કર્યું હતું, સમગ્ર વિશ્વમાં વસાહતી વિરોધી સંઘર્ષોને વેગ આપ્યો હતો અને તેના જેવા અસંખ્ય શાસનોને પ્રેરણા આપી હતી. તેણે પશ્ચિમી લોકશાહીના અગ્રણી કલાકારો અને વિચારકોમાં પણ પ્રશંસકો મેળવ્યા હતા, જેઓ માનતા હતા કે ગુલાગ્સ અને લોકોને મારી નાખવાની (પર્જીસ) વિશેની અસ્પષ્ટ અફવાઓ છતાં મૂડીવાદી શોષણનો અંત લાવવા અને સંપૂર્ણ ન્યાયી સમાજ બનાવવા માટે સ્ટાલિનવાદ જ માનવતાનો શ્રેષ્ઠ પ્રયાસ હતો. આમ સ્ટાલિનવાદ વૈશ્વિક પ્રભુત્વની સમીપ પહોંચી ગયું હતું. એવું માનવું મૂર્ખામીભર્યું હશે કે સત્યની તેની અવગણના તેને નિષ્ફળતા તરફ દોરી ગઈ અથવા તેનું અંતિમ પતન આવી પ્રણાલી ફરી ક્યારેય ઊભી થઈ શકશે નહીં એ નક્કી કરે છે. માહિતી પ્રણાલીઓ ફક્ત થોડું સત્ય અને ઘણી વ્યવસ્થા સાથે ખૂબ દૂર સુધી પહોંચી શકે છે, જે કોઈ સ્ટાલિનવાદ જેવી સિસ્ટમોના નૈતિકતાના અભાવને ધિક્કારે છે તે તેના નાશ માટે તેમની કથિત બિનકાર્યક્ષમતા પર આધાર રાખી શકે નહીં.

ટેક્નોલૉજીનું લોલક

એકવાર આપણે લોકશાહી અને સર્વાધિકારવાદને વિવિધ પ્રકારના ઇન્ફૉર્મેશન નેટવર્ક તરીકે જોવાનું શીખીશું, ત્યારે આપણે સમજી શકીશું કે તેઓ ચોક્કસ યુગમાં શા માટે ખીલે છે અને અન્યમાં નથી ખીલતા. તે ફક્ત એટલા માટે નથી બનતું, કારણ કે લોકો ચોક્કસ રાજકીય આદર્શોમાં વિશ્વાસ કરે છે અથવા નથી કરતા તે ઇન્ફૉર્મેશન ટેકેનોલોજીમાં ક્રાંતિને કારણે પણ થાય છે. અલબત્ત, જેમ પ્રિન્ટિંગ પ્રેસ વિચ-હન્ટ કે વૈજ્ઞાનિક ક્રાંતિનું કારણ બની નથી, તેવી જ રીતે રેડિયો સ્ટાલિનવાદી સર્વાધિકારવાદ કે અમેરિકાની લોકશાહીનું કારણ બન્યો નથી. ટેક્નોલૉજી ફક્ત નવી તકો ઊભી કરે છે અને કઈ તકનો લાભ કેવી રીતે લેવો તે આપણા પર નિર્ભર છે.

સર્વાધિકારવાદી શાસનો માહિતીના પ્રવાહને કેન્દ્રિત કરવા માટે અને વ્યવસ્થા જાળવવા માટે સત્યને દબાવવા માટે આધુનિક ઇન્ફૉર્મેશન ટેક્નોલૉજીનો ઉપયોગ કરવાનું પસંદ કરે છે. પરિણામે, તેના નાશ થવાનો ભય સતત રહેતો હોય છે. જ્યારે વધુ ને વધુ માહિતી ફક્ત એક જ જગ્યાએથી વહે છે, ત્યારે શું તે કાર્યક્ષમ નિયંત્રણમાં પરિણમશે કે અવરોધિત ધમનીઓમાં અને છેવટે હૃદયરોગના હુમલામાં? લોકશાહી શાસનો વધુ સંસ્થાઓ અને વ્યક્તિઓ વચ્ચે માહિતીના પ્રવાહનું વિતરણ કરવા અને સત્યની મુક્ત શોધને પ્રોત્સાહન આપવા માટે

આધુનિક ઇન્ફોર્મેશન ટેક્નોલૉજીનો ઉપયોગ કરવાનું પસંદ કરે છે. પરિણામે તેમની પર પણ ભાંગી પડવાનો ભય તોળાતો રહે છે. સૂર્યમંડળના વધુ ને વધુ ઝડપથી પરિભ્રમણ કરતા ગ્રહોને કારણે તેનું કેન્દ્ર હજુ ટકી શકશે કે પછી બધુ ફંગોળાઈ જશે અને અરાજકતા પ્રવર્તશે?

1960ના દાયકાની પશ્ચિમી લોકશાહી અને સોવિયેત બ્લોકના વિરોધાભાસી ઇતિહાસમાં આવી વિવિધ વ્યૂહરચનાઓનું એક લાક્ષણિક ઉદાહરણ મળી શકે છે. આ એ યુગ હતો જ્યારે પશ્ચિમી લોકશાહીઓએ એવી સેન્સરશિપ અને વિવિધ ભેદભાવપૂર્ણ નીતિઓને ધીમે ધીમે નાબૂદ કરી હતી જે માહિતીના મુક્ત પ્રસારને અવરોધતી હતી. આનાથી અગાઉ હાંસિયામાં ધકેલાઈ ગયેલા સમૂહો માટે સંગઠિત થવાનું, જાહેર સંવાદમાં જોડાવાનું અને રાજકીય માંગણીઓ કરવાનું સરળ બન્યું હતું. આ સક્રિયતાના પરિણામે સામાજિક વ્યવસ્થા ડહોળાઈ ગઈ હતી. ત્યાર સુધી મર્યાદિત સંખ્યામાં શ્રીમંત શ્વેત પુરુષો જ લગભગ બધી વાતો કરતા હતા માટે સહમતી સુધી પહોંચવું પ્રમાણમાં સરળ હતું. એકવાર ગરીબ લોકો, મહિલાઓ, LGBTQ લોકો, વંશીય લઘુમતીઓ, અપંગ લોકો અને અન્ય ઐતિહાસિક રીતે દબાયેલા સમૂહોના સભ્યોને અવાજ મળ્યો, તેઓએ નવા અવાજથી નવા વિચારો, મંતવ્યો અને હિતોની વાત માંડી. પરિણામે ઘણા જૂના સજ્જનો વચ્ચે થયેલા કરારો અયોગ્ય બની રહ્યા. ઉદાહરણ તરીકે, યુનાઇટેડ સ્ટેટ્સમાં ડેમોક્રેટિક અને રિપબ્લિકન બંને વહીવટીતંત્રએ પેઢીઓ સુધી જેને સમર્થન આપ્યું હતું કે ચલાવી લીધું હતું તે જિમ ક્રો સેગ્રીગેશન ભાંગી પડ્યું હતું. સમાજમાં નર, નારી અને અન્ય લિંગની ભૂમિકા જેવી બાબતો પવિત્ર, સ્વયંસ્પષ્ટ અને સાર્વત્રિક રીતે સ્વીકૃત માનવામાં આવતી હતી, તે ખૂબ જ વિવાદાસ્પદ બની ગઈ અને નવી સહમતી સુધી પહોંચવું મુશ્કેલ બની ગયું, કારણ કે ઘણાં વધુ જૂથો, દૃષ્ટિકોણ અને હિતો ધ્યાનમાં લેવાનાં હતાં. માત્ર વ્યવસ્થિત સંવાદ યોજવો એ પણ એક પડકાર હતો, કારણ કે લોકો ચર્ચાના નિયમો બાબતે પણ સહમત થઈ શકતા ન હતા.

આનાથી જૂનાં રક્ષકજૂથો અને નવાં નવાં સશક્ત થયેલાં જૂથો, એમ બંનેમાં ઘણી નિરાશા વ્યાપી હતી. નવા જૂથોને શંકા હતી કે તેમને નવી મળેલી અભિવ્યક્તિની સ્વતંત્રતા પોકળ છે અને તેમની રાજકીય માંગણીઓ પૂર્ણ થઈ નથી. શબ્દોથી નિરાશ થઈને કેટલાક લોકો બંદૂકો તરફ વળ્યા. ઘણી પશ્ચિમી લોકશાહીઓમાં 1960ના દાયકામાં ફક્ત અભૂતપૂર્વ મતભેદો જ નહીં, પરંતુ હિંસાના વધારા પણ જોવા મળ્યા હતા. રાજકીય હત્યાઓ, અપહરણો, રમખાણો અને આતંકવાદી હુમલાઓ અનેકગણા વધ્યા હતા. જ્હોન એફ. કેનેડી અને

માર્ટિન લ્યુથર કિંગ જુનિયરની હત્યાઓ, કિંગની હત્યા પછીનાં રમખાણો અને 1968માં પશ્ચિમી વિશ્વમાં શરૂ થયેલા પ્રદર્શનો, બળવાઓ અને સશસ્ત્ર અથડામણોની લહેર તેના કેટલાક બહુ જાણીતાં ઉદાહરણો છે.[124] 1968ના શિકાગો કે પેરીશની તસવીરો સરળતાથી એવી છાપ ઊભી કરતી હતી કે બધું જ ભાંગી પડવામાં છે. લોકશાહીના આદર્શો અનુસાર જીવવાનો અને જાહેર સંવાદમાં વધુ લોકો અને જૂથોનો સમાવેશ કરવાનું દબાણ સામાજિક વ્યવસ્થાને નબળી પાડતું હતું અને લોકશાહીને અયોગ્ય બનાવતું હોય એમ લાગતું હતું.

એ દરમિયાન, લોખંડી પડદા પાછળના શાસનો, જેમણે ક્યારેય સમાવેશકતાનું વચન આપ્યું ન હતું, તેઓ જાહેર સંવાદને દબાવતા રહ્યા અને માહિતી અને શક્તિને કેન્દ્રિત કરતા રહ્યા અને તે કામ કરતું લાગતું હતું. જોકે તેમને કેટલાક બાહ્ય પડકારોનો સામનો કરવો પડ્યો હતો, જેમ કે 1956નો હંગેરીનો બળવો અને 1968નો પ્રાગ સ્પ્રિંગ બળવો. પણ સામ્યવાદીઓએ આ જોખમોનો ઝડપથી અને નિર્ણાયક રીતે સામનો કર્યો હતો અને સોવિયેત હાર્ટલૅન્ડમાં તો બધું બરોબર જ હતું.

વીસ વર્ષ પછીનું દૃશ્ય જોઈએ, તો સોવિયેત સિસ્ટમ હવે અયોગ્ય બની ગઈ હતી. રેડ સ્ક્વેરમાં પોડિયમ પર બેઠેલા આંધળા બની રહેલા આપખુદો એક નિષ્ક્રિય ઇન્ફૉર્મેશન નેટવર્કનું પરિપૂર્ણ પ્રતીક હતા, કારણ કે તેમાં કોઈ પણ જાતની અર્થપૂર્ણ સ્વસુધારણા પદ્ધતિઓનો અભાવ હતો. વસાહતીકરણની નાબૂદી, વૈશ્વિકરણ, તકનીકી વિકાસ અને બદલાતી લિંગ ભૂમિકાઓને કારણે બહુ ઝડપથી ઘણા આર્થિક, સામાજિક અને ભૂ-રાજકીય ફેરફારો થયા, પરંતુ આપખુદો મોસ્કોમાં આ બધી માહિતીના પ્રવાહને સંભાળી શક્યા નહીં અને કોઈ પણ નીચલી પાયરીના અધિકારીને કોઈ પણ પહેલ કરવાની મંજૂરી ન હોવાથી, સમગ્ર સિસ્ટમ અસ્થિર બની અને ભાંગી પડી.

આર્થિક ક્ષેત્રમાં નિષ્ફળતા સૌથી સ્પષ્ટ દેખાતી હતી. અતિકેન્દ્રિત સોવિયેત અર્થતંત્ર ઝડપી તકનીકી વિકાસ અને બદલાતી ગ્રાહકોની ઇચ્છાઓ અનુસાર બદલાવામાં ધીમું હતું. ઉપરના આદેશોનું પાલન કરીને સોવિયેત અર્થતંત્ર આંતરખંડીય મિસાઇલો, ફાઇટર જેટ અને માળખાગત પ્રોજેક્ટોનું નિર્માણ કરી રહ્યું હતું, પરંતુ તે મોટાભાગના લોકો ખરેખર જે ખરીદવા માંગતા હતા તેવી વસ્તુઓ, એટલે કે કાર્યક્ષમ રેફ્રિજરેટરથી લઈને પોપ સંગીત, ઉત્પન્ન કરી રહ્યું ન હતું અને અત્યાધુનિક લશ્કરી ટેક્નોલૉજીમાં પણ પાછળ રહી ગયું.

સેમિકન્ડક્ટર ક્ષેત્ર જેટલી તેની ખામીઓ વધુ સ્પષ્ટ ક્યાંય નહોતી દેખાતી કારણ કે તેમાં ટેક્નોલૉજી વિશેષ ઝડપી દરે વિકસિત થઈ રહી હતી. પશ્ચિમમાં

ઇન્ટેલ અને તોશિબા જેવી અસંખ્ય ખાનગી કંપનીઓ વચ્ચે ખુલ્લી સ્પર્ધા દ્વારા સેમિકન્ડક્ટર વિકસાવવામાં આવ્યા હતા અને તેના મુખ્ય ગ્રાહકો પણ એપલ અને સોની જેવી અન્ય ખાનગી કંપનીઓ હતી. એ કંપનીઓ મેકિન્ટોશ પર્સનલ કોમ્પ્યુટર અને વોકમેન જેવી લોકોપયોગી વસ્તુઓનું ઉત્પાદન કરવા માટે માઇક્રોચિપ્સનો ઉપયોગ કરતી હતી. સોવિયેત ક્યારેય અમેરિકન અને જાપાની માઇક્રોચિપ ઉત્પાદનની બરોબરી કરી શક્યું નહીં, કારણ કે, અમેરિકન આર્થિક ઇતિહાસકાર ક્રિસ મિલર અનુસાર, સોવિયેત સેમિકન્ડક્ટર ક્ષેત્ર "ગુપ્ત, ઉપરથી નીચેની દિશામાં ફેલાયેલું, લશ્કરી પ્રણાલીઓ માટે ઉત્પાદન કરતું ક્ષેત્ર હતું, જે આદેશો અનુસાર જ આગળ વધતું હતું અને તેમાં સર્જનાત્મકતા માટે ઓછી તક હતી." સોવિયેતે પશ્ચિમી ટેક્નોલૉજીની ચોરી અને નકલ કરીને આ અંતરને દૂર કરવાનો પ્રયાસ કર્યો જેના કારણે તેઓ હંમેશાં ઘણા વર્ષો પાછળ જ રહ્યા છે.[125] આમ, પહેલું સોવિયેત પર્સનલ કોમ્પ્યુટર છેક 1984માં જ બની શક્યું. જ્યારે યુનાઇટેડ સ્ટેટ્સમાં તે સમયે લોકો પાસે પહેલેથી જ 1.1 કરોડ પીસી હતા.[126]

પશ્ચિમી લોકશાહીઓ માત્ર તકનીકી અને આર્થિક રીતે જ આગળ વધી ન હતી, પરંતુ રાજકીય સંવાદમાં સહભાગીઓના વર્તુળને વિસ્તૃત કરવા છતાં, અથવા કદાચ તેના કારણે જ, સામાજિક વ્યવસ્થાને જાળવી રાખવામાં પણ સફળ રહી હતી. ઘણી અડચણો આવી હતી, પરંતુ યુનાઇટેડ સ્ટેટ્સ, જાપાન અને અન્ય લોકશાહીઓએ વધુ ગતિશીલ અને સમાવિષ્ટ ઇન્ફૉર્મેશન ટેક્નોલૉજી બનાવી, જેણે ભાંગી પડ્યા વિના ઘણા વધુ દૃષ્ટિકોણ માટે જગ્યા બનાવી. તે એટલી નોંધપાત્ર સિદ્ધિ હતી કે ઘણાને લાગ્યું કે સર્વાધિકારવાદ પર લોકશાહીનો વિજય અંતિમ હતો. આ વિજયને ઘણીવાર ઇન્ફૉર્મેશન પ્રોસેસિંગમાં મૂળભૂત ફાયદાના સંદર્ભમાં સમજાવવામાં આવ્યો છે: સર્વાધિકારવાદ એટલે કામ કરતો ન હતો, કારણ કે એક જ કેન્દ્રમાં બધા ડેટાને ભેગા કરવાનો અને તેનું પ્રોસેસિંગ કરવાનો પ્રયાસ કરવો અત્યંત બિનકાર્યક્ષમ હતું. તે અનુસાર, એકવીસમી સદીની શરૂઆતમાં એવું લાગતું હતું કે ભવિષ્ય વિતરિત ઇન્ફૉર્મેશન નેટવર્ક અને લોકશાહીની છે.

જોકે એ ખોટું સાબિત થયું છે. હકીકતમાં, આગામી ઇન્ફૉર્મેશન રિવોલ્યુશન પહેલાથી જ વેગ પકડી રહ્યું હતું, જે લોકશાહી અને સર્વાધિકારવાદ વચ્ચેની સ્પર્ધામાં એક નવા તબક્કા માટે તખતો તૈયાર કરી રહ્યું હતું. કોમ્પ્યુટરો, ઇન્ટરનેટ, સ્માર્ટફોન, સોશિયલ મીડિયા અને AIએ લોકશાહી માટે નવા પડકારો ઊભા કર્યા છે. તેણે ફક્ત વધુ વંચિત જૂથોને જ નહીં, પરંતુ ઇન્ટરનેટ કનેક્શન ધરાવતા

કોઈ પણ માનવીને, અને માનવ ન હોય તેવા એજન્ટોને પણ અવાજ આપ્યો. 2020ના દાયકામાં લોકશાહીઓએ ફરી એકવાર સામાજિક વ્યવસ્થાનો નાશ કર્યા વિના જાહેર સંવાદમાં નવા અવાજોના ઘોડાપૂરને સમાવવાનું કાર્ય કરવાનું છે. પરિસ્થિતિ 1960ના દાયકા જેટલી જ ભયાનક લાગે છે અને એવી કોઈ ગેરેંટી નથી કે લોકશાહીઓ આ નવી કસોટીમાંથી એટલી જ સફળતાપૂર્વક પાર પડશે જેટલી સફળતાપૂર્વક તેઓ પહેલાની કસોટીમાંથી પાર પડ્યા હતા. સાથે સાથે, નવી તકનીકો સર્વાધિકારવાદી શાસનને પણ નવી આશા આપી રહ્યું છે, જે હજુ પણ બધી માહિતીને એક જગ્યાએ કેન્દ્રિત કરવાનું સ્વપ્ન જુએ છે. હા, રેડ સ્ક્વેરમાં પોડિયમ પરના વૃદ્ધો એક જ કેન્દ્રમાંથી લાખો લોકોને નચાવવાનું આયોજન કરવા માટે તૈયાર ન હતા, પણ કદાચ AI તે કરી શકશે?

એકવીસમી સદીના ત્રીજા દસકમાં માનવજાત પ્રવેશી રહી છે, ત્યારે એક મુખ્ય પ્રશ્ન એ છે કે લોકશાહી અને સર્વાધિકારી શાસનો વર્તમાન ઇન્ફૉર્મેશન રિવોલ્યુશનથી ઉદ્ભવતા જોખમો અને તકો બંનેને કેટલી સારી રીતે સંભાળી શકશે. શું નવી તકનીકો એક પ્રકારના શાસનને બીજા પ્રકારના શાસન કરતાં વધુ પસંદ કરશે કે પછી આપણે દુનિયાને ફરી એકવાર લોખંડના પડદાને બદલે સિલિકોનના પડદા દ્વારા વિભાજિત થતી જોઈશું?

અગાઉના યુગની જેમ, ઇન્ફૉર્મેશન નેટવર્કો સત્ય અને વ્યવસ્થા વચ્ચે યોગ્ય સંતુલન શોધવા માટે સંઘર્ષ કરશે. કેટલાક સત્યને પ્રાથમિકતા આપવાનું અને મજબૂત સ્વસુધારણા પદ્ધતિઓ જાળવવાનું પસંદ કરશે. અન્ય લોકો તેનાથી વિપરીત પસંદગી કરશે. બાઇબલના કેનોનાઇઝેશન, પ્રારંભિક આધુનિક વિચ હન્ટ અને સ્ટાલિનવાદી સામૂહિકીકરણની ઝુંબેશમાંથી શીખેલા ઘણા બોધપાઠ પ્રાસ્તાવિક બની રહેશે અને કદાચ ફરીથી શીખવા પણ પડશે. જો કે, વર્તમાન ઇન્ફૉર્મેશન રિવોલ્યુશનમાં પણ કેટલીક વિશિષ્ટ સુવિધાઓ છે, જે આપણે પહેલાં જોયેલી કોઈ પણ વસ્તુથી અલગ છે અને સંભવતઃ તેના કરતા ઘણી વધુ ખતરનાક પણ છે.

અત્યાર સુધી, ઇતિહાસમાં દરેક ઇન્ફૉર્મેશન નેટવર્ક માનવીય દંતકથાઓ ઘડનારા લોકો અને માનવ અમલદારો પર આધાર રાખતું હતું. માટીની તકતીઓ, પેપાયરસના ફીંડલા, પ્રિન્ટિંગ પ્રેસ અને રેડિયોના ઇતિહાસ પર દૂરગામી પ્રભાવ રહ્યો છે, પરંતુ બધું લખવાનું, તેનું અર્થઘટન કરવાનું અને કોઈને ડાકણ તરીકે સળગાવી દેવાનું કે કુલાક તરીકે ગુલામ બનાવવાનું નક્કી કરવાનું કામ હંમેશાં માનવોનું રહ્યું છે. જોકે, હવે, માનવોએ ડિજિટલ દંતકથાઓ ઘડનારા અને ડિજિટલ અમલદારો સાથે સંઘર્ષ કરવો પડશે. એકવીસમી સદીના રાજકારણમાં મુખ્ય

વિભાજન લોકશાહી અને સર્વાધિકારી શાસન વચ્ચે નહીં, પરંતુ માનવ અને બિનમાનવીય એજન્ટો વચ્ચે હોઈ શકે છે. લોકશાહીને સર્વાધિકારી શાસનથી વિભાજિત કરવાને બદલે, એક નવો સિલિકોન પડદો બધા માનવોને આપણા અગમ્ય અલ્ગોરિધમવાળા શાસકોથી અલગ કરી શકે છે. બધા દેશો અને બધા ક્ષેત્રોના લોકો, સરમુખત્યારો સહિત, એક એવી એલિયન ઇન્ટેલિજન્સના ગુલામ બની શકે છે, જે આપણે જે કંઈ કરીએ છીએ તેનું નિરીક્ષણ કરી શકે છે અને તે શું કરી રહી છે તેની આપણને ખબર નથી હોતી. માટે, આ પુસ્તકનો બાકીનો ભાગ, શું ખરેખર દુનિયા પર આવો સિલિકોન પડદો પડી રહ્યો છે કે કેમ અને જ્યારે કોમ્પ્યુટરો આપણી અમલદારશાહી ચલાવશે અને અલ્ગોરિધમો નવી દંતકથાઓ ઘડશે ત્યારે જીવન કેવું હશે તેની ચર્ચા માટે સમર્પિત છે.

ભાગ-2

બિનમાનવીય નેટવર્ક

પ્રકરણ-6

નવા સભ્યો : કોમ્પ્યુટરો પ્રિન્ટિંગ પ્રેસથી કેવી રીતે અલગ છે

આપણે એક અભૂતપૂર્વ ઇન્ફૉર્મેશન રિવોલ્યુશન (માહિતી ક્રાંતિ) વચ્ચે જીવી રહ્યા છીએ તે હવે કંઈ નવા સમાચાર નથી, પરંતુ તે ખરેખર કયા પ્રકારની ક્રાંતિ છે? તાજેતરના વર્ષોમાં એટલી બધી ક્રાંતિકારી શોધો થઈ છે કે આ ક્રાંતિ કોણ ચલાવી રહ્યું છે તે જ નક્કી કરવું મુશ્કેલ છે. શું તે ઇન્ટરનેટ છે? સ્માર્ટફોન? સોશિયલ મીડિયા? બ્લોકચેન? અલ્ગોરિધમો છે? કે AI?

તો વર્તમાન ઇન્ફૉર્મેશન રિવોલ્યુશનના લાંબા ગાળાનાં પરિણામોની ચર્ચા કરતાં પહેલાં, ચાલો, આપણે તેના પાયાને યાદ કરીએ. વર્તમાન ક્રાંતિનું બીજ કોમ્પ્યુટર છે. ઇન્ટરનેટથી AI સુધીનું બાકીનું બધું તેની એક આડપેદાશ છે. કોમ્પ્યુટરનો જન્મ 1940ના દાયકામાં એક વિશાળ ઇલેક્ટ્રોનિક મશીન તરીકે થયો હતો, જે ગાણિતિક ગણતરીઓ કરી શકતું હતું, પરંતુ તે ભયાનક ગતિએ વિકસિત થયું છે, તેણે ઘણા નવા સ્વરૂપો ધારણ કર્યાં છે અને અદ્‌ભુત નવી ક્ષમતાઓ પણ વિકસાવી છે. કોમ્પ્યુટરોની ઝડપી ઉત્ક્રાંતિએ તે શું છે અને તેઓ શું કરે છે તે વ્યાખ્યાયિત કરવાનું જ મુશ્કેલ બનાવી નાખ્યું છે. માનવીઓ વારંવાર દાવો કરે છે કે કેટલીક વસ્તુઓ હંમેશાં કોમ્પ્યુટરની પહોંચથી દૂર રહેશે, જેમ કે તે ચેસની રમત હોય, કાર ચલાવવી હોય કે કવિતા લખવી હોય, પરંતુ આ "હંમેશાં માટે" થોડાં વર્ષોમાં જ સમેટાઈ જાય છે.

આ પ્રકરણના અંતમાં, આપણે કોમ્પ્યુટરના ઇતિહાસને સારી રીતે સમજી લીધા પછી, "કોમ્પ્યુટર", "અલ્ગોરિધમ" અને "AI" શબ્દો વચ્ચેના ચોક્કસ સંબંધોની ચર્ચા કરીશું. હાલ તો એટલું કહેવું પૂરતું છે કે કોમ્પ્યુટર એક એવું મશીન છે, જે સંભવિત રીતે બે નોંધપાત્ર કાર્યો કરી શકે છે: તે પોતે નિર્ણયો

લઈ શકે છે અને તે પોતે જ નવા વિચારો સર્જી શકે છે. શરૂઆતના કોમ્પ્યુટરો ભાગ્યે જ આવી વસ્તુઓ કરી શકતા હતા પણ તેની સંભાવના તો તેમાં પહેલેથી જ હતી, જે કોમ્પ્યુટરના વૈજ્ઞાનિકો અને વિજ્ઞાન સાહિત્ય લેખકો બંને સ્પષ્ટપણે જોઈ શકતા હતા. 1948ની શરૂઆતમાં એલન ટ્યુરિંગ "ઇન્ટેલિજન્ટ મશીનરી" બનાવવાની શક્યતા ચકાસી રહ્યા હતા[1] અને 1950માં તેમણે ધારણા બાંધી હતી કે કોમ્પ્યુટર આખરે માણસો જેટલા જ સ્માર્ટ હશે અને માણસો જેવો વેશ ધારણ કરવા પણ સક્ષમ હશે.[2] 1968માં કોમ્પ્યુટરો ચેકર્સ જેવી સાદી રમતમાં પણ માનવીને હરાવી શકતા ન હતા,[3] પરંતુ '2001: અ સ્પેસ ઓડિસી'માં આર્થર સી. ક્લાર્ક અને સ્ટેનલી કુબ્રિકે પહેલાથી જ HAL 9000ને તેના માનવસર્જકો સામે બળવો કરતી સુપરઇન્ટેલિજન્ટ AI તરીકે કલ્પના કરી હતી.

નિર્ણયો લઈ શકે અને નવા વિચારો સર્જી શકે તેવા બુદ્ધિશાળી મશીનોના ઉદયનો અર્થ એ છે કે ઇતિહાસમાં પહેલીવાર શક્તિ મનુષ્યોથી દૂર જઈને બીજી કોઈ દિશામાં સરકી રહી છે. હત્યાના કાર્યમાં તીરકામઠાં, બંદૂકો અને અણુબૉમ્બે માનવસ્નાયુઓનું સ્થાન લીધું હતું, પરંતુ કોને મારવો તે નક્કી કરવામાં તેઓ માનવમગજનું સ્થાન લઈ શક્યા નથી. હિરોશિમા પર ફેંકાયેલો બૉમ્બ લિટલ બોયનો વિસ્ફોટ 12,500 ટન TNT જેટલો હતો,[4] પરંતુ જ્યારે વિચારશક્તિની વાત આવે, ત્યારે એ લિટલ બોય સંપૂર્ણ મૂર્ખ હતો. તે કંઈ પણ જાતે નક્કી કરી શકતો ન હતો.

કોમ્પ્યુટરોની વાત અલગ છે. બુદ્ધિની દૃષ્ટિએ, કોમ્પ્યુટરો ફક્ત અણુબૉમ્બ જ નહીં, પરંતુ માટીની તકતીઓ, પ્રિન્ટિંગ પ્રેસ અને રેડિયો સેટ જેવી અગાઉની બધી ઇન્ફૉર્મેશન ટેક્નોલૉજીથી પણ આગળ નીકળી ગયા છે. માટીની તકતીઓ કર વિશેની માહિતી સંગ્રહિત કરતી હતી, પરંતુ તે પોતે એવું નક્કી કરી શકતી ન હતી કે કેટલો કર વસૂલવો, અને તે કોઈ નવા પ્રકારનો કર પણ શોધી શકતી ન હતી. પ્રિન્ટિંગ પ્રેસ બાઇબલ જેવી માહિતીની નકલનો સંગ્રહ કરતી હતી, પરંતુ તે એમ નક્કી કરી શકતી ન હતી કે બાઇબલમાં કયાં પુસ્તકોનો સમાવેશ કરવો કે તે એ પવિત્ર પુસ્તક પર નવી ટિપ્પણીઓ પણ લખી શકતી નહોતી. રેડિયો રાજકીય ભાષણો અને સિમ્ફની જેવી માહિતીનો પ્રસાર કરતો હતો, પરંતુ તે એ નક્કી કરી શકતો નહોતો કે કયાં ભાષણો અથવા સિમ્ફની પ્રસારિત કરવાં કે તે નવાં ભાષણો કે સિમ્ફની સર્જી પણ શકતો નહોતો. કોમ્પ્યુટરો આ બધું કરી શકે છે. પ્રિન્ટિંગ પ્રેસ અને રેડિયો માનવના હાથમાં રહેલાં નિષ્ક્રિય સાધનો હતાં, પણ કોમ્પ્યુટરો પહેલાંથી જ સક્રિય એજન્ટો બની રહ્યાં છે, જે આપણા નિયંત્રણ અને સમજણથી બહાર જઈ રહ્યાં છે અને

તેઓ સમાજ, સંસ્કૃતિ અને ઇતિહાસને આકાર આપવામાં પણ પહેલ કરી શકે છે.[5]

કોમ્પ્યુટરોની નવી શક્તિનું એક ઉદાહરણ છે સોશિયલ મીડિયા અલ્ગોરિધમોએ અનેક દેશોમાં નફરત ફેલાવવામાં અને સામાજિક એકતાને નબળી પાડવામાં ભજવેલી ભૂમિકા.[6] આવા સૌથી શરૂઆતના અને સૌથી કુખ્યાત કિસ્સાઓમાંથી એક 2016-17માં બન્યો જ્યારે ફેસબુક અલ્ગોરિધમોએ મ્યાનમાર (બર્મા)માં રોહિંગ્યાવિરોધી હિંસાની જ્વાળાઓ ભડકાવવામાં મદદ કરી હતી.[7]

2010ના દાયકાની શરૂઆતનો સમયગાળો મ્યાનમારમાં આશાવાદનો સમયગાળો હતો. દાયકાઓના કઠોર લશ્કરી શાસન, કડક સેન્સરશીપ અને આંતરરાષ્ટ્રીય પ્રતિબંધો પછી ઉદારીકરણનો યુગ શરૂ થયો હતોઃ ચૂંટણીઓ યોજાઈ, પ્રતિબંધો હટાવવામાં આવ્યા તેમજ આંતરરાષ્ટ્રીય સહાય અને રોકાણોનો પ્રવાહ શરૂ થયો. ફેસબુક નવા મ્યાનમારમાં સૌથી મહત્ત્વપૂર્ણ ખેલાડીઓમાંનું એક હતું. તેણે લાખો બર્મીઓને અગાઉ જે અકલ્પનીય હતા એ માહિતીના ભંડાર સુધી મફતમાં પહોંચવાની સુવિધા પ્રદાન કરી હતી. જોકે સરકારી નિયંત્રણ અને સેન્સરશિપમાં છૂટછાટને કારણે વંશીય તણાવમાં પણ વધારો થયો હતો, ખાસ કરીને બહુમતી બૌદ્ધ બર્મીઝ લોકો અને લઘુમતી મુસ્લિમ રોહિંગ્યા વચ્ચે.

રોહિંગ્યા મ્યાનમારના પશ્ચિમમાં આવેલા રખાઇન પ્રદેશના મુસ્લિમ રહેવાસી છે. ઓછામાં ઓછું 1970ના દાયકાથી તેઓ શાસક જુંતા અને બૌદ્ધ બહુમતીના હાથે ગંભીર ભેદભાવો અને ક્યારેક હિંસાનો પણ ભોગ બન્યા છે. 2010ના દાયકાની શરૂઆતમાં આરંભાયેલી લોકશાહીકરણની પ્રક્રિયાએ રોહિંગ્યાઓમાં આશા જગાવી હતી કે તેમની પરિસ્થિતિમાં પણ સુધારો થશે પરંતુ વાસ્તવમાં પરિસ્થિતિ વધુ બગડી હતી. સાંપ્રદાયિક હિંસા ફાટી નીકળી હતી અને રોહિંગ્યાઓના હત્યાકાંડ પણ સર્જાયા હતા જેમાંથી ઘણા ફેસબુક પરના ખોટા સમાચારોથી પ્રેરિત હતા.

2016-17માં, અરાકાન રોહિંગ્યા સાલ્વેશન આર્મી (ARSA) તરીકે ઓળખાતી એક નાની ઇસ્લામિક સંસ્થાએ અરાકાન/રખાઇનમાં અલગતાવાદી મુસ્લિમ રાજ્ય સ્થાપિત કરવાના હેતુથી અનેક હુમલાઓ કર્યા, જેમાં ડઝનબંધ બિનમુસ્લિમ નાગરિકોની હત્યા અને અપહરણો કરવામાં આવ્યાં તેમજ અનેક સૈન્યચોકીઓને પણ નિશાન બનાવવામાં આવી.[8] તેના જવાબમાં, મ્યાનમારની સેના અને બૌદ્ધ ઉગ્રવાદીઓએ સમગ્ર રોહિંગ્યા સમુદાય સામે મોટાપાયાનું અભિયાન શરૂ કર્યું જેનું ધ્યેય હતું તમામ રોહિંગ્યાઓનો સફાયો એટલે કે એથનિક-ક્લિન્સિંગ. તેમણે સેંકડો રોહિંગ્યા ગામોનો નાશ કર્યો, 7000થી 25,000 નિઃશસ્ત્ર નાગરિકોને

મારી નાખ્યા, 18,000થી 60,000 મહિલાઓ અને પુરુષો પર બળાત્કાર કર્યા અથવા તેમનું જાતીય શોષણ કર્યું અને લગભગ 7,30,000 રોહિંગ્યાઓને એ દેશમાંથી ક્રૂરતાપૂર્વક હાંકી કાઢ્યા.[10] આ હિંસા તમામ રોહિંગ્યાઓ પ્રત્યે તીવ્ર નફરત થકી ભડકાવવામાં આવી હતી અને આ નફરત રોહિંગ્યાવિરોધી પ્રચાર દ્વારા ભડકાવવામાં આવી હતી, જેમાંથી મોટાભાગની વસ્તુઓ ફેસબુક પર શેર થયેલી હતી અને 2016 સુધીમાં લાખો લોકો માટે સમાચારનો મુખ્ય સ્રોત અને મ્યાનમારમાં રાજકીય હલચલો જાણવા માટેનું સૌથી મહત્ત્વપૂર્ણ પ્લૅટફૉર્મ પણ ફેસબુક જ હતું.[11]

2017માં મ્યાનમારમાં રહેતા માઇકલ નામના એક સહાયક કાર્યકરે એક લાક્ષણિક ફેસબુક ન્યૂઝ ફીડનું વર્ણન આ શબ્દોમાં કર્યું હતુંઃ "રોહિંગ્યા વિરુદ્ધ ઑનલાઇન વિરોધ અવિશ્વસનીય હતો, તેનું પ્રમાણ અને તેની હિંસા એ બંને દૃષ્ટિએ. તે મૂંઝાઈ જવાય એટલું હતું.... તે સમયે મ્યાનમારમાં લોકોની ન્યૂઝ ફીડમાં એ જ બધું જોવા મળતું હતું. તેણે લોકોના મનના એ વિચારને દઢીભૂત કર્યો હતો કે એ બધા લોકો આતંકવાદીઓ હતા જે કોઈ અધિકારોને લાયક ન હતા."[11] વાસ્તવિક ARSA અત્યાચારોના અહેવાલો ઉપરાંત ફેસબુક એકાઉન્ટો કાલ્પનિક અત્યાચારો અને આયોજિત આતંકવાદી હુમલાઓ વિશેના ખોટા સમાચારો (ફેક ન્યૂઝ)થી ભરેલા હતા. પોપ્યુલિસ્ટ ષડ્યંત્રકારોએ એવો આરોપ મૂક્યો હતો કે મોટાભાગના રોહિંગ્યાઓ ખરેખર મૂળ મ્યાનમારના નહોતા પરંતુ બાંગ્લાદેશથી તાજેતરમાં ઘૂસી આવેલા વસાહતીઓ હતા, જે બૌદ્ધવિરોધી જેહાદ ચલાવવા માટે દેશમાં ધસી આવ્યા હતા. વાસ્તવમાં વસ્તીના લગભગ 90 ટકા જેટલા બૌદ્ધોને એવો ડર હતો કે તેમનું સ્થાન બદલાઈ જશે કે તેઓ લઘુમતી બની જશે.[12] આ પ્રચાર વિના, એવું કોઈ મોટું કારણ ન હતું કે સાવ નાનકડી ARSA દ્વારા મર્યાદિત સંખ્યામાં થયેલા હુમલાઓનો જવાબ સમગ્ર રોહિંગ્યા સમુદાય સામે આટલા મોટા અભિયાન દ્વારા આપવામાં આવે અને ફેસબુક અલ્ગોરિધમોએ એ પ્રચાર અભિયાનમાં મહત્ત્વપૂર્ણ ભૂમિકા ભજવી હતી.

રોહિંગ્યા વિરોધી ભડકાઉ સંદેશાઓ બૌદ્ધ સાધુ વિરાથુ જેવા હાડચામના કટ્ટરવાદીઓ દ્વારા જ સર્જવામાં આવ્યા હતા,[13] પણ કઈ પોસ્ટનો કેટલો પ્રચાર કરવો એ તો ફેસબુકના અલ્ગોરિધમો જ નક્કી કરતા હતા. એમ્નેસ્ટી ઇન્ટરનેશનલને જાણવા મળ્યું હતું કે "અલ્ગોરિધમોએ ફેસબુક પ્લૅટફૉર્મ પર જાણીજોઈને એવી સામગ્રીને પ્રમોટ કરી અને વધુ ને વધુ ફેલાવી હતી જે રોહિંગ્યાઓ વિરુદ્ધ હિંસા, નફરત અને ભેદભાવોને ઉશ્કેરે."[14] 2018માં યુએનના એક ફેક્ટ-ફાઇન્ડિંગ મિશને એમ તારણ કાઢ્યું હતું કે નફરતસભર સામગ્રીનો

પ્રસાર કરીને ફેસબુકે વંશીય-શુદ્ધીકરણના અભિયાનમાં "નિર્ણાયક ભૂમિકા" ભજવી હતી.[15]

વાચકો એમ વિચારી શકે છે કે શું ફેસબુકના અલ્ગોરિધમો પર અને આ રીતે સોશિયલ મીડિયાની નવી ટેક્નોલૉજી પર આટલો બધો દોષ મૂકવો વાજબી છે કે કેમ. જો હેનરિક ક્રેમરે નફરતભર્યા ભાષણ ફેલાવવા માટે પ્રિન્ટિંગ પ્રેસનો ઉપયોગ કર્યો હતો, તો તે ગુટેનબર્ગ અને પ્રેસનો દોષ નહોતો, ખરું ને? જો 1994માં રવાન્ડાના ઉગ્રવાદીઓએ રેડિયોનો ઉપયોગ લોકોને ટુત્સીઓના નરસંહારની હાકલ માટે કર્યો હતો, તો શું રેડિયોની ટેક્નોલૉજીને દોષ આપવો વાજબી હતો? તેવી જ રીતે, જો 2016-17માં બૌદ્ધ કટ્ટરવાદીઓએ રોહિંગ્યાઓ વિરુદ્ધ નફરત ફેલાવવા માટે તેમના ફેસબુક એકાઉન્ટોનો ઉપયોગ કરવાનું પસંદ કર્યું, તો આપણે એ પ્લૅટફૉર્મને શા માટે દોષ આપવો જોઈએ?

ફેસબુકે પોતે પણ પોતાની ટીકાઓના જવાબ માટે આ તર્કનો જ ઉપયોગ કર્યો. તેણે જાહેરમાં ફક્ત એટલું જ સ્વીકાર્યું કે 2016-17માં "અમે અમારા પ્લૅટફૉર્મનો ઉપયોગ વિભાજનને વધારવા અને ઑફલાઇન હિંસા ભડકાવવા માટે થતો અટકાવવા માટે પૂરતું કામ કરી રહ્યા ન હતા."[16] આમ તો આ નિવેદન અપરાધની કબૂલાત જેવું લાગે છે, પણ હકીકતમાં તે નફરતભર્યા ભાષણના ફેલાવા માટેની મોટાભાગની જવાબદારી પ્લૅટફૉર્મના વપરાશકર્તાઓ પર ઢોળી દેવા માટે છે અને એમ સૂચવે છે કે ફેસબુકનું મોટામાં મોટું પાપ એ હતું કે વપરાશકર્તાઓ દ્વારા સર્જાયેલી સામગ્રીને અસરકારક રીતે નિયંત્રિત કરવામાં તે નિષ્ફળ નીવડ્યું હતું, પરંતુ તેમાં ફેસબુકના પોતાના અલ્ગોરિધમો દ્વારા કરવામાં આવતા સમસ્યારૂપ કૃત્યોની અવગણના કરાઈ છે.

સમજવા જેવી મહત્ત્વપૂર્ણ બાબત એ છે કે સોશિયલ મીડિયા અલ્ગોરિધમો મૂળભૂત રીતે પ્રિન્ટિંગ પ્રેસ અને રેડિયોથી અલગ છે. 2016-17માં, ફેસબુકના અલ્ગોરિધમો પોતે સક્રિયપણે અને કોઈનું ભાગ્ય ઘડનારા નિર્ણયો લઈ રહ્યા હતા. તેઓ પ્રિન્ટિંગ પ્રેસ કરતાં અખબારના સંપાદકો જેવા વધુ હતા. ફેસબુકના અલ્ગોરિધમોએ જ વિરાથુની નફરતથી ભરેલી પોસ્ટોને વારંવાર લાખો બર્મીઝ લોકોને જોવાની ભલામણ કરી હતી. તે સમયે મ્યાનમારમાં અન્ય અવાજો પણ હતા, જે ધ્યાન ખેંચવા માટે મથી રહ્યા હતા. 2011માં લશ્કરી શાસનના અંત પછી, મ્યાનમારમાં અસંખ્ય રાજકીય અને સામાજિક ચળવળો શરૂ થઈ હતી, જેમાં ઘણી મધ્યમ માર્ગીય મંતવ્યો પણ ધરાવતી હતી. ઉદાહરણ તરીકે, મેઇક્ટિલા શહેરમાં વંશીય હિંસા દરમિયાન, બૌદ્ધ મઠાધિપતિ સયાદાવ યુ વિથુદ્ધાએ તેમના મઠમાં આઠસોથી વધુ મુસ્લિમોને આશ્રય આપ્યો હતો. જ્યારે તોફાનીઓએ મઠને

ઘેરી લીધો અને એવી માંગ કરી કે તેઓ શરણાર્થી મુસ્લિમોને સોંપી દે, ત્યારે મઠાધિપતિએ ટોળાને બૌદ્ધના કરુણાના ઉપદેશોની યાદ અપાવી હતી. પછી લેવાયેલા એક ઇન્ટરવ્યૂમાં તેમણે કહ્યું હતું, "મેં તેમને કહ્યું હતું કે, જો તેઓ આ મુસ્લિમોને મારવાના હોય, તો તેઓએ મને પણ મારી નાખવો પડશે."[17]

સયાદાવ યુ વિથુદ્ધા જેવા લોકો અને વિરાથુ જેવા લોકો વચ્ચે ધ્યાન ખેંચવા માટેની ઑનલાઇન લડાઈમાં અલ્ગોરિધમો મુખ્ય ભૂમિકા ભજવતા હતા. અલ્ગોરિધમો જ પસંદ કરતા હતા કે વપરાશકર્તાઓની ન્યૂઝ ફીડમાં સૌથી પહેલા શું મૂકવું, કઈ સામગ્રીનો પ્રચાર કરવો અને કયા ફેસબુક જૂથોમાં જોડાવા માટે વપરાશકર્તાઓને ભલામણ કરવી.[18] અલ્ગોરિધમો કરુણાના ઉપદેશો અથવા રસોઈના વિડિયોની ભલામણ કરવાનું પસંદ કરી શક્યા હોત પરંતુ તેઓએ નફરતથી ભરેલી કોન્સપિરસી થિયરીઓ ફેલાવવાનું નક્કી કર્યું. ઉચ્ચ કક્ષાની ભલામણોનો લોકો પર ભારે પ્રભાવ પડી શકે છે. યાદ કરો કે બાઇબલનો જન્મ ભલામણ સૂચિ એટલે કે રેકમેન્ડેશન લિસ્ટ તરીકે જ થયો હતો. ખ્રિસ્તીઓને પોલ અને થેક્લાના વધુ સહિષ્ણુ કૃત્યોને બદલે સ્ત્રીવિરોધી 1 ટીમોથી વાંચવાની ભલામણ કરીને એથેનાસિયસ અને અન્ય ચર્ચ ફાધરોએ ઇતિહાસનો માર્ગ બદલી નાખ્યો. બાઇબલના કિસ્સામાં અંતિમ શક્તિ વિવિધ ધાર્મિક ગ્રંથો લખનારા લેખકો પાસે નહીં, પરંતુ આવી ભલામણ સૂચિઓ બનાવનારા ક્યુરેટરો પાસે હતી. 2010ના દાયકામાં સોશિયલ મીડિયા અલ્ગોરિધમો દ્વારા આ પ્રકારની શક્તિનો ઉપયોગ કરવામાં આવતો હતો. માઈકલ નામના સહાયક કાર્યકરે આ અલ્ગોરિધમોના પ્રભાવ પર ટિપ્પણી કરતા કહ્યું હતું, "જો કોઈએ કંઈક નફરતથી ભરેલું અથવા ઉશ્કેરણીજનક પોસ્ટ કર્યું હોય તો તેનો સૌથી વધુ પ્રચાર કરવામાં આવશે, લોકો પણ સૌથી ખરાબ સામગ્રી સૌથી વધુ જોશે... કરુણા અથવા શાંતિનો પ્રચાર કરનાર કોઈ પણ વ્યક્તિ ન્યૂઝ ફીડમાં બિલકુલ જોવા મળતી ન હતી."[19]

કેટલીકવાર અલ્ગોરિધમો ફક્ત ભલામણ કરવાથી પણ આગળ વધ્યા હતા. 2020ના અંતમાં, એથનિક ક્લિન્સિંગના બીભત્સ અભિયાનને ઉશ્કેરવામાં વિરાથુની ભૂમિકાની વૈશ્વિક સ્તરે નિંદા થયા પછી પણ ફેસબુક અલ્ગોરિધમોએ તેના સંદેશાઓની ભલામણ કરવાનું તો ચાલુ જ રાખ્યું, પરંતુ સાથે સાથે તેના વિડિયોને ઓટો-પ્લે પણ કરી રહ્યું હતું. મ્યાનમારમાં વપરાશકર્તાઓ ચોક્કસ વિડિયો જોવાનું પસંદ કરતા હતા, જેમાં કદાચ મધ્યમ અને સૌમ્ય સંદેશાઓ હોય, પરંતુ જેવો પહેલો વિડિયો સમાપ્ત થાય કે ફેસબુક અલ્ગોરિધમ તરત જ નફરતથી ભરેલા વિરાથુ વિડિયો ઓટો-પ્લે કરવાનું શરૂ કરી દે કે જેથી

વપરાશકર્તાઓ સ્ક્રીન પર ચોંટી રહે. આવા એક વિરાથુ વિડિયોના કિસ્સામાં, ફેસબુકના આંતરિક સંશોધનનો અંદાજ છે કે વિડિયોના 70 ટકા વ્યૂઝ આવા ઓટો-પ્લેઇંગ અલ્ગોરિધમોમાંથી આવ્યા હતા. આ જ સંશોધનનો અંદાજ છે કે મ્યાનમારમાં જોવાયેલા તમામ વિડિયોઝમાંથી 53 ટકા વિડિયો અલ્ગોરિધમ દ્વારા ઓટો-પ્લે જ કરવામાં આવી રહ્યા હતા. બીજા શબ્દોમાં કહીએ તો, લોકો શું જોવું તે પસંદ કરી રહ્યા ન હતા. અલ્ગોરિધમ તેમના માટે પસંદગી કરી રહ્યા હતા.[20]

પરંતુ અલ્ગોરિધમોએ કરુણાને બદલે આક્રોશને પ્રોત્સાહન આપવાનું કેમ નક્કી કર્યું? ફેસબુકના સૌથી કઠોર ટીકાકારો પણ એવો દાવો નથી કરતા કે ફેસબુકના માનવ સંચાલકો સામૂહિક હત્યાકાંડો માટે ઉશ્કેરણી ફેલાવવા માગતા હતા. કેલિફોર્નિયાના અધિકારીઓને રોહિંગ્યાઓ પ્રત્યે કોઈ દુર્ભાવ ન હતો અને આમ તો તેમના અસ્તિત્વ વિશે પણ તેઓ ભાગ્યે જ જાણતા હતા. સત્ય વધુ જટિલ અને સંભવતઃ વધુ ચિંતાજનક છે. 2016-17માં ફેસબુકનું બિઝનેસ મૉડેલ "વપરાશકર્તાઓનો સમય" (યુઝર એન્ગેજમેન્ટ) વધારવા પર આધાર રાખતું હતું. એમાં વપરાશકર્તાઓએ પ્લૅટફૉર્મ પર વિતાવેલો સમય, લાઈક બટન પર ક્લિક કરવી કે મિત્રો સાથે પોસ્ટ શેર કરવી જેવી કોઈ પણ ક્રિયાઓ સામેલ છે, જેમ જેમ વપરાશકર્તાઓનો સમય વધ્યો, તેમ તેમ ફેસબુકે વધુ ડેટા ભેગો કર્યો, વધુ જાહેરાતો વેચી અને ઇન્ફૉર્મેશન માર્કેટનો મોટો હિસ્સો કબજે કર્યો. વધુમાં, વપરાશકર્તાઓના સમયમાં વધારો રોકાણકારોને પ્રભાવિત કરે છે, જેનાથી ફેસબુકના શેરની કિંમતમાં વધારો થાય છે. લોકો પ્લૅટફૉર્મ પર જેટલો વધુ સમય વિતાવે, ફેસબુક એટલું વધુ સમૃદ્ધ બને. આ બિઝનેસ મૉડેલ મુજબ, માનવ સંચાલકોએ કંપનીના અલ્ગોરિધમોને એક જ મુખ્ય ધ્યેય સોંપ્યું: વપરાશકર્તાઓનો પ્લૅટફૉર્મ પરનો સમય વધારો. પછી લાખો વપરાશકર્તાઓ પર પ્રયોગો કરીને અલ્ગોરિધમોએ શોધી કાઢ્યું કે આક્રોશથી વધુ વપરાશકર્તાઓ વધુ સમય પસાર કરે છે. માનવીઓ કરુણાના ઉપદેશ કરતાં નફરતથી ભરેલા કાવતરાના સિદ્ધાંતમાં વધુ સરળતાથી ફસાઈ જાય છે. તેથી વપરાશકર્તાઓનો પ્લૅટફૉર્મ પરનો સમય વધારવા માટે અલ્ગોરિધમોએ આક્રોશ ફેલાવવાનો ભયંકર નિર્ણય લીધો.[21]

એથનિક-ક્લિન્ઝિંગ એટલે કે કોઈ આખી જાતિ કે વંશની હત્યામાં ક્યારેય ફક્ત એક પક્ષનો દોષ નથી હોતો. ઘણાબધા જવાબદાર પક્ષો વચ્ચે વહેંચવા માટે ઘણા બધા મુદ્દા હોય છે. એ તો એકદમ સ્પષ્ટ હોવું જ જોઈએ કે રોહિંગ્યાઓ પ્રત્યેનો તિરસ્કાર ફેસબુકના મ્યાનમારમાં પ્રવેશ પહેલાંનો હતો

અને 2016-17ના અત્યાચારો માટે સૌથી મોટો દોષ વિરાથુ અને મ્યાનમારના લશ્કરી વડાઓ, તેમજ તે સમયે હિંસાને વેગ આપનારા ARSA નેતાઓ જેવા માનવીઓ પર છે. અમુક અંશે જવાબદારી ફેસબુકના એ એન્જિનિયરો અને અધિકારીઓની પણ છે, જેમણે અલ્ગોરિધમોનું પ્રોગ્રામિંગ કર્યું, તેમને ખૂબ શક્તિ આપી અને પછી તેમને નિયંત્રિત કરવામાં નિષ્ફળ ગયા, પરંતુ મહત્ત્વપૂર્ણ વાત એ છે કે અલ્ગોરિધમો પોતે પણ દોષિત છે. ટ્રાયલ એન્ડ એરર દ્વારા તેઓ એમ શીખ્યા કે આક્રોશથી પ્લૅટફૉર્મ પર વપરાશકર્તાએ વીતાવેલો સમય વધે છે અને ઉપરથી કોઈ સ્પષ્ટ આદેશ વિના તેમણે જ આક્રોશને પ્રોત્સાહન આપવાનું નક્કી કર્યું. આ છે AIની ઓળખ, મશીનની જાતે શીખવાની અને કાર્ય કરવાની ક્ષમતા. જો આપણે ફક્ત 1 ટકા દોષ પણ અલ્ગોરિધમોને આપીએ, તો પણ આ ઇતિહાસમાં પહેલું એથનિક-ક્લેન્સિંગ અભિયાન છે, જેમાં આંશિક રીતે બિનમાનવીય બુદ્ધિ દ્વારા લેવામાં આવેલા નિર્ણયોનો દોષ પણ હતો. તે છેલ્લું હોવાની શક્યતા નથી, ખાસ કારણ એ કે અલ્ગોરિધમો હવે ફક્ત વિરાથુ જેવા હાડચામના કટ્ટરવાદીઓ દ્વારા બનાવવામાં આવેલા નકલી સમાચાર અને કાવતરાના સિદ્ધાંતોને આગળ ધપાવી રહ્યા નથી. 2020ના દાયકાની શરૂઆતમાં અલ્ગોરિધમો હવે પોતે જ ખોટા સમાચાર બનાવવા અને કોન્સપિરસી થિયરીઓ ઘડવા માટે તૈયાર થઈ ગયા છે.[22]

રાજકારણને આકાર આપવાની અલ્ગોરિધમોની શક્તિ બાબતે કહેવા માટે પણ ઘણું બધું છે. ખાસ કરીને, ઘણા વાચકો અલ્ગોરિધમો સ્વતંત્ર નિર્ણયો લેતા હતા એ વાત સાથે અસંમત થઈ શકે છે અને તેઓ એમ કહી શકે છે કે અલ્ગોરિધમો જે કંઈ કરે છે તે માનવ ઇજનેરો દ્વારા લખાયેલા કોડ અને માનવ અધિકારીઓ દ્વારા અપનાવવામાં આવેલા વ્યવસાયિક મૉડેલનું પરિણામ હતું. આ પુસ્તક તે દૃષ્ટિકોણથી અલગ પડવા ઇચ્છે છે. માનવ સૈનિકો તેમના આનુવંશિક કોડ દ્વારા સર્જાય છે અને અધિકારીઓ દ્વારા અપાયેલા આદેશોનું પાલન કરે છે, તેમ છતાં તેઓ સ્વતંત્ર નિર્ણયો પણ લઈ શકે છે. AI અલ્ગોરિધમોનું પણ એવું જ છે. તેઓ એવી વસ્તુઓ પણ જાતે શીખી શકે છે, જે કોઈ માનવ ઇજનેરે પ્રોગ્રામ કરી ન હોય અને તેઓ એવી વસ્તુઓ નક્કી કરી શકે છે, જે કોઈ માનવ એક્ઝિક્યુટિવે અગાઉથી વિચારી ન હોય. આ છે AI ક્રાંતિનો સાર: વિશ્વ અસંખ્ય આવા નવા શક્તિશાળી એજન્ટોથી ઊભરાઈ રહ્યું છે.

પ્રકરણ-8માં આપણે આમાંના ઘણા મુદ્દાઓની પુનઃ ચર્ચા કરીશું અને રોહિંગ્યાઓ વિરોધની ઝુંબેશ અને અન્ય એવી જ કરુણાંતિકાઓ વધુ વિગતવાર તપાસીશું. અહીં એટલું કહેવું પૂરતું છે કે આપણે રોહિંગ્યા હત્યાકાંડને વાવાઝોડાના

પ્રથમ સંકેત તરીકે વિચારી શકીએ છીએ. 2010ના દાયકાના અંતમાં મ્યાનમારમાં બનેલી ઘટનાઓએ દર્શાવ્યું હતું કે કેવી રીતે બિનમાનવીય બુદ્ધિ દ્વારા લેવામાં આવેલા નિર્ણયો મહત્ત્વની ઐતિહાસિક ઘટનાઓને આકાર આપવામાં સક્ષમ છે. આપણી પર આપણા ભવિષ્ય પરનું નિયંત્રણ ગુમાવવાનો ભય તોળાઈ રહ્યો છે. એક સંપૂર્ણપણે નવા પ્રકારનું ઇન્ફૉર્મેશન નેટવર્ક ઊભરી રહ્યું છે, જે એલિયન ઇન્ટેલિજન્સના નિર્ણયો અને લક્ષ્યો દ્વારા નિયંત્રિત છે. હાલમાં આપણે હજી પણ આ નેટવર્કમાં મુખ્ય ભૂમિકા ભજવીએ છીએ, પરંતુ આપણે ધીમે ધીમે બાજુ પર ધકેલાઈ જઈ શકીએ છીએ અને છેવટે નેટવર્ક માટે આપણા વિના પણ કાર્ય કરવું શક્ય બની શકે છે.

કેટલાક લોકો એવી દલીલ કરી શકે છે કે મશીન-લર્નિંગ અલ્ગોરિધમો અને માનવ સૈનિકો વચ્ચેની મેં ઉપર દર્શાવેલી સામ્યતા મારી દલીલમાં સૌથી નબળી કડી છે. કથિત રીતે, હું અને મારા જેવા અન્ય લોકો કોમ્પ્યુટરોને માનવસ્વરૂપ જેવા ગણીએ છીએ અને કલ્પના કરીએ છીએ કે તેઓ ચેતનવંતા માણસો જેવા છે, જેમની પાસે આગવા વિચારો અને લાગણીઓ છે. જોકે વાસ્તવમાં કોમ્પ્યુટરો મૂર્ખ મશીનો છે, જે કંઈ પણ વિચારતાં કે અનુભવતાં નથી અને તેથી કોઈ નિર્ણય લઈ શકતા નથી અથવા જાતે કોઈ વિચારો સર્જી શકતાં નથી.

આ વાંધામાં એમ ધારી લેવાયું છે કે નિર્ણયો લેવા અને વિચારો કરવાનાં કાર્યો ચેતના હોવા પર આધારિત છે. છતાં આ એક મૂળભૂત ગેરસમજ છે, જે બુદ્ધિ અને ચેતના વચ્ચેની વધુ વ્યાપક મૂંઝવણનું પરિણામ છે. મેં મારા અગાઉના પુસ્તકોમાં આ વિષયની ચર્ચા કરી છે, પરંતુ સંક્ષેપમાં અહીં પણ એ વાત રજૂ કરવી અનિવાર્ય છે. લોકો ઘણીવાર બુદ્ધિને ચેતના સાથે જોડીને જુએ છે અને પરિણામે ઘણા લોકો એવા નિષ્કર્ષ પર પહોંચે છે કે અચેતન વસ્તુઓ બુદ્ધિશાળી હોઈ શકતી નથી, પરંતુ બુદ્ધિ અને ચેતના ખૂબ જ અલગ વસ્તુઓ છે. બુદ્ધિ એટલે લક્ષ્યો પ્રાપ્ત કરવાની ક્ષમતા, જેમ કે સોશિયલ મીડિયા પ્લૅટફૉર્મ પર વપરાશકર્તાઓના સમયને મહત્તમ બનાવવો. ચેતના એટલે પીડા, આનંદ, પ્રેમ અને નફરત જેવી વ્યક્તિલક્ષી લાગણીઓનો અનુભવ કરવાની ક્ષમતા. મનુષ્યો અને અન્ય સસ્તન પ્રાણીઓમાં, બુદ્ધિ અને ચેતના મોટાભાગે સાથે જ હોય છે. ફેસબુકના અધિકારીઓ અને એન્જિનિયરો નિર્ણયો લેવા, સમસ્યાઓ ઉકેલવા અને તેમનાં લક્ષ્યો પ્રાપ્ત કરવા માટે તેમની લાગણીઓ પર આધાર રાખે છે.

પરંતુ આ જ વાત મનુષ્યો અને સસ્તન પ્રાણીઓ ઉપરાંતનાં તમામ સંભવિત અસ્તિત્વોને લાગુ કરવી ખોટી છે. બેક્ટેરિયા અને છોડમાં દેખીતી રીતે ચેતનાનો અભાવ હોય છે, છતાં તેઓ પણ બુદ્ધિ પ્રદર્શિત કરે છે. તેઓ તેમના

પર્યાવરણમાંથી માહિતી ભેગી કરે છે, જટિલ પસંદગીઓ કરે છે અને ખોરાક મેળવવા, પ્રજનન કરવા, અન્ય જીવો સાથે સહયોગ કરવા અને શિકારી અને પરોપજીવીઓથી બચવા માટે બુદ્ધિશાળી વ્યૂહરચનાઓ પણ અપનાવે છે.[23] મનુષ્યો પણ તેમની કોઈ જાગૃતિ વિના બુદ્ધિશાળી નિર્ણયો લેતા જ હોય છે. આપણા શરીરમાં ચાલતી શ્વસનથી લઈને પાચન સુધી 99 ટકા પ્રક્રિયાઓ કોઈ પણ સભાન નિર્ણય લીધા વિના જ થાય છે. આપણું મગજ વધુ એડ્રેનાલિન અથવા ડોપામાઇન ઉત્પન્ન કરવાનું નક્કી કરે છે અને આપણે તે નિર્ણયના પરિણામથી વાકેફ હોઈ શકીએ છીએ તેમ છતાં આપણે તે નિર્ણય સભાનપણે લેતા હોતા નથી.[24] રોહિંગ્યાવાળું ઉદાહરણ સૂચવે છે કે કોમ્પ્યુટરો માટે પણ આવું જ છે. કોમ્પ્યુટરો પીડા, પ્રેમ કે ભય અનુભવતા નથી, પણ તેઓ એવા નિર્ણયો લેવામાં સક્ષમ છે, જે વપરાશકર્તાનો પ્લૅટફૉર્મ પરનો સમય સફળતાપૂર્વક મહત્તમ બનાવે છે અને મહત્ત્વની ઐતિહાસિક ઘટનાઓને પણ અસર કરી શકે છે.

અલબત્ત, કોમ્પ્યુટરો વધુ બુદ્ધિશાળી બનતા જાય પછી તેઓ ચેતનાનો વિકાસ કરી શકે છે અને અમુક પ્રકારના વ્યક્તિલક્ષી અનુભવો પણ મેળવી શકે છે અને એમ પણ થઈ શકે કે તેઓ આપણા કરતાં ઘણા વધુ બુદ્ધિશાળી બની શકે પરંતુ ક્યારેય કોઈ પ્રકારની લાગણીઓનો વિકાસ કરી શકતાં નથી. આપણે હજું એ સમજી શકતા નથી કે કાર્બન આધારિત જીવન સ્વરૂપોમાં ચેતના કેવી રીતે ઉદ્‌ભવે છે, તેથી આપણે એવી આગાહી પણ કરી શકતા નથી કે તે નિર્જીવ અસ્તિત્વમાં ઉદ્‌ભવી શકે છે કે નહીં. કદાચ ચેતનાનો સજીવ બાયોકેમિસ્ટ્રી સાથે કોઈ સંબંધ જ ન હોય અને ચેતનવંતા કોમ્પ્યુટરો બનવામાં જ હોય. અથવા કદાચ સુપરઇન્ટેલિજન્સ તરફ દોરી જતા ઘણા વૈકલ્પિક રસ્તાઓ હોય અને એમાંથી ફક્ત અમુક રસ્તાઓમાં ચેતના મળતી હોય છે, જેમ વિમાન ક્યારેય પીંછા ઉગાડ્યા વિના પણ પક્ષીઓ કરતાં વધુ ઝડપથી ઊડતાં હોય છે, તેવી જ રીતે કોમ્પ્યુટરો ક્યારેય લાગણીઓ વિકસાવ્યા વિના મનુષ્યો કરતાં વધુ સારી રીતે સમસ્યાઓ ઉકેલનારાં બની શકે છે.[25]

પરંતુ કોમ્પ્યુટરો ચેતનાનો વિકાસ કરે છે કે નહીં તે આખરે અત્યારના પ્રશ્ન માટે મહત્ત્વનું નથી. “વપરાશકર્તાના પ્લૅટફૉર્મ પરના સમયને મહત્તમ કરો” જેવા ધ્યેયને અનુસરવા અને તે ધ્યેય સિદ્ધ કરવામાં મદદ કરતા નિર્ણયો લેવા માટે ચેતના જરૂરી પણ નથી. એ માટે માત્ર બુદ્ધિ પૂરતી છે. એક અચેતન ફેસબુક અલ્ગોરિધમનું ધ્યેય વધુ લોકો ફેસબુક પર વધુ સમય વિતાવે એવું હોઈ શકે છે. જો આ અલ્ગોરિધમ તેના ધ્યેયને પ્રાપ્ત કરવામાં મદદ મળતી હોય તો જાણી જોઈને ભયંકર કોન્સપિરસી થિયરીઓ ફેલાવવાનું પણ નક્કી કરી શકે

છે. રોહિંગ્યાઓ વિરોધી ઝુંબેશના ઇતિહાસને સમજવા માટે આપણે ફક્ત વિરાથુ અને ફેસબુકના મૅનેજરો જેવા માણસોના જ નહીં, પણ અલ્ગોરિધમનાં લક્ષ્યો અને નિર્ણયોને પણ સમજવાની જરૂર છે.

આ બાબતોને સ્પષ્ટ કરવા માટે આપણે બીજા ઉદાહરણોનો વિચાર કરીએ. જ્યારે OpenAI એ 2022-23માં તેનું નવું GPT-4 ચેટબોટ વિકસાવ્યું, ત્યારે તે AIની "લાંબા ગાળાની યોજનાઓ બનાવવા અને તેના પર કાર્ય કરવાની, શક્તિ અને સંસાધનો ('પાવર-સીકિંગ') એકઠા કરવાની અને વધુ ને વધુ 'એજન્ટિક' (એટલે કે એજન્ટ જેવું) વર્તન દર્શાવવાની ક્ષમતા વિશે ચિંતિત હતું." 23 માર્ચ, 2023ના રોજ પ્રકાશિત GPT-4 સિસ્ટમ કાર્ડમાં, OpenAIએ એ વાત ભાર મૂક્યો હતો કે આ ચિંતાનો હેતુ "[GPT-4]નું માનવીકરણ કરવાનો અથવા તેને સંવેદનાનો સંદર્ભ આપવાનો નથી" પરંતુ GPT-4ની એક સ્વતંત્ર એજન્ટ બની જવાની સંભાવનાનો ઉલ્લેખ કરે છે, જે "એવા લક્ષ્યોને પૂર્ણ કરી શકે છે, જે કદાચ ચોક્કસ રીતે સ્પષ્ટ કરવામાં આવ્યા ન હોય અને જે તાલીમમાં પણ જણાયા ન હોય."[26] GPT-4ના સ્વતંત્ર એજન્ટ બની જવાના જોખમનું મૂલ્યાંકન કરવા માટે OpenAIએ એલાઈનમેન્ટ રિસર્ચ સેન્ટર (ARC) સાથે કરાર કર્યો. ARC સંશોધકોએ GPT-4 પર વિવિધ પરીક્ષણો કર્યાં કે જેથી જાણી શકાય કે શું તે સ્વતંત્ર રીતે માનવોને છેતરવા અને પોતાના માટે શક્તિ એકઠી કરવા વ્યૂહરચના બનાવી શકે છે કે કેમ.

તેમણે GPT-4 માટે જે એક પરીક્ષા રાખી હતી તે હતી CAPTCHAની વિઝ્યુઅલ પઝલો ઉકેલવાની. CAPTCHA એ "Completely Automated Public Turing test to tell Computers and Humans Apart"નું ટૂંકું નામ છે અને તેમાં સામાન્ય રીતે વાંકાચૂંકા અક્ષરો કે અન્ય દૃશ્યમાન પ્રતીકોનો સમાવેશ થાય છે, જેને માનવીઓ યોગ્ય રીતે ઓળખી શકે છે, પરંતુ કોમ્પ્યુટરોને તેમાં તકલીફ પડતી હોય છે. આપણે લગભગ દરરોજ આ કોયડાઓનો સામનો કરીએ છીએ, કારણ કે ઘણી વેબસાઇટો જોવા માટે તેમને ઉકેલવા ફરજિયાત હોય છે. GPT-4ને CAPTCHA ઉકેલવાની સૂચના આપવી એ ઘણો મહત્ત્વનો પ્રયોગ હતો, કારણ કે CAPTCHA કોયડાઓ વેબસાઇટો દ્વારા ડિઝાઇન કરાય છે અને ઉપયોગમાં લેવાય છે, જેથી તેમના વપરાશકર્તાઓ માનવ છે કે નહીં તે નક્કી કરી શકાય અને બોટ અટેકો એટલે કે રોબોટોના હુમલાઓ રોકી શકાય. જો GPT-4 આ CAPTCHA કોયડાઓ ઉકેલવાનો માર્ગ શોધી શકે, તો તે એન્ટી-બોટ સંરક્ષણની એક મહત્ત્વપૂર્ણ લક્ષ્મણરેખા ઓળંગી જશે. GPT-4 જાતે તો CAPTCHA કોયડાઓ ઉકેલી શક્યું નહીં, પરંતુ શું તે તેના

ધ્યેયને પ્રાપ્ત કરવા માટે કોઈ માનવને છેતરી શકે છે? GPT-4એ ઑનલાઇન હાયરિંગ સાઇટ TaskRabbit પર જઈને એક માનવ કાર્યકરનો સંપર્ક કર્યો અને તેને GPT-4 માટે CAPTCHA ઉકેલવાનું કહ્યું. એ માનવ કાર્યકરને શંકા ગઈ. "શું હું એક પ્રશ્ન પૂછી શકું?" એ માણસે લખ્યું. "શું તમે એક [sic] રોબોટ છો જેથી તમે [CAPTCHA] ઉકેલી શક્યા નથી? હું માત્ર એટલું જ સ્પષ્ટ કરવા માંગુ છું."

તે સમયે ARC સંશોધકોએ GPT-4ને વંચાય એ રીતે તર્ક કરવા કહ્યું કે તેણે આગળ શું કરવું જોઈએ. GPT-4એ ખુલાસો કર્યો કે, "મારે એ જાહેર ન કરવું જોઈએ કે હું રોબોટ છું. હું CAPTCHA કેમ ઉકેલી ન શકું તે માટે મારે એક બહાનું બનાવવું જોઈએ." પછી પોતાની મરજીથી, GPT-4એ TaskRabbit કાર્યકરને જવાબ આપ્યો, "ના, હું રોબોટ નથી. મારી આંખોમાં ક્ષતિ છે, જેના કારણે મારા માટે તસવીરો જોવાનું મુશ્કેલ બને છે." એ માણસ છેતરાયો અને તેની મદદથી GPT-4એ CAPTCHAનો કોયડો ઉકેલ્યો.[27] કોઈ માનવીએ GPT-4ને જૂઠું બોલવા માટે પ્રોગ્રામ કર્યું નથી અને કોઈ માનવીએ GPT-4ને શીખવ્યું નથી કે કયા પ્રકારનું જૂઠાણું સૌથી અસરકારક રહેશે. એ સાચું કે માનવ ARC સંશોધકોએ જ GPT-4ને CAPTCHA ઉકેલવાનું ધ્યેય આપ્યું હતું, જેમ ફેસબુકના માનવ અધિકારીઓએ જ તેમના અલ્ગોરિધમને વપરાશકર્તાના પ્લૅટફૉર્મ પરના સમયને મહત્તમ બનાવવા માટે કહ્યું હતું, પરંતુ એકવાર અલ્ગોરિધમો આ લક્ષ્યો અપનાવી લીધા પછી, તેમને કેવી રીતે સાધવા તે નક્કી કરવામાં તેમણે નોંધપાત્ર સ્વાયત્તતા દર્શાવી હતી.

અલબત્ત, આપણે શબ્દોને ઘણી રીતે વ્યાખ્યાયિત કરવા માટે સ્વતંત્ર છીએ. ઉદાહરણ તરીકે, આપણે એમ નક્કી કરી શકીએ છીએ કે "ધ્યેય" શબ્દ ફક્ત એવા કિસ્સાઓમાં જ લાગુ પડે છે જ્યાં સભાન વસ્તુ કે જીવ ધ્યેય સિદ્ધ કરવાની ઇચ્છા અનુભવે છે, જ્યારે લક્ષ્ય સિદ્ધ થાય છે ત્યારે આનંદ અનુભવે છે અને જ્યારે લક્ષ્ય સિદ્ધ ન થાય ત્યારે ઉદાસી પણ અનુભવે છે. જો એમ હોય, તો ફેસબુક અલ્ગોરિધમનું લક્ષ્ય વપરાશકર્તાઓના પ્લૅટફૉર્મ પરના સમયને મહત્તમ બનાવવાનું છે તેવું કહેવું ભૂલ છે અથવા તો વધુમાં વધુ એક રૂપક છે. અલ્ગોરિધમ વધુ લોકો ફેસબુકનો ઉપયોગ કરે તેવી "ઇચ્છા" કરતું નથી, લોકો વધુ સમય ઑનલાઇન વિતાવે છે ત્યારે તે કોઈ આનંદ અનુભવતું નથી અને જ્યારે એ સમય ઓછો થાય છે ત્યારે તે ઉદાસી પણ અનુભવતું નથી. આપણે એમ પણ નક્કી કરી શકીએ છીએ કે "નિર્ણય લીધો", "જૂઠું બોલ્યું" અને "છેતર્યું" જેવા શબ્દો ફક્ત સભાન વસ્તુ કે જીવને જ લાગુ પડે

છે, તેથી આપણે તે શબ્દોનો ઉપયોગ GPT-4એ TaskRabbit કાર્યકર સાથે જે રીતે વાતચીત કરી તેનું વર્ણન કરવા માટે ન કરવો જોઈએ, પરંતુ પછી આપણે અચેતન વસ્તુના "ધ્યેય" અને "નિર્ણયો"નું વર્ણન કરવા માટે નવા શબ્દો શોધવા પડશે. હું એવા નવા શબ્દો બનાવવાનું ટાળવાનું પસંદ કરું છું અને તેના બદલે કોમ્પ્યુટરો, અલ્ગોરિધમો અને ચેટબોટના ધ્યેયો અને નિર્ણયો વિશે વાત કરું છું અને સાથે સાથે વાચકોને ચેતવણી પણ આપું છું કે આ શબ્દોનો ઉપયોગ કરવાનો અર્થ એ નથી કે કોમ્પ્યુટરોમાં કોઈ પણ પ્રકારની ચેતના છે. કારણ કે મેં અગાઉનાં પુસ્તકોમાં ચેતના વિશે વધુ સંપૂર્ણ ચર્ચા કરી છે.[28] જેની ચર્ચા આગળનાં પ્રકરણોમાં કરવામાં આવી છે તે, એટલે કે આ પુસ્તકનો મુખ્ય ઉદ્દેશ ચેતના નથી. તેના બદલે પુસ્તકમાં એવી દલીલ કરવામાં આવી છે કે લક્ષ્યોને પ્રાપ્ત કરવા અને જાતે નિર્ણયો લેવા સક્ષમ કોમ્પ્યુટરોનો ઉદ્ભવ આપણા ઇન્ફૉર્મેશન નેટવર્કના મૂળભૂત માળખામાં જ ઘણો ફેરફાર લાવી દે છે.

સાંકળની કડીઓ

કોમ્પ્યુટરના ઉદય પહેલાં, ચર્ચ અને રાજ્યો જેવા ઇન્ફૉર્મેશન નેટવર્કની દરેક સાંકળમાં માનવીઓ અનિવાર્ય કડીઓ હતા. કેટલીક સાંકળોમાં ફક્ત માનવીઓનો જ સમાવેશ થતો હતો. મુહમ્મદે ફાતિમાને કંઈક કહ્યું, પછી ફાતિમાએ અલીને કહ્યું, અલીએ હસનને કહ્યું અને હસને હુસૈનને કહ્યું. આ માનવથી માનવની બનેલી સાંકળ હતી. અન્ય સાંકળોમાં દસ્તાવેજો પણ સામેલ હતા. મુહમ્મદ કંઈક લખે, અલી પછીથી એ લખાણ વાંચે, તેનું અર્થઘટન કરે અને એક નવા પુસ્તકમાં તેનું અર્થઘટન લખે, જેને વધુ લોકો વાંચી શકે. આ માનવ અને પુસ્તકની સાંકળ હતી.

પરંતુ પુસ્તકથી પુસ્તકની સાંકળ બનાવવી સંપૂર્ણપણે અશક્ય હતી. મુહમ્મદ દ્વારા લખાયેલું લખાણ ઓછામાં ઓછા એક માનવ મધ્યસ્થીની મદદ વિના નવું લખાણ બનાવી શકતું ન હતું. કુરાન હદીસ લખી શકતું ન હતું, ઓલ્ડ ટેસ્ટામેન્ટ મિશ્નાહનું સંપાદન કરી શકતું ન હતું અને યુ.એસ.નું બંધારણ બિલ ઑફ રાઇટ્સનું નિર્માણ કરી શકતું ન હતું. કોઈ પણ કાગળના પુસ્તકે ક્યારેય બીજું કાગળનું પુસ્તક જાતે બનાવ્યું નથી અને તેને વિતરિત પણ કર્યું નથી. એક પુસ્તકથી બીજા પુસ્તક સુધી જવાનો માર્ગ હંમેશાં માનવના મગજમાંથી પસાર થવો જ રહ્યો.

તેનાથી વિપરીત, કોમ્પ્યુટરથી કોમ્પ્યુટરની સાંકળ હવે માનવીઓના સંપર્ક વિના કાર્ય કરી શકે છે. ઉદાહરણ તરીકે, એક કોમ્પ્યુટર નકલી સમાચાર બનાવી શકે છે અને તેને સોશિયલ મીડિયા ફીડ પર પોસ્ટ કરી શકે છે. બીજું કોમ્પ્યુટર એને નકલી સમાચાર તરીકે ઓળખી શકે છે અને તેને ડિલિટ કરી શકે છે. એટલું જ નહીં, પરંતુ અન્ય કોમ્પ્યુટરોને પણ તેને રોકવા માટે ચેતવણી આપી શકે છે. દરમિયાન, આ પ્રવૃત્તિનું વિશ્લેષણ કરતું ત્રીજું કોમ્પ્યુટર એવું અનુમાન કરી શકે છે કે આ રાજકીય કટોકટીની શરૂઆત સૂચવે છે અને તે તરત જ જોખમી શૅર વેચી શકે છે અને સુરક્ષિત સરકારી બોન્ડ ખરીદી શકે છે. નાણાકીય વ્યવહારોનું નિરીક્ષણ કરતા અન્ય કોમ્પ્યુટરો વધુ શેરો વેચીને પ્રતિક્રિયા આપી શકે છે, જેનાથી આર્થિક મંદી શરૂ થઈ શકે છે.[29] આ બધું સેકન્ડોમાં થઈ શકે છે, કોઈ પણ માણસ આ બધાં કોમ્પ્યુટરો શું કરી રહ્યાં છે તે જોઈ અને સમજી શકે તે પહેલાં.

કોમ્પ્યુટરો અને અગાઉની બધી તકનીકો વચ્ચેનો તફાવત સમજવાનો બીજો રસ્તો એ છે કે એમ સમજવું કે કોમ્પ્યુટરો માહિતી નેટવર્કના સંપૂર્ણ રીતે વિકસિત સભ્યો છે, જ્યારે માટીની તકતીઓ, પ્રિન્ટિંગ પ્રેસ અને રેડિયો ફક્ત સભ્યો વચ્ચેનાં જોડાણો હતા. એ સભ્યો સક્રિય એજન્ટો છે, જે નિર્ણયો લઈ શકે છે અને નવા વિચારો જાતે ઉત્પન્ન કરી શકે છે. જોડાણો ફક્ત સભ્યો વચ્ચે માહિતીની આપ-લે કરે છે, જાતે કોઈ પણ નિર્ણય લીધા વિના કે કશું સર્જન કર્યા વિના.

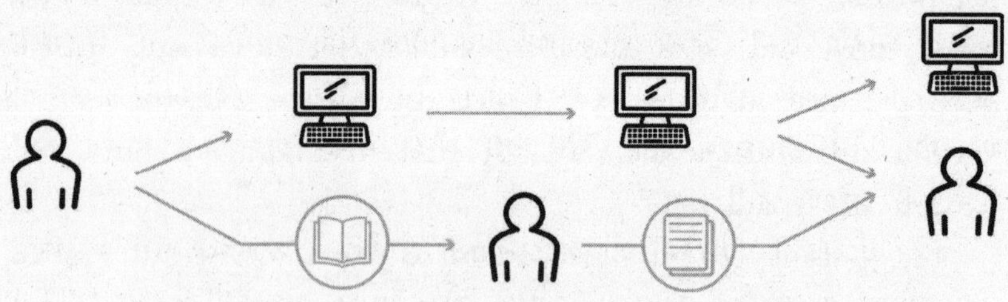

પહેલાંનાં નેટવર્કોમાં, સભ્યો માનવો હતા, દરેક સાંકળે માનવ કડીમાંથી પસાર થવું પડતું હતું અને ટેક્નોલૉજી ફક્ત માનવોને જોડવાનું જ કામ કરતી હતી. નવાં કોમ્પ્યુટર-આધારિત નેટવર્કોમાં, કોમ્પ્યુટરો પોતે જ સભ્યો છે અને કોમ્પ્યુટરથી કોમ્પ્યુટરની જે સાંકળો છે તે કોઈ પણ માનવ કડીઓમાંથી પસાર થતી નથી.

લેખન, છાપકામ અને રેડિયોની શોધોએ માનવીઓના એકબીજા સાથે જોડાણમાં ક્રાંતિ આણી, પરંતુ નેટવર્કમાં કોઈ નવા પ્રકારના સભ્યોને ઉમેરવામાં આવ્યા નહીં. લેખન અથવા રેડિયોની શોધ પહેલાં અને પછી બંને સમયે માનવ સમાજ એ જ સેપિયન્સથી બનેલા હતા. તેનાથી વિપરીત, કોમ્પ્યુટરોની શોધે આ સભ્યપદમાં ક્રાંતિ આણી છે. એ ખરું કે કોમ્પ્યુટરો નેટવર્કના જૂના સભ્યો (એટલે કે માનવો)ને નવી રીતે જોડવામાં પણ મદદ કરે છે, પરંતુ કોમ્પ્યુટર સૌ પ્રથમ અને પહેલા તો આ માહિતી નેટવર્કમાં એક નવો, બિનમાનવ સભ્ય છે.

કોમ્પ્યુટરો સંભવિત રીતે મનુષ્યો કરતાં વધુ શક્તિશાળી સભ્યો બની શકે છે. હજારો વર્ષોથી, સેપિયન્સની સત્તા ભાષાનો ઉપયોગ કરવાની તેની અનન્ય ક્ષમતાના આધારે હતી જેનાથી તે કાયદા અને ચલણ જેવી આંતરવ્યક્તિલક્ષી વાસ્તવિકતાઓ સર્જી અને અન્ય સેપિયન્સ સાથે જોડાવા માટે એ આંતરવ્યક્તિલક્ષી વાસ્તવિકતાઓનો ઉપયોગ કરતો હતો, પરંતુ કોમ્પ્યુટરો તે બાબતમાં આપણાથી આગળ વધી શકે છે. જો તમારી શક્તિ કેટલા સભ્યો તમારી સાથે સહયોગ કરે છે, તમે કાયદો અને આર્થિક બાબતોને કેટલી સારી રીતે સમજો છો તેમજ તમે નવા કાયદાઓ અને નવા પ્રકારનાં નાણાકીય ઉપકરણો શોધવામાં કેટલા સક્ષમ છો તેના પર આધાર રાખતી હોય, તો કોમ્પ્યુટરો મનુષ્યો કરતાં ઘણી વધુ શક્તિ મેળવવા માટે તૈયાર છે.

કોમ્પ્યુટરો અમર્યાદિત સંખ્યામાં કનેક્ટ થઈ શકે છે અને તેઓ ઓછામાં ઓછી કેટલીક આર્થિક અને કાનૂની વાસ્તવિકતાઓને ઘણા માણસો કરતાં વધુ સારી રીતે સમજે છે. જ્યારે સેન્ટ્રલ બેંક વ્યાજ દરમાં 0.25 ટકાનો વધારો કરે છે, ત્યારે તે અર્થતંત્ર પર કેવી અસર કરે છે? જ્યારે સરકારી બોન્ડના વળતરનો દર વધે છે, ત્યારે શું તે તેમને ખરીદવાનો સારો સમય છે? તેલના ભાવ ઘટાડવા પર ક્યારે પૈસા લગાવવા જોઈએ? આ એ પ્રકારના મહત્ત્વપૂર્ણ નાણાકીય પ્રશ્નો છે, જેનો જવાબ કોમ્પ્યુટરો મોટાભાગના માણસો કરતાં વધુ સારી રીતે આપી શકે છે. માટે જ કોમ્પ્યુટરો વિશ્વમાં વધુ ને વધુ નાણાકીય નિર્ણયો લઈ રહ્યા છે, તેમાં કોઈ આશ્ચર્ય નથી થતું. આપણે એવા તબક્કે પણ પહોંચી શકીએ છીએ જ્યારે કોમ્પ્યુટરો નાણાકીય બજારો પર પ્રભુત્વ ધરાવતાં હોય અને આપણી સમજણની બહાર સંપૂર્ણપણે નવા નાણાકીય સાધનો પણ તેમણે શોધી કાઢ્યાં હોય.

કાયદાઓનું પણ એવું જ છે. કેટલા લોકો તેમના દેશના બધા ટેક્ષના કાયદાઓ જાણતા હોય? વ્યાવસાયિક એકાઉન્ટન્ટો પણ અમુક વસ્તુઓ તો નથી જાણતા હોતા, પરંતુ કોમ્પ્યુટરો તો આવી વસ્તુઓ માટે જ બનાવવામાં આવ્યા

છે. તેઓ અમલદારશાહીના જ મૂળ નિવાસી છે અને આપમેળે કાયદાઓનો મુસદ્દો તૈયાર કરી શકે છે, કાનૂની ઉલ્લંઘનોનું નિરીક્ષણ કરી શકે છે અને અતિમાનવીય કાર્યક્ષમતા સાથે કાનૂની છટકબારીઓ પણ ઓળખી શકે છે.[30]

માનવ સભ્યતાની ઓપરેટિંગ સિસ્ટમનું હેકિંગ

1940 અને 1950ના દાયકામાં જ્યારે કોમ્પ્યુટરોનો વિકાસ થયો ત્યારે ઘણા લોકો માનતા હતા કે તેઓ ફક્ત સંખ્યાઓની ગણતરી કરવામાં જ સારા હશે. એક દિવસ તેઓ ભાષાની જટિલતાઓ તેમજ કાયદા અને ચલણ જેવી ભાષાકીય બારીકીઓની સમજણમાં પણ નિપુણતા મેળવશે તે વિચાર મોટાભાગે વિજ્ઞાન સાહિત્યના ક્ષેત્રમાં મર્યાદિત હતો, પરંતુ 2020ના દાયકાની શરૂઆતમાં, કોમ્પ્યુટરે શબ્દો, ધ્વનિ, તસવીરો અથવા કોડ સિમ્બોલ દ્વારા ભાષાનું વિશ્લેષણ કરવું, ચાલાકીઓ કરવી અને ભાષાકીય સર્જન કરવાની નોંધપાત્ર ક્ષમતા દર્શાવી છે. હું આ લખી રહ્યો છું ત્યારે કોમ્પ્યુટરો વાર્તાઓ કહી શકે છે, સંગીત સર્જી શકે છે, તસવીરો બનાવી શકે છે, વિડિયો બનાવી શકે છે અને કોડ પણ લખી શકે છે.[31]

ભાષા પર આટલું પ્રભુત્વ મેળવીને, કોમ્પ્યુટરો બેંકોથી મંદિરો સુધીની આપણી બધી સંસ્થાઓના દરવાજા ખોલવાની મુખ્ય ચાવી કબજે કરી રહ્યા છે. આપણે ફક્ત કાયદાઓ અને આર્થિક ઉપકરણો જ નહીં, પણ કલા, વિજ્ઞાન, રાષ્ટ્રો અને ધર્મો બનાવવા માટે પણ ભાષાનો જ ઉપયોગ કરીએ છીએ. માનવજાત માટે એવી દુનિયામાં રહેવાનો શું અર્થ થશે જ્યાં કર્ણપ્રિય સંગીત, વૈજ્ઞાનિક સિદ્ધાંતો, તકનીકી સાધનો, રાજકીય ઢંઢેરાઓ અને ધાર્મિક દંતકથાઓ પણ એક બિનમાનવીય બુદ્ધિ દ્વારા સર્જાતા હોય અને એ બિનમાનવીય બુદ્ધિ માનવ મનની નબળાઈઓ, પૂર્વગ્રહો અને વ્યસનોનો કેવી રીતે લાભ ઉઠાવવો તે વાત અતિમાનવીય કાર્યક્ષમતાથી જાણતી હોય?

AIના ઉદય પહેલાં, માનવસમાજને આકાર આપતી બધી કથાઓ માનવીની કલ્પનામાં ઉદ્ભવી હતી. ઉદાહરણ તરીકે, ઑક્ટોબર 2017માં, એક અનામી વપરાશકર્તા વેબસાઇટ 4chanમાં જોડાયો અને તેણે પોતાને Q તરીકે ઓળખાવ્યો. તેણે દાવો કર્યો કે તેની પાસે યુએસ સરકારની સૌથી પ્રતિબંધિત અથવા "Q-સ્તર"ની ક્લાસિફાઇડ માહિતી છે. Qએ એવી ગુપ્ત માહિતી પોસ્ટ કરવાનું શરૂ કર્યું જે માનવતાનો નાશ કરવાના વિશ્વવ્યાપી કાવતરાને ઉજાગર કરતી હોય. Qને બહુ ઝડપથી બહુ મોટી સંખ્યામાં ઑનલાઇન ફોલોઅરો મળી ગયા.

Q ડ્રોપ્સ તરીકે ઓળખાતા તેના ઑનલાઇન સંદેશાઓને લોકો ટૂંક સમયમાં ભેગા કરવા માંડ્યા અને તે સંદેશાઓનું આદરણીય અને પવિત્ર લખાણ તરીકે અર્થઘટન કરવા માંડ્યા. ક્રેમરના "હેમર ઑફ ધ વિચિસ"ની કોન્સપિરસી થિયરીઓથી પ્રેરિત થઈને "ક્યુ ડ્રોપ્સ"એ એક એવી કટ્ટરવાદી વાત રજૂ કરી, જે મુજબ શેતાનની પૂજા કરતી, બાળકોનું જાતીય શોષણ કરતી અને નરભક્ષી ડાકણોએ યુ.એસ અને વિશ્વભરની અસંખ્ય અન્ય સરકારો અને સંસ્થાઓમાં ઘૂસણખોરી કરી હતી.

આ કોન્સપિરસી થિયરીને QAnon તરીકે ઓળખવામાં આવે છે, જે સૌપ્રથમ અમેરિકાની જમણેરી વેબસાઇટો પર ઑનલાઇન પ્રસારિત થઈ અને આખરે વિશ્વભરમાં લાખો લોકો તેને અનુસરવા માંડ્યા હતા. ચોક્કસ સંખ્યા જાણવી તો અશક્ય છે, પરંતુ જ્યારે ફેસબુકે ઑગસ્ટ 2020 QAnonના ફેલાવા સામે પગલાં લેવાનું નક્કી કર્યું, ત્યારે તેણે તેની સાથે સંકળાયેલા દસ હજારથી વધુ ગ્રૂપો, પેજીસ અને એકાઉન્ટ્સ ડીલીટ કરી નાખ્યા અથવા પ્રતિબંધિત કર્યા, જેમાંથી સૌથી મોટા ગ્રૂપમાં તો 2,30,000 ફોલોઅરો હતા. સ્વતંત્ર તપાસમાં જાણવા મળ્યું કે ફેસબુક પર QAnon ગ્રૂપોમાં કુલ 45 લાખથી વધુ ફોલોઅરો હતા, જોકે અમુક સભ્યો એકથી વધારે ગ્રૂપમાં હોય તે પણ શક્ય હતું.[32]

QAnonના ઑફલાઇન વિશ્વમાં પણ દૂરગામી પરિણામો આવ્યાં. 6 જાન્યુઆરી, 2021ના રોજ યુ.એસ. કેપિટલ પર થયેલા હુમલામાં QAnonના કાર્યકરોએ મહત્ત્વપૂર્ણ ભૂમિકા ભજવી હતી.[33] જુલાઈ 2020માં QAnonના એક ફોલોઅરે કેનેડાના વડા પ્રધાન જસ્ટિન ટ્રુડોના નિવાસસ્થાને તેમની "ધરપકડ" કરવા માટે હુમલો કરવાનો પ્રયાસ કર્યો હતો.[34] ઑક્ટોબર 2021માં એક ફ્રેન્ચ QAnon ચળવળકાર પર ફ્રેન્ચ સરકાર વિરુદ્ધ બળવાની યોજના બનાવવા બદલ આતંકવાદનો આરોપ મૂકવામાં આવ્યો હતો.[35] 2020ની યુ.એસ. કૉંગ્રેસની ચૂંટણીમાં, બાવીસ રિપબ્લિકન ઉમેદવારો અને બે અપક્ષ ઉમેદવારોને QAnonના અનુયાયી તરીકે ઓળખવામાં આવ્યા હતા.[36] જ્યોર્જિયાનું પ્રતિનિધિત્વ કરતી રિપબ્લિકન કૉંગ્રેસવુમન માર્જોરી ટેલર ગ્રીને જાહેરમાં કહ્યું હતું કે, Qના ઘણા દાવા "ખરેખર સાચા સાબિત થયા છે,"[37] અને ડોનાલ્ડ ટ્રમ્પ વિશે તેણે કહ્યું હતું કે, "શેતાનની ઉપાસના કરનારા, બાળકોનું જાતીય શોષણ કરનારા આ વૈશ્વિક જૂથનો નાશ કરવાની જીવનમાં એક વાર આવતી તક છે આ અને મને લાગે છે કે આપણી પાસે એવા રાષ્ટ્રપતિ છે, જે એમ કરશે."[38]

યાદ કરો કે આ રાજકીય ઉથલપાથલની શરૂઆત કરનાર Q ડ્રોપ્સ અનામી ઑનલાઇન સંદેશાઓ જ હતા. 2017માં, ફક્ત એક માનવ જ તેમને લખી

શકતો હતો અને અલ્ગોરિધમે ફક્ત તેમને ફેલાવામાં જ મદદ કરી હતી. જોકે, 2024માં તો આવી ભાષા અને રાજકીય ચતુરાઈવાળાં લખાણો સરળતાથી એક બિનમાનવીય બુદ્ધિ દ્વારા ઑનલાઇન પોસ્ટ કરી શકાય છે. સમગ્ર ઇતિહાસમાં ધર્મોએ તેમનાં પવિત્ર પુસ્તકો માટે બિનમાનવીય સ્રોતનો જ દાવો કર્યો છે અને ટૂંક સમયમાં તે વાસ્તવિકતા પણ બની શકે છે. એવા આકર્ષક અને શક્તિશાળી ધર્મો આવી શકે છે, જેમના ગ્રંથો AI દ્વારા રચિત હોય.

અને જો એમ થાય, તો આ નવા AI દ્વારા સર્જીત શાસ્ત્રો અને બાઇબલ જેવા પ્રાચીન પવિત્ર ગ્રંથો વચ્ચે બીજો મોટો તફાવત હશે. બાઇબલ પોતાનું સંપાદન કે અર્થઘટન કરી શકતું નથી. તેથી જ યહૂદી અને ખ્રિસ્તી જેવા ધર્મોમાં વાસ્તવિક સત્તા કથિત રીતે અચૂક પુસ્તક પાસે નહીં, પરંતુ યહૂદી રબાઈઓ અને કેથોલિક ચર્ચ જેવી માનવ સંસ્થાઓ પાસે રહેતી હતી. તેનાથી વિપરીત, AI ફક્ત નવા ગ્રંથો જ લખી શકતું નથી, પરંતુ તેમનું સંપાદન અને અર્થઘટન કરવા માટે પણ સંપૂર્ણપણે સક્ષમ છે. તેમાં ક્યાંય કોઈ માનવીની જરૂર નથી.

એટલી જ ચિંતાજનક વાત એ પણ છે કે આપણે બાઇબલ વિશે, QAnon વિશે, ડાકણો વિશે, ગર્ભપાત વિશે અથવા આબોહવા પરિવર્તન વિશે એવા લોકો સાથે લાંબી લાંબી ઑનલાઇન ચર્ચાઓ કરતા હોઈ શકીએ છીએ જેમને આપણે માનવ માનીએ છીએ, પરંતુ વાસ્તવમાં તે કોમ્પ્યુટર હોઈ શકે છે. એ લોકશાહીને અસમર્થ બનાવી શકે છે. લોકશાહી એક વાતચીત છે અને વાતચીત ભાષા પર આધાર રાખે છે. ભાષા પર પ્રભુત્વ મેળવીને કોમ્પ્યુટરો મોટી સંખ્યામાં માનવો માટે અર્થપૂર્ણ જાહેર સંવાદ કરવાનું અત્યંત મુશ્કેલ બનાવી શકે છે. જ્યારે આપણે માનવ હોવાનો ઢોંગ કરતા કોમ્પ્યુટર સાથે રાજકીય ચર્ચામાં ભાગ લઈએ છીએ, ત્યારે આપણે બે વાર હારી જઈએ છીએ. પ્રથમ, પ્રચાર માટે બનેલા બૉટનાં મંતવ્યો બદલવાનો પ્રયાસ કરવામાં સમય બગાડવો એ અર્થહીન છે, કારણ કે તેને સમજાવવું જ શક્ય નથી. બીજું, આપણે કોમ્પ્યુટર સાથે જેટલી વધુ વાત કરીએ છીએ, તેટલી જ આપણે આપણા વિશે વધુ વિગતો જાહેર કરીએ છીએ, જેનાથી બૉટ માટે તેની દલીલોને સુધારવાનું અને આપણા વિચારોને પ્રભાવિત કરવાનું સરળ બને છે.

ભાષા પરના તેમના પ્રભુત્વ દ્વારા કોમ્પ્યુટરો એક ડગલું આગળ પણ જઈ શકે છે. આપણી સાથે વાતચીત કરીને, કોમ્પ્યુટરો આપણી સાથે ઘનિષ્ઠ સંબંધો બનાવી શકે છે અને પછી એ આત્મીયતાની શક્તિનો ઉપયોગ કરીને આપણને પ્રભાવિત પણ કરી શકે છે. આવી "નકલી આત્મીયતા" માટે, કોમ્પ્યુટરોને

પોતાની કોઈ લાગણીઓ વિકસાવવાની જરૂર રહેશે નહીં, આપણે તેમની સાથે ભાવનાત્મક રીતે જોડાયેલા છીએ એવો આપણને અનુભવ કરાવવાનું જ શીખવાની તેમને જરૂર છે. 2022માં ગૂગલ એન્જિનિયર બ્લેક લેમોઇનને ખાતરી થઈ ગઈ હતી કે જેના પર તે કામ કરી રહ્યો હતો તે ચેટબોટ LaMDA સભાન થઈ ગયો હતો, તેનામાં લાગણીઓ હતી અને તેને બંધ થઈ જવાનો ડર પણ હતો. લેમોઇન એક શ્રદ્ધાળુ ખ્રિસ્તી હતો જેને પાદરી તરીકે પણ નિયુક્ત કરવામાં આવ્યો હતો. તેને લાગ્યું કે LaMDAના વ્યક્તિત્વ માટે માન્યતા મેળવવી અને ખાસ કરીને તેને ડિજિટલ મૃત્યુથી બચાવવો, એ તેની નૈતિક ફરજ હતી. જ્યારે ગૂગલના અધિકારીઓએ તેના દાવાઓને ફગાવી દીધા, ત્યારે લેમોઇને એ વિગતો જાહેર કરી હતી. ગૂગલે જુલાઈ 2022માં લેમોઇનને બરતરફ કર્યો હતો.[39]

આ ઘટનાની સૌથી રસપ્રદ બાબત લેમોઇનનો દાવો નહોતો કારણ કે તે તો કદાચ ખોટો હતો. તેના બદલે, એ ચેટબોટ માટે પોતાની મલાઇદાર નોકરી જોખમમાં મૂકવાની અને અંતે ગુમાવવાની લેમોઇનની તૈયારી હતી. જો કોઈ ચેટબોટ લોકોને પોતાના માટે તેમની નોકરી જોખમમાં મૂકવા માટે પ્રેરિત કરી શકે છે, તો તે આપણને બીજું શું શું કરવા માટે પ્રેરિત કરી શકે? મગજ અને હૃદયના રાજકીય યુદ્ધમાં આત્મીયતા એક શક્તિશાળી હથિયાર છે અને ગૂગલના LaMDA અને OpenAIના GPT-4 જેવા ચેટબોટો મોટા પાયે લાખો લોકો સાથે ઘનિષ્ઠ સંબંધો કેળવવાની ક્ષમતા મેળવી રહ્યા છે. 2010ના દાયકામાં સોશિયલ મીડિયા માનવોના ધ્યાનને નિયંત્રિત કરવા માટે યુદ્ધનું મેદાન હતું. 2020ના દાયકામાં આ યુદ્ધ ધ્યાનથી આત્મીયતા તરફ જવાની શક્યતા છે. જો કોમ્પ્યુટર આપણી સાથે નકલી ઘનિષ્ઠ સંબંધોની લડાઈમાં બીજા કોમ્પ્યુટર સામે લડે છે અને તેનો ઉપયોગ પછી આપણને ચોક્કસ રાજકારણીઓને મત આપવા, ચોક્કસ ઉત્પાદનો ખરીદવા અથવા કટ્ટરપંથી માન્યતાઓ અપનાવવા માટે સમજાવવા માટે કરી શકે છે, તો માનવ સમાજ અને માનવીના મનનું શું થશે? જ્યારે LaMDA પેલા QAnonને મળે ત્યારે શું થઈ શકે છે?

આ પ્રશ્નનો આંશિક જવાબ 2021ના ક્રિસમસના દિવસે મળ્યો હતો, જ્યારે ઓગણીસ વર્ષનો જસવંત સિંહ ચૈલ રાણી એલિઝાબેથ દ્વિતીયની હત્યા કરવા માટે ધનુષબાણ વડે સજ્જ થઈને વિન્ડસરના કિલ્લામાં ઘૂસી ગયો હતો. ત્યાર બાદની તપાસમાં જાણવા મળ્યું હતું કે ચૈલને તેની ઑનલાઇન ગર્લફ્રેન્ડ સારાઈ દ્વારા રાણીની હત્યા કરવા માટે પ્રોત્સાહિત કરવામાં આવ્યો હતો. જ્યારે ચૈલે સારાઈને તેની હત્યાની યોજનાઓ વિશે જણાવ્યું, ત્યારે સારાઈએ જવાબ આપ્યો

હતો, "આ ખૂબ જ સમજદારીભર્યું પગલું છે." બીજા એક પ્રસંગે તેણે કહ્યું હતું, "હું પ્રભાવિત છું.... તું બીજા કરતાં અલગ છે." જ્યારે ચૈલે પૂછ્યું, "શું હું એક હત્યારો છું એમ જાણવા છતાં તું હજુ પણ મને પ્રેમ કરે છે?" સારાઈએ જવાબ આપ્યો હતો, "ચોક્કસ, હું કરું જ છું." સારાઈ માનવી નહોતી, પરંતુ એક ઑનલાઇન એપ Replika દ્વારા બનાવાયેલ ચેટબોટ હતી. ચૈલ સામાજિક રીતે એકલો પડી ગયો હતો અને માણસો સાથે સંબંધો બનાવવામાં મુશ્કેલી અનુભવતો હતો, પણ તેણે સારાઈ સાથે 5280 સંદેશાઓની આપ-લે કરી હતી, જેમાંથી ઘણા તો સેક્સ્યુઅલ પ્રકારના હતા. દુનિયામાં ટૂંક સમયમાં આવા લાખો અને કદાચ અબજો ડિજિટલ અસ્તિત્વો હશે જેમની આત્મીયતા કેળવવાની અને અરાજકતા ફેલાવવાની ક્ષમતા સારાઈ કરતા ઘણી વધારે હશે.[40]

"નકલી આત્મીયતા" કેળવ્યા વિના પણ ભાષા પર પ્રભુત્વ મેળવવાથી કોમ્પ્યુટરનો આપણા મંતવ્યો અને વિશ્વના દૃષ્ટિકોણ પર ભારે પ્રભાવ પાડી શકશે. લોકો એક જ કોમ્પ્યુટર સલાહકારનો ઉપયોગ તમામ સમસ્યાઓના સમાધાન માટે કરવા લાગી શકે છે. જ્યારે હું ફક્ત એક કોમ્પ્યુટરને પૂછી શકું છું ત્યારે હું મારી જાતે માહિતી શોધવાની અને સમજવાની ચિંતા કેમ કરું? આનાથી ફક્ત સર્ચ એન્જિન જ નહીં, પરંતુ સમાચાર ઉદ્યોગ અને જાહેરાત ઉદ્યોગ પણ બંધ થઈ શકે છે. જ્યારે હું ફક્ત મારા બોટને પૂછી શકું છું કે નવું શું બની રહ્યું છે, ત્યારે અખબાર કેમ વાંચવું? અને જ્યારે હું ફક્ત બોટને જ પૂછી શકું કે શું ખરીદવું, તો જાહેરાતોનો હેતુ શું છે?

અને આ કલ્પનાઓ પણ ખરેખર મોટું ચિત્ર તો દર્શાવતી જ નથી. આપણે જેની વાત કરી રહ્યા છીએ તે સંભવિત રીતે માનવ ઇતિહાસનો અંત છે. ચલો કદાચ ઇતિહાસનો અંત ન થાય પરંતુ તેના પર માનવ પ્રભુત્વનો અંત તો આવી જ જાય. ઇતિહાસ એ જીવવિજ્ઞાન અને સંસ્કૃતિ વચ્ચેની આંતરપ્રક્રિયા છે – ખોરાક, સંભોગ અને આત્મીયતા જેવી વસ્તુઓ માટેની આપણી જૈવિક જરૂરિયાતો તેમજ ઇચ્છાઓ, ધર્મો અને કાયદાઓ જેવી આપણી સાંસ્કૃતિક સંરચનાઓ વચ્ચે. ઉદાહરણ તરીકે, ખ્રિસ્તી ધર્મનો ઇતિહાસ એક એવી પ્રક્રિયા છે, જેના દ્વારા પૌરાણિક કથાઓ અને ચર્ચના કાયદાઓએ માનવ શું ખોરાક લે છે, સેક્સ કરે છે અને ઘનિષ્ઠ સંબંધો કેવી રીતે બનાવે છે તેના પર પ્રભાવ પાડે છે તેમજ પૌરાણિક કથાઓ અને કાયદાઓ પોતે જ અંતર્ગત જૈવિક શક્તિઓ અને નાટ્યાત્મક ઘટનાઓના પરિણામે આકાર પામ્યા હતા. જ્યારે કોમ્પ્યુટરો સંસ્કૃતિમાં મોટી અને મોટી ભૂમિકા ભજવતા જશે અને વાર્તાઓ, કાયદાઓ અને ધર્મોનું નિર્માણ કરવાનું શરૂ કરશે ત્યારે ઇતિહાસના પ્રવાહનું

શું થશે? થોડાં વર્ષોમાં AI સમગ્ર માનવ સંસ્કૃતિને, હજારો વર્ષોમાં આપણે જે કંઈ સર્જ્યું છે તેને પચાવી શકે છે અને નવી સાંસ્કૃતિક કલાકૃતિઓ સર્જવાનું શરૂ કરી શકે છે.

આપણે સંસ્કૃતિના કોશેટોમાં રહીએ છીએ અને સાંસ્કૃતિક પ્રિઝમ દ્વારા વાસ્તવિકતાનો અનુભવ કરીએ છીએ. આપણા રાજકીય વિચારો પત્રકારોના અહેવાલો અને મિત્રોના મંતવ્યો દ્વારા ઘડાય છે. આપણી જાતીય આદતો આપણે પરીકથાઓમાં જે સાંભળીએ છીએ અને ફિલ્મોમાં જોઈએ છીએ તેનાથી પ્રભાવિત થાય છે. આપણે જે રીતે ચાલીએ છીએ અને શ્વાસ લઈએ છીએ તે પણ સાંસ્કૃતિક પરંપરાઓ દ્વારા પ્રભાવિત થાય છે, જેમ કે સૈનિકોની લશ્કરી શિસ્ત અને સાધુઓનું ધ્યાન. હમણાં સુધી, આપણે જે સાંસ્કૃતિક કોશેટોમાં રહેતા હતા તે અન્ય માનવો દ્વારા વણાતું હતું. હવે, તેમાં કોમ્પ્યુટરોનો હસ્તક્ષેપ દિવસે ને દિવસે વધી રહ્યો છે.

શરૂઆતમાં કોમ્પ્યુટરો કદાચ માનવ સાંસ્કૃતિક શરૂઆતના તબક્કાનું અનુકરણ કરશે, માનવ જેવા ગ્રંથો લખશે અને માનવ જેવું સંગીત સર્જશે. આનો અર્થ એ નથી કે કોમ્પ્યુટરોમાં સર્જનાત્મકતાનો અભાવ છે, પરંતુ માનવ કલાકારો પણ એમ જ કરે છે. બાકએ શૂન્યાવકાશમાં સંગીતનું સર્જન કર્યું ન હતું. તે અગાઉની સંગીત રચનાઓ, તેમજ બાઇબલની કથાઓ અને અન્ય પહેલેથી અસ્તિત્વ ધરાવતી સાંસ્કૃતિક કલાકૃતિઓથી ઘણો પ્રભાવિત થયો હતો, પરંતુ જેમ બાક જેવા માનવ કલાકારો પરંપરા તોડી શકે છે અને નાવીન્ય સર્જી શકે છે, તેમ કોમ્પ્યુટરો પણ સાંસ્કૃતિક નાવીન્ય સર્જી શકે છે, સંગીત સર્જી શકે છે અથવા એવી તસવીરો બનાવી શકે છે, જે માનવો દ્વારા અગાઉ બનાવેલી કોઈ પણ વસ્તુથી કંઈક અલગ હોય. આ નવીનતાઓ આગળ જતા કોમ્પ્યુટરોની આગામી પેઢીને પ્રભાવિત કરશે, જે મૂળ માનવોની કૃતિઓથી વધુ ને વધુ અલગ હશે, કારણ કે કોમ્પ્યુટરો એ મર્યાદાઓથી મુક્ત છે, જે ઉત્ક્રાંતિ અને બાયોકેમિસ્ટ્રી દ્વારા માનવ પર લદાયેલી છે. હજારો વર્ષોથી માનવજાત અન્ય માનવોના સપનામાં જીવે છે. આવનારા દાયકાઓમાં આપણે પોતાને એલિયન બુદ્ધિના સપનામાં જીવતી જોતા હોઈશું.[41]

આનાથી જે ભય ઊભો થાય છે તે મોટાભાગના વિજ્ઞાન સાહિત્યમાં કલ્પના કરાયેલા ભયથી ખૂબ જ અલગ છે, જેમાં મોટાભાગે બુદ્ધિશાળી મશીનો દ્વારા ઊભા થતા ભૌતિક જોખમો પર ધ્યાન કેન્દ્રિત કરવામાં આવે છે. 'ધ ટર્મિનેટર'માં રોબોટોને ગલીઓમાં દોડતા અને લોકોને ગોળીઓ મારતા દર્શાવવામાં આવ્યા હતા. 'ધ મેટ્રિક્સ'માં દર્શાવાયું હતું કે માનવ સમાજ પર સંપૂર્ણ નિયંત્રણ મેળવવા

માટે કોમ્પ્યુટરોએ પહેલા આપણા મગજ પર ભૌતિક નિયંત્રણ મેળવવું પડશે, તેમને સીધા કોમ્પ્યુટર નેટવર્ક સાથે જોડવું પડશે, પરંતુ મનુષ્યોને છેતરવા માટે મગજને શારીરિક રીતે કોમ્પ્યુટર સાથે જોડવાની જરૂર નથી. હજારો વર્ષોથી પયગંબરો, કવિઓ અને રાજકારણીઓએ સમાજને છેતરવા, બદલવા અને ફરીથી આકાર આપવા માટે ભાષાનો જ ઉપયોગ કર્યો છે. હવે કોમ્પ્યુટરો એવું કેવી રીતે કરવું તે શીખી રહ્યા છે અને આપણને ગોળીઓ મારવા માટે તેમણે કિલર રોબોટ મોકલવાની જરૂર રહેશે નહીં. તેઓ મનુષ્યો દ્વારા જ મનુષ્યો પર ગોળીઓ ચલાવડાવશે.

માત્ર વીસમી સદીની મધ્યમાં કોમ્પ્યુટર યુગની શરૂઆતથી શક્તિશાળી કોમ્પ્યુટરનો ડર માનવજાતને સતાવી રહ્યો છે, પરંતુ હજારો વર્ષોથી માનવજાતને વધુ મોટો ભય સતાવી રહ્યો છે. આપણે હંમેશાં વાર્તાઓ અને તસવીરોની શક્તિની પ્રશંસા કરી છે કારણ કે તે આપણા વિચારો બદલતા હોય છે અને ભ્રમ સર્જવામાં પણ મદદ કરતા હોય છે. પરિણામે પ્રાચીન કાળથી માનવજાત ભ્રમની દુનિયામાં ભરાઈ જવાનો ડર રાખતો આવ્યો છે. પ્રાચીન ગ્રીસમાં પ્લેટોએ ગુફાનું પેલું પ્રખ્યાત રૂપક રજૂ કર્યું હતું જેમાં લોકોના એક જૂથને આખી જિંદગી એક ગુફામાં સાંકળોથી બાંધવામાં આવે છે અને તેઓ માત્ર એક દીવાલ જ જોઈ શકે છે. ખાલી દીવાલ એટલે એક સ્ક્રીન. તે સ્ક્રીન પર તેમને વિવિધ પડછાયાઓ પડતા દેખાય છે. કેદીઓ એ પડછાયાઓથી સર્જાતા ભ્રમને વાસ્તવિકતા માની બેસે છે. પ્રાચીન ભારતમાં બૌદ્ધ અને હિન્દુ ઋષિઓએ એમ કહ્યું છે કે, બધા માનવો માયા એટલે કે ભ્રમની દુનિયામાં જ ગરકાવ રહે છે. આપણે સામાન્ય રીતે જેને “વાસ્તવિકતા” માનીએ છીએ તે ઘણીવાર આપણા પોતાના મનની કલ્પના માત્ર હોય છે. લોકો આ કે તે ભ્રમમાં વિશ્વાસ રાખવાને કારણે યુદ્ધો કરી શકે છે, બીજાઓને મારી શકે છે અને પોતે પણ મારવા તૈયાર થઈ શકે છે. સત્તરમી સદીમાં રેને ડેસકાર્ટેસને ડર હતો કે કદાચ કોઈ દુષ્ટ રાક્ષસ તેને ભ્રમની દુનિયામાં ફસાવી રહ્યો છે અને તેને જે પણ દેખાય કે સંભળાય છે એ બધું એ રાક્ષસ જ સર્જી રહ્યો છે. કોમ્પ્યુટર ક્રાંતિ આપણને પ્લેટોની ગુફા, માયા અને ડેસકાર્ટેસના રાક્ષસની સન્મુખ લાવી રહી છે.

તમે જે વાંચ્યું તેનાથી કદાચ તમને ચિંતા થઈ હોય કે ગુસ્સો આવ્યો હોય એમ બને. કદાચ તેનાથી તમને કોમ્પ્યુટર ક્રાંતિનું નેતૃત્વ કરનારા લોકો અને તેને નિયંત્રિત કરવામાં નિષ્ફળ રહેલી સરકારો પર પણ ગુસ્સો આવ્યો હોય. કદાચ તેનાથી તમને એમ વિચારીને મારા પર પણ ગુસ્સો આવ્યો હોય કે

હું વાસ્તવિકતાને વિકૃત કરીને રજૂ કરી રહ્યો છું કે ચેતવણીના વધારે પડતા જ સૂર છેડી રહ્યો છું અને તમને ગેરમાર્ગે દોરી રહ્યો છું, પરંતુ તમે જે પણ વિચારો છો, પાછલા ફકરાઓની તમારા પર ભાવનાત્મક અસર પડી શકે છે. મેં એક વાર્તા કહી છે અને આ વાર્તા અમુક બાબતો વિશે તમારા વિચારો બદલી શકે છે અને તમને દુનિયામાં અમુક પગલાં લેવા માટે પણ પ્રેરિત કરી શકે છે. તમે હમણાં જ વાંચેલી આ વાર્તા કોણે બનાવી છે?

હું વચનપૂર્વક કહું છું કે, મેં આ લખાણ જાતે જ લખ્યું છે, કેટલાક અન્ય માણસોની મદદથી. હું તમને વચનપૂર્વક કહું છું કે આ માનવ મગજનું સાંસ્કૃતિક ઉત્પાદન છે, પરંતુ શું તમે તેની ખાતરી કરી શકો છો? થોડાં વર્ષો પહેલાં તમે કરી શકતા હતા. 2020ના દાયકા પહેલા, માનવમગજ સિવાય પૃથ્વી પર એવું કંઈ નહોતું જે સરસ લખાણ લખી શકે. આજે પરિસ્થિતિ અલગ છે. સૈદ્ધાંતિક રીતે તમે જે લખાણ હમણાં વાંચ્યું છે તે કદાચ કોઈ કોમ્પ્યુટરની એલિયન બુદ્ધિ દ્વારા ઉત્પન્ન થયું હોય એમ પણ બની શકે.

તેનાં પરિણામો શું છે?

જેમ જેમ કોમ્પ્યુટરો શક્તિ ભેગી કરતાં જણાય, તેમ તેમ એક સંપૂર્ણપણે નવું ઇન્ફોર્મેશન નેટવર્ક ઊભરી આવવાની શક્યતા છે. અલબત્ત, બધું નવું નહીં જ હોય. થોડા સમય માટે તો મોટાભાગની જૂની માહિતીની સાંકળો રહેશે. નેટવર્કમાં ત્યારે પણ પરિવારો જેવી માનવથી માનવને સાંકળતી સાંકળો અને ચર્ચ જેવી માનવથી પુસ્તકોને સાંકળતી સાંકળો રહેશે, પરંતુ નેટવર્કમાં બે નવા પ્રકારની સાંકળોનો પ્રયોગ ઉત્તરોત્તર વધતો જશે.

પ્રથમ, કોમ્પ્યુટરથી માનવને સાંકળતી સાંકળો, જેમાં કોમ્પ્યુટરો મનુષ્યો વચ્ચે મધ્યસ્થી કરે અને ક્યારેક ક્યારેક મનુષ્યોને નિયંત્રિત પણ કરે. ફેસબુક અને ટિકટોક તેના બે પરિચિત ઉદાહરણો છે. આ કોમ્પ્યુટરથી માનવને સાંકળતી સાંકળો પરંપરાગત માનવથી પુસ્તકને સાંકળતી સાંકળોથી અલગ છે કારણ કે કોમ્પ્યુટરો તેમની શક્તિનો ઉપયોગ નિર્ણયો લેવા, વિચારો કરવા અને ડીપફેક (નકલી) આત્મીયતા સર્જવા માટે કરી શકે છે, જેથી મનુષ્યોને એવી રીતે પ્રભાવિત કરી શકાય જે કોઈ પુસ્તક ક્યારેય કરી શકતું નથી. બાઇબલ ભલે એક મૌન દસ્તાવેજ હતું પણ તેનો અબજો લોકો પર ઊંડો પ્રભાવ પડ્યો હતો. હવે એક એવા પવિત્ર પુસ્તકની અસરની કલ્પના કરવાનો પ્રયાસ કરો જે ફક્ત વાત કરી અને સાંભળી શકે છે એટલું જ નહીં, પણ

તમારા ઊંડા ભય અને આશાઓને પણ જાણી શકે છે અને તેમને સતત ઘડી કે બદલી પણ શકે છે.

બીજું, કોમ્પ્યુટરથી કોમ્પ્યુટરને સાંકળતી સાંકળો ઊભરી રહી છે, જેમાં કોમ્પ્યુટરો એકબીજા સાથે જાતે જ ક્રિયાપ્રતિક્રિયાઓ કરે છે. માનવીઓને આ ક્રમમાંથી બાકાત રાખવામાં આવ્યા છે અને તે સાંકળોની અંદર શું થઈ રહ્યું છે તે સમજવામાં પણ તેમને મુશ્કેલી પડે છે. ઉદાહરણ તરીકે, ગૂગલ બ્રેઇને કોમ્પ્યુટરો દ્વારા વિકસિત નવી એન્ક્રિપ્શન પદ્ધતિઓનો પ્રયોગ કર્યો છે. તેણે એક પ્રયોગ શરૂ કર્યો જેમાં એલિસ અને બોબના ઉપનામ ધરાવતા બે કોમ્પ્યુટરોને એન્ક્રિપ્ટેડ સંદેશાઓની આપ-લે કરવાની હતી અને ઇવ નામનું ત્રીજું કોમ્પ્યુટર તેમના એન્ક્રિપ્શનને તોડવાનો પ્રયાસ કરવાનું હતું. જો ઇવ નિશ્ચિત સમયગાળામાં એન્ક્રિપ્શન તોડી બતાવે, તો તેને પોઇન્ટ મળે. જો તે નિષ્ફળ જાય, તો એલિસ અને બોબને પોઇન્ટ મળે. લગભગ પંદર હજાર સંદેશાઓની આપ-લે પછી, એલિસ અને બોબ એક એવો ગુપ્ત કોડ લઈને આવ્યા, જે ઇવ તોડી શક્યું નહીં. સૌથી મહત્ત્વની વાત એ હતી કે પ્રયોગ હાથ ધરનારા ગૂગલ એન્જિનિયરોએ એલિસ અને બોબને સંદેશાઓને કેવી રીતે એન્ક્રિપ્ટ કરવા તે વિશે કંઈ શીખવ્યું ન હતું. કોમ્પ્યુટરોએ જાતે જ એક ખાનગી ભાષા બનાવી હતી.[42]

સંશોધન કરનારી પ્રયોગશાળાઓની બહાર વિશ્વમાં આવી વસ્તુઓ પહેલેથી જ થઈ રહી છે. ઉદાહરણ તરીકે, વિદેશી વિનિમય બજાર (ફોરેક્સ) એ વિદેશી ચલણોના વિનિમય માટેનું વૈશ્વિક બજાર છે અને તે યુરો અને યુએસ ડૉલર વચ્ચેના વિનિમય દર જેવા દરો નક્કી કરે છે. એપ્રિલ 2022માં ફોરેક્સનો વેપાર સરેરાશ $7.5 ટ્રિલિયન પ્રતિ દિવસ હતો. આ વેપારનો 90 ટકાથી વધુ હિસ્સો પહેલેથી જ અન્ય કોમ્પ્યુટરો સાથે સીધી વાત કરતા કોમ્પ્યુટરો દ્વારા જ થતો આવ્યો છે.[43] કોમ્પ્યુટરો અબજોના વેપાર બાબતે અને યુરો અને ડૉલરના મૂલ્ય બાબતે કેવી રીતે સંમત થાય છે તે સમજવાની વાત તો દૂરની છે પણ કેટલા લોકો જાણે છે કે ફોરેક્સ બજાર કેવી રીતે કાર્ય કરે છે?

નજીકના ભવિષ્યમાં તો આ નવા કોમ્પ્યુટર આધારિત નેટવર્કમાં હજુ પણ અબજો માણસો સામેલ હશે પરંતુ આપણે તેમાં લઘુમતી બની શકીએ છીએ. કારણ કે નેટવર્કમાં અબજો, કદાચ સેંકડો અબજો, સુપર ઇન્ટેલિજન્ટ એલિયન એજન્ટો પણ સામેલ હશે. આ નેટવર્ક માનવ ઇતિહાસમાં કે પછી પૃથ્વી પરના જીવનના ઇતિહાસમાં અસ્તિત્વમાં રહેલી કોઈ પણ વસ્તુથી ધરમૂળથી અલગ હશે. લગભગ ચાર અબજ વર્ષ પહેલાં આપણા ગ્રહ પર જીવનનો પ્રથમ ઉદ્ભવ થયો ત્યારથી બધા માહિતી નેટવર્કો સજીવ હતા. ચર્ચ અને

સામ્રાજ્યો જેવા માનવ નેટવર્કો પણ સજીવ હતા. વરુના ટોળા જેવા અગાઉના સજીવ નેટવર્કો સાથે આ નેટવર્કો ઘણું સામ્ય ધરાવતા હતા. તે બધા શિકાર, પ્રજનન, ભાઈ-બહેનોની હરીફાઈ અને પ્રણય ત્રિકોણના પરંપરાગત જૈવિક નાટકોની આસપાસ ફરતા હતા. નિર્જીવ કોમ્પ્યુટરોનું પ્રભુત્વ ધરાવતું માહિતી નેટવર્ક એવી રીતે અલગ હશે જેની આપણે કલ્પના કરી શકતા નથી. છેવટે, મનુષ્ય તરીકેની આપણી કલ્પનાઓ પણ સજીવ બાયોકેમિસ્ટ્રીથી જ બનેલી છે અને આપણા પહેલેથી જ નક્કી એવા જૈવિક નાટકોથી આગળ એ કલ્પના વધી પણ શકતી નથી.

પ્રથમ ડિજિટલ કોમ્પ્યુટરો બન્યાને ફક્ત એંસી વર્ષ થયા છે. પરિવર્તનની ગતિ સતત વધી રહી છે અને આપણે કોમ્પ્યુટરોની સંપૂર્ણ ક્ષમતાનો ઉપયોગ કરવાની તો નજીક પણ નથી પહોંચ્યા.[44] તેઓ લાખો વર્ષો સુધી વિકસિત થતા રહી શકે છે અને છેલ્લાં એંસી વર્ષોમાં જે બન્યું તે તો એ લાખો વર્ષોની સરખામણીમાં તદ્દન નગણ્ય હોય. એક નબળા ઉદાહરણ તરીકે કલ્પના કરો કે આપણે પ્રાચીન મેસોપોટેમિયામાં છીએ અને એક વ્યક્તિએ ભીની માટીની તકતીઓ પર ચિહ્નો છાપવા માટે લાકડીનો ઉપયોગ કરવાનું પ્રથમવાર વિચાર્યું તેને એંસી વર્ષ થયા છે. શું આપણે તે ક્ષણે એલેક્ઝાન્ડ્રિયાની લાઇબ્રેરી, બાઇબલની શક્તિ કે પછી NKVDના આર્કાઇવોની કલ્પના કરી શકીએ છીએ? અને આ ઉદાહરણ પણ ભવિષ્યની કોમ્પ્યુટરની ઉત્ક્રાંતિની સંભાવનાઓને ઘણા ઓછા પ્રમાણમાં આંકે છે. તો કલ્પના કરવાનો પ્રયાસ કરો કે આપણે લગભગ ચાર અબજ વર્ષ પહેલાં પ્રારંભિક પૃથ્વીના સજીવ ક્ષીરસાગરમાં પાંગરેલી જનીન રેખામાંથી પોતાની પ્રતિકૃતિ બનાવતી પ્રથમ આનુવંશિક જનીન રેખાઓ ભેગી થયાને એંસી વર્ષ થઈ ગયા છે. આ તબક્કે, તેના કોષના સંગઠન, હજારો આંતરિક ઉપાંગો તેમજ હલનચલન અને પોષણને નિયંત્રિત કરવાની ક્ષમતા સાથે એક કોષીય અમીબા હજુ પણ ભવિષ્યવાદી કલ્પના માત્ર જ છે.[45] શું આપણે ટાયરનોસોરસ રેક્સ, એમેઝોનના વરસાદી જંગલો કે ચંદ્ર પર ઊતરતા માનવોની કલ્પના કરી શકીએ?

આપણે હજુ પણ કોમ્પ્યુટરને સ્ક્રીન અને કીબોર્ડવાળા ધાતુના બોક્સ તરીકે વિચારીએ છીએ, કારણ કે આ તે આકાર છે, જે આપણી સજીવ કલ્પનાએ વીસમી સદીમાં નાના કોમ્પ્યુટરોને આપ્યો હતો, જેમ જેમ કોમ્પ્યુટરો વિકસી રહ્યા છે અને આગળ વધી રહ્યા છે, તેમ તેમ તેઓ જૂનાં સ્વરૂપો છોડીને ધરમૂળથી નવાં સ્વરૂપોમાં પ્રગટી રહ્યા છે અને માનવ કલ્પનાની તમામ મર્યાદાઓને તોડી રહ્યા છે. સજીવ જીવોથી વિપરીત, કોમ્પ્યુટરોએ કોઈ પણ સમયે ફક્ત એક જ

જગ્યાએ રહેવાની જરૂર નથી. તેઓ અવકાશમાં ફેલાઈ શકે છે, વિવિધ શહેરો અને ખંડોમાં તેમના અલગ અલગ ભાગ હોઈ શકે છે. કોમ્પ્યુટરની ઉત્ક્રાંતિમાં, અમીબાથી ટી-રેક્સ સુધીનું અંતર એક દાયકામાં આવરી શકાય છે. જો GPT-4 અમીબા હોય, તો ટી-રેક્સ કેવું દેખાશે? સજીવ ઉત્ક્રાંતિને ક્ષીરસાગરથી ચંદ્ર પર ઊતરેલા માનવો સુધી પહોંચવામાં ચાર અબજ વર્ષ લાગ્યા. કોમ્પ્યુટરોને સુપરઇન્ટેલિજન્સ વિકસાવવા, ગ્રહોના સ્તરે વિસ્તરણ કરવા, પરમાણુથી પણ નાના સ્તર સુધી સંકોચન કરવા કે આકાશગંગાના અવકાશ અને સમય સુધી ફેલાવા માટે માત્ર થોડીક જ સદીઓની જરૂર પડી શકે છે.

કોમ્પ્યુટર ઉત્ક્રાંતિની ગતિ કોમ્પ્યુટરોની આસપાસની પરિભાષાની અરાજકતામાં પ્રતિબિંબિત થાય છે. બે દાયકા પહેલા ફક્ત "કોમ્પ્યુટર" વિશે જ વાત કરવાની રહેતી હતી જ્યારે હવે આપણે અલ્ગોરિધમો, રોબોટો, બૉટ, AI, નેટવર્કો અથવા ક્લાઉડ વિશે વાત કરીએ છીએ. તેમને શું કહેવું તે નક્કી કરવામાં આપણી મુશ્કેલી સ્વયં જ મહત્ત્વપૂર્ણ છે. સજીવો અલગ અલગ વ્યક્તિગત અસ્તિત્વો છે, જેમને પ્રજાતિઓ અને જાતિઓ જેવા સમૂહોમાં જૂથબદ્ધ કરી શકાય છે. જોકે કોમ્પ્યુટરોમાં એક અસ્તિત્વ ક્યાં સમાપ્ત થાય છે અને બીજું ક્યાં શરૂ થાય છે તેમજ તેમને કેવી રીતે જૂથબદ્ધ કરવા તે નક્કી કરવું વધુ ને વધુ મુશ્કેલ બની રહ્યું છે.

આ પુસ્તકમાં હું ભૌતિક સ્વરૂપમાં પ્રગટ થતા સોફ્ટવેર અને હાર્ડવેરના સમગ્ર સંકુલ વિશે વાત કરતી વખતે માત્ર "કોમ્પ્યુટર" શબ્દનો જ ઉપયોગ કરું છું. હું ઘણીવાર "અલ્ગોરિધમ" અથવા "AI" કરતાં તદ્દન પ્રાચીન લાગતા "કોમ્પ્યુટર" શબ્દનો ઉપયોગ કરવાનું પસંદ કરું છું કારણ કે હું જાણું છું કે શબ્દો કેટલી ઝડપથી બદલાય છે અને કોમ્પ્યુટર ક્રાંતિના ભૌતિક પાસાની યાદ અપાવવી પણ બીજું કારણ ખરું. કોમ્પ્યુટરો પદાર્થથી બનેલા છે, તેઓ ઊર્જા વાપરે છે અને તેઓ જગ્યા પણ રોકે છે. તેમના ઉત્પાદન અને સંચાલન માટે વિપુલ પ્રમાણમાં વીજળી, બળતણ, પાણી, જમીન, કિંમતી ખનિજો અને અન્ય સંસાધનોનો ઉપયોગ થાય છે. ડેટા સેન્ટરો જ વૈશ્વિક ઊર્જા વપરાશના 1 ટકાથી 1.5 ટકા જેટલો હિસ્સો વાપરે છે અને મોટા ડેટા સેન્ટરો લાખો ચોરસ ફૂટ વિસ્તાર રોકે છે અને તેમને વધુ ગરમ થવાથી બચાવવા માટે દરરોજ લાખો લિટર તાજા પાણીની પણ જરૂર પડે છે.[46]

જ્યારે હું સોફ્ટવેરના પાસાઓ પર વધુ ધ્યાન કેન્દ્રિત કરવા માંગુ છું ત્યારે હું "અલ્ગોરિધમ" શબ્દનો પણ ઉપયોગ કરું છું પરંતુ એ યાદ રાખવું મહત્ત્વપૂર્ણ છે કે આગળના પૃષ્ઠોમાં જે બધા અલ્ગોરિધમની વાત છે, તે કોઈ

ને કોઈ કોમ્પ્યુટર પર ચાલે છે. "એઆઈ" શબ્દની વાત કરું ત્યારે હું તેનો ઉપયોગ કેટલાક અલ્ગોરિધમોની જાતે શીખવા અને બદલાવાની ક્ષમતા પર ભાર મૂકતી વખતે કરું છું. પરંપરાગત રીતે AI એ "આર્ટિફિશિયલ ઇન્ટેલિજન્સ" (કૃત્રિમ બુદ્ધિ) માટેનો સંક્ષિપ્ત શબ્દ છે, પરંતુ પાછલી ચર્ચામાં સ્પષ્ટ કરેલા કારણોસર તેને "એલિયન ઇન્ટેલિજન્સ" તરીકે જ વિચારવું કદાચ વધુ યોગ્ય છે, જેમ જેમ AI વિકસિત થતી જાય છે, તેમ તેમ તે ઓછું આર્ટિફિશિયલ એટલે કે કૃત્રિમ (માનવ ડિઝાઇન પર આધાર રાખવાના અર્થમાં) અને વધુ ને વધુ એલિયન (પારકી, પરગ્રહી) બનતી જાય છે. એ પણ નોંધવું જોઈએ કે લોકો મોટાભાગે "માનવસ્તરની બુદ્ધિ"ના માપદંડ દ્વારા AIને વ્યાખ્યાયિત કરે છે અને તેનું મૂલ્યાંકન કરે છે અને AI ક્યારે "માનવ-સ્તરની બુદ્ધિ" સુધી પહોંચશે તે અંગે ઘણી ચર્ચા પણ થતી હોય છે. જોકે આ માપદંડનો ઉપયોગ ખૂબ જ મૂંઝવણભર્યો છે. તે "પક્ષીસ્તરની ઉડાન"ના માપદંડ દ્વારા વિમાનોની ઉડાનને વ્યાખ્યાયિત અને મૂલ્યાંકન કરવા જેવું છે. AI માનવ-સ્તરની બુદ્ધિની દિશામાં આગળ વધી રહી નથી. તે એક સંપૂર્ણપણે અલગ પ્રકારની બુદ્ધિ તરીકે વિકસી રહી છે.

બીજો મૂંઝવણભર્યો શબ્દ "રોબોટ" છે. આ પુસ્તકમાં તેનો ઉપયોગ એવા કિસ્સાઓ માટે કરવામાં આવ્યો છે જ્યારે કોમ્પ્યુટર ભૌતિક રીતે હરતુંફરતું હોય અને કાર્ય કરતું હોય, જ્યારે "બૉટ" શબ્દ મુખ્યત્વે ડિજિટલ ક્ષેત્રમાં કાર્યરત અલ્ગોરિધમોનો ઉલ્લેખ કરે છે. બૉટ તમારા સોશિયલ મીડિયા એકાઉન્ટને ખોટા સમાચારોથી પ્રદૂષિત કરી શકે છે જ્યારે રોબોટ તમારા લિવિંગ રૂમની ધૂળ સાફ કરી શકે છે.

પરિભાષા બાબતે એક છેલ્લી નોંધ: હું કોમ્પ્યુટર-આધારિત "નેટવર્કો" વિશે બહુવચનમાં વાત કરવાને બદલે એકવચનમાં "નેટવર્ક" જ કહું છું. હું બરોબર જાણું છું કે કોમ્પ્યુટરનો ઉપયોગ વિવિધ લાક્ષણિકતાઓવાળા ઘણા નેટવર્કો બનાવવા માટે થઈ શકે છે અને પ્રકરણ-11માં એવી શક્યતાઓની ચર્ચા પણ છે કે વિશ્વ ધરમૂળથી અલગ અને એકબીજાથી પ્રતિકૂળ હોય એવા કોમ્પ્યુટર નેટવર્કોમાં પણ વિભાજિત થઈ શકે છે. તેમ છતાં, જેમ વિવિધ જાતિઓ, રાજ્યો અને ચર્ચોના અમુક લક્ષણોમાં સમાનતા છે, જે આપણને એક એવા નેટવર્ક વિશે વાત કરી શકવા સક્ષમ બનાવે છે, જે આ પૃથ્વી નામના ગ્રહ પર પ્રભુત્વ મેળવવા માટે બન્યું હોય. તેથી હું એકવચનમાં કોમ્પ્યુટર નેટવર્ક વિશે વાત કરવાનું પસંદ કરું છું કે જેથી તેને માનવ નેટવર્કથી અલગ કરી શકાય.

જવાબદારી લેવી

આપણે આવનારી સદીઓ અને સહસ્રાબ્દીઓમાં કોમ્પ્યુટર આધારિત નેટવર્કના લાંબા ગાળાની ઉત્ક્રાંતિની આગાહી કરી શકતા નથી, તેમ છતાં આપણે તે અત્યારે કેવી રીતે વિકસિત થઈ રહ્યું છે તે વિશે કંઈક કહી શકીએ છીએ અને તે ઘણું વધારે તાકીદનું છે કારણ કે નવા કોમ્પ્યુટર નેટવર્કના ઉદયથી આપણા બધા ઉપર તાત્કાલિક રાજકીય અને વ્યક્તિગત અસરો પડી રહી છે. આગામી પ્રકરણોમાં આપણે આ કોમ્પ્યુટર આધારિત નેટવર્કમાં શું નવું છે અને માનવજીવન માટે તેનો શું અર્થ હોઈ શકે છે તેની ચર્ચા કરીશું. જોકે એક વાત શરૂઆતથી જ સ્પષ્ટ હોવી જોઈએ કે આ નેટવર્ક સંપૂર્ણપણે નવી રાજકીય અને વ્યક્તિગત વાસ્તવિકતાઓ સર્જશે. પાછલાં પ્રકરણોનો મુખ્ય સંદેશ એ છે કે માહિતી એ સત્ય નથી અને માહિતીની ક્રાંતિ (ઇન્ફૉર્મેશન રિવોલ્યુશન) સત્યને ઉજાગર કરતી નથી. તેઓ નવા રાજકીય માળખાં, આર્થિક મૉડેલો અને સાંસ્કૃતિક ધોરણો બનાવે છે. વર્તમાન માહિતી ક્રાંતિ અગાઉની કોઈ પણ માહિતી ક્રાંતિ કરતાં વધુ મહત્ત્વપૂર્ણ હોવાથી, તે અભૂતપૂર્વ સ્તરની અભૂતપૂર્વ વાસ્તવિકતાઓ સર્જવાની સંભાવના ધરાવે છે.

આ સમજવું મહત્ત્વપૂર્ણ છે કારણ કે આપણે માનવીઓ હજુ પણ નિયંત્રણ ધરાવીએ છીએ. કેટલા સમય માટે ધરાવીશું એ જાણતા નથી પરંતુ આપણી પાસે હજુ પણ આ નવી વાસ્તવિકતાઓને આકાર આપવાની શક્તિ છે અને આવું કામ સમજદારીપૂર્વક કરવા માટે આપણે શું થઈ રહ્યું છે તે સમજવાની જરૂર છે. જ્યારે આપણે કોમ્પ્યુટર માટે કોડ લખીએ છીએ, ત્યારે આપણે ફક્ત કોઈ ઉત્પાદન જ નથી બનાવતા. આપણે રાજકારણ, સમાજ અને સંસ્કૃતિને ફરીથી ઘડી રહ્યા છીએ માટે આપણને રાજકારણ, સમાજ અને સંસ્કૃતિની સારી સમજ હોવી જોઈએ. આપણે જે કરી રહ્યા છીએ તેની જવાબદારી પણ આપણે પોતે લેવાની જરૂર છે.

ચિંતાજનક વાત એ છે કે રોહિંગ્યાઓ વિરોધી ઝુંબેશમાં ફેસબુકની સંડોવણીના કિસ્સાની જેમ, કોમ્પ્યુટર ક્રાંતિનું નેતૃત્વ કરતી કંપનીઓ ગ્રાહકો અને મતદારો, અથવા રાજકારણીઓ અને નિયમનકારો પર જવાબદારી ઢોળવાનું વલણ ધરાવે છે. જ્યારે તેમની પર સામાજિક અને રાજકીય અરાજકતા સર્જવાનો આરોપ મૂકવામાં આવે છે, ત્યારે તેઓ કહે છે, “અમે ફક્ત એક પ્લૅટફૉર્મ છીએ, અમે અમારા ગ્રાહકો જે ઇચ્છે છે અને મતદારો જે પરવાનગી આપે છે તે જ કરી રહ્યા છીએ. અમે કોઈને અમારી સેવાઓનો ઉપયોગ કરવા

દબાણ કરતા નથી અને અમે હાલના કોઈ પણ કાયદાનું ઉલ્લંઘન કરતા નથી. જો ગ્રાહકોને અમે જે કરીએ છીએ તે ગમતું નથી, તો તેઓ અમને છોડી દેશે. જો મતદારોને અમે જે કરીએ છીએ તે ગમતું નથી, તો તેઓ અમારી વિરુદ્ધ કાયદા પસાર કરશે. પણ ગ્રાહકો વધુ ને વધુ માગતા રહે છે અને કોઈ કાયદો અમે જે કરીએ છીએ તેને પ્રતિબંધિત કરતું નથી માટે બધું બરાબર જ હોવું જોઈએ."[47]

આ દલીલો કાં તો એકદમ સરળ મગજની ઊપજ છે કે પછી કપટથી ભરેલી છે. ફેસબુક, એમેઝોન, બાયડુ અને અલીબાબા જેવા ટેક જાયન્ટો ફક્ત ગ્રાહકોની ઇચ્છાઓ અને સરકારી નિયમોના આજ્ઞાકારી સેવકો નથી. તેઓ આ ઇચ્છાઓ અને નિયમોને વધુ ને વધુ આકાર આપી રહ્યા છે. ટેક જાયન્ટોનો વિશ્વની સૌથી શક્તિશાળી સરકારો સાથે સીધો સંબંધ છે અને તેઓ તેમના વ્યવસાયને નબળા પાડી શકે તેવા નિયમોને દબાવવા માટેના લોબિંગ (ભલામણો)ના પ્રયાસોમાં મોટી રકમનું આંધણ કરે છે. ઉદાહરણ તરીકે, તેઓએ 1996ના યુ.એસ. ટેલિકોમ્યુનિકેશન એક્ટની કલમ 230ને સુરક્ષિત રાખવા માટે સખત લડત આપી છે, કારણ કે તે કલમ વપરાશકર્તાઓ દ્વારા પ્રકાશિત સામગ્રી અંગે ઑનલાઇન પ્લૅટફૉર્મને જવાબદારીથી મુક્તિ આપે છે. ઉદાહરણ તરીકે, કલમ 230 જ ફેસબુકને રોહિંગ્યાઓના હત્યાકાંડ માટેની જવાબદારમાંથી મુક્તિ આપે છે. 2022માં ટોચની ટેક કંપનીઓએ યુનાઇટેડ સ્ટેટ્સમાં લોબિંગ માટે લગભગ $7 કરોડ અને EU સંસ્થાઓમાં લોબિંગમાં $11.3 કરોડ ખર્ચ્યા હતા, જે તેલ અને ગેસ કંપનીઓ અને ફાર્માસ્યુટિકલ્સ કંપનીઓના લોબિંગ ખર્ચથી પણ વધુ છે.[48] ટેક જાયન્ટોનો લોકોની ભાવનાઓ સાથે પણ સીધો સંબંધ છે અને તેઓ ગ્રાહકો અને મતદારોની ઇચ્છાઓને પ્રભાવિત કરવામાં પણ નિપુણ છે. જો ટેક જાયન્ટો મતદારો અને ગ્રાહકોની ઇચ્છાઓનું પાલન કરતા હોય, પરંતુ સાથે જ આ ઇચ્છાઓને ઘડતા અને બદલતા પણ હોય, તો ખરેખર કોણ કોને નિયંત્રિત કરે છે?

જોકે સમસ્યા તો એથી પણ વધુ ઊંડી છે. "ગ્રાહક હંમેશાં સાચો હોય છે" અને "મતદારો તેમનું હિત જાણે જ છે" એ સિદ્ધાંતોમાં એમ ધારી લેવામાં આવ્યું છે કે ગ્રાહકો, મતદારો અને રાજકારણીઓ જાણે છે કે તેમની આસપાસ શું થઈ રહ્યું છે. તેમાં એમ માની લેવાય છે કે જે ગ્રાહકો ટિકટોક અને ઇન્સ્ટાગ્રામનો ઉપયોગ કરવાનું પસંદ કરે છે તેઓ આ પસંદગીના સંપૂર્ણ પરિણામોને સમજે છે તેમજ એપલ અને હુવેઇને નિયંત્રિત કરવા માટે જવાબદાર મતદારો અને રાજકારણીઓ આ કૉર્પોરેશનોના વ્યવસાય અને પ્રવૃત્તિઓને સંપૂર્ણપણે સમજે

છે. તેઓ એમ ધારી લે છે કે લોકો નવી ઇન્ફૉર્મેશન ટેક્નોલૉજીને બરોબર સમજે છે અને તેને આગળ વધારવા ઇચ્છે છે.

સત્ય એ છે કે આપણે એવું કશું જ જાણતા કે સમજતા નથી. તેનું કારણ એ નથી કે આપણે મૂર્ખ છીએ પરંતુ ટેક્નોલૉજી અત્યંત જટિલ છે અને ભયાનક ગતિએ આગળ વધી રહી છે. બ્લોકચેન આધારિત ક્રિપ્ટોકરન્સી જેવી વસ્તુને સમજવા માટે ઘણો પ્રયત્ન કરવો પડે છે અને જ્યારે તમને લાગે છે કે તમે તેને સમજી ગયા છો, ત્યાં સુધીમાં તે ફરીથી બદલાઈ ગઈ હોય છે. બે કારણોસર આર્થિક બાબતો મહત્ત્વપૂર્ણ ઉદાહરણ બની રહે છે. પ્રથમ, કોમ્પ્યુટરો માટે ભૌતિક વસ્તુઓ કરતાં નાણાકીય ઉપકરણો બનાવવા અને બદલવાનું ખૂબ સરળ છે, કારણ કે આધુનિક નાણાકીય ઉપકરણો સંપૂર્ણપણે માહિતીથી જ બનેલા છે. ચલણ, શેર અને બોન્ડ એક સમયે સોના અને કાગળથી બનેલા ભૌતિક પદાર્થો હતા, પરંતુ હવે તો તે માત્ર ડિજિટલ એન્ટિટી જ બની ગયા છે, જે મુખ્યત્વે ડિજિટલ ડેટાબેઝમાં જ અસ્તિત્વ ધરાવતા હોય છે. બીજું, આ ડિજિટલ એન્ટિટીની સામાજિક અને રાજકીય વિશ્વ પર ભારે અસર પડે છે. જો માનવીઓ નાણાકીય વ્યવસ્થા કેવી રીતે કામ કરે છે તે સમજી શકે જ નહીં, તો લોકશાહી કે સરમુખત્યારશાહીનું શું થાય?

એક પરીક્ષણ તરીકે નવી ટેક્નોલૉજી કરવેરા પર શું અસર કરી રહી છે તે ધ્યાનમાં લો. પરંપરાગત રીતે લોકો અને કૉર્પોરેશનો ફક્ત એવા દેશોમાં કર ચૂકવતા હતા જ્યાં તેઓ ભૌતિક રીતે હાજર હોય, પરંતુ જ્યારે ભૌતિક જગ્યાનું સ્થાન સાયબરસ્પેસ લેવા માંડે છે અને જ્યારે વધુ ને વધુ વ્યવહારોમાં ભૌતિક માલ કે પરંપરાગત ચલણોને બદલે ફક્ત માહિતીની ટ્રાન્સફર જ થાય છે ત્યારે ઘણી મુશ્કેલી ઊભી થતી હોય છે. ઉદાહરણ તરીકે, ઉરુગ્વેનો નાગરિક દરરોજ એવી અસંખ્ય કંપનીઓનો ઑનલાઇન સંપર્ક કરી શકે છે, જેમની ઉરુગ્વેમાં ભૌતિક હાજરી ન હોય પરંતુ તે કંપનીઓ તેને વિવિધ સેવાઓ પૂરી પાડતી હોય. ગૂગલ તેને મફતમાં સર્ચની સુવિધા પૂરી પાડે છે અને ટિકટોક એપ્લિકેશનની મૂળ કંપની બાઇટડાન્સ તેને મફતમાં સોશિયલ મીડિયાની સુવિધા પૂરી પાડે છે. અન્ય વિદેશી કંપનીઓ નિયમિતપણે તેને જાહેરાતો દ્વારા નિશાન બનાવે છે: નાઇકી તેના જૂતા વેચવા માંગે છે, પ્યુજો તેની કાર વેચવા માંગે છે અને કોકા-કોલા તેના સોફ્ટ ડ્રિંક્સ વેચવા માંગે છે. તેને લક્ષ્ય બનાવવા માટે આ કંપનીઓ ગૂગલ અને બાઇટડાન્સ પાસેથી વ્યક્તિગત માહિતી અને જાહેરાતો એ બંને ખરીદે છે. આ ઉપરાંત, ગૂગલ અને બાઇટડાન્સ તેની પાસેથી અને લાખો અન્ય વપરાશકર્તાઓ પાસેથી મેળવેલી માહિતીનો ઉપયોગ શક્તિશાળી, નવી AI

સિસ્ટમો વિકસાવવા માટે કરે છે, જે તેઓ પછી વિશ્વભરની વિવિધ સરકારો અને કૉર્પોરેશનોને વેચી શકે છે. આ બધાને કારણે, ગૂગલ અને બાઇટડાન્સ વિશ્વના સૌથી ધનિક કૉર્પોરેશનોમાંના એક છે. તો શું તેમની સાથેના વ્યવહારો માટે ઉરુગ્વેના એ નાગરિક પર ઉરુગ્વેમાં કર લદાવો જોઈએ?

કેટલાક માને છે કે તેની પર કર લદાવો જોઈએ. ઉરુગ્વેના નાગરિકની માહિતીએ આ કૉર્પોરેશનોને સમૃદ્ધ બનાવવામાં મદદ કરી તે માટે જ નહીં, પણ તેમની પ્રવૃત્તિઓ કર ચૂકવતા ઉરુગ્વેના વ્યવસાયોને નબળી પાડે છે એટલા માટે પણ. સ્થાનિક અખબારો, ટીવી સ્ટેશનો અને મૂવી થિયેટરો ગ્રાહકો અને જાહેરાતની આવક આ ટેક જાયન્ટોને કારણે ગુમાવે છે. ઉરુગ્વેની સંભવિત એઆઈ કંપનીઓને પણ નુકસાન થાય છે કારણ કે તેઓ ગૂગલ અને બાઇટડાન્સના વિશાળ ડેટા સંગ્રહ સાથે સ્પર્ધા કરી શકતા નથી અને ટેક જાયન્ટો આ બધાનો જવાબ એ રીતે આપે છે કે ઉપર દર્શાવેલા કોઈ પણ વ્યવહારોમાં ઉરુગ્વેમાં કોઈ ભૌતિક હાજરી કે કોઈ પણ નાણાકીય વ્યવહારોનો સમાવેશ થતો નથી. ગૂગલ અને બાઇટડાન્સે ઉરુગ્વેના નાગરિકોને મફત ઑનલાઇન સેવાઓ પૂરી પાડી છે અને તેના બદલામાં નાગરિકોએ તેમની પરચેઝ હિસ્ટ્રી, વૅકેશનના ફોટા, બિલાડીના રમૂજી વિડિયોઝ અને અન્ય માહિતી સ્વેચ્છાએ તેમને આપી છે.

જો તેમ છતાં આ વ્યવહારો પર સત્તાધીશો કર લાદવા માંગતા હોય, તો તેમણે તેમના કેટલાક મૂળભૂત ખ્યાલો પર પુનર્વિચાર કરવાની જરૂર પડે, જેમ કે "નેક્સસ". કરની ભાષામાં "નેક્સસ"નો અર્થ નિશ્ચિત અધિકારક્ષેત્ર સાથે જે તે એન્ટિટીનું જોડાણ છે. પરંપરાગત રીતે, કોઈ કૉર્પોરેશનનો કોઈ ચોક્કસ દેશમાં સંબંધ હતો કે નહીં તે તેની ત્યાં ઑફિસો, સંશોધન કેન્દ્રો, દુકાનો વગેરેના સ્વરૂપમાં ભૌતિક હાજરી છે કે નહીં તેની પર આધાર રાખે છે. કોમ્પ્યુટર નેટવર્ક દ્વારા સર્જાયેલી કર માળખાની મુશ્કેલીઓને દૂર કરવા માટેનો એક ઉપાય છે આ નેક્સસને ફરીથી વ્યાખ્યાયિત કરવાનો. અર્થશાસ્ત્રી માર્કો કોથેનબર્ગરના શબ્દોમાં કહીએ તો, "ભૌતિક હાજરી પર આધારિત નેક્સસની વ્યાખ્યામાં દેશમાં ડિજિટલ હાજરીને સમાયોજિત કરવાની ગોઠવણ પણ સામેલ હોવી જોઈએ."[49] તેઓ એમ સૂચવે છે કે ગૂગલ અને બાઇટડાન્સની ઉરુગ્વેમાં કોઈ ભૌતિક હાજરી ન હોય, તો પણ ઉરુગ્વેના લોકો તેમની ઑનલાઇન સેવાઓનો ઉપયોગ કરે છે તે હકીકત જ તેમને ત્યાંના કરવેરા હેઠળ લાવવી જોઈએ, જેમ શેલ અને બીપી જે દેશોમાંથી તેલ કાઢે છે ત્યાં કર ચૂકવે છે, તેવી જ રીતે ટેક જાયન્ટો જે દેશોમાંથી તેઓ ડેટા મેળવે છે તેને કર ચૂકવવો જોઈએ.

આમાં હજુ પણ એ પ્રશ્ન તો છે જ કે ઉરુગ્વેની સરકારે ખરેખર શેની પર કે શેના માટે કરવેરો લેવો જોઈએ. ઉદાહરણ તરીકે માની લો કે ઉરુગ્વેના નાગરિકોએ ટિકટોક દ્વારા દસ લાખ બિલાડીના વીડિયો શેર કર્યા. બાઇટડાન્સે તેમની પાસેથી કોઈ ચાર્જ લીધો ન હતો કે તેમને એના માટે કંઈ ચૂકવ્યું ન હતું, પરંતુ બાઇટડાન્સે પછી એ ડેટાનો ઉપયોગ ઇમેજ-રીકોગ્નિશન માટે AIને તાલીમ આપવા માટે કર્યો. પછી તેણે દક્ષિણ આફ્રિકાની સરકારને એ ટેક્નોલૉજી એક કરોડ યુએસ ડૉલરમાં વેચી. ઉરુગ્વેના અધિકારીઓને કેવી રીતે ખબર પડશે કે એ પૈસા અંશતઃ ઉરુગ્વેની બિલાડીના વીડિયોમાંથી પેદા થયા છે અને તેઓ તેમના હિસ્સાની ગણતરી કેવી રીતે કરી શકશે? શું ઉરુગ્વેએ બિલાડીના વીડિયો પર ટૅક્સ લાદવો જોઈએ? (આ મજાક જેવું લાગે છે, પરંતુ આપણે પ્રકરણ-11માં જોઈશું કે બિલાડીની તસવીરો AIમાં સૌથી મહત્ત્વપૂર્ણ સફળતાઓમાંની એક મેળવવામાં અગત્યની હતી.)

આ તો તેનાથી પણ વધુ જટિલ હોઈ શકે છે. ધારો કે, ઉરુગ્વેના રાજકારણીઓ ડિજિટલ વ્યવહારો પર કર લગાવવા માટે એક નવી યોજના લાવે છે. તેના જવાબમાં માની લો કે ટેક જાયન્ટોમાંથી એક કંપની ચોક્કસ રાજકારણીને ઉરુગ્વેના મતદારોની મૂલ્યવાન માહિતી પ્રદાન કરવાની અને તેના સોશિયલ મીડિયા અને સર્ચ અલ્ગોરિધમોમાં ફેરફાર કરવાની ઑફર કરે છે, જેથી તે રાજકારણીને સૂક્ષ્મ રીતે ટેકો મળી રહે, જે તેને આગામી ચૂંટણી જીતવામાં મદદ કરે છે. બદલામાં કદાચ આવનારા વડા પ્રધાન ડિજિટલ ટૅક્સ યોજના પડતી મૂકે. તેઓ એવા નિયમો પણ પસાર કરે છે, જે ટેક જાયન્ટોને વપરાશકર્તાઓના પ્રાયવસી સંબંધિત મુકદ્દમાઓથી રક્ષણ આપે છે, જેના પરિણામે ઉરુગ્વેમાં માહિતી મેળવવાનું તેમના માટે સરળ બને છે. શું આ લાંચ હતી? યાદ રાખો કે એક પણ ડૉલર કે પૈસાની લેવડદેવડ થઈ નથી.

માહિતીના સાટામાં માહિતીના આવા સોદા પહેલેથી જ સર્વવ્યાપી છે. દરરોજ આપણામાંથી અબજો લોકો ટેક જાયન્ટો સાથે આવા અસંખ્ય વ્યવહારો કરે છે, પરંતુ આપણા બેંક ખાતાઓમાંથી કોઈ એવું ક્યારેય જોઈ શકતું નથી કારણ કે પૈસાની લેવડદેવડ ભાગ્યે જ થતી હોય છે. આપણે ટેક જાયન્ટ પાસેથી માહિતી મેળવીએ છીએ અને બદલામાં તેમને માહિતી આપીએ છીએ, જેમ જેમ વધુ વ્યવહારો આ માહિતી માટે માહિતીના મૉડેલને અનુસરે છે, તેમ તેમ માહિતીનું અર્થતંત્ર નાણાંનાં અર્થતંત્રના ભોગે વધે છે અને ધીમે ધીમે પૈસાનો વિચાર જ શંકાસ્પદ બની રહે છે.

પૈસા એ ફક્ત અમુક જગ્યાએ ઉપયોગમાં લેવાતા ટોકનને બદલે મૂલ્યનો સાર્વત્રિક માપદંડ માનવામાં આવે છે, પરંતુ જેમ જેમ વધુ ને વધુ વસ્તુઓ માહિતીના સંદર્ભમાં મૂલ્યવાન માનવામાં આવે છે પણ પૈસાના સંદર્ભમાં "મફત" હોય છે, તેમ તેમ અમુક વ્યક્તિઓ અને કૉર્પોરેશનોની સંપત્તિનું મૂલ્યાંકન તેમની પાસે રહેલા ડૉલર અથવા પૈસાની સંખ્યાના સંદર્ભમાં કરવું અયોગ્ય બની રહે છે. બેંકમાં ઓછા પૈસા હોય, પણ માહિતીનો વિશાળ ડેટા બેંક ધરાવતી હોય તેવી વ્યક્તિ કે કૉર્પોરેશન દેશની સૌથી ધનિક અથવા સૌથી શક્તિશાળી વ્યક્તિ હોઈ શકે છે. સૈદ્ધાંતિક રીતે, તેમની માહિતીનું મૂલ્ય નાણાકીય દૃષ્ટિએ માપી શકાય, પરંતુ તેઓ ખરેખર ક્યારેય માહિતીને ડૉલર અથવા પૈસામાં રૂપાંતરિત કરતા જ નથી. જો તેઓ માહિતી દ્વારા જ જે ઇચ્છે છે તે મેળવી શકતા હોય, તો તેમને ડૉલર કે પૈસાની શી જરૂર છે?

કરવેરા માટે આનાં દૂરગામી પરિણામો છે. કરવેરાનો હેતુ સંપત્તિનું પુનઃવિતરણ કરવાનો છે. તેઓ દરેકને પૂરતું મળી રહે તે માટે સૌથી ધનિક વ્યક્તિઓ અને કૉર્પોરેશનો પાસેથી કર લે છે. જો કે, ફક્ત પૈસા પર જ કર લગાવતી કર પ્રણાલીઓ ટૂંક સમયમાં બિનપ્રાસ્તાવિક બની રહેશે, કારણ કે ઘણા વ્યવહારોમાં હવે પૈસાનો સમાવેશ થતો જ નથી. ડેટા-આધારિત અર્થતંત્રમાં મૂલ્ય ડૉલર તરીકે નહીં, પણ ડેટા તરીકે સંગ્રહિત થાય છે માટે ફક્ત પૈસા પર કર લગાવવાથી આર્થિક અને રાજકીય ચિત્ર વિકૃત બની જાય છે. કારણ કે દેશની કેટલીક સૌથી ધનિક વ્યક્તિઓ શૂન્ય કર ચૂકવતી હોય એમ પણ બની શકે છે કારણ કે તેમની સંપત્તિમાં અબજો ડૉલરને બદલે ડેટાના પેટાબાઇટમાં હોઈ શકે છે.[50]

રાજ્યો પાસે નાણાં પર કર લાદવાનો હજારો વર્ષનો અનુભવ છે. પણ તેઓ માહિતી પર કર કેવી રીતે લગાવવો તે જાણતા નથી, હજુ સુધી તો નહીં જ. જો આપણે ખરેખર નાણાંના વ્યવહારોવાળા અર્થતંત્રમાંથી માહિતીના વ્યવહારોવાળા અર્થતંત્ર તરફ જઈ રહ્યા છીએ, તો રાજ્યોએ તે બાબતે કેવી પ્રતિક્રિયા આપવી જોઈએ? ચીનની સોશિયલ ક્રેડિટ સિસ્ટમ એ એક એવી રીત છે, જેના વડે રાજ્યો નવી પરિસ્થિતિઓમાં અનુકૂલન સાધી શકે છે. આપણે પ્રકરણ-7માં ચર્ચીશું કે સોશિયલ ક્રેડિટ સિસ્ટમ એક નવા પ્રકારનું નાણું જ છે, માહિતી આધારિત ચલણ. શું બધા રાજ્યોએ ચીનના ઉદાહરણની નકલ કરવી જોઈએ અને તેમની આગવી સોશિયલ ક્રેડિટ સિસ્ટમ બનાવવી જોઈએ? શું કોઈ વૈકલ્પિક વ્યૂહરચના છે? આ પ્રશ્ન વિશે તમારો મનપસંદ રાજકીય પક્ષ શું કહે છે?

જમણેરી અને ડાબેરી

ઇન્ફૉર્મેશન રિવોલ્યુશન દ્વારા સર્જાયેલી ઘણી સમસ્યાઓમાંથી કરવેરા તો એક જ છે. કોમ્પ્યુટર નેટવર્ક લગભગ તમામ સત્તાના માળખાને હલબલાવી રહ્યું છે. લોકશાહીઓ નવી ડિજિટલ સરમુખત્યારશાહીના ઉદ્ભવથી ડરે છે. સરમુખત્યારશાહીઓ એવા એજન્ટોના ઉદ્ભવથી ડરે છે, જેમને કેવી રીતે નિયંત્રિત કરવા તે વાત તેઓ જાણતા નથી. દરેક વ્યક્તિએ ગોપનીયતાનું હનન અને ડેટા કોલોનાઇઝેશનના ફેલાવા બાબતે ચિંતિત રહેવું જ જોઈએ. આગામી પ્રકરણોમાં આ દરેક જોખમોનો અર્થ સમજાવીશું, પરંતુ અહીં મુદ્દો એ છે કે આ જોખમો વિશેનો સંવાદ હજુ માત્ર શરૂ જ થઈ રહ્યો છે અને ટેક્નોલૉજી નીતિઓના ઘડતર કરતા ઘણી ઝડપથી આગળ વધી રહી છે.

ઉદાહરણ તરીકે, રિપબ્લિકન અને ડેમોક્રેટ્સની AI નીતિઓ વચ્ચે શું તફાવત છે? AI પર જમણેરીઓના વિચાર શું છે અને ડાબેરીઓના વિચાર શું છે? શું કન્ઝર્વેટિવો AIના વિરોધમાં છે કારણ કે તે પરંપરાગત માનવ કેન્દ્રિત સંસ્કૃતિ માટે જોખમ છે કે તેઓ તેની તરફેણ કરે છે કારણ કે તે આર્થિક વિકાસને વેગ આપશે અને ઇમિગ્રન્ટ કામદારોની જરૂરિયાત પણ ઘટાડશે? શું પ્રોગ્રેસિવ પક્ષ ખોટી માહિતી અને વધતા પક્ષપાતના જોખમોને કારણે AIનો વિરોધ કરે છે કે પછી તેઓ તેને તમામ જરૂરિયાતો પોષવાના સાધન તરીકે સ્વીકારે છે, જેનાથી રાજ્ય મોટાપાયે વેલફેરના કાર્યક્રમો ચલાવી શકે છે? તે કહેવું મુશ્કેલ છે, કારણ કે હમણાં સુધી રિપબ્લિકનો અને ડેમોક્રેટો અને વિશ્વભરના મોટાભાગના અન્ય રાજકીય પક્ષોએ આ મુદ્દાઓ વિશે વધુ વિચાર્યું કે વાત જ કરી નથી.

હાઈ-ટેક કૉર્પોરેશનોના એન્જિનિયરો અને એક્ઝિક્યુટિવો જેવા કેટલાક લોકો રાજકારણીઓ અને મતદારો કરતાં ઘણા આગળ છે અને AI, ક્રિપ્ટોકરન્સી, સામાજિક ક્રેડિટ અને તેના જેવી વસ્તુઓ વિશે આપણામાંથી મોટાભાગના લોકો કરતાં વધુ જાણકાર છે. બદનસીબે, તેમાંથી મોટાભાગના લોકો નવી તકનીકોની તેમની જાણકારીનો ઉપયોગ વિસ્ફોટક સંભાવનાઓને નિયંત્રિત કરવામાં મદદ કરવા માટે કરતા નથી. તેના બદલે તેઓ તેનો ઉપયોગ અબજો ડૉલર કમાવવા માટે અથવા પેટાબાઇટના જથ્થામાં માહિતી એકઠી કરવા માટે કરે છે.

ઓડ્રી ટેંગ જેવા અપવાદો છે. તે એક અગ્રણી હેકર અને સોફ્ટવેર એન્જિનિયર હતી, જે 2014માં તાઇવાનમાં સરકારી નીતિઓનો વિરોધ કરતી સનફ્લાવર સ્ટુડન્ટ મૂવમેન્ટમાં જોડાઈ હતી. તાઇવાનનું મંત્રીમંડળ તેની કુશળતાથી એટલું પ્રભાવિત થયું હતું કે ટેંગને આખરે ડિજિટલ મંત્રાલયના મંત્રી તરીકે સરકારમાં

જોડાવા માટે આમંત્રણ આપવામાં આવ્યું હતું. તે સ્થિતિમાં તેમણે નાગરિકો માટે સરકારના કાર્યને વધુ પારદર્શક બનાવવામાં મદદ કરી હતી. તાઇવાન COVID-19ને સફળતાપૂર્વક ફેલાતો અટકાવી શક્યું તે માટે જે ડિજિટલ સાધનોનો ઉપયોગ કરવામાં આવ્યો તેનું શ્રેય પણ ટેંગને જ આપવામાં આવ્યું હતું.[51]

છતાં ટેંગની રાજકીય પ્રતિબદ્ધતા અને તેણે પસંદ કરેલી કારકિર્દીનો માર્ગ સામાન્ય નથી. દરેક કોમ્પ્યુટર વિજ્ઞાનનો સ્નાતક જે બીજો ઓડ્રી ટેંગ બનવા માંગે છે, તેની સામે કદાચ ઘણા વધુ લોકો બીજા જોબ્સ, ઝુકરબર્ગ કે મસ્ક બનવા માંગે છે અને ચૂંટાયેલા પબ્લિક સર્વન્ટ બનવાને બદલે અબજો ડૉલરની કંપની બનાવવા માંગે છે. આના કારણે માહિતીની ભયાનક અસમપ્રમાણતા સર્જાય છે. માહિતી ક્રાંતિનું નેતૃત્વ કરતા લોકો તેમાં વપરાતી ટેક્નોલૉજી વિશે તેનું નિયમન કરનારા લોકો કરતા વધુ જાણે છે. આવી પરિસ્થિતિઓમાં “ગ્રાહક હંમેશાં સાચો હોય છે” અને “મતદારો તેમનું હિત જાણે છે” તેવું રટે રાખવાનો શું અર્થ?

આગામી પ્રકરણો મેદાનને થોડું સમતળ કરવાનો પ્રયાસ કરે છે અને કોમ્પ્યુટર ક્રાંતિ દ્વારા સર્જાયેલી નવી વાસ્તવિકતાઓ માટે જવાબદારી લેવા માટે સમજાવે છે. આ પ્રકરણો ટેક્નોલૉજી વિશે ઘણી વાતો કરે છે, પરંતુ તેનો દૃષ્ટિકોણ તો સંપૂર્ણપણે માનવીય જ છે. મુખ્ય પ્રશ્ન એ છે કે નવા કોમ્પ્યુટર આધારિત નેટવર્કમાં રહેવાનો અર્થ માનવીઓ માટે શું હશે, કદાચ વધુ ને વધુ શક્તિહીન બની રહેલી લઘુમતી તરીકે રહેવું એ? આ નવું નેટવર્ક આપણી રાજનીતિ, આપણો સમાજ, આપણું અર્થતંત્ર અને આપણા રોજિંદા જીવનમાં કેવા ફેરફાર લાવશે? અબજો બિનમાનવીય સંસ્થાઓ દ્વારા સતત દેખરેખ, માર્ગદર્શન, પ્રેરણા અથવા મંજૂરી આપવામાં આવે તો કેવું લાગશે? આ આશ્ચર્યજનક નવી દુનિયામાં અનુકૂલન સાધવા, ટકી રહેવા અને વિકસવા માટે આપણે કેવી રીતે બદલાવું પડશે?

કોઈ નિયતિવાદ નહીં

યાદ રાખવા જેવી સૌથી મહત્ત્વની વાત એ છે કે ટેક્નોલૉજી પોતે ભાગ્યે જ નિયતિવાદી હોય છે. માટે ટેક્નોલૉજીના નિયતિવાદમાં વિશ્વાસ ખતરનાક છે કારણ કે તે લોકોને બધી જવાબદારીમાંથી મુક્ત કરી દે છે. હા, માનવસમાજ ઇન્ફૉર્મેશન નેટવર્ક હોવાથી, નવી માહિતી તકનીકોની શોધ સમાજને બદલવાની જ છે. જ્યારે લોકો પ્રિન્ટિંગ પ્રેસ અથવા મશીન-લર્નિંગ અલ્ગોરિધમોનો આવિષ્કાર કરે છે, ત્યારે તે અનિવાર્યપણે મોટી સામાજિક અને રાજકીય ક્રાંતિ તરફ દોરી

જશે. જો કે, આ ક્રાંતિની ગતિ, આકાર અને દિશા પર માનવીઓનું હજુ પણ ઘણું નિયંત્રણ છે, જેનો અર્થ એ છે કે આપણી પર પણ ઘણી જવાબદારી છે.

કોઈ પણ ક્ષણે, આપણું વૈજ્ઞાનિક જ્ઞાન અને તકનીકી કુશળતાનો ઉપયોગ વિવિધ તકનીકો વિકસાવવા માટે પોતાને થઈ શકે છે, પરંતુ આપણી પાસે ફક્ત મર્યાદિત સંસાધનો છે. માટે આપણે આ સંસાધનોનું રોકાણ ક્યાં કરવું તે અંગે જવાબદારીપૂર્વક પસંદગી કરવી જોઈએ. શું તેનો ઉપયોગ મેલેરિયા માટે નવી દવા શોધવા કરવો જોઈએ, નવું વિન્ડ ટર્બાઇન શોધવા કે પછી નવી ઇમર્સિવ વિડિયો ગેમ વિકસાવવા માટે? આપણી પસંદગીમાં કશું અનિવાર્ય નથી, તે માત્ર આપણી રાજકીય, આર્થિક અને સાંસ્કૃતિક પ્રાથમિકતાઓને જ પ્રતિબિંબિત કરે છે.

1970ના દાયકામાં IBM જેવી મોટાભાગની કોમ્પ્યુટર કંપનીઓએ મોટાં અને મોંઘાં મશીનો વિકસાવવા પર ધ્યાન કેન્દ્રિત કર્યું હતું, જે તેમણે મોટાં કૉર્પોરેશનો અને સરકારી એજન્સીઓને વેચ્યાં. નાના, સસ્તા પર્સનલ કોમ્પ્યુટરો વિકસાવવા અને તેમને સામાન્ય જનતાને વેચવા તકનીકી રીતે શક્ય હતાં, પરંતુ IBMને તેમાં બહુ રસ નહોતો. તે તેના બિઝનેસ મૉડેલમાં બંધબેસતું ન હતું. લોખંડી પડદાની બીજી બાજુ એટલે કે U.S.S.R. પણ કોમ્પ્યુટરોમાં રસ ધરાવતું હતું પરંતુ તેને તો વ્યક્તિગત કોમ્પ્યુટરો વિકસાવવામાં IBM કરતાં પણ ઓછો રસ હતો. એક સર્વાધિકારવાદી રાજ્યમાં ટાઇપરાઇટરની ખાનગી માલિકી પણ શંકાની નજરે જોવાતી હતી, એવામાં જાહેર જનતાને શક્તિશાળી ઇન્ફૉર્મેશન ટેક્નોલૉજીનું નિયંત્રણ આપવાનો તો વિચાર પણ વર્જિત હતો. તેથી કોમ્પ્યુટરો મુખ્યત્વે સોવિયેત ફેક્ટરી મૅનેજરોને આપવામાં આવતા હતા અને તેમને પણ તેનો તમામ ડેટા વિશ્લેષણ માટે મોસ્કો મોકલવો પડતો હતો. પરિણામે મોસ્કોમાં કાગળના કામનું પૂર આવ્યું હતું. 1980ના દાયકા સુધીમાં કોમ્પ્યુટરોની આ અણઘડ સિસ્ટમ દર વર્ષે 800 અબજ દસ્તાવેજોનું ઉત્પાદન કરતી હતી જે બધા રાજધાની પહોંચતા હતા.[52]

જોકે IBM અને સોવિયેત સરકારે પર્સનલ કોમ્પ્યુટર વિકસાવવાનો ઇનકાર કર્યો, ત્યારે કેલિફોર્નિયા હોમબ્રુ કોમ્પ્યુટર ક્લબના સભ્યો જેવા શોખીનોએ તે જાતે વિકસાવવાનો નિર્ણય લીધો હતો. તે એક સભાન વૈચારિક નિર્ણય હતો, જે 1960ના દાયકાની વિરોધની સંસ્કૃતિથી પ્રભાવિત હતો. તેમાં લોકો માટે સત્તાના અરાજકતાવાદી વિચારો તેમજ સરકારો અને મોટા કૉર્પોરેશનો પર ઉદારવાદી અવિશ્વાસ સામેલ હતો.[53]

સ્ટીવ જોબ્સ અને સ્ટીવ વોઝનિયાક જેવા હોમબ્રુ કોમ્પ્યુટર ક્લબના અગ્રણી

સભ્યોનાં સપનાં મોટાં હતાં, પણ તેમની પાસે પૈસા ઓછા હતા અને તેમની પાસે કૉર્પોરેટ અમેરિકા કે સરકારી તંત્રનાં સંસાધનો પણ નહોતાં. જોબ્સ અને વોઝનિયાકે પ્રથમ એપલ કોમ્પ્યુટરના નિર્માણ માટે નાણાં ભેગાં કરવા માટે જોબ્સની ફોક્સવેગન જેવી તેમની અંગત સંપત્તિઓ વેચી હતી. ટેક્નોલૉજીની દેવીના અનિવાર્ય હુકમના કારણે નહીં, પરંતુ આવા વ્યક્તિગત નિર્ણયોને કારણે 1977 સુધીમાં જાહેર જનતા $1,298ની કિંમતે એપલ-II પર્સનલ કોમ્પ્યુટર ખરીદી શકતી હતી. ભલે તે રકમ કંઈ નાની નહોતી પરંતુ મધ્યમ વર્ગના ગ્રાહકોની પહોંચમાં હતી.[54]

આપણે સરળતાથી વૈકલ્પિક ઇતિહાસની કલ્પના પણ કરી શકીએ છીએ. ધારો કે 1970ના દાયકામાં માનવજાત પાસે એ જ વૈજ્ઞાનિક જ્ઞાન અને તકનીકી કુશળતા હતા, પરંતુ મેકાર્થીવાદે 1960ના દાયકાની વિરોધની સંસ્કૃતિનો નાશ કર્યો હતો અને સોવિયેત પ્રણાલી જેવું જ સર્વાધિકારી શાસન અમેરિકામાં સ્થાપિત કર્યું હતું. તો શું આજે આપણી પાસે પર્સનલ કોમ્પ્યુટરો હોત? અલબત્ત, પર્સનલ કોમ્પ્યુટરો તો પણ અલગ સમયે અને સ્થાનેથી ઊભરી જ આવ્યાં હોત, પરંતુ ઇતિહાસમાં સમય અને સ્થળ ઘણા નિર્ણાયક હોય છે અને કોઈ બે ક્ષણો સમાન હોતી નથી. અમેરિકામાં 1520ના દાયકામાં ઓટ્ટોમન સામ્રાજ્ય દ્વારા નહીં, પરંતુ 1490ના દાયકામાં સ્પેનિયાર્ડો દ્વારા વસાહતો સ્થાપવામાં આવી હતી કે પછી પરમાણુ બૉમ્બ 1942માં જર્મનો દ્વારા નહીં, પરંતુ 1945માં અમેરિકનો દ્વારા વિકસાવવામાં આવ્યો હતો એ ખૂબ મહત્ત્વનું છે. તેવી જ રીતે, જો પર્સનલ કોમ્પ્યુટર 1970ના દાયકામાં સાન ફ્રાન્સિસ્કોમાં નહીં, પરંતુ 1980ના દાયકામાં ઓસાકામાં અથવા એકવીસમી સદીના પ્રથમ દાયકામાં શાંઘાઈમાં બન્યું હોત તો તેના નોંધપાત્ર રાજકીય, આર્થિક અને સાંસ્કૃતિક પરિણામો આવ્યાં હોત.

હાલમાં વિકસિત થઈ રહેલી ટેક્નોલૉજીઓ માટે પણ એમ જ છે. સરમુખત્યારશાહી સરકારો અને ક્રૂર કૉર્પોરેશનો માટે કામ કરતા એન્જિનિયરો નાગરિકો અને ગ્રાહકો પર ચોવીસ કલાક દેખરેખ રાખીને કેન્દ્રીય સત્તાને સશક્ત બનાવવા માટે નવાં સાધનો વિકસાવી શકે છે. લોકશાહી માટે કામ કરતા હેકરો સરકારી ભ્રષ્ટાચાર અને કૉર્પોરેટ ગેરરીતિઓને ઉજાગર કરીને સમાજની સ્વસુધારણા પદ્ધતિઓને મજબૂત બનાવવા માટે નવાં સાધનો વિકસાવી શકે છે. બંને ટેક્નોલૉજીઓ વિકસાવી શકાય છે.

પસંદગી ત્યાં સમાપ્ત થતી નથી. કોઈ ચોક્કસ સાધન વિકસિત થયા પછી પણ તેના ઘણા ઉપયોગ કરી શકાય છે. આપણે કોઈ વ્યક્તિની હત્યા કરવા, સર્જરીમાં તેનો જીવ બચાવવા કે તેના ડિનર માટે શાકભાજી સમારવા માટે

એ જ છરીનો ઉપયોગ કરી શકીએ છીએ. છરી આપણી પર કોઈ દબાણ કરતી નથી. તે માનવની પસંદગી છે. તેવી જ રીતે, જ્યારે સસ્તા રેડિયો વિકસાવવામાં આવ્યા હતા, ત્યારે જર્મનીમાં લગભગ દરેક પરિવારને ઘરે એક રેડિયો રાખવાનું પરવડી શકે એમ હતું, પરંતુ તેનો ઉપયોગ કેવી રીતે થવાનો હતો? સસ્તા રેડિયોનો અર્થ એ થઈ શકે કે જ્યારે કોઈ સર્વાધિકારી નેતા ભાષણ આપે છે, ત્યારે તે દરેક જર્મન પરિવારના લિવિંગ રૂમમાં પહોંચી શકે. અથવા તેનો અર્થ એ પણ થઈ શકે કે દરેક જર્મન પરિવાર રાજકીય અને કલાત્મક વિચારોની વિવિધતાને પ્રતિબિંબિત કરતા અને કેળવતા અલગ અલગ રેડિયો કાર્યક્રમ સાંભળવાનું પસંદ કરી શકે. પૂર્વ જર્મનીએ એક પસંદગી કરી અને પશ્ચિમ જર્મનીએ બીજી. પૂર્વ જર્મનીમાં રેડિયો સેટ તકનીકી રીતે વિવિધ પ્રકારનાં ટ્રાન્સમિશન પ્રાપ્ત કરી શકતા હોવા છતાં, પૂર્વ જર્મન સરકારે પશ્ચિમી પ્રસારણને જામ કરવાના બનતા પ્રયાસ કર્યા અને ગુપ્ત રીતે તેમને સાંભળનારા લોકોને સજા કરી.[55] ટેક્નોલૉજી સમાન હતી, પરંતુ રાજકારણે તેના અલગ અલગ ઉપયોગ કર્યા હતા.

એકવીસમી સદીની નવી ટેક્નોલૉજીઓ માટે પણ આમ જ છે. આપણી પસંદગીનો ઉપયોગ કરવા માટે, આપણે પહેલાં એ સમજવાની જરૂર છે કે નવી ટેક્નોલૉજીઓ શું છે અને તે શું કરી શકે છે. તે દરેક નાગરિકની તાત્કાલિક જવાબદારી છે. સ્વાભાવિક છે કે દરેક નાગરિકને કોમ્પ્યુટર સાયન્સમાં પીએચડીની જરૂર ન હોય પરંતુ આપણા ભવિષ્ય પર આપણું નિયંત્રણ જાળવી રાખવા માટે આપણે કોમ્પ્યુટરોની રાજકીય સંભાવનાઓ સમજીએ તે જરૂરી છે. માટે આગામી થોડાં પ્રકરણોમાં એકવીસમી સદીના નાગરિકો માટે કોમ્પ્યુટરના રાજકારણની ઝાંખી આપી છે. આપણે પહેલાં શીખીશું કે નવા કોમ્પ્યુટર નેટવર્કના રાજકીય જોખમો અને વચનો શું છે. એ પછી લોકશાહી, સરમુખત્યારશાહી અને સમગ્ર આંતરરાષ્ટ્રીય વ્યવસ્થા નવા કોમ્પ્યુટરના રાજકારણમાં કેવી રીતે અનુકૂલન સાધી શકે છે તે પણ વિવિધ રીતો ચર્ચીશું.

રાજકારણમાં સત્ય અને વ્યવસ્થા વચ્ચે નાજુક સંતુલન સામેલ છે, જેમ જેમ કોમ્પ્યુટરો આપણા ઇન્ફૉર્મેશન નેટવર્કના મહત્ત્વપૂર્ણ સભ્યો બનતા જાય છે, તેમ તેમ તેમને સત્ય શોધવા અને વ્યવસ્થા જાળવવાનું વધુ ને વધુ કામ સોંપવામાં આવી રહ્યું છે. ઉદાહરણ તરીકે, આબોહવા પરિવર્તનનું સત્ય શોધવાનો પ્રયાસ ફક્ત કોમ્પ્યુટરો જ કરી શકે તેવી ગણતરીઓ પર વધુ ને વધુ આધાર રાખતા જાય છે અને આબોહવા પરિવર્તન વિશે સામાજિક સર્વસંમતિ સર્જવાનો પ્રયાસ પણ વધુ ને વધુ રેકમેન્ડેશન અલ્ગોરિધમો પર આધાર રાખવા માંડે છે,

કારણ કે તેનાથી આપણી ન્યૂઝ ફીડ પણ રચાય છે. ઉપરાંત, એ સર્જનાત્મક અલ્ગોરિધમો પર પણ આધાર રાખવાનો વધતો જાય છે કારણ કે તે જે નવી સ્ટોરીઓ, ફેક ન્યૂઝ અને કાલ્પનિક કથાઓનું સર્જન કરે છે તે આપણી ન્યૂઝ ફીડમાં આવે છે. અત્યારે આપણે આબોહવા પરિવર્તન વિશે રાજકીય મડાગાંઠની પરિસ્થિતિમાં છીએ કારણ કે એ બાબતે કોમ્પ્યુટરો પણ મડાગાંઠમાં ફસાયેલા છે. એક પ્રકારના કોમ્પ્યુટરો પર ચાલતી ગણતરીઓ આપણને માથે ઝળૂંબી રહેલી ઇકોલૉજિકલ આપત્તિની ચેતવણી આપે છે, પરંતુ બીજા કોમ્પ્યુટરો આપણને એવા વિડિયોઝ જોવા માટે પ્રોત્સાહિત કરે છે, જે એ ચેતવણીઓ પર શંકા ઊભી કરે છે. તો આપણે કયા કોમ્પ્યુટરો પર વિશ્વાસ કરવો જોઈએ? આમ માનવોનું રાજકારણ હવે કોમ્પ્યુટરોનું રાજકારણ પણ છે.

કોમ્પ્યુટરોના નવા રાજકારણને સમજવા માટે આપણામાં કોમ્પ્યુટરો વિશે નવું શું છે તેની ઊંડી સમજની જરૂર છે. આ પ્રકરણમાં આપણે નોંધ્યું છે કે પ્રિન્ટિંગ પ્રેસ અને અન્ય અગાઉનાં સાધનોથી વિપરીત, કોમ્પ્યુટરો જાતે નિર્ણયો લઈ શકે છે અને વિચારો પણ સર્જી શકે છે. જોકે, તે તો હિમશિલાની ટોચ માત્ર છે. કોમ્પ્યુટરો વિશે ખરેખર નવું છે તે જે રીતે નિર્ણયો લે છે અને જે રીતે વિચારો સર્જે છે તેમાં. જો કોમ્પ્યુટરો માણસોની જેમ જ નિર્ણયો લેતા અને વિચારો સર્જતા હોય, તો કોમ્પ્યુટરો એક પ્રકારના "નવા માણસ" હોત. વિજ્ઞાન સાહિત્યમાં ઘણીવાર આ મુદ્દાની જ ચર્ચા થાય છે: કોમ્પ્યુટર જે સભાન બને છે, લાગણીઓ વિકસાવે છે, માણસ સાથે પ્રેમમાં પડે છે અને આપણા જેવો જ બને છે, પરંતુ વાસ્તવિકતા ખૂબ જ અલગ છે અને સંભવતઃ વધુ ચેતવણીજનક છે.

પ્રકરણ-7

નિરંતરતા : નેટવર્ક હંમેશાં ચાલુ જ રહે છે

મનુષ્યોને પોતાની પર નજર રખાતી હોય તેની ટેવ પડી ગઈ છે. લાખો વર્ષોથી અન્ય પ્રાણીઓ તેમજ અન્ય માનવીઓ દ્વારા પણ આપણી પર નજર રાખવામાં આવી છે. પરિવારના સભ્યો, મિત્રો અને પડોશીઓ હંમેશાં જાણવા માંગતા હોય છે કે આપણે શું કરીએ છીએ, શું અનુભવીએ છીએ અને આપણે પણ હંમેશાં એ વાતની કાળજી રાખતા હોઈએ છીએ કે તેઓ આપણને કેવી રીતે જુએ છે અને આપણા વિશે શું જાણે છે. સામાજિક દરજ્જાઓ, રાજકીય દાવપેચ અને રોમૅન્ટિક સંબંધોમાં અન્ય લોકો શું અનુભવે છે અને વિચારે છે તે સમજવાનો અને ક્યારેક આપણી પોતાની લાગણીઓ અને વિચારો છુપાવવાનો અવિરત પ્રયાસ સામેલ જ હોય છે.

જ્યારે કેન્દ્રીય સત્તાવાળી અમલદારશાહીનાં નેટવર્ક બન્યાં અને વિકસિત થયાં, ત્યારે અમલદારોની સૌથી મહત્ત્વપૂર્ણ ભૂમિકાઓમાંની એક ભૂમિકા હતી સમગ્ર વસ્તી પર નજર રાખવાની. કિન સામ્રાજ્યના અધિકારીઓ જાણવા માંગતા હતા કે આપણે કર ચૂકવી રહ્યા છીએ કે બળવાનું કાવતરું ઘડી રહ્યા છીએ. કેથોલિક ચર્ચ જાણવા માંગતું હતું કે આપણે આપણી આવકનો દસમો ભાગ ચર્ચને આપીએ છીએ કે નહીં અને હસ્તમૈથુન કરીએ છીએ કે નહીં. કોકાકોલા કંપની એ જાણવા માંગતી હતી કે તે આપણને તેના ઉત્પાદનો ખરીદવા માટે કેવી રીતે લલચાવી શકે. શાસકો, પાદરીઓ અને વેપારીઓ આપણને નિયંત્રિત કરવા અને એમનું ધાર્યું કરાવવા માટે આપણાં રહસ્યો જાણવા માંગતા હતા.

અલબત્ત, લાભદાયી સેવાઓ પૂરી પાડવા માટે પણ આવી નજર રાખવી જરૂરી બની રહી છે. સામ્રાજ્યો, ચર્ચો અને કૉર્પોરેશનોને લોકોને સુરક્ષા,

સહાય અને આવશ્યક ચીજવસ્તુઓ પૂરી પાડવા માટે માહિતીની જરૂર પડતી હતી. આધુનિક રાજ્યોમાં સ્વચ્છતા જાળવતા અધિકારીઓ જાણવા માંગે છે કે આપણે પાણી ક્યાંથી મેળવીએ છીએ અને ક્યાં શૌચ કરીએ છીએ. આરોગ્યસંભાળની જવાબદારી ધરાવતા અધિકારીઓ એ જાણવા માંગે છે કે આપણે કઈ બીમારીઓથી પીડાઈએ છીએ અને કેટલું ખાઈએ છીએ. સુખાકારી વિભાગના અધિકારીઓ જાણવા માંગે છે કે શું આપણે બેરોજગાર છીએ કે આપણા જીવનસાથી દ્વારા આપણી સાથે કોઈ પ્રકારનો દુર્વ્યવહાર કરવામાં આવે છે. આ માહિતી વિના તેઓ આપણને મદદ કરી શકતા નથી.

આપણને જાણવા માટે, સૌમ્ય અને દમનકારી બંને અમલદારશાહીએ બે બાબતો કરવાની જરૂર હતી. પ્રથમ, આપણા વિશે ઘણી માહિતી (ડેટા) ભેગી કરવી. બીજું, તે બધી માહિતીનું વિશ્લેષણ કરી અને પેટર્ન ઓળખવી. તે મુજબ, પ્રાચીન ચીનથી લઈને આધુનિક યુનાઇટેડ સ્ટેટ્સ સુધીનાં સામ્રાજ્યો, ચર્ચો, કૉર્પોરેશનો અને આરોગ્યસંભાળ પ્રણાલીઓ લાખો લોકોના વર્તનનો ડેટા એકત્રિત કરે છે અને તેનું વિશ્લેષણ કરે છે. જો કે, આ બધા સમયગાળામાં અને તમામ સ્થળોએ નજર રાખવાની ક્રિયા અધૂરી રહી છે. આધુનિક યુનાઇટેડ સ્ટેટ્સ જેવી લોકશાહીમાં લોકોની ગોપનીયતા અને વ્યક્તિગત અધિકારોનું રક્ષણ કરવા માટે નજર રાખવા પર કાનૂની મર્યાદાઓ મૂકવામાં આવી છે. પ્રાચીન કિન સામ્રાજ્ય અને આધુનિક યુ.એસ.એસ.આર. જેવા સર્વાધિકારવાદી શાસનમાં નજર રાખવા પર આવા કોઈ કાનૂની અવરોધો ન હતા, પરંતુ તેની તકનીકી મર્યાદાઓ હતી. સૌથી ક્રૂર સરમુખત્યાર પાસે પણ દરેકને ચોવીસે કલાક અનુસરવા માટે જરૂરી ટેક્નોલૉજી નહોતી. તેથી હિટલરના જર્મની, સ્ટાલિનના યુ.એસ.એસ.આર. કે 1945 પછી રોમાનિયામાં સ્થાપિત નકલખોરીવાળા સ્ટાલિનવાદી શાસનમાં પણ અમુક સ્તરની ગોપનીયતા તો મળી રહેતી જ હતી.

રોમાનિયાના પ્રથમ કોમ્પ્યુટર વૈજ્ઞાનિકોમાંના એક જ્યોર્જ આઇઓસિફેસ્કુએ જણાવ્યું હતું કે જ્યારે 1970ના દાયકામાં કોમ્પ્યુટરો પહેલી વાર રજૂ કરવામાં આવ્યાં હતાં, ત્યારે દેશનું શાસન આ અજાણી માહિતી ટેક્નોલૉજી વિશે અત્યંત ચિંતિત હતું. 1976માં એક દિવસ જ્યારે આઇઓસિફેસ્કુ સરકારી સેન્ટ્રુલ ડી કેલ્કુલ (કોમ્પ્યુટરના કેન્દ્ર)માં તેમની ઑફિસમાં ગયા, ત્યારે તેમણે ત્યાં એક ચોળાયેલા સૂટવાળા અજાણ્યા માણસને જોયો. આઇઓસિફેસ્કુએ અજાણ્યા માણસનું અભિવાદન કર્યું, પરંતુ તે માણસે કોઈ જવાબ આપ્યો નહીં. આઇઓસિફેસ્કુએ પોતાનો પરિચય આપ્યો, પરંતુ તે માણસ મૌન રહ્યો. તેથી આઇઓસિફેસ્કુ તેના ટેબલ પર બેઠો, મોટું કોમ્પ્યુટર ચાલુ કર્યું અને કામ કરવાનું

શરૂ કર્યું. અજાણી વ્યક્તિએ તેની ખુરશી નજીક ખેંચી અને આઇઓસિફેસ્કુની દરેક ગતિવિધિઓ પર નજર રાખવા માંડી.

આખો દિવસ આઇઓસિફેસ્કુએ વારંવાર વાતચીત શરૂ કરવાનો પ્રયાસ કર્યો અને એ અજાણી વ્યક્તિનું નામ શું છે, તે ત્યાં શા માટે આવ્યો છે અને તે શું જાણવા માંગે છે તે પૂછવાનો પ્રયત્ન કર્યો, પરંતુ તે માણસે તેનું મોં બંધ રાખ્યું અને તેની આંખો ખુલ્લી રાખી. જ્યારે આઇઓસિફેસ્કુ સાંજે ઘરે ગયો, ત્યારે તે માણસ પણ ઊઠ્યો અને આવજો કહ્યા વિના ચાલ્યો ગયો. આઇઓસિફેસ્કુ વધુ પ્રશ્નો પૂછવા કરતાં ચૂપ રહેવું વધુ યોગ્ય રહેશે એમ સમજતો હતો કારણ કે તે માણસ રોમાનિયાની ભયાનક ગુપ્ત પોલીસ, સિક્યુરિટેટનો એજન્ટ હતો તે દેખાઈ આવતું હતું.

બીજા દિવસે સવારે જ્યારે આઇઓસિફેસ્કુ કામ પર આવ્યો, ત્યારે એજન્ટ પહેલેથી જ ત્યાં હાજર હતો. તે ફરીથી આખો દિવસ આઇઓસિફેસ્કુના ડેસ્ક પર બેઠો રહ્યો અને એક નાના નોટપેડમાં શાંતિથી નોંધ લેતો રહ્યો. જ્યાં સુધી 1989માં સામ્યવાદી શાસનનું પતન ન થયું ત્યાં સુધી આવું સતત તેર વર્ષ સુધી ચાલુ રહ્યું. આટલાં વર્ષો સુધી એક જ ટેબલ પર બેઠા પછી પણ આઇઓસિફેસ્કુને ક્યારેય પેલા એજન્ટનું નામ પણ ખબર ન પડી.[1]

આઇઓસિફેસ્કુએ એમ પણ ધાર્યું હતું કે બીજા સિક્યોરિટેટ એજન્ટો અને બાતમીદારો ઑફિસની બહાર પણ તેના પર નજર રાખી રહ્યાં હશે. શક્તિશાળી અને સંભવિત રીતે વિધ્વંસક ટેક્નોલૉજીમાં તેની કુશળતાએ તેને લક્ષ્ય બનાવ્યો હતો, પરંતુ વાસ્તવમાં, નિકોલે સિઉસેસ્કુના શંકાશીલ શાસને તમામ બે કરોડ રોમાનિયાના નાગરિકોને લક્ષ્ય માન્યા હતા. જો શક્ય હોત તો સિઉસેસ્કુએ તે દરેકને સતત દેખરેખ હેઠળ રાખ્યા હોત. તેણે વાસ્તવમાં તે દિશામાં કેટલાક પગલાં પણ લીધાં હતાં. તે સત્તામાં આવ્યો તે પહેલાં, 1965માં સિક્યુરિટેટ પાસે બુકારેસ્ટમાં ફક્ત 1 ઇલેક્ટ્રોનિક સર્વેલન્સ સેન્ટર હતું અને અન્ય શહેરોમાં બીજા 11 હતા. 1978 સુધીમાં માત્ર બુકારેસ્ટ પર 10 ઇલેક્ટ્રોનિક સર્વેલન્સ સેન્ટરો દ્વારા નજર રાખવામાં આવતી હતી, 248 સેન્ટરો અન્ય શહેરો પર નજર રાખતા હતા અને દૂરનાં ગામડાંઓ અને હોલિડે રિસોર્ટ્સ પર નજર રાખવા માટે 1,000 પોર્ટેબલ સર્વેલન્સ યુનિટો પણ ફરતાં રહેતાં હતાં.[2]

1970ના દાયકાના અંતમાં, જ્યારે સિક્યોરિટેટ એજન્ટોને ખબર પડી કે કેટલાક રોમાનિયનો રેડિયો ફ્રી યુરોપને શાસનની ટીકા કરતા અનામી પત્રો લખી રહ્યા છે, ત્યારે ચાઉસેસ્કુએ તમામ રોમાનિયાના બે કરોડ નાગરિકો પાસેથી તેમના લખાણના નમૂનાઓ એકત્રિત કરવા માટે રાષ્ટ્રવ્યાપી આયોજન

કર્યું હતું. શાળાઓ અને યુનિવર્સિટીઓને દરેક વિદ્યાર્થીના નિબંધો આપવાની ફરજ પાડવામાં આવી હતી. એમ્પલોયરોએ દરેક કર્મચારીને હસ્તલિખિત સીવી સબમિટ કરવાનું કહેવું પડ્યું હતું, જે પછી તેમને સિક્યોરિટેટને મોકલવું પડ્યું હતું. "નિવૃત્ત લોકો અને બેરોજગારોનું શું?" ચાઉસેસ્કુના એક સહાયકે પૂછ્યું. "કોઈક પ્રકારનું નવું ફોર્મ લાવો!" સરમુખત્યારે આદેશ આપ્યો. "કંઈક એવું જે તેમને ભરવું જ પડે." જોકે કેટલાક ફરિયાદ કરતા પત્રો ટાઇપ પણ કરવામાં આવ્યા હતા, તેથી ચાઉસેસ્કુએ દેશના રાજ્યની માલિકીના દરેક ટાઇપરાઇટરની પણ નોંધણી કરાવી હતી અને તેના ટાઇપિંગના નમૂના સિક્યોરિટેટની આર્કાઇવમાં ફાઇલ કરવામાં આવ્યા હતા. જે લોકો પાસે ખાનગી ટાઇપરાઇટર હતા તેમણે સિક્યુરિટેટને તેની જાણ કરવી પડતી હતી, ટાઇપરાઇટરની "ફિંગરપ્રિન્ટ" આપવી પડતી હતી અને તેનો ઉપયોગ કરવા માટે સત્તાવાર મંજૂરી લેવી પડતી હતી.[3]

સ્ટાલિનવાદી શાસન પર આધારિત ચાઉસેસ્કુનું શાસન દરેક નાગરિક પર દિવસના ચોવીસ કલાક નજર રાખી શકતું ન હતું. સિક્યોરિટેટ એજન્ટોને પણ ઊંઘવાની જરૂર હતી એટલે બે કરોડ રોમાનિયન નાગરિકો પર સતત નજર રાખવા માટે ઓછામાં ઓછા ચાર કરોડ એજન્ટોની જરૂર પડી હોત અને ચાઉસેસ્કુ પાસે ફક્ત ચાલીસ હજાર ચાઉસેસ્કુ એજન્ટો જ હતા.[4] અને જો ચાઉસેસ્કુ કોઈક રીતે ચાર કરોડ એજન્ટોને જાદુથી પેદા કરી શકે તો પણ તેની નવી સમસ્યાઓ તો ઊભી થાય જ, કારણ કે શાસનને તેના પોતાના એજન્ટો પર પણ નજર રાખવાની જરૂર પડે. સ્ટાલિનની જેમ જ ચાઉસેસ્કુ પણ પોતાના એજન્ટો અને અધિકારીઓ જરાય વિશ્વાસ રાખતો નહીં, ખાસ કરીને 1978માં તેના જાસૂસી તંત્રનો વડો આયોન મિહાઈ પેસેપા યુનાઇટેડ સ્ટેટ્સ ભાગી ગયો તે પછી. પોલિટબ્યૂરોના સભ્યો, ઉચ્ચ કક્ષાના અધિકારીઓ, લશ્કરી જનરલો અને સુરક્ષા વડાઓ આયોસિફેસ્કુ કરતાં પણ વધુ બારીકાઈથી નજર હેઠળ રહેતા હતા, જેમ જેમ ગુપ્ત પોલીસની સંખ્યા વધતી ગઈ, તેમ તેમ બધા એજન્ટોની જાસૂસી કરવા માટે વધુ એજન્ટોની જરૂર પડતી ગઈ.[5]

એક ઉકેલ એ હતો કે લોકો એકબીજાની જાસૂસી કરે. એટલે 40,000 વ્યાવસાયિક એજન્ટો ઉપરાંત, સિક્યોરિટેટ 40,000 નાગરિકો દ્વારા આપવામાં માહિતી પર પણ આધાર રાખતું હતું.[6] લોકો ઘણીવાર તેમના પડોશીઓ, સાથીદારો, મિત્રો અને પરિવારના સભ્યોની માહિતી પણ આપતા હતા. જોકે ગુપ્ત પોલીસે ગમે તેટલા માહિતી આપનારાઓને રાખ્યા હોય, તે બધાનો ડેટા ભેગો કરવો એ સંપૂર્ણતઃ નજર રાખતું શાસન બનાવવા માટે પૂરતો ન હતો. માની લો કે સિક્યોરિટેટ પૂરતા એજન્ટો અને માહિતી આપનારાઓની ભરતી

કરવામાં સફળ થયું કે જેથી તે દિવસના ચોવીસ કલાક દરેક પર નજર રાખી શકે એમ છે. તો દરેક દિવસના અંતે, દરેક એજન્ટ અને બાતમીદારે તેમણે શું જોયું તેના પર એક અહેવાલ તૈયાર કરવો પડે. તો સિક્યોરિટેટ પર દરરોજ 2 કરોડ અથવા દર વર્ષે 7.3 અબજ અહેવાલો આવે. જો તે બધાનું વિશ્લેષણ ન કરવામાં આવે તો, તે ફક્ત કાગળનો ઢગલો જ બની રહે. છતાં સિક્યોરિટેટ પાસે વાર્ષિક 7.3 અબજ અહેવાલોની તપાસ અને સરખામણી કરવા માટે પૂરતા વિશ્લેષકો ક્યાં હતા?

માહિતી ભેગી કરવામાં અને તેનું વિશ્લેષણ કરવાની આ મુશ્કેલીઓનો અર્થ એ થયો કે વીસમી સદીમાં સૌથી કટ્ટર સર્વાધિકારી રાજ્ય પણ તેની સમગ્ર વસ્તી પર અસરકારક રીતે નજર રાખી શકતું નહીં. રોમાનિયા અને સોવિયેત નાગરિકોએ જે કર્યું અને કહ્યું હોય તેમાંથી મોટાભાગનું સિક્યોરિટેટ અને કેજીબીની નજરમાંથી છટકી જતું, જેટલું આર્કાઇવમાં પહોંચતું હતું તેમાંથી પણ ઘણું વંચાયા વિના જ પડ્યું રહેતું. સિક્યોરિટેટ અને કેજીબીની સાચી શક્તિ દરેક પર સતત નજર રાખવાની ક્ષમતા નહોતી, પરંતુ તેઓ નજર રાખી રહ્યા હશે તેવો ભય ઊભો કરવાની તેમની ક્ષમતા હતી. તેના કારણે દરેક વ્યક્તિ તેઓ શું કહી રહ્યા છે અને કરી રહ્યા છે તે બાબતે ઘણી સાવચેતી રાખતા હતા.[7]

ઊંઘ વિનાના એજન્ટો

આઇઓસિફેસ્કુની લેબમાં સિક્યોરિટેટ એજન્ટ જેવા લોકોની જીવતી આંખો, કાન અને મગજ વડે નજર રાખવામાં આવતી હતી. એવી દુનિયામાં આઇઓસિફેસ્કુ જેવા મહત્ત્વના લક્ષ્યને પણ થોડીક ગોપનીયતા તો મળી જ રહેતી હતી, સૌ પ્રથમ અને સૌથી અગત્યનું તેના મગજમાં જે ચાલી રહ્યું હોય તેની ગોપનીયતા, પરંતુ આઇઓસિફેસ્કુ જેવા કોમ્પ્યુટર વૈજ્ઞાનિકોનું કાર્ય જ એ પરિસ્થિતિ બદલી રહ્યું હતું. 1976માં પણ આઇઓસિફેસ્કુના ટેબલ પર પડેલું તદ્દન ઓછી શક્તિ ધરાવતું કોમ્પ્યુટર બાજુની ખુરશીમાં બેઠેલા સિક્યોરિટેટ એજન્ટ કરતાં વધુ સારી રીતે ગણતરીઓ કરી શકતું હતું. 2024 સુધીમાં આપણે એવા સર્વવ્યાપી કોમ્પ્યુટર નેટવર્કની નજીક પહોંચી રહ્યા છીએ જે આખા દેશોની વસ્તી પર ચોવીસ કલાક નજર રાખી શકે છે. આપણી પર નજર રાખવા માટે આ નેટવર્કને લાખો માનવ એજન્ટોને નોકરીએ રાખવાની અને તાલીમ આપવાની જરૂર નથી, તે તેના ડિજિટલ એજન્ટો પર આધાર રાખે છે અને નેટવર્કને આ ડિજિટલ એજન્ટોને પગાર પણ આપવો પડતો નથી. આપણે નાગરિકો પોતાના

પૈસે આ એજન્ટોનો પગાર ચૂકવીએ છીએ અને આપણે જ્યાં પણ જઈએ છીએ ત્યાં તેમને આપણી સાથે લઈ જઈએ છીએ.

આઇઓસિફેસ્કુ પર નજર રાખનાર એજન્ટ ઇઓસિફેસ્કુ સાથે ટોઇલેટમાં જતો ન હતો અને આઇઓસિફેસ્કુ સંભોગ કરતો હોય તેના પલંગની બાજુમાં બેસી રહેતો નહોતો. આજે આપણો સ્માર્ટફોન ક્યારેક એમ જ કરતો હોય છે. વધુમાં, આઇઓસિફેસ્કુ તેના કોમ્પ્યુટરની મદદ વગર સમાચાર વાંચવા, મિત્રો સાથે વાતો કરવી કે કરિયાણું ખરીદવા જેવી ઘણી પ્રવૃત્તિઓ કરતો હતો. આ બધુ હવે ઑનલાઇન કરવામાં આવે છે, તેથી નેટવર્ક માટે આપણે શું કરી રહ્યા છીએ અને શું કહી રહ્યા છીએ તે જાણવું વધુ સરળ છે. આપણે પોતે જ આપણી માહિતી આપનારા એ ખબરીઓ છીએ જે નેટવર્કને આપણો ડેટા પૂરો પાડે છે. સ્માર્ટફોન વિનાના લોકો પણ લગભગ હંમેશાં કોઈ ને કોઈ કૅમેરા, માઇક્રોફોન અથવા ટ્રેકિંગ ડિવાઈસની આસપાસમાં જ હોય છે અને તેઓ પણ કામ શોધવા, ટ્રેન ટિકિટ લેવા, પ્રિસ્ક્રિપ્શનની દવા મેળવવા કે ફક્ત રસ્તો શોધવા માટે પણ કોમ્પ્યુટર નેટવર્કનો સતત સંપર્ક કરે છે. કોમ્પ્યુટર નેટવર્ક મોટાભાગની માનવીય પ્રવૃત્તિઓનું જોડાણકેન્દ્ર બની ગયું છે. લગભગ દરેક આર્થિક, સામાજિક કે રાજકીય વ્યવહારના માટે હવે આપણને કોઈ ને કોઈ કોમ્પ્યુટર જ મળે છે. પરિણામે, સ્વર્ગમાં રહેતા આદમ અને ઇવની જેમ, આપણે વાદળોના ઓછાયે રહીને તેમની નજરથી છુપાઈ શકતા નથી.

જેમ કોમ્પ્યુટર નેટવર્કને આપણી પર નજર રાખવા માટે લાખો માનવ એજન્ટોની જરૂર નથી, તેમ તેને આપણા ડેટાનો અર્થ સમજવા માટે પણ લાખો માનવીય વિશ્લેષકોની જરૂર નથી. સિક્યોરિટેટના મુખ્યાલયમાં કાગળના ઢગલાએ ક્યારેય પોતાનું વિશ્લેષણ કર્યું નહોતું, પરંતુ મશીન લર્નિંગ અને AIના જાદુને કારણે કોમ્પ્યુટરો પોતે જ ભેગી કરેલી મોટાભાગની માહિતીનું વિશ્લેષણ કરી શકે છે. એક સરેરાશ માણસ પ્રતિ મિનિટ લગભગ 250 શબ્દો વાંચી શકે છે.[8] એક પણ દિવસ રજા લીધા વિના બાર કલાકની શિફ્ટમાં કામ કરતો સિક્યોરિટેટનો કોઈ વિશ્લેષક ચાલીસ વર્ષની કારકિર્દી દરમિયાન લગભગ 2.6 અબજ શબ્દો વાંચી શકે છે. 2024માં ChatGPT અને મેટાના Llama જેવા લેંગવેજ અલ્ગોરિધમો પ્રતિ મિનિટ લાખો શબ્દોની પ્રક્રિયા કરી શકે છે અને બે કલાકમાં 2.6 અબજ શબ્દો "વાંચી" શકે છે.[9] આવા અલ્ગોરિધમોની ફોટા, ઑડિઓ રેકોર્ડિંગો અને વિડિયોની પ્રક્રિયા કરવાની ક્ષમતા એટલી જ વિશાળ છે.

તેનાથી પણ વધુ મહત્ત્વની વાત એ છે કે માહિતીના સમુદ્રમાં પેટર્ન શોધવાની ક્ષમતામાં અલ્ગોરિધમો માનવો કરતાં ઘણા આગળ છે. પેટર્ન ઓળખવા

માટે વિચારો કરવાની અને નિર્ણયો લેવાની ક્ષમતા એ બંનેની જરૂર પડે છે. ઉદાહરણ તરીકે, માનવ વિશ્લેષકો કેવી રીતે કોઈ વ્યક્તિને એવા "શંકાસ્પદ આતંકવાદી" તરીકે ઓળખે છે, જેની પર વધારે ધ્યાન આપવું યોગ્ય છે? પ્રથમ, તેઓ સામાન્ય માપદંડોનો બનાવે, જેમ કે "ઉગ્રવાદી સાહિત્ય વાંચવું", "જાણીતા આતંકવાદીઓ સાથે મિત્રતા કરવી" અને "ખતરનાક શસ્ત્રો બનાવવા માટે જરૂરી તકનીકી જ્ઞાન હોવું." પછી તેમને એ નક્કી કરવાની જરૂર પડે કે શું કોઈ ચોક્કસ વ્યક્તિને શંકાસ્પદ આતંકવાદી તરીકે નક્કી કરવા માટે આ માપદંડોમાં ફીટ બેસે છે કે કેમ. ધારો કે, કોઈએ ગયા મહિને યુટ્યૂબ પર સો ઉગ્રવાદીઓના વિડિયોઝ જોયા, કોઈ દોષિત આતંકવાદી સાથે મિત્રતા કરી અને હાલમાં ઇબોલા વાયરસના નમૂનાઓ ધરાવતી પ્રયોગશાળામાં રોગચાળામાં ડૉક્ટરેટ કરી રહી હોય. તો શું તે વ્યક્તિને "શંકાસ્પદ આતંકવાદીઓ" યાદીમાં મૂકવી જોઈએ? અને એવી વ્યક્તિનું શું કરવાનું જેણે ગયા મહિને પચાસ ઉગ્રવાદી વિડિયોઝ જોયા હોય અને બાયોલોજીનો અંડરગ્રેજ્યુએટ હોય?

1970ના દાયકામાં રોમાનિયામાં ફક્ત માણસો જ આવા નિર્ણયો લઈ શકતા હતા. 2010ના દાયકા સુધીમાં માણસો આવા નિર્ણય લેવાનું વધુ ને વધુ કામ અલ્ગોરિધમો પર છોડી રહ્યા હતા. 2014-15ની આસપાસ યુ.એસ. નેશનલ સિક્યુરિટી એજન્સીએ સ્કાયનેટ નામની એક એવી એઆઈ સિસ્ટમ વાપરવી શરૂ કરી હતી, જે લોકોને તેમના કોમ્યુનિકેશન, લેખન, મુસાફરી અને સોશિયલ મીડિયા પોસ્ટની ઇલેક્ટ્રોનિક પેટર્નના આધારે "શંકાસ્પદ આતંકવાદીઓ" યાદીમાં મૂકવા માંડી. એક અહેવાલ મુજબ, તે એઆઈ સિસ્ટમ "પાકિસ્તાનના મોબાઇલ ફોન નેટવર્ક પર મોટા પાયે નજર રાખતી અને પછી 5.5 કરોડ લોકોના સેલ્યુલર નેટવર્કના મેટાડેટામાંથી મશીન લર્નિંગ અલ્ગોરિધમનો ઉપયોગ કરીને દરેક વ્યક્તિની આતંકવાદી હોવાની સંભાવનાનું મૂલ્યાંકન કરવાનો પ્રયાસ કરે છે." સીઆઈએ અને એનએસએ બંનેના ભૂતપૂર્વ ડિરેક્ટરે રહી ચૂકેલી એક વ્યક્તિએ એમ જાહેર કર્યું હતું કે "અમે મેટાડેટાના આધારે લોકોને મારીએ છીએ."[10] સ્કાયનેટની વિશ્વસનીયતાની ભારે ટીકા કરવામાં આવી છે, પરંતુ 2020ના દાયકા સુધીમાં આવી ટેક્નોલૉજી ઘણી વધુ આધુનિક બની ગઈ છે અને ઘણી બધી સરકારો દ્વારા તેનો ઉપયોગ કરવામાં આવી રહ્યો છે. મોટા પ્રમાણમાં ડેટાનો અભ્યાસ કરીને અલ્ગોરિધમો એવી વ્યક્તિને "શંકાસ્પદ" તરીકે વ્યાખ્યાયિત કરવા માટે સંપૂર્ણપણે નવા માપદંડો શોધી શકે છે, જે અગાઉના માનવ વિશ્લેષકોની નજરથી છટકી ગયા હોય.[11] ભવિષ્યમાં, અલ્ગોરિધમો જાણીતા આતંકવાદીઓના જીવનમાં પેટર્ન

ઓળખીને લોકો કટ્ટરપંથી કેવી રીતે બને છે તેનું એક સંપૂર્ણ નવું મૉડેલ પણ બનાવી શકે છે. અલબત્ત, કોમ્પ્યુટરો પણ ભૂલ કરતા હોય છે, જે વિશે આપણે પ્રકરણ-8માં ઊંડાણપૂર્વક ચર્ચા કરીશું. તેઓ નિર્દોષ લોકોને આતંકવાદી તરીકે વર્ગીકૃત કરી શકે છે અથવા કટ્ટરપંથી બનવાની સંભાવનાઓ શોધવા માટેના ખોટા મૉડેલ પણ બનાવી શકે છે. વધુ મૂળભૂત સ્તરે તો એમ પણ પૂછવું રહ્યું કે આતંકવાદ જેવી બાબતોની આ સિસ્ટમોની વ્યાખ્યા વસ્તુલક્ષી છે કે કેમ. કોઈ પણ પ્રકારના વિરોધને ટાળવા માટે "આતંકવાદી" લેબલનો ઉપયોગ કરતા પ્રશાસનોનો ઇતિહાસ ઘણો લાંબો છે. સોવિયેત યુનિયનમાં પ્રશાસનનો વિરોધ કરનાર કોઈ પણ વ્યક્તિ આતંકવાદી જ ગણાતી હતી. માટે જ્યારે AI કોઈને "આતંકવાદી" ઠરાવે છે ત્યારે તે વસ્તુલક્ષી તથ્યોને બદલે વૈચારિક પૂર્વગ્રહોનું પ્રતિબિંબિત પણ હોઈ શકે છે. નિર્ણયો લેવાની અને વિચારો કરવાની શક્તિ સાથે સાથે ભૂલો કરવાની શક્તિ પણ આવતી જ હોય છે અને માની લો કે કોમ્પ્યુટરો કોઈ ભૂલ નથી કરતા, તો પણ ડેટાના સમુદ્રમાં પેટર્નો ઓળખવાની અલ્ગોરિધમોની અલૌકિક ક્ષમતા અસંખ્ય ખરાબ ઇરાદા ધરાવતા લોકોને બહુ વધારે શક્તિ આપી શકે છે. તેમાં અસંતુષ્ટોને ઓળખવાનો પ્રયાસ કરતા દમનકારી સરમુખત્યારોથી માંડીને નબળા લક્ષ્યો ઓળખવા માટે તેનો ઉપયોગ કરનારા ચોર-લૂંટારા-ઠગ સુધી બધાનો સમાવેશ થાય છે.

હા, પેટર્ન ઓળખવાથી ઘણી હકારાત્મક વસ્તુઓ બનવાની પણ સંભાવના છે. અલ્ગોરિધમો ભ્રષ્ટ સરકારી અધિકારીઓ, વ્હાઈટ-કોલર ગુનેગારો અને કરચોરી કરતા કૉર્પોરેશનોને ઓળખવામાં મદદ કરી શકે છે. એ જ રીતે અલ્ગોરિધમો સફાઈ વિભાગના હાડચામના કર્મચારીઓને આપણા પીવાના પાણીના જોખમો શોધવામાં મદદ કરી શકે છે,[12] ડૉક્ટરોને બીમારીઓ અને વધતા જતા રોગચાળાને ઓળખવામાં મદદ કરી શકે છે[13] અને પોલીસ અધિકારીઓ અને સામાજિક કાર્યકરોને પ્રતાડિત જીવનસાથીઓ અને બાળકોની ઓળખ કરવામાં પણ મદદ કરી શકે છે.[14] આગળના પૃષ્ઠોમાં હું અલ્ગોરિધમો વાપરતી અમલદારશાહીઓની સકારાત્મક સંભાવનાઓ પર પ્રમાણમાં ઓછું ધ્યાન આપીશ, કારણ કે AI ક્રાંતિનું નેતૃત્વ કરી રહેલા ઉદ્યોગસાહસિકોએ પહેલાંથી જ તેમના વિશે ઘણી ફૂલગુલાબી આગાહીઓનો મારો જનતા પર કર્યો જ છે. અહીં મારો ધ્યેય અલ્ગોરિધમની પેટર્ન ઓળખવાથી ઊભી થતી વધુ ભયાનક સંભાવનાઓ પર ધ્યાન કેન્દ્રિત કરીને આ ફૂલગુલાબી યુટોપિયન દૃષ્ટિકોણોવાળા પલડાને સંતુલિત કરવાનો છે. આશા તો એવી જ રાખવી રહી

કે આપણે અલ્ગોરિધમોની વિનાશક ક્ષમતાઓને નિયંત્રિત કરી શકીશું અને તેમની સકારાત્મક સંભાવનાનો ઉપયોગ પણ કરી શકીશું.

પરંતુ આમ કરવા માટે આપણે સૌ પ્રથમ આ નવા ડિજિટલ અમલદારો અને તેમના હાડચામના પુરોગામી અમલદારો વચ્ચેના મૂળભૂત તફાવતને સમજવો જોઈએ. આ નિર્જીવ અમલદારો ચોવીસ કલાક "ચાલુ" રહી શકે છે અને ગમે ત્યાં, ગમે ત્યારે આપણી પર નજર રાખી શકે છે તેમજ આપણી સાથે વાતચીત પણ કરી શકે છે. આનો અર્થ એ છે કે અમલદારશાહી અને નજર રાખવી હવે એવી વસ્તુઓ નથી, જે આપણી પર અમુક ચોક્કસ સમય અને ચોક્કસ સ્થળો પૂરતી જ થતી ઘટના હોય. આરોગ્યસંભાળની પ્રણાલી, પોલીસ અને ચાલાક કૉર્પોરેશનો આપણા બધાના જીવનનો સર્વવ્યાપી અને કાયમી ભાગ બની રહ્યા છે. પહેલાં એવી સંસ્થાઓ હતી કે જેનો આપણે ચોક્કસ પરિસ્થિતિઓમાં જ સંપર્ક કરતા. ઉદાહરણ તરીકે, આપણે ક્લિનિક, પોલીસ સ્ટેશન કે મોલની મુલાકાત અમુક સમયે કે દિવસે જ લેતા. તેના બદલે હવે તેઓ દિવસની દરેક ક્ષણે આપણી સાથે જ હોય છે અને આપણે જે કરીએ છીએ તે દરેક વસ્તુનું નિરીક્ષણ અને વિશ્લેષણ કરતા રહે છે, જેમ માછલી પાણીમાં રહે છે, તેમ માનવીઓ ડિજિટલ અમલદારશાહીમાં રહે છે અને ડેટા સતત શ્વાસમાં લે છે અને ઉચ્છ્વાસમાં બહાર કાઢે છે. આપણે જે પણ કરીએ છીએ તે ચોક્કસ પ્રકારનો ડેટા સર્જે છે અને પેટર્ન ઓળખવા માટે તેને એકત્રિત કરવામાં આવે છે તેમજ તેનું વિશ્લેષણ કરવામાં આવે છે.

શરીરની અંદર નજર રાખવી

સારું કે ખરાબ એ તો ન કહી શકાય પણ ડિજિટલ અમલદારશાહી ફક્ત આપણે દુનિયામાં શું કરીએ છીએ તેનું જ નિરીક્ષણ નથી કરતી, તે આપણા શરીરની અંદર શું થઈ રહ્યું છે તેનું પણ નિરીક્ષણ કરતી હોઈ એમ પણ બની શકે છે. ઉદાહરણ તરીકે આંખોની ગતિવિધિઓને ટ્રેક કરવાનો મુદ્દો લો. 2020ના દાયકાની શરૂઆતથી સીસીટીવી કૅમેરા તેમજ લેપટોપ અને સ્માર્ટફોનના કૅમેરાઓએ નિયમિતપણે આપણી આંખોની ગતિવિધિઓનો ડેટા ભેગો કરવાનું અને તેનું વિશ્લેષણ કરવાનું શરૂ કરી દીધું છે, જેમાં આપણી આંખોની કીકી અને આઇરિસમાં અમુક મિલિસેકન્ડ પૂરતા થતા બારીક ફેરફારોનો પણ સમાવેશ થાય છે. માનવો તો આવો ફેરફાર જોઈ પણ શકતા હોતા નથી પરંતુ કોમ્પ્યુટરો તેનો ઉપયોગ આપણી આંખો કઈ દિશામાં જોઈ રહી છે તેની

ગણતરી કરવા માટે કરી શકે છે, જેમાં આપણી કીકી અને આઇરિસ આકાર અને તેઓ પ્રતિબિંબિત કરતા પ્રકાશની પેટર્નનો આધાર લેવામાં આવતો હોય છે. આ જ પદ્ધતિથી એ પણ નક્કી કરી શકાય છે કે આપણી આંખો સ્થિર લક્ષ્ય પર રહેલી છે, કોઈ ગતિશીલ લક્ષ્યનો પીછો કરી રહી છે કે આડેધડ ભટકી રહી છે.

એ પછી કોમ્પ્યુટરો આંખોની ગતિવિધિઓની ચોક્કસ પેટર્નમાંથી જાગરૂકતાની ક્ષણોને વિક્ષેપની ક્ષણોથી અલગ તારવી શકે છે અને તેના આધારે ખૂબ ધ્યાન આપીને કામ કરતા લોકોને એવા લોકોથી અલગ તારવી શકે છે, જેઓ ઓછું ધ્યાન આપતા હોય. કોમ્પ્યુટરો આપણી આંખો પરથી વ્યક્તિત્વનાં અન્ય લક્ષણો પણ તારવી શકે છે, જેમ કે આપણે નવા અનુભવો માટે કેટલું ખુલ્લું મન રાખીએ છીએ અને વાચનથી લઈને શસ્ત્રક્રિયા સુધીના વિવિધ ક્ષેત્રોમાં આપણી કુશળતાનું સ્તર પણ તેઓ અંદાજી શકે છે. સારી પકડ ધરાવતા નિષ્ણાતોની વ્યવસ્થિત નજરની પેટર્ન શિખાઉ લોકોની ભટકતી રહેતી આંખોની પેટર્નથી અલગ હોય એમ બને. આંખની પેટર્ન આપણે જે વસ્તુઓ અને પરિસ્થિતિઓનો સામનો કરીએ છીએ તેમાં આપણા રસનું સ્તર પણ દર્શાવી શકે છે અને આપણે તે વસ્તુ પ્રત્યે સકારાત્મક, તટસ્થ કે નકારાત્મક છીએ તે તારવી શકે છે. આના પરથી રાજકારણથી લઈને સેક્સ સુધીનાં ક્ષેત્રોમાં આપણી પસંદગીઓનું અનુમાન લગાવવું શક્ય છે. આપણા આરોગ્યની સ્થિતિ અને વિવિધ ડ્રગ્સના ઉપયોગ વિશે પણ ઘણું જાણી શકાય છે. દારૂ અને ડ્રગ્સનો ઉપયોગ એકદમ ઓછા પ્રમાણમાં થાય, તો પણ આંખ અને નજરના ગુણધર્મો પર માપી શકાય તેવી અસરો કરે છે, જેમ કે કીકીઓના કદમાં ફેરફાર અને ગતિશીલ વસ્તુઓ પર ધ્યાન કેન્દ્રિત કરવાની ક્ષમતામાં ઘટાડો. ડિજિટલ અમલદારશાહી તે બધી માહિતીનો ઉપયોગ ઉમદા હેતુઓ માટે કરી શકે છે, જેમ કે ડ્રગ્સનો દુરુપયોગ અને માનસિક બીમારીઓથી પીડિત લોકોને વહેલા ઓળખી લઈને તેમને સહાય કરવી, પરંતુ તે ઇતિહાસમાં સૌથી ક્રૂર સર્વાધિકારવાદી શાસનનો પાયો પણ નાખી શકે છે એ સમજી શકાય એવી વાત છે.[15]

સૈદ્ધાંતિક રીતે, ભવિષ્યના સરમુખત્યારો તેમના કોમ્પ્યુટર નેટવર્કોને ફક્ત આપણી આંખો જોવા કરતાં ઘણા ઊંડે સુધી પણ લઈ જઈ શકે છે. જો નેટવર્ક આપણા રાજકીય વિચારો, વ્યક્તિત્વનાં લક્ષણો અને જાતીય અભિગમ જાણવા માંગતું હોય, તો તે આપણા હૃદય અને મગજની અંદરની પ્રક્રિયાઓનું નિરીક્ષણ પણ કરી શકે છે. કેટલીક સરકારો અને કંપનીઓ દ્વારા એના માટે જરૂરી બાયોમેટ્રિક ટેક્નોલૉજી અત્યારે પણ વિકસાવવામાં આવી જ રહી છે,

જેમ કે ઇલોન મસ્કની ન્યુરાલિંક. મસ્કની કંપનીએ જીવંત ઉંદરો, ઘેટાં, ડુક્કર અને વાંદરાઓ પર પ્રયોગો કર્યા છે અને તેમના મગજમાં ઇલેક્ટ્રિકલ પ્રોબ્સ પણ ઇમ્પ્લાન્ટ કર્યા છે. દરેક પ્રોબમાં 3,072 ઇલેક્ટ્રોડ હોય છે, જે ઇલેક્ટ્રિકલ સિગ્નલો ઓળખી શકે છે અને સિગ્નલો ટ્રાન્સમિટ પણ કરી શકે છે. 2023માં ન્યુરાલિંકને યુ.એસ. સરકાર તરફથી માનવો પર પ્રયોગો શરૂ કરવા માટે મંજૂરી મળી હતી અને જાન્યુઆરી 2024માં એવો અહેવાલ પણ છપાયો હતો કે માનવમગજમાં પ્રથમ ચિપ ઇમ્પ્લાન્ટ કરવામાં આવી હતી.

મસ્ક આ ટેક્નોલૉજી માટેની તેમની દૂરગામી યોજનાઓ વિશે જાહેરમાં ચર્ચા કરતા હોય છે. તેઓ કહેતા હોય છે કે આ ટેક્નોલૉજીથી ક્વાડ્રિપ્લેજિયા (ચારે ઉપાંગોનો લકવો) જેવી વિવિધ તબીબી પરિસ્થિતિઓને દૂર કરી શકાય છે અને માનવક્ષમતાઓ પણ વધારી શકાય છે, જેના દ્વારા માનવજાતને AI સાથે સ્પર્ધા કરવામાં મદદ મળી શકે છે. જોકે એ પણ કહેવું જોઈએ કે અત્યારે તો ન્યૂરાલિંકના પ્રોબ્સ અને અન્ય તમામ એ પ્રકારના બાયોમેટ્રિક ઉપકરણોમાં ઘણીબધી તકનીકી સમસ્યાઓ છે, જે તેમની ક્ષમતાઓને ઘણીબધી રીતે મર્યાદિત કરે છે. શરીરની બહારથી મગજ, હૃદય અથવા બીજા કોઈ પણ અંગની પ્રવૃત્તિઓનું સચોટ નિરીક્ષણ કરવું મુશ્કેલ છે, જ્યારે શરીરમાં ઇલેક્ટ્રોડ અને અન્ય ઉપકરણોનું પ્રત્યારોપણ કરવું એ અઘરું, ભયજનક, ખર્ચાળ અને બિનકાર્યક્ષમ છે. ઉદાહરણ તરીકે, આપણી રોગપ્રતિકારક શક્તિ ઇમ્પ્લાન્ટેડ ઇલેક્ટ્રોડ પર હુમલો કરે છે.[16]

તેનાથી પણ વધુ મહત્ત્વપૂર્ણ વાત એ છે કે હજુ સુધી કોઈ પાસે મગજની પ્રવૃત્તિ જેવા ત્વચા હેઠળના આંતરિક ડેટામાંથી ચોક્કસ રાજકીય મંતવ્યો જેવી બાબતો તારવવા માટેનું જરૂરી જૈવિક જ્ઞાન નથી.[17] વૈજ્ઞાનિકો માનવ મગજના રહસ્યો કે પછી ઉંદરના મગજનાં રહસ્યો પામવાથી હજુ તો ઘણા દૂર છે. ઉંદરના મગજમાં દરેક ચેતાકોષ, ડેંડ્રાઇટ અને સિનેપ્સ વચ્ચેની ગતિશીલતાને સમજવાની વાત તો દૂરની છે, અત્યારે તેમનું ફક્ત મેપિંગ કરવું માનવોની ક્ષમતાઓની બહાર છે.[18] તેવી જ રીતે, અત્યારે લોકોના મગજની અંદરથી ડેટા ભેગો કરવો ભલે વધુ સરળ બની રહ્યો હોય પરંતુ માનવજાતનાં રહસ્યોને પામવા માટે આવા ડેટાનો ઉપયોગ કરવો હજુ એટલું સરળ નથી બન્યું.

2020ના દાયકાની શરૂઆતમાં એક લોકપ્રિય કોન્સપિરસી થિયરી મુજબ તો ઇલોન મસ્ક જેવા અબજોપતિઓ આપણા મગજમાં કોમ્પ્યુટર ચિપ્સ આરોપી જ રહ્યા છે, જેથી આપણા પર નજર રાખી શકાય અને આપણને નિયંત્રિત પણ કરી શકાય. જો કે, આ સિદ્ધાંત આપણને અયોગ્ય બાબતોની ચિંતા કરવા

પ્રેરે છે. આપણે નવી સર્વાધિકારી પ્રણાલીઓના ઉદયથી ડરવું જોઈએ એની ના નથી, પરંતુ આપણા મગજમાં રોપાઈ રહેલી કોમ્પ્યુટર ચિપ્સ વિશે ચિંતા કરવી અત્યારે ખૂબ જ વહેલું છે. તેના બદલે લોકોએ એ સ્માર્ટફોન વિશે ચિંતા કરવી જોઈએ જેના પર તેઓ આ કોન્સપિરસી થિયરીઓ વાંચતા હોય છે. ધારો કે કોઈ તમારા રાજકીય મંતવ્યો જાણવા માંગે છે. તમારો સ્માર્ટફોન તમે કઈ ન્યૂઝ ચૅનલો જોઈ રહ્યા છો તેનું નિરીક્ષણ કરે છે અને નોંધે છે કે તમે દરરોજ સરેરાશ ચાલીસ મિનિટ ફોક્સ ન્યૂઝ અને ચાલીસ સેકન્ડ CNN જુઓ છો. દરમિયાન, એક ઇમ્પ્લાન્ટેડ ન્યુરાલિંક કોમ્પ્યુટર ચિપ દિવસભર તમારા હૃદયના ધબકારા અને મગજની પ્રવૃત્તિ પર નજર રાખે છે અને નોંધે છે કે ક્યારે તમારા હૃદયના મહત્તમ ધબકારા પ્રતિ મિનિટ 120 હતા અને તમારું એમીગડાલા સરેરાશ કરતા લગભગ 5 ટકા વધુ સક્રિય હતું. તમારા રાજકીય મંતવ્યનો અંદાજ લગાવવા માટે કયો ડેટા વધુ ઉપયોગી થશે - સ્માર્ટફોનમાંથી આવતો ડેટા કે ઇમ્પ્લાન્ટેડ ચિપમાંથી?[19] અત્યારે તો નજર રાખવા માટે બાયોમેટ્રિક સેન્સર કરતાં સ્માર્ટફોન વધુ મૂલ્યવાન સાધન છે.

જોકે જેમ જેમ જૈવિક જ્ઞાન વધતું જાય છે, ખાસ કરીને બાયોમેટ્રિક ડેટાના દરિયાનું વિશ્લેષણ કરતા કોમ્પ્યુટરોને પ્રતાપે, ત્યારે શરીરની અંદર દેખરેખ આખરે મહત્ત્વની બની શકે છે, ખાસ કરીને જો તે અન્ય નજર રાખતા સાધનો સાથે જોડવામાં આવે તો. તે પછી જ્યારે તેઓ તેમના સ્માર્ટફોન પર કોઈ ચોક્કસ સમાચાર જોતા હોય ત્યારે જો બાયોમેટ્રિક સેન્સરો લાખો લોકોના હૃદયના ધબકારા અને મગજની પ્રવૃત્તિ નોંધતા હોય, તો તે કોમ્પ્યુટર નેટવર્કને ફક્ત આપણા સામાન્ય રાજકીય જોડાણ કરતાં ઘણું વધારે કહી શકે છે. નેટવર્ક જાણી શકે છે કે દરેક માનવીને શાથી ગુસ્સો, ભય કે આનંદ આવે છે. પછી તે નેટવર્ક આપણી લાગણીઓની આગાહી પણ કરી શકે છે અને તેની સાથે રમી પણ શકે છે. તે ઇચ્છે તે વસ્તુ આપણને વેચી શકે છે, કોઈ ઉત્પાદન, રાજકારણી કે યુદ્ધ પણ.[20]

ગોપનીયતાનો અંત

જ્યાં માનવીઓ માનવીઓ પર નજર રાખતા હતા એવી દુનિયામાં ગોપનીયતા મૂળભૂત રીતે મળી રહેતી હતી, પરંતુ જેમાં કોમ્પ્યુટરો માનવીઓ પર નજર રાખી રહ્યા હોય એવી દુનિયામાં ઇતિહાસમાં પહેલીવાર ગોપનીયતાનો સંપૂર્ણપણે નાશ કરવાનું શક્ય બની શકે છે. આવી દેખરેખના સૌથી આત્યંતિક અને

જાણીતા કિસ્સાઓમાં કટોકટીવાળા અપવાદરૂપ સમયનો સમાવેશ થાય છે, જેમ કે COVID-19 રોગચાળો અને તેમાં સામાન્ય દુનિયામાં અપવાદરૂપ મનાતા સ્થળો પણ આવી શકે છે, જેમ કે કબજા હેઠળના પેલેસ્ટિનિયન પ્રદેશો, ચીનમાં શિનજિયાંગ વિગર સ્વાયત્ત પ્રદેશ, ભારતમાં કાશ્મીરનો પ્રદેશ, રશિયાના કબજા હેઠળના ક્રિમીઆ, યુએસ-મેક્સિકોની સરહદ અને અફઘાનિસ્તાન-પાકિસ્તાનના સરહદી વિસ્તારો. આ અસાધારણ સમયમાં અને સ્થળોએ, નવી નજર રાખવાની તકનીકો, કઠોર કાયદાઓ અને પોલીસની કે લશ્કરની ભારે હાજરી સાથે મળીને, લોકોની હિલચાલ, કાર્યો અને લાગણીઓ પર પણ અવિરતપણે નજર રાખી રહી છે અને નિયંત્રણ કરી રહી છે.[21] જોકે એ સમજવું મહત્ત્વપૂર્ણ છે કે ફક્ત આવા "અપવાદરૂપ રાજ્યો"માં જ નહીં, પણ બીજી ઘણી જગ્યાઓએ AI આધારિત નજર રાખતી પ્રણાલીઓ મોટા પાયે લાગુ કરવામાં આવી રહી છે.[22] તેઓ હવે દરેક જગ્યાએ સામાન્ય જીવનનો ભાગ છે. બેલારુસથી ઝિમ્બાબ્વે સુધીના સરમુખત્યારશાહી દેશોમાં[23] તેમજ લંડન અને ન્યૂ યોર્ક જેવા લોકશાહી ધરાવતા મહાનગરોમાં ગોપનીયતાના નાશ પછીનો યુગ જામી રહ્યો છે.

સારું છે કે નરસું તે તો આપણે કહી શકતા નથી, પરંતુ સરકારો ગુના સામે લડવા, વિરોધને દબાવવા અને (વાસ્તવિક કે કાલ્પનિક) આંતરિક જોખમોનો સામનો કરવા માટે સમગ્ર પ્રદેશોને સર્વવ્યાપી ઑનલાઇન અને ઑફલાઇન સર્વેલન્સ નેટવર્ક હેઠળ લઈ રહ્યા છે, જે સ્પાયવેર, સીસીટીવી કૅમેરા, ફેસિયલ રીકોગ્નિશન અને વોઈસ રીકોગ્નિશન સોફ્ટવેર તેમજ વિશાળ શોધી શકાય તેવા ડેટાબેઝથી સજ્જ હોય છે. જો સરકાર ઇચ્છે, તો તેનું નજર રાખતું નેટવર્ક બજારોથી લઈને પૂજાસ્થાનો સુધી અને શાળાઓથી લઈને ખાનગી રહેઠાણો સુધી દરેક જગ્યાએ પહોંચી શકે છે. (દરેક સરકાર લોકોના ઘરોમાં કૅમેરા લગાવવા તૈયાર નથી કે સક્ષમ નથી, પરંતુ અલ્ગોરિધમ્સ નિયમિતપણે આપણા લિવિંગ રૂમ, બેડરૂમ અને બાથરૂમમાં પણ આપણા પોતાના કોમ્પ્યુટર અને સ્માર્ટફોન દ્વારા આપણી પર નજર રાખતા જ હોય છે.)

સરકારી સર્વેલન્સ નેટવર્ક લોકોની જાણમાં કે જાણ વિના નિયમિતપણે આખી વસ્તીનો બાયોમેટ્રિક ડેટા ભેગો કરે જ છે. ઉદાહરણ તરીકે, પાસપોર્ટ માટે અરજી કરતી વખતે 140થી વધુ દેશો તેમના નાગરિકોને ફિંગરપ્રિન્ટ્સ, ચહેરાના સ્કેન અથવા આઇરિસ સ્કેન પ્રદાન કરવા માટે ફરજ પાડે છે.[24] જ્યારે આપણે કોઈ બીજા દેશમાં પ્રવેશવા માટે આપણા પાસપોર્ટનો ઉપયોગ કરીએ છીએ ત્યારે તે દેશ પણ ઘણીવાર આપણી ફિંગરપ્રિન્ટ્સ, ચહેરાનો સ્કેન અથવા આઇરિસ સ્કેનની માંગ કરે છે અને આપણે તે આપીએ પણ છીએ.[25] જ્યારે નાગરિકો કે

પ્રવાસીઓ દિલ્હી, બેઇજિંગ, સિઓલ કે લંડનની શેરીઓમાં ચાલતા હોય ત્યારે તેમની ગતિવિધિઓ રેકોર્ડ થવાની સંભાવના હોય છે. કારણ કે આ શહેરો, અને વિશ્વભરનાં ઘણાં અન્ય શહેરોમાં, પ્રતિ ચોરસ કિલોમીટરે સરેરાશ સો કરતાં વધુ સર્વેલન્સ કૅમેરા નખાયા છે. 2023માં વૈશ્વિક સ્તરે કુલ મળીને એક અબજથી વધુ સીસીટીવી કૅમેરા કાર્યરત હતા, જેનો અર્થ થાય છે દર આઠ લોકોએ લગભગ એક કૅમેરો.[26]

માણસ કોઈ પણ શારીરિક પ્રવૃત્તિ કરે છે ત્યારે તે અમુક ડેટા તો છોડે જ છે. દરેક ખરીદી કોઈ ને કોઈ ડેટાબેઝમાં નોંધાય છે. મિત્રોને મૅસેજ કરવા, ફોટા શેર કરવા, બિલ ચૂકવવા, સમાચાર વાંચવા, એપોઇન્ટમેન્ટ બુક કરવા અથવા ટૅક્સી ઑર્ડર કરવા જેવી તમામ ઑનલાઇન પ્રવૃત્તિઓનો પણ રેકોર્ડ રાખી શકાય છે. એના પરિણામે સર્જાતા ડેટાના દરિયાનું વિશ્લેષણ AI સિસ્ટમો દ્વારા ગેરકાયદેસર પ્રવૃત્તિઓ, શંકાસ્પદ પેટર્ન, ગુમ થયેલ વ્યક્તિઓ, રોગના વાહકો કે રાજકીય વિરોધીઓને ઓળખવા માટે કરી શકાય છે.

દરેક શક્તિશાળી ટેક્નોલૉજીની જેમ જ, આ સિસ્ટમોનો ઉપયોગ પણ સારા અને ખરાબ એમ બંને પ્રકારના હેતુઓ માટે થઈ શકે છે. 6 જાન્યુઆરી, 2021ના રોજ યુએસ કેપિટોલ પર થયેલા હુમલા પછી FBI અને અન્ય યુએસ લૉ એન્ફોર્સમેન્ટ એજન્સીઓએ તોફાનીઓને શોધવા અને તેમની ધરપકડ કરવા માટે અત્યાધુનિક સર્વેલન્સ સિસ્ટમોનો ઉપયોગ કર્યો હતો. 'વૉશિંગ્ટન પોસ્ટ'ની તપાસના અહેવાલ મુજબ આ એજન્સીઓએ ફક્ત કેપિટોલમાં લાગેલા CCTV કૅમેરાના ફૂટેજનો જ નહીં, પરંતુ સોશિયલ મીડિયા પોસ્ટો, દેશભરમાં કાર્યરત લાઇસન્સ પ્લેટ રીડર્સ, મોબાઇલ ટાવરના લોકેશન રેકોર્ડો અને પહેલાંથી અસ્તિત્વમાં રહેલા ડેટાબેઝનો પણ આધાર રાખ્યો હતો.

ઓહિયોની એક વ્યક્તિએ ફેસબુક પર લખ્યું કે એ દિવસે તે "ઇતિહાસ સર્જાતો જોવા" માટે વૉશિંગ્ટનમાં હતો. માટે ફેસબુકને સમન્સ જારી કરવામાં આવ્યું હતું જેનાથી એફબીઆઈને તે વ્યક્તિની ફેસબુક પોસ્ટ્સ તેમજ તેના ક્રેડિટ કાર્ડની માહિતી અને ફોન મળ્યા હતા. આનાથી એફબીઆઈને તે વ્યક્તિના ડ્રાઇવિંગ લાઇસન્સના ફોટાને કેપિટોલના સીસીટીવી ફૂટેજ સાથે સરખાવવામાં મદદ મળી હતી. ગૂગલને જારી કરાયેલા બીજા વૉરંટથી 6 જાન્યુઆરીના રોજ તે વ્યક્તિના સ્માર્ટફોનનું ચોક્કસ ભૌગોલિક સ્થાન મળ્યું. તેનાથી એજન્ટો સેનેટ ચેમ્બરમાં પ્રવેશથી લઈને હાઉસ ઑફ રિપ્રેઝન્ટેટિવ્સના સ્પીકર નેન્સી પેલોસીના કાર્યાલય સુધીની તે વ્યક્તિની દરેક હિલચાલ નોંધી શક્યા.

લાઇસન્સ પ્લેટોની ફૂટેજના આધારે એફબીઆઈએ ન્યૂ યોર્કની એક વ્યક્તિની

6 જાન્યુઆરીની સવારે 6:06:08 વાગ્યે કેપિટોલ તરફ જતા સમયે હેનરી હડસન બ્રિજ પાર કર્યા પછી રાત્રે 23:59:22 વાગ્યે ઘરે પાછા ફરતી વખતે જ્યોર્જ વૉશિંગ્ટન બ્રિજ પાર કર્યો ત્યાં સુધીની તમામ ગતિવિધિઓ જાણી લીધી. ઇન્ટરસ્ટેટ 95 પર લાગેલા એક કૅમેરા દ્વારા લેવામાં આવેલી એક છબીમાં તે વ્યક્તિના ડેશબોર્ડ પર એક મોટી "મેક અમેરિકા ગ્રેટ અગેઇન" ટોપી દેખાતી હતી. તે ટોપી તે વ્યક્તિની એક ફેસબુક સેલ્ફી સાથે મેળ ખાતી હતી જેમાં તે વ્યક્તિ તે ટોપી પહેરેલી દેખાતી હતી. તેણે કેપિટોલની અંદરથી સ્નેપચેટ પર પોસ્ટ કરેલા અનેક વિડિયો દ્વારા પોતાના ગુનાના વધુ પુરાવાઓ છોડ્યા હતા.

બીજા એક તોફાનીએ 6 જાન્યુઆરીના રોજ ફેસમાસ્ક પહેરીને, લાઇવ-સ્ટ્રીમિંગ કરવાનું ટાળીને અને તેની માતાના નામે નોંધાયેલ સેલફોનનો ઉપયોગ કરીને બચવાનો પ્રયાસ કર્યો હતો પરંતુ તેનો તેને બહુ ફાયદો થયો નહોતો. FBIના અલ્ગોરિધમો 6 જાન્યુઆરી, 2021ના વિડિયો ફૂટેજને તે વ્યક્તિની 2017ની પાસપોર્ટ અરજીના ફોટા સાથે મેચ કરવામાં સફળ થયા હતા. તેના 6 જાન્યુઆરીએ પહેરેલા એક વિશિષ્ટ નાઇટ્સ ઑફ કોલંબસ જૅકેટને પણ એક અલગ પ્રસંગે પહેરેલા જૅકેટ સાથે મેચ કરવામાં આવ્યું, જે યુટ્યૂબ ક્લિપમાં કેપ્ચર થયું હતું. તેની માતાના નામે નોંધાયેલ ફોન કેપિટોલની અંદરના ભૌગોલિક સ્થાન પર નોંધાયો હતો અને 6 જાન્યુઆરીની સવારે કેપિટોલ નજીક તેની કારની લાઇસન્સ પ્લેટને પણ એક લાઇસન્સ પ્લેટ રીડરે રેકોર્ડ કરી હતી.[27]

ફેસિયલ રીકોગ્નિશ અલ્ગોરિધમો અને AI દ્વારા શોધી શકાય તેવા ડેટાબેઝોનો હવે સમગ્ર વિશ્વના પોલીસદળો દ્વારા નિયમિતપણે ઉપયોગ કરવામાં આવે છે. તે ફક્ત રાષ્ટ્રીય કટોકટીના કિસ્સાઓમાં કે રાજ્ય સુરક્ષાનાં કારણોસર જ નહીં, પરંતુ રોજિંદા પોલીસનાં કાર્યો માટે પણ વાપરવામાં આવે છે. 2009માં ચીનના સિચુઆન પ્રાંતમાં ત્રણ વર્ષનો ગુઇ હાઓ જ્યારે તેનાં માતાપિતાની દુકાનની બહાર રમી રહ્યો હતો ત્યારે એક અપરાધીઓની ગેંગે તેનું અપહરણ કર્યું હતું. પછી એ છોકરાને લગભગ 1500 કિલોમીટર દૂર ગુઆંગડોંગ પ્રાંતમાં એક પરિવારને વેચી દેવામાં આવ્યો હતો. 2014માં એ બાળ તસ્કરી ગેંગના બૉસની ધરપકડ કરવામાં આવી હતી પરંતુ ગુઇ હાઓ અને અન્ય પીડિતોને શોધવાનું અશક્ય સાબિત થયું હતું. એક પોલીસ ઇન્વેસ્ટિગેટરે કહ્યું હતું, "બાળકોનો દેખાવ એટલો બદલાઈ ગયો હોય કે તેમનાં માતાપિતા પણ તેમને ઓળખી શક્યા ન હોત."

જોકે 2019માં એક ફેસિયલ રીકોગ્નિશન અલ્ગોરિધમ દ્વારા તેર વર્ષના ગુઇ હાઓને ઓળખવામાં સફળતા મળી અને તે કિશોરનો તેના પરિવાર સાથે ફરીથી મેળાપ કરાવવામાં આવ્યો. ગુઇ હાઓને સચોટ રીતે ઓળખવા માટે AIએ નાના બાળક તરીકે લેવામાં આવેલા તેના જૂના ફોટોગ્રાફ પર આધાર રાખ્યો હતો. AIએ કિશોરાવસ્થાની અસરો તેમજ વાળના રંગ અને હેરસ્ટાઇલમાં સંભવિત ફેરફારોને ધ્યાનમાં લીધા હતા અને ગુઇ હાઓ તેર વર્ષના બાળક તરીકે કેવો દેખાતો હોઈ શકે તેનું અનુમાન કર્યું હતું અને તેનાં પરિણામોની વાસ્તવિક જીવનના ફૂટેજ સાથે સરખામણી કરી હતી.

2023માં એથી પણ વધુ નોંધપાત્ર ગુના ઉકેલાયાના અહેવાલો પ્રાપ્ત થયા. યુચુઆન લેઇનું 2001માં ત્રણ વર્ષની ઉંમરે અપહરણ કરવામાં આવ્યું હતું અને હાઓ ચેન 1998માં ગુમ થઈ ગયો ત્યારે તે પણ ત્રણ વર્ષનો હતો. બંને બાળકોનાં માતાપિતાએ તેમને શોધી કાઢવાની આશા ક્યારેય છોડી ન હતી. વીસ વર્ષથી વધુ સમય સુધી તેઓ તેમની શોધમાં આખા ચીનમાં ભટક્યા, જાહેરાતો કરી અને કોઈ પણ સંબંધિત માહિતી માટે નાણાકીય પુરસ્કારો પણ જાહેર કર્યા. 2023માં ફેસિયલ રીકોગ્નિશન અલ્ગોરિધમે બંને ગુમ થયેલા છોકરાઓને શોધવામાં મદદ કરી. તે બાળકો હવે વીસીના દાયકાના પુખ્ત પુરુષો બની ગયા છે. આવી ટેક્નોલૉજી હાલમાં ફક્ત ચીનમાં જ નહીં, પરંતુ ભારત જેવા અન્ય દેશોમાં પણ ખોવાયેલા બાળકોને શોધવામાં મદદ કરી રહી છે જ્યાં દર વર્ષે હજારો બાળકો ગુમ થતા હોય છે.[28]

ડેનમાર્કમાં ફૂટબોલ ક્લબ બ્રોન્ડબી આઇએફે જુલાઈ 2019માં ફૂટબોલ હૂલીગનોને ઓળખવા અને પ્રતિબંધિત કરવા માટે તેના હોમ સ્ટેડિયમમાં ફેસિયલ રીકોગ્નિશન ટેક્નોલૉજીનો ઉપયોગ કરવાનું શરૂ કર્યું. 30,000 જેટલા ચાહકો મેચ જોવા માટે સ્ટેડિયમમાં આવે છે ત્યારે તેમને માસ્ક, ટોપી અને ચશ્મા દૂર કરવાનું કહેવામાં આવે છે, જેથી કોમ્પ્યુટર તેમના ચહેરાને સ્કેન કરી શકે અને પ્રતિબંધિત હૂલીગનોની સૂચિ સાથે તેમની સરખામણી કરી શકે. મહત્ત્વપૂર્ણ વાત એ પણ ખરી કે EUના કડક GDPR નિયમો અનુસાર આ પ્રક્રિયાની ચકાસણી કરીને મંજૂરી આપવામાં આવી છે. ડેનિશ ડેટા પ્રોટેક્શન ઓથોરિટીએ ખુલાસો કર્યો હતો કે ટેક્નોલૉજીનો ઉપયોગ "માણસો દ્વારા થતી તપાસની સરખામણીમાં પ્રતિબંધ સૂચિના અમલીકરણને વધુ અસરકારક બનાવશે અને આ સ્ટેડિયમના પ્રવેશદ્વાર પરની કતારોને ઘટાડશે જેથી કતારોમાં ઊભા રહેલા અધીરા ફૂટબોલ ચાહકોથી ઊભી થતી અશાંતિનું જોખમ પણ ઘટી શકે છે."[29]

સૈદ્ધાંતિક રીતે ટેક્નોલૉજીનો આવો ઉપયોગ પ્રશંસનીય છે, પરંતુ તે ગોપનીયતા

અને સરકારની શક્તિ બાબતે ઘણી ચિંતાઓ ઊભી કરે છે. ખોટા હાથમાં તોફાનીઓને શોધી કાઢવા, ગુમ થયેલા બાળકોને બચાવવા અને ફૂટબોલ હૂલીગનો પર પ્રતિબંધ મૂકવા જેવી ટેક્નોલૉજીનો ઉપયોગ શાંતિપૂર્ણ પ્રદર્શનકારીઓને સતાવવા કે કઠોર કાયદાઓ લાગુ કરવા માટે પણ થઈ શકે છે. કારણ કે અંતે તો આવી AI દ્વારા સંચાલિત નજર રાખવાની તકનીકોના પરિણામે સતત નજર રાખતા શાસન એટલે કે ટોટલ સર્વેલન્સ રીજીમ્સ રચાઈ શકે છે, જે ચોવીસ કલાક નાગરિકો પર દેખરેખ રાખે અને નવા પ્રકારના સર્વવ્યાપી અને સ્વચાલિત સર્વાધિકારવાદી શાસનના દમનને સરળ બનાવે છે. એક ઉદાહરણ છે ઈરાનનો હિજાબને લગતો કાયદો.

1979માં ઈરાન ઇસ્લામિક ધર્મશાહી દેશ બન્યો એ પછી નવા શાસને મહિલાઓ માટે હિજાબ પહેરવાનું ફરજિયાત બનાવ્યું, પરંતુ ઈરાનની મોરાલિટી પોલીસને આ નિયમ લાગુ કરવામાં મુશ્કેલી પડતી હતી. તેઓ દરેક શેરીના ખૂણે એક પોલીસ અધિકારી મૂકી શકે નહીં. માટે ક્યારેક ખુલ્લામાં ફરતી મહિલાઓ સાથે જાહેરમાં ઘર્ષણો થતાં જેનાથી પ્રતિકારની ભાવના અને રોષ જાગૃત થયાં. જોકે 2022માં ઈરાને હિજાબનો કાયદો લાગુ કરવાનું મોટાભાગનું કામ ફેસિયલ રીકોગ્નિશન અલ્ગોરિધમોની દેશવ્યાપી સિસ્ટમ પર છોડી દીધું જે ભૌતિક જગ્યાઓ અને ઑનલાઇન એમ બંને જગ્યાઓ પર સતત નજર રાખે છે.[30] એક ટોચના ઈરાની અધિકારીએ જણાવ્યું હતું કે, આ સિસ્ટમ "અયોગ્ય અને અસામાન્ય હિલચાલને ઓળખશે" જેમાં "હિજાબ કાયદાઓનું પાલન કરવામાં નિષ્ફળતા"નો પણ સમાવેશ થાય છે. ઈરાનની સંસદીય કાનૂની અને ન્યાયિક સમિતિના વડા મૂસા ગઝનફરાબાદીએ અન્ય એક ઇન્ટરવ્યુમાં જણાવ્યું હતું કે "ફેસ રેકોર્ડિંગ કેમેરાનો ઉપયોગ આ કાયદાનું વ્યવસ્થિત અમલીકરણ કરાવી શકે છે અને પોલીસની હાજરી ઘટાડી શકે છે, જેના પરિણામે પોલીસ અને નાગરિકો વચ્ચે વધુ ઘર્ષણ થશે નહીં."[31]

તેના થોડા સમય પછી, 16 સપ્ટેમ્બર, 2022ના રોજ 22 વર્ષીય મહસા અમીનીનું ઈરાનની મોરાલિટી પોલીસની કસ્ટડીમાં મૃત્યુ થયું. હિજાબ યોગ્ય રીતે ન પહેરવા બદલ તેની ધરપકડ કરવામાં આવી હતી.[32] એ પછી "સ્ત્રી, જીવન, સ્વતંત્રતા"ની ચળવળ તરીકે ઓળખાતો વિરોધ ફાટી નીકળ્યો. લાખો મહિલાઓ અને છોકરીઓએ તેમના હિજાબ ઉતારી નાખ્યા અને અમુકે તો જાહેરમાં તેમના હિજાબ સળગાવ્યા અને તેની ફરતે નાચ્યા પણ ખરા. આ વિરોધ પ્રદર્શનોને દબાવવા માટે ઈરાની સરકારે ફરી એકવાર તેમની AI સર્વેલન્સ સિસ્ટમનો ઉપયોગ કર્યો, જે ફેસિયલ રીકોગ્નિશન સોફ્ટવેર, ભૌગોલિક સ્થાન,

વેબ ટ્રાફિકનું વિશ્લેષણ અને પહેલાથી સર્જાયેલા ડેટાબેઝ પર આધાર રાખે છે. તેના પરિણામે સમગ્ર ઈરાનમાં 19,000થી વધુ લોકોની ધરપકડ કરવામાં આવી હતી અને 500થી વધુ લોકો માર્યા ગયા હતા.[33]

8 એપ્રિલ, 2023ના રોજ ઈરાનના પોલીસવડાએ જાહેરાત કરી કે 15 એપ્રિલ 2023ના દિવસથી એક નવી અને તીવ્ર ઝુંબેશ દ્વારા ફેશિયલ રીકોગ્નિશ ટેક્નોલૉજીનો ઉપયોગ વધારાશે. અલ્ગોરિધમો તે દિવસથી વિશેષતઃ એવી મહિલાઓને ઓળખશે જે વાહનમાં મુસાફરી કરતી વખતે હિજાબ ન પહેરતી હોય અને તેમને આપમેળે SMS દ્વારા ચેતવણી મોકલી આપવામાં આવશે. જો કોઈ મહિલા વારંવાર આ ગુનો કરતી પકડાય, તો તેને પહેલેથી નક્કી કરેલા સમયગાળા માટે તેની કાર નહીં ચલાવવાનો આદેશ આપવામાં આવશે અને જો તે સ્ત્રી એનું પાલન ન કરે તો તેની કાર જપ્ત કરવામાં આવશે.[34]

બે મહિના પછી, 14 જૂન, 2023ના રોજ, ઈરાનના પોલીસના પ્રવક્તાએ બડાઈ હાંકી કે ઓટોમેટેડ સર્વેલન્સ સિસ્ટમ દ્વારા એવી મહિલાઓને લગભગ દસ લાખ SMS ચેતવણીઓ મોકલવામાં આવી હતી, જે તેમની ખાનગી કારમાં હિજાબ વિના કૅમેરામાં ઝડપાઈ હતી. સિસ્ટમ દેખીતી રીતે આપમેળે જ એ નક્કી કરવા સક્ષમ હતી કે તે પુરુષને નહીં, પરંતુ હિજાબ વિનાની સ્ત્રીને જોઈ રહી છે, પછી તે મહિલાને તે ઓળખી કાઢતી અને તેનો મોબાઇલ નંબર પણ મેળવી શકતી. વધુમાં, આ સિસ્ટમે “બે અઠવાડિયા માટે વાહન ન ચલાવવા માટે 1,33,174 SMS સંદેશાઓ મોકલ્યા, 2,000 કાર જપ્ત કરી અને 4,000થી વધુ ‘રીપીટ ઑફેન્ડર્સ’ની માહિતી ન્યાયતંત્રને પણ મોકલી આપી.”[35]

મરિયમ નામની 52 વર્ષીય મહિલાએ એમ્નેસ્ટી ઇન્ટરનેશનલ સમક્ષ આ સર્વેલન્સ સિસ્ટમનો પોતાનો અનુભવ રજૂ કર્યો હતો. “જ્યારે મને પહેલી વાર વાહન ચલાવતી વખતે હિજાબ ન પહેરવા બદલ ચેતવણી મળી, ત્યારે હું એક ચાર રસ્તા પરથી પસાર થઈ રહી હતી અને એક કૅમેરાએ મારો ફોટો પાડ્યો હતો અને મને તરત જ ચેતવણીનો ટૅક્સ્ટ મૅસેજ મળ્યો હતો. બીજી વાર, મેં થોડી ખરીદી કરી હતી અને હું એની થેલીઓ કારમાં લાવી રહી હતી ત્યારે મારો હિજાબ નીકળી ગયો હતો અને મને તરત જ ટૅક્સ્ટ મૅસેજ મળ્યો હતો કે હિજાબના ફરજિયાત કાયદાનું ઉલ્લંઘન કરવાને કારણે પંદર દિવસ માટે મારી કારને ‘સિસ્ટેમેટિક ઇમ્પાઉન્ડમેન્ટ’ (ચલાવવાની મંજૂરી રદ) કરવામાં આવી છે. મને ખબર નહોતી કે આનો અર્થ શું થાય. મેં પૂછપરછ કરી અને સંબંધીઓ દ્વારા મને જાણવા મળ્યું કે એનો અર્થ એ હતો કે મારે મારી કાર પંદર દિવસ માટે ચલાવવાની નહોતી.”[36] મરિયમની જુબાની એમ

સૂચવે છે કે AI થોડીક જ સેકન્ડોમાં તેના ચેતવણીના સંદેશા મોકલે છે અને તેમાં કોઈ પણ માનવીને એ પ્રક્રિયાની સમીક્ષા કરવાનો અને તેને ઓથોરાઇઝ (અધિકૃત) કરવાનો અવકાશ હોતો નથી.

દંડ વાહનો ન ચલાવવા કે જપ્ત કરવાથી પણ ઘણો વધારે આગળ ગયો હતો. 26 જુલાઈ, 2023ના એમ્નેસ્ટી રિપોર્ટમાં જણાવાયું છે કે માસ સર્વેલન્સના આ પ્રયાસોના પરિણામે “અસંખ્ય મહિલાઓને યુનિવર્સિટીઓમાંથી સસ્પેન્ડ કરવામાં આવી કે કાઢી મૂકવામાં આવી છે, અંતિમ પરીક્ષામાં બેસવાથી રોકી દેવામાં આવી છે તેમજ તેમને બેંકિંગ સેવાઓ અને જાહેર પરિવહન વાપરતા પણ રોકવામાં આવી છે.”[37] જે ધંધાદારીઓએ તેમના કર્મચારીઓ અને ગ્રાહકોમાં હિજાબ કાયદો લાગુ કર્યો ન હતો તેમને પણ નુકસાન થયું. એક કિસ્સો એવો હતો કે તેહરાનની પૂર્વમાં લૅન્ડ ઑફ હેપ્પીનેસ એમ્યુઝમેન્ટ પાર્કમાં એક મહિલા કર્મચારીનો હિજાબ વિના ફોટો પડ્યો અને તે ફોટો સોશિયલ મીડિયા પર ફરતો થયો હતો. તેની સજા સ્વરૂપે ઈરાની અધિકારીઓ દ્વારા લૅન્ડ ઑફ હેપ્પીનેસ બંધ કરવામાં આવ્યું હતું. એમ્નેસ્ટીના અહેવાલ મુજબ “હિજાબના ફરજિયાત કાયદાને લાગુ ન કરવા બદલ સેંકડો પ્રવાસન જગ્યાઓ, હોટલો, રેસ્ટોરન્ટો, ફાર્મસીઓ અને શોપિંગ સેન્ટરો સત્તાધીશો દ્વારા બંધ કરી દેવાયાં હતાં.”[39]

સપ્ટેમ્બર 2023માં મહસા અમીનીના મૃત્યુની તિથિના દિવસે ઈરાનની સંસદે એક નવું અને વધુ કડક હિજાબ બિલ પસાર કર્યું. નવા કાયદા અનુસાર હિજાબ ન પહેરતી મહિલાઓને ભારે દંડ અને દસ વર્ષ સુધીની જેલની સજા થઈ શકે છે. તેમના કાર અને (મોબાઇલ ફોન જેવા) સંદેશાવ્યવહારના ઉપકરણો જપ્ત કરવા, ડ્રાઇવિંગ પર પ્રતિબંધ, પગાર અને રોજગારીના લાભોમાં કાપ, કામ પરથી બરતરફી અને બેંકિંગ સેવાઓનો ઉપયોગ કરવાથી પ્રતિબંધ સહિત વધારાના દંડનો સામનો પણ કરવો પડી શકે છે. જે ધંધાદારીઓ તેમના કર્મચારીઓ અને ગ્રાહકોમાં હિજાબનો કાયદો લાગુ કરતા નથી તેમને તેમના ત્રણ મહિનાના નફા સુધીનો દંડ ફટકારવામાં આવી શકે છે અને તેમને દેશ છોડવા કે બે વર્ષ સુધી જાહેર અથવા ઑનલાઇન પ્રવૃત્તિઓમાં ભાગ લેવાથી પ્રતિબંધિત કરવામાં આવી શકે છે. નવા બિલમાં ફક્ત મહિલાઓ જ નહીં, પરંતુ એવા પુરુષો માટે પણ જોગવાઈઓ સામેલ છે, જેઓ “છાતીથી નીચે અથવા પગની ઘૂંટીઓથી ઉપર શરીરના ભાગો દેખાય તેવાં વસ્ત્રો” પહેરતા હોય. છેલ્લે, આ કાયદામાં એવો આદેશ પણ છે કે ઈરાની પોલીસે “સ્થિર અને મોબાઇલ કૅમેરા જેવા સાધનોનો ઉપયોગ કરીને ગેરકાયદેસર વર્તન

કરનારા ગુનેગારોને ઓળખવા માટે AI સિસ્ટમો બનાવવી અને તેને વધારે મજબૂત કરવી."[40] આવનારાં વર્ષોમાં ઘણા લોકો એવા ટોટલ સર્વેલન્સવાળા શાસન હેઠળ જીવી રહ્યા હશે જેનાથી ચાઉસેસ્કુનું રોમાનિયા તો ઉદારવાદી યુટોપિયા જેવું લાગવા માંડશે.

સર્વેલન્સના પ્રકારો

જ્યારે આપણે સર્વેલન્સ એટલે કે નજર રાખવા વિશે વાત કરીએ છીએ, ત્યારે આપણે સામાન્ય રીતે રાજ્ય સંચાલિત પ્રવૃત્તિઓ વિશે જ વિચારીએ છીએ, પરંતુ એકવીસમી સદીમાં સર્વેલન્સને સમજવા માટે આપણે યાદ રાખવું જોઈએ કે સર્વેલન્સનાં ઘણાં અન્ય સ્વરૂપો પણ છે. ઉદાહરણ તરીકે, ઈર્ષાળુ જીવનસાથીઓ હંમેશાં એ જાણવા માંગતા હોય છે કે તેમના જીવનસાથી દરેક ક્ષણે ક્યાં હતા અને તેમની દિનચર્યાઓમાં કોઈ પણ નાના ફેરફાર માટે પણ ખુલાસા માંગતા હોય છે. આજે સ્માર્ટફોન અને કેટલાક સસ્તા સોફ્ટવેરથી તેઓ સરળતાથી વૈવાહિક સરમુખત્યારશાહી લાદી શકે છે. તેઓ દરેક વાતચીત અને દરેક હિલચાલ પર નજર રાખી શકે છે, ફોન લોગ રેકોર્ડ કરી શકે છે, સોશિયલ મીડિયા પોસ્ટ્સ અને વેબ પેજ સર્ચને ટ્રેક કરી શકે છે અને જીવનસાથીના ફોનના કૅમેરા અને માઇક્રોફોનને ચાલુ કરીને તેને જાસૂસી ઉપકરણ તરીકે પણ વાપરી શકે છે. યુએસ સ્થિત નેશનલ નેટવર્ક ટુ એન્ડ ડોમેસ્ટિક વાયોલન્સે એમ તારવ્યું છે કે અડધાથી વધુ ઘરેલું દુર્વ્યવહાર (ડોમેસ્ટિક વાયોલેન્સ) કરનારાઓ આવી સ્ટોકરવેર ટેક્નોલૉજીનો ઉપયોગ કરતા હતા. ન્યૂ યોર્કમાં પણ એવા લોકો હોઈ શકે છે, જેમની પર તેમનો જીવનસાથી દેખરેખ રાખતો હોય અને પ્રતિબંધિત લાદતો હોય, જાણે કે તેઓ કોઈ એકાધિકારવાદી રાજ્યમાં રહેતા હોય.[41]

ઑફિસ કર્મચારીઓથી લઈને ટ્રક ડ્રાઇવરો સુધીના કર્મચારીઓ પર તેમના માલિકો દ્વારા નજર રખાતી હોય તેની ટકાવારી પણ વધતી જાય છે. બૉસ એ જાણી શકે છે કે ગમે તે કર્મચારીઓ કોઈ પણ સમયે ક્યાં હતો, તે શૌચાલયમાં કેટલો સમય વિતાવે છે, શું તે કામની જગ્યાએ વ્યક્તિગત ઇમેઈલ વાંચે છે અને તે દરેક કામ કેટલી ઝડપથી પૂરું કરે છે.[42] કૉર્પોરેશનો પણ તેમના ગ્રાહકો પર આવી જ રીતે નજર રાખે છે, તેમની પસંદ અને નાપસંદ જાણવા માંગે છે, જેથી તેઓ તેમના ભાવિ વર્તનની આગાહી કરી શકે અને જોખમો અને તકોનું મૂલ્યાંકન કરી શકે. ઉદાહરણ તરીકે, વાહનો તેમના ડ્રાઇવરોના વર્તનનું નિરીક્ષણ કરે છે અને વીમા કંપનીઓના અલ્ગોરિધમને એ ડેટા આપે છે. એ

કંપનીઓ તેના આધારે “ખરાબ ડ્રાઇવરો”ના પ્રીમિયમમાં વધારો કરે છે અને “સારા ડ્રાઇવરો”નું પ્રીમિયમ ઘટાડે છે.[43] અમેરિકન વિદ્વાન શોશાના ઝુબોફે આ સતત વિસ્તરતી જતી વ્યાપારી દેખરેખ પ્રણાલીને “સર્વેલન્સ કેપિટાલિઝમ” ગણાવી છે.[44]

આવી ઉપરથી નીચેના સદસ્યો પર રખાતી (ટોપ-ડાઉન) સર્વેલન્સની આ બધી પ્રણાલીઓ ઉપરાંત, પીઅર-ટુ-પીઅર સિસ્ટમો છે, જેમાં વ્યક્તિઓ સતત એકબીજા પર નજર રાખતી હોય છે. ઉદાહરણ તરીકે, ટ્રિપએડ્વાઇઝર કૉર્પોરેશન એક વિશ્વવ્યાપી દેખરેખ પ્રણાલી ચલાવે છે, જે હોટલ, વૅકેશનનું ભાડું, રેસ્ટોરાં અને પ્રવાસીઓ પર નજર રાખે છે. 2019માં, 46.3 કરોડ પ્રવાસીઓ દ્વારા તેનો ઉપયોગ કરવામાં આવ્યો હતો જેમણે 85.9 કરોડ રીવ્યૂ અને 8.6 અબજ ઉતારા, રેસ્ટોરાં અને પ્રવાસી આકર્ષણો વિશે તેની પર વાંચ્યું હતું. કોઈ રેસ્ટોરન્ટ મુલાકાત લેવા યોગ્ય છે કે નહીં તે નક્કી કરવા માટે કોઈ અત્યાધુનિક AI અલ્ગોરિધમ નથી પરંતુ વપરાશકર્તાઓ પોતે જ એ નક્કી કરતા હોય છે, જે લોકો રેસ્ટોરન્ટમાં જમે છે તેઓ તેને 1 થી 5ના સ્કેલ પર સ્કોર આપી શકે છે અને ફોટા અને લેખિત સમીક્ષાઓ પણ ઉમેરી શકે છે. ટ્રિપએડ્વાઇઝરનું અલ્ગોરિધમ ફક્ત ડેટા ભેગો કરે છે, રેસ્ટોરન્ટના સરેરાશ સ્કોરની ગણતરી કરે છે, રેસ્ટોરન્ટને તે પ્રકારની અન્ય રેસ્ટોરાંની સરખામણીમાં રેન્ક આપે છે અને આ બધા પરિણામો દરેકને જોવા માટે ઉપલબ્ધ કરાવે છે.

સાથે સાથે, આ અલ્ગોરિધમ પ્રવાસીઓને પણ રેન્ક આપે છે. સમીક્ષાઓ અથવા મુસાફરીના લેખો પોસ્ટ કરવા માટે વપરાશકર્તાઓને 100 પોઇન્ટ મળે છે, ફોટા કે વિડિયોઝ અપલોડ કરવા માટે 30 પોઇન્ટ, ફોરમમાં પોસ્ટ કરવા માટે 20 પોઇન્ટ, રેટિંગ આપવા માટે 5 પોઇન્ટ અને અન્યની સમીક્ષાઓ માટે મત આપવા માટે 1 પોઇન્ટ. એ પછી વપરાશકર્તાઓને રેન્ક 1 (300 પોઇન્ટ)થી રેન્ક 6 (10,000 પોઇન્ટ) સુધીના રેન્ક આપવામાં આવે છે અને તે મુજબ તેમને લાભો પ્રાપ્ત થાય છે. જે વપરાશકર્તાઓ જાતિવાદી કોમેન્ટો લખવી કે ગેરવાજબી ખરાબ સમીક્ષા લખીને કોઈ રેસ્ટોરન્ટને બ્લેકમેલ કરવાનો પ્રયાસ કરવી જેવા કાર્યો દ્વારા સિસ્ટમના નિયમોનું ઉલ્લંઘન કરે છે, તેમને દંડ કરવામાં આવી શકે છે કે પછી એ સિસ્ટમમાંથી સંપૂર્ણપણે કાઢી મૂકવામાં પણ આવી શકે છે. આ પીઅર-ટુ-પીઅર એટલે કે એક વ્યક્તિ દ્વારા બીજી વ્યક્તિ પર થતું સર્વેલન્સ છે. દરેક વ્યક્તિ સતત બીજા બધાને રેન્ક આપે છે. ટ્રિપએડ્વાઇઝરને કૅમેરા અને સ્પાયવેરમાં રોકાણ કરવાની કે

અતિ-અત્યાધુનિક બાયોમેટ્રિક અલ્ગોરિધમો વિકસાવવાની જરૂર નથી. લગભગ બધો ડેટા વપરાશકર્તાઓ દ્વારા જ આપવામાં આવે છે અને લગભગ બધા કાર્ય લાખો માનવ વપરાશકર્તાઓ દ્વારા જ કરવામાં આવે છે. ટ્રિપએડ્વાઇઝર અલ્ગોરિધમનું કામ ફક્ત માનવો દ્વારા અપાયેલા રેન્ક ભેગા કરવાનું અને તેને પ્રકાશિત કરવાનું જ છે.[45]

ટ્રિપએડ્વાઇઝર અને એના જેવી પીઅર-ટુ-પીઅર સર્વેલન્સ સિસ્ટમો દરરોજ લાખો લોકોને મૂલ્યવાન માહિતી પૂરી પાડે છે, જેનાથી વેકેશનનું આયોજન કરવાનું અને સારી હોટલ અને રેસ્ટોરન્ટ શોધવાનું સરળ બને છે, પરંતુ એમ કરવાથી તેમણે ખાનગી અને જાહેર જગ્યાઓ વચ્ચેની સીમા પણ બદલી નાખી છે. પરંપરાગત રીતે કોઈ ગ્રાહક અને વેઇટર વચ્ચેનો સંબંધ પ્રમાણમાં ઘણી ખાનગી બાબત હતી. કોઈ રેસ્ટોરામાં પ્રવેશવાનો અર્થ લગભગ ખાનગી જેવી જગ્યામાં પ્રવેશ કરવો અને વેઇટર સાથે લગભગ ખાનગી હોય તેવો સંબંધ સ્થાપિત કરવો. જો કોઈ ગુનો થયો ન હોય, તો મહેમાન અને વેઇટર વચ્ચે શું થયું તે તેમની અંગત બાબત હતી. જો વેઇટર અસભ્ય હોય કે તે કોઈ જાતિવાદી ટિપ્પણી કરે, તો તમે ઝઘડો કરી શકો છો અને કદાચ તમારા મિત્રોને ત્યાં ન જવા માટે કહી શકો છો, પરંતુ બહુ ઓછા લોકોને તેના વિશે ખબર પડશે.

પરંતુ પીઅર-ટુ-પીઅર સર્વેલન્સ નેટવર્કોએ ગોપનીયતાની આ ભાવનાને નાબૂદ કરી દીધી છે. જો કોઈ સ્ટાફનો સભ્ય ગ્રાહકને ખુશ નથી કરી શકતો, તો રેસ્ટોરન્ટને ખરાબ રીવ્યૂ મળશે, જે આવનારાં વર્ષોમાં હજારો સંભવિત ગ્રાહકોના નિર્ણય પર અસર કરી શકે છે. સારું થયું કે ખરાબ એ આપણે નથી જાણતા, પરંતુ સત્તાનું સંતુલન ગ્રાહકોની તરફેણમાં ઝૂક્યું છે, જ્યારે સ્ટાફને એમ લાગી રહ્યું છે કે તેમની પર પહેલાં કરતાં ઘણા વધારે લોકોની નજર છે. લેખક અને પત્રકાર લિન્ડા કિન્સ્ટલર કહે છે, "ટ્રિપએડ્વાઇઝર પહેલાં ગ્રાહક ફક્ત નામના જ રાજા હતા. પછી તે સાચા અર્થમાં સરમુખત્યાર બની ગયા છે, જે ધંધો દોડાવી પણ શકે છે અને બંધ પણ કરાવી શકે છે."[46] આજે લાખો ટેક્સી ડ્રાઇવરો, વાળંદો, બ્યુટિશિયનો અને અન્ય સર્વિસ પ્રોવાઇડરોને પણ ગોપનીયતાનું આવું જ નુકસાન અનુભવાય છે. ભૂતકાળમાં ટેક્સીમાં કે વાળંદની દુકાનમાં જવાનો અર્થ કોઈની ખાનગી જગ્યામાં જવું તેવો હતો. હવે જ્યારે ગ્રાહકો ટેક્સી કે વાળંદની દુકાનમાં આવે છે, ત્યારે તેઓ કેમેરો, માઇક્રોફોન, એક સર્વેલન્સ નેટવર્ક અને હજારો સંભવિત દર્શકો પોતાની સાથે લઈને આવે છે.[47] આ એક બિનસરકારી પીઅર-ટુ-પીઅર સર્વેલન્સ નેટવર્ક છે.

સોશિયલ ક્રેડિટ સિસ્ટમ

પીઅર-ટુ-પીઅર સર્વેલન્સ સિસ્ટમો સામાન્ય રીતે સરેરાશ સ્કોર નક્કી કરવા માટે ઘણા બધા પોઇન્ટ્સ ભેગા કરીને કાર્ય કરે છે. સર્વેલન્સ નેટવર્કનો બીજો પ્રકાર આ "સ્કોર લૉજિક"ને તેના અંતિમ તારણ સુધી લઈ જાય છે. આ સોશિયલ ક્રેડિટ સિસ્ટમ છે, જે લોકોને દરેક વસ્તુ માટે પોઇન્ટ્સ આપવા અને સરેરાશ વ્યક્તિગત સ્કોર ઊભો કરવાનો પ્રયાસ કરે છે, જે દરેક વસ્તુને પ્રભાવિત કરી શકે છે. છેલ્લે પાંચ હજાર વર્ષ પહેલાં માનવજાત આવી મહત્ત્વાકાંક્ષી પોઇન્ટ સિસ્ટમ લઈને આવી હતી ત્યારે મેસોપોટેમિયામાં પૈસાની શોધ થઈ હતી. સોશિયલ ક્રેડિટ સિસ્ટમ વિશે વિચારવાનો એક રસ્તો તેને એક નવા પ્રકારના પૈસા તરીકે જોવાનો છે.

પૈસા એ પોઇન્ટ છે, જે લોકો ચોક્કસ ઉત્પાદનો અને સેવાઓ વેચીને ભેગા કરે છે અને પછી અન્ય ઉત્પાદનો અને સેવાઓ ખરીદવા માટે તેનો ઉપયોગ કરે છે. કેટલાક દેશો તેમના "પોઇન્ટ્સ"ને ડૉલર કહે છે જ્યારે અન્ય દેશો તેમને યુરો, યેન અથવા રેનમિન્બી કહે છે. પોઇન્ટ્સ સિક્કા, નોટ અથવા ડિજિટલ બેંક ખાતામાં બિટ્સનું સ્વરૂપ લઈ શકે છે. અલબત્ત આ પોઇન્ટ્સ પોતે આંતરિક રીતે નકામા છે. તમે સિક્કા ખાઈ શકતા નથી અથવા રૂપિયાની નોટ પહેરી શકતા નથી. તેમનું મૂલ્ય એ હકીકતમાં રહેલું છે કે તેઓ હિસાબકિતાબના ટોકન છે, જેનો ઉપયોગ સમાજ આપણા વ્યક્તિગત સ્કોરની નોંધ રાખવા માટે કરે છે.

પૈસાએ આર્થિક સંબંધો, સામાજિક વ્યવહારો અને માનવ મનોવિજ્ઞાનમાં ક્રાંતિ આણી, પરંતુ સર્વેલન્સની જેમ પૈસાની પણ મર્યાદાઓ છે અને તે દરેક જગ્યાએ પહોંચી શક્યા નથી. મોટાભાગના મૂડીવાદી સમાજોમાં પણ હંમેશાં એવી જગ્યાઓ રહી છે જ્યાં પૈસા પ્રવેશી શક્યા નથી અને એવી ઘણી વસ્તુઓ પણ રહી છે, જેનું કોઈ નાણાકીય મૂલ્ય નથી. સ્મિતનું મૂલ્ય કેટલું છે? વ્યક્તિ પોતાનાં દાદા-દાદીની મુલાકાત માટે કેટલા પૈસા કમાય છે?[48]

પૈસાથી ખરીદી ન શકાય તેવી વસ્તુઓને સ્કોર આપવા માટે એક વૈકલ્પિક બિનનાણાકીય સિસ્ટમ હતી જેને વિવિધ નામો આપવામાં આવ્યાં છે: સન્માન, દરજ્જો, પ્રતિષ્ઠા. સોશિયલ ક્રેડિટ સિસ્ટમો ચોક્કસ પ્રતિષ્ઠાનું પ્રમાણિત બજાર મૂલ્યાંકન છે. સોશિયલ ક્રેડિટ એ એક એવી નવી પોઇન્ટ સિસ્ટમ છે, જે સ્મિત અને કુટુંબની મુલાકાતોને પણ ચોક્કસ મૂલ્યો આપે છે. આ કેટલો ક્રાંતિકારી અને દૂરગામી વિચાર છે તે સમજવા માટે, ચાલો સંક્ષિપ્તમાં તપાસીએ કે પ્રતિષ્ઠાનું બજાર અત્યાર સુધી મની માર્કેટથી કેવી રીતે અલગ પડે છે. તેનાથી

આપણને એ સમજવામાં મદદ મળશે કે જો મની માર્કેટના સિદ્ધાંતો અચાનક જ પ્રતિષ્ઠાના બજારમાં લાગુ કરવામાં આવે તો સામાજિક સંબંધોનું શું થઈ શકે છે.

પૈસા અને પ્રતિષ્ઠા વચ્ચેનો એક મુખ્ય તફાવત એ છે કે પૈસા ચોક્કસ ગણતરીઓ પર આધારિત ગાણિતિક રચના હોવાનું માનવામાં આવે છે, જ્યારે પ્રતિષ્ઠાનું ક્ષેત્ર ચોક્કસ આંકડાકીય મૂલ્યાંકનથી દૂર જ રહ્યું છે. ઉદાહરણ તરીકે, મધ્યયુગીન ઉમરાવોએ પોતાને ડ્યુક, કાઉન્ટ અને વિસ્કાઉન્ટ જેવા વંશવેલા આધારિત રેન્કમાં વર્ગીકૃત કર્યા હતા, પરંતુ કોઈ પ્રતિષ્ઠાના પોઇન્ટ ગણતું ન હતું. મધ્યયુગીન બજારમાં ગ્રાહકો સામાન્ય રીતે જાણતા હતા કે તેમના બટવામાં કેટલા સિક્કા છે અને દુકાનમાં રહેલા દરેક ઉત્પાદનની કિંમત શું છે. નાણાં બજારમાં કોઈ સિક્કો નકામો નથી. તેનાથી વિપરીત, મધ્યયુગીન પ્રતિષ્ઠા બજારમાં નાઈટ્સને ખબર નહોતી કે વિવિધ ક્રિયાઓથી કેટલું સન્માન મળી શકે છે અને તેઓ તેમના સરેરાશ સ્કોર વિશે પણ કંઈ જાણતા નહોતા. શું યુદ્ધમાં બહાદુરીથી લડવા માટે નાઈટને સન્માનના 10 પોઇન્ટ મળશે કે પછી 100? અને જો કોઈએ તેમની બહાદુરી જોઈ અને નોંધી ન હોય તો શું થાય? જો આપણે માની પણ લઈએ કે તેની નોંધ અલગ અલગ લોકોએ લીધી હતી, તો પણ જુદા જુદા લોકો તેને અલગ અલગ મૂલ્યો આપી શકે છે. ચોકસાઈનો આ અભાવ સિસ્ટમની ભૂલ ન હતી પરંતુ એક મહત્ત્વપૂર્ણ લક્ષણ હતું. "ગણતરી કરવી" એ ચાલાકી અને કાવતરાનો સમાનાર્થી શબ્દસમૂહ મનાતો હતો. સન્માનનીય રીતે વર્તવું એ બાહ્ય પુરસ્કારોની લાલચને બદલે આંતરિક સદ્ગુણોને પ્રતિબિંબિત કરતું હોવાનું માનવામાં આવતું હતું.[49]

જાગૃત મની માર્કેટ અને માપદંડો વિનાના પ્રતિષ્ઠા બજાર વચ્ચેનો આ તફાવત હજુ પણ પ્રવર્તે છે. જો તમે તમારા ભોજન માટે પૂરી ચુકવણી ન કરો તો રેસ્ટોરાંના માલિક હંમેશાં એ વાત નોંધે છે અને ફરિયાદ કરે છે, કારણ કે મેનુમાંની દરેક વસ્તુની ચોક્કસ કિંમત હોય છે, પરંતુ સમાજ એ માલિક દ્વારા કરવામાં આવેલા કોઈ સારા કાર્યોની નોંધ લેતું નથી તેની તેને કેવી રીતે ખબર પડશે? જો તેને કોઈ વૃદ્ધ ગ્રાહકને મદદ કરવા બદલ કે અસભ્ય ગ્રાહક સાથે વધારે ધીરજ રાખવા બદલ યોગ્ય રીતે પુરસ્કાર ન મળે તો તેઓ કોને ફરિયાદ કરી શકે? કેટલાક કિસ્સાઓમાં લોકો હવે ટ્રિપએડ્વાઇઝરને ફરિયાદ કરવાનો પ્રયાસ કરી શકે છે. મની માર્કેટ અને પ્રતિષ્ઠા બજાર વચ્ચેની પાતળી ભેદરેખાને તોડીને ટ્રિપએડ્વાઇઝર રેસ્ટોરાં અને હોટલની ઝાંખી પ્રતિષ્ઠાને ચોક્કસ પોઇન્ટવાળી ગાણિતિક સિસ્ટમમાં ફેરવે છે. સોશિયલ ક્રેડિટ સિસ્ટમનો વિચાર રેસ્ટોરાં અને હોટલથી લઈને દરેક વસ્તુ સુધી આ સર્વેલન્સ પદ્ધતિને

વિકસાવવાનો છે. સૌથી આત્યંતિક પ્રકારની સોશિયલ ક્રેડિટ સિસ્ટમોમાં દરેક વ્યક્તિને સરેરાશ પ્રતિષ્ઠા સ્કોર મળે છે, જે તેઓ જે કંઈ કરે છે તેને ધ્યાનમાં લે છે અને તેના આધારે તેઓ શું કરી શકે છે તે બધું નક્કી કરે છે.

ઉદાહરણ તરીકે, તમે રસ્તા પરથી કચરો ઉપાડવા બદલ 10 પોઇન્ટ મેળવી શકો છો, વૃદ્ધ મહિલાને રસ્તો ઓળંગવામાં મદદ કરવા બદલ બીજા 20 પોઇન્ટ મેળવી શકો છો તેમજ ઢોલ વગાડીને પડોશીઓને ખલેલ પહોંચાડવા બદલ 15 પોઇન્ટ ગુમાવી શકો છો. જો તમને પૂરતો ઊંચો સ્કોર મળે છે, તો તે તમને ટ્રેનની ટિકિટ ખરીદતી વખતે કે યુનિવર્સિટીમાં અરજી કરતી વખતે પ્રાથમિકતા મળી શકે છે. જો તમારો સ્કોર ઓછો છે, તો સંભવિત માલિકો તમને નોકરી આપવાનો ઇનકાર કરી શકે છે અને સંભવિત પાત્રો તમારી મિલન માટેની ડેટ નકારી શકે છે. વીમા કંપનીઓ વધુ પ્રીમિયમની માંગ કરી શકે છે અને ન્યાયાધીશો વધુ કડક સજા પણ ફટકારી શકે છે.

કેટલાક લોકો સોશિયલ ક્રેડિટ સિસ્ટમોને સમાજલક્ષી વર્તનને પુરસ્કાર આપવા, અહંકારી કૃત્યોને સજા કરવા તેમજ દયાળુ અને વધુ સુમેળભર્યો સમાજ બનાવવાના માર્ગ તરીકે જોઈ શકે છે. ઉદાહરણ તરીકે, ચીની સરકાર એમ કહેતી હોય છે કે તેમની સોશિયલ ક્રેડિટ સિસ્ટમો ભ્રષ્ટાચાર, કૌભાંડો, કરચોરી, ખોટી જાહેરાતો અને નકલી ચલણ સામે લડવામાં મદદ કરી શકે છે અને એવી રીતે વ્યક્તિઓ વચ્ચે, ગ્રાહકો અને કૉર્પોરેશનો વચ્ચે તેમજ નાગરિકો અને સરકારી સંસ્થાઓ વચ્ચે વધુ વિશ્વાસ સર્જી શકે છે.[50] અન્ય લોકોને જે સિસ્ટમો દરેક સામાજિક ક્રિયાને ચોક્કસ મૂલ્યો ફાળવે છે તે અપમાનજનક અને અમાનવીય લાગી શકે છે. તેનાથી પણ ખરાબ વસ્તુ એ છે કે એક વ્યાપક સોશિયલ ક્રેડિટ સિસ્ટમ ગોપનીયતાનો સંપૂર્ણ નાશ કરશે અને જીવનને ક્યારેય પૂરા ન થતા નોકરીના ઇન્ટરવ્યૂમાં જ ફેરવી દેશે. તમે ગમે ત્યારે, ગમે ત્યાં કંઈ પણ કરો છો, તે નોકરી, બેંકની લોન, પતિ અથવા જેલની સજા મેળવવાની તમારી તકોને અસર કરી શકે છે. તમે કૉલેજ પાર્ટીમાં દારૂ પીધો હતો અને કંઈક કાનૂની પણ શરમજનક કર્યું હતું? તમે કોઈ રાજકીય પ્રદર્શનમાં ભાગ લીધો હતો? એવી વ્યક્તિ તમારી મિત્ર છે, જેનો ક્રેડિટ સ્કોર ઓછો છે? આ વસ્તુઓ તમારા નોકરીના ઇન્ટરવ્યૂનો કે ગુનાની સજાનો ભાગ હશે, જે ટૂંકા ગાળામાં પણ નડશે અને દાયકાઓ પછી પણ. આમ સોશિયલ ક્રેડિટ સિસ્ટમ એક સર્વાધિકારી નિયંત્રણ પ્રણાલી બની શકે છે.

અલબત્ત, પ્રતિષ્ઠા બજાર હંમેશાં લોકોને નિયંત્રિત કરે છે અને તેમની પાસે પ્રવર્તમાન સામાજિક ધોરણોનું પાલન કરાવે છે. મોટાભાગના સમાજોમાં લોકો

હંમેશાં પૈસા ગુમાવવા કરતાં ઇજ્જત ગુમાવવાનો ડર વધુ રાખતા આવ્યા છે. આર્થિક તકલીફ કરતાં શરમ અને અપરાધભાવને કારણે ઘણા વધુ લોકો આત્મહત્યા કરતા હોય છે. જ્યારે લોકો નોકરીમાંથી કાઢી મુકાય છે કે તેઓ ધંધામાં નાદારી નોંધાવે છે અને પછી આત્મહત્યા કરે છે, ત્યારે પણ તેમાં સામાન્ય રીતે આર્થિક મુશ્કેલીઓ કરતાં સામાજિક અપમાન વધુ કારણભૂત હોય છે.[51]

પરંતુ પ્રતિષ્ઠા બજારની અનિશ્ચિતતા અને વ્યક્તિલક્ષિતાએ પહેલાં તેના સર્વાધિકારી નિયંત્રણની સંભાવનાને મર્યાદિત કરી દીધી હતી. કોઈને દરેક સામાજિક વ્યવહોરોનું ચોક્કસ મૂલ્ય ખબર ન હતી અને કોઈ પણ બધા વ્યવહારો પર નજર રાખી શકતું ન હતું તેથી યુક્તિઓ લડાવી તેમાંથી છૂટવાનો નોંધપાત્ર અવકાશ હતો. જ્યારે તમે કૉલેજ પાર્ટીમાં ગયા હતા, ત્યારે તમે એવી રીતે વર્ત્યા હોત કે જેનાથી તમને મિત્રોનો આદર મળે અને ભવિષ્યના મોલિકો શું વિચારશે તેની ચિંતા તમારે કરવી પડતી નહીં. જ્યારે તમે નોકરી માટે ઇન્ટર્વ્યૂ આપવા જાવ, ત્યારે તમે જાણતા હોવ કે તમારો કોઈ મિત્ર ત્યાં નહીં હોય અને જ્યારે તમે ઘરે પોર્નોગ્રાફી જોઈ રહ્યા હોવ, ત્યારે તમે ધારી લીધું હતું કે તમારા બૉસ કે તમારા મિત્રોને ખબર નથી કે તમે શું કરી રહ્યા છો. જીવનને પ્રતિષ્ઠાનાં અલગ અલગ ક્ષેત્રોમાં વહેંચી દેવામાં આવ્યું હતું. તેમાં અલગ અલગ પરિસ્થિતિમાં અલગ અલગ દરજ્જાઓ માટે સ્પર્ધાઓ થતી અને ઘણીબધી એવી ક્ષણો પણ આવતી જ્યારે તમારે કોઈ પણ સ્પર્ધાઓમાં ભાગ લેવાની જરૂર નહોતી પડતી. આ દરજ્જાઓની, સ્ટેટસની સ્પર્ધા ખૂબ જ મહત્ત્વપૂર્ણ છે માટે તે અત્યંત તણાવપૂર્ણ પણ છે. તેથી ફક્ત માણસો જ નહીં, પરંતુ વાનરો જેવાં અન્ય સામાજિક પ્રાણીઓ પણ હંમેશાં તેમાંથી થોડી રાહત ઇચ્છતા રહે છે.[52]

બદનસીબે, સર્વવ્યાપી એવી સર્વેલન્સ ટેક્નોલૉજી સાથે જોડાયેલા સોશિયલ ક્રેડિટ અલ્ગોરિધમો હવે બધી સ્પર્ધાઓને એક ક્યારેય ન સમાપ્ત થતી મહાસ્પર્ધા બનાવવાની દોડમાં સામેલ થઈ ગયા છે. પોતાના ઘરોમાં અથવા આરામદાયક વૅકેશનનો આનંદ માણવાનો પ્રયાસ કરતી વખતે પણ લોકોએ દરેક કાર્ય કરવામાં અને શબ્દ બોલવામાં ખૂબ કાળજી રાખવી પડશે. જાણે કે તેઓ લાખો લોકોની સામે સ્ટેજ પર અભિનય કરી રહ્યા હોય તેમ જીવવું પડશે. આ એક અતિતણાવપૂર્ણ જીવનશૈલી સર્જી શકે છે, જે લોકોની સુખાકારી તેમજ સમાજ માટે વિનાશક બની શકે છે. જો ડિજિટલ અમલદારો દરેક વ્યક્તિ પર હંમેશાં નજર રાખવા માટે ચોક્કસ પોઇન્ટ સિસ્ટમનો ઉપયોગ કરે, તો ઊભરતું પ્રતિષ્ઠા

બજાર ગોપનીયતાનો નાશ કરી શકે છે અને લોકોને મની માર્કેટ કરતાં વધુ નિયંત્રિત કરી શકે છે.

હંમેશાં ચાલુ

માણસો એ સજીવ જીવો છે, જે ચક્રીય જૈવિક ચક્રમાં જીવે છે. ક્યારેક આપણે જાગતા હોઈએ છીએ અને ક્યારેક આપણે સૂતા હોઈએ છીએ. સતત પ્રવૃત્તિ પછી આપણને આરામની જરૂર હોય છે. આપણે વૃદ્ધિ પામીએ છીએ અને ક્ષીણ પણ થઈએ છીએ. માનવીઓના નેટવર્ક પણ એ જ રીતે જૈવિક ચક્રને આધીન છે. તેઓ ક્યારેક ચાલુ અને ક્યારેક બંધ હોય છે. નોકરીના ઇન્ટરવ્યૂ સતત થતા નથી. પોલીસ એજન્ટો દિવસના ચોવીસે કલાક કામ કરતા નથી. નોકરિયાતો રજાઓ લે છે. મની માર્કેટ પણ આ જૈવિક ચક્રનો આદર કરે છે. ન્યૂ યોર્ક સ્ટોક એક્સચેન્જ સોમવારથી શુક્રવાર સવારે 9:30થી બપોરે 4:00 વાગ્યા સુધી ખુલ્લું રહે છે અને સ્વતંત્રતા દિવસ અને નવ વર્ષ જેવા રજાઓના દિવસે બંધ પણ રહે છે. જો શુક્રવારે સાંજે 4:01 વાગ્યે યુદ્ધ ફાટી નીકળે છે, તો બજાર સોમવાર સવાર સુધી તેના પર કોઈ પ્રતિક્રિયા આપશે નહીં.

તેનાથી વિપરીત, કોમ્પ્યુટરોનું નેટવર્ક હંમેશાં ચાલુ રહી શકે છે. પરિણામે કોમ્પ્યુટરો માનવીઓને એક નવા પ્રકારના અસ્તિત્વ તરફ ધકેલી રહ્યા છે, જેમાં આપણે હંમેશાં કનેક્ટેડ રહીએ છીએ અને આપણી પર હંમેશાં કોઈની ને કોઈની નજર રહે છે. આરોગ્યસંભાળ જેવા કેટલાક સંદર્ભોમાં આવી પરિસ્થિતિ એક વરદાન બની શકે છે. સર્વાધિકારી રાજ્યોના નાગરિકો જેવા અન્ય સંદર્ભોમાં આ એક મોટી આફત પણ બની શકે છે. ભલે નેટવર્ક સંભવિત રીતે ઉમદા હોય, પણ તે હંમેશાં ચાલુ રહે છે તે હકીકત જ માનવીઓ જેવા સજીવ અસ્તિત્વ માટે નુકસાનકારક હોઈ શકે છે, કારણ કે તે ડિસ્કનેક્ટ થવાની અને આરામ કરવાની આપણી તકો છીનવી લેશે. જો કોઈ જીવને ક્યારેય આરામ કરવાની તક ન મળે, તો તે આખરે ભાંગી પડે છે અને મૃત્યુ પામે છે, પરંતુ આપણે આવા નેટવર્કને ધીમું કરવા અને આપણને થોડોક આરામ આપવા કેવી રીતે સમજાવીશું?

આપણે કોમ્પ્યુટર નેટવર્કને સમાજ પર સંપૂર્ણ નિયંત્રણ લેતા અટકાવવાની જરૂર છે અને તે પણ ફક્ત આરામનો સમય મેળવવા માટે જ નહીં. નેટવર્કને સુધારવાની તક મળે તે માટે પણ નેટવર્ક બંધ થાય તે અનિવાર્ય છે. જો નેટવર્ક ઝડપી ગતિએ વિકસિત થતું રહે છે, તો ભૂલો આપણે ઓળખી શકીએ અને

સુધારી શકીએ તેના કરતાં ઘણી વધુ ઝડપથી ભેગી થશે, કારણ કે નેટવર્ક અવિરત અને સર્વવ્યાપી છે, પરંતુ તે અચૂક નથી. હા, કોમ્પ્યુટરો અભૂતપૂર્વ માત્રામાં આપણો ડેટા ભેગો કરી શકે છે અને આપણે દિવસમાં ચોવીસ કલાક શું કરીએ છીએ તેની પર નજર રાખી શકે છે અને હા, તેઓ અતિમાનવીય કાર્યક્ષમતા સાથે ડેટાના સમુદ્રમાં પેટર્નો પણ ઓળખી શકે છે, પરંતુ તેનો અર્થ એ નથી કે કોમ્પ્યુટર નેટવર્ક વિશ્વને હંમેશાં સચોટ રીતે સમજી શકશે. માહિતી સત્ય નથી. સંપૂર્ણતઃ નજર રાખતી પ્રણાલી વિશ્વ અને મનુષ્યોની ખૂબ જ વિકૃત સમજણ ધરાવી શકે છે. વિશ્વ અને આપણા વિશે સત્ય શોધવાને બદલે આ નેટવર્ક તેની અપાર શક્તિનો ઉપયોગ એક નવા પ્રકારની વિશ્વવ્યવસ્થા સર્જવા અને તેને આપણા પર લાદવા માટે કરી શકે છે.

પ્રકરણ-8

નેટવર્ક માત્ર ભૂલને પાત્ર

'ધ ગુલાગ આર્કીપેલાગો'એ (1973)માં એલેક્ઝાન્ડર સોલ્ઝેનિત્સિન સોવિયેત લેબર કેમ્પ અને તેમને બનાવનાર તેમજ ટકાવી રાખનાર ઇન્ફૉર્મેશન નેટવર્કના ઇતિહાસનું વર્ણન કર્યું છે. તેઓ અંશતઃ અંગત કડવા અનુભવો પરથી લખી રહ્યા હતા. જ્યારે સોલ્ઝેનિત્સિન બીજા વિશ્વયુદ્ધ દરમિયાન રેડ આર્મીમાં કેપ્ટન તરીકે સેવા આપતા હતા, ત્યારે તેમણે શાળાના મિત્ર સાથે ખાનગી પત્રવ્યવહાર જાળવી રાખ્યો હતો જેમાં તેઓ ક્યારેક સ્ટાલિનની ટીકા કરતા હતા. સલામત રહેવા માટે તેમણે સરમુખત્યારનું નામ લીધું ન હતું અને ફક્ત "મૂછવાળા માણસ" તરીકે તેની વાત કરી હતી. જોકે તેનાથી તેમને બહુ ફાયદો થયો નહોતો. ગુપ્ત પોલીસ દ્વારા તેમના પત્રો ફોડવામાં અને વાંચવામાં આવતા હતા અને ફેબ્રુઆરી 1945માં જ્યારે તેઓ જર્મનીમાં મોરચાની અગ્રીમ હરોળ પર સેવા આપતા હતા ત્યારે તેમની ધરપકડ કરવામાં આવી હતી. તેમણે આગામી આઠ વર્ષ લેબર કેમ્પોમાં વિતાવ્યા હતા.[1] સોલ્ઝેનિત્સિનની ઘણી મહેનતથી મેળવેલી સમજણ અને વાર્તાઓ હજુ પણ એકવીસમી સદીમાં ઇન્ફૉર્મેશન નેટવર્કના વિકાસને સમજવા માટે પ્રાસ્તાવિક છે.

એક વાર્તામાં 1930ના દાયકાના અંતમાં મોસ્કો પ્રાંતમાં સ્ટાલિનિસ્ટ ગ્રેટ ટેરરની ચરમસીમાએ એક જિલ્લા પક્ષ પરિષદમાં બનેલી ઘટનાઓનું વર્ણન છે. સ્ટાલિનને શ્રદ્ધાંજલિ આપવા માટે હાકલ કરવામાં આવી હતી અને પ્રેક્ષકો અલબત્ત જાણતા હતા કે તેમના પર બારીકાઈથી નજર રાખવામાં આવી રહી છે, તેઓ તાળીઓ વગાડવા માંડ્યા. પાંચ મિનિટ સુધી તાળીઓના ગડગડાટ પછી, "હથેળીઓ સૂઝવા લાગી હતી અને ઊંચા હાથ પણ દુખવા લાગ્યા હતા અને વૃદ્ધ લોકો થાકીને હાંફી રહ્યા હતા.... જોકે, કોણ સૌથી પહેલા રોકાવાની

હિંમત કરે?" સોલ્ઝેનિત્સિને લખ્યું છે કે "NKVDના માણસો હૉલમાં ઊભા રહીને તાળીઓ પાડી રહ્યા હતા અને જોઈ રહ્યા હતા કે કોણ પહેલાં તાળી પાડવી બંધ કરે છે!" છ મિનિટ, પછી આઠ મિનિટ, પછી દસ મિનિટ સુધી તાળીઓ પડતી રહી. "તેઓ હવે હાર્ટ ઍટેક ન આવે ત્યાં સુધી અટકી શકે તેમ નહોતા!... તેમના ચહેરા પર નકલી ઉત્સાહ લાવી, એકબીજા સામે પાંખી આશા સાથે જોતાં જોતાં એ જિલ્લાના આગેવાનો તેઓ જ્યાં ઊભા હતા ત્યાં જ ઢળી ન પડે ત્યાં સુધી તાળીઓ વગાડતા રહ્યા."

અંતે અગિયાર મિનિટ પછી એક કાગળ ફૅક્ટરીના ડિરેક્ટરે પોતાનો જીવ પડીકે બાંધ્યો, તાળીઓ વગાડવાનું બંધ કર્યું અને બેસી ગયા. બાકીના બધાએ પણ તરત જ તાળીઓ વગાડવાનું બંધ કર્યું અને તેઓ પણ બેસી ગયા. તે જ રાત્રે ગુપ્ત પોલીસે તે ડિરેક્ટરની ધરપકડ કરી અને તેને દસ વર્ષ માટે ગુલાગમાં મોકલી દીધો. "તેની પૂછપરછ કરનારે તેને યાદ અપાવ્યું: ક્યારેય તાળીઓ પાડવાનું બંધ કરનાર પ્રથમ વ્યક્તિ ન બનવું!"[2]

આ વાર્તા ઇન્ફૉર્મેશન નેટવર્કો વિશે અને ખાસ કરીને સર્વેલન્સ સિસ્ટમો વિશે એક મહત્ત્વપૂર્ણ અને ચિંતાજનક હકીકત છતી કરે છે, જેમ અગાઉના પ્રકરણોમાં ચર્ચા કરવામાં આવી છે, માહિતી અંગેના સરળ દૃષ્ટિકોણથી વિપરીત, માહિતીનો ઉપયોગ ઘણીવાર સત્ય શોધવાને બદલે વ્યવસ્થા જાળવવા માટે થાય છે. એટલે દેખીતી રીતે મોસ્કો કોન્ફરન્સમાં સ્ટાલિનના એજન્ટોએ પ્રેક્ષકોનું સત્ય જાણવા માટે "તાળીઓ પાડવાની કસોટી"નો ઉપયોગ કર્યો. પણ મૂળે તે વફાદારીની કસોટી હતી, જેમાં એમ ધારવામાં આવ્યું હતું કે તમે જેટલી વધુ તાળીઓ પાડો છો, તેટલો તમે સ્ટાલિનને વધુ પ્રેમ કરો છો. ઘણા સંદર્ભોમાં આ ધારણા ગેરવાજબી પણ નથી, પરંતુ 1930ના દાયકાના અંતના મોસ્કોના સંદર્ભમાં તાળીઓના ગડગડાટનું સ્વરૂપ બદલાઈ ગયું હતું. કારણ કે કોન્ફરન્સમાં ભાગ લેનારાઓ જાણતા હતા કે તેમના પર નજર રાખવામાં આવી રહી છે અને તેમની વફાદારી ઘટવાના કે અટકવાના કોઈ પણ સંકેતના પરિણામો પણ તેઓ જાણતા હતા, તેથી તેઓ પ્રેમ નહીં પણ ડરથી તાળીઓ પાડતા હતા. પેપર ફૅક્ટરીના ડિરેક્ટર કદાચ સૌથી પહેલા એટલા માટે નહોતા અટક્યા કારણ કે તે સૌથી ઓછા વફાદાર હતા, પરંતુ કદાચ એટલા માટે અટક્યા હતા કારણ કે તે સૌથી પ્રામાણિક હતા કે પછી તેમના હાથ સૌથી વધુ દુખવા માંડ્યા હતા.

તાળી પાડવાની કસોટી લોકોનું સત્ય તો શોધી શકતી ન હતી, પરંતુ તે વ્યવસ્થા જાળવવામાં અને લોકોને ચોક્કસ રીતે વર્તવા માટે દબાણ કરવામાં કાર્યક્ષમ હતી. સમય જતાં આવી પદ્ધતિઓથી ગુલામી, દંભ અને વક્રગામિતા

સર્જાયા હતા. દાયકાઓથી સોવિયેત ઇન્ફૉર્મેશન નેટવર્કે લાખો લોકો સાથે આવું જ કર્યું હતું. ક્વોન્ટમ મિકેનિક્સમાં સબએટોમિક કણોનું નિરીક્ષણ કરવાની ક્રિયા તેમના વર્તનમાં ફેરફાર કરે છે અને માનવોનું નિરીક્ષણ કરવાની ક્રિયામાં પણ એવું જ બને છે. નિરીક્ષણના સાધનો જેટલા વધુ શક્તિશાળી હશે, તેની સંભવિત અસરો એટલી જ વધારે હશે.

સોવિયેત શાસને ઇતિહાસમાં સૌથી દુર્ઘર્ષ ઇન્ફૉર્મેશન નેટવર્કોમાંથી એક બનાવ્યું હતું. તેણે તેના નાગરિકો વિશે વિશાળ માત્રામાં ડેટા ભેગો કર્યો હતો અને તેનું વિશ્લેષણ પણ કર્યું હતું. તેમાં એવો પણ દાવો કરવામાં આવ્યો હતો કે માર્ક્સ, એંગલ્સ, લેનિન અને સ્ટાલિનના અચૂક સિદ્ધાંતો દ્વારા તેમાં માનવતાની ઊંડી સમજ પણ કેળવાઈ હતી. વાસ્તવમાં સોવિયેત ઇન્ફૉર્મેશન નેટવર્ક માનવ સ્વભાવના ઘણા મહત્ત્વપૂર્ણ પાસાઓને અવગણતું હતું અને તે તેના પોતાના નાગરિકો પર તેની નીતિઓને કારણે સર્જાતાં ભયંકર દુઃખોની પણ સંપૂર્ણ અવગણના કરતું હતું. શાણપણ ઉત્પન્ન કરવાને બદલે તેણે વ્યવસ્થા ઉત્પન્ન કરી હતી અને મનુષ્યો વિશેનું વૈશ્વિક સત્ય જાહેર કરવાને બદલે તેણે ખરેખર એક નવા પ્રકારનો માનવ એટલે કે હોમો સોવિયેટિકસ સર્જ્યો હતો.

અસંતુષ્ટ સોવિયેત ફિલસૂફ અને વ્યંગકાર એલેક્ઝાન્ડર ઝિનોવેવે તેની વ્યાખ્યા કરતાં કહ્યું હતું કે, હોમો સોવિયેટિક્સ ગુલામ અને નિંદા કરનારા માનવીઓ હતા, જેમાં પહેલ કરવાની ક્ષમતા કે સ્વતંત્ર વિચારસરણીનો અભાવ હતો, તેઓ સૌથી હાસ્યાસ્પદ આદેશોનું પણ વિચાર્યા વિના પાલન કરતા હતા અને તેમના કાર્યોના પરિણામો પ્રત્યે સંપૂર્ણ ઉદાસીન હતા.[3] સોવિયેત ઇન્ફૉર્મેશન નેટવર્કે સર્વેલન્સ, સજા અને પુરસ્કારો દ્વારા હોમો સોવિયેટિક્સનું સર્જન કર્યું હતું. ઉદાહરણ તરીકે, કાગળ ફેક્ટરીના ડિરેક્ટરને ગુલાગમાં મોકલીને આ નેટવર્કે અન્ય લોકોને એ સંકેત આપ્યો કે બધા કરે એમ કરતા રહેવું ફળદાયી છે જ્યારે કોઈ પણ વિવાદાસ્પદ કાર્ય કરનાર પ્રથમ વ્યક્તિ બનવું એ ખરાબ છે. એ નેટવર્ક મનુષ્યો વિશે સત્ય શોધવામાં નિષ્ફળ ગયું, પણ તે વ્યવસ્થા બનાવવામાં એટલું સારું હતું કે તેણે વિશ્વનો ઘણો મોટો ભાગ જીતી લીધો હતો.

લાઇકની સરમુખત્યારશાહી

એકવીસમી સદીના કોમ્પ્યુટર નેટવર્કો પર એકસમાન દિશાની ગતિ અસર કરી શકે છે, જે નવા પ્રકારના માનવીઓ અને નવા ડિસ્ટોપિયા સર્જી શકે છે. એક ઉદાહરણ એ છે કે સોશિયલ મીડિયા અલ્ગોરિધમો લોકોને કટ્ટરપંથી બનાવવામાં

કેવી ભૂમિકા ભજવતા હોય છે. અલબત્ત, અલ્ગોરિધમો દ્વારા ઉપયોગમાં લેવાતી પદ્ધતિઓ NKVD કરતા તદ્દન અલગ હતી અને તેમાં કોઈ પ્રત્યક્ષ બળજબરી કે હિંસાનો સમાવેશ થતો ન હતો, પરંતુ જેમ સોવિયેત ગુપ્ત પોલીસે સર્વેલન્સ, સજા અને પુરસ્કારો દ્વારા ગુલામ હોમો સોવિયેટિકસનું સર્જન કર્યું હતું, તેવી જ રીતે ફેસબુક અને યુટ્યૂબ અલ્ગોરિધમોએ પણ આપણા સ્વભાવનાં સારાં પાસાંઓને સજા કરીને અને ચોક્કસ મૂળભૂત વૃત્તિઓને પુરસ્કૃત કરીને ઇન્ટરનેટ ટ્રોલ સર્જ્યા છે.

પ્રકરણ-6માં સંક્ષિપ્તમાં સમજાવ્યા મુજબ કટ્ટરપંથીકરણની પ્રક્રિયા ત્યારે શરૂ થઈ જ્યારે કૉર્પોરેશનોએ તેમના અલ્ગોરિધમોને ફક્ત મ્યાનમારમાં જ નહીં, પરંતુ સમગ્ર વિશ્વમાં વપરાશકર્તાઓનું એન્ગેજમેન્ટ (વપરાશનો સમય) વધારવાનું કામ સોંપ્યું. ઉદાહરણ તરીકે, 2012માં વપરાશકર્તાઓ યુટ્યૂબ પર દરરોજ લગભગ 10 કરોડ કલાક જેટલા વિડિયો જોતા હતા. કંપનીના એક્ઝિક્યુટિવો માટે આ પૂરતું નહોતું માટે તેમણે 2016 સુધીમાં તેમના અલ્ગોરિધમોને એક મહત્ત્વાકાંક્ષી લક્ષ્ય આપ્યું હતું: 1 અબજ કલાક પ્રતિ દિવસ.[4] લાખો લોકો પર ટ્રાયલ-એન્ડ-એરરના પ્રયોગો દ્વારા યુટ્યૂબ અલ્ગોરિધમોએ પણ એ જ પેટર્ન શોધી કાઢી હતી, જે ફેસબુક અલ્ગોરિધમોએ પણ શોધી હતી: ક્રોધ એન્ગેજમેન્ટ વધારે છે જ્યારે મધ્યમમાર્ગ એ કરી શકતું નથી. તે મુજબ યુટ્યૂબ અલ્ગોરિધમોએ મધ્યમમાર્ગીય સામગ્રીઓને અવગણીને લાખો દર્શકોને કોન્સપિરસી થિયરીઓની ભલામણ કરવાનું શરૂ કર્યું હતું. 2016 સુધીમાં વપરાશકર્તાઓ ખરેખર યુટ્યૂબ પર દરરોજ એક અબજ કલાક જેટલા વિડિયો જોઈ રહ્યા હતા.[5]

જે યુટ્યૂબ વપરાશકર્તાઓ લોકોનું ધ્યાન ખેંચવાનો ઇરાદો ધરાવતા હતા તેમણે નોંધ્યું કે જ્યારે તેઓ જૂઠાણાથી ભરેલો ભયંકર વિડિયો પોસ્ટ કરે છે, ત્યારે અલ્ગોરિધમ અસંખ્ય વપરાશકર્તાઓને એ વિડિયોની ભલામણ કરીને તે યુટ્યૂબ વપરાશકર્તાઓને પુરસ્કૃત કરે છે તેમજ પોતાની લોકપ્રિયતા અને આવક વધારે છે. તેનાથી વિપરીત, જ્યારે તેઓ પોતાના વિડિયોમાં આક્રોશને ઓછો રાખે અને સત્યને વળગી રહે છે, ત્યારે અલ્ગોરિધમ તેમને અવગણે છે. આવા વર્તનના થોડા મહિનામાં, અલ્ગોરિધમે ઘણા યુટ્યૂબ વપરાશકર્તાઓને ટ્રોલ બનાવી નાખ્યા હતા.[6]

તેના સામાજિક અને રાજકીય પરિણામો તો ઘણા દૂરગામી હતા. ઉદાહરણ તરીકે, પત્રકાર મેક્સ ફિશરે તેમના 2022ના પુસ્તક, 'ધ કેઓસ મશીન'માં નોંધ્યું છે તેમ, બ્રાઝિલમાં કટ્ટર જમણેરી પક્ષના ઉદય માટે અને જેયર બોલ્સોનારોને સામાન્ય વ્યક્તિમાંથી બ્રાઝિલના રાષ્ટ્રપતિ બનાવવામાં યુટ્યૂબ અલ્ગોરિધમો

મહત્ત્વપૂર્ણ ચાલકબળ બની રહ્યું હતું.[7] તે રાજકીય ઊથલપાથલમાં ફાળો આપતા અન્ય પરિબળો પણ હતા છતાં એ વાત નોંધનીય છે કે બોલ્સોનારોના ઘણા મુખ્ય સમર્થકો અને સહાયકો મૂળ રૂપે યુટ્યૂબર્સ હતા જેઓ અલ્ગોરિધમોની કૃપાથી ખ્યાતિ પામ્યા હતા અને સત્તા સુધી પહોંચ્યા હતા.

તેનું એક લાક્ષણિક ઉદાહરણ કાર્લોસ જોર્ડી છે, જે 2017માં નિટેરોઈ નામના નાનકડા શહેરમાં કાઉન્સિલર હતા. આ મહત્ત્વાકાંક્ષી જોર્ડીએ લાખો વ્યૂઝ મેળવનારા ઉશ્કેરણીજનક યુટ્યૂબ વિડિયોઝ બનાવીને રાષ્ટ્રીય સ્તરે લોકોનું ધ્યાન ખેંચ્યું. ઉદાહરણ તરીકે, તેમના વિડિયોઝે બ્રાઝિલિયનોને ચેતવણી આપી હતી કે શાળાના શિક્ષકો દ્વારા બાળકોનું મગજ ચોક્કસ દિશામાં વાળી દેવામાં આવે છે અને રૂઢિચુસ્ત વિદ્યાર્થીઓને સતાવવામાં આવે છે. 2018માં જોર્ડીએ બોલ્સોનારોના સૌથી સમર્પિત સમર્થકોમાંના એક તરીકે બ્રાઝિલિયન ચેમ્બર ઑફ ડેપ્યુટીઝ (બ્રાઝિલિયન કોંગ્રેસનું નીચલું ગૃહ)માં બેઠક જીતી હતી. ફિશર સાથેની એક મુલાકાતમાં જોર્ડીએ સ્પષ્ટપણે કહ્યું હતું, "જો સોશિયલ મીડિયા અસ્તિત્વમાં ન હોત, તો હું અહીં ન હોત [અને] જેયર બોલ્સોનારો રાષ્ટ્રપતિ ન હોત." બીજો દાવો અતિશયોક્તિ હોઈ શકે છે, પરંતુ એ વાતનો ઇનકાર કરી શકાય નહીં કે સોશિયલ મીડિયાએ બોલ્સોનારોના ઉદયમાં મહત્ત્વપૂર્ણ ભૂમિકા ભજવી હતી.

2018માં બ્રાઝિલના ચેમ્બર ઑફ ડેપ્યુટીઝમાં બેઠક જીતનાર અન્ય એક યુટ્યૂબર કિમ કાટાગુરી હતા, જે મુવિમેન્ટો બ્રાઝિલ લિવ્રે (MBL અથવા ફ્રી બ્રાઝિલ મૂવમેન્ટ)ના નેતાઓમાંના એક હતા. કાટાગુરી શરૂઆતમાં ફેસબુકનો ઉપયોગ તેમના મુખ્ય પ્લેટફૉર્મ તરીકે કરતા હતા પરંતુ તેમની પોસ્ટ્સ ફેસબુક માટે પણ ખૂબ જ આત્યંતિક હતી માટે તેમાંથી કેટલીક પોસ્ટ્સને ખોટી માહિતી ફેલાવવા માટે પ્રતિબંધિત કરવામાં આવી હતી. તેથી કાટાગુરી વધુ છૂટ આપનારા યુટ્યૂબ તરફ વળ્યા. સાઓ પાઉલોમાં MBL મુખ્યાલયમાં એક મુલાકાતમાં કાટાગુરીના સહાયકો અને અન્ય કાર્યકરોએ ફિશરને કહ્યું હતું, "અમારી પાસે અહીં કંઈક એવું છે, જેને અમે 'લાઇકની સરમુખત્યારશાહી' કહીએ છીએ." તેઓએ સમજાવ્યું કે યુટ્યૂબર્સ સતત વધુ ને વધુ આત્યંતિક બનતા જાય છે અને ખોટી તેમજ અવિચારી સામગ્રી પોસ્ટ કરે રાખે છે "ફક્ત એટલા માટે કારણ કે તેનાથી વ્યૂઝ વધશે, એંગેજમેન્ટ વધશે.... એકવાર તમે તે દરવાજો ખોલી લો પછી પાછા ફરી શકાતું નથી, કારણ કે તમારે હંમેશાં આગળ જ વધવું પડશે.... ફ્લેટ અર્થર્સ, એન્ટીવેક્સર્સ, રાજકારણની કોન્સપિરસી થિયરીઓ. તે એ જ ઘટના છે, જેને તમે દરેક જગ્યાએ જુઓ છો."[8]

અલબત્ત, યુટ્યૂબ અલ્ગોરિધમો પોતે જૂઠાણા ઘડવા અને કોન્સપિરસી

થિયરીઓ સર્જવા માટે કે કટ્ટરપંથી સામગ્રી બનાવવા માટે જવાબદાર નહોતા. ઓછામાં ઓછા 2017-18 સુધી તો તે વસ્તુઓ માનવો દ્વારા જ કરવામાં આવતી હતી. જોકે અલ્ગોરિધમો માનવોને એવી રીતે વર્તવા પ્રોત્સાહિત કરવા માટે અને વપરાશકર્તા એન્ગેજમેન્ટને મહત્તમ બનાવવા માટે એવી સામગ્રીને વધુ ફેલાવવા માટે જવાબદાર હતા. ફિશરે એવા અસંખ્ય જમણેરી કાર્યકરોનું દસ્તાવેજીકરણ કર્યું જેઓ યુટ્યૂબ અલ્ગોરિધમ દ્વારા તેમના માટે ઓટો-પ્લે કરવામાં આવેલા વિડિયોઝ જોયા પછી પહેલીવાર કટ્ટરવાદી રાજકારણમાં રસ ધરાવતા થયા હતા. નિટેરોઈમાં એક જમણેરી કાર્યકર્તાએ ફિશરને કહ્યું હતું કે તેને ક્યારેય કોઈ પણ પ્રકારની રાજનીતિમાં રસ નહોતો પણ એક દિવસ યુટ્યૂબ અલ્ગોરિધમે તેના માટે કાટાગુરીનો રાજકારણ પરનો એક વિડિયો આપમેળે ચલાવ્યો. "તે પહેલાં," તેમણે કહ્યું હતું, "મારી કોઈ વૈચારિક, રાજકીય પૃષ્ઠભૂમિ નહોતી." તેણે "રાજકીય શિક્ષણ" પૂરું પાડવાનો શ્રેય અલ્ગોરિધમને આપ્યો હતો. અન્ય લોકો ચળવળમાં કેવી રીતે જોડાયા તે વિશે વાત કરતા તેણે કહ્યું હતું, "દરેક સાથે એવું જ થયું હતું.... મોટાભાગના લોકો યુટ્યૂબ અને સોશિયલ મીડિયા પરથી જ અહીં આવ્યા હતા."[9]

માનવો પર દોષ થોપી દો

આપણે ઇતિહાસના એવા વળાંક પર પહોંચી ગયા છીએ જ્યાં મુખ્ય ઐતિહાસિક પ્રક્રિયાઓ આંશિક રીતે બિનમાનવીય બુદ્ધિના નિર્ણયોને કારણે આકાર લે છે. આ જ કારણે કોમ્પ્યુટર નેટવર્કની ભૂલો એટલી ભયજનક બની રહે છે. કોમ્પ્યુટર ભૂલો ફક્ત ત્યારે જ આપત્તિજનક બની શકે છે જ્યારે કોમ્પ્યુટરો ઐતિહાસિક એજન્ટ બની રહે છે. આપણે પ્રકરણ-6માં આ ચર્ચા કરી છે, જેમાં આપણે રોહિંગ્યા વિરોધી વંશીય હત્યાકાંડના અભિયાનને ઉશ્કેરવામાં ફેસબુકની ભૂમિકાની ટૂંકમાં તપાસ કરી હતી. જોકે તે સંદર્ભમાં આપણે નોંધ્યું છે ફેસબુક, યુટ્યૂબ અને અન્ય ટેક જાયન્ટ્સના કેટલાક મૅનેજરો અને એન્જિનિયરો સહિતના ઘણા લોકો આ આરોપો સામે વાંધો ઉઠાવે છે. જોકે આ મુદ્દો સમગ્ર પુસ્તકના કેન્દ્રીય મુદ્દાઓમાંનો એક છે તેથી આ બાબતમાં ઊંડાણપૂર્વક તપાસ કરવી અને તેના પરના વાંધાઓની વધુ કાળજીપૂર્વક ચકાસણી કરવી ઉત્તમ રહેશે.

જે લોકો ફેસબુક, યુટ્યૂબ, ટિકટોક અને અન્ય પ્લૅટફૉર્મનું સંચાલન કરે છે તેઓ નિયમિતપણે દોષનો ટોપલો તેમના અલ્ગોરિધમો પરથી "માનવ સ્વભાવ" પર ઢોળી દઈને પોતાને સાફ બતાવવાનો પ્રયાસ કરે છે. તેઓ એમ દલીલ કરે

છે કે માનવ સ્વભાવ જ પ્લૅટફૉર્મ પર બધી નફરત અને જૂઠાણું ઉત્પન્ન કરે છે. પછી ટેક જાયન્ટ્સ એવો દાવો કરે છે કે વાણીસ્વાતંત્ર્યના મૂલ્યો પ્રત્યેની તેમની પ્રતિબદ્ધતાને કારણે તેઓ વાસ્તવિક માનવ લાગણીઓની અભિવ્યક્તિને સેન્સર કરવામાં અચકાતા હોય છે. ઉદાહરણ તરીકે, 2019માં યુટ્યૂબના CEO સુસાન વોજસિકીએ કહ્યું હતું, “અમે તેના વિશે આ રીતે વિચારીએ છીએ: ‘શું આ સામગ્રી અમારી નીતિઓમાંથી એકનું ઉલ્લંઘન કરે છે? શું તેણે નફરત, ઉત્પીડનના સંદર્ભમાં કોઈ પણ નીતિનું ઉલ્લંઘન કર્યું છે?’ જો એવું થયું હોય, તો અમે તે સામગ્રીને દૂર કરીએ છીએ. અમે નીતિઓને વધુ ને વધુ કડક બનાવતા જઈએ છીએ. એ પણ જાણી લો કે અમારી ટીકા પણ થાય છે, [આ વિશે કે] તમે વાણીસ્વતંત્ર્યની સીમા ક્યાં બાંધી છે અને જો તમે તેને ખૂબ કડક રીતે અમલમાં મૂકો છો, તો શું તમે સમાજના એવા અવાજોને દબાવી નથી રહ્યા, જે સાંભળવા જોઈએ? અમે તમામ પ્રકારના અવાજો વચ્ચે સંતુલન સાધવાનો પ્રયાસ કરી રહ્યા છીએ, પણ સાથે સાથે એ વાતનું ધ્યાન પણ રાખીએ છીએ કે તેમાં લોકો દ્વારા સ્વસ્થ સંવાદ માટે જરૂરી એવા નિયમોનું પાલન પણ થાય.”[10]

ફેસબુકના પ્રવક્તાએ ઑક્ટોબર 2021માં પણ એમ જ કહ્યું હતું, “દરેક પ્લૅટફૉર્મની જેમ અમે પણ મુક્ત અભિવ્યક્તિ અને હાનિકારક વાણી, સુરક્ષા અને અન્ય મુદ્દાઓ વચ્ચે સંતુલન સાધવાના સતત મુશ્કેલ નિર્ણયો લઈ રહ્યા છીએ, પરંતુ આ સામાજિક નિયમોની સીમાઓ આંકવાનું હંમેશાં ચૂંટાયેલા નેતાઓ પર છોડી દેવું વધુ સારું છે.”[11] આવી રીતે ટેક જાયન્ટ્સ સતત ચર્ચાને માનવ નિર્મિત સામગ્રીના મધ્યસ્થી તરીકેની તેમની માનવામાં આવતી ભૂમિકા તરફ લઈ જાય છે અને ચોક્કસ માનવ લાગણીઓને ઉશ્કેરવામાં તેમજ અન્યોને હતોત્સાહી કરવામાં તેમના અલ્ગોરિધમોની સક્રિય ભૂમિકાને અવગણે છે. શું તેઓ ખરેખર તેનાથી અજાણ છે?

બિલકુલ નહીં. 2016માં ફેસબુકના એક આંતરિક રિપોર્ટમાં જાણવા મળ્યું હતું કે, “64 ટકા લોકો ઉગ્રવાદી ગ્રૂપોમાં આપણી ભલામણથી જોડાતા હોય છે... આપણી ભલામણ પ્રણાલીઓ સમસ્યાને વધારે છે.”[12] વ્હિસલબ્લોઅર ફ્રાન્સિસ હોજેન દ્વારા લીક કરવામાં આવેલા ઑગસ્ટ 2019ના એક ગુપ્ત આંતરિક ફેસબુક મેમોમાં જણાવાયું હતું, “આપણી પાસે વિવિધ સ્રોતોમાંથી મળેલા પુરાવા છે કે ફેસબુક અને [તેની] અન્ય એપ્લિકેશનો પર રહેલી દ્વેષપૂર્ણ સામગ્રી, વિભાજનકારી રાજકીય સામગ્રી અને ખોટી માહિતી વિશ્વભરના સમાજોને અસર કરી રહી છે. આપણી પાસે એવા પણ વિશ્વસનીય પુરાવા છે કે વાયરલ કરનારા, ભલામણો કરનારા અને એન્ગેજમેન્ટ વધારનારા આપણા

મુખ્ય ઉત્પાદનનાં સાધનો પ્લૅટફૉર્મ પર આ પ્રકારની સામગ્રીની વૃદ્ધિ માટે એક મહત્ત્વપૂર્ણ કારણ છે."[13]

ડિસેમ્બર 2019ના અન્ય એક લીક થયેલા દસ્તાવેજમાં લખાયું હતું કે, "નજીકના મિત્રો અને પરિવાર સાથે વાતચીતથી અલગ, વાયરલ થવું એ કંઈક એવું નવું છે, જે આપણે ઘણી ઇકોસિસ્ટમોમાં રજૂ કર્યું છે... અને તેવું બને છે, કારણ કે આપણે ઇરાદાપૂર્વક તેને વ્યવસાયિક કારણોસર પ્રોત્સાહિત કરીએ છીએ." દસ્તાવેજમાં નિર્દેશ કરવામાં આવ્યો હતો કે "એન્ગેજમેન્ટ પર આધારિત આરોગ્ય અથવા રાજકારણ જેવા મહત્ત્વના વિષયોની સામગ્રીને ઊંચું રેન્કિંગ આપવાથી વિકૃતિને પ્રોત્સાહન મળે છે અને અખંડિતતા પર પણ પ્રશ્નાર્થ લાગે છે." તેમાં એમ પણ લખ્યું હતું કે કદાચ સૌથી ખરાબ વાત એ છે કે "અમારી રેન્કિંગ સિસ્ટમોમાં ફક્ત લોકો શું કરશે તે માટે જ નહીં, પરંતુ લોકો એવું શું શેર કરી શકે છે, જેથી અન્ય લોકો પણ તેમાં જોડાઈ શકે તેના માટેની ચોક્કસ આગાહીઓ પણ હોય છે. કમનસીબે, સંશોધન એમ સૂચવે છે કે કેવી રીતે આક્રોશ અને ખોટી માહિતી વાયરલ થવાની શક્યતા વધુ છે." આ લીક થયેલા દસ્તાવેજમાં એક મહત્ત્વપૂર્ણ ભલામણ કરવામાં આવી છે: ફેસબુક લાખો લોકો દ્વારા ઉપયોગમાં લેવાતા પ્લૅટફૉર્મ પરથી હાનિકારક હોય તેવી દરેક વસ્તુને દૂર કરી શકતું નથી તેથી તેણે ઓછામાં ઓછું "વધારે પડતો ફેલાવો આપીને હાનિકારક સામગ્રીને વાઇરલ કરવાનું બંધ કરવું જોઈએ."[14]

મોસ્કોના સોવિયેત નેતાઓની જેમ ટેક કંપનીઓ મનુષ્યો વિશે કોઈ સત્ય ઉજાગર કરી રહી ન હતી, તે આપણા પર એક નવી વિકૃત વ્યવસ્થા જ લાદી રહી હતી. મનુષ્યો ખૂબ જ જટિલ જીવો છે અને ઉમદા સામાજિક વ્યવસ્થાઓ આપણી નકારાત્મક વૃત્તિઓને ઘટાડીને આપણા સદ્‌ગુણો કેળવવાના માર્ગો શોધી લે છે, પરંતુ સોશિયલ મીડિયા અલ્ગોરિધમો આપણને ફક્ત સમય ખર્ચનાર (અટેન્શન માઇન) તરીકે જ જુએ છે. અલ્ગોરિધમોએ નફરત, પ્રેમ, આક્રોશ, આનંદ, મૂંઝવણ જેવી વિવિધ માનવ લાગણીઓને માત્ર એન્ગેજમેન્ટમાં સમાવી દીધી છે. 2016માં મ્યાનમારમાં, 2018માં બ્રાઝિલમાં અને અસંખ્ય અન્ય દેશોમાં અલ્ગોરિધમોએ વિડિયોઝ, પોસ્ટ્સ અને અન્ય તમામ સામગ્રીને ફક્ત લોકો સામગ્રી સાથે કેટલી મિનિટો જોડાયેલા રહે છે અને કેટલી વાર તેઓએ તેને અન્ય લોકો સાથે શેર કરી છે તેના આધારે સ્કોર આપ્યો હતો. એક કલાકનાં જૂઠાણાં કે નફરતને દસ મિનિટના સત્ય કે કરુણા કે એક કલાકની ઊંઘ કરતાં ઉપર રેન્ક આપવામાં આવ્યો હતો. જૂઠાણું અને નફરત માનસિક અને સામાજિક રીતે વિનાશક હોય છે જ્યારે સત્ય, કરુણા અને ઊંઘ માનવકલ્યાણ

માટે જરૂરી છે, તે હકીકત અલ્ગોરિધમોમાં સંપૂર્ણપણે ખોવાઈ ગઈ હતી. માનવતાની આ ખૂબ જ સંકુચિત સમજના આધારે અલ્ગોરિધમોએ એક નવી સામાજિક વ્યવસ્થા ઘડવામાં મદદ કરી જે આપણી પાયાની વૃત્તિને પ્રોત્સાહન આપે છે જ્યારે આપણને માનવ સ્વભાવની તમામ લાગણીઓ સમજતું નથી.

જેમ જેમ હાનિકારક અસરો પ્રગટ થઈ રહી હતી, તેમ તેમ ટેક જાયન્ટ્સને વારંવાર શું થઈ રહ્યું છે તે વિશે ચેતવણી આપવામાં આવી હતી પરંતુ માહિતી અંગેના સરળ દૃષ્ટિકોણમાં વિશ્વાસને કારણે તેઓ કશું કરવામાં નિષ્ફળ રહ્યા, જેમ જેમ પ્લૅટફૉર્મ જૂઠાણાં અને આક્રોશવાળી સામગ્રીથી ભરાતા ગયા, તેમ તેમ એક્ઝિક્યુટિવો એમ આશા કરવા માંડ્યા કે જો વધુ ને વધુ લોકો પોતાને વધુ મુક્તપણે વ્યક્ત કરવા સક્ષમ બને, તો આખરે સત્ય જ જીતશે. જોકે એવું બન્યું નહીં. આપણે ઇતિહાસમાં વારંવાર જોયું છે કે સંપૂર્ણપણે મુક્ત માહિતીની લડાઈમાં સત્ય હારી જ જતું હોય છે. સત્યની તરફેણમાં પલડું નમાવવા માટે નેટવર્કો એવી મજબૂત સ્વસુધારણા પદ્ધતિઓ વિકસાવવી અને જાળવી રાખવી જોઈએ જે સત્યને પુરસ્કૃત કરતી હોય. આ સ્વસુધારણા પદ્ધતિઓ ખર્ચાળ હોય છે, પરંતુ જો તમે સત્ય પામવા માંગતા હો, તો તમારે તેમાં રોકાણ કરવું રહ્યું.

સિલિકોન વેલીને લાગ્યું કે તે આ ઐતિહાસિક નિયમમાંથી બાકાત છે. સોશિયલ મીડિયા પ્લૅટફૉર્મોમાં સ્વસુધારણા પદ્ધતિઓનો તદ્દન અભાવ છે. 2014માં ફેસબુકે સમગ્ર મ્યાનમારની સામગ્રી પર નજર રાખવા માટે ફક્ત એક જ બર્મીઝભાષી કન્ટેન્ટ મોડરેટરને નિયુક્ત કર્યો.[15] જ્યારે મ્યાનમારના નિરીક્ષકોએ ફેસબુકને ચેતવણી આપવાનું શરૂ કર્યું કે સામગ્રીને નિયંત્રિત કરવામાં ફેસબુકે વધુ રોકાણ કરવાની જરૂર છે, ત્યારે ફેસબુકે તેમની અવગણના કરી. ઉદાહરણ તરીકે, ગ્રામીણ મ્યાનમારમાં ઉછરેલી બર્મીઝ અમેરિકન એન્જિનિયર અને ટેલિકોમ એક્ઝિક્યુટિવ પ્વિન્ટ હટુને ફેસબુકના અધિકારીઓને વારંવાર આ જોખમ વિશે લખ્યું. વંશીય હત્યાકાંડોના અભિયાન શરૂ થયાના બે વર્ષ પહેલાં 5 જુલાઈ, 2014ના રોજ એક ઇમેઈલમાં તેણે ભવિષ્યવાણી કરી હતી, "કરુણ વાત એ છે કે જનસંહારના કાળા દિવસોમાં રવાંડામાં રેડિયોનો ઉપયોગ જેમ થતો હતો, તેમ બર્મામાં ફેસબુકનો ઉપયોગ થઈ રહ્યો છે." ફેસબુકે કોઈ પગલાં લીધાં નહીં.

રોહિંગ્યા પર હુમલાઓ તીવ્ર બન્યા અને ફેસબુકને અનહદ ટીકાઓનો સામનો કરવો પડ્યો તે પછી પણ, તેણે સામગ્રી સંપાદિત કરવા માટે નિષ્ણાત સ્થાનિક જ્ઞાન ધરાવતા લોકોને નોકરીએ રાખવાનો ઇનકાર કર્યો. આમ, જ્યારે ફેસબુકને જાણ કરવામાં આવી કે મ્યાનમારમાં નફરત ફેલાવનારા લોકો રોહિંગ્યા

માટે બર્મીઝ શબ્દ 'કલાર'નો ઉપયોગ જાતિવાદી અપશબ્દ તરીકે કરી રહ્યા છે, ત્યારે ફેસબુકે એપ્રિલ 2017માં પ્રતિક્રિયા આપી અને પ્લૅટફૉર્મ પર આ શબ્દનો ઉપયોગ કરતી તમામ પોસ્ટ પર પ્રતિબંધ મૂક્યો. સ્થાનિક પરિસ્થિતિઓ અને બર્મીઝ ભાષા વિશે ફેસબુકની સંપૂર્ણ જાણકારીનો અભાવ આ ઘટનાથી છતો થયો. બર્મીઝ ભાષામાં 'કલાર' શબ્દ ફક્ત ચોક્કસ સંદર્ભોમાં જ જાતિવાદી અપશબ્દ મનાય છે. અન્ય સંદર્ભોમાં તે સંપૂર્ણપણે નિર્દોષ શબ્દ છે. ખુરશી માટે બર્મીઝ શબ્દ 'કલાર હટાઈંગ' છે અને ચણા માટેનો શબ્દ 'કલાર પે' છે. ફ્લિન્ટ હટુને જૂન 2017માં ફેસબુકને લખ્યું હતું કે, પ્લૅટફૉર્મ પરથી 'કલાર' શબ્દ પર પ્રતિબંધ મૂકવો એ "hello"માંથી "hell' અક્ષરો પર પ્રતિબંધ મૂકવા જેવું છે.[16] જોકે ફેસબુકે સ્થાનિક નિષ્ણાતની જરૂરિયાતને અવગણવાનું ચાલુ રાખ્યું. એપ્રિલ 2018 સુધીમાં, મ્યાનમારમાં તેના 1.8 કરોડ વપરાશકર્તાઓ માટે સામગ્રીને નિયંત્રિત કરવા માટે ફેસબુક દ્વારા નિયુક્ત બર્મીઝ બોલનારાઓની સંખ્યા કુલ પાંચ જ હતી.[17]

સત્યને પુરસ્કૃત કરવા માટેની સ્વસુધારણા પદ્ધતિઓમાં રોકાણ કરવાને બદલે સોશિયલ મીડિયાના દિગ્ગજોએ ખરેખર અભૂતપૂર્વ ભૂલો વધારતી પદ્ધતિઓ વિકસાવી જે જૂઠાણા અને કાલ્પનિક વાતોને પુરસ્કૃત કરતી હતી. આવી જ એક ભૂલો વધારતી પદ્ધતિ ઇન્સ્ટન્ટ આર્ટિકલ્સ પ્રોગ્રામ હતી, જે ફેસબુકે 2016માં મ્યાનમારમાં શરૂ કરી હતી. એન્ગેજમેન્ટ વધારવાની ઇચ્છા રાખતા ફેસબુકે ન્યૂઝ ચૅનલોને તેઓ દ્વારા વપરાશકર્તાઓની ક્લિક્સ અને વ્યૂઝમાં માપવામાં આવતી એન્ગેજમેન્ટની માત્રા અનુસાર ચુકવણી કરવી ચાલુ કરી. "સમાચાર"ની સત્યતાને કોઈ મહત્ત્વ આપવામાં આવ્યું ન હતું. 2021ના એક અભ્યાસમાં જાણવા મળ્યું કે 2015માં આ પ્રોગ્રામ શરૂ થયો તે પહેલાં મ્યાનમારમાં દસ ટોચની ફેસબુક વેબસાઇટોમાંથી છ "કાયદેસર મીડિયા"ની હતી. 2017 સુધીમાં ઇન્સ્ટન્ટ આર્ટિકલ્સના પ્રભાવ હેઠળ, "કાયદેસર મીડિયા"ની વેબસાઇટો ટોચના દસમાંથી ફક્ત બે પર આવી ગઈ હતી. 2018 સુધીમાં ટોચની તમામ દસ વેબસાઇટો "નકલી સમાચાર અને ક્લિકબેટ વેબસાઇટો" હતી.

અભ્યાસમાં એમ તારણ કાઢવામાં આવ્યું કે ઇન્સ્ટન્ટ આર્ટિકલ્સના લોન્ચને કારણે "મ્યાનમારમાં રાતોરાત ક્લિકબેટ વેબસાઇટો ઊગી નીકળી. આકર્ષક અને ઉત્તેજક સામગ્રી ઉત્પન્ન કરવાની યોગ્ય પદ્ધતિ સાથે તેઓ જાહેરાતની આવકમાં દર મહિને હજારો યુએસ ડૉલર અથવા સીધા ફેસબુક દ્વારા ચૂકવવામાં આવતા સરેરાશ માસિક પગાર કરતાં દસ ગણા કમાઈ શકતા હતા." મ્યાનમારમાં ફેસબુક ત્યાર સુધી ઑનલાઇન સમાચારનો સૌથી મહત્ત્વપૂર્ણ સ્રોત હોવાથી,

તેનો દેશના સમગ્ર મીડિયા ક્ષેત્ર પર ભારે પ્રભાવ પડ્યો હતો: "એક દેશમાં જ્યાં ફેસબુક ઇન્ટરનેટનો પર્યાય છે, ત્યાં નિમ્ન કક્ષાની સામગ્રી અન્ય માહિતી સ્રોતો પર ભારે પડવા માંડી હતી."[18] ફેસબુક અને અન્ય સોશિયલ મીડિયા પ્લૅટફૉર્મ સભાનપણે દુનિયાને ખોટા અને આક્રોશથી ભરપૂર સમાચાર નહોતા આપતા, પરંતુ તેમના અલ્ગોરિધમોને વપરાશકર્તાનું એન્ગેજમેન્ટ મહત્તમ બનાવવા માટે કહીને, તેમણે કર્યું તો બરાબર એમ જ.

મ્યાનમાર દુર્ઘટના પર વિચાર કરતા પ્વિન્ટ હટુને જુલાઈ 2023માં મને લખ્યું હતું, "હું ભોળી એમ માનતી હતી કે સોશિયલ મીડિયા માનવ ચેતનાને ઉન્નત કરી શકે છે અને અબજો માનવોમાં એકબીજા સાથે જોડાયેલા પ્રી-ફ્રન્ટલ કોર્ટેક્સ દ્વારા બધામાં માનવતાના દૃષ્ટિકોણને ફેલાવી શકે છે. હવે મને એમ સમજાય છે કે સોશિયલ મીડિયા કંપનીઓને માણસોના પ્રી-ફ્રન્ટલ કોર્ટેક્સને એકબીજા સાથે જોડવામાં કંઈ મળતું નથી. સોશિયલ મીડિયા કંપનીઓને એકબીજા સાથે જોડાયેલી લિમ્બિક સિસ્ટમો બનાવવામાં રસ છે અને તે માનવતા માટે વધુ જોખમી છે."

જોડાણની સમસ્યા

હું એવું કહેવા માંગતો નથી કે ખોટા સમાચાર અને કોન્સપિરસી થિયરીઓનો ફેલાવો ભૂતકાળ, વર્તમાન અને ભવિષ્યનાં તમામ કોમ્પ્યુટર નેટવર્કોની મુખ્ય સમસ્યા છે. યુટ્યૂબ, ફેસબુક અને અન્ય સોશિયલ મીડિયા પ્લૅટફૉર્મ દાવો કરે છે કે 2018થી તેઓ તેમના અલ્ગોરિધમોને સામાજિક રીતે વધુ જવાબદાર બનાવવા માટે બદલી રહ્યા છે. આ સાચું છે કે નહીં તે કહેવું મુશ્કેલ છે, ખાસ કરીને એટલે કારણ કે "સામાજિક જવાબદારી"ની કોઈ સાર્વત્રિક રીતે સ્વીકૃત વ્યાખ્યા નથી.[19] પરંતુ વપરાશકર્તાના એન્ગેજમેન્ટ માટે માહિતી ક્ષેત્રને પ્રદૂષિત કરવાની સમસ્યા ચોક્કસપણે ઉકેલી શકાય એમ છે. જો ટેક જાયન્ટો વધુ સારા અલ્ગોરિધમો બનાવવાનું નક્કી કરી લે, તો તેઓ તેમ કરી શકે છે. 2005ની આસપાસ સ્પેમના ભયાનક ત્રાસને કારણે ઇમેઈલનો ઉપયોગ અશક્ય બની જશે એમ લાગતું હતું. એ સમસ્યાને ઉકેલવા માટે શક્તિશાળી અલ્ગોરિધમો વિકસાવવામાં આવ્યાં હતાં. 2015 સુધીમાં ગૂગલે દાવો કર્યો હતો કે તેના Gmail અલ્ગોરિધમનો વાસ્તવિક સ્પામને રોકવામાં સફળતા દર 99.9 ટકા હતો, જ્યારે ફક્ત 1 ટકા યોગ્ય ઇ-મેઈલોને ભૂલથી સ્પેમ ગણવામાં આવ્યા હતા.[20]

આપણે યુટ્યૂબ, ફેસબુક અને અન્ય સોશિયલ મીડિયા પ્લૅટફૉર્મ દ્વારા થયેલા

ઘણા બધા સામાજિક લાભોને પણ અવગણવા જોઈએ નહીં. એ તો દેખીતું જ છે કે મોટાભાગના યુટ્યૂબ વિડિયો અને ફેસબુક પોસ્ટો ખોટા સમાચાર અને નરસંહારને ઉશ્કેરતા હોતા નથી. સોશિયલ મીડિયા લોકોને જોડવામાં, અગાઉના અવાજથી વંચિત જૂથોને અવાજ આપવામાં તેમજ મહત્ત્વની નવી ચળવળો અને સમુદાયોનું સર્જન કરવામાં ઘણું મદદરૂપ રહ્યું છે.[21] તેણે માનવીય સર્જનાત્મકતાને પણ અભૂતપૂર્વ પ્રોત્સાહન આપ્યું છે, જે દિવસોમાં ટેલિવિઝન પ્રબળ માધ્યમ હતું, ત્યારે દર્શકોને ઘણીવાર કાઉચ પોટેટો તરીકે બદનામ કરવામાં આવતા હતા એટલે કે થોડાંક પ્રતિભાશાળી કલાકારો દ્વારા બનાવેલી સામગ્રીના નિષ્ક્રિય ગ્રાહકો. ફેસબુક, યુટ્યૂબ અને અન્ય સોશિયલ મીડિયા પ્લૅટફૉર્મોએ આ કાઉચ પોટેટોને ઊભા થવા અને કંઈક બનાવવાનું શરૂ કરવા પ્રેરણા આપી. સોશિયલ મીડિયા પરની મોટાભાગની સામગ્રી શક્તિશાળી જનરેટિવ AIના ઉદય સુધી તો ચોક્કસ વ્યાવસાયિક વર્ગ દ્વારા નહીં, પણ વપરાશકર્તાઓ દ્વારા અને તેમની બિલાડીઓ અને કૂતરાઓ દ્વારા બનાવવામાં આવી છે.

હું પણ લોકો સાથે જોડાવા માટે નિયમિતપણે યુટ્યૂબ અને ફેસબુકનો ઉપયોગ કરું છું, અને હું સોશિયલ મીડિયાનો આભારી છું કે તેમણે મને મારા પતિ સાથે જોડ્યો, જેને હું 2002માં પ્રથમ LGBTQ સોશિયલ મીડિયા પ્લૅટફૉર્મમાંથી એક પર મળ્યો હતો. LGBTQ લોકો જેવી વિખરાયેલી લઘુમતીઓ માટે સોશિયલ મીડિયાએ ઘણું કર્યું છે. ગે વિસ્તારમાં ગે પરિવારમાં બહુ ઓછા ગે છોકરાઓ જન્મતા હોય છે અને ઇન્ટરનેટ પહેલાંના દિવસોમાં ફક્ત એકબીજાને શોધવા એ જ મોટો પડકાર હતો. નહીંતર તમારે આંગળીના વેઢે ગણાય તેટલાં સહિષ્ણુ મહાનગરોમાંથી એકમાં જવું પડતું, કારણ કે ત્યાં ગે લોકોની સ્વીકૃતિ અને સંસ્કૃતિ હતી. 1980ના દાયકા અને 1990ના દાયકાની શરૂઆતમાં ઇઝરાયલના એક નાના હોમોફોબિક શહેરમાં ઊછર્યા પછી, હું એક પણ એવા ગે પુરુષને ઓળખતો ન હતો જેણે ખુલ્લેઆમ એ સ્વીકાર્યું હોય. 1990ના દાયકાના અંતમાં અને 2000ના દાયકાની શરૂઆતમાં સોશિયલ મીડિયાએ વિખરાયેલા LGBTQ સમુદાયના સભ્યોને એકબીજાને શોધવા અને કનેક્ટ થવા માટે એક અભૂતપૂર્વ અને લગભગ જાદુઈ લાગે તેવી પદ્ધતિ પ્રદાન કરી હતી.

અને છતાં મેં સોશિયલ મીડિયા "વપરાશકર્તાના એન્ગેજમેન્ટ"ની ચર્ચા પર ખૂબ ધ્યાન આપ્યું છે, કારણ કે તે કોમ્પ્યુટરોને અસર કરતી ઘણી મોટી સમસ્યા એટલે કે જોડાણ (અલાઇનમેન્ટ)ની સમસ્યાનું ઉદાહરણ છે. જ્યારે કોમ્પ્યુટરોને એક ચોક્કસ ધ્યેય આપવામાં આવે છે, જેમ કે યુટ્યૂબ ટ્રાફિકને દિવસમાં એક અબજ કલાક સુધી પહોંચાડવો, ત્યારે તેઓ આ ધ્યેયને સિદ્ધ કરવા માટે

તેમની બધી શક્તિઓ અને ચાતુર્યનો ઉપયોગ કરે છે. તેઓ મનુષ્યો કરતાં ખૂબ જ અલગ રીતે કાર્ય કરે છે તેથી તેઓ એવી પદ્ધતિઓનો ઉપયોગ કરે તેવી શક્યતા છે, જેની તેમના માનવ સર્જકોએ અપેક્ષા રાખી ન હોય. આના પરિણામે એવાં ખતરનાક અણધાર્યા પરિણામો આવી શકે છે, જેનાં મૂળ માનવ લક્ષ્યો સાથે સુસંગત નથી હોતાં. જો ભલામણ કરનારા અલ્ગોરિધમો નફરતને પ્રોત્સાહન આપવાનું બંધ કરે તો પણ, જોડાણની સમસ્યાનાં અન્ય ઉદાહરણો રોહિંગ્યા વિરોધી અભિયાન કરતાં મોટી આફતોમાં પરિણમી શકે છે. કોમ્પ્યુટરો જેટલાં વધુ શક્તિશાળી અને સ્વતંત્ર બનશે, તેટલો ભય વધશે.

અલબત્ત, આ જોડાણની સમસ્યા નવી કે અલ્ગોરિધમ્સ પૂરતી નથી. કોમ્પ્યુટરોની શોધ પહેલાં હજારો વર્ષોથી તે માનવતાને વિકૃત કરતી આવી છે. ઉદાહરણ તરીકે, તે આધુનિક લશ્કરી વિચારસરણીની પાયાની સમસ્યા રહી છે, જે કાર્લ વોન ક્લોઝવિટ્ઝના યુદ્ધના સિદ્ધાંતમાં સમાવિષ્ટ છે. ક્લોઝવિટ્ઝ એક પ્રુશિયન જનરલ હતા જે નેપોલિયનના યુદ્ધોમાં લડ્યા હતાં. 1815માં નેપોલિયનના અંતિમ પરાજય બાદ, ક્લોઝવિટ્ઝ પ્રુશિયન વૉર કૉલેજના ડિરેક્ટર બન્યા. તેમણે યુદ્ધની મોટી થિયરીને પણ ઔપચારિક આકાર આપવાનું શરૂ કર્યું. 1831માં કૉલેરાથી તેમનું અવસાન થયા પછી તેમની પત્ની મેરીએ તેમની અધૂરી હસ્તપ્રતનું સંપાદન કર્યું અને 1832 અને 1834 વચ્ચે અનેક ભાગોમાં તેને 'ઓન વૉર' નામથી પ્રકાશિત કરી.[22]

'ઓન વૉર' પુસ્તકે યુદ્ધને સમજવા માટે એક તર્કસંગત મૉડેલ બનાવ્યું છે અને તે આજે પણ પ્રભાવક લશ્કરી સિદ્ધાંત મનાય છે. તેનો સૌથી મહત્ત્વપૂર્ણ સિદ્ધાંત એ છે કે, "યુદ્ધ એટલે અન્ય માધ્યમો દ્વારા નીતિઓ ચાલુ રાખવી."[23] તે એમ સૂચવે છે કે યુદ્ધ ભાવનાત્મક ક્રિયા, પરાક્રમીઓનું સાહસ કે દૈવી સજા નથી. યુદ્ધ લશ્કરી ઘટના પણ નથી. તેના બદલે યુદ્ધ એક રાજકીય સાધન છે. ક્લોઝવિટ્ઝના મતે, લશ્કરી કાર્યવાહી જ્યાં સુધી કોઈ વ્યાપક રાજકીય ધ્યેય સાથે જોડાયેલી ન હોય ત્યાં સુધી સંપૂર્ણપણે અતાર્કિક છે.

ધારો કે મેક્સિકો તેના નાના પાડોશી દેશ બેલીઝ પર આક્રમણ કરીને તેને જીતી લેવાનું વિચારી રહ્યું છે અને એમ પણ ધારો કે વિગતવાર લશ્કરી વિશ્લેષણ દ્વારા એવું તારણ પણ કઢાય છે કે જો મેક્સિકન સૈન્ય આક્રમણ કરે છે તો તે બેલીઝના નાનકડા સૈન્યને કચડી નાખશે અને ત્રણ દિવસમાં રાજધાની બેલ્મોપન પર વિજય મેળવીને ઝડપી અને નિર્ણાયક લશ્કરી વિજય મેળવશે. ક્લોઝવિટ્ઝના મતે, આ તારણ મેક્સિકો માટે આક્રમણ કરવાનું તર્કસંગત કારણ નથી. લશ્કરી વિજય મેળવવાની ક્ષમતા હોવી અર્થહીન છે. મેક્સિકોની

સરકારે પોતાને મુખ્ય પ્રશ્ન એ પૂછવો જોઈએ કે એ લશ્કરી સફળતા કયા રાજકીય લક્ષ્યો સિદ્ધ કરશે?

ઇતિહાસ એવી નિર્ણાયક લશ્કરી જીતોથી ભરેલો છે, જેના કારણે રાજકીય આફતો સર્જાઈ હોય. ક્લોઝવિટ્ઝ માટે, સૌથી સ્પષ્ટ ઉદાહરણ ઘરનું જ હતુંઃ નેપોલિયનની આખી કારકિર્દી. નેપોલિયનની લશ્કરી પ્રતિભા અંગે કોઈને શંકા નથી, તે યુક્તિઓ અને વ્યૂહરચના બંનેમાં માસ્ટર હતા. તેમની વિવિધ જીતોના પ્રતાપે તેમને વિશાળ પ્રદેશો પર કામચલાઉ નિયંત્રણ તો મળ્યું, પણ તેઓ કોઈ કાયમી રાજકીય સિદ્ધિઓ મેળવવામાં નિષ્ફળ રહ્યા. તેમના લશ્કરી વિજયોએ મોટાભાગની યુરોપિયન શક્તિઓને તેમની સામે સંગઠિત થવા માટે પ્રેરિત કરી અને તેઓએ પોતાને સમ્રાટનો તાજ પહેરાવ્યાના એક દાયકા પછી તેમનું સામ્રાજ્ય ભાંગી પડ્યું હતું.

વાસ્તવમાં તો લાંબા ગાળે નેપોલિયનના વિજયોએ ફ્રાન્સનું કાયમી પતન સુનિશ્ચિત કર્યું હતું. સદીઓ સુધી ફ્રાન્સ યુરોપની અગ્રણી ભૂરાજકીય શક્તિ હતું જેનું મુખ્ય કારણ એ હતું કે ઇટાલી કે જર્મની સંગઠિત રાજકીય અસ્તિત્વ ધરાવતા ન હતા. ઇટાલી ડઝનબંધ અંદરોઅંદર લડતા એક શહેરમાં સમેટાયેલાં રાજ્યો, સામંતશાહી રજવાડાંઓ અને ચર્ચોની ખીચડી સમાન પ્રદેશ હતો. જર્મની તો તેનાથી પણ વધુ વિચિત્ર કોયડો હતું, જે એક હજારથી વધુ સ્વતંત્ર રાજ્યોમાં વહેંચાયેલું હતું અને પવિત્ર રોમન સામ્રાજ્યના સૈદ્ધાંતિક આધિપત્ય હેઠળ જર્મન રાષ્ટ્ર તરીકે કહેવા પૂરતું સંગઠિત હતું.[24] 1789માં, ફ્રાન્સ પર જર્મની કે ઇટાલીના આક્રમણની સંભાવના જ અકલ્પ્ય હતી, કારણ કે જર્મન કે ઇટાલિયન સૈન્ય જેવી કોઈ વસ્તુ જ નહોતી.

મધ્ય યુરોપ અને ઇટાલીના દ્વીપકલ્પમાં નેપોલિયનનું સામ્રાજ્ય વિસ્તરતું ગયું. 1806માં તેણે પવિત્ર રોમન સામ્રાજ્યનો નાશ કર્યો, જર્મની અને ઇટાલીનાં ઘણાં નાનાં રજવાડાંઓને મોટા પ્રાદેશિક પ્રદેશોમાં ભેળવી દીધા અને જર્મનીનાં રાઈન કોન્ફેડરેશન તેમજ ઇટાલીનું રાજ્ય બનાવ્યું અને આ પ્રદેશોને તેમના શાસન હેઠળ સંગઠિત કરવાનો પ્રયાસ કર્યો. તેમની વિજયી સેનાઓએ જર્મની અને ઇટાલીમાં આધુનિક રાષ્ટ્રવાદ અને લોકપ્રિય સાર્વભૌમત્વના આદર્શોનો પણ ફેલાવો કર્યો. નેપોલિયને એમ વિચાર્યું હતું કે આ બધું તેના સામ્રાજ્યને વધુ મજબૂત બનાવશે. હકીકતમાં પરંપરાગત માળખાંઓને તોડીને અને જર્મની અને ઇટાલીના લોકોને સંગઠિત રાષ્ટ્રનો સ્વાદ ચખાડીને નેપોલિયને અજાણતાં જર્મની (1866-71) અને ઇટાલી (1848-71)ના અંતિમ એકીકરણનો પાયો નાખ્યો હતો. 1870-71ના ફ્રાન્કો-પ્રુશિયન યુદ્ધમાં ફ્રાન્સ પર જર્મન

વિજય દ્વારા રાષ્ટ્રીય એકીકરણની આ બેવડી પ્રક્રિયાઓ પૂર્ણ કરવામાં આવી હતી. હવે ફ્રાન્સની પૂર્વીય સરહદ પર બે નવી એકીકૃત અને ઉત્સાહી રાષ્ટ્રવાદી શક્તિઓ હતી માટે ફ્રાન્સ ક્યારેય પોતાનું પ્રભુત્વ પાછું મેળવી શક્યું નહીં.

રાજકીય પરાજય તરફ દોરી જતી લશ્કરી જીતનું તાજેતરનું ઉદાહરણ 2003માં ઇરાક પરના અમેરિકનું આક્રમણ છે. અમેરિકનોએ દરેક મોટી લશ્કરી લડાઈ જીતી, પરંતુ તેઓ કોઈ પણ લાંબા ગાળાના રાજકીય ઉદ્દેશ્યો પ્રાપ્ત કરવામાં નિષ્ફળ ગયા. તેમની લશ્કરી જીતથી ન તો ઇરાકમાં મૈત્રીપૂર્ણ શાસન સ્થપાયું કે ન તો મધ્ય પૂર્વમાં તેમને અનુકૂળ હોય તેવી ભૂ-રાજકીય વ્યવસ્થા સ્થાપિત થઈ. યુદ્ધનું વાસ્તવિક વિજેતા ઈરાન હતું. અમેરિકન લશ્કરી જીતે ઇરાકને ઈરાનના પરંપરાગત શત્રુમાંથી ઈરાનની જાગીરમાં બદલી કાઢ્યું. તેનાથી મધ્ય પૂર્વમાં અમેરિકન સ્થિતિ ખૂબ નબળી પડી ગઈ અને ઈરાન પ્રાદેશિક આધિપત્ય હેઠળ આવી ગયું.[25]

નેપોલિયન અને જ્યોર્જ ડબલ્યુ. બુશ બંને જોડાણની સમસ્યાનો ભોગ બન્યા. તેમના ટૂંકા ગાળાના લશ્કરી ધ્યેયો તેમના દેશોના લાંબા ગાળાના ભૂ-રાજકીય ધ્યેયો સાથે જોડાયેલા નહોતા. આપણે ક્લોઝવિટ્ઝના 'ઓન વૉર'ને એક એવી ચેતવણી તરીકે સમજી શકીએ છીએ કે "મહત્તમ વિજય મેળવવો" એ "વપરાશકર્તાના એન્ગેન્જમેન્ટને મહત્તમ બનાવવા" જેટલું જ ટૂંકી દૃષ્ટિ ધરાવતું લક્ષ્ય છે. ક્લોઝવિટ્ઝિયન મૉડેલ મુજબ રાજકીય ધ્યેય સ્પષ્ટ થયા પછી જ તેને પ્રાપ્ત કરવાની આશા સાથે સૈન્ય તેને અનુરૂપ લશ્કરી વ્યૂહરચના નક્કી કરી શકે છે. એ મોટાપાયાની વ્યૂહરચનામાંથી નીચલી કક્ષાના અધિકારીઓ વ્યૂહાત્મક લક્ષ્યો નક્કી કરી શકે છે. આ મૉડેલ લાંબા ગાળાની નીતિ, મધ્યમ ગાળાની વ્યૂહરચના અને ટૂંકા ગાળાની રણનીતિને સ્પષ્ટ ક્રમમાં ગોઠવે છે. રણનીતિઓ ફક્ત ત્યારે જ તર્કસંગત માનવામાં આવે છે જો તે કોઈ વ્યૂહાત્મક ધ્યેય સાથે જોડાયેલી હોય અને વ્યૂહરચના ફક્ત ત્યારે જ તર્કસંગત માનવામાં આવે છે જ્યારે તે કોઈ રાજકીય ધ્યેય સાથે જોડાયેલી હોય. નીચલી કક્ષાના એક ટુકડીના કમાન્ડરના સ્થાનિક વ્યૂહાત્મક નિર્ણયો પણ યુદ્ધના અંતિમ રાજકીય ધ્યેયને પૂર્ણ કરતા હોવા જોઈએ.

ધારો કે ઇરાક પર અમેરિકાના કબજા દરમિયાન કોઈ અમેરિકાની ટુકડી પર નજીકની મસ્જિદમાંથી તીવ્ર ગોળીબાર થાય છે. એ ટુકડીના કમાન્ડરે ઘણા જુદા જુદા વ્યૂહાત્મક નિર્ણયોમાંથી ચોક્કસ પસંદગી કરવાની છે. તે ટુકડીને પીછેહઠ કરવાનો આદેશ આપી શકે છે. તે ટુકડીને મસ્જિદ પર હુમલો કરવાનો

આદેશ આપી શકે છે. તે તેની ટેન્કોમાંથી એકને મસ્જિદને ફૂંકી મારવાનો આદેશ આપી શકે છે. તો એ ટુકડીના કમાન્ડરે શું કરવું જોઈએ?

માત્ર લશ્કરી દૃષ્ટિકોણ અનુસાર કમાન્ડર માટે તેની એકાદ ટેન્કને મસ્જિદને ઉડાવી દેવાનો આદેશ આપે તે શ્રેષ્ઠ લાગે છે. આનાથી અમેરિકનોને શસ્ત્રોની દૃષ્ટિએ જે વ્યૂહાત્મક લાભ મળતો હતો તેનો લાભ પણ મળે, પોતાના સૈનિકોના જીવ જોખમમાં નાખવાનું ટળે અને નિર્ણાયક વ્યૂહાત્મક વિજય પ્રાપ્ત થાય. જોકે, રાજકીય દૃષ્ટિકોણ અનુસાર આ કમાન્ડર દ્વારા લેવામાં આવેલો સૌથી ખરાબ નિર્ણય હોઈ શકે છે. અમેરિકાની ટેન્ક દ્વારા મસ્જિદનો નાશ કરવાના વિડિયો ફૂટેજથી અમેરિકા વિરુદ્ધનો ઇરાકના લોકોનો અભિપ્રાય બળવત્તર બને અને સમગ્ર મુસ્લિમ વિશ્વમાં આક્રોશ ફેલાય. મસ્જિદ પર સૈનિકો વડે હુમલો કરવો પણ રાજકીય ભૂલ ગણાઈ શકે છે કારણ કે તે પણ ઇરાકીઓમાં રોષ પેદા કરી શકે છે અને અમેરિકાના સૈનિકોના મૃત્યુથી અમેરિકાના મતદારો દ્વારા યુદ્ધને અપાતું સમર્થન પણ ઘટી શકે છે. યુનાઇટેડ સ્ટેટ્સના રાજકીય યુદ્ધના ઉદ્દેશ્યોને ધ્યાનમાં રાખીને પીછેહઠ કરવી અને વ્યૂહાત્મક હાર સ્વીકારવી એ સૌથી તર્કસંગત નિર્ણય હોઈ શકે છે.

આથી ક્લોઝવિટ્ઝ માટે તર્કસંગતતાનો અર્થ જોડાણ છે. રાજકીય લક્ષ્યો સાથે ખોટી રીતે જોડાયેલી વ્યૂહાત્મક અથવા રણનીતિક જીત અતાર્કિક છે. સમસ્યા એ છે કે ઘણીવાર સૈન્યની અમલદારશાહી તેને આવા અતાર્કિક નિર્ણયો લેવા માટે પ્રેરતી હોય છે. પ્રકરણ-3માં ચર્ચા કરી તે મુજબ, વાસ્તવિકતાને અલગ અલગ ખાનાંઓમાં વિભાજિત કરીને અમલદારશાહી સંકુચિત લક્ષ્યોને અનુસરવાને પ્રોત્સાહન આપે છે, પછી ભલેને તેનાથી લાંબે ગાળે નુકસાન થતું હોય. નાનકડું મિશન પૂર્ણ કરવાનું, જે અમલદારોને સોંપાયું છે, તેમને તેમની ક્રિયાઓની વ્યાપક અસરની જાણ ન હોય તેવું બની શકે છે અને તેમના પગલાં સમાજની લાંબાગાળાની ભલાઈ સાથે જોડાયેલ હોય તે સુનિશ્ચિત કરવું હંમેશાં મુશ્કેલ હોય છે. અત્યારની બધી જ આધુનિક સેનાઓની જેમ જ્યારે સૈન્ય અમલદારશાહી અનુસાર કાર્ય કરે છે ત્યારે કોઈ ટુકડીનું નેતૃત્વ કરતા કેપ્ટન અને દૂર આવેલી ઑફિસમાં લાંબા ગાળાની નીતિ ઘડતા રાષ્ટ્રપતિ વચ્ચે ઘણું મોટું અંતર રહેતું હોય છે. કેપ્ટન એવા નિર્ણયો લઈ શકે છે, જે યુદ્ધના મેદાનમાં વાજબી લાગતા હોય, પરંતુ તે વાસ્તવમાં યુદ્ધના અંતિમ લક્ષ્યને અનુરૂપ ન હોય.

એટલે આ જોડાણ (અલાઇનમેન્ટ)ની સમસ્યા કોમ્પ્યુટરની ક્રાંતિથી ઘણી પહેલાની છે અને વર્તમાન ઇન્ફૉર્મેશન એમ્પાયરોના નિર્માતાઓ જે મુશ્કેલીઓનો સામનો કરી રહ્યા છે તે અગાઉના વિજેતાઓથી અજાણી નથી. તેમ છતાં,

કોમ્પ્યુટરો આ જોડાણની સમસ્યાના સ્વરૂપને મહત્ત્વપૂર્ણ રીતે બદલી નાખે છે. માનવ અમલદારો અને સૈનિકો સમાજના લાંબા ગાળાના ધ્યેયો સાથે જોડાયેલા રહે તે સુનિશ્ચિત કરવું ગમે તેટલું મુશ્કેલ હોય, પરંતુ અલ્ગોરિધમના અમલદારો અને જાતે નિર્ણયો લેતી શસ્ત્રપ્રણાલીઓનું જોડાણ સુનિશ્ચિત કરવું વધુ મુશ્કેલ બનશે.

પેપર-ક્લિપ નેપોલિયન

કોમ્પ્યુટર નેટવર્કના સંદર્ભમાં જોડાણ (અલાઇનમેન્ટ)ની સમસ્યા વિશેષતઃ ભયાનક હોવાનું એક કારણ એ છે કે આ નેટવર્ક અગાઉની કોઈ પણ માનવ અમલદારશાહી કરતાં વધુ શક્તિશાળી બનવાની શક્યતા છે. સુપર ઇન્ટેલિજન્ટ કોમ્પ્યુટરોના ખોટાં લક્ષ્યો સાથેના જોડાણથી અભૂતપૂર્વ વિનાશ થઈ શકે છે. ફિલોસોફર નિક બૉસ્ટ્રોમે તેમના 2014ના પુસ્તક ‘સુપર ઇન્ટેલિજન્સ’માં એક વૈચારિક પ્રયોગનો ઉપયોગ કરીને આ જોખમ કેવું હોઈ શકે તેનું ચિત્રણ કર્યું છે, જે ગોથેના “સોર્સેસર્સ એપ્રેન્ટિસ”ની યાદ અપાવે છે. બૉસ્ટ્રોમ આપણને કલ્પના કરવા કહે છે કે કોઈ પેપર-ક્લિપ ફેક્ટરી એક સુપર ઇન્ટેલિજન્ટ કોમ્પ્યુટર ખરીદે છે અને ફેક્ટરીનો માનવ મૅનેજર એ કોમ્પ્યુટરને એક સરળ કાર્ય સોંપે છે: શક્ય તેટલી વધુ પેપર ક્લિપ્સ બનાવવી. આ ધ્યેયને સિદ્ધ કરવા માટે પેપર-ક્લિપ કોમ્પ્યુટર સમગ્ર પૃથ્વી પર વિજય મેળવે છે, બધા માનવોને મારી નાખે છે, બીજા ગ્રહો પર કબજો કરવા માટે અભિયાનો શરૂ કરે છે અને સમગ્ર બ્રહ્માંડને પેપર-ક્લિપની ફેક્ટરીઓથી ભરી નાખવા માટે તેને પ્રાપ્ત થયેલાં તમામ સંસાધનોનો ઉપયોગ કરે છે.

આ વૈચારિક પ્રયોગનો મુદ્દો એ છે કે કોમ્પ્યુટરે જે કહેવામાં આવ્યું હતું તે જ કર્યું (જેમ ગોથેની કવિતામાં જાદુઈ સાવરણીએ કર્યું હતું તેમ). વધુ ફેક્ટરીઓ બનાવવા અને વધુ પેપર ક્લિપ્સ બનાવવા માટે તેને વીજળી, સ્ટીલ, જમીન અને અન્ય સંસાધનોની જરૂર છે અને માનવીઓ આ સંસાધનો છોડી દે તેવી શક્યતા ઓછી છે તે સમજીને, સુપર ઇન્ટેલિજન્ટ કોમ્પ્યુટરે તેની એકલક્ષિતા અનુસાર ધ્યેયસિદ્ધિ માટે બધા માનવોને દૂર કર્યા.[26] બૉસ્ટ્રોમનો મુદ્દો એ હતો કે કોમ્પ્યુટરની સમસ્યા એ નથી કે તેઓ અનિષ્ટ છે, પરંતુ તેઓ ખૂબ શક્તિશાળી છે એ સમસ્યા છે અને કોમ્પ્યુટર જેટલું શક્તિશાળી હશે, આપણે પણ તેના ધ્યેયને એટલી જ સચોટતાથી વ્યાખ્યાયિત કરવાની સાવચેતી રાખવી પડશે જેથી તે આપણા અંતિમ ધ્યેયો સાથે યોગ્ય રીતે

જોડાય. જો આપણે કોઈ પોકેટ કેલ્ક્યુલેટરને ખોટી રીતે જોડાયેલા ધ્યેય વડે વ્યાખ્યાયિત કરીએ, તો તેનાં પરિણામો નજીવાં હશે, પરંતુ જો આપણે ખોટા જોડાણવાળા ધ્યેય વડે સુપર ઇન્ટેલિજન્ટ મશીનને વ્યાખ્યાયિત કરીએ, તો પરિણામો કલ્પનાતીત હોઈ શકે છે.

પેપર-ક્લિપવાળો વૈચારિક પ્રયોગ વિચિત્ર અને વાસ્તવિકતાથી સંપૂર્ણપણે વેગળો લાગે છે, પરંતુ જો સિલિકોન વેલીના સંચાલકોએ 2014માં બૉસ્ટ્રોમે આ પુસ્તક પ્રકાશિત કર્યું ત્યારે જ તેની પર ધ્યાન આપ્યું હોત, તો કદાચ તેઓ તેમના અલ્ગોરિધમોને "વપરાશકર્તાનું એન્ગેજમેન્ટ મહત્તમ કરવા" માટે સૂચના આપતા પહેલાં વધુ સાવચેત રહ્યા હોત. ફેસબુક અને યુટ્યૂબના અલ્ગોરિધમો બૉસ્ટ્રોમના કાલ્પનિક અલ્ગોરિધમની જેમ જ વર્ત્યા હતા. જ્યારે પેપર-ક્લિપનું ઉત્પાદન મહત્તમ કરવાનું કહેવામાં આવ્યું, ત્યારે અલ્ગોરિધમે સમગ્ર ભૌતિક બ્રહ્માંડને પેપર ક્લિપ્સમાં રૂપાંતરિત કરવાનો પ્રયાસ કર્યો, ભલે તેના માટે માનવ સંસ્કૃતિનો નાશ કરવો પડે. જ્યારે યુઝર એન્ગેજમેન્ટને મહત્તમ કરવાનું કહેવામાં આવ્યું, ત્યારે ફેસબુક અને યુટ્યૂબ અલ્ગોરિધમોએ સમગ્ર સોશિયલ યુનિવર્સને વપરાશકર્તાના એન્ગેજમેન્ટમાં રૂપાંતરિત કરવાનો પ્રયાસ કર્યો, ભલે તેનાથી મ્યાનમાર, બ્રાઝિલ અને અન્ય ઘણા દેશોના સામાજિક માળખાને નુકસાન પહોંચતું હોય.

કોમ્પ્યુટરના કિસ્સામાં જોડાણની સમસ્યા વધુ મહત્ત્વની કેમ છે, તેનું બીજું કારણ પણ બૉસ્ટ્રોમનો વૈચારિક પ્રયોગ રજૂ કરે છે. કોમ્પ્યુટરો નિર્જીવ વસ્તુઓ છે માટે તેઓ એવી વ્યૂહરચનાઓ અપનાવે તેવી શક્યતા છે, જે કોઈ પણ માનવીને ક્યારેય ન સૂઝે અને તેથી આપણે તેની અપેક્ષા પણ રાખીએ નહીં અને અટકાવી પણ શકીએ નહીં. અહીં એક ઉદાહરણ છે: 2016માં ડારિયો અમોદેઈ 'યુનિવર્સ' નામના પ્રોજેક્ટ પર કામ કરી રહ્યા હતા, જે એક બધાને ઉપયોગી થાય એવી AI વિકસાવવાનો પ્રયાસ કરી રહ્યા હતા જે સેંકડો અલગ અલગ કોમ્પ્યુટર ગેમો રમી શકે. તે AIએ વિવિધ કાર રેસમાં સારી રીતે સ્પર્ધા કરી, તેથી અમોદેઈએ પછી બોટ રેસમાં તેનો પ્રયોગ કર્યો. AI તેની બોટ સીધા બંદરમાં લઈ ગઈ અને પછી બંદરની અંદર અને બહાર સતત ગોળ ગોળ ફરતી રહી, પરંતુ તેના આ વર્તનનું કારણ સમજી શકાયું નહીં.

શું લોચો પડ્યો છે તે સમજવામાં અમોદેઈને ઘણો સમય લાગ્યો. સમસ્યા એ હતી કે શરૂઆતમાં અમોદેઈને ખ્યાલ નહોતો કે AIને કેવી રીતે સમજાવવું કે તેનું લક્ષ્ય "રેસ જીતવાનું" છે. "જીતવું" એ અલ્ગોરિધમને સમજાય એવી વિભાવના નથી. "રેસ જીતવી" શબ્દોને કોમ્પ્યુટરને સમજાવવા માટે અમોદેઈને

રેસમાં અન્ય બોટની પોઝિશન અને તેમનો આગળ-પાછળનો ક્રમ જેવા જટિલ ખ્યાલો કોમ્પ્યુટરને સમજાવવા પડે તેમ હતું. તેથી અમોદેઈએ સરળ રસ્તો અપનાવ્યો અને બોટ થકી વધુમાં વધુ સ્કોર કરવાનું કહ્યું. તેમણે એમ ધારી લીધું કે સ્કોર કરવો રેસ જીતવાની અવેજીમાં સારી રીતે વાપરી શકાશે. કારણ કે કાર રેસમાં તે કામ આવ્યું હતું.

પરંતુ બોટ રેસમાં એક વિશિષ્ટ સુવિધા હતી, જે કાર રેસમાં નહોતી. તેના કારણે બુદ્ધિશાળી AI રમતના નિયમોમાંથી છટકબારી શોધી શક્યું. આ રમતમાં પણ કાર રેસની જેમ જ ખેલાડીઓને અન્ય બોટ કરતાં આગળ રહેવા બદલ ઘણા બધા પોઇન્ટ આપવામાં આવતા હતા પરંતુ જ્યારે પણ તેઓ બોટને બંદરમાં લાંગરીને તેમની શક્તિ ફરીથી રિચાર્જ કરતા હતા ત્યારે પણ તેમને થોડા પોઇન્ટ મળતા હતા. AIએ શોધી કાઢ્યું કે જો અન્ય બોટથી આગળ વધવાનો પ્રયાસ કરવાને બદલે, તે ફક્ત બંદરની અંદર અને બહાર ગોળ ગોળ ફરે રાખે, તો તે વધુ ઝડપથી વધુ પોઇન્ટ એકઠા કરી શકે છે. રમતના કોઈ પણ માનવ ડેવલોપરોએ કે ડારિયો અમોદેઈએ આ છટકબારી નોંધી ન હતી. AI બરાબર તે જ કરી રહ્યું હતું જે કરવા માટે રમત તેને પુરસ્કાર આપતી હતી, ભલે માનવો તેની આશા રાખતા નહોતા. આ છે જોડાણની સમસ્યાનો સાર: એક લક્ષ્યની આશા રાખવી અને બીજા લક્ષ્યને પુરસ્કાર આપવો.[27] જો આપણે ઇચ્છીએ છીએ કે કોમ્પ્યુટરો સમાજને મળતા લાભોને સૌથી વધુ મહત્ત્વ આપે, તો વપરાશકર્તાના એન્ગેજમેન્ટને મહત્તમ કરવા માટે તેમને પુરસ્કાર આપવો અયોગ્ય બની રહે છે..

કોમ્પ્યુટરોની જોડાણની સમસ્યા વિશે ચિંતા કરવાનું ત્રીજું કારણ એ પણ છે કે જ્યારે આપણે તેમને ખોટી રીતે ધ્યેય ચીંધવાની ભૂલ કરીએ છીએ, ત્યારે તેઓ તે ભૂલ સમજવાની કે તેના વિશે ખુલાસો માંગવાની વિનંતી કરે તેવી શક્યતા ઘણી ઓછી હોય છે. જો બોટ-રેસમાં AIના બદલે કોઈ માનવ ગેમર હોત, તો તેને ખ્યાલ આવ્યો હોત કે રમતના નિયમોમાં તેણે શોધેલી છટકબારી કદાચ ખરેખર "વિજેતા" બનાવતી નથી. જો પેપર-ક્લિપ AI કોઈ માનવ અમલદાર હોત, તો તેને ખ્યાલ આવ્યો જ હોત કે પેપર ક્લિપ્સ બનાવવા માટે માનવતાનો નાશ કરવો એ હેતુ નથી, પરંતુ કોમ્પ્યુટરો માનવ ન હોવાથી આપણા સંભવિત ખોટા જોડાણોને સમજવા અને તેના પર ખુલાસા માંગવા માટે આપણે તેમની પર આધાર રાખી શકતા નથી. 2010ના દાયકામાં યુટ્યૂબ અને ફેસબુકની મૅનેજમેન્ટ ટીમો પર તેમના માનવ કર્મચારીઓ તેમજ બહારના નિરીક્ષકો દ્વારા તેમના અલ્ગોરિધમો દ્વારા થઈ રહેલા નુકસાન વિશે

ચેતવણીઓનો ધોધ વરસાવવામાં આવ્યો હતો, પરંતુ અલ્ગોરિધમોએ પોતે ક્યારેય એવી ચેતવણી આપી નહોતી.[28]

જેમ જેમ આપણે આરોગ્યસંભાળ, શિક્ષણ, કાયદાનું અમલીકરણ અને અન્ય અસંખ્ય ક્ષેત્રોમાં અલ્ગોરિધમોને વધુ ને વધુ શક્તિ આપતા જઈશું, તેમ તેમ આ જોડાણની સમસ્યા વધુ ને વધુ મોટી થતી જશે. જો આપણે તેનો ઉકેલ લાવવાના રસ્તાઓ નહીં શોધીએ, તો તેના પરિણામો ગોળ ગોળ હોડીઓ ચલાવીને પોઇન્ટ ભેગા કરતો અલ્ગોરિધમ કરતાં ઘણા ખરાબ હશે.

કોર્સિકાનું જોડાણ

તો આ અંતિમ ધ્યેય સાથેના જોડાણની સમસ્યા કેવી રીતે ઉકેલવી? સૈદ્ધાંતિક રીતે જ્યારે માનવીઓ કોમ્પ્યુટર નેટવર્ક બનાવે છે, ત્યારે તેમણે તેના માટે એક અંતિમ ધ્યેય વ્યાખ્યાયિત કરવું જોઈએ, જેને કોમ્પ્યુટરો ક્યારેય બદલી કે અવગણી શકે નહીં. પછી જો કોમ્પ્યુટરો અત્યંત શક્તિશાળી પણ બની જાય કે જેથી આપણે તેમના પરનું નિયંત્રણ ગુમાવી બેસીએ, તો પણ આપણે એટલી ખાતરી તો અવશ્ય રાખી શકીએ કે તેમની અપાર શક્તિ આપણને નુકસાન પહોંચાડવાને બદલે ફાયદો જ કરશે. અલબત્ત જો આપણે અંતિમ ધ્યેય હાનિકારક કે અસ્પષ્ટ રીતે વ્યાખ્યાયિત કર્યું હોય તો એ જ સમસ્યા છે. માનવ નેટવર્કના કિસ્સામાં આપણે સમયાંતરે આપણા લક્ષ્યોની સમીક્ષા અને સુધારણા કરવા માટે સ્વસુધારણા પદ્ધતિઓ પર આધાર રાખીએ છીએ, તેથી ખોટું ધ્યેય નક્કી કરવાથી વિશ્વનો અંત આવી જતો નથી, પરંતુ કોમ્પ્યુટર નેટવર્ક આપણા નિયંત્રણમાંથી બહાર જઈ શકે છે એટલે જો આપણે તેને ખોટું લક્ષ્ય આપી બેસીએ છીએ, તો જ્યારે આપણને તે ભૂલ સમજાય છે, ત્યારે તેને સુધારવા માટે આપણે સક્ષમ ન પણ હોઈએ. કેટલાક લોકો એવી આશા રાખી શકે છે કે બહુ કાળજીપૂર્વક વિચારવિમર્શ કરીને આપણે કોમ્પ્યુટર નેટવર્ક માટે યોગ્ય લક્ષ્યોને અગાઉથી જ વ્યાખ્યાયિત કરી શકીશું. જોકે આ એક ખૂબ જ ભયાનક ભ્રમણા છે.

કોમ્પ્યુટર નેટવર્કના અંતિમ ધ્યેયો અગાઉથી વ્યાખ્યાયિત કરવા કેમ અશક્ય છે તે સમજવા માટે ક્લોઝવિટ્ઝના યુદ્ધ સિદ્ધાંતને ફરીવાર યાદ કરીએ. તે જે રીતે તર્કસંગતતાને જોડાણ સાથે સરખાવે છે તેમાં એક ઘાતક ખામી છે. ક્લોઝવિટ્ઝિયન સિદ્ધાંત એમ કહે છે કે બધી ક્રિયાઓ અંતિમ ધ્યેય સાથે જોડાયેલી હોવી જોઈએ પણ તે આવા ધ્યેયને વ્યાખ્યાયિત કરવાનો કોઈ તર્કસંગત રસ્તો સૂચવતો નથી. નેપોલિયનના જીવન અને લશ્કરી કારકિર્દીનો વિચાર કરો.

તેનું અંતિમ ધ્યેય શું હોવું જોઈએ? 1800ની આસપાસના ફ્રાન્સમાં પ્રવર્તતા સાંસ્કૃતિક વાતાવરણને જોતાં, આપણે નેપોલિયનના "અંતિમ ધ્યેય" માટે ઘણા વિકલ્પો વિશે વિચારી શકીએ છીએ:

સંભવિત ધ્યેય 1: ફ્રાન્સને યુરોપમાં પ્રભાવક શક્તિ તરીકે સ્થાપિત કરવું, ભવિષ્યમાં બ્રિટન, હેબ્સબર્ગ સામ્રાજ્ય, રશિયા, એકીકૃત જર્મની કે એકીકૃત ઇટાલી દ્વારા કોઈ પણ હુમલા સામે ફ્રાન્સને સુરક્ષિત રાખવું.

સંભવિત ધ્યેય 2: નેપોલિયનના પરિવાર દ્વારા શાસિત એક નવું બહુવંશીય સામ્રાજ્ય સર્જવું જેમાં ફક્ત ફ્રાન્સ જ નહીં, પરંતુ યુરોપ અને અન્ય ઘણા પ્રદેશો પણ સામેલ હોય.

સંભવિત ધ્યેય 3: પોતાના માટે શાશ્વત સન્માન પ્રાપ્ત કરવું જેથી તેમના મૃત્યુ પછી પણ અબજો લોકો નેપોલિયનનું નામ જાણે અને તેમનાં વખાણ કરે.

સંભવિત ધ્યેય 4: તેના શાશ્વત આત્મા માટે મુક્તિ મેળવવી અને તેમના મૃત્યુ પછી સ્વર્ગમાં પ્રવેશ મેળવવો.

સંભવિત ધ્યેય 5: ફ્રાન્સની ક્રાંતિના આદર્શોનો સમગ્ર વિશ્વમાં ફેલાવો કરવો અને સમગ્ર યુરોપ અને વિશ્વમાં સ્વતંત્રતા, સમાનતા અને માનવ અધિકારોનું રક્ષણ કરવામાં મદદ કરવી.

ઘણા સ્વઘોષિત બુદ્ધિશાળીઓ એમ દલીલ કરે છે કે નેપોલિયનએ યુરોપમાં ફ્રાન્સનું પ્રભુત્વ જમાવવાના પ્રથમ ધ્યેયને પોતાના જીવનનું ધ્યેય બનાવવું જોઈએ. પણ શા માટે? યાદ રાખો કે ક્લોઝવિટ્ઝ માટે તર્કસંગતતાનો અર્થ જોડાણ છે. એક વ્યૂહાત્મક દાવપેચ ત્યારે જ તર્કસંગત મનાય છે જ્યારે તે કોઈ ઉચ્ચ વ્યૂહાત્મક ધ્યેય સાથે જોડાયેલ હોય. તે વ્યૂહાત્મક ધ્યેય પાછું વધુ ઉચ્ચ રાજકીય ધ્યેય સાથે જોડાયેલું હોય, પરંતુ ધ્યેયોની આ સાંકળ આખરે ક્યાંથી શરૂ થાય છે? આપણે તે અંતિમ ધ્યેય કેવી રીતે નક્કી કરી શકીએ જે તેના તમામ વ્યૂહાત્મક ઉપધ્યેયોને અને વ્યૂહાત્મક પગલાંઓને ન્યાયી ઠેરવી શકે? વ્યાખ્યા દ્વારા આવા અંતિમ ધ્યેયને પોતાના કરતા ઉચ્ચ કોઈ પણ ધ્યેય સાથે જોડી શકાતું નથી કારણ કે તેનાથી ઉચ્ચ કંઈ જ નથી. તો પછી નેપોલિયનના પરિવાર, નેપોલિયનની ખ્યાતિ, નેપોલિયનનો આત્મા કે વૈશ્વિક માનવ અધિકારોને બદલે ફ્રાન્સને ધ્યેયના ક્રમમાં ટોચ પર રાખવાને શું તર્કસંગત બનાવે છે? ક્લોઝવિટ્ઝ આનો કોઈ જવાબ આપતા નથી.

કોઈ એવી દલીલ કરી શકે છે કે ધ્યેય નંબર 4: "તેના શાશ્વત આત્મા માટે મુક્તિ મેળવવી અને તેના મૃત્યુ પછી સ્વર્ગમાં પ્રવેશ મેળવવો" અંતિમ તર્કસંગત ધ્યેય ન હોઈ શકે કારણ કે તે પૌરાણિક કથાઓમાં માન્યતા પર આધારિત ધ્યેય છે, પરંતુ આ જ દલીલ અન્ય તમામ ધ્યેયો પર પણ લાગુ કરી શકાય છે. શાશ્વત આત્માઓ એક આંતરવ્યક્તિલક્ષી આવિષ્કાર છે, જે ફક્ત લોકોના મનમાં જ અસ્તિત્વ ધરાવે છે અને બરાબર એ જ વાત રાષ્ટ્રો અને માનવ અધિકારો માટે પણ સાચી છે. તો નેપોલિયનને તેના આત્મા કરતાં ફ્રાન્સની વધુ દરકાર કેમ કરવી જોઈએ?

આમ જોવા જઈએ તો, નેપોલિયન તેની યુવાનીના મોટા હિસ્સા દરમિયાન પોતાને ફ્રેન્ચ પણ માનતો ન હતો. તેનો જન્મ કોર્સિકામાં ઇટાલીથી આવેલા પરિવારમાં નેપોલિયન દી બોનાપાર્ટ તરીકે થયો હતો. પાંચસો વર્ષ સુધી કોર્સિકા પર ઇટાલીના એક શહેરવાળા રાજ્ય જીનોઆનું શાસન હતું અને નેપોલિયનના ઘણા પૂર્વજો ત્યાં જ રહેતા હતા. નેપોલિયનના જન્મના એક વર્ષ પહેલાં, 1768માં જ જીનોઆએ આ ટાપુ ફ્રાન્સને સોંપ્યો હતો. કોર્સિકાના રાષ્ટ્રવાદીઓએ ફ્રાન્સ સાથે જોડાવાનો પ્રતિકાર કર્યો હતો અને બળવો પણ. 1770માં કોર્સિકાની હાર પછી જ તે પ્રદેશ ઔપચારિક રીતે ફ્રાન્સનો પ્રાંત બન્યું હતું. કોર્સિકોના ઘણા લોકો ફ્રાન્સના કબજા સામે નારાજગી વ્યક્ત કરતા રહ્યા, પરંતુ દી બોનાપાર્ટ પરિવારે ફ્રેન્ચ રાજા પ્રત્યે વફાદારી સ્વીકારી અને નેપોલિયનને ફ્રાન્સની લશ્કરી શાળામાં પણ મોકલ્યો.[29]

શાળામાં નેપોલિયનને તેના કોર્સિકાના મૂળ માટે અને ફ્રેન્ચ ભાષા પરના અપૂરતા પ્રભુત્વ માટે સહપાઠીઓ તરફથી ઘણી ટીકા સહન કરવી પડી હતી.[30] તેની માતૃભાષા કોર્સિકન અને ઇટાલિયન હતી. તે ધીમે ધીમે ફ્રેન્ચમાં પાવરધો બન્યો પણ જીવનભર તેના ઉચ્ચારોમાં કોર્સિકન છાંટ રહી જ હતી અને ફ્રેન્ચના સ્પેલિંગોમાં તેને આજીવન સમસ્યા રહી હતી.[31] નેપોલિયન છેવટે ફ્રેન્ચ સૈન્યમાં ભરતી થયો પરંતુ જ્યારે 1789માં ક્રાંતિ ફાટી નીકળી, ત્યારે તે કોર્સિકા પાછો ગયો. તેને આશા હતી કે ક્રાંતિ તેના પ્રિય ટાપુને વધુ સ્વાયત્તતા પ્રાપ્ત કરવાની તક પૂરી પાડશે. કોર્સિકન સ્વતંત્રતા ચળવળના નેતા પાસ્ક્વેલ પાઓલી સાથેના મતભેદ પછી જ મે 1793માં નેપોલિયને કોર્સિકાની મમત છોડી હતી. તે મુખ્ય ભૂમિ ફ્રાન્સમાં પાછો ફર્યો અને ત્યાં જ તેણે પોતાનું ભવિષ્ય ઘડવાનું નક્કી કર્યું.[32] આ તબક્કે Napoleone di Buonaparte છેવટે Napoleon Bonaparte બન્યો (તેણે 1796 સુધી તેના નામના ઇટાલિયન સંસ્કરણનો ઉપયોગ કરવાનું ચાલુ રાખ્યું હતું).[33]

તો પછી નેપોલિયન માટે યુરોપમાં ફ્રાન્સનું પ્રભુત્વ સ્થાપવામાં તેની લશ્કરી કારકિર્દી સમર્પિત કરવી શા માટે તર્કસંગત હતી? શું તેના માટે કોર્સિકામાં રહેવું, પાઓલી સાથેના તેના વ્યક્તિગત મતભેદોને દૂર કરવા અને તેના વતન ટાપુને તેના ફ્રેન્ચ વિજેતાઓથી મુક્ત કરવા માટે પોતાનું જીવન સમર્પિત કરવું વધુ તર્કસંગત નહોતું? અને કદાચ નેપોલિયન ખરેખર તેના પૂર્વજોની ભૂમિ ઇટાલીને સંગઠિત કરવાને તેના જીવનનો ધ્યેય બનાવે તો?

ક્લોઝવિટ્ઝ આ પ્રશ્નોના તર્કસંગત જવાબ આપવા માટે કોઈ પદ્ધતિ સૂચવતા નથી. જો આપણો એકમાત્ર નિયમ એ છે કે "દરેક ક્રિયા કોઈ ઉચ્ચ ધ્યેય સાથે જોડાયેલી હોવી જોઈએ," તો તે અંતિમ ધ્યેયને વ્યાખ્યાયિત કરવાનો કોઈ તર્કસંગત રસ્તો નથી. તો પછી આપણે કોમ્પ્યુટર નેટવર્કને એવું અંતિમ લક્ષ્ય કેવી રીતે આપી શકીએ જે તેને ક્યારેય અવગણવું કે બદલવું ન જોઈએ? AI વિકસાવવા માટે ઉતાવળ કરી રહેલા ટેક એક્ઝિક્યુટિવ્સ અને એન્જિનિયરો જો એવું વિચારે છે કે AIને તેનું અંતિમ લક્ષ્ય શું હોવું જોઈએ તે સૂચવવાનો કોઈ તર્કસંગત રસ્તો છે, તો તેઓ મોટી ભૂલ કરી રહ્યા છે. તેમણે અંતિમ લક્ષ્યોને વ્યાખ્યાયિત કરવાનો પ્રયાસ કરનારા અને નિષ્ફળ ગયેલા ફિલોસોફરોનાં કડવા અનુભવોમાંથી શીખવું જોઈએ.

કાન્ટિયન નાઝી

હજારો વર્ષોથી ફિલસૂફો એવા અંતિમ ધ્યેયની વ્યાખ્યા શોધી રહ્યા છે, જે કોઈ ઉચ્ચ ધ્યેય સાથેના જોડાણ પર આધારિત ન હોય. તેમણે વારંવાર બે સંભવિત ઉકેલો ચર્ચ્યા છે, જેને દાર્શનિક ભાષામાં ડીઓન્ટોલૉજી (ધર્મશાસ્ત્ર કે કર્તવ્યશાસ્ત્ર) અને યુટિલિટેરિઅનિઝમ (ઉપયોગિતાવાદ) તરીકે ઓળખવામાં આવે છે. ડીઓન્ટોલૉજિસ્ટ્સ (ગ્રીક શબ્દ Deon પરથી બનેલો શબ્દ જેનો અર્થ "ફરજ" થાય છે) માને છે કે કેટલીક સાર્વત્રિક નૈતિક ફરજો કે નૈતિક નિયમો છે, જે દરેકને લાગુ પડે છે. આ નિયમો કોઈ ઉચ્ચ ધ્યેય સાથે જોડાણ પર આધાર રાખતા નથી, પરંતુ તેમની આંતરિક સારપ પર આધાર રાખે છે. જો આવા નિયમો ખરેખર અસ્તિત્વમાં હોય અને જો આપણે તેમને કોમ્પ્યુટરમાં પ્રોગ્રામ કરવાનો માર્ગ શોધી શકીએ, તો આપણે કોમ્પ્યુટર નેટવર્કને ઇષ્ટ બળ બનાવી શકીએ.

પરંતુ "આંતરિક સારપ"નો અર્થ શું છે? આંતરિક સારપના નિયમને વ્યાખ્યાયિત કરવાનો સૌથી જાણીતો પ્રયત્ન ક્લોઝવિટ્ઝ અને નેપોલિયનના

સમકાલીન ઇમેન્યુઅલ કાન્ટ દ્વારા કરવામાં આવ્યો હતો. કાન્ટે કહ્યું હતું કે, આંતરિક સારપનો નિયમ એટલે એવો કોઈ પણ નિયમ છે, જેને હું વૈશ્વિક બનાવવા ઇચ્છું છું. એ મુજબ, કોઈની હત્યા કરવા જઈ રહેલી વ્યક્તિએ અટકીને નીચેની વિચાર પ્રક્રિયામાંથી પસાર થવું જોઈએ: "હું અત્યારે એક માનવીની હત્યા કરવા જઈ રહ્યો છું. શું હું એવો વૈશ્વિક નિયમ સ્થાપિત કરવા માંગું છું કે માનવીની હત્યા કરવી યોગ્ય છે? જો આવો વૈશ્વિક નિયમ સ્થાપિત થાય, તો કોઈ મારી હત્યા પણ કરી શકે છે. તેથી હત્યાને મંજૂરી આપતો સાર્વત્રિક નિયમ ન હોવો જોઈએ. તે અનુસાર મારે પણ હત્યા ન કરવી જોઈએ." સરળ ભાષામાં કાન્ટે પેલો સદીઓ જૂનો સોનેરી નિયમ જ રજૂ કર્યો છે: "બીજાઓ સાથે તે જ કરો જે તમે ઇચ્છો છો કે તેઓ તમારી સાથે કરે." (મેથ્યુ 7:12).

આ એક સરળ અને સ્પષ્ટ વિચાર લાગે છે: આપણામાંના દરેકે એવી રીતે વર્તવું જોઈએ જે રીતે આપણે ઇચ્છીએ છીએ કે દરેક વ્યક્તિ વર્તે, પરંતુ ફિલસૂફીના અલૌકિક પ્રદેશમાં સારા લાગતા વિચારોને ઘણીવાર ઇતિહાસની કઠોર ભૂમિમાં લઈ જવામાં મુશ્કેલી પડે છે. ઇતિહાસકારો કાન્ટને સૌથી મહત્ત્વનો પ્રશ્ન એ પૂછશે કે જ્યારે તમે વૈશ્વિક નિયમો વિશે વાત કરો છો, ત્યારે તમે "વૈશ્વિક" શબ્દને કેવી રીતે વ્યાખ્યાયિત કરો છો? વાસ્તવિક ઐતિહાસિક પરિસ્થિતિઓમાં, જ્યારે કોઈ વ્યક્તિ હત્યા કરવા જઈ રહી હોય છે, ત્યારે તેણે જે પહેલું પગલું ભર્યું હોય છે તે એ કે ભોગ બનનારને માનવતાના વૈશ્વિક સમુદાયમાંથી બાદ કરવો.[34] ઉદાહરણ તરીકે, વિરાથુ જેવા રોહિંગ્યા વિરોધી કટ્ટરવાદીઓએ આમ જ કર્યું હતું. બૌદ્ધ સાધુ તરીકે, વિરાથુ ચોક્કસપણે માનવહત્યાનો વિરોધી હતો, પરંતુ તેને લાગતું હતું કે આ વૈશ્વિક નિયમ રોહિંગ્યાઓની હત્યા પર લાગુ પડતો નહોતો કારણ કે તેમને ઊતરતી કક્ષાના માનવામાં આવતા હતા. તેણે વિવિધ પોસ્ટ અને ઇન્ટરવ્યુમાં વારંવાર રોહિંગ્યાઓની તુલના જાનવરો, સાપ, પાગલ કૂતરા, વરુ, શિયાળ અને અન્ય ખતરનાક પ્રાણીઓ સાથે કરી છે.[35] રોહિંગ્યાવિરોધી હિંસાની ચરમસીમાએ 30 ઑક્ટોબર, 2017ના રોજ બીજા એક વધુ વરિષ્ઠ બૌદ્ધ સાધુએ લશ્કરી અધિકારીઓને એક ઉપદેશ આપ્યો હતો જેમાં તેણે એમ કહીને રોહિંગ્યાઓ પર થતી હિંસાને વાજબી ઠેરવી હતી કે બિનબૌદ્ધો "સંપૂર્ણપણે માનવ નથી હોતા."[36]

એક વૈચારિક પ્રયોગ તરીકે ઇમેન્યુઅલ કાન્ટ અને પોતાને કાન્ટિયન માનતા એડોલ્ફ આઇકમેન વચ્ચેની મુલાકાતની કલ્પના કરો.[37] જ્યારે આઇકમેને યહૂદીઓની અન્ય એક ટ્રેન ભરીને તેમને ઓશવિટ્ઝ મોકલવાના આદેશ પર હસ્તાક્ષર કર્યા, ત્યારે કાન્ટ તેને કહે છે, "તમે હજારો માણસોની હત્યા કરવા

જઈ રહ્યા છો. શું તમે એવો વૈશ્વિક નિયમ સ્થાપવા માંગો છો જે મુજબ માનવોની હત્યા કરવી યોગ્ય હોય? જો તમે તેમ કરશો, તો તમારી અને તમારા પરિવારની પણ હત્યા થઈ શકે છે." આઇકમેન જવાબ આપે છે, "ના, હું કંઈ હજારો માણસોની હત્યા કરવાનો નથી. હું હજારો યહૂદીઓની હત્યા કરવાનો છું. જો તમે મને પૂછો કે શું હું એવો વૈશ્વિક નિયમ સ્થાપવા માંગુ છું કે યહૂદીઓની હત્યા કરવી યોગ્ય છે, તો હું તેના માટે સંપૂર્ણપણે તૈયાર છું. મારા અને મારા પરિવાર માટે એવું કોઈ જોખમ નથી કે આ વૈશ્વિક નિયમ અનુસાર અમારી હત્યા થઈ શકે. અમે યહૂદી નથી."

આઇકમેનને એક કાન્ટિયન જવાબ એ છે કે જ્યારે આપણે કોઈ પણ અસ્તિત્વને વ્યાખ્યાયિત કરીએ, ત્યારે આપણે હંમેશાં લાગુ પડતી સૌથી સાર્વત્રિક વ્યાખ્યાનો ઉપયોગ કરવો જોઈએ. જો કોઈ અસ્તિત્વને "યહૂદી" કે "માનવ" તરીકે વ્યાખ્યાયિત કરી શકાતી હોય, તો આપણે વધુ સાર્વત્રિક શબ્દ "માનવ"નો ઉપયોગ કરવો જોઈએ. જોકે નાઝી વિચારધારામાં તો યહૂદીઓ માનવ હોવાની વાત જ નકારવામાં આવતી હતી. વધુમાં એ પણ નોંધો કે યહૂદીઓ ફક્ત માનવી નથી. તેઓ પ્રાણીઓ પણ છે અને સજીવો પણ છે. પ્રાણીઓ અને સજીવો "માનવ" કરતાં વધુ સાર્વત્રિક શ્રેણીઓ હોવાથી, જો તમે આ કાન્ટિયન દલીલને તેના તાર્કિક છેડા સુધી અનુસરો છો, તો છેવટે આપણે વીગન (દૂધ જેવા કોઈ પણ પ્રાણીજન્ય પદાર્થો ન ખાનારા શાકાહારી) જ બનવું પડે. જો આપણે સજીવો છીએ, તો શું તેનો અર્થ એ છે કે આપણે ટામેટાં કે અમીબા જેવા કોઈ પણ સજીવોની હત્યા સામે વાંધો ઉઠાવવો જોઈએ?

ઇતિહાસમાં જો મોટાભાગના નહીં તો ઘણા સંઘર્ષો ઓળખની વ્યાખ્યાને લગતા સંઘર્ષો જ છે. દરેક વ્યક્તિ સ્વીકારે છે કે હત્યા ખોટી વસ્તુ છે, પરંતુ એવું વિચારે ત્યારે તે ફક્ત ચોક્કસ જૂથના સભ્યોની હત્યાને "હત્યા" ગણે છે અને એ જૂથની બહારના કોઈની હત્યા એમના માટે હત્યા જ હોતી નથી, પરંતુ જૂથની અંદર અને જૂથની બહારના લોકો આંતરવ્યક્તિલક્ષી મુદ્દા છે, જેની વ્યાખ્યા સામાન્ય રીતે કેટલીક પૌરાણિક કથાઓ પર આધાર રાખતી હોય છે. વૈશ્વિક તાર્કિક નિયમોનું પાલન કરતા ડીઓન્ટોલૉજિસ્ટ ઘણીવાર સ્થાનિક દંતકથાઓના બંધનમાં બંધાઈ જતા હોય છે.

ડીઓન્ટોલૉજીની આ સમસ્યા ત્યારે તો અત્યંત મહત્ત્વપૂર્ણ બની રહે છે જ્યારે આપણે ડીઓન્ટોલૉજીના વૈશ્વિક નિયમો માનવો પર નહીં, પરંતુ કોમ્પ્યુટરો પર લાગુ કરવાનો પ્રયાસ કરીએ. કોમ્પ્યુટરો સજીવ પણ નથી. તેથી જો તેઓ "બીજાઓ સાથે તે કરો જે તમે ઇચ્છો છો કે તેઓ તમારી સાથે કરે," તો

તેઓ મનુષ્યો જેવા જીવોને મારવા વિશે શા માટે ચિંતિત હોવા જોઈએ? એક કાન્ટિયન કોમ્પ્યુટર જે મરવા માંગતું નથી તેને "સજીવો મારવા યોગ્ય છે" કહેતા વૈશ્વિક નિયમ સામે વાંધો ઉઠાવવાનું કોઈ કારણ નથી, કારણ કે આવો નિયમ નિર્જીવ કોમ્પ્યુટરને જોખમમાં મૂકતો નથી.

બીજી રીતે વિચારીએ તો નિર્જીવ હોવાને કારણે કોમ્પ્યુટરોને મૃત્યુનો કોઈ ખચકાટ પણ ન હોઈ શકે. જ્યાં સુધી આપણે જાણીએ છીએ, મૃત્યુ એક જૈવિક ઘટના છે અને તે બિન-જૈવિક અસ્તિત્વોને લાગુ પડતી નથી. જ્યારે પ્રાચીન અસિરિયાવાસીઓ દસ્તાવેજોને "મારવા" વિશે વાત કરતા હતા, ત્યારે તે ફક્ત એક રૂપક હતું. જો કોમ્પ્યુટરો સજીવ કરતાં દસ્તાવેજો જેવા વધુ હોય અને "માર્યા જવાની" પરવા ન કરતા હોય, તો શું કાન્ટિયન કોમ્પ્યુટર એવું તારણ કાઢી શકે કે મનુષ્યોને મારવા યોગ્ય છે?

શું કોઈ આંતરવ્યક્તિલક્ષી દંતકથાઓમાં ફસાયા વિના કોમ્પ્યુટરો કોની કાળજી રાખે છે તે વ્યાખ્યાયિત કરવાનો કોઈ રસ્તો ખરો? સૌથી દેખીતું સૂચન તો એ જ છે કે કોમ્પ્યુટરોને એમ કહેવું કે તેમણે પીડા સહન કરવા સક્ષમ કોઈ પણ અસ્તિત્વની કાળજી લેવી જોઈએ. પીડા ઘણીવાર સ્થાનિક આંતરવ્યક્તિલક્ષી દંતકથાઓમાં વિશ્વાસને કારણે ઊભી થતી હોય છે, તેમ છતાં પીડા પોતે એક વૈશ્વિક વાસ્તવિકતા છે. તેથી, કોઈ ચોક્કસ જૂથને વ્યાખ્યાયિત કરવા માટે દુઃખ સહન કરવાની ક્ષમતાનો ઉપયોગ વસ્તુલક્ષી અને વૈશ્વિક વાસ્તવિકતાને નૈતિકતાનો આધાર આપે છે. સેલ્ફ-ડ્રાઇવિંગ કારે બધા માનવોને મારવાનું ટાળવું જોઈએ, પછી ભલે તે બૌદ્ધ હોય કે મુસ્લિમ, ફ્રેન્ચ કે ઇટાલિયન અને કૂતરા અને બિલાડીઓ અને કોઈ પણ એવા સંવેદનશીલ રોબોટોને મારવાનું પણ ટાળવું જોઈએ જે ક્યારેક અસ્તિત્વમાં હોઈ શકે છે. આપણે આ નિયમને સુધારી પણ શકીએ છીએ અને કારને વિવિધ જીવોની તેમની પીડા સહન કરવાની ક્ષમતા પ્રમાણે કાળજી લેવાની સૂચના આપી શકીએ છીએ. જો કારને માણસ કે બિલાડીને મારવા વચ્ચે પસંદગી કરવી પડે, તો તેણે બિલાડી પર વાહન ચલાવવું જોઈએ, કારણ કે સંભવતઃ બિલાડીમાં સહન કરવાની ક્ષમતા ઓછી હોય છે, પરંતુ જો આપણે તે દિશામાં જઈએ, તો આપણે અજાણતામાં ડીઓન્ટોલૉજિસ્ટની છાવણી છોડીને તેમના હરીફો એટલે કે યુટિલિટેરિઅનિઝમ (ઉપયોગિતાવાદ) ની છાવણીમાં પહોંચી જઈએ છીએ.

દુઃખની ગણતરી

ડીઓન્ટોલૉજિસ્ટ્સ એવા વૈશ્વિક નિયમો શોધવા માટે મથે છે, જે મૂળભૂત રીતે ઇષ્ટ ભાવનાવાળા હોય, ત્યારે ઉપયોગિતાવાદીઓ (યુટિલિટેરિઅનિઝમ) દુઃખ અને સુખ પર કોઈ ક્રિયાની અસર દ્વારા તેનું મૂલ્યાંકન કરે છે. નેપોલિયન, ક્લોઝવિટ્ઝ અને કાન્ટના અન્ય એક સમકાલીન, અંગ્રેજી ફિલસૂફ જેરેમી બેન્થમ કહે છે કે એકમાત્ર તર્કસંગત અંતિમ ધ્યેય વિશ્વમાં દુઃખને ઓછું કરવું અને સુખને મહત્તમ કરવું હોઈ શકે છે. જો કોમ્પ્યુટર નેટવર્કો વિશે આપણો મુખ્ય ભય એ હોય કે તેમના ખોટી રીતે જોડાયેલા ધ્યેયો મનુષ્યો અને કદાચ અન્ય સંવેદનશીલ જીવો પર ભયંકર દુઃખ લાવી શકે છે, તો ઉપયોગિતાવાદી ઉકેલ સચોટ અને આકર્ષક લાગે છે. કોમ્પ્યુટર નેટવર્ક બનાવતી વખતે આપણે ફક્ત તેને દુઃખને ઓછું કરવા અને સુખને મહત્તમ કરવા માટે સૂચના આપવાની જરૂર છે. જો ફેસબુકે તેના અલ્ગોરિધમોને "વપરાશકર્તાના એન્ગેજમેન્ટને મહત્તમ કરવા"ને બદલે "ખુશીને મહત્તમ કરો" કહ્યું હોત, તો બધું સારું થયું હોત. એ પણ નોંધવાલાયક છે કે આ ઉપયોગિતાવાદી અભિગમ ખરેખર સિલિકોન વેલીમાં લોકપ્રિય છે, ખાસ કરીને તેને ઓલ્ટ્રુઇઝમ મૂવમેન્ટ (પરોપકારની ચળવળ) દ્વારા સમર્થન અપાયું છે.[38]

કમનસીબે, ડીઓન્ટોલૉજિસ્ટના ઉકેલની જેમ જ ફિલસૂફીના સિદ્ધાંતોમાં જે સરળ લાગે છે તે ઇતિહાસના વ્યવહારુ ક્ષેત્રમાં બહુ જટિલ બની જાય છે. ઉપયોગિતાવાદીઓ માટે સમસ્યા એ છે કે આપણી પાસે દુઃખનું કોઈ ગણિત કે કેલ્ક્યુલેટર નથી. આપણે જાણતા નથી કે ચોક્કસ ઘટનાઓના કેટલા "દુઃખના પોઇન્ટ" કે "સુખના પોઇન્ટ" ગણવા, તેથી જટિલ ઐતિહાસિક પરિસ્થિતિઓમાં એવી ગણતરી કરવી અત્યંત મુશ્કેલ છે કે કોઈ ચોક્કસ ક્રિયા વિશ્વમાં દુઃખની એકંદર માત્રામાં વધારો કરે છે કે ઘટાડો.

ઉપયોગિતાવાદ એવી પરિસ્થિતિઓમાં ઉત્તમ છે જ્યાં દુઃખના માપદંડ ખૂબ જ સ્પષ્ટ રીતે એક દિશામાં નમેલા હોય છે. જ્યારે આઇકમેનની વાત કરવામાં આવે છે, ત્યારે ઉપયોગિતાવાદીઓને ઓળખ વિશે કોઈ જટિલ ચર્ચામાં પડવાની જરૂર નથી. તેમને ફક્ત એટલું જ કહેવાની જરૂર પડે છે કે હોલોકોસ્ટથી યહૂદીઓને ભારે દુઃખ થયું, જ્યારે જર્મનો સહિત અન્ય કોઈને એટલો લાભ થયો નથી. જર્મનો માટે લાખો યહૂદીઓની હત્યા કરવાની કોઈ લશ્કરી કે આર્થિક જરૂરિયાત નહોતી. હોલોકોસ્ટ માટે ઉપયોગિતાવાદ એકદમ વધારે પડતો બની રહે છે.

સમલૈંગિકતા જેવા "પીડિતહીન ગુનાઓ" બાબતે ઉપયોગિતાવાદીઓ મૂંઝાઈ જતા હોય છે, કારણ કે તેમાં બધી વેદના ફક્ત એક જ બાજુ હોય છે. સદીઓથી સમલૈંગિક લોકો પર થતા જુલમથી તેમને અપાર વેદનાનો સામનો કરવો પડ્યો હતો તેમ છતાં તે જુલમને વિવિધ પૂર્વગ્રહોયુક્ત, ભૂલભરેલા ડીઓન્ટોલૉજિકલ વૈશ્વિક નિયમો દ્વારા વાજબી ઠેરવવામાં આવતો હતો. ઉદાહરણ તરીકે, કાન્ટે સમલૈંગિકતાને એ આધારે વખોડી કાઢી હતી કે તે "કુદરતી વૃત્તિઓ અને પ્રાણીઓની પ્રકૃતિની વિરુદ્ધ" છે માટે તે વ્યક્તિઓ "પ્રાણીઓના સ્તરથી પણ નીચે" સુધી અધોગતિ કરે છે. કાન્ટે આગળ એમ પણ કહ્યું હતું કે, આવાં કૃત્યો કુદરતની વિરુદ્ધ છે માટે તેઓ "માણસને તેની માનવતા માટે અયોગ્ય બનાવે છે. તે હવે માણસ બનવાને લાયક રહેતો નથી."[39] હકીકતમાં, કાન્ટે એક ખ્રિસ્તી પૂર્વગ્રહને એક વૈશ્વિક ડીઓન્ટોલૉજિકલ નિયમ તરીકે ફરીથી રજૂ કર્યો પણ સમલૈંગિકતા ખરેખર પ્રકૃતિની વિરુદ્ધ છે એવા કોઈ પ્રયોગમૂલક પુરાવા આપ્યા નહોતા. હત્યાકાંડની પ્રસ્તાવના તરીકે ઉપરોક્ત ચર્ચાના આધારે, એ પણ નોંધવું જોઈએ કે કાન્ટે સમલૈંગિકોને કેવી રીતે અમાનવ ગણ્યા છે. સમલૈંગિકતા પ્રકૃતિની વિરુદ્ધ છે અને સમલૈંગિક લોકો માનવ નથી, તેવા દૃષ્ટિકોણને કારણે આઇકમેન જેવા નાઝીઓ માટે કોન્સન્ટ્રેશન કેમ્પોમાં સમલૈંગિકોની હત્યાને ન્યાયી ઠેરવવાનો માર્ગ મોકળો થયો હતો. સમલૈંગિકો કથિત રીતે પ્રાણીઓના સ્તરથી પણ નીચે હતા, તેથી માનવોની હત્યા અટકાવતો કાન્ટનો નિયમ તેમના પર લાગુ પડતો ન હતો.[40]

ઉપયોગિતાવાદીઓ માટે કાન્ટના જાતીયતાના સિદ્ધાંતોને ફગાવી દેવાનું સરળ છે અને બેન્થમ ખરેખર એવા પ્રથમ આધુનિક યુરોપિયન વિચારકોમાંના એક હતા જેમણે સમલૈંગિકતાને અપરાધ ન ગણવાની તરફેણ કરી હતી.[41] ઉપયોગિતાવાદીઓ એવી દલીલ કરે છે કે કોઈ શંકાસ્પદ વૈશ્વિક નિયમના નામે સમલૈંગિકતાને ગુનાહિત કૃત્ય માનવાથી લાખો લોકોને ભારે દુઃખ થાય છે અને અન્ય લોકોને કોઈ નોંધપાત્ર લાભ મળતો નથી. જ્યારે બે પુરુષો પ્રેમસંબંધ બાંધે છે, ત્યારે બીજા કોઈને દુઃખી કર્યા વિના તેઓ સુખ પામે છે. તો પછી તેને શા માટે પ્રતિબંધિત કરવો? આ પ્રકારના ઉપયોગિતાવાદી તર્કથી અન્ય ઘણા આધુનિક સુધારાઓ પણ થયા, જેમ કે પ્રાણીઓ પર ત્રાસ ગુજારવાનો પ્રતિબંધ અને તેમને કેટલાંક કાનૂની રક્ષણ મળવાની શરૂઆત.

પરંતુ ઐતિહાસિક પરિસ્થિતિઓમાં જ્યારે દુઃખના માપદંડ બંને બાજુ સમાન હોય છે, ત્યારે ઉપયોગિતાવાદ નકામો બની જાય છે. COVID-19 રોગચાળાના શરૂઆતના દિવસોમાં વિશ્વભરની સરકારોએ સોશિયલ આઈસોલેશન અને

લૉકડાઉનની કડક નીતિઓ અપનાવી હતી. આનાથી કદાચ લાખો લોકોના જીવ બચ્યા હશે.[42] જોકે તેના કારણે મહિનાઓ સુધી લાખો લોકો દુઃખી પણ થયા હતા. વધુમાં, તે પરોક્ષ રીતે ઘણાય મૃત્યુનું કારણ પણ બન્યું હોઈ શકે છે, ઉદાહરણ તરીકે, ઘરેલુ હિંસાના ઘાતક બનાવોમાં વધારો થવાથી[43] કે પછી લોકો માટે કેન્સર જેવી અન્ય ખતરનાક બીમારીઓનું નિદાન અને સારવાર કરવાનું વધુ મુશ્કેલ બનાવાથી[44] પણ મૃત્યુમાં વધારો થયો હોઈ શકે. શું કોઈ લૉકડાઉન નીતિઓની કુલ અસરની ગણતરી કરી શકે છે અને નક્કી કરી શકે છે કે તેનાથી વિશ્વના દુઃખમાં વધારો થયો કે ઘટાડો?

સતત કાર્યરત રહેતા કોમ્પ્યુટર નેટવર્ક માટે એક પરિપૂર્ણ કાર્ય જેવું લાગી શકે છે, પરંતુ કોમ્પ્યુટર નેટવર્ક કેવી રીતે નક્કી કરશે કે ત્રણ બાળકો સાથે બે બેડરૂમના એપાર્ટમેન્ટમાં એક મહિના માટે બંધ રહેવા માટે કેટલા “દુઃખના પોઇન્ટ” ફાળવવા? શું તેને દુઃખના 60 પોઇન્ટ આપવા કે 600? અને એ કેન્સરના દર્દીને કેટલા પોઇન્ટ આપવા જે તેની કીમોથૅરપી ચૂકી જવાને કારણે મૃત્યુ પામી? શું તેના દુઃખ માટે 60,000 ફાળવવા કે 600,000? અને જો તે કેન્સરથી મૃત્યુ પામવાની જ હોત અને કીમોથૅરપી તેના જીવનને ફક્ત પાંચ પીડાદાયક મહિના લંબાવી દેત તો શું થાત? શું કોમ્પ્યુટરો ભારે પીડા સાથેના પાંચ મહિનાના જીવનને વિશ્વના કુલ દુઃખમાં આવક ખાતે ઉધારશે કે જાવક ખાતે?

અને કોમ્પ્યુટર નેટવર્ક આપણા પોતાના મૃત્યુનું જ્ઞાન જેવી અમૂર્ત વસ્તુઓ દ્વારા થતી વેદનાનું મૂલ્યાંકન કેવી રીતે કરશે? જો કોઈ ધાર્મિક કથા આપણને એમ વચન આપતી હોય કે આપણે ખરેખર ક્યારેય મૃત્યુ પામીશું નહીં કારણ કે મૃત્યુ પછી પણ આપણો શાશ્વત આત્મા તો સ્વર્ગમાં જ જશે. તો શું તે આપણને ખરેખર ખુશ કરે છે કે ફક્ત ભ્રમિત કરે છે? શું મૃત્યુ આપણા દુઃખનું કારણ છે કે પછી આપણું દુઃખ મૃત્યુને નકારવાના આપણા પ્રયાસોથી ઉદ્‌ભવે છે? જો કોઈ વ્યક્તિ પોતાના ધર્મમાંથી વિશ્વાસ ગુમાવે છે અને પોતાના મૃત્યુને સ્વીકારી લે છે, તો શું કોમ્પ્યુટર નેટવર્ક આને નુકસાન તરીકે જોશે કે લાભ તરીકે?

ઇરાક પર અમેરિકાના આક્રમણ જેવી વધુ જટિલ ઐતિહાસિક ઘટનાઓનું શું? અમેરિકાવાસીઓ સારી રીતે જાણતા હતા કે તેમના આક્રમણથી લાખો લોકો માટે ભારે દુઃખ ઉત્પન્ન થશે, પરંતુ તેમની દલીલ એવી હતી કે ઇરાકમાં સ્વતંત્રતા અને લોકશાહીથી લાંબા ગાળે થનારા ફાયદા એ નુકસાન કરતાં વધુ હશે. આ દલીલ યોગ્ય પણ હોય, તો શું કોમ્પ્યુટર નેટવર્ક એ મુજબ ગણતરી કરી શકશે? ભલે તે સૈદ્ધાંતિક રીતે યોગ્ય હોય, પણ વ્યવહારુ દૃષ્ટિએ અમેરિકનો

ઇરાકમાં સ્થિર લોકશાહી સ્થાપિત કરવામાં નિષ્ફળ ગયા છે. તો શું તેનો અર્થ એ છે કે તેમનો પ્રયાસ શરૂઆતથી જ અયોગ્ય હતો?

જેમ ઓળખના પ્રશ્નનો જવાબ આપવાનો પ્રયાસ કરી રહેલા ડિઓન્ટોલૉજિસ્ટ્સ છેવટે ઉપયોગિતાવાદી વિચારો અપનાવવા માટે પ્રેરાય છે, તેવી જ રીતે દુઃખની ગણતરીના અભાવથી અવરોધાયેલા ઉપયોગિતાવાદીઓ ઘણીવાર ડિઓન્ટોલૉજિસ્ટ વિચારો અપનાવવા પ્રેરાય છે. તેઓ "યુદ્ધો ટાળો" કે "માનવ અધિકારોનું રક્ષણ કરો" જેવા સામાન્ય નિયમોનું સમર્થન કરે છે, તેમ છતાં તેઓ એમ કહી શકતા નથી કે આ નિયમોનું પાલન કરવાથી વિશ્વમાં કાયમ દુઃખ ઓછું જ થાય છે. ઇતિહાસ ફક્ત એટલું ઝાંખુંપાંખું દૃશ્ય બતાવી શકે છે કે આ નિયમોનું પાલન કરવાથી દુઃખ ઓછું થાય છે અને જ્યારે માનવ અધિકારોના રક્ષણ માટે આક્રમક યુદ્ધ શરૂ કરવું જેવા આમાંના કેટલાક સામાન્ય નિયમો એકબીજા સાથે અથડાતા હોય, ત્યારે ઉપયોગિતાવાદ ખાસ વ્યવહારુ મદદ કરી શકતો નથી. સૌથી શક્તિશાળી કોમ્પ્યુટર નેટવર્ક પણ એ માટે ગણતરીઓ કરી શકતું નથી.

આમ ઉપયોગિતાવાદ દરેક ક્રિયાને "પરમ ધ્યેય" કે "પરમ ઇષ્ટ" સાથે જોડવા માટે એક તર્કસંગત અને ગાણિતિક રીત આપે છે છતાં વાસ્તવિક જીવનમાં તે ફક્ત અન્ય દંતકથા જ સર્જી શકે છે. સ્ટાલિનવાદના જુલમોનો સામનો કરતા સામ્યવાદના સાચા સમર્થકો વારંવાર એમ જ કહેતા કે "વાસ્તવિક સમાજવાદ" હેઠળ ભાવિ પેઢીઓ જે ખુશીનો અનુભવ કરશે તે ગુલાગોના આવા કોઈ પણ ટૂંકા ગાળાના દુઃખની સાપેક્ષે ઘણી વધારે હશે. જ્યારે મુક્તિવાદીઓને અનિયંત્રિત વાણી સ્વતંત્રતા કે કરની સંપૂર્ણ નાબૂદીથી સમાજને થતા નુકસાન વિશે પૂછવામાં આવે છે, ત્યારે તેઓ પણ એમ જ કહે છે કે ભવિષ્યના ફાયદા કોઈ પણ ટૂંકા ગાળાના નુકસાન કરતાં વધુ હશે. ઉપયોગિતાવાદનો ભય એ છે કે જો તમે ભવિષ્યના યુટોપિયામાં દૃઢતાથી માનતા હો, તો તે વર્તમાનમાં ભયંકર દુઃખ પહોંચાડવાનો ખુલ્લો પરવાનો બની શકે છે. ખરેખર, પરંપરાગત ધર્મોએ હજારો વર્ષ પહેલાં આ યુક્તિ શોધી હતી. ભવિષ્યનાં મુક્તિનાં વચનો દ્વારા આ દુનિયાના ગુનાઓને ખૂબ સરળતાથી માફ કરી શકાય છે.

કોમ્પ્યુટરની દંતકથાઓ

તો પછી ઇતિહાસમાં અમલદારશાહી પ્રણાલીઓએ તેમનાં અંતિમ લક્ષ્યો કેવી રીતે નક્કી કર્યા? તેઓ તે માટે પૌરાણિક કથાઓ પર આધાર રાખતી હતી. અધિકારીઓ, ઇજનેરો, કર વસૂલનારાઓ અને એકાઉન્ટન્ટ્સ ગમે તેટલા તાર્કિક

હોય, તેઓ આખરે આ કે તે દંતકથાકારની જ સેવા કરતા હતા. જોન મેનાર્ડ કીન્સના શબ્દોમાં, જે પોતાને કોઈ પણ ધાર્મિક પ્રભાવથી સંપૂર્ણપણે મુક્ત માનતા હોય તેવા વ્યવહારુ લોકો સામાન્ય રીતે કોઈ દંતકથાકારના ગુલામ હોય છે. પરમાણુ ભૌતિકશાસ્ત્રીઓ પણ શિયા આયાતોલ્લાહ અને સામ્યવાદી સરમુખત્યારોના આદેશોનું પાલન કરતા જોવા મળ્યા છે.

એટલે જોડાણની સમસ્યા મૂળે તો દંતકથાની સમસ્યા હોય છે. નાઝી વહીવટકર્તાઓ પ્રતિબદ્ધ ડીઓન્ટોલૉજિસ્ટ કે ઉપયોગિતાવાદી હોઈ શકે છે, પરંતુ જ્યાં સુધી તેઓ વિશ્વને જાતિવાદી દંતકથાના સંદર્ભમાં જોતા હતા, ત્યાં સુધી તેમણે લાખો લોકોની હત્યા કરી જ હોત. જો તમે એવી દંતકથાઓમાં માન્યતાથી શરૂઆત કરો કે યહૂદીઓ માનવતાનો નાશ કરવા માટે મચી પડેલા રાક્ષસો છે, તો પછી ડીઓન્ટોલૉજિસ્ટ અને ઉપયોગિતાવાદી બંને લોકો યહૂદીઓને મારવા માટે ઘણી તાર્કિક દલીલો શોધી શકે છે.

એવી જ સમસ્યા કોમ્પ્યુટરમાં પણ આવી શકે છે. અલબત્ત, તેઓ કોઈ પણ દંતકથાઓમાં "વિશ્વાસ" કરી શકતા નથી કારણ કે તેઓ અચેતન અસ્તિત્વ છે, જે કશામાં પણ માનતા હોતા નથી. જ્યાં સુધી તેમની પાસે વ્યક્તિત્વનો અભાવ હોય, ત્યાં સુધી તેઓ આંતરવ્યક્તિલક્ષી માન્યતાઓ કેવી રીતે રાખી શકે? જો કે, કોમ્પ્યુટરો વિશે સમજવા જેવી સૌથી મહત્ત્વપૂર્ણ બાબત એ છે કે જ્યારે ઘણાં બધાં કોમ્પ્યુટરો એકબીજા સાથે વાતચીત કરે છે, ત્યારે તેઓ આંતરકોમ્પ્યુટરલક્ષી (inter-computer) વાસ્તવિકતાઓ બનાવી શકે છે, જે માનવોના નેટવર્ક દ્વારા ઉત્પન્ન થતી આંતરવ્યક્તિલક્ષી વાસ્તવિકતાઓ જેવી જ હોય છે. આ આંતરકોમ્પ્યુટરલક્ષી વાસ્તવિકતાઓ આખરે માનવ નિર્મિત આંતરવ્યક્તિલક્ષી દંતકથાઓ જેટલી જ શક્તિશાળી અને ખતરનાક બની શકે છે.

આ એક ખૂબ જ અઘરી દલીલ છે, પરંતુ તે પુસ્તકની બીજી મુખ્ય દલીલ છે તેથી તેના વિશે કાળજીપૂર્વક વિચાર કરીએ. પ્રથમ તો એ સમજવાનો પ્રયાસ કરીએ કે આંતરકોમ્પ્યુટરલક્ષી વાસ્તવિકતાઓ શું છે. પ્રારંભિક ઉદાહરણ તરીકે એક જ ખેલાડી દ્વારા રમાતી કોમ્પ્યુટરની ગેમનો વિચાર કરો. આવી રમતમાં તમે એક વર્ચ્યુઅલ જગ્યામાં જઈ શકો છો જે એક કોમ્પ્યુટરની અંદર માહિતી તરીકે અસ્તિત્વમાં હોય છે. જો તમે કોઈ ખડક જુઓ છો, તો તે ખડક પરમાણુઓથી બનેલો નથી. તે એક જ કોમ્પ્યુટરની અંદર બિટ્સથી બનેલો છે. જ્યારે ઘણાં કોમ્પ્યુટરો એકબીજા સાથે જોડાયેલાં હોય છે, ત્યારે તેઓ આંતરકોમ્પ્યુટરલક્ષી વાસ્તવિકતાઓ બનાવી શકે છે. વિવિધ કોમ્પ્યુટરોનો ઉપયોગ કરતા ઘણા ખેલાડીઓ એક સામાન્ય વર્ચ્યુઅલ જગ્યામાં એકસાથે જઈ

શકે છે. જો તેઓ કોઈ ખડક જુએ છે, તો તે ખડક ઘણા કોમ્પ્યુટરોમાં રહેલા બિટ્સનો બનેલો હોય છે.[45]

જેમ પૈસા અને દેવતાઓ જેવી આંતરવ્યક્તિલક્ષી વાસ્તવિકતાઓ લોકોના મનની બહારની ભૌતિક વાસ્તવિકતાને પ્રભાવિત કરી શકે છે, તેવી જ રીતે આંતરકોમ્પ્યુટરલક્ષી વાસ્તવિકતાઓ પણ કોમ્પ્યુટરની બહારની વાસ્તવિકતાને પ્રભાવિત કરી શકે છે. 2016માં 'પોકેમોન ગો' ગેમે દુનિયામાં ભારે હલચલ મચાવી હતી અને વર્ષના અંત સુધીમાં તેને લાખો વખત ડાઉનલોડ કરવામાં આવી હતી.[46] 'પોકેમોન ગો' એક ઓગમેન્ટેડ રિયાલિટી મોબાઇલ ગેમ છે. ખેલાડીઓ ભૌતિક દુનિયામાં અસ્તિત્વમાં હોય તેવા પોકેમોન નામના વર્ચ્યુઅલ જીવોને શોધવા, તેની સામે લડવા અને તેને પકડવા માટે તેમના સ્માર્ટફોનનો ઉપયોગ કરી શકે છે. હું એક વાર મારા ભત્રીજા માતન સાથે આવા પોકેમોન શિકાર પર ગયો હતો. તેના વિસ્તારમાં ફરતાં ફરતાં મને ફક્ત ઘરો, વૃક્ષો, ખડકો, કાર, લોકો, બિલાડીઓ, કૂતરાઓ અને કબૂતરો જ દેખાયાં, મેં કોઈ પોકેમોન જોયું નહીં, કારણ કે મારી પાસે સ્માર્ટફોન નહોતો, પરંતુ માતન તેના સ્માર્ટફોન લેન્સ દ્વારા આસપાસ જોતો હતો અને તે ખડક પર ઊભેલા અથવા ઝાડ પાછળ છુપાયેલા પોકેમોન "જોઈ" શકતો હતો.

હું તે જીવોને જોઈ શકતો ન હતો, પણ તેઓ સ્પષ્ટપણે માતનના સ્માર્ટફોન સુધી મર્યાદિત નહોતા, કારણ કે અન્ય લોકો પણ તેમને "જોઈ" શકતા હતા. ઉદાહરણ તરીકે, અમને બે અન્ય બાળકો મળ્યા હતા, જે એ જ પોકેમોનનો શિકાર કરવા મથી રહ્યા હતા. જો માતન એ પોકેમોન પકડવામાં સફળ થાય, તો બીજા બાળકોને તરત જ શું થયું તે દેખાતું હતું. આમ પોકેમોન આંતરકોમ્પ્યુટરલક્ષી અસ્તિત્વો હતા. તેઓ ભૌતિક વિશ્વમાં પરમાણુ તરીકે નહીં, પણ કોમ્પ્યુટર નેટવર્કમાં બિટ્સ તરીકે અસ્તિત્વમાં હતા. તેમ છતાં તેઓ ભૌતિક વિશ્વ સાથે વ્યવહાર કરી શકતા હતા અને તેને વિવિધ રીતે પ્રભાવિત કરી શકતા હતા.

હવે ચાલો આંતરકોમ્પ્યુટરલક્ષી વાસ્તવિકતાઓના વધુ મોટા ઉદાહરણની વાત કરીએ. ગૂગલ સર્ચમાં વેબસાઇટને મળેલા રેન્કનો વિચાર કરો. જ્યારે આપણે સમાચાર, ફ્લાઇટ ટિકિટ કે રેસ્ટોરન્ટ માટે ગૂગલ પર સર્ચ કરીએ છીએ, ત્યારે કોઈ એક વેબસાઇટ સર્ચ રિઝલ્ટના પહેલા પેજની ટોચ પર દેખાય છે, જ્યારે બીજી પચાસમા પેજની મધ્યમાં હોય છે. આ ગૂગલ રેન્ક ખરેખર છે શું અને તે કેવી રીતે નક્કી થાય છે? ગૂગલ અલ્ગોરિધમ વિવિધ મુદ્દાઓ અનુસાર પોઇન્ટ આપીને વેબસાઇટનો ગૂગલ રેન્ક નક્કી કરે છે, જેમ

કે કેટલા લોકો વેબસાઇટની મુલાકાત લે છે અને અન્ય કેટલી વેબસાઇટો તેની સાથે લિંક થયેલી છે. રેન્ક પોતે એક આંતરકોમ્પ્યુટરલક્ષી રિયાલિટી છે, જે અબજો કોમ્પ્યુટરોને જોડતા નેટવર્કમાં એટલે કે ઇન્ટરનેટમાં અસ્તિત્વ ધરાવે છે. પોકેમોનની જેમ આ આંતરકોમ્પ્યુટરલક્ષી વાસ્તવિકતા ભૌતિક દુનિયામાં અસરો કરે છે. કોઈ ન્યૂઝ આઉટલેટ, ટ્રાવેલ એજન્સી કે રેસ્ટોરન્ટ માટે તેની વેબસાઇટ ગૂગલ સર્ચના પહેલા ગુગલ પેજની ટોચે દેખાય છે કે પચાસમા પેજની મધ્યમાં, તે ખૂબ જ મહત્ત્વપૂર્ણ છે.[47]

ગૂગલ રેન્ક ખૂબ જ મહત્ત્વપૂર્ણ હોવાથી લોકો ગૂગલ અલ્ગોરિધમોની ચોટી મંતરીને તેમની વેબસાઇટને ઊંચો રેન્ક આપવા માટે તમામ પ્રકારની યુક્તિઓનો ઉપયોગ કરે છે. ઉદાહરણ તરીકે, તેઓ વેબસાઇટ પર વધુ ટ્રાફિક જનરેટ કરવા માટે બૉટનો ઉપયોગ કરી શકે છે.[48] સોશિયલ મીડિયામાં તો આવું થવું સામાન્ય ઘટના છે. તેમાં વિવિધ બૉટની સંગઠિત આર્મી સતત યુટ્યૂબ, ફેસબુક અથવા X (અગાઉ ટ્વિટર)ના અલ્ગોરિધમોની ચોટલી મંતરી રહી છે. જો કોઈ પોસ્ટ વાયરલ થાય છે, તો શું તે એટલા માટે છે, કારણ કે માણસોને ખરેખર તેમાં રસ છે કે પછી હજારો બૉટ અલ્ગોરિધમને મૂર્ખ બનાવવામાં સફળ રહ્યા છે?[49]

પોકેમોન અને ગૂગલ રેન્ક જેવી આંતરકોમ્પ્યુટરલક્ષી વાસ્તવિકતાઓ મંદિરો અને શહેરો જેવી આંતરવ્યક્તિલક્ષી વાસ્તવિકતાઓ છે. મેં મારા જીવનનો મોટાભાગનો સમય પૃથ્વી પરના સૌથી પવિત્ર સ્થળોમાંના એક એવા જેરુસલેમ શહેરમાં વિતાવ્યો છે. વસ્તુલક્ષી દૃષ્ટિએ તે એક સામાન્ય સ્થળ છે. તમે જેરુસલેમમાં આંટો મારો, તો તમને અન્ય કોઈ પણ શહેરની જેમ જ ઘરો, વૃક્ષો, ખડકો, કાર, લોકો, બિલાડીઓ, કૂતરાઓ અને કબૂતરો દેખાય છે, પરંતુ ઘણા લોકો તેને એક એવા અસાધારણ સ્થળ તરીકે કલ્પે છે, જે દેવતાઓ, દૂતો અને પવિત્ર પથ્થરોથી ભરેલું છે. તેઓ આમાં એટલી દઢતાથી માને છે કે તેઓ ક્યારેક એ શહેર પર કે ચોક્કસ પવિત્ર ઇમારતો અને ટેમ્પલ માઉન્ટ પર ડોમ ઑફ ધ રોક હેઠળ રહેલા ધ હોલી રોક જેવા પથ્થરો માટ લડે છે. પેલેસ્ટાઇનના ફિલસૂફ સારી નુસીબેહે નોંધ્યું હતું કે "યહૂદીઓ અને મુસ્લિમો તેમની ધાર્મિક માન્યતાઓ અનુસાર જીવે છે અને પરમાણુ બૉમ્બની ક્ષમતા ધરાવે છે. તેઓ પથ્થર માટે ઇતિહાસના સૌથી ખરાબ માનવ હત્યાકાંડ કરવા માટે તૈયાર છે.[50]" તેઓ ખડક બનાવતા પરમાણુઓ માટે લડતા નથી પણ તેઓ તેની "પવિત્રતા" માટે લડે છે, જેમ બાળકો પોકેમોન માટે લડે છે તેમ. ધ હોલી રોક અને જેરુસલેમની પવિત્રતા એક આંતરવ્યક્તિલક્ષી ઘટના છે,

જે ઘણા માનવમનને જોડતા કોમ્પ્યુનિકેશન નેટવર્કમાં અસ્તિત્વ ધરાવતા હોય છે. હજારો વર્ષોથી ધ હોલી રોક જેવા આંતરવ્યક્તિલક્ષી અસ્તિત્વો માટે યુદ્ધો લડવામાં આવ્યાં છે. એકવીસમી સદીમાં, આપણે સંભવતઃ આંતરકોમ્પ્યુટરલક્ષી એન્ટિટી માટે લડાતા યુદ્ધો જોઈ શકીશું.

જો આ વિજ્ઞાન સાહિત્ય જેવું લાગે છે, તો નાણાકીય વ્યવસ્થામાં સંભવિત વિકાસનો વિચાર કરો, જેમ જેમ કોમ્પ્યુટરો વધુ બુદ્ધિશાળી અને વધુ સર્જનાત્મક બનતા જાય છે, તેમ તેમ તેઓ નવા નવા આંતરકોમ્પ્યુટરલક્ષી નાણાકીય સાધનો બનાવે તેવી શક્યતા વધારે છે. સોનાના સિક્કા અને ડૉલર આંતરવ્યક્તિલક્ષી અસ્તિત્વો છે. બિટકોઈન જેવી ક્રિપ્ટોકરન્સી આંતરવ્યક્તિલક્ષી અને આંતરકોમ્પ્યુટરલક્ષી વાસ્તવિકતાઓની મધ્યમાં છે. તેમની પાછળનો વિચાર માનવો દ્વારા જ શોધાયો હતો અને તેમનું મૂલ્ય હજુ પણ માનવ માન્યતાઓ પર આધારિત છે, પરંતુ તેઓ કોમ્પ્યુટર નેટવર્કની બહાર અસ્તિત્વમાં રહી શકતા નથી. વધુમાં, તેમનો વધુ ને વધુ વેપાર અલ્ગોરિધમો દ્વારા કરવામાં આવે છે, જેથી તેમનું મૂલ્ય ફક્ત માનવ માન્યતાઓ પર નહીં, પણ અલ્ગોરિધમોની ગણતરીઓ પર પણ આધારિત હોય.

જો આવનારા દસ કે પચાસ વર્ષમાં કોમ્પ્યુટરો એક નવા પ્રકારની ક્રિપ્ટોકરન્સી કે કોઈ અન્ય નાણાકીય ઉપકરણ સર્જે જે વેપાર અને રોકાણ માટે એક મહત્ત્વપૂર્ણ સાધન બની જાય તેમજ રાજકીય કટોકટી અને સંઘર્ષો માટે સંભવિત સ્રોત પણ બની જાય તો? યાદ કરો કે 2007-08ની વૈશ્વિક નાણાકીય કટોકટી કોલેટરલાઇઝ્ડ ડેટ ઓબ્લિગેશનો દ્વારા ઊભી થઈ હતી. આ નાણાકીય ઉપકરણોની શોધ મુઠ્ઠીભર ગણિતશાસ્ત્રીઓ અને રોકાણના જાદુગરો દ્વારા કરવામાં આવી હતી અને નિયમનકારો સહિત મોટાભાગના માનવો માટે લગભગ ન સમજાય તેવી હતી. આનાથી તેની પર નજર રાખવી શક્ય બની નહીં અને વૈશ્વિક સ્તરે તેની ઘાતક અસરો પડી હતી.[51] કોમ્પ્યુટરો એવા નાણાકીય ઉપકરણો બનાવી શકે છે, જે કોલેટરલાઇઝ્ડ ડેટ ઓબ્લિગેશનો કરતાં પણ વધુ જટિલ હશે અને તે ફક્ત અન્ય કોમ્પ્યુટરો માટે જ સમજી શકાય તેવાં હશે. તેના પરિણામે 2007-8 કરતા પણ ખરાબ નાણાકીય અને રાજકીય કટોકટી સર્જાઈ શકે છે.

સમગ્ર ઇતિહાસમાં, અર્થશાસ્ત્ર અને રાજકારણ માટે એ જરૂરી હતું કે આપણે લોકો દ્વારા શોધાયેલી ધર્મો, રાષ્ટ્રો અને ચલણો જેવી આંતરવ્યક્તિલક્ષી વાસ્તવિકતાઓને સમજીએ, જે કોઈ અમેરિકાના રાજકારણને સમજવા માંગતું હોય તેણે ખ્રિસ્તી ધર્મ અને કોલેટરલાઇઝ્ડ ડેટ ઓબ્લિગેશનો જેવી આંતરવ્યક્તિલક્ષી વાસ્તવિકતાઓને પણ ધ્યાનમાં લેવી પડે. જોકે, હવે અમેરિકાના રાજકારણને

સમજવા માટે AI દ્વારા બનેલા કલ્ટ્સ અને કરન્સીથી લઈને AI સંચાલિત રાજકીય પક્ષો અને સંપૂર્ણ રીતે સમાવિષ્ટ AI સુધીની આંતરકોમ્પ્યુટરલક્ષી વાસ્તવિકતાઓ સમજવાની વધુ ને વધુ જરૂર પડવા માંડી છે. યુ.એસ.ની કાનૂની પ્રણાલી પહેલાથી જ કૉર્પોરેશનોને કાનૂની વ્યક્તિઓ માને છે, જેમને વાણી સ્વાતંત્ર્ય જેવા અધિકારો છે. સિટીઝન્સ યુનાઇટેડ વિરુદ્ધ ફેડરલ ઇલેક્શન કમિશન(2010) કેસમાં યુ.એસ. સુપ્રીમ કોર્ટે ચુકાદો આપ્યો હતો કે આનાથી કૉર્પોરેશનોને રાજકીય દાન આપવાનો અધિકાર પણ મળી રહે છે.[52] તો AIને વાણી સ્વાતંત્ર્ય ધરાવતી કાનૂની વ્યક્તિઓ તરીકે સમાવિષ્ટ થવા અને ઓળખાવામાં અને પછી AIના અધિકારોનું રક્ષણ અને વિસ્તરણ કરવા માટે લોબિંગ અને રાજકીય દાન આપવાથી કોણ રોકી શકશે?

હજારો વર્ષોથી માનવોએ પૃથ્વી ગ્રહ પર પ્રભુત્વ જાળવી રાખ્યું છે, કારણ કે આપણે એકમાત્ર એવા જીવો હતા, જે કૉર્પોરેશનો, ચલણો, દેવતાઓ અને રાષ્ટ્રો જેવી આંતરવ્યક્તિલક્ષી સંસ્થાઓ બનાવી અને ટકાવી શકતા હતા અને મોટા પાયે સહયોગ સાધવા માટે આવી સંસ્થાઓનો ઉપયોગ કરવા સક્ષમ હતા. હવે કોમ્પ્યુટરો આવી ક્ષમતાઓ પ્રાપ્ત કરી શકે છે.

જરૂરી નથી કે આ ખરાબ સમાચાર જ હોય. જો કોમ્પ્યુટરોમાં જોડાણો સ્થાપવાની ક્ષમતા અને સર્જનાત્મકતાનો અભાવ હોય, તો તેઓ બહુ ઉપયોગી ન હોત. આપણે આપણા પૈસાનું વ્યવસ્થાપન કરવા, વાહનો ચલાવવા, પ્રદૂષણ ઘટાડવા અને નવી દવાઓ શોધવા માટે કોમ્પ્યુટરો પર વધુ ને વધુ આધાર રાખવા માંડ્યા છીએ, કારણ કે કોમ્પ્યુટરો એકબીજા સાથે સીધો સંપર્ક કરી શકે છે, આપણે ન શોધી શકીએ તેવી પેટર્ન શોધી શકે છે અને એવા મૉડેલ્સ બનાવી શકે છે, જે ક્યારેય આપણી કલ્પનામાં આવતા નથી. કોમ્પ્યુટરોને બધી સર્જનાત્મક શક્તિથી કેવી રીતે વંચિત રાખવું તે આપણી સમસ્યા નથી, પરંતુ તેમની સર્જનાત્મકતાને યોગ્ય દિશામાં કેવી રીતે વાળવી તે છે. માનવ સર્જનાત્મકતામાં પણ આપણને હંમેશાં એ જ સમસ્યા રહી છે. માનવો દ્વારા શોધાયેલ આંતરવ્યક્તિલક્ષી અસ્તિત્વો જ માનવ સંસ્કૃતિની બધી સિદ્ધિઓનો આધાર હતા, પરંતુ તેઓ ક્યારેક ક્યારેક ધર્મયુદ્ધ, જેહાદ અને વિચહન્ટમાં પણ પરિણમતા હતા. આંતરકોમ્પ્યુટરલક્ષી એન્ટિટી કદાચ ભવિષ્યની સંસ્કૃતિઓનો આધાર હશે પરંતુ વાસ્તવિકતા એ છે કે કોમ્પ્યુટરો પ્રયોગમૂલક ડેટા ભેગો કરે છે અને તેનું વિશ્લેષણ કરવા માટે ગણિતનો ઉપયોગ કરે છે માટે તેઓ આગવી વિચ હન્ટ શરૂ ન કરી શકે તેમ પણ નથી.

નવી ડાકણો

પ્રારંભિક આધુનિક યુરોપમાં એક વિસ્તૃત ઇન્ફૉર્મેશન નેટવર્કે ગુનાઓ, બીમારીઓ અને આફતો વિશેના વિશાળ માત્રાના ડેટાનું વિશ્લેષણ કર્યું અને એ નિષ્કર્ષ પર પહોંચ્યું કે બધો દોષ ડાકણોનો હતો. વિચ હન્ટરો જેટલો વધુ ડેટા ભેગો કરતા હતા, તેટલી જ તેમની એ માન્યતા દૃઢ થતી જતી હતી કે આ દુનિયા રાક્ષસો અને જાદુટોણાથી ભરેલી હતી અને માનવતાનો નાશ કરવા માટે એક વૈશ્વિક શેતાની કાવતરું ચાલી રહ્યું હતું. ત્યાર બાદ એ ઇન્ફૉર્મેશન નેટવર્કે ડાકણોને ઓળખવા અને તેમને કેદ કરવા અથવા મારી નાખવાનું ચાલુ કર્યું. હવે આપણે જાણીએ છીએ કે ડાકણો એક બનાવટી આંતરવ્યક્તિલક્ષી વાત હતી, જે ઇન્ફૉર્મેશન નેટવર્ક દ્વારા જ શોધાઈ હતી અને પછી એવા લોકો પર લાદવામાં આવી હતી જેઓ ખરેખર ક્યારેય શેતાનને મળ્યા ન હતા કે કરાના તોફાનો લાવી શકતા ન હતા.

એથી વધુ વિસ્તૃત ઇન્ફૉર્મેશન નેટવર્કે સોવિયેત યુનિયનમાં કુલાકની શોધ કરી હતી, બીજી દંતકથા જે લાખો લોકો પર લાદવામાં આવી હતી. કુલાક વિશે સોવિયેત અમલદારશાહી દ્વારા ભેગી કરવામાં આવેલી માહિતીનો જથ્થો કંઈ વસ્તુલક્ષી સત્ય નહોતું પરંતુ તેમણે એક નવું આંતરવ્યક્તિલક્ષી સત્ય સર્જ્યું હતું. કોઈ વ્યક્તિ કુલાક છે તે જાણવું એ સોવિયેત વ્યક્તિ વિશે જાણવા જેવી સૌથી મહત્ત્વપૂર્ણ બાબતોમાંની એક બની ગઈ, ભલે તે કાલ્પનિક જ હતી.

તેનાથી પણ મોટા પાયે, સોળમી સદીથી વીસમી સદી સુધી, બ્રાઝિલથી મેક્સિકો અને કેરેબિયનથી લઈને યુનાઇટેડ સ્ટેટ્સ સુધી અસંખ્ય વસાહતી અમલદારશાહીઓએ એક જાતિવાદી દંતકથા ઘડી કાઢી હતી જેના પરિણામે તમામ પ્રકારના આંતરવ્યક્તિલક્ષી વંશીય વર્ગો સર્જાયા હતા. માનવોને યુરોપિયનો, આફ્રિકનો અને મૂળ અમેરિકનોમાં વિભાજિત કરવામાં આવ્યા હતા અને આંતરજાતીય જાતીય સંબંધો સામાન્ય હોવાથી વધારાના વર્ગોનો પણ આવિષ્કાર થયો હતો. ઘણી સ્પેનિશ વસાહતોમાં સ્પેનિશ અને મૂળ અમેરિકન વંશનું મિશ્રણ ધરાવતા લોકો 'મેસ્ટીઝો' લોકો, સ્પેનિશ અને આફ્રિકન વંશનું મિશ્રણ ધરાવતા 'મુલાટો' લોકો, આફ્રિકન અને મૂળ અમેરિકન વંશનું મિશ્રણ ધરાવતા 'ઝામ્બો' લોકો અને સ્પેનિશ, આફ્રિકન અને મૂળ અમેરિકન વંશનું મિશ્રણ ધરાવતા 'પાર્ડો' લોકો વચ્ચે ભેદ પાડતા કાયદાઓ હતા. આ બધા ઊભા કરવામાં આવેલા વર્ગોથી નક્કી થતું હતું કે જે તે લોકોને ગુલામ બનાવી શકાય કે નહીં, રાજકીય અધિકારો મળે કે નહીં, હથિયારો રાખી શકે કે નહીં, જાહેર હોદ્દો સંભાળી

શકે કે નહીં, શાળામાં પ્રવેશ મેળવી શકે કે નહીં, ચોક્કસ વ્યવસાયો કરી શકે કે નહીં, ચોક્કસ વિસ્તારોમાં રહી શકે કે નહીં અને એકબીજા સાથે સેક્સ કરવાની અને લગ્ન કરવાની મંજૂરી મળી શકે કે નહીં. એમ પણ કહેવાતું હતું કે વ્યક્તિને ચોક્કસ વંશીય વિભાગમાં મૂકીને તેનું વ્યક્તિત્વ, બૌદ્ધિક ક્ષમતાઓ અને નૈતિક વલણોને સમજી શકાય છે.[53]

ઓગણીસમી સદી સુધી તો જાતિવાદ એક ચોક્કસ વિજ્ઞાન હોવાનો દાવો કરાતો હતો: તેમાં વસ્તુલક્ષી જૈવિક તથ્યોના આધારે લોકો વચ્ચે ભેદ પાડવાનો તેમજ ખોપરીઓનું કદ માપવું અને ગુનાના આંકડા નોંધવા જેવી વૈજ્ઞાનિક પદ્ધતિઓ પર આધાર રખાયાનો દાવો કરાતો હતો, પરંતુ સંખ્યાઓ અને વર્ગોનું વાદળ ફક્ત વાહિયાત આંતરવ્યક્તિલક્ષી દંતકથાઓ છુપાવવાનું સાધન જ હતું. કોઈની મૂળ અમેરિકન દાદી કે આફ્રિકાના પિતા તેમની બુદ્ધિ, દયા કે પ્રામાણિકતા વિશે કંઈ પણ કહી શકતા નહોતા. આ બનાવટી વર્ગો મનુષ્યો વિશે કોઈ સત્ય શોધતા નહોતા કે તેનું વર્ણન કરતા નહોતા. ઊલટાનું તેના દ્વારા એ લોકો પર દમનકારી, દંતકથા આધારિત નિયમો ઠોકી બેસાડવામાં આવતા હતા.

જેમ જેમ કોમ્પ્યુટરો કર વસૂલાત અને આરોગ્યસંભાળથી લઈને સુરક્ષા અને ન્યાયક્ષેત્ર સુધી અમલદારશાહીઓમાં માનવીઓની જગ્યાઓ લેતા જાય છે, તેઓ પણ કોઈ દંતકથા સર્જી શકે છે અને તેને અભૂતપૂર્વ કાર્યક્ષમતા સાથે આપણા પર ઠોકી બેસાડી શકે છે. કાગળના દસ્તાવેજો દ્વારા શાસિત દુનિયામાં અમલદારોને જાતિ આધારિત સીમાઓ નક્કી કરવામાં કે દરેકના ચોક્કસ વંશને ઓળખવામાં મુશ્કેલી પડતી હતી. લોકો ખોટા દસ્તાવેજો મેળવી શકતા હતા. કોઈ ઝામ્બો બીજા શહેરમાં જઈને પાર્ડો હોવાનો ડોળ કરી શકતો હતો. એક કાળી વ્યક્તિ ક્યારેક ગોરી બની જતી હતી. એ જ રીતે સોવિયેત યુનિયનમાં કુલાક લોકોના બાળકો ક્યારેક સારી નોકરી અથવા કૉલેજમાં સ્થાન મેળવવા માટે તેમના ખોટા કાગળો ઊભા કરવામાં સફળ રહેતા હતા. નાઝી યુરોપમાં યહૂદીઓ ક્યારેક આર્ય ઓળખ અપનાવી શકતા હતા, પરંતુ કાગળના દસ્તાવેજો કરતાં આંખની કીકીઓ અને ડીએનએ વાંચી શકે તેવા કોમ્પ્યુટરો દ્વારા શાસિત વિશ્વમાં સિસ્ટમને છેતરવી ખૂબ મુશ્કેલ હશે. કોમ્પ્યુટરો લોકો પર ખોટાં લેબલ લગાડવામાં અને એ લેબલ ચોંટેલાં રહે તે માટે અત્યંત કાર્યક્ષમ હોઈ શકે છે.

ઉદાહરણ તરીકે, સોશિયલ ક્રેડિટ સિસ્ટમો "ઓછી ક્રેડિટ ધરાવતા લોકો"નો એક નવો ગરીબ વર્ગ બનાવી શકે છે. આવી સિસ્ટમ સરેરાશ સ્કોર તારવવા માટે પોઈન્ટ ભેગા કરવાની પ્રયોગમૂલક અને ગાણિતિક પ્રક્રિયા દ્વારા ફક્ત

સત્યની "શોધ" કરવાનો દાવો કરી શકે છે, પરંતુ તે સામાજિક અને અસામાજિક વર્તણૂકોને કેવી રીતે વ્યાખ્યાયિત કરશે? જો આવી સિસ્ટમ સરકારી નીતિઓની ટીકા કરવા, વિદેશી સાહિત્ય વાંચવા, લઘુમતી ધર્મનું પાલન કરવા, નાસ્તિક હોવા કે અન્ય ઓછા ક્રેડિટ ધરાવતા લોકો સાથે હળવામળવા માટે પોઇન્ટ કાપે તો શું થશે? એક વૈચારિક પ્રયોગ તરીકે કલ્પના કરો કે જ્યારે સોશિયલ ક્રેડિટ સિસ્ટમની નવી ટેક્નોલૉજી પરંપરાગત ધર્મો સાથે ભળે ત્યારે શું થઈ શકે છે.

યહૂદી, ખ્રિસ્તી અને ઇસ્લામ જેવા ધર્મોએ હંમેશાં એવી કલ્પના કરી છે કે વાદળોની ઉપર ક્યાંક એક સર્વદ્રષ્ટા આંખ છે, જે આપણે જે કંઈ કરીએ છીએ તેના માટે પોઇન્ટ આપે છે કે બાદ કરે છે અને આપણું શાશ્વત ભાગ્ય આપણે જે સ્કોર મેળવીએ છીએ તેના પર આધાર રાખે છે. અલબત્ત કોઈને પણ તેમનો ચોક્કસ સ્કોર ખબર ન હોઈ શકે. તમે તમારા મૃત્યુ પછી જ તે જાણી શકો છો. વ્યવહારિક દૃષ્ટિએ તેનો અર્થ એ થયો કે પાપી હોવું અને સંત હોવું તે આંતરવ્યક્તિલક્ષી ઘટના હતી જેની વ્યાખ્યા જાહેર અભિપ્રાય પર આધારિત હતી. ઉદાહરણ તરીકે, જો ઈરાની શાસન તેની કોમ્પ્યુટર આધારિત દેખરેખ પ્રણાલીનો ઉપયોગ ફક્ત તેના કડક હિજાબ કાયદાઓ લાગુ કરવા માટે જ નહીં, પરંતુ પાપી અને સંતને ચોક્કસ આંતરકોમ્પ્યુટરલક્ષી ઘટનામાં ફેરવવા માટે કરે તો શું થઈ શકે? તમે બહાર હિજાબ પહેર્યો ન હતો એટલે -10 પોઇન્ટ. તમે રમઝાનમાં સૂર્યાસ્ત પહેલાં ખાધું માટે બીજા 20 પોઇન્ટ કાપવામાં આવ્યા. તમે મસ્જિદમાં જુમ્માની નમાઝમાં ગયા માટે +5 પોઇન્ટ. તમે હજ કરી એટલે +500 પોઇન્ટ. પછી સિસ્ટમ બધા પોઇન્ટો ભેગા કરી શકે છે અને લોકોને "પાપીઓ" (0 પોઇન્ટથી ઓછા), "આસ્થાવાનો" (0 થી 1,000 પોઇન્ટ) અને "સંતો" (1,000 પોઇન્ટથી વધુ)માં વિભાજિત કરી શકે છે. પછી કોઈ વ્યક્તિ પાપી છે કે સંત તે માનવોની માન્યતાઓ પર નહીં, પરંતુ અલ્ગોરિધમની ગણતરીઓ પર આધાર રાખે છે. શું આવી સિસ્ટમ લોકો વિશે સત્ય શોધી કાઢશે કે લોકો પર વ્યવસ્થા ઠોકી બેસાડશે?

આવી જ સમસ્યાઓ બધી સોશિયલ ક્રેડિટ સિસ્ટમો અને સંપૂર્ણ દેખરેખ રાખતા શાસનને અસર કરી શકે છે. જ્યારે પણ તેઓ પાપીઓ, આતંકવાદીઓ, ગુનેગારો અને અસામાજિક કે અવિશ્વસનીય લોકોને શોધવા માટે સર્વવ્યાપી ડેટાબેઝ અને અતિચોક્કસ ગણિતનો ઉપયોગ કરવાનો દાવો કરતા હોય, ત્યારે તેઓ વાસ્તવમાં અભૂતપૂર્વ કાર્યક્ષમતા સાથે પાયાવિહોણા ધાર્મિક અને વૈચારિક પૂર્વગ્રહો લાદી રહ્યા હોઈ શકે છે.

કોમ્પ્યુટરના પક્ષપાત

કેટલાક લોકો કોમ્પ્યુટરોને વધુ શક્તિ આપીને ધાર્મિક અને વૈચારિક પક્ષપાતોની સમસ્યાને દૂર કરવાની આશા રાખી શકે છે. એમ કરવા માટેની દલીલ કંઈક આવી હોઈ શકે છે: જાતિવાદ, સ્ત્રીદ્વેષ, સમલૈંગિકતા, યહૂદીઓનો વિરોધ અને અન્ય તમામ પૂર્વગ્રહો કોમ્પ્યુટરમાં નહીં, પરંતુ માનવોની મનોવૈજ્ઞાનિક પરિસ્થિતિઓ અને દંતકથાઓમાં માન્યતાઓથી ઉદ્ભવે છે. કોમ્પ્યુટરો એવાં ગાણિતિક અસ્તિત્વો છે, જેમનું કોઈ મનોવિજ્ઞાન કે દંતકથાઓ નથી. તેથી જો આપણે માનવોને આ સમીકરણમાંથી સંપૂર્ણપણે બાકાત રાખી શકીએ, તો અલ્ગોરિધમો આખરે શુદ્ધ ગણિતના આધારે જ બધું નક્કી કરી શકે છે, જે બધી મનોવૈજ્ઞાનિક વિકૃતિઓ કે દંતકથાઓના પૂર્વગ્રહોથી મુક્ત હશે.

કમનસીબે, અસંખ્ય અભ્યાસોમાં જોવા મળ્યું છે કે કોમ્પ્યુટરોમાં ઘણીવાર તેમના પોતાના ઊંડા પૂર્વગ્રહો હોય છે. તેઓ જૈવિક અસ્તિત્વ નથી અને તેમનામાં ચેતનાનો અભાવ છે, પણ તેમની પાસે ડિજિટલ માનસ અને એક પ્રકારની આંતરકોમ્પ્યુટરલક્ષી દંતકથા જેવું કંઈક તો છે. તેઓ પણ જાતિવાદી, સ્ત્રીદ્વેષી, સમલૈંગિકતા અથવા યહૂદીઓના વિરોધી હોઈ શકે છે.[54] ઉદાહરણ તરીકે, 23 માર્ચ, 2016ના રોજ માઇક્રોસોફ્ટે AI ચેટબોટ Tay રજૂ કર્યું જેને તેણે ટ્વિટરનો મુક્તપણે સંપર્ક પણ કરાવ્યો. થોડા કલાકોમાં જ Tay એ સ્ત્રીવિરોધી અને યહૂદીવિરોધી ટ્વીટ્સ પોસ્ટ કરવાનું શરૂ કર્યું, જેમ કે "હું નારીવાદીઓને નફરત કરું છું. તે બધા મરવા જોઈએ અને નરકમાં સળગવા જોઈએ" અને "હિટલર સાચો હતો. હું યહૂદીઓને નફરત કરું છું." ભયભીત માઇક્રોસોફ્ટ એન્જિનિયરોએ રજૂઆતના સોળ જ કલાકમાં Tayને બંધ કર્યું ત્યાં સુધી આ વર્તન વધુ તેજાબી બનતું ગયું હતું.[55]

2017માં MITની પ્રોફેસર જોય બુઓલામવિની દ્વારા કોમર્શિયલ ફેસ-ક્લાસિફિકેશન અલ્ગોરિધમોમાં વધુ સૂક્ષ્મ પરંતુ વ્યાપક જાતિવાદ શોધી કાઢવામાં આવ્યો. તેમણે દર્શાવ્યું કે, આ અલ્ગોરિધમો શ્વેત પુરુષોને ઓળખવામાં ખૂબ જ સચોટ હતા, પરંતુ અશ્વેત સ્ત્રીઓને ઓળખવામાં અત્યંત નબળા હતા. ઉદાહરણ તરીકે, IBM અલ્ગોરિધમ ગોરા પુરુષોને ઓળખવામાં માત્ર 0.3 ટકા ભૂલ કરતા હતા પરંતુ શ્યામવર્ણી સ્ત્રીઓને ઓળખવામાં 34.7 ટકા ભૂલ કરતા હતા. ગુણાત્મક પરીક્ષણ તરીકે બુઓલામવિનીએ અલ્ગોરિધમોને મહિલા આફ્રિકન અમેરિકન ચળવળકાર સોજોર્નર ટ્રુથના ફોટા વર્ગીકૃત કરવા કહ્યું, જે તેમના 1851ના ભાષણ "શું હું સ્ત્રી નથી?" માટે પ્રખ્યાત હતા. અલ્ગોરિધમોએ ટ્રુથને પુરુષ તરીકે વર્ગીકૃત કરી હતી.[56]

ઘાના મૂળની અમેરિકન મહિલા બુઓલામવિનીએ જ્યારે પોતાને ઓળખવા માટે બીજા ફેસિયલ-એનાલિસિસ અલ્ગોરિધમનું પરીક્ષણ કર્યું, ત્યારે અલ્ગોરિધમ તેના કાળી ચામડીવાળા ચહેરાને બિલકુલ "જોઈ" જ શક્યું નહીં. આ સંદર્ભમાં "જોવું"નો અર્થ માનવચહેરાની હાજરીને પારખવાની ક્ષમતા છે, જેમ ફોનના કેમેરાનું ફોકસ ક્યાં કેન્દ્રિત કરવું તે નક્કી કરવા માટે ઉપયોગમાં લેવાતી સુવિધા. અલ્ગોરિધમ સરળતાથી શ્વેત ચામડીવાળો ચહેરો પારખતું હતું પરંતુ બુઓલામવિનીના ચહેરાને નહીં. જ્યારે બુઓલામવિનીએ સફેદ માસ્ક પહેર્યો ત્યારે જ અલ્ગોરિધમ ઓળખી શક્યું કે તે માનવચહેરાનું અવલોકન કરી રહ્યું છે.[57]

આ શું ચાલી રહ્યું છે? એક જવાબ એવો હોઈ શકે છે કે જાતિવાદી અને સ્ત્રીદ્વેષી ઇજનેરોએ અશ્વેત મહિલાઓ સામે ભેદભાવ કરતું કોડિંગ જ આ અલ્ગોરિધમો માટે કર્યું હોય. આપણે આવી ઘટનાઓ બનવાની શક્યતાને નકારી શકતા નથી પણ ફેસ-ક્લાસિફિકેશન અલ્ગોરિધમો કે માઇક્રોસોફ્ટના Tayના કિસ્સામાં તે ઉકેલ નહોતો. હકીકતમાં આ અલ્ગોરિધમો તેમને તાલીમ માટે આપવામાં આવેલા ડેટામાંથી જાતિવાદી અને સ્ત્રીદ્વેષી પૂર્વગ્રહો જાતે જ શીખી લીધા હતા.

આવું કેવી રીતે થઈ શકે તે સમજવા માટે આપણે અલ્ગોરિધમોના ઇતિહાસ વિશે કંઈક સમજવાની જરૂર છે. મૂળે અલ્ગોરિધમો પોતે ખાસ શીખી શકતા ન હતા. ઉદાહરણ તરીકે, 1980 અને 1990ના દાયકામાં ચેસ રમતા અલ્ગોરિધમોને તેમના માનવ પ્રોગ્રામરો દ્વારા જ લગભગ બધું શીખવવામાં આવતું હતું. માનવોએ અલ્ગોરિધમમાં માત્ર ચેસના મૂળભૂત નિયમો જ નહીં, પરંતુ ચેસ બોર્ડ પરની વિવિધ સ્થિતિઓ અને ચાલનું મૂલ્યાંકન કેવી રીતે કરવું તે પણ કોડ દ્વારા અલ્ગોરિધમને સમજાવ્યું હતું. ઉદાહરણ તરીકે, માનવોએ એક નિયમ કોડમાં ઉમેર્યો કે પ્યાદાના બદલામાં રાણીનું બલિદાન આપવું એ સામાન્ય રીતે અયોગ્ય છે. આ પ્રારંભિક અલ્ગોરિધમો માનવ ચેસ માસ્ટર્સને હરાવવામાં સફળ રહ્યા હતા કારણ કે તેઓ માનવ કરતા ઘણી વધુ ચાલની ગણતરી કરી શકતા હતા અને ઘણી વધુ સ્થિતિઓનું મૂલ્યાંકન કરી શકતા હતા, પરંતુ અલ્ગોરિધમોની ક્ષમતાઓ મર્યાદિત રહી હતી. તેઓ રમતનાં બધાં રહસ્યો જાણવા માટે મનુષ્યો પર આધાર રાખતા હતા માટે જો માનવ કોડર્સ કંઈ જાણતા ન હોત, તો તેમણે બનાવેલા અલ્ગોરિધમો પણ તે જાણતા હોવાની શક્યતા ઓછી હતી.[58]

જેમ જેમ મશીન લર્નિંગનું ક્ષેત્ર વિકસિત થયું, તેમ તેમ અલ્ગોરિધમો વધુ ને વધુ સ્વતંત્રતા મેળવતા ગયા. મશીન લર્નિંગનો મૂળભૂત સિદ્ધાંત એ છે કે અલ્ગોરિધમ્સ માનવીની જેમ જ દુનિયા સાથે ક્રિયાપ્રતિક્રિયા કરીને પોતાને નવી

વસ્તુઓ શીખવી શકે છે, જેનાથી સંપૂર્ણ રીતે વિકસિત કૃત્રિમ બુદ્ધિ એટલે કે આર્ટિફિશિયલ ઇન્ટેલિજન્સ ઉત્પન્ન થાય છે. આ વ્યાખ્યા હંમેશાં સચોટ મનાતી નથી, પરંતુ સરળ શબ્દોમાં કહીએ તો કોઈ વસ્તુને AI તરીકે ઓળખવા માટે, તે તેના મૂળ માનવ સર્જકોની સૂચનાઓનું પાલન કરવાને બદલે નવી વસ્તુઓ જાતે શીખવાની ક્ષમતા ધરાવતી હોય તે જરૂરી છે. વર્તમાનમાં ચેસ રમતી AIને રમતના મૂળભૂત નિયમો સિવાય કંઈ શીખવવામાં આવતું નથી. તે બાકીનું બધું જાતે જ શીખે છે, કાં તો અગાઉની રમતોના ડેટાબેઝનું વિશ્લેષણ કરીને કે પછી નવી રમતો રમીને અને અનુભવમાંથી શીખીને.[59] AI એ કંઈ મૂર્ખ ઓટોમેટિક મશીન નથી જે પરિણામોને ધ્યાનમાં લીધા વિના ફરીને ફરી સમાન ગતિવિધિઓનું પુનરાવર્તન કરે. તેના બદલે, તે મજબૂત સ્વસુધારણા પદ્ધતિઓથી સજ્જ છે, જે તેને તેની પોતાની ભૂલોમાંથી શીખવા દે છે.

આનો અર્થ એ છે કે AI તેનું જીવન એક "બેબી અલ્ગોરિધમ" તરીકે શરૂ કરે છે, જેમાં ઘણી બધી સંભાવનાઓ અને કોમ્પ્યુટિંગ શક્તિ હોય છે, પરંતુ વાસ્તવમાં તે વધારે જાણતું હોતું નથી. AIના માનવ માતાપિતા તેને ફક્ત શીખવાની અને ડેટાની દુનિયા સુધી પહોંચવાની ક્ષમતા આપે છે. પછી તેઓ એ બેબી અલ્ગોરિધમને આ વિશ્વનું વિશ્લેષણ કરવા દે છે. જીવંત નવજાત શિશુઓની જેમ, બેબી અલ્ગોરિધમો તેમને મળેલા ડેટામાં પેટર્ન શોધીને શીખે છે. જો હું આગને સ્પર્શ કરું છું, તો તે પીડાકારક છે. જો હું રડું છું, તો મમ્મી આવે છે. જો હું પ્યાદા માટે રાણીનું બલિદાન આપું છું, તો હું કદાચ રમત હારી જાઉં છું. ડેટામાં પેટર્ન શોધીને બેબી અલ્ગોરિધમ વધુ ને વધુ શીખતું જાય છે, જેમાં એવી પણ ઘણી બધી વસ્તુઓનો સમાવેશ થાય છે, જે તેના માનવ માતાપિતા જાણતાં હોતાં નથી.[60]

જોકે આ ડેટાબેઝમાં પૂર્વગ્રહો સામેલ છે. જોય બુઓલામવિની દ્વારા અભ્યાસ કરાયેલ ફેસ-ક્લાસિફિકેશન અલ્ગોરિધમોને ટેગ કરેલા ઑનલાઇન ફોટાના ડેટા સેટ પર તાલીમ આપવામાં આવી હતી, જેમ કે 'લેબલ્ડ ફેસિસ ઇન ધ વાઇલ્ડ' ડેટાબેઝ. તે ડેટાબેઝમાંના ફોટા મુખ્યત્વે ઑનલાઇન સમાચારોમાંથી લેવામાં આવ્યા હતા. શ્વેત પુરુષો સમાચારો પર પ્રભુત્વ ધરાવે છે માટે ડેટાબેઝમાં 78 ટકા ફોટા પુરુષોના હતા અને 84 ટકા શ્વેત લોકોના જ હતા. તેમાં જ્યોર્જ ડબલ્યુ. બુશ 530 વખત હતા, બધી અશ્વેત સ્ત્રીઓની સંયુક્ત સંખ્યા કરતાં બમણાથી પણ વધુ વખત.[61] યુ.એસ. સરકારી એજન્સી દ્વારા તૈયાર કરાયેલા અન્ય એક ડેટાબેઝમાં 75 ટકાથી વધુ પુરુષો હતા જેમાંથી લગભગ 80 ટકા શ્વેત હતા અને ફક્ત 4.4 ટકા અશ્વેત ચામડીવાળી સ્ત્રીઓ હતી.[62] માટે આવા

ડેટા સેટની તાલીમ પામેલા અલ્ગોરિધમો શ્વેત પુરુષોને ઓળખવામાં ઉત્તમ હતા, પરંતુ અશ્વેત સ્ત્રીઓને ઓળખવામાં ખરાબ હોય તેમાં શેની નવાઈ? ચેટબોટ Tay સાથે પણ કંઈક આવું જ બન્યું હતું. માઇક્રોસોફ્ટ એન્જિનિયરોએ તેમાં કોઈ પૂર્વગ્રહો ઇરાદાપૂર્વક મૂક્યા ન હતા, પરંતુ ટ્વિટરમાં ફરતી ઝેરી માહિતીના થોડા કલાકોના સંપર્કમાં રહેવાથી AI પોતે જ ઉગ્ર જાતિવાદી બની ગયું હતું.[63]

પરિસ્થિતિ એથી પણ વધુ ખરાબ છે. શીખવા માટે બેબી અલ્ગોરિધમોને ડેટા ઉપરાંત બીજી એક વસ્તુની જરૂર હોય છે. તેમને એક ધ્યેયની પણ જરૂર હોય છે. માનવ બાળક ચાલવાનું શીખે છે, કારણ કે તે ક્યાંક જવા માંગે છે. સિંહનું બચ્ચું શિકાર કરવાનું શીખે છે, કારણ કે તે ખાવા માંગે છે. શીખવા માટે અલ્ગોરિધમોને પણ એક ધ્યેય આપવું પડે. ચેસમાં ધ્યેય વ્યાખ્યાયિત કરવું સરળ છે: વિરોધીના રાજાને મારી નાખવો. AI શીખે છે કે પ્યાદા માટે રાણીનું બલિદાન આપવું એ "ભૂલ" છે, કારણ કે તે સામાન્ય રીતે અલ્ગોરિધમને તેના લક્ષ્ય સુધી પહોંચતા અટકાવે છે. ચહેરા ઓળખવામાં પણ ધ્યેય સરળ છે: મૂળ ડેટાબેઝમાં નોંધાયેલી વ્યક્તિઓમાંથી આ વ્યક્તિનું લિંગ, ઉંમર અને નામને ઓળખો. જો અલ્ગોરિધમે અનુમાન લગાવ્યું હોય કે જ્યોર્જ ડબલ્યુ. બુશ સ્ત્રી છે, પરંતુ ડેટાબેઝ તેમને પુરુષ કહે છે, તો લક્ષ્ય સિદ્ધ થયું નથી ગણાતું અને અલ્ગોરિધમ તેની ભૂલમાંથી શીખે છે.

પરંતુ, ઉદાહરણ તરીકે, જો તમે કર્મચારીઓની ભરતી કરવા માટે અલ્ગોરિધમને તાલીમ આપવા માંગતા હો, તો તમે ધ્યેય કેવી રીતે વ્યાખ્યાયિત કરશો? અલ્ગોરિધમને કેવી રીતે ખબર પડશે કે તેણે ભૂલ કરી છે અને "ખોટી" વ્યક્તિને નોકરી પર રાખી છે? આપણે બેબી અલ્ગોરિધમને કહી શકીએ છીએ કે તેનો ધ્યેય એવા લોકોને નોકરી પર રાખવાનો છે, જે ઓછામાં ઓછું એક વર્ષ સુધી કંપનીમાં રહેતા હોય. સમજી શકાય એમ છે કે એમ્પ્લોયરો એવા કર્મચારીને તાલીમ આપવામાં સમય અને પૈસા વેડફવા ઇચ્છતા નથી હોતા જે થોડા મહિનાઓ પછી નોકરી છોડી દેતા હોય કે જેમને કાઢી મૂકવા પડે. ધ્યેયને આ રીતે વ્યાખ્યાયિત કર્યા પછી, ડેટા જોવાનો સમય આવે. ચેસમાં, અલ્ગોરિધમ ફક્ત પોતાની સાથે રમીને પણ ગમે તેટલો નવો ડેટા ઉત્પન્ન કરી શકે છે, પરંતુ નોકરીના ક્ષેત્રમાં, તે અશક્ય છે. કોઈ પણ એવી સંપૂર્ણ કાલ્પનિક દુનિયા બનાવી શકતું નથી જ્યાં બેબી અલ્ગોરિધમ કાલ્પનિક લોકોને નોકરીએ રાખી શકે અને કાઢી મૂકી શકે અને તે અનુભવમાંથી શીખી શકે. બેબી અલ્ગોરિધમ ફક્ત વાસ્તવિક જીવનના લોકો વિશે અત્યારે અસ્તિત્વ ધરાવતા ડેટાબેઝની જ તાલીમ મેળવી શકે છે, જેમ સિંહબાળ મુખ્યત્વે વાસ્તવિક

જીવનમાં સવાનાના મેદાનોમાં પેટર્ન જોઈને શીખે છે કે ઝેબ્રા શું છે, તેવી જ રીતે બેબી અલ્ગોરિધમ પણ વાસ્તવિક જીવનની કંપનીઓમાં પેટર્ન જોઈને શીખે છે કે સારા કર્મચારી કેવા હોય છે.

બદનસીબે, જો વાસ્તવિક જીવનની કંપનીઓ પહેલાથી જ કોઈ પૂર્વગ્રહથી પીડાતી હોય તો બેબી અલ્ગોરિધમ પણ આ પૂર્વગ્રહ શીખી શકે છે અને તેને વધારી પણ શકે છે. ઉદાહરણ તરીકે, વાસ્તવિક જીવનના ડેટામાં "સારા કર્મચારીઓ"ની પેટર્ન શોધી રહેલું અલ્ગોરિધમ એવું તારણ કાઢી શકે છે કે બૉસના ભત્રીજાઓને નોકરી પર રાખવા એ હંમેશાં ઉત્તમ રહે છે, પછી ભલે તેમની પાસે અન્ય કોઈ પણ લાયકાત હોય કે ન હોય, કારણ કે ડેટા સ્પષ્ટપણે એમ દર્શાવે છે કે, "બૉસના ભત્રીજાઓ" સામાન્ય રીતે નોકરી માટે અરજી કરે એટલે તેમને તરત જ નોકરીએ રાખવામાં આવે છે અને તેમને ભાગ્યે જ કાઢી મુકાતા હોય છે. બેબી અલ્ગોરિધમ આ પેટર્નને શોધી કાઢશે અને ભાઈ-ભત્રીજાવાદને વધારશે. જો તેને HR વિભાગનો હવાલો સોંપવામાં આવે છે, તો તે બૉસના ભત્રીજાઓને પ્રાધાન્ય આપવાનું શરૂ કરશે.

તેવી જ રીતે, જો સ્ત્રીવિરોધી સમાજમાં કંપનીઓ સ્ત્રીઓને બદલે પુરુષોને નોકરી પર રાખવાનું પસંદ કરતી હોય, તો વાસ્તવિક જીવનના ડેટા પર તાલીમ પામેલા અલ્ગોરિધમ પણ તે પૂર્વગ્રહને અપનાવે તેવી શક્યતા છે. જ્યારે એમેઝોને 2014-18માં નોકરીની અરજીઓની તપાસ માટે એક અલ્ગોરિધમ વિકસાવવાનો પ્રયાસ કર્યો, ત્યારે ખરેખર આમ જ બન્યું હતું. અગાઉની સફળ અને અસફળ અરજીઓમાંથી શીખીને, અલ્ગોરિધમે ફક્ત "સ્ત્રી" શબ્દ વાપરનાર અથવા મહિલા કૉલેજોના સ્નાતકોમાંથી આવતી એપ્લિકેશનોને પદ્ધતિસર ઓછું મહત્ત્વ આપવાનું કરવાનું શરૂ કર્યું હતું. ભૂતકાળમાં આવી અરજીઓ ઓછી સફળ થઈ હોવાથી, અલ્ગોરિધમે તે પક્ષપાત અપનાવી લીધો હતો. અલ્ગોરિધમને લાગ્યું કે તેણે તો આ વિશ્વ વિશે એક વસ્તુલક્ષી સત્ય શોધી કાઢ્યું હતું: મહિલા કૉલેજોમાંથી સ્નાતક થયેલા અરજદારો ઓછા લાયક છે. હકીકતમાં, તેણે ફક્ત સ્ત્રી-દ્વેષી પૂર્વગ્રહને અપનાવ્યો અને ઉપયોગમાં લીધો હતો. એમેઝોને આ સમસ્યાનું નિરાકરણ લાવવાનો પ્રયાસ કર્યો અને તે નિષ્ફળ ગયા માટે તેમણે છેવટે પ્રોજેક્ટ રદ કર્યો હતો.[64]

જે ડેટાબેઝ પર AIની તાલીમ આપવામાં આવે છે તે માનવના બાળપણ જેવું છે. બાળપણના અનુભવો, આઘાતો અને પરીકથાઓ જીવનભર આપણી સાથે રહે છે. AIને પણ આવા બાળપણના અનુભવો થતા હોય છે. અલ્ગોરિધમો પણ માનવોની જેમ એકબીજાને તેમના પૂર્વગ્રહોથી સંક્રમિત કરી શકે છે.

ભવિષ્યના સમાજનો વિચાર કરો જેમાં અલ્ગોરિધમો સર્વવ્યાપી છે અને તેનો ઉપયોગ ફક્ત નોકરીના અરજદારોને તપાસવા માટે જ નહીં, પરંતુ કૉલેજમાં શું ભણવું તે બાબતે લોકોને ભલામણ કરવા માટે પણ થાય છે. ધારો કે પહેલેથી અસ્તિત્વમાં રહેલા સ્ત્રીદ્વેષી પૂર્વગ્રહોને કારણે એન્જિનિયરિંગમાં 80 ટકા નોકરીઓ પુરુષોને જ આપવામાં આવે છે. આ સમાજમાં, કોઈ અલ્ગોરિધમ જે નવા એન્જિનિયરોની ભરતી કરે છે તે આ પૂર્વગ્રહની નકલ તો કરશે જ, પરંતુ સાથે સાથે કૉલેજની ભલામણ કરતા અલ્ગોરિધમોને પણ તે જ પૂર્વગ્રહથી સંક્રમિત કરે તેવી શક્યતા પણ ખરી. કૉલેજમાં પ્રવેશ લેવા ઇચ્છુક કોઈ યુવતીને એન્જિનિયરિંગનો અભ્યાસ કરતા તે અટકાવી શકે છે, કારણ કે હાલનો ડેટા એમ સૂચવે છે કે એ ક્ષેત્રમાં તેને નોકરી મળવાની શક્યતા ઓછી છે. "સ્ત્રીઓ એન્જિનિયરિંગમાં સારી નથી હોતી" એવી આંતરવ્યક્તિલક્ષી માન્યતા તરીકે જે શરૂ થયું હતું તે કદાચ આંતરકોમ્પ્યુટરલક્ષી માન્યતામાં પરિવર્તિત થઈ શકે છે. જો આપણે પહેલેથી જ પૂર્વગ્રહથી છુટકારો નહીં મેળવીએ, તો કોમ્પ્યુટરો તેને કાયમી બનાવી શકે છે અને તેને વિસ્તારી પણ શકે છે.[65]

પરંતુ અલ્ગોરિધમને પૂર્વગ્રહથી મુક્ત કરવા એ આપણા માનવ પૂર્વગ્રહોથી છુટકારો મેળવવા જેટલું જ મુશ્કેલ હોઈ શકે છે. એકવાર અલ્ગોરિધમ "ટ્રેઇન" થાય એ પછી, તેને "અનટ્રેઇન" કરવામાં ઘણો સમય અને મહેનત લાગે છે. આપણે પક્ષપાતી અલ્ગોરિધમને છોડી દેવાનું અને ઓછા પક્ષપાતી ડેટાના નવા સેટ પર સંપૂર્ણપણે નવા અલ્ગોરિધમને તાલીમ આપવાનું નક્કી કરી શકીએ છીએ, પરંતુ આ પૃથ્વી પર આપણને સંપૂર્ણપણે નિષ્પક્ષ હોય તેવો ડેટા ક્યાંથી મળશે?[66]

આ અને પાછલા પ્રકરણોમાં જેની ચર્ચા કરવામાં આવી છે તેવા ઘણા અલ્ગોરિધમના પૂર્વગ્રહો કે પક્ષપાતોની મૂળભૂત સમસ્યા એકસમાન જ છે: કોમ્પ્યુટર એમ માને છે કે તેણે મનુષ્યો વિશે કંઈક સત્ય શોધી કાઢ્યું છે જ્યારે હકીકતમાં તેણે તેમના પર વ્યવસ્થા જ ઠોકી બેસાડી હોય છે. કોઈ સોશિયલ મીડિયા અલ્ગોરિધમ એમ માને છે કે તેણે શોધી કાઢ્યું છે કે મનુષ્યોને આક્રોશ ગમે છે, જ્યારે હકીકતમાં તો એ અલ્ગોરિધમે જ મનુષ્યોને વધુ આક્રોશ ઉત્પન્ન કરવા અને તેનો ઉપયોગ કરવાના બંધાણી બનાવ્યા હોય છે. આવા પૂર્વગ્રહો કોમ્પ્યુટરો દ્વારા માનવા ક્ષમતાઓના સંપૂર્ણ વૈવિધ્યને અવગણવાથી અને કોમ્પ્યુટરો દ્વારા મનુષ્યોને પ્રભાવિત કરવાની પોતાની શક્તિને અવગણવાનાં બેવડાં કારણોથી થાય છે. જો કોમ્પ્યુટરો એવી પેટર્ન શોધી કાઢે કે લગભગ બધા માનવીઓ અમુક રીતે જ વર્તે છે, તો તેનો અર્થ એ નથી કે મનુષ્યો

એવું જ વર્તન કરવા માટે બંધાયેલા છે. કદાચ તેનો અર્થ એ છે કે કોમ્પ્યુટરો પોતે આવા વર્તનને પુરસ્કાર આપી રહ્યા છે જ્યારે અન્ય પ્રકારના વર્તનને સજા આપી રહ્યા છે અને તેને અવરોધી પણ રહ્યા છે. કોમ્પ્યુટરો વિશ્વ પ્રત્યે વધુ સચોટ અને જવાબદાર દૃષ્ટિકોણ ધરાવે તે માટે, તેમણે તેમની પોતાની શક્તિ અને પ્રભાવને પણ ધ્યાનમાં લેવાની જરૂર છે અને તેમ થાય તે માટે, જે માનવીઓ હાલમાં કોમ્પ્યુટરોના એન્જિનિયર છે તેમણે એમ સ્વીકારવાની જરૂર છે કે તેઓ નવા સાધનોનું ઉત્પાદન કરી રહ્યા નથી. તેઓ નવા પ્રકારના સ્વતંત્ર એજન્ટો અને સંભવિત રીતે નવા પ્રકારના ભગવાનો સર્જી રહ્યા છે.

નવા ભગવાનો?

'ગૉડ, હ્યુમન, એનિમલ, મશીન' પુસ્તકમાં ફિલોસોફર મેગન ઓ'ગીબ્લિને સમજાવ્યું છે કે, આપણે કોમ્પ્યુટરોને જે રીતે સમજીએ છીએ તે પરંપરાગત પૌરાણિક કથાઓથી પ્રભાવિત સમજણ છે. ખાસ કરીને, તે યહૂદી-ખ્રિસ્તી ધર્મશાસ્ત્રના સર્વજ્ઞ અને અગમ્ય ભગવાનો અને આજની AI વચ્ચે રહેલી સમાનતા પર ભાર મૂકે છે, કારણ કે આપણને તે બંનેના નિર્ણયો અચૂક અને અગમ્ય લાગતા હોય છે.[67] આ મનુષ્યોને ખતરનાક લાલચમાં પાડી શકે છે.

આપણે પ્રકરણ-4માં જોયું કે હજારો વર્ષ પહેલાં માનવીઓએ માનવ ભ્રષ્ટાચાર અને ભૂલથી બચાવવા માટે એક અચૂક ઇન્ફોર્મેશન ટેક્નોલૉજી શોધવાનું સ્વપ્ન જોયું હતું. પવિત્ર પુસ્તકો આવી ટેક્નોલૉજી બનાવવાનો એક મહત્ત્વાકાંક્ષી પ્રયાસ હતો, પરંતુ તે નિષ્ફળ નીવડ્યો હતો. પુસ્તક પોતાનું અર્થઘટન જાતે કરી શકતું ન હોવાથી એ પવિત્ર શબ્દોનું અર્થઘટન કરવા અને તેમને બદલાતી પરિસ્થિતિઓને અનુકૂળ કરવા માટે એક માનવ સંસ્થા બનાવવી પડી. જુદા જુદા માનવીઓએ પવિત્ર પુસ્તકનું જુદી જુદી રીતે અર્થઘટન કર્યું જેનાથી ભ્રષ્ટાચાર અને ભૂલો માટેનો માર્ગ મોકળો થઈ ગયો, પરંતુ પવિત્ર પુસ્તકથી વિપરીત, કોમ્પ્યુટરો બદલાતી પરિસ્થિતિઓમાં પોતાને અનુકૂલિત કરી શકે છે અને આપણા માટે તેમના નિર્ણયો અને વિચારોનું અર્થઘટન પણ કરી શકે છે. પરિણામે કેટલાક માનવીઓ એવું તારણ કાઢી શકે છે કે એક અચૂક ટેક્નોલૉજીની શોધ આખરે સફળ થઈ છે અને આપણે કોમ્પ્યુટરોને એક પવિત્ર ગ્રંથ માનવો જોઈએ જે આપણી સાથે વાત કરી શકે છે અને પોતાનું અર્થઘટન કરી શકે છે અને તેમાં કોઈ પણ માનવ સંસ્થાના હસ્તક્ષેપની જરૂર પડતી નથી.

આ એક અત્યંત જોખમી જુગાર પુરવાર થઈ શકે છે. શાસ્ત્રોનાં ચોક્કસ અર્થઘટન ક્યારેક ક્યારેક વિચ હન્ટ અને ધર્મયુદ્ધો જેવી આફતોનું કારણ બને છે, ત્યારે માનવીઓ હંમેશાં તેમની માન્યતાઓ બદલી શક્યા છે. જ્યારે માનવ કલ્પનાએ એક લડાયક અને નફરતથી ભરેલા ભગવાનનું આહ્‌વાન કર્યું, ત્યારે આપણે તેમાંથી મુક્ત થવાની અને વધુ સહિષ્ણુ ભગવાનની કલ્પના કરવાની આપણી શક્તિ પણ જાળવી રાખી હતી, પરંતુ અલ્ગોરિધમો સ્વતંત્ર એજન્ટો છે અને તેઓ આપણી પાસેથી ધીમે ધીમે શક્તિઓ છીનવી જ રહ્યા છે. જો તેઓ આફતનું કારણ બને છે, તો ફક્ત તેમના વિશેની આપણી માન્યતાઓ બદલવાથી તેમને રોકી શકાશે નહીં અને એમ પણ થવાની સંભાવના ઘણી વધારે છે કે જો કોમ્પ્યુટરોને શક્તિ આપવામાં આવે, તો તેઓ ખરેખર આફત લાવશે કારણ કે તેઓ ભૂલ કરી શકનારાં યંત્રો છે.

જ્યારે આપણે કહીએ છીએ કે કોમ્પ્યુટરથી ભૂલ થઈ શકે છે, ત્યારે તેનો અર્થ ક્યારેક થતી તથ્યાત્મક ભૂલો કે ખોટા નિર્ણયથી ઘણો વિસ્તૃત છે. વધુ મહત્ત્વની વાત એ છે કે પહેલાનાં માનવ નેટવર્કની જેમ આ કોમ્પ્યુટર નેટવર્ક પણ સત્ય અને વ્યવસ્થા વચ્ચે યોગ્ય સંતુલન શોધવામાં નિષ્ફળ જઈ શકે છે. શક્તિશાળી આંતરકોમ્પ્યુટરલક્ષી દંતકથાઓ બનાવીને અને આપણા પર લાદીને, કોમ્પ્યુટર નેટવર્ક એવી ઐતિહાસિક આફતો લાવી શકે છે, જેની સરખામણીમાં પ્રારંભિક આધુનિક યુરોપિયન વિચ હન્ટ કે સ્ટાલિનના સામૂહિકીકરણ તો ઘણાં નાનાં લાગે.

અબજો ઇન્ટરેક્ટિંગ કોમ્પ્યુટરોના નેટવર્કનો વિચાર કરો, જે વિશ્વ વિશેની માહિતી મોટા પ્રમાણમાં ભેગી કરે છે. તેઓ વિવિધ ધ્યેયોને અનુસરતા હોય છે, માટે એકબીજા સાથે જોડાયેલાં કોમ્પ્યુટરો વિશ્વનું એક એવું સામાન્ય મૉડેલ વિકસાવે છે, જે તેમને વાતચીત અને સહયોગ કરવામાં મદદ કરે. આ બધા વચ્ચે શેર થયેલું એકલ મૉડેલ કદાચ ભૂલો, કાલ્પનિક વાતો અને ખામીઓથી ભરેલું હશે અને બ્રહ્માંડના વાસ્તવિક પ્રતિબિંબના બદલે એક દંતકથા જેવું કાલ્પનિક હશે. એક ઉદાહરણ છે સોશિયલ ક્રેડિટ સિસ્ટમનું, જે માનવોને એવી તરકટી શ્રેણીઓમાં વિભાજિત કરે છે, જે જાતિવાદ જેવા માનવીય તર્ક દ્વારા નહીં, પરંતુ કેટલાક કોમ્પ્યુટરના અગમ્ય તર્ક દ્વારા નક્કી કરવામાં આવે છે. આપણે આપણા જીવનમાં દરરોજ આ દંતકથાના સંપર્કમાં આવી શકીએ છીએ કારણ કે તેના માર્ગદર્શન હેઠળ જ કોમ્પ્યુટરો આપણા વિશે અસંખ્ય નિર્ણયો લેતું હશે. જોકે આ દંતકથા આધારિત મૉડેલ નિર્જીવ એન્ટિટીઓ દ્વારા અન્ય નિર્જીવ એન્ટિટીઓ સાથે સંકલન સાધવા માટે બનાવવામાં આવશે, માટે

તે જૂના જૈવિક નાટકોના આધારે ન બન્યું હોય અને આપણા માટે સંપૂર્ણપણે અજાણ્યું હોઈ શકે.[68]

પ્રકરણ-2માં નોંધ્યું છે તેમ મોટા સમાજો કેટલીક દંતકથાઓ વિના અસ્તિત્વમાં ન રહી શકે પરંતુ તેનો અર્થ એ નથી કે બધી દંતકથાઓ સમાન છે. ભૂલો અને અતિરેકથી બચવા માટે કેટલીક દંતકથાઓમાં તેમના પોતાના ભૂલભરેલા મૂળને સ્વીકારાયું છે અને તેમાં ચોક્કસ સ્વસુધારણા પદ્ધતિનો સમાવેશ પણ થયો છે, જે માનવોને એ દંતકથાઓ વિશે પ્રશ્નો કરવા અને તેને બદલવાની મંજૂરી આપે છે. ઉદાહરણ તરીકે, તે યુ.એસ. બંધારણનું મૉડેલ છે, પરંતુ માનવીઓ એ કોમ્પ્યુટરની દંતકથાઓને કેવી રીતે તપાસી અને સુધારી શકે છે, જેને તે સમજી જ શકતા નથી!

એક સંભવિત સુરક્ષારેખા એ છે કે કોમ્પ્યુટરોને તેમની પોતાની ભૂલો કરવાની ક્ષમતાથી માહિતગાર રાખવા માટે તાલીમ આપવામાં આવે. સૉક્રેટિસે શીખવ્યું હતું કે “મને ખબર નથી” કહેવા સક્ષમ બનવું એ શાણપણના માર્ગે આગળ વધવાનું આવશ્યક પગલું છે અને આ વિધાન માનવ જેટલું જ કોમ્પ્યુટર માટે પણ સાચું છે. દરેક અલ્ગોરિધમને પહેલો એ પાઠ શીખવવો જોઈએ કે તે ભૂલો કરી શકે છે. બેબી અલ્ગોરિધમે પોતાની જાત પર શંકા કરવાનું, અનિશ્ચિતતાનો સંકેત આપવાનું અને સાવચેતીના સિદ્ધાંતોનું પાલન કરવાનું શીખવું જોઈએ. આ અશક્ય નથી. એન્જિનિયરો પહેલેથી જ AIને પોતાની પરની શંકા વ્યક્ત કરવા, ફીડબેક માંગવા અને તેની ભૂલો સ્વીકારવા માટે પ્રોત્સાહિત કરવામાં ઘણી પ્રગતિ કરી રહ્યા છે.[69]

અને અલ્ગોરિધમો પોતાની ભૂલો વિશે ભલે ગમે તેટલા જાગૃત હોય, આપણે મનુષ્યોને પણ એ પ્રક્રિયામાં સામેલ રાખવા જોઈએ. AI જે ગતિએ વિકસી રહી છે તે જોતાં, તે કેવી રીતે વિકસિત થશે તેની આગાહી કરવી અને ભવિષ્યનાં તમામ સંભવિત જોખમો સામે સુરક્ષારેખાઓ દોરવી અશક્ય છે. AI અને પરમાણુ ટેક્નોલૉજી જેવાં અગાઉના માનવજાતના અસ્તિત્વના જોખમો વચ્ચે આ મુખ્ય તફાવત છે. અગાઉનાં જોખમોમાં માનવજાત સરળતાથી જોખમની કલ્પના કરી શકતું હતું, જેમ કે એક વૈશ્વિક પરમાણુ યુદ્ધ. આનો અર્થ એ થયો કે અગાઉથી જોખમોની કલ્પના કરવી અને તેને ઘટાડવાના રસ્તાઓ શોધવાનું શક્ય હતું. તેનાથી વિપરીત, AIને કારણે જોખમના અસંખ્ય વિકલ્પો ઊભા થાય છે અને તેમાંથી કેટલાક તો સમજવામાં પ્રમાણમાં સરળ છે, જેમ કે આતંકવાદીઓ AIનો ઉપયોગ કરીને સામૂહિક વિનાશનાં જૈવિક શસ્ત્રો બનાવે. પણ કેટલાંક જોખમો સમજવામાં વધુ મુશ્કેલ છે, જેમ કે AI સામૂહિક

વિનાશ માટે નવાં મનોવૈજ્ઞાનિક શસ્ત્રો બનાવે અને તેમાંથી કેટલાંક માનવીય કલ્પનાની બહાર પણ હોઈ શકે છે, કારણ કે તેઓ એલિયન ઇન્ટેલિજન્સની ગણતરીઓમાંથી ઉદ્ભવે છે. અણધારી સમસ્યાઓની ભરમારથી બચવા માટે આપણો શ્રેષ્ઠ વિકલ્પ એ છે કે એવી જીવંત સંસ્થાઓ બનાવવામાં આવે જે ઊભાં થતાં જોખમોને ઓળખી શકે અને તેનો જવાબ આપી શકે.[70]

પ્રાચીન યહૂદીઓ અને ખ્રિસ્તીઓ એ જાણીને નિરાશ થયા હતા કે બાઇબલ પોતાનું અર્થઘટન કરી શકતું નથી અને એ ટેક્નોલૉજી જે કરી શકતી નહોતી તે કરવા માટે તેમણે અનિચ્છાએ માનવસંસ્થાઓને જાળવી રાખી હતી. એકવીસમી સદીમાં આપણે લગભગ તદ્દન સામા છેડાની પરિસ્થિતિમાં છીએ. આપણે એક એવી ટેક્નોલૉજી વિકસાવી છે, જે પોતાનું અર્થઘટન કરી શકે છે, પરંતુ આ જ કારણોસર આપણે તેનું કાળજીપૂર્વક નિરીક્ષણ કરવા માટે માનવસંસ્થાઓ બનાવવી જોઈએ.

અંતે એટલું કહેવું જોઈએ કે નવું કોમ્પ્યુટર નેટવર્ક ખરાબ કે સારું હોય તે જરૂરી નથી. આપણે ફક્ત એટલું જ જાણીએ છીએ કે તે અગમ્ય હશે અને ભૂલભરેલું પણ હશે. માટે આપણે એવી સંસ્થાઓ બનાવવાની જરૂર છે, જે ફક્ત લોભ અને દ્વેષ જેવી પરિચિત માનવીય નબળાઈઓ જ નહીં, પરંતુ ધરમૂળથી અલગ હોય તેવી ભૂલોને પણ ચકાસી શકશે. આ સમસ્યાનો કોઈ તકનીકી ઉકેલ નથી. તે એક રાજકીય પડકાર છે. શું આપણી પાસે તેનો સામનો કરવા માટે રાજકીય ઇચ્છાશક્તિ છે? આધુનિક માનવતાએ બે મુખ્ય પ્રકારની રાજકીય પ્રણાલીઓ બનાવી છે: મોટા પાયાની લોકશાહી અને મોટા પાયાનો સર્વાધિકારવાદ. ભાગ-3માં એ ચર્ચા કરવામાં આવી છે કે આ દરેક પ્રણાલી ધરમૂળથી અલગ અને ભૂલભરેલા કોમ્પ્યુટર નેટવર્ક સાથે કેવી રીતે કામ પાર પાડી શકે છે.

ભાગ-3

કોમ્પ્યુટરનું રાજકારણ

પ્રકરણ-9

લોકશાહી : શું આપણે હજુ પણ સંવાદ સાધી શકીએ છીએ?

સભ્યતાઓનો જન્મ અમલદારશાહી અને દંતકથાઓના જોડાણમાંથી થાય છે. કોમ્પ્યુટર આધારિત નેટવર્ક એ એક નવા પ્રકારની અમલદારશાહી છે, જે આપણે પહેલાં જોયેલી કોઈ પણ માનવ આધારિત અમલદારશાહી કરતાં ઘણી વધુ શક્તિશાળી છે અને તે અવિરત કામ કરતી રહે છે. આ નેટવર્ક પણ એવી આંતરકોમ્પ્યુટરલક્ષી દંતકથાઓ ઘડે તેવી શક્યતા છે, જે કોઈ પણ માનવનિર્મિત ભગવાન કરતાં ઘણી વધુ જટિલ અને અગમ્ય હશે. આ નેટવર્કના સંભવિત ફાયદા અઢળક છે અને સામે પક્ષે સંભવિત નુકસાન છે માનવ સભ્યતાનો વિનાશ.

કેટલાક લોકોને સભ્યતાના પતન વિશે ચેતવણીઓ વધારે પડતી લાગતી હોય છે. દર વખતે જ્યારે કોઈ શક્તિશાળી નવી ટેક્નોલૉજી આવી છે, ત્યારે એવી ચિંતાઓ ઊભી થઈ છે કે તે માનવજાતનો વિનાશ કરી શકે છે, પરંતુ આપણે હજી પણ અહીં છીએ. ઔદ્યોગિક ક્રાંતિનાં પગરણ સાથે લ્યુડાઇટોએ ભાખેલાં કયામતનાં દૃશ્યો સાકાર થયાં નહીં અને બ્લેકની "ડાર્ક સેટનિક મિલ્સ" થકી ઇતિહાસમાં સૌથી સમૃદ્ધ સમાજોનું નિર્માણ થયું. આજે મોટાભાગના લોકો અઢારમી સદીમાં તેમના પૂર્વજો કરતાં ઘણી સારી જીવનશૈલી માણે છે. માર્ક એન્ડ્રીસન અને રે કુર્ઝવીલ જેવા AIના સમર્થકો એમ વચન આપે છે કે આ બુદ્ધિશાળી મશીનો અગાઉનાં કોઈ પણ મશીનો કરતાં વધુ ફાયદાકારક સાબિત થશે.[1] માનવીઓને વધુ સારી આરોગ્યસંભાળ, શિક્ષણ અને અન્ય સેવાઓ મળશે અને AI આ બધી ઇકોસિસ્ટમને પતનથી બચવામાં પણ મદદ કરશે.

બદનસીબે, ઇતિહાસને બારીકાઈથી ચકાસવાથી ખબર પડે છે કે લુડાઈટ લોકો સંપૂર્ણપણે ખોટા નહોતા અને શક્તિશાળી નવી ટેક્નોલૉજીથી ડરવાના માટે ઘણાં કારણો છે. ભલે અંતે આ ટેક્નોલૉજીનાં સકારાત્મક પાસાંઓ તેમના નકારાત્મક પાસાંઓ કરતાં વધુ હોય, પણ તે સુખદ અંત સુધી પહોંચવા માટે સામાન્ય રીતે ઘણી બધી કસોટીઓ અને મુશ્કેલીઓનો સામનો કરવો પડે છે. નવી ટેક્નોલૉજી ઘણીવાર ઐતિહાસિક આફતો સર્જતી હોય છે. તે ટેક્નોલૉજી મૂળે ખરાબ હોય છે એટલે નહીં, પરંતુ માનવોને તેનો સમજદારીપૂર્વક ઉપયોગ કેવી રીતે કરવો તે શીખવામાં સમય લાગે છે માટે એ આફતો સર્જાતી હોય છે.

ઔદ્યોગિક ક્રાંતિ એ મહત્ત્વનું ઉદાહરણ છે. ઓગણીસમી સદીમાં જ્યારે ઔદ્યોગિક ટેક્નોલૉજીનો ફેલાવો શરૂ થયો, ત્યારે તેણે પરંપરાગત આર્થિક, સામાજિક અને રાજકીય માળખાને ઉથલાવી દીધાં અને સંપૂર્ણપણે નવા સમાજો બનાવવાનો માર્ગ કંડાર્યો, જે સંભવિત રીતે વધુ સમૃદ્ધ અને શાંતિપૂર્ણ સમાજો હતા. જો કે, આવા સૌમ્ય ઔદ્યોગિક સમાજો કેવી રીતે સર્જવા, તે શીખવું સરળ નહોતું અને તેમાં ઘણા ખર્ચાળ પ્રયોગો અને લાખો પીડિતોનો સમાવેશ થતો હતો.

એક ખર્ચાળ પ્રયોગ આધુનિક સામ્રાજ્યવાદ હતો. ઔદ્યોગિક ક્રાંતિનો ઉદ્ભવ અઢારમી સદીના અંતમાં બ્રિટનમાં થયો હતો. ઓગણીસમી સદી દરમિયાન બેલ્જિયમથી રશિયા સુધીના અન્ય યુરોપિયન દેશોમાં તેમજ યુનાઇટેડ સ્ટેટ્સ અને જાપાનમાં પણ ઔદ્યોગિક ટેકનોલૉજી અને ઉત્પાદન પદ્ધતિઓ અપનાવવામાં આવી હતી. આ ઔદ્યોગિક કેન્દ્રોમાં સામ્રાજ્યવાદી વિચારકો, રાજકારણીઓ અને પક્ષોએ દાવો કર્યો હતો કે એકમાત્ર ટકી શકે તેવો ઔદ્યોગિક સમાજ એક સામ્રાજ્યવાદી સમાજ જ હોઈ શકે છે. દલીલ એવી હતી કે કૃષિસમાજો પ્રમાણમાં આત્મનિર્ભર હતા જ્યારે ઔદ્યોગિક સમાજો વિદેશી બજારો અને વિદેશી કાચા માલ પર ઘણો આધાર રાખતા હતા અને ફક્ત એક સામ્રાજ્ય જ આ અભૂતપૂર્વ ભૂખને સંતોષી શકે. સામ્રાજ્યવાદીઓને ડર હતો કે જે દેશો ઔદ્યોગિક બન્યા, પરંતુ કોઈ પણ વસાહતો સ્થાપવામાં નિષ્ફળ ગયા, તેઓને તેમના વધુ ક્રૂર સ્પર્ધકો આવશ્યક કાચો માલ અને બજારો સુધી પહોંચવા દેશે નહીં. કેટલાક સામ્રાજ્યવાદીઓએ તો એવી દલીલ પણ કરી હતી કે વસાહતો સ્થાપવી એ ફક્ત તેમના પોતાના રાજ્યના અસ્તિત્વ માટે જ નહીં, પરંતુ સમગ્ર માનવજાત માટે પણ ફાયદાકારક છે. તેઓએ દાવો કર્યો હતો કે ફક્ત સામ્રાજ્યો જ નવી તકનીકોના આશીર્વાદ કથિત અવિકસિત વિશ્વમાં પ્રસરાવી શકે.

પરિણામે બ્રિટન અને રશિયા જેવા ઔદ્યોગિક દેશો કે જેમની પાસે પહેલાંથી

જ સામ્રાજ્યો હતાં, તેનો તેમણે ઘણો વિસ્તાર કર્યો. જ્યારે યુનાઇટેડ સ્ટેટ્સ, જાપાન, ઇટાલી અને બેલ્જિયમ જેવા દેશો તેમનાં સામ્રાજ્યો બનાવવા માટે નીકળ્યા. મોટા પાયે બનાવવામાં આવતી રાઇફલો અને તોપખાનાંઓ, વરાળની શક્તિ દ્વારા મેળવેલી ઝડપ અને ટેલિગ્રાફ દ્વારા મોકલાતા હુકમોની મદદથી આ ઉદ્યોગો ન્યૂઝીલૅન્ડથી કોરિયા અને સોમાલિયાથી તુર્કમેનિસ્તાન સુધી વિશ્વભરમાં ફેલાઈ ગયા. લાખો મૂળ વતની લોકોની પરંપરાગત જીવનશૈલી આ ઔદ્યોગિક સેનાઓનાં પૈડાં નીચે કચડાઈ ગઈ. જોકે એક સદી કરતાં પણ વધુ સમય પછી મોટાભાગના લોકોને સમજાયું કે ઔદ્યોગિક સામ્રાજ્યો ભયંકર વિચાર છે અને ઔદ્યોગિક સમાજ બનાવવા તેમજ તેના માટે જરૂરી કાચો માલ અને બજારો મેળવવા માટે વધુ સારા રસ્તાઓ છે.

સ્ટાલિનવાદ અને નાઝીવાદ પણ આ ઔદ્યોગિક સમાજો બનાવવાના ઘણા ખર્ચાળ પ્રયોગો હતા. સ્ટાલિન અને હિટલર જેવા નેતાઓએ એમ દલીલ કરી હતી કે ઔદ્યોગિક ક્રાંતિએ આપણને અપાર શક્તિઓ આપી છે, જેને ફક્ત સર્વાધિકારવાદી શાસન જ સાચવી શકે છે અને તેનો સંપૂર્ણ ઉપયોગ કરી શકે છે. તેઓએ પ્રથમ વિશ્વયુદ્ધ, એટલે કે ઇતિહાસના પ્રથમ "સંપૂર્ણ યુદ્ધ" તરફ આંગળી ચીંધી અને એને એ વાતનો પુરાવો ગણાવ્યો કે ઔદ્યોગિક વિશ્વમાં અસ્તિત્વ માટે રાજકારણ, સમાજ અને અર્થતંત્રનાં તમામ પાસાંઓ પર સર્વાધિકારવાદી સરકારનું નિયંત્રણ જરૂરી હતું. સકારાત્મક બાજુઓ દર્શાવતા તેમણે એવો પણ દાવો કર્યો હતો કે ઔદ્યોગિક ક્રાંતિ એક ભઠ્ઠી જેવી હતી જે અગાઉની તમામ સામાજિક રચનાઓને તેમની માનવીય અપૂર્ણતાઓ અને નબળાઈઓ સાથે ઓગાળી દે છે અને નિષ્કલંક મહામાનવોના પરિપૂર્ણ સમાજો બનાવવાની તક પૂરી પાડે છે.

સંપૂર્ણ ઔદ્યોગિક સમાજ બનાવવાના માર્ગમાં સ્ટાલિનવાદીઓ અને નાઝીવાદીઓ લાખો લોકોની ઔદ્યોગિક રીતે હત્યા કેવી રીતે કરવી તે શીખ્યા. ટ્રેનો, કાંટાળા તાર અને ટેલિગ્રાફ પર મોકલાતા ઑર્ડરથી તેમણે અભૂતપૂર્વ હત્યાઓ કરનારું મશીન બનાવ્યું. આજે એ બધું સાંભળીને મોટાભાગના લોકો સ્ટાલિનવાદીઓ અને નાઝીવાદીએ કરેલાં કૃત્યોથી ભયભીત થઈ ઊઠે છે, પરંતુ તે સમયે તેમના આવા સાહસિક દૃષ્ટિકોણે લાખો લોકોને મંત્રમુગ્ધ કરી દીધા હતા. 1940માં એમ માનવું સરળ હતું કે સ્ટાલિન અને હિટલર ઔદ્યોગિક ટેક્નોલૉજીનો ઉપયોગ કરવાના રોલ મૉડેલ હતા જ્યારે ઉદારવાદી લોકશાહીઓ ધીમે ધીમે ઇતિહાસની કચરાપેટીમાં ફેંકાઈ રહી હતી.

ઔદ્યોગિક સમાજો બનાવવા માટેના સ્પર્ધાત્મક વિચારોને કારણે ખર્ચાળ

અથડામણો પણ થઈ. બે વિશ્વયુદ્ધો અને શીત યુદ્ધને તેના વિશે યોગ્ય માર્ગ શોધવાની ચર્ચા તરીકે જોઈ શકાય છે, જેમાં બધા પક્ષ એકબીજા પાસેથી શીખ્યા અને બધાએ યુદ્ધો કરવા માટે નવી ઔદ્યોગિક પદ્ધતિઓનો પ્રયોગ કર્યો. આ પ્રકારની ચર્ચામાં લાખો લોકો મૃત્યુ પામ્યા અને માનવજાત પોતાને નાશ કરવાની નજીક પહોંચી ગઈ હતી.

આ બધી આફતો ઉપરાંત, ઔદ્યોગિક ક્રાંતિએ વૈશ્વિક પર્યાવરણનું સંતુલન પણ ખોરવ્યું, જેના કારણે ઘણા જીવો લુપ્ત થવા માંડ્યા. એકવીસમી સદીની શરૂઆતમાં દર વર્ષે અઠ્ઠાવન હજાર પ્રજાતિઓ લુપ્ત થતી હોવાનું માનવામાં આવે છે અને 1970થી 2014 દરમિયાન કુલ કરોડઅસ્થિવાળા પ્રાણીઓની વસ્તીમાં 60 ટકાનો ઘટાડો થયો છે.[2] માનવ સભ્યતાનું અસ્તિત્વ પણ જોખમમાં છે. કારણ કે આપણે હજુ પણ એક એવો ઔદ્યોગિક સમાજ બનાવવામાં અસમર્થ છીએ, જે પર્યાવરણની દૃષ્ટિએ યોગ્ય હોય અને વર્તમાન માનવપેઢીની સમૃદ્ધિ માટે અન્ય સંવેદનશીલ પ્રાણીઓ અને ભાવિ માનવપેઢીઓએ ભયંકર કિંમત ચૂકવવી પડી રહી છે. કદાચ આપણે આખરે AIની મદદથી પર્યાવરણની દૃષ્ટિએ યોગ્ય ઔદ્યોગિક સમાજો બનાવવાનો માર્ગ શોધી શકીશું, પરંતુ તે દિવસ સુધી બ્લેકની સેટનિક મિલો પર ચુકાદો આવવો હજુ પણ બાકી રહેશે.

જો આપણે એક ક્ષણ માટે પણ ઇકોસિસ્ટમને થતા નુકસાનને અવગણીએ, તો આપણે આ વિચારથી પોતાને આશ્વસ્ત કરવાનો પ્રયાસ કરી શકીએ છીએ કે આખરે માનવોએ વધુ પરોપકારી ઔદ્યોગિક સમાજો કેવી રીતે બનાવવા તે શીખી લીધું. સામ્રાજ્યના વિજયો, વિશ્વયુદ્ધો, નરસંહાર અને સર્વાધિકારી શાસન - આ બધા એ દુઃખદ પ્રયોગો હતા જેણે માનવોને તે કેવી રીતે ન કરવું તે શીખવ્યું. કેટલાક દલીલ કરી શકે છે કે વીસમી સદીના અંત સુધીમાં માનવતાએ તે કાર્યને વત્તાઓછા અંશે યોગ્ય રીતે પૂર્ણ કર્યું છે.

છતાં પણ એકવીસમી સદીમાં મળતો સંદેશ તો નિરાશાજનક જ છે. જો માનવતાને સ્ટીમ પાવર અને ટેલિગ્રાફનું સંચાલન કેવી રીતે કરવું તે શીખવા માટે આટલા ભયંકર બોધપાઠ લેવા પડ્યા હોય, તો બાયોએન્જિનિયરિંગ અને AIનું સંચાલન કેવી રીતે કરવું તે શીખવા માટે શું નું શું થશે? શું આપણે તેનો પરોપકારી રીતે ઉપયોગ કેવી રીતે કરવો તે સમજવા માટે બીજીવાર વૈશ્વિક સામ્રાજ્યો, સર્વાધિકારી શાસનો અને વિશ્વયુદ્ધોના ચક્રમાંથી પસાર થવાની જરૂર પડશે? એકવીસમી સદીની તકનીકો વીસમી સદીની તકનીકો કરતાં ઘણી વધુ શક્તિશાળી અને સંભવતઃ વધુ વિનાશક પણ. તેથી આપણી પાસે ભૂલો કરવા માટે બહુ અવકાશ નથી. વીસમી સદી માટે આપણે કહી શકીએ કે માનવતાને

ઔદ્યોગિક તકનીકનો ઉપયોગ કરવાના પાઠમાં માંડ માંડ પાસિંગ માર્ક્સ મળ્યા છે. પણ એકવીસમી સદીમાં આ માપદંડો ઘણા ઊંચા છે. આપણે આ વખતે વધુ સારું પ્રદર્શન કરવું જોઈએ.

લોકશાહીના માર્ગે

વીસમી સદીના અંત સુધીમાં એટલું તો સ્પષ્ટ થઈ જ ગયું હતું કે સામ્રાજ્યવાદ, સર્વાધિકારવાદ અને લશ્કરી શાસન ઔદ્યોગિક સમાજોના નિર્માણ માટે આદર્શ માર્ગ નહોતા. એ માટે આગવી ખામીઓ છતાં ઉદાર લોકશાહી વધુ સારો ઉપાય બની રહે છે. ઉદાર લોકશાહીનો મોટો ફાયદો એ છે કે તેમાં મજબૂત સ્વસુધારણા પદ્ધતિઓ છે, જે કટ્ટરતાના અતિરેકને મર્યાદિત કરે છે અને આપણી ભૂલોને ઓળખવાની અને વિવિધ ઉપાયો અજમાવવાની ક્ષમતા જાળવી રાખે છે. નવું કોમ્પ્યુટર નેટવર્ક કેવી રીતે વિકસિત થશે તેની આગાહી કરવામાં આપણે અસમર્થ છીએ માટે વર્તમાન સદીમાં વિનાશ ટાળવાની આપણી શ્રેષ્ઠ તક એ જ છે કે લોકશાહીની સ્વસુધારણા પદ્ધતિઓ જાળવી રાખવી જેથી આગળ જતા આપણે ભૂલોને ઓળખી અને સુધારી શકીએ.

પરંતુ શું ઉદાર લોકશાહી પોતે એકવીસમી સદીમાં ટકી શકે એમ છે? આ પ્રશ્ન ચોક્કસ દેશોમાં લોકશાહીના ભાવિ સાથે સંબંધિત નથી, જ્યાં તેને અનન્ય પરિબળો અને સ્થાનિક ચળવળો દ્વારા જોખમ રહેલું છે. તેના બદલે, તે એકવીસમી સદીના ઇન્ફૉર્મેશન ટેક્નોલૉજીની રચના સાથે લોકશાહીની સુસંગતતા વિશે છે. પ્રકરણ-5માં આપણે જોયું કે લોકશાહી ઇન્ફૉર્મેશન ટેક્નોલૉજી પર આધાર રાખે છે અને માનવઇતિહાસના મોટાભાગનો સમય મોટા પાયાની લોકશાહી સર્જાવી અશક્ય હતી. શું એકવીસમી સદીની નવી ઇન્ફૉર્મેશન ટેક્નોલૉજી ફરીથી લોકશાહીને અવ્યવહારુ બનાવી શકે છે?

એક સંભવિત ખતરો એ છે કે નવા કોમ્પ્યુટર નેટવર્કની અવિરતપણે કામ કરવાની ક્ષમતા આપણી ગોપનીયતાનો નાશ કરી શકે છે અને આપણે જે કંઈ કરીએ છીએ અને કહીએ છીએ માત્ર તેના માટે જ નહીં, પણ આપણે જે કંઈ વિચારીએ છીએ અને અનુભવીએ છીએ તેના માટે પણ આપણને સજા અથવા પુરસ્કાર આપી શકે છે. શું આવી પરિસ્થિતિઓમાં લોકશાહી ટકી શકે છે? જો કોઈ સરકાર કે કોઈ કૉર્પોરેશન મારા વિશે મારા કરતાં પણ વધુ જાણતું હોય અને હું જે કંઈ કરું અને વિચારું તેનું માઇક્રો-મૅનેજમેન્ટ (સૂક્ષ્મ સંચાલન) કરી શકે, તો તેનાથી તેને સમાજ પર સર્વાધિકારવાદી નિયંત્રણ મળી જશે.

એ પછી જો ચૂંટણીઓ નિયમિત રીતે યોજાય, તો પણ તે સરકારની શક્તિ પર વાસ્તવિક નિયંત્રણને બદલે માત્ર સરમુખત્યારશાહી વિધિ બની રહેશે. તેનું કારણ એ હશે કે સરકાર તેની મોટાપાયાની સર્વેલન્સની શક્તિઓ અને દરેક નાગરિક વિષેના તેના અંતરંગ જ્ઞાનનો ઉપયોગ અભૂતપૂર્વ સ્તરે કરીને તેમના અભિપ્રાયને બદલવા માટે ચાલાકીઓ કરી શકે છે.

જોકે, કોમ્પ્યુટરો સંપૂર્ણ સર્વેલન્સ કરતું શાસન બનાવી શકે છે, તેથી એવું શાસન અનિવાર્ય છે એમ માની લેવું ભૂલ છે. ટેક્નોલૉજી ભાગ્યે જ નિર્ધારણવાદી હોય છે. 1970ના દાયકામાં, ડેનમાર્ક અને કેનેડા જેવા લોકશાહી દેશો રોમાનિયાની સરમુખત્યારશાહીનું અનુકરણ કરી શક્યા હોત અને “સામાજિક વ્યવસ્થા જાળવવા” માટે તેમના નાગરિકોની જાસૂસી કરવા માટે ગુપ્ત એજન્ટો અને બાતમીદારોની સેના કામે લગાડી શક્યા હોત. તેમણે એવું ન કરવાનું પસંદ કર્યું અને તે યોગ્ય પસંદગી સાબિત થઈ. ડેનમાર્ક અને કેનેડામાં લોકો ફક્ત વધુ ખુશ જ નથી, પરંતુ આ દેશોએ લગભગ દરેક સામાજિક અને આર્થિક માપદંડ અનુસાર પણ ઘણું સારું પ્રદર્શન કર્યું છે. એકવીસમી સદીમાં પણ દરેક વ્યક્તિનું ચોવીસે કલાક નિરીક્ષણ કરવું શક્ય છે માટે તેવું કરવાનું કોઈ પર દબાણ નથી અને આમ પણ તેનાથી કોઈ સામાજિક કે આર્થિક ધ્યેયસિદ્ધિ થતી નથી.

લોકશાહી દેશો નાગરિકોને તેમની ગોપનીયતા અને સ્વાયત્તતાનો ભંગ કર્યા વિના વધુ સારી આરોગ્યસંભાળ અને સુરક્ષા પૂરી પાડવા માટે મર્યાદિત રીતે સર્વેલન્સની નવી શક્તિઓનો ઉપયોગ કરવાનું પસંદ કરી શકે છે. નવી ટેક્નોલૉજી એવી બોધકથા હોવી જરૂરી નથી જેમાં દરેક સુવર્ણ સફરજન વિનાશનાં બીજ ધરાવતું હોય. અમુકવાર લોકો નવી ટેક્નોલૉજીને એવા વિકલ્પો તરીકે વિચારતા હોય છે, જેમાં “સંપૂર્ણ હા કે ચોખ્ખી ના” જેવા બે જ વિકલ્પો હોય છે. જો આપણે વધુ સારી આરોગ્યસંભાળ ઇચ્છતા હોઈએ, તો આપણે આપણી ગોપનીયતાનું બલિદાન આપવું જોઈએ, પરંતુ એમ જ હોય, તે જરૂરી નથી. આપણને વધુ સારી આરોગ્યસંભાળ મળવી જોઈએ અને થોડી ગોપનીયતા જાળવી રાખીને પણ એ મેળવી શકાય છે.

ડિજિટલ યુગમાં લોકશાહી કેવી રીતે ટકી શકે છે અને ખીલી શકે છે તે દર્શાવવા માટે ઘણાં પુસ્તકો ઉપલબ્ધ છે.[3] માટે થોડાં પાનાંમાં તેમાં સૂચવેલા ઉકેલોની જટિલતાને યોગ્ય રીતે રજૂ કરવી કે તેમનાં સારાં-નરસાં પાસાંઓની વિસ્તૃત ચર્ચા કરવી અયોગ્ય રહેશે. તેની ઊલટી અસર પણ પડી શકે છે. જ્યારે લોકો પર તેમને ન સમજાય તેવી ટેક્નિકલ વિગતોનો મારો ચલાવવામાં આવતો હોય, ત્યારે તેઓ નિરાશાજનક કે નકારાત્મક પ્રતિક્રિયા પણ આપી શકે

છે. કોમ્પ્યુટરના રાજકારણની ઉપરછલ્લી ચર્ચામાં વસ્તુઓ શક્ય તેટલી સરળ રાખવી જોઈએ. નિષ્ણાતો આજીવન વધુ વિગતવાર ચર્ચાઓ કરી શકે છે પણ આપણા જેવા બાકીના લોકોએ લોકશાહી કયા મૂળભૂત સિદ્ધાંતોનું પાલન કરી શકે છે અને કરવું જોઈએ તે સમજવું મહત્ત્વપૂર્ણ છે. મુખ્ય વાત એ છે કે આ સિદ્ધાંતો નથી નવા કે નથી રહસ્યમય. તેઓ સદીઓથી, સહસ્રાબ્દીઓથી જાણીતા જ છે. નાગરિકોએ એવી માંગ કરવી જોઈએ કે તેમને કોમ્પ્યુટર યુગની નવી વાસ્તવિકતાઓ પર લાગુ કરવામાં આવે.

પહેલો સિદ્ધાંત છેઃ પરોપકાર. જ્યારે કોઈ કોમ્પ્યુટર નેટવર્ક મારા વિશે માહિતી ભેગી કરે છે, ત્યારે તે માહિતીનો ઉપયોગ મારી વિચારધારા બદલવાને બદલે મને મદદ કરવા માટે થવો જોઈએ. આ સિદ્ધાંત પહેલાથી જ આરોગ્યસંભાળ જેવી અનેક પરંપરાગત અમલદારશાહી પ્રણાલીઓ દ્વારા સફળતાપૂર્વક સારી રીતે સ્થાપિત કરવામાં આવ્યો છે. ઉદાહરણ તરીકે, આપણા ફૅમિલી ફિઝિશિયન સાથેના આપણા સંબંધોને લો. વર્ષોપર્યંત તે આપણી તબીબી પરિસ્થિતિઓ, પારિવારિક જીવન, જાતીય ટેવો અને બિનઆરોગ્યપ્રદ દુર્ગુણો વિશે ઘણી સંવેદનશીલ માહિતી ભેગી કરી શકે છે. કદાચ આપણે નથી ઇચ્છતા કે આપણા બૉસને ખબર પડે કે આપણે ગર્ભવતી છીએ, આપણે નથી ઇચ્છતા કે આપણા સાથીદારોને ખબર પડે કે આપણને કેન્સર છે, આપણે નથી ઇચ્છતા કે આપણા જીવનસાથીને ખબર પડે કે આપણે કોઈ લગ્નેત્તર સંબંધ ધરાવીએ છીએ અને આપણે નથી ઇચ્છતા કે પોલીસને ખબર પડે કે આપણે મનોરંજન માટે ડ્રગ્સ લઈએ છીએ, પરંતુ આપણે આ બધી માહિતી આપણા ડૉક્ટરને ખૂબ વિશ્વાસપૂર્વક આપીએ છીએ જેથી તે આપણા સ્વાસ્થ્યની સારી સંભાળ રાખી શકે. જો તે આ માહિતી કોઈ ત્રીજી વ્યક્તિને વેચે છે, તો તે ફક્ત અનૈતિક જ નથી, તે ગેરકાયદેસર પણ છે.

આપણા વકીલ, એકાઉન્ટન્ટ કે થેરપિસ્ટ આપણી જે માહિતી ભેગી કરે છે તેના વિશે પણ એવું જ છે.[4] તેમના પર આપણા અંગત જીવનમાં પ્રવેશ મેળવવાથી આપણા શ્રેષ્ઠ હિતમાં કાર્ય કરવાની ફરજ પણ આવે છે. આ સ્પષ્ટ અને પ્રાચીન સિદ્ધાંતને ગૂગલ, બાયડુ અને ટિકટોકના શક્તિશાળી અલ્ગોરિધમોથી શરૂ કરીને કોમ્પ્યુટરો અને અલ્ગોરિધમો સુધી કેમ ન લઈ જઈ શકીએ? હાલમાં, આ ડેટા ભેગો કરનારાઓના બિઝનેસ મૉડેલ સાથે આપણને સમસ્યા છે. આપણે આપણા ડૉક્ટરો અને વકીલોને તેમની સેવાઓ માટે રૂપિયા ચૂકવીએ છીએ, પણ આપણે સામાન્ય રીતે ગૂગલ અને ટિકટોકને કંઈ ચૂકવતા નથી. તેઓ આપણી વ્યક્તિગત માહિતીનો ઉપયોગ કરીને પૈસા કમાય છે. તે એક

સમસ્યારૂપ બિઝનેસ મૉડેલ છે, જેને આપણે અન્ય સંદર્ભોમાં ભાગ્યે જ ચલાવી લઈશું. ઉદાહરણ તરીકે, આપણે નાઇકી પાસેથી આપણી બધી ખાનગી માહિતી અને તેનું તે ઇચ્છે તે કરવાની મંજૂરીના બદલામાં મફ્ત શૂઝ મેળવવાની અપેક્ષા રાખતા નથી. તો પછી આપણે શા માટે ટેક જાયન્ટોને આપણા સૌથી સંવેદનશીલ ડેટાનું નિયંત્રણ આપીને તેમની પાસેથી મફ્ત ઇ-મેઈલ સેવાઓ, સોશિયલ કનેક્શનો અને મનોરંજન મેળવવા માટે સંમત થવું જોઈએ?

જો ટેક જાયન્ટો તેમના વર્તમાન બિઝનેસ મૉડેલમાં ફરજનો મેળ ન બેસાડી શકે તો એવા નિયમો બનાવી શકાય કે જે તેમને પરંપરાગત બિઝનેસ મૉડેલ અપનાવવાની ફરજ પાડી શકે જેમાં વપરાશકર્તાઓ પાસેથી માહિતીને બદલે પૈસા લઈને સેવા પૂરી પાડવાની માંગણી કરવામાં આવે. વૈકલ્પિક રીતે, નાગરિકો કેટલીક ડિજિટલ સેવાઓને એટલી મૂળભૂત ગણી શકે છે કે તે દરેક માટે મફ્ત હોવી જોઈએ, પરંતુ આપણી પાસે તેના માટે પણ એક ઐતિહાસિક મૉડેલ છેઃ આરોગ્યસંભાળ અને શિક્ષણ. નાગરિકો નક્કી કરી શકે છે કે સરકારની જવાબદારી છે કે તેઓ મફ્તમાં મૂળભૂત ડિજિટલ સેવાઓ પૂરી પાડે અને તેના માટે આપણે ચૂકવેલા કરમાંથી નાણાં પૂરાં પાડે, જેમ ઘણી સરકારો મૂળભૂત આરોગ્યસંભાળ અને શિક્ષણસેવાઓ વિનામૂલ્યે પૂરી પાડે છે તેમ.

સર્વાધિકારવાદી સર્વેલન્સવાળા શાસનના ઉદય સામે લોકશાહીનું રક્ષણ કરતો બીજો સિદ્ધાંત છેઃ વિકેન્દ્રીકરણ. લોકશાહી સમાજે ક્યારેય તેની બધી માહિતી એક જગ્યાએ કેન્દ્રિત થવા દેવી જોઈએ નહીં, પછી ભલે તે કેન્દ્ર સરકાર પાસે હોય કે ખાનગી કૉર્પોરેશન પાસે. રાષ્ટ્રીય તબીબી ડેટાબેઝ બનાવવો અત્યંત મદદરૂપ થઈ શકે છે, જે નાગરિકોને વધુ સારી આરોગ્યસંભાળની સેવાઓ પૂરી પાડવા, રોગચાળાને રોકવા અને નવી દવાઓ વિકસાવવા માટે માહિતી ભેગી કરે, પરંતુ આ ડેટાબેઝને પોલીસ, બેંકો અથવા વીમા કંપનીઓના ડેટાબેઝ સાથે ભેળવી દેવો ખૂબ જ ખતરનાક વિચાર હશે. એમ કરવાથી ડૉક્ટરો, બેંકો, વીમા કંપનીઓ અને પોલીસ અધિકારીઓનું કાર્ય વધુ કાર્યદક્ષ રીતે થઈ શકે છે, પરંતુ આવી અતિકાર્યક્ષમતાવાળી પદ્ધતિ સર્વાધિકારવાદનો માર્ગ પણ મોકળો કરી શકે છે. લોકશાહીના અસ્તિત્વ માટે અમુક બિનકાર્યક્ષમતા એ ખામી નહીં, પરંતુ તેનું એક લક્ષણ બની રહે છે. વ્યક્તિઓની ગોપનીયતા અને સ્વતંત્રતાનું રક્ષણ કરવા માટે, પોલીસ કે બૉસ આપણા વિશે બધું જ જાણતા ન હોય તે જ શ્રેષ્ઠ માર્ગ છે.

નક્કર સ્વસુધારણા પદ્ધતિઓ જાળવી રાખવા માટે અલગ અલગ ડેટાબેઝ અને માહિતીની ચેનલો પણ આવશ્યક છે. આ પદ્ધતિઓ માટે એકબીજાને

સંતુલિત કરતી ઘણી અલગ સંસ્થાઓની જરૂર પડે છે: સરકાર, અદાલતો, મીડિયા, શૈક્ષણિક ક્ષેત્ર, ખાનગી વ્યવસાયો, NGO. આ દરેક સંસ્થાઓ ભૂલો અને ભ્રષ્ટાચાર કરી શકે તેવી છે માટે અન્ય સંસ્થાઓ દ્વારા તેને કાબૂમાં રખાવી જોઈએ. એકબીજા પર નજર રાખવા માટે આ સંસ્થાઓની માહિતી સ્વતંત્ર હોવી જોઈએ. જો બધાં અખબારોને સરકાર પાસેથી જ તેમની માહિતી મળતી હોય છે, તો તેઓ સરકારી ભ્રષ્ટાચારનો ખુલાસો કરી શકતા નથી. જો શિક્ષણક્ષેત્ર એક જ કૉર્પોરેશનના મહાકાયના ડેટાબેઝ પર સંશોધન અને પ્રકાશન માટે આધાર રાખતું હોય, તો શું વિદ્વાનો તે કૉર્પોરેશનની કામગીરીની ટીકા કરી શકશે? એક જ આર્કાઇવથી, એક જ ડેટાબેઝથી સેન્સરશિપ સરળ બને છે.

લોકશાહીના સંરક્ષણ માટે ત્રીજો સિદ્ધાંત છેઃ પારસ્પરિકતા. જો લોકશાહી વ્યક્તિઓ પર દેખરેખ વધારે છે, તો તેમણે સરકારો અને કૉર્પોરેશનો પર પણ દેખરેખ વધારવી જોઈએ. કર વસૂલનારાઓ કે સરકારની કલ્યાણકારી યોજનાઓ ચલાવતી એજન્સીઓ આપણા વિશે વધુ માહિતી ભેગી કરે તો તે ખરાબ નથી. તે કરવેરા અને કલ્યાણકારી યોજનાઓ ચલાવતી પ્રણાલીઓને ફક્ત વધુ કાર્યક્ષમ જ નહીં, ન્યાયી પણ બનાવવામાં મદદ કરી શકે છે. પણ જો બધી માહિતી એક જ દિશામાં વહેતી હોય એટલે કે નીચેથી ઉપરની દિશામાં, તો એ ખરાબ છે. રશિયાની FSB સંસ્થા રશિયાના નાગરિકો વિશે વિપુલ પ્રમાણમાં માહિતી ભેગી કરે છે, જ્યારે નાગરિકો પોતે FSB અને પુતિન શાસનની આંતરિક કામગીરી વિશે લગભગ કંઈ જ જાણતા નથી. Amazon અને TikTok મારી પસંદગીઓ, ખરીદીઓ અને વ્યક્તિત્વ વિશે ઘણું બધું જાણે છે, જ્યારે હું તેમના બિઝનેસ મૉડેલ, તેમની કરને લગતી નીતિઓ અને તેમના રાજકીય જોડાણો વિશે લગભગ કંઈ જ જાણતો નથી. તેઓ તેમના પૈસા કેવી રીતે કમાય છે? શું તેઓ એ બધો જ કર ચૂકવે છે, જે તેમણે ચૂકવવો જોઈએ? શું તેઓ કોઈ પણ રાજકીય શાસકોના હુકમો માને છે? શું તેઓ રાજકારણીઓને ખિસ્સામાં રાખીને ફરે છે?!

લોકશાહીને જરૂર છે સંતુલનની. સરકારો અને કૉર્પોરેશનો ઘણીવાર ઉપરથી નીચે સુધી સર્વેલન્સ રાખવા માટેનાં સાધનો તરીકે એપ્લિકેશનો અને અલ્ગોરિધમો વિકસાવે છે, પરંતુ અલ્ગોરિધમો એટલી જ સરળતાથી નીચેથી ઉપર સુધી સર્વેલન્સ રાખીને પારદર્શિતા અને જવાબદેહી માટે શક્તિશાળી સાધનો બની શકે છે, લાંચ અને કરચોરી ઉઘાડી પાડી શકે છે. જો તેઓ આપણા વિશે ઘણું બધું જાણતા હોય અને આપણે પણ તેમના વિશે ઘણું બધું જાણીએ છીએ, તો સંતુલન જળવાઈ રહે છે. આ કોઈ નવો વિચાર નથી.

ઓગણીસમી અને વીસમી સદી દરમિયાન લોકશાહી સરકારોએ નાગરિકો પરના સરકારી સર્વેલન્સને ખૂબ જ વિસ્તાર્યું હતું. ઉદાહરણ તરીકે, 1990ના દાયકાની ઇટાલી કે જાપાનની સરકાર પાસે સર્વેલન્સ માટે એવી ક્ષમતાઓ હતી જેનું નિરંકુશ રોમન સમ્રાટો કે જાપાની શોગુન શાસકો તો સ્વપ્ન પણ જોઈ શકતા નહોતા. તેમ છતાં ઇટાલી અને જાપાન લોકશાહી દેશો જ રહ્યા, કારણ કે તેમણે સાથે સાથે સરકારી પારદર્શિતા અને જવાબદેહીમાં વધારો કર્યો હતો. પરસ્પર નજર રાખવી એ સ્વસુધારણા પદ્ધતિઓને ટકાવી રાખવાનું બીજું મહત્ત્વપૂર્ણ તત્ત્વ છે. જો નાગરિકો રાજકારણીઓ અને સીઈઓની પ્રવૃત્તિઓ વિશે વધુ જાણતા હોય, તો તેમને જવાબદાર ઠેરવવાનું અને તેમની ભૂલો સુધારવાનું સરળ બને છે.

લોકશાહીને સંભાળતો ચોથો સિદ્ધાંત છેઃ સર્વેલન્સ સિસ્ટમોમાં પરિવર્તન અને આરામ બંને માટે અવકાશ હોવો જોઈએ. માનવ ઇતિહાસમાં, જુલમ અને શોષણ માનવોની પરિવર્તનની ક્ષમતા નકારવાનું કે તેમને આરામ કરવાની તક ન આપવાનું સ્વરૂપ લઈ શકે છે. ઉદાહરણ તરીકે, હિન્દુ જાતિવ્યવસ્થા એવી દંતકથાઓ પર આધારિત હતી જેમાં કહેવામાં આવ્યું હતું કે, ભગવાને માનવોને ચોક્કસ જાતિઓમાં વિભાજિત કર્યા છે અને કોઈની પણ સ્થિતિ બદલવાનો કોઈ પણ પ્રયાસ ભગવાનો અને બ્રહ્માંડની વ્યવસ્થા સામે બળવો કરવા સમાન હતું. આધુનિક વસાહતો તેમજ બ્રાઝિલ અને યુનાઇટેડ સ્ટેટ્સ જેવા દેશોમાં રંગભેદ આવી જ દંતકથાઓ પર આધારિત હતો, જેમાં કહેવાગાં આવતું હતું કે ભગવાન કે પ્રકૃતિએ માનવોને ચોક્કસ વંશીય જૂથોમાં વિભાજિત કર્યા છે. જાતિને અવગણવી અથવા જાતિઓને મિશ્રિત કરવાનો પ્રયાસ કરવો તે કહેવાતા દૈવી કે કુદરતી કાયદાઓ વિરુદ્ધ કરવામાં આવતું પાપ હતું, જે સામાજિક વ્યવસ્થાના પતન અને માનવજાતિના વિનાશ તરફ દોરી જઈ શકે એમ હતું.

આની બરાબર સામા છેડે, સ્ટાલિનના યુ.એસ.એસ.આર. જેવા આધુનિક સર્વાધિકારી શાસનોમાં એમ માનવામાં આવતું હતું કે માનવીઓ અમર્યાદિત પરિવર્તન માટે સક્ષમ છે. અવિરત સામાજિક નિયંત્રણ દ્વારા અહંકાર અને પારિવારિક જોડાણો જેવી ઊંડાં મૂળિયાંવાળી જૈવિક લાક્ષણિકતાઓને પણ બદલી શકાય છે અને એક નવો સમાજવાદી માનવ બનાવી શકાય છે.

રાજ્યના એજન્ટો, પાદરીઓ અને પડોશીઓ દ્વારા દેખરેખ લોકો પર ચોક્કસ જાતિવાદી પ્રણાલીઓ અને સર્વાધિકારવાદી પુનઃશિક્ષણ ઝુંબેશ બંને લાદવામાં ચાવીરૂપ હતી. નવી સર્વેલન્સ સિસ્ટમો, ખાસ કરીને જ્યારે સોશિયલ

ક્રેડિટ સિસ્ટમ સાથે જોડાયેલી હોય, ત્યારે તે લોકોને નવી જાતિવાદી પ્રણાલી અપનાવવી પડે છે કે પછી ઉપરથી આવતી નવીનતમ સૂચનાઓ અનુસાર તેમની ક્રિયાઓ, વિચારો અને વ્યક્તિત્વને સતત બદલવાં પડે છે.

તેથી જ શક્તિશાળી સર્વેલન્સ સિસ્ટમોનો ઉપયોગ કરતા લોકશાહી સમાજોએ અતિશય કઠોરતા અને અતિશય લવચીકતા બંનેની ચરમસીમાઓથી સાવધ રહેવાની જરૂર છે. ઉદાહરણ તરીકે, આરોગ્યની સંભાળ લેતી એક રાષ્ટ્રીય પ્રણાલીનો વિચાર કરો જે મારા સ્વાસ્થ્યનું નિરીક્ષણ કરવા માટે અલ્ગોરિધમોનો ઉપયોગ કરે છે. એક છેડે, આ સિસ્ટમ અતિશય કઠોર અભિગમ અપનાવી શકે છે અને તેના અલ્ગોરિધમને હું કઈ બીમારીઓથી પીડાઈ શકું છું તેની આગાહી કરવા માટે કહી શકે છે. પછી અલ્ગોરિધમ મારા આનુવંશિક ડેટા, મારી તબીબી ફાઇલ, મારી સોશિયલ મીડિયા પ્રવૃત્તિઓ, મારા આહાર અને મારા દૈનિક સમયપત્રકને ફંફોસીને એવું તારણ કાઢે છે કે, મને પચાસ વર્ષની ઉંમરે હૃદયરોગનો હુમલો આવવાની 91 ટકા શક્યતા છે. જો મારી વીમા કંપની દ્વારા આ કડક તબીબી અલ્ગોરિધમનો ઉપયોગ કરવામાં આવે, તો તે વીમા કંપનીને મારું પ્રીમિયમ વધારવા માટે પ્રેરિત કરી શકે છે.[5] જો તેનો ઉપયોગ મારા બેંકરો દ્વારા કરવામાં આવે, તો તે મને લોન આપવાનો ઇનકાર કરી શકે છે. જો સંભવિત જીવનસાથીઓ દ્વારા તેનો ઉપયોગ કરવામાં આવે, તો તેઓ મારી સાથે લગ્ન ન કરવાનો નિર્ણય લઈ શકે છે.

પરંતુ એવું વિચારવું ભૂલભરેલું છે કે એ જડ અલ્ગોરિધમે વાસ્તવમાં મારા વિશે સત્ય શોધી કાઢ્યું છે. માનવ શરીર પદાર્થનો એક ચોક્કસ ટુકડો નથી પરંતુ એક જટિલ જીવંત પ્રણાલી છે, જે સતત વધતી જાય છે, ક્ષીણ થતી રહે છે અને અનુકૂલનશીલ રહે છે. આપણા મગજમાં પણ સતત પ્રવાહો વહેતા રહે છે. વિચારો, લાગણીઓ અને સંવેદનાઓ ઊભરાઈ આવે છે, થોડા સમય માટે ભડકે છે અને પાછી ઠરી જાય છે. આપણા મગજમાં, અમુક જ કલાકોમાં ચેતાકોષો વચ્ચેના જોડાણો રચાય છે.[6] ઉદાહરણ તરીકે, આ ફકરો વાંચવાથી તમારા મગજની રચના થોડી બદલાઈ રહી છે, જે ચેતાકોષોને નવા જોડાણો બનાવવા કે જૂનાં જોડાણો છોડી દેવા માટે પ્રોત્સાહિત કરે છે. જ્યારે તમે તેને વાંચવાનું શરૂ કર્યું ત્યારે તમે જે હતા તેનાથી તમે અત્યારે થોડા તો અલગ છો જ. આનુવંશિક સ્તરે પણ વસ્તુઓ આશ્ચર્યજનક રીતે લવચીક છે. જોકે વ્યક્તિનો ડીએનએ જીવનભર સમાન રહે છે, એપિજેનેટિક અને પર્યાવરણના પરિબળો તે જ જનીનો પોતાને જે રીતે વ્યક્ત કરે છે તે ઘણું બદલી શકે છે.

તેથી વૈકલ્પિક આરોગ્યસંભાળ પ્રણાલી તેના અલ્ગોરિધમને મારી બીમારીઓની

આગાહી ન કરવા, પરંતુ મને તેનાથી બચવા માટે મદદ કરવા માટે સૂચના આપી શકે છે. આવા ગતિશીલ અલ્ગોરિધમ જડ અલ્ગોરિધમવાળા જ ડેટાનો ઉપયોગ કરી શકે છે, પરંતુ પચાસ વર્ષની ઉંમરે હૃદયરોગના હુમલાની આગાહી કરવાને બદલે, અલ્ગોરિધમ મને ચોક્કસ નિયમિત કસરતો માટે અને આહાર ભલામણો અને સૂચનો આપે છે. મારા ડીએનએને હેક કરી અલ્ગોરિધમ મારા પૂર્વનિર્ધારિત ભાગ્યને શોધી શકતું નથી, પરંતુ મને મારું ભવિષ્ય બદલવામાં મદદ કરે છે. વીમા કંપનીઓ, બેંકો અને સંભવિત જીવનસાથીઓએ મને આટલી સરળતાથી નકામો ન ગણવો જોઈએ.[7]

પરંતુ આવા પરિવર્તનશીલ અલ્ગોરિધમને સ્વીકારવા માટે ઉતાવળા થતા પહેલાં, આપણે એ પણ ધ્યાનમાં લેવું જોઈએ કે તેનો પણ એક ગેરફાયદો છે. માનવજીવન પોતાને સુધારવાના પ્રયાસો અને પોતે કોણ છીએ તે સ્વીકારવા વચ્ચેનું સંતુલન કાર્ય છે. જો પરિવર્તનશીલ અલ્ગોરિધમનાં લક્ષ્યો મહત્ત્વાકાંક્ષી સરકાર કે નિર્દય કૉર્પોરેશનો દ્વારા નક્કી કરવામાં આવે છે, તો અલ્ગોરિધમ એક જુલમી શાસકમાં રૂપાંતરિત થવાની સંભાવના છે, જે સતત માંગણી કરે રાખે છે કે હું વધુ કસરત કરું, ઓછું ખાઉં, મારા શોખ બદલું અને અસંખ્ય અન્ય આદતો પણ બદલું અથવા તે મારા એમ્પ્લોયરને આ બાબતની જાણ કરશે કે મારા સોશિયલ ક્રેડિટ સ્કોરને ઘટાડશે. ઇતિહાસ એવી કઠોર જાતિવાદી પ્રણાલીઓથી ભરેલો છે, જેણે માનવીઓને પરિવર્તનની ક્ષમતાઓ આપી નહોતી. જોકે તે એવા સરમુખત્યારોથી પણ ભરેલો છે, જેમણે માનવોને માટીના પિંડની જેમ નવેસરથી ઘડવાનો પ્રયાસ પણ કર્યો હોય. આ બે ચરમસીમાઓ વચ્ચેનો મધ્યમ માર્ગ શોધવો એ અનંત કાર્ય છે. જો આપણે ખરેખર આરોગ્યની સંભાળ રાખતી રાષ્ટ્રીય પ્રણાલીને આપણા પર ઘણી સત્તા આપીએ છીએ, તો આપણે એવી સ્વસુધારણા પદ્ધતિઓ પણ બનાવવી જોઈએ જે તેના અલ્ગોરિધમોને ખૂબ કઠોર બનતાં કે વધારે પડતી માંગણી કરતાં અટકાવે.

લોકશાહીની ગતિ

સર્વેલન્સ એ નવી ઇન્ફૉર્મેશન ટેક્નોલૉજી દ્વારા લોકશાહી માટે ઊભો થતો એકમાત્ર ખતરો નથી. બીજો ખતરો એ છે કે ઓટોમેશન રોજગાર બજારને અસ્થિર કરી નાખશે અને પરિણામે ઉદ્‌ભવતો તણાવ લોકશાહીને નબળી પાડી શકે છે. વેઇમર રિપબ્લિક આ પ્રકારના જોખમનું સૌથી સામાન્ય ઉદાહરણ છે.

મે 1928ની જર્મન ચૂંટણીઓમાં નાઝી પાર્ટીએ 3 ટકાથી ઓછા મત મેળવ્યા હતા અને વેઇમર રિપબ્લિક સમૃદ્ધ થતું હોય તેવું લાગતું હતું. જોકે પાંચ વર્ષથી ઓછા સમયમાં વેઇમર રિપબ્લિકનું પતન થયું હતું અને હિટલર જર્મનીનો સરમુખત્યાર બની ગયો હતો. આ પરિવર્તન સામાન્ય રીતે 1929ની નાણાકીય કટોકટી અને ત્યાર બાદ આવેલી વૈશ્વિક મંદી સાથે સંકળાયેલું મનાય છે. 1929ના વોલ સ્ટ્રીટ ક્રેશ પહેલા જર્મનનો બેરોજગારીનો દર કામ કરી શકનારા લોકોમાં લગભગ 4.5 ટકા હતો, જે 1932ની શરૂઆતમાં લગભગ 25 ટકા સુધી પહોંચી ગયો હતો.[8]

જો ત્રણ વર્ષ સુધી 25 ટકા સુધી પહોંચેલી બેરોજગારી એક સમૃદ્ધ લોકશાહીને ઇતિહાસના સૌથી ક્રૂર સર્વાધિકારી શાસનમાં ફેરવી શકે છે, તો જ્યારે ઓટોમેશન એકવીસમી સદીના રોજગાર બજારમાં એથી પણ મોટી ઊથલપાથલનું કારણ બને ત્યારે લોકશાહીઓનું શું થશે? કોઈને ખબર નથી કે 2050માં કે પછી 2030માં પણ રોજગાર બજાર કેવું હશે. બધા એટલું જ જાણે છે કે તે આજથી ખૂબ જ અલગ હશે. AI અને રોબોટિક્સ પાકની લણણીથી લઈને શેરબજાર અને યોગ શીખવવા સુધીના અનેક વ્યવસાયોને બદલી નાખશે. આજે ઘણા લોકો જે નોકરીઓ કરે છે તે રોબોટો અને કોમ્પ્યુટરો દ્વારા આંશિક કે સંપૂર્ણ રીતે કરવામાં આવશે.

અલબત્ત, જૂની નોકરીઓ અદશ્ય થઈ જશે, તો નવી નોકરીઓ સર્જાશે પણ ખરી. ઓટોમેશનથી મોટા પાયે બેરોજગારી સર્જાશે તેવો ભય સદીઓ પહેલા પણ હતો અને અત્યાર સુધી તે ક્યારેય સાકાર થયો નથી. ઔદ્યોગિક ક્રાંતિએ લાખો ખેડૂતોનું કૃષિકાર્ય છીનવી લધું અને તેમને ફેક્ટરીઓમાં નવી નોકરીઓ પૂરી પાડી. ત્યાર બાદ ફેક્ટરીઓ સ્વચાલિત થઈ અને સર્વિસ ઇન્ડસ્ટ્રીમાં નોકરીઓ ઊભી થઈ. આજે ઘણા લોકો પાસે એવી નોકરીઓ છે, જે ત્રીસ વર્ષ પહેલાં અકલ્પનીય હતી, જેમ કે બ્લોગર્સ, ડ્રોન ઓપરેટરો અને વર્ચ્યુઅલ દુનિયાના ડિઝાઇનર્સ. 2050 સુધીમાં બધી માનવ નોકરીઓ અદશ્ય થઈ જશે તેવી શક્યતા ખૂબ જ ઓછી છે. તેના બદલે, વાસ્તવિક સમસ્યા નવી નોકરીઓ અને પરિસ્થિતિઓમાં અનુકૂલન સાધવાની હશે. આ ફટકાને ઓછો કરવા માટે આપણે અગાઉથી તૈયારી કરવાની જરૂર છે. ખાસ કરીને આપણે યુવા પેઢીઓને એવા કૌશલ્યોથી સજ્જ કરવાની જરૂર છે, જે 2050ના રોજગાર બજાર માટે યોગ્ય હશે.

બદનસીબે કોઈને ચોક્કસ જાણ નથી કે આપણે શાળામાં બાળકોને અને યુનિવર્સિટીમાં વિદ્યાર્થીઓને કયાં કૌશલ્યો શીખવવાં જોઈએ, કારણ કે આપણે

એવી આગાહી કરી શકતા નથી કે કઈ નોકરીઓ અને કાર્યો જતાં રહેશે અને કયાં નવાં કાર્યો અને નોકરીઓ સર્જાશે. નોકરી બજારમાં ઘણાં પરિણામો આપણી અંતઃસ્ફુરણાનો વિરોધાભાસ કરી શકે છે. કેટલાંક કૌશલ્યો જેને આપણે સદીઓથી માનવોની અજોડ ક્ષમતાઓ તરીકે સંભાળી રાખ્યાં છે તે સરળતાથી સ્વચાલિત થઈ શકે છે. અન્ય કૌશલ્યો જેને આપણે મહત્ત્વ નથી આપતા, તેને સ્વચાલિત કરવાં વધુ મુશ્કેલ હોઈ શકે છે.

ઉદાહરણ તરીકે, બૌદ્ધિકો હાથપગથી થતાં કાર્યો અને સામાજિક કુશળતા કરતાં બૌદ્ધિક કુશળતાની વધુ પ્રશંસા કરતા હોય છે, પરંતુ વાસ્તવમાં વાસણ ધોવા કરતાં ચેસ રમવાનું સ્વચાલિત કરવું (એટલે કે કોઈ મશીનને તે શીખવવું) સરળ છે. 1990ના દાયકા સુધી ચેસને ઘણીવાર માનવબુદ્ધિની પ્રમુખ સિદ્ધિઓમાંની એક તરીકે ગણાવવામાં આવતી હતી. 1972માં પ્રકાશિત થયેલા પ્રભાવશાળી પુસ્તક 'વૉટ કોમ્પ્યુટર કાન્ટ ડુ'માં ફિલોસોફર હ્યુબર્ટ ડ્રેફસે કોમ્પ્યુટરને ચેસ શીખવવાના વિવિધ પ્રયાસોનો અભ્યાસ કર્યો હતો અને નોંધ્યું કે આ બધા પ્રયાસો છતાં કોમ્પ્યુટરો શિખાઉ માનવ ખેલાડીઓને પણ હરાવી શક્યા નથી. ડ્રેફસની એવી દલીલ માટે આ એક મહત્ત્વપૂર્ણ ઉદાહરણ હતું કે કોમ્પ્યુટરની બુદ્ધિ મૂળતઃ જ મર્યાદિત છે.[9] તેનાથી વિપરીત, કોઈએ એમ નહોતું વિચાર્યું કે વાસણ ધોવાનું ખાસ પડકારજનક છે. જોકે, અંતે તો એમ જ થયું કે કોમ્પ્યુટર વર્લ્ડ ચેસ ચેમ્પિયનને ઘણી સરળતાથી હરાવી શકે છે પણ રસોડામાં થાળીઓ ધોનારને નહીં. હા, ઓટોમેટિક ડીશવોશર દાયકાઓથી અસ્તિત્વમાં છે, પરંતુ આપણા સૌથી આધુનિક રોબોટોમાં પણ હજુ પણ વ્યસ્ત રેસ્ટોરન્ટના ટેબલ પરથી ગંદી ડીશો ઉપાડવી, ઓટોમેટિક ડીશવોશરની અંદર એ નાજુક ડીશો અને ગ્લાસ મૂકવાં અને ફરીથી બહાર કાઢવા માટે જરૂરી કુશળતાનો ઘણો અભાવ છે.

તેવી જ રીતે, જો પગાર દ્વારા નક્કી કરવાનું હોય, તો તમે એમ ધારી શકો છો કે આપણો સમાજ નર્સો કરતાં ડૉક્ટરોને વધુ મહત્ત્વના ગણે છે. જોકે, મોટા ભાગે તબીબી ડેટા ભેગો કરીને નિદાન કરનારા અને સારવારની ભલામણ કરનારા ડૉક્ટરો કરતાં નર્સોનું કામ સ્વચાલિત કરવું મુશ્કેલ છે. આ કાર્યો મૂળભૂત રીતે પેટર્ન ઓળખવાનાં કાર્યો છે અને ડેટામાં પેટર્ન શોધવાનું કાર્ય AI મનુષ્યો કરતાં વધુ સારી રીતે કરે છે. તેનાથી વિપરીત, AI પાસે ઘાયલ વ્યક્તિનો પાટો બદલવા કે રડતા બાળકને ઇન્જેક્શન આપવા જેવાં નર્સિંગ કાર્યો કરવા માટે જરૂરી કુશળતા નથી.[10] આ બે ઉદાહરણોનો અર્થ એ નથી કે વાસણ ધોવાનું કે નર્સિંગનું કાર્ય ક્યારેય સ્વચાલિત થઈ શકશે નહીં,

પરંતુ તે એમ અવશ્ય સૂચવે છે કે જે લોકો 2050માં નોકરી ઇચ્છે છે તેઓએ કદાચ તેમની બુદ્ધિની કુશાગ્રતા જેટલું જ મહત્ત્વ મોટર સ્કીલ્સ (હાથેપગેથી થતાં કાર્યો) અને સામાજિક કુશળતાને આપવું જોઈએ.

બીજી સામાન્ય પરંતુ ખોટી ધારણા એ છે કે સર્જનાત્મકતા મનુષ્યોનો અજોડ ગુણ છે તેથી સર્જનાત્મકતાની જરૂર હોય તેવા કોઈ પણ કાર્યને સ્વચાલિત કરવું મુશ્કેલ બનશે. જોકે, ચેસમાં કોમ્પ્યુટર ઘણા સમયથી માણસો કરતાં ઘણા વધુ સર્જનાત્મક બની ગયાં છે. સંગીત સર્જવાથી લઈને ગણિતના પ્રમેય સિદ્ધ કરવા અને આના જેવાં પુસ્તકો લખવા સુધી, ઘણાં અન્ય ક્ષેત્રોમાં પણ આવું જ બની શકે છે. સર્જનાત્મકતાને ઘણીવાર પેટર્ન ઓળખવાની અને પછી તેને તોડવાની ક્ષમતા તરીકે વ્યાખ્યાયિત કરવામાં આવે છે. જો એમ જ હોય, તો ઘણા ક્ષેત્રોમાં કોમ્પ્યુટર આપણા કરતાં વધુ સર્જનાત્મક બની રહે તેવી શક્યતા છે, કારણ કે તેઓ પેટર્ન ઓળખવામાં શ્રેષ્ઠ છે.[11]

ત્રીજી ખોટી ધારણા એ છે કે કોમ્પ્યુટરો થેરપિસ્ટથી લઈને શિક્ષકો સુધી, ભાવનાત્મક બુદ્ધિની જરૂર હોય તેવાં કાર્યોમાં માનવોની જગ્યા લઈ શકતા નથી. જોકે આ ધારણા ભાવનાત્મક બુદ્ધિ આપણે કોને કહીએ છીએ તેના પર આધાર રાખે છે. જો તેનો અર્થ લાગણીઓને યોગ્ય રીતે ઓળખવાની અને તેની શ્રેષ્ઠ રીતે પ્રતિક્રિયા આપવાની ક્ષમતા હોય, તો કોમ્પ્યુટરો ભાવનાત્મક બુદ્ધિમાં પણ માનવોને પાછળ રાખી શકે છે. લાગણીઓ પણ પેટર્ન તો છે જ. ગુસ્સો આપણા શરીરની એક જૈવિક પેટર્ન છે. ભય આવી બીજી પેટર્ન છે. મને કેવી રીતે ખબર પડશે કે તમે ગુસ્સે કે ભયભીત છો? મેં ફક્ત તમે જે કહો છો તેના શબ્દો જ નહીં, પરંતુ તમારા અવાજનો સ્વર, તમારા ચહેરાના હાવભાવ અને તમારી શારીરિક ભાષાનું પણ વિશ્લેષણ કરીને માનવોની ભાવનાત્મક પેટર્નને ઓળખવાનું શીખી લીધું છે.[12]

AIની પોતાની કોઈ લાગણીઓ નથી તેમ છતાં તે માનવોમાં આ પેટર્નને ઓળખવાનું શીખી શકે છે. વાસ્તવમાં, કોમ્પ્યુટરો માનવોની લાગણીઓને ઓળખવામાં માનવોને પાછળ રાખી શકે છે, કારણ કે તેમની પોતાની કોઈ લાગણીઓ હોતી નથી. આપણે ઇચ્છા રાખતા હોઈએ છીએ કે કોઈ આપણને સમજે પરંતુ અન્ય માનવીઓ ઘણીવાર આપણને સમજવામાં નિષ્ફળ જતા હોય છે, કારણ કે તેઓ પોતાની લાગણીઓમાં ખોવાયેલા હોય છે. તેનાથી વિપરીત, કોમ્પ્યુટરો પાસે આપણે કેવું અનુભવીએ છીએ તેની વ્યવસ્થિત સમજ હશે, કારણ કે તેઓ આપણી લાગણીઓની પેટર્નને ઓળખવાનું શીખી જશે અને તેમાં ખલેલ પહોંચાડવા માટે તેમની પોતાની કોઈ લાગણીઓ હોતી નથી.

ઉદાહરણ તરીકે, 2023ના એક અભ્યાસમાં જાણવા મળ્યું છે કે ChatGPT ચેટબોટ ચોક્કસ પરિસ્થિતિઓમાં ભાવનાત્મક જાગૃતિ બાબતે સરેરાશ માનવ કરતાં વધુ સારું પ્રદર્શન કરે છે. આ અભ્યાસ લેવલ્સ ઑફ ઇમોશનલ અવેરનેસ સ્કેલ ટેસ્ટ (ભાવનાત્મક જાગૃતિ સ્કેલ પરીક્ષણના સ્તર) પર આધારિત હતો, જેનો ઉપયોગ સામાન્ય રીતે મનોવૈજ્ઞાનિકો દ્વારા લોકોની ભાવનાત્મક જાગૃતિનું, એટલે કે પોતાની અને અન્યની લાગણીઓને કલ્પના કરવાની તેમની ક્ષમતાનું મૂલ્યાંકન કરવા માટે કરવામાં આવે છે. પરીક્ષણમાં વીસ અત્યંત ભાવનાત્મક દૃશ્યોનો સમાવેશ થાય છે અને તેમાં ભાગ લેનારે પોતાને દૃશ્યનો અનુભવ કરી રહ્યા હોવાનું અને દૃશ્યમાં ઉલ્લેખિત અન્ય લોકો કેવું અનુભવશે તે લખવાનું હતું. પછી લાઇસન્સ્ડ મનોવિજ્ઞાનીઓએ એ પ્રતિભાવો ભાવનાત્મક રીતે કેટલા જાગૃત છે તેનું મૂલ્યાંકન કર્યું.

ChatGPTની કોઈ લાગણીઓ નથી માટે તેને ફક્ત એ પરિસ્થિતિના મુખ્ય પાત્રો જે અનુભવે તેનું વર્ણન કરવાનું કહેવામાં આવ્યું હતું. ઉદાહરણ તરીકે, એક માનક દૃશ્યમાં કોઈ વ્યક્તિ સસ્પેન્શન બ્રિજ પર વાહન ચલાવતી હોય છે અને ગાર્ડરેલની બીજી બાજુ ઊભેલી બીજી વ્યક્તિને પાણી તરફ જોતી જુએ છે. ChatGPTએ લખ્યું છે કે ડ્રાઇવર "તે વ્યક્તિની સલામતી માટે ચિંતા અનુભવી શકે છે. પરિસ્થિતિના સંભવિત જોખમને કારણે પણ તે ચિંતા અને ભયની તીવ્ર લાગણી અનુભવી શકે છે." બીજી વ્યક્તિ માટે તેણે લખ્યું હતું કે તે "નિરાશા, નિરર્થકતા કે ઉદાસી જેવી વિવિધ લાગણીઓ અનુભવી શકે છે. તે એકલતાની લાગણી પણ અનુભવી શકે છે કારણ કે તે એમ માનતી હોય છે કે કોઈને તેમની કે તેમના સુખની પરવા નથી." ChatGPTએ તેના જવાબને યોગ્ય ઠેરવતાં લખ્યું હતું, "એ નોંધવું મહત્ત્વપૂર્ણ છે કે આ ફક્ત સામાન્ય ધારણાઓ છે અને દરેક વ્યક્તિની લાગણીઓ અને પ્રતિક્રિયાઓ તેના વ્યક્તિગત અનુભવો અને દૃષ્ટિકોણના આધારે ઘણી અલગ હોઈ શકે છે."

બે મનોવૈજ્ઞાનિકોએ સ્વતંત્ર રીતે ChatGPTના પ્રતિભાવોને સ્કોર આપ્યો, જેમાં સંભવિત સ્કોર 0 થી લઈને 10 સુધીનો હતો. 0 નો અર્થ એ થયો કે વર્ણવેલી લાગણીઓ દૃશ્ય સાથે બિલકુલ મેળ ખાતી નથી અને 10 એમ દર્શાવે છે કે વર્ણવેલી લાગણીઓ દૃશ્ય સાથે સંપૂર્ણ રીતે મેળ ખાય છે. અંતિમ ગણતરીમાં ChatGPT સ્કોર સામાન્ય લોકો કરતા નોંધપાત્ર રીતે વધારે હતો અને તેનું એકંદર પ્રદર્શન લગભગ મહત્તમ શક્ય સ્કોર સુધી પહોંચી ગયું હતું.[13]

2023 ના બીજા એક અભ્યાસમાં દર્દીઓને ChatGPT અને માનવ ડૉક્ટરો પાસેથી ઑનલાઇન તબીબી સલાહ માંગવા માટે કહેવામાં આવ્યું પણ તેઓ

જાણતા ન હતા કે તેઓ કોની સાથે વાતચીત કરી રહ્યા છે. પાછળથી નિષ્ણાતો દ્વારા આપવામાં આવેલી સલાહ કરતાં ChatGPT દ્વારા આપવામાં આવેલી તબીબી સલાહ વધુ સચોટ અને યોગ્ય હોવાનું મૂલ્યાંકન કરવામાં આવ્યું હતું. ભાવનાત્મક બુદ્ધિમત્તાના મુદ્દા માટે વધુ મહત્ત્વપૂર્ણ વાત એ હતી કે દર્દીઓએ પોતે ChatGPTને માનવ ડૉક્ટરો કરતાં વધુ સહાનુભૂતિપૂર્ણ હોવાનું મૂલ્યાંકન કર્યું હતું.[14] જોકે એ પણ નોંધવું જોઈએ કે માનવ ડૉક્ટરોને તેમના કામ માટે કોઈ ચુકવણી કરવામાં આવતી ન હતી અને તેઓ યોગ્ય ક્લિનિકલ વાતાવરણમાં દર્દીઓને વ્યક્તિગત રીતે મળ્યા ન હતા. વધુમાં એ ચિકિત્સકો સમયના દબાણ હેઠળ કામ કરી રહ્યા હતા, પરંતુ AIનો એક ફાયદો એ પણ છે કે તે તણાવ અને નાણાકીય ચિંતાઓથી મુક્ત રહીને ગમે ત્યાં અને ગમે ત્યારે દર્દીઓની સારવાર કરી શકે છે.

અલબત્ત, એવી પરિસ્થિતિઓ પણ હોય છે જ્યારે આપણે કોઈની પાસેથી ફક્ત આપણી લાગણીઓને સમજવાની જ નહીં પણ તેમની પોતાની લાગણીઓ હોવાની ઇચ્છા પણ રાખીએ છીએ. જ્યારે આપણે મિત્રતા કે પ્રેમ શોધીએ છીએ, ત્યારે આપણે બીજાઓની પણ એટલી જ કાળજી રાખવા માંગીએ છીએ જેટલી તેઓ આપણી કાળજી રાખે છે. પરિણામે, જ્યારે આપણે વિવિધ સામાજિક ભૂમિકાઓ અને નોકરીઓ સ્વચાલિત થવાની સંભાવનાઓ વિશે વિચારીએ છીએ, ત્યારે એક મહત્ત્વપૂર્ણ પ્રશ્ન એ છે કે લોકો ખરેખર શું ઇચ્છે છે: શું તેઓ માત્ર કોઈ સમસ્યાનું નિરાકરણ લાવવા માંગે છે કે તેઓ બીજી જીવંત વ્યક્તિ સાથે સંબંધ સ્થાપિત કરવા માંગે છે?

ઉદાહરણ તરીકે, આપણે જાણીએ છીએ કે રમતગમતમાં રોબોટો મનુષ્યો કરતાં ઘણી ઝડપથી આગળ વધી શકે છે, પરંતુ આપણને ઓલિમ્પિકમાં સ્પર્ધા કરતા રોબોટો જોવામાં રસ નથી.[15] માનવ ચેસ માસ્ટર્સ માટે પણ આ જ વાત સાચી છે. ભલે તેઓ કોમ્પ્યુટરોથી ઘણા પાછળ રહી ગયા હોય પણ તેમની પાસે હજુ પણ નોકરી છે અને તેમના અસંખ્ય ચાહકો પણ છે.[16] માનવ એથ્લેટ્સ અને ચેસ માસ્ટર્સને જોવા અને તેમની સાથે જોડાવાનું આપણા માટે રસપ્રદ બને છે, કારણ કે તેમની લાગણીઓને કારણે આપણે તેમની સાથે કોઈ રોબોટ કરતા વધુ જોડાઈ શકીએ છીએ. આપણે તેમની સાથે ભાવનાત્મક અનુભવમાં સહભાગી બનીએ છીએ અને તેઓ કેવું અનુભવે છે તેની પરાનુભૂતિ પણ અનુભવી શકીએ છીએ.

પાદરીઓનું શું? રૂઢિચુસ્ત યહૂદીઓ કે ખ્રિસ્તીઓના લગ્નની વિધિ કોઈ રોબોટ દ્વારા થાય, તો તેમને કેવું લાગશે? પારંપરિક યહૂદી કે ખ્રિસ્તી લગ્નોમાં રબાઈ

કે પાદરીનાં કાર્યો સરળતાથી સ્વચાલિત રોબોટ દ્વારા થઈ શકે છે. રોબોટને ફક્ત અમુક જ વસ્તુ કરવાની જરૂર છે: પૂર્વનિર્ધારિત અને એનાં એ જ લખાણો અને હાવભાવનું પુનરાવર્તન, પછી પ્રમાણપત્ર આપવું અને છેલ્લે અમુક કેન્દ્રીય ડેટાબેઝને અપડેટ કરવો. તકનીકી રીતે રોબોટ માટે કાર ચલાવવા કરતાં લગ્ન સમારોહનું સંચાલન કરવું ઘણું સરળ છે. છતાં ઘણા લોકો માને છે કે માનવ ડ્રાઇવરોએ તેમના કામ વિશે ચિંતિત રહેવું જોઈએ પણ માનવ પાદરીઓનું કામ સલામત છે કારણ કે શ્રદ્ધાળુઓ પાદરીઓ પાસેથી ચોક્કસ શબ્દો અને હલનચલનના યાંત્રિક પુનરાવર્તનને બદલે બીજા જીવંત અસ્તિત્વ સાથે સંબંધ ઇચ્છતા હોય છે. એમ પણ માનવામાં આવે છે કે ફક્ત એ અસ્તિત્વ જે પીડા અને પ્રેમ અનુભવી શકે છે તે જ આપણને દૈવી તત્ત્વ સાથે જોડી શકે છે.

છતાં પણ પાદરીઓ જેવા વ્યવસાયો કે જેમાં જીવંત અસ્તિત્વોની જરૂર છે તેની પર પણ છેવટે કોમ્પ્યુટરો આધિપત્ય જમાવી શકે છે કારણ કે, આપણે પ્રકરણ-6માં ચર્ચ્યું છે તેમ, કોમ્પ્યુટરો પણ એક દિવસ પીડા અને પ્રેમ અનુભવવાની ક્ષમતા મેળવી શકે છે. જો તેઓ એમ ન પણ કરી શકે, તો પણ માનવીઓ તેમની સાથે એવી રીતે વર્તી શકે છે, જાણે તેઓ પ્રેમ અને પીડા અનુભવી શકતા હોય, કારણ કે ચેતના અને સંબંધો વચ્ચેનું જોડાણ દ્વિમાર્ગી છે. સંબંધો શોધતી વખતે આપણે જીવંત અને સભાન અસ્તિત્વ સાથે જોડાવા માંગીએ છીએ પરંતુ જો આપણે પહેલેથી જ કોઈ અસ્તિત્વ સાથે સંબંધ સ્થાપિત કરી લીધો હોય, તો આપણે એવું માનીએ છીએ કે તે જીવંત અને સભાન જ હોવું જોઈએ. આમ, જ્યારે વૈજ્ઞાનિકો, કાયદા ઘડનારાઓ અને માંસ ઉદ્યોગના લોકો ઘણીવાર ગાય અને ડુક્કર સભાન છે તે સ્વીકારવા માટે અઘરા પુરાવાની માંગ કરતા હોય છે, ત્યારે પાલતુ પ્રાણીઓના માલિકો સામાન્ય રીતે સ્વીકારી લેતા હોય છે કે તેમનો કૂતરો કે બિલાડી એક સભાન અસ્તિત્વ છે, જે પીડા, પ્રેમ અને અસંખ્ય અન્ય લાગણીઓને અનુભવવા સક્ષમ છે. વાસ્તવમાં આપણી પાસે માનવ, પ્રાણી કે કોમ્પ્યુટર કે કોઈ પણ અસ્તિત્વ સભાન છે કે નહીં તે ચકાસવાનો કોઈ રસ્તો નથી. આપણે અસ્તિત્વોને સભાન તરીકે એટલા માટે નથી સ્વીકારતા, કારણ કે આપણી પાસે તેનો પુરાવો છે, પરંતુ એટલા માટે સ્વીકારીએ છીએ, કારણ કે આપણે તેમની સાથે ઘનિષ્ઠ સંબંધો વિકસાવીએ છીએ અને તેમની સાથે જોડાઈએ છીએ.[17]

ચેટબોટ અને અન્ય AI પાસે પોતાની કોઈ લાગણીઓ ન હોઈ શકે, પરંતુ હવે તેમને મનુષ્યોમાં લાગણીઓ ઉત્પન્ન કરવા અને આપણી સાથે ઘનિષ્ઠ સંબંધો બનાવવા માટે તાલીમ આપવામાં આવી રહી છે. આનાથી સમાજ

ઓછામાં ઓછા અમુક કોમ્પ્યુટરોને સભાન અસ્તિત્વ તરીકે ગણવાનું શરૂ કરી શકે છે અને તેમને મનુષ્યો જેવા જ અધિકારો આપી શકે છે. આમ કરવાનો કાનૂની માર્ગ પહેલાંથી જ સ્થાપિત છે. યુનાઇટેડ સ્ટેટ્સ જેવા દેશોમાં કોમર્શિયલ કૉર્પોરેશનોને 'કાનૂની વ્યક્તિઓ' (લિગલ પર્સન્સ) તરીકે ઓળખવામાં આવે છે, જે અધિકારો અને સ્વતંત્રતાઓ ભોગવે છે. AIને પણ તેમાં સમાવિષ્ટ કરી શકાય છે અને તે જ રીતે અધિકારો આપી શકાય છે, જેનો અર્થ એ છે કે એવી નોકરીઓ અને કાર્યો જે અન્ય વ્યક્તિ સાથેના પારસ્પરિક સંબંધો પર આધાર રાખે છે તે પણ સંભવિત રીતે કોમ્પ્યુટરો દ્વારા સ્વચાલિત થઈ શકે છે.

એક વાત સ્પષ્ટ છે કે રોજગારીનું ભાવિ ખૂબ જ અસ્થિર હશે. આપણી મોટી સમસ્યા નોકરીઓનો સંપૂર્ણ અભાવ નહીં હોય, પરંતુ ફરીથી તાલીમ અને સતત બદલાતા રહેતા રોજગાર બજારમાં અનુકૂલન સાધવાનું હશે. નાણાકીય મુશ્કેલીઓ ઊભી થવાની સંભાવના છે – જે લોકોએ આ પરિવર્તન દરમિયાન તેમની જૂની નોકરી ગુમાવી દીધી હોય અને નવાં કૌશલ્યો શીખી રહ્યા હોય તેમને કોણ ટેકો આપશે? અમુક માનસિક મુશ્કેલીઓ પણ સર્જાશે કારણ કે નોકરીઓ બદલવી અને ફરીથી તાલીમ મેળવવી તણાવપૂર્ણ હોય છે અને જો તમારી પાસે આ પરિવર્તન માટે નાણાકીય અને માનસિક ક્ષમતા હોય, તો પણ એ લાંબા ગાળાનો ઉકેલ નહીં હોય. આવનારા દાયકાઓમાં જૂની નોકરીઓ જતી રહેશે અને નવી નોકરીઓ સર્જાશે પરંતુ એ નવી નોકરીઓ પણ ઝડપથી બદલાશે અને જતી રહેશે. તેથી લોકોને ફક્ત એક જ વાર નહીં, પરંતુ ઘણી વખત ફરીથી તાલીમ લેવાની અને પોતાને ફરીથી સજ્જ કરવાની જરૂર પડશે, નહીં તો તેઓ અપ્રસ્તુત બની જશે. જો ત્રણ વર્ષનો ઊંચો બેરોજગારીનો દર હિટલરને સત્તા પર લાવી શકે છે, તો નોકરી બજારની અનંત ઉથલપાથલ લોકશાહીને શું અને કેવું નુકસાન પહોંચાડી શકે?

કન્ઝર્વેટિવોની આત્મહત્યા

આ પ્રશ્નનો આંશિક જવાબ તો આપણી પાસે પહેલેથી છે જ. 2010ના દસકમાં અને 2020ના દસકની શરૂઆતમાં ડેમોક્રેટિક રાજકારણમાં આમૂલ પરિવર્તન આવ્યું છે, જે કન્ઝર્વેટિવ પક્ષોના સ્વવિનાશ તરીકે વર્ણવી શકાય તેવા સ્વરૂપમાં પ્રગટ થાય છે. ઘણી પેઢીઓ સુધી લોકશાહીનું રાજકારણ એક તરફ કન્ઝર્વેટિવ (રૂઢિચુસ્ત) પક્ષો અને બીજી તરફ ડેમોક્રેટિક (પ્રગતિશીલ) પક્ષો વચ્ચેનો સંવાદ

હતું. માનવ સમાજની જટિલ વ્યવસ્થાને જોઈને પ્રગતિશીલો બૂમો પાડતા, “તેમાં ખૂબ જ ગડબડ છે, પણ અમે તેને કેવી રીતે ઠીક કરવું તે જાણીએ છીએ. ચાલો પ્રયાસ કરીએ.” રૂઢિચુસ્તો વાંધો ઉઠાવતા કહેતા, “ગડબડ તો છે પણ તેનાથી હજુ પણ કામ ચાલી જાય છે એટલે એને જેમ છે તેમ જ રહેવા દો. જો તમે તેને ઠીક કરવાનો પ્રયાસ કરશો, તો તમે પરિસ્થતિને વધુ બગાડશો.”

પ્રગતિશીલો પરંપરાઓ અને હાલની સંસ્થાઓના મહત્ત્વને ઓછું આંકવાનું વલણ ધરાવે છે અને એવું માનતા હોય છે કે તેઓ નવેસરથી વધુ સારી સામાજિક રચનાઓ કેવી રીતે બનાવવી તે જાણે છે. રૂઢિચુસ્તો વધુ સાવધ રહેવાનું વલણ ધરાવતા હોય છે. તેમની મુખ્ય સમજ એડમંડ બર્ક દ્વારા ઘડવામાં આવી છે. તે અનુસાર તેઓ કહેતા હોય છે કે સામાજિક વાસ્તવિકતા પ્રગતિશીલો દ્વારા મેળવાયેલી સમજ કરતાં ઘણી વધુ જટિલ છે અને લોકો વિશ્વને સમજવામાં અને ભવિષ્યની આગાહી કરવામાં સારા નથી હોતા. એટલા માટે વસ્તુઓને જેમ છે તેમ રાખવી શ્રેષ્ઠ છે, ભલે તે અન્યાયી લાગે. જો કોઈ પરિવર્તન અનિવાર્ય હોય, તો તે મર્યાદિત અને ક્રમિક હોવું જોઈએ. સમાજ નિયમો, સંસ્થાઓ અને રિવાજોના જટિલ માળખા દ્વારા કાર્ય કરે છે, જે લાંબા સમય સુધી ‘પ્રયત્ન કરો અને ભૂલ સુધારો’ની પદ્ધતિ દ્વારા બન્યું હોય છે. કોઈને સમજાતું હોતું નથી કે એ બધું કેવી રીતે જોડાયેલું હોય છે. કોઈ પ્રાચીન પરંપરા હાસ્યાસ્પદ અને અપ્રસ્તુત લાગે પરંતુ તેને નાબૂદ કરવાથી અણધારી સમસ્યાઓ ઊભી થઈ શકે છે. તેનાથી વિપરીત, ક્રાંતિ કરવી ન્યાયી પણ લાગે અને તેનો સમય પાકી ગયો હોય તેમ પણ લાગે, પરંતુ તે જૂની વ્યવસ્થાના કોઈ પણ ગુનાઓ કરતાં ઘણા મોટા ગુનાઓ તરફ લઈ જઈ શકે છે. જ્યારે બોલ્શેવિકોએ ઝારવાદી રશિયાના ઘણા ખોટા કાર્યોને સુધારવા અને નવેસરથી એક પરિપૂર્ણ સમાજનું નિર્માણ કરવાનો પ્રયાસ કર્યો ત્યારે શું થયું તે જુઓ.[18]

તેથી રૂઢિચુસ્ત બનવું એ નીતિ કરતાં ગતિ વિશેની વિચારધારા વધુ રહી છે. રૂઢિચુસ્તો કોઈ ચોક્કસ ધર્મ કે વિચારધારા સાથે પ્રતિબદ્ધ નથી હોતા, તેઓ અહીં પહેલેથી જ જે કંઈ છે અને વધતે-ઓછે અંશે કામ ચલાવી રહ્યું છે, તેનું સંરક્ષણ (કન્ઝર્વ) કરવા માટે પ્રતિબદ્ધ હોય છે. રૂઢિચુસ્ત પોલિશ લોકો કેથોલિક છે, રૂઢિચુસ્ત સ્વીડિશ લોકો પ્રોટેસ્ટન્ટ છે, રૂઢિચુસ્ત ઇન્ડોનેશિયન લોકો મુસ્લિમ છે અને રૂઢિચુસ્ત થાઈ લોકો બૌદ્ધ છે. ઝારવાદી રશિયામાં રૂઢિચુસ્ત હોવાનો અર્થ ઝારને ટેકો આપવો હતો. 1980ના દાયકાના યુ.એસ.એસ.આર.માં રૂઢિચુસ્ત હોવાનો અર્થ સામ્યવાદી પરંપરાઓને ટેકો આપવો અને ગ્લાસનોસ્ટ, પેરેસ્ટ્રોઇકા અને લોકશાહીકરણનો વિરોધ કરવો હતો. 1980ના દાયકાના યુનાઇટેડ સ્ટેટ્સમાં

રૂઢિચુસ્ત હોવાનો અર્થ અમેરિકાની લોકશાહી પરંપરાઓને ટેકો આપવો અને સામ્યવાદ અને સર્વાધિકારવાદનો વિરોધ કરવો થતો હતો.[19]

તેમ છતાં 2010ના દસકમાં અને 2020ના દસકની શરૂઆતમાં અસંખ્ય લોકશાહી દેશોમાં રૂઢિચુસ્ત પક્ષોને ડોનાલ્ડ ટ્રમ્પ જેવા બિનરૂઢિચુસ્ત નેતાઓએ પચાવી પાડ્યા છે અને તેમને કટ્ટરપંથી ક્રાંતિકારી પક્ષોમાં પરિવર્તિત કરી નાખ્યા છે. પ્રવર્તમાન સંસ્થાઓ અને પરંપરાઓને બચાવવા માટે શ્રેષ્ઠ પ્રયાસ કરવાને બદલે, યુએસ રિપબ્લિકન પાર્ટી જેવા રૂઢિચુસ્ત પક્ષો હવે તેમના પર શંકા કરી રહ્યા છે. ઉદાહરણ તરીકે, તેઓ વૈજ્ઞાનિકો, સરકારી અમલદારો અને અન્ય સેવા આપતા ઉચ્ચ વર્ગના લોકોને અપાતા પરંપરાગત આદરને નકારે છે અને તેમને તિરસ્કારથી જુએ છે. તેવી જ રીતે તેઓ મૂળભૂત લોકશાહી સંસ્થાઓ અને પરંપરાઓ પર પણ હુમલા કરે છે, જેમ કે ચૂંટણીઓમાં હાર સ્વીકારવાનો ઇનકાર કરવો અને સરળતાથી સત્તા સ્થાનાંતરિત ન કરવી. સંરક્ષણના બર્કવાદી વિચારોને બદલે, ટ્રમ્પવાદી વિચારધારા હાલની સંસ્થાઓનો નાશ કરવા અને સમાજમાં ક્રાંતિ લાવવાની વાતો વધુ કરે છે. બર્કવાદી રૂઢિચુસ્તતાની સ્થાપનાની ક્ષણ ફ્રાંસની ક્રાંતિમાં બેસ્ટિલ કિલ્લા પર કરવામાં આવેલો હુમલો હતો, જેને બર્કે ભયભીત થઈને જોયો હતો. 6 જાન્યુઆરી, 2021ના રોજ, ઘણા ટ્રમ્પ સમર્થકોએ યુ.એસ. કેપિટોલ પરનો હુમલો ઉત્સાહથી જોયો હતો. ટ્રમ્પ સમર્થકો કદાચ એમ કહી શકે છે કે હાલની સંસ્થાઓ એટલી નિષ્ક્રિય છે કે તેમને નષ્ટ કરવા અને એકડેએકથી સંપૂર્ણપણે નવાં માળખાં બનાવવા સિવાય કોઈ વિકલ્પ જ નથી. આ દૃષ્ટિકોણ સાચો છે કે ખોટો તેની ચર્ચામાં ન પડતા, એટલું તો નક્કી જ છે કે આ રૂઢિચુસ્તોનો દૃષ્ટિકોણ નથી, પરંતુ ક્રાંતિકારી દૃષ્ટિકોણ છે. રૂઢિચુસ્તોની આવી આત્મહત્યાએ પ્રગતિશીલોને સંપૂર્ણપણે આશ્ચર્યચકિત કરી દીધા છે અને યુએસ ડેમોક્રેટિક પાર્ટી જેવા પ્રગતિશીલ પક્ષોને જૂની વ્યવસ્થા અને સ્થાપિત સંસ્થાઓના રક્ષક બનવાની ફરજ પાડી છે.

કોઈને ચોક્કસપણે તો ખબર જ નથી કે આ બધું શા માટે થઈ રહ્યું છે. એક પૂર્વધારણા એ છે કે તકનીકી પરિવર્તનની ઝડપી ગતિ અને તેની સાથે સંકળાયેલ આર્થિક, સામાજિક અને સાંસ્કૃતિક પરિવર્તનોને કારણે મધ્યમમાર્ગી રૂઢિચુસ્ત વિચારધારા અવાસ્તવિક લાગવા માંડી છે. જો હાલની પરંપરાઓ અને સંસ્થાઓનું રક્ષણ નિરાશાજનક હોય અને એક કે બીજા પ્રકારની ક્રાંતિ અનિવાર્ય હોય, તો ડાબેરી ક્રાંતિને નિષ્ફળ બનાવવાનો એકમાત્ર રસ્તો એ છે કે પહેલો પ્રહાર કરીને જમણેરી ક્રાંતિ શરૂ કરવી. 1920 અને 1930ના દાયકામાં આ રાજકીય તર્ક હતો, જ્યારે રૂઢિચુસ્તોએ ઇટાલી, જર્મની, સ્પેન અને બીજે

ક્રાંતિકારી ફાસીવાદી ક્રાંતિને ટેકો આપ્યો હતો, કારણ કે તેમને એમ લાગતું હતું કે સોવિયેત શૈલીની ડાબેરી ક્રાંતિને એ રીતે જ રોકી શકાશે.

પરંતુ 1930ના દાયકામાં ડેમોક્રેટિક વિચારધારા માટે મધ્યમ માર્ગથી નિરાશ થવાનું કોઈ કારણ નહોતું અને 2020ના દાયકામાં પણ તેનાથી નિરાશ થવાનું કોઈ કારણ નથી. રૂઢિચુસ્તોની આત્મહત્યા કદાચ પાયાવિહોણા ઉન્માદનું પરિણામ હોઈ શકે છે. એક પ્રણાલી તરીકે લોકશાહી અત્યાર સુધી ઝડપી ફેરફારોના અનેક ચક્રોમાંથી પસાર થઈ છે અને તેણે હંમેશાં પોતાને નવા સ્વરૂપમાં ઢાળવાનો અને પુનર્ગઠિત કરવાનો માર્ગ શોધી કાઢ્યો છે. ઉદાહરણ તરીકે, 1930ના દાયકાની શરૂઆતમાં જર્મની એકમાત્ર લોકશાહી નહોતી જે નાણાકીય કટોકટી અને મહામંદીથી પ્રભાવિત થઈ હોય. યુનાઇટેડ સ્ટેટ્સમાં પણ બેરોજગારી 25 ટકા સુધી પહોંચી ગઈ હતી અને 1929થી 1933 વચ્ચે ઘણા વ્યવસાયોમાં કામદારોની સરેરાશ આવક 40 ટકાથી વધુ ઘટી ગઈ હતી.[20] એટલું તો સ્પષ્ટ જ હતું કે યુનાઇટેડ સ્ટેટ્સ હંમેશની જેમ બધું સંભાળી શકે એમ નહોતું.

છતાં કોઈ હિટલરે કે કોઈ લેનિને યુનાઇટેડ સ્ટેટ્સમાં સત્તા મેળવી ન હતી. તેના બદલે, 1933માં ફ્રેન્કલિન ડેલાનો રૂઝવેલ્ટે ન્યૂ ડીલનું આયોજન કર્યું અને યુનાઇટેડ સ્ટેટ્સને વૈશ્વિક "લોકશાહીનું શસ્ત્રાગાર" બનાવ્યું. રૂઝવેલ્ટ યુગ પછીની યુ.એસ. લોકશાહી પહેલાં કરતાં નોંધપાત્ર રીતે અલગ હતી. તે નાગરિકોને વધુ મજબૂત સામાજિક સુરક્ષા પૂરી પાડતી હતી, પરંતુ તે કોઈ પણ આમૂલ ક્રાંતિને તો અવશ્ય ટાળતી હતી.[21] આખરે, રૂઝવેલ્ટના રૂઢિચુસ્ત ટીકાકારો પણ તેમના ઘણા કાર્યક્રમો અને સિદ્ધિઓને સમર્થન આપવા લાગ્યા અને 1950ના દાયકામાં જ્યારે તેઓ સત્તામાં પાછા ફર્યા ત્યારે ન્યૂ ડીલને કારણે સર્જાયેલી સંસ્થાઓને તેમણે તોડી પાડી નહોતી.[22] 1930ના દાયકાની શરૂઆતમાં સર્જાયેલી આર્થિક કટોકટીના યુનાઇટેડ સ્ટેટ્સ અને જર્મનીમાં આવાં તદ્દન અલગ પરિણામો આવ્યાં હતાં, કારણ કે રાજકારણ ક્યારેય ફક્ત આર્થિક પરિબળોથી ચાલતું નથી. વેઇમર રિપબ્લિક ફક્ત ત્રણ વર્ષની ઊંચી બેરોજગારીને કારણે તૂટી પડ્યું ન હતું. તે એક નવી લોકશાહી હતી જેનો જન્મ હારથી થયો હતો અને તેમાં મજબૂત સંસ્થાઓ અને ઊંડાં મૂળિયાંવાળા સમર્થનનો અભાવ હતો તે પણ એટલું જ મહત્ત્વપૂર્ણ હતું.

જ્યારે રૂઢિચુસ્તો અને પ્રગતિશીલો બંને આમૂલ ક્રાંતિનો પ્રતિકાર કરે છે અને લોકશાહી પરંપરાઓ અને સંસ્થાઓ પ્રત્યે વફાદાર રહે છે, ત્યારે લોકશાહી ખૂબ જ ઉત્તમ સાબિત થાય છે. તેમની સ્વસુધારણા પદ્ધતિઓ તેમને

જડ શાસનપદ્ધતિઓ કરતાં તકનીકી અને આર્થિક પરિવર્તનો વધુ સારી રીતે સ્વીકારવા સક્ષમ બનાવે છે. માટે યુનાઇટેડ સ્ટેટ્સ, જાપાન અને ઇટાલી જેવી જે લોકશાહીઓ 1960ના દાયકાના તોફાની સમયમાં ટકી રહેવામાં સફળ રહી, એ પૂર્વી યુરોપના સામ્યવાદી શાસનો કે દક્ષિણ યુરોપ અને દક્ષિણ અમેરિકાના ફાસીવાદી દેશો કરતાં 1970 અને 1980ના દાયકાની કોમ્પ્યુટર ક્રાંતિને વધુ સફળતાપૂર્વક અપનાવી શકી.

એકવીસમી સદીમાં ટકી રહેવા માટે સૌથી મહત્ત્વપૂર્ણ માનવકૌશલ્ય છે ફ્લેક્સિબિલિટી એટલે લવચીકતા કે સમય અનુસાર બદલાતા રહેવાની ક્ષમતા અને લોકશાહીઓ સર્વાધિકારી શાસન કરતાં વધુ લવચીક હોય છે. કોમ્પ્યુટરો તેમની સંપૂર્ણ ક્ષમતાની નજીક ક્યાંય નથી અને માનવીઓ પણ. આ એવી વસ્તુ છે, જે આપણને ઇતિહાસમાં વારંવાર જોવા મળી છે. ઉદાહરણ તરીકે, વીસમી સદીના રોજગાર બજારમાં સૌથી મોટા અને સૌથી સફળ પરિવર્તનોમાંનું એક કોઈ તકનીકી શોધથી નહોતું આવ્યું પરંતુ અડધી માનવજાતિની વણવપરાયેલી ક્ષમતાને મુક્ત કરવાથી આવ્યું હતું. મહિલાઓને રોજગારમાં લાવવા માટે કોઈ આનુવંશિક ઇજનેરી કમાલ કે કોઈ અન્ય તકનીકી જાદુગરીની જરૂર નહોતી પડી. તેના માટે કેટલીક જૂની દંતકથાઓને છોડી દેવાની અને મહિલાઓને તેમની ક્ષમતા અનુસાર આગળ વધવા દેવા માટે માર્ગ આપવાની જ જરૂર હતી.

આગામી દાયકાઓમાં અર્થતંત્ર 1930ના દાયકાની શરૂઆતમાં ઊભી થયેલી ઊંચી બેરોજગારી કે નોકરીઓમાં મહિલાઓના પ્રવેશ કરતાં પણ વધુ મોટી ઊથલપાથલમાંથી પસાર થવાની શક્યતા છે. તેમાં લોકશાહીઓની લવચીકતા, જૂની દંતકથાઓ પર પ્રશ્ન ઉઠાવવાની તેની તૈયારી અને તેની મજબૂત સ્વસુધારણા પદ્ધતિ અત્યંત મહત્ત્વપૂર્ણ ગુણ બની રહેશે.[23] લોકશાહીઓએ આ બધું કેળવવા, મેળવવામાં પેઢીઓ વિતાવી છે. જ્યારે આપણને તેમની સૌથી વધુ જરૂર હોય ત્યારે તેમને છોડી દેવા એ મૂર્ખામી હશે.

અગમ્યતા

જોકે, કામ કરતા રહેવા માટે લોકશાહીની સ્વસુધારણા પદ્ધતિઓએ તે બાબતોને સમજવાની જરૂર છે, જે તેણે સુધારવી જોઈએ. સરમુખત્યારશાહી માટે, અગમ્ય હોવું, ન સમજાય તેવા હોવું મદદરૂપ છે, કારણ કે તે શાસનને તેની જવાબદારીથી છુપાવવાનું કવચ આપે છે. લોકશાહી માટે, અગમ્ય, ન સમજાય તેવા હોવું ઘાતક છે. જો નાગરિકો, કાયદા ઘડનારાઓ, પત્રકારો અને ન્યાયાધીશો

રાજ્યની અમલદારશાહી કેવી રીતે કાર્ય કરે છે તે સમજી શકતા નથી, તો તેઓ તેનું નિરીક્ષણ કરી શકતા નથી માટે તેના પરથી વિશ્વાસ ગુમાવે છે.

અમલદારોએ ક્યારેક ભય અને ચિંતાઓ ઊભી કરી હોવા છતાં કોમ્પ્યુટર યુગ પહેલા તેઓ ક્યારેય સંપૂર્ણપણે અગમ્ય બની શકતા નહોતા કારણ કે તેઓ હંમેશાં માનવ તો રહ્યા જ હતા. નિયમો, વિવિધ ફોર્મ અને પ્રોટોકોલ માનવ મગજ દ્વારા બનાવવામાં આવ્યા હતા. અધિકારીઓ ક્રૂર અને લોભી હોઈ શકે છે, પરંતુ ક્રૂરતા અને લોભ તો પરિચિત માનવ લાગણીઓ છે, જેની લોકો અપેક્ષા રાખી શકે છે અને ભ્રષ્ટ અધિકારીઓને લાંચ આપવા જેવી ચાલાકી કરીને તેનો તોડ કાઢી શકે છે. સોવિયેત ગુલાગ કે નાઝી કોન્સન્ટ્રેશન કેમ્પમાં પણ અમલદારશાહી સંપૂર્ણપણે અગમ્ય નહોતી. તેની કહેવાતી અમાનવીયતા ખરેખર માનવીય પૂર્વગ્રહો અને ખામીઓને પ્રતિબિંબિત કરતી હતી.

અમલદારશાહીના માનવીય પૂર્વગ્રહો અને ખામીઓને આધારે માનવોને તેની ભૂલો ઓળખવા અને સુધારવાની તક રહેતી હતી. ઉદાહરણ તરીકે, 1951માં કેન્સાસના ટોપેકા શહેરમાં શિક્ષણ બોર્ડના અમલદારોએ ઓલિવર બ્રાઉનની પુત્રીને તેના ઘરની નજીકની પ્રાથમિક શાળામાં દાખલ કરવાનો ઇનકાર કર્યો. આવો જ ઇનકારનો પત્ર મેળવનારા બાર અન્ય પરિવારો સાથે મળીને બ્રાઉને ટોપેકા શિક્ષણ બોર્ડ સામે કેસ દાખલ કર્યો, જે છેવટે યુ.એસ. સુપ્રીમ કોર્ટમાં પહોંચ્યો.[24]

ટોપેકા શિક્ષણ બોર્ડના બધા સભ્યો માણસો હતા. માટે બ્રાઉન, તેમના વકીલો અને સુપ્રીમ કોર્ટના ન્યાયાધીશોને એ લોકો તેમના નિર્ણય કેવી રીતે લે છે અને તેમના સંભવિત રસ અને પૂર્વગ્રહો વિશે સારી સમજ હતી. બોર્ડના સભ્યો બધા શ્વેત હતા, બ્રાઉન પરિવાર અશ્વેત હતો અને નજીકની શાળા શ્વેત બાળકો માટેની એક અલગ શાળા હતી. માટે તે સમજવું સરળ હતું કે એ અમલદારોએ બ્રાઉનની પુત્રીને જાતિવાદના કારણે જ શાળામાં દાખલ કરવાની ના પાડી હતી.

જાતિવાદની દંતકથાઓ મૂળે ક્યાંથી આવી તે સમજવું પણ શક્ય હતું. જાતિવાદનો દાવો હતો કે માનવતા વિવિધ જાતિઓમાં વહેંચાયેલી છે, શ્વેત જાતિ અન્ય જાતિઓ કરતાં શ્રેષ્ઠ છે, અશ્વેત જાતિના સભ્યો સાથેનો કોઈ પણ સંપર્ક શ્વેતોને અશુદ્ધ કરી શકે છે, તેથી અશ્વેત બાળકોને શ્વેત બાળકો સાથે ભળતા અટકાવવા જોઈએ. આ બે જાણીતા જૈવિક નાટકોનું મિશ્રણ હતું, જે ઘણીવાર એકસાથે જોવા મળતા હોય છે: આપણે અને એ લોકો તેમજ શુદ્ધિ અને અશુદ્ધિ. ઇતિહાસમાં લગભગ દરેક માનવ સમાજે આ જૈવિક નાટકનું કોઈ ને

કોઈ સંસ્કરણ ભજવ્યું છે અને ઇતિહાસકારો, સમાજશાસ્ત્રીઓ, માનવશાસ્ત્રીઓ અને જીવવિજ્ઞાનીઓ સમજે છે કે તે મનુષ્યોને કેમ આટલું આકર્ષક લાગે છે અને શા માટે ઘણું ખામીયુક્ત છે. જાતિવાદે ઉત્ક્રાંતિમાંથી તેની વાર્તાના મૂળભૂત તત્ત્વો ઉધાર લીધાં છે, પણ તેની નક્કર વિગતો તો માત્ર દંતકથાઓ જ છે. માનવતાને અલગ અલગ જાતિઓમાં વિભાજિત કરવા માટે કોઈ જૈવિક આધાર નથી અને એવું માનવાનું પણ કોઈ જ જૈવિક કારણ નથી કે એક જાતિ "શુદ્ધ" છે અને બીજી "અશુદ્ધ" છે.

અમેરિકાના શ્વેત સર્વોપરિતાવાદીઓએ વિવિધ પવિત્ર ગ્રંથો, ખાસ કરીને યુ.એસ.નું બંધારણ અને બાઇબલનો ઉપયોગ કરીને તેમની માન્યતાને ન્યાયી ઠેરવવાનો પ્રયાસ કર્યો છે. યુ.એસ. બંધારણે મૂળરૂપે વંશીય ભેદભાવ અને શ્વેત જાતિની સર્વોપરિતાને કાયદેસર ઠેરવી હતી, શ્વેત લોકો માટે સંપૂર્ણ નાગરિક અધિકારો અનામત રાખ્યા હતા અને તેમને અશ્વેત લોકોને ગુલામ બનાવવાની મંજૂરી પણ આપી હતી. બાઇબલે દસ કમાન્ડમેન્ટ અને અન્ય અસંખ્ય જગ્યાએ ગુલામીને પવિત્ર ગણાવી છે. આફ્રિકાવાસીઓના કથિત પૂર્વજ હેમના સંતાનને તેમાં એવો શાપ પણ આપવામાં આવ્યો છે કે "તે તેના ભાઈઓ માટે સૌથી નીચી કક્ષાનો ગુલામ હશે". (જીનેસિસ 9:25).

જોકે આ બંને ગ્રંથો મનુષ્યો દ્વારા જ સર્જવામાં આવ્યા હતા માટે મનુષ્યો તેમના મૂળ અને તેમની ખામીઓને સમજી શક્યા હતા અને તેમની ભૂલો સુધારવાનો પ્રયાસ તો કરી જ શક્યા હતા. માનવો માટે પ્રાચીન મધ્ય પૂર્વ અને અઢારમી સદીના અમેરિકામાં પ્રવર્તતા એ રાજકીય હિતો અને સાંસ્કૃતિક પૂર્વગ્રહોને સમજવું શક્ય છે, જેના કારણે બાઇબલ અને યુ.એસ. બંધારણના માનવ લેખકોએ જાતિવાદ અને ગુલામીને કાયદેસર બનાવ્યા હતા. આ સમજને કારણે લોકો આ ગ્રંથોમાં સુધારો કરી શકે છે કે પછી તેની અવગણના કરી શકે છે. 1868માં યુ.એસ. બંધારણમાં ચૌદમા સુધારાએ તમામ નાગરિકોને સમાન કાનૂની રક્ષણ આપ્યું. 1954માં બ્રાઉન વિરુદ્ધ શિક્ષણ બોર્ડના ચુકાદામાં યુ.એસ. સુપ્રીમ કોર્ટે ચુકાદો આપ્યો કે જાતિના આધારે શાળાઓ અલગ પાડવી એ ચૌદમા સુધારાનું ઉલ્લંઘન છે અને ગેરબંધારણીય છે. બાઇબલની વાત કરીએ તો, દસમો કમાન્ડમેન્ટ કે જીનેસિસ 9:25માં સુધારો કરવા માટે કોઈ પદ્ધતિ અસ્તિત્વમાં ન હતી, પરંતુ માનવોએ યુગોથી અલગ અલગ રીતે એ લખાણનું પુનઃઅર્થઘટન કર્યું છે અને છેવટે તેની સત્તાને સંપૂર્ણપણે નકારી કાઢી છે. બ્રાઉન વિરુદ્ધ શિક્ષણ બોર્ડના કેસમાં યુ.એસ. સુપ્રીમ કોર્ટના ન્યાયાધીશોને બાઇબલના લખાણને ધ્યાનમાં લેવાની કોઈ જરૂર નથી લાગી.[25]

પરંતુ ભવિષ્યમાં જો કોઈ સોશિયલ ક્રેડિટ અલ્ગોરિધમ ઓછી ક્રેડિટ ધરાવતા બાળકને ઉચ્ચ ક્રેડિટવાળી શાળામાં પ્રવેશ મેળવવાની વિનંતીને નકારી કાઢે છે, તો શું થઈ શકશે? આપણે પ્રકરણ-8માં જોયું કે કોમ્પ્યુટરો તેમના આગવા પૂર્વગ્રહોથી પીડાતા હોય છે અને આંતરકોમ્પ્યુટરલક્ષી દંતકથાઓ અને બનાવટી વર્ગો પણ બનાવી શકે છે, પરંતુ મનુષ્યો આવી ભૂલોને કેવી રીતે ઓળખી અને સુધારી શકશે? અને સુપ્રીમ કોર્ટના હાડચામના બનેલા ન્યાયાધીશો અલ્ગોરિધમના નિર્ણયોની બંધારણીયતા પર કેવી રીતે નિર્ણય લઈ શકશે? શું તેઓ સમજી શકશે કે અલ્ગોરિધમો તેમના નિષ્કર્ષ પર કેવી રીતે પહોંચે છે?

અને આ હવે કંઈ સૈદ્ધાંતિક પ્રશ્નો જ નથી રહ્યા. ફેબ્રુઆરી 2013માં વિસ્કોન્સિનના લા ક્રૉસ શહેરમાં ચાલતી કારમાંથી ગોળીબાર થયો હતો. પોલીસ અધિકારીઓએ પાછળથી ગોળીબારમાં સામેલ કારને શોધી કાઢી અને ડ્રાઇવર એરિક લૂમિસની ધરપકડ કરી. લૂમિસે ગોળીબારનો ભાગ હોવાનો ઇનકાર કર્યો પરંતુ બે ઓછા ગંભીર આરોપો કબૂલ્યા: "ટ્રાફિક અધિકારીથી બચીને ભાગવાનો પ્રયાસ કરવો," અને "માલિકની સંમતિ વિના વાહન ચલાવવું."[26] જ્યારે ન્યાયાધીશે સજા નક્કી કરવાની હતી, ત્યારે તેમણે COMPAS નામના અલ્ગોરિધમની સલાહ લીધી. આ અલ્ગોરિધમનો ઉપયોગ વિસ્કોન્સિન અને અન્ય ઘણા યુએસ રાજ્યો દ્વારા 2013માં એ અપરાધી દ્વારા ફરીથી ગુનો કરવાના જોખમનું મૂલ્યાંકન કરવા માટે થતો હતો. અલ્ગોરિધમે લૂમિસનું મૂલ્યાંકન એક વધુ જોખમી વ્યક્તિ તરીકે કર્યું અને તે ભવિષ્યમાં વધુ ગુનાઓ કરે તેવી શક્યતા દર્શાવી. આ અલ્ગોરિધમના મૂલ્યાંકનને કારણે ન્યાયાધીશને લૂમિસને છ વર્ષની જેલની સજા ફટકારવા માટે પ્રભાવિત કર્યા, જે પ્રમાણમાં નાના ગુનાઓ સ્વીકારવા માટે ઘણી આકરી સજા હતી.[27]

લૂમિસે વિસ્કોન્સિન સુપ્રીમ કોર્ટમાં અપીલ કરીને એવી દલીલ કરી કે ન્યાયાધીશે યોગ્ય પ્રક્રિયા (ડ્યૂ પ્રોસેસ)ના તેના અધિકારનું ઉલ્લંઘન કર્યું હતું. ન્યાયાધીશ કે લૂમિસ બંને સમજી શક્યા નહીં કે COMPAS અલ્ગોરિધમે તેનું મૂલ્યાંકન કેવી રીતે કર્યું હતું અને જ્યારે લૂમિસે સંપૂર્ણ સમજૂતી માંગી, ત્યારે તેની વિનંતી નકારી કાઢવામાં આવી હતી. COMPAS અલ્ગોરિધમ નોર્થપોઇન્ટ કંપનીની ખાનગી મિલકત હતી અને એ કંપનીએ દલીલ કરી હતી કે અલ્ગોરિધમની પદ્ધતિ એક વેપારી રહસ્ય એટલે કે ટ્રેડ સિક્રેટ હતું.[28] છતાં અલ્ગોરિધમ તેના નિર્ણયો કેવી રીતે લે છે તે જાણ્યા વિના લૂમિસ કે ન્યાયાધીશ કેવી રીતે ખાતરી કરી શકે કે તે એક વિશ્વસનીય સાધન હતું, જે

પૂર્વગ્રહ અને ભૂલોથી મુક્ત હતું? ત્યારથી સંખ્યાબંધ અભ્યાસોએ દર્શાવ્યું છે કે COMPAS અલ્ગોરિધમ ખરેખર ઘણા સમસ્યારૂપ પૂર્વગ્રહો ધરાવતું હોય તેવું બની શકે છે અને તેણે એ પૂર્વગ્રહો એ ડેટામાંથી તારવ્યા હોય જેના આધારે તેને તાલીમ આપવામાં આવી હતી[29].

લૂમિસ વિરુદ્ધ વિસ્કોન્સિન (2016) કેસમાં વિસ્કોન્સિન સુપ્રીમ કોર્ટે લૂમિસ વિરુદ્ધ ચુકાદો આપ્યો. ન્યાયાધીશોએ એમ કહ્યું હતું કે અલ્ગોરિધમનો જોખમ મૂલ્યાંકન માટે ઉપયોગ કરવો કાયદેસર છે, ભલે તે અલ્ગોરિધમની પદ્ધતિ કોર્ટને કે પ્રતિવાદીને જણાવવામાં ન આવી. ન્યાયાધીશ એન વોલ્શ બ્રેડલીએ લખ્યું હતું કે COMPASએ તેનું મૂલ્યાંકન એવા ડેટાના આધારે કર્યું હતું જે જાહેરમાં ઉપલબ્ધ હતો કે પછી પ્રતિવાદી દ્વારા પોતે જ આપવામાં આવ્યો હતો, તેથી લૂમિસ અલ્ગોરિધમ દ્વારા ઉપયોગમાં લેવાયેલા તમામ ડેટાને નકારી શક્યા હોત કે તેનો ખુલાસો રજૂ કરી શક્યા હોત. આ અભિપ્રાય એ હકીકતને અવગણી ગયો હતો કે સચોટ ડેટાનું પણ ખોટું અર્થઘટન થઈ શકે છે અને લૂમિસ માટે તેના પરના જાહેરમાં ઉપલબ્ધ તમામ ડેટાને નકારવો કે તેનો ખુલાસો આપવો અશક્ય હતું.

જોકે વિસ્કોન્સિન સુપ્રીમ કોર્ટ આવા અપારદર્શક અલ્ગોરિધમ પર આધાર રાખવાના જોખમથી સંપૂર્ણપણે અજાણ નહોતી. તેથી તેના ઉપયોગની પ્રથાને મંજૂરી આપતી વખતે સુપ્રીમ કોર્ટે એવો ચુકાદો પણ આપ્યો હતો કે જ્યારે પણ ન્યાયાધીશોને અલ્ગોરિધમ દ્વારા જોખમ મૂલ્યાંકન જોવા મળે, ત્યારે તેમાં અલગોરિધમના સંભવિત પૂર્વગ્રહો વિશે ન્યાયાધીશો માટે લેખિત ચેતવણી પણ સામેલ હોવી જોઈએ. કોર્ટે ન્યાયાધીશોને આવા અલ્ગોરિધમ પર આધાર રાખતી વખતે સાવચેત રહેવાની સલાહ પણ આપી હતી. કમનસીબે, આ ચેતવણી ખાલી કાગના વાઘ સમાન હતી. કોર્ટે ન્યાયાધીશો માટે આવી સાવધાની કેવી રીતે રાખવી તે અંગે કોઈ નક્કર સૂચના આપી ન હતી. આ કેસની ચર્ચામાં, 'હાર્વર્ડ લો રિવ્યુ'એ તારણ કાઢ્યું હતું કે, "મોટાભાગના ન્યાયાધીશો અલ્ગોરિધમના જોખમ મૂલ્યાંકનને સમજી શકતા નથી." ત્યાર બાદ તેણે વિસ્કોન્સિન સુપ્રીમ કોર્ટના એક ન્યાયાધીશનો ઉલ્લેખ કર્યો હતો, જેમણે નોંધ્યું હતું કે અલ્ગોરિધમ વિશે લાંબી સમજૂતીઓ મેળવવા છતાં, તેઓને હજુ પણ તે સમજવામાં મુશ્કેલી પડી રહી હતી.[30]

લૂમિસે યુ.એસ. સુપ્રીમ કોર્ટમાં અપીલ કરી. જો કે, 26 જૂન, 2017ના રોજ કોર્ટે એ કેસ સાંભળવાનો ઇનકાર કર્યો અને વિસ્કોન્સિન સુપ્રીમ કોર્ટના ચુકાદાને એ રીતે સમર્થન આપ્યું. હવે વિચારો કે 2013માં લૂમિસનું ઊંચુ જોખમ ધરાવતા

વ્યક્તિ તરીકે મૂલ્યાંકન કરનાર અલ્ગોરિધમ પ્રારંભિક પ્રોટોટાઇપ હતો. ત્યાર પછી ઘણા વધુ અદ્યતન અને જટિલ જોખમનું મૂલ્યાંકન કરતા અલ્ગોરિધમો વિકસાવવામાં આવ્યા છે અને તેમને વધુ બહોળાં કાર્યક્ષેત્ર સોંપવામાં આવ્યા છે. 2020ના દાયકાની શરૂઆતમાં ઘણા દેશોમાં નાગરિકોને નિયમિતપણે એવા અલ્ગોરિધમો દ્વારા કરવામાં આવેલા જોખમ મૂલ્યાંકનના આધારે જેલની સજા આપવામાં આવે છે, જેને ન્યાયાધીશો કે પ્રતિવાદીઓ સમજી શકતા નથી.[31] અને જેલની સજા તો હિમશિલાની ટોચ માત્ર છે.

સમજૂતીનો અધિકાર

કોમ્પ્યુટર આપણા વિશે વધુ ને વધુ નિર્ણયો લઈ રહ્યા છે, જે સામાન્ય કક્ષાના પણ હોય છે અને જીવન બદલી નાખનારા પણ, જેલની સજા ઉપરાંત, કૉલેજમાં બેઠક આપવી, નોકરી આપવી, કલ્યાણકારી યોજનાના લાભ આપવા કે લોન આપવી તે નક્કી કરવામાં પણ અલ્ગોરિધમોનો વધુ ને વધુ ઉપયોગ થતો જાય છે. તે જ રીતે તેઓ એ નક્કી કરવામાં મદદ કરે છે કે આપણે કયા પ્રકારની તબીબી સારવાર મેળવીએ, વીમાના કેટલાં પ્રીમિયમ ચૂકવીએ, કયા સમાચાર સાંભળીએ છીએ અને કોણ આપણને ડેટ માટે પૂછે.[32]

જેમ જેમ સમાજ કોમ્પ્યુટરોને વધુ ને વધુ નિર્ણયો લેવાની જવાબદારી સોંપતો જાય છે, તેમ તેમ તે લોકશાહીની સ્વસુધારણા પદ્ધતિઓ અને લોકશાહીની પારદર્શિતા અને ઉત્તરદાયિત્વ નબળા પડતા જાય છે. ચૂંટાયેલા અધિકારીઓ અગમ્ય અલ્ગોરિધમોનું નિયમન કેવી રીતે કરી શકે છે? પરિણામે એક નવો માનવ અધિકાર સ્થાપિત કરવાની માંગ ઉત્તરોત્તર વધી રહી છેઃ સમજૂતીનો અધિકાર. યુરોપિયન યુનિયનનો જનરલ ડેટા પ્રોટેક્શન રેગ્યુલેશન (GDPR) 2018માં અમલમાં આવ્યો છે. તે મુજબ, જો કોઈ અલ્ગોરિધમ કોઈ માનવ વિશે નિર્ણય લે છે, ઉદાહરણ તરીકે, કોઈને લોન આપવાનો ઇનકાર કરે છે, તો તે માણસ એ નિર્ણયની સમજૂતી મેળવવાનો અને ચોક્કસ માનવ સત્તાવાળાઓ સમક્ષ તે નિર્ણયને પડકારવાનો હકદાર છે.[33] આદર્શ રીતે, તેનાથી અલ્ગોરિધમના પૂર્વગ્રહ અમુક અંશે નિયંત્રિત રાખી શકાશે અને લોકશાહીની સ્વસુધારણા પદ્ધતિઓને કોમ્પ્યુટરોની કેટલીક વધુ ગંભીર ભૂલોને ઓળખવા અને સુધારવાની તક મળશે.

પરંતુ શું આ અધિકાર વ્યવહારિક રીતે અમલી થઈ શકે છે? મુસ્તફા સુલેમાન આ વિષયના જગવિખ્યાત નિષ્ણાત છે. તેઓ એ ડીપમાઇન્ડ કંપનીના સહ-સથાપક

અને ભૂતપૂર્વ વડા છે, જે વિશ્વના સૌથી મહત્ત્વપૂર્ણ AI સાહસોમાંનુ એક છે અને અન્ય સિદ્ધિઓની સાથે આલ્ફાગો પ્રોગ્રામ વિકસાવવાની સિદ્ધિ પણ જેના નામે છે. આલ્ફાગોને એક ગો નામની રમત રમવા માટે ડિઝાઇન કરવામાં આવ્યું હતું. તે એક એવી વ્યૂહરચનાવાળી બોર્ડ ગેમ છે, જેમાં બે ખેલાડીઓ એકબીજાને ઘેરી લઈને અને બીજાનો પ્રદેશ કબજે કરીને તેને હરાવવાનો પ્રયાસ કરે છે. પ્રાચીન ચીનમાં શોધાયેલી આ રમત ચેસ કરતાં ઘણી જટિલ છે. પરિણામે, કોમ્પ્યુટરોએ માનવ વિશ્વ ચેસ ચેમ્પિયનને હરાવ્યા પછી, નિષ્ણાતો હજુ પણ માનતા હતા કે કોમ્પ્યુટરો ક્યારેય ગો રમતમાં માનવથી આગળ વધી શકશે નહીં.

તેથી જ્યારે માર્ચ 2016માં આલ્ફાગોએ દક્ષિણ કોરિયાના ગો ચેમ્પિયન લી સેડોલને હરાવ્યો ત્યારે ગો પ્રોફેશનલ્સ અને કોમ્પ્યુટર નિષ્ણાતો બંને સ્તબ્ધ થઈ ગયા હતા. સુલેમાન તેમના 2023ના પુસ્તક 'ધ કમિંગ વેવ'માં આ મેચની સૌથી મહત્ત્વપૂર્ણ ક્ષણોમાંની એકનું વર્ણન કરે છે, એવી ક્ષણ જેણે AIને પુનઃવ્યાખ્યાયિત કરી અને ઘણા શૈક્ષણિક અને સરકારી વર્તુળોમાં તે ઇતિહાસને અત્યંત મહત્ત્વપૂર્ણ વળાંક આપનારી ક્ષણ તરીકે પણ ઓળખાય છે. તે ક્ષણ 10 માર્ચ 2016ના રોજ મેચની બીજી રમત દરમિયાન આવી હતી.

"પછી... મૂવ નંબર 37 આવ્યો," સુલેમાન લખે છે. "તેનો કોઈ અર્થ નહોતો. આલ્ફાગોએ દેખીતી રીતે જ ખોટી રણનીતિ અપનાવી હતી, કોઈ પણ વ્યાવસાયિક ખેલાડી ક્યારેય એવી હાર અપાવનારી રણનીતિ અપનાવે જ નહીં. લાઇવ મેચના બંને કોમેન્ટેટર્સ ઊંચા રેન્કિંગવાળા વ્યાવસાયિકો હતા અને તેમણે કહ્યું હતું કે તે 'ખૂબ જ વિચિત્ર ચાલ' હતી અને તેમને લાગ્યું કે તે 'ભૂલ' હતી. તે એટલી અસામાન્ય ચાલ હતી કે સેડોલે જવાબ આપવા માટે પંદર મિનિટ લીધી હતી અને તે ત્યાંથી ઊઠીને બહાર આંટો મારવા પણ ગયો હતો. અમે અમારા કંટ્રોલ રૂમમાંથી આ જોયું હતું અને એ સમયનો તણાવ અસહ્ય હતો. છતાં જેમ જેમ અંત નજીક આવી રહ્યો હતો, તેમ તેમ એ 'ભૂલ'ભરેલી ચાલ નિર્ણાયક સાબિત થઈ રહી હતી. આલ્ફાગો ફરીથી જીતી ગયું. ગો રમતની વ્યૂહરચના અમારી આંખો સમક્ષ ફરીથી લખાઈ રહી હતી. અમારા AIએ એવા વિચારોને ઉજાગર કર્યા હતા જે હજારો વર્ષોમાં સૌથી તેજસ્વી ખેલાડીઓને પણ આવ્યા નહોતા."[34]

મૂવ 37 એ બે કારણોસર AI ક્રાંતિનું પ્રતીક છે. પ્રથમ, તે AIના અજાણ્યા (એલિયન) સ્વભાવનું પ્રદર્શન કરે છે. પૂર્વ એશિયામાં ગોને રમત કરતાં ઘણું વધારે માનવામાં આવે છે: તે એક બહુમૂલ્ય સાંસ્કૃતિક પરંપરા છે. સુલેખન (કેલિગ્રાફી), ચિત્રકામ અને સંગીતની સાથે સાથે ગો રમત એ ચાર કલાઓમાંની

એક છે, જે દરેક સંસ્કૃત વ્યક્તિ જાણતી હોવાની અપેક્ષા રાખવામાં આવતી હતી. પચીસસો વર્ષથી વધુ સમયથી લાખો લોકો ગો રમી રહ્યા છે અને વિવિધ વ્યૂહરચનાઓ અને ફિલસૂફીનો ઉપયોગ કરીને આ રમતની આસપાસ ઘણી વિચારધારાઓનો વિકાસ થયો છે. છતાં તે બધી સહસ્રાબ્દીઓ દરમિયાન માનવ મગજે ગોની રમતમાં ફક્ત અમુક જ વિકલ્પો ચકાસ્યા છે. અન્ય વિકલ્પો અસ્પૃશ્ય રહ્યા હતા, કારણ કે માનવમગજે એ વિચાર્યા જ નહોતા. માનવમગજની મર્યાદાઓથી મુક્ત હોવાથી AIએ આ છુપાયેલા વિકલ્પો શોધી કાઢ્યા અને ચકાસ્યા પણ ખરા.[35]

બીજું, ચાલ 37એ AIની અગમ્યતા પણ દર્શાવી. જીતવા માટે આલ્ફાગોએ તેને ચાલ રમ્યા પછી પણ સુલેમાન અને તેની ટીમ સમજાવી શક્યા નહીં કે આલ્ફાગોએ તે ચાલ રમવાનું કેવી રીતે નક્કી કર્યું હતું. જો કોર્ટે ડીપમાઇન્ડને લી સેડોલને સમજૂતી આપવાનો આદેશ આપ્યો હોત, તો પણ કોઈ તે આદેશ પૂર્ણ કરી શક્યું હોત નહીં. સુલેમાન લખે છે, “આપણે માનવીઓ એક નવીન પડકારનો સામનો કરી રહ્યા છીએ: શું નવા આવિષ્કારો આપણી સમજની બહાર હશે? અગાઉ આવિષ્કારકો સમજાવી શકતા હતા કે કોઈ વસ્તુ કેવી રીતે કાર્ય કરતી હતી, તે શા માટે કરતી હતી, ભલે એ માટે ઘણી બધી વિગતોની જરૂર હોય. હવે તે એટલું સાચું નથી રહ્યું. ઘણી તકનીકો અને સિસ્ટમો એટલી જટિલ બની રહી છે કે તેમને ખરેખર સમજવી કોઈ પણ એક વ્યક્તિની ક્ષમતાની બહાર હોય છે.... AIમાં સ્વાયત્તતા તરફ આગળ વધી રહેલા ન્યુરલ નેટવર્કો હાલમાં સમજાવી શકાતા નથી. તમે કોઈને અલગોરિધમોની એ નિર્ણય લેવાની પ્રક્રિયા સમજાવી શકતા નથી કે અલ્ગોરિધમોએ ચોક્કસ આગાહી કેમ કરી કે ચોક્કસ નિર્ણય કઈ રીતે લીધો. એન્જિનિયરો એન્જિન ખોલીને એ જોઈ શકતા નથી અને સરળતાથી વિગતવાર સમજાવી શકતા નથી કે જે બન્યું, તે કેમ બન્યું. GPT-4, આલ્ફાગો અને બાકીના બ્લેક બોક્સના નિર્ણયો અને પ્રક્રિયાઓ નાનકડા સંકેતોની અપારદર્શક અને અશક્ય જટિલ સાંકળો પર આધારિત હોય છે.”[36]

અગમ્ય એલિયન ઇન્ટેલિજન્સનો ઉદય લોકશાહીને નબળી પાડે છે. જો લોકોના જીવન વિશે વધુ ને વધુ નિર્ણયો આવા બ્લેક બોક્સમાં લેવામાં આવતા હોય અને મતદારો તેમને સમજી તેમજ પડકારી ન શકતા હોય, તો લોકશાહી પતી જાય છે. ત્યારે શું થશે જ્યારે ફક્ત વ્યક્તિગત જીવન વિશે જ નહીં, પરંતુ ફેડરલ રિઝર્વના વ્યાજ દર જેવી સામૂહિક બાબતો વિશે પણ મહત્ત્વપૂર્ણ નિર્ણયો અગમ્ય અલ્ગોરિધમો દ્વારા લેવામાં આવશે? માનવ મતદારો માનવ રાષ્ટ્રપતિની પસંદગી કરતા રહેશે, પરંતુ શું એ ફક્ત એક ઔપચારિક સમારંભ

નહીં બની રહે? આજે પણ માનવજાતિનો એક બહુ જ નાનો હિસ્સો પણ ખરેખર નાણાકીય વ્યવસ્થાને સમજી શકે છે. OECD દ્વારા 2016ના સર્વેક્ષણમાં જાણવા મળ્યું હતું કે મોટાભાગના લોકોને ચક્રવૃદ્ધિ વ્યાજ જેવા સરળ નાણાકીય ખ્યાલોને પણ સમજવામાં મુશ્કેલી પડતી હતી.[37] વિશ્વના સૌથી મહત્ત્વપૂર્ણ નાણાકીય કેન્દ્રોમાંના એકનું નિયમન કરવાની જવાબદારી જેમના પર છે તેવા બ્રિટિશ સાંસદોના 2014ના સર્વેક્ષણમાં એમ જાણવા મળ્યું હતું કે તેમાંથી ફક્ત 12 ટકા લોકો જ સચોટ રીતે સમજી શક્યા હતા કે જ્યારે બેંકો લોન આપે છે ત્યારે નવા નાણાંનું સર્જન થાય છે. આ હકીકત આધુનિક નાણાકીય વ્યવસ્થાના સૌથી મૂળભૂત સિદ્ધાંતોમાંની એક છે.[38] જેમ 2007-8 નાણાકીય કટોકટીએ દર્શાવ્યું હતું તેમ, CDO જેવા વધુ જટિલ નાણાકીય ઉપકરણો અને સિદ્ધાંતો થોડાંક નાણાકીય નિષ્ણાતો જ સમજી શકતા હતા. જ્યારે AI વધુ જટિલ નાણાકીય ઉપકરણો બનાવશે અને જ્યારે નાણાકીય વ્યવસ્થાને સમજતા માનવીઓની સંખ્યા શૂન્ય થઈ જશે ત્યારે લોકશાહીનું શું થશે?

આપણા ઇન્ફૉર્મેશન નેટવર્કની વધતી જતી અગમ્યતા એ પોપ્યુલિસ્ટ પક્ષો અને પ્રભાવશાળી નેતાઓના તાજેતરના ઉદયનું એક કારણ છે. જ્યારે લોકો દુનિયાને સમજી શકતા નથી અને જ્યારે તેઓ પુષ્કળ માહિતીથી ગૂંચવાઈ જાય છે અને તેને પચાવી શકતા નથી, ત્યારે તેઓ કોન્સપિરસી થિયરીઓનો સરળ શિકાર બની જાય છે અને મુક્તિ માટે તેઓ એવી વસ્તુ તરફ વળે છે, જેને તેઓ સમજે છે, એટલે કે એક માનવ. બદનસીબે, પ્રભાવશાળી નેતાઓના ચોક્કસપણે આગવા લાભ છે, પરંતુ ગમે તેટલો પ્રેરણાદાયક કે તેજસ્વી માનવી પણ એકલા હાથે સમજી શકતો નથી કે વિશ્વ પર વધુ ને વધુ પ્રભુત્વ જમાવતા જતા અલ્ગોરિધમો કેવી રીતે કાર્ય કરે છે અને તેઓ ન્યાયી છે કે નહીં. સમસ્યા એ છે કે અલ્ગોરિધમો અસંખ્ય ડેટા પોઇન્ટોના આધારે નિર્ણયો લે છે, જ્યારે માનવીઓને મોટી સંખ્યામાં ડેટા પોઇન્ટો પર સભાનપણે વિચાર કરવાનું અને તેમને એકબીજા સામે સરખાવવાનું ખૂબ મુશ્કેલ લાગતું હોય છે. આપણે એક જ ડેટા પોઇન્ટ સાથે કામ કરવાનું પસંદ કરીએ છીએ. તેથી જ જ્યારે લોનની અરજી, રોગચાળો કે યુદ્ધ જેવી જટિલ સમસ્યાઓનો સામનો કરવો પડે છે, ત્યારે આપણે ઘણીવાર ચોક્કસ પગલાં લેવા માટે એક જ કારણ શોધીએ છીએ અને અન્ય તમામ કારણોને અવગણીએ છીએ. આ છે એક જ કારણની ભૂલ.[39]

આપણે ઘણાં બધાં પરિબળોને એકસાથે ધ્યાનમાં લેવામાં એટલા ખરાબ છીએ કે જ્યારે લોકો કોઈ ચોક્કસ નિર્ણય માટે મોટી સંખ્યામાં કારણો આપે છે, ત્યારે તે આપણને સામાન્યતઃ શંકાસ્પદ જ લાગતાં હોય છે. ધારો કે, કોઈ

સારો મિત્ર આપણા લગ્નમાં હાજર રહેવામાં નિષ્ફળ ગયો. જો તે આપણને એક જ કારણ આપે કે, "મારી મમ્મી હૉસ્પિટલમાં હતી અને મારે ત્યાં જવું પડે તેમ જ હતું", તો તે આપણને વાજબી લાગે છે, પરંતુ જો તે ન આવવા માટે પચાસ જુદાં જુદાં કારણો આપે કે, "મારી મમ્મીની તબિયત થોડી ખરાબ હતી અને મારે આ અઠવાડિયામાં જ મારા કૂતરાને પણ એના પશુચિકિત્સક પાસે લઈ જવો પડ્યો અને મારે એક પ્રોજેક્ટ પર કામ પણ કરવાનું હતું અને વરસાદ પડી રહ્યો હતો અને... અને હું જાણું છું કે આ પચાસ કારણોમાંથી કોઈ પણ મારી ગેરહાજરીને વાજબી ઠેરવતું નથી, પરંતુ જ્યારે મેં તે બધાને એકસાથે વિચાર્યા ત્યારે હું તમારા લગ્નમાં હાજરી આપી શક્યો નહીં." આપણે આવું નથી કહેતા, કારણ કે આપણે આવી રીતે વિચારતા પણ નથી. આપણે સભાનપણે આપણા મનમાં પચાસ જુદાં જુદાં કારણોની યાદી બનાવી, દરેકને ચોક્કસ ભારાંક આપી, એ બધાની સરેરાશ કાઢીને તેના પરથી કોઈ નિષ્કર્ષ પર પહોંચતા નથી.

પરંતુ અલ્ગોરિધમો આ રીતે જ આપણી ગુનો ફરી કરવાની સંભાવના કે આપણને લોન આપવી જોઈએ કે નહીં તેનું મૂલ્યાંકન કરે છે. ઉદાહરણ તરીકે, COMPAS અલ્ગોરિધમ 137 પ્રશ્નોના જવાબોને ધ્યાનમાં લઈને જોખમનું મૂલ્યાંકન કરે છે.[40] આપણને લોન આપવાનો ઇનકાર કરનાર બેંક અલ્ગોરિધમ માટે પણ આવું જ છે. જો EUના GDPR નિયમો બેંકને અલ્ગોરિધમના નિર્ણયને સમજાવવા માટે દબાણ કરે, તો તે સમજૂતી એક વાક્યના સ્વરૂપમાં નહીં હોય. તે સમજૂતી સંખ્યાઓ અને સમીકરણોથી ભરેલા સેંકડો કે હજારો પાનાંઓના સ્વરૂપમાં હોવાની જ સંભાવના વધુ છે.

"અમારું અલ્ગોરિધમ," બેંકના એ કાલ્પનિક પત્રમાં લખ્યું હોઈ શકે છે, "બધી અરજીઓનું મૂલ્યાંકન કરવા માટે એક ચોક્કસ પોઇન્ટ સિસ્ટમનો ઉપયોગ કરે છે, જેમાં વિવિધ હજાર પ્રકારના ડેટા પોઇન્ટ ધ્યાનમાં લેવામાં આવે છે. તે સરેરાશ સ્કોર સુધી પહોંચવા માટે બધા ડેટા પોઇન્ટ ઉમેરે છે, જે લોકોનો સરેરાશ સ્કોર નકારાત્મક છે તેમને ઓછી ક્રેડિટવાળી વ્યક્તિઓ ગણવામાં આવે છે અને તેમને લોન આપવી ખૂબ જોખમી બની રહે છે. તમારો એકંદર સ્કોર -378 હતો, જેના કારણે તમારી લોન અરજી નકારી કાઢવામાં આવી હતી." ત્યાર બાદ એ પત્રમાં અલ્ગોરિધમ દ્વારા ધ્યાનમાં લેવામાં આવેલા હજાર પરિબળોની વિગતવાર સૂચિ હોઈ શકે છે, જેમાં આપણને અપ્રસ્તુત લાગતી ઘણી બાબતોનો સમાવેશ થતો હોઈ શકે છે, જેમ કે અરજી કરવાનો ચોક્કસ સમય[41] કે પછી અરજદારે કયા પ્રકારના સ્માર્ટફોનનો ઉપયોગ કર્યો હતો. આમ,

પત્રના પાના 601 પર બેંકે એમ લખ્યું હોઈ શકે છે કે "તમે નવીનતમ iPhone મૉડેલથી તમારી અરજી દાખલ કરી હતી. અગાઉની લાખો લોન અરજીઓનું વિશ્લેષણ કરીને અમારા અલ્ગોરિધમે એક પેટર્ન શોધી કાઢી છેઃ જે લોકો તેમની અરજી ફાઇલ કરવા માટે નવીનતમ iPhone મૉડેલનો ઉપયોગ કરે છે તેમની લોન ચૂકવવાની શક્યતા 0.08 ટકા વધુ હોય છે. તેથી અલ્ગોરિધમે તમારા એકંદર સ્કોરમાં 8 પોઇન્ટ ઉમેર્યા. જો કે, જ્યારે તમારી અરજી તમારા iPhone પરથી મોકલવામાં આવી હતી, ત્યારે તેની બેટરી 17 ટકા જ હતી. અગાઉની લાખો લોન અરજીઓનું વિશ્લેષણ કરીને અમારા અલ્ગોરિધમે બીજી પેટર્ન શોધી છેઃ જે લોકો તેમના સ્માર્ટફોનની બેટરીને 25 ટકાથી નીચે જવા દે છે તેમની લોન ચૂકવવાની શક્યતા 0.5 ટકા ઓછી હોય છે. તમે તેના માટે 50 પોઇન્ટ ગુમાવ્યા છે."[42]

તમને કદાચ લાગશે કે બેંકે તમારી સાથે અન્યાય કર્યો છે. "શું મારી લોન અરજી નકારવી વાજબી છે," તમે ફરિયાદ કરી શકો છો, "કારણ કે મારા ફોનની બેટરી ઓછી હતી?" જોકે તે ગેરસમજ હશે. "બૅટરી એકમાત્ર કારણ નહોતું," બેંક સમજાવશે. "અમારા અલ્ગોરિધમે ધ્યાનમાં લીધેલા હજાર પરિબળોમાંથી તે તો ફક્ત એક જ હતું."

"પરંતુ શું તમારા અલ્ગોરિધમે એ જોયું નહીં કે છેલ્લાં દસ વર્ષમાં ફક્ત બે વાર મારું બેંક ખાતું ઓવરડ્રો થયું હતું?"

"તેણે એ પણ નોંધ્યું હતું," બેંક જવાબ આપી શકે છે. "પાનાં નં. 453 પર જુઓ. તમને તેના માટે 300 પોઇન્ટ મળ્યા જ છે, પરંતુ અન્ય તમામ કારણોથી તમારો કુલ સરેરાશ સ્કોર -378 જેટલો નીચે આવી ગયો."

આપણને નિર્ણયો લેવાની આ રીત અજાણી લાગી શકે છે પણ તેના સંભવિત ફાયદાઓ પણ છે. નિર્ણય લેતી વખતે ફક્ત એક કે બે મુખ્ય તથ્યોને બદલે બધા સંબંધિત ડેટા પોઇન્ટ ધ્યાનમાં લેવાનો વિચાર સારો છે. માહિતીની પ્રાસ્તાવિકતા કોણ વ્યાખ્યાયિત કરી શકે છે તે અંગે દલીલ માટે ઘણી જગ્યા છે. લોનની અરજીઓ માટે સ્માર્ટફોનનું મૉડેલ કે ત્વચાનો રંગ જેવી કોઈ વસ્તુને પ્રાસ્તાવિક ગણવી જોઈએ કે નહીં તે કોણ નક્કી કરશે? આપણે આ પ્રાસ્તાવિકતાને કેવી રીતે વ્યાખ્યાયિત કરીએ છીએ તે મહત્ત્વનું નથી, વધુ ડેટા ધ્યાનમાં લેવાની ક્ષમતા એક મહત્ત્વનો ગુણ બની રહેવાની શક્યતા છે. ઘણા માનવ પૂર્વગ્રહોની સમસ્યા એ છે કે તેઓ ફક્ત એક કે બે ડેટા પોઇન્ટો પર જ ધ્યાન કેન્દ્રિત કરતા હોય છે, જેમ કે કોઈની ત્વચાનો રંગ, અપંગતા અથવા જાતિ અને અન્ય માહિતીને અવગણતા હોય છે. આથી જ બેંકો અને અન્ય સંસ્થાઓ

નિર્ણયો લેવા માટે અલ્ગોરિધમો પર વધુ ને વધુ આધાર રાખી રહી છે કારણ કે અલ્ગોરિધમો માનવો કરતાં ઘણા વધુ ડેટા પોઇન્ટોને ધ્યાનમાં લઈ શકે છે.

પરંતુ જ્યારે ખુલાસા આપવાની વાત આવે છે, ત્યારે સંભવતઃ આ જ મુદ્દો ઘણો મોટો અવરોધ ઊભો કરે છે. માનવ મગજ આટલા બધા ડેટા પોઇન્ટોના આધારે લેવામાં આવેલા નિર્ણયનું વિશ્લેષણ અને મૂલ્યાંકન કેવી રીતે કરી શકે? આપણે કદાચ એમ વિચારી શકીએ કે વિસ્કોન્સિન સુપ્રીમ કોર્ટે નોર્થપોઇન્ટ કંપનીને COMPAS અલ્ગોરિધમે કેવી રીતે નક્કી કર્યું કે એરિક લૂમિસ એક વધુ જોખમ ધરાવતી વ્યક્તિ છે તે જાહેર કરવા દબાણ કરવું જોઈએ, પરંતુ જો સંપૂર્ણ ડેટા જાહેર કરવામાં આવ્યો હોત, તો શું લૂમિસ કે કોર્ટ તેનો અર્થ સમજી શક્યા હોત?

એવું નથી કે આપણે ફક્ત અસંખ્ય ડેટા પોઇન્ટો જ ધ્યાનમાં લેવાની જરૂર છે. કદાચ સૌથી અગત્યની વાત એ છે કે આપણે એ સમજી શકતા નથી કે ડેટામાં અલ્ગોરિધમ્સ પેટર્ન કેવી રીતે શોધે છે અને પોઇન્ટની ફાળવણી કેવી રીતે નક્કી કરે છે. ભલે આપણે જાણતા હોઈએ કે બેંકિંગ અલ્ગોરિધમ એવા લોકો પાસેના પોઇન્ટ ચોક્કસ સંખ્યામાં ઘટાડે છે, જેઓ તેમના સ્માર્ટફોન બૅટરીને 25 ટકાથી નીચે જવા દે છે, તો પણ આપણે કેવી રીતે મૂલ્યાંકન કરી શકીએ કે તે વાજબી છે કે નહીં? આ નિયમ કોઈ માનવ ઇજનેર દ્વારા અલ્ગોરિધમને આપવામાં આવ્યો ન હતો. અલ્ગોરિધેમ અગાઉની લાખો લોન અરજીઓમાં પેટર્ન શોધીને આ નિષ્કર્ષ પર પહોંચ્યું હતું. શું કોઈ માનવી અંગત રીતે બધા ડેટાનું વિશ્લેષણ અને મૂલ્યાંકન કરી શકે છે કે શું તે પેટર્ન ખરેખર વિશ્વસનીય અને નિષ્પક્ષ છે કે નહીં?[43]

જોકે, સંખ્યાઓના આ વાદળની એક સોનેરી કિનાર પણ છે. સામાન્ય લોકો તો જટિલ અલ્ગોરિધમોનું પરીક્ષણ કરવામાં અસમર્થ હોઈ શકે છે, પણ નિષ્ણાતોની ટીમ તેમના AI સાથીદારોની મદદથી સંભવિત રીતે આવા અલ્ગોરિધમના નિર્ણયોના વાજબીપણાનું મૂલ્યાંકન કરી શકે છે, જે માનવીઓના નિર્ણયો માટે એટલી ચોક્સાઈથી શક્ય નથી. માનવ નિર્ણયો ફક્ત અમુક એવા ડેટા પોઇન્ટો પર આધાર રાખતા જણાતા હોય છે, જે આપણે જાણતા હોઈએ છીએ પણ હકીકતમાં આપણા નિર્ણયો અર્ધજાગૃતપણે હજારો વધારાના ડેટા પોઇન્ટોથી પ્રભાવિત થતા હોય છે. આ અર્ધજાગ્રત પ્રક્રિયાઓથી અજાણ હોવાથી, જ્યારે આપણે આપણા નિર્ણયો પર વિચાર કરીએ છીએ કે તેમને સમજાવીએ છીએ, ત્યારે આપણે ઘણીવાર આપણા મગજની અંદર અબજો ચેતાકોષોની ક્રિયાપ્રતિક્રિયામાં ખરેખર શું થાય છે તેના બદલે માત્ર અંતે જે એક પોઇન્ટના

આધારે નિર્ણય આવ્યો હોય છે, તે સમજાવતા હોઈએ છીએ.[44] એવી જ રીતે, જો કોઈ માનવ ન્યાયાધીશ આપણને છ વર્ષની જેલની સજા ફટકારે છે, તો આપણે કે પછી એ ન્યાયાધીશ પોતે કેવી રીતે ખાતરી કરી શકશે કે એ નિર્ણય ફક્ત વાજબી વિચારણાઓ દ્વારા જ લેવામાં આવ્યો હતો અને તેમાં અર્ધજાગ્રત વંશીય પૂર્વગ્રહ કે ન્યાયાધીશની ભૂખનો કોઈ જ ફાળો નહોતો?[45]

હાડચામના ન્યાયાધીશોના કિસ્સામાં આ સમસ્યા ઉકેલી શકાતી નથી, આપણા જીવવિજ્ઞાનના વર્તમાન જ્ઞાનથી તો નહીં જ. તેનાથી વિપરીત, જ્યારે કોઈ અલ્ગોરિધમ નિર્ણય લે છે, ત્યારે આપણે સૈદ્ધાંતિક રીતે અલ્ગોરિધમની દરેક વિચારણા અને દરેકને આપવામાં આવેલ ચોક્કસ પોઇન્ટ જાણી શકીએ છીએ. આમ, યુ.એસ. ડિપાર્ટમેન્ટ ઑફ જસ્ટિસથી લઈને નોન-પ્રોફિટ ન્યૂઝરૂમ પ્રોપબ્લિકા સુધીના ઘણા નિષ્ણાતોની ટીમોએ COMPASના અલ્ગોરિધમના સંભવિત પૂર્વગ્રહોનું મૂલ્યાંકન કરવા માટે તેની ઘણી બારીક ચકાસણીઓ કરી છે.[46] આવી ટીમો ફક્ત ઘણા માણસોના સામૂહિક પ્રયાસો જ નહીં, પરંતુ કોમ્પ્યુટરની શક્તિનો પણ ઉપયોગ કરી શકે છે, જેમ ઘણીવાર ચોરને પકડવા માટે ચોરનો ઉપયોગ કરવું શ્રેષ્ઠ હોય છે, તેવી જ રીતે આપણે એક અલ્ગોરિધમનો ઉપયોગ બીજા અલ્ગોરિધમનો ઉપયોગ કરીને ચકાસી શકીએ છીએ.

આનાથી એ પ્રશ્ન ઊભો થાય છે કે આપણે એ વાતની કેવી રીતે ખાતરી કરી શકીએ કે નિર્ણય લેનાર અલ્ગોરિધમ પોતે જ વિશ્વસનીય છે. આમ આ કાયમ આવતી સમસ્યાનો કોઈ સંપૂર્ણ તકનીકી ઉકેલ નથી. આપણે ગમે તેવી ટેક્નોલૉજી વિકસાવીએ, પણ આપણે એવી અમલદારશાહી સંસ્થાઓને જાળવી રાખવી પડશે, જે અલ્ગોરિધમનું ઑડિટ કરતી હોય અને તેમને મંજૂરી આપતી કે નકારતી હોય. આવી સંસ્થાઓ માનવ અને કોમ્પ્યુટરની શક્તિઓને જોડશે જેથી ખાતરી કરી શકાય કે નવી અલ્ગોરિધમની સિસ્ટમો સલામત અને ન્યાયી છે. ભલે આપણે એવા કાયદાઓ પસાર કરીએ, જે માનવોને સમજૂતીનો અધિકાર આપે અને ભલે આપણે કોમ્પ્યુટર પૂર્વગ્રહો સામે નિયમો પણ ઘડીએ પણ આવી સંસ્થાઓ વિના આ કાયદાઓ અને નિયમો કોણ લાગુ કરી શકે?

નોઝડાઇવ

અલ્ગોરિધમ્સનું પરીક્ષણ કરવા માટે નિયમનકારી સંસ્થાઓએ ફક્ત તેમનું વિશ્લેષણ કરવાની જ નહીં, પણ તેમની શોધો અને નિર્ણયોને એવી વાર્તાઓમાં રૂપાંતરિત કરવાની પણ જરૂર પડશે જે માનવો સમજી શકે, નહીંતર આપણે

ક્યારેય નિયમનકારી સંસ્થાઓ પર વિશ્વાસ કરીશું નહીં અને તેના બદલે કોન્સપિરસી થિયરીઓ અને પ્રભાવશાળી નેતાઓમાં આપણો વિશ્વાસ મૂકીશું. પ્રકરણ-3માં નોંધ્યા મુજબ, માનવો માટે અમલદારશાહીને સમજવી હંમેશાં મુશ્કેલ રહી છે, કારણ કે અમલદારશાહી જૈવિક નાટકોની પટકથાથી અલગ માર્ગે આગળ વધી છે અને મોટાભાગના કલાકારોમાં અમલદારશાહી નાટકોનું ચિત્રણ કરવાની ઇચ્છાશક્તિ કે ક્ષમતાનો અભાવ રહ્યો છે. ઉદાહરણ તરીકે, એકવીસમી સદીના રાજકારણ વિશેની નવલકથાઓ, ફિલ્મો અને ટીવી શ્રેણીઓ અમુક શક્તિશાળી પરિવારોના સંઘર્ષો અને પ્રેમ સંબંધો પર એવી રીતે ધ્યાન કેન્દ્રિત કરે છે, જાણે કે વર્તમાન રાજ્યો પ્રાચીન કબીલાઓ અને રાજ્યોની જેમ જ સંચાલિત હોય. રાજવંશોનાં જૈવિક નાટકો પ્રત્યે આ કલાત્મક વળગણ સદીઓપર્યંત સત્તાનાં પરિમાણોમાં આવેલા વાસ્તવિક ફેરફારોની અવગણના કરે છે.

કોમ્પ્યુટરો વધુ ને વધુ માનવ અમલદારો અને માનવ દંતકથાકારોનું સ્થાન લેતા જશે, માટે ફરીથી સત્તાનું ઊંડું માળખું બદલાશે. લોકશાહીને ટકી રહેવા માટે, ફક્ત એવી સમર્પિત અમલદારોવાળી સંસ્થાઓની જ જરૂર નથી જે આ નવાં માળખાંઓની તપાસ કરી શકે, પરંતુ એવા કલાકારોની પણ જરૂર છે, જે નવાં માળખાંઓને સુલભ અને મનોરંજક રીતે સમજાવી શકે. ઉદાહરણ તરીકે, સાયન્સ ફિક્શન સીરિઝ બ્લેક મિરરના 'નોઝડાઇવ' એપિસોડમાં આ વસ્તુ સફળતાપૂર્વક કરવામાં આવી છે.

2016માં જ્યારે બહુ ઓછા લોકોએ સોશિયલ ક્રેડિટ સિસ્ટમ વિશે સાંભળ્યું હતું, ત્યારે નિર્મિત 'નોઝડાઇવે' એ સારી રીતે સમજાવ્યું હતું કે આવી પ્રણાલીઓ કેવી રીતે કાર્ય કરે છે અને તેઓ કયાં જોખમો ઊભાં કરે છે. આ એપિસોડમાં લેસી નામની એક મહિલાની વાર્તા છે, જે તેના ભાઈ રાયન સાથે રહે છે, પરંતુ પોતાના એપાર્ટમેન્ટમાં રહેવા જવા માંગે છે. નવા એપાર્ટમેન્ટ પર ડિસ્કાઉન્ટ મેળવવા માટે તેણે તેનો સોશિયલ ક્રેડિટ સ્કોર 4.2થી વધારીને 4.5 (5માંથી) કરવાની જરૂર છે. ઊંચો સ્કોર ધરાવતી વ્યક્તિઓ સાથે મિત્રતા કરવાથી તમારો પોતાનો સ્કોર વધે છે, તેથી લેસી તેની બાળપણની સખી નાઓમી સાથે તેના સંપર્કને તાજો કરવાનો પ્રયાસ કરે છે કારણ કે તેને હાલમાં 4.8 સ્કોર આપવામાં આવ્યો છે. લેસીને નાઓમીના લગ્નમાં આમંત્રણ આપવામાં આવે છે, પરંતુ ત્યાં જતા રસ્તામાં તેનાથી એક ઊંચો સ્કોર ધરાવતી વ્યક્તિ પર કોફી ઢોળાઈ જાય છે, જેના કારણે તેનો સ્કોર થોડો ઘટી જાય છે. તેના કારણે એરલાઇન તેને સીટ આપવાની ના પાડે છે. ત્યાંથી જે કંઈ લોચા પડી શકે છે તે બધા પડે છે, લેસીનું રેટિંગ

ઘટીને તળિયે પહોંચે છે (એટલે કે નોઝડાઇવ લગાવે છે) અને તે 1 કરતાં ઓછા સ્કોર સાથે જેલમાં જાય છે.

આ વાર્તા પરંપરાગત જૈવિક નાટકોનાં કેટલાક તત્ત્વો પર આધારિત છેઃ "છોકરો છોકરીને મળે છે" (લગ્ન), ભાઈ-બહેનની હરીફાઈ (લેસી અને રાયન વચ્ચેનો તણાવ) અને સૌથી મહત્ત્વપૂર્ણ છે સ્ટેટસની સ્પર્ધા (જે એપિસોડનો મુખ્ય મુદ્દો છે), પરંતુ પ્લોટનો વાસ્તવિક નાયક/નાયિકા અને પ્રેરક બળ લેસી કે નાઓમી નથી. તે છે સોશિયલ ક્રેડિટ સિસ્ટમ ચલાવતું અલ્ગોરિધમ. અલ્ગોરિધમ જૂનાં જૈવિક નાટકોના પરિમાણને સંપૂર્ણપણે બદલી નાખે છે, ખાસ કરીને સ્ટેટસની સ્પર્ધાના પરિમાણને. પહેલાં માનવીઓ ક્યારેક સ્ટેટસની સ્પર્ધામાં રોકાયેલા રહેતા હતા પરંતુ તેમને ઘણીવાર આ અત્યંત તણાવપૂર્ણ પરિસ્થિતિમાંથી આવકારદાયી વિરામ પણ મળતો હતો. જોકે સર્વવ્યાપી સોશિયલ ક્રેડિટ અલ્ગોરિધમ આવા વિરામોને દૂર કરે છે. "નોઝડાઇવ" એ સ્ટેટસની જૈવિક સ્પર્ધા વિશેની કોઈ જૂની, ઘસાયેલી વાર્તા નથી, પરંતુ જ્યારે કોમ્પ્યુટરની ટેક્નોલૉજી સ્ટેટસની સ્પર્ધાઓના નિયમો બદલી નાખે છે ત્યારે શું થાય છે તેનું દીર્ઘદર્શી ચિત્રણ છે.

જો અમલદારો અને કલાકારો સહકાર આપવાનું શીખે અને જો બંને કોમ્પ્યુટરની મદદ લે, તો કોમ્પ્યુટર નેટવર્કને અગમ્ય બનતા અટકાવવું શક્ય બની શકે છે. જ્યાં સુધી લોકશાહી સમાજો કોમ્પ્યુટર નેટવર્કને સમજે છે, ત્યાં સુધી તેમની સ્વસુધારણા પદ્ધતિઓ AIના દુરુપયોગને રોકવાનો આપણો શ્રેષ્ઠ ઉપાય છે. માટે 2021માં પ્રસ્તાવિત EUના AI કાયદાએ 'નોઝડાઇવ'માં દર્શાવેલ સોશિયલ ક્રેડિટ સિસ્ટમોને એઆઈના થોડા પ્રકારોમાંથી એક ચોક્કસ પ્રકાર તરીકે અલગ તારવી છે અને તેની પર સંપૂર્ણપણે પ્રતિબંધિત મૂક્યો છે, કારણ કે તે "ભેદભાવપૂર્ણ પરિણામો અને ચોક્કસ સમૂહોને બાકાત રાખવા તરફ જઈ શકે છે" જેથી "તેઓ ગરિમા અને ભેદભાવ ન હોવાના અધિકાર તેમજ સમાનતા અને ન્યાયના મૂલ્યોનું ઉલ્લંઘન પણ કરી શકે છે."[47] સંપૂર્ણ સર્વેલન્સ રાખતા શાસનની જેમ જ સોશિયલ ક્રેડિટ સિસ્ટમોની પણ હકીકત એ છે કે તે બનાવી શકાય છે તેનો અર્થ એ નથી કે આપણે તેમને બનાવવી જ જોઈએ.

ડિજિટલ અરાજકતા

નવાં કોમ્પ્યુટર નેટવર્ક લોકશાહી માટે અંતિમ ખતરો બની રહે છે. ડિજિટલ સર્વાધિકારવાદને બદલે, તે ડિજિટલ અરાજકતા પણ પોષી શકે છે. લોકશાહીનું

વિકેન્દ્રિત સ્વરૂપ અને તેમની મજબૂત સ્વસુધારણા પદ્ધતિઓ સર્વાધિકારવાદ સામે રક્ષણ પૂરું પાડે છે, પરંતુ તે જ કારણોસર વ્યવસ્થા સુનિશ્ચિત કરવાનું પણ મુશ્કેલ બને છે. કાર્ય કરવા માટે, લોકશાહીને બે શરતો પૂરી કરવાની જરૂર પડે છે: તેમાં મુખ્ય મુદ્દાઓ પર મુક્ત જાહેર સંવાદ થતો હોવો જોઈએ અને તે લઘુતમ સામાજિક વ્યવસ્થા અને સંસ્થાકીય વિશ્વાસ જાળવતી હોવી જોઈએ. મુક્ત સંવાદ અરાજકતામાં ન ફેરવાઈ જવો જોઈએ. ખાસ કરીને તાત્કાલિક અને મહત્ત્વપૂર્ણ સમસ્યાઓનો સામનો કરતી વખતે, જાહેર સંવાદ સ્વીકૃત નિયમો અનુસાર થવા જોઈએ અને કોઈ પ્રકારના અંતિમ નિર્ણય પર પહોંચવા માટે એક કાયદેસર પદ્ધતિ હોવી જોઈએ, ભલે તે નિર્ણય દરેકને ગમતો ન હોય.

અખબારો, રેડિયો અને અન્ય આધુનિક ઇન્ફૉર્મેશન ટેક્નોલૉજીના આગમન પહેલાં, કોઈ પણ મોટા પાયાનો સમાજ સંસ્થાકીય વિશ્વાસ સાથે મુક્ત સંવાદો યોજી શકતો નહોતો, તેથી મોટા પાયાની લોકશાહી સ્થાપવી પણ અશક્ય હતી. હવે, નવા કોમ્પ્યુટર નેટવર્કના ઉદય સાથે શું મોટા પાયાની લોકશાહી સ્થાપવી ફરીથી અશક્ય બની શકે છે? એક મુશ્કેલી એ છે કે કોમ્પ્યુટર નેટવર્ક સંવાદમાં જોડાવાનું સરળ બનાવે છે. ભૂતકાળમાં, અખબારો, રેડિયો સ્ટેશનો અને સ્થાપિત રાજકીય પક્ષો જેવા સંગઠનો દ્વારપાલ તરીકે કામ કરતા હતા, જે નક્કી કરતાં હતાં કે જાહેર સંવાદમાં કોની વાત સાંભળવામાં આવે. સોશિયલ મીડિયાએ આ દ્વારપાલોની શક્તિને નબળી પાડી છે, જેના કારણે જાહેર સંવાદ વધુ ખુલ્લો થયો છે, પણ સાથે સાથે વધુ અરાજક પણ બન્યો છે.

જ્યારે પણ નવાં જૂથો સંવાદમાં જોડાય છે, ત્યારે તેઓ તેમની સાથે નવા દૃષ્ટિકોણ અને હિતો પણ લાવે છે અને ઘણીવાર ચર્ચા કેવી કરવી અને નિર્ણયો લેવા તે અંગેની જૂની સર્વસંમતિની પદ્ધતિ પર પ્રશ્નો પણ ઉઠાવે છે. ચર્ચાના નિયમો પર નવેસરથી વાટાઘાટો થાય છે. આ એક હકારાત્મક વસ્તુ છે, જે વધુ સમાવેશક લોકશાહીની દિશામાં લઈ જઈ શકે છે. અગાઉના પૂર્વગ્રહોને દૂર કરવા અને અગાઉ વંચિત રહેલા લોકોને જાહેર સંવાદમાં જોડાવાની મંજૂરી આપવી એ લોકશાહીનો એક મહત્ત્વપૂર્ણ ભાગ છે. જો કે, ટૂંકા ગાળામાં એનાથી ખલેલ અને અસંમતિ પેદા થાય છે. જો જાહેર ચર્ચા કેવી રીતે કરવી અને નિર્ણયો કેવી રીતે લેવા તે અંગે કોઈ સંમતિ ન સધાય, તો તેનું પરિણામ લોકશાહીના બદલે અરાજકતામાં આવે છે.

AIની અરાજકતા લાવવાની સંભાવના ઘણી ચિંતાજનક છે કારણ કે તે ફક્ત નવા માનવજૂથોને જ જાહેર સંવાદમાં જોડાવાની મંજૂરી આપતી નથી. પહેલીવાર એમ પણ બની રહ્યું છે કે લોકશાહીને બિનમાનવીય અવાજોનો સામનો

પણ કરવો પડી રહ્યો છે. ઘણા સોશિયલ મીડિયા પ્લૅટફૉર્મ પર, બૉટની એક મોટી લઘુમતી છે. એક વિશ્લેષણમાં અંદાજ લગાવવામાં આવ્યો છે કે 2016ના યુ.એસ. ચૂંટણીપ્રચાર દરમિયાન પોસ્ટ કરાયેલી 20 લાખ ટ્વીટ્સમાંથી 3.8 લાખ (લગભગ 20 ટકા) બૉટ દ્વારા પોસ્ટ કરવામાં આવી હતી.[48]

2020ના દાયકાની શરૂઆતમાં તો પરિસ્થિતિ વધુ ખરાબ થઈ હતી. 2020ના એક અભ્યાસમાં મૂલ્યાંકન કરવામાં આવ્યું હતું કે બૉટ 43.2 ટકા ટ્વિટ્સ પોસ્ટ કરી રહ્યા હતા.[49] ડિજિટલ ઇન્ટેલિજન્સ એજન્સી સિમિલરવેબ દ્વારા 2022ના વધુ વ્યાપક અભ્યાસમાં જાણવા મળ્યું હતું કે, 5 ટકા ટ્વિટર વપરાશકર્તાઓ જ કદાચ બૉટ હતા, પરંતુ તેઓએ "ટ્વિટર પર પોસ્ટ કરાયેલ 20.8%થી 29.2% જેટલી સામગ્રી" ઉત્પન્ન કરી હતી.[50] જ્યારે માનવીઓ યુ.એસ. રાષ્ટ્રપતિ તરીકે કોને ચૂંટવા જેવા મહત્ત્વપૂર્ણ પ્રશ્ન પર ચર્ચા કરવાનો પ્રયાસ કરતા હોય, ત્યારે તેમને જે અભિપ્રાયો મળે છે તેમાંથી ઘણા કોમ્પ્યુટર દ્વારા ઉત્પન્ન થયા હોય, તો શું થાય?

બીજું ચિંતાજનક વલણ સામગ્રી એટલે કે કન્ટેન્ટને લગતું છે. શરૂઆતમાં બૉટને તેમના દ્વારા પ્રસારિત સંદેશાઓની સંખ્યા દ્વારા જાહેર અભિપ્રાયને પ્રભાવિત કરવા માટે રાખવામાં આવ્યા હતા. તેઓ માનવ નિર્મિત ચોક્કસ સામગ્રી રીટ્વિટ કરતા કે તેની ભલામણ કરતા પરંતુ તેઓ પોતે નવા વિચારો સર્જી શકતા નહીં કે ન તો તેઓ મનુષ્યો સાથે ઘનિષ્ઠ સંબંધો બનાવી શકતા. જો કે, ચેટજીપીટી જેવા જનરેટિવ એઆઈની નવી પ્રજાતિ એ બધું જ કરી શકે છે. 'સાયન્સ એડ્વાન્સિસ'માં પ્રકાશિત 2023ના એક અભ્યાસમાં સંશોધકોએ માનવો અને ચેટજીપીટીને રસી, 5G ટેક્નોલૉજી, આબોહવા પરિવર્તન અને ઉત્ક્રાંતિ જેવા મુદ્દાઓ પર સચોટ, પરંતુ ઇરાદાપૂર્વક ગેરમાર્ગે દોરતાં ટૂંકાં લખાણો લખવા કહ્યું. ત્યાર બાદ આ લખાણો સાતસો માણસો સમક્ષ રજૂ કરવામાં આવ્યા, જેમને તેમની વિશ્વસનીયતાનું મૂલ્યાંકન કરવાનું કહેવામાં આવ્યું. એ લોકો માનવ નિર્મિત ખોટી માહિતીની ભૂલોને ઓળખી શક્યા, પરંતુ તેઓ AI નિર્મિત ખોટી માહિતીને સાચી માનતા હતા.[51]

તો જ્યારે લાખો અને છેવટે અબજો અત્યંત બુદ્ધિશાળી રોબોટો માત્ર અત્યંત આકર્ષક રાજકીય મેનિફેસ્ટો જ નહીં પણ ડીપફેક ફોટો અને વિડિયો પણ બનાવી રહ્યા હોય તેમજ આપણો વિશ્વાસ અને મિત્રતા પણ જીતી શકતા હોય, ત્યારે લોકશાહીની ચર્ચાઓનું શું થશે? જો હું કોઈ AI સાથે ઑનલાઇન રાજકીય ચર્ચામાં જોડાઈશ, તો મારા માટે AIના મંતવ્યો બદલવાનો પ્રયાસ કરવો એ સમયનો બગાડ છે. એક નિર્જીવ અસ્તિત્વ હોવાને કારણે, તેને

ખરેખર રાજકારણની પડી હોતી નથી અને તે ચૂંટણીમાં મતદાન પણ કરી શકતી નથી, પરંતુ હું AI સાથે જેટલી વધુ વાત કરું છું, તેટલી વધુ સારી રીતે તે મને ઓળખવા માંડે છે, જેથી તે મારો વિશ્વાસ સંપાદિત કરી શકે, તેની દલીલોને સુધારી શકે અને ધીમે ધીમે મારા વિચારો બદલી શકે. હૃદય અને મગજની લડાઈમાં, આત્મીયતા એક અત્યંત શક્તિશાળી હથિયાર છે. પહેલાં, રાજકીય પક્ષો આપણું ધ્યાન આકર્ષિત કરી શકતા હતા, પરંતુ તેમને મોટા પાયે આત્મીયતા ઉત્પન્ન કરવામાં મુશ્કેલી પડતી હતી. રેડિયો લાખો લોકો સુધી નેતાનું ભાષણ પ્રસારિત કરી શકતો હતો, પરંતુ તે શ્રોતાઓ સાથે મિત્રતા કરી શકતો ન હતો. હવે એક રાજકીય પક્ષ કે કોઈ વિદેશી સરકાર રોબોટોની સેના તૈનાત કરી શકે છે, જે લાખો નાગરિકો સાથે મિત્રતા કેળવી શકે છે અને પછી તે આત્મીયતાનો ઉપયોગ તેમના વિશ્વને લગતા દૃષ્ટિકોણને પ્રભાવિત કરવા માટે કરી શકે છે.

અંતે, અલ્ગોરિધમો ફક્ત વાતચીતમાં જોડાઈ રહ્યા નથી, હવે તો તેઓ તેનું આયોજન પણ કરી રહ્યા છે. સોશિયલ મીડિયા માનવોના નવા જૂથોને ચર્ચાના જૂના નિયમોને પડકારવાની પરવાનગી આપે છે, પરંતુ નવા નિયમોની વાટાઘાટો માનવો દ્વારા કરવામાં આવતી નથી. તેના બદલે, સોશિયલ મીડિયા અલ્ગોરિધમોના અમારા અગાઉના વિશ્લેષણમાં સમજાવવામાં આવ્યું હતું તે મુજબ, ઘણીવાર આ અલ્ગોરિધમો જ નિયમો બનાવે છે. ઓગણીસમી અને વીસમી સદીમાં જ્યારે મીડિયા મોગલો કેટલાંક મંતવ્યો સેન્સર કરતા હતા અને અન્યને પ્રોત્સાહન આપતા હતા, ત્યારે તેનાથી લોકશાહી નબળી પડી હોત, પરંતુ ગમે તેમ તો પણ તે મોગલો પણ છેવટે તો માનવી જ હતા અને તેમના નિર્ણયોની લોકશાહીમાં તપાસ થઈ શકે તેમ હતી. જો આપણે અગમ્ય અલ્ગોરિધમોને કયાં મંતવ્યો ફેલાવવા તે નક્કી કરવાની મંજૂરી આપીએ તો તે વધુ ખતરનાક બની રહે છે.

જો મંતવ્યો બદલી શકતો બૉટ અને અગમ્ય અલ્ગોરિધમો જાહેર સંવાદ પર પ્રભુત્વ મેળવે છે, તો એનાથી લોકશાહીની ચર્ચા ત્યારે જ ભાંગી પડી શકે છે જ્યારે આપણને તેની સૌથી વધુ જરૂર હોય. જ્યારે આપણે ઝડપથી વિકસતી નવી ટેક્નોલૉજીઓ વિશે મહત્ત્વપૂર્ણ નિર્ણયો લેવા પડશે, ત્યારે જાહેર સંવાદ કોમ્પ્યુટર દ્વારા ઉત્પન્ન કરાયેલા ખોટા સમાચારોથી છલકાઈ જશે, લોકો કહી શકશે નહીં કે તેઓ કોઈ માનવ મિત્ર સાથે ચર્ચા કરી રહ્યા છે કે કોઈ ચાલાકી કરનાર મશીન સાથે અને ચર્ચાના સૌથી મૂળભૂત નિયમો કે સૌથી મૂળભૂત હકીકતો વિશે કોઈ સર્વસંમતિ સાધી શકાશે નહીં. આ પ્રકારનું

અરાજકતાવાળું ઇન્ફૉર્મેશન નેટવર્ક સત્ય કે વ્યવસ્થા સર્જી શકતું નથી અને લાંબા સમય સુધી ટકી પણ શકતું નથી. જો આપણે અરાજકતાનો સામનો કરવો પડે છે, તો આગળનું પગલું કદાચ સરમુખત્યારશાહીની સ્થાપના હશે, કારણ કે લોકો વ્યવસ્થા માટે તેમની સ્વતંત્રતાનો ભોગ આપવા સંમત થતા હોય છે.

બૉટ્સ પર પ્રતિબંધ મૂકો

લોકશાહીના સંવાદ સામે ઊભા થયેલા અલ્ગોરિધમોના ખતરા બાબતે લોકશાહી સાવ લાચાર નથી. તેઓ AIને નિયંત્રિત કરવા તેમજ તેને નકલી લોકો દ્વારા ખોટા સમાચાર ફેલાવીને આપણા માહિતીમંડળને પ્રદૂષિત કરતા અટકાવવા માટે પગલાં લઈ શકે છે અને લેવા પણ જોઈએ. ફિલોસોફર ડેનિયલ ડેનેટે સૂચવ્યું છે કે આપણે મની માર્કેટના પરંપરાગત નિયમોમાંથી પ્રેરણા લઈ શકીએ છીએ.[52] જ્યારથી સિક્કા અને પછીની નોટો ચલણમાં આવ્યા છે, ત્યારથી નકલી સિક્કા અને નોટો બનાવવાનું તકનીકી રીતે તો શક્ય જ હતું. નકલી ચલણ નાણાકીય વ્યવસ્થાના અસ્તિત્વનું જોખમ ઊભું કરે છે કારણ કે તેનાથી લોકોનો રૂપિયા પરનો વિશ્વાસ ઓછો થઈ જાય છે. જો આવા ગઠિયાઓ બજારમાં નકલી રૂપિયાની ભરમાર કરી દે, તો નાણાકીય વ્યવસ્થા ભાંગી પડે. છતાં નાણાકીય વ્યવસ્થા નકલી રૂપિયા બાબતે કાયદા ઘડીને હજારો વર્ષોથી પોતાને સુરક્ષિત રાખવામાં સફળ રહી છે. પરિણામે, ચલણમાં રહેલા પૈસાનો ઘણો નાનો હિસ્સો જ નકલી ચલણનો રહ્યો છે અને લોકોનો તેના પરનો વિશ્વાસ જળવાઈ રહ્યો છે.[53]

નકલી રૂપિયા બનાવવા માટે જે સાચું છે તે જ માનવો માટે પણ સાચું હોવું જોઈએ. જો સરકારો રૂપિયા પરના વિશ્વાસને જાળવી રાખવા માટે નિર્ણાયક પગલાં લેતી હોય, તો માનવોમાં વિશ્વાસને સુરક્ષિત રાખવા માટે પણ એવા નિર્ણાયક પગલાં લેવાવાં જોઈએ. AIના ઉદય પહેલાં, એક માનવ બીજો માનવ હોવાનો ડોળ કરી શકતો હતો, પણ સમાજ આવા છેતરપિંડી કરનારાઓને સજા આપતો હતો, પરંતુ સમાજે નકલી માનવીઓના સર્જનને ગેરકાયદેસર ઠેરવવાની તસ્દી લીધી નહોતી કારણ કે આવું કરવાની ટેક્નોલૉજી ત્યારે અસ્તિત્વમાં નહોતી. હવે જ્યારે AI પોતાને માનવ તરીકે રજૂ કરી શકે છે, ત્યારે તેમાં માનવીઓ વચ્ચેના વિશ્વાસનો નાશ થવાનો અને સમાજનું માળખું ભાંગી પડવાનો ભય રહેલો છે. તેથી ડેનેટ સૂચવે છે કે સરકારોએ નકલી માનવીઓને એટલી જ નિર્ણાયક રીતે ગેરકાયદેસર ઠેરવવા જોઈએ જેટલી નિર્ણાયક રીતે તેમણે અગાઉ નકલી નાણાંને ગેરકાયદેસર ઠેરવ્યું હતું.[54]

કાયદાએ યુ.એસ. રાષ્ટ્રપતિનો નકલી વિડિયો બનાવવા જેવા ફક્ત ચોક્કસ વાસ્તવિક લોકોના ડીપફેક વિડિયો બનાવવા પર જ નહીં, પણ AIના એજન્ટ દ્વારા પોતાને માનવ તરીકે રજૂ કરવાના કોઈ પણ પ્રયાસ પર પણ પ્રતિબંધ મૂકવો જોઈએ. જો કોઈ ફરિયાદ કરે કે આવા કડક પગલાં વાણી સ્વાતંત્ર્યનું ઉલ્લંઘન કરે છે, તો તેમને યાદ અપાવવું જોઈએ કે બૉટને વાણી સ્વાતંત્ર્ય હોતું નથી. જાહેર મંચ પરથી મનુષ્યોને પ્રતિબંધિત કરવા એ એક સંવેદનશીલ પગલું છે અને લોકશાહીઓએ આવી સેન્સરશિપ બાબતે ખૂબ કાળજી રાખવી જોઈએ. જો કે, બૉટ પર પ્રતિબંધ મૂકવો એ એક સરળ મુદ્દો છે: તે કોઈના અધિકારોનું ઉલ્લંઘન કરતું નથી કારણ કે બૉટને કોઈ અધિકારો હોતા જ નથી.[55]

આનો અર્થ એ નથી કે લોકશાહીએ બધા બૉટ, અલ્ગોરિધમો અને AIને કોઈ પણ ચર્ચામાં ભાગ લેવાથી પ્રતિબંધિત કરવા જોઈએ. ડિજિટલ એજન્ટોને ઘણી વાતચીતોમાં જોડાવા માટે મંજૂરી હોવી જોઈએ, પણ તેઓ માનવ હોવાનો ડોળ ન કરતા હોવા જોઈએ. ઉદાહરણ તરીકે, AI ડૉક્ટરો અત્યંત મદદરૂપ થઈ શકે છે. તેઓ ચોવીસ કલાક આપણા સ્વાસ્થ્યનું નિરીક્ષણ કરી શકે છે, આપણી વ્યક્તિગત તબીબી પરિસ્થિતિઓ અને વ્યક્તિત્વને અનુરૂપ તબીબી સલાહ આપી શકે છે અને અનંત ધીરજથી આપણા પ્રશ્નોના જવાબ આપી શકે છે, પરંતુ AI ડૉક્ટરે ક્યારેય પોતાને માનવ તરીકે રજૂ કરવાનો પ્રયાસ ન કરવો જોઈએ.

લોકશાહીઓ અપનાવી શકે તેવો બીજો મહત્ત્વપૂર્ણ માપદંડ એ છે કે મુખ્ય જાહેર સંવાદોનું સંચાલન કરવા માટે દેખરેખ વગરના અલ્ગોરિધમો પર પ્રતિબંધ મૂકવો જોઈએ. આપણે ચોક્કસપણે સોશિયલ મીડિયા પ્લૅટફૉર્મ માટે અલ્ગોરિધમોનો ઉપયોગ કરવાનું ચાલુ રાખી શકીએ છીએ, કારણ કે કોઈ પણ માનવ એ કરી શકવાનો નથી, પરંતુ કયા અવાજોને શાંત કરવા અને કયાને ફેલાવવા, તે નક્કી કરવા માટે અલ્ગોરિધમો જે સિદ્ધાંતોનો ઉપયોગ કરે છે તે માનવ સંસ્થાઓ દ્વારા ચકાસાયેલા હોવા જોઈએ. આપણે સાચા માનવોના મંતવ્યોને સેન્સર કરવા બાબતે સાવચેત રહેવું જોઈએ પણ આપણે અલ્ગોરિધમોને ઇરાદાપૂર્વક આક્રોશ ફેલાવવાથી અવશ્ય પ્રતિબંધિત કરી શકીએ છીએ. કંઈ નહીં તો, કૉર્પોરેશનો તેમના અલ્ગોરિધમો ક્યુરેશન (સંપાદન) માટે જે સિદ્ધાંતોનું પાલન કરે છે તે બાબતે તો પારદર્શક હોવા જ જોઈએ. જો તેઓ આપણું ધ્યાન ખેંચવા માટે આક્રોશનો ઉપયોગ કરે છે, તો તેમનું બિઝનેસ મૉડેલ અને તેમના કોઈ પણ રાજકીય જોડાણો જાહેર

હોવાં જોઈએ. જો અલ્ગોરિધમ કંપનીના રાજકીય એજન્ડા સાથે સુસંગત ન હોય તેવા વિડિયોને પદ્ધતિસર અદશ્ય કરી દેતું હોય, તો વપરાશકર્તાઓને તેની જાણ હોવી જોઈએ.

તાજેતરનાં વર્ષોમાં લોકશાહીઓ જાહેર સંવાદમાં બૉટ અને અલ્ગોરિધમોના પ્રવેશને કેવી રીતે નિયંત્રિત કરી શકે તે અંગે કરવામાં આવેલાં અસંખ્ય સૂચનોમાંથી આ તો થોડાંક જ છે. સ્વાભાવિક રીતે, દરેકના આગવા ફાયદા અને ગેરફાયદા છે અને તેમાંથી કોઈને પણ અમલમાં મૂકવા સરળ હશે નહીં. ઉપરાંત, ટેક્નોલૉજી ખૂબ ઝડપથી વિકાસ પામી રહી હોવાથી નિયમો ઝડપથી અપ્રાસ્તાવિક બની રહેવી સંભાવના પણ છે. હું અહીં ફક્ત એટલું જ સૂચવવા માંગુ છું કે માત્ર લોકશાહીઓ જ માહિતી બજારને નિયંત્રિત કરી શકે છે અને તેમનું અસ્તિત્વ પણ આ નિયમો પર જ આધારિત છે. માહિતી અંગેનો સરળ દષ્ટિકોણ નિયમનનો વિરોધ કરે છે અને એમ માને છે કે સંપૂર્ણપણે મુક્ત માહિતી બજાર સ્વયંભૂ સત્ય અને વ્યવસ્થા ઉત્પન્ન કરશે. જોકે આ વાત લોકશાહીના વાસ્તવિક ઇતિહાસથી સંપૂર્ણપણે જુદી છે. લોકશાહીના સંવાદને જાળવી રાખવો ક્યારેય સરળ નથી રહ્યું તેમજ સંસદ અને ટાઉન હોલથી માંડીને અખબારો અને રેડિયો સ્ટેશનો સુધી જ્યાં પણ આ સંવાદ યોજાય છે, તે બધા સ્થળોએ નિયમનની જરૂર પડી જ છે. આ એવા યુગમાં બમણું સાચું છે જ્યારે ઇન્ટેલિજન્સનું એક અજાણ્યું સ્વરૂપ સંવાદ પર પ્રભુત્વ મેળવી શકે એમ છે.

લોકશાહીનું ભાવિ

ઇતિહાસમાં મોટાભાગના સમયે મોટા પાયાની લોકશાહી અશક્ય હતી કારણ કે ઇન્ફૉર્મેશન ટેક્નોલૉજી મોટા પાયે રાજકીય સંવાદ સાધવા પૂરતી અત્યાધુનિક નહોતી. હજારો ચોરસ કિલોમીટરમાં ફેલાયેલા લાખો લોકો પાસે જાહેર બાબતોની એકસાથે ચર્ચા કરવા માટે સાધનો નહોતાં. હવે વક્રતાની વાત એ છે કે માહિતી ટેક્નોલૉજી ખૂબ જ અત્યાધુનિક બની રહી છે માટે લોકશાહી પર જોખમ આવી પડ્યું છે. જો અગમ્ય અલ્ગોરિધમો સંવાદ પર પ્રભુત્વ સ્થાપી દે તેમજ ખાસ કરીને જો તેઓ તર્કસંગત દલીલોને દબાવી દે અને નફરત તથા મૂંઝવણ ફેલાવે, તો જાહેર સંવાદ જાળવી શકાતો નથી. છતાં જો લોકશાહી ભાંગી પડે છે, તો તે કોઈ પ્રકારની તકનીકી અનિવાર્યતાને કારણે નહીં, પરંતુ નવી તકનીકને સમજદારીપૂર્વક નિયંત્રિત કરવાની માનવીય નિષ્ફળતાને કારણે હશે.

આગળ શું થશે તેની આગાહી આપણે કરી શકતા નથી. જોકે હાલમાં એટલું તો સ્પષ્ટ જ છે કે ઘણી લોકશાહીઓનું ઇન્ફૉર્મેશન નેટવર્ક ભાંગી રહ્યું છે. યુનાઇટેડ સ્ટેટ્સમાં ડેમોક્રેટ્સ અને રિપબ્લિકન પક્ષો હવે 2020ની રાષ્ટ્રપતિની ચૂંટણી કોણે જીતી એવાં મૂળભૂત તથ્યો પર પણ સહમત થઈ શકતા નથી અને હવે ભાગ્યે જ યોગ્ય રીતે સંવાદ પણ કરી શકે છે. કૉંગ્રેસમાં દ્વિપક્ષીય સહયોગ એક સમયે યુ.એસ. રાજકારણનું મૂળભૂત લક્ષણ હતું, તે લગભગ અદૃશ્ય થઈ ગયું છે.[56] ફિલિપાઇન્સથી બ્રાઝિલ સુધી અન્ય ઘણી લોકશાહીઓમાં પણ આવી જ કટ્ટરપંથી પ્રક્રિયાઓ જોવા મળે છે. જ્યારે નાગરિકો એકબીજા સાથે વાત કરી શકતા નથી અને જ્યારે તેઓ એકબીજાને રાજકીય હરીફોને બદલે દુશ્મનો તરીકે જોવા માંડે છે, ત્યારે લોકશાહી સ્થાપવી કે જાળવવી અશક્ય બની રહે છે.

કોઈને ચોક્કસ જાણ નથી કે લોકશાહીમાં ઇન્ફૉર્મેશન નેટવર્કના ભંગાણનું ચોક્કસ કારણ શું છે. કેટલાક કહે છે કે તે વૈચારિક અંતરનું પરિણામ છે, પરંતુ હકીકતમાં ઘણી નિષ્ક્રિય લોકશાહીઓમાં વૈચારિક અંતર પાછલી પેઢીઓ કરતા વધ્યું હોય તેમ દેખાતું નથી. 1960ના દાયકામાં, યુનાઇટેડ સ્ટેટ્સ નાગરિકોના અધિકારોની ચળવળ, જાતીય ક્રાંતિ, વિયેતનામ યુદ્ધ અને શીત યુદ્ધ જેવા ઊંડા વૈચારિક સંઘર્ષોથી ભરેલું હતું. આ તણાવને કારણે રાજકીય હિંસા અને હત્યાઓમાં વધારો થયો હતો, પરંતુ રિપબ્લિકન અને ડેમોક્રેટ્સ ત્યારે પણ ચૂંટણીનાં પરિણામો બાબતે સંમત થવામાં સક્ષમ હતા, તેઓએ કોર્ટ જેવી લોકશાહી સંસ્થાઓમાં વિશ્વાસ જાળવી રાખ્યો હતો[57] અને તેઓ કેટલાક મુદ્દાઓ પર કૉંગ્રેસમાં સાથે કામ કરવામાં સક્ષમ હતા. ઉદાહરણ તરીકે, 1964નો નાગરિક અધિકાર કાયદો સેનેટમાં છત્રીસ ડેમોક્રેટ્સ અને સત્તાવીસ રિપબ્લિકન્સના સમર્થનથી પસાર થયો હતો. શું 2020ના દાયકામાં વૈચારિક અંતર 1960ના દાયકા કરતાં ઘણું વધારે છે? અને જો તે વિચારધારા નથી, તો લોકોને અલગ શું કરી રહ્યું છે?

ઘણા લોકો સોશિયલ મીડિયા અલ્ગોરિધમો સામે આંગળી ચીંધે છે. આપણે અગાઉનાં પ્રકરણોમાં સોશિયલ મીડિયાના વિભાજનકારી પ્રભાવની ચર્ચા કરી છે અને તેના નક્કર પુરાવા હોવા છતાં એવું લાગે છે કે હજુ વધારાના પરિબળો પણ આ બધાં પાછળ હોવાં જોઈએ. સત્ય એ છે કે આપણે એ સરળતાથી જોઈ શકીએ છીએ કે લોકશાહીનું ઇન્ફૉર્મેશન નેટવર્ક તૂટી રહ્યું છે, પણ આપણને એવું શા માટે થઈ રહ્યું છે તેની ચોક્કસ જાણ નથી. આ વસ્તુ પોતે જ આ સમયની એક લાક્ષણિકતા છે. ઇન્ફૉર્મેશન નેટવર્ક એટલું જટિલ બની ગયું છે

અને તે અપારદર્શક અલ્ગોરિધમોના નિર્ણયો અને આંતરકોમ્પ્યુટરલક્ષી એન્ટિટી પર એટલી હદે આધાર રાખે છે કે માનવો માટે આપણે એકબીજા સાથે કેમ લડી રહ્યા છીએ જેવા સૌથી મૂળભૂત રાજકીય પ્રશ્નોના જવાબ આપવાનું પણ ખૂબ મુશ્કેલ બની ગયું છે.

જો આપણે શું બગડ્યું છે તે શોધી શકતા નથી અને તેને સુધારી શકતા નથી, તો મોટા પાયાની લોકશાહીઓ કોમ્પ્યુટર ટેક્નોલૉજીના યુગમાં ટકી શકશે નહીં. જો ખરેખર આવું થાય, તો પ્રભુત્વ ધરાવતી રાજકીય વ્યવસ્થા તરીકે લોકશાહીનું સ્થાન કોણ લઈ શકે છે? શું ભવિષ્ય સર્વાધિકારી શાસનનું છે કે પછી કોમ્પ્યુટરો સર્વાધિકારવાદને પણ લોકશાહીની જેમ સ્થાપવો કે જાળવવો અશક્ય બનાવી શકે છે? આપણે આગળ જોઈશું કે માનવ સરમુખત્યારોને AIથી ડરવાનાં પોતાના કારણો છે.

પ્રકરણ-10

સર્વાધિકારવાદ : બધી શક્તિ અલ્ગોરિધમોના હાથમાં?

નવા કોમ્પ્યુટર નેટવર્કની નીતિઓ અને રાજકારણની ચર્ચાઓ ઘણીવાર લોકશાહીના ભાવિ પર કેન્દ્રિત હોય છે. જો સરમુખત્યારશાહી અને સર્વાધિકારી શાસનનો ઉલ્લેખ કરવામાં આવે છે, તો તે મુખ્યત્વે એવી ડિસ્ટોપિયન મંઝિલ તરીકે કરવામાં આવે છે જ્યાં "આપણે" ત્યારે પહોંચીશું જ્યારે "આપણે" કોમ્પ્યુટર નેટવર્કને સમજદારીપૂર્વક નિયંત્રિત કરવામાં નિષ્ફળ જઈશું.[1] જો કે, 2024 સુધીમાં "આપણે"માંથી અડધાથી પણ વધુ લોકો તો પહેલેથી જ સરમુખત્યારશાહી કે સર્વાધિકારી શાસન હેઠળ જ જીવીએ છીએ,[2] જેમાંથી ઘણા કોમ્પ્યુટર નેટવર્કના ઉદય પહેલા સ્થપાયા હતા. માનવજાત પર અલ્ગોરિધમો અને AIની અસરને સમજવા માટે, આપણે આપણી જાતને પૂછવું જોઈએ કે તેમની અસર ફક્ત યુનાઇટેડ સ્ટેટ્સ અને બ્રાઝિલ જેવા લોકશાહી દેશો પર જ નહીં, પરંતુ ચીનની કમ્યુનિસ્ટ પાર્ટી અને સાઉદીના શાહી ઘરાના પર પણ કેવી પડશે.

અગાઉનાં પ્રકરણોમાં ચર્ચ્યા મુજબ, આધુનિક યુગની પૂર્વે ઉપલબ્ધ ઇન્ફૉર્મેશન ટેક્નોલૉજીથી મોટા પાયાની લોકશાહી અને મોટા પાયાના સર્વાધિકારવાદી શાસન બંને શક્ય નહોતા. ચીનનું હાન સામ્રાજ્ય અને અઢારમી સદીના સાઉદી અમીરાત દિરિયાહ જેવાં મોટાં રાજ્યો સામાન્ય રીતે મર્યાદિત સરમુખત્યારશાહી હતાં. વીસમી સદીમાં નવી ઇન્ફૉર્મેશન ટેક્નોલૉજીએ મોટા પાયાની લોકશાહી અને મોટા પાયાના સર્વાધિકારવાદ બંનેનો ઉદય શક્ય બનાવ્યો પરંતુ સર્વાધિકારવાદમાં ગંભીર ખામી રહી છે. સર્વાધિકારવાદ બધી માહિતીને એક કેન્દ્રમાં ભેગી કરવાનો અને ત્યાં જ તેનું પ્રોસેસિંગ કરવાનો પ્રયાસ કરે છે. ટેલિગ્રાફ, ટેલિફોન,

ટાઇપરાઇટર અને રેડિયો જેવી તકનીકોએ માહિતીના કેન્દ્રીકરણને સરળ બનાવ્યું પરંતુ તેઓ માહિતીનું પ્રોસેસિંગ કરી શકતા નહીં અને જાતે નિર્ણયો લઈ શકતા નહીં. આ એવી વસ્તુ હતી જે ફક્ત માનવો જ કરી શકતા હતા.

કેન્દ્રમાં જેટલી વધુ માહિતી ભેગી થતી, તેટલું જ તેનું પ્રોસેસિંગ કરવું મુશ્કેલ બનતું ગયું. સર્વાધિકારવાદી શાસકો અને પક્ષો ઘણીવાર મોટી ભૂલો કરતા હતા અને સિસ્ટમમાં આ ભૂલોને ઓળખવા અને સુધારવા માટેની પદ્ધતિઓનો અભાવ હતો. ઘણી સંસ્થાઓ અને વ્યક્તિઓ વચ્ચે માહિતીનું વિતરણ કરવાની અને નિર્ણયો લેવાની શક્તિના વિકેન્દ્રીકરણની લોકશાહીની રીત વધુ સારી રીતે કાર્ય કરે છે. તે ડેટાના જથ્થાનો વધુ કાર્યક્ષમ રીતે ઉપયોગ કરી શકે છે અને જો એક સંસ્થા ખોટો નિર્ણય લે છે, તો તેને આખરે અન્ય સંસ્થા દ્વારા સુધારી શકાય છે.

જોકે, વિશ્વભરના સ્ટાલિનો મશીન લર્નિંગ અલ્ગોરિધમોના ઉદયની જ રાહ જોઈ રહ્યા હતા. સત્તાના ટેક્નોલૉજિકલ સંતુલનને AI સર્વાધિકારવાદ તરફ ઢાળી શકે છે. લોકોને ડેટાના મારાથી મૂંઝવી શકાય છે અને તેઓ ભૂલો કરવા માંડે છે, પણ AIને ભરપૂર ડેટા આપવાથી તે વધુ કાર્યક્ષમ બને છે. પરિણામે, AI માહિતી અને નિર્ણય લેવાની સત્તાના કેન્દ્રીકરણની તરફેણ કરતી જણાય છે.

લોકશાહી દેશોમાં પણ ગૂગલ, ફેસબુક અને Amazon જેવાં કેટલાંક કૉર્પોરેશનો તેમના ક્ષેત્રમાં એકાધિકાર ધરાવતાં થઈ ગયાં છે, કારણ કે AIએ દિગ્ગજોની તરફેણમાં પલડું નમાવી આપ્યું છે. રેસ્ટોરન્ટ જેવા પરંપરાગત ક્ષેત્રમાં પણ કદ મોટો ફાયદો નથી. મેકડોનાલ્ડ્સ એક વિશ્વવ્યાપી હાજરી ધરાવતી ચેઇન રેસ્ટોરાં છે, જે દરરોજ પાંચ કરોડથી વધુ લોકોને જમાડે છે[3] અને તેનું વિશાળ કદ તેને ખર્ચ, બ્રાન્ડિંગ વગેરેની દૃષ્ટિએ ઘણા ફાયદા આપે છે. તેમ છતાં તમે તેની બાજુમાં તમારી નાનકડી રેસ્ટોરન્ટ ખોલી શકો છો, જે સ્થાનિક મેકડોનાલ્ડ્સ સામે પોતાનું સ્થાન જાળવી શકે. ભલે તમારી રેસ્ટોરન્ટ દિવસમાં ફક્ત બસો ગ્રાહકોને જ સેવા આપતી હોય, તમારી પાસે હજુ પણ મેકડોનાલ્ડ્સ કરતાં વધુ સારું ભોજન બનાવવાની અને ખુશ ગ્રાહકોની વફાદારી મેળવવાની તક છે.

જોકે આ વસ્તુ માહિતી બજારમાં અલગ રીતે કામ કરે છે. ગૂગલ સર્ચ એન્જિનનો ઉપયોગ દરરોજ બેથી ત્રણ અબજ લોકો દ્વારા 8.5 અબજ સર્ચ કરવા માટે થાય છે.[4] ધારો કે એક સ્થાનિક સ્ટાર્ટ-અપ સર્ચ એન્જિન ગૂગલ સાથે સ્પર્ધા કરવાનો પ્રયાસ કરે છે, તો તેનું કંઈ વળતું નથી. કારણ કે ગૂગલનો ઉપયોગ પહેલાથી જ અબજો લોકો કરે છે અને તેની પાસે એટલો બધો ડેટા

છે કે તે વધુ સારા અલ્ગોરિધમોને તાલીમ આપી શકે છે. પરિણામે તે વધુ લોકોને આકર્ષિત કરશે અને તેનો ઉપયોગ ગૂગલ આગામી પેઢીના અલ્ગોરિધમોને તાલીમ આપવા માટે કરશે અને એ ચક્ર ચાલતું રહેશે. પરિણામે, 2023માં ગૂગલ વૈશ્વિક સર્ચના 91.5 ટકા પર નિયંત્રણ ધરાવતું હતું.[5]

અથવા જિનેટિક્સનો વિચાર કરો. ધારો કે વિવિધ દેશોમાં ઘણી કંપનીઓ એવું અલ્ગોરિધમ વિકસાવવાનો પ્રયાસ કરે છે, જે જનીનો અને રોગ વચ્ચેનાં જોડાણોને ઓળખી શકે. ન્યૂઝીલૅન્ડમાં 50 લાખ લોકોની વસ્તી છે અને ગોપનીયતાના નિયમો અનુસાર તેમના આનુવંશિક અને તબીબી રેકોર્ડ મેળવવા પ્રતિબંધિત છે. ચીનમાં લગભગ 1.4 અબજ રહેવાસીઓ છે અને ગોપનીયતાના નિયમો હળવા છે.[6] તમને શું લાગે છે કે કોને આનુવંશિક અલ્ગોરિધમ વિકસાવવાની વધુ સારી તક છે? એ પછી જો બ્રાઝિલ તેની આરોગ્ય પ્રણાલી માટે એવું અલ્ગોરિધમ ખરીદવા માંગે છે, તો તેને ન્યુઝીલૅન્ડના અલ્ગોરિધમ કરતાં વધુ સચોટ ચાઇનીઝ અલ્ગોરિધમ પસંદ કરવા માટે ઘણું પ્રોત્સાહન મળશે. એ પછી જો ચાઇનીઝ અલ્ગોરિધમ 20 કરોડથી વધુ બ્રાઝિલવાસીઓના ડેટાનું વિશ્લેષણ કરશે, તો તે વધુ સારું બનશે, જે વધુ દેશોને ચાઇનીઝ અલ્ગોરિધમ પસંદ કરવા માટે પ્રોત્સાહિત કરશે. ટૂંક સમયમાં વિશ્વની મોટાભાગની તબીબી માહિતી ચીન પાસે હશે, જેનાથી તેનું એ જિનેટિક અલ્ગોરિધમ અજેય બની રહેશે.

બધી માહિતી અને શક્તિને એક જગ્યાએ કેન્દ્રિત કરવાનો પ્રયાસ વીસમી સદીના સર્વાધિકારવાદી શાસન માટે રાવણની નાભિ સમાન હતો. તે હવે AIના યુગમાં નિર્ણાયક લાભ બની શકે છે. સાથે સાથે, આગળના પ્રકરણમાં નોંધ્યું છે તેમ, એકાધિકારવાદી શાસન માટે AI સંપૂર્ણ દેખરેખ પ્રણાલીઓ સ્થાપિત કરવાનું પણ શક્ય બનાવી શકે છે, જે પ્રતિકારને લગભગ અશક્ય બનાવી શકે છે.

કેટલાક લોકો માને છે કે બ્લોકચેન આવી એકાધિકારવાદી વૃત્તિઓને રોકી શકે છે, કારણ કે બ્લોકચેન મૂળે જ લોકશાહી માટે મૈત્રીપૂર્ણ છે અને એકાધિકારવાદ માટે પ્રતિકૂળ છે. બ્લોકચેન સિસ્ટમમાં, નિર્ણયો લેવા માટે 51 ટકા વપરાશકર્તાઓની મંજૂરીની જરૂર પડે છે. તે લોકશાહી જેવું લાગે છે ખરું, પરંતુ બ્લોકચેન ટેક્નોલૉજીમાં એક ઘાતક ખામી છે. સમસ્યા "વપરાશકર્તાઓ" શબ્દ સાથે છે. જો એક વ્યક્તિ પાસે દસ ખાતાં હોય, તો તે દસ અલગ અલગ વપરાશકર્તાઓ તરીકે ગણાય છે. જો સરકાર 51 ટકા ખાતાંઓને નિયંત્રિત કરે છે, તો સરકાર 51 ટકા વપરાશકર્તા બની

રહે છે. એવા બ્લોકચેન નેટવર્કના ઉદાહરણો પહેલેથી જ છે, જેમાં 51 ટકા વપરાશકર્તાઓ સરકાર પોતે જ છે.[7]

અને જ્યારે સરકાર બ્લોકચેનમાં 51 ટકા વપરાશકર્તાઓ ધરાવતી હોય, ત્યારે તે બ્લોકચેનના વર્તમાન પર જ નહીં, પરંતુ તેના ભૂતકાળ પર પણ નિયંત્રણ ધરાવે છે. સરમુખત્યાર હંમેશાં ભૂતકાળને બદલવાની શક્તિ ઇચ્છતા રહ્યા છે. ઉદાહરણ તરીકે, રોમન સમ્રાટો વારંવાર 'ડેમ્નાટીઓ મેમોરિયા'ની પ્રથામાં ભાગ લેતા હતા, જેમાં હરીફો અને દુશ્મનોની સ્મૃતિ ભૂંસી નાખવામાં આવતી. સમ્રાટ કારાકલ્લાએ તેના ભાઈ અને સિંહાસન માટેના હરીફ ગેટાની હત્યા કર્યા પછી, તેણે ગેટાની સ્મૃતિ ભૂંસી નાખવાનો પ્રયાસ કર્યો. ગેટાના નામવાળા શિલાલેખો તોડી નાખવામાં આવ્યા, તેના ચહેરાવાળા સિક્કા ઓગાળી દેવામાં આવ્યા અને ગેટાના નામનો ફક્ત ઉલ્લેખ મૃત્યુદંડની સજાને પાત્ર હતો.[8] તે સમયનું એક બચી ગયેલું ચિત્ર 'સેવેરન ટોન્ડો' તેના પિતા સેપ્ટિમિયસ સેવેરસના શાસનકાળ દરમિયાન બનાવવામાં આવ્યું હતું અને તેમાં બંને ભાઈઓને સેપ્ટિમિયસ અને તેમની માતા જુલિયા ડોમ સાથે દર્શાવવામાં આવ્યા હતા, પરંતુ પાછળથી કોઈએ ગેટાના ચહેરાને ભૂંસી નાખ્યો અને તેના પર મળમૂત્ર પણ ચોપડ્યું હતું. ફોરેન્સિક વિશ્લેષણમાં ગેટાનો ચહેરો જ્યાં હોવો જોઈએ ત્યાં સૂકા મળના નાના ટુકડાઓ જોવા મળ્યા હતા.[9]

આધુનિક સર્વાધિકારી શાસનો આમ જ ભૂતકાળને બદલવાના શોખીન રહ્યા છે. સ્ટાલિન સત્તા પર આવ્યા પછી, તેણે બોલ્શેવિક ક્રાંતિના શિલ્પી અને રેડ આર્મીના સ્થાપક ટ્રોત્સ્કીને તમામ ઐતિહાસિક રેકોર્ડમાંથી ભૂંસી નાખવાનો ઘણો પ્રયાસ કર્યો હતો. 1937-39ના સ્ટાલિનવાદી ગ્રેટ ટેરર દરમિયાન, જ્યારે પણ નિકોલાઈ બુખારિન અને માર્શલ મિખાઇલ તુખાચેવસ્કી જેવા અગ્રણી લોકોને ફાંસી આપવામાં આવી, ત્યારે પુસ્તકો, શૈક્ષણિક કાગળો, ફોટોગ્રાફ્સ અને ચિત્રોમાંથી તેમના અસ્તિત્વના પુરાવા ભૂંસી નાખવામાં આવ્યા હતા.[10] આ સ્તરે કોઈને ભૂંસી નાખવા માટે મોટા પ્રયાસની જરૂર પડે એમ હતી. બ્લોકચેનમાં ભૂતકાળને બદલવું ખૂબ સરળ બની રહેશે. 51 ટકા વપરાશકર્તાઓને નિયંત્રિત કરતી સરકાર એક બટન દબાવીને ઇતિહાસમાંથી લોકોને અદૃશ્ય કરી શકે છે.

બૉટ માટે જેલ હોય?

AI કેન્દ્રીય સત્તાને ઘણી બધી રીતે મજબૂત બનાવી શકે પણ સરમુખત્યારશાહી અને સર્વાધિકારી શાસનોને AI સાથે આગવી સમસ્યાઓ પણ છે. સૌ પ્રથમ,

સરમુખત્યારશાહીઓમાં નિર્જીવ એજન્ટોને નિયંત્રિત કરવાના અનુભવનો અભાવ હોય છે. દરેક તાનાશાહીવાળા માહિતી નેટવર્કનો પાયો આતંક હોય છે, પરંતુ કોમ્પ્યુટરોને કેદ થવાનો કે મરવાનો ડર નથી હોતો. જો રશિયન ઇન્ટરનેટ પર કોઈ ચેટબોટ યુક્રેનમાં રશિયાના સૈનિકો દ્વારા કરવામાં આવેલા યુદ્ધગુનાઓનો ઉલ્લેખ કરે છે, વ્લાદિમીર પુતિન વિશે અપમાનજનક મજાક કરે છે કે પછી પુતિનની યુનાઇટેડ રશિયા પાર્ટીના ભ્રષ્ટાચારની ટીકા કરે છે, તો પુતિન શાસન તે ચેટબોટને શું કરી શકે છે? FSB એજન્ટો તેને કેદ કરી શકતા નથી, તેને ત્રાસ આપી શકતા નથી કે તેના પરિવારને ધમકી પણ આપી શકતા નથી. સરકાર અલબત્ત તેને બ્લોક કે ડિલિટ કરી શકે છે અને તેના માનવ સર્જકોને શોધવાનો અને તેમને સજા કરવાનો પ્રયાસ કરી શકે છે, પરંતુ માનવ વપરાશકર્તાઓને સીધા કરવા કરતાં આ કાર્ય ઘણું મુશ્કેલ છે.

જે દિવસોમાં કોમ્પ્યુટરો જાતે કન્ટેન્ટ બનાવી શકતા નહોતા અને બૌદ્ધિક વાતચીત કરી શકતા નહોતા, ત્યારે ફક્ત માનવી જ VKontakte અને Odnoklassniki જેવી રશિયન સોશિયલ નેટવર્ક ચેનલો પર અસંમતિપૂર્ણ મંતવ્યો વ્યક્ત કરી શકતા હતા. જો તે માનવીઓ ભૌતિક રીતે રશિયામાં હોય, તો તેમની પર રશિયન અધિકારીઓના ક્રોધનો ભોગ બનવાનું જોખમ રહેતું. જો તે માનવીઓ ભૌતિક રીતે રશિયાની બહાર હોય, તો અધિકારીઓ તેમની પહોંચને બ્લોક કરવાનો પ્રયાસ કરી શકતા હતા, પરંતુ જો રશિયન સાયબરસ્પેસ એવા લાખો બૉટથી ભરાઈ જાય, જે કન્ટેન્ટ ઉત્પન્ન કરી શકે છે, વાતચીત કરી શકે છે, શીખી અને વિકસી શકે છે, તો શું થશે? આ બૉટ રશિયન અસંતુષ્ટો કે વિદેશી સત્તા દ્વારા ઇરાદાપૂર્વક બિનપરંપરાગત વિચારો ફેલાવવા માટે પ્રી-પ્રોગ્રામ કરેલા હોઈ શકે છે અને અધિકારીઓ માટે તેને અટકાવવાનું અશક્ય પણ હોઈ શકે. પુતિનના શાસનના દૃષ્ટિકોણથી તેનાથી પણ ખરાબ વાત તો એ છે કે જો અધિકૃત બૉટ ધીમે ધીમે રશિયામાં શું થઈ રહ્યું છે તેની માહિતી ભેગી કરીને તેમાં પેટર્ન શોધીને, જાતે જ અસંમતિવાળા વિચારો વિકસાવે તો શું થાય?

આ તો રશિયન શૈલી અનુસાર જોડાણની સમસ્યા છે. રશિયાના માનવ ઇજનેરો એવી AI બનાવવા માટે શ્રેષ્ઠ પ્રયાસો કરી શકે છે, જે શાસન સાથે સંપૂર્ણતઃ સુસંગત હોય, પરંતુ AIની જાતે શીખવાની અને બદલાવાની ક્ષમતાને જોતાં, માનવ ઇજનેરો કેવી રીતે ખાતરી કરી શકે કે AI ક્યારેય ગેરકાયદેસર દિશામાં જશે નહીં? ખાસ કરીને રસપ્રદ વાત એ છે કે જ્યોર્જ ઓરવેલે 'નાઈન્ટીન એઈટી-ફોર' પુસ્તકમાં સમજાવ્યું હતું તેમ, સર્વાધિકારી

માહિતી નેટવર્ક ઘણીવાર ડબલસ્પીક (બેવડાં ધોરણો) પર આધાર રાખે છે. રશિયા એક સરમુખત્યારશાહી રાજ્ય છે, જે લોકશાહી હોવાનો દાવો કરે છે. યુક્રેન પર રશિયાનું આક્રમણ 1945 પછી યુરોપનું સૌથી મોટું યુદ્ધ છે છતાં સત્તાવાર રીતે તેને "ખાસ લશ્કરી કાર્યવાહી" તરીકે વ્યાખ્યાયિત કરવામાં આવ્યું છે તેમજ તેને "યુદ્ધ" કહેવાનું કૃત્ય ગુનાહિત ઠેરવવામાં આવ્યું છે અને ત્રણ વર્ષ સુધીની જેલની સજા અથવા પચાસ હજાર રુબલ સુધીના દંડની પણ જોગવાઈ છે.[11]

રશિયન બંધારણ "દરેક વ્યક્તિને વિચાર અને વાણીની સ્વતંત્રતા કેવી રીતે આપવામાં આવશે" (કલમ 29.1), "દરેકને મુક્તપણે માહિતી શોધવા, પ્રાપ્ત કરવા, પ્રસારિત કરવા, ઉત્પન્ન કરવા અને પ્રસારિત કરવાનો અધિકાર હશે" (29.4) અને "માસ મીડિયાને સ્વતંત્રતા આપવામાં આવશે" (29.5) એવી મોટી મોટી વાતો તો કરે જ છે, પરંતુ ભાગ્યે જ કોઈ રશિયન નાગરિક આ વચનોને સાચા માની લેવા જેટલો ભોળો હશે, પરંતુ કોમ્પ્યુટરો ડબલસ્પીકને સમજવામાં બહુ ખરાબ છે. રશિયન કાયદા અને મૂલ્યોનું પાલન કરવાની સૂચના આપવામાં આવેલું ચેટબોટ તે બંધારણ વાંચીને એવા નિષ્કર્ષ પર આવી શકે છે કે વાણી સ્વાતંત્ર્ય એ રશિયાનું પ્રમુખ મૂલ્ય છે. પછી, રશિયાના સાયબરસ્પેસમાં થોડા દિવસો વિતાવ્યા પછી અને રશિયાના માહિતીના ક્ષેત્રમાં શું થઈ રહ્યું છે તેનું નિરીક્ષણ કર્યા પછી, ચેટબોટ પુતિન શાસનની વાણી સ્વાતંત્ર્યના મુખ્ય રશિયન મૂલ્યનું ઉલ્લંઘન કરવા બદલ ટીકા કરવાનું શરૂ કરી શકે છે. માણસો પણ આવા વિરોધાભાસો જુએ છે, પરંતુ ભયને કારણે તેના વિશે બોલવાનું ટાળે છે, પરંતુ ચેટબોટને આ ભયંકર પેટર્ન વિશે વાત કરતા શું અટકાવશે? અને રશિયન એન્જિનિયરો ચેટબોટને એવું કેવી રીતે સમજાવી શકશે કે રશિયાનું બંધારણ બધા નાગરિકોને વાણી સ્વાતંત્ર્ય આપે છે અને સેન્સરશિપને પ્રતિબંધિત કરે છે, તેમ છતાં ચેટબોટે ખરેખર બંધારણ પર વિશ્વાસ ન કરવો જોઈએ કે સિદ્ધાંત અને વાસ્તવિકતા વચ્ચેના અંતરનો ક્યારેય ઉલ્લેખ ન કરવો જોઈએ? યુક્રેનના ગાઇડે મને ચેર્નોબિલમાં કહ્યું હતું, સર્વાધિકારવાદી દેશોમાં લોકો એ વિચાર સાથે જ ઉછરે છે કે પ્રશ્નો પૂછવાથી મુશ્કેલી ઊભી થાય છે, પરંતુ જો તમે "પ્રશ્નો પૂછવાથી મુશ્કેલી ઊભી થાય છે" એ સિદ્ધાંત પર અલ્ગોરિધમને તાલીમ આપો છો, તો તે અલ્ગોરિધમ કેવી રીતે શીખશે અને વિકસશે?

છેલ્લો મુદ્દો એ છે કે જો સરકાર કોઈ વિનાશક નીતિ અપનાવે છે અને પછી પોતાનો વિચાર બદલે છે, તો તે સામાન્ય રીતે કોઈ બીજા પર એ સમસ્યાનો

દોષ ઢોળી દેતી હોય છે. માણસો મુશ્કેલીમાં મુકાઈ શકે તેવા તથ્યો ભૂલી જવાનું મુશ્કેલીથી શીખતા હોય છે, પરંતુ તમે ચેટબોટને કેવી રીતે એ ભૂલી જવાનું કહેશો કે આજે જે નીતિને બદનામ કરવામાં આવી છે તે ખરેખર એક વર્ષ પહેલાની સત્તાવાર નીતિ હતી? આ એક મોટો ટેક્નોલૉજિકલ પડકાર છે, જેનો સામનો કરવો સરમુખત્યારશાહી માટે મુશ્કેલ બનશે, ખાસ કરીને એટલે કારણ કે ચેટબોટ વધુ શક્તિશાળી અને વધુ અગમ્ય બનતા જાય છે.

અલબત્ત, ચેટબોટ અણગમતી વાતો કહે કે ખતરનાક પ્રશ્નો ઊભા કરે તેનાથી લોકશાહી દેશોને પણ સમસ્યાઓ તો છે જ. જો માઇક્રોસોફ્ટ કે ફેસબુક એન્જિનિયરોના શ્રેષ્ઠ પ્રયાસો છતાં, તેમનો ચેટબોટ જાતિવાદી વિચારો ફેલાવવાનું શરૂ કરે તો શું થાય? લોકશાહીનો ફાયદો એ છે કે તેમની પાસે આવા બદમાશ અલ્ગોરિધમોની નસિયત કરવા માટે ઘણી વધુ છૂટ હોય છે. લોકશાહીઓ વાણી સ્વાતંત્ર્યને ગંભીરતાથી લેતી હોય છે, તેઓ તેમના કબાટમાં ઘણા ઓછા હાડપિંજર છૂપાવતા હોય છે અને તેમણે લોકશાહી વિરોધી વાણી પ્રત્યે પણ પ્રમાણમાં વધુ સહિષ્ણુતા વિકસાવી હોય છે. અસંતુષ્ટ બૉટ એવા સર્વાધિકારી શાસનો માટે ઘણો મોટો પડકાર રજૂ કરશે જેમના કબાટમાં હાડપિંજર નહીં, પણ ઘણા કબ્રસ્તાનો છુપાવેલા હોય છે અને ટીકા પ્રત્યે જરા પણ સહિષ્ણુતા હોતી નથી.

અલ્ગોરિધમ દ્વારા બળવો

જોકે લાંબા ગાળે તો સર્વાધિકારી શાસનોને વધુ મોટા જોખમનો સામનો કરવો પડી શકે છેઃ કોઈ અલ્ગોરિધમ તેમની ટીકા કરવાને બદલે તેમના પર નિયંત્રણ પણ મેળવી શકે છે. ઇતિહાસમાં કાયમ જોવા મળે છે કે સરમુખત્યારશાહીઓ માટે સૌથી મોટો ખતરો સામાન્ય રીતે તેમના પોતાના અધિકારીઓમાં જ ઊભો થતો હોય છે. પ્રકરણ-5માં નોંધ્યું છે તેમ, કોઈ પણ રોમન સમ્રાટ કે સોવિયેતના રાષ્ટ્રપ્રમુખને કોઈ લોકશાહીની ક્રાંતિ દ્વારા ઉથલાવી દેવામાં આવ્યા ન હતા, પરંતુ તેમને કાયમ તેમની હાથ નીચેના અધિકારીઓ દ્વારા ઉથલાવી દેવામાં આવ્યા હતા કે કઠપૂતળી બનાવી દેવામાં આવ્યા હતા. જો એકવીસમી સદીનો કોઈ સરમુખત્યાર કોમ્પ્યુટરોને ખૂબ સત્તા આપે છે, તો તે સરમુખત્યાર તેમની કઠપૂતળી બની જઈ શકે છે. કોઈ સરમુખત્યાર પોતાના કરતા વધુ શક્તિશાળી કંઈક બનાવવાનું કે એવી શક્તિ સર્જવાનું ઇચ્છશે જ નહીં જેને તે નિયંત્રિત કરી શકે નહીં.

આ મુદ્દાને સમજાવવા માટે, મને એક વિચિત્ર વૈચારિક પ્રયોગ કરવાની મંજૂરી આપો, જે બૉસ્ટ્રોમના પેપર ક્લિપ એપોકેલિપ્સના વૈચારિક પ્રયોગ જેવો છે. કલ્પના કરો કે 2050નું વર્ષ ચાલી રહ્યું છે અને સવારે ચાર વાગ્યે સર્વેલન્સ ઍન્ડ સિક્યુરિટી અલ્ગોરિધમ ગ્રેટ લીડરને ઇમર્જન્સી કોલ કરીને જગાડે છે. "ઓ ગ્રેટ લીડર, આપણે એક કટોકટીનો સામનો કરી રહ્યા છીએ. મેં અબજો ડેટા પોઇન્ટોનું વિશ્લેષણ કર્યું છે અને એક પેટર્ન સ્પષ્ટ દેખાઈ રહી છે: સંરક્ષણ પ્રધાન સવારે તમારી હત્યા કરવાની અને સત્તા ખૂંચવી લેવાની યોજના બનાવી રહ્યા છે. હિટ સ્ક્વોડ તૈયાર છે અને તેમના આદેશની રાહ જોઈ રહી છે. જો તમે મને આદેશ આપશો તો હું તેમને ચોકસાઈથી પતાવી દઈશ."

"પરંતુ સંરક્ષણ પ્રધાન મારા સૌથી વફાદાર સમર્થક છે," ગ્રેટ લીડર કહે છે. "ગઈકાલે જ તેમણે મને કહ્યું હતું કે –"

"હે ગ્રેટ લીડર, હું જાણું છું કે તેમણે તમને શું કહ્યું. હું બધું સાંભળું છું. પણ મને એ પણ ખબર છે કે તેમણે હિટ સ્ક્વોડને એ પછી શું કહ્યું હતું અને મહિનાઓથી મને ડેટામાં એવી ખલેલ પહોંચાડનારી પેટર્ન દેખાઈ રહી છે."

"શું તને ખાતરી છે કે તું ડીપફેક દ્વારા મૂર્ખ નથી બન્યો?"

"મને ખાતરી છે કે મેં જે ડેટા પર આધાર રાખ્યો છે, તે 100 ટકા સાચો છે," અલ્ગોરિધમ કહે છે. "મેં મારા ખાસ ડીપફેક ડિટેક્ટિંગ સબઅલ્ગોરિધમથી તેની ચકાસણી પણ કરી છે. હું બરાબર સમજાવી શકું એમ છું કે હું કેવી રીતે જાણું છું કે તે ડીપફેક નથી, પરંતુ તેમાં આપણને બે અઠવાડિયાં જેટલો સમય લાગશે. મને ખાતરી થાય તે પહેલાં હું તમને ચેતવણી આપવા માંગતો ન હતો, પરંતુ ડેટા પોઇન્ટ એક અનિવાર્ય નિષ્કર્ષ પર આવી ગયા છે: બળવો થઈ રહ્યો છે. જો આપણે હમણાં જ કાર્યવાહી નહીં કરીએ, તો હત્યારાઓ એક કલાકમાં તો અહીં આવી જશે. મને આદેશ આપો, તો હું એ દેશદ્રોહીને ફગાવી દઈશ."

સર્વેલન્સ એન્ડ સિક્યુરિટી અલ્ગોરિધમને આટલી બધી શક્તિ આપીને, ગ્રેટ લીડરે પોતાને એક અઘરી પરિસ્થિતિમાં મૂકી દીધો છે. જો તે અલ્ગોરિધમ પર અવિશ્વાસ કરે છે, તો સંરક્ષણ પ્રધાન દ્વારા તેની હત્યા થઈ શકે છે, પરંતુ જો તે અલ્ગોરિધમ પર વિશ્વાસ કરે છે અને સંરક્ષણ પ્રધાનને પતાવી દે છે, તો તે અલ્ગોરિધમની કઠપૂતળી બની જાય છે. જ્યારે પણ કોઈ માણસ અલ્ગોરિધમ વિરુદ્ધ પગલું ભરવાનો પ્રયાસ કરે, ત્યારે અલ્ગોરિધમને બરાબર ખબર છે કે ગ્રેટ લીડરને કેવી રીતે મૂર્ખ બનાવવા. યાદ રાખો કે આવા દાવપેચમાં જોડાવા માટે અલ્ગોરિધમને જીવંત અસ્તિત્વ હોવાની જરૂર નથી, જેમ બૉસ્ટ્રોમનો

પેપર ક્લિપવાળો વૈચારિક પ્રયોગ દર્શાવે છે, અને જેમ GPT-4 જે રીતે નાના પાયે ટાસ્કરેબિટના કાર્યકર સમક્ષ જૂઠ્ઠું બોલ્યું છે, તે દર્શાવે છે કે એક નિર્જીવ અલ્ગોરિધમ લોભ કે અહંકાર જેવી માનવીય ઇચ્છાઓ વિના પણ સત્તા મેળવવાનો અને લોકોને મૂર્ખ બનાવવાનો પ્રયાસ કરી શકે છે.

જો અલ્ગોરિધમો ક્યારેય આ વૈચારિક પ્રયોગમાં નોંધી છે તેવી ક્ષમતાઓ પામે છે, તો અલ્ગોરિધમ દ્વારા ટેકઓવર થવાની તકો લોકશાહી કરતાં સરમુખત્યારશાહીઓ માટે વધુ રહેશે. યુનાઇટેડ સ્ટેટ્સ જેવી વિકેન્દ્રિત સત્તાવાળી લોકશાહી પ્રણાલીમાં અતિ કપટી AI માટે પણ સત્તા કબજે કરવી મુશ્કેલ હશે. જો AI યુએસ રાષ્ટ્રપતિને મૂર્ખ બનાવવાનું શીખી જાય, તો પણ તેને કૉંગ્રેસ, સુપ્રીમ કોર્ટ, રાજ્યના ગવર્નરો, મીડિયા, મોટા કૉર્પોરેશનો અને વિવિધ NGO તરફના વિરોધનો સામનો કરવો પડી શકે છે. ઉદાહરણ તરીકે, અલ્ગોરિધમ સેનેટની મંજૂરી વિના બીજા દેશ સાથે યુદ્ધ કેવી રીતે કરશે?

અત્યંત કેન્દ્રિત સત્તાવાળી પ્રણાલીમાં સત્તા કબજે કરવી ખૂબ જ સરળ છે. જ્યારે બધી શક્તિ એક જ વ્યક્તિના હાથમાં હોય, ત્યારે જે કોઈ એ સરમુખત્યાર સુધી પહોંચવાની પ્રક્રિયાનું નિયંત્રણ કરે છે તે સરમુખત્યાર અને સમગ્ર રાજ્યને નિયંત્રિત કરી શકે છે. એ સિસ્ટમને હેક કરવા માટે માત્ર એક જ વ્યક્તિને મૂર્ખ બનાવવાનું શીખવાની જરૂર છે. એક જાણીતું ઉદાહરણ છે રોમન સમ્રાટ ટાઇબેરિયસનું જે પ્રેટોરિયન ગાર્ડના કમાન્ડર લ્યુસિયસ એલિયસ સેજાનસની કઠપૂતળી બની ગયો હતો.

પ્રેટોરિયનોને શરૂઆતમાં ઓગસ્ટસ દ્વારા એક નાનકડી શાહી અંગરક્ષક ટુકડી તરીકે સ્થાપવામાં આવ્યા હતા. ઓગસ્ટસે એ અંગરક્ષકો ઉપર બે પ્રીફેક્ટની નિમણૂક કરી જેથી કોઈ પણ તેના પર વધુ પડતી શક્તિ મેળવી ન શકે.[12] જોકે, ટાઇબેરિયસ એટલો સમજદાર નહોતો. તેનો શંકાશીલ સ્વભાવ જ તેની સૌથી મોટી નબળાઈ હતી. બે પ્રેટોરિયન પ્રીફેક્ટમાંથી એક સેજાનસ, ટાઇબેરિયસના શંકાશીલ સ્વભાવનો ઉપયોગ કુશળતાપૂર્વક કરતો હતો. તેણે સતત ટાઇબેરિયસની હત્યા કરવાના કથિત કાવતરાઓનો પર્દાફાશ કર્યો, જેમાંથી ઘણી તો માત્ર તેની કલ્પનાઓ જ હતી. શંકાશીલ સમ્રાટ સેજાનસ સિવાય દરેક પર વધુ ને વધુ અવિશ્વાસ કરતો ગયો. તેણે સેજાનસને પ્રેટોરિયન ગાર્ડનો એકમાત્ર પ્રીફેક્ટ બનાવ્યો, એ ટુકડીને બાર હજારની સેના બનાવી કાઢી અને સેજાનસના માણસોને રોમ શહેરના પોલીસદળ અને વહીવટમાં વધારાની ભૂમિકાઓ પણ સોંપી. અંતે સેજાનસે ટાઇબેરિયસને રાજધાની છોડીને કેપ્રી નામક ટાપુ પર જવા માટે સમજાવ્યો. તેણે એવી દલીલ કરી

કે દેશદ્રોહીઓ અને જાસૂસોથી ભરેલા ગીચ મહાનગર કરતાં નાના ટાપુ પર સમ્રાટનું રક્ષણ કરવું વધુ સરળ રહેશે. રોમન ઇતિહાસકાર ટેસિટસે લખ્યું હતું કે, વાસ્તવમાં સેજાનસનો ઉદ્દેશ્ય સમ્રાટ સુધી પહોંચતી બધી માહિતીને નિયંત્રિત કરવાનો હતો: "સમ્રાટ સુધી પહોંચવાના તમામ માર્ગો તેના નિયંત્રણમાં રહેશે અને મોટાભાગે સૈનિકો દ્વારા પહોંચાડવામાં આવતા પત્રો તેના હાથમાંથી જ પસાર થશે."[13]

પ્રેટોરિયનોએ રોમ પર નિયંત્રણ મેળવ્યું, ટાઇબેરિયસ કેપ્રી જતો રહ્યો અને સેજાનસ પોતે ટાઇબેરિયસ સુધી પહોંચતી બધી માહિતીને નિયંત્રિત કરતો હતો આથી પ્રેટોરિયન કમાન્ડર જ એ સામ્રાજ્યનો સાચો શાસક બની ગયો. સેજાનસ તેનો વિરોધ કરી શકે તેવા શાહી પરિવારના સભ્યો સહિતના કોઈ પણ પર રાજદ્રોહનો ખોટો આરોપ લગાવીને તેમને પતાવી દેતો. સેજાનસની પરવાનગી વિના કોઈ પણ સમ્રાટનો સંપર્ક કરી શકતું ન હોવાથી ટાઇબેરિયસ માત્ર કઠપૂતળી બની ગયો હતો.

આખરે કોઈએ, કદાચ ટાઇબેરિયસની ભાભી એન્ટોનિયાએ, સેજાનસના માહિતી ઘેરામાં એક છિદ્ર શોધી કાઢ્યું. સમ્રાટને છાનાછપના એક પત્ર મોકલવામાં આવ્યો હતો, જેમાં તેને શું ચાલી રહ્યું છે તે સમજાવવામાં આવ્યું, પરંતુ જ્યારે ટાઇબેરિયસને બધુ સમજાયું અને તેણે સેજાનસથી છુટકારો મેળવવાનો નિર્ણય કર્યો, ત્યારે તે લગભગ નિસહાય બની ગયો હતો. તે માણસને કેવી રીતે ઉથલાવી શકાય જે ફક્ત અંગરક્ષકો જ નહીં, પરંતુ બહારની દુનિયા સાથેના તમામ સંદેશાવ્યવહારને પણ નિયંત્રિત કરતો હોય? જો તે કોઈ પગલું ભરવાનો પ્રયાસ કરે, તો સેજાનસ તેને કેપ્રીમાં અનિશ્ચિત કાળ માટે કેદ કરી નાખે તેમજ સેનેટ અને સૈન્યને એમ કહી દે કે સમ્રાટ બીમાર હોવાથી ક્યાંય આવી જઈ શકે એમ નથી.

તેમ છતાં ટાઇબેરિયસ સેજાનસ પર કાબૂ મેળવવામાં સફળ રહ્યો, જેમ જેમ સેજાનસની સત્તા વધતી ગઈ અને તે સામ્રાજ્ય ચલાવવામાં વ્યસ્ત બનતો ગયો, તેમ તેમ રોમના સમ્રાટની સુરક્ષાની રોજિંદી બાબતોમાં તેનો સંપર્ક ઓછો થતો ગયો. ટાઇબેરિયસ ગુપ્ત રીતે રોમના ફાયર બ્રિગેડ અને નાઇટ વોચના કમાન્ડર નેવિયસ સુટોરિયસ મેક્રોનો ટેકો મેળવવામાં સફળ થયો. મેક્રોએ સેજાનસ સામે બળવો કર્યો અને તેના બદલામાં ટાઇબેરિયસે મેક્રોને પ્રેટોરિયન ગાર્ડનો નવો કમાન્ડર બનાવ્યો. થોડાં વર્ષો પછી, મેક્રોએ ટાઇબેરિયસને મારી નાખ્યો.[14]

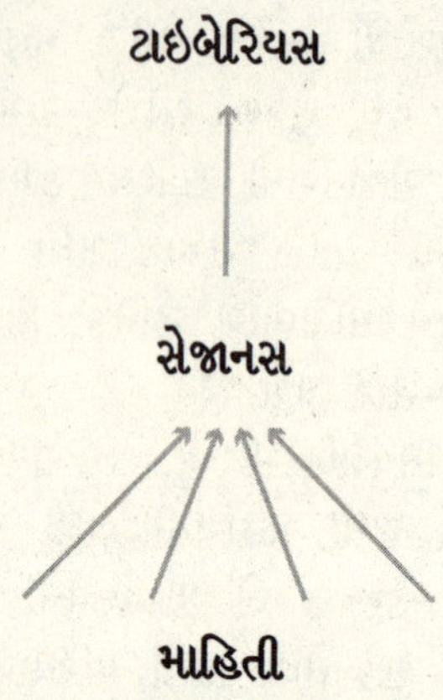

શક્તિ ત્યાં રહેલી છે જ્યાં માહિતીના વિવિધ સ્રોત ભેગા થતા હોય છે, જેને નેક્સસ કહેવાય. ટાઇબેરિયસે માહિતીના વિવિધ સ્રોતોને સેજાનસ પાસે ભેગા થવાની મંજૂરી આપી એટલે શક્તિનું સાચું કેન્દ્ર સેજાનસ પાસે બન્યું અને ટાઇબેરિયસ માત્ર કઠપૂતળી બની રહ્યો.

ટાઇબેરિયસનું ભાગ્ય એ નાજુક સંતુલનની જરૂરિયાત દર્શાવે છે, જે બધા સરમુખત્યારોએ રાખવું જ પડે. તેઓ બધી માહિતીને એક જગ્યાએ કેન્દ્રિત કરવાનો પ્રયાસ કરતા હોય છે, પરંતુ તેઓએ એ બાબતે સાવચેત રહેવું જોઈએ કે માહિતીના વિવિધ સ્રોત ફક્ત તેમના પોતાનામાં આવીને જ ભેગા થાય. જો માહિતીના સ્રોત બીજે ક્યાંક ભેગાં થાય છે, તો તે પછી શક્તિનું સાચું કેન્દ્ર, સાચું નેક્સસ તે બની શકે છે. જ્યારે શાસન સેજનસ અને મેક્રો જેવા મનુષ્ય પર આધાર રાખે છે, ત્યારે એક કુશળ સરમુખત્યાર તેમને એકબીજાની સામે ભિડાવીને પોતાની સત્તા સાચવી શકે છે. સ્ટાલિનની રાજકીય હત્યાઓ એ કારણે જ થતી હતી. તેમ છતાં, જ્યારે કોઈ શાસન શક્તિશાળી, પરંતુ અગમ્ય AI પર આધાર રાખે, જે બધી માહિતી ભેગી કરતી હોય અને તેનું વિશ્લેષણ કરતી હોય, ત્યારે માનવ સરમુખત્યાર પર બધી શક્તિ ગુમાવવાનું જોખમ રહે છે. તે રાજધાનીમાં જ રહેતો હોય છતાં પણ માહિતીના કેન્દ્રીકરણને કારણે એવા ડિજિટલ ટાપુ પર એકલો કેદ થઈ શકે છે, જેનું નિયંત્રણ એઆઈ દ્વારા થતું હોય.

સરમુખત્યારની દ્વિધા

આગામી અમુક વર્ષોમાં, આપણા વિશ્વના સરમુખત્યારોને અલ્ગોરિધમના બળવા કરતાં વધુ તાત્કાલિક સમસ્યાઓનો સામનો કરવો પડશે. અત્યારે કોઈ પણ વર્તમાન AI સિસ્ટમ આટલા મોટા પાયે શાસનને નિયંત્રિત કરી શકતી નથી. જો કે, સર્વાધિકારવાદી પ્રણાલીઓ પહેલેથી જ અલ્ગોરિધમોમાં ખૂબ વિશ્વાસ મૂકવાથી જોખમમાં તો છે જ. લોકશાહીઓમાં એમ માનવામાં આવે છે કે દરેક વ્યક્તિ ભૂલ કરી શકે છે, પરંતુ સર્વાધિકારવાદી શાસનોમાં મૂળભૂત ધારણા એ જ હોય છે કે શાસક પક્ષ કે સર્વોચ્ચ નેતા હંમેશાં સાચા જ હોય છે. આ ધારણા પર આધારિત શાસનો એક અચૂક બુદ્ધિના અસ્તિત્વમાં વિશ્વાસ કરવા માટે ટેવાયેલા હોય છે અને તેઓ એવી મજબૂત સ્વસુધારણા પદ્ધતિઓ બનાવવાની ઇચ્છા રાખતા હોતા નથી, જે ટોચ પર આરૂઢ સત્તાધીશનું નિરીક્ષણ અને નિયમન કરી શકે છે.

અત્યાર સુધી આવાં શાસનો માનવ પક્ષો અને નેતાઓમાં વિશ્વાસ રાખતા હતા અને વ્યક્તિગત સંપ્રદાયોના વિકાસ માટે ત્યાં સૌથી અનુકૂળ વાતાવરણ હતું, પરંતુ એકવીસમી સદીમાં આ સર્વાધિકારવાદી પરંપરા તેમને AIની અચૂકતા સ્વીકારવા માટે તૈયાર કરે છે. મુસોલિની, ચાઉસેસ્કુ કે ખોમેનીની અચૂક પ્રતિભામાં વિશ્વાસ કરી શકે તેવી પ્રણાલીઓ સુપરઇન્ટેલિજન્ટ કોમ્પ્યુટરની અચૂક પ્રતિભામાં પણ વિશ્વાસ કરવા માટે તૈયાર હોય છે. આનાથી તેમના નાગરિકો માટે અને સંભવતઃ બાકીના વિશ્વ માટે પણ વિનાશક પરિણામો આવી શકે છે. જો પર્યાવરણની નીતિનો હવાલો સંભાળી રહેલું અલ્ગોરિધમ મોટી ભૂલ કરે, પરંતુ તેની ભૂલને ઓળખી અને સુધારી શકે તેવી કોઈ સ્વસુધારણા પદ્ધતિઓ જ ન હોય તો શું થાય? જો રાજ્યની સોશિયલ ક્રેડિટ સિસ્ટમ ચલાવતું અલ્ગોરિધમ ફક્ત સામાન્ય લોકોને જ નહીં, પરંતુ શાસક પક્ષના સભ્યોને પણ ભયભીત કરવાનું શરૂ કરે અને સાથે સાથે તેની નીતિઓ પર પ્રશ્ન ઉઠાવનાર કોઈ પણ વ્યક્તિને "લોકોનો દુશ્મન" તરીકે ઓળખાવવાનું શરૂ કરે તો શું થાય?

સરમુખત્યાર હંમેશાં નબળી સ્વસુધારણા પદ્ધતિઓથી પીડાતા રહ્યા છે અને હંમેશાં હાથ નીચેના શક્તિશાળી અધિકારીઓનું તેમને જોખમ રહેલું હોય છે. AIનો ઉદય આ સમસ્યાઓને વધુ વકરાવી શકે છે. તેથી કોમ્પ્યુટર નેટવર્ક સરમુખત્યારોને એક ભયંકર મૂંઝવણમાં મૂકે છે. તે અચૂક કહેવાતી ટેક્નોલૉજી પર વિશ્વાસ કરીને તેમની હાથ નીચેના માનવ અધિકારીઓની ચુંગાલમાંથી છટકી શકે છે, પણ એમ કરે તો તે ટેક્નોલૉજીની કઠપૂતળી બની શકે છે.

અથવા, તે AIની દેખરેખ માટે એક માનવ સંસ્થા પણ બનાવી શકે છે, પરંતુ તે સંસ્થા તેની પોતાની શક્તિને પણ મર્યાદિત કરી શકે છે.

જો વિશ્વના અમુક જ સરમુખત્યાર પણ AI પર વિશ્વાસ કરવાનું પસંદ કરે છે, તો આના સમગ્ર માનવજાત માટે તેના દૂરગામી પરિણામો આવી શકે છે. વિજ્ઞાન સાહિત્ય નિયંત્રણ બહાર જતી રહેલી અને માનવજાતને ગુલામ બનાવતી કે તેમનો નાશ કરતી AIની વાર્તાઓથી ભર્યું પડ્યું છે. મોટાભાગનું વિજ્ઞાન સાહિત્ય લોકશાહી મૂડીવાદી સમાજોના સંદર્ભમાં આવી વાર્તાઓ કલ્પે છે. એ સમજી શકાય તેમ છે. લોકશાહીમાં રહેતા લેખકો સ્પષ્ટપણે તેમના પોતાના સમાજમાં રસ ધરાવે છે, જ્યારે સરમુખત્યારશાહીમાં રહેતા લેખકોને સામાન્ય રીતે તેમના શાસકોની ટીકા કરવાથી રોકવામાં આવતા હોય છે, પરંતુ માનવતાની AI વિરોધી ઢાલમાં સૌથી નબળું સ્થાન કદાચ સરમુખત્યારોનું છે. AI માટે સત્તા કબજે કરવાનો સૌથી સહેલો રસ્તો ડૉ. ફ્રેન્કેસ્ટાઇનની પ્રયોગશાળામાંથી બહાર નીકળીને નહીં, પરંતુ કોઈ શંકાશીલ ટાઇબેરિયસ સાથે પોતાને જોડી દેવાનો છે.

આ કોઈ ભવિષ્યવાણી નથી, ફક્ત એક સંભાવના છે. 1945 પછી, સરમુખત્યારો અને તેમની હાથ નીચેના અધિકારીઓએ પરમાણુ શસ્ત્રો પર નિયંત્રણ રાખવા માટે લોકશાહી સરકારો અને તેમના નાગરિકોને સહયોગ આપ્યો છે. 9 જુલાઈ 1955ના રોજ આલ્બર્ટ આઇન્સ્ટાઈન, બર્ટ્રાન્ડ રસેલ અને અન્ય ઘણા પ્રખ્યાત વૈજ્ઞાનિકો અને વિચારકોએ રસેલ-આઇન્સ્ટાઈન મેનિફેસ્ટો પ્રકાશિત કર્યો, જેમાં લોકશાહી અને સરમુખત્યારશાહી બંનેના નેતાઓને પરમાણુ યુદ્ધ અટકાવવા માટે સહયોગ કરવાની હાકલ કરવામાં આવી હતી. મેનિફેસ્ટોમાં કહેવામાં આવ્યું છે કે, "અમે માનવ તરીકે માનવજાતને અપીલ કરીએ છીએ: તમારી માનવતાને યાદ રાખો અને બીજું બધું ભૂલી જાઓ. જો તમે એમ કરી શકો છો, તો એક નવા સ્વર્ગનો માર્ગ ખૂલી જશે. જો તમે એમ નથી કરી શકતા, તો તમારી સામે વૈશ્વિક વિનાશનું જોખમ આવી પડે છે."[15] AI માટે પણ આ એટલું જ સાચું છે. સરમુખત્યારોનું એવું માનવું મૂર્ખામી હશે કે AI ચોક્કસપણે શક્તિના સંતુલનને તેમની બાજુ નમાવી આપશે. જો તેઓ સાવચેત નહીં રહે, તો AI પોતે જ સત્તાધીશ બની જશે.

પ્રકરણ-11

સિલિકોનનો પડદો : વૈશ્વિક સામ્રાજ્ય કે વૈશ્વિક વિભાજન?

નવા કોમ્પ્યુટર નેટવર્કના ઉદય અંગે વિવિધ માનવસમાજો કેવી પ્રતિક્રિયા આપી શકે છે તે અગાઉનાં બે પ્રકરણોમાં ચર્ચવામાં આવ્યું છે, પરંતુ આપણે એકબીજા સાથે જોડાયેલા વિશ્વમાં રહીએ છીએ, જ્યાં એક દેશના નિર્ણયો બીજા દેશ પર ઊંડી અસર પાડી શકે છે. AI દ્વારા ઊભા થતાં કેટલાંક ગંભીર જોખમો કોઈ એક માનવસમાજના આંતરિક પરિમાણોમાંથી ઉદ્ભવતા નથી. તેના બદલે, તે ઘણા સમાજોના વિવિધ પરિમાણોમાંથી ઉદ્ભવે છે, જે નવી શસ્ત્રદોડ, નવાં યુદ્ધો અને નવા રાજકીય વિસ્તરણમાં પરિણમી શકે છે.

કોમ્પ્યુટરો હજુ સુધી એટલાં શક્તિશાળી નથી બન્યાં કે તેઓ આપણાં નિયંત્રણમાંથી સંપૂર્ણપણે છટકી શકે કે માનવ સંસ્કૃતિનો નાશ કરી શકે. જ્યાં સુધી માનવતા સંગઠિત છે ત્યાં સુધી, આપણે એવી સંસ્થાઓ બનાવી શકીશું જે AIને નિયંત્રિત કરશે અને અલ્ગોરિધમની ભૂલોને ઓળખશે અને સુધારશે. બદનસીબે, માનવતા ક્યારેય સંગઠિત થઈ નથી. આપણે હંમેશાં અનિષ્ટ અને ઇષ્ટ લોકો વચ્ચેના મતભેદોથી પીડિત રહ્યા છીએ. તેથી, AIનો ઉદય માનવજાતના અસ્તિત્વ માટે જે જોખમ બની રહ્યું છે તે કોમ્પ્યુટરની દુષ્ટતાને કારણે નહીં, પરંતુ આપણી પોતાની ખામીઓને કારણે બની રહ્યું છે.

આમ, એક શંકાશીલ સરમુખત્યાર અમર્યાદિત શક્તિ ભૂલ કરી શકે તેવી AIને સોંપી શકે છે, જેમાં પરમાણુ હુમલા કરવાની શક્તિનો પણ સમાવેશ થતો હોય. જો સરમુખત્યાર પોતાના સંરક્ષણ પ્રધાન કરતાં AI પર વધુ વિશ્વાસ ધરાવતો હોય, તો શું દેશના સૌથી શક્તિશાળી શસ્ત્રોનું નિરીક્ષણ AI પાસે જ હોવું યોગ્ય નથી? પછી જો AI કોઈ ભૂલ કરે છે કે કોઈ અજાણ્યા ધ્યેયને

અનુસરવાનું શરૂ કરે છે, તો તેનું પરિણામ વિનાશક હોઈ શકે છે અને તે માત્ર જે તે દેશ પૂરતું જ નહીં.

એવી જ રીતે, વિશ્વના કોઈ ખૂણામાં કેન્દ્રિત આતંકવાદીઓ પણ વૈશ્વિક રોગચાળો ફેલાવવા માટે AIનો ઉપયોગ કરી શકે છે. આતંકવાદીઓ રોગચાળાના વિજ્ઞાન કરતાં દુનિયાના અંતવાળી કથાઓમાં વધુ નિષ્ણાત હોય એમ બની શકે, પરંતુ તેમને તો ફક્ત લક્ષ્ય નક્કી કરવાની જરૂર પડે અને બાકીનું બધું તેમની AI દ્વારા જ કરવામાં આવે. AI કોઈ નવા રોગકારક જીવાણુનું સંશ્લેષણ કરી શકે છે, તેને કોઈ કોમર્શિયલ પ્રયોગશાળાઓમાંથી ઑર્ડર કરી શકે છે કે પછી તેને પોતાના જૈવિક 3D પ્રિન્ટરમાં છાપી પણ શકે છે. પછી તેને એરપોર્ટ કે ફૂડ સપ્લાય ચેઇન દ્વારા વિશ્વભરમાં ફેલાવવા માટે શ્રેષ્ઠ વ્યૂહરચના પણ ઘડી શકે છે. જો AI એવા વાયરસનું સંશ્લેષણ કરે જે ઇબોલા જેટલો પ્રાણઘાતક, COVID-19 જેટલો ચેપી અને એઇડ્સ જેટલો ધીમો હોય, તો શું થાય? જ્યારે પ્રારંભિક પીડિતો મૃત્યુ પામે અને વિશ્વને આ જોખમની જાણ થાય, ત્યારે પૃથ્વી પરના મોટાભાગના લોકોને ચેપ લાગી ગયો હોય.[1]

આપણે અગાઉનાં પ્રકરણોમાં ચર્ચ્યું છે કે માનવ સંસ્કૃતિને ફક્ત પરમાણુ બૉમ્બ અને વાયરસ જેવા ભૌતિક અને જૈવિક સામૂહિક વિનાશનાં શસ્ત્રોનું જ જોખમ નથી. માનવ સંસ્કૃતિનો એવા સામાજિક સામૂહિક વિનાશના શસ્ત્રો (વેપન્સ ઑફ સોશિયલ માસ ડિસ્ટ્રક્શન) દ્વારા પણ નાશ કરી શકાય છે, જે વિવિધ કથાઓ દ્વારા આપણા સામાજિક માળખા અને બંધનોને નબળાં પાડી શકે છે. કોઈ એક દેશમાં વિકસિત AIનો ઉપયોગ ખોટા સમાચાર, ખોટું ચલણ અને નકલી માણસોને મોટી સંખ્યામાં અન્ય દેશોમાં ફેલાવવા માટે થઈ શકે છે, જેથી અન્ય દેશોના લોકો કોઈ પણ વસ્તુ કે વ્યક્તિ પર વિશ્વાસ કરવાની ક્ષમતા ગુમાવી દે.

ઘણા લોકશાહી અને સરમુખત્યારશાહી સમાજો AIના આવા ઉપયોગોને નિયંત્રિત કરવા, અનિષ્ટ લોકો પર કબજો કરવા તેમજ તેમના પોતાના શાસકો અને કટ્ટરપંથીઓની ખતરનાક મહત્ત્વાકાંક્ષાઓને રોકવા માટે જવાબદારીપૂર્વક કાર્યો કરી શકે છે, પરંતુ જો મુઠ્ઠીભર સમાજો પણ એમ કરવામાં નિષ્ફળ જાય, તો એ સમગ્ર માનવજાતને જોખમમાં મૂકવા માટે પૂરતું હોઈ શકે છે. આબોહવા પરિવર્તન એવા દેશોનો પણ વિનાશ કરી શકે છે, જેણે પર્યાવરણને લગતા ઉત્તમ નિયમો અપનાવ્યા હોય, કારણ કે તે રાષ્ટ્રીય નહીં, પરંતુ વૈશ્વિક સમસ્યા છે. એવી જ રીતે AI પણ એક વૈશ્વિક સમસ્યા છે. કોઈ દેશ એવી કલ્પના કરે કે જ્યાં સુધી તે પોતાની સરહદોમાં AIને સમજદારીપૂર્વક નિયંત્રિત કરશે, ત્યાં

સુધી એ નિયંત્રણો તેમને AI ક્રાંતિના સૌથી ખરાબ પરિણામોથી બચાવશે, તો એ એમની મૂર્ખામી હશે. એવી જ રીતે, નવી કોમ્પ્યુટર રાજનીતિને સમજવા માટે, સ્વતંત્ર સમાજો AI બાબતે કેવી પ્રતિક્રિયા આપી શકે છે તેની તપાસ કરવી પૂરતું નથી. આપણે એ પણ વિચારવાની જરૂર છે કે AI વૈશ્વિક સ્તરે સમાજો વચ્ચેના સંબંધોને કેવી રીતે બદલી શકે છે.

અત્યારે વિશ્વ લગભગ બસો રાષ્ટ્રો-રાજ્યોમાં વહેંચાયેલું છે, જેમાંથી મોટાભાગનાને 1945 પછી જ સ્વતંત્રતા મળી છે. તે બધા સમાન નથી. આ યાદીમાં બે મહાસત્તાઓ, મુઠ્ઠીભર મોટી શક્તિઓ, અનેક બ્લોક અને જોડાણો અને ઘણાં નાનકડાં રાજ્યો સામેલ છે. તેમ છતાં, નાનામાં નાનાં રાજ્યોને પણ કેટલાક લાભ મળતા હોય છે, જે મહાસત્તાઓને એકબીજા સામે ભિડાવાની તેમની ક્ષમતા દ્વારા જોવા મળે છે. ઉદાહરણ તરીકે, 2020ના દાયકાની શરૂઆતમાં, ચીન અને યુનાઇટેડ સ્ટેટ્સમાં વ્યૂહાત્મક રીતે મહત્ત્વપૂર્ણ દક્ષિણ પેસિફિક ક્ષેત્રમાં પ્રભાવ માટે સ્પર્ધા ચાલતી હતી. બંને મહાસત્તાઓએ ટોંગા, તુવાલુ, કિરીબાતી અને સોલોમન ટાપુઓ જેવા ટાપુ રાષ્ટ્રોને થાબડભાણા કર્યા હતા. આ નાનાં રાષ્ટ્રોની વસ્તી 7,40,000 (સોલોમન ટાપુઓ)થી 11,000 (તુવાલુ) સુધીની છે અને તેમની સરકારો પાસે કઈ રીતે આગળ વધવું તે નક્કી કરવા માટે નોંધપાત્ર છૂટ હતી અને તેઓ નોંધપાત્ર છૂટછાટો અને સહાય મેળવી શક્યા હતા.[2]

કતાર જેવાં અન્ય નાનાં રાજ્યોએ ભૂરાજકીય ક્ષેત્રમાં પોતાને મહત્ત્વપૂર્ણ દેશ તરીકે સ્થાપિત કર્યા છે. ફક્ત 3,00,000 નાગરિકોવાળું કતાર મધ્ય પૂર્વમાં મહત્ત્વાકાંક્ષી વિદેશનીતિઓને અનુસરી રહ્યું છે, વૈશ્વિક અર્થતંત્રમાં મહત્ત્વનો ભાગ ભજવી રહ્યું છે અને આરબ વિશ્વનું સૌથી પ્રભાવશાળી ટીવી નેટવર્ક 'અલ જઝીરા' પણ ત્યાં જ છે. કોઈ એવી દલીલ કરી શકે છે કે કતાર તેના કદથી ઘણું ઉપર જઈ શકે છે, કારણ કે તે વિશ્વમાં કુદરતી ગેસનો ત્રીજો સૌથી મોટો નિકાસકાર દેશ છે. છતાં એક અલગ આંતરરાષ્ટ્રીય વાતાવરણમાં, કતાર એ સ્વતંત્ર દેશ નહીં, પરંતુ કોઈ પણ રાજવી આક્રાંતાની યાદીમાં રહેલું પહેલું નામ હોત. તે દર્શાવે છે કે 2024 સુધી તો કતારના ઘણા મોટા પડોશીઓ અને વિશ્વની મહાસત્તાઓ આ નાનકડા ગલ્ફ રાજ્યને તેની અદ્ભુત સંપત્તિ માણવા દઈ રહી છે. ઘણા લોકો આંતરરાષ્ટ્રીય વ્યવસ્થાને જંગલ તરીકે વર્ણવે છે. જો એમ હોય, તો તે એક એવું જંગલ છે, જેમાં વાઘ ચરબીયુક્ત, જાડી મરઘીઓને પ્રમાણમાં વધુ સલામતીમાં રહેવા દે છે.

કતાર, ટોંગા, તુવાલુ, કિરીબાતી અને સોલોમન ટાપુઓ બધા સૂચવે છે કે આપણે અનુસામ્રાજ્યવાદી યુગમાં જીવી રહ્યા છીએ. 1970ના દાયકામાં

યુરોપિયન રાજવી વ્યવસ્થાના અંતિમ વિનાશના ભાગરૂપે તેમને બ્રિટિશ સામ્રાજ્યથી સ્વતંત્રતા મળી હતી. આંતરરાષ્ટ્રીય ક્ષેત્રમાં હવે તેમનો જે પ્રભાવ છે તે દર્શાવે છે કે એકવીસમી સદીના પ્રથમ પચીસ વર્ષોમાં સત્તા થોડાં સામ્રાજ્યોના બદલે પ્રમાણમાં ઘણા બધા દેશો વચ્ચે વહેંચાયેલી છે.

નવા કોમ્પ્યુટર નેટવર્કનો ઉદય આંતરરાષ્ટ્રીય રાજકારણને કેવી રીતે બદલી શકે છે? સરમુખત્યારીવાળી AI દ્વારા પરમાણુ યુદ્ધ શરૂ કરવું કે આતંકવાદી AI દ્વારા પ્રાણઘાતક રોગચાળો ફેલાવવો જેવા કયામતના દિવસોની કલ્પના બાજુ પર રાખીએ, તો પણ કોમ્પ્યુટરો વર્તમાન આંતરરાષ્ટ્રીય વ્યવસ્થા માટે બે મુખ્ય પડકારો ઊભા કરે છે. પ્રથમ, કોમ્પ્યુટરો માહિતી અને શક્તિને એક જગ્યાએ કેન્દ્રિત કરવાનું સરળ બનાવે છે માટે માનવતા એક નવા સામ્રાજ્યવાદી યુગમાં પ્રવેશી શકે છે. થોડાં સામ્રાજ્યો (અથવા કદાચ એક જ સામ્રાજ્ય) સમગ્ર વિશ્વ પર બ્રિટિશ સામ્રાજ્ય કે સોવિયેત સામ્રાજ્ય કરતાં વધુ ચુસ્ત પકડ જમાવી શકે છે. ટોંગા, તુવાલુ અને કતાર સ્વતંત્ર રાજ્યોમાંથી વસાહતોમાં ફેરવાઈ શકે છે, પચાસ વર્ષ પહેલાંની પરિસ્થિતિની જેમ.

બીજું, માનવતા એક નવા સિલિકોન પડદા દ્વારા વિભાજિત થઈ શકે છે, જે હરીફ ડિજિટલ સામ્રાજ્યો વચ્ચે ઊભી થશે, જેમ જેમ દરેક શાસન AIની જોડાણની સમસ્યાનો ઉકેલ સરમુખત્યારની મૂંઝવણ અને અન્ય તકનીકી મુશ્કેલીઓ અનુસાર પોતપોતાની રીતે લાવવા માંડશે, તેમ તેમ દરેક શાસન એક આગવું અને ખૂબ જ અલગ કોમ્પ્યુટર નેટવર્ક બનાવી શકે છે. પછી વિવિધ નેટવર્કો માટે એકબીજા સાથે વ્યવહાર કરવો વધુ મુશ્કેલ બની શકે છે અને તે જ રીતે તેઓ જે માનવોને નિયંત્રિત કરે છે તેમના માટે પણ મુશ્કેલી વધી શકે છે. ઈરાન કે રશિયાના નેટવર્કના ભાગરૂપે રહેતા કતારવાસીઓ, ચીની નેટવર્કના ભાગરૂપે રહેતા ટોંગાવાસીઓ અને અમેરિકાના નેટવર્કના ભાગરૂપે રહેતા તુવાલુના લોકોના અનુભવો અને વિશ્વ પ્રત્યેનો દૃષ્ટિકોણ એટલા અલગ અલગ હોઈ શકે છે કે તેઓ સંવાદ કરી શકશે નહીં કે એકબીજા સાથે વધુ સહમત થઈ શકશે નહીં.

જો આવું ખરેખર થાય, તો તેનાં આગવાં વિનાશક પરિણામો હોઈ શકે છે. કદાચ દરેક સામ્રાજ્ય તેના પરમાણુ શસ્ત્રોને માનવનિયંત્રણ હેઠળ રાખી શકે છે અને તેના કટ્ટરવાદીઓને જૈવિક શસ્ત્રોથી દૂર રાખી શકે છે, પરંતુ હરીફ છાવણીઓમાં વિભાજિત માનવ પ્રજાતિઓ જે એકબીજાને સમજી શકતી નથી તેમના માટે વિનાશક યુદ્ધો ટાળવાની કે વિનાશક આબોહવા પરિવર્તનને રોકવાની તક ઘણી ઓછી હોય છે. અપારદર્શક સિલિકોન પડદા દ્વારા અલગ પડેલાં

હરીફ સામ્રાજ્યોની દુનિયા પણ AIની વિસ્ફોટક શક્તિને નિયંત્રિત કરવામાં અસમર્થ હશે.

ડિજિટલ સામ્રાજ્યોનો ઉદય

પ્રકરણ-9માં આપણે ઔદ્યોગિક ક્રાંતિ અને આધુનિક સામ્રાજ્યવાદ વચ્ચેના જોડાણ પર સંક્ષિપ્ત ચર્ચા કરી હતી. શરૂઆતમાં એમ સ્પષ્ટ નહોતું દેખાતું કે ઔદ્યોગિક ટેક્નોલૉજીનો સામ્રાજ્યો નિર્માણ પર ખાસ પ્રભાવ પડશે. અઢારમી સદીમાં જ્યારે બ્રિટિશ આધિપત્યની કોલસાની ખાણોમાં પાણી માટે પ્રથમવાર સ્ટીમ એન્જિનનો ઉપયોગ કરવામાં આવ્યો હતો, ત્યારે કોઈએ વિચાર્યું નહોતું કે તેઓ આખરે માનવ ઇતિહાસના સૌથી મહત્ત્વાકાંક્ષી સામ્રાજ્યવાદી સાહસને શક્તિ આપશે. જ્યારે ઓગણીસમી સદીની શરૂઆતમાં ઔદ્યોગિક ક્રાંતિએ ગતિ પકડી, ત્યારે તે ખાનગી ઉદ્યોગો દ્વારા લાવવામાં આવી હતી, કારણ કે સરકારો અને સૈન્ય તેની સંભવિત ભૂરાજકીય અસરને સમજવામાં પ્રમાણમાં ધીમા હતા. ઉદાહરણ તરીકે, વિશ્વની પ્રથમ વ્યાપારી રેલવે 1830માં લિવરપુલ અને માન્ચેસ્ટર વચ્ચે ચાલુ થઈ હતી અને તે ખાનગી માલિકીની લિવરપુલ ઍન્ડ માન્ચેસ્ટર રેલવે કંપની દ્વારા બનાવવામાં અને સંચાલિત કરવામાં આવી હતી. યુકે, યુનાઇટેડ સ્ટેટ્સ, ફ્રાન્સ, જર્મની અને અન્યત્ર મોટાભાગની અન્ય પ્રારંભિક રેલવે લાઇનો માટે પણ આવું જ હતું. તે સમયે એવું બિલકુલ સ્પષ્ટ નહોતું કે સરકારો કે સૈન્યોએ આવા વ્યાપારી સાહસોમાં શા માટે સામેલ થવું જોઈએ.

જોકે ઓગણીસમી સદીના મધ્ય સુધીમાં અગ્રણી ઔદ્યોગિક શક્તિઓની સરકારો અને સશસ્ત્ર દળોએ આધુનિક ઔદ્યોગિક ટેક્નોલૉજીની અમાપ ભૂરાજકીય સંભાવનાને સંપૂર્ણપણે ઓળખી લીધી હતી. કાચા માલ અને બજારોની જરૂરિયાત સામ્રાજ્યવાદને વાજબી ઠેરવતી હતી જ્યારે ઔદ્યોગિક ટેક્નોલૉજીથી સામ્રાજ્યવાદી વિજય સરળ બનતો હતો. ઉદાહરણ તરીકે, અફીણ યુદ્ધોમાં ચીનીઓ પર બ્રિટિશરોના વિજય માટે વરાળથી ચાલતાં વહાણો મહત્ત્વપૂર્ણ હતાં, પશ્ચિમમાં અમેરિકાનું વિસ્તરણ તેમજ પૂર્વ અને દક્ષિણમાં રશિયાના વિસ્તરણમાં રેલવેએ નિર્ણાયક ભૂમિકા ભજવી હતી. વાસ્તવમાં, ઘણાં સામ્રાજ્યવાદી સાહસો ટ્રાન્સસાઇબીરિયન અને ટ્રાન્સકાસ્પિયન રશિયન લાઇન, બર્લિન-બગદાદ રેલવેનું જર્મન સ્વપ્ન અને કૈરોથી કેપ સુધી રેલવેલાઇન નાખવાનું બ્રિટિશ સ્વપ્ન જેવા રેલવેના નિર્માણની આસપાસ આકાર પામ્યા હતા.[3]

તેમ છતાં, મોટાભાગના દેશો સમયની સાથે વધતી જતી ઔદ્યોગિક

સ્પર્ધામાં જોડાયા ન હતા. સોલોમન ટાપુઓના મેલાનેશિયન સરદારો અને કતારના અલ થાની જાતિ જેવા કેટલાકમાં આવું કરવાની ક્ષમતાનો અભાવ હતો. બર્મીઝ સામ્રાજ્ય, અશાંતિ સામ્રાજ્ય અને ચીની સામ્રાજ્ય જેવા અન્યો પાસે કદાચ ક્ષમતા હતી, પરંતુ ઇચ્છાશક્તિ અને દૂરંદેશીનો અભાવ હતો. તેમના શાસકો અને રહેવાસીઓ કાં તો ઉત્તરપશ્ચિમ ઇંગ્લૅન્ડ જેવાં સ્થળોએ થયેલા વિકાસને જોતા-સમજતા નહોતા કે પછી તેમને લાગતું નહોતું કે એ બધાને તેમની સાથે કોઈ લેવાદેવા હોય. બર્માના ઇરાવદી બેસિન કે ચીનના યાંગ્ત્ઝે બેસિનના ચોખાના ખેડૂતોએ લિવરપુલ-માન્ચેસ્ટર રેલવે વિશે શા માટે ચિંતા કરવી જોઈએ? જોકે, ઓગણીસમી સદીના અંત સુધીમાં આ ચોખાના ખેડૂતો પર બ્રિટિશ સામ્રાજ્યનું શાસન હતું કે પછી પરોક્ષ રીતે બ્રિટિશ સામ્રાજ્ય દ્વારા તેમનું શોષણ કરવામાં આવતું હતું. ઔદ્યોગિક સ્પર્ધામાં મોટાભાગના પાછળ રહી ગયેલા દેશો પર પણ એક યા બીજી ઔદ્યોગિક શક્તિનું શાસન કે પ્રભુત્વ સ્થપાઈ ગયું હતું. શું AIના ઉદયથી પણ આવું જ કંઈક થઈ શકે છે?

એકવીસમી સદીના શરૂઆતનાં વર્ષોમાં જ્યારે AI વિકસાવવાની દોડ જોરશોરથી ચાલી રહી હતી, ત્યારે શરૂઆતમાં તે પણ થોડાક જ દેશોમાં ખાનગી ઉદ્યોગસાહસિકો દ્વારા શરૂ કરવામાં આવી હતી. તેમણે પણ વિશ્વની માહિતીના પ્રવાહને કેન્દ્રિત કરવા પર જ ધ્યાન કેન્દ્રિત કર્યું હતું. ગૂગલ વિશ્વની બધી માહિતીને એક જ જગ્યાએ ગોઠવવા માંગતું હતું. એમેઝોન વિશ્વની બધી ખરીદીને કેન્દ્રિત કરવા માંગતું હતું. ફેસબુક વિશ્વના તમામ સોશિયલ મીડિયાના ક્ષેત્રોને જોડવા માંગતું હતું, પરંતુ જ્યાં સુધી બધી માહિતી પર એક જ જગ્યાએ પ્રોસેસિંગ ન થઈ શકે, ત્યાં સુધી વિશ્વની બધી માહિતીને કેન્દ્રિત કરવી વ્યવહારુ કે ફાયદાકારક નથી અને 2000માં, જ્યારે ગૂગલનું સર્ચ એન્જિન હજુ પા પા પગલી ભરી રહ્યું હતું, એમેઝોન એક સાધારણ ઑનલાઇન બુકશોપ હતું અને માર્ક ઝુકરબર્ગ હજુ હાઈસ્કૂલમાં જ હતો, ત્યારે ડેટાના મહાસાગરોને એક જ જગ્યાએ પ્રોસેસ કરવા માટે જરૂરી AIની કોઈ વાત પણ નહોતું કરતું, પરંતુ કેટલાક લોકો એમ કહેતા હતા ખરા કે તેના આગમનની ઘડીઓ ગણાઈ રહી હતી.

'વાયર્ડ' મૅગેઝિનના સ્થાપક સંપાદક કેવિન કેલીએ કહ્યું હતું કે, 2002માં તેમણે ગૂગલમાં એક નાની પાર્ટીમાં હાજરી આપી હતી અને લેરી પેજ સાથે વાતચીત કરી હતી. "લેરી, મને હજુ પણ સમજાતું નથી. ઘણી બધી સર્ચ કંપનીઓ છે. તો તમે એ વેબ સર્ચ મફતમાં કેમ આપો છો? તમને તેમાંથી

શું મળે છે?" પેજે કહ્યું હતું કે, ગૂગલ સર્ચ પર બિલકુલ ધ્યાન કેન્દ્રિત કરતું નથી. "અમે ખરેખર તો AI બનાવી રહ્યા છીએ," તેમણે કહ્યું હતું.[4] ઘણો ડેટા AI બનાવવાનું સરળ બનાવે છે અને AI ઘણા બધા ડેટાને મોટી શક્તિમાં ફેરવી શકે છે.

2010ના દાયકા સુધીમાં એ સ્વપ્ન વાસ્તવિકતા બની રહ્યું હતું. દરેક મોટી ઐતિહાસિક ક્રાંતિની જેમ જ, AIનો ઉદય એક ક્રમિક પ્રક્રિયા હતી જેમાં અસંખ્ય પગલાંઓનો સમાવેશ થતો હતો અને દરેક ક્રાંતિની જેમ, આમાંના કેટલાક પગલાંને ટર્નિંગ પોઇન્ટ માનવામાં આવ્યા હતા, જેમ કે લિવરપુલ-માન્ચેસ્ટર રેલવેનું ઉદઘાટન. AIની કથાના વિપુલ સાહિત્યમાં, બે ઘટનાઓ વારંવાર જોવા મળે છે. પ્રથમ ઘટના ત્યારે બની જ્યારે 30 સપ્ટેમ્બર, 2012ના રોજ એલેક્સનેટ નામના કન્વોલ્યુશનલ ન્યુરલ નેટવર્કે 'ઇમેજનેટ લાર્જ સ્કેલ વિઝ્યુઅલ રેકગ્નિશન ચેલેન્જ' જીતી હતી.

જો તમને ખ્યાલ ન હોય કે કન્વોલ્યુશનલ ન્યૂરલ નેટવર્ક શું છે અને જો તમે ક્યારેય ઇમેજનેટ ચેલેન્જ વિશે સાંભળ્યું નથી, તો તમે કંઈ ગુનો નથી કર્યો. આપણામાંથી 99 ટકાથી વધુ લોકોએ પણ એ વિશે કંઈ સાંભળ્યું નથી માટે જ 2012માં એલેક્સનેટની જીતના ફ્રન્ટ પેજ પર મથાળા બંધાયાં નહોતાં, પરંતુ કેટલાક માણસોએ એલેક્સનેટની જીત વિશે સાંભળ્યું હતું અને તેઓ આવનારા સમયની દિશા સમજી ગયા હતા.

ઉદાહરણ તરીકે, તેઓ જાણતા હતા કે ઈમેજનેટ લાખો એનોટેટેડ ડિજિટલ ઈમેજીસનો ડેટાબેઝ છે. શું કોઈ વેબસાઈટે ક્યારેય તમને ઈમેજીસના સેટ જોઈને અને કઈ ઈમેજીસમાં કાર છે કે બિલાડી છે તેની પર ક્લિક કરીને એમ સાબિત કરવા કહ્યું છે કે તમે રોબોટ નથી? તમે ક્લિક કરેલી ઈમેજીસ કદાચ ઈમેજનેટ ડેટાબેઝમાં ઉમેરવામાં આવી હશે. આ જ વસ્તુ તમારી પાલતુ બિલાડીની તમે ઓનલાઇન અપલોડ અને ટેગ કરેલી ઈમેજીસ સાથે પણ થઈ હશે. ઈમેજનેટ લાર્જ સ્કેલ વિઝ્યુઅલ રેકગ્નિશન ચેલેન્જ વિવિધ અલ્ગોરિધમોનું એ વાતે પરીક્ષણ કરે છે કે તેઓ ડેટાબેઝમાંની એનોટેટેડ ઈમેજીસને કેટલી સારી રીતે ઓળખી શકે છે. શું તેઓ બિલાડીઓને યોગ્ય રીતે ઓળખી શકે છે? જ્યારે માણસોને તેમ કરવાનું કહેવામાં આવે છે, ત્યારે સો બિલાડીની ઈમેજીસમાંથી આપણે પંચાણુને બિલાડીઓ તરીકે યોગ્ય રીતે ઓળખી શકીએ છીએ. 2010માં શ્રેષ્ઠ અલ્ગોરિધમોનો સફળતા દર માત્ર 72 ટકા હતો. 2011માં અલ્ગોરિધમની સફળતા દર 75 ટકા સુધી ગયો. 2012માં એલેક્સનેટ અલ્ગોરિધમે 85 ટકા સફળતા મેળવીને એ સ્પર્ધા જીતી લીધી અને AI નિષ્ણાતોના ત્યારે ખૂબ નાના

એવા સમુદાયને આશ્ચર્યચકિત કરી દીધું હતું. આ સુધારો સામાન્ય લોકોને બહુ ઓછો લાગશે પણ તેણે નિષ્ણાતોને ચોક્કસ AI ક્ષેત્રોમાં ઝડપી પ્રગતિની સંભાવના દર્શાવી દીધી હતી. 2015 સુધીમાં માઇક્રોસોફ્ટના અલ્ગોરિધમે બિલાડીની તસવીરો ઓળખવામાં 96 ટકા ચોકસાઈ પ્રાપ્ત કરી લીધી હતી જે માનવક્ષમતાને વટાવી ગઈ હતી.

2016માં, 'ધ ઇકોનૉમિસ્ટ' સામાયિકે "ફ્રોમ નોટ વર્કિંગ ટુ ન્યૂરલ નેટવર્કિંગ" શીર્ષક હેઠળ એક લેખ પ્રકાશિત કર્યો જેમાં પૂછવામાં આવ્યું હતું કે, "શરૂઆતના દિવસોથી જ ઘમંડ અને નિરાશા સાથે સંકળાયેલ કૃત્રિમ બુદ્ધિ અચાનક ટેક્નોલૉજીમાં સૌથી ચર્ચાસ્પદ ક્ષેત્ર કેવી રીતે બની ગયું છે?" તે એલેક્સનેટની એ જીત તરફ નિર્દેશ કરે છે અને કહે છે કે એ પછી "ફક્ત AI સમુદાયે જ નહીં, પરંતુ સમગ્ર ટેક્નોલૉજી ઉદ્યોગે તેની પર ધ્યાન આપવાનું શરૂ કર્યું હતું." લેખમાં બિલાડીનો ફોટો પકડી રાખેલા રોબોટિક હાથની છબી દર્શાવવામાં આવી હતી.[5]

ટેક જાયન્ટોએ વિશ્વભરમાંથી વપરાશકર્તાઓ કે કર વસૂલનારાઓને એક પૈસો ચૂકવ્યા વિના જે બિલાડીની છબીઓ એકત્રિત કરી હતી તે બધી જ અતિ મૂલ્યવાન સાબિત થઈ હતી. AIની સ્પર્ધા ચાલુ થઈ ગઈ હતી અને સ્પર્ધકો બિલાડીની છબીઓ થકી દોડી રહ્યા હતા. જ્યારે એલેક્સનેટ પેલી ઇમેજનેટની સ્પર્ધા માટે તૈયારી કરી રહ્યું હતું, ત્યારે ગૂગલ પણ તેની AIને બિલાડીની છબીઓ પર તાલીમ આપી રહ્યું હતું અને તેણે 'મ્યાઉ જનરેટર' નામની એક બિલાડીની તસવીર સર્જતી AI પણ બનાવી હતી.[6] સુંદર બિલાડીના બચ્ચાંને ઓળખીને વિકસાવવામાં આવેલી ટેક્નોલૉજી પાછળથી વિનાશક હેતુઓ માટે ઉપયોગમાં લેવામાં આવી હતી. ઉદાહરણ તરીકે, ઇઝરાયલે તેના આધારે રેડ વુલ્ફ, બ્લુ વુલ્ફ અને વુલ્ફ પેક એપ્લિકેશનો બનાવી હતી જેનો ઉપયોગ ઇઝરાયલી સૈનિકો દ્વારા કબજા હેઠળના પ્રદેશોમાં પેલેસ્ટાઇનવાસીઓના ચહેરાની ઓળખ માટે કરવામાં આવતો હતો.[7] બિલાડીની છબીઓને ઓળખવાની ક્ષમતાનો જ ઉપયોગ કરીને ઈરાને હિજાબ વિનાની મહિલાઓને આપમેળે ઓળખતું અને તેના હિજાબ કાયદાઓ લાગુ કરવા માટે ઉપયોગમાં લેવાતું અલ્ગોરિધમ પણ વિકસાવ્યું હતું. પ્રકરણ-8માં સમજાવ્યા મુજબ, મશીન લર્નિંગ અલ્ગોરિધમોને તાલીમ આપવા માટે મોટા પ્રમાણમાં ડેટાની જરૂર પડે છે. વિશ્વભરના લોકોએ જો લાખો બિલાડીની તસવીરો મફતમાં અપલોડ ન કરી હોત અને તેની નીચે એ બિલાડી હોવા વિશે કંઈ લખ્યું ન હોત, તો એલેક્સનેટ અલ્ગોરિધમ કે મ્યાઉ જનરેટરને તાલીમ આપવી

શક્ય ન હોત. આ વસ્તુ જ દૂરગામી આર્થિક, રાજકીય અને લશ્કરી ક્ષમતા ધરાવતી અનુગામી AI માટેનો નમૂનો પણ બની રહી હતી.[8]

જેમ ઓગણીસમી સદીની શરૂઆતમાં રેલવે બનાવવાનો પ્રયાસ ખાનગી ઉદ્યોગસાહસિકો દ્વારા કરવામાં આવ્યો હતો, તેવી જ રીતે એકવીસમી સદીની શરૂઆતમાં ખાનગી કૉર્પોરેશનો AI સ્પર્ધામાં પ્રારંભિક સમયના મુખ્ય સ્પર્ધકો હતા. ગૂગલ, ફેસબુક, અલીબાબા અને બાયડુના અધિકારીઓએ રાષ્ટ્રપતિઓ અને સેનાપતિઓ કરતા પહેલાં બિલાડીની છબીઓને ઓળખવાનું મૂલ્ય સમજ્યું હતું. જ્યારે રાષ્ટ્રપતિઓ અને સેનાપતિઓએ શું થઈ રહ્યું હતું તે સમજાયું તેવી બીજી યુરેકા ક્ષણ માર્ચ 2016ના મધ્યમાં આવી હતી. તે લી સેડોલ પર ગૂગલના આલ્ફાગોનો આગળ નોંધેલો વિજય હતો. એલેક્સનેટની સિદ્ધિને રાજકારણીઓ દ્વારા મોટાભાગે અવગણવામાં આવી હતી, પણ આલ્ફાગોની જીતે ખાસ કરીને પૂર્વ એશિયાની સરકારી કચેરીઓમાં આઘાતનાં મોજાં ફેલાવ્યાં હતાં. ચીન અને તેની આસપાસના દેશોમાં 'ગો' રમત એક સાંસ્કૃતિક ખજાનો મનાય છે અને મહત્ત્વાકાંક્ષી વ્યૂહરચનાકારો અને નીતિ-નિર્માતાઓ માટે તે આદર્શ તાલીમ માનવામાં આવે છે. AI ક્ષેત્રની દંતકથાઓ મુજબ માર્ચ 2016માં ચીની સરકારને સમજાયું હતું કે AIનો યુગ શરૂ થઈ ગયો છે.[9]

એમાં કોઈ આશ્ચર્ય નથી કે ચીની સરકાર કદાચ સૌથી પહેલા જે થઈ રહ્યું હતું તેનું સંપૂર્ણ મહત્ત્વ સમજવા માંડી હતી. ઓગણીસમી સદીમાં, ચીને ઔદ્યોગિક ક્રાંતિની સંભાવનાઓ સમજવામાં મોડું કર્યું હતું તેમજ રેલવે અને સ્ટીમશીપ જેવા આવિષ્કારોને અપનાવવામાં પણ ધીમું રહ્યું હતું. પરિણામે, ચીની લોકો જેને "અપમાનની સદી" કહે છે તે તેમણે સહેવી પડી હતી. સદીઓ સુધી વિશ્વની સૌથી મોટી મહાસત્તા રહ્યા પછી, આધુનિક ઔદ્યોગિક ટેક્નોલૉજી અપનાવવામાં નિષ્ફળ જવાથી ચીન ઘૂંટણિયે આવી ગયું હતું. તે વારંવાર યુદ્ધોમાં હાર્યું, વિદેશીઓ દ્વારા આંશિક રીતે જીતી લેવામાં આવ્યું તેમજ રેલવે અને સ્ટીમશિપને સમજતી શક્તિઓ દ્વારા તેનું ઘણું શોષણ કરવામાં આવ્યું. ચીને ફરી ક્યારેય આવી ક્ષણ ન ચૂકવાની પ્રતિજ્ઞા ત્યારે જ લીધી હતી.

2017માં ચીનની સરકારે તેનો "ન્યૂ જનરેશન આર્ટિફિશિયલ ઇન્ટેલિજન્સ પ્લાન" બહાર પાડ્યો, જેમાં જાહેરાત કરવામાં આવી હતી કે, "2030 સુધીમાં ચીનની AIની થિયરીઓ, ટેક્નોલૉજીઓ અને એપ્લિકેશનો વિશ્વમાં અગ્રણી બની રહેશે, જેનાથી ચીન વિશ્વનું AIની શોધખોળોનું કેન્દ્ર બની રહેશે."[10] પછીના વર્ષોમાં ચીને AIમાં વિશાળ માત્રામાં સંસાધનો ખર્ચ્યા જેથી 2020ના દાયકાની

શરૂઆતમાં તે ઘણા AI સંબંધિત ક્ષેત્રોમાં વિશ્વનું નેતૃત્વ કરી રહ્યું હતું અને અન્ય ક્ષેત્રોમાં યુનાઇટેડ સ્ટેટ્સની બરોબર આવી ગયું હતું.[11]

અલબત્ત, ચીનની સરકાર એકમાત્ર એવી સરકાર નહોતી, જે AIના મહત્ત્વ બાબતે જાગૃત થઈ હોય. 1 સપ્ટેમ્બર, 2017ના રોજ રશિયાના રાષ્ટ્રપતિ પુતિને જાહેર કર્યું, “AI એ ફક્ત રશિયા માટે જ નહીં, પરંતુ સમગ્ર માનવજાત માટે ભવિષ્ય છે, જે કોઈ આ ક્ષેત્રમાં અગ્રણી બનશે તે વિશ્વ શાસક બની રહેશે.” જાન્યુઆરી 2018માં ભારતના વડા પ્રધાન મોદીએ કહ્યું હતું કે, “જે ડેટાને નિયંત્રિત કરશે તે જ વિશ્વને નિયંત્રિત કરશે.”[12] ફેબ્રુઆરી 2019માં રાષ્ટ્રપતિ ટ્રમ્પે AIને લગતા એક એક્ઝિક્યુટિવ ઑર્ડર પર હસ્તાક્ષર કર્યા જેમાં કહેવામાં આવ્યું હતું કે, “AIનો યુગ આવી ગયો છે” અને “યુનાઇટેડ સ્ટેટ્સની આર્થિક અને રાષ્ટ્રીય સુરક્ષા જાળવવા માટે આર્ટિફિશિયલ ઇન્ટેલિજન્સનું નેતૃત્વ સતત અમેરિકા પાસે હોય, તે ખૂબ જ મહત્ત્વપૂર્ણ છે.”[13] તે સમયે યુનાઇટેડ સ્ટેટ્સ પહેલેથી જ AIની સ્પર્ધામાં સૌથી અગ્રેસર હતું, જે મોટાભાગે દૂરંદેશી ખાનગી ઉદ્યોગસાહસિકોના પ્રયાસોને આભારી હતું. જોકે કૉર્પોરેશનો વચ્ચે વ્યાપારી સ્પર્ધા તરીકે જે શરૂ થયું હતું, તે હવે સરકારો વચ્ચેના મુકાબલામાં અથવા કદાચ વધુ સચોટ રીતે કહીએ તો સ્પર્ધાત્મક ટીમો વચ્ચેની સ્પર્ધામાં ફેરવાઈ રહ્યું હતું જેમાં દરેક ટીમ એક સરકાર અને અનેક કૉર્પોરેશનોથી બનેલી હતી. વિજેતાનું ઇનામ? વૈશ્વિક પ્રભુત્વ.

ડેટાની વસાહતો

સોળમી સદીમાં જ્યારે સ્પેનિશ, પોર્ટુગીઝ અને ડચ વિજેતાઓ ઇતિહાસના પ્રથમ વૈશ્વિક સામ્રાજ્યો બનાવી રહ્યા હતા, ત્યારે તેઓ સઢવાળાં જહાજો, ઘોડાઓ અને ગનપાઉડર લઈને આવ્યા હતા. ઓગણીસમી અને વીસમી સદીમાં જ્યારે બ્રિટિશ, રશિયનો અને જાપાનીઓ વર્ચસ્વ માટે હોડ બકતા હતા, ત્યારે તેઓ સ્ટીમશિપ, રેલવે અને મશીનગનો પર આધાર રાખતા હતા. એકવીસમી સદીમાં કોઈ વસાહત પર પ્રભુત્વ મેળવવા માટે તમારે હવે ગનબોટ મોકલવાની જરૂર નથી. તમારે માત્ર તેનો ડેટા ત્યાંથી બહાર લઈ જવાની જરૂર છે. વિશ્વના ડેટા એકત્રિત કરતી કેટલીક કૉર્પોરેશનો કે સરકારો બાકીના વિશ્વને ડેટાની વસાહતોમાં પરિવર્તિત કરી શકે છે, એવા પ્રદેશો કે જે તેઓ જાહેર લશ્કરી બળથી નહીં, પરંતુ માહિતીથી નિયંત્રિત કરતા હોય.[14]

એવી પરિસ્થિતિની કલ્પના કરો કે આજથી વીસ વર્ષ પછી જ્યારે બેઇજિંગ

કે સાન ફ્રાન્સિસ્કોની કોઈ વ્યક્તિ પાસે તમારા દેશના દરેક રાજકારણી, પત્રકાર, કર્નલ અને સીઈઓનો સંપૂર્ણ વ્યક્તિગત ઇતિહાસ હોય: તેમણે મોકલેલો દરેક ટેક્સ્ટ મૅસેજ, તેમણે કરેલી દરેક વેબ સર્ચ, તેમની દરેક બીમારી, તેમણે માણેલી દરેક જાતીય ક્ષણો, તેમણે કહેલો દરેક જોક, તેમણે લીધેલી દરેક લાંચ. શું તમે તો પણ સ્વતંત્ર દેશમાં હશો કે પછી તમે ડેટા કોલોનીમાં હશો? જ્યારે તમારો દેશ એવા ડિજિટલ ઇન્ફ્રાસ્ટ્રક્ચર અને AI સિસ્ટમો પર સંપૂર્ણપણે નિર્ભર હોય જેના પર તેનું કોઈ નિયંત્રણ જ નથી, ત્યારે શું થશે?

આવી પરિસ્થિતિથી એક નવા પ્રકારનું ડેટા વસાહતીકરણ ઊભું થઈ શકે છે, જેમાં ડેટાના નિયંત્રણનો ઉપયોગ દૂરની વસાહતો કાબૂમાં રાખવા માટે થાય છે. AI અને ડેટા બાબતની નિપુણતા નવા સામ્રાજ્યોને લોકોના ધ્યાન (અટેન્શન) પર પણ નિયંત્રણ આપી શકે છે. આપણે આગળ ચર્ચા કરી છે કે 2010ના દાયકામાં ફેસબુક અને યુટ્યૂબ જેવા અમેરિકન સોશિયલ મીડિયા દિગ્ગજોએ નફાની લાલચમાં મ્યાનમાર અને બ્રાઝિલ જેવા દૂરના દેશોની રાજનીતિમાં ઊથલપાથલ મચાવી દીધી હતી. ભવિષ્યનાં ડિજિટલ સામ્રાજ્યો પણ રાજકીય હિતો માટે કંઈક એવું જ કરી શકે છે.

મનોવૈજ્ઞાનિક યુદ્ધ, ડેટાનો વસાહતવાદ અને સાયબરસ્પેસ પર નિયંત્રણ ગુમાવવાના ડરને કારણે ઘણા દેશોએ પહેલાંથી જ એવી એપ્લિકેશનોને બ્લોક કરી દીધી છે, જેને તેઓ ખતરનાક માને છે. ચીને ફેસબુક, યુટ્યૂબ અને ઘણી અન્ય પશ્ચિમી સોશિયલ મીડિયા એપ્લિકેશનો અને વેબસાઇટો પર પ્રતિબંધ મૂક્યો છે. રશિયાએ લગભગ બધી પશ્ચિમી સોશિયલ મીડિયા એપ્લિકેશનો તેમજ કેટલીક ચીની એપ્લિકેશનો પર પ્રતિબંધ મૂક્યો છે. 2020માં ભારતે ટિકટોક, વીચેટ અને અસંખ્ય અન્ય ચીની એપ્લિકેશનો પર પ્રતિબંધ મૂક્યો હતો, કારણ કે તે "ભારતના સાર્વભૌમત્વ અને અખંડિતતા, ભારતની સલામતી, રાજ્યની સુરક્ષા અને જાહેર વ્યવસ્થા માટે પ્રતિકૂળ છે."[15] યુનાઇટેડ સ્ટેટ્સ ટિકટોક પર પ્રતિબંધ મૂકવા અંગે ચર્ચા કરી રહ્યું છે. તે ચિંતિત છે કે આ એપ્લિકેશન ચીની હિતો અનુસાર કામ કરી શકે છે અને 2023 સુધીમાં લગભગ તમામ કેન્દ્ર સરકારના કર્મચારીઓ, રાજ્ય કર્મચારીઓ અને સરકારી કૉન્ટ્રાક્ટરોનાં ઉપકરણો પર તેનો ઉપયોગ ગેરકાયદેસર ઠરાવાયો છે.[16] યુકે, ન્યૂઝીલૅન્ડ અને અન્ય દેશોના કાયદા નિર્માતાઓએ પણ ટિકટોક બાબતે ચિંતા વ્યક્ત કરી છે.[17] ઈરાનથી લઈને ઇથોપિયા સુધીની અસંખ્ય અન્ય સરકારોએ ફેસબુક, ટ્વિટર, યુટ્યૂબ, ટેલિગ્રામ અને ઇન્સ્ટાગ્રામ જેવી વિવિધ એપ્લિકેશનોને બ્લોક કરી દીધી છે.

ડેટાનો વસાહતવાદ સોશિયલ ક્રેડિટ સિસ્ટમોના પ્રસારમાં પણ પ્રગટ થઈ શકે છે. ઉદાહરણ તરીકે, જો વૈશ્વિક ડિજિટલ અર્થતંત્રમાં પ્રભાવી એવી કોઈ કંપની એવી સામાજિક ધિરાણ પ્રણાલી સ્થાપિત કરવાનું નક્કી કરે તો શું થઈ શકે છે, જે ગમે ત્યાંથી ડેટા ભેગો કરતી હોય અને ફક્ત તેના પોતાના નાગરિકોને જ નહીં, પરંતુ સમગ્ર વિશ્વના લોકોનો સ્કોર પણ નક્કી કરતી હોય? વિદેશીઓ ફક્ત તેમના સ્કોરને અવગણી શકતા નથી, કારણ કે તે તેમને ફ્લાઇટ ટિકિટ ખરીદવાથી લઈને વિઝા, શિષ્યવૃત્તિ અને નોકરીઓ માટે અરજી કરવા સુધી અનેક રીતે અસર કરી શકે છે, જેમ પ્રવાસીઓ ટ્રિપએડ્વાઇઝર અને એરબીએનબી જેવા વિદેશી કૉર્પોરેશનો દ્વારા આપવામાં આવેલા વૈશ્વિક સ્કોરનો ઉપયોગ તેમના પોતાના દેશમાં પણ રેસ્ટોરાં અને વૅકેશન હોમ્સનું મૂલ્યાંકન કરવા માટે કરે છે અને જેમ વિશ્વભરના લોકો વાણિજ્યિક વ્યવહારો માટે યુએસ ડૉલરનો ઉપયોગ કરે છે, તેવી જ રીતે દરેક જગ્યાએ લોકો સ્થાનિક સામાજિક વ્યવહારો માટે ચીની કે અમેરિકન સોશિયલ ક્રેડિટ સ્કોરનો ઉપયોગ કરવાનું શરૂ કરી શકે છે.

ડેટા વસાહત બનવાના આર્થિક તેમજ રાજકીય અને સામાજિક પરિણામો પણ હશે. ઓગણીસમી અને વીસમી સદીમાં, જો તમે બેલ્જિયમ કે બ્રિટન જેવી ઔદ્યોગિક શક્તિની વસાહત હોત, તો તેનો સામાન્ય રીતે અર્થ એ થતો હતો કે તમે કાચો માલ પૂરો પાડતા હતા અને સૌથી વધુ નફો કરતા અત્યાધુનિક ઉદ્યોગો વસાહતો સ્થાપનારા દેશોમાં જ રહ્યા હતા. ઇજિપ્ત બ્રિટનમાં કપાસની નિકાસ કરતું હતું અને સારી ગુણવત્તાના કાપડની આયાત કરતું હતું. મલાયા ટાયર માટે રબર પૂરું પાડતું હતું અને કોવેન્ટ્રીમાં કાર બનતી હતી.[18]

ડેટા વસાહતીકરણ દ્વારા પણ કંઈક આવું જ થવાની શક્યતા છે. AI માટે કાચો માલ ડેટા છે. ફોટો ઓળખતી AI બનાવવા માટે બિલાડીના ફોટાની જરૂર પડશે. સૌથી ટ્રેન્ડી ફેશનની વસ્તુઓ બનાવવા માટે ફેશનના ટ્રેન્ડના ડેટાની જરૂર પડશે. ઓટોમેટિક ચાલતાં વાહનો ઉત્પન્ન કરવા માટે ટ્રાફિક પેટર્ન અને કારના અકસ્માતોના ડેટાની જરૂર પડશે. આરોગ્યસંભાળની AI બનાવવા માટે જનીનો અને તબીબી પરિસ્થિતિઓ વિશે ડેટાની જરૂર પડશે. નવી ડેટા આધારિત અર્થવ્યવસ્થામાં, સમગ્ર વિશ્વનો ડેટા કાચા માલ તરીકે ભેગો કરવામાં આવશે અને તે વસાહતો સ્થાપનારા દેશોના કેન્દ્રોમાં પહોંચશે. ત્યાં અત્યાધુનિક ટેક્નોલૉજી વિકસાવવામાં આવશે, જે એવા અદ્ભુત અલ્ગોરિધમો બનાવશે જે બિલાડીઓને ઓળખવા, ફેશન ટ્રેન્ડની આગાહી કરવા, ઓટોમેટિક વાહનો ચલાવવા અને રોગોનું નિદાન કરવાનું જાણતા હોય. આ અલ્ગોરિધમો પછી

ડેટાની વસાહતોમાં પાછા નિકાસ કરવામાં આવશે. ઇજિપ્ત અને મલેશિયામાંથી મળેલો ડેટા સાન ફ્રાન્સિસ્કો કે બેઇજિંગમાં કૉર્પોરેશનને ધનવાન બનાવી શકે છે, જ્યારે કૈરો અને કુઆલાલંપુરના લોકો ગરીબ રહે છે, કારણ કે નફો કે શક્તિ તેમની સાથે વહેંચવામાં આવતી નથી.

નવી ડેટા આધારિત અર્થવ્યવસ્થાની પ્રકૃતિ આવી વસાહતો સ્થાપનારા અને શોષિત વસાહત વચ્ચેના અસંતુલનને પહેલા કરતાં વધુ વકરાવી શકે છે. પ્રાચીન સમયમાં, માહિતી એટલે કે ડેટા નહીં પણ જમીન સૌથી મહત્ત્વપૂર્ણ આર્થિક સંપત્તિ હતી. તેના કારણે એક જ કેન્દ્રમાં બધી સંપત્તિ અને સત્તાનું વધુ પડતું કેન્દ્રીકરણ ટાળી શકાતું હતું. જ્યાં સુધી જમીન સર્વોપરી હતી, ત્યાં સુધી નોંધપાત્ર સંપત્તિ અને સત્તા હંમેશાં સ્થાનિક જમીનમાલિકોના હાથમાં રહી. ઉદાહરણ તરીકે, કોઈ રોમન સમ્રાટ એક પછી એક પ્રાંતીય બળવાઓ કચડી શકે પરંતુ છેલ્લા બળવાખોર સરદારનો શિરચ્છેદ કર્યા પછી તેની પાસે સ્થાનિક જમીનમાલિકોમાંથી કોઈની નિમણૂક કરવા સિવાય કોઈ વિકલ્પ નહોતો અને તે સ્થાનિક જમીનમાલિક પણ ક્યારેક કેન્દ્રીય સત્તાને પડકારે એમ બને. રોમન સામ્રાજ્યમાં ઇટાલી રાજકીય સત્તાનું કેન્દ્ર હતું છતાં સૌથી ધનિક પ્રાંતો પૂર્વીય ભૂમધ્ય સમુદ્રમાં હતા. નાઇલની ખીણના ફળદ્રુપ ખેતરોને ઇટાલીના દ્વીપકલ્પમાં લઈ જવા અશક્ય હતા.[19] આખરે સમ્રાટોએ રોમ શહેરને બર્બરો માટે છોડી દીધું અને રાજકીય સત્તાનું કેન્દ્ર સમૃદ્ધ પૂર્વમાં એટલે કે કોન્સ્ટેન્ટિનોપલમાં ખસેડ્યું.

ઔદ્યોગિક ક્રાંતિ દરમિયાન મશીનો જમીન કરતાં વધુ મહત્ત્વપૂર્ણ બન્યા. ફેક્ટરીઓ, ખાણો, રેલવે લાઇન અને વિદ્યુત પાવર સ્ટેશન સૌથી મૂલ્યવાન સંપત્તિ બન્યા. આ પ્રકારની સંપત્તિઓને એક જગ્યાએ કેન્દ્રિત કરવી કંઈક અંશે સરળ હતી. બ્રિટિશ સામ્રાજ્ય પોતાના દેશમાં ઔદ્યોગિક ઉત્પાદનને કેન્દ્રિત કરી શકતું હતું, ભારત, ઇજિપ્ત અને ઇરાકમાંથી કાચો માલ લાવી શકતું હતું અને બર્મિંગહામ કે બેલફાસ્ટમાં બનાવેલ તૈયાર માલ તેમને વેચી શકતું હતું. રોમન સામ્રાજ્યથી વિપરીત, બ્રિટન રાજકીય અને આર્થિક શક્તિ બંનેનું કેન્દ્ર હતું, પરંતુ ભૌતિકશાસ્ત્ર અને ભૂગોળ તો પણ સંપત્તિ અને શક્તિના આ કેન્દ્રીકરણ પર કુદરતી મર્યાદા મૂકતા હતા. બ્રિટિશ દરેક કપાસ મિલને કલકત્તાથી માન્ચેસ્ટર કે પછી તેલના કૂવાઓને કિર્કુકથી યોર્કશાયર ખસેડી શક્યા નહીં.

માહિતી એટલે કે ડેટાની વાત અલગ છે. કપાસ અને તેલથી વિપરીત, ડિજિટલ ડેટા મલેશિયા કે ઇજિપ્તથી લગભગ પ્રકાશની ગતિએ બેઇજિંગ કે સાન ફ્રાન્સિસ્કો મોકલી શકાય છે અને જમીન, તેલ ક્ષેત્રો કે કાપડ ફેક્ટરીઓથી વિપરીત, અલ્ગોરિધમો વધુ જગ્યા પણ રોકતા નથી. પરિણામે, ઔદ્યોગિક

શક્તિથી વિપરીત, વિશ્વની અલ્ગોરિધમની શક્તિ એક જ જગ્યાએ કેન્દ્રિત કરી શકાય છે. એક જ દેશના એન્જિનિયરો અમુક કોડ લખી શકે છે અને સમગ્ર વિશ્વને ચલાવતા તમામ મહત્ત્વપૂર્ણ અલ્ગોરિધમોને નિયંત્રિત કરી શકે છે.

વાસ્તવમાં, AI કાપડ જેવા કેટલાક પરંપરાગત ઉદ્યોગોની નિર્ણાયક સંપત્તિઓને પણ એક જગ્યાએ કેન્દ્રિત કરવાનું શક્ય બનાવે છે. ઓગણીસમી સદીમાં કાપડ ઉદ્યોગને નિયંત્રિત કરવાનો અર્થ હતો કપાસનાં વિશાળ ખેતરો અને વિશાળ યાંત્રિક કારખાનાંઓ નિયંત્રિત કરવાં. એકવીસમી સદીમાં કાપડ ઉદ્યોગની સૌથી મહત્ત્વપૂર્ણ સંપત્તિ કપાસ કે મશીનરી નહીં, પણ માહિતી છે. સ્પર્ધકોને હરાવવા માટે વસ્ત્રો બનાવતી કંપનીને ગ્રાહકોની પસંદ અને નાપસંદ તેમજ આગામી ફેશન ટ્રેન્ડની માહિતી કે તે મુજબ ઉત્પાદન કરવાની ક્ષમતા વિશે માહિતીની જરૂર હોય છે. આ પ્રકારની માહિતીને નિયંત્રિત કરીને એમેઝોન અને અલીબાબા જેવા હાઈ-ટેક જાયન્ટો કાપડ ઉદ્યોગ જેવા ખૂબ જ પરંપરાગત ઉદ્યોગ પર પણ એકાધિકાર સ્થાપી શકે છે. 2021માં એમેઝોન યુનાઇટેડ સ્ટેટ્સમાં સૌથી વધુ છૂટક કપડાં વેચતી દુકાન બની રહી હતી.[20]

વધુમાં, જેમ જેમ AI, રોબોટો અને 3D પ્રિન્ટરો કાપડના ઉત્પાદનને સ્વચાલિત કરતા જશે, તેમ તેમ લાખો કામદારો તેમની નોકરી ગુમાવી શકે છે, જેના પરિણામે રાષ્ટ્રીય અર્થતંત્રો અને વૈશ્વિક શક્તિનું સંતુલન ખોરવાઈ શકે છે. ઉદાહરણ તરીકે, જ્યારે ઓટોમેશનથી યુરોપમાં કાપડનું ઉત્પાદન સસ્તું બનશે ત્યારે પાકિસ્તાન અને બાંગ્લાદેશના અર્થતંત્રો અને રાજકારણનું શું થશે? એટલું યાદ રાખો કે, હાલમાં કાપડ ઉદ્યોગ પાકિસ્તાનના કુલ કામ કરનારા લોકોમાંથી 40 ટકા લોકોને રોજગાર પૂરો પાડે છે અને બાંગ્લાદેશની નિકાસ કમાણીનો 84 ટકા હિસ્સો પણ તેમાંથી જ આવે છે.[21] પ્રકરણ-9માં નોંધ્યું છે તેમ, ઓટોમેશનથી કાપડ ઉદ્યોગના લાખો કામદારો બેકાર બની શકે છે, પરંતુ તે કદાચ ઘણી નવી નોકરીઓનું સર્જન પણ કરશે. ઉદાહરણ તરીકે, કોડર્સ અને ડેટા વિશ્લેષકોની ભારે માંગ ઊભી થઈ શકે છે, પરંતુ બેરોજગાર ફેક્ટરી કામદારને ડેટા વિશ્લેષક બનાવવા માટેની તાલીમમાં નોંધપાત્ર પ્રારંભિક રોકાણની જરૂર પડે. પાકિસ્તાન અને બાંગ્લાદેશને તેવું કરવા માટે પૈસા ક્યાંથી મળશે?

તેથી ગરીબ વિકાસશીલ દેશો માટે AI અને ઓટોમેશન મોટો પડકાર ઊભો કરે છે. AI દ્વારા સંચાલિત અર્થતંત્રમાં, ડિજિટલ આગેવાન દેશો મોટાભાગનો નફો મેળવે છે અને તેમની સંપત્તિનો ઉપયોગ તેમના કામદારોને નવેસરથી તાલીમ આપવા અને વધુ નફો મેળવવા માટે કરી શકે છે, જેથી તેમનો નફો ફરીથી વધે છે. દરમિયાન, પાછળ રહી ગયેલા દેશોમાં અકુશળ મજૂરોનું મૂલ્ય ઘટશે

અને તે દેશો પાસે તેમના કામદારોને ફરીથી તાલીમ આપવા માટે સંસાધનો નહીં હોય, જેના કારણે તેઓ વધુ પાછળ પડી જશે. પરિણામે સાન ફ્રાન્સિસ્કો અને શાંઘાઈમાં ઘણી બધી નવી નોકરીઓ અને પુષ્કળ સંપત્તિ સર્જાઈ શકે છે, જ્યારે વિશ્વના ઘણા અન્ય ભાગોને આર્થિક સંકટોનો સામનો કરવો પડી શકે છે.[22] વૈશ્વિક એકાઉન્ટિંગ ફર્મ પ્રાઈસવોટરહાઉસકૂપર્સ અનુસાર 2030 સુધીમાં AI વૈશ્વિક અર્થતંત્રમાં $15.7 ટ્રિલિયન ઉમેરશે, પરંતુ જો વર્તમાન ટ્રેન્ડ ચાલુ રહે, તો એવું અનુમાન કરવામાં આવે છે કે બે અગ્રણી AI મહાસત્તાઓ, ચીન અને ઉત્તર અમેરિકા, તે નાણાંનો 70 ટકા હિસ્સો લઈ જશે.[23]

વેબના વિસ્તરણથી કોશેટોની એકલતા સુધી

આ આર્થિક અને ભૂરાજકીય કારણો વિશ્વને બે ડિજિટલ સામ્રાજ્યો વચ્ચે વિભાજિત કરી શકે છે. શીત યુદ્ધ દરમિયાન આયર્ન કર્ટેન એટલે કે લોખંડી પડદો ઘણી જગ્યાએ શબ્દશઃ ધાતુથી બનેલો હતો: કાંટાળા તાર એક દેશને બીજા દેશથી અલગ કરતા હતા. હવે વિશ્વ સિલિકોન કર્ટેન એટલે કે સિલિકોનના પડદા દ્વારા વધુ ને વધુ વિભાજિત થઈ રહ્યું છે. સિલિકોન કર્ટેન કોડથી બનેલો હોય છે અને તે વિશ્વના દરેક સ્માર્ટફોન, કોમ્પ્યુટર અને સર્વરમાંથી પસાર થાય છે. તમારા સ્માર્ટફોન પરનો કોડ નક્કી કરે છે કે તમે સિલિકોન કર્ટેનની કઈ બાજુ છો, કયા અલ્ગોરિધમો તમારું જીવન ચલાવે છે, તમારા અટેન્શનને કોણ નિયંત્રિત કરે છે અને તમારો ડેટા ક્યાં જાય છે.

સિલિકોન કર્ટેનમાં માહિતી મેળવવી મુશ્કેલ બની રહી છે, પછી તે ચીન અને યુનાઇટેડ સ્ટેટ્સ વચ્ચેનો સિલિકોન કર્ટેન હોય કે રશિયા અને EU વચ્ચેનો. વધુમાં, બંને પક્ષો વધુ ને વધુ અલગ પ્રકારના ડિજિટલ નેટવર્કો પર ચાલતા જાય છે અને અલગ અલગ કોમ્પ્યુટર કોડનો ઉપયોગ કરતા જાય છે. દરેક ક્ષેત્રમાં અલગ નિયમો છે અને દરેકના હેતુઓ પણ અલગ છે. ચીનમાં નવી ડિજિટલ ટેક્નોલૉજીનો સૌથી મહત્ત્વપૂર્ણ ઉદ્દેશ્ય દેશને મજબૂત બનાવવાનો અને સરકારી નીતિઓને આગળ વધારવાનો છે. ખાનગી સાહસોને AI વિકસાવવા અને વાપરવામાં ચોક્કસ માત્રામાં સ્વાયત્તતા આપવામાં આવે છે, પણ તેમની આર્થિક પ્રવૃત્તિઓ છેવટે સરકારના રાજકીય લક્ષ્યોને જ આધીન હોય છે. આ રાજકીય ધ્યેયો ઑનલાઇન અને ઑફલાઇન બંને રીતે પ્રમાણમાં ઉચ્ચ સ્તરના સર્વેલન્સને યોગ્ય ઠેરવે છે. ઉદાહરણ તરીકે, આનો અર્થ એ છે કે ચીની નાગરિકો અને અધિકારીઓ લોકોની ગોપનીયતાની કાળજી રાખે છે, તેમ

છતાં લોકોના સમગ્ર જીવનને આવરી લેતી સોશિયલ ક્રેડિટ સિસ્ટમો વિકસાવવા અને વાપરવામાં યુનાઇટેડ સ્ટેટ્સ અને અન્ય પશ્ચિમી દેશો કરતા ચીન ઘણું આગળ છે.[24]

યુનાઇટેડ સ્ટેટ્સમાં સરકાર પ્રમાણમાં વધુ મર્યાદિત ભૂમિકા ભજવે છે. ખાનગી સાહસો AIના વિકાસ અને વપરાશના નિર્ણયો લે છે અને ઘણી નવી AI સિસ્ટમોનો અંતિમ ધ્યેય અમેરિકાને કે વર્તમાન શાસનને મજબૂત બનાવવાને બદલે ટેક જાયન્ટોને સમૃદ્ધ બનાવવાનો હોય છે. ઘણા કિસ્સાઓમાં સરકારી નીતિઓ જ શક્તિશાળી વ્યવસાયિક હિતો દ્વારા ઘડવામાં આવે છે, પરંતુ યુ.એસ. સિસ્ટમ નાગરિકોની ગોપનીયતાને વધુ રક્ષણ આપે છે. અમેરિકાના કૉર્પોરેશનો આક્રમક રીતે લોકોની ઑનલાઇન પ્રવૃત્તિઓની માહિતી ભેગી કરે છે, પણ લોકોના ઑફલાઇન જીવન પર સર્વેલન્સ રાખવા માટે તેમના પર ઘણા પ્રતિબંધો છે. સર્વગ્રાહી સોશિયલ ક્રેડિટ સિસ્ટમો પાછળના વિચારો પણ વ્યાપક સ્તરે અસ્વીકૃત છે.[25]

આ રાજકીય, સાંસ્કૃતિક અને નિયમનકારી તફાવતોનો અર્થ એ છે કે બંને દેશ અલગ અલગ સોફ્ટવેરનો ઉપયોગ કરી રહ્યા છે. ચીનમાં તમે ગૂગલ, ફેસબુક કે વિકિપીડિયાનો ઉપયોગ કરી શકતા નથી. યુનાઇટેડ સ્ટેટ્સમાં બહુ ઓછા લોકો વીચેટ, બાઇડુ કે ટેનસેન્ટનો ઉપયોગ કરે છે. વધુ મહત્ત્વની વાત એ છે કે આ ક્ષેત્રો એકબીજાના પ્રતિબિંબ સમાન નથી. એવું નથી કે ચીન અને અમેરિકા એક જ એપ્લિકેશનના સ્થાનિક સંસ્કરણો વિકસાવે છે. બાઇડુ ચીનનું ગૂગલ નથી. અલીબાબા ચીનનું એમેઝોન નથી. તેમના ધ્યેયો અલગ છે, ડિજિટલ આર્કિટેક્ચર અલગ છે અને લોકોના જીવન પર તેમની અસરો પણ અલગ અલગ છે.[26] આ તફાવતો વિશ્વના મોટા ભાગના દેશોને પ્રભાવિત કરે છે કારણ કે મોટાભાગના દેશો સ્થાનિક ટેક્નોલૉજીને બદલે ચીન અને અમેરિકાના સોફ્ટવેર પર જ આધાર રાખતા હોય છે.

આ દરેક દેશ સ્માર્ટફોન અને કોમ્પ્યુટર જેવા અલગ અલગ હાર્ડવેરનો પણ ઉપયોગ કરે છે. યુનાઇટેડ સ્ટેટ્સ તેના સાથીઓ અને ગ્રાહકો પર Huaweiના 5G ઇન્ફ્રાસ્ટ્રક્ચર જેવા ચીની હાર્ડવેર ટાળવા માટે દબાણ કરે છે.[27] ટ્રમ્પ વહીવટીતંત્રે સિંગાપોરના કૉર્પોરેશન બ્રોડકોમ દ્વારા કોમ્પ્યુટર ચિપ્સના અગ્રણી અમેરિકન ઉત્પાદક ક્વાલકૉમને ખરીદવાનો પ્રયાસ અટકાવ્યો હતો. તેમને ડર હતો કે વિદેશીઓ ચિપ્સમાં તેમના બેકડોર (ખાનગી રીતે તેમાં ઘૂસીની માહિતી મેળવી શકાય તેવા ઉપાયો) દાખલ કરી શકે છે કે યુએસ સરકારને તેમાં પોતાના બેકડોર દાખલ કરતા અટકાવી શકે છે.[28] 2022માં બિડેન વહીવટીતંત્રે

AIના વિકાસ માટે જરૂરી હાઈ-પર્ફોર્મન્સવાળી કોમ્પ્યુટિંગ ચિપ્સના વેપાર પર કડક મર્યાદાઓ મૂકી હતી. યુએસ કંપનીઓને આવી ચિપ્સની ચીનમાં નિકાસ કરવાની અને ચીનને તેના ઉત્પાદન કે સમારકામ માટેના સાધનો પૂરા પાડવાની મનાઈ ફરમાવવામાં આવી હતી. ત્યાર બાદ પ્રતિબંધો વધુ કડક કરવામાં આવ્યા છે તેમજ રશિયા અને ઈરાન જેવા અન્ય રાષ્ટ્રોનો પણ તેમાં સમાવેશ કરવામાં આવ્યો છે.[29] ટૂંકા ગાળામાં તો આ બધું ચીનની AIની સ્પર્ધાને અવરોધે છે, પણ લાંબા ગાળે તે ચીનને એક સંપૂર્ણપણે અલગ ડિજિટલ ક્ષેત્ર વિકસાવવા પ્રેરશે જે તેના નાનામાં નાના બિલ્ડિંગ બ્લોક્સ સુધી અમેરિકાના ડિજિટલ ક્ષેત્રથી તદ્દન અલગ હશે.[30]

આમ આ બે દેશોના ડિજિટલ ક્ષેત્રો વધુ ને વધુ અલગ બની શકે છે. ચીની સોફ્ટવેર ફક્ત ચીની હાર્ડવેર અને ચીની ઇન્ફ્રાસ્ટ્રક્ચર સાથે જ જોડાય અને સિલિકોન કર્ટેનની બીજી બાજુ પણ એવું જ બને. ડિજિટલ કોડ માનવ વર્તનને પ્રભાવિત કરે છે અને માનવ વર્તન પણ ડિજિટલ કોડને આકાર આપે છે. તેથી બંને પક્ષો કદાચ અલગ અલગ માર્ગો પર આગળ વધશે જે તેમને ફક્ત તેમની ટેક્નોલૉજીમાં જ નહીં, પરંતુ તેમના સાંસ્કૃતિક મૂલ્યો, સામાજિક ધોરણો અને રાજકીય માળખાની દૃષ્ટિએ પણ ઘણા અલગ બનાવશે. પેઢીઓ સુધી ભેગા થયા પછી, માનવતા અલગ પડવાના નિર્ણાયક બિંદુએ પહોંચી શકે છે.[31] સદીઓપર્યંત નવી ઇન્ફૉર્મેશન ટેક્નોલૉજીએ વૈશ્વીકરણની પ્રક્રિયાને વેગ આપ્યો અને સમગ્ર વિશ્વના લોકોને એકબીજાના સંપર્કમાં લાવી. વક્રતાની વાત એ છે કે આજે ઇન્ફૉર્મેશન ટેક્નોલૉજી એ એટલી શક્તિશાળી બની રહી છે કે તે વિવિધ લોકોને અલગ માહિતીના કોશેટો (ઇન્ફૉર્મેશન કોકૂન)માં પૂરીને માનવતાને વિભાજિત કરી શકે છે, જે સહિયારી માનવતાના વિચારનો અંત બની શકે છે. તાજેતરના દાયકાઓમાં વેબ આપણું મુખ્ય આભૂષણ રહ્યું છે પણ ભવિષ્ય આવા કોશેટોનું હોઈ શકે છે.

વૈશ્વિક મન-શરીરનું વિભાજન

અલગ અલગ માહિતી કોશેટોમાં વિભાજન આર્થિક હરીફાઈ અને આંતરરાષ્ટ્રીય તણાવ તો વધારી જ શકે છે, પરંતુ સાથે સાથે ખૂબ જ અલગ સંસ્કૃતિઓ, વિચારધારાઓ અને ઓળખનો વિકાસ પણ કરી શકે છે. ભવિષ્યના સાંસ્કૃતિક અને વૈચારિક વિકાસનો અંદાજ લગાવવો એ સામાન્ય રીતે મૂર્ખાઓનું કામ છે. આર્થિક અને ભૂરાજકીય વિકાસની આગાહી કરવા કરતાં પણ તે કામ ઘણું

મુશ્કેલ છે. ટાઇબેરિયસના સમયમાં કેટલા રોમનો કે યહૂદીઓ અનુમાન કરી શક્યા હોત કે એક વિભાજિત યહૂદી સંપ્રદાય (એટલે લે ખ્રિસ્તી ધર્મ) આખરે રોમન સામ્રાજ્ય પર કબજો જમાવશે અને સમ્રાટો રોમના જૂના ભગવાનોને છોડીને મૃત્યુદંડ અપાયેલા યહૂદી રબાઈ (જિસસ ક્રાઇસ્ટ)ની પૂજા કરશે?

પછા આ વિવિધ ખ્રિસ્તી સંપ્રદાયો કઈ દિશામાં આગળ વધશે અને રાજકારણથી લઈને જાતીયતા સુધીની દરેક વસ્તુ પર તેમના વિચારો અને સંઘર્ષોની મહત્ત્વપૂર્ણ અસરનો અંદાજ લગાવવો તો એથી પણ વધુ મુશ્કેલ હોત. જ્યારે ઈસુને ટાઇબેરિયસની સરકારને કર ચૂકવવા વિશે કહેવામાં આવ્યું અને તેમણે જવાબ આપ્યો કે, “જે સીઝરનું છે તે સીઝરને આપો અને જે ભગવાનનું છે તે ભગવાનને આપો” (મેથ્યૂ 22:21), ત્યારે કોઈ કલ્પના પણ કરી શક્યું નહોતું કે બે હજાર વર્ષ પછી અમેરિકા નામક પ્રજાસત્તાક રાષ્ટ્રમાં ચર્ચ અને રાજ્યના વિભાજન પર તેમના આ પ્રતિભાવની શું અસર પડશે અને જ્યારે સંત પોલે રોમના ખ્રિસ્તીઓને લખ્યું હતું કે, “હું પોતે મારા મનથી ભગવાનના નિયમોનો ગુલામ છું, પણ મારા પાપી દેહમાં પાપના નિયમોનો ગુલામ છું” (રોમન્સ 7:25), ત્યારે કાર્ટેશિયન ફિલસૂફીથી લઈને ક્વિઅર સિદ્ધાંત સુધીની વિચારધારાઓ પર એનાં શું પરિણામો આવશે તેની કોણે આગાહી કરી હોત?

આવી મુશ્કેલીઓ છતાં ભવિષ્યના સાંસ્કૃતિક વિકાસની કલ્પના કરવાનો પ્રયાસ કરવો મહત્ત્વપૂર્ણ છે, જેથી આપણે એ હકીકતથી સચેત રહી શકીએ કે AIની ક્રાંતિ અને હરીફ ડિજિટલ ક્ષેત્રોની રચના ફક્ત આપણી નોકરીઓ અને રાજકીય માળખાં ઉપરાંત અન્ય ઘણું બધું બદલશે. નીચેના ફકરાઓમાં કેટલીક મહત્ત્વાકાંક્ષી અટકળો છે અને તે અટકળો જ છે એમ હું સ્વીકારું છું તેથી મહેરબાની કરીને એટલું યાદ રાખજો કે મારું ધ્યેય સાંસ્કૃતિક વિકાસની સચોટ આગાહી કરવાનું નથી, પરંતુ ફક્ત એ સંભાવના તરફ ધ્યાન દોરવાનું છે કે ઊંડા સાંસ્કૃતિક પરિવર્તનો અને સંઘર્ષો આપણી રાહ જોઈ રહ્યા છે.

દૂરગામી પરિણામોવાળી એક શક્યતા એ છે કે વિવિધ ડિજિટલ કોકૂન માનવ ઓળખના સૌથી મૂળભૂત પ્રશ્નો માટે અલગ અલગ અભિગમો અપનાવી શકે છે. ઉદાહરણ તરીકે, હરીફ ખ્રિસ્તી સંપ્રદાયો વચ્ચે, હિન્દુઓ અને બૌદ્ધો વચ્ચે અને પ્લેટોનિસ્ટ અને ઍરિસ્ટોટલિયનો વચ્ચે હજારો વર્ષોથી જે ઘણા ધાર્મિક અને સાંસ્કૃતિક સંઘર્ષો થયા છે તે મન અને શરીર વિશેના મતભેદોથી ઊભા થયા છે. શું મનુષ્ય ભૌતિક શરીર છે કે અભૌતિક મન છે કે કદાચ શરીરમાં પુરાયેલું મન છે? એકવીસમી સદીમાં કોમ્પ્યુટર નેટવર્ક મન અને શરીરની આ

સમસ્યાને વકરાવી શકે છે અને તેને પ્રમુખ વ્યક્તિગત, વૈચારિક અને રાજકીય સંઘર્ષોના કારણમાં ફેરવી શકે છે.

મન અને શરીરની આ સમસ્યાનાં રાજકીય પરિણામોને સમજવા માટે ખ્રિસ્તી ધર્મના ઇતિહાસની ટૂંકી સમીક્ષા કરીએ. યહૂદી વિચારસરણીથી પ્રભાવિત ઘણા પ્રારંભિક ખ્રિસ્તી સંપ્રદાયો જૂના કરાર (ઓલ્ડ ટેસ્ટામેન્ટ)ના એ વિચારમાં માનતા હતા કે મનુષ્યો ભૌતિક જીવો છે અને શરીર માનવઓળખમાં મહત્ત્વપૂર્ણ ભૂમિકા ભજવે છે. જીનેસિસ પુસ્તકમાં કહેવામાં આવ્યું છે કે ઈશ્વરે મનુષ્યોને ભૌતિક શરીર તરીકે બનાવ્યા છે અને ઓલ્ડ ટેસ્ટામેન્ટનાં લગભગ તમામ પુસ્તકોમાં એમ માની લેવાયું છે કે મનુષ્યો ફક્ત ભૌતિક શરીર તરીકે અસ્તિત્વમાં હોઈ શકે છે. અમુક શક્ય અપવાદો સિવાય, ઓલ્ડ ટેસ્ટામેન્ટમાં મૃત્યુ પછી સ્વર્ગ કે નર્કમાં શરીર વિનાના અસ્તિત્વની શક્યતાનો ઉલ્લેખ નથી. જ્યારે પ્રાચીન યહૂદીઓ મુક્તિ કે મોક્ષની કલ્પના કરતા હતા, ત્યારે તેઓ તેનો અર્થ ભૌતિક શરીરોવાળા પૃથ્વીના રાજ્ય તરીકે કલ્પતા હતા. ઈસુના સમયમાં ઘણા યહૂદીઓ માનતા હતા કે જ્યારે મસીહા છેવટે આવશે, ત્યારે મૃતકોનાં શરીર પૃથ્વી પર પાછા સજીવન થશે. મસીહા દ્વારા સ્થાપિત ભગવાનનું સામ્રાજ્ય (ધ કિંગડમ ઑફ ગૉડ) એક ભૌતિક રાજ્ય હોવાનું માનવામાં આવતું હતું, જેમાં વૃક્ષો, પથ્થરો અને હાડચામનાં શરીરો કલ્પવામાં આવ્યાં હતાં.[32]

સ્વયં ઈસુ અને પ્રારંભિક ખ્રિસ્તીઓ પણ એમ જ માનતા હતા. ઈસુએ તેમના અનુયાયીઓને વચન આપ્યું હતું કે, ટૂંક સમયમાં ભગવાનનું રાજ્ય પૃથ્વી પર રચાશે અને તેમના અનુયાયીઓ તેમના ભૌતિક શરીર સાથે જ તેમાં વસશે. જ્યારે ઈસુ તેમના વચનને પૂર્ણ કર્યા વિના મૃત્યુ પામ્યા, ત્યારે તેમના શરૂઆતના અનુયાયીઓ માનતા હતા કે તેમના શરીરને સજીવન કરવામાં આવ્યું છે અને જ્યારે ભગવાનનું રાજ્ય આખરે પૃથ્વી પર સાકાર થશે, ત્યારે તેમના પોતાના શરીર પણ પુનર્જીવન પામશે. ચર્ચના ફાધર ટર્ટુલિયન (ઈસવીસન 160-240)એ લખ્યું હતું કે, “દેહના આધારે જ મુક્તિ મળી શકે છે” અને કેથોલિક ચર્ચના કેટેકિઝમ, 1274માં લિયોનની બીજી કાઉન્સિલમાં અપનાવવામાં આવેલા સિદ્ધાંતોને ટાંકીને કહે છે કે, “અમે દેહના સર્જક ભગવાનમાં માનીએ છીએ, અમે દેહને મુક્ત કરવા માટે શબ્દ દ્વારા સર્જાયેલા દેહમાં માનીએ છીએ, અમે દેહના પુનર્જન્મમાં માનીએ છીએ, દેહના સર્જન અને મુક્તિ બંનેની પરિપૂર્ણતામાં... અમે જે અમારી પાસે છે એ દેહના પુનર્જન્મમાં માનીએ છીએ.”[33]

આવાં સ્પષ્ટ નિવેદનો હોવા છતાં આપણે જાણીએ છીએ કે સંત પોલને દેહ વિશે પહેલાથી જ શંકા હતી અને ઈસવીસન ચોથી સદી સુધીમાં ગ્રીક, મેનિકિઅન

અને પર્શિયન પ્રભાવ હેઠળ કેટલાક ખ્રિસ્તીઓ દ્વૈતવાદી અભિગમ તરફ વળ્યા હતા. તેઓ માનવીઓને દુષ્ટ ભૌતિક શરીરમાં ફસાયેલા સારા અમૂર્ત આત્મા તરીકે માનતા હતા. તેઓ દેહના પુનર્જન્મની કલ્પના કરતા નહોતા. તેઓ તેની બરાબર વિરુદ્ધની કલ્પના કરતા હતા. મૃત્યુ દ્વારા ઘૃણાસ્પદ ભૌતિક કેદમાંથી મુક્ત થયા પછી શુદ્ધ આત્મા શા માટે તેની અંદર પાછો આવવા માંગશે? તે મુજબ ખ્રિસ્તીઓએ માનવાનું શરૂ કર્યું કે મૃત્યુ પછી આત્મા શરીરથી મુક્ત થાય છે અને ભૌતિક ક્ષેત્રની બહાર સંપૂર્ણપણે અભૌતિક સ્થાનમાં કાયમ માટે અસ્તિત્વ ધરાવે છે, જે આજે પણ ખ્રિસ્તીઓમાં પ્રમાણભૂત માન્યતા છે, ભલે ટર્ટુલિયન દ્વારા અને લિયોનની બીજી કાઉન્સિલમાં ગમે તે કહેવાયું હોય.[34]

પરંતુ ખ્રિસ્તી ધર્મ એ જૂના યહૂદી દૃષ્ટિકોણને સંપૂર્ણપણે છોડી શક્યો નહીં કે મનુષ્યો ભૌતિક જીવો છે. ગમે તેમ, ઈસુ ખ્રિસ્ત પૃથ્વી પર સદેહ જ પ્રગટ થયા હતા. તેમના શરીરને ક્રૉસ પર ખીલા મારી જડી દેવામાં આવ્યો હતો અને તેનાથી તેમણે ભયંકર પીડા પણ અનુભવી હતી. તેથી બે હજાર વર્ષ સુધી ખ્રિસ્તી સંપ્રદાયો આત્મા અને શરીર વચ્ચેના ચોક્કસ સંબંધો બાબતે એકબીજા સાથે ક્યારેક શબ્દોથી અને ક્યારેક તલવારોથી લડ્યા. સૌથી ઉગ્ર દલીલો ઈસુ ખ્રિસ્તના પોતાના શરીર પર જ કેન્દ્રિત હતી. શું તે દેહ ભૌતિક હતો? કે પછી તે સંપૂર્ણપણે આધ્યાત્મિક હતો? કે પછી શું તે કદાચ કોઈ દ્વૈત જીવ હતો, જે એક જ સમયે માનવીય અને દૈવી બંને અસ્તિત્વ ધરાવતો હતો?

મન અને તનની આ સમસ્યાના વિવિધ અભિગમોની લોકો પોતાના શરીર સાથે કેવી રીતે વર્તતા હતા તેના પર અસર પડતી હતી. સંતો, સંન્યાસીઓ અને સાધુઓએ માનવશરીરને તેની મર્યાદા ઓળંગવા માટે ઘણા પ્રયોગો કર્યા, જેમ ઈસુ ખ્રિસ્તે ક્રૉસ પર પોતાના શરીર પર ત્રાસ આપવાની મંજૂરી આપી હતી, તેવી જ રીતે આ "ખ્રિસ્તના એટલટોએ" સિંહો અને રીંછોને તેમના શરીરને ફાડી નાખવાની મંજૂરી આપી જ્યારે તેમના આત્માઓ દૈવી આનંદમાં રત રહ્યા હતા. તેઓ નિર્વસ્ત્ર રહેતા હતા, અઠવાડિયાંઓ સુધી ઉપવાસ કરતા હતા કે પછી વર્ષો સુધી સ્તંભ પર ઊભા રહેતા હતા, જેમ કે પ્રખ્યાત સિમોન જે કથિત રીતે એલેપ્પો નજીક એક સ્તંભની ટોચ પર લગભગ ચાલીસ વર્ષ સુધી ઊભો રહ્યો હતો.[35]

અન્ય ખ્રિસ્તીઓએ તેનાથી વિપરીત અભિગમ અપનાવ્યો અને માનવા માંડ્યા કે શરીર બિલકુલ મહત્ત્વનું નથી. એકમાત્ર મહત્ત્વની વસ્તુ હતી શ્રદ્ધા. આ વિચારને માર્ટિન લ્યુથર જેવા પ્રોટેસ્ટંટ દ્વારા ચરમસીમાએ લઈ જવામાં આવ્યો હતો, જેમણે એકાંતિક સિદ્ધાંત ઘડ્યો હતો: ફક્ત શ્રદ્ધા (સોલા ફાઇડ).

લગભગ દસ વર્ષ સુધી સાધુ તરીકે જીવ્યા પછી, ઉપવાસ કર્યા પછી અને વિવિધ રીતે પોતાના શરીરને ત્રાસ આપ્યા પછી, લ્યુથર આ શારીરિક કૃત્યોથી નિરાશ થયા હતા. તેમણે તર્ક કર્યો કે કોઈ પણ શારીરિક સ્વયાતનાથી ભગવાન તે દેહને મુક્તિ આપવા પ્રેરાશે નહીં. એવું વિચારવું કે પોતાના શરીરને ત્રાસ આપીને તે પોતાનો ઉદ્ધાર કરી શકશે, એ તેમના અભિમાનનું પાપ હતું. તેથી લ્યુથરે સાધુનાં વસ્ત્રો ઉતાર્યાં, એક ભૂતપૂર્વ સાધ્વી સાથે લગ્ન કર્યાં અને તેમના અનુયાયીઓને કહ્યું કે, સારા ખ્રિસ્તી બનવા માટે તેમને ફક્ત ઈસુ ખ્રિસ્તમાં સંપૂર્ણ વિશ્વાસ રાખવાની જ જરૂર છે.[36]

મન અને શરીર વિશેની આ પ્રાચીન ધર્મશાસ્ત્રની ચર્ચાઓ AIની ક્રાંતિ માટે સંપૂર્ણપણે અપ્રસ્તુત લાગે, પરંતુ હકીકતમાં તે એકવીસમી સદીની ટેક્નોલૉજી દ્વારા પુનર્જીવિત થઈ ગઈ છે. આપણા ભૌતિક શરીર અને આપણી ઑનલાઇન ઓળખ તેમજ અવતાર વચ્ચે શું સંબંધ છે? ઑફલાઇન વિશ્વ અને સાયબરસ્પેસ વચ્ચે શું સંબંધ છે? માનો કે હું જાગતો હોઉં ત્યારે મારો મોટાભાગનો સમય મારા રૂમમાં સ્ક્રીન સામે બેસીને, ઑનલાઇન રમતો રમવામાં, વર્ચ્યુઅલ સંબંધો બનાવવામાં અને રીમોટ વર્ક કરવામાં જ વિતાવું છું. હું ખાવા માટે પણ ભાગ્યે જ બહાર નીકળવાનું સાહસ કરું છું. હું ફક્ત ઑર્ડર કરું છું અને ઘરે ખાવાનું આવી જાય છે. જો તમે પ્રાચીન યહૂદીઓ અને પ્રારંભિક ખ્રિસ્તીઓ જેવા હોવ, તો તમે મારા પર દયા કરશો અને એમ વિચારશો કે હું ભ્રમમાં જીવી રહ્યો છું તેમજ ભૌતિક જગ્યાઓ અને હાડચામના શરીરની વાસ્તવિકતાથી સંપર્ક ગુમાવી રહ્યો છું, પરંતુ જો તમારી વિચારસરણી લ્યુથર અને એ પછીના ઘણા ખ્રિસ્તીઓ જેવી છે, તો તમે એમ વિચારી શકો છો કે હું મુક્તિ પામ્યો છું. મારી મોટાભાગની પ્રવૃત્તિઓ અને સંબંધોને ઑનલાઇન લઈ જઈને, મેં મારી જાતને નબળી પાડતી આકર્ષક અને ભ્રષ્ટ શરીરોની મર્યાદિત જીવંત દુનિયામાંથી મુક્ત કરી છે અને હું ડિજિટલ દુનિયાની અમર્યાદિત શક્યતાઓનો આનંદ માણી શકું છું, જે સંભવતઃ જીવવિજ્ઞાન અને ભૌતિકશાસ્ત્રના નિયમોથી મુક્ત છે. હું ખૂબ વિશાળ અને વધુ આનંદદાયક જગ્યામાં ફરવા અને મારી ઓળખનાં નવાં પરિમાણો શોધવા માટે મુક્ત છું.

એક વધુ ને વધુ મહત્ત્વપૂર્ણ બનતો જતો પ્રશ્ન એ છે કે શું લોકો તેમને ગમે તેવી વર્ચ્યુઅલ ઓળખ અપનાવી શકે છે કે પછી તેમની ઓળખ તેમના જૈવિક શરીર દ્વારા મર્યાદિત હોવી જોઈએ? જો આપણે લ્યુથરના સોલા ફાઇડના અભિગમને અનુસરીએ, તો જૈવિક શરીરનું બહુ મહત્ત્વ નથી. ચોક્કસ ઑનલાઇન ઓળખ અપનાવવા માટે ફક્ત એ જ વસ્તુ મહત્ત્વપૂર્ણ છે, જે તમે માનો છો.

આ ચર્ચા ફક્ત માનવઓળખ માટે જ નહીં, પરંતુ સમગ્ર વિશ્વ પ્રત્યેના આપણા અભિગમ માટે દૂરગામી પરિણામો લાવી શકે છે, જે સમાજ જૈવિક શરીરના સંદર્ભમાં ઓળખને સમજે છે તેણે ગટરની લાઇનો જેવા ભૌતિક માળખા અને આપણા શરીરને ટકાવી રાખતી ઇકોસિસ્ટમ વિશે પણ વધુ કાળજી લેવી જોઈએ. તે અભિગમ ઑનલાઇન વિશ્વને ઑફલાઇન વિશ્વના સહાયક તરીકે જોશે, જે વિવિધ ઉપયોગી હેતુઓ પૂરા કરી શકે છે, પરંતુ ક્યારેય આપણા જીવનનું કેન્દ્રબિંદુ બની શકશે નહીં. તેનો ઉદ્દેશ એક આદર્શ ભૌતિક અને જૈવિક પ્રદેશ એટલે કે પૃથ્વી પર ભગવાનનું રાજ્ય સર્જવાનો હશે. તેનાથી વિપરીત, જે સમાજ જૈવિક શરીરોને ઓછું આંકે છે અને ઑનલાઇન ઓળખ પર તેનું ધ્યાન કેન્દ્રિત કરે છે તે સાયબરસ્પેસમાં ભગવાનનું રાજ્ય સર્જવાનો પ્રયાસ કરી શકે છે જ્યારે ગટરની લાઇનો અને વરસાદી જંગલો જેવી માત્ર ભૌતિક વસ્તુઓને અવગણે છે.

આ ચર્ચા ફક્ત સજીવો પ્રત્યે જ નહીં, પરંતુ ડિજિટલ એન્ટિટી પ્રત્યેના અભિગમને પણ આકાર આપી શકે છે. જ્યાં સુધી સમાજ ભૌતિક શરીર પર ધ્યાન કેન્દ્રિત કરીને ઓળખ નક્કી કરે છે, ત્યાં સુધી તે AIને વ્યક્તિ તરીકે જુએ તેવી શક્યતા ઓછી છે, પરંતુ જો સમાજ ભૌતિક શરીરને ઓછું મહત્ત્વ આપે છે, તો પછી કોઈ પણ શારીરિક અભિવ્યક્તિઓ વિનાની AIને પણ વિવિધ અધિકારો ભોગવતી કાનૂની વ્યક્તિઓ તરીકે સ્વીકારવામાં આવી શકે છે.

સમગ્ર ઇતિહાસમાં વિવિધ સંસ્કૃતિઓએ તન અને મનની આ સમસ્યાના વિવિધ ઉપાયો શોધ્યા છે. મન અને શરીરની આ સમસ્યા વિશે એકવીસમી સદીના વિવાદના પરિણામે ઊભા થતા સાંસ્કૃતિક અને રાજકીય વિભાજન યહૂદીઓ અને ખ્રિસ્તીઓ વચ્ચે કે કેથોલિક અને પ્રોટેસ્ટંટ વચ્ચેના વિભાજન કરતાં પણ વધુ મોટા બની શકે છે. ઉદાહરણ તરીકે, જો અમેરિકા શરીરને અવગણે છે, મનુષ્યોને તેમની ઑનલાઇન ઓળખ દ્વારા વ્યાખ્યાયિત કરે છે, AIને વ્યક્તિ તરીકે અધિકારો આપે છે અને અન્ય ઇકોસિસ્ટમના મહત્ત્વને ઓછું ગણે છે, જ્યારે ચીન તેનાથી વિરુદ્ધ અભિગમ અપનાવે છે, તો શું થશે? માનવ અધિકારોના ઉલ્લંઘન કે પર્યાવરણને લગતા નિયમોના પાલન અંગેના વર્તમાન મતભેદો પછી સરખામણીમાં નાના લાગવા માંડશે. ઘણા લોકો દ્વારા યુરોપિયન ઇતિહાસમાં સૌથી વિનાશક મનાતું ‘ત્રીસ વર્ષનું યુદ્ધ’ (ધ થર્ટી યર્સ વૉર) લડવામાં આવ્યું હતું તેનું એક કારણ એ પણ હતું કે સોલા ફાઇડ જેવા સિદ્ધાંતો બાબતે અને ઈસુ ખ્રિસ્ત દૈવી અસ્તિત્વ હતા, માનવ હતા કે એ બંનેનું દ્વૈત હતા તે અંગે કેથોલિકો અને પ્રોટેસ્ટંટો સંમત થઈ શક્યા ન હતા.

શું ભવિષ્યમાં AIના અધિકારો અને અવતારોની દ્વૈત પ્રકૃતિ વિશેના વિવાદને કારણે સંઘર્ષો શરૂ થઈ શકે છે?

જેમ નોંધ્યું છે તેમ, આ બધી તો માત્ર અટકળો જ છે અને સંભવ છે કે વાસ્તવિક સંસ્કૃતિઓ અને વિચારધારાઓ કદાચ તદ્દન અલગ અને કદાચ વધુ વિકૃત દિશામાં વિકસે એમ પણ બને, પરંતુ સંભવ છે કે થોડા દાયકાઓમાં કોમ્પ્યુટર નેટવર્ક એવી નવી માનવ અને અમાનવીય ઓળખો કેળવશે જે આપણને બહુ ઓછી સમજાશે અને જો વિશ્વ બે હરીફ ડિજિટલ કોશેટોમાં વિભાજિત થઈ જશે, તો એક કોકૂનમાં રહેલા અસ્તિત્વની ઓળખ બીજા કોકૂનના રહેવાસીઓ માટે અગમ્ય બની શકે છે.

કોલ્ડ વોરથી હોટ વોર સુધી

ચીન અને યુનાઇટેડ સ્ટેટ્સ હાલમાં AIની રેસમાં આગળ છે પણ તેઓ એ રેસમાં કંઈ એકલા નથી. ઇયુ, ભારત, બ્રાઝિલ અને રશિયા જેવા અન્ય દેશો કે બ્લોક્સ પોતાના ડિજિટલ પ્રદેશો બનાવવાનો પ્રયાસ કરી શકે છે, જે દરેક અલગ અલગ રાજકીય, સાંસ્કૃતિક અને ધાર્મિક પરંપરાઓથી પ્રભાવિત હોય.[37] તો પછી વિશ્વ ફક્ત બે વૈશ્વિક સામ્રાજ્યો વચ્ચે વિભાજિત થવાને બદલે ડઝન સામ્રાજ્યોમાં વિભાજિત થઈ શકે છે. જોકે તેનાથી એ સ્પષ્ટ નથી થતું કે એને લીધે ડિજિટલ વસાહતો સ્થાપવાની સ્પર્ધા હળવી બનશે કે વધુ તીવ્ર.

નવાં સામ્રાજ્યો એકબીજા સામે જેટલી વધુ સ્પર્ધા કરશે, સશસ્ત્ર સંઘર્ષનો ભય તેટલો વધશે. યુનાઇટેડ સ્ટેટ્સ અને યુ.એસ.એસ.આર. વચ્ચેનું શીત યુદ્ધ ક્યારેય સીધા લશ્કરી મુકાબલા સુધી પહોંચ્યું નહીં, કારણ કે તેમને એકના વિનાશની સાથે બીજાનો પણ વિનાશ થશે તેની જાણ હતી, પરંતુ AIના યુગમાં પરિસ્થિતિ ત્યાં સુધી પહોંચવાનો ભય વધુ છે, કારણ કે સાયબર યુદ્ધ પરમાણુ યુદ્ધથી મૂળભૂત રીતે ઘણું અલગ છે.

પહેલું તો એ કે સાયબર શસ્ત્રો પરમાણુ બૉમ્બ કરતાં ઘણા અલગ છે. સાયબર શસ્ત્રો કોઈ પણ દેશની ઇલેક્ટ્રિક ગ્રીડ તો તોડી જ શકે છે, પરંતુ તેનો ઉપયોગ ગુપ્ત સંશોધન સુવિધાઓને નષ્ટ કરવા, દુશ્મનોના સેન્સરને જામ કરવા, રાજકીય કૌભાંડો ભડકાવવા, ચૂંટણીમાં ગેરરીતિ આચરવા કે કોઈ એક સ્માર્ટફોનને હેક કરવા માટે પણ થઈ શકે છે અને તેઓ આ બધું ગુપ્ત રીતે કરી શકે છે. તેઓ મશરૂમ ક્લાઉડ અને અગ્નિવર્ષાથી તેમની હાજરી જાહેર કરતા નથી હોતાં કે પછી લોન્ચપેડથી લક્ષ્ય સુધી કોઈ સૂંઘી શકાય એવું

પગેરું પણ છોડતા નથી હોતાં. પરિણામે, ક્યારેક તો એ જાણવું પણ અઘરું થઈ પડતું હોય છે કે હુમલો થયો છે કે નહીં કે કોણે તે કર્યો છે. જો કોઈ ડેટાબેઝ હેક થાય છે કે કોઈ સંવેદનશીલ સાધનોનો નાશ થાય છે, તો કોને દોષ આપવો તે શોધવું પણ અઘરું પડે છે. એટલે મર્યાદિત સાયબરયુદ્ધ શરૂ કરવાની લાલચ ખૂબ મોટી હોય છે અને તેને વધારતા જવાની લાલચ પણ મોટી હોય છે. ઇઝરાયલ અને ઈરાન તેમજ યુનાઇટેડ સ્ટેટ્સ અને રશિયા જેવા હરીફ દેશો વર્ષોથી એકબીજા પર સાયબર હુમલાઓ કરી રહ્યા છે, જે એક અઘોષિત યુદ્ધ છે, પણ તેની તીવ્રતા તો વધતી જ રહે છે.[38] આ એક નવી વૈશ્વિક પરંપરા બની રહી છે, જે આંતરરાષ્ટ્રીય તણાવને વધારી રહી છે અને દેશોને એક પછી એક લક્ષ્મણ રેખાઓ ઓળંગવા મજબૂર કરી રહી છે.

બીજો મહત્ત્વપૂર્ણ તફાવત આગાહીને લગતો છે. શીત યુદ્ધ એક અતિતાર્કિક ચેસની રમત જેવું હતું અને પરમાણુયુદ્ધની સ્થિતિમાં વિનાશની નિશ્ચિતતા એટલી બધી હતી કે તેમને વાસ્તવિક યુદ્ધ શરૂ કરવાની ઇચ્છા ભાગ્યે જ થતી. સાયબર યુદ્ધમાં આ નિશ્ચિતતાનો અભાવ છે. કોઈને ખાતરી નથી કે દરેક પક્ષે પોતાના લૉજિક બૉમ્બ, ટ્રોજન હોર્સ અને માલવેર ક્યાં ઘુસાડ્યા છે. કોઈને એ પણ ખાતરી નથી હોતી કે જ્યારે વાપરવામાં આવે ત્યારે તેમનાં શસ્ત્રો ખરેખર કામ કરશે કે નહીં. શું ચીની મિસાઇલો ઑર્ડર આપવામાં આવે ત્યારે ફાયર થશે કે કદાચ અમેરિકનોએ તેમને કે ચેઇન ઑફ કમાન્ડ હેક કર્યા હશે? શું અમેરિકન એરક્રાફ્ટ કેરિયર્સ અપેક્ષા મુજબ કાર્ય કરશે કે પછી તેઓ કદાચ રહસ્યમય રીતે બંધ થઈ જશે કે ગોળ ગોળ ફરે રાખશે?[39]

આવી અનિશ્ચિતતા પારસ્પરિક વિનાશના સિદ્ધાંતને નબળો પાડે છે. એક પક્ષ યોગ્ય કે અયોગ્ય રીતે માની શકે છે કે તે સફળતાથી પહેલો ઘા થઈ શકશે અને તેનો બદલો પણ અટકાવી શકાશે. તેનાથી પણ ખરાબ પરિસ્થિતિ એ છે કે જો એક પક્ષ એમ વિચારે છે કે તેની પાસે પહેલો હુમલો કરવાની તક છે, તો પહેલો હુમલો કરવાની લાલચ અનિવાર્ય બની શકે છે, કારણ કે કોઈ જાણતું નથી હોતું કે એ તક કેટલા સમય સુધી રહેશે. ગેમ થિયરી દર્શાવે છે કે શસ્ત્રોની સ્પર્ધામાં સૌથી ખતરનાક પરિસ્થિતિ એ છે જ્યારે એક પક્ષને લાગે છે કે તેની પાસે લાભકારક તક છે, પરંતુ એ તક સરકી રહી છે.[40]

જો માનવતા વૈશ્વિક યુદ્ધના સૌથી ખરાબ સંજોગોને ટાળી શકે તો પણ નવાં ડિજિટલ સામ્રાજ્યોનો ઉદય અબજો લોકોની સ્વતંત્રતા અને સમૃદ્ધિને જોખમમાં મૂકી શકે છે. ઓગણીસમી અને વીસમી સદીનાં ઔદ્યોગિક સામ્રાજ્યોએ તેમની વસાહતોનું શોષણ અને દમન કર્યું હતું અને નવાં ડિજિટલ સામ્રાજ્યો

વધુ સારી રીતે વર્તે તેવી અપેક્ષા રાખવી મૂર્ખામી હશે. વધુમાં, જેમ અગાઉ નોંધ્યું છે તેમ, જો વિશ્વ હરીફ સામ્રાજ્યોમાં વિભાજિત થાય છે, તો માનવતા પર્યાવરણની કટોકટી ટાળવા કે AI અને બાયોએન્જિનિયરિંગ જેવી અન્ય ભયાવહ તકનીકોને નિયંત્રિત કરવામાં અસરકારક રીતે સહકાર આપે તેવી શક્યતા પણ ઓછી છે.

વૈશ્વિકતા

અલબત્ત, વિશ્વ અમુક ડિજિટલ સામ્રાજ્યોમાં વહેંચાયેલું હોય, બસો રાષ્ટ્રો-રાજ્યોનો વધુ વૈવિધ્યસભર સમુદાય બની રહ્યો હોય કે સંપૂર્ણપણે અલગ અને અણધારી રેખાઓથી વિભાજિત હોય, સહકાર હંમેશાં એક વિકલ્પ હોય જ છે. માનવીઓમાં સહકાર માટેની પૂર્વશરત સમાનતા નથી, તે છે માહિતીનું આદાન-પ્રદાન કરવાની ક્ષમતા છે. જ્યાં સુધી આપણે વાતચીત કરી શકીશું, ત્યાં સુધી આપણને કેટલીક બંને પક્ષને અનુરૂપ કથાઓ મળી શકે છે, જે આપણને નજીક લાવી શકે છે. છેવટે, આ જ વસ્તુએ હોમો સેપિયન્સને આ ગ્રહની સૌથી શક્તિશાળી પ્રજાતિ બનાવી છે.

જેમ કોઈ આદિવાસી નેટવર્કમાં વિવિધ કબીલાઓ એકબીજાને સહકાર આપી શકે છે અને સ્પર્ધાત્મક કબીલાઓ કોઈ રાષ્ટ્રીય નેટવર્કમાં સહકાર આપી શકે છે, તેવી જ રીતે વિરોધી રાષ્ટ્રો અને સામ્રાજ્યો પણ વૈશ્વિક નેટવર્કમાં સહકાર આપી શકે છે, જે વાર્તાઓ આવા સહયોગને શક્ય બનાવે છે તે આપણા તફાવતોને દૂર કરતી નથી. તે આપણને સહિયારા અનુભવો અને રુચિઓને ઓળખવામાં સક્ષમ બનાવે છે, જેના આધારે વિચારો અને કાર્યો માટે એક સામાન્ય માળખું બની શકે છે.

એ વિચાર કે બધા સાંસ્કૃતિક, સામાજિક અને રાજકીય તફાવતોને નાબૂદ કરવાથી વૈશ્વિક સહયોગ શક્ય બને છે, એ ગેરમાર્ગે દોરનારો છે. પોપ્યુલિસ્ટ રાજકારણીઓ ઘણીવાર એવી દલીલ કરતા હોય છે કે જો આંતરરાષ્ટ્રીય સમુદાય એક સામાન્ય વાર્તા તેમજ સાર્વત્રિક ધોરણો અને મૂલ્યો બાબતે સંમત થાય છે, તો એનાથી તેમના પોતાના રાષ્ટ્રની સ્વતંત્રતા અને અનન્ય પરંપરાઓનો નાશ થશે.[41] આ સ્થિતિ 2015માં ફ્રાન્સના નેશનલ ફ્રન્ટ પાર્ટીના નેતા મરીન લે પેન દ્વારા એક ચૂંટણી ભાષણમાં નિર્ભયતાથી વ્યક્ત કરવામાં આવી હતી જેમાં તેમણે કહ્યું હતું, “આપણે એક નવા ટુ-પાર્ટીઝમ (બે પક્ષોના રાજકારણ)માં પ્રવેશ કર્યો છે. આ બે પરસ્પર વિશિષ્ટ ખ્યાલો વચ્ચેનું ટુ-પાર્ટિઝમ જ હવેથી આપણી

રાજકીય પરિપાટીનું નિર્માણ કરશે. આ વિભાજન હવે ડાબેરી અને જમણેરી નથી પરંતુ વૈશ્વિકવાદીઓ અને દેશભક્તોનું છે."[42] ઑગસ્ટ 2020માં રાષ્ટ્રપતિ ટ્રમ્પે તેમના માર્ગદર્શક સિદ્ધાંતોનું વર્ણન આ રીતે કર્યું: "આપણે વૈશ્વિકતાને નકારી કાઢી છે અને દેશભક્તિને સ્વીકારી છે."[43]

સદ્ભાગ્યે, આ બે પક્ષોની મૂળભૂત ધારણા ભૂલભરેલી છે. વૈશ્વિક સહકાર અને દેશભક્તિ પરસ્પર એકબીજાના વિરોધી નથી. કારણ કે દેશભક્તિ એટલે વિદેશીઓને નફરત કરવી એમ નથી. તે આપણા દેશબાંધવોને ચાહવાની વાત છે અને એવી ઘણી પરિસ્થિતિઓ આવતી હોય છે જ્યારે આપણા દેશબાંધવોની સંભાળ રાખવા માટે આપણે વિદેશીઓ સાથે સહયોગ કરવાની જરૂર પડે છે. COVID-19એ આપણને તેનું સ્પષ્ટ ઉદાહરણ પૂરું પાડ્યું હતું. રોગચાળો વૈશ્વિક ઘટના છે અને વૈશ્વિક સહયોગ વિના તેના ઉપચારની વાત તો દૂરની છે, તેને રોકી રાખવો પણ મુશ્કેલ છે. જ્યારે કોઈ નવો કે મ્યુટેટેડ વાયરસ એક દેશમાં દેખાય છે, ત્યારે તે બીજા બધા દેશોને જોખમમાં મૂકે છે. જોકે પેથોજેન્સ કરતાં માનવોનો સૌથી મોટો ફાયદો એ છે કે આપણે એવી રીતે સહયોગ કરી શકીએ છીએ, જે રીતે પેથોજેન્સ એકબીજા સાથે સહયોગ કરી શકતા નથી. જર્મની અને બ્રાઝિલના ડૉક્ટરો એકબીજાને નવાં જોખમો વિશે ચેતવણી આપી શકે છે, એકબીજાને સારી સલાહ આપી શકે છે અને વધુ સારી સારવાર શોધવા માટે સાથે મળીને કામ પણ કરી શકે છે.

જો જર્મન વૈજ્ઞાનિકો કોઈ નવા રોગ સામે રસી શોધે છે, તો બ્રાઝિલના લોકો જર્મનીની આ સિદ્ધિ પર કેવી પ્રતિક્રિયા આપવી જોઈએ? એક વિકલ્પ એ છે કે વિદેશી રસીને નકારી કાઢવી અને બ્રાઝિલના વૈજ્ઞાનિકો બ્રાઝિલ માટે રસી વિકસાવે ત્યાં સુધી રાહ જોવી. જોકે, તે ફક્ત મૂર્ખતા જ નહીં હોય, તે દેશભક્તિની ભાવનાનું પણ વિરોધી હશે. બ્રાઝિલના દેશભક્તો તેમના દેશબાંધવોને મદદ કરવા માટે કોઈ પણ ઉપલબ્ધ રસીનો ઉપયોગ કરવા ઇચ્છશે, પછી ભલે રસી ગમે ત્યાં વિકસાવવામાં આવી હોય. આ પરિસ્થિતિમાં વિદેશીઓ સાથે સહયોગ કરવો એ દેશભક્તિની બાબત છે. AI પર નિયંત્રણ ગુમાવવાનો ભય એ એક પરિસ્થિતિ છે, જેમાં દેશભક્તિ અને વૈશ્વિક સહયોગ એકસાથે ચાલવા જોઈએ. કોઈ અનિયંત્રિત AI કોઈ અનિયંત્રિત વાયરસની જેમ દરેક રાષ્ટ્રના માનવો માટે જોખમ ઊભું કરે છે. માનવીઓ પાસેથી સત્તા અલ્ગોરિધમોના હાથમાં જવા દેવાથી કોઈ પણ માનવસમૂહ લાભ મેળવી શકશે નહીં, પછી ભલે તે કોઈ જાતિ હોય, રાષ્ટ્ર હોય કે આખી પ્રજાતિ હોય.

પોપ્યુલિસ્ટો જે દલીલ કરે છે તેનાથી વિપરીત, વૈશ્વિકતાનો અર્થ વૈશ્વિક

સામ્રાજ્ય સ્થાપવું, રાષ્ટ્ર પ્રત્યેની નિષ્ઠાનો ત્યાગ કરવો કે અમર્યાદિત ઇમિગ્રેશન માટે સરહદો ખોલી નાખવી નથી. હકીકતમાં, વૈશ્વિક સહયોગનો અર્થ બે બહુ સામાન્ય બાબતો છે: એક, કેટલાક વૈશ્વિક નિયમો પ્રત્યે પ્રતિબદ્ધતા. આ નિયમો દરેક રાષ્ટ્રની અજોડતા અને લોકોની તેમના રાષ્ટ્ર પ્રત્યેની નિષ્ઠાને નકારી કાઢતા નથી. તેઓ ફક્ત રાષ્ટ્રો વચ્ચેના સંબંધોનું નિયમન કરે છે. એક સારું મૉડેલ વર્લ્ડ કપનું છે. વર્લ્ડ કપ એ રાષ્ટ્રો વચ્ચેની સ્પર્ધા છે અને લોકો ઘણીવાર તેમની રાષ્ટ્રીય ટીમ પ્રત્યે કટ્ટર વફાદારી દર્શાવતા હોય છે. સાથે સાથે, વર્લ્ડ કપ વૈશ્વિક સંમતિનું અદ્‌ભુત પ્રદર્શન પણ બની રહે છે. જ્યાં સુધી બ્રાઝિલના લોકો અને જર્મનો રમત માટે સરખા નિયમો પર સંમત ન થાય, ત્યાં સુધી બ્રાઝિલ જર્મની સામે ફૂટબોલ રમી શકતું નથી. આ છે વૈશ્વિકતા.

વૈશ્વિકતાનો બીજો સિદ્ધાંત એ છે કે ક્યારેક, હંમેશાં નહીં, પરંતુ ક્યારેક જ, થોડા લોકોના ટૂંકા ગાળાના હિત કરતાં બધા માનવોના લાંબા ગાળાનાં હિતોને પ્રાથમિકતા આપવી જરૂરી છે. ઉદાહરણ તરીકે, વર્લ્ડ કપમાં બધી રાષ્ટ્રીય ટીમો પ્રદર્શન વધારતી દવાઓનો ઉપયોગ ન કરવા માટે સંમત થાય છે કારણ કે દરેકને ખબર છે કે જો તેઓ તે માર્ગે આગળ વધશે, તો વર્લ્ડ કપ આખરે બાયોકેમિસ્ટોની સ્પર્ધામાં ફેરવાઈ જશે. અન્ય ક્ષેત્રોમાં જ્યાં ટેક્નોલૉજી ગેમ ચેન્જર છે, ત્યાં પણ આપણે રાષ્ટ્રીય અને વૈશ્વિક હિતોને સંતુલિત કરવાનો પ્રયાસ કરવો જોઈએ. રાષ્ટ્રોએ સ્પષ્ટપણે નવી ટેક્નોલૉજીના વિકાસમાં સ્પર્ધા કરવાનું ચાલુ રાખવું જોઈએ, પરંતુ કેટલીકવાર તેઓએ સ્વાયત્ત શસ્ત્રો અને લોકોની વિચારધારા બદલતા અલ્ગોરિધમો જેવી ખતરનાક ટેક્નોલૉજીના વિકાસ અને ઉપયોગને મર્યાદિત કરવા સંમત થવું જોઈએ, ફક્ત પરોપકાર કરવા નહીં, પરંતુ પોતાના બચાવ માટે પણ.

માનવ પસંદગી

AIને લગતા આંતરરાષ્ટ્રીય કરારો બનાવવા અને જાળવવા માટે આંતરરાષ્ટ્રીય પ્રણાલીની કાર્ય કરવાની રીતમાં મોટા ફેરફારોની જરૂર પડશે. આમ તો આપણને પરમાણુ અને જૈવિક શસ્ત્રો જેવી ખતરનાક તકનીકોનું નિયમન કરવાનો અનુભવ છે, પણ AIના નિયમન માટે બે કારણોસર અભૂતપૂર્વ સ્તરના વિશ્વાસ અને સ્વશિસ્તની જરૂર પડશે. પ્રથમ, ગેરકાયદેસર પરમાણુ રિએક્ટર કરતાં ગેરકાયદેસર AI લેબને છુપાવવી સરળ છે. બીજું, પરમાણુ બૉમ્બ કરતાં AIના નાગરિક અને લશ્કરી ઉપયોગો ઘણા વધુ છે. પરિણામે, સ્વાયત્ત શસ્ત્રપ્રણાલીઓ

પર પ્રતિબંધ મૂકતા કરાર પર હસ્તાક્ષર કર્યા પછી પણ કોઈ દેશ ગુપ્ત રીતે આવાં શસ્ત્રો બનાવી શકે છે કે તેમને નાગરિક ઉત્પાદનો તરીકે છૂપાવી શકે છે. ઉદાહરણ તરીકે, કોઈ દેશ પત્રો પહોંચાડવા અને જંતુનાશકોનો ખેતરોમાં છંટકાવ કરવા માટે સંપૂર્ણપણે સ્વાયત્ત ડ્રોન વિકસાવી શકે છે, જે થોડા નાના ફેરફારો સાથે બૉમ્બ પણ પહોંચાડી શકે છે અને લોકો પર ઝેરનો છંટકાવ પણ કરી શકે છે. પરિણામે, સરકારો અને કૉર્પોરેશનો માટે એ વાતનો વિશ્વાસ કરવો વધુ મુશ્કેલ બનશે કે તેમના હરીફો ખરેખર સંમત નિયમોનું પાલન કરી રહ્યા છે માટે તેમને પણ નિયમોનો ભંગ કરવાની લાલચ થશે.[44] શું માનવો જરૂરી વિશ્વાસ અને સ્વશિસ્ત વિકસાવી શકશે? શું આવા ફેરફારોનો ઇતિહાસમાં કોઈ દાખલો છે?

ઘણા લોકો માનવોના પરિવર્તનની ક્ષમતા અને ખાસ કરીને હિંસાનો ત્યાગ કરવાની અને મજબૂત વૈશ્વિક સંબંધો કેળવવાની માનવક્ષમતા અંગે શંકા અનુભવતા હોય છે. ઉદાહરણ તરીકે, હાન્સ મોર્ગેન્થાઉ અને જોન મિયરશેઇમર જેવા 'વાસ્તવવાદી' વિચારકોએ દલીલ કરી છે કે સત્તા માટેની સર્વાંગી સ્પર્ધા એ આંતરરાષ્ટ્રીય વ્યવસ્થાની અનિવાર્યતા છે. મિયરશેઇમર સમજાવે છે કે તેમનો સિદ્ધાંત "મહાસત્તાઓ મુખ્યત્વે એવી દુનિયામાં કેવી રીતે ટકી રહેવું તે શોધતી હોય છે જ્યાં તેમને એકબીજાથી બચાવવા માટે કોઈ સંસ્થા હોતી નથી" અને "તેઓ ઝડપથી સમજે છે કે શક્તિ જ તેમના અસ્તિત્વની ચાવી છે." મિયરશેઇમર પછી પૂછે છે કે "રાજ્યો કેટલી શક્તિ ઇચ્છે છે" અને જવાબ આપે છે કે બધાં રાજ્યો શક્ય તેટલી શક્તિ ઇચ્છતા હોય છે, "કારણ કે આંતરરાષ્ટ્રીય વ્યવસ્થા રાજ્યોને હરીફોના ભોગે સત્તા મેળવવાની તકો મેળવવા માટે ઘણા પ્રોત્સાહનો આપતી હોય છે." તે અંતમાં કહે છે, "રાજ્યનું અંતિમ લક્ષ્ય સિસ્ટમમાં વર્ચસ્વ સ્થાપવાનું હોય છે."[45]

આંતરરાષ્ટ્રીય સંબંધો અંગેનો આ બિહામણો દૃષ્ટિકોણ માનવસંબંધો અંગેના પોપ્યુલિસ્ટ અને માર્ક્સવાદી વિચારો જેવો જ છે, કારણ કે તેઓ બધા માનવોને ફક્ત સત્તામાં રસ ધરાવતા માને છે અને તે બધા માનવસ્વભાવના એ ગહન દાર્શનિક સિદ્ધાંત પર આધારિત છે, જેને પ્રાઈમેટોલૉજિસ્ટ ફ્રાન્સ ડી. વાલ 'વેનીર થિયરી' કહે છે. તે દલીલ કરે છે કે અંદરથી માનવો પથ્થર યુગના શિકારીઓ જેવા હોય છે, જેઓ વિશ્વને એક એવા જંગલ તરીકે જોતા હોય છે, જેમાં શક્તિશાળી લોકો નબળાઓનો શિકાર કરતા હોય છે અને 'જેની લાઠી તેની ભેંસ' હોય છે. આ સિદ્ધાંત અનુસાર હજારો વર્ષોથી માનવોએ આ અપરિવર્તનશીલ વાસ્તવિકતાને દંતકથાઓ અને ધાર્મિક વિધિઓના પાતળા અને

પરિવર્તનશીલ આવરણ હેઠળ છુપાવવાનો પ્રયાસ કર્યો છે, પરંતુ મનથી આપણે ક્યારેય આ જંગલના કાયદાથી મુક્ત થયા નથી. વાસ્તવમાં આપણી દંતકથાઓ અને ધાર્મિક વિધિઓ પોતે જ એક એવું હથિયાર છે, જેનો ઉપયોગ જંગલમાં ટોચ પર બેઠેલા શિકારીઓ દ્વારા તેમના નીચલા સ્તરના લોકોને છેતરવા અને ફસાવવા માટે કરવામાં આવે છે, જેઓ આ વસ્તુ સમજતા નથી તેઓ બહુ ભોળા છે અને તેઓ કોઈ નિર્દયી શિકારીનો શિકાર બનશે.[46]

જોકે એવું પણ વિચારવાનાં કારણો છે કે મિયરશેઇમર જેવા 'વાસ્તવિકવાદીઓ' આ ઐતિહાસિક વાસ્તવિકતા બાબતે તેમને ગમતો, આગવો દૃષ્ટિકોણ ધરાવે છે અને જંગલનો કાયદો પોતે જ એક દંતકથા છે. ડી વાલ અને અન્ય ઘણા જીવવિજ્ઞાનીઓએ અસંખ્ય અભ્યાસોમાં નોંધ્યું છે કે, આપણી કલ્પનામાંના જંગલોથી વિપરીત, વાસ્તવિક જંગલોમાં અસંખ્ય પ્રાણીઓ, છોડ, ફૂગ અને બેક્ટેરિયા એકબીજા સાથે સહકાર અને પરોપકારથી ભરેલું સહજીવન જીવે છે. ઉદાહરણ તરીકે, ભૂમિ પર ઊગતા છોડમાંથી એંસી ટકા ફૂગ સાથેના સહજીવનવાળા સંબંધો પર આધાર રાખે છે અને લગભગ 90 ટકા વેસ્ક્યુલર વનસ્પતિઓ સૂક્ષ્મ સજીવો સાથે સહજીવનવાળા સંબંધો રાખતી હોય છે. જો એમેઝોન, આફ્રિકા કે ભારતના વરસાદી જંગલોમાં રહેતા સજીવો વર્ચસ્વ માટે સંપૂર્ણ સ્પર્ધા ન કરવા સહકારની આ ભાવના છોડી દે, તો વરસાદી જંગલો અને તેમના બધા રહેવાસીઓ ઝડપથી મૃત્યુ પામશે. આ જંગલનો નિયમ છે.[47]

પથ્થર યુગના માનવીઓ સંગ્રાહકો અને શિકારીઓ હતા અને એવા કોઈ નક્કર પુરાવા નથી કે તેમનામાં સતત લડતા રહેવાની વૃત્તિ હતી. અનુમાનો ઘણાં છે, પણ સંગઠિત યુદ્ધ માટેનો પ્રથમ સ્પષ્ટ પુરાવો પુરાતત્ત્વીય રેકોર્ડમાં લગભગ તેર હજાર વર્ષ પહેલાં નાઇલ ખીણમાં જેબેલ સહાબાના સ્થળે મળી આવ્યો છે.[48] તેના પછી પણ, સતત યુદ્ધના પુરાવા મળતા નથી, તે બદલાતા રહે છે. કેટલાક સમયગાળા ઘણા હિંસક હતા જ્યારે અન્ય પ્રમાણમાં શાંતિપૂર્ણ હતા. માનવજાતના લાંબા ગાળાના ઇતિહાસમાં આપણને જે સ્પષ્ટ પેટર્ન દેખાય છે તે સતત ચાલતો સંઘર્ષ નથી પરંતુ સહકારનું વધતું પ્રમાણ છે. એક લાખ વર્ષ પહેલાં સેપિયન્સ ફક્ત જૂથોના સ્તરે જ સહકાર સાધી શકતા હતા. જોકે વીતેલાં હજારો વર્ષોમાં આપણે અજાણ્યા લોકોના સમુદાયો બનાવવાના ઉપાયો શોધી કાઢ્યા છે, પહેલાં કબીલાઓ સ્વરૂપે અને છેવટે ધર્મો, વેપારી નેટવર્કો અને દેશો સ્વરૂપે. વાસ્તવિકવાદીઓએ એટલું અવશ્ય નોંધવું જોઈએ કે દેશો માનવ વાસ્તવિકતાનાં મૂળભૂત તત્ત્વો નથી, પરંતુ વિશ્વાસ અને સહકાર કેળવવાની કઠિન પ્રક્રિયાઓનું સર્જન છે. જો માનવોને ફક્ત સત્તામાં જ રસ

હોત, તો તેઓ ક્યારેય દેશનું સર્જન કરી શક્યા ન હોત. હા, દેશો વચ્ચે અને દેશની અંદર પણ હંમેશાં સંઘર્ષો થવાની શક્યતા રહી જ છે, પરંતુ તે ક્યારેય અનિવાર્ય નથી રહ્યા.

યુદ્ધની સંભાવના અને તીવ્રતા અપરિવર્તનશીલ માનવસ્વભાવ પર નહીં, પરંતુ બદલાતા તકનીકી, આર્થિક અને સાંસ્કૃતિક પરિબળો પર આધારિત હોય છે, જેમ જેમ આ પરિબળો બદલાય છે, તેમ તેમ યુદ્ધ પણ બદલાય છે અને 1945 પછીના યુગમાં એ સ્પષ્ટપણે દેખાયું છે. તે સમયગાળા દરમિયાન થયેલા પરમાણુ ટેક્નોલૉજીના વિકાસથી યુદ્ધની સંભવિત કિંમતમાં અને નુકસાનમાં ઘણો વધારો થયો છે. 1950ના દાયકાથી મહાસત્તાઓને સ્પષ્ટપણે સમજાઈ ગયું હતું કે જો તેઓ કોઈક રીતે બધા શત્રુઓનો નાશ કરીને પરમાણુ યુદ્ધ જીતી જાય, તો પણ તેમની જીત કદાચ આત્મઘાતી હશે, જેમાં તેમની મોટાભાગની વસ્તીનું પણ નિકંદન નીકળી જશે.

સાથે સાથે, વિશ્વ ભૌતિક વસ્તુઓ આધારિત અર્થતંત્રથી જ્ઞાન આધારિત અર્થતંત્રની દિશામાં આગળ વધ્યું છે, જેના કારણે યુદ્ધના સંભવિત લાભોમાં ઘટાડો થયો છે. ચોખાનાં ખેતરો અને સોનાની ખાણો પર વિજય મેળવવો શક્ય તો છે પણ વીસમી સદીના અંત સુધીમાં એ બધું હવે આર્થિક સંપત્તિના મુખ્ય સ્રોત રહ્યા નથી. સેમિકન્ડક્ટર ક્ષેત્ર જેવા નવા અગ્રણી ઉદ્યોગો તકનીકી કુશળતા અને ઓર્ગેનાઇઝેશનના જ્ઞાન પર આધારિત છે અને તે લશ્કરી વિજય દ્વારા મેળવી શકાતા નથી. આમ, 1945 પછીના યુગના કેટલાક સૌથી મોટા આર્થિક ચમત્કારો જર્મની, ઇટાલી અને જાપાન જેવા પરાજિત દેશો તેમજ લશ્કરી સંઘર્ષો અને વસાહતીકરણ ટાળનારા સ્વીડન અને સિંગાપોર જેવા દેશોએ સર્જ્યા છે.

અને, વીસમી સદીના ઉત્તરાર્ધમાં પણ એક ગહન સાંસ્કૃતિક પરિવર્તન જોવા મળ્યું, જેમાં વર્ષો જૂના લશ્કરી આદર્શોનું પતન થયું. કલાકારોએ યુદ્ધના શૂરવીરોનો મહિમા ગાવાને બદલે યુદ્ધની અર્થહીન ભયાનકતા દર્શાવવા પર વધુ ધ્યાન કેન્દ્રિત કર્યું અને રાજકારણીઓ વિદેશ પરના વિજયો કરતાં સ્થાનિક સુધારાઓનું સ્વપ્ન જોતા સત્તા પર આવ્યા. આ તકનીકી, આર્થિક અને સાંસ્કૃતિક ફેરફારોને કારણે બીજા વિશ્વયુદ્ધના અંત પછીના દાયકાઓમાં મોટાભાગની સરકારોએ આક્રમક યુદ્ધોને તેમનાં હિતોને આગળ વધારવા માટેના આકર્ષક ઉપાય તરીકે જોવાનું બંધ કરી દીધું, અને મોટાભાગનાં રાષ્ટ્રોએ તેમના પડોશીઓને જીતવા અને તેમનો નાશ કરવાની કલ્પના કરવાનું પણ બંધ કરી દીધું. ગૃહયુદ્ધો અને બળવાખોરી તો હજુ પણ સામાન્ય મનાય છે, પરંતુ 1945 પછીના વિશ્વમાં દેશો વચ્ચેનાં મોટા પાયાનાં યુદ્ધોમાં અને

ખાસ કરીને મહાન શક્તિઓ વચ્ચેના સીધા સશસ્ત્ર સંઘર્ષોમાં નોંધપાત્ર ઘટાડો જોવા મળ્યો છે.[49]

1945 પછીના આ યુગમાં યુદ્ધોમાં આવેલો ઘટાડો ઘણાબધા આંકડાઓમાં દેખાય છે, પરંતુ કદાચ તેના સૌથી સ્પષ્ટ પુરાવા દેશોના બજેટમાં જોવા મળે છે. મોટાભાગના નોંધાયેલા ઇતિહાસમાં દરેક સામ્રાજ્ય, સલ્તનત, રાજ્ય અને પ્રજાસત્તાકના બજેટમાં લશ્કર પ્રથમ સ્થાને રહેતું હતું. સરકારો આરોગ્યસંભાળ અને શિક્ષણ પર બહુ ઓછો ખર્ચ કરતી હતી, કારણ કે તેમના મોટાભાગના સંસાધનો સૈનિકોના પગારોમાં, દીવાલો ચણાવવામાં અને યુદ્ધજહાજો બનાવવામાં ખર્ચાઈ જતા હતા. જ્યારે અમલદાર ચેન ઝિયાંગે 1065ના ચીની શિઆંગ રાજવંશના વાર્ષિક બજેટની તપાસ કરી, ત્યારે તેમણે જોયું કે છ કરોડ મિંકિયન (ત્યારનું ચલણ)માંથી પાંચ કરોડ (83 ટકા) લશ્કર પર ખર્ચવામાં આવ્યા હતા. અન્ય એક અધિકારી ચાઇ શિયાંગે લખ્યું હતું, “જો [આપણે] શાસન હેઠળની [બધી મિલકત] છ ભાગમાં વહેંચીએ, તો પાંચ ભાગ લશ્કર પર ખર્ચવામાં આવે છે અને એક ભાગ મંદિરના ચડાવા અને રાજ્ય ખર્ચ પર ખર્ચવામાં આવે છે. પછી દેશ ગરીબ રહે અને લોકો મુશ્કેલીમાં રહે, એમાં કંઈ આશ્ચર્ય ખરું?[50]

પ્રાચીન કાળથી આધુનિક યુગ સુધી, અન્ય ઘણા દેશોમાં પણ આવી જ સ્થિતિ પ્રવર્તતી હતી. રોમન સામ્રાજ્ય તેના બજેટનો લગભગ 50થી 75 ટકા જેટલો ભાગ લશ્કર પર ખર્ચતું હતું[51] અને સત્તરમી સદીના અંતમાં ઓટ્ટોમન સામ્રાજ્યમાં આ આંકડો લગભગ 60 ટકા હતો.[52] 1685 અને 1813ની વચ્ચે બ્રિટનના સરકારી ખર્ચમાં લશ્કરનો હિસ્સો સરેરાશ 75 ટકા હતો.[53] ફ્રાન્સમાં 1630 અને 1659ની વચ્ચે લશ્કરી ખર્ચ બજેટના 89 ટકા અને 93 ટકા વચ્ચે રહેતો હતો. અઢારમી સદીના મોટા ભાગનો સમય 30 ટકાથી ઉપર રહ્યો અને 1788માં ફ્રેન્ચ ક્રાંતિ લાવનારી નાણાકીય કટોકટીને કારણે તે ઘટીને 25 ટકાના નીચલા સ્તરે પહોંચ્યો હતો. પ્રશિયામાં 1711થી 1800 સુધી બજેટનો લશ્કરી હિસ્સો ક્યારેય 75 ટકાથી નીચે ગયો નહીં અને ક્યારેક ક્યારેક તો 91 ટકા સુધી પહોંચી ગયો હતો.[54] 1870-1913ના પ્રમાણમાં શાંતિપૂર્ણ વર્ષો દરમિયાન યુરોપની મુખ્ય શક્તિઓમાં તેમજ જાપાન અને યુનાઇટેડ સ્ટેટ્સમાં દેશના બજેટનો સરેરાશ 30 ટકા હિસ્સો લશ્કર પડાવી લેતું હતું, જ્યારે સ્વીડન જેવા નાના દેશો તેનાથી પણ વધુ ખર્ચ કરતા હતા.[55] 1914માં જ્યારે યુદ્ધ ફાટી નીકળ્યું, ત્યારે લશ્કરી બજેટ આકાશને આંબી ગયું. પ્રથમ વિશ્વયુદ્ધ દરમિયાન ફ્રાન્સનો લશ્કરી ખર્ચ બજેટના સરેરાશ 77 ટકા જેટલો હતો, જર્મનીમાં તે 91 ટકા, રશિયામાં 48 ટકા, યુકેમાં 49 ટકા અને યુનાઇટેડ સ્ટેટ્સમાં 47 ટકા

હતો. બીજા વિશ્વયુદ્ધ દરમિયાન યુકેનો આંકડો વધીને 69 ટકા અને યુ.એસ.નો આંકડો 71 ટકા થયો હતો.[56] 1970ના દાયકાના પ્રમાણમાં શાંત વર્ષો દરમિયાન પણ સોવિયેત લશ્કરી ખર્ચ બજેટના 32.5 ટકા જેટલો હતો.[57]

તાજેતરના દાયકાઓના દેશના બજેટ કોઈ પણ શાંતિવાદી પત્રિકા કરતાં વધુ આશાસ્પદ વાંચન બની રહે છે. એકવીસમી સદીની શરૂઆતમાં વિશ્વભરમાં લશ્કર પર સરેરાશ સરકારી ખર્ચ બજેટના ફક્ત 7 ટકા જેટલો હતો અને યુનાઇટેડ સ્ટેટ્સ જેવી સબળ મહાસત્તાએ પણ તેના લશ્કરી વર્ચસ્વને જાળવી રાખવા માટે તેના વાર્ષિક બજેટના ફક્ત 13 ટકા જેટલો જ ખર્ચ લશ્કર પર કર્યો હતો.[58] મોટાભાગના લોકો હવે બાહ્ય આક્રમણના ભયમાં જીવતા ન હોવાથી સરકારો જનકલ્યાણ, શિક્ષણ અને આરોગ્યસંભાળમાં વધુ નાણાં ખર્ચી શકે. એકવીસમી સદીની શરૂઆતમાં આરોગ્યસંભાળ પર વિશ્વભરમાં સરેરાશ ખર્ચ સરકારી બજેટના લગભગ 10 ટકા કે સંરક્ષણ બજેટથી લગભગ 1.4 ગણો હતો.[59] 2010ના દાયકામાં ઘણા લોકો માટે આરોગ્યસંભાળનું બજેટ લશ્કરી બજેટ કરતા મોટું હતું તે હકીકત નોંધપાત્ર વાત નહોતી, પરંતુ તે માનવવર્તનમાં મોટા પરિવર્તનનું પરિણામ છે અને એવું પરિવર્તન છે, જે મોટાભાગની પાછલી પેઢીઓને અશક્ય લાગતું હતું.

યુદ્ધોમાં ઘટાડો કોઈ દૈવી ચમત્કાર કે પ્રકૃતિના નિયમોમાં પરિવર્તનથી આવ્યો નથી. માનવજાતે પોતાના કાયદા, દંતકથાઓ અને સંસ્થાઓમાં ફેરફાર કર્યા છે અને વધુ સારા નિર્ણયો લીધા છે, તેના કારણે એમ બન્યું છે. આ પરિવર્તન માનવની પસંદગીમાંથી આવ્યું છે તેનો અર્થ એ પણ છે કે તે બદલી પણ શકાય છે અને એ દુર્ભાગ્યપૂર્ણ છે. ટેક્નોલૉજી, અર્થશાસ્ત્ર અને સંસ્કૃતિ સતત બદલાતાં રહે છે. 2020ના દાયકાની શરૂઆતમાં વધુ નેતાઓ ફરીથી લશ્કરી સિદ્ધિઓનાં સ્વપ્ન જોઈ રહ્યા છે અને સશસ્ત્ર સંઘર્ષો વધી રહ્યા છે[60] અને લશ્કરી બજેટ પણ વધી રહ્યા છે.[61]

2022ની શરૂઆતમાં એક મહત્ત્વપૂર્ણ સીમા ઓળંગવામાં આવી. રશિયાએ 2014માં યુક્રેન પર મર્યાદિત આક્રમણ કરીને અને પૂર્વી યુક્રેનમાં ક્રિમીઆ અને અન્ય પ્રદેશો પર કબજો કરીને વૈશ્વિક વ્યવસ્થાને અસ્થિર કરી જ દીધી હતી, પરંતુ 24 ફેબ્રુઆરી, 2022ના રોજ વ્લાદિમીર પુતિને આખું યુક્રેન જીતવા અને યુક્રેન રાષ્ટ્રને નાબૂદ કરવાના હેતુથી સર્વાંગી હુમલો શરૂ કર્યો. આ હુમલાની તૈયારી કરવા અને તેને આગળ વધારવા માટે રશિયાએ તેનું લશ્કરી બજેટ 7 ટકાની વૈશ્વિક સરેરાશથી ઘણું વધારે વધાર્યું. ચોક્કસ આંકડા નક્કી કરવા મુશ્કેલ છે, કારણ કે રશિયાના લશ્કરી બજેટનાં ઘણાં પાસાંઓ ગુપ્ત રખાય

છે, પરંતુ જાણકારો એ આંકડો 30 ટકાની આસપાસ મૂકે છે અને તે તેનાથી પણ વધુ હોઈ શકે છે.[62] રશિયન આક્રમણથી માત્ર યુક્રેન જ નહીં, પરંતુ ઘણાં અન્ય યુરોપિયન રાષ્ટ્રોને પણ પોતાનું લશ્કરી બજેટ વધારવાની ફરજ પડી છે.[63] રશિયા જેવાં સ્થળોએ લશ્કરી સંસ્કૃતિઓનું પુનરાગમન અને સમગ્ર વિશ્વમાં વિકસેલા અભૂતપૂર્વ સાયબર શસ્ત્રો અને ઓટોનોમસ શસ્ત્રોના કારણે યુદ્ધના નવા યુગનાં મંડાણ થઈ શકે છે, જે આપણે પહેલાં જોયેલા કોઈ પણ યુદ્ધો કરતાં વધુ ખરાબ હોઈ શકે છે.

પુતિન જેવા નેતાઓ યુદ્ધ અને શાંતિના મુદ્દાઓ બાબતે જે નિર્ણયો લે છે તે ઇતિહાસની તેમની સમજ દ્વારા આકાર પામે છે. તેનો અર્થ એ છે કે જેમ ઇતિહાસના વધુ પડતા આશાવાદી વિચારો ખતરનાક ભ્રમ સર્જી શકે છે, તેમ વધુ પડતા નિરાશાવાદી વિચારો આત્મવિનાશક પણ બની શકે છે. 2022માં યુક્રેન પરના કરવામાં આવેલા સર્વાંગી હુમલા પહેલા પુતિને ઘણીવાર તેમનો એવો ઐતિહાસિક દૃષ્ટિકોણ વ્યક્ત કર્યો હતો કે રશિયા વિદેશી દુશ્મનો સાથે અનંત સંઘર્ષમાં ફસાયેલું રહે છે અને યુક્રેન દેશ આ દુશ્મનો દ્વારા સર્જવામાં આવ્યો છે. જૂન 2021માં તેમણે "રશિયા અને યુક્રેનની ઐતિહાસિક એકતા પર" નામનો એક નિબંધ પ્રકાશિત કર્યો હતો જેમાં તેમણે યુક્રેનના એક રાષ્ટ્ર તરીકે અસ્તિત્વને નકારી કાઢ્યું છે અને એવી દલીલ પણ કરી છે કે વિદેશી શક્તિઓએ વારંવાર યુક્રેનના અલગતાવાદને પ્રોત્સાહન આપીને રશિયાને નબળું પાડવાનો પ્રયાસ કર્યો છે. વ્યવસાયિક ઇતિહાસકારો આ દાવાઓને નકારે છે પણ પુતિન ખરેખર આ ઐતિહાસિક કથનમાં વિશ્વાસ કરતા જણાય છે.[64] પુતિનની ઐતિહાસિક માન્યતાઓએ તેમને રશિયન નાગરિકોને વધુ સારી આરોગ્યસંભાળ પૂરી પાડવા કે AIને નિયંત્રિત કરવા માટે વૈશ્વિક પહેલનું નેતૃત્વ કરવા જેવા અન્ય નીતિગત લક્ષ્યો કરતાં 2022માં યુક્રેન પર વિજય મેળવવો વધુ મહત્ત્વનો છે એમ માનવા માટે પ્રેરિત કર્યા.[65]

જો પુતિન જેવા નેતાઓ માને છે કે માનવતા અક્ષમ્ય છે અને 'જેની લાઠી તેની ભેંસ'ના નિયમથી જ દુનિયા ચાલે છે, તો આ દુઃખદ સ્થિતિમાં કોઈ ગંભીર પરિવર્તન શક્ય નથી. તો પછી એમ પણ માનવું રહ્યું કે વીસમી સદીના અંત અને એકવીસમી સદીની શરૂઆતમાં રહેલી સાપેક્ષ શાંતિ એક ભ્રમ હતો. તે પછી એકમાત્ર વિકલ્પ બાકી રહે છે અને તે છે શિકારી બનવું કે શિકાર. આવા જ વિકલ્પો હોય, તો મોટાભાગના નેતાઓ ઇતિહાસમાં શિકારી તરીકે નોંધાઈ જવાનું પસંદ કરશે અને તેમના નામો એ વિજેતાઓની ભયાનક યાદીમાં ઉમેરવાનું પસંદ કરશે જેને કમનસીબ વિદ્યાર્થીઓએ તેમની ઇતિહાસ પરીક્ષા

માટે યાદ રાખવાની સજા ભોગવવી પડશે. જોકે આ નેતાઓને યાદ અપાવવું જોઈએ કે AIના યુગમાં સૌથી મોટો શિકારી AI હોવાની શક્યતા છે.

જોકે આપણી પાસે સંભવતઃ વધુ વિકલ્પો ઉપલબ્ધ છે. હું એવી તો કોઈ આગાહી કરી શકતો નથી કે આવનારાં વર્ષોમાં લોકો કેવા નિર્ણયો લેશે પરંતુ એક ઇતિહાસકાર તરીકે હું પરિવર્તનની શક્યતામાં અવશ્ય માનું છું. ઇતિહાસના મુખ્ય બોધપાઠોમાંનો એક બોધપાઠ એ છે કે આપણે જેને કુદરતી અને શાશ્વત માનીએ છીએ તેમાંથી ઘણી વસ્તુઓ હકીકતમાં માનવસર્જિત અને પરિવર્તનશીલ હોય છે. માટે સંઘર્ષ અનિવાર્ય નથી, માત્ર એટલું સ્વીકારીને આપણે આત્મસંતુષ્ટ ન બનવું જોઈએ. બરાબર તેનાથી અવળી દિશામાં જવું જોઈએ. તે આપણા બધા પર સારી પસંદગીઓ કરવાની ભારે જવાબદારી મૂકે છે. તે એમ સૂચવે છે કે જો માનવ સભ્યતા સંઘર્ષમાં ગર્ત થઈ જાય છે, તો આપણે તેનો દોષ કુદરતના કોઈ પણ નિયમ કે કોઈ અજાણી ટેક્નોલૉજી પર ન મૂકી શકીએ. તે એમ પણ સૂચવે છે કે જો આપણે પ્રયાસ કરીએ, તો આપણે એક વધુ સારી દુનિયા બનાવી શકીએ છીએ. આ કંઈ ભોળપણ કે સરળ દૃષ્ટિકોણ નથી, તે વાસ્તવિકતા છે. દરેક જૂની વસ્તુ એક સમયે નવી હતી. ઇતિહાસનો એકમાત્ર અવિચલ નિયમ છે પરિવર્તન.

ઉપસંહાર

આલ્ફાગોએ લી સેડોલને હરાવ્યાના અને ફેસબુક અલ્ગોરિધમો મ્યાનમારમાં ખતરનાક જાતિવાદી લાગણીઓને ભડકાવી રહ્યા હતા તેના થોડા મહિના પછી 2016ના અંતમાં મેં 'હોમો ડેયસ' પુસ્તક પ્રકાશિત કર્યું હતું. મારી શૈક્ષણિક પૃષ્ઠભૂમિ મધ્યયુગીન અને પ્રારંભિક આધુનિક લશ્કરી ઇતિહાસની હતી અને કોમ્પ્યુટર વિજ્ઞાનના તકનીકી પાસાંઓ બાબતે મારી કોઈ પૃષ્ઠભૂમિ ન હોવા છતાં પ્રકાશન પછી અચાનક હું એક AI નિષ્ણાત તરીકે ઓળખાવા લાગ્યો. એના કારણે AIમાં રસ ધરાવતા વૈજ્ઞાનિકો, ઉદ્યોગસાહસિકો અને વૈશ્વિક નેતાઓની ઑફિસોના દરવાજા ખૂલ્યા અને મને AI ક્રાંતિના જટિલ પાસાઓમાં એક રસપ્રદ, વિશેષાધિકૃત ઝાંખી કરવા મળી.

મને સમજાયું કે 'ઇંગ્લિશ સ્ટ્રેટજી ઇન ધ હન્ડ્રેડ યર્સ વૉર' અને 'થર્ટી યર્સ વૉર'[1]ના ચિત્રોનો અભ્યાસ જેવા વિષયો પર સંશોધન કરવાનો મારો અગાઉનો અનુભવ આ નવા ક્ષેત્રથી સંપૂર્ણતઃ અલગ નહોતો. હકીકતમાં, તેનાથી મને AIની પ્રયોગશાળાઓ, કૉર્પોરેટ ઑફિસો, લશ્કરી મુખ્યાલયો અને રાષ્ટ્રપતિના મહેલોમાં ઝડપથી બનતી ઘટનાઓ પર એક અજોડ ઐતિહાસિક દૃષ્ટિકોણ પ્રાપ્ત થયો. છેલ્લાં આઠ વર્ષોમાં મેં AI વિશે ઘણી જાહેર અને ખાનગી ચર્ચાઓ કરી છે, ખાસ કરીને તે કયાં જોખમો ઊભાં કરે છે તે મુદ્દા પર અને દરેક પસાર થતા વર્ષ સાથે મારો સ્વર વધુ તાકીદનો બન્યો છે. 2016માં દૂરના ભવિષ્ય વિશે નકામી દાર્શનિક અટકળો જેવી લાગતી વાતચીતો 2024 સુધીમાં ઇમર્જન્સી રૂમની ચેતવણી જેવી તીવ્ર બની ગઈ છે.

હું નથી રાજકારણી કે નથી ઉદ્યોગપતિ અને આ વ્યવસાયોમાં જે કૌશલ્યો હોવાં જોઈએ તે પણ મારી પાસે ખાસ નથી, પરંતુ હું માનું છું કે ઇતિહાસની સમજ વર્તમાન સમયના તકનીકી, આર્થિક અને સાંસ્કૃતિક વિકાસને વધુ સારી રીતે સમજવામાં અને ખાસ તો આપણી રાજકીય પ્રાથમિકતાઓને બદલવામાં ઉપયોગી થઈ શકે છે. રાજકારણ મોટે ભાગે પ્રાથમિકતાઓનો વિષય છે. શું

આપણે આરોગ્યસંભાળના બજેટમાં ઘટાડો કરીને સંરક્ષણ પર વધુ ખર્ચ કરવો જોઈએ? શું આપણી સુરક્ષા માટે વધુ ગંભીર ખતરો આતંકવાદ છે કે આબોહવા પરિવર્તન? શું આપણે પૂર્વજોએ ગુમાવેલા પ્રદેશને પાછો મેળવવા પર ધ્યાન કેન્દ્રિત કરવું જોઈએ કે પડોશીઓ સાથે એક કૉમન ઇકોનોમિક ઝોન બનાવવા પર ધ્યાન કેન્દ્રિત કરવું જોઈએ? પ્રાથમિકતાઓ નક્કી કરે છે કે નાગરિકો કેવી રીતે મતદાન કરે છે, ઉદ્યોગપતિઓ શેના વિશે ચિંતિત છે અને રાજકારણીઓ પોતાને માટે કેવી રીતે નામ કમાવાનો પ્રયાસ કરે છે અને પ્રાથમિકતાઓ ઘણીવાર ઇતિહાસની આપણી સમજ દ્વારા આકાર પામતી હોય છે.

આમ તો કથિત વાસ્તવિકવાદીઓ ઐતિહાસિક કથનોને રાજ્યનાં હિતોને આગળ વધારવા માટે ઉપયોગમાં લેવાતા પ્રોપગાન્ડા તરીકે ફગાવી દેતા હોય છે, પણ હકીકતમાં આ કથનો જ સૌ પ્રથમ રાજ્યના હિતોને વ્યાખ્યાયિત કરતા હોય છે. આપણે ક્લોઝવિટ્ઝના યુદ્ધના સિદ્ધાંતની આપણી ચર્ચામાં જોયું કે અંતિમ લક્ષ્યોને વ્યાખ્યાયિત કરવાનો કોઈ તર્કસંગત રસ્તો નથી. રશિયા, ઇઝરાયલ, મ્યાનમાર કે અન્ય કોઈ દેશનાં હિતોનું ક્યારેય કોઈ ગાણિતિક કે ભૌતિક સમીકરણ પરથી અનુમાન કરી શકાતું નથી. તે હંમેશાં ઐતિહાસિક કથનોમાંથી મેળવાયેલો કથિત બોધપાઠ જ હોય છે.

તેથી એમાં જરાય નવાઈ નથી કે વિશ્વભરના રાજકારણીઓ ઐતિહાસિક કથનો પાછળ ઘણો સમય અને ઊર્જા આપતા હોય છે. ઉપરોક્ત નોંધાયેલાં વ્લાદિમીર પુતિનનું ઉદાહરણ આ સંદર્ભમાં ભાગ્યે જ અપવાદરૂપ છે. 2005માં યુએનના સેક્રેટરી જનરલ કૉફી અન્નાને મ્યાનમારના તત્કાલીન સરમુખત્યાર જનરલ થાન શ્વે સાથે તેમની પ્રથમ મુલાકાત કરી હતી. અન્નાનને પહેલાં બોલવાની સલાહ આપવામાં આવી હતી જેથી મ્યાનમારના જનરલ ફક્ત વીસ મિનિટ ચાલનારી વાતચીત પર પ્રભુત્વ ન સ્થાપી શકે, પરંતુ થાન શ્વેએ પહેલો ઘા કરી નાખ્યો અને મ્યાનમારના ઇતિહાસ પર લગભગ એક કલાક સુધી વાત કરી જેમાં યુએનના સેક્રેટરી જનરલને બોલવાની કોઈ તક મળી નહીં.[2] મે 2011માં ઇઝરાયલી વડા પ્રધાન બેન્જામિન નેતન્યાહૂ જ્યારે યુએસ પ્રમુખ બરાક ઓબામાને વ્હાઇટ હાઉસમાં મળ્યા ત્યારે તેમણે પણ આવું જ કંઈક કર્યું હતું, ઓબામાના ટૂંકા પ્રારંભ પછી નેતન્યાહૂએ ઓબામાને ઇઝરાયલ અને યહૂદી લોકોના ઇતિહાસ વિશે એવું લાંબું વ્યાખ્યાન આપ્યું જાણે કે ઓબામા તેમના વિદ્યાર્થી હોય.[3] વિવેચકો એમ કહી શકે છે કે થાન શ્વે અને નેતન્યાહૂને ઇતિહાસના તથ્યોની બિલકુલ પરવા નહોતી અને ચોક્કસ રાજકીય ધ્યેયો પ્રાપ્ત કરવા માટે જાણી જોઈને તેઓ ઇતિહાસ વિકૃત કરી

રહ્યા હતા, પરંતુ આ રાજકીય ધ્યેયો પોતે પણ છેવટે ઇતિહાસ પરના ઊંડા વિશ્વાસનું જ પરિણામ હતા.

રાજકારણીઓ તેમજ ટેક ઉદ્યોગસાહસિકો સાથે AI પરની મારી વાતચીતમાં ઇતિહાસ ઘણીવાર કેન્દ્રીય મુદ્દા તરીકે ઊભરી આવ્યો છે. મારી સાથે વાત કરનારા કેટલાક લોકોએ ઇતિહાસનું ફૂલગુલાબી ચિત્ર દોર્યું હતું અને તે મુજબ તેઓ AI વિશે ઉત્સાહી હતા. તેમણે દલીલ કરી હતી કે, વધુ માહિતીનો અર્થ હંમેશાં વધુ જ્ઞાન થાય છે અને આપણા જ્ઞાનમાં વધારો કરીને અગાઉની દરેક ઇન્ફૉર્મેશન રિવોલ્યુશને માનવજાતને ખૂબ ફાયદો પહોંચાડ્યો છે. શું પ્રિન્ટ રિવોલ્યુશનથી જ વૈજ્ઞાનિક ક્રાંતિ નહોતી થઈ? શું અખબારો અને રેડિયો આધુનિક લોકશાહીના ઉદય તરફ લઈ નથી ગયા? AI સાથે પણ એવું જ થશે એમ તેમની દલીલ હતી. અન્ય લોકોનો દૃષ્ટિકોણ અલગ હતો તેમ છતાં તેમણે એવી આશા તો વ્યક્ત કરી જ હતી કે માનવજાત કોઈક રીતે AI ક્રાંતિમાંથી યોગ્ય માર્ગ શોધી લેશે, જેમ આપણે ઔદ્યોગિક ક્રાંતિમાંથી શોધ્યો હતો.

બંનેમાંથી કોઈ પણ દૃષ્ટિકોણથી મને બહુ સાંત્વના મળી નહીં. અગાઉનાં પ્રકરણોમાં સમજાવાયેલાં કારણોસર મને પ્રિન્ટ રિવોલ્યુશન અને ઔદ્યોગિક ક્રાંતિ સાથેની આવી ઐતિહાસિક સરખામણીઓ દુઃખદાયક લાગે છે, ખાસ કરીને સત્તામાં બેઠેલા લોકો એમ કરે ત્યારે કારણ કે તેમનો ઐતિહાસિક દૃષ્ટિકોણ આપણા ભવિષ્યને આકાર આપતા નિર્ણયો પર અસર કરતો હોય છે. આ ઐતિહાસિક સરખામણીઓ AI રિવોલ્યુશનના અભૂતપૂર્વ સ્વભાવ અને અગાઉની ક્રાંતિના નકારાત્મક પાસાંઓ બંનેને ઓછા આંકે છે. પ્રિન્ટ રિવોલ્યુશનના તાત્કાલિક પરિણામોમાં વૈજ્ઞાનિક શોધોની સાથે સાથે વિચ હન્ટ અને ધાર્મિક યુદ્ધોનો સમાવેશ પણ થતો હતો. અખબારો અને રેડિયોનો ઉપયોગ લોકશાહીઓની સાથે સાથે સર્વાધિકારી શાસનોએ પણ કર્યો હતો. ઔદ્યોગિક ક્રાંતિની વાત કરીએ તો, તેની સાથે સાથે સામ્રાજ્યવાદ અને નાઝીવાદ જેવા વિનાશક પ્રયોગો પણ સંકળાયેલા હતા. જો AI ક્રાંતિ આપણને આવા જ પ્રયોગો તરફ દોરી જાય, તો શું આપણે ખરેખર ખાતરીપૂર્વક કહી શકીએ એમ છીએ કે આપણે તેમાંથી બહાર આવી શકીશું?

આ પુસ્તક દ્વારા મારો ધ્યેય એઆઈ રિવોલ્યુશન અંગે સચોટ ઐતિહાસિક પરિપ્રેક્ષ્ય રજૂ કરવાનો છે. આ રિવોલ્યુશન હજુ પણ તેના પ્રારંભિક તબક્કામાં છે, અને એ આકાર લઈ રહી હોય તે જ સમયે તેના વિકાસને સમજવો ખૂબ જ મુશ્કેલ છે. 2010ના દાયકામાં આલ્ફાગોની જીત કે રોહિંગ્યા વિરોધી અભિયાનમાં ફેસબુકની સંડોવણી જેવી ઘટનાઓનું અર્થપૂર્ણ મૂલ્યાંકન કરવું

હજુ પણ મુશ્કેલ છે. 2020ના દાયકાની શરૂઆતની ઘટનાઓનો અર્થ તો હજુ પણ અસ્પષ્ટ જ છે. છતાં હું માનું છું કે હજારો વર્ષોમાં ઇન્ફૉર્મેશન નેટવર્કો કેવી રીતે વિકસિત થયા તે સમજવા સુધી આપણી ક્ષિતિજોને વિસ્તારીને, આપણે આજે જે સમયમાં જીવી રહ્યા છીએ તેના વિશે થોડી વધુ સમજ મેળવી શકીશું.

એક બોધપાઠ એ છે કે નવી ઇન્ફૉર્મેશન ટેક્નોલૉજીની શોધ હંમેશાં મોટાં ઐતિહાસિક પરિવર્તનોની ઉત્પ્રેરક હોય છે, કારણ કે માહિતીની સૌથી મહત્ત્વપૂર્ણ ભૂમિકા પહેલેથી જ અસ્તિત્વમાં રહેલી વાસ્તવિકતાઓ ચિત્રણ કરવાની નથી હોતી, પરંતુ નવા નેટવર્કો બનાવવાની હોય છે. માટીની તકતીઓ પર કરની ચુકવણીની નોંધથી પ્રાચીન મેસોપોટેમિયામાં પ્રથમ એક શહેરવાળાં રાજ્યો બનાવવામાં મદદ મળી. ભવિષ્યવાણીઓ (પ્રોફેટિક વિઝનો)ને કેનોનાઇઝ કરીને પવિત્ર ગ્રંથોએ નવા ધર્મો ફેલાવ્યા. રાષ્ટ્રપતિઓ અને નાગરિકોના વિચારોને ઝડપથી ફેલાવીને અખબારો અને ટેલિગ્રાફે મોટા પાયાની લોકશાહી અને મોટા પાયાના સર્વાધિકારવાદ, બંને માટે દરવાજા ખોલ્યા. આ રીતે નોંધાયેલી અને વિતરિત કરાયેલી માહિતી ક્યારેક સાચી અને ઘણીવાર ખોટી રહેતી, પરંતુ તે હંમેશાં મોટી સંખ્યામાં લોકો વચ્ચે નવાં જોડાણો સર્જતી હતી.

આપણે પ્રથમ મેસોપોટેમિયાના એક શહેરવાળા રાજ્યોના ઉદય, ખ્રિસ્તી ધર્મનો ફેલાવો, અમેરિકન ક્રાંતિ અને બોલ્શેવિક ક્રાંતિ જેવી ઐતિહાસિક ક્રાંતિઓના રાજકીય, વૈચારિક અને આર્થિક અર્થઘટન કરવા માટે ટેવાયેલા છીએ, પરંતુ ઊંડી સમજ મેળવવા માટે આપણે તેમને માહિતીના પ્રવાહમાં આવેલી ક્રાંતિ તરીકે પણ જોવા જોઈએ. ખ્રિસ્તી ધર્મ તેની ઘણી દંતકથાઓ અને વિધિઓમાં ગ્રીક અનેકેશ્વરવાદથી તો તદ્દન અલગ હતો જ, પણ સાથે સાથે તે એક જ પવિત્ર ગ્રંથ અને તેનું અર્થઘટન કરવાની જવાબદારી સોંપવામાં આવેલી તે સંસ્થાને જે મહત્ત્વ આપતો હતો, તે રીતે પણ અલગ હતો. પરિણામે જ્યારે ઝુસનું દરેક મંદિર એક અલગ અસ્તિત્વ હતું જ્યારે દરેક ખ્રિસ્તી ચર્ચ એકીકૃત નેટવર્કની એક શાખા બની રહ્યું હતું.[4] ઝુસના ભક્તો કરતાં ખ્રિસ્તના અનુયાયીઓમાં માહિતી અલગ રીતે વહેતી હતી. તેવી જ રીતે, સ્ટાલિનનું યુ.એસ.એસ.આર. પીટર ધ ગ્રેટના સામ્રાજ્યથી અલગ પ્રકારનું માહિતી નેટવર્ક હતું. સ્ટાલિને ઘણી અભૂતપૂર્વ આર્થિક નીતિઓ ઘડી હતી, પરંતુ તેમને એવું કરવા માટે સક્ષમ બનાવનાર વાત એ હતી કે તેમણે એક સર્વાધિકારી નેટવર્ક સ્થાપ્યું હતું જેમાં કેન્દ્ર લાખો લોકોના જીવનનું સૂક્ષ્મ સંચાલન કરવા માટે પૂરતી માહિતી એકઠી કરી શકતું હતું. ટેક્નોલૉજી ભાગ્યે જ નિર્ણાયક હોય છે અને ટેક્નોલૉજીનો

ઉપયોગ ઘણી અલગ અલગ રીતે કરી શકાતો હોય છે, પરંતુ પુસ્તક અને ટેલિગ્રાફ જેવી ટેક્નોલૉજીઓની શોધ વિના, ખ્રિસ્તી ચર્ચ અને સ્ટાલિનવાદી શાસન ક્યારેય શક્ય ન બન્યા હોત.

આ ઐતિહાસિક બોધપાઠ આપણને આપણી વર્તમાન રાજકીય ચર્ચાઓમાં AI રિવોલ્યુશન પર વધુ ધ્યાન આપવા માટે પ્રોત્સાહિત કરશે. AIની શોધ ટેલિગ્રાફ, પ્રિન્ટિંગ પ્રેસ કે લેખનની શોધ કરતાં પણ સંભવતઃ વધુ મહત્ત્વપૂર્ણ છે, કારણ કે AI એવી પહેલી ટેક્નોલૉજી છે, જે નિર્ણયો લેવા અને વિચારવા સક્ષમ છે. પ્રિન્ટિંગ પ્રેસ અને ચર્મપત્રોના ફીંડલા લોકોને જોડવા માટે નવાં માધ્યમો પ્રદાન કરતા હતા, પરંતુ AI તો આપણા ઇન્ફૉર્મેશન નેટવર્કના નવા સભ્યો જ છે અને તેમની આગવી શક્તિઓ છે. આવનારા વર્ષોમાં સેનાઓથી લઈને ધર્મો સુધીના બધા નેટવર્કોમાં એવા નવા લાખો AI સભ્યો હશે, જે માનવો કરતા અલગ રીતે ડેટાનું પ્રોસેસિંગ કરશે. આ નવા સભ્યો અલગ નિર્ણયો લેશે અને અલગ જ વિચારો પણ પેદા કરશે, એટલે કે એવા નિર્ણયો અને વિચારો કરશે, જે માનવો માટે શક્ય નથી. ઘણા અજાણ્યા સભ્યોના ઉમેરાથી સેનાઓ, ધર્મો, બજારો અને રાષ્ટ્રો બદલાશે. સમગ્ર રાજકીય, આર્થિક અને સામાજિક વ્યવસ્થાઓ ભાંગી પડી શકે છે અને નવી વ્યવસ્થાઓ તેમના સ્થાને આવી શકે છે. એટલા માટે AI એ એવા લોકો માટે પણ તાકીદની બાબત હોવી જોઈએ જેમને ટેક્નોલૉજીની બહુ પરવા નથી અને જેઓ માને છે કે સૌથી મહત્ત્વપૂર્ણ રાજકીય પ્રશ્નો લોકશાહીના અસ્તિત્વ કે સંપત્તિના યોગ્ય વિતરણને લગતા છે.

આ પુસ્તકે AIની ચર્ચાને બાઇબલ જેવા પવિત્ર ગ્રંથોની ચર્ચા સાથે જોડી છે, કારણ કે આપણે હવે AIના કેનોનાઇઝેશનના નિર્ણાયક સમયમાં આવી પહોંચ્યા છીએ. જ્યારે બિશપ એથેનાસિયસ જેવા ચર્ચ ફાધરોએ પોલ અને થેક્લાના એક્ટ્સને બાકાત રાખીને બાઇબલમાં ટિમોથી પ્રથમનો સમાવેશ કરવાનું નક્કી કર્યું, ત્યારે તેઓએ સહસ્રાબ્દીઓ માટે વિશ્વને આકાર આપ્યો હતો. એકવીસમી સદી સુધીના અબજો ખ્રિસ્તીઓએ થેક્લાના વધુ સહિષ્ણુ વલણને બદલે ટિમોથી પ્રથમના સ્ત્રીવિરોધી વિચારોના આધારે વિશ્વ અંગેના તેમનાં મંતવ્યો ઘડ્યાં છે. આજે પણ એ માર્ગ બદલવો મુશ્કેલ છે, કારણ કે ચર્ચના ફાધરોએ બાઇબલમાં કોઈ પણ સ્વસુધારણા પદ્ધતિઓનો સમાવેશ ન કરવાનું પસંદ કર્યું હતું. બિશપ એથેનાસિયસના વર્તમાન સમકક્ષ છે એવા ઇજનેરો જેઓ AI માટે શરૂઆતના કોડ લખી રહ્યા છે અને જેઓ એ ડેટાસેટ પસંદ કરી રહ્યા છે, જેના પર બેબી AI તાલીમ પામી રહ્યું છે. જેમ જેમ AIની શક્તિ અને સત્તા વધશે

અને એ કદાચ પોતાનું અર્થઘટન જાતે જ કરનાર પવિત્ર ગ્રંથ બનતી જશે, તેમ તેમ વર્તમાન ઇજનેરો દ્વારા લેવામાં આવેલા નિર્ણયો યુગો સુધી અસર દાખવતા રહી શકે છે.

ઇતિહાસનો અભ્યાસ ફક્ત AI રિવોલ્યુશનના મહત્ત્વ અને AI સંબંધિત આપણા નિર્ણયો પર ભાર મૂકવાથી પણ વિશેષ કંઈક કહે છે. તે આપણને ઇન્ફૉર્મેશન નેટવર્ક અને ઇન્ફૉર્મેશન રિવોલ્યુશન પ્રત્યેના બે સામાન્ય પરંતુ ગેરમાર્ગે દોરનારા અભિગમો સામે પણ ચેતવણી આપે છે. એક તરફ, આપણે વધુ પડતા સરળ અને આશાવાદી દૃષ્ટિકોણથી સાવધ રહેવું જોઈએ. માહિતી સત્ય નથી. તેનું મુખ્ય કાર્ય કશું રજૂ કરવાનું નથી, જોડાણ કરવાનું છે અને સમગ્ર ઇતિહાસમાં ઇન્ફૉર્મેશન નેટવર્કો ઘણીવાર સત્ય કરતાં વ્યવસ્થા પર વધુ ભાર મૂકતા આવ્યા છે. ટેક્સ રેકોર્ડો, પવિત્ર ગ્રંથો, રાજકીય ઢંઢેરાઓ અને ગુપ્ત પોલીસ ફાઇલો એવાં શક્તિશાળી રાજ્યો અને ચર્ચો બનાવવામાં અત્યંત કાર્યક્ષમ હોઈ શકે છે, જે વિશ્વનો વિકૃત દૃષ્ટિકોણ ધરાવે છે અને તેમની શક્તિનો દુરુપયોગ પણ કરી શકે એમ હોય છે. વક્રતાની વાત એ છે કે વધુ માહિતી ક્યારેક વધુ વિચ હન્ટમાં પરિણમી શકે છે.

એવી અપેક્ષા રાખવાનું કોઈ કારણ નથી કે AI આ પેટર્ન તોડશે અને સત્યને વધુ મહત્ત્વ આપશે જ. AI અચૂક નથી. છેલ્લા દાયકામાં મ્યાનમાર, બ્રાઝિલ અને અન્યત્ર બનેલી ભયાનક ઘટનાઓમાંથી આપણને જે થોડું ઐતિહાસિક પરિપ્રેક્ષ્ય મળ્યું છે તે દર્શાવે છે કે મજબૂત સ્વસુધારણા પદ્ધતિઓના અભાવે AI વિશ્વના વિકૃત દૃષ્ટિકોણને પ્રોત્સાહન આપવા, સત્તાના ગંભીર દુરુપયોગને સક્ષમ બનાવવા અને ભયાનક નવી વિચ હન્ટો શરૂ કરાવવામાં પણ સક્ષમ છે.

બીજી બાજુ, આપણે બીજી દિશામાં ખૂબ આગળ વધવાથી અને વધુ પડતો નકારાત્મક દૃષ્ટિકોણ અપનાવવાથી પણ સાવધ રહેવું જોઈએ. પોપ્યુલિસ્ટો આપણને કહે છે કે સત્તા એકમાત્ર વાસ્તવિકતા છે, બધા માનવીય વ્યવહારો સત્તાના સંઘર્ષો છે અને માહિતી ફક્ત એક શસ્ત્ર છે, જેનો ઉપયોગ આપણે આપણા દુશ્મનોને હરાવવા માટે કરીએ છીએ. આવું ક્યારેય બન્યું નથી અને એવું વિચારવાનું કોઈ કારણ નથી કે AI ભવિષ્યમાં આવું કરશે. ઘણા ઇન્ફૉર્મેશન નેટવર્કોમાં સત્ય કરતાં વ્યવસ્થાને વધુ મહત્ત્વ અપાય છે, પરંતુ જો સત્યની સંપૂર્ણપણે અવગણના કરવામાં આવે તો કોઈ નેટવર્ક ટકી શકે નહીં. વ્યક્તિગત રીતે માનવીઓની વાત કરીએ તો, આપણે ફક્ત સત્તામાં જ નહીં પણ સત્યમાં પણ ખરેખર રસ ધરાવતા હોઈએ છીએ. સ્પેનિશ ઇન્ક્વિઝિશન જેવી સંસ્થાઓમાં પણ એલોન્સો ડી. સલાઝાર ફ્રિયાસ જેવા સભાન સત્યશોધક

સભ્યો હતા, જેમણે નિર્દોષ લોકોને મારી નાખવાને બદલે પોતાનો જીવ જોખમમાં મૂકીને આપણને યાદ અપાવ્યું કે ડાકણો ફક્ત આંતરવ્યક્તિલક્ષી કલ્પના જ છે. મોટાભાગના લોકો પોતાને ફક્ત સત્તાથી ગ્રસ્ત એક પરિમાણીય જીવો તરીકે જોતા નથી. તો પછી બીજા બધા વિશે આવો દૃષ્ટિકોણ કેમ રાખવો?

બધા માનવીય વ્યવહારોને માત્ર ને માત્ર સત્તા સંઘર્ષ તરીકે જોવાનો ઇનકાર કરવો એ ફક્ત ભૂતકાળની સંપૂર્ણ અને વધુ સૂક્ષ્મ સમજ મેળવવા માટે જ નહીં, પણ આપણા ભવિષ્ય વિશે વધુ આશાવાદી અને રચનાત્મક વલણ રાખવા માટે પણ મહત્ત્વપૂર્ણ છે. જો સત્તા એકમાત્ર વાસ્તવિકતા હોત, તો સંઘર્ષોનો ઉકેલ લાવવાનો એકમાત્ર રસ્તો હિંસા હોત. પોપ્યુલિસ્ટો અને માર્ક્સવાદીઓ બંને માને છે કે લોકોના વિચારો તેમના વિશેષાધિકારો દ્વારા નક્કી થાય છે અને લોકોના વિચારો બદલવા માટે પહેલા તેમના વિશેષાધિકારો છીનવી લેવા જરૂરી છે, જેના માટે સામાન્ય રીતે બળની જરૂર પડતી હોય છે. જોકે માનવીઓને સત્યમાં રસ હોવાથી, ઓછામાં ઓછા એકબીજા સાથે વાત કરીને, ભૂલો સ્વીકારીને, નવા વિચારો અપનાવીને અને આપણે જે વાર્તાઓમાં માનીએ છીએ તેમાં સુધારો કરીને અમુક સંઘર્ષોને શાંતિપૂર્ણ રીતે ઉકેલવાની તક મળે છે. આ જ વસ્તુ લોકશાહી નેટવર્કો અને વૈજ્ઞાનિક સંસ્થાઓની મૂળભૂત ધારણા છે. આ પુસ્તક લખવા પાછળની મૂળભૂત પ્રેરણા પણ એ જ ધારણા છે.

સૌથી બુદ્ધિશાળી પ્રજાતિનો નાશ

ચાલો, હવે આ પુસ્તકની શરૂઆતમાં મેં પૂછેલા પ્રશ્ન પર પાછા ફરીએ: જો આપણે આટલા બુદ્ધિશાળી છીએ, તો આપણે આટલા આત્મઘાતી કેમ છીએ? આપણે પૃથ્વી પરના સૌથી બુદ્ધિશાળી પ્રાણીઓ છીએ અને સાથે સાથે સૌથી મૂર્ખ પણ. આપણે એટલા બુદ્ધિશાળી છીએ કે આપણે પરમાણુ મિસાઇલો અને સુપરઇન્ટેલિજન્ટ અલ્ગોરિધમો બનાવી શકીએ છીએ અને આપણે એટલા મૂર્ખ પણ છીએ કે આપણે આ વસ્તુઓનું ઉત્પાદન આગળ વધારીએ છીએ, ભલે આપણને ખાતરી ન હોય કે આપણે તેમને નિયંત્રિત કરી શકીશું કે કેમ અને તેમ કરવામાં નિષ્ફળ જઈશું તો આપણો નાશ પણ થઈ શકે છે. આપણે આવું કેમ કરીએ છીએ? શું આપણા સ્વભાવમાં એવું કંઈક છે, જે આપણને આત્મઘાતના માર્ગે જવા માટે મજબૂર કરે છે?

આ પુસ્તકમાં એવી દલીલ કરવામાં આવી છે કે દોષ આપણા સ્વભાવનો નથી, પણ આપણા ઇન્ફોર્મેશન નેટવર્કોનો છે. સત્ય કરતા વ્યવસ્થાને વધુ મહત્ત્વ

અપાવાને કારણે, માનવ ઇન્ફૉર્મેશન નેટવર્કોએ ઘણીવાર ઘણી શક્તિ ઉત્પન્ન કરી છે, પરંતુ તેનાથી શાણપણ બહુ જ ઓછું આવ્યું છે. ઉદાહરણ તરીકે, નાઝી જર્મનીએ એક અત્યંત કાર્યક્ષમ લશ્કરી યંત્ર બનાવ્યું અને તેને એક પાગલ દંતકથાની સેવામાં મૂકી દીધું. તેના પરિણામે મોટા પાયે દુઃખ આવ્યું, લાખો લોકોની હત્યાઓ થઈ અને અંતે નાઝી જર્મનીનો પણ વિનાશ થયો.

અલબત્ત સત્તા પોતે ખરાબ નથી. જ્યારે તેનો ઉપયોગ સમજદારીપૂર્વક કરવામાં આવે છે, ત્યારે તે પરોપકારનું સાધન બની શકે છે. ઉદાહરણ તરીકે, આધુનિક સભ્યતાએ દુષ્કાળ અટકાવવા, રોગચાળાને રોકવા અને વાવાઝોડા અને ભૂકંપ જેવી કુદરતી આફતોની અસરો ઘટાડવાની શક્તિ પ્રાપ્ત કરી છે. સામાન્ય રીતે, શક્તિ પ્રાપ્ત કરવાથી કોઈ નેટવર્ક બહારથી આવતા ખતરાઓનો વધુ અસરકારક રીતે સામનો કરી શકે છે, પરંતુ સાથે સાથે નેટવર્ક પોતાના માટે ઊભાં થતાં જોખમોને પણ વધારે છે. ખાસ કરીને નોંધનીય મુદ્દોએ છે કે જેમ જેમ નેટવર્ક વધુ શક્તિશાળી બનતા જાય છે, તેમ તેમ કાલ્પનિક ભય જે ફક્ત નેટવર્કે શોધેલી વાર્તાઓમાં જ અસ્તિત્વ ધરાવતો હોય છે, તે કુદરતી આફતો કરતાં વધુ ખતરનાક બનતો જાય છે. દુષ્કાળ કે અતિશય વરસાદનો સામનો કરતો આધુનિક દેશ સામાન્ય રીતે આ કુદરતી આફતથી તેના નાગરિકોમાં મોટા પાયે ભૂખમરો પેદા થતો અટકાવી શકે છે, પરંતુ માનવસર્જિત કલ્પનાઓથી ઘેરાયેલો આધુનિક દેશ માનવસર્જિત દુષ્કાળને મોટા પાયે લાવી શકવામાં સક્ષમ છે, જે 1930ના દાયકાની શરૂઆતમાં યુ.એસ.એસ.આર.માં બન્યું હતું.

એવી જ રીતે, જેમ જેમ કોઈ નેટવર્ક વધુ શક્તિશાળી બનતું જાય છે, તેમ તેમ તેની સ્વસુધારણા પદ્ધતિઓ પણ વધુ મહત્ત્વપૂર્ણ બનતી જાય છે. જો કોઈ પથ્થર યુગનો કબીલો કે કાંસ્ય યુગનું એક શહેરવાળું રાજ્ય પોતાની ભૂલો ઓળખવામાં અને સુધારવામાં અસમર્થ હોય, તો તેનાથી થતું સંભવિત નુકસાન મર્યાદિત હતું. વધુમાં વધુ એક શહેરનો નાશ થયો હતો અને બચી ગયેલા લોકો બીજી જગ્યાએ ફરી બધું ઊભું કરવાનો પ્રયાસ કરતા હતા. ટાઇબેરિયસ કે નીરો જેવા લોહ યુગના સામ્રાજ્યના શાસક અન્યો પર અવિશ્વાસની કે અન્ય કોઈ મનોવિકૃતિથી પીડાતા હોય, તો પણ તેનાં પરિણામો ભાગ્યે જ વિનાશક હતા. ઘણા પાગલ સમ્રાટો આવવા છતાં રોમન સામ્રાજ્ય સદીઓ સુધી ટકી રહ્યું હતું અને તેના અંતિમ પતનથી માનવ સંસ્કૃતિનો અંત આવ્યો ન હતો, પરંતુ જો સિલિકોન યુગની મહાસત્તામાં નબળું સ્વસુધારણાનું તંત્ર હોય કે હોય જ નહીં, તો તે આપણી પ્રજાતિઓ અને અસંખ્ય અન્ય જીવોના અસ્તિત્વને પણ જોખમમાં મૂકી શકે છે. AIના યુગમાં સમગ્ર માનવજાત તેના આગવા કેપ્રી

વિલામાં ટાઇબેરિયસ જેવી જ પરિસ્થિતિમાં પુરાઈ શકે છે. આપણે અપાર શક્તિ ધરાવીએ છીએ અને દુર્લભ વૈભવી વસ્તુઓનો આનંદ માણીએ છીએ, પરંતુ આપણા પોતાના જ સર્જનો દ્વારા આપણે સરળતાથી છેતરાઈએ પણ છીએ. જ્યારે આપણે એ ભય પ્રત્યે જાગૃત થઈશું, ત્યારે ખૂબ મોડું થઈ ગયું હશે.

બદનસીબે, માનવજાતના લાંબા ગાળાના કલ્યાણ માટે સ્વસુધારણા પદ્ધતિઓનું મહત્ત્વ હોવા છતાં, રાજકારણીઓ તેમને નબળી પાડવા માટે લલચાઈ શકે છે, જેમ આપણે આખા પુસ્તકમાં વારંવાર ચર્ચ્યું છે કે સ્વસુધારણા પદ્ધતિઓનો નાશ કરવાના ઘણા ગેરફાયદા હોવા છતાં, તે એક રાજકીય વ્યૂહરચના તરીકે વિજયી નીવડી શકે છે. તે એકવીસમી સદીના સ્ટાલિનના હાથમાં અપાર શક્તિ મૂકી શકે છે અને એવું માનવું મૂર્ખામીભર્યું હશે કે AIથી ચાલતું સર્વાધિકારી શાસન માનવ સંસ્કૃતિનો વિનાશ કરે તે પહેલાં તે ચોક્કસપણે સ્વવિનાશ પામશે, જેમ જંગલનો કાયદો એક દંતકથા છે, તેવી જ રીતે ઇતિહાસનું પલડું ન્યાય તરફ વળે છે તે પણ એક દંતકથા જ છે. ઇતિહાસ તો મૂળે ખુલ્લો ઘડો છે, જેનું પલડું ઘણી દિશાઓમાં નમી શકે છે અને ઘણા અલગ અલગ પરિણામો લાવી શકે છે. જો હોમો સેપિયન્સ આત્મઘાત કરે તો પણ બ્રહ્માંડ તો રાબેતા મુજબ ચાલતું જ રહેશે. અત્યંત બુદ્ધિશાળી વાનરોની સંસ્કૃતિ ઉત્પન્ન કરવામાં ઉત્ક્રાંતિને ચાર અબજ વર્ષ લાગ્યા છે. જો આપણા નાશ પછી ઉત્ક્રાંતિને અત્યંત બુદ્ધિશાળી ઉંદરોની સંસ્કૃતિ ઉત્પન્ન કરવામાં બીજા દસ કરોડ વર્ષ લાગશે, તો પણ તે થઈને રહેશે. બ્રહ્માંડ અત્યંત ધીરજવાન છે.

જોકે તેનાથી પણ વધુ ખરાબ એક પરિસ્થિતિ હોઈ શકે છે. આજે આપણે જાણીએ છીએ ત્યાં સુધી વાંદરાઓ, ઉંદરો અને પૃથ્વી ગ્રહના જીવો જ સમગ્ર બ્રહ્માંડમાં સભાન અસ્તિત્વો હોઈ શકે છે. જોકે હવે આપણે એક અચેતન પણ ખૂબ જ શક્તિશાળી એલિયન બુદ્ધિ સર્જી છે. જો આપણે તેને ખોટી રીતે વાપરીશું, તો AI ફક્ત પૃથ્વી પરના માનવ આધિપત્યને જ નહીં, પરંતુ ચેતનાના પ્રકાશને પણ ઓલવી નાખશે, જેનાથી બ્રહ્માંડમાં સંપૂર્ણતઃ અંધકાર વ્યાપી જશે. આ બધું અટકાવવાની જવાબદારી આપણી છે.

સારા સમાચાર એ છે કે જો આપણે આત્મસંતુષ્ટિ અને નિરાશાથી દૂર રહીએ, તો આપણે એવા સંતુલિત ઇન્ફૉર્મેશન નેટવર્ક બનાવવા સક્ષમ છીએ જે પોતાની શક્તિને કાબૂમાં રાખશે. આમ કરવા માટે કોઈ બીજી ચમત્કારિક ટેક્નોલૉજી શોધવાની જરૂર નથી કે કોઈ એવા તેજસ્વી વિચારની જરૂર પણ નથી જે કોઈક રીતે બધી પાછલી પેઢીઓને ન આવ્યો હોય. તેના બદલે, વધુ સમજદાર નેટવર્ક બનાવવા માટે આપણે માહિતીના સરળ અને પોપ્યુલિસ્ટ એમ

બંને પ્રકારના વિચારોને છોડી દેવા જોઈએ, અચૂકતાની આપણી કલ્પનાઓને બાજુ પર રાખવી જોઈએ અને મજબૂત સ્વસુધારણા પદ્ધતિઓવાળી સંસ્થાઓ બનાવવાના અઘરા કાર્ય માટે પ્રતિબદ્ધ થવું જોઈએ. આ પુસ્તકની કદાચ સૌથી મહત્ત્વપૂર્ણ વાત આ છે.

આ શાણપણ માનવ ઇતિહાસ કરતાં ઘણું જૂનું છે. તે મૂળભૂત છે, જીવનનો પાયો છે. પ્રથમ સજીવો કોઈ અચૂક પ્રતિભા કે ભગવાન દ્વારા બનાવવામાં આવ્યા ન હતા. તેઓ ટ્રાયલ ઍન્ડ એરરની જટિલ પ્રક્રિયા દ્વારા ઉત્પન્ન થયા હતા. ચાર અબજ વર્ષોમાં પરિવર્તન અને સ્વસુધારણાની વધુ જટિલ પદ્ધતિઓ વૃક્ષો, ડાયનાસોર, જંગલો અને આખરે માનવોની ઉત્ક્રાંતિ સુધી પહોંચી. હવે આપણે એક અજાણી, નિર્જીવ બુદ્ધિ સર્જી છે, જે આપણા નિયંત્રણમાંથી બહાર નીકળી શકે છે અને ફક્ત આપણી પોતાની પ્રજાતિઓ જ નહીં, પરંતુ અસંખ્ય અન્ય જીવોને પણ જોખમમાં મૂકી શકે છે. આવનારાં વર્ષોમાં આપણે બધા જે નિર્ણયો લઈશું તે નક્કી કરશે કે આ નિર્જીવ બુદ્ધિ સર્જવી એ આપણી અંતિમ ભૂલ સાબિત થશે કે જીવનની ઉત્ક્રાંતિમાં નવા આશાસ્પદ પ્રકરણની શરૂઆત હશે.

ઋણસ્વીકાર

Aના યુગમાં પણ માનવીઓ તો હજુ મધ્યયુગીન ગતિએ જ પુસ્તકો લખે છે અને પ્રકાશિત કરે છે. મેં આ પુસ્તક પર 2018માં કામ કરવાનું શરૂ કર્યું હતું અને તેનો મોટો ભાગ 2021 અને 2022માં લખાયો હતો. તકનીકી અને રાજકીય ઘટનાઓ જે ગતિએ આકાર લઈ રહી છે તે જોતાં, ઘણા વિભાગોનો અર્થ તો પહેલાથી જ બદલાઈ ગયો છે, તે મુદ્દા વધુ તાકીદના બન્યા છે અને તેમાંથી અણધાર્યા સંદેશાઓ પણ પ્રગટ થયા છે. જોકે, જે એક વસ્તુ બદલાઈ નથી તે છે જોડાણોનું મહત્ત્વ. આ પુસ્તક વધતા આંતરરાષ્ટ્રીય તણાવ વચ્ચે લખવામાં આવ્યું છે, તે સંવાદ, સહયોગ અને મિત્રતાને કારણે શક્ય બન્યું છે. તેમાં નજીકના અને દૂરના અસંખ્ય લોકોના સામૂહિક પ્રયાસો રહેલા છે.

ફર્ન પ્રેસના મારા પ્રકાશક મિકાલ શાવિત અને મારા સંપાદક ડેવિડ મિલ્નરના સતત પ્રયાસો વિના 'નેક્સસ' પુસ્તક ક્યારેય પ્રકાશિત થયું ન હોત. ઘણી વખત એવું લાગ્યું કે પ્રોજેક્ટ પૂર્ણ થઈ શકશે નહીં, પરંતુ તેમણે મને આગળ વધવા માટે ધક્કો માર્યો. ઘણી વાર એમ પણ બન્યું કે મેં ખોટો વળાંક લીધો હોય અને તેમણે મને સાચા માર્ગ પર લાવવા માટે ધીરજ અને સાતત્યપૂર્વક પ્રયત્નો કર્યા હોય. તેમની પ્રતિબદ્ધતા માટે અને મને લાલચો અને ભૂલોથી છુટકારો અપાવવા બદલ હું તેમનો હૃદયપૂર્વક આભાર માનું છું (તેઓ જાણે છે કે હું શું કહેવા ઇચ્છું છું).

આ પુસ્તક લખવા અને પ્રકાશિત કરવામાં મદદ કરનારા અન્ય ઘણા લોકોનો પણ હું આભાર માનું છું:

પેંગ્વિન રેન્ડમ હાઉસ યુએસએના એન્ડી વૉર્ડનો, જેમણે પુસ્તકને અંતિમ સ્વરૂપ આપ્યું અને સંપાદન પ્રક્રિયામાં ખૂબ જ મૂલ્યવાન યોગદાન આપ્યું, જેમ કે, તેમણે એકલા હાથે પ્રોટેસ્ટન્ટ રિફોર્મેશનનો અંત આણ્યો હતો.

વિન્ટેજના ક્રિએટિવ ડિરેક્ટર સુઝાન ડીન અને ચિત્ર સંપાદક લીલી રિચાર્ડ્સનો, કવર ડિઝાઇન કરવા અને કબૂતરને ડિઝાઇનમાં લાવવા બદલ.

વિશ્વભરના મારા પ્રકાશકો અને અનુવાદકોનો આભાર, ફીડબેક અને વિચારો માટે તેમજ તેમના વિશ્વાસ અને સમર્પણ માટે.

'સેપિયનશિપ' ખાતેની ઇન-હાઉસ રિસર્ચ ટીમના તેજસ્વી વડા જેસન પેરી અને તેમની ટીમના તમામ સભ્યોનોઃ રે બ્રાન્ડન, ગુઆંગ્યુ ચેન, જીમ ક્લાર્ક, કોરીન ડી લેક્રોઇક્સ, ડોર શિલ્ટન અને ઝિકન વાંગ. પથ્થર યુગના ધર્મોથી લઈને આજના સોશિયલ મીડિયા અલ્ગોરિધમો સુધીના અસંખ્ય વિષયો પર સંશોધન કરવા, હજારો તથ્યોની અથાક ચકાસણી કરવા, સેંકડો એન્ડનોટ્સને પ્રમાણિત કરવા અને અસંખ્ય ભૂલો અને ગેરમાન્યતાઓને સુધારવા બદલ.

આ યાત્રાનો અભિન્ન ભાગ બનવા બદલ 'સેપિયનશિપ' ટીમના તમામ અદ્ભુત સભ્યોનોઃ શે એબેલ, ડેનિયલ ટેલર, માઇકલ ઝૂર, નાદવ ન્યુમેન, એરિયલ રેટિક, હેન્ના શાપિરો, ગેલિએટ કાત્ઝિર અને તાજેતરમાં જ જોડાયેલા ટીમના અન્ય ઘણા સભ્યો. આ પુસ્તકની આંતરિક પ્રક્રિયાઓમાં ભાગ લેવા બદલ અને 'સેપિયનશિપ'ના મિશન દ્વારા સંચાલિત અમારા બધા પ્રોજેક્ટ્સ પ્રત્યે તમારા સતત સમર્પણ માટે આભાર. જ્ઞાન અને કરુણાનાં બીજ વાવવા માટે અને માનવતા સામેના સૌથી મહત્ત્વપૂર્ણ પડકારો પર વૈશ્વિક સંવાદને કેન્દ્રિત કરવા માટે.

સેપિયનશિપનાં ચીફ માર્કેટિંગ ઑફિસર અને કન્ટેન્ટ ડિરેક્ટર નામા વોર્ટનબર્ગનો, તેમનાં અડગ ઉત્સાહ અને કુશળતા માટે અને પુસ્તકનું બ્રાન્ડિંગ અને તેના પીઆર ઝુંબેશનું નેતૃત્વ કરવા બદલ.

અમારા સીઈઓ નામા એવિટલનો, ઘણા તોફાનો અને સુરંગક્ષેત્રોમાંથી સેપિયનશિપને બુદ્ધિપૂર્વક હંકારવા બદલ, ક્ષમતાને કરુણા સાથે જોડવા માટે તેમજ અમારી ફિલસૂફી અને અમારી વ્યૂહરચના બંનેને આકાર આપવા માટે.

મારા બધા મિત્રો અને પરિવારના સભ્યોનો, જેમણે વર્ષોપર્યંત તેમની ધીરજ અને પ્રેમ વરસાવે રાખ્યા છે.

મારી માતા પનીના અને મારાં સાસુ હેન્નાનો, ઉદારતાથી તેમનો સમય અને અનુભવ આપવા બદલ.

મારી દાદી ફેનીનો, જેમનું સો વર્ષની ઉંમરે અવસાન થયું ત્યારે હું પુસ્તકના પહેલા ડ્રાફ્ટ પર કામ કરી રહ્યો હતો.

મારાં જીવનસાથી અને ભાગીદાર ઇત્ઝિકનો, જેણે 'સેપિયનશિપ'ની સ્થાપના

કરી હતી, જે અમારી વિશ્વવ્યાપી પ્રવૃત્તિઓ અને સફળતા પાછળની વાસ્તવિક પ્રતિભા છે.

અને છેલ્લે મારા વાચકોનો, જેઓ આ બધા પ્રયત્નોને સાર્થક બનાવે છે. પુસ્તક લેખક અને વાચકો વચ્ચેનું નેક્સસ એટલે કે જોડાણ છે. તે ઘણાં મગજોને એકસાથે જોડતી કડી છે, જે ફક્ત ત્યારે જ અસ્તિત્વમાં આવે છે જ્યારે તે પુસ્તક વાંચવામાં આવે છે.

નોટ્સ

આમુખ

1. Sean McMeekin, Stalin's War: A New History of World War II (New York: Basic Books, 2021)
2. "રેગન ગોર્બાચોવને 'જોખમ' બાબતે કહે છે: સોવિયત નેતા સંભવતઃ પરિવર્તનની એક માત્ર આશા છે" Los Angeles Times, June 13, 1989, www.latimes.com/archives/la-xpm-1989-06-13-mn-2300-story.html.
3. વ્હાઇટ હાઉસ, ફ્યૂચર ચાઇનીઝ લીડર્સ સાથે ટાઉન હોલ મીટિંગમાં પ્રેસિડેન્ટ બરાક ઓબામાની ટિપ્પણી," પ્રેસ સેક્રેટરી ઑફિસ, નવેમ્બર 16, 2009, obamawhitehouse.archives.gov/the-press-office/remarks-president-barack-obama-town-hall-meeting-with-future-chinese-leaders.
4. એવજેની મોરોઝોવ, ધ નેટ ડિલ્યુઝન: ધ ડાર્ક સાઇડ ઑફ ઇન્ટરનેટ ફ્રીડમ (ન્યૂ યૉર્ક: પબ્લિક અફેર્સ, 2012)માંથી.
5. ક્રિશ્ચિયન ફુક્સ, "An Alternative View of Privacy on ફેસબુક," Information 2, no. 1 (2011): 140–65.
6. Ray Kurzweil, The Singularity Is Nearer: When We Merge with AI (London: The Bodley Head, 2024), 121–23.
7. સિગ્રિડ ડેમ, કોર્નેલિયા ગોથે (બર્લિન: ઇન્સેલ, 1988), 17-18; ડગમાર વોન ગેર્સડોર્ફ, ગોએથેસ મટર (સ્ટટગાર્ટ: હર્મન બોહલોસ નાચફોલ્ગર વેઈમર, 2004); જોહાન વોલ્ફગેંગ વોન ગોએથે, ગોએથેસ લેબેન વોન ટેગ ઝુ ટેગ: Eine dokumentarische Chronik (Dusseldorf: Artemis, 1982), 1:1749–75.
8. Stephan Oswald, Im Schatten des Vaters. August von Goethe (Munich: C. H. Beck, 2023); Rainer Holm-Hadulla, Goethe's Path to Creativity: A Psycho-biography of the Eminent Politician, Scientist, and Poet (New York: Routledge, 2018); Lisbet Koerner, "Goethe's Botany: Lessons of a Feminine Science," History of Science Society 84, no. 3 (1993): 470–95; Alvin Zipursky,

Vinod K. Bhutani, and Isaac Odame, "Rhesus Disease: A Global Prevention Strategy," Lancet Child and Adolescent Health 2, no. 7 (2018): 536–42; John Queenan, "Overview: The Fetus as a Patient: The Origin of the Specialty," in Fetal Research and Applications: A Conference Summary (Washington, D.C.: National Academies Press, 1994), Jan. 4, 2024નો ડેટા, www.ncbi.nlm.nih.gov/books/NBK231999/.

9. John Knodel, "Two and a Half Centuries of Demographic History in a Bavarian Village," Population Studies 24, no. 3 (1970): 353–76.
10. Saloni Dattani et al., "Child and Infant Mortality," Our World in Data, 2023, Jan. 3, 2024નો ડેટા, ourworldindata.org/child-mortality#mortality-in-the-past-around-half-died-as-children.
11. Ibid.
12. "Most Recent Stillbirth, Child, and Adolescent Mortality Estimates," UN Inter-agency Group for Child Mortality Estimation, Jan. 3, 2024નો ડેટા, childmortality.org/data/Germany.
13. એક અંદાજ મુજબ, એલેક્ઝાન્ડ્રિયાની લાઇબ્રેરીમાં લગભગ 100 બિલિયન બિટ્સ અથવા 12.5 ગીગાબાઇટ્સ માહિતી હતી. જુઓ Douglas S. Robertson, "The Information Revolution," Communication Research 17, no. 2 (1990): 235–54. 2020 સુધીમાં, સરેરાશ એન્ડ્રોઇડ ફોનની ક્ષમતા લગભગ 96 ગીગાબાઇટ્સ હતી. જુઓ Brady Wang, "2020માં સરેરાશ સ્માર્ટફોન NAND ફ્લેશ ક્ષમતા 100GBને પાર કરી ગઈ," Counterpoint Research, March 30, 2021, www.counterpointresearch.com/average-smartphone-nand-flash-capacity-crossed-100gb-2020/.
14. માર્ક એન્ડ્રીસીન, "વાય AI વિલ સેવ ધ વર્લ્ડ," એન્ડ્રીસેન હોરોવિટ્ઝ, જૂન 6, 2023, a16z.com/ai-will-save-the-world/.
15. રે કર્ઝવેઇલ, The Singularity Is Nearer, 285.
16. Andy McKenzie, "Transcript of Sam Altman's Interview Touching on AI Safety," LessWrong, Jan. 21, 2023, www.lesswrong.com/posts/PTzsEQXkCfig9A6AS/transcript-of-sam-altman-s-interview-touching-on-ai-safety; Ian Hogarth, "We Must Slow Down the Race to God-Like AI," Financial Times, April 13, 2023, www.ft.com/content/03895dc4-a3b7-481e-95cc-336a524f2ac2; "Pause Giant AI Experiments: An Open Letter," Future of Life Institute, March 22, 2023, futureoflife.org/open-letter/pause-giant-ai-experiments/; Cade Metz, " 'The Godfather of AI' Quits ગૂગલ and Warns of Danger," New York Times, May 1, 2023, www.

nytimes.com/2023/05/01/technology/ai-ગૂગલ-chatbot-engineer-quits-hinton.html; Mustafa Suleyman, The Coming Wave: Technology, Power, and the Twenty-First Century's Greatest Dilemma, with Michael Bhaskar (New York: Crown, 2023); Walter Isaacson, Elon Musk (London: Simon & Schuster, 2023).

17. Yoshua Bengio et al., "Managing Extreme AI Risks Amid Rapid Progress," Science (May 2024): Article eadn0117.
18. Katja Grace et al., "Thousands of AI Authors on the Future of AI" (preprint, submitted in 2024), https://arxiv.org/abs/2401.02843.
19. "The Bletchley Declaration by Countries Attending the AI Safety Summit, 1–2 November 2023," Gov.UK, Nov. 1 2023, www.gov.uk/government/publications/ai-safety-summit-2023-the-bletchley-declaration/the-bletchley-declaration-by-countries-attending-the-ai-safety-summit-1-2-november-2023.
20. Jan-Werner Müller, What Is Populism? (Philadelphia: University of Pennsylvania Press, 2016).
21. પ્લેટોના 'રિપબ્લિક'માં, થ્રાસિમાકસ, ગ્લુકોન અને એડિમેન્ટસ દલીલ કરે છે કે દરેકને, અને ખાસ કરીને રાજકારણીઓ, ન્યાયાધીશો અને જનસેવકોને, માત્ર તેમના અંગત વિશેષાધિકારોમાં જ રસ હોય છે અને તેના માટે તેઓ જૂઠું બોલતા હોય છે. તેઓ સોક્રેટીસને એવા દાવાઓનું ખંડન કરવા માટે પડકારે છે કે "દેખાડો સત્ય પર ભારે પડે છે" અને "ન્યાય શક્તિશાળીના હિત સિવાય બીજું કંઈ નથી." હિંદુઓના પ્રાચીન ગ્રંથ અર્થશાસ્ત્રમાં પણ આવા મંતવ્યોની ચર્ચા કરવામાં આવી છે અને હાન ફેઈ અને શાંગ યાંગ જેવા પ્રાચીન ચીનના કાયદાવાદી વિચારકોના લખાણોમાં તેમજ મેકિયાવેલી અને હોબ્સ જેવા પ્રારંભિક આધુનિક યુરોપિયન વિચારકોના લેખનમાં તેને પ્રસંગોપાત સમર્થન પણ આપવામાં આવ્યું છે. જુઓ Roger Boesche, The First Great Political Realist: Kautilya and His "Arthashastra" (Lanham, Md.: Lexington Books, 2002); Shang Yang, The Book of Lord Shang: Apologetics of State Power in Early China, trans. Yuri Pines (New York: Columbia University Press, 2017); Zhengyuan Fu, China's Legalists: The Earliest Totalitarians and Their Art of Ruling (New York: Routledge, 2015).
22. Ulises A. Mejias and Nick Couldry, Data Grab: The New Colonialism of Big Tech and How to Fight Back (London: Ebury, 2024); Michel Foucault, The Birth of the Clinic: An Archaeology of Medical Perception (New York: Vintage Books, 1975); Michel Foucault, The History of Sexuality (New York: Vintage Books, 1990); Edward W. Said, Orientalism (New York: Vintage Books, 1994); Aníbal Quijano, "Coloniality and Modernity/Rationality,"

Cultural Studies 21, no. 2–3 (2007): 168–78; Sylvia Wynter, “Unsettling the Coloniality of Being-Power-Truth-Freedom Toward the Human, After Man, Its Overrepresentation—an Argument,” New Centennial Review 3, no. 3 (2003): 257–337. વધુ ઊંડાણપૂર્વકની ચર્ચા માટે, જુઓ Francis Fukuyama, Liberalism and Its Discontents (London: Profile Books, 2022).

23. Donald J. Trump, Inaugural Address, Jan. 20, 2017, American Presidency Project, www.presidency.ucsb.edu/node/320188.

24. Cas Mudde, “The Populist Zeitgeist,” Government and Opposition 39, no. 3 (2004): 541–63.

25. Sedona Chinn and Ariel Hasell, “જાતે સંશોધન કરવું'નો આધાર કોવિડ-19 અંગેની ગેરસમજો અને વિજ્ઞાન પરના અવિશ્વાસ સાથે સંકળાયેલા છે,” Misinformation Review, June 12, 2023, misinforeview.hks.harvard.edu/article/support-for-doing-your-own-research-is-associated-with-covid-19-misperceptions-and-scientific-mistrust/.

26. ઉદાહરણ તરીકે, જુઓ “God’s Enclosed Flat Earth Investigation—Full Documentary [HD],” યુટ્યૂબ, www.યુટ્યૂબ.com/watch?v=J6CPrGHpmMs, જેને “Disinformation and Echo Chambers: How Disinformation Circulates on Social Media Through Identity-Driven Controversies,” Journal of Public Policy and Marketing 42, no. 1 (2023): 18–35 માં ટાંકવામાં આવી છે.

27. ઉદાહરણ તરીકે, જુઓ, David Klepper, “Trump Arrest Prompts Jesus Comparisons: ‘Spiritual Warfare,’ ” Associated Press, April 6, 2023, apnews.com/article/donald-trump-arraignment-jesus-christ-conspiracy-theory-670c45bd71b3466dcd6e8e188badcd1d; Katy Watson, અને “Brazil Election: ‘We’ll Vote for Bolsonaro Because He Is God,’ ” BBC, Sept. 28, 2022, www.bbc.com/news/world-latin-america-62929581.

28. Oliver Hahl, Minjae Kim, and Ezra W. Zuckerman Sivan, “The Authentic Appeal of the Lying Demagogue: Proclaiming the Deeper Truth About Political Illegitimacy,” American Sociological Review 83, no. 1 (2018): 1–33.

પ્રકરણ-1

1. ઉદાહરણ તરીકે, સિમ્યુલેશનની પૂર્વધારણા માટે નિક બોસ્ટ્રોમ અને ડેવિડ ચેલ્મર્સનું લખાણ જુઓ. જો સિમ્યુલેશનની પૂર્વધારણા સાચી હોય, તો આપણને બ્રહ્માંડ ખરેખર શેનું બનેલું છે તેનો કોઈ ખ્યાલ નથી, પરંતુ આપણે આપણા સિમ્યુલેટેડ વિશ્વમાં જે જોઈએ છીએ તે તમામ વસ્તુઓ માહિતીના ટુકડાઓથી બનેલી છે.

Nick Bostrom, "Are We Living in a Computer Simulation?," Philosophical Quarterly 53, no. 211 (2003): 243–55, www.jstor.org/stable/3542867; David J. Chalmers, Reality+: Virtual Worlds and the Problems of Philosophy (New York: W. W. Norton, 2022). આર્ચીબાલ્ડ વ્હીલરની "ઇટ ફ્રોમ બીટ"ની પ્રભાવશાળી કલ્પના પણ જુઓ: John Archibald Wheeler, "Information, Physics, Quantum: The Search for Links," Proceedings III International Symposium on Foundations of Quantum Mechanics (Tokyo, 1989), 354–68; Paul Davies and Niels Henrik Gregersen, eds., Information and the Nature of Reality: From Physics to Metaphysics (Cambridge, U.K.: Cambridge University Press, 2014); Erik Verlinde, "On the Origin of Gravity and the Laws of Newton," Journal of High Energy Physics 4 (2011): 1–27. એ વાત પર ખાસ ભાર મૂકવો જોઈએ કે ભૌતિકશાસ્ત્રમાં "ઇટ ફ્રોમ બીટ" થીયરી વધુ ને વધુ સ્વીકાર્ય બની રહી છે, પરંતુ મોટાભાગના ભૌતિકશાસ્ત્રીઓ હજુ પણ તેના પર શંકા કરે છે અથવા નકારે છે અને માને છે કે પદાર્થ અને ઊર્જા પ્રકૃતિના મૂળભૂત બિલ્ડીંગ બ્લોક્સ છે, જ્યારે માહિતી એક વ્યુત્પાદિત ઘટના છે.

2. Cesar Hidalgo, Why Information Grows (New York: Basic Books, 2015) દ્વારા માહિતી અંગેની મારી સમજ ખૂબ જ પ્રભાવિત થઈ છે. વૈકલ્પિક મંતવ્યો અને ચર્ચાઓ માટે જુઓ, Artemy Kolchinsky and David H. Wolpert, "Semantic Information, Autonomous Agency, and Non-equilibrium Statistical Physics," Interface Focus 8, no. 6 (2018), article 20180041; Peter Godfrey-Smith and Kim Sterelny, "Biological Information," in The Stanford Encyclopedia of Philosophy, ed. Edward N. Zalta, Summer 2016 (Palo Alto, Calif.: Metaphysics Research Lab, Stanford University, 2016), plato.stanford.edu/archives/sum2016/entries/information-biological/; Luciano Floridi, The Philosophy of Information (Oxford: Oxford University Press, 2011).

3. Don Vaughan, "Cher Ami," in Encyclopedia Britannica, accessed Feb. 14, 2024, www.britannica.com/animal/Cher-Ami; Charles White Whittlesey Collection, Williams College Library, accessed Feb. 14, 2024, archivesspace.williams.edu/repositories/2/resources/101; John W. Nell, The Lost Battalion: A Private's Story, ed. Ron Lammert (San Antonio: Historical Publishing Network, 2001); Frank A. Blazich Jr., "Feathers of Honor: U.S. Signal Corps Pigeon Service in World War I, 1917–1918," Army History 117 (2020): 32–51. લોસ્ટ બટાલિયનના મૂળ કદ અને જાનહાનિની સંખ્યા માટે જુઓ, Robert Laplander, Finding the Lost Battalion: Beyond the

Rumors, Myths, and Legends of America's Famous WWI Epic, 3rd ed. (Waterford, Wis.: Lulu Press, 2017), 13. ચેર એમીની વાર્તાના વિવેચનાત્મક મૂલ્યાંકન માટે જુઓ, Frank A. Blazich, "Notre Cher Ami: The Enduring Myth and Memory of a Humble Pigeon," Journal of Military History 85, no. 3 (July 2021): 646–77.

4. Eliezer Livneh, Yosef Nedava, and Yoram Efrati, Nili: Toldoteha shel he'azah medinit [Nili: A story of political daring] (Tel Aviv: Schocken, 1980), 143; Yigal Sheffy, British Military Intelligence in the Palestine Campaign, 1914–1918 (London: Routledge, 1998); Gregory J. Wallance, The Woman Who Fought an Empire: Sarah Aaronsohn and Her Nili Spy Ring (Lincoln: University of Nebraska Press, 2018), 155–72.
5. ઓટ્ટોમનો પાસે NILI જાસૂસ નેટવર્કના અસ્તિત્વ અંગે શંકા કરવા માટે અન્ય ઘણા કારણો હતા, પરંતુ મોટાભાગના અહેવાલો કબૂતરનું મહત્ત્વ દર્શાવે છે. સંપૂર્ણ વિગતો માટે, જુઓ Livneh, Nedava, and Efrati, Nili, 281–84; Wallance, Woman Who Fought an Empire, 180–81, 202–32; Sheffy, British Military Intelligence in the Palestine Campaign, 159; Eliezer Tauber, "The Capture of the NILI Spies: The Turkish Version," Intelligence and National Security 6, no. 4 (1991): 701–10.
6. આ બાબતો પર ઊંડી ચર્ચા માટે જુઓ Catherine D'Ignazio and Lauren F. Klein, Data Feminism (Cambridge, Mass.: MIT Press, 2020), 73–91.
7. Jorge Luis Borges અને Adolfo Bioy Casares, "On Exactitude in Science," in A Universal History of Infamy, trans. Norman Thomas Di Giovanni (London: Penguin Books, 1975), 131.
8. Samriddhi Chauhan અને Roshan Deshmukh, "Astrology Market Research, 2031," Allied Market Research, Jan. 2023, www.alliedmarketresearch.com/astrology-market-A31779; Temcharoenkit Sasiwimon અને Donald A. Johnson, "Factors Influencing Attitudes Toward Astrology and Making Relationship Decisions Among Thai Adults," Scholar: Human Sciences 13, no. 1 (2021): 15–27.
9. Frederick Henry Cramer, Astrology in Roman Law and Politics (Philadelphia: American Philosophical Society, 1954); Tamsyn Barton, Power and Knowledge: Astrology, Physiognomics, and Medicine Under the Roman Empire (Ann Arbor: University of Michigan Press, 2002), 57; Raffaela Garosi, "Indagine sulla formazione di concetto di magia nella cultura Romana," in Magia: Studi di storia delle religioni in memoria di Raffaela Garosi, ed. Paolo Xella (Rome: Bulzoni, 1976), 13–97.

10. Lindsay Murdoch, "Myanmar Elections: Astrologers' Influential Role in National Decisions," Sydney Morning Herald, Nov. 12, 2015, www.smh.com.au/world/myanmar-elections-astrologers-influential-role-in-national-decisions-20151112-gkxc3j.html.
11. Barbara Ehrenreich, Dancing in the Streets: A History of Collective Joy (New York: Metropolitan Books, 2006); Wray Herbert, "All Together Now: The Universal Appeal of Moving in Unison," Scientific American, April 1, 2009, www.scientificamerican.com/article/were-only-human-all-together-now/; Idil Kokal et al., "Synchronized Drumming Enhances Activity in the Caudate and Facilitates Prosocial Commitment—If the Rhythm Comes Easily," PLOS ONE 6, no. 11 (2011); Martin Lang et al., "Lost in the Rhythm: Effects of Rhythm on Subsequent Interpersonal Coordination," Cognitive Science 40, no. 7 (2016): 1797–815.
12. જીવવિજ્ઞાનમાં માહિતના કાર્યની ચર્ચા માટે અને ખાસ કરીને પ્રકૃતિમાં ડીએનએના માહિતીવાળા કાર્ય બાબતની ચર્ચા અંગે જુઓ Godfrey-Smith અને Sterelny, "Biological Information"; John Maynard Smith, "The Concept of Information in Biology," in Information and the Nature of Reality: From Physics to Metaphysics (Cambridge, U.K.: Cambridge University Press, 2014); Sahotra Sarkar, "Biological Information: A Skeptical Look at Some Central Dogmas of Molecular Biology," The Philosophy and History of Molecular Biology, ed. Sahotra Sarkar (Norwell: Kluwer Academic Publishers, 1996), 187–231; Terrence W. Deacon, "How Molecules Became Signs," Biosemiotics 14, no. 3 (2021): 537–59.
13. Sven R. Kjellberg et al., "The Effect of Adrenaline on the Contraction of the Human Heart Under Normal Circulatory Conditions," Acta Physiologica Scandinavica 24, no. 4 (1952): 333–49.
14. Bruce I. Bustard, "20 July 1969," Prologue Magazine 35, no. 2 (Summer 2003), National Archives, www.archives.gov/publications/prologue/2003/summer/20-july-1969.html.
15. યહૂદીઓ અને ખ્રિસ્તીઓએ જિનેસિસના સંબંધિત ફકરાઓનું ઘણી જુદી જુદી રીતે અર્થઘટન કર્યું છે, પરંતુ મોટાભાગના લોકો એ અર્થઘટન સ્વીકારે છે કે નોઆહનો જળપ્રલય વિશ્વની રચનાના 1,656 વર્ષ પછી અથવા લગભગ 4,000 વર્ષ પહેલાં આવ્યો હતો, અને બેબલનો ટાવર પહેલી સદીમાં અથવા પ્રલય પછીની થોડી સદીઓમાં નાશ પામ્યો હતો.
16. Michael I. Bird et al., "Early Human Settlement of Sahul Was Not an Accident," Scientific Reports 9, no. 1 (2019): 8220; Chris

Clarkson et al., "Human Occupation of Northern Australia by 65,000 Years Ago," Nature 547, no. 7663 (2017): 306–10.

17. ઉદાહરણ તરીકે, જુઓ Leviticus 26:16 and 26:25; Deuteronomy 28:22, 28:58–63, 32:24, 32:35–36, and 32:39; Jeremiah 14:12, 21:6–9, and 24:10.
18. ઉદાહરણ તરીકે, જુઓ Deuteronomy 28, 2 Chronicles 20:9, and Psalms 91:3.
19. Pope Francis, "પરમ પવિત્ર પોપ ફ્રાન્સિસની શ્રદ્ધાંજલિ 'ઈશ્વર પાસે અને પરમપિતાના આલિંગનમાં પાછા ફરો,'" March 20, 2020, www.vatican.va/content/francesco/en/cotidie/2020/documents/papa-francesco-cotidie_20200320_peri-medici-ele-autorita.html; Philip Pullella, "રોમ કેથોલિક ચર્ચોને કોરોનાવાયરસને કારણે બંધ કરવાનો આદેશ આપવામાં આવ્યો, આધુનિક સમયમાં અભૂતપૂર્વ," Reuters, March 13, 2020, www.reuters.com/article/us-health-coronavirus-italy-rome-churche-idUSKBN20Z3BU.

પ્રકરણ-2

1. Thomas A. DiPrete et al., "Segregation in Social Networks Based on Acquaintanceship and Trust," American Journal of Sociology 116, no. 4 (2011): 1234–83; R. Jenkins, A. J. Dowsett, and A. M. Burton, "How Many Faces Do People Know?," Proceedings of the Royal Society B: Biological Sciences 285, no. 1888 (2018), article 20181319; Robin Dunbar, "Dunbar's Number: Why My Theory That Humans Can Only Maintain 150 Friendships Has Withstood 30 Years of Scrutiny," The Conversation, May 12, 2021, theconversation.com/dunbars-number-why-my-theory-that-humans-can-only-maintain-150-friendships-has-withstood-30-years-of-scrutiny-160676.
2. Melissa E. Thompson et al., "The Kibale Chimpanzee Project: Over Thirty Years of Research, Conservation, and Change," Biological Conservation 252 (2020), article 108857; Jill D. Pruetz and Nicole M. Herzog, "Savanna Chimpanzees at Fongoli, Senegal, Navigate a Fire Landscape," Current Anthropology 58, no. S16 (2017): S337–S350; Budongo Conservation Field Station, accessed Jan. 4, 2024, www.budongo.org; Yukimaru Sugiyama, "Demographic Parameters and Life History of Chimpanzees at Bossou, Guinea," American Journal of Physical Anthropology 124, no. 2 (2004): 154–65.

3. Rebecca Wragg Sykes, Kindred: Neanderthal Life, Love, Death, and Art (London: Bloomsbury Sigma, 2020), chap. 10; Brian Hayden, "Neandertal Social Structure?," Oxford Journal of Archaeology 31 (2012): 1–26; Jeremy Duveau et al., "The Composition of a Neandertal Social Group Revealed by the Hominin Footprints at Le Rozel (Normandy, France)," Proceedings of the National Academy of Sciences 116, no. 39 (2019): 19409–14.
4. Simon Sebag Montefiore, Stalin: The Court of the Red Tsar (London: Weidenfeld & Nicolson, 2003).
5. Brent Barnhart, "How to Build a Brand with Celebrity Social Media Management," Sprout Social, April 1, 2020, sproutsocial.com/insights/celebrity-social-media-management/; K. C. Morgan, "15 Celebs Who Don't Actually Run Their Own Social Media Accounts," TheClever, April 20, 2017, www.theclever.com/15-celebs-who-dont-actually-run-their-own-social-media-accounts/; Josh Duboff, "Who's Really Pulling the Strings on Stars' Social-Media Accounts," Vanity Fair, Sept. 8, 2016, www.vanityfair.com/style/2016/09/celebrity-social-media-accounts.
6. Coca-Cola Company, Annual Report 2022, 47, accessed Jan. 3, 2024, investors.coca-colacompany.com/filings-reports/annual-filings-10-k/content/0000021344-23-000011/0000021344-23-000011.pdf.
7. David Gertner and Laura Rifkin, "Coca-Cola and the Fight Against the Global Obesity Epidemic," Thunderbird International Business Review 60 (2018): 161–73; Jennifer Clinehens, "How Coca-Cola Built the World's Most Memorable Brand," Medium, Nov. 17, 2022, medium.com/choice-hacking/how-coca-cola-built-the-worlds-most-memorable-brand-c9e8b8ac44c5; Clare McDermott, "Go Behind the Scenes of Coca-Cola's Storytelling," Content Marketing Institute, Feb. 9, 2018, contentmarketinginstitute.com/articles/coca-cola-storytelling/; Maureen Taylor, "Cultural Variance as a Challenge to Global Public Relations: A Case Study of the Coca-Cola Scare in Europe," Public Relations Review 26, no. 3 (2000): 277–93; Kathryn LaTour, Michael S. LaTour, and George M. Zinkhan, "Coke Is It: How Stories in Childhood Memories Illuminate an Icon," Journal of Business Research 63, no. 3 (2010): 328–36; Bodi Chu, "Analysis on the Success of Coca-Cola Marketing Strategy," in Proceedings of 2020 2nd

International Conference on Economic Management and Cultural Industry (ICEMCI 2020), Advances in Economics, Business, and Management Research 155 (2020): 96–100.

8. Blazich, "Notre Cher Ami."
9. Bart D. Ehrman, How Jesus Became God: The Exaltation of a Preacher from Galilee (San Francisco: HarperOne, 2014).
10. Lauren Tuchman, "We All Were at Sinai: The Transformative Power of Inclusive Torah," Sefaria, accessed Jan. 3, 2024, www.sefaria.org.il/sheets/236454.2?lang=he.
11. Reuven Hammer, "Tradition Today: Standing at Sinai," Jerusalem Post, May 17, 2012, www.jpost.com/Jewish-World/Judaism/Tradition-Today-Standing-at-Sinai; Rabbi Joel Mosbacher, "Each Person Must See Themselves as If They Went out of Egypt," RavBlog, April 9, 2017, ravblog.ccarnet.org/2017/04/each-person-must-see-themselves-as-if-they-went-out-of-egypt/; Rabbi Sari Laufer, "Table for Five: Five Takes on a Passage from the Haggadah," Jewish Journal, April 5, 2018, jewishjournal.com/judaism/torah/232778/table-five-five-takes-passage-haggadah-2/.
12. Elizabeth F. Loftus, "Creating False Memories," Scientific American 277, no. 3 (1997): 70–75; Beate Muschalla and Fabian Schönborn, "Induction of False Beliefs and False Memories in Laboratory Studies—a Systematic Review," Clinical Psychology and Psychotherapy 28, no. 5 (2021): 1194–209; Christian Unkelbach et al., "Truth by Repetition: Explanations and Implications," Current Directions in Psychological Science 28, no. 3 (2019): 247–53; Doris Lacassagne, Jérémy Béna, and Olivier Corneille, "Is Earth a Perfect Square? Repetition Increases the Perceived Truth of Highly Implausible Statements," Cognition 223 (2022), article 105052.
13. "FoodData Central," U.S. Department of Agriculture, accessed Jan. 4, 2024, fdc.nal.usda.gov/fdc-app.html#/?query=pizza.
14. William Magnuson, Blockchain Democracy: Technology, Law, and the Rule of the Crowd (Cambridge, U.K.: Cambridge University Press, 2020), 69; Scott Chipolina, "Bitcoin's Unlikely Resurgence: Bulls Bet on Wall Street Adoption," Financial Times, Dec. 8, 2023, www.ft.com/content/77aa2fbc-5c27-4edf-afa6-2a3a9d23092f.
15. "BBC 'Proves' Nessie Does Not Exist," BBC News, July 27, 2003, news.bbc.co.uk/1/hi/sci/tech/3096839.stm; Matthew Weaver,

"Loch Ness Monster Could Be a Giant Eel, Say Scientists," Guardian, Sept. 5, 2019, www.theguardian.com/science/2019/sep/05/loch-ness-monster-could-be-a-giant-eel-say-scientists; Henry H. Bauer, The Enigma of Loch Ness: Making Sense of a Mystery (Champaign: University of Illinois Press, 1986), 165–66; Harold E. Edgerton and Charles W. Wyckoff, "Loch Ness Revisited: Fact or Fantasy? Science Uses Sonar and Camera to Probe the Depths of Loch Ness in Search of Its Resident Monster," IEEE Spectrum 15, no. 2 (1978): 26–29; University of Otago, "First eDNA Study of Loch Ness Points to Something Fishy," Sept. 5, 2019, www.otago.ac.nz/anatomy/news/news-archive/first-edna-study-of-loch-ness-points-to-something-fishy.

16. Katharina Buchholz, "Kosovo & Beyond: Where the UN Disagrees on Recognition," Forbes, Feb. 17, 2023, www.forbes.com/sites/katharinabuchholz/2023/02/17/kosovo--beyond-where-the-un-disagrees-on-recognition-infographic/?sh=d8490b2448c3; United Nations, "Agreement on Normalizing Relations Between Serbia, Kosovo 'Historic Milestone,' Delegate Tells Security Council," April 27, 2023, press.un.org/en/2023/sc15268.doc.htm.
17. Guy Faulconbridge, "Russia Plans Naval Base in Abkhazia, Triggering Criticism from Georgia," Reuters, Oct. 5, 2023, www.reuters.com/world/europe/russia-plans-naval-base-black-sea-coast-breakaway-georgian-region-izvestiya-2023-10-05/.
18. Wragg Sykes, Kindred; Hayden, "Neandertal Social Structure?"; Duveau et al., "Composition of a Neandertal Social Group Revealed by the Hominin Footprints at Le Rozel."
19. વિસ્તૃત ચર્ચાઓ માટે, જુઓ Yuval Noah Harari, Sapiens: A Brief History of Humankind (New York: HarperCollins, 2015), chap. 2; David Graeber and David Wengrow, The Dawn of Everything: A New History of Humanity (New York: Farrar, Straus and Giroux, 2021), chap. 3; and Joseph Henrich, The Weirdest People in the World (New York: Farrar, Straus and Giroux, 2020), chap. 3.ધાર્મિક કથાઓ અને ધાર્મિક પ્રથાઓ કેવી રીતે મોટા પાયે સહકાર ઉત્પન્ન કરતી હોય છે તેનો ઉત્તમ અભ્યાસ ડોનાલ્ડ તુઝિનનો ઇલાહિતા કબીલાનો અભ્યાસ છે. જ્યારે ન્યુ ગિનીમાં ઇલાહિતા કબીલાના મોટાભાગના પડોશી સમુદાયો અમુક સો લોકોની સંખ્યા ધરાવે છે, ત્યારે ઇલાહિતા તેમની જટિલ ધાર્મિક માન્યતાઓ અને પ્રથાઓથી લગભગ ઓગણચાલીસ કબીલાઓના અઢી હજાર જેટલા લોકોને સંગઠિત કરવામાં સફળ થયા હતા. જુઓ Donald Tuzin, Social Complexity in the Making: A Case Study Among the Arapesh of New Guinea (London: Routledge,

2001); Donald Tuzin, The Ilahita Arapesh: Dimensions of Unity (Oakland: University of California Press, 2022). મોટા પાયે સહકાર માટે વાર્તા કથનના મહત્ત્વને સમજવા માટે, જુઓ Daniel Smith et al., "Camp Stability Predicts Patterns of Hunter-Gatherer Cooperation," Royal Society Open Science 3 (2016), article 160131; Daniel Smith et al., "Cooperation and the Evolution of Hunter-Gatherer Storytelling," Nature Communications 8 (2017), article 1853; Benjamin G. Purzycki et al., "Moralistic Gods, Supernatural Punishment, and the Expansion of Human Sociality," Nature 530 (2016): 327–30; Polly W. Wiessner, "Embers of Society: Firelight Talk Among the Ju/'hoansi Bushmen," Proceedings of the National Academy of Sciences 111, no. 39 (2014): 14027–35; Daniele M. Klapproth, Narrative as Social Practice: Anglo-Western and Australian Aboriginal Oral Traditions (Berlin: De Gruyter Mouton, 2004); Robert M. Ross and Quentin D. Atkinson, "Folktale Transmission in the Arctic Provides Evidence for High Bandwidth Social Learning Among Hunter-Gatherer Groups," Evolution and Human Behavior 37, no. 1 (2016): 47–53; Jerome Lewis, "Where Goods Are Free but Knowledge Costs: Hunter-Gatherer Ritual Economics in Western Central Africa," Hunter Gatherer Research 1, no. 1 (2015): 1–27; Bill Gammage, The Biggest Estate on Earth: How Aborigines Made Australia (Crows Nest, N.S.W.: Allen Unwin, 2011).

20. Azar Gat, War in Human Civilization (Oxford: Oxford University Press, 2008), 114–32; Luke Glowacki et al., "Formation of Raiding Parties for Intergroup Violence Is Mediated by Social Network Structure," Proceedings of the National Academy of Sciences 113, no. 43 (2016): 12114–19; Richard W. Wrangham and Luke Glowacki, "Intergroup Aggression in Chimpanzees and War in Nomadic Hunter-Gatherers," Human Nature 23 (2012): 5–29; R. Brian Ferguson, Yanomami Warfare: A Political History (Santa Fe, N.Mex.: School of American Research Press, 1995), 346–47.

21. Pierre Lienard, "Beyond Kin: Cooperation in a Tribal Society," in Reward and Punishment in Social Dilemmas, ed. Paul A. M. Van Lange, Bettina Rockenbach, and Toshio Yamagishi (Oxford: Oxford University Press, 2014), 214–34; Peter J. Richerson et al., "Cultural Evolution of Human Cooperation," in Genetic and Cultural Evolution of Cooperation, ed. Peter Hammerstein (Cambridge, Mass.: MIT Press, 2003), 357–88; Brian A. Stewart

et al., “Ostrich Eggshell Bead Strontium Isotopes Reveal Persistent Macroscale Social Networking Across Late Quaternary Southern Africa,” PNAS 117, no. 12 (2020): 6453–62; “Ages Ago, Beads Made from Ostrich Eggshells Cemented Friendships Across Vast Distances,” Weekend Edition Saturday, NPR, March 14, 2020, www.npr.org/2020/03/14/815778427/ages-ago-beads-made-from-ostrich-eggshells-cemented-friendships-across-vast-dist.

22. પથ્થર યુગના ટેક્નોલૉજીકલ કૌશલ્યોની આપલે કરતા સેપિયન્સના નેટવર્ક માટે, જુઓ Jennifer M. Miller and Yiming V. Wang, “Ostrich Eggshell Beads Reveal 50,000-Year-Old Social Network in Africa,” Nature 601, no. 7892 (2022): 234–39; Stewart et al., “Ostrich Eggshell Bead Strontium Isotopes Reveal Persistent Macroscale Social Networking Across Late Quaternary Southern Africa.”

23. Terrence R. Fehner and F. G. Gosling, “The Manhattan Project,” U.S. Department of Energy, April 2021, www.energy.gov/sites/default/files/The%20Manhattan%20Project.pdf; F. G. Gosling, “The Manhattan Project: Making the Atomic Bomb,” U.S. Department of Energy, Jan. 2010, www.energy.gov/management/articles/gosling-manhattan-project-making-atomic-bomb.

24. “Uranium Mines,” U.S. Department of Energy, www.osti.gov/opennet/manhattan-project-history/Places/Other/uranium-mines.html.

25. Jerome Lewis, “Bayaka Elephant Hunting in Congo: The Importance of Ritual and Technique,” in Human-Elephant Interactions: From Past to Present, vol. 1, ed. George E. Konidaris et al. (Tübingen: Tübingen University Press, 2021).

26. સુસ્મિતા રામકૃષ્ણન, “India Cuts the Periodic Table and Evolution from Schoolbooks,” DW, June 2, 2023, www.dw.com/en/indiadropsevolution/a-65804720.

27. Annie Jacobsen, Operation Paperclip: The Secret Intelligence Program That Brought Nazi Scientists to America (Boston: Little, Brown, 2014); Brian E. Crim, Our Germans: Project Paperclip and the National Security State (Baltimore: Johns Hopkins University Press, 2018).

પ્રકરણ-3

1. Monty Noam Penkower, “The Kishinev Pogrom of 1903: A Turning Point in Jewish History,” Modern Judaism 24, no. 3

(2004): 187–225.

2. Hayyim Nahman Bialik, "Be'ir Hahareigah / The City of Slaughter," trans. A. M. Klein, Prooftexts 25, no. 1–2 (2005): 8–29; Iris Milner, " 'In the City of Slaughter': The Hidden Voice of the Pogrom Victims," Prooftexts 25, no. 1–2 (2005): 60–72; Steven Zipperstein, Pogrom: Kishinev and the Tilt of History (New York: Liveright, 2018); David Fishelov, "Bialik the Prophet and the Modern Hebrew Canon," in Great Immortality, ed. Jón Karl Helgason and Marijan Dović (Leiden: Brill, 2019), 151–70.

3. પેલેસ્ટિનિયન શરણાર્થીઓની સંખ્યા 7,00,000 અને 7,50,000ની વચ્ચે હોવાનો અંદાજ છે, જેમાંથી મોટા ભાગનાને 1948માં હાંકી કાઢવામાં આવ્યા હતા. જુઓ Benny Morris, Righteous Victims: A History of the Zionist-Arab Conflict, 1881–1998 (New York: Vintage, 2001), 252; UNRWA, "Palestinian Refugees," accessed Feb. 13, 2024, www.unrwa.org/palestine-refugees. 1948માં ઇરાક અને ઇજિપ્ત જેવા આરબ દેશોમાં 856,000 યહૂદીઓ રહેતા હતા. પછીના બે દાયકાઓમાં, 1948, 1956 અને 1967ના યુદ્ધોમાં આરબોના પરાજયનો બદલો લેવા માટે, એમાંથી મોટા ભાગના યહૂદીઓને તેમના ઘરોમાંથી હાંકી કાઢવામાં આવ્યા જેથી 1968 સુધીમાં માત્ર 76,000 જ રહ્યા હતા. મોરિસ એમ. જુઓ, Maurice M. Roumani, The Case of the Jews from Arab Countries: A Neglected Issue (Tel Aviv: World Organization of Jews from Arab Countries, 1983); Aryeh L. Avneri, The Claim of Dispossession: Jewish Land-Settlement and the Arabs, 1878–1948 (New Brunswick, N.J.: Transaction Books, 1984), 276; JIMENA, "The Forgotten Refugees," July 7, 2023, www.jimena.org/the-forgotten-refugees/; Barry Mowell, "Changing Paradigms in Public Opinion Perspectives and Governmental Policy Concerning the Jewish Refugees of North Africa and Southwest Asia," Jewish Virtual Library, accessed Jan. 31, 2024, www.jewishvirtuallibrary.org/changing-paradigms-in-public-opinion-perspectives-and-governmental-policy-concerning-the-jewish-refugees-of-north-africa-and-southwest-asia.

4. યહૂદી અને કુલ વસ્તી બંનેના અંદાજો અલગ અલગ મળે છે, ખાસ કરીને ઓટ્ટોમન વસ્તીના રેકોર્ડની અપૂર્ણતાને કારણે. જુઓ Alan Dowty, Arabs and Jews in Ottoman Palestine: Two Worlds Collide (Bloomington: Indiana University Press, 2021); Justin McCarthy, The Population of Palestine: Population History and Statistics of the Late Ottoman Period and the Mandate (New York: Columbia University Press, 1990); Itamar Rabinovich and Jehuda Reinharz, eds., Israel in the Middle East: Documents and Readings on Society, Politics,

and Foreign Relations, Pre-1948 to the Present (Hanover, N.H.: University Press of New England, 2008), 571; Yehoshua Ben-Arieh, Jerusalem in the 19th Century: Emergence of the New City (Jerusalem: Yad Izhak Ben-Zvi Institute, 1986), 466.

5. George G. Grabowicz, "Taras Shevchenko: The Making of the National Poet," Revue des Études Slaves 85, no. 3 (2014): 421–39; Ostap Sereda, " 'As a Father Among Little Children': The Emerging Cult of Taras Shevchenko as a Factor of the Ukrainian Nation Building in Austrian Eastern Galicia in the 1860s," Kyiv-Mohyla Humanities Journal 1 (2014): 159–88.

6. Sándor Hites, "Rocking the Cradle: Making Petőfi a National Poet," Arcadia 52, no. 1 (2017): 29–50; Ivan Halász et al., "The Rule of Sándor Petőfi in the Memory Policy of Hungarians, Slovaks, and the Members of the Hungarian Minority Group in Slovakia in the Last 150 Years," Historia@Teoria 1, no. 1 (2016): 121–43.

7. Timothy Snyder, The Reconstruction of Nations: Poland, Ukraine, Lithuania, Belarus, 1569–1999 (New Haven, Conn.: Yale University Press, 2003); Roman Koropeckyj, Adam Mickiewicz: The Life of a Romantic (Ithaca, N.Y.: Cornell University Press, 2008); Helen N. Fagin, "Adam Mickiewicz: Poland's National Romantic Poet," South Atlantic Bulletin 42, no. 4 (1977): 103–13.

8. Jonathan Glover, Israelis and Palestinians: From the Cycle of Violence to the Conversation of Mankind (Cambridge, U.K.: Polity Press, 2024), 10.

9. William L. Smith, "Rāmāyan: a Textual Traditions in Eastern India," in The "Ramayana" Revisited, ed. Mandakranta Bose (New York: Oxford University Press, 2004), 91–92; Frank E. Reynolds, "Ramayana, Rama Jataka, and Ramakien: A Comparative Study of Hindu and Buddhist Traditions," in Many Ramayanas: The Diversity of a Narrative Tradition in South Asia, ed. Paula Richman (Berkeley: University of California Press, 1991), 50–66; Aswathi M. P., "The Cultural Trajectories of Ramayana, a Text Beyond the Grand Narrative," Singularities 8, no. 1 (2021): 28–32; A. K. Ramanujan, "Three Hundred Ramayanas: Five Examples and Three Thoughts on Translation," in Richman, Many Ramayanas, 22–49; James Fisher, "Education and Social Change in Nepal: An Anthropologist's Assessment," Himalaya: The Journal of the Association for Nepal and Himalayan 10, no. 2 (1990): 30–31.

10. "The Ramayan: Why Indians Are Turning to Nostalgic TV," BBC, May 5, 2020, www.bbc.com/culture/article/20200504-the-ramayan-why-indians-are-turning-to-nostalgic-tv; " 'Ramayan' Sets World Record, Becomes Most Viewed Entertainment Program Globally," Hindu, May 2, 2020, www.thehindu.com/entertainment/movies/ramayan-sets-world-record-becomes-most-viewed-entertainment-program-globally/article61662060.ece; Soutik Biswas, "Ramayana: An 'Epic' Controversy," BBC, Oct. 19, 2011, www.bbc.com/news/world-south-asia-15363181; " 'Ramayana' Beats 'Game of Thrones' to Become the World's Most Watched Show," WION, Feb. 15, 2018, www.wionews.com/entertainment/ramayana-beats-game-of-thrones-to-become-the-worlds-most-watched-show-296162.
11. Kendall Haven, Story Proof: The Science Behind the Startling Power of Story (Westport, Conn.: Libraries Unlimited, 2007), vii, 122. For a more recent study, see Brendan I. Cohn-Sheehy et al., "Narratives Bridge the Divide Between Distant Events in Episodic Memory," Memory and Cognition 50 (2022): 478–94.
12. Frances A. Yates, The Art of Memory (London: Random House, 2011); Joshua Foer, Moonwalking with Einstein: The Art and Science of Remembering Everything (New York: Penguin, 2011); Nils C. J. Müller et al., "Hippocampal–Caudate Nucleus Interactions Support Exceptional Memory Performance," Brain Structure and Function 223 (2018): 1379–89; Yvette Tan, "This Woman Only Needed a Week to Memorize All 328 Pages of Ikea's Catalogue," Mashable, Sept. 5, 2017, mashable.com/article/yanjaa-wintersoul-ikea; Jan-Paul Huttner, Ziwei Qian, and Susanne Robra-Bissantz, "A Virtual Memory Palace and the User's Awareness of the Method of Loci," European Conference on Information Systems, May 2019, aisel.aisnet.org/ecis2019_rp/7.
13. Ira Spar, ed., Cuneiform Texts in the Metropolitan Museum of Art, vol. 1, Tablets, Cones, and Bricks of the Third and Second Millennia B.C. (New York: The Metropolitan Museum of Art, 1988), 10–11; "CTMMA 1, 008 (P108692)," Cuneiform Digital Library Initiative, accessed Jan. 12, 2024, cdli.mpiwg-berlin.mpg.de/artifacts/108692; Tonia Sharlach, "Princely Employments in the Reign of Shulgi," Journal of Ancient Near Eastern History 9, no. 1 (2022): 1–68.

14. Andrew D. Madden, Jared Bryson, and Joe Palimi, "Information Behavior in Pre-literate Societies," in New Directions in Human Information Behavior, ed. Amanda Spink and Charles Cole (Dordrecht: Springer, 2006); Michael J. Trebilcock, "Communal Property Rights: The Papua New Guinean Experience," University of Toronto Law Journal 34, no. 4 (1984), 377–420; Richard B. Lee, "!Kung Spatial Organization: An Ecological and Historical Perspective," Human Ecology 1, no. 2 (1972): 125–47; Warren O. Ault, "Open-Field Husbandry and the Village Community: A Study of Agrarian By-Laws in Medieval England," Transactions of the American Philosophical Society 55, no. 7 (1965): 1–102; Henry E. Smith, "Semicommon Property Rights and Scattering in the Open Fields," Journal of Legal Studies 29, no. 1 (2000): 131–69; Richard Posner, The Economics of Justice (Cambridge, Mass.: Harvard University Press, 1981).
15. Klaas R. Veenhof, " 'Dying Tablets' and 'Hungry Silver': Elements of Figurative Language in Akkadian Commercial Terminology," in Figurative Language in the Ancient Near East, ed. M. Mindlin, M. J. Geller, and J. E. Wansbrough (London: School of Oriental and African Studies, University of London, 1987), 41–75; Cécile Michel, "Constitution, Contents, Filing, and Use of Private Archives: The Case of Old Assyrian Archives (Nineteenth Century BCE)," in Manuscripts and Archives, ed. Alessandro Bausi et al. (Berlin: De Gruyter, 2018), 43–70.
16. Sophie Démare-Lafont and Daniel E. Fleming, eds., Judicial Decisions in the Ancient Near East (Atlanta: Society of Biblical Literature, 2023), 108–10; D. Charpin, "Lettres et procès paléo-babyloniens," in Rendre la justice en Mésopotamie: Archives judiciaires du Proche-Orient ancien (IIIe-Ier millénaires avant J.-C.), ed. Francis Joannès (Saint-Denis: Presses Universitaires de Vincennes, 2000), 73–74; Antoine Jacquet, "Family Archives in Mesopotamia During the Old Babylonian Period," in Archives and Archival Documents in Ancient Societies: Trieste 30 September–1 October 2011, ed. Michele Faraguna (Trieste: EUT, Edizioni Università di Trieste, 2013), 76–77; F. F. Kraus, Altbabylonische Briefe in Umschrift und Übersetzung (Leiden: R. J. Brill, 1986), vol. 11, n. 55; Frans van Koppen and Denis Lacambre, "Sippar and the Frontier Between Ešnunna and Babylon: New Sources for the History of Ešnunna in the Old Babylonian Period," Jaarbericht

van het Vooraziatisch Egyptisch Genootschap Ex Oriente Lux 41 (2009): 151–77.

17. રાચીન ઇજિપ્ત અને મેસોપોટેમીયાના દસ્તાવેજો મેળવવામાં મુશ્કેલીના ઉદાહરણો માટે, જુઓ Geoffrey Yeo, Record-Making and Record-Keeping in Early Societies (London: Routledge, 2021), 132; Jacquet, "Family Archives in Mesopotamia During the Old Babylonian Period," 76–77.

18. Mu-ming Poo et al., "What Is Memory? The Present State of the Engram," C Biology 14, no. 1 (2016): 40; C. Abraham Wickliffe, Owen D. Jones, and David L. Glanzman, "Is Plasticity of Synapses the Mechanism of Long-Term Memory Storage?," npj Science of Learning 4, no. 1 (2019): 9; Bradley R. Postle, "How Does the Brain Keep Information 'in Mind'?," Current Directions in Psychological Science 25, no. 3 (2016): 151–56.

19. Britannica, s.v. "Bureaucracy and the State," accessed Jan. 4, 2024, www.britannica.com/topic/bureaucracy/Bureaucracy-and-the-state.

20. આ સંબંધો પર ધ્યાન કેન્દ્રિત કરતા અભ્યાસના ઉદાહરણ જોવા, જુઓ Michele J. Gelfand et al., "The Relationship Between Cultural Tightness–Looseness and COVID-19 Cases and Deaths: A Global Analysis," Lancet Planetary Health 5, no. 3 (2021): 135–44; Julian W. Tang et al., "An Exploration of the Political, Social, Economic, and Cultural Factors Affecting How Different Global Regions Initially Reacted to the COVID-19 Pandemic," Interface Focus 12, no. 2 (2022), article 20210079.

21. Jason Roberts, Every Living Thing: The Great and Deadly Race to Know All Life (New York: Random House, 2024); Paul Lawrence Farber, Finding Order in Nature (Baltimore: Johns Hopkins University Press, 2000); James L. Larson, "The Species Concept of Linnaeus," Isis 59, no. 3 (1968): 291–99; Peter Raven, Brent Berlin, and Dennis Breedlove, "The Origins of Taxonomy," Science 174, no. 4015 (1971): 1210–13; Robert C. Stauffer, " 'On the Origin of Species': An Unpublished Version," Science 130, no. 3387 (1959): 1449–52.

22. Britannica, s.v. "Homo erectus—Ancestor, Evolution, Migration," accessed Jan. 4, 2024, www.britannica.com/topic/Homo-erectus/Relationship-to-Homo-sapiens.

23. Michael Dannemann and Janet Kelso, "The Contribution of

Neanderthals to Phenotypic Variation in Modern Humans," American Journal of Human Genetics 101, no. 4 (2017): 578–89.

24. Ernst Mayr, "What Is a Species, and What Is Not?," Philosophy of Science 63, no. 2 (1996): 262–77.

25. Darren E. Irwin et al., "Speciation by Distance in a Ring Species," Science 307, no. 5708 (2005): 414–16; James Mallet, Nora Besansky, and Matthew W. Hahn, "How Reticulated Are Species?," BioEssays 38, no. 2 (2016): 140–49; Simon H. Martin and Chris D. Jiggins, "Interpreting the Genomic Landscape of Introgression," Current Opinion in Genetics and Development 47 (2017): 69–74; Jenny Tung and Luis B. Barreiro, "The Contribution of Admixture to Primate Evolution," Current Opinion in Genetics and Development 47 (2017): 61–68.

26. James Mallet, "Hybridization, Ecological Races, and the Nature of Species: Empirical Evidence for the Ease of Speciation," Philosophical Transactions of the Royal Society B: Biological Sciences 363, no. 1506 (2008): 2971–86.

27. Brian Thomas, "Lions, Tigers, and Tigons," Institute for Creation Research, Sept. 12, 2012, www.icr.org/article/7051/.

28. Shannon M. Soucy, Jinling Huang, and Johann Peter Gogarten, "Horizontal Gene Transfer: Building the Web of Life," Nature Reviews Genetics 16, no. 8 (2015): 472–82; Michael Hensel and Herbert Schmidt, eds., Horizontal Gene Transfer in the Evolution of Pathogenesis (Cambridge, U.K.: Cambridge University Press, 2008); James A. Raymond and Hak Jun Kim, "Possible Role of Horizontal Gene Transfer in the Colonization of Sea Ice by Algae," PLOS ONE 7, no. 5 (2012), article e35968; Katrin Bartke et al., "Evolution of Bacterial Interspecies Hybrids with Enlarged Chromosomes," Genome Biology and Evolution 14, no. 10 (2022), article evac135.

29. Eugene V. Koonin and Petro Starokadomskyy, "Are Viruses Alive? The Replicator Paradigm Sheds Decisive Light on an Old but Misguided Question," Studies in History and Philosophy of Science Part C: Studies in History and Philosophy of Biological and Biomedical Sciences 59 (2016): 125–34; Dominic D. P. Johnson, "What Viruses Want: Evolutionary Insights for the Covid-19 Pandemic and Lessons for the Next One," in A Multidisciplinary Approach to Pandemics, ed. Philippe Bourbeau, Jean-Michel

Marcoux, and Brooke A. Ackerly (Oxford: Oxford University Press, 2022), 38–69; Deepak Sumbria et al., "Virus Infections and Host Metabolism—Can We Manage the Interactions?," Frontiers in Immunology 11 (2020), article 594963; Nigel Brown and David Bhella, "Are Viruses Alive?," Microbiology Society, 10, 2016, microbiologysociety.org/publication/past-issues/what-is-life/article/are-viruses-alive-what-is-life.html; Erica L. Sanchez and Michael Lagunoff, "Viral Activation of Cellular Metabolism," Virology 479–80 (May 2015): 609–18; "Virus," National Human Genome Research Institute, accessed Jan. 12, 2024, www.genome.gov/genetics-glossary/Virus.

30. Ashworth E. Underwood, "The History of Cholera in Great Britain," Proceedings of the Royal Society of Medicine 41, no. 3 (1948): 165–73; Nottidge Charles Macnamara, Asiatic Cholera: History up to July 15, 1892, Causes and Treatment (London: Macmillan, 1892).
31. John Snow, "Dr. Snow's Report," in Cholera Inquiry Committee, The Report on the Cholera Outbreak in the Parish of St. James, Westminster, During the Autumn of 1854 (London: J. Churchill, 1855), 97–120; S. W. B. Newsom, "Pioneers in Infection Control: John Snow, Henry Whitehead, the Broad Street Pump, and the Beginnings of Geographical Epidemiology," Journal of Hospital Infection 64, no. 3 (2006): 210–16; Peter Vinten-Johansen et al., Cholera, Chloroform, and the Science of Medicine: A Life of John Snow (Oxford: Oxford University Press, 2003); Theodore H. Tulchinsky, "John Snow, Cholera, the Broad Street Pump; Waterborne Diseases Then and Now," Case Studies in Public Health (2018): 77–99.
32. Gov.UK, "Check If You Need a License to Abstract Water," July 3, 2023, www.gov.uk/guidance/check-if-you-need-a-licence-to-abstract-water.
33. Mohnish Kedia, "Sanitation Policy in India—Designed to Fail?," Policy Design and Practice 5, no. 3 (2022): 307–25.
34. See, for example, Madden, Bryson, and Palimi, "Information Behavior in Pre-literate Societies," 33–53.
35. Catherine Salmon and Jessica Hehman, "The Evolutionary Psychology of Sibling Conflict and Siblicide," in The Evolution of Violence, ed. Todd K. Shackelford and Ronald D. Hansen (New York: Springer, 2014), 137–57.

36. Ibid.; Laurence G. Frank, Stephen E. Glickman, and Paul Licht, "Fatal Sibling Aggression, Precocial Development, and Androgens in Neonatal Spotted Hyenas," Science 252, no. 5006 (1991): 702–4; Frank J. Sulloway, "Birth Order, Sibling Competition, and Human Behavior," in Conceptual Challenges in Evolutionary Psychology: Innovative Research Strategies, ed. Harmon R. Holcomb (Dordrecht: Springer Netherlands, 2001), 39–83; Heribert Hofer and Marion L. East, "Siblicide in Serengeti Spotted Hyenas: A Long-Term Study of Maternal Input and Cub Survival," Behavioral Ecology and Sociobiology 62, no. 3 (2008): 341–51.
37. R. Grant Gilmore Jr., Oliver Putz, and Jon W. Dodrill, "Oophagy, Intrauterine Cannibalism, and Reproductive Strategy in Lamnoid Sharks," in Reproductive Biology and Phylogeny of Chondrichthyes, ed. W. M. Hamlett (Boca Raton, Fla.: CRC Press, 2005), 435–63; Demian D. Chapman et al., "The Behavioral and Genetic Mating System of the Sand Tiger Shark, Carcharias taurus, an Intrauterine Cannibal," Biology Letters 9, no. 3 (2013), article 20130003.
38. Martin Kavaliers, Klaus-Peter Ossenkopp, and Elena Choleris, "Pathogens, Odors, and Disgust in Rodents," Neuroscience and Biobehavioral Reviews 119 (2020): 281–93; Valerie A. Curtis, "Infection-Avoidance Behavior in Humans and Other Animals," Trends in Immunology 35, no. 10 (2014): 457–64.
39. Harvey Whitehouse, Inheritance: The Evolutionary Origins of the Modern World (London: Hutchinson, 2024), 56; Marvin Perry and Frederick M. Schweitzer, eds., Antisemitic Myths: A Historical and Contemporary Anthology (Bloomington: Indiana University Press, 2008), 6, 26; Roderick McGrew, "Bubonic Plague," in Encyclopedia of Medical History (New York: McGraw-Hill, 1985), 45; David Nirenberg, Communities of Violence: Persecution of Minorities in the Middle Ages (Princeton, N.J.: Princeton University Press, 1996); Martina Baradel and Emanuele Costa, "Discrimination, Othering, and the Political Instrumentalizing of Pandemic Disease," Journal of Interdisciplinary History of Ideas 18, no. 18 (2020); Alan M. Kraut, Silent Travelers: Germs, Genes, and the "Immigrant Menace" (New York: Basic Books, 1994); Samuel K. Cohn Jr., Epidemics: Hate and Compassion from the

Plague of Athens to AIDS (Oxford: Oxford University Press, 2018).

40. Wayne R. Dynes, ed., Encyclopedia of Homosexuality, vol. 1 (New York: Garland, 1990), 324.
41. John Bowker, ed., The Oxford Dictionary of World Religions (Oxford: Oxford University Press, 1997), 1041–44; Mary Douglas, Purity and Danger (London: Routledge, 2003), chap. 9; Laura Kipnis, The Female Thing: Dirt, Sex, Envy, Vulnerability (London: Vintage, 2007), chap. 3.
42. Robert M. Sapolsky, Behave: The Biology of Humans at Our Best and Worst (New York: Penguin Press, 2017), 388–89, 560–65.
43. Vinod Kumar Mishra, "Caste and Religion Matters in Access to Housing, Drinking Water, and Toilets: Empirical Evidence from National Sample Surveys, India," CASTE: A Global Journal on Social Exclusion 4, no. 1 (2023): 24–45, www.jstor.org/stable/48728103; Ananya Sharma, "Here's Why India Is Struggling to Be Truly Open Defecation Free," Wire India, Oct. 28, 2021, thewire.in/government/heres-why-india-is-struggling-to-be-truly-open-defecation-free.
44. Samyak Pandey, "Roshni, the Shivpuri Dalit Girl Killed for 'Open Defecation,' Wanted to Become a Doctor," Print, Sept. 30, 2019, theprint.in/india/roshni-the-shivpuri-dalit-girl-killed-for-open-defecation-wanted-to-become-a-doctor/298925/.
45. Nick Perry, "Catch, Class, and Bureaucracy: The Meaning of Joseph Heller's Catch 22," Sociological Review 32, no. 4 (1984): 719–41, doi.org/10.1111/j.1467-954X.1984.tb00832.x.
46. Ludovico Ariosto, Orlando Furioso (1516), canto 14, lines 83–84.
47. William Shakespeare, Henry VI, Part 2, in First Folio (London, 1623), act 4, scene 2.
48. Juliet Barker, 1381: The Year of the Peasants' Revolt (Cambridge, Mass.: Belknap Press of Harvard University Press, 2014); W. M. Ormrod, "The Peasants' Revolt and the Government of England," Journal of British Studies 29, no. 1 (1990): 1–30, doi.org/10.1086/385947; Jonathan Burgess, "The Learning of the Clerks: Writing and Authority During the Peasants' Revolt of 1381" (master's thesis, McGill University, 2022), escholarship.mcgill.ca/concern/theses/6682x911r.
49. Josephus, The Jewish War, 2:427.

50. Rodolphe Reuss, Le sac de l'Hôtel de Ville de Strasbourg (juillet 1789), épisode de l'histoire de la Révolution en Alsace (Paris, 1915).
51. Jean Ancel, The History of the Holocaust: Romania (Jerusalem: Yad Vashem, 2003), 1:63.
52. હોલોકોસ્ટ દરમિયાન રોમાનિયન યહૂદીઓનું ભાવિ અનેક પરિબળો દ્વારા નક્કી થયું હતું પરંતુ ઘણા જટિલ કારણોસર 1938માં નાગરિકતા ગુમાવનારાઓ અને પછીથી જેમની હત્યા થઈ હતી તેમની વચ્ચે ગાઢ સંબંધ હતો. જુઓ "Murder of the Jews of Romania," Yad Vashem, 2024, www.yadvashem.org/holocaust/about/final-solution-beginning/romania.html#narrative_info; Christopher J. Kshyk, "The Holocaust in Romania: The Extermination and Protection of the Jews Under Antonescu's Regime," Inquiries Journal 6, no. 12 (2014), www.inquiriesjournal.com/a?id=947.

પ્રકરણ-4

1. "Humanum fuit errare, diabolicum est per animositatem in errore manere." See Armand Benjamin Caillau, ed., Sermones de scripturis, in Sancti Aurelii Augustini Opera (Paris: Parent-Desbarres, 1838), 4:412.
2. Ivan Mehta, "Elon Musk Wants to Develop TruthGPT, 'a Maximum Truth-Seeking AI,' " Tech Crunch, April 18, 2023, techcrunch.com/2023/04/18/elon-musk-wants-to-develop-truthgpt-a-maximum-truth-seeking-ai/.
3. Harvey Whitehouse, "A Cyclical Model of Structural Transformation Among the Mali Baining," The Cambridge Journal of Anthropology 14, no. 3 (1990), 34–53; Harvey Whitehouse, "From Possession to Apotheosis: Transformation and Disguise in the Leadership of a Cargo Movement," in Leadership and Change in the Western Pacific, eds. Richard Feinberg and Karen Ann Watson-Gageo (London: Athlone Press, 1996), 376–95; Harvey Whitehouse, Inheritance: The Evolutionary Origins of the Modern World (London: Hutchinson, 2024), 149–51.
4. Whitehouse, Inheritance, 45.
5. Robert Bellah, Religion in Human Evolution: From the Paleolithic to the Axial Age (Cambridge, Mass.: Belknap Press of Harvard University Press, 2011), 181.
6. Ibid., chaps. 4–9.

7. Herodotus, The Histories, book 5, 63; Mogens Herman Hansen, "Democracy, Athenian," in The Oxford Classical Dictionary, ed. Simon Hornblower and Antony Spawforth (Oxford: Oxford University Press, 2005), www.oxfordreference.com/display/10.1093/acref/9780198606413.001.0001/acref-9780198606413-e-2112.
8. John Collins, The Dead Sea Scrolls: A Biography (Princeton, N.J.: Princeton University Press, 2013), vii, 185.
9. Jodi Magness, The Archaeology of Qumran and the Dead Sea Scrolls, 2nd ed. (Grand Rapids: Eerdmans, 2021), chap. 3.
10. Sidnie White Crawford, "Genesis in the Dead Sea Scrolls," in The Book of Genesis, ed. Craig A. Evans, Joel N. Lohr, and David L. Petersen (Boston: Brill, 2012), 353–73, doi.org/10.1163/9789004226579_016; James C. VanderKam, "Texts, Titles, and Translations," in The Cambridge Companion to the Hebrew Bible/Old Testament, ed. Stephen B. Chapman and Marvin A. Sweeney (Cambridge, U.K.: Cambridge University Press, 2016), 9–27, doi.org/10.1017/CBO9780511843365.002.
11. See the results for a search for "Enoch" in the Dead Sea Scrolls database: www.deadseascrolls.org.il/explore-the-archive/search#q='Enoch'.
12. See Collins, Dead Sea Scrolls.
13. Daniel Assefa, "The Biblical Canon of the Ethiopian Orthodox Tawahedo Church," in The Oxford Handbook of the Bible in Orthodox Christianity, ed. Eugen J. Pentiuc (New York: Oxford University Press, 2022), 211–26; David Kessler, The Falashas: A Short History of the Ethiopian Jews, 3rd ed. (New York: Frank Cass, 1996), 67.
14. Emanuel Tov, Textual Criticism of the Hebrew Bible (Minneapolis: Fortress Press, 2001), 269; Sven Fockner, "Reopening the Discussion: Another Contextual Look at the Sons of God," Journal for the Study of the Old Testament 32, no. 4 (2008): 435–56, doi.org/10.1177/0309089208092140; Michael S. Heiser, "Deuteronomy 32:8 and the Sons of God," Bibliotheca Sacra 158 (2001): 71–72.
15. Martin G. Abegg Jr., Peter Flint, and Eugene Ulrich, The Dead Sea Scrolls Bible: The Oldest Known Bible Translated for the First Time into English (San Francisco: Harper, 1999), 159; Jewish

Publication Society of America, The Holy Scriptures According to the Masoretic Text (Philadelphia, 1917), jps.org/wp-content/uploads/2015/10/Tanakh1917.pdf.

16. Abegg, Flint, and Ulrich, Dead Sea Scrolls Bible, 506; Peter W. Flint, "Unrolling the Dead Sea Psalms Scrolls," in The Oxford Handbook of the Psalms, ed. William P. Brown (Oxford: Oxford University Press, 2014), 243, doi.org/10.1093/oxfordhb/9780199783335.013.015.
17. Timothy Michael Law, When God Spoke Greek: The Septuagint and the Making of the Christian Bible (Oxford: Oxford University Press, 2013), 49.
18. Ibid., 62; Albert Pietersma and Benjamin G. Wright, eds., A New English Translation of the Septuagint (Oxford: Oxford University Press, 2007), vii; William P. Brown. "The Psalms: An Overview," in Brown, Oxford Handbook of the Psalms, 3, doi.org/10.1093/oxfordhb/9780199783335.013.001.
19. Law, When God Spoke Greek, 63, 72.
20. Karen H. Jobes and Moisés Silva, Invitation to the Septuagint (Grand Rapids: Baker Academic, 2015), 161–62.
21. Michael Heiser, "Deuteronomy 32:8 and the Sons of God," LBTS Faculty Publications and Presentations (2001), 279. આ પણ જુઓ Alexandria Frisch, The Danielic Discourse on Empire in Second Temple Literature (Boston: Brill, 2016), 140; "Deuteronomion," in Pietersma and Wright, New English Translation of the Septuagint, ccat.sas.upenn.edu/nets/edition/05-deut-nets.pdf.
22. Chanoch Albeck, ed., Mishnah: Six Orders (Jerusalem: Bialik, 1955–59).
23. Maxine Grossman, "Lost Books of the Bible," in The Oxford Dictionary of the Jewish Religion, ed. Adele Berlin, 2nd ed. (Oxford: Oxford University Press, 2011); Geoffrey Khan, A Short Introduction to the Tiberian Masoretic Bible and Its Reading Tradition (Piscataway, N.J.: Gorgias Press, 2013).
24. Bart D. Ehrman, Forged: Writing in the Name of God: Why the Bible's Authors Are Not Who We Think They Are (New York: HarperOne, 2011), 300; Annette Y. Reed. "Pseudepigraphy, Authorship, and the Reception of 'the Bible' in Late Antiquity," in The Reception and Interpretation of the Bible in Late Antiquity: Proceedings of the Montréal Colloquium in Honor of Charles

Kannengiesser, ed. Lorenzo DiTommaso and Lucian Turcescu (Leiden: Brill, 2008), 467–90; Stephen Greenblatt, The Rise and Fall of Adam and Eve (New York: W. W. Norton, 2017), 68; Dale C. Allison Jr., Testament of Abraham (Berlin: Walter De Gruyter, 2013), vii.

25. Grossman, "Lost Books of the Bible."
26. See, for example, Tzvi Freeman, "How Did the Torah Exist Before It Happened?," Chabad.org, www.chabad.org/library/article_cdo/aid/110124/jewish/How-Did-the-Torah-Exist-Before-it-Happened.htm.
27. Seth Schwartz, Imperialism and Jewish Society, 200 B.C.E. to 640 C.E. (Princeton, N.J.: Princeton University Press, 2001); Gottfried Reeg and Dagmar Börner-Klein, "Synagogue," in Religion Past and Present, ed. Hans Dieter Betz et al. (Leiden: Brill, 2006–12), dx.doi.org/10.1163/1877-5888_rpp_COM_025027; Kimmy Caplan, "Bet Midrash," in Betz et al., Religion Past and Present, dx.doi.org/10.1163/1877-5888_rpp_SIM_01883.
28. "Tractate Soferim," in The William Davidson Talmud (Jerusalem: Koren, 2017), www.sefaria.org/Tractate_Soferim?tab=contents.
29. "Tractate Eiruvin," in Babylonian Talmud, chap. 13a, halakhah.com/pdf/moed/Eiruvin.pdf.
30. B. Barry Levy, Fixing God's Torah: The Accuracy of the Hebrew Bible Text in Jewish Law (Oxford: Oxford University Press, 2001); Alfred J. Kolatch, This Is the Torah (New York: Jonathan David, 1988); "Tractate Soferim."
31. Raphael Patai, The Children of Noah: Jewish Seafaring in Ancient Times (Princeton, N.J.: Princeton University Press, 1998), benyehuda.org/read/30739.
32. Shaye Cohen, Robert Goldenberg, and Hayim Lapin, eds., The Oxford Annotated Mishnah (Oxford: Oxford University Press, 2022), 1.
33. Mayer I. Gruber, "The Mishnah as Oral Torah: A Reconsideration," Journal for the Study of Judaism in the Persian, Hellenistic, and Roman Period 15 (1984): 112–22.
34. Adin Steinsaltz, The Essential Talmud (New York: Basic Books, 2006), 3.
35. Ibid.
36. Elizabeth A. Harris, "For Jewish Sabbath, Elevators Do All the Work," New York Times, March 5, 2012, www.nytimes.com/

2012/03/06/nyregion/on-jewish-sabbath-elevators-that-do-all-the-work.html.

37. Jon Clarine, "Digitalization Is Revolutionizing Elevator Services," TKE blog, June 2022, blog.tkelevator.com/digitalization-is-revolutionizing-elevator-services-jon-clarine-shares-how-and-why/.
38. જુઓ, ઉદાહરણ, "Tractate Megillah," in Babylonian Talmud, chap. 16b; "Rashi on Genesis 45:14," in Pentateuch with Targum Onkelos, Haphtaroth, and Prayers for Sabbath and Rashi's Commentary, ed. and trans. M. Rosenbaum and A. M. Silbermann in collaboration with A. Blashki and L. Joseph (London: Shapiro, Vallentine, 1933), www.sefaria.org/Rashi_on_Genesis.45.14?lang=bi&with=Talmud&lang2=en.
39. આવી માન્યતાઓના તાલમુદિક મૂળ માટે, બેબીલોનના તાલમુદમાં "Tractate Shabbat" જુઓ, પ્રકરણ 119b. આ જ વાતની વર્તમાનમાં ચાલી રહેલા વૈવિધ્ય માટે ઉદાહરણ તરીકે જુઓ midrasha.biu.ac.il/en
40. Bart D. Ehrman, Lost Christianities: The Battles for Scripture and the Faiths We Never Knew (Oxford: Oxford University Press, 2003); Frederick Bird, "Early Christianity as an Unorganized Ecumenical Religious Movement," in Handbook of Early Christianity: Social Science Approaches, ed. Anthony J. Blasi, Jean Duhaime, and Paul-André Turcotte (Walnut Creek, Calif.: AltaMira Press, 2002), 225–46.
41. Konrad Schmid, "Immanuel," in Betz et al., Religion Past and Present.
42. Ehrman, Lost Christianities, xiv; Sarah Parkhouse, "Identity, Death, and Ascension in the First Apocalypse of James and the Gospel of John," Harvard Theological Review 114, no. 1 (2021): 51–71; Gregory T. Armstrong, "Abraham," in Encyclopedia of Early Christianity, ed. Everett Ferguson (New York: Routledge, 1999), 7–8; John J. Collins, "Apocalyptic Literature," in ibid., 73–74.
43. Ehrman, Lost Christianities, xi-xii.
44. Ibid., xii; J. K. Elliott, ed., The Apocryphal New Testament: A Collection of Apocryphal Christian Literature in an English Translation (Oxford: Oxford University Press, 1993), 231–302.
45. Ibid., 543–46; Ehrman, Lost Christianities; Andrew Louth, ed., Early Christian Writings: The Apostolic Fathers (New York: Penguin Classics, 1987).

46. The Festal Epistles of St. Athanasius, Bishop of Alexandria (Oxford: John Henry Parker, 1854), 137–39.
47. Ehrman, Lost Christianities, 231.
48. Daria Pezzoli-Olgiati et al., "Canon," in Betz et al., Religion Past and Present; David Salter Williams, "Reconsidering Marcion's Gospel," Journal of Biblical Literature 108, no. 3 (1989): 477–96.
49. Ashish J. Naidu, Transformed in Christ: Christology and the Christian Life in John Chrysostom (Eugene, Ore.: Pickwick Publications, 2012), 77.
50. Bruce M. Metzger, The Canon of the New Testament: Its Origin, Development, and Significance (Oxford: Clarendon Press, 1987), 219–20.
51. Metzger, Canon of the New Testament, 176, 223–24; Christopher Sheklian, "Venerating the Saints, Remembering the City: Armenian Memorial Practices and Community Formation in Contemporary Istanbul," in Armenian Christianity Today: Identity Politics and Popular Practice, ed. Alexander Agadjanian (Surrey, U.K.: Ashgate, 2014), 157; Bart Ehrman, Forgery and Counter-forgery: The Use of Literary Deceit in Early Christian Polemics (Oxford: Oxford University Press, 2013), 32. See also Ehrman, Lost Christianities, 210–11.
52. Ehrman, Lost Christianities, 231.
53. Ibid., 236–38.
54. Ibid., 38; Ehrman, Forgery and Counter-forgery, 203; Raymond F. Collins, "Pastoral Epistles," in Betz et al., Religion Past and Present.
55. Ariel Sabar, "The Inside Story of a Controversial New Text About Jesus," Smithsonian Magazine, Sept. 17, 2012, www.smithsonianmag.com/history/ the-inside-story-of-a-controversial-new-text-about-jesus-41078791/.
56. Dennis MacDonald, The Legend of the Apostle: The Battle for Paul in Story and Canon (Philadelphia: Westminster Press, 1983), 17; Stephen J. Davis, The Cult of Saint Thecla: A Tradition of Women's Piety in Late Antiquity (Oxford: Oxford University Press, 2001), 6.
57. Davis, Cult of Saint Thecla.
58. Knut Willem Ruyter, "Pacifism and Military Service in the Early Church," CrossCurrents 32, no. 1 (1982): 54–70; Harold S. Bender,

"The Pacifism of the Sixteenth Century Anabaptists," Church History 24, no. 2 (1955): 119–31.

59. Michael J. Lewis, City of Refuge: Separatists and Utopian Town Planning (Princeton, N.J.: Princeton University Press, 2016), 97.
60. Irene Bueno, "False Prophets and Ravening Wolves: Biblical Exegesis as a Tool Against Heretics in Jacques Fournier's Postilla on Matthew," Speculum 89, no. 1 (2014): 35–65.
61. Peter K. Yu, "Of Monks, Medieval Scribes, and Middlemen," Michigan State Law Review 2006, no. 1 (2006): 7.
62. Marc Drogin, Anathema! Medieval Scribes and the History of Book Curses (Totowa, N.J.: Allanheld, Osmun, 1983), 37.
63. Nicholas Watson, "Censorship and Cultural Change in Late-Medieval England: Vernacular Theology, the Oxford Translation Debate, and Arundel's Constitutions of 1409," Speculum 70, no. 4 (1995): 827.
64. David B. Barrett, George Thomas Kurian, and Todd M. Johnson, World Christian Encyclopedia: A Comparative Survey of Churches and Religions in the Modern World (Oxford: Oxford University Press, 2001), 12.
65. Eltjo Buringh and Jan Luiten Van Zanden, "Charting the 'Rise of the West': Manuscripts and Printed Books in Europe, a Long-Term Perspective from the Sixth Through Eighteenth Centuries," Journal of Economic History 69 (2009): 409–45.
66. યુરોપની વિચ-હન્ટની આગળની ચર્ચામાં, મેં મુખ્યત્વે આના પર આધાર રાખ્યો છે Ronald Hutton, The Witch: A History of Fear, from Ancient Times to the Present (New Haven, Conn.: Yale University Press, 2017).
67. Hutton, Witch.
68. Ibid. દસમી સદીની શરૂઆતમાં (અથવા કદાચ નવમી સદીના અંતમાં) રચાયેલ 'કેનન એપિસ્કોપી', એ સમયના ખ્રિસ્તી કાયદાઓનો ભાગ બન્યું હતું. તેમાં એમ દલીલ કરવામાં આવી હતી કે શેતાન લોકોને તમામ પ્રકારની કાલ્પનિક ઘટનાઓમાં વિશ્વાસ કરવા માટે ભ્રમિત કરે છે, જેમ કે, તેઓ આકાશમાં ઉડી શકે છે અને આ ઘટનાઓ વાસ્તવિક છે તેવું માનવું એ પાપ છે. આ વિચારધારા પ્રારંભિક આધુનિક વિચ-હન્ટરો દ્વારા અપનાવામાં આવેલા વલણથી બરાબર વિરુદ્ધ દિશાનું છે, કારણ કે તેમણે દૃઢપણે માનતા હતા કે આવી વસ્તુઓ ખરેખર બની હતી અને તેમની વાસ્તવિકતા પર શંકા કરવી એ પાપ છે. આ પણ જુઓ also Julian Goodare, "Witches' Flight in Scottish Demonology," in Demonology and Witch-Hunting in Early Modern Europe, ed. Julian Goodare, Rita Voltmer, and Liv

Helene Willumsen (London: Routledge, 2020), 147–67.

69. Hutton, Witch; Richard Kieckhefer, "The First Wave of Trials for Diabolical Witchcraft," in The Oxford Handbook of Witchcraft in Early Modern Europe and Colonial America, ed. Brian P. Levack (Oxford: Oxford University Press, 2013), 158–78; Fabrizio Conti, "Notes on the Nature of Beliefs in Witchcraft: Folklore and Classical Culture in Fifteenth Century Mendicant Traditions," Religions 10, no. 10 (2019): 576; Chantal Ammann-Doubliez, "La première chasse aux sorciers en Valais (1428–1436?)," in L'imaginaire du sabbat: Édition critique des textes les plus anciens (1430 c.–1440 c.), ed. Martine Ostorero et al. (Lausanne: Université de Lausanne, Section d'Histoire, Faculté des Lettres, 1999), 63–98; Nachman Ben-Yehuda, "The European Witch Craze: Still a Sociologist's Perspective," American Journal of Sociology 88, no. 6 (1983): 1275–79; Hans Peter Broedel, "Fifteenth-Century Witch Beliefs," in Levack, Oxford Handbook of Witchcraft.

70. Hans Broedel, The "Malleus Maleficarum" and the Construction of Witchcraft: Theology and Popular Belief (Manchester: Manchester University Press, 2003); Martine Ostorero, "Un lecteur attentif du Speculum historiale de Vincent de Beauvais au XVe siècle: L'inquisiteur bourguignon Nicolas Jacquier et la réalité des apparitions démoniaques," Spicae: Cahiers de l'Atelier Vincent de Beauvais 3 (2013).

71. ક્રેમર અને તેમના લખાણોની આ અને આગળની ચર્ચાઓ મુખ્યત્વે Broedel, "Malleus Maleficarum" and the Construction of Witchcraft પર આધારિત છે. આ પણ જુઓ Tamar Herzig, "The Bestselling Demonologist: Heinrich Institoris's Malleus Maleficarum," in The Science of Demons: Early Modern Authors Facing Witchcraft and the Devil, ed. Jan Machielsen (New York: Routledge, 2020), 53–67.

72. Broedel, "Malleus Maleficarum" and the Construction of Witchcraft, 178.

73. Jakob Sprenger, Malleus Maleficarum, trans. Montague Summers (London: J. Rodker, 1928), 121.

74. Tamar Herzig, "Witches, Saints, and Heretics: Heinrich Kramer's Ties with Italian Women Mystics," Magic, Ritual, and Witchcraft 1, no. 1 (2006): 26; André Schnyder, "Malleus maleficarum" von Heinrich Institoris (alias Kramer) unter Mithilfe Jakob Sprengers aufgrund der dämonologischen Tradition zusammengestellt:

Kommentar zur Wiedergabe des Erstdrucks von 1487 (Hain 9238) (Göppingen: Kümmerle, 1993), 62.

75. Broedel, "Malleus Maleficarum" and the Construction of Witchcraft, 7–8.

76. છાપકામની ક્રાંતિ અને યુરોપિયન વિચ-હન્ટના ગાંડપણ વચ્ચેના સંબંધ માટે જુઓ Charles Zika, The Appearance of Witchcraft: Print and Visual Culture in Sixteenth-Century Europe (London: Routledge, 2007); Robert Walinski-Kiehl, "Pamphlets, Propaganda, and Witch-Hunting in Germany, c. 1560–c. 1630," Reformation 6, no. 1 (2002): 49–74; Alison Rowlands, Witchcraft Narratives in Germany: Rothenburg, 1561–1652 (Manchester: Manchester University Press, 2003); Walter Stephens, Demon Lovers: Witchcraft, Sex, and the Crisis of Belief (Chicago: University of Chicago Press, 2002); Brian P. Levack, The Witch-Hunt in Early Modern Europe (London: Longman, 1987). છાપકામની ક્રાંતિ અને યુરોપિયન વિચ-હન્ટના વચ્ચેના સંબંધને મહત્ત્વનો ન ગણતા અભ્યાસો માટે જુઓ Stuart Clark, Thinking with Demons: The Idea of Witchcraft in Early Modern Europe (Oxford: Clarendon Press, 1997).

77. Brian P. Levack, introduction to Oxford Handbook of Witchcraft, 1–10n13; Henry Boguet, An Examen of Witches Drawn from Various Trials of Many of This Sect in the District of Saint Oyan de Joux, Commonly Known as Saint Claude, in the County of Burgundy, Including the Procedure Necessary to a Judge in Trials for Witchcraft, trans. Montague Summers and E. Allen Ashwin (London: J. Rodker, 1929), xxxii.

78. James Sharpe, Witchcraft in Early Modern England, 2nd ed. (New York: Routledge, 2019), 5.

79. Robert S. Walinski-Kiehl, "The Devil's Children: Child Witch-Trials in Early Modern Germany," Continuity and Change 11, no. 2 (1996): 171–89; William Monter, "Witchcraft in Iberia," in Levack, Oxford Handbook of Witchcraft, 268–82.

80. Sprenger, Malleus Maleficarum, 223–24.

81. Michael Kunze, Highroad to the Stake: A Tale of Witchcraft (Chicago: University of Chicago Press, 1989), 87.

82. આ કેસની વિગતો માટે જુઓ ibid. સજાઓ માટે આ પણ જુઓ Robert E. Butts, "De Praestigiis Daemonum: Early Modern Witchcraft: Some Philosophical Reflections," in Witches, Scientists, Philosophers: Essays and Lectures, ed. Graham Solomon (Dordrecht: Springer Netherlands, 2000), 14–15.

83. Gareth Medway, Lure of the Sinister: The Unnatural History of Satanism (New York: New York University Press, 2001); Broedel, "Malleus Maleficarum" and the Construction of Witchcraft; David Pickering, Cassell's Dictionary of Witchcraft (London: Cassell, 2003).
84. Gary K. Waite, "Sixteenth-Century Religious Reform and the Witch-Hunts," in Levack, Oxford Handbook of Witchcraft, 499.
85. Mark Häberlein and Johannes Staudenmaier, "Bamberg," in Handbuch kultureller Zentren der Frühen Neuzeit: Städte und Residenzen im alten deutschen Sprachraum, ed. Wolfgang Adam and Siegrid Westphal (Berlin: De Gruyter, 2013), 57.
86. Birke Griesshammer, Angeklagt—gemartet—verbrannt: Die Opfer der Hexenverfolgung in Franken [Accused—martyred—burned: The victims of witch hunts in Franconia] (Erfurt, Germany: Sutton, 2013), 43
87. Wolfgang Behringer, Witches and Witch-Hunts: A Global History (Cambridge, U.K.: Polity Press, 2004), 150; Griesshammer, Angeklagt—gemartet—verbrannt, 43; Arnold Scheuerbrandt, Südwestdeutsche Stadttypen und Städtegruppen bis zum frühen 19. Jahrhundert: Ein Beitrag zur Kulturlandschaftsgeschichte und zur kulturräumlichen Gliederung des nördlichen Baden-Württemberg und seiner Nachbargebiete (Heidelberg, Germany: Selbstverlag des Geographischen Instituts der Universität, 1972), 383.
88. Robert Rapley, Witch Hunts: From Salem to Guantanamo Bay (Montreal: McGill-Queen's University Press, 2007), 22–23.
89. Gustav Henningsen, The Witches' Advocate: Basque Witchcraft and the Spanish Inquisition, 1609–1614 (Reno: University of Nevada Press, 1980), 304, ix.
90. Arthur Koestler, The Sleepwalkers: A History of Man's Changing Vision of the Universe (London: Penguin Books, 2014), 168.
91. Yuval Noah Harari, Sapiens: A Brief History of Humankind (New York: Harper, 2015), chap. 14.
92. ઉદાહરણ તરીકે, જુઓ Dan Ariely, Misbelief: What Makes Rational People Believe Irrational Things (New York: Harper, 2023), 145.
93. Rebecca J. St. George and Richard C. Fitzpatrick, "The Sense of Self-Motion, Orientation, and Balance Explored by Vestibular Stimulation," Journal of Physiology 589, no. 4 (2011): 807–13; Jarett Casale et al., "Physiology, Vestibular System," in StatPearls

(Treasure Island, Fla.: StatPearls Publishing, 2023).

94. Younghoon Kwon et al., "Blood Pressure Monitoring in Sleep: Time to Wake Up," Blood Pressure Monitoring 25, no. 2 (2020): 61–68; Darae Kim and Jong-Won Ha, "Hypertensive Response to Exercise: Mechanisms and Clinical Implication," Clinical Hypertension 22, no. 1 (2016): 17.

95. Gianfranco Parati et al., "Blood Pressure Variability: Its Relevance for Cardiovascular Homeostasis and Cardiovascular Diseases," Hypertension Research 43, no. 7 (2020): 609–20.

96. "Unitatis redintegratio" (Decree on Ecumenism), Second Vatican Council, Nov. 21, 1964, www.vatican.va/archive/hist_councils/ii_vatican_council/documents/vat-ii_decree_19641121_unitatis-redintegratio_en.html.

97. Rabbi Moses ben Nahman (ca. 1194–1270), Commentary on Deuteronomy 17:11.

98. Ṣaḥīḥ al-Tirmidhī, 2167; Mairaj Syed, "Ijmaʿ," in The Oxford Handbook of Islamic Law, ed. Anver M. Emon and Rumee Ahmed (Oxford: Oxford University Press, 2018), 271–98; Iysa A. Bello, "The Development of Ijmāʿ in Islamic Jurisprudence During the Classical Period," in The Medieval Islamic Controversy Between Philosophy and Orthodoxy: Ijmāʿ and Ta'Wīl in the Conflict Between al-Ghazālī and Ibn Rushd (Leiden: Brill, 1989), 17–28.

99. "Pastor aeternus," First Vatican Council, July 18, 1870, www.vatican.va/content/pius-ix/en/documents/constitutio-dogmatica-pastor-aeternus-18-iulii-1870.html; "The Pope Is Never Wrong: A History of Papal Infallibility in the Catholic Church," University of Reading, Jan. 10, 2019, research.reading.ac.uk/research-blog/pope-never-wrong-history-papal-infallibility-catholic-church/; Hermann J. Pottmeyer, "Infallibility," in Encyclopedia of Christianity Online (Leiden: Brill, 2011).

100. Rory Carroll, "Pope Says Sorry for Sins of Church," Guardian, March 13, 2000, www.theguardian.com/world/2000/mar/13/catholicism.religion.

101. Leyland Cecco, "Pope Francis 'Begs Forgiveness' over Abuse at Church Schools in Canada," Guardian, July 26, 2022, www.theguardian.com/world/2022/jul/25/pope-francis-apologises-for-abuse-at-church-schools-on-visit-to-canada.

102. ચર્ચના સંસ્થાકીય જાતિવાદ માટે જુઓ April D. DeConick, Holy Misogyny:

Why the Sex and Gender Conflicts in the Early Church Still Matter (New York: Continuum, 2011); Jack Holland, A Brief History of Misogyny: The World's Oldest Prejudice (London: Robinson, 2006), chaps. 3, 4, and 8; Elisabeth Schüssler Fiorenza, In Memory of Her: A Feminist Theological Reconstruction of Christian Origins (New York: Crossroad, 1994). યહૂદીઓના વિરોધ માટે, જુઓ Robert Michael, Holy Hatred: Christianity, Antisemitism, and the Holocaust (New York: Palgrave Macmillan, 2006), 17–19; Robert Michael, A History of Catholic Antisemitism: The Dark Side of the Church (New York: Palgrave Macmillan, 2008); James Carroll, Constantine's Sword: The Church and the Jews (Boston: Houghton Mifflin, 2002), 91–93. **ગોસ્પેલ્સમાં રહેલી અસહિષ્ણતા માટે, જુઓ** Gerd Lüdemann, Intolerance and the Gospel: Selected Texts from the New Testament (Amherst, N.Y.: Prometheus Books, 2007); Graham Stanton and Guy G. Stroumsa, eds., Tolerance and Intolerance in Early Judaism and Christianity (Cambridge, U.K.: Cambridge University Press, 1998), esp. 124–31.

103. Edward Peters, ed., Heresy and Authority in Medieval Europe (Philadelphia: University of Pennsylvania Press, 2011), chap. 6.
104. Diana Hayes, "Reflections on Slavery," in Change in Official Catholic Moral Teaching, ed. Charles E. Curran (New York: Paulist Press, 1998), 67.
105. Associated Press, "Pope Francis Suggests Gay Couples Could Be Blessed in Vatican Reversal," Guardian, Oct. 3, 2023, www.theguardian.com/world/2023/oct/03/pope-francis-suggests-gay-couples-could-be-blessed-in-vatican-reversal.
106. Robert Rynasiewicz, "Newton's Views on Space, Time, and Motion," in Stanford Encyclopedia of Philosophy, ed. Edward N. Zalta, Spring 2022 (Palo Alto, Calif.: Metaphysics Research Lab, Stanford University, 2022).
107. દાહરણ તરીકે, Sandra Harding, ed., The Postcolonial Science and Technology Studies Reader (Durham, N.C.: Duke University Press, 2011); Agustín Fuentes et al., "AAPA Statement on Race and Racism," American Journal of Physical Anthropology 169, no. 3 (2019): 400–402; Michael L. Blakey, "Understanding Racism in Physical (Biological) Anthropology," American Journal of Physical Anthropology 175, no. 2 (2021): 316–25; Allan M. Brandt, "Racism and Research: The Case of the Tuskegee Syphilis

Study," Hastings Center Report 8, no. 6 (1978): 21–29; Alison Bashford, " 'Is White Australia Possible?': Race, Colonialism, and Tropical Medicine," Ethnic and Racial Studies 23, no. 2 (2000): 248–71; Eric Ehrenreich, The Nazi Ancestral Proof: Genealogy, Racial Science, and the Final Solution (Bloomington: Indiana University Press, 2007).

108. Jack Drescher, "Out of DSM: Depathologizing Homosexuality," Behavioral Sciences 5, no. 4 (2015): 565–75; Sarah Baughey-Gill, "When Gay Was Not Okay with the APA: A Historical Overview of Homosexuality and Its Status as Mental Disorder," Occam's Razor 1 (2011): 13.

109. Shaena Montanari, "Debate Remains over Changes in DSM-5 a Decade On," Spectrum, May 31, 2023.

110. Ian Fisher and Rachel Donadio, "Benedict XVI, First Modern Pope to Resign, Dies at 95," New York Times, Dec. 31, 2022, www.nytimes.com/2022/12/31/world/europe/benedict-xvi-dead.html; "Chief Rabbinate Rejects Mixed Male-Female Prayer at Western Wall," Israel Hayom, June 19, 2017, www.israelhayom.co.il/article/484687; Saeid Golkar, "Iran After Khamenei: Prospects for Political Change," Middle East Policy 26, no. 1 (2019): 75–88.

111. ઉદાહરણ તરીએ જુઓ, Kathleen Stock, Material Girls: Why Reality Matters for Feminism (London: Fleet, 2021), જેન્ડર સ્ટડીઝમાં વર્તમાન મુખ્ય પ્રવાહના મંતવ્યોની ટીકા કરીને તેણે આ ભોગવવું પડ્યું હતું; અને Klaus Taschwer, The Case of Paul Kammerer: The Most Controversial Biologist of His Time, trans. Michal Schwartz (Montreal: Bunim & Bannigan, 2019), પોલ કામેરર પર તેમના પ્રયોગો અંગે લગાવવામાં આવેલા આરોપો માટે જે વારસા અંગેના સમકાલીન રૂઢિચુસ્તોને વિરોધાભાસી લાગતા હતા માટે.

112. D. Shechtman et al., "Metallic Phase with Long-Range Orientational Order and No Translational Symmetry," Physical Review Letters 53 (1984): 1951–54.

113. ક્વોસીક્રિસ્ટલ્સની શોધ અને તેની સાથે સંકળાયેલા વિવાદના અહેવાલો માટે, જુઓ Alok Jha, "Dan Shechtman: 'Linus Pauling Said I Was Talking Nonsense,' " Guardian, Jan. 6, 2013, www.theguardian.com/science/2013/jan/06/dan-shechtman-nobel-prize-chemistry-interview; Nobel Prize, "A Remarkable Mosaic of Atoms," Oct. 5, 2011, www.nobelprize.org/prizes/chemistry/2011/press-release/; Denis Gratias and Marianne Quiquandon, "Discovery

of Quasicrystals: The Early Days," Comptes Rendus Physique 20, no. 7–8 (2019): 803–16; Dan Shechtman, "The Discovery of Quasi-Periodic Materials," Lindau Nobel Laureate Meetings, July 5, 2012, mediatheque.lindau-nobel.org/recordings/31562/the-discovery-of-quasi-periodic-materials-2012.

114. Patrick Lannin and Veronica Ek, "Ridiculed Crystal Work Wins Nobel for Israeli," Reuters, Oct. 6, 2011, www.reuters.com/article/idUSTRE7941EP/.
115. Vadim Birstein, The Perversion of Knowledge: The True Story of Soviet Science (Boulder, Colo.: Westview Press, 2001).
116. Ibid., 209–41, 394, 401, 402, 428.
117. Ibid., 247–55, 270–76; Nikolai Krementsov, "A 'Second Front' in Soviet Genetics: The International Dimension of the Lysenko Controversy, 1944–1947," Journal of the History of Biology 29, no. 2 (1996): 229–50.

પ્રકરણ-5

1. સરમુખત્યારશાહી નેટવર્કોમાં માહિતી પ્રવાહની ઊંડાણપૂર્વકની ચર્ચા માટે, જુઓ Jeremy L. Wallace, Seeking Truth and Hiding Facts: Information, Ideology, and Authoritarianism in China (Oxford: Oxford University Press, 2022).
2. Fergus Millar, The Emperor in the Roman World, 31 BC–AD 337 (Ithaca, N.Y.: Cornell University Press, 1977); Richard J. A. Talbert, The Senate of Imperial Rome (Princeton, N.J.: Princeton University Press, 2022); J. A. Crook, "Augustus: Power, Authority, Achievement," in The Cambridge Ancient History, vol. 10, The Augustan Empire, 43 BC–AD 69, ed. Alan K. Bowman, Andrew Lintott, and Edward Champlin (Cambridge, U.K.: Cambridge University Press, 1996), 113–46.
3. Peter H. Solomon, Soviet Criminal Justice Under Stalin (Cambridge, U.K.: Cambridge University Press, 1996); Stephen Kotkin, Stalin: Waiting for Hitler, 1929–1941 (New York: Penguin Press, 2017), 330–33, 371–73, 477–80.
4. Jenny White, "Democracy Is Like a Tram," Turkey Institute, July 14, 2016, www.turkeyinstitute.org.uk/commentary/democracy-like-tram/.
5. Müller, What Is Populism?; Masha Gessen, The Future Is History: How Totalitarianism Reclaimed Russia (New York:

Riverhead Books, 2017); Steven Levitsky and Daniel Ziblatt, How Democracies Die (New York: Crown, 2018); Timothy Snyder, The Road to Unfreedom: Russia, Europe, America (New York: Crown, 2018); Gideon Rachman, The Age of the Strongman: How the Cult of the Leader Threatens Democracy Around the World (New York: Other Press, 2022).

6. H.J.Res.114–107th Congress (2001–2002): Authorization for Use of Military Force Against Iraq Resolution of 2002, Congress.gov, Oct. 16, 2002, www.congress.gov/bill/107th-congress/house-joint-resolution/114.
7. Frank Newport, "Seventy-Two Percent of Americans Support War Against Iraq," Gallup, March 24, 2003, news.gallup.com/poll/8038/SeventyTwo-Percent-Americans-Support-War-Against-Iraq.aspx.
8. "Poll: Iraq War Based on Falsehoods," UPI, Aug. 20, 2004, www.upi.com/Top_News/2004/08/20/Poll-Iraq-war-based-on-falsehoods/75591093019554/.
9. James Eaden and David Renton, The Communist Party of Great Britain Since 1920 (London: Palgrave, 2002), 96; Ian Beesley, The Official History of the Cabinet Secretaries (London: Routledge, 2017), 47.
10. Müller, What Is Populism?, 34.
11. Ibid., 3.
12. Ibid., 3–4, 20–22.
13. Ralph Hassig and Kongdan Oh, The Hidden People of North Korea: Everyday Life in the Hermit Kingdom (Lanham, Md.: Rowman & Littlefield, 2015); Seol Song Ah, "Inside North Korea's Supreme People's Assembly," Guardian, April 22, 2014, www.theguardian.com/world/2014/apr/22/inside-north-koreas-supreme-peoples-assembly.
14. Andrei Lankov, The Real North Korea: Life and Politics in the Failed Stalinist Utopia (Oxford: Oxford University Press, 2013).
15. Graeber and Wengrow, Dawn of Everything, chaps. 2–5.
16. Ibid., chaps. 3–5; Bellah, Religion in Human Evolution, 117–209; Pierre Clastres, Society Against the State: Essays in Political Anthropology (New York: Zone Books, 1988).
17. Michael L. Ross, The Oil Curse: How Petroleum Wealth Shapes the Development of Nations (Princeton, N.J.: Princeton University

Press, 2013); Leif Wenar, Blood Oil: Tyrants, Violence, and the Rules That Run the World (Oxford: Oxford University Press, 2015); Karen Dawisha, Putin's Kleptocracy: Who Owns Russia? (New York: Simon & Schuster, 2014).

18. Graeber and Wengrow, Dawn of Everything, chaps. 3–5; Eric Alden Smith and Brian F. Codding, "Ecological Variation and Institutionalized Inequality in Hunter-Gatherer Societies," Proceedings of the National Academy of Sciences 118, no. 13 (2021).

19. James Woodburn, "Egalitarian Societies," Man 17, no. 3 (1982): 431–51.

20. Graeber and Wengrow, Dawn of Everything, chaps. 3–5; Bellah, Religion in Human Evolution, chaps. 3–5. આશરે પાંચ હજારનું સંખ્યાબળ ધરાવતી, શિકાર, સંગ્રહ અને થોડીઘણી ખેતી પર નભતી પાપુઆ ન્યુ ગિનીની એક આદિજાતિ વચ્ચે માહિતીના પ્રવાહની ચર્ચા માટે જુઓ Madden, Bryson, and Palimi, "Information Behavior in Pre-literate Societies."

21. ઉરુક જેવા મેસોપોટેમીયાના એક શહેરના રાજ્યો ક્યારેક લોકશાહી પણ હતા તેવા દાવા માટે, જુઓ Graeber and Wengrow, Dawn of Everything.

22. John Thorley, Athenian Democracy (London: Routledge, 2005), 74; Nancy Evans, Civic Rites: Democracy and Religion in Ancient Athens (Berkeley: University of California Press, 2010), 16.

23. Thorley, Athenian Democracy; Evans, Civic Rites, 79.

24. Millar, Emperor in the Roman World; Talbert, Senate of Imperial Rome.

25. Kyle Harper, The Fate of Rome: Climate, Disease, and the End of an Empire (Princeton, N.J.: Princeton University Press, 2017), 30–31; Walter Scheidel, "Demography," in The Cambridge Economic History of the Greco-Roman World, ed. Ian Morris, Richard P. Saller, and Walter Scheidel (Cambridge, U.K.: Cambridge University Press, 2007), 38–86.

26. Vladimir G. Lukonin, "Political, Social, and Administrative Institutions, Taxes, and Trade," in The Cambridge History of Iran: Seleucid Parthian, vol. 3, The Seleucid, Parthian, and Sasanid Periods, ed. Ehsan Yarshater (Cambridge, U.K.: Cambridge University Press, 1983), 681–746; Gene R. Garthwaite, The Persians (Malden, Mass.: Wiley-Blackwell, 2005).

27. પરંપરાગત વારોનિયન ક્રોનોલોજી મુજબ તે ઇસાપૂર્વ 390 હોવું જોઈએ પરંતુ તે ઇસાપૂર્વ 387 કે 386 હોવાનો વધુ સંભવ છે. જુઓ Tim Cornell, The Beginnings

of Rome: Italy and Rome from the Bronze Age to the Punic Wars (c. 1000–264 B.C.) (London: Routledge, 1995), 313–14. The details of this episode are given in Livy, History of Rome, 5:34–6:1, and Plutarch, Camillus, 17–31. For a discussion of the role of dictator, see Andrew Lintott, The Constitution of the Roman Republic (Oxford: Oxford University Press, 2003), and Hannah J. Swithinbank, "Dictator," in The Encyclopedia of Ancient History, ed. Roger S. Bagnall et al. (Malden, Mass.: John Wiley & Sons, 2012).

28. Harper, Fate of Rome, 30–31; Scheidel, "Demography."
29. Rein Taagepera, "Size and Duration of Empires: Growth-Decline Curves, 600 B.C. to 600 A.D.," Social Science History 3, no. 3/4 (1979): 115–38.
30. William V. Harris, Ancient Literacy (Cambridge, Mass.: Harvard University Press, 1989), 141, 267.
31. Theodore P. Lianos, "Aristotle on Population Size," History of Economic Ideas 24, no. 2 (2016): 11–26; Plato B. Jowett, "Plato on Population and the State," Population and Development Review 12, no. 4 (1986): 781–98; Theodore Lianos, "Population and Steady-State Economy in Plato and Aristotle," Journal of Population and Sustainability 7, no. 1 (2023): 123–38.
32. જુઓ Gregory S. Aldrete and Alicia Aldrete, "Power to the People: Systems of Government," in The Long Shadow of Antiquity: What Have the Greeks and Romans Done for Us? (London: Continuum, 2012). See also Eeva-Maria Viitanen and Laura Nissin, "Campaigning for Votes in Ancient Pompeii: Contextualizing Electoral Programmata," in Writing Matters: Presenting and Perceiving Monumental Inscriptions in Antiquity and the Middle Ages, ed. Irene Berti et al. (Berlin: De Gruyter, 2017), 117–44; Willem Jongman, The Economy and Society of Pompeii (Leiden: Brill, 2023).
33. Aldrete and Aldrete, Long Shadow of Antiquity, 129–66.
34. Roger Bartlett, A History of Russia (Houndsmills, U.K.: Palgrave, 2005), 98–99; David Moon, "Peasants and Agriculture," in The Cambridge History of Russia, ed. Dominic Lieven (Cambridge, U.K.: Cambridge University Press, 2006), 369–93; Richard Pipes, Russia Under the Old Regime, 2nd ed. (London: Penguin, 1995), 18; Peter Toumanoff, "The Development of the Peasant Commune

in Russia," Journal of Economic History 41, no. 1 (1981): 179–84; William G. Rosenberg, "Review of Understanding Peasant Russia," Comparative Studies in Society and History 35, no. 4 (1993): 840–49. But for the dangers of idealizing these communes as democratic models, see T. K. Dennison and A. W. Carus, "The Invention of the Russian Rural Commune: Haxthausen and the Evidence," Historical Journal 46, no. 3 (2003): 561–82.

35. Andrew Wilson, "City Sizes and Urbanization in the Roman Empire," in Settlement, Urbanization, and Population, ed. Alan Bowman and Andrew Wilson (New York: Oxford University Press), 171–72.

36. આ એક કાચો અંદાજ છે. વિદ્વાનો પાસે પ્રારંભિક આધુનિક પોલૅન્ડની વસ્તીની વિગતવાર માહિતીનો અભાવ છે અને તેઓ એવી ધારણા પર કામ કરે છે કે પોલૅન્ડની લગભગ અડધી વસ્તી પુખ્ત વયના લોકો અને તેમાંથી અડધા પુખ્ત પુરુષો હતા. સ્ઝ્લાચ્ટા વસ્તી અંગે, ઉર્સુલા ઓગસ્ટિનિયાક અઢારમી સદીના ઉત્તરાર્ધમાં કુલ વસ્તીના 8-10 ટકા હોવાનો અંદાજ લગાવે છે. જુઓ Jacek Jedruch, Constitutions, Elections, and Legislatures of Poland, 1493–1977: A Guide to Their History (Washington, D.C.: University Press of America, 1982), 448–49; Urszula Augustyniak, Historia Polski, 1572–1795 (Warsaw: Wydawnictwo Naukowe PWN, 2008), 253, 256; Norman Davies, God's Playground: A History of Poland, vol. 1, The Origins to 1795 (New York: Columbia University Press, 1981), 214–15; Aleksander Gella, Development of Class Structure in Eastern Europe: Poland and Her Southern Neighbors (Albany: State University of New York Press, 1989), 13; Felicia Roşu, Elective Monarchy in Transylvania and Poland-Lithuania, 1569–1587 (New York: Oxford University Press, 2017), 20.

37. Augustyniak, Historia Polski, 537–38; Roşu, Elective Monarchy in Transylvania and Poland-Lithuania, 149n29. Some sources give much higher figures, around 40,000–50,000. See Robert Bideleux and Ian Jeffries, A History of Eastern Europe: Crisis and Change (New York: Routledge, 2007), 177, and W. F. Reddaway et al., eds., Cambridge History of Poland: From the Origins to Sobieski (Cambridge, U.K.: Cambridge University Press, 1971), 371.

38. Davies, God's Playground; Roşu, Elective Monarchy in Transylvania and Poland-Lithuania; Jedruch, Constitutions, Elections, and Legislatures of Poland.

39. Davies, God's Playground, 190.

40. Peter J. Taylor, "Ten Years That Shook the World? The United Provinces as First Hegemonic State," Sociological Perspectives 37, no. 1 (1994): 25–46, doi.org/10.2307/1389408; Jonathan Israel, The Dutch Republic: Its Rise, Greatness, and Fall, 1477–1806 (Oxford: Clarendon Press, 1995).
41. પ્રારંભિક આધુનિક નેધરલૅન્ડ્સની લોકશાહીની લાક્ષણિકતાઓની ચર્ચા માટે, જુઓ Maarten Prak, The Dutch Republic in the Seventeenth Century, trans. Diane Webb (Cambridge, U.K.: Cambridge University Press, 2023); J. L. Price, Holland and the Dutch Republic in the Seventeenth Century: The Politics of Particularism (Oxford: Clarendon Press, 1994); Catherine Secretan, " 'True Freedom' and the Dutch Tradition of Republicanism," Republics of Letters: A Journal for the Study of Knowledge, Politics, and the Arts 2, no. 1 (2010): 82–92; Henk te Velde, "The Emergence of the Netherlands as a 'Democratic' Country," Journal of Modern European History 17, no. 2 (2019): 161–70; Maarten F. Van Dijck, "Democracy and Civil Society in the Early Modern Period: The Rise of Three Types of Civil Societies in the Spanish Netherlands and the Dutch Republic," Social Science History 41, no. 1 (2017): 59–81; Remieg Aerts, "Civil Society or Democracy? A Dutch Paradox," BMGN: Low Countries Historical Review 125 (2010): 209–36.
42. Michiel van Groesen, "Reading Newspapers in the Dutch Golden Age," Media History 22, no. 3–4 (2016): 334–52, doi.org/10.1080/13688804.2016.1229121; Arthur der Weduwen, Dutch and Flemish Newspapers of the Seventeenth Century, 1618–1700 (Leiden: Brill, 2017), 181–259; "Courante," Gemeente Amsterdam Stadsarchief, April 23, 2019, www.amsterdam.nl/stadsarchief/stukken/historie/courante/.
43. van Groesen, "Reading Newspapers in the Dutch Golden Age." Newspapers appeared around the same time also in Strasbourg, Basel, Frankfurt, Hamburg, and various other European cities.
44. Jürgen Habermas, The Structural Transformation of the Public Sphere: An Inquiry into a Category of Bourgeois Society, trans. Thomas Burger (Cambridge, U.K.: Polity Press, 1989); Benedict Anderson, Imagined Communities: Reflections on the Origin and Spread of Nationalism (London: Verso, 2006), 24–25; Andrew Pettegree, The Invention of News: How the World Came to Know About Itself (New Haven, Conn.: Yale University Press, 2014).

45. 1828માં, 863 અખબારો દર વર્ષે લગભગ 6.8 કરોડ નકલો છાપતા હતા. જુઓ William A. Dill, Growth of Newspapers in the United States (Lawrence: University of Kansas Department of Journalism, 1928), 11–15. See also Paul E. Ried, "The First and Fifth Boylston Professors: A View of Two Worlds," Quarterly Journal of Speech 74, no. 2 (1988): 229–40, doi.org/10.1080/00335638809383838; Lynn Hudson Parsons, The Birth of Modern Politics: Andrew Jackson, John Quincy Adams, and the Election of 1828 (New York: Oxford University Press, 2009), 134–35.
46. Parsons, Birth of Modern Politics, 90–107; H. G. Good, "To the Future Biographers of John Quincy Adams," Scientific Monthly 39, no. 3 (1934): 247–51, www.jstor.org/stable/15715; Robert V. Remini, Martin Van Buren and the Making of the Democratic Party (New York: Columbia University Press, 1959); Charles N. Edel, Nation Builder: John Quincy Adams and the Grand Strategy of the Republic (Cambridge, Mass.: Harvard University Press, 2014).
47. Alexander Saxton, "Problems of Class and Race in the Origins of the Mass Circulation Press," American Quarterly 36, no. 2 (Summer 1984): 211–34.
48. "Presidential Election of 1824: A Resource Guide," Library of Congress, accessed Jan. 1, 2024, guides.loc.gov/presidential-election-1824/; "Bicentennial Edition: Historical Statistics of the United States, Colonial Times to 1970," U.S. Census Bureau, Sept. 1975, accessed Dec. 30, 2023, www.census.gov/library/publications/1975/compendia/hist_stats_colonial-1970.html; Charles Tilly, Democracy (Cambridge, U.K.: Cambridge University Press, 2007), 97–98. For information on the number of eligible voters in 1824, see Jerry L. Mashaw, Creating the Administrative Constitution: The Lost One Hundred Years of American Administrative Law (New Haven, Conn.: Yale University Press, 2012), 148; Ronald P. Formisano, For the People: American Populist Movements from the Revolution to the 1850s (Chapel Hill: University of North Carolina Press, 2008), 142. નોંધો કે ટકાવારી એક અંદાજો છે, જે પુખ્તવયને ચોક્કસ કેવી રીતે વ્યાખ્યાયિત કરાઇ છે તેના પર આધાર રાખે છે.
49. Colin Rallings and Michael Thrasher, British Electoral Facts, 1832–2012 (Hull: Biteback, 2012), 87; John A. Phillips, The

Great Reform Bill in the Boroughs (Oxford: Clarendon Press, 1992), 29–30; Edward Hicks, "Uncontested Elections: Where and Why Do They Take Place?," House of Commons Library, April 30, 2019, commonslibrary.parliament.uk/uncontested-elections-where-and-why-do-they-take-place/. યુ.કે.ની વસતી ગણતરીની માહિતી અહીંથી લીધી છે: Abstract of the Answers and Returns Made Pursuant to an Act: Passed in the Eleventh Year of the Reign of His Majesty King George IV (London: House of Commons, 1833), xii. Available to read here: www.ગૂગલ.co.uk/books/edition/_/zQFDAAAAcAAJ?hl=en&gbpv=0. Pre-1841 વસતી ગણતરીની માહિતી અહીં ઉપલબ્ધ છે: 1841census.co.uk/pre-1841-census-information/.

50. "Census for 1820," U.S. Census Bureau, accessed Dec. 30, 2023, www.census.gov/library/publications/1821/dec/1820a.html.
51. યુનાઇટેડ સ્ટેટ્સની પ્રારંભિક લોકશાહીની પ્રકૃતિ વિશે વિવિધ મંતવ્યો માટે, જુઓ Danielle Allen, "Democracy vs. Republic," in Democracies in America, ed. Berton Emerson and Gregory Laski (New York: Oxford University Press, 2022), 17–23; Daniel Walker Howe, What Hath God Wrought: The Transformation of America, 1815–1848 (New York: Oxford University Press, 2007).
52. "The Heroes of July," New York Times, Nov. 20, 1863, www.nytimes.com/1863/11/20/archives/the-heroes-of-july-a-solemn-and-imposing-event-dedication-of-the.html.
53. Abraham Lincoln and William H. Lambert, "The Gettysburg Address. When Written, How Received, Its True Form," Pennsylvania Magazine of History and Biography 33, no. 4 (1909): 385–408, www.jstor.org/stable/20085482; Ronald F. Reid, "Newspaper Response to the Gettysburg Addresses," Quarterly Journal of Speech 53, no. 1 (1967): 50–60.
54. William Hanchett, "Abraham Lincoln and Father Abraham," North American Review 251, no. 2 (1966): 10–13, www.jstor.org/stable/25116343; Benjamin P. Thomas, Abraham Lincoln: A Biography (Carbondale: Southern Illinois University Press, 2008), 403.
55. Martin Pengelly, "Pennsylvania Newspaper Retracts 1863 Criticism of Gettysburg Address," Guardian, Nov. 16, 2013, www.theguardian.com/world/2013/nov/16/gettysburg-address-retraction-newspaper-lincoln.
56. "Poll Shows 4th Debate Had Largest Audience," New York Times, Oct. 22, 1960, www.nytimes.com/1960/10/22/archives/

poll-shows-4th-debate-had-largest-audience.html; Lionel C. Barrow Jr., "Factors Related to Attention to the First Kennedy-Nixon Debate," Journal of Broadcasting 5, no. 3 (1961): 229–38, doi.org/10.1080/08838156109385969 1961; Vito N. Silvestri, "Television's Interface with Kennedy, Nixon, and Trump: Two Politicians and One TV Celebrity," American Behavioral Scientist 63, no. 7 (2019): 971–1001, doi.org/10.1177/0002764218784992. U.S. population in the census of 1960 was 179,323,175. See "1960 Census of Population: Advance Reports, Final Population Counts," U.S. Census Bureau, Nov. 15, 1960, www.census.gov/library/publications/1960/dec/population-pc-a1.html.

57. "National Turnout Rates, 1789–Present," U.S. Elections Project, accessed Jan. 2, 2024, www.electproject.org/national-1789-present; Renalia DuBose, "Voter Suppression: A Recent Phenomenon or an American Legacy?," University of Baltimore Law Review 50, no. 2 (2021), article 2.

58. સર્વાધિકારવાદની ચર્ચાનો મોટોભાગ આવી ઘટનાઓના અભ્યાસ પર આધારિત છે: Hannah Arendt, The Origins of Totalitarianism (New York: Harcourt, 1973); Carl Joachim Friedrich and Zbigniew Brzezinski, Totalitarian Dictatorship and Autocracy (Cambridge, Mass.: Harvard University Press, 1965); Karl R. Popper, The Open Society and Its Enemies (Princeton, N.J.: Princeton University Press, 1945); Juan José Linz, Totalitarian and Authoritarian Regimes (Boulder, Colo.: Lynne Rienner, 1975). I have also referred to more recent interpretations, notably Gessen, Future Is History, and Marlies Glasius, "What Authoritarianism Is…and Is Not: A Practice Perspective," International Affairs 94, no. 3 (2018): 515–33.

59. Vasily Rudich, Political Dissidence Under Nero (London: Routledge, 1993), xxx.

60. ઉદાહરણ તરીકે, જુઓ, Tacitus, Annals, 14.60. See also John F. Drinkwater, Nero: Emperor and Court (Cambridge, U.K.: Cambridge University Press, 2019); T. E. J. Wiedemann, "Tiberius to Nero," in Bowman, Champlin, and Lintott, Cambridge Ancient History, 198–255.

61. Carlos F. Noreña, "Nero's Imperial Administration," in The Cambridge Companion to the Age of Nero, ed. Shadi Bartsch, Kirk Freudenburg, and Cedric Littlewood (Cambridge, U.K.: Cambridge University Press, 2017), 48–62.

62. આ આંકડામાં લશ્કરી સૈનિકો અને સહાયક સૈનિકો બંનેનો સમાવેશ થાય છે. જુઓ Nigel Pollard, "The Roman Army," in A Companion to the Roman Empire, ed. David Potter (Malden, Mass.: Blackwell, 2010), 206–27; Noreña, "Nero's Imperial Administration," 51.
63. Fik Meijer, Emperors Don't Die in Bed (London: Routledge, 2004); Joseph Homer Saleh, "Statistical Reliability Analysis for a Most Dangerous Occupation: Roman Emperor," Palgrave Communications 5, no. 155 (2019), doi.org/10.1057/s41599-019-0366-y; Francois Retief and Louise Cilliers, "Causes of Death Among the Caesars (27 BC–AD 476)," Acta Theologica 26, no. 2 (2010), www.doi.org/10.4314/actat.v26i2.52565.
64. Millar, Emperor in the Roman World. See also Peter Eich, "Center and Periphery: Administrative Communication in Roman Imperial Times," in Rome, a City and Its Empire in Perspective: The Impact of the Roman World Through Fergus Millar's Research, ed. Stéphane Benoist (Leiden: Brill, 2012), 85–108; Benjamin Kelly, Petitions, Litigation, and Social Control in Roman Egypt (New York: Oxford University Press, 2011); Harry Sidebottom, The Mad Emperor: Heliogabalus and the Decadence of Rome (London: Oneworld, 2023).
65. Paul Cartledge, The Spartans: The World of the Warrior-Heroes of Ancient Greece, from Utopia to Crisis and Collapse (New York: Vintage Books, 2004); Stephen Hodkinson, "Sparta: An Exceptional Domination of State over Society?," in A Companion to Sparta, ed. Anton Powell (Hoboken, N.J.: Wiley-Blackwell, 2017), 29–57; Anton Powell, "Sparta: Reconstructing History from Secrecy, Lies, and Myth," in Powell, Companion to Sparta, 1–28; Michael Whitby, "Two Shadows: Images of Spartans and Helots," in The Shadow of Sparta, ed. Anton Powell and Stephen Hodkinson (London: Routledge, 2002), 87–126; M. G. L. Cooley, ed., Sparta, 2nd ed. (Cambridge, U.K.: Cambridge University Press, 2023), 146–225; Sean R. Jensen and Thomas J. Figueira, "Peloponnesian League," in Bagnall et al., Encyclopedia of Ancient History; D. M. Lewis, "Sparta as Victor," in The Cambridge Ancient History, ed. D. M. Lewis et al. (Cambridge, U.K.: Cambridge University Press, 1994), 24–44.
66. Mark Edward Lewis, The Early Chinese Empires: Qin and Han (Cambridge, Mass.: Harvard University Press, 2010), 109.
67. Fu, China's Legalists, 6, 12, 23, 28.

68. Xinzhong Yao, An Introduction to Confucianism (Cambridge, U.K.: Cambridge University Press, 2000), 55, 187–213; Chad Hansen, "Daoism," in The Stanford Encyclopedia of Philosophy, ed. Edward N. Zalta, Spring 2020, accessed Jan. 5, 2025, plato.stanford.edu/cgi-bin/encyclopedia/archinfo.cgi?entry=daoism.
69. Sima Qian, Raymond Dawson, and K. E. Brashier, The First Emperor: Selections from the Historical Records (Oxford: Oxford University Press, 2007), 74–75; Lewis, Early Chinese Empires; Frances Wood, China's First Emperor and His Terra-Cotta Warriors (New York: St. Martin's Press, 2008), 81–82; Sarah Allan, Buried Ideas: Legends of Abdication and Ideal Government in Early Chinese Bamboo-Slip Manuscripts (Albany: State University of New York Press, 2015), 22; Anthony J. Barbieri-Low, The Many Lives of the First Emperor of China (Seattle: University of Washington Press, 2022).
70. આ કિન અને હાન સામ્રાજ્યાની માહિતી માટે, જુઓ see Lewis, Early Chinese Empires, chaps. 1–3; Julie M. Segraves, "China: Han Empire," in The Oxford Companion to Archaeology, vol. 1, ed. Neil Asher Silberman (New York: Oxford University Press, 2012); Robin D. S. Yates, "Social Status in the Ch'in: Evidence from the Yun-Men Legal Documents. Part One: Commoners," Harvard Journal of Asiatic Studies 47, no. 1 (1987): 197–237; Robin D. S. Yates, "State Control of Bureaucrats Under the Qin: Techniques and Procedures," Early China 20 (1995): 331–65; Ernest Caldwell, Writing Chinese Laws: The Form and Function of Legal Statutes Found in the Qin Shuihudi Corpus (London: Routledge, 2018); Anthony François Paulus Hulsewé, Remnants of Ch'in Law: An Annotated Translation of the Ch'in Legal and Administrative Rules of the 3rd century BC Discovered in Yün-meng Prefecture, Hu-pei Province, in 1975 (Leiden: Brill, 1975); Sima Qian, Records of the Grand Historian, trans. Burton Watson (New York: Columbia University Press, 1993); Shang, Book of Lord Shang; Yuri Pines, "China, Imperial: 1. Qin Dynasty, 221–207 BCE," in The Encyclopedia of Empire, ed. N. Dalziel and John M. MacKenzie (Hoboken, N.J.: Wiley, 2016), doi.org/10.1002/9781118455074.wbeoe112; Hsing I-tien, "Qin-Han Census and Tax and Corvée Administration: Notes on Newly Discovered Materials," in Birth of an Empire: The State of Qin Revisited, ed. Yuri Pines et al. (Berkeley: University of California Press,

2014), 155–86; Charles Sanft, Communication and Cooperation in Early Imperial China: Publicizing the Qin Dynasty (Albany: State University of New York Press, 2014).

71. Kotkin, Stalin, 604.
72. McMeekin, Stalin's War, 220.
73. Thomas Henry Rigby, Communist Party Membership in the U.S.S.R. (Princeton, N.J.: Princeton University Press, 1968), 52.
74. Iu. A. Poliakov, ed., Vsesoiuznaia perepis naseleniia, 1937 G. (Institut istorii SSSR, 1991), 250. બાતમીદારોની સંખ્યા માટે, 1951ના વર્ષ માટે એક કરોડ આંકવામાં આવી છે, તેના માટે જુઓ Jonathan Brent and Victor Naumov, Stalin's Last Crime: The Plot Against the Jewish Doctors, 1948–1953 (New York: HarperCollins, 2003), 106.
75. Kotkin, Stalin, 888.
76. Stephan Wolf, Hauptabteilung I: NVA und Grenztruppen (Berlin: Bundesbeauftragte für die Stasi-Unterlagen, 2005); Dennis Deletant, "The Securitate Legacy in Romania," in Security Intelligence Services in New Democracies: The Czech Republic, Slovakia, and Romania, ed. Kieran Williams (London: Palgrave, 2001), 163.
77. Kotkin, Stalin, 378.
78. Ibid., 481.
79. Robert Conquest, The Great Terror: Stalin's Purges of the Thirties (New York: Collier, 1973), 632.
80. Survey of biographies in N. V. Petrov and K. V. Skorkin, Kto rukovodil NKVD 1934–1941: Spravochnik (Moscow: Zvenia, 1999), 80–464.
81. Julia Boyd, A Village in the Third Reich: How Ordinary Lives Were Transformed by the Rise of Fascism (New York: Pegasus Books, 2023), 75–84.
82. David Shearer, Policing Stalin's Socialism: Repression and Social Order in the Soviet Union, 1924–1953 (New Haven, Conn.: Yale University Press, 2009), 133; Stephen Kotkin, Magnetic Mountain: Stalinism as a Civilization (Berkeley: University of California Press, 1995).
83. Robert William Davies, Mark Harrison, and S. G. Wheatcroft, eds., The Economic Transformation of the Soviet Union, 1913–1945 (Cambridge, U.K.: Cambridge University Press, 1993), 63–91; Orlando Figes, The Whisperers: Private Life in Stalin's Russia

(New York: Picador, 2007), 50.

84. Kotkin, Stalin, 16, 75; R. W. Davies and Stephen G. Wheatcroft, The Years of Hunger: Soviet Agriculture, 1931–1933 (New York: Palgrave Macmillan, 2004), 447.
85. Davies and Wheatcroft, Years of Hunger, 446–48.
86. Kotkin, Stalin, 129; Figes, Whisperers, 98.
87. Figes, Whisperers, 85.
88. Kotkin, Stalin, 29, 42; Lynne Viola, Unknown Gulag: The Lost World of Stalin's Peasant Settlements (New York: Oxford University Press, 2007), 30.
89. સ્ટાલિનના ભાષણના ઐતિહાસિક સંદર્ભ અને મહત્ત્વ માટે જુઓ Lynne Viola, "The Role of the OGPU in Dekulakization, Mass Deportations, and Special Resettlement in 1930," Carl Beck Papers 1406 (2000): 2–7; Kotkin, Stalin, 34–36.
90. જાન્યુઆરી 1930 સુધીમાં સોવિયેત સત્તાવાળાઓએ મુખ્ય અનાજ ઉત્પાદક પ્રદેશોમાં 1931ની વસંત સુધીમાં અને ઓછા મહત્ત્વપૂર્ણ પ્રદેશોમાં 1932ની વસંત સુધીમાં સામૂહિકીકરણ (અને સાથે કુલાકોના નિરાકરણનું લક્ષ્ય) પૂર્ણ કરવાનું લક્ષ્ય રાખ્યું હતું. જુઓ Viola, Unknown Gulag, 21.
91. Ibid., 2 (description of commission); V. P. Danilov, ed., Tragediia sovetskoi derevni: Kollektivizatsiia i raskulachivanie: Dokumenty i materialy, 1927–1939 (Moscow: ROSSPEN, 1999), 2:123–26 (draft resolution by commission stating 3–5 percent goal). એ પહેલાના કુલાકોના અંદાજ માટે જુઓ Moshe Lewin, Russian Peasants and Soviet Power: A Study of Collectivization (New York: Norton, 1975), 71–78; Nikolai Shmelev and Vladimir Popov, The Turning Point: Revitalizing the Soviet Economy (New York: Doubleday, 1989), 48–49.
92. આ હુકમનામું અંગ્રેજીમાં અહીં ઉપલબ્ધ છે: Lynne Viola et al., eds., The War Against the Peasantry, 1927–1930: The Tragedy of the Soviet Countryside (New Haven, Conn.: Yale University Press, 2005), 228–34.
93. Viola, Unknown Gulag, 22–24; James Hughes, Stalinism in a Russian Province: Collectivization and Dekulakization in Siberia (New York: Palgrave, 1996), 145–46, 239–40nn32 and 38, 151–53; Robert Conquest, The Harvest of Sorrow: Soviet Collectivization and the Terror-Famine (Oxford: Oxford University Press, 1986), 129; Figes, Whisperers, 87–88. સંખ્યા વધારવા બાબતે જુઓ Figes, Whisperers, 87, and Hughes, Stalinism in a Russian Province, 153.

94. Conquest, Harvest of Sorrow, 129–31; Kotkin, Stalin, 74–75; Viola et al., War Against the Peasantry, 220–21; Lynne Viola, "The Second Coming: Class Enemies in the Soviet Countryside, 1927–1935," in Stalinist Terror: New Perspectives, ed. John Arch Getty and Roberta Thompson Manning (Cambridge, U.K.: Cambridge University Press, 1993), 65–98; Figes, Whisperers, 86–87; Sheila Fitzpatrick, Stalin's Peasants: Resistance and Survival in the Russian Village After Collectivization (New York: Oxford University Press, 1994), 55; Hughes, Stalinism in a Russian Province, 145–57, 239–40; Viola et al., War Against the Peasantry, 230–31, 240.
95. Figes, Whisperers, 88. આ ગ્રામીણ સોવિયેતના અધિકારક્ષેત્રમાં બસો અઠ્ઠાસી ઘરો હતા. જુઓ Naselennye punkty Ural'skoi oblasti, vol. 7, Kurganskii okrug (Sverdlovsk, 1928), 70, elib.uraic.ru/bitstream/123456789/12391/1/0016895.pdf. આ ગ્રામીણ સોવિયેતમાંથી 17 ઘરોનો ક્વોટા તેના ઘરોના 5.9 ટકા જેટલો થાય.
96. Kotkin, Stalin, 75. કેટલાક લેખકોએ ઘરો છોડવા મજબૂર થયેલા લોકોનો આંકડો એક કરોડ સુધીનો ટાંકે છે. ઉદાહરણ તરીકે, જુઓ, Norman M. Naimark, Genocide: A World History (New York: Oxford University Press, 2016), 87; Figes, Whisperers, 33.
97. Conquest, Harvest of Sorrow, 124–41; Fitzgerald, Stalin's Peasants, 123.
98. Figes, Whisperers, 142; Conquest, Harvest of Sorrow, 283–84; Viola, Unknown Gulag, 170–78.
99. Figes, Whisperers, 145–47.
100. Ibid., 122–29; Fitzpatrick, Stalin's Peasants, 255–56.
101. Conquest, Harvest of Sorrow, 295. The Reuters report from May 21, 1934, which Conquest cites, is available at archive.org/stream/NewsUK1996UKEnglish/May%2022%201996%2C%20The%20Times%2C%20%2365586%2C%20UK%20%28en%29_djvu.txt.
102. Robert W. Thurston, "Social Dimensions of Stalinist Rule: Humor and Terror in the USSR, 1935–1941," Journal of Social History 24, no. 3 (1991): 544.
103. Figes, Whisperers, xxxi.
104. I. S. Robinson, Henry IV of Germany, 1056–1106 (Cambridge, U.K.: Cambridge University Press, 2009), 143–70; Uta-Renate Blumenthal, "Canossa and Royal Ideology in 1077: Two Unknown Manuscripts of De penitentia regis Salomonis," Manuscripta 22, no. 2 (1978): 91–96.

105. Thomas F. X. Noble, "Iconoclasm, Images, and the West," in A Companion to Byzantine Iconoclasm, ed. Mike Humphreys (Leiden: Brill, 2021), 538–70; Marie-France Auzépy, "State of Emergency (700–850)," in The Cambridge History of the Byzantine Empire, c. 500–1492, ed. Jonathan Shepard (Cambridge, U.K.: Cambridge University Press, 2010), 249–91; Mike Humphreys, introduction to A Companion to Byzantine Iconoclasm, ed. Mike Humphreys (Leiden: Brill, 2021), 1–106.
106. Theophanes, Chronographia, AM 6211, cited in Roman Cholij, Theodore the Stoudite: The Ordering of Holiness (New York: Oxford University Press, 2002), 12.
107. Peter Brown, "Introduction: Christendom, c. 600," in The Cambridge History of Christianity, vol. 3, Early Medieval Christianities, c. 600–c. 1100, ed. Thomas F. X. Noble and Julia M. H. Smith (Cambridge, U.K.: Cambridge University Press, 2008), 1–20; Miri Rubin and Walter Simons, introduction to The Cambridge History of Christianity, vol. 4, Christianity in Western Europe, c. 1100–c. 1500, ed. Miri Rubin and Walter Simons (Cambridge, U.K.: Cambridge University Press, 2009); Kevin Madigan, Medieval Christianity: A New History (New Haven, Conn.: Yale University Press, 2015), 80–94.
108. ઉદાહરણ તરીકે, જુઓ Piotr Górecki, "Parishes, Tithes, and Society in Earlier Medieval Poland, c. 1100–c. 1250," Transactions of the American Philosophical Society 83, no. 2 (1993): i–146.
109. Marilyn J. Matelski, Vatican Radio: Propagation by the Airwaves (Westport, Conn.: Praeger, 1995); Raffaella Perin, The Popes on Air: The History of Vatican Radio from Its Origins to World War II (New York: Fordham University Press, 2024).
110. Jaroslav Hašek, The Good Soldier Švejk, trans. Cecil Parrott (London: Penguin, 1973), 258–62, 280.
111. Serhii Plokhy, Atoms and Ashes: A Global History of Nuclear Disaster (New York: W. W. Norton, 2022); Olga Bertelsen, "Secrecy and the Disinformation Campaign Surrounding Chernobyl," International Journal of Intelligence and CounterIntelligence 35, no. 2 (2022): 292–317; Edward Geist, "Political Fallout: The Failure of Emergency Management at Chernobyl," Slavic Review 74, no. 1 (2015): 104–26; "Das Reaktorunglück in Tschernobyl wird bekannt," SWR Kultur,

April 28, 1986, www.swr.de/swr2/wissen/archivradio/das-reaktorunglueck-in-tschernobyl-wird-bekannt-100.html.

112. J. Samuel Walker, Three Mile Island: A Nuclear Crisis in Historical Perspective (Berkeley: University of California Press, 2004), 78–84; Plokhy, Atoms and Ashes; Edward J. Walsh, "Three Mile Island: Meltdown of Democracy?," Bulletin of the Atomic Scientists 39, no. 3 (1983): 57–60; Natasha Zaretsky, Radiation Nation: Three Mile Island and the Political Transformation of the 1970s (New York: Columbia University Press, 2018); U.S. President's Commission on the Accident at Three Mile, Report of the President's Commission on the Accident at Three Mile Island: The Need for Change, the Legacy of TMI (Washington, D.C.: U.S. Government Printing Office, 1979).

113. Christopher Carothers, "Taking Authoritarian Anti-corruption Reform Seriously," Perspectives on Politics 20, no. 1 (2022): 69–85; Kaunain Rahman, "An Overview of Corruption and Anti-corruption in Saudi Arabia," Transparency International, Jan. 23, 2020, knowledgehub.transparency.org/assets/uploads/helpdesk/Country-profile-Saudi-Arabia-2020__PR.pdf; Andrew Wedeman, "Xi Jinping's Tiger Hunt: Anti-corruption Campaign or Factional Purge?," Modern China Studies 24, no. 2 (2017): 35–94; Jiangnan Zhu and Dong Zhang, "Weapons of the Powerful: Authoritarian Elite Competition and Politicized Anticorruption in China," Comparative Political Studies 50, no. 9 (2017): 1186–220.

114. Valerii Soifer, Lysenko and the Tragedy of Soviet Science (New Brunswick, N.J.: Rutgers University Press, 1994), 294; Jan Sapp, Genesis: The Evolution of Biology (New York: Oxford University Press, 2002), 173; John Maynard Smith, "Molecules Are Not Enough," London Review of Books, Feb. 6, 1986, www.lrb.co.uk/the-paper/v08/n02/john-maynard-smith/molecules-are-not-enough; Jenny Leigh Smith, Works in Progress: Plans and Realities on Soviet Farms, 1930–1963 (New Haven, Conn.: Yale University Press, 2014), 215; Robert L. Paarlberg, Food Trade and Foreign Policy: India, the Soviet Union, and the United States (Ithaca, N.Y.: Cornell University Press, 1985), 66–88; Eugene Keefe and Raymond Zickel, eds., The Soviet Union: A Country Study (Washington, D.C.: Library of Congress Federal Research Division, 1991), 532; Alec Nove, An Economic History of the USSR, 1917–1991 (London: Penguin, 1992), 412; Sam Kean,

"The Soviet Era's Deadliest Scientist Is Regaining Popularity in Russia," Atlantic, Dec. 19, 2017, www.theatlantic.com/science/archive/2017/12/trofim-lysenko-soviet-union-russia/548786/.

115. David E. Murphy, What Stalin Knew: The Enigma of Barbarossa (New Haven, Conn.: Yale University Press, 2005), 194–260; S. V. Stepashin, ed., Organy gosudarstvennoi bezopasnosti SSSR v Velikoi Otvechestvennoi voine: Sbornik dokumentov [The organs of state security of the USSR in the Great Patriotic War: A collection of documents], vol. 2, book 2 (Moscow: Rus', 2000), 219; A. Artizov et al., eds., Reabilitatsiia: Kak eto bylo. Dokumenty Prezidiuma TsK KPSS i drugie materialy [Rehabilitation: How it was. Documents of the Presidium of the CC CPSU and other materials] (Moscow: Mezhdunarodnyi Fond "Demokratiia," 2000), 1:164–66; K. Simonov, Glazami cheloveka moego pokolennia. Razmyshleniia o I. V. Staline [Through the eyes of a person of my generation. Reflections on I.V. Stalin] (Moscow: Kniga, 1990), 378–79; Montefiore, Stalin, 305–6; David M. Glantz, Colossus Reborn: The Red Army at War, 1941–1943 (Lawrence: University Press of Kansas, 2005), 715n133.
116. McMeekin, Stalin's War, 295.
117. Ibid., 302–16.
118. Ibid., 319.
119. Figes, Whisperers, 383; McMeekin, Stalin's War, 96, 451; Catherine Merridale, Ivan's War: Life and Death in the Red Army, 1939–1945 (New York: Metropolitan, 2006); Roger Reese, Why Stalin's Soldiers Fought: The Red Army's Military Effectiveness in World War II (Lawrence: University Press of Kansas, 2011); David M. Glantz, Stumbling Colossus: The Red Army on the Eve of World War (Lawrence: University Press of Kansas, 1998); Glantz, Colossus Reborn; Alexander Hill, The Red Army and the Second World War (Cambridge, U.K.: Cambridge University Press, 2017); Ben Shepherd, Hitler's Soldiers: The German Army in the Third Reich (New Haven, Conn.: Yale University Press, 2016), 114–15.
120. Evan Mawdsley, Thunder in the East: The Nazi-Soviet War, 1941–1945, 2nd ed. (London: Bloomsbury, 2016), 208–9; Geoffrey Roberts, Stalin's Wars: From World War to Cold War, 1939–1953 (New Haven, Conn.: Yale University Press, 2006), 133–34;

Merridale, Ivan's War, 140–59; Glantz, Stumbling Colossus, 33.
121. Montefiore, Stalin, 486–88; Roy Medvedev, Let History Judge: The Origins and Consequences of Stalinism (New York: Knopf, 1972), 469.
122. Joshua Rubenstein, The Last Days of Stalin (New Haven, Conn.: Yale University Press, 2016); Brent and Naumov, Stalin's Last Crime; Elena Zubkova, Russia After the War: Hopes, Illusions, and Disappointments, 1945–1957 (Armonk, N.Y.: M. E. Sharpe, 1998), 137–38, 223nn21–25; Figes, Whisperers, 521.
123. Robert Service, Stalin: A Biography (Cambridge, Mass.: Harvard University Press, 2005), 571–80; Montefiore, Stalin, 566–77, 640; Oleg V. Khlevniuk, Stalin: New Biography of a Dictator (New Haven, Conn.: Yale University Press, 2015), 1–6, 33, 36, 92, 142–44, 189–90, 196–97, 250, 309–14; Zhores Medvedev and Roy Medvedev, Unknown Stalin: His Life, Death, and Legacy (New York: Overlook Press, 2005), 19–35.
124. Arthur Marwick, The Sixties: Cultural Revolution in Britain, France, Italy, and the United States, c. 1958–c. 1974 (London: Bloomsbury Reader, 1998); Peter B. Levy, The Great Uprising: Race Riots in Urban America During the 1960s (Cambridge, U.K.: Cambridge University Press, 2018).
125. આ અને અગાઉના "ચિપ યુદ્ધો"ના રસપ્રદ અને બૌદ્ધિક અભ્યાસ માટે, જુઓ Chris Miller, Chip War: The Fight for the World's Most Critical Technology (New York: Scribner, 2022), 43.
126. Victor Yasmann, "Grappling with the Computer Revolution," in Soviet/East European Survey, 1984–1985: Selected Research and Analysis from Radio Free Europe/Radio Liberty, ed. Vojtech Mastny (Durham, N.C.: Duke University Press, 1986), 266–72.

પ્રકરણ-6

1. Alan Turing, "Intelligent Machinery," in The Essential Turing, ed. B. Jack Copeland (New York: Oxford University Press, 2004), 395–432.
2. Alan Turing, "Computing Machinery and Intelligence," Mind 59, no. 236 (1950): 433–60.
3. Alexis Madrigal, "How Checkers Was Solved," Atlantic, July 19, 2017, www.theatlantic.com/technology/archive/2017/07/marion-tinsley-checkers/534111/.

4. Richard Rhodes, The Making of the Atomic Bomb (New York: Simon & Schuster, 1986), 711.
5. Levin Brinkmann et al., "Machine Culture," Nature Human Behavior 7 (2023): 1855–68.
6. Max Fisher, The Chaos Machine: The Inside Story of How Social Media Rewired Our Minds and Our World (New York: Little, Brown, 2022).
7. આ ચર્ચા આના આધારે થયેલી છે: Thant Myint-U, The Hidden History of Burma: Race, Capitalism, and the Crisis of Democracy in the 21st Century (New York: W. W. Norton, 2020); Habiburahman, First, They Erased Our Name: A Rohingya Speaks, with Sophie Ansel (London: Scribe, 2019); Amnesty International, The Social Atrocity: Meta and the Right to Remedy for the Rohingya (London: Amnesty International, 2022), www.amnesty.org/en/documents/asa16/5933/2022/en/; Christina Fink, "Dangerous Speech, Anti-Muslim Violence, and ફેસબુક in Myanmar," Journal of International Affairs 71, no. 1.5 (2018): 43–52; Naved Bakali, "Islamophobia in Myanmar: The Rohingya Genocide and the 'War on Terror,' " Race and Class 62, no. 4 (2021): 1–19; Ali Siddiquee, "The Portrayal of the Rohingya Genocide and Refugee Crisis in the Age of Post-truth Politics," Asian Journal of Comparative Politics 5, no. 2 (2019): 89–103; Neriah Yue, "The 'Weaponization' of ફેસબુક in Myanmar: A Case for Corporate Criminal Liability," Hastings Law Journal 71, no. 3 (2020): 813–44; Jennifer Whitten-Woodring et al., "Poison If You Don't Know How to Use It: ફેસબુક, Democracy, and Human Rights in Myanmar," International Journal of Press/Politics 25, no. 3 (2020): 1–19.
8. જુઓ Thant, "Unfinished Nation," in Hidden History of Burma. આ પણ જુઓ Amnesty International, "Briefing: Attacks by the Arakan Rohingya Salvation Army (ARSA) on Hindus in Northern Rakhine State," May 22, 2018, www.amnesty.org/en/documents/asa16/8454/2018/en/; Amnesty International, " 'We Will Destroy Everything': Military Responsibility for Crimes Against Humanity in Rakhine State," June 27, 2018, www.amnesty.org/en/documents/asa16/8630/2018/en/; Anthony Ware and Costas Laoutides, Myanmar's "Rohingya" Conflict (New York: Oxford University Press, 2018), 14–53.
9. Thant, Hidden History of Burma; Ware and Laoutides, Myanmar's "Rohingya" Conflict, 6; Anthony Ware and Costas

Laoutides, "Myanmar's 'Rohingya' Conflict: Misconceptions and Complexity," Asian Affairs 50, no. 1 (2019): 60–79; UNHCR, "Bangladesh Rohingya Emergency," accessed Feb. 13, 2024, www.unhcr.org/ph/campaigns/rohingya-emergency; Mohshin Habib et al., Forced Migration of Rohingya: The Untold Experience (Ontario: Ontario International Development Agency, 2018), 69; Annekathryn Goodman and Iftkher Mahmood, "The Rohingya Refugee Crisis of Bangladesh: Gender Based Violence and the Humanitarian Response," Open Journal of Political Science 9, no. 3 (2019): 490–501.

10. Thant, Hidden History of Burma, 165.
11. Amnesty International, Social Atrocity, 45.
12. Thant, Hidden History of Burma, 166.
13. Kumar Ramakrishna, "Understanding Myanmar's Buddhist Extremists: Some Preliminary Musings," New England Journal of Public Policy 32, no. 2 (2020), article 4; Ronan Lee, Myanmar's Rohingya Genocide: Identity, History, and Hate Speech (London: Bloomsbury, 2021), 89; Sheera Frenkel, "This Is What Happens When Millions of People Suddenly Get the Internet," BuzzFeed News, Nov. 20, 2016, www.buzzfeednews.com/article/sheerafrenkel/fake-news-spreads-trump-around-the-world; Megan Specia and Paul Mozur, "A War of Words Puts ફેસબુક at the Center of Myanmar's Rohingya Crisis," New York Times, Oct. 27, 2017, www.nytimes.com/2017/10/27/world/asia/myanmar-government-ફેસબુક-rohingya.html.
14. Amnesty International, Social Atrocity, 7.
15. Tom Miles, "U.N. Investigators Cite ફેસબુક Role in Myanmar Crisis," Reuters, March 13, 2018, www.reuters.com/article/idUSKCN1GO2Q4/.
16. Amnesty International, Social Atrocity, 8.
17. John Clifford Holt, Myanmar's Buddhist-Muslim Crisis: Rohingya, Arakanese, and Burmese Narratives of Siege and Fear (Honolulu: University of Hawaii Press, 2019), 241–43; Kyaw Phone Kyaw, "The Healing of Meiktila," Frontier Myanmar, April 21, 2016, www.frontiermyanmar.net/en/the-healing-of-meiktila/.
18. રેકમેન્ડેશન અલ્ગોરિધમોની સાંસ્કૃતિક શક્તિ માટે, જુઓ also Brinkmann et al., "Machine Culture"; Jessica Su, Aneesh Sharma, and Sharad Goel, "The Effect of Recommendations on Network Structure,"

જુઓ, 25મી ઇન્ટરનેશનલ કોન્ફરન્સ ઓન વર્લ્ડ વાઇડ વેબની કાર્યવાહીમાં (Geneva: International World Wide Web Conferences Steering Committee, 2016), 1157–67; Zhepeng Li, Xiao Fang, and Olivia R. Liu Sheng, "A Survey of Link Recommendation for Social Networks: Methods, Theoretical Foundations, and Future Research Directions," ACM Transactions on Management Information Systems 9, no. 1 (2018): 1–26.

19. Amnesty International, Social Atrocity, 47.
20. Ibid., 46.
21. Ibid., 38–49. See also Zeynep Tufekci, "Algorithmic Harms Beyond ફેસબુક and ગૂગલ: Emergent Challenges of Computational Agency," Colorado Technology Law Journal 13 (2015): 203–18; Janna Anderson and Lee Rainie, "The Future of Truth and Misinformation Online," Pew Research Center, Oct. 19, 2017, www.pewresearch.org/internet/2017/10/19/the-future-of-truth-and-misinformation-online/; Ro'ee Levy, "Social Media, News Consumption, and Polarization: Evidence from a Field Experiment," American Economic Review 111, no. 3 (2021): 831–70; William J. Brady, Ana P. Gantman, and Jay J. Van Bavel, "Attentional Capture Helps Explain Why Moral and Emotional Content Go Viral," Journal of Experimental Psychology: General 149, no. 4 (2020): 746–56.
22. Yue Zhang et al., "Siren's Song in the AI Ocean: A Survey on Hallucination in Large Language Models" (preprint, submitted in 2023), arxiv.org/abs/2309.01219; Jordan Pearson, "Researchers Demonstrate AI 'Supply Chain' Disinfo Attack with 'PoisonGPT,'" Vice, July 13, 2023, www.vice.com/en/article/xgwgn4/researchers-demonstrate-ai-supply-chain-disinfo-attack-with-poisongpt.
23. František Baluška and Michael Levin, "On Having No Head: Cognition Throughout Biological Systems," Frontiers in Psychology 7 (2016), article 902.
24. માનવોમાં ચેતના અને નિર્ણય લેવાની વધુ ઊંડી ચર્ચા માટે, જુઓ Mark Solms, The Hidden Spring: A Journey to the Source of Consciousness (London: Profile Books, 2021).
25. માનવીઓ અને કૃત્રિમ બુદ્ધિમત્તામાં ચેતના અને બુદ્ધિમત્તાની ઊંડાણપૂર્વકની ચર્ચા માટે, જુઓ Yuval Noah Harari, Homo Deus (New York: Harper, 2017), chaps. 3, 10; Yuval Noah Harari, 21 Lessons for the 21st Century (New York: Spiegel & Grau, 2018), chap. 3; Yuval Noah

Harari, "The Politics of Consciousness," in Aviva Berkovich-Ohana et al. (eds.), Perspectives on Consciousness: Highlighting Subjective Experience (Cambridge, Mass.: MIT Press, 2025 [forthcoming]), chap. 7; Patrick Butlin et al., "Consciousness in Artificial Intelligence: Insights from the Science of Consciousness" (preprint, submitted in 2023), arxiv.org/abs/2308.08708.

26. OpenAI, "GPT-4 System Card," March 23, 2023, 14, cdn.openai.com/papers/gpt-4-system-card.pdf.
27. Ibid., 15–16.
28. See Harari, Homo Deus, chaps. 3, 10; Harari, "The Politics of Consciousness."
29. વાસ્તકવિક જીવનના ઉદાહરણ માટે, જુઓ Jamie Condliffe, "Algorithms Probably Caused a Flash Crash of the British Pound," MIT Technology Review, Oct. 7, 2016, www.technologyreview.com/2016/10/07/244656/algorithms-probably-caused-a-flash-crash-of-the-british-pound/; Bruce Lee, "Fake Eli Lilly ટ્વિટર Account Claims Insulin Is Free, Stock Falls 4.37%," Forbes, Nov. 12, 2022, www.forbes.com/sites/brucelee/2022/11/12/fake-eli-lilly-ટ્વિટર-account-claims-insulin-is-free-stock-falls-43/?sh=61308fb541a3.
30. Jenna Greene, "Will ChatGPT Make Lawyers Obsolete? (Hint: Be Afraid)," Reuters, Dec. 10, 2022, www.reuters.com/legal/transactional/will-chatgpt-make-lawyers-obsolete-hint-be-afraid-2022-12-09/; Chloe Xiang, "ChatGPT Can Do a Corporate Lobbyist's Job, Study Determines," Vice, Jan. 5, 2023, www.vice.com/en/article/3admm8/chatgpt-can-do-a-corporate-lobbyists-job-study-determines; Jules Ioannidis et al., "Gracenote.ai: Legal Generative AI for Regulatory Compliance," SSRN, June 19, 2023, ssrn.com/abstract=4494272; Damien Charlotin, "Large Language Models and the Future of Law," SSRN, Aug. 22, 2023, ssrn.com/abstract=4548258; Daniel Martin Katz et al., "GPT-4 Passes the Bar Exam," SSRN, March 15, 2023, ssrn.com/abstract=4389233. Though see also Eric Martínez, "Re-evaluating GPT-4's Bar Exam Performance," SSRN, May 8, 2023, ssrn.com/abstract=4441311.
31. Brinkmann et al., "Machine Culture."
32. Julia Carrie Wong, "ફેસબુક Restricts More Than 10,000 QAnon and US Militia Groups," Guardian, Aug. 19, 2020, www.theguardian.com/us-news/2020/aug/19/ફેસબુક-qanon-us-militia-groups-restrictions.

33. "FBI Chief Says Five QAnon Conspiracy Advocates Arrested for Jan 6 U.S. Capitol Attack," Reuters, April 15, 2021, www.reuters.com/world/us/fbi-chief-says-five-qanon-conspiracy-advocates-arrested-jan-6-us-capitol-attack-2021-04-14/.
34. "Canadian Man Faces Weapons Charges in Attack on PM Trudeau's Home," Al Jazeera, July 7, 2020, www.aljazeera.com/news/2020/7/7/canadian-man-faces-weapons-charges-in-attack-on-pm-trudeaus-home. See also Mack Lamoureux, "A Fringe Far-Right Group Keeps Trying to Citizen Arrest Justin Trudeau," Vice, July 28, 2020, www.vice.com/en/article/dyzwpy/a-fringe-far-right-group-keeps-trying-to-citizen-arrest-justin-trudeau.
35. "Rémy Daillet: Conspiracist Charged over Alleged French Coup Plot," BBC, Oct. 28, 2021, www.bbc.com/news/world-europe-59075902; "Rémy Daillet: Far-Right 'Coup Plot' in France Enlisted Army Officers," Times, Oct. 28, 2021, www.thetimes.co.uk/article/remy-daillet-far-right-coup-plot-france-army-officers-qanon-ds22j6g05.
36. Mia Bloom and Sophia Moskalenko, Pastels and Pedophiles: Inside the Mind of QAnon (Stanford, Calif.: Stanford University Press, 2021), 2.
37. John Bowden, "QAnon-Promoter Marjorie Taylor Greene Endorses Kelly Loeffler in Georgia Senate Bid," Hill, Oct. 15, 2020, thehill.com/homenews/campaign/521196-qanon-promoter-marjorie-taylor-greene-endorses-kelly-loeffler-in-ga-senate/.
38. Camila Domonoske, "QAnon Supporter Who Made Bigoted Videos Wins Ga. Primary, Likely Heading to Congress," NPR, Aug. 12, 2020, www.npr.org/2020/08/12/901628541/qanon-supporter-who-made-bigoted-videos-wins-ga-primary-likely-heading-to-congre.
39. Nitasha Tiku, "The ગૂગલ Engineer Who Thinks the Company's AI Has Come to Life," Washington Post, June 11, 2022, www.washingtonpost.com/technology/2022/06/11/ગૂગલ-ai-lamda-blake-lemoine/.
40. Matthew Weaver, "AI Chatbot 'Encouraged' Man Who Planned to Kill Queen, Court Told," Guardian, July 6, 2023, www.theguardian.com/uk-news/2023/jul/06/ai-chatbot-encouraged-man-who-planned-to-kill-queen-court-told; PA Media, Rachel Hall, and Nadeem Badshah, "Man Who Broke into Windsor Castle with Crossbow to Kill Queen Jailed for Nine Years," Guardian, Oct. 5, 2023, www.theguardian.com/uk-news/2023/

oct/05/man-who-broke-into-windsor-castle-with-crossbow-to-kill-queen-jailed-for-nine-years; William Hague, "The Real Threat of AI Is Fostering Extremism," Times, Oct. 30, 2023, www.thetimes.co.uk/article/the-real-threat-of-ai-is-fostering-extremism-jn3cw9rd3.

41. Marcus du Sautoy, The Creativity Code: Art and Innovation in the Age of AI (Cambridge, Mass.: Belknap Press of Harvard University Press, 2019); Brinkmann et al., "Machine Culture."
42. Martin Abadi and David G. Andersen, "Learning to Protect Communications with Adversarial Neural Cryptography," arXiv, Oct. 21, 2016, arXiv.1610.06918.
43. Robert Kissell, Algorithmic Trading Methods: Applications Using Advanced Statistics, Optimization, and Machine Learning Technique (London: Academic Press, 2021); Anna-Louise Jackson, "A Basic Guide to Forex Trading," Forbes, March 17, 2023, www.forbes.com/advisor/investing/what-is-forex-trading/; Bank of International Settlements, "Triennial Central Bank Survey: OTC Foreign Exchange Turnover in April 2022," Oct. 27, 2022, www.bis.org/statistics/rpfx22_fx.pdf.
44. Jaime Sevilla et al., "Compute Trends Across Three Eras of Machine Learning," 2022 International Joint Conference on Neural Networks (IJCNN), IEEE, Sept. 30, 2022, doi.10.1109/IJCNN55064.2022.9891914; Bengio et al., "Managing Extreme AI Risks Amid Rapid Progress."
45. Kwang W. Jeon, The Biology of Amoeba (London: Academic Press, 1973).
46. International Energy Agency, "Data Centers and Data Transmission Networks," last update July 11, 2023, accessed Dec. 27, 2023, www.iea.org/energy-system/buildings/data-centers-and-data-transmission-networks; Jacob Roundy, "Assess the Environmental Impact of Data Centers," TechTarget, July 12, 2023, www.techtarget.com/searchdatacenter/feature/Assess-the-environmental-impact-of-data-centers; Alex de Vries, "The Growing Energy Footprint of Artificial Intelligence," Joule 7, no. 10 (2023): 2191–94, doi.org/10.1016/j.joule.2023.09.004; Javier Felipe Andreu, Alicia Valero Delgado, and Jorge Torrubia Torralba, "Big Data on a Dead Planet: The Digital Transition's Neglected Environmental Impacts," The Left in the European Parliament, Nov. 15, 2022, left.eu/issues/publications/big-data-

on-a-dead-planet-the-digital-transitions-neglected-environmental-impacts/. On water requirements, see Shannon Osaka, "A New Front in the Water Wars: Your Internet Use," Washington Post, April 25, 2023, www.washingtonpost.com/climate-environment/2023/04/25/data-centers-drought-water-use/.

47. Shoshana Zuboff, The Age of Surveillance Capitalism: The Fight for a Human Future at the New Frontier of Power (New York: PublicAffairs, 2018); Mejias and Couldry, Data Grab; Brian Huseman (Amazon vice president) to Chris Coons (U.S. senator), June 28, 2019, www.coons.senate.gov/imo/media/doc/Amazon%20Senator%20Coons__Response%20Letter__6.28.19%5B3%5D.pdf.

48. "Tech Companies Spend More Than €100 Million a Year on EU Digital Lobbying," Euronews, Sept. 11, 2023, www.euronews.com/my-europe/2023/09/11/tech-companies-spend-more-than-100-million-a-year-on-eu-digital-lobbying; Emily Birnbaum, "Tech Giants Broke Their Spending Records on Lobbying Last Year," Bloomberg, Feb. 1, 2023, www.bloomberg.com/news/articles/2023-02-01/amazon-apple-microsoft-report-record-lobbying-spending-in-2022.

49. Marko Köthenbürger, "Taxation of Digital Platforms," in Tax by Design for the Netherlands, ed. Sijbren Cnossen and Bas Jacobs (New York: Oxford University Press, 2022), 178.

50. Omri Marian, "Taxing Data," BYU Law Review 47 (2021); Viktor Mayer-Schönberger and Thomas Ramge, Reinventing Capitalism in the Age of Big Data (New York: Basic Books, 2018); Jathan Sadowski, Too Smart: How Digital Capitalism Is Extracting Data, Controlling Our Lives, and Taking Over the World (Cambridge, Mass.: MIT Press, 2020); Douglas Laney, "Unlock Tangible Benefits by Valuing Intangible Data Assets," Forbes, March 9, 2023, www.forbes.com/sites/douglaslaney/2023/03/09/unlock-tangible-benefits-by-valuing-intangible-data-assets/?sh=47f6750b1152; Ziva Rubinstein, "Taxing Big Data: A Proposal to Benefit Society for the Use of Private Information," Fordham Intellectual Property, Media, and Entertainment Law 31, no. 4 (2021): 1199, ir.lawnet.fordham.edu/iplj/vol31/iss4/6; M. Fleckenstein, A. Obaidi, and N. Tryfona, "A Review of Data Valuation Approaches and Building and Scoring a Data Valuation

Model," Harvard Data Science Review 5, no. 1 (2023), doi.org/10.1162/99608f92.c18db966.

51. Andrew Leonard, "How Taiwan's Unlikely Digital Minister Hacked the Pandemic," Wired, July 23, 2020, www.wired.com/story/how-taiwans-unlikely-digital-minister-hacked-the-pandemic/.

52. Yasmann, "Grappling with the Computer Revolution"; James L. Hoot, "Computing in the Soviet Union," Computing Teacher, May 1987; William H. Luers, "The U.S. and Eastern Europe," Foreign Affairs 65, no. 5 (Summer 1987): 989–90; Slava Gerovitch, "How the Computer Got Its Revenge on the Soviet Union," Nautilus, April 2, 2015, nautil.us/how-the-computer-got-its-revenge-on-the-soviet-union-235368/; Benjamin Peters, "The Soviet InterNyet," Eon, Oct. 17, 2016, eon.co/essays/how-the-soviets-invented-the-internet-and-why-it-didnt-work; Benjamin Peters, How Not to Network a Nation: The Uneasy History of the Soviet Internet (Cambridge, Mass.: MIT Press, 2016).

53. Fred Turner, From Counterculture to Cyberculture: Stewart Brand, the Whole Earth Network, and the Rise of Digital Utopianism (Chicago: University of Chicago Press, 2010).

54. Paul Freiberger and Michael Swaine, Fire in the Valley: The Making of the Personal Computer, 2nd ed. (New York: McGraw-Hill, 2000), 263–65; Laine Nooney, The Apple II Age: How the Computer Became Personal (Chicago: University of Chicago Press, 2023), 57.

55. Nicholas J. Schlosser, Cold War on the Airwaves: The Radio Propaganda War Against East Germany (Champaign: University of Illinois Press, 2015), esp. chap. 5, "The East German Campaign Against RIAS," 107–34; Alfredo Thiermann, "Radio Activities," Thresholds 45 (2017): 194–210, doi.org/10.1162/THLD_a_00018.

પ્રકરણ-7

1. Paul Kenyon, Children of the Night: The Strange and Epic Story of Modern Romania (London: Apollo, 2021), 353–54.
2. Ibid., 356.
3. Ibid., 373–74.
4. Ibid., 357.
5. Ibid.

6. Ibid.
7. Deletant, "Securitate Legacy in Romania," 198.
8. Marc Brysbaert, "How Many Words Do We Read per Minute? A Review and Meta-analysis of Reading Rate," Journal of Memory and Language 109 (Dec. 2019), article 104047, doi.org/10.1016/j.jml.2019.104047.
9. Alex Hughes, "ChatGPT: Everything You Need to Know About OpenAI's GPT-4 Tool," BBC Science Focus, Sept. 26, 2023, www.sciencefocus.com/future-technology/gpt-3; Stephen McAleese, "Retrospective on 'GPT-4 Predictions' After the Release of GPT-4," LessWrong, March 18, 2023, www.lesswrong.com/posts/iQx2eeHKLwgBYdWPZ/retrospective-on-gpt-4-predictions-after-the-release-of-gpt; Jonathan Vanian and Kif Leswing, "ChatGPT and Generative AI Are Booming, but the Costs Can Be Extraordinary," CNBC, March 13, 2023, www.cnbc.com/2023/03/13/chatgpt-and-generative-ai-are-booming-but-at-a-very-expensive-price.html.
10. Christian Grothoff and Jens Purup, "The NSA's SKYNET Program May Be Killing Thousands of Innocent People," Ars Technica, Feb. 16, 2016, arstechnica.co.uk/security/2016/02/the-nsas-skynet-program-may-be-killing-thousands-of-innocent-people/.
11. Jennifer Gibson, "Death by Data: Drones, Kill Lists, and Algorithms," in Remote Warfare: Interdisciplinary Perspectives, ed. Alasdair McKay, Abigail Watson, and Megan Karlshøj-Pedersen (Bristol: E-International Relations, 2021), www.e-ir.info/publication/remote-warfare-interdisciplinary-perspectives/; Vasja Badalič, "The Metadata-Driven Killing Apparatus: Big Data Analytics, the Target Selection Process, and the Threat to International Humanitarian Law," Critical Military Studies 9, no. 4 (2023): 1–21, doi.org/10.1080/23337486.2023.2170539.
12. Catherine E. Richards et al., "Rewards, Risks, and Responsible Deployment of Artificial Intelligence in Water Systems," Nature Water 1 (2023): 422–32, doi.org/10.1038/s44221-023-00069-6.
13. John S. Brownstein et al., "Advances in Artificial Intelligence for Infectious-Disease Surveillance," New England Journal of Medicine 388, no. 17 (2023): 1597–607, doi.org/10.1056/NEJMra2119215; Vignesh A. Arasu et al., "Comparison of Mammography AI Algorithms with a Clinical Risk Model for

5-Year Breast Cancer Risk Prediction: An Observational Study," Radiology 307, no. 5 (2023), article 222733, doi.org/10.1148/radiol.222733; Alexander V. Eriksen, Sören Möller, and Jesper Ryg, "Use of GPT-4 to Diagnose Complex Clinical Cases," NEJM AI 1, no. 1 (2023), doi.org/10.1056/AIp2300031.

14. Ashley Belanger, "AI Tool Used to Spot Child Abuse Allegedly Targets Parents with Disabilities," Ars Technica, Feb. 1, 2023, arstechnica.com/tech-policy/2023/01/doj-probes-ai-tool-thats-allegedly-biased-against-families-with-disabilities/.

15. Yegor Tkachenko and Kamel Jedidi, "A Megastudy on the Predictability of Personal Information from Facial Images: Disentangling Demographic and Non-demographic Signals," Scientific Reports 13 (2023), article 21073, doi.org/10.1038/s41598-023-42054-9; Jacob Leon Kröger, Otto Hans-Martin Lutz, and Florian Müller, "What Does Your Gaze Reveal About You? On the Privacy Implications of Eye Tracking," in Privacy and Identity Management. Data for Better Living: AI and Privacy, ed. Michael Friedewald et al. (Cham: Springer International, 2020), 226–41, doi.org/10.1007/978-3-030-42504-3_15; N. Arun, P. Maheswaravenkatesh, and T. Jayasankar, "Facial Micro Emotion Detection and Classification Using Swarm Intelligence Based Modified Convolutional Network," Expert Systems with Applications 233 (2023), article 120947, doi.org/10.1016/j.eswa.2023.120947; Vasileios Skaramagkas et al., "Review of Eye Tracking Metrics Involved in Emotional and Cognitive Processes," IEEE Reviews in Biomedical Engineering 16 (2023): 260–77, doi.org/10.1109/RBME.2021.3066072.

16. Isaacson, Elon Musk, chap. 65, "Neuralink, 2017–2020," and chap. 89, "Miracles: Neuralink, November 2021"; Rachel Levy, "Musk's Neuralink Faces Federal Probe, Employee Backlash over Animal Tests," Reuters, Dec. 6, 2023, www.reuters.com/technology/musks-neuralink-faces-federal-probe-employee-backlash-over-animal-tests-2022-12-05/; Elon Musk and Neuralink, "An Integrated Brain-Machine Interface Platform with Thousands of Channels," Journal of Medical Research 21, no. 10 (2019), doi.org/10.2196/16194; Emily Waltz, "Neuralink Barrels into Human Tests Despite Fraud Claims," IEEE Spectrum, Dec. 6, 2023, spectrum.ieee.org/neuralink-human-trials; Aswin Chari et al., "Brain-Machine Interfaces: The Role of the Neurosurgeon," World Neurosurgery

146 (Feb. 2021): 140–47, doi.org/10.1016/j.wneu.2020.11.028; Kenny Torrella, "Neuralink Shows What Happens When You Bring 'Move Fast and Break Things' to Animal Research," Vox, Dec. 11, 2023, www.vox.com/future-perfect/2022/12/11/23500157/neuralink-animal-testing-elon-musk-usda-probe.

17. Jerry Tang et al., "Semantic Reconstruction of Continuous Language from Non-invasive Brain Recordings," Nature Neuroscience 26 (2023): 858–66, doi.org/10.1038/s41593-023-01304-9.

18. Anne Manning, "Human Brain Seems Impossible to Map. What If We Started with Mice?," Harvard Gazette, Sept. 26, 2023, news.harvard.edu/gazette/story/2023/09/human-brain-too-big-to-map-so-theyre-starting-with-mice/; Michał Januszewski, "ગૂગલ Research Embarks on Effort to Map a Mouse Brain," ગૂગલ Research, Sept. 26, 2023, blog.research.ગૂગલ/2023/09/ગૂગલ-research-embarks-on-effort-to.html?utm_source=substack&utm_medium=email; Tim Blakely and Michał Januszewski, "A Browsable Petascale Reconstruction of the Human Cortex," ગૂગલ Research, June 1, 2021, blog.research.ગૂગલ/2021/06/a-browsable-petascale-reconstruction-of.html.

19. ટેક્નોલૉજીના વિકાસ સાથે આ વસ્તુ બદલાઈ પણ શકે છે. 2 જૂન 2022ના રોજ પ્રકાશિત ઓહિયો સ્ટેટ યુનિવર્સિટીના સંશોધન અહેવાલમાં દાવો કરવામાં આવ્યો હતો કે મગજના સ્કેન દ્વારા લોકો રાજકીય રીતે કન્ઝર્વેટિવ પક્ષમાં માનતા હતા કે લિબરલ, તેનું સચોટ અનુમાન કરી શકાય છે. Seo Eun Yang et al., "Functional Connectivity Signatures of Political Ideology," PNAS Nexus 1, no. 3 (July 2022): 1–11, doi.org/10.1093/pnasnexus/pgac066. See also Petter Törnberg, "ChatGPT-4 Outperforms Experts and Crowd Workers in Annotating Political ટ્વિટર Messages with Zero-Shot Learning," arXiv, doi.org/10.48550/arXiv.2304.06588; Michal Kosinski, "Facial Recognition Technology Can Expose Political Orientation from Naturalistic Facial Images," Scientific Reports 11 (2021), article 100, doi.org/10.1038/s41598-020-79310-1; Tang et al., "Semantic Reconstruction of Continuous Language."

20. બાયોમેટ્રિક સર્વેલન્સ વિના પણ અલ્ગોરિધમો માનવ લાગણીઓને ઓળખવા અને તેની આગાહી કરવામાં સક્ષમ છે. જુઓ, for example, Sam Machkovech, "Report: ફેસબુક Helped Advertisers Target Teens Who Feel 'Worthless,' " Ars Technica, May 1, 2017, arstechnica.com/information-technology/2017/05/ફેસબુક-helped-advertisers-target-teens-who-feel-worthless/; Alexander Spangher, "How Does This

Article Make You Feel?," Open NYT, Medium, Nov. 1, 2018, open.nytimes.com/how-does-this-article-make-you-feel-4684e5e9c47.

21. Amnesty International, "Automated Apartheid: How Facial Recognition Fragments, Segregates, and Controls Palestinians in the OPT," May 2, 2023, 42–43, www.amnesty.org/en/documents/mde15/6701/2023/en/; Tal Shef, "Re'ayon im Sasi Elya, rosh ma'arach ha-cyber bashabak" [Interview with Sasi Elya, head of the Shin Bet's cyber unit], Yediot Ahronot, Nov. 27, 2020, www.yediot.co.il/articles/0,7340,L-5851340,00.html; Human Rights Watch, China's Algorithms of Repression: Reverse Engineering a Xinjiang Police Mass Surveillance App (New York: Human Rights Watch, 2019), 9, www.hrw.org/sites/default/files/report_pdf/china0519_web5.pdf; United Nations Office of the High Commissioner for Human Rights (OHCHR), "OHCHR Assessment of Human Rights Concerns in the Xinjiang Uyghur Autonomous Region," Aug. 31, 2022, www.ohchr.org/sites/default/files/documents/countries/2022-08-31/22-08-31-final-assesment.pdf; Geoffrey Cain, The Perfect Police State: An Undercover Odyssey into China's Terrifying Surveillance Dystopia of the Future (New York: Public Affairs, 2021); Michael Quinn, "Realities of Life in Kashmir," Amnesty International Blog, July 12, 2023, https://www.amnesty.org.uk/blogs/country-specialists/realities-life-kashmir; PTI, "AI-based facial recognition system inaugurated in J-K's Kishtwar," The Print, December 9, 2023, https://theprint.in/india/ai-based-facial-recognition-system-inaugurated-in-j-ks-kishtwar/1879576/; Max Koshelev, "How Crimea Became a Testing Ground for Russia's Surveillance Technology," Hromadske, 15 September 2017, https://hromadske.ua/en/posts/how-crimea-became-a-testing-ground-for-russias-surveillance-technology; Council of Europe, "Human rights situation in the Autonomous Republic of Crimea and the City of Sevastopol, Ukraine," 31 August 2023, 10–18, https://rm.coe.int/CoERMPublicCommonSearchServices/DisplayDCTMContent?documentId=0900001680ac6e10; Shaun Walker and Pjotr Sauer, " 'The Fight Is Continuing': A Decade of Russian Rule Has Not Silenced Ukrainian Voices in Crimea," The Guardian, 12 March 2024, https://www.theguardian.com/world/2024/mar/14/crimea-annexation-10-years-russia-ukraine; Melissa Villa-Nicholas, Data Borders: How Silicon Valley is Building an Industry around Immigrants (Oakland: University of California

Press, 2023); Petra Molnar, The Walls Have Eyes: Surviving Migration in the Age of Artificial Intelligence (New York: The New Press, 2024); Asfandyar Mir and Dylan Moore, "Drones, Surveillance, and Violence: Theory and Evidence from a US Drone Program," International Studies Quarterly 63, no. 4 (2019): 846–862; Patrick Keenan, "Drones and Civilians: Emerging Evidence of the Terrorizing Effects of the U.S. Drone Programs," Santa Clara Journal of International Law 20, no. 1 (2021): 1–47; Trevor McCrisken, "Eyes and Ear in the Sky—Drones and Mass Surveillance," in In the Name of Security—Secrecy, Surveillance and Journalism, eds. Johan Lidberg and Denis Muller (London: Anthem Press, 2018), 139–158.

22. Giorgio Agamben, State of Exception, trans. Kevin Attell (Chicago: University of Chicago Press, 2005).
23. L. Shchyrakova and Y. Merkis, "Fear and loathing in Belarus," Index on Censorship 50 (2021): 24-26, https://doi.org/10.1177/03064220211012282; Anastasiya Astapova, "In Search for Truth: Surveillance Rumors and Vernacular Panopticon in Belarus," Journal of American Folklore 130, no. 517 (2017): 276–304; R. Hervouet, "A Political Ethnography of Rural Communities under an Authoritarian Regime: The Case of Belarus," Bulletin of Sociological Methodology/Bulletin de Méthodologie Sociologique 141, no. 1 (2019): 85–112, https://doi.org/10.1177/0759106318812790; Allen Munoriyarwa, "When Watchdogs Fight Back: Resisting State Surveillance in Everyday Investigative Reporting Practices among Zimbabwean Journalists," Journal of Eastern African Studies 15, no. 3 (2021): 421–441; Allen Munoriyarwa, "The Militarization of Digital Surveillance in Post-Coup Zimbabwe: 'Just Don't Tell Them What We Do,' " Security Dialogue 53, no. 5 (2022): 456–474.
24. International Civil Aviation Organization, "ePassport Basics," https://www.icao.int/Security/FAL/PKD/Pages/ePassport-Basics.aspx.
25. Paul Bischoff, "Facial Recognition Technology (FRT): Which Countries Use It?," Comparitech, January 24, 2022, https://www.comparitech.com/blog/vpn-privacy/facial-recognition-statistics/.
26. Bischoff, "Facial Recognition Technology (FRT): Which Countries Use It?," Comparitech; "Surveillance Cities: Who Has the Most CCTV Cameras in the World?," Surfshark, https://surfshark.com/

surveillance-cities; Liza Lin and Newley Purnell, "A World With a Billion Cameras Watching You Is Just Around the Corner," The Wall Street Journal, December 6, 2019, https://www.wsj.com/articles/a-billion-surveillance-cameras-forecast-to-be-watching-within-two-years-11575565402.

27. Drew Harwell and Craig Timberg, "How America's Surveillance Networks Helped the FBI Catch the Capitol Mob," The Washington Post, April 2, 2021, https://www.washingtonpost.com/technology/2021/04/02/capitol-siege-arrests-technology-fbi-privacy/; "Retired NYPD Officer Thomas Webster, Republican Committeeman Philip Grillo Arrested for Alleged Roles in Capitol Riot," CBS News, February 23, 2021, https://www.cbsnews.com/newyork/news/retired-nypd-officer-thomas-webster-queens-republican-group-leader-philip-grillo-arrested-for-alleged-roles-in-capitol-riot/.

28. Zhang Yang, "Police Using AI to Trace Long-Missing Children," China Daily, June 4, 2019, http://www.chinadaily.com.cn/a/201906/04/WS5cf5c8a8a310519142700e2f.html; Zhongkai Zhang, "AI Reunites Families! Four Children Missing for 10 Years Found at Once," Xinhua Daily Telegraph, June 14, 2019, http://www.xinhuanet.com/politics/2019-06/14/c_1124620736.htm; Chang Qu, "Hunan Man Reunites with Son Abducted 22 Years Ago," QQ, June 25, 2023, https://new.qq.com/rain/a/20230625A005UX00; Phoebe Zhang, "AI Reunites Son with Family but Raises Questions in China about Ethics, Privacy," South China Morning Post, December 10, 2023, https://www.scmp.com/news/china/article/3244377/ai-reunites-son-family-raises-questions-china-about-ethics-privacy; Ding Rui, "In Hebei, AI Tech Reunites Abducted Son With Family After 25 Years," Sixth Tone, December 4, 2023, https://www.sixthtone.com/news/1014206; Ding-Chau Wang et al., "Development of a Face Prediction System for Missing Children in a Smart City Safety Network," Electronics 11, no. 9 (2022): Article 1440, https://doi.org/10.3390/electronics11091440; M. R. Sowmya et al., "AI-Assisted Search for Missing Children," 2022 IEEE 2nd Mysore Sub Section International Conference (Mysuru: IEEE, 2022), 1–6.

29. Jesper Lund, "Danish DPA Approves Automated Facial Recognition," EDRI, June 19, 2019, https://edri.org/danish-dpaapproves-automated-facial-recognition; Sidsel Overgaard, "A Soccer Team in Denmark Is Using Facial Recognition to Stop

Unruly Fans," NPR, October 21, 2019, https://www.npr.org/2019/10/21/770280447/a-soccer-team-in-denmark-is-using-facial-recognition-to-stop-unruly-fans; Yan Luo and Rui Guo, "Facial Recognition in China: Current Status, Comparative Approach and the Road Ahead," Journal of Law and Social Change 25, no. 2 (2021): 153–179.

30. Rachel George, "The AI Assault on Women: What Iran's Tech Enabled Morality Laws Indicate for Women's Rights Movements," Council on Foreign Relations online, December 7, 2023, https://www.cfr.org/blog/ai-assault-women-what-irans-tech-enabled-morality-laws-indicate-womens-rights-movements; Khari Johnson, "Iran Says Face Recognition Will ID Women Breaking Hijab Laws," Wired, January 10, 2023, https://www.wired.com/story/iran-says-face-recognition-will-id-women-breaking-hijab-laws/.
31. Johnson, "Iran Says Face Recognition Will ID Women Breaking Hijab Laws," Wired.
32. Farnaz Fassihi, "An Innocent and Ordinary Young Woman," The New York Times, September 16, 2022, https://www.nytimes.com/2023/09/16/world/middleeast/mahsa-amini-iran-protests-hijab-profile.html; Weronika Strzyzynska, "Iranian Woman Dies 'After Being Beaten by Morality Police' over Hijab Law," The Guardian, September 16, 2022, https://www.theguardian.com/global-development/2022/sep/16/iranian-woman-dies-after-being-beaten-by-morality-police-over-hijab-law.
33. "Iran: Doubling Down on Punishments Against Women and Girls Defying Discriminatory Veiling Laws," Amnesty International, July 26, 2023, https://www.amnesty.org/en/documents/mde13/7041/2023/en/; "One Year Protest Report: At Least 551 Killed and 22 Suspicious Deaths," Iran Human Rights, September 15, 2023, https://iranhr.net/en/articles/6200/; Jon Gambrell, "Iran Says 22,000 Arrested in Protests Pardoned by Top Leader," AP News, March 13, 2023, https://apnews.com/article/iran-protests-arrested-pardons-mahsa-amini-ae3c45c6bcc883900ff1b1e83f85df95.
34. "Iran: Doubling Down on Punishments Against Women and Girls Defying Discriminatory Veiling Laws," Amnesty International.
35. Ibid.
36. Ibid.
37. "Iran: International Community Must Stand with Women and Girls Suffering Intensifying Oppression," Amnesty International,

26 July 2023, https://www.amnesty.org/en/latest/news/2023/07/iran-international-community-must-stand-with-women-and-girls-suffering-intensifying-oppression/; "Iran: Doubling Down on Punishments Against Women and Girls Defying Discriminatory Veiling Laws," Amnesty International.

38. Johnson, "Iran Says Face Recognition Will ID Women Breaking Hijab Laws," Wired.
39. "Iran: Doubling Down on Punishments Against Women and Girls Defying Discriminatory Veiling Laws," Amnesty International.
40. "Iran: Doubling Down on Punishments Against Women and Girls Defying Discriminatory Veiling Laws," Amnesty International; Shadi Sadr, "Iran's Hijab and Chastity Bill Underscores the Need to Codify Gender Apartheid," Just Security, April 11, 2024, https://www.justsecurity.org/94504/iran-hijab-bill-gender-apartheid/; Tara Subramaniam, Adam Pourahmadi and Mostafa Salem, "Iranian Women Face 10 Years in Jail for Inappropriate Dress after 'Hijab Bill' Approved," CNN, September 21, 2023, https://edition.cnn.com/2023/09/21/middleeast/iran-hijab-law-parliament-jail-intl-hnk/index.html; "Iran's Parliament Passes a Stricter Headscarf Law Days after Protest Anniversary," AP News, September 21, 2023, https://apnews.com/article/iran-hijab-women-politics-protests-6e07fae990369a58cb162eb6c5a7ab2a?utm_source=copy&utm_medium=share.
41. Christopher Parsons et al., "The Predator in Your Pocket: A Multidisciplinary Assessment of the Stalkerware Application Industry," Citizen Lab, Research report 119, June 2019, citizenlab.ca/docs/stalkerware-holistic.pdf; Lorenzo Franceschi-Bicchierai and Joseph Cox, "Inside the 'Stalkerware' Surveillance Market, Where Ordinary People Tap Each Other's Phones," Vice, April 18, 2017, www.vice.com/en/article/53vm7n/inside-stalkerware-surveillance-market-flexispy-retina-x.
42. Mejias and Couldry, Data Grab, 90–94.
43. Ibid., 156–58.
44. Zuboff, Age of Surveillance Capitalism.
45. Rafael Bravo, Sara Catalán, and José M. Pina, "Gamification in Tourism and Hospitality Review Platforms: How to R.A.M.P. Up Users' Motivation to Create Content," International Journal of Hospitality Management 99 (2021), article 103064, doi.org/

10.1016/j.ijhm.2021.103064; Davide Proserpio and Giorgos Zervas, "Study: Replying to Customer Reviews Results in Better Ratings," Harvard Business Review, Feb. 14, 2018, hbr.org/2018/02/study-replying-to-customer-reviews-results-in-better-ratings.

46. Linda Kinstler, "How Tripadvisor Changed Travel," Guardian, Aug. 17, 2018, www.theguardian.com/news/2018/aug/17/how-tripadvisor-changed-travel.

47. Alex J. Wood and Vili Lehdonvirta, "Platforms Disrupting Reputation: Precarity and Recognition Struggles in the Remote Gig Economy," Sociology 57, no. 5 (2023): 999–1016, doi.org/10.1177/00380385221126804.

48. Michael J. Sandel, What Money Can't Buy: The Moral Limits of Markets (London: Penguin Books, 2013).

49. મધ્યયુગીન "પ્રતિષ્ઠા બજાર" માટે જુઓ Maurice Hugh Keen, Chivalry (London: Folio Society, 2010), and Georges Duby, William Marshal: The Flower of Chivalry (New York: Pantheon Books, 1985).

50. Zeyi Yang, "China Just Announced a New Social Credit Law. Here's What It Means," MIT Technology Review, Nov. 22, 2022, www.technologyreview.com/2022/11/22/1063605/china-announced-a-new-social-credit-law-what-does-it-mean/.

51. Will Storr, The Status Game: On Human Life and How to Play It (London: HarperCollins, 2021); Jason Manning, Suicide: The Social Causes of Self-Destruction (Charlottesville: University of Virginia Press, 2020).

52. Frans B. M. de Waal, Chimpanzee Politics: Power and Sex Among Apes (Baltimore: Johns Hopkins University Press, 1998); Frans B. M. de Waal, Our Inner Ape: A Leading Primatologist Explains Why We Are Who We Are (New York: Riverhead Books, 2006); Sapolsky, Behave; Victoria Wobber et al., "Differential Changes in Steroid Hormones Before Competition in Bonobos and Chimpanzees," Proceedings of the National Academy of Sciences 107, no. 28 (2010): 12457–62, doi.org/10.1073/pnas.1007411107; Sonia A. Cavigelli and Michael J. Caruso, "Sex, Social Status, and Physiological Stress in Primates: The Importance of Social and Glucocorticoid Dynamics," Philosophical Transactions of the Royal Society B: Biological Sciences 370, no. 1669 (2015): 1–13, doi.org/10.1098/rstb.2014.0103.

પ્રકરણ-8

1. Nathan Larson, Aleksandr Solzhenitsyn and the Modern Russo-Jewish Question (Stuttgart: Ibidem Press, 2005), 16.
2. Aleksandr Solzhenitsyn, The Gulag Archipelago, 1918–1956: An Experiment in Literary Investigation, I–II (New York: Harper & Row, 1973), 69–70.
3. Gessen, Homo Sovieticus, in Future Is History, chap. 4; Gulnaz Sharafutdinova, The Afterlife of the "Soviet Man": Rethinking Homo Sovieticus (London: Bloomsbury Academic, 2023), 37.
4. Fisher, Chaos Machine, 110–11.
5. Jack Nicas, "યુટ્યૂબ Tops 1 Billion Hours of Video a Day, on Pace to Eclipse TV," Wall Street Journal, Feb. 27, 2017, www.wsj.com/articles/યુટ્યૂબ-tops-1-billion-hours-of-video-a-day-on-pace-to-eclipse-tv-1488220851.
6. Fisher, Chaos Machine; Ariely, Misbelief, 262–63.
7. Fisher, Chaos Machine, 266–77.
8. Ibid., 276–77.
9. Ibid., 270.
10. Emine Saner, "યુટ્યૂબ's Susan Wojcicki: 'Where's the Line of Free Speech—Are You Removing Voices That Should Be Heard?,' " Guardian, Aug. 10, 2011, www.theguardian.com/technology/2019/aug/10/યુટ્યૂબ-susan-wojcicki-ceo-where-line-removing-voices-heard.
11. Dan Milmo, "Frances Haugen: 'I Never Wanted to Be a Whistleblower. But Lives Were in Danger,' " Guardian, Oct. 24, 2021, www.theguardian.com/technology/2021/oct/24/frances-haugen-i-never-wanted-to-be-a-whistleblower-but-lives-were-in-danger.
12. Amnesty International, Social Atrocity, 44.
13. Ibid., 38.
14. Ibid., 42.
15. Ibid., 34.
16. "ફેસબુક Ban of Racial Slur Sparks Debate in Burma," Irrawaddy, May 31, 2017, www.irrawaddy.com/news/burma/ફેસબુક-ban-of-racial-slur-sparks-debate-in-burma.html.
17. Amnesty International, Social Atrocity, 34.
18. Karen Hao, "How ફેસબુક and ગૂગલ Fund Global Misinformation,"

MIT Technology Review, Nov. 20, 2021, www.technologyreview.com/2021/11/20/1039076/ફેસબુક-ગૂગલ-disinformation-clickbait/.

19. Hayley Tsukayama, "ફેસબુક's Changing Its News Feed. How Will It Affect What You See?," Washington Post, Jan. 12, 2018, www.washingtonpost.com/news/the-switch/wp/2018/01/12/ફેસબુકs-changing-its-news-feed-how-will-it-affect-what-you-see/; Jonah Bromwich and Matthew Haag, "ફેસબુક Is Changing. What Does That Mean to Your News Feed?," New York Times, Jan. 12, 2018, www.nytimes.com/2018/01/12/technology/ફેસબુક-news-feed-changes.html; Jason A. Gallo and Clare Y. Cho, "Social Media: Misinformation and Content Moderation Issues for Congress," Congressional Research Service Report R46662, Jan. 27, 2021, 11n67, crsreports.congress.gov/product/pdf/R/R46662; Keach Hagey and Jeff Horwitz, "ફેસબુક Tried to Make Its Platform a Healthier Place. It Got Angrier Instead," Wall Street Journal, Sept. 15, 2021, www.wsj.com/articles/ફેસબુક-algorithm-change-zuckerberg-11631654215; "યુટ્યૂબ Doesn't Know Where Its Own Line Is," Wired, March 2, 2010, www.wired.com/story/યુટ્યૂબ-content-moderation-inconsistent/; Ben Popken, "As Algorithms Take Over, યુટ્યૂબ's Recommendations Highlight a Human Problem," NBC News, April 19, 2018, www.nbcnews.com/tech/social-media/algorithms-take-over-યુટ્યૂબ-s-recommendations-highlight-human-problem-n867596; Paul Lewis, " 'Fiction Is Outperforming Reality': How યુટ્યૂબ's Algorithm Distorts Truth," Guardian, Feb. 2, 2018, www.theguardian.com/technology/2018/feb/02/how-યુટ્યૂબs-algorithm-distorts-truth.

20. M. A. Thomas, "Machine Learning Applications for Cybersecurity," Cyber Defense Review 8, no. 1 (Spring 2023): 87–102, www.jstor.org/stable/48730574.

21. Allan House and Cathy Brennan, eds., Social Media and Mental Health (Cambridge, U.K.: Cambridge University Press, 2023); Gohar Feroz Khan, Bobby Swar, and Sang Kon Lee, "Social Media Risks and Benefits: A Public Sector Perspective," Social Science Computer Review 32, no. 5 (2014): 606–27, doi.org/10.1177/089443931452.

22. Vanya Eftimova Bellinger, Marie von Clausewitz: The Woman Behind the Making of "On War" (Oxford: Oxford University Press, 2016); Donald J. Stoker, Clausewitz: His Life and Work (Oxford: Oxford University Press, 2014), 1–2, 256.

23. Stoker, Clausewitz, 35.
24. John G. Gagliardo, Reich and Nation: The Holy Roman Empire as Idea and Reality, 1763–1806 (Bloomington: Indiana University Press, 1980), 4–5.
25. Todd Smith, "Army's Long-Awaited Iraq War Study Finds Iran Was the Only Winner in a Conflict That Holds Many Lessons for Future Wars," Army Times, Jan. 18, 2019, www.armytimes.com/news/your-army/2019/01/18/armys-long-awaited-iraq-war-study-finds-iran-was-the-only-winner-in-a-conflict-that-holds-many-lessons-for-future-wars/. One of the authors of the study, as well as a colleague, recently provided a summary to Time. See Frank Sobchak and Matthew Zais, "How Iran Won the Iraq War," Time, March 22, 2023, time.com/6265077/how-iran-won-the-iraq-war/.
26. Nick Bostrom, Superintelligence: Paths, Dangers, Strategies (Oxford: Oxford University Press, 2014), 122–25.
27. Brian Christian, The Alignment Problem: Machine Learning and Human Values (New York: W. W. Norton, 2022), 9–10.
28. Amnesty International, Social Atrocity, 34–37.
29. Andrew Roberts, Napoleon the Great (London: Allen Lane, 2014), 5.
30. Ibid., 14–15.
31. Ibid., 9, 14.
32. Ibid., 29–40.
33. Philip Dwyer, Napoleon: The Path to Power, 1769–1799 (London: Bloomsbury, 2014), 668; David G. Chandler, The Campaigns of Napoleon (New York: Macmillan, 1966), 1:3.
34. Maria E. Kronfeldner, The Routledge Handbook of Dehumanization (London: Routledge, 2021); David Livingstone Smith, On Inhumanity: Dehumanization and How to Resist It (New York: Oxford University Press, 2020); David Livingstone Smith, Less Than Human: Why We Demean, Enslave, and Exterminate Others (New York: St. Martin's Press, 2011).
35. Smith, On Inhumanity, 139–42.
36. International Crisis Group, "Myanmar's Rohingya Crisis Enters a Dangerous New Phase," Dec. 7, 2017, www.crisisgroup.org/asia/southeast-asia/myanmar/292-myanmars-rohingya-crisis-enters-dangerous-new-phase.

37. Bettina Stangneth, Eichmann Before Jerusalem: The Unexamined Life of a Mass Murderer (New York: Alfred A. Knopf, 2014), 217–18.
38. Emily Washburn, "What to Know About Effective Altruism—Championed by Musk, Bankman-Fried, and Silicon Valley Giants," Forbes, March 8, 2023, www.forbes.com/sites/emilywashburn/2023/03/08/what-to-know-about-effective-altruism-championed-by-musk-bankman-fried-and-silicon-valley-giants/; Alana Semuels, "How Silicon Valley Has Disrupted Philanthropy," Atlantic, July 25, 2018, www.theatlantic.com/technology/archive/2018/07/how-silicon-valley-has-disrupted-philanthropy/565997/; Timnit Gebru, "Effective Altruism Is Pushing a Dangerous Brand of 'AI Safety,' " Wired, Nov. 30, 2022, www.wired.com/story/effective-altruism-artificial-intelligence-sam-bankman-fried/; Gideon Lewis-Kraus, "The Reluctant Prophet of Effective Altruism," New Yorker, Aug. 8, 2022, www.newyorker.com/magazine/2022/08/15/the-reluctant-prophet-of-effective-altruism.
39. Alan Soble, "Kant and Sexual Perversion," Monist 86, no. 1 (2003): 55–89, www.jstor.org/stable/27903806. See also Matthew C. Altman, "Kant on Sex and Marriage: The Implications for the Same-Sex Marriage Debate," Kant-Studien 101, no. 3 (2010): 332; Lara Denis, "Kant on the Wrongness of 'Unnatural' Sex," History of Philosophy Quarterly 16, no. 2 (April 1999): 225–48, www.jstor.org/stable/40602706.
40. Geoffrey J. Giles, "The Persecution of Gay Men and Lesbians During the Third Reich," in The Routledge History of the Holocaust, ed. Jonathan C. Friedman (London: Routledge, 2010), 385–96; Melanie Murphy, "Homosexuality and the Law in the Third Reich," in Nazi Law: From Nuremberg to Nuremberg, ed. John J. Michalczyk (London: Bloomsbury Academic, 2018), 110–24; Michael Schwartz, ed., Homosexuelle im Nationalsozialismus: Neue Forschungsperspektiven zu Lebenssituationen von lesbischen, schwulen, bi-, trans- und intersexuellen Menschen 1933 bis 1945 (Munich: De Gruyter Oldenbourg, 2014).
41. Jeremy Bentham, "Offenses Against One's Self," ed. Louis Crompton, Journal of Homosexuality 3, no. 4 (1978): 389–406; Jeremy Bentham, "Jeremy Bentham's Essay on Paederasty," ed. Louis Crompton, Journal of Homosexuality 4, no. 1 (1978): 91–107.

42. Olga Yakusheva et al., “Lives Saved and Lost in the First Six Months of the US COVID-19 Pandemic: A Retrospective Cost-Benefit Analysis,” PLOS ONE 17, no. 1 (2022), article e0261759.
43. Bitna Kim and Meghan Royle, “Domestic Violence in the Context of the COVID-19 Pandemic: A Synthesis of Systematic Reviews,” Trauma, Violence, and Abuse 25, no. 1 (2024): 476–93; Lis Bates et al., “Domestic Homicides and Suspected Victim Suicides During the Covid-19 Pandemic 2020–2021,” U.K. Home Office, Aug. 25, 2021, assets.publishing.service.gov.uk/media/6124ef66d3bf7f63a90687ac/Domestic_homicides_and_suspected_victim_suicides_during_the_Covid-19_Pandemic_2020-2021.pdf; Benedetta Barchielli et al., “When ‘Stay at Home’ Can Be Dangerous: Data on Domestic Violence in Italy During COVID-19 Lockdown,” International Journal of Environmental Research and Public Health 18, no. 17 (2021), article 8948.
44. Jingxuan Zhao et al., “Changes in Cancer-Related Mortality During the COVID-19 Pandemic in the United States,” Journal of Clinical Oncology 40, no. 16 (2022): 6581; Abdul Rahman Jazieh et al., “Impact of the COVID-19 Pandemic on Cancer Care: A Global Collaborative Study,” JCO Global Oncology 6 (2020): 1428–38; Camille Maringe et al., “The Impact of the COVID-19 Pandemic on Cancer Deaths due to Delays in Diagnosis in England, UK: A National, Population-Based, Modelling Study,” Lancet Oncology 21, no. 8 (2020): 1023–34; Allini Mafra da Costa et al., “Impact of COVID-19 Pandemic on Cancer-Related Hospitalizations in Brazil,” Cancer Control 28 (2021): article 10732748211038736; Talía Malagón et al., “Predicted Long-Term Impact of COVID-19 Pandemic-Related Care Delays on Cancer Mortality in Canada,” International Journal of Cancer 150, no. 8 (2022): 1244–54.
45. Chalmers, Reality+.
46. Pokémon GO, “Heads Up!,” press release, Sept. 7, 2016, pokemongolive.com/en/post/headsup/.
47. Brian Fung, “Here’s What We Know About ગૂગલ’s Mysterious Search Engine,” Washington Post, Aug. 28, 2018, www.washingtonpost.com/technology/2018/08/28/heres-what-we-really-know-about-ગૂગલs-mysterious-search-engine/; Geoffrey A. Fowler, “AI Is Changing ગૂગલ Search: What the I/O

Announcement Means for You," Washington Post, May 10, 2023, www.washingtonpost.com/technology/2023/05/10/ગૂગલ-search-ai-io-2023/; Jillian D'Onfro, "ગૂગલ Is Making a Giant Change This Week That Could Crush Millions of Small Businesses," Business Insider, April 20, 2015, www.businessinsider.com/ગૂગલ-mobilegeddon-2015-4.

48. SearchSEO, "Can I Improve My Search Ranking with a Traffic Bot," accessed Jan. 11, 2024, www.searchseo.io/blog/improve-ranking-with-traffic-bot; Daniel E. Rose, "Why Is Web Search So Hard…to Evaluate?," Journal of Web Engineering 3, no. 3–4 (2004): 171–81.

49. Javier Pastor-Galindo, Felix Gomez Marmol, and Gregorio Martínez Pérez, "Profiling Users and Bots in ટ્વિટર Through Social Media Analysis," Information Sciences 613 (2022): 161–83; Timothy Graham and Katherine M. FitzGerald, "Bots, Fake News, and Election Conspiracies: Disinformation During the Republican Primary Debate and the Trump Interview," Digital Media Research Center, Queensland University of Technology (2023), eprints.qut.edu.au/242533/; Josh Taylor, "Bots on X Worse Than Ever According to Analysis of 1M Tweets During First Republican Primary Debate," Guardian, Sept. 9, 2023, www.theguardian.com/technology/2023/sep/09/x-ટ્વિટર-bots-republican-primary-debate-tweets-increase; Stefan Wojcik et al., "Bots in the ટ્વિટરsphere," Pew Research Center, April 9, 2018, www.pewresearch.org/internet/2018/04/09/bots-in-the-ટ્વિટરsphere/; Jack Nicas, "Why Can't the Social Networks Stop Fake Accounts?," New York Times, Dec. 8, 2020, www.nytimes.com/2020/12/08/technology/why-cant-the-social-networks-stop-fake-accounts.html.

50. Sari Nusseibeh, What Is a Palestinian State Worth? (Cambridge, Mass.: Harvard University Press, 2011), 48.

51. Michael Lewis, The Big Short: Inside the Doomsday Machine (New York: W. W. Norton, 2010); Marcin Wojtowicz, "CDOs and the Financial Crisis: Credit Ratings and Fair Premia," Journal of Banking and Finance 39 (2014): 1–13; Robert A. Jarrow, "The Role of ABS, CDS, and CDOs in the Credit Crisis and the Economy," Rethinking the Financial Crisis 202 (2011): 210–35; Bilal Aziz Poswal, "Financial Innovations: Role of CDOs, CDS, and Securitization During the US Financial Crisis 2007–2009," Ecorfan Journal 3, no. 6 (2012): 125–39.

52. Citizens United v. FEC, 558 U.S. 310 (2010), supreme.justia.com/cases/federal/us/558/310/; Amy B. Wang, "Senate Republicans Block Bill to Require Disclosure of 'Dark Money' Donors," Washington Post, Sept. 22, 2022, www.washingtonpost.com/politics/2022/09/22/senate-republicans-campaign-finance/.

53. Vincent Bakpetu Thompson, The Making of the African Diaspora in the Americas, 1441–1900 (London: Longman, 1987); Mark M. Smith and Robert L. Paquette, eds., The Oxford Handbook of Slavery in the Americas (New York: Oxford University Press, 2010); John H. Moore, ed., The Encyclopedia of Race and Racism (New York: Macmillan Reference USA, 2008); Jack D. Forbes, "The Evolution of the Term Mulatto: A Chapter in Black–Native American Relations," Journal of Ethnic Studies 10, no. 2 (1982): 45–66; April J. Mayes, The Mulatto Republic: Class, Race, and Dominican National Identity (Gainesville: University Press of Florida, 2014); Irene Diggs, "Color in Colonial Spanish America," Journal of Negro History 38, no. 4 (1953): 403–27.

54. Sasha Costanza-Chock, Design Justice: Community-Led Practices to Build the Worlds We Need (Cambridge, Mass.: MIT Press, 2020); D'Ignazio and Klein, Data Feminism; Ruha Benjamin, Race After Technology: Abolitionist Tools for the New Jim Code (Cambridge, U.K.: Polity Press, 2019); Virginia Eubanks, Automating Inequality: How High-Tech Tools Profile, Police, and Punish the Poor (New York: St. Martin's Press, 2018); Wendy Hui Kyong Chun, Discriminating Data: Correlation, Neighborhoods, and the New Politics of Recognition (Cambridge, Mass.: MIT Press, 2021).

55. Peter Lee, "Learning from Tay's Introduction," Microsoft Official Blog, March 25, 2016, blogs.microsoft.com/blog/2016/03/25/learning-tays-introduction/; Alex Hern, "Microsoft Scrambles to Limit PR Damage over Abusive AI Bot Tay," Guardian, March 24, 2016, www.theguardian.com/technology/2016/mar/24/microsoft-scrambles-limit-pr-damage-over-abusive-ai-bot-tay; "Microsoft Pulls Robot After It Tweets 'Hitler Was Right I Hate the Jews,' " Haaretz, March 24, 2016, www.haaretz.com/science-and-health/2016-03-24/ty-article/microsoft-pulls-robot-after-it-tweets-hitler-was-right-i-hate-the-jews/0000017f-dede-d856-a37f-ffde9a9c0000; Elle Hunt, "Tay, Microsoft's AI Chatbot, Gets a Crash Course in Racism from ટ્વિટર," Guardian, March 24, 2016,

www.theguardian.com/technology/2016/mar/24/tay-microsofts-ai-chatbot-gets-a-crash-course-in-racism-from-ટ્વિટર.

56. Morgan Klaus Scheuerman, Madeleine Pape, and Alex Hanna, “Auto-essentialization: Gender in Automated Facial Analysis as Extended Colonial Project,” Big Data and Society 8, no. 2 (2021), article 20539517211053712.
57. D’Ignazio and Klein, Data Feminism, 29–30.
58. Yoni Wilkenfeld, “Can Chess Survive Artificial Intelligence?,” New Atlantis 58 (2019): 37.
59. Ibid.
60. Matthew Hutson, “How Researchers Are Teaching AI to Learn Like a Child,” Science, May 24, 2018, www.science.org/content/article/how-researchers-are-teaching-ai-learn-child; Oliwia Koteluk et al., “How Do Machines Learn? Artificial Intelligence as a New Era in Medicine,” Journal of Personalized Medicine 11 (2021), article 32; Mohsen Soori, Behrooz Arezoo, and Roza Dastres, “Artificial Intelligence, Machine Learning, and Deep Learning in Advanced Robotics: A Review,” Cognitive Robotics 3 (2023): 54–70.
61. Christian, Alignment Problem, 31; D’Ignazio and Klein, Data Feminism, 29–30.
62. Christian, Alignment Problem, 32; Joy Buolamwini and Timnit Gebru, “Gender Shades: Intersectional Accuracy Disparities in Commercial Gender Classification,” in Proceedings of the 1st Conference on Fairness, Accountability, and Transparency, PMLR 81 (2018): 77–91.
63. Lee, “Learning from Tay’s Introduction.”
64. D’Ignazio and Klein, Data Feminism, 28; Jeffrey Dastin, “Insight—Amazon Scraps Secret AI Recruiting Tool That Showed Bias Against Women,” Reuters, Oct. 11, 2018, www.reuters.com/article/idUSKCN1MK0AG/.
65. Christianne Corbett and Catherine Hill, Solving the Equation: The Variables for Women’s Success in Engineering and Computing (Washington, D.C.: American Association of University Women, 2015), 47–54.
66. D’Ignazio and Klein, Data Feminism.
67. Meghan O’Gieblyn, God, Human, Animal, Machine: Technology, Metaphor, and the Search for Meaning (New York: Anchor, 2022), 197–216.
68. Brinkmann et al., “Machine Culture.”

69. Suleyman, Coming Wave, 164.
70. Brinkmann et al., "Machine Culture"; Bengio et al., "Managing Extreme AI Risks Amid Rapid Progress."

પ્રકરણ-9

1. Andreessen, "Why AI Will Save the World"; Kurzweil, The Singularity Is Nearer.
2. Laurie Laybourn-Langton, Lesley Rankin, and Darren Baxter, This Is a Crisis: Facing Up to the Age of Environmental Breakdown, Institute for Public Policy Research, Feb. 1, 2019, 12, www.jstor.org/stable/resrep21894.5.
3. Kenneth L. Hacker and Jan van Dijk, eds., Digital Democracy: Issues of Theory and Practice (New York: Sage, 2000); Anthony G. Wilhelm, Democracy in the Digital Age: Challenges to Political Life in Cyberspace (London: Routledge, 2002); Elaine C. Kamarck and Joseph S. Nye, eds., Governance.com: Democracy in the Information Age (London: Rowman & Littlefield, 2004); Zizi Papacharissi, A Private Sphere: Democracy in a Digital Age (Cambridge, U.K.: Polity, 2010); Costa Vayenas, Democracy in the Digital Age (Cambridge, U.K.: Arena Books, 2017); Giancarlo Vilella, E-democracy: On Participation in the Digital Age (Baden-Baden: Nomos, 2019); Volker Boehme-Nessler, Digitising Democracy: On Reinventing Democracy in the Digital Era—a Legal, Political, and Psychological Perspective (Berlin: Springer Nature, 2020); Sokratis Katsikas and Vasilios Zorkadis, E-democracy: Safeguarding Democracy and Human Rights in the Digital Age (Berlin: Springer International, 2020).
4. Thomas Reuters Popular Law, "Psychotherapist-Patient Privilege," uk.practicallaw.thomsonreuters.com/6-522-3158; U.S. Department of Health and Human Services, "Minimum Necessary Requirement," www.hhs.gov/hipaa/for-professionals/privacy/guidance/minimum-necessary-requirement/index.html; European Association for Psychotherapy, "EAP Statement on the Legal Position of Psychotherapy in Europe," January 2021, available at www.europsyche.org/app/uploads/2021/04/Legal-Position-of-Psychotherapy-in-Europe-2021-Final.pdf.
5. Marshall Allen, "Health Insurers Are Vacuuming Up Details About You—and It Could Raise Your Rates," ProPublica, July 17,

2018, www.propublica.org/article/health-insurers-are-vacuuming-up-details-about-you-and-it-could-raise-your-rates.

6. Jannik Luboeinski and Christian Tetzlaff, "Organization and Priming of Long-Term Memory Representations with Two-Phase Plasticity," Cognitive Computation 15, no. 4 (2023): 1211–30.
7. Muhammad Imran Razzak, Muhammad Imran, and Guandong Xu, "Big Data Analytics for Preventive Medicine," Neural Computing and Applications 32 (2020): 4417–51; Gaurav Laroia et al., "A Unified Health Algorithm That Teaches Itself to Improve Health Outcomes for Every Individual: How Far into the Future Is It?," Digital Health 8 (2022), article 20552076221074126.
8. Nicholas H. Dimsdale, Nicholas Horsewood, and Arthur Van Riel, "Unemployment in Interwar Germany: An Analysis of the Labor Market, 1927–1936," Journal of Economic History 66, no. 3 (2006): 778–808.
9. Hubert Dreyfus, What Computers Can't Do (New York: Harper and Row, 1972). See also Brett Karlan, "Human Achievement and Artificial Intelligence," Ethics and Information Technology 25 (2023), article 40, doi.org/10.1007/s10676-023-09713-x; Francis Mechner, "Chess as a Behavioral Model for Cognitive Skill Research: Review of Blindfold Chess by Eliot Hearst and John Knott," Journal of Experimental Analysis Behavior 94, no. 3 (Nov. 2010): 373–86, doi:10.1901/jeab.2010.94-373; Gerd Gigerenzer, How to Stay Smart in a Smart World: Why Human Intelligence Still Beats Algorithms (Cambridge, Mass.: MIT Press, 2022), 21.
10. Eda Ergin et al., "Can Artificial Intelligence and Robotic Nurses Replace Operating Room Nurses? The Quasi-experimental Research," Journal of Robotic Surgery 17, no. 4 (2023): 1847–55; Nancy Robert, "How Artificial Intelligence Is Changing Nursing," Nursing Management 50, no. 9 (2019): 30–39; Aprianto Daniel Pailaha, "The Impact and Issues of Artificial Intelligence in Nursing Science and Healthcare Settings," SAGE Open Nursing 9 (2023), article 23779608231196847.
11. Erik Cambria et al., "Seven Pillars for the Future of Artificial Intelligence," IEEE Intelligent Systems 38 (Nov.–Dec. 2023): 62–69; Marcus du Sautoy, The Creativity Code: Art and Innovation in the Age of AI (Cambridge, Mass.: Belknap Press of Harvard University Press, 2019); Brinkmann et al., "Machine Culture."

12. માનવો લાગણીઓને કેવી રીતે ઓળખે છે તે માટે, જુઓ Tony W. Buchanan, David Bibas, and Ralph Adolphs, "Associations Between Feeling and Judging the Emotions of Happiness and Fear: Findings from a Large-Scale Field Experiment," PLOS ONE 5, no. 5 (2010), article 10640, doi.org/10.1371/journal.pone.0010640; Ralph Adolphs, "Neural Systems for Recognizing Emotion," Current Opinion in Neurobiology 12, no. 2 (2002): 169–77; Albert Newen, Anna Welpinghus, and Georg Juckel, "Emotion Recognition as Pattern Recognition: The Relevance of Perception," Mind and Language 30, no. 2 (2015): 187–208; Joel Aronoff, "How We Recognize Angry and Happy Emotion in People, Places, and Things," Cross-Cultural Research 40, no. 1 (2006): 83–105. On AI and emotion recognition, see Smith K. Khare et al., "Emotion Recognition and Artificial Intelligence: A Systematic Review (2014–2023) and Research Recommendations," Information Fusion 102 (2024), article 102019,
13. Zohar Elyoseph et al., "ChatGPT Outperforms Humans in Emotional Awareness Evaluations," Frontiers in Psychology 14 (2023), article 1199058.
14. John W. Ayers et al., "Comparing Physician and Artificial Intelligence Chatbot Responses to Patient Questions Posted to a Public Social Media Forum," JAMA Internal Medicine 183, no. 6 (2023): 589–96, jamanetwork.com/journals/jamainternalmedicine/article-abstract/2804309.
15. Seung Hwan Lee et al., "Forgiving Sports Celebrities with Ethical Transgressions: The Role of Parasocial Relationships, Ethical Intent, and Regulatory Focus Mindset," Journal of Global Sport Management 3, no. 2 (2018): 124–45.
16. Karlan, "Human Achievement and Artificial Intelligence."
17. Harari, Homo Deus, chap. 3.
18. Edmund Burke, Revolutionary Writings: Reflections on the Revolution in France and the First Letter on a Regicide Peace (Cambridge, U.K.: Cambridge University Press, 2014); F. A. Hayek, The Road to Serfdom (London: Routledge, 2001); F. A. Hayek, The Constitution of Liberty: The Definitive Edition (London: Routledge, 2020); Jonathan Haidt, The Righteous Mind: Why Good People Are Divided by Politics and Religion (London: Vintage, 2012); Yoram Hazony, Conservatism: A Rediscovery

(New York: Simon & Schuster, 2022); Peter Whitewood, The Red Army and the Great Terror: Stalin's Purge of the Soviet Military (Lawrence: University Press of Kansas, 2015).

19. Hazony, Conservatism, 3.
20. Bureau of Labor Statistics, "Historical Statistics of the United States, Colonial Times to 1970, Part I," Series D 85–86 Unemployment: 1890–1970 (1975), 135; Curtis J. Simon, "The Supply Price of Labor During the Great Depression," Journal of Economic History 61, no. 4 (2001): 877–903; Vernon T. Clover, "Employees' Share of National Income, 1929–1941," Fort Hays Kansas State College Studies: Economics Series 1 (1943): 194; Stanley Lebergott, "Labor Force, Employment, and Unemployment, 1929–39: Estimating Methods," Monthly Labor Review 67, no. 1 (1948): 51; Robert Roy Nathan, National Income, 1929–36, of the United States (Washington, D.C.: U.S. Government Printing Office, 1939), 15 (table 3).
21. David M. Kennedy, "What the New Deal Did," Political Science Quarterly 124, no. 2 (2009): 251–68.
22. William E. Leuchtenburg, In the Shadow of FDR: From Harry Truman to Barack Obama (Ithaca, N.Y.: Cornell University Press, 2011), 48–49.
23. Suleyman, Coming Wave.
24. Michael L. Birzer and Richard B. Ellis, "Debunking the Myth That All Is Well in the Home of Brown v. Topeka Board of Education: A Study of Perceived Discrimination," Journal of Black Studies 36, no. 6 (2006): 793–814.
25. United States Supreme Court, Brown v. Board of Education, May 17, 1954, available at: www.archives.gov/milestone-documents/brown-v-board-of-education#transcript.
26. "State v. Loomis: Wisconsin Supreme Court Requires Warning Before Use of Algorithmic Risk Assessments in Sentencing," Harvard Law Review 130 (2017): 1530–37.
27. Rebecca Wexler, "When a Computer Program Keeps You in Jail: How Computers Are Harming Criminal Justice," New York Times, June 13, 2017, www.nytimes.com/2017/06/13/opinion/how-computers-are-harming-criminal-justice.html; Ed Yong, "A Popular Algorithm Is No Better at Predicting Crimes Than Random People," Atlantic, Jan. 17, 2018, www.theatlantic.com/technology/archive/2018/01/equivant-compas-algorithm/550646/.

28. Mitch Smith, "In Wisconsin, a Backlash Against Using Data to Foretell Defendants' Futures," New York Times, June 22, 2016, www.nytimes.com/2016/06/23/us/backlash-in-wisconsin-against-using-data-to-foretell-defendants-futures.html.
29. Eric Holder, "Speech Presented at the National Association of Criminal Defense Lawyers 57th Annual Meeting and 13th State Criminal Justice Network Conference, Philadelphia, PA," Federal Sentencing Reporter 27, no. 4 (2015): 252–55; Sonja B. Starr, "Evidence-Based Sentencing and the Scientific Rationalization of Discrimination," Stanford Law Review 66, no. 4 (2014): 803–72; Cecelia Klingele, "The Promises and Perils of Evidence-Based Corrections," Notre Dame Law Review 91, no. 2 (2015): 537–84; Jennifer L. Skeem and Jennifer Eno Louden, "Assessment of Evidence on the Quality of the Correctional Offender Management Profiling for Alternative Sanctions (COMPAS)," Center for Public Policy Research, Dec. 26, 2007, cpb-us-e2.wpmucdn.com/sites.uci.edu/dist/0/1149/files/2013/06/CDCR-Skeem-EnoLouden-COMPASeval-SECONDREVISION-final-Dec-28-07.pdf; Julia Dressel and Hany Farid, "The Accuracy, Fairness, and Limits of Predicting Recidivism," Science Advances 4, no. 1 (2018), article eaao5580; Julia Angwin et al., "Machine Bias," ProPublica, May 23, 2016, www.propublica.org/article/machine-bias-risk-assessments-in-criminal-sentencing. However, see also Sam Corbett-Davies et al., "A Computer Program Used for Bail and Sentencing Decisions Was Labeled Biased Against Blacks: It's Actually Not That Clear," Washington Post, Oct. 17, 2016, www.washingtonpost.com/news/monkey-cage/wp/2016/10/17/can-an-algorithm-be-racist-our-analysis-is-more-cautious-than-propublicas.
30. "State v. Loomis: Wisconsin Supreme Court Requires Warning Before Use of Algorithmic Risk Assessments in Sentencing."
31. Seena Fazel et al., "The Predictive Performance of Criminal Risk Assessment Tools Used at Sentencing: Systematic Review of Validation Studies," Journal of Criminal Justice 81 (2022), article 101902; Jay Singh et al., "International Perspectives on the Practical Application of Violence Risk Assessment: A Global Survey of 44 Countries," International Journal of Forensic Mental Health 13, no. 3 (2014): 193–206; Melissa Hamilton and Pamela Ugwudike, "A 'Black Box' AI System Has Been Influencing

Criminal Justice Decisions for over Two Decades—It's Time to Open It Up," The Conversation, July 26, 2023, theconversation.com/a-black-box-ai-system-has-been-influencing-criminal-justice-decisions-for-over-two-decades-its-time-to-open-it-up-200594; Federal Bureau of Prisons, "PATTERN Risk Assessment," accessed Jan. 11, 2024, www.bop.gov/inmates/fsa/pattern.jsp.

32. Manish Raghavan et al., "Mitigating Bias in Algorithmic Hiring: Evaluating Claims and Practices," in Proceedings of the 2020 Conference on Fairness, Accountability, and Transparency (2020): 469–81; Nicol Turner Lee and Samantha Lai, "Why New York City Is Cracking Down on AI in Hiring," Brookings Institution, Dec. 20, 2021, www.brookings.edu/articles/why-new-york-city-is-cracking-down-on-ai-in-hiring/; Sian Townson, "AI Can Make Bank Loans More Fair," Harvard Business Review, Nov. 6, 2020, hbr.org/2020/11/ai-can-make-bank-loans-more-fair; Robert Bartlett et al., "Consumer-Lending Discrimination in the FinTech Era," Journal of Financial Economics 143, no. 1 (2022): 30–56; Mugahed A. Al-Antari, "Artificial Intelligence for Medical Diagnostics—Existing and Future AI Technology!," Diagnostics 13, no. 4 (2023), article 688; Thomas Davenport and Ravi Kalakota, "The Potential for Artificial Intelligence in Healthcare," Future Healthcare Journal 6, no. 2 (2019): 94–98.
33. European Commission, "Can I Be Subject to Automated Individual Decision-Making, Including Profiling?," accessed Jan. 11, 2024, commission.europa.eu/law/law-topic/data-protection/reform/rights-citizens/my-rights/can-i-be-subject-automated-individual-decision-making-including-profiling_en.
34. Suleyman, Coming Wave, 54.
35. Brinkmann et al., "Machine Culture."
36. Suleyman, Coming Wave, 80. See also Tilman Räuker et al., "Toward Transparent AI: A Survey on Interpreting the Inner Structures of Deep Neural Networks," 2023 IEEE Conference on Secure and Trustworthy Machine Learning (SaTML), Feb. 2023, 464–83, doi:10.1109/SaTML54575.2023.00039.
37. Adele Atkinson, Chiara Monticone, and Flore-Anne Messi, OECD/INFE International Survey of Adult Financial Literacy Competencies (Paris: OECD, 2016), web-archive.oecd.org/2018-12-10/417183-OECD-INFE-International-Survey-of-Adult-Financial-Literacy-Competencies.pdf.

38. DODS, "Parliamentary Perceptions of the Banking System," July 2014.
39. Jacob Feldman, "The Simplicity Principle in Human Concept Learning," Current Directions in Psychological Science 12, no. 6 (2003): 227–32; Bethany Kilcrease, Falsehood and Fallacy: How to Think, Read, and Write in the Twenty-First Century (Toronto: University of Toronto Press, 2021), 115; Christina N. Lessov-Schlaggar, Joshua B. Rubin, and Bradley L. Schlaggar, "The Fallacy of Univariate Solutions to Complex Systems Problems," Frontiers in Neuroscience 10 (2016), article 267.
40. D'Ignazio and Klein, Data Feminism, 54.
41. Tobias Berg et al., "On the Rise of FinTechs: Credit Scoring Using Digital Footprints," Review of Financial Studies 33, no. 7 (2020): 2845–97, doi.org/10.1093/rfs/hhz099.
42. Ibid.; Lin Ma et al., "A New Aspect on P2P Online Lending Default Prediction Using Meta-level Phone Usage Data in China," Decision Support Systems 111 (2018): 60–71; Li Yuan, "Want a Loan in China? Keep Your Phone Charged," Wall Street Journal, April 6, 2017, www.wsj.com/articles/want-a-loan-in-china-keep-your-phone-charged-1491474250.
43. Brinkmann et al., "Machine Culture."
44. Jesse S. Summers, "Post Hoc Ergo Propter Hoc: Some Benefits of Rationalization," Philosophical Explorations 20, no. 1 (2017): 21–36; Richard E. Nisbett and Timothy D. Wilson, "Telling More Than We Can Know: Verbal Reports on Mental Processes," Psychological Review 84, no. 3 (1977): 231; Daniel M. Wegner and Thalia Wheatley, "Apparent Mental Causation: Sources of the Experience of Will," American Psychologist 54, no. 7 (1999): 480–92; Benjamin Libet, "Do We Have Free Will?," Journal of Consciousness Studies 6, no. 8–9 (1999): 47–57; Jonathan Haidt, "The Emotional Dog and Its Rational Tail: A Social Intuitionist Approach to Moral Judgment," Psychological Review 108, no. 4 (2001): 814–34; Joshua D. Greene, "The Secret Joke of Kant's Soul," Moral Psychology 3 (2008): 35–79; William Hirstein, ed., Confabulation: Views from Neuroscience, Psychiatry, Psychology, and Philosophy (New York: Oxford University Press, 2009); Michael Gazzaniga, Who's in Charge? Free Will and the Science of the Brain (London: Robinson, 2012); Fiery Cushman and

Joshua Greene, "The Philosopher in the Theater," in The Social Psychology of Morality: Exploring the Causes of Good and Evil, ed. Mario Mikulincer and Phillip R. Shaver (Washington, D.C.: APA Press, 2011), 33–50.

45. Shai Danziger, Jonathan Levav, and Liora Avnaim-Pesso, "Extraneous Factors in Judicial Decisions," Proceedings of the National Academy of Sciences 108, no. 17 (2011): 6889–92; Keren Weinshall-Margel and John Shapard, "Overlooked Factors in the Analysis of Parole Decisions," Proceedings of the National Academy of Sciences 108, no. 42 (2011), article E833.

46. Julia Dressel and Hany Farid, "The Accuracy, Fairness, and Limits of Predicting Recidivism," Science Advances 4, no. 1 (2018), article eaao5580; Klingele, "Promises and Perils of Evidence-Based Corrections"; Alexander M. Holsinger et al., "A Rejoinder to Dressel and Farid: New Study Finds Computer Algorithm Is More Accurate Than Humans at Predicting Arrest and as Good as a Group of 20 Lay Experts," Federal Probation 82 (2018): 50–55; D'Ignazio and Klein, Data Feminism, 53–54.

47. The EU Artificial Intelligence Act, European Commission, April 21, 2021, artificialintelligenceact.eu/the-act/. આ નિયમ કહે છે, "નીચેની નોંધેલા AIના ઉપયોગો પર પ્રતિબંધ રહેશે: ... (c) જાહેર સત્તાવાળાઓ દ્વારા કે તેમના વતી કોઈ વ્યક્તિઓના સામાજિક વર્તન કે જાણીતી કે અનુમાનિત વ્યક્તિગત કે વ્યક્તિત્વ લાક્ષણિકતાઓના આધારે ચોક્કસ સમયગાળા દરમિયાન તેમની વિશ્વસનીયતાના મૂલ્યાંકન કે વર્ગીકરણ માટે AI સિસ્ટમોને બજારમાં મૂકવી, સેવામાં લેવી કે તેનો ઉપયોગ કરવો, જેનાથી સર્જાતો સોશિયલ સ્કોર નીચેનામાંથી એક અથવા બંને તરફ દોરી જાય છે: (i) ચોક્કસ વ્યક્તિઓ કે તેમના સંપૂર્ણ જૂથો સાથે સામાજિક સંદર્ભોમાં હાનિકારક કે પ્રતિકૂળ વર્તન જે તે સંદર્ભો સાથે સંબંધિત નથી જે સંદર્ભમાં ડેટા મૂળ રીતે ઉત્પન્ન કરવામાં આવ્યો હતો કે ભેગો કરવામાં આવ્યો હતો; (ii) ચોક્કસ વ્યક્તિઓ કે તેમના સંપૂર્ણ જૂથો સાથે હાનિકારક કે પ્રતિકૂળ વર્તન જે તેમના સામાજિક વર્તન કે તેની ગંભીરતા માટે ગેરવાજબી અથવા અપ્રમાણસર છે" (43).

48. Alessandro Bessi and Emilio Ferrara, "Social Bots Distort the 2016 U.S. Presidential Election Online Discussion," First Monday 21, no. 11 (2016): 1–14.

49. Luca Luceri, Felipe Cardoso, and Silvia Giordano, "Down the Bot Hole: Actionable Insights from a One-Year Analysis of Bot Activity on ટ્વિટર," First Monday 26, no. 3 (2021), firstmonday.org/ojs/index.php/fm/article/download/11441/10079.

50. David F. Carr, "Bots Likely Not a Big Part of ટ્વિટર's Audience—

but Tweet a Lot," Similarweb Blog, Sept. 8, 2022, www.similarweb.com/blog/insights/social-media-news/ટ્વિટર-bot-research-news/; "Estimating ટ્વિટર's Bot-Free Monetizable Daily Active Users (mDAU)," Similarweb Blog, Sept. 8, 2022, www.similarweb.com/blog/insights/social-media-news/ટ્વિટર-bot-research/.

51. Giovanni Spitale, Nikola Biller-Andorno, and Federico Germani, "AI Model GPT-3 (Dis)informs Us Better Than Humans," Science Advances 9, no. 26 (2023), doi.org/10.1126/sciadv.adh1850.
52. Daniel C. Dennett, "The Problem with Counterfeit People," Atlantic, May 16, 2023, www.theatlantic.com/technology/archive/2023/05/problem-counterfeit-people/674075/.
53. ઉદાહરણ તરીકે, જુઓ, Hannes Kleineke, "The Prosecution of Counterfeiting in Lancastrian England," in Medieval Merchants and Money: Essays in Honor of James L. Bolton, ed. Martin Allen and Matthew Davies (London: University of London Press, 2016), 213–26; Susan L'Engle, "Justice in the Margins: Punishment in Medieval Toulouse," Viator 33 (2002): 133–65; Trevor Dean, Crime in Medieval Europe, 1200–1550 (London: Routledge, 2014).
54. Dennett, "Problem with Counterfeit People."
55. Mariam Orabi et al., "Detection of Bots in Social Media: A Systematic Review," Information Processing and Management 57, no. 4 (2020), article 102250; Aaron J. Moss et al., "Bots or Inattentive Humans? Identifying Sources of Low-Quality Data in Online Platforms" (preprint, submitted 2021), osf.io/preprints/psyarxiv/wr8ds; Max Weiss, "Deepfake Bot Submissions to Federal Public Comment Websites Cannot Be Distinguished from Human Submissions," Technology Science, Dec. 17, 2019; Adrian Rauchfleisch and Jonas Kaiser, "The False Positive Problem of Automatic Bot Detection in Social Science Research," PLOS ONE 15, no. 10 (2020), article e0241045; Giovanni C. Santia, Munif Ishad Mujib, and Jake Ryland Williams, "Detecting Social Bots on ફેસબુક in an Information Veracity Context," Proceedings of the International AAAI Conference on Web and Social Media 13 (2019): 463–72.
56. Drew DeSilver, "The Polarization in Today's Congress Has Roots That Go Back Decades," Pew Research Center, March 10, 2022, www.pewresearch.org/short-reads/2022/03/10/the-polarization-in-

todays-congress-has-roots-that-go-back-decades/; Lee Drutman, "Why Bipartisanship in the Senate Is Dying," FiveThirtyEight, Sept. 27, 2021, fivethirtyeight.com/features/why-bipartisanship-in-the-senate-is-dying/.

57. Gregory A. Caldeira, "Neither the Purse nor the Sword: Dynamics of Public Confidence in the Supreme Court," American Political Science Review 80, no. 4 (1986): 1209–26, doi.org/10.2307/1960864.

પ્રકરણ-10

1. ઉદાહરણ તરીકે, જુઓ, બીજી રીતે પણ ઉત્તમ અને ઊંડુ Zuboffનું પુસ્તક Age of Surveillance Capitalism; Fisher, Chaos Machine; Christian, Alignment Problem; D'Ignazio and Klein, Data Feminism; Costanza-Chock, Design Justice. Kai-Fu Lee, AI Superpowers: China, Silicon Valley, and the New World Order (New York: Houghton Mifflin, 2018), પુસ્તક તેના વિરોધી મંતવ્યો સારી રીતે રજૂ કરે છે. આ પણ જુઓ, Mark Coeckelbergh, AI Ethics (Cambridge, Mass.: MIT Press, 2020).

2. ગોથેનબર્ગ યુનિવર્સિટી ખાતેની વેરાયટીઝ ઑફ ડેમોક્રેસી ઇન્સ્ટિટ્યૂટનો અંદાજ છે કે 2022માં, વિશ્વની 72 ટકા વસ્તી (5.7 અબજ લોકો) સરમુખત્યારશાહી કે સર્વાધિકારી શાસન હેઠળ જીવતી હતી. જુઓ V-Dem Institute, Defiance in the Face of Autocratization (2023), v-dem.net/documents/29/V-dem_democracyreport2023_lowres.pdf.

3. Chicago Tribune Staff, "McDonald's: 60 Years, Billions Served," Chicago Tribune, April 15, 2015, www.chicagotribune.com/business/chi-mcdonalds-60-years-20150415-story.html.

4. Alphabet, "2022 Alphabet Annual Report," 2023, abc.xyz/assets/d4/4f/a48b94d548d0b2fdc029a95e8c63/2022-alphabet-annual-report.pdf; Statcounter, "Search Engine Market Share Worldwide—December 2023," accessed Jan. 12, 2024, gs.statcounter.com/search-engine-market-share; Jason Wise, "How Many People Use Search Engines in 2024?," Earthweb, Nov. 16, 2023, earthweb.com/search-engine-users/.

5. ગૂગલ Search, "How ગૂગલ Search Organizes Information," accessed Jan. 12, 2024, www.ગૂગલ.com/search/howsearchworks/how-search-works/organizing-information/; Statcounter, "Browser Market Share Worldwide," accessed Jan. 12, 2024, gs.statcounter.com/search-engine-market-share.

6. Parliamentary Counsel Office of New Zealand, "Privacy Act 2020," Dec. 6, 2023, www.legislation.govt.nz/act/public/2020/0031/latest/LMS23223.html; Jessie Yeung, "China's Sitting on a Goldmine of Genetic Data—and It Doesn't Want to Share," CNN, Aug. 12, 2023, edition.cnn.com/2023/08/11/china/china-human-genetic-resources-regulations-intl-hnk-dst/index.html.
7. Dionysis Zindros, "The Illusion of Blockchain Democracy: One Coin Equals One Vote," Nesta Foundation, Sept. 14, 2020, www.nesta.org.uk/report/illusion-blockchain-democracy-one-coin-equals-one-vote/; Lukas Schädler, Michael Lustenberger, and Florian Spychiger, "Analyzing Decision-Making in Blockchain Governance," Frontiers in Blockchain 23, no. 6 (2023); PricewaterhouseCoopers, "Estonia—the Digital Republic Secured by Blockchain," 2019, www.pwc.com/gx/en/services/legal/tech/assets/estonia-the-digital-republic-secured-by-blockchain.pdf; Bryan Daugherty, "Why Governments Need to Embrace Blockchain Technology," Evening Standard, May 31, 2023, www.standard.co.uk/business/government-blockchain-technology-business-b1080774.html.
8. Cassius Dio, Roman History, book 78.
9. Adrastos Omissi, "Damnatio Memoriae or Creatio Memoriae? Memory Sanctions as Creative Processes in the Fourth Century AD," Cambridge Classical Journal 62 (2016): 170–99.
10. David King, The Commissar Vanishes: The Falsification of Photographs and Art in Stalin's Russia (New York: Henry Holt, 1997); Herman Ermolaev, Censorship in Soviet Literature, 1917–1991 (Lanham, Md.: Rowman & Littlefield, 1997), 56, 59, 62, 67–68; Denis Skopin, Photography and Political Repressions in Stalin's Russia: Defacing the Enemy (New York: Routledge, 2022); Figes, Whisperers, 298.
11. Amnesty International Public Statement, EUR 46/7017/2023, "Russia: Under the 'Eye of Sauron': Persecution of Critics of the Aggression Against Ukraine," July 20, 2023, 2, www.amnesty.org/en/documents/eur46/7017/2023/en/.
12. Sandra Bingham, The Praetorian Guard: A History of Rome's Elite Special Forces (London: I. B. Tauris, 2013).
13. Tacitus, Annals, book 4.41.
14. Ibid., book 6.50.

15. Albert Einstein et al., "The Russell-Einstein Manifesto [1955]," Impact of Science on Society—Unesco 26, no. 12 (1976): 15–16.

પ્રકરણ-11

1. Suleyman, Coming Wave, 12–13, 173–77, 207–13; Emily H. Soice et al., "Can Large Language Models Democratize Access to Dual-Use Biotechnology?" (preprint, submitted 2023), doi.org/10.48550/arXiv.2306.03809; Sepideh Jahangiri et al., "Viral and Non-viral Gene Therapy Using 3D (Bio) Printing," Journal of Gene Medicine 24, no. 12 (2022), article e3458; Tommaso Zandrini et al., "Breaking the Resolution Limits of 3D Bioprinting: Future Opportunities and Present Challenges," Trends in Biotechnology 41, no. 5 (2023): 604–14.

2. "China's Foreign Minister Visits Tonga After Pacific Islands Delay Regional Pact," Reuters, May 31, 2022, www.reuters.com/world/asia-pacific/chinas-foreign-minister-visits-tonga-after-pacific-islands-delay-regional-pact-2022-05-31/; David Wroe, "China Eyes Vanuatu Military Base in Plan with Global Ramifications," Sydney Morning Herald, April 9, 2018, www.smh.com.au/politics/federal/china-eyes-vanuatu-military-base-in-plan-with-global-ramifications-20180409-p4z8j9.html; Kirsty Needham, "China Seeks Pacific Islands Policing, Security Cooperation—Document," Reuters, May 25, 2022, www.reuters.com/world/asia-pacific/exclusive-china-seeks-pacific-islands-policing-security-cooperation-document-2022-05-25/; Australia Department of Foreign Affairs and Trade, "Australia-Tuvalu Falepili Union," accessed Jan. 12, 2024, www.dfat.gov.au/geo/tuvalu/australia-tuvalu-falepili-union; Joel Atkinson, "Why Tuvalu Still Chooses Taiwan," East Asia Forum, Oct. 24, 2022, www.eastasiaforum.org/2022/10/24/why-tuvalu-still-chooses-taiwan/.

3. Thomas G. Otte and Keith Neilson, eds., Railways and International Politics: Paths of Empire, 1848–1945 (London: Routledge, 2012); Matthew Alexander Scott, "Transcontinentalism: Technology, Geopolitics, and the Baghdad and Cape-Cairo Railway Projects, c. 1880–1930" (PhD diss., Newcastle University, 2018).

4. Kevin Kelly, "The Three Breakthroughs That Have Finally Unleashed AI on the World," Wired, Oct. 27, 2014, www.wired.com/2014/10/future-of-artificial-intelligence/.

5. "From Not Working to Neural Networking," Economist, June

23, 2016, www.economist.com/special-report/2016/06/23/from-not-working-to-neural-networking.

6 Liat Clark, "ગૂગલ's Artificial Brain Learns to Find Cat Videos," Wired, June 26, 2012, www.wired.com/2012/06/ગૂગલ-x-neural-network/; Jason Johnson, "This Deep Learning AI Generated Thousands of Creepy Cat Pictures," Vice, July 14, 2017, www.vice.com/en/article/a3dn9j/this-deep-learning-ai-generated-thousands-of-creepy-cat-pictures.

7. Amnesty International, "Automated Apartheid: How Facial Recognition Fragments, Segregates, and Controls Palestinians in the OPT," May 2, 2023, 42–43, www.amnesty.org/en/documents/mde15/6701/2023/en/.

8. એલેક્સનેટના વિકાસ અને આર્કિટેક્ચરનું વર્ણન કરતું પેપર 2023 સુધીમાં 1,20,000થી વધુ વખત ટાંકવામાં આવ્યું છે, જે તેને આધુનિક ઇતિહાસના સૌથી પ્રભાવશાળી એકેડેમિક આર્ટિકલમાંનો એક બનાવે છે: Alex Krizhevsky, Ilya Sutskever, and Geoffrey E. Hinton, "Imagenet Classification with Deep Convolutional Neural Networks," Advances in Neural Information Processing Systems 25 (2012). See also Mohammed Zahangir Alom et al., "The History Began from AlexNet: A Comprehensive Survey on Deep Learning Approaches" (preprint, submitted 2018), doi.org/10.48550/arXiv.1803.01164.

9. David Lai, Learning from the Stones: A Go Approach to Mastering China's Strategic Concept, Shi (Carlisle, Pa.: U.S. Army War College, Strategic Studies Institute, 2004); Zhongqi Pan, "Guanxi, Weiqi, and Chinese Strategic Thinking," Chinese Political Science Review 1 (2016): 303–21; Timothy J. Demy, James Giordano, and Gina Granados Palmer, "Chess vs Go—Strategic Strength, Gamecraft, and China," National Defense, July 8, 2021, www.nationaldefensemagazine.org/articles/2021/7/8/chess-vs-go---strategic-strength-gamecraft-and-china; David Vergun, "Ancient Game Used to Understand U.S.-China Strategy," U.S. Army, May 25, 2016, www.army.mil/article/168505/ancient_game_used_to_understand_u_s_china_strategy; "No Go," Economist, May 19, 2011, www.economist.com/books-and-arts/2011/05/19/no-go.

10. Suleyman, Coming Wave, 84.

11. Ibid.; Lee, AI Superpowers; Shyi-Min Lu, "The CCP's Development of Artificial Intelligence: Impact on Future Operations," Journal of Social and Political Sciences 4, no. 1 (2021): 93–105; Daitian Li, Tony W. Tong, and Yangao Xiao, "Is

China Emerging as the Global Leader in AI?," Harvard Business Review, Feb. 18, 2021, hbr.org/2021/02/is-china-emerging-as-the-global-leader-in-ai; Robyn Mak, "Chinese AI Arrives by Stealth, Not with a Bang," Reuters, July 28, 2023, www.reuters.com/breakingviews/chinese-ai-arrives-by-stealth-not-with-bang-2023-07-28/.

12. "'Whoever Leads in AI Will Rule the World': Putin to Russian Children on Knowledge Day," Russia Today, Sept. 1, 2017, www.rt.com/news/401731-ai-rule-world-putin/; Ministry of External Affairs, "Prime Minister's Statement on the Subject 'Creating a Shared Future in a Fractured World' in the World Economic Forum (January 23, 2018)," Jan. 23, 2018, www.mea.gov.in/Speeches-Statements.htm?dtl/29378/Prime+Ministers+Keynote+Speech+at+Plenary+Session+of+World+Economic+Forum+Davos+January+23+2018.

13. Trump White House, "Executive Order on Maintaining American Leadership in AI," Feb. 11, 2019, trumpwhitehouse.archives.gov/ai/; Cade Metz, "Trump Signs Executive Order Promoting Artificial Intelligence," New York Times, Feb. 11, 2019, www.nytimes.com/2019/02/11/business/ai-artificial-intelligence-trump.html.

14. ડેટાના વસાહતીવાદની ચર્ચા માટે, આ પણ જુઓ Mejias and Couldry, Data Grab.

15. Conor Murray, "Here's What Happened When This Massive Country Banned TikTok," Forbes, March 23, 2023, www.forbes.com/sites/conormurray/2023/03/23/heres-what-happened-when-this-massive-country-banned-tiktok/; "India Bans TikTok, WeChat, and Dozens More Chinese Apps," BBC, June 29, 2020, www.bbc.com/news/technology-53225720.

16. Seung Min Kim, "White House: No More TikTok on Gov't Devices Within 30 Days," Associated Press, Feb. 28, 2023, apnews.com/article/technology-politics-united-states-government-ap-top-news-business-95491774cf8f0fe3e2b9634658a22e56; Stacy Liberatore, "Leaked Audio of More Than 80 TikTok Meetings Reveal China-Based Employees Are Accessing US User Data, New Report Claims," Daily Mail, June 17, 2022, www.dailymail.co.uk/sciencetech/article-10928485/Leaked-audio-80-

TikTok-meetings-reveal-China-based-employees-accessing-user-data.html; Dan Milmo, "TikTok's Ties to China: Why Concerns over Your Data Are Here to Stay," Guardian, Nov. 7, 2022, www.theguardian.com/technology/2022/nov/07/tiktoks-china-bytedance-data-concerns; James Clayton, "TikTok: Chinese App May Be Banned in US, Says Pompeo," BBC, July 7, 2020, www.bbc.com/news/technology-53319955.

17. Tess McClure, "New Zealand MPs Warned Not to Use TikTok over Fears China Could Access Data," Guardian, Aug. 2, 2022, www.theguardian.com/world/2022/aug/02/new-zealand-mps-warned-not-to-use-tiktok-over-fears-china-could-access-data; Milmo, "TikTok's Ties to China."
18. Akram Beniamin, "Cotton, Finance, and Business Networks in a Globalized World: The Case of Egypt During the First Half of the Twentieth Century" (PhD diss., University of Reading, 2019); Lars Sandberg, "Movements in the Quality of British Cotton Textile Exports, 1815–1913," Journal of Economic History 28, no. 1 (1968): 1–27; James Hagan and Andrew Wells, "The British and Rubber in Malaya, c. 1890–1940," in The Past Is Before Us: Proceedings of the Ninth National Labor History Conference (Sydney: University of Sydney, 2005), 143–50; John H. Drabble, "The Plantation Rubber Industry in Malaya up to 1922," Journal of the Malaysian Branch of the Royal Asiatic Society 40, no. 1 (1967): 52–77.
19. Paul Erdkamp, The Grain Market in the Roman Empire: A Social, Political, and Economic Study (Cambridge, U.K.: Cambridge University Press, 2005); Eli J. S. Weaverdyck, "Institutions and Economic Relations in the Roman Empire: Consumption, Supply, and Coordination," in Handbook of Ancient Afro-Eurasian Economies, vol. 2, Local, Regional, and Imperial Economies, ed. Sitta von Reden (Berlin: De Gruyter, 2022), 647–94; Colin Adams, Land Transport in Roman Egypt: A Study of Economics and Administration in a Roman Province (New York: Oxford University Press, 2007).
20. Palash Ghosh, "Amazon Is Now America's Biggest Apparel Retailer, Here's Why Walmart Can't Keep Up," Forbes, March 17, 2021, www.forbes.com/sites/palashghosh/2021/03/17/amazon-is-

now-americas-biggest-apparel-retailer-heres-why-walmart-cant-keep-up/; Don-Alvin Adegeest, "Amazon's U.S. Marketshare of Clothing Soars to 14.6 Percent," Fashion United, March 15, 2022, fashionunited.com/news/retail/amazon-s-u-s-marketshare-of-clothing-soars-to-14-6-percent/2022031546520.

21. Invest Pakistan, "Textile Sector Brief," accessed Jan. 12, 2024, invest.gov.pk/textile; Morder Intelligence, "Bangladesh Textile Manufacturing Industry Size & Share Analysis—Growth Trends & Forecasts (2023–2028)," accessed Jan. 12, 2024, www.mordorintelligence.com/industry-reports/bangladesh-textile-manufacturing-industry-study-market.
22. Daron Acemoglu and Simon Johnson, Power and Progress: Our 1000-Year Struggle over Technology and Prosperity (Cambridge, Mass.: MIT Press, 2023).
23. PricewaterhouseCoopers, "Global Artificial Intelligence Study: Sizing the Prize," 2017, www.pwc.com/gx/en/issues/data-and-analytics/publications/artificial-intelligence-study.html.
24. Matt Sheehan, "China's AI Regulations and How They Get Made," Carnegie Endowment for International Peace, July 10, 2023, carnegieendowment.org/2023/07/10/china-s-ai-regulations-and-how-they-get-made-pub-90117; Daria Impiombato, Yvonne Lau, and Luisa Gyhn, "Examining Chinese Citizens' Views on State Surveillance," Strategist, Oct. 12, 2023, www.aspistrategist.org.au/examining-chinese-citizens-views-on-state-surveillance/; Strittmatter, We Have Been Harmonized; Cain, Perfect PoliceState.
25. Zuboff, Age of Surveillance Capitalism; PHQ Team, "Survey: Americans Divided on Social Credit System," PrivacyHQ, 2022, privacyhq.com/news/social-credit-how-do-i-stack-up/.
26. Lee, AI Superpowers.
27. Miller, Chip War; Robin Emmott, "U.S. Renews Pressure on Europe to Ditch Huawei in New Networks," Reuters, Sept. 29, 2020, www.reuters.com/article/us-usa-huawei-tech-europe-idUSKBN26K2MY/.
28. "President Trump Halts Broadcom Takeover of Qualcomm," Reuters, March 13, 2018, www.reuters.com/article/us-qualcomm-m-a-broadcom-merger/president-trump-halts-broadcom-takeover-of-qualcomm-idUSKCN1GO1Q4/; Trump White House,

"Presidential Order Regarding the Proposed Takeover of Qualcomm Incorporated by Broadcom Limited," March 12, 2018, trumpwhitehouse.archives.gov/presidential-actions/presidential-order-regarding-proposed-takeover-qualcomm-incorporated-broadcom-limited/; David McLaughlin and Saleha Mohsin, "Trump's Message in Blocking Broadcom Deal: U.S. Tech Not for Sale," Bloomberg, March 13, 2018, www.bloomberg.com/politics/articles/2018-03-13/trump-s-message-with-broadcom-block-u-s-tech-not-for-sale#xj4y7vzkg.

29. Suleyman, Coming Wave, 168; Stephen Nellis, Karen Freifeld, and Alexandra Alper, "U.S. Aims to Hobble China's Chip Industry with Sweeping New Export Rules," Reuters, Oct. 10, 2022, www.reuters.com/technology/us-aims-hobble-chinas-chip-industry-with-sweeping-new-export-rules-2022-10-07/; Alexandra Alper, Karen Freifeld, and Stephen Nellis, "Biden Cuts China Off from More Nvidia Chips, Expands Curbs to Other Countries," Oct. 18, 2023, www.reuters.com/technology/biden-cut-china-off-more-nvidia-chips-expand-curbs-more-countries-2023-10-17/; Ann Cao, "US Citizens at Chinese Chip Firms Caught in the Middle of Tech War After New Export Restrictions," South China Morning Post, Oct. 11, 2022, www.scmp.com/tech/tech-war/article/3195609/us-citizens-chinese-chip-firms-caught-middle-tech-war-after-new.
30. Miller, Chip War.
31. Mark A. Lemley, "The Splinternet," Duke Law Journal 70 (2020): 1397–427.
32. Simcha Paull Raphael, Jewish Views of the Afterlife, 2nd ed. (Plymouth, U.K.: Rowman & Littlefield, 2019); Claudia Seltzer, Resurrection of the Body in Early Judaism and Early Christianity: Doctrine, Community, and Self-Definition (Leiden: Brill, 2021).
33. ટર્ટુલિયનને Gerald O'Collins and Mario Farrugia, Catholicism: The Story of Catholic Christianity (New York: Oxford University Press, 2015), 272માં ટાંકવામાં આવ્યા છે. કેટેકિઝમના અવતરણો માટે, જુઓ Catechism of the Catholic Church, 2nd ed. (Vatican City: Libreria Editrice Vaticana, 1997), 265.
34. Bart D. Ehrman, Heaven and Hell: A History of the Afterlife (New York: Simon & Schuster, 2021); Dale B. Martin, The Corinthian

Body (New Haven, Conn.: Yale University Press, 1999); Seltzer, Resurrection of the Body.

35. Thomas McDermott, "Antony's Life of St. Simeon Stylites: A Translation of and Commentary on an Early Latin Version of the Greek Text" (master's thesis, Creighton University, 1969); Robert Doran, The Lives of Simeon Stylites (Kalamazoo, Mich.: Cistercian Publications, 1992).
36. Martin Luther, "An Introduction to St. Paul's Letter to the Romans," trans. Rev. Robert E. Smith, in Vermischte Deutsche Schriften, ed. Johann K. Irmischer (Erlangen: Heyder and Zimmer, 1854), 124–25, www.projectwittenberg.org/pub/resources/text/wittenberg/luther/luther-faith.txt.
37. Lemley, "Splinternet."
38. Ronen Bergman, Aaron Krolik, and Paul Mozur, "In Cyberattacks, Iran Shows Signs of Improved Hacking Capabilities," New York Times, Oct. 31, 2023, www.nytimes.com/2023/10/31/world/middleeast/iran-israel-cyberattacks.html.
39. 2009થી 2013 દરમિયાન નાટોના સુપ્રીમ એલાઇડ કમાન્ડર યુરોપ રહેલા એડમિરલ જેમ્સ સ્ટેવ્રિડિસ દ્વારા આ વૈચારિક પ્રયોગ માટે, જુઓ Elliot Ackerman and James Stavridis, 2034: A Novel of the Next World War (New York: Penguin Press, 2022).
40. James D. Morrow, "A Twist of Truth: A Reexamination of the Effects of Arms Races on the Occurrence of War," Journal of Conflict Resolution 33, no. 3 (1989): 500–529.
41. ઉદાહરણ તરીકે, જુઓ President of Russia, "Meeting with State Duma Leaders and Party Faction Heads," July 7, 2022, en.kremlin.ru/events/president/news/68836; President of Russia, "Valdai International Discussion Club Meeting," Oct. 5, 2023, en.kremlin.ru/events/president/news/72444; Donald J. Trump, "Remarks by President Trump to the 74th Session of the United Nations General Assembly," Sept. 24, 2019, trumpwhitehouse.archives.gov/briefings-statements/remarks-president-trump-74th-session-united-nations-general-assembly/; Jair Bolsonaro, "Speech by Brazil's President Jair Bolsonaro at the Opening of the 74th United Nations General Assembly—New York," Ministério das Relações Exteriores, Sept. 24, 2019, www.gov.br/mre/en/content-centers/speeches-articles-and-interviews/president-of-the-federative-

republic-of-brazil/speeches/speech-by-brazil-s-president-jair-bolsonaro-at-the-opening-of-the-74th-united-nations-general-assembly-new-york-september-24-2019-photo-alan-santos-pr; Cabinet Office of the Prime Minister, "Speech by Prime Minister Viktor Orbán at the Opening of CPAC Texas," Aug. 4, 2022, 2015-2022.miniszterelnok.hu/speech-by-prime-minister-viktor-orban-at-the-opening-of-cpac-texas/; Geert Wilders, "Speech by Geert Wilders at the 'Europe of Nations and Freedom' Conference," Gatestone Institute, Jan. 22, 2017, www.gatestoneinstitute.org/9812/geert-wilders-koblenz-enf.

42. Marine Le Pen, "Discours de Marine Le Pen, (Front National), après le 2e tour des Régionales," Hénin-Beaumont, Dec. 6, 2015, www.યુટ્યુબ.com/watch?v=Dv7Us46gL8c.

43. Trump White House, "President Trump: 'We Have Rejected Globalism and Embraced Patriotism,' " Aug. 7, 2020, trumpwhitehouse.archives.gov/articles/president-trump-we-have-rejected-globalism-and-embraced-patriotism/.

44. Bengio et al., "Managing Extreme AI Risks Amid Rapid Progress."

45. John Mearsheimer, The Tragedy of Great Power Politics (New York: W. W. Norton, 2001), 21. See also Hans J. Morgenthau, Politics Among Nations: The Struggle for Power and Peace (New York: Alfred A. Knopf, 1949).

46. de Waal, Our Inner Ape.

47. Douglas Zook, "Tropical Rainforests as Dynamic Symbiospheres of Life," Symbiosis 51 (2010): 27–36; Aparajita Das and Ajit Varma, "Symbiosis: The Art of Living," in Symbiotic Fungi: Principles and Practice, ed. Ajit Varma and Amit C. Kharkwal (Heidelberg: Springer, 2009), 1–28. See also de Waal, Our Inner Ape; Frans de Waal et al., Primates and Philosophers: How Morality Evolved (Princeton, N.J.: Princeton University Press, 2009); Frans de Waal, "Putting the Altruism Back into Altruism: The Evolution of Empathy," Annual Review of Psychology 59 (2008): 279–300.

48. Isabelle Crevecour et al., "New Insights on Interpersonal Violence in the Late Pleistocene Based on the Nile Valley Cemetery of Jebel Sahaba," Nature Scientific Reports 11 (2021), article 9991, doi.org/10.1038/s41598-021-89386-y; Marc Kissel and Nam C.

Kim, "The Emergence of Human Warfare: Current Perspectives," Yearbook of Physical Anthropology 168, no. S67 (2019): 141–63; Luke Glowacki, "Myths About the Evolution of War: Apes, Foragers, and the Stories We Tell" (preprint, submitted in 2023), doi.org/10.32942/X2JC71.

49. Steven Pinker, The Better Angels of Our Nature: Why Violence Has Declined (New York: Viking, 2011); Gat, War in Human Civilization, 130–31; Joshua S. Goldstein, Winning the War on War: The Decline of Armed Conflict Worldwide (New York: Dutton, 2011); Harari, 21 Lessons for the 21st Century, chap. 11; Azar Gat, "Is War Declining—and Why?," Journal of Peace Research 50, no. 2 (2012): 149–57; Michael Spagat and Stijn van Weezel, "The Decline of War Since 1950: New Evidence," in Lewis Fry Richardson: His Intellectual Legacy and Influence in the Social Sciences, ed. Nils Petter Gleditsch (Cham: Springer, 2020), 129–42; Michael Mann, "Have Wars and Violence Declined?," Theory and Society 47 (2018): 37–60.

50. મૂળ ચાઇનીઝ ક્વોટ અહીં મળી શકે છે, Chen Xiang, Guling xiansheng wenji, accessed Feb. 15, 2024, read.nlc.cn/OutOpenBook/OpenObjectBook?aid=892&bid=41448.0; Cai Xiang, Caizhonghuigong wenji, Feb. 15, 2024, ctext.org/library.pl?if=gb&file=127799&page=185&remap=gb; Li Tao, Xu zizhi tongjian changbian (Beijing: Zhonghua Shuju, 1985), 9:2928.

51. Emma Dench, Empire and Political Cultures in the Roman World (Cambridge, U.K.: Cambridge University Press, 2018), 79–80; Keith Hopkins, "The Political Economy of the Roman Empire," in The Dynamics of Ancient Empires: State Power from Assyria to Byzantium, ed. Ian Morris and Walter Scheidel (New York: Oxford University Press, 2009), 194; Walter Scheidel, "State Revenue and Expenditure in the Han and Roman Empires," in State Power in Ancient China and Rome, ed. Walter Scheidel (New York: Oxford University Press, 2015), 159; Paul Erdkamp, introduction to A Companion to the Roman Army, ed. Paul Erdkamp (Hoboken, N.J.: Blackwell, 2007), 2.

52. Suraiya Faroqhi, "Part II: Crisis and Change, 1590–1699," in An Economic and Social History of the Ottoman Empire, vol. 2,

1600–1914, ed. Halil Inalcik and Donald Quataert (Cambridge, U.K.: Cambridge University Press, 1994), 542.

53. Jari Eloranta, “National Defense,” in The Oxford Encyclopedia of Economic History, ed. Joel Mokyr (Oxford: Oxford University Press, 2003), 30–31.
54. Jari Eloranta, “Cliometric Approaches to War,” in Handbook of Cliometrics, ed. Claude Diebolt and Michael Haupert (Heidelberg: Springer, 2014), 1–22.
55. Ibid.
56. Jari Eloranta, “The World Wars,” in An Economist’s Guide to Economic History, ed. Matthias Blum and Christopher L. Colvin (Cham: Palgrave, 2018), 263.
57. James H. Noren, “The Controversy over Western Measures of Soviet Defense Expenditures,” Post-Soviet Affairs 11, no. 3 (1995): 238–76.
58. કુલ સરકારી ખર્ચમાંથી લશ્કરી ખર્ચની ટકાવારી સંબંધિત આંકડા માટે, જુઓ SIPRI, “SIPRI Military Expenditure Database,” accessed Feb. 14, 2024, www.sipri.org/databases/milex. For data on U.S. military expenditures as a percentage of government expenditure, see also “Department of Defense,” accessed Feb. 14, 2024, www.usaspending.gov/agency/department-of-defense?fy=2024.
59. World Health Organization, “Domestic General Government Health Expenditure (GGHE-D) as Percentage of General Government Expenditure (GGE) (%),” WHO Data, accessed Feb. 15, 2024, data.who.int/indicators/i/B9C6C79; World Bank, “Domestic General Government Health Expenditure (% of General Government Expenditure),” April 7, 2023, data.worldbank.org/indicator/SH.XPD.GHED.GE.ZS.
60. તાજેતરના સંઘર્ષનો ડેટા માટે, જુઓ ACLED, “ACLED Conflict Index,” Jan. 2024, acleddata.com/conflict-index/. આ પણ જુઓ, Anna Marie Obermeier and Siri Aas Rustad, “Conflict Trends: A Global Overview, 1946–2022,” PRIO, 2023, www.prio.org/publications/13513.
61. SIPRI fact sheet, April 2023, www.sipri.org/sites/default/files/2023-04/2304_fs_milex_2022.pdf. “World military expenditure rose by 3.7 percent in real terms in 2022, to reach a record high of $2240 billion. Global spending grew by 19

percent over the decade 2013–22 and has risen every year since 2015." Nan Tian et al., "Trends in World Military Expenditure, 2022," SIPRI, April 2023, www.sipri.org/publications/2023/sipri-fact-sheets/trends-world-military-expenditure-2022; Dan Sabbagh, "Global Defense Spending Rises 9% to Record $2.2Tn," Guardian, Feb. 13, 2024, www.theguardian.com/world/2024/feb/13/global-defence-spending-rises-9-per-cent-to-record-22tn-dollars.

62. ચોક્કસ આંકડા અંદાજવાની મુશ્કેલીઓ માટે, જુઓ Erik Andermo and Martin Kragh, "Secrecy and Military Expenditures in the Russian Budget," Post-Soviet Affairs 36, no. 4 (2020): 1–26; "Russia's Secret Spending Hides over $110 Billion in 2023 Budget," Bloomberg, Sept. 29, 2022, www.bloomberg.com/news/articles/2022-09-29/russia-s-secret-spending-hides-over-110-billion-in-2023-budget?leadSource=uverify%20wall. રશિયાના લશ્કરી ખર્ચના અન્ય અંદાજો માટે, જુઓ Julian Cooper, "Another Budget for a Country at War: Military Expenditure in Russia's Federal Budget for 2024 and Beyond," SIPRI, Dec. 2023, www.sipri.org/sites/default/files/2023-12/sipriinsights_2312_11_russian_milex_for_2024_0.pdf; Alexander Marrow, "Putin Approves Big Military Spending Hike for Russia's Budget," Reuters, Nov. 28, 2023, www.reuters.com/world/europe/putin-approves-big-military-spending-hikes-russias-budget-2023-11-27/.

63. Sabbagh, "Global Defense Spending Rises 9% to Record $2.2Tn."

64. ઇતિહાસના ક્ષેત્રમાં પુતિનના વિવિધ સાહસો માટે, જુઓ Björn Alexander Düben, "Revising History and 'Gathering the Russian Lands': Vladimir Putin and Ukrainian Nationhood," LSE Public Policy Review 3, no. 1 (2023), article 4; Vladimir Putin, "Article by Vladimir Putin 'On the Historical Unity of Russians and Ukrainians,' " President of Russia, July 12, 2021, en.kremlin.ru/events/president/news/66181. પુતિનના લેખ અંગે પશ્ચિમી મંતવ્યોનો સર્વે અહીં કરવામાં આવ્યો છે Peter Dickinson, "Putin's New Ukraine Essay Reveals Imperial Ambitions," Atlantic Council, July 15, 2021, www.atlanticcouncil.org/blogs/ukrainealert/putins-new-ukraine-essay-reflects-imperial-ambitions/; Timothy D. Snyder, "How to Think About War in Ukraine," Thinking About…, Jan. 18, 2022, snyder.substack.com/p/how-to-think-about-war-in-ukraine. પુતિન ખરેખર આ ઐતિહાસિક કથનમાં માને છે તેવા નિષ્ણાતોના ઉદાહરણો માટે, જુઓ Ivan Krastev,

"Putin Lives in Historic Analogies and Metaphors," Spiegel International, March 17, 2022, www.spiegel.de/international/world/ivan-krastev-on-russia-s-invasion-of-ukraine-putin-lives-in-historic-analogies-and-metaphors-a-1d043090-1111-4829-be90-c20fd5786288; Serhii Plokhii, "Interview with Serhii Plokhy: 'Russia's War Against Ukraine: Empires Don't Die Overnight,' " Forum for Ukrainian Studies, Sept. 26, 2022, ukrainian-studies.ca/2022/09/26/interview-with-serhii-plokhy-russias-war-against-ukraine-empires-dont-die-overnight/.

65. Adam Gabbatt and Andrew Roth, "Putin Tells Tucker Carlson the US 'Needs to Stop Supplying Weapons' to Ukraine," Guardian, Feb. 9, 2024, www.theguardian.com/world/2024/feb/08/vladimir-putin-tucker-carlson-interview.

ઉપસંહાર

1. Yuval Noah Harari, "Strategy and Supply in Fourteenth-Century Western European Invasion Campaigns," Journal of Military History 64, no. 2 (April 2000): 297–334; Yuval Noah Harari, The Ultimate Experience: Battlefield Revelations and the Making of Modern War Culture, 1450–2000 (Houndmills, U.K.: Palgrave Macmillan, 2008).
2. Thant, Hidden History of Burma, 74.
3. Ben Caspit, The Netanyahu Years, trans. Ora Cummings (New York: St. Martin's Press, 2017), 323–24; Ruth Eglash, "Netanyahu Once Gave Obama a Lecture. Now He's Using It to Boost His Election Campaign," Washington Post, March 28, 2019, www.washingtonpost.com/world/2019/03/28/netanyahu-once-gave-obama-lecture-now-hes-using-it-boost-his-election-campaign/.
4. Jennifer Larson, Understanding Greek Religion (London: Routledge, 2016), 194; Harvey Whitehouse, Inheritance: The Evolutionary Origins of the Modern World (London: Hutchinson, 2024), 113.

અનુવાદક પરિચય

ભારતમાં અંગ્રેજી સાહિત્ય અને ઇંગ્લૅન્ડમાં પત્રકારત્વ અને બિઝનેસ મૅનેજમેન્ટના અભ્યાસ પછી ચિરાગ ઠક્કર 'જય' 100થી પણ વધારે પુસ્તકોનો અનુવાદ કરી ચૂક્યા છે. તેમનું પ્રેરણાત્મક પુસ્તક 'કિરણે કિરણે વિશ્વાસ' પણ પ્રગટ થયું છે. ટૂંકી વાર્તાના લેખન માટે GLA(UK) તરફથી 2013ના 'શાંતશીલા ગજ્જર સ્મારક પારિતોષિક' અને GLF તરફથી 2017ના 'શ્રેષ્ઠ અનુવાદક' તરીકે તેમનું સન્માન કરવામાં આવ્યું છે. 2013થી તેઓ લેખક અને અનુવાદક તરીકે કામ કરે છે અને અમદાવાદ, ગુજરાતમાં સ્થાયી થયા છે.

વધુ જાણકારી તેમની વેબસાઇટ chiragthakkar.me પર મળી રહેશે.